생명과학의 세계

BIOLOGY

생명과학교재연구회

McGraw Hill

녹 문 당

Biology, 7/e

1 2 3 4 5 6 7 8 9 10 NMD 20 09 08 07 06

Original: Biology, 7/e
By Peter Raven
ISBN 0-07-243731-6

This book is exclusively distributed in Nok Moon Dang Publishing Co.

When ordering this title, please use ISBN 978-89-88684-62-7

Printed in Korea

머리말

최근 생물학은 엄청난 속도로 발전하고 있다. 하루하루가 새로운 정보 속에 살고 있다. 일반생물학이나 기초생물학 등 이와 유사한 과목을 강의해본 사람이라면 이 교과목의 강의가 쉽지 않다는 것을 알 수 있다. 생물학은 범위가 넓어 식물학부터 동물학, 미생물학으로 크게 대별할 수 있지만 세부적으로 들어가면 심오한 세계를 접할 수가 있다. 하지만 우리가 흔히 접하는 생물학 교재들은 대개 전체적으로 줄거리를 무시한 채 온갖 생물학적 지식들을 수집하여 백과사전식으로 나열을 한 느낌이다. 이러한 교재를 이용하여 강의하는 사람은 내용의 체계를 세우고 학생의 호기심을 망가뜨리지 않도록 내용을 취사선택하여 설명하는데 많은 고생을 하게 될 것이다. 이러한 교재는 상당수의 학생들이 학습을 포기하고 창의력이 있는 학생들은 생물학에 대하여 암기 위주의 학문 또는 단순한 지식을 나열한 학문으로 오인하여 결국 생물학을 싫어할 것이다.

생물학은 그 자체가 학문적 연구과제일 뿐만 아니라 필요에 따라 응용학문인 의학, 약학, 간호학, 수의학, 농학, 임학, 축산학, 가정학, 생명공학, 환경과학 등의 이론적 기반을 제공하며 이러한 응용학문을 전공하는 학생들에게는 필수적으로 요구되는 학문이다.

최근에는 치의학전문대학원, 약학대 6년과정에서 보는 필수적인 Meet, Deet, Peet시험 등에서 일반생물학 수준을 넘은 문제들이 출제되고 있으므로 제대로 된 생물학 교과서를 중심으로 기초를 다지고 응용까지 이해할 수 있는 생물학 교재가 필요하게 되었다.

이러한 때에 Raven, Johnson, Losos, Singe의 Bioloy를 접하고 반가워 이 책을 번역하기에 이르렀다. 또한 저자는 이 책이 이미 자국의 강의자들로부터 많은 지지를 받았음을 덧붙였다. 따라서 지식보다는 개념에 충실한 생물학 입문서라고 보아도 손색이 없는 번역서라고 자부하고 싶다. 짧은 시간 동안에 번역한 교재라서 용어의 통일과 문장의 유연성에 대한 점이 다소 부족하다 할 수 있다. 이 점이 실제로 나타나는 문제점이 될 경우 독자들에게 용서를 빌며, 앞으로 보다 나은 책이 될 수 있도록 개선할 것을 다짐한다. 끝으로 이 교재를 준비하는데 자료와 조언을 아끼지 않은 동료들과 교수님, 조교, 그리고 흔쾌히 출판해주신 녹문당 사장님과 직원들에게 감사를 드린다.

역자 일동

차례 Contents

제1장 생명과학 : 생물세계에 대한 탐구

제2장 생명의 화학적 이해

제3장 세포: 생물체의 기본단위

제 4 장 생물과 에너지

제 5 장 세포의 분열

제 6 장 유전학의 태동

제 7 장 유전자의 활동

제 8 장 유전공학

제 9 장 생물 진화와 자연선택

제 10 장 최초의 단세포 생물

제 11 장 진핵생물의 출현

제 12 장 다세포 생물의 진화

제 13 장 식물의 세계

제 14 장 동물문의 진화

제 15 장 인류의 진화

제 16 장 척추동물의 몸과 운동

제 17 장 순환계와 호흡계

제 18 장 소화와 배설

제 19 장 신경계

제 20 장 동물의 화학적 신호체계

제 21 장 생식과 발생

생명과학의 세계

Chap 01

생명과학 : 생물세계에 대한 탐구

1.1 생물계의 다양성

넓은 의미에서 생물학은 생명에 대한 과학 즉, 살아 있는 것들에 대한 모든 연구를 말한다. 생물계는 매우 다양한 생물들로 가득 차 있다. 고래, 나비, 버섯, 모기 등 셀 수 없이 많은 생물들을 크게 6개의 생물계(kingdom)로 나눌 수 있다(그림 1.1).

생물의 다양성을 연구하는데 있어 생물학자들은 다양한 방법으로 접근하고 있다. 때로는 고릴라들과 함께 생활하면서 연구하기도 하고, 화석을 채집하면서 연구하는 사람들도 있으며, 어떤 사람은 고래를 쫓아다니며 그들의 소리를 연구하기도 한다. 바이러스를 분리하거나 버섯을 배양하고 초파리의 구조를 관찰하기도 한다. 분자생물학자들은 유전물질의 긴 사슬이 품고 있는 정보를 분석하는 반면 전원에서 벌새의 날개가 1초에 몇 번씩 퍼덕이는지를 연구하는 사람도 있다. 그러나, 이와 같이 각각의 분야에 대한 연구에만 몰두하다 보면 종종 생물학의 가장 기본적이고 핵심적인 교훈을 잊을 수도 있다. 즉, 이와 같은 다양성에도 불구하고 모든 생물들은 많은 공통적인 특징들을 공유하고 있다는 것이다.

1.1 생물계는 매우 다양하나 여러가지 기본적 속성을 서로 공유하고 있다.

1.2 생물의 특성

살아있는 모든 생명체는 지구상에 최초 출현한 이래로 몇 십억년 동안 계속 전해져 내려온 다음의 다섯 가지 기본 특징을 공유하고 있다. 즉 세포적 구조(cellular organization), 물질대사(metabolism), 항상성(homeostasis), 생식(reproduction), 그리고 유전(heredity)이 그것이다.

1. **세포적 구조.** 모든 생명체는 하나 이상의 세포로 구성되어 있다. 세포는 세포막이라는 매우 얇은 막으로 둘러싸인 공간으로서 어떤 것은 단순한 내부구조로 되어 있으며, 어떤 것은 매우 복잡한 구조로 되어 있으나, 모든 세포는 성장하고 분열할 수 있다. 단세포로만 구성되어 있는 생명체도 많으며(그림 1.2), 사람의 몸과 같이 100조 개 이상의 세포로 구성되어 있는 생명체도 있다. 100조 개의 세포를 늘어 놓을 경우

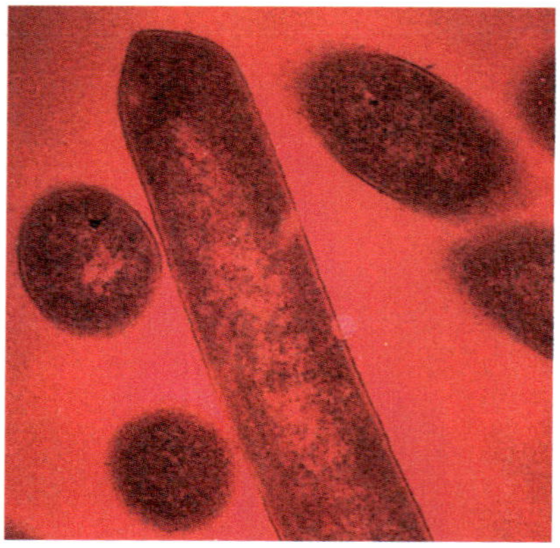

고세균계(Archaebacteria). 이 생물계는 그림에서 보는 바와 같은 메탄 형성 박테리아를 포함하고 있다. 이 세균은 대사활동의 결과물로서 메탄을 방출한다.

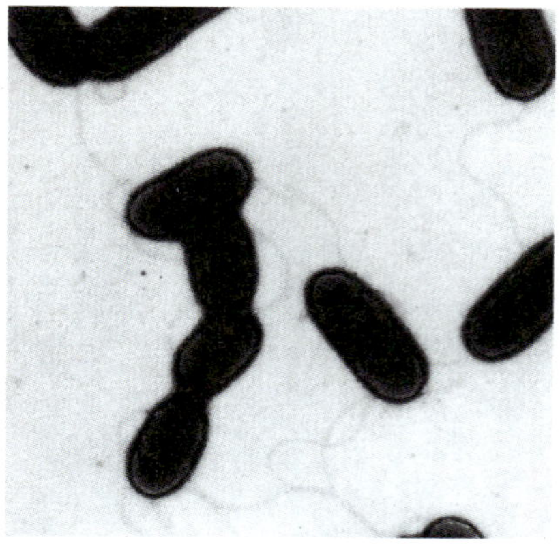

진정세균계(Eubacteria). 세균의 두 번째 생물계. 많은 식물에서 질병을 유발하는 토양 박테리아.

원생생물계(Protista). 단세포 진핵생물들이 포함되어 있는 계. 그림의 모자반은 원생생물계가 아닌 식물계에 속하는 것임(역자 주).

균계 (Fungi). 광합성을 하지 않고 외부의 물질을 분해한 다음 영양을 섭취하는 버섯 등의 생물이 포함된 계.

식물계 (Plantae). 광합성 다세포 생물들로 육지에 사는 식물들. 그림의 현화식물은 그 중 하나이다.

동물계(Animalia). 광합성을 하지 않는 다세포 생물들로 체내 소화에 의해 영양을 얻음. 그림에서 보이는 것은 원숭이.

그림 1.1 6개의 생물계

생물학자들은 모든 생물을 6개의 계로 크게 나눈다. 각각의 계는 서로 현저히 다르다.

그 길이는 지구를 1600번이나 회전할 수 있을 만큼의 막대한 숫자이다.

2. **물질대사.** 모든 생명체는 에너지를 사용한다. 운동, 생장, 사고 등의 모든 행위가 에너지를 요구하는 일이다. 그렇다면 이 에너지는 어디에서 오는 것일까? 이들 에너지는 식물과 조류가 태양에너지를 화학에너지로 전환함으로써 생긴다. 우리 인간의 생명을 유지하기 위한 에너지도 식물이 고정한 에너지를 직접 취하거나 초식동물 또는 이를 잡아먹고 사는 육식동물로부터 취하게 되는데, 이와 같이 에너지를 획득하는 과정을 물질대사(그림 1.3)라고 한다. 모든 생명체는 생장하기 위하여 에너지가 필요하며, 세포 내의 한 장소로부터 다른 장소로 에너지를 이동할 때 ATP 분자가 사용된다.
3. **항상성(homeostasis)** : 생명체들은 체내환경을 일정하게 유지한다. 주변의 환경은 종종 매우 급격히 변화하지만 생명체의 몸 안은 비교적 일정하게 유지하게 되는데, 이를 항상성이라 한다. 예를 들어 우리의 몸은 외부 온도가 어떻게 변하든 37℃를 유지하도록 조절한다.
4. **생식(Reproduction)** : 모든 생명체들은 생식을 한다. 박테리아의 경우처럼 단순히 세포분열에 의해 15분

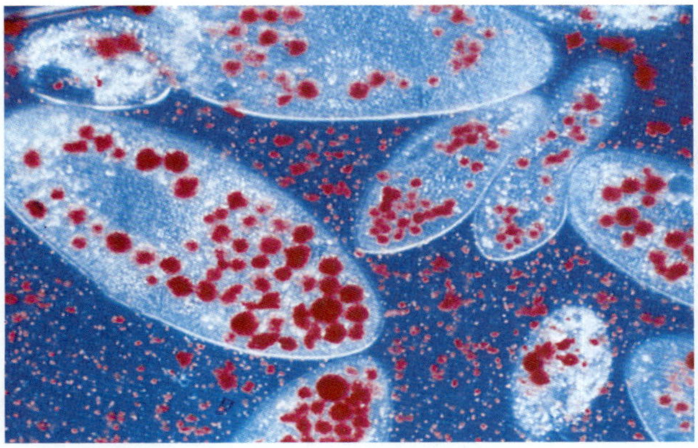

그림 1.2 세포구조

이 짚신벌레는 복잡한 구성을 갖는 단세포 원생생물로 이제 막 몇 개의 효모세포를 삼킨 상태이다. 이 종처럼 하나의 세포로만 구성되어 있는 것들도 많은 반면 몇 조개의 세포로 구성된 생물도 많다.

그림 1.3 물질대사.

이 새의 어린 새끼들은 먹이를 섭취함으로써 생장하고 살아가는데 필요한 에너지를 얻는다. 그들은 이 먹이를 세포내의 화학적 반응을 통하여 대사한 후 에너지를 획득하게 된다.

마다 한번씩 생식을 하는 경우도 있으나, 복잡한 생명체들은 유성생식을 통해 증식을 한다(어떤 것들은 천년에 한번만 생식을 하는 것들도 있다).

5. 유전(Heredity) : 모든 생명체는 유전적 체제를 가지고 있다. 이와 같은 유전적 체제는 DNA(핵산)이라고 불리우는 분자에 의해 유지, 복제, 전달된다. 각각의 생명체를 결정하게될 정보들은 유전암호의 형태로 DNA분자 내에 저장되어 있다. 이는 마치 여러분이 지금 읽고 있는 이 책에 기록된 정보와 같은 것이다. DNA분자 내에 저장되어 있는 일련의 정보들 중 각각의 세트를 유전자(gene)라 부른다. 이와 같은 유전자들이 생명체가 어떻게 될지를 결정하게 되는 것이다. DNA는 한 세대에서 다음 세대로 충실하게 복제되어 가기 때문에 만약 한세대 동안 DNA 상에 어떤 변화가 있을 경우 이 정보 역시 고스란히 다음 세대로 전해지게 된다. 이처럼 부모로부터 후손 세대로 어떤 속성이 전달되어 가는 과정을 **유전**(Heredity)이라고 부른다.

1.2 **모든 생명체는 물질대사를 수행하는 세포를 가지고 있으며, 몸 속의 환경을 일정하게 유지하고, 스스로 생식할 수 있으며, DNA분자를 이용하여 자손에게 유전정보를 전달한다.**

1.3 생물계는 조직화되어 있다

생물들은 여러가지 수준에서 상호작용을 한다(그림 1.4). 이러한 상호작용을 조직화하는 핵심요인은 복잡성의 수준이다. 즉, 생명현상의 화학적 반응인 DNA의 **분자 수준**에서부터 살아있다고 간주되는 최소 수준의 구성인 세포내의 반응이 매개되는 **세포 소기관** 수준이 그 것이다.

다세포생물의 경우 더욱 복잡한 수준의 단계를 볼 수 있다. 세포 수준에서는 개체 내의 서로 다른 세포들이 각각 분화된 기능을 가지고 있다. 예컨대 신호전달을 하는 뉴런이나 수축운동을 하는 근육세포가 그것이다. 같은 구조와 같은 기능을 가지는 세포들의 집합을 **조직**이라 부른다. 예컨대 근육조직은 많은 근육세포들이 모여서 기능을 수행하게 된다. 서로 다른 여러 가지 조직들이 모여서 어떤 기능을 수행할 때 이를 **기관**이라 부른다. 기관은 일종의 생물학적 기계로서 특정 기능을 수행하게 된다. 예컨대 심장은 근육조직과 신경조직 등의 다양한 조직이 모인 것으로서 혈액을 수송하는 펌프 기능을 수행한다. 다양한 기관이 모여서 신체의 주요한

그림 1.4 생명체의 구성 단계

생명계의 상호작용을 이해하는 방법으로서 고전적이지만 매우 유용한 수단은 이들 단계를 구성의 복잡성에 따라 알아보는 것이다. 즉, 매우 작고 단순한 분자 수준으로부터 크고 복잡한 개체 수준 또는 생태계 수준까지의 일련 과정을 보는 것이다. 이 그림에서는 세포 내부의 구성으로부터 다세포 생물의 구성 그리고 생물체간의 상호작용을 볼 수 있다.

개체 이상의 수준

생태계

군집

종

개체군

기능을 수행하는 것을 **기관계**라한다. 예를 들어 심장과 혈관은 혈액을 수송하는 순환계를 구성한다.

개체를 이루는 이와 같은 다양한 단계를 거쳐 서로 다른 개체간의 관계에서는 복잡성이 훨씬 더 증가하게 된다. 서로 같은 형태의 개체들이 함께 사는 경우 이를 **개체군**(population)이라 하며, 특정 종류의 개체군들의 집합을 하나의 종이라고 부른다. 또한, 서로 다른 종들이 어우러져 일정 지역에 사는 것을 **군집**(community)이라고 한다. 예컨대 삼림 군집은 나무들과 사슴 그리고 딱따구리 및 여러가지 균류 등 다양한 생물 종들로 구성되어 있다. 하나의 군집과 이를 둘러싸고 있는 물리적 환경을 통틀어서 하나의 **생태계**(ecosy syetem)라고 부른다.

1.3 세포에서부터 다세포 개체 그리고 생태계까지 각각의 수준에서 점증하는 복잡성의 단계를 볼 수 있다.

1.4 생명의 기원

오늘날의 세균과 같았을 것으로 추정되는 최초의 생물이 어디에서 왔는지 아무도 모른다. 생명이 처음 생긴 시기로 되돌아가서 관찰할 수도 없고 아무런 증거도 없다. 그럼에도 불구하고 생명의 기원에 대한 호기심을 버릴 수는 없는데, 이는 무엇이 그리고 누가 지구상에 출현한 최초의 생물과 관련이 있는지에 대한 문제이다. 여기에는 다음과 같이 적어도 세 가지의 가능성이 있다.

1. 우주에서의 기원. 생물이 지구에서 생기지 않고 멀리 떨어진 별에서 생긴 포자를 통해 우주로부터 감염되었을 가능성이 있다. 그 별에 어떻게 생물이 존재했는지는 답변하기 곤란하다.
2. 종의 창조. 초자연적인 신의 힘에 의해 생물이 지구상에 생겨났을 가능성이 있다. 이러한 창조론은 서구에서 가장 보편화된 견해로서 가장 오래된 가설이다. 그러나 대부분의 과학자들은 창조론을 거부하고 그 대신 진화론이 생물의 다양성을 과학적으로 설명한다고 믿는다.

3. **진화론.** 생물이 비생물적인 물질에서 유래되었는데, 분자들이 모여서 점점 더 복잡하게 되었다는 것이다. 이 견해에서 생물로 기원한 원동력은 자연선택인데, 분자의 변화는 안정성을 증가시켜 분자가 오랫동안 지탱하게 되었다는 것이다.

이 책에서는 세 번째 가능성에 초점을 맞추어 진화의 원동력이 생물의 기원으로 유도될 수 있었고, 그 과정이 어떻게 일어났는지 알아볼 것이다. 이는 세 번째 가능성인 진화론이 완전히 맞다는 말이 아니다. 세 가지 가능성 중 어느 것도 맞을 수 있다. 세 번째 가능성이 종교를 배척하는 것은 아니며, 신의 역할이 진화과정에 작용할 수도 있다. 그러나 여기서는 과학적인 문제에 국한시키고자 한다. 세 가지 가능성 중 세 번째 만이 검증 가능한 가설을 허용하는데, 가설 설정과 과학적 설명이 가능해서 실험으로 입증할 수 있다.

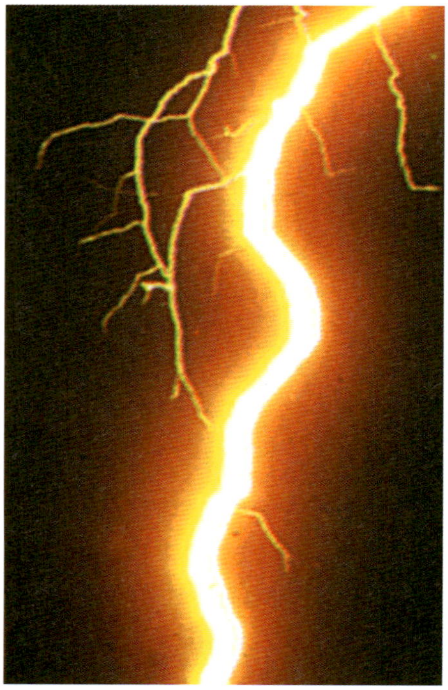

그림 1.5 번개가 물질 형성에 필요한 에너지를 제공한다.

생명이 진화하기전 지구 대기의 단순한 분자들이 결합하여 복잡한 분자가 형성되었다. 이러한 화학반응에 필요한 에너지는 자외선, 번개 그리고 기타 지열에너지에서 비롯된 것으로 생각된다.

생물 구성물질의 형성

최초의 세포가 기원하였다는 사실을 어떻게 알아낼 수 있을까? 한 가지 방법은 생물이 생긴 35억 년 전의 지구와 비슷한 환경을 재현하는 것이다. 우리가 암석에서 알 수 있는 사실은 그 당시 지구에는 산소가 거의 없고 수소가 풍부한 유화수소(H_2S), 암모니아(NH_3), 메탄(CH_4) 등의 기체가 많았다는 것이다. 이들 기체의 전자들은 더 높은 에너지 수준으로 자주 떠밀렸을 것인데, 이는 태양에서 쏟아지는 광자나 번개의 전기에너지 때문이다(그림 1.5). 오늘날 고에너지 전자는 지구 대기권의 산소에 의해 빨리 흡수되는데 산소 원자가 전자를 잘 받아들이기 때문이며, 공기의 21%가 산소이고 이는 모두 광합성에 의한 것이다. 그러나 산소가 없을 경우 고에너지 전자는 자유로운 상태로 생물의 분자를 만들 수 있다.

Stanley Miller와 Harold Urey는 산소가 없는 원시 지구의 대기권을 실험실에 재현하고 그 당시에 있었을 번개와 자외선을 가한 결과, 아미노산이나 뉴클레오티드와 같이 생물을 구성하는 여러 가지 물질이 저절로 생기는 것을 발견하였다. 그들은 생물이 원시 지구의 바다에서 형성된 생물 분자들의 **원시 용액**(primodial soup)에서 유래되었을 것이라고 생각했다.

최근 35억년 전의 화석이 발견되어 과학자들은 원시 용액 가설을 재평가할 수 있게 되었다. 용융상태의 지구가 충분히 식어 대양이 생긴 후 5억 년이 채 안되어 생물이 유래되었다는 것이다. 그리고 Miller와 Urey가 가정한 바와 같이(이는 대부분의 증거가 이 가정을 뒷받침하는데) 40억 년 전 지구의 대기에 산소가 없었다면, 그 당시에는 태양의 치명적인 자외선으로부터 지구 표면을 보호할 오존층 보호막이 없었을 것이다. 오존층

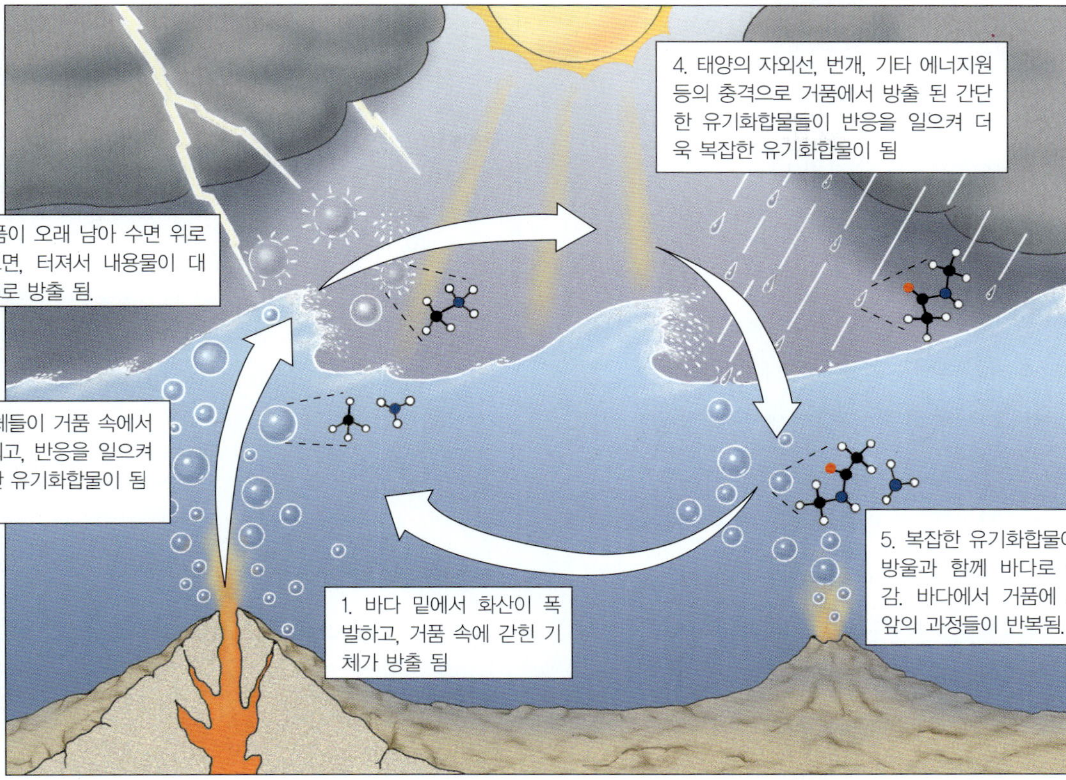

그림 1.6 생명을 생기게 한 거품 속의 화학적 과정.
1986년 지구물리학자인 Louis Lerman은 생물을 생기게 한 화학적 과정이 바다 표면의 거품에서 일어났다고 제안하였다.

이 없으면 자외선이 대기권의 암모니아와 메탄을 파괴했을 것으로 과학자들은 보고 있다. 이들 기체가 없으면 Miller-Urey 실험에서는 아미노산과 같은 중요한 생물 분자를 생산할 수 없다. 필요한 암모니아와 메탄이 대기권에 없었다면 어디에서 왔을까?

최근 20년 동안 과학자들 사이에서는 거품모형(bubble model) 이론이 지지받고 있다. 이 모델은 원시 용액 가설을 조금만 변형하면 문제점이 사라진다고 제안한다. 거품모형에서는 생물의 구성성분이 생기는 중요한 화학적 과정이 원시 용액에서 일어난 것이 아니라 바다 표면의 거품 속에서 일어났다는 것이다(그림 1.6). 거품이 바람, 파도작용, 비방울의 충격, 화산의 폭발 등으로 생겼는데, 바다 표면의 약 5%를 차지했다는 것이다. 물 분자가 극성을 가지므로 물거품들은 다른 극성 분자들을 끌어당기고 거품 안 쪽에 농축시키는 효과가 있다. 이 점은 원시 용액 가설의 두 가지 중요한 문제점을 해결해준다. 첫째, 화학 반응이 거품 안에서 더욱 빠르게 진행될 수 있는데, 거품 속에서 극성 반응물질들이 농축됨에 따라 생물이 더 짧은 시간 내에 생길 수 있었다는 것이다. 둘째, 거품 속에서는 아미노산 생성에 필요한 메탄과 암모니아가 자외선의 파괴로부터 보호될 수 있었다는 것이다.

1.4 **생물은 35억년 전에 지구에 나타났다. 비록 자연계의 과정이 완전히 이해되지 않았지만 생물은 저절로 생겼을 것으로 추측된다.**

1.5 세포의 탄생

아미노산을 저절로 만드는 것과 아미노산이 연결되어 단백질이 되는 것은 완전히 다른 문제이다.

오늘날 과학자들은 최초에 만들어진 고분자가 단백질이 아니라 RNA 분자였을 것으로 추정한다. 고에너지 상태의 인산기가 연결된 RNA 뉴클레오티드는 저절로 폴리뉴클레오티드 사슬을 만들고 이 사슬은 접혀서 최초의 단백질 형성에 촉매작용을 했을 것이다.

최초의 세포가 어떻게 만들어졌는지 아무도 모르지만, 대부분의 과학자들은 세포가 저절로 엉겨서 되었다고 생각한다. 탄소를 가진 복잡한 고분자가 물에 나타났을 때 이들은 함께 모이는 경향이 있는데, 기름을 식초를 넣은 샐러드 소스와 함께 힘차게 흔들면 작은 구형 입자가 저절로 생겨서 식초에서 뜬다. 이와 비슷한 구형 입자는 세포구조가 생기는 첫 단계에서도 나타났을 것이다. 이러한 구형입자는 세포와 비슷한 여러 가지 성질을 나타내는데, 외부 경계가 세포막을 닮아 두 겹이고 구형입자가 커지거나 분열할 수 있다. 수백만 년이 지나는 동안 그러한 미소액적(microdrop)이 분자와 에너지를 더 잘 받아들여서 오래 지속될 수 있게 되었고, 이런 발전이 부모 미소액적에서 자손으로 전달되는 방법이 나타나자 생명이 시작되었다.

세포가 생기는데 수백만 년이 걸린다면, 인간처럼 복잡한 생물이 되는데는 엄청난 시간이 필요할 것이다. 그러나 틀림없이 인류는 최근에 나타났다. 생물의 발달 과정을 24시간 동안의 생물시계로 나타내어(그림 1.7) 45억 년 전의 지구 탄생을 자정으로 보면, 인류는 하루가 거의 다 지난 겨우 1분 전에 나타났다.

여러분이 알다시피 생명의 기원에 대한 과학적 견해는 아직도 막연한 설명에 불과하다. 과학자들은 생명이 자연적으로 그리고 저절로 생겼다는 가설을 반대하지 않지만, 실제로 무엇이 일어났는지 알려진 바가 없다. 여러 가지 다른 설명이 가능하며, 어떤 것은 실험을 통해 지지를 받고 있다. 그러나 DNA, RNA 및 유전현상이 최초로 어떻게 발달했는지 아는 바가 적으므로, 과학은 아직도 생명의 기원에 대한 논쟁을 해결하지 못하고 있다. 생명이 어떻게 자연적으로 그리고 저절로 기원했는지는 과학자들 사이에 집중적인 관심, 연구 및 논의의 과제로 남아 있다.

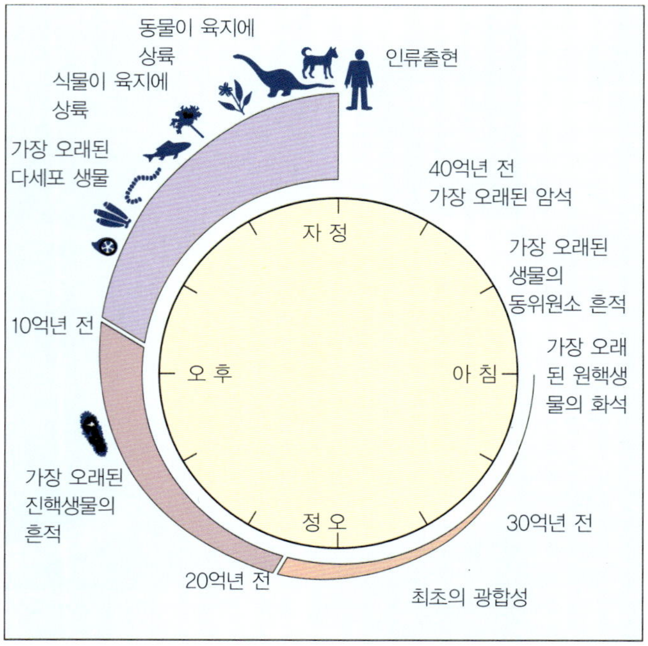

그림 1.7 생물시계

이 책을 읽고 있는 여러분은 10억 초 전에는 이 세상에 없었다. 10억 분 전에 예수가 갈리리를 걷고 있었다. 10억 시간 전에는 최초의 인류가 아직 나타나지 않았다. 10억 일 전 지구에는 두 발 달린 동물이 전혀 없었다. 10억 개월 전 마지막 공룡이 아직 태어나지 않았다. 10억 년 전에는 지구 위를 걷는 생물이 전혀 없었다.

1.5 **대부분의 과학자들은 세포가 고분자를 이용하여 저절로 생겼다고 믿는데, 그 과정에 대해서는 잘 모르고 있다.**

Chap 02

생명의 화학적 이해

2.1 원자의 구조

우주의 모든 물체는 질량(mass)을 가지는 물질(matter)로서 공간을 차지하고 있다. 모든 물질은 **원자**(atom)라는 아주 작은 입자로 구성되어 있다. 원자는 물질의 화학적 특성을 보유하는 가장 작은 알갱이다. 질량과 무게(weight)의 뜻은 조금 다르다. 질량은 물질의 양을 뜻하지만, 무게는 물질에 가해지는 중력(gravity)이다. 따라서 어떤 물체가 지구에 있던지 달에 있던지 질량은 같지만 무게는 지구에서 더 크다.

모든 원자는 기본적인 구조가 같아서 양성자와 중성자로 구성된 중심부의 둘레를 전자의 구름이 둘러싸고 있다(그림 2.1). 모든 원자의 중심부는 작고 매우 조밀한 **핵**(nucleus)인데 핵은 **양성자**(proton)와 **중성자**(neutron)로 구성되어 있다. 핵의 주변을 도는 작은 입자들이 전자(electron)이다. 중성자는 전하를 띠지 않지만 양성자는 양전하를, 전자는 음전하를 띠고 있다.

■ 이온

전하를 띠지 않는 중성인 원자에서는 핵 속의 양성자 수와 주변의 전자 수가 같다. 전자의 음전하는 양성자의 양전하와 균형을 이룬다. 전자의 수와 양성자의 수가 같지 않은 원자를 이온(ion)이라고 한다. 모든 이온은 전하를 띤다. 예를 들어 나트륨 원자가 전자를 하나 잃으면 양전하를 띠는데, 핵 속의 양성자 1개가 양전하를 띠며 남아 있기 때문이다(그림 2.2).

2.1 **원자는 물질을 구성하는 가장 작은 입자이며, 양성자와 중성자가 모인 핵과 핵의 주변을 도는 전자로 구성되어 있다.**

2.2 전자는 원자의 성질을 결정한다

전자는 질량이 아주 작아서 양성자의 1/1,840에 불과하다. 그렇지만 전자는 원자들이 서로 작용하도록 하는 요인이므로 원자의 화학적 특성을 좌우한다. 원자의 부

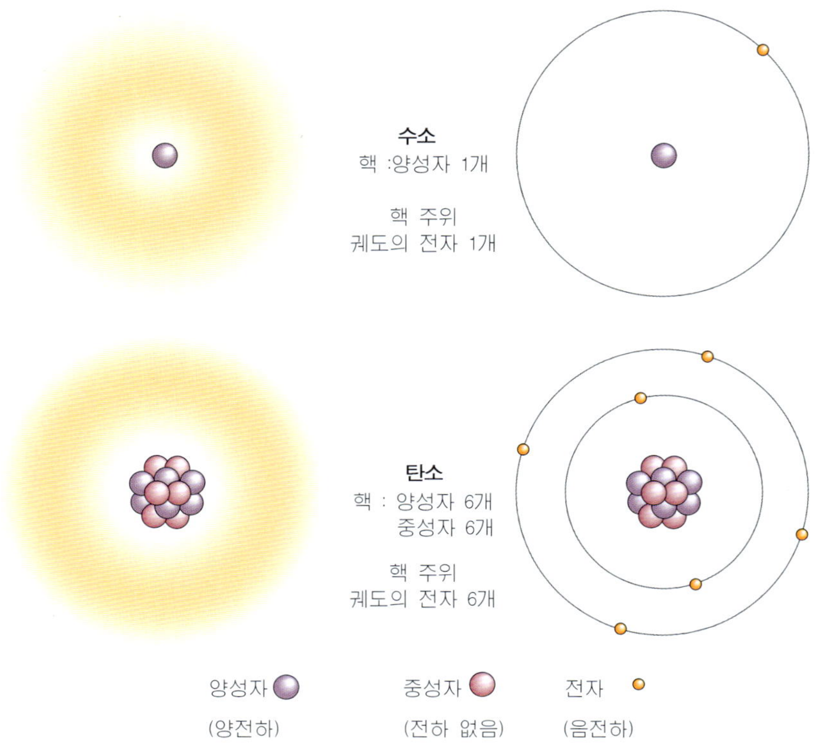

그림 2.1 원자의 기본구조

모든 원자는 양성자와 중성자로 구성된 핵이 있다. 수소는 예외적으로 핵 속에 1개의 양성자만 있고 중성자는 없다. 탄소는 양성자 6개와 중성자 6개가 핵 속에 있다. 전자는 핵에서 멀리 떨어진 궤도를 돌고 있다. 전자에 의해 원자들이 서로 반응한다.

피는 거의 모두 빈 공간으로 되어 있다. 양성자와 중성자는 이 공간의 중심에 있고, 전자는 핵에서 아주 멀리 떨어져서 회전하고 있다.

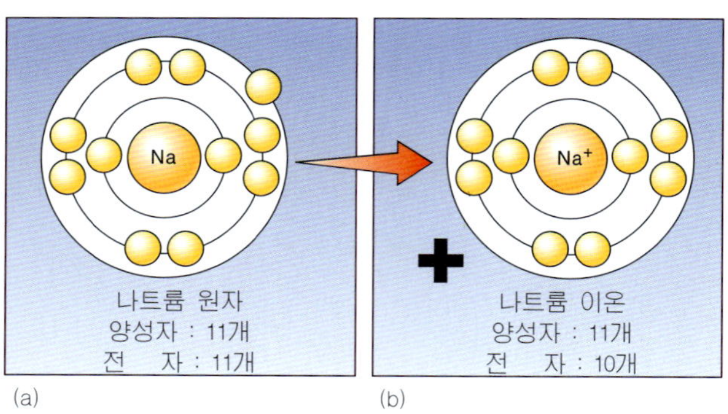

그림 2.2 나트륨 이온의 형성

(a) 전기적으로 중성인 나트륨 원자는 양성자와 전자가 각각 11개이다. (b) 나트륨 이온은 전자 1개를 잃고 양전하를 띠는데, 이때 양성자 11개와 전자 10개를 가진다.

■ 전자의 에너지 운반

전자가 음전하를 가지므로 양전하를 가진 핵은 전자를 끌어당긴다. 따라서 전자가 궤도에 머무르게 되며, 이는 마치 우리가 손에 사과를 들고 있는 것과 같은데, 이 경우는 중력이 사과를 아래 쪽으로 끌어당기기 때문이다. 손에 있는 사과는 에너지(energy), 즉 일을 할 수 있는 능력을 가지고 있다고 하는데, 위치 때문에 사과를 놓을 경우 사과는 밑으로 떨어진다. 마찬가지로 전자도 에너지를 가지는데, 이를 위치에너지(potential energy)라고 한다(그림 2.3). 이 에너지는 핵의 인력에 대항하므로 전자가 더 멀리 떨어진 궤도로 이동하려면 에너지가 필요하고 그 결과 전자는 더 큰 위치에너지를 갖게 된다. 전자가 핵 가까이 이동하면 반대 효과가 나타나 에너지는 방출되고 전자의 위치에너지는 줄어든다.

때로는 전자가 하나의 원자로부터 다른 원자로 이동한다. 이 경우 전자는 위치에너지를 간직한다. 살아 있는 생물에서는 전자가 더 멀리 떨어진 높은 에너지 상태의 궤도로 이동되어 화학에너지로 저장되고 이들 활성 전자가 하나의 원자에서 다른 원자로 이동된다. 이러한 전자의 방출이 **산화**(oxidation)이고, 전자의 수용이 **환원**(reduction)이다(그림 2.4).

원자의 에너지 수준을 나타낼 때 중심의 핵과 이를 둘러싸는 뚜렷한 원형 궤도로 표현하지만 이런 단순한 그림은 실제와 다르다. 이들 에너지 수준은 복잡한 3차원적 모양이며 매 순간 각 전자의 정확한 위치를 표현하는 것은 불가능하다. 그러나 어떤 위치는 다른 위

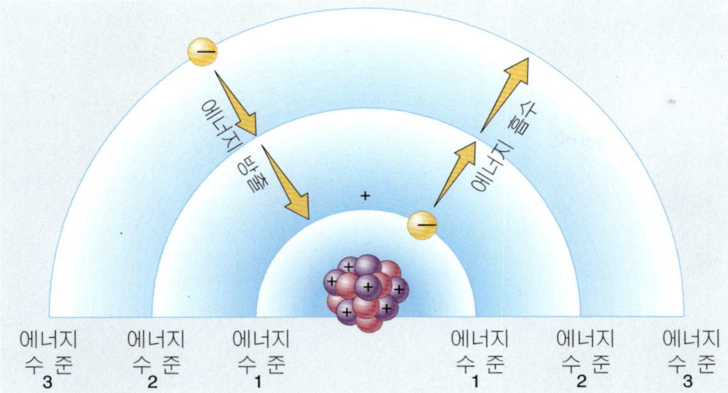

그림 2.3 원자의 전자는 위치에너지를 가진다. 전자는 핵 주변의 궤도를 선회한다.

1단계의 에너지는 핵에 가장 가까워서 위치에너지가 가장 낮다. 전자가 에너지를 흡수하면 1단계에서 더 높은 에너지 단계(제2단계)로 이동한다. 전자가 에너지를 잃으면 더 낮은 에너지 단계로 떨어져서 핵과 가까와진다.

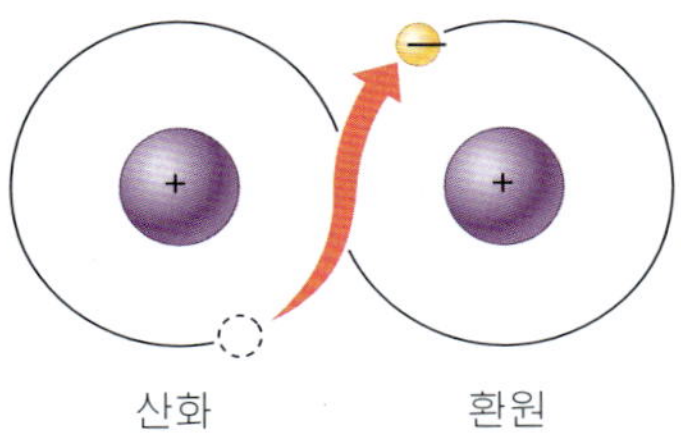

그림 2. 4 산화-환원

산화는 전자를 잃는 것이고, 환원은 전자를 얻는 것이다.

치보다 예측하기 쉽고 이 경우 그 전자가 가장 확실히 위치한다고 말할 수 있다. 어떤 전자가 가장 확실히 발견되는 핵 주변의 공간을 그 전자의 **궤도**(orbital)라고 한다.

각 에너지 단계는 일정한 수의 궤도를 가지며, 각 궤도는 전자를 2개까지 보유할 수 있다. 원자의 첫째 에너지 단계에서는 궤도가 1개이다. 헬륨을 예로 들면 하나의 에너지 단계에 궤도가 1개이고 전자 2개를 가지고 있다. 에너지 단계가 더 많은 원자에서는 둘째 에너지 단계에 4개의 궤도가 있고 전자를 8개까지 보유한다. 질소는 에너지 단계가 2개이다. 첫째 에너지 단계는 전자 2개로 완전히 채워져 있지만 둘째 에너지 단계는 전자가 5개 뿐이어서 4개의 궤도가 완전히 채워져 있지 않다. 에너지 단계가 2개를 초과하는 원자에서는 각 에너지 단계마다 4개의 궤도에 전자를 최대 8개까지 보유한다. 불완전한 전자궤도를 가진 원자일수록 반응하기가 쉽다.

2.2 전자는 원자의 화학적 성질을 결정한다. 전자는 위치에너지를 가지는데, 위치에너지는 전자와 함께 다른 원자로 이동된다.

2.3 동위원소와 화석연대 측정

원자의 핵 속에 있는 양성자 수를 **원자번호**(atomic number)라고 한다. 예를 들어 탄소는 양성자가 6개이므로 원자번호가 6이다. 중성자와 양성자는 질량이 비슷하며, 하나의 원자에서 핵 속의 양성자와 중성자 수를 **질량**(mass)이라고 한다. 탄소 원자는 양성자 6개와 중성자 6개를 가지며 원자질량이 12이다. 정확한 원자질량의 측정치를 표로 나타내지만, 원자질량을 정수로 대충 나타내는 경우도 흔하다. 원자와 원자 내부 입자의 질량을 측정하는 단위가 **달톤**(dalton)이다. 양성자 1개는 대충 1달톤(정확히 2.009달톤)이고, 중성자도 마찬가지다(정확히 2.007달톤). 그러나 전자는 1/1,840달톤에 불과하므로 전체 원자질량에서 차지하는 정도는 무시된다. 원자번호가 같은 원자들은 양성자 수와 화학적 성질이 같은데, 이들은 같은 **원소**(element)에 속한다고 말한다. 정확히 말하자면, 원소는 보통의 화학적인 방법으로는 다른 물질로 쪼개지지 않는 물질이다. 지구에 흔한 원소들의 원자번호와 질량수를 표 2.1에 나타내었다.

원소를 구성하는 원자의 중성자 수가 달라도 그 원소의 화학적 성질은 변하지 않는다. 양성자 수는 같지만

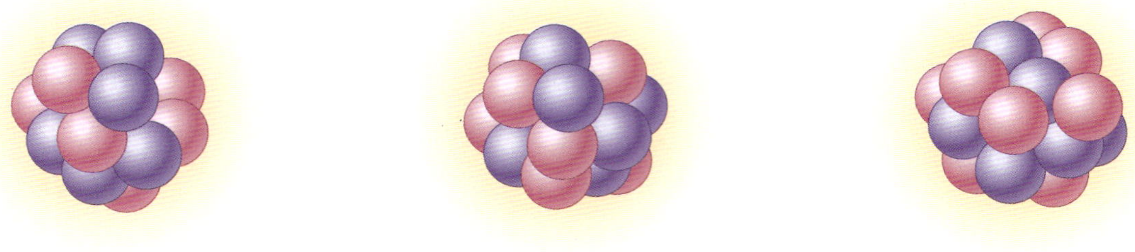

그림 2.5 탄소원소의 동위원소들

표 2-1 지구에 흔한 원소

원 소	기 호	원자번호	원자질량
산소	O	8	15.9994
규소	Si	14	28.086
알루미늄	Al	13	26.9815
철	Fe	26	55.847
칼슘	Ca	20	40.08
나트륨	Na	11	22.989
칼륨	K	19	39.098
마그네슘	Mg	12	24.305
수소	H	1	2.0079
망간	Mn	25	54.938
불소	F	9	18.9984
인	P	15	30.9738
탄소	C	6	12.0112
황	S	16	32.064
염소	Cl	17	35.453
구리	Cu	29	62.546
질소	N	7	14.0067
붕소	B	5	10.811
코발트	Co	27	58.933
아연	Zn	30	65.38
셀렌	Se	34	78.96
몰리브덴	Mo	42	95.94
주석	Sn	50	118.69
요드	I	53	126.904

중성자 수가 다른 원자를 **동위원소**(isotope)라고 한다. 같은 원자의 동위원소들은 원자번호가 같지만 원자질량은 다르다. 자연계에 존재하는 대부분의 원소는 서로 다른 여러 가지 동위원소의 혼합물이다. 예를 들어 탄소 원소는 동위원소가 세 종류인데, 모두 6개의 양성자를 가진다(그림 2.5). 가장 흔한 탄소의 동위원소는 6개의 중성자를 가진다. 전체 질량이 12(6 양성자+6 중성자)이므로, 이 동위원소를 탄소-12라고 한다. 탄소-14 동위원소는 불안정해서 핵이 붕괴되어 원자번호가 더 작은 입자로 되는데, 이 과정을 방사성 붕괴(radioactive decay)라고 한다. 방사성 동위원소는 화석의 연대 측정에 이용된다.

화석의 연대 측정

화석(fossil)은 생물의 유해, 발자국 및 기타 흔적이 모래나 퇴적물에 파묻혀서 생긴다. 오랫동안 뼈나 단단한 조직의 칼슘이 무기화되면 퇴적물처럼 암석으로 변한다. 화석은 약 10,000년 이전의 옛날에 살았던 생물의 기록이다(그림 2.6). 화석이 발견된 암석의 연대를 측정하여 생물학자들은 화석이 얼마나 오래되었는지

그림 2.6 시조새의 화석

잘 보존된 이 시조새 화석은 파충류와 조류를 연결하는 1억5천 만년된 화석으로서, 종의 기원이 출판된지 2년도 안되어 발견되었다.

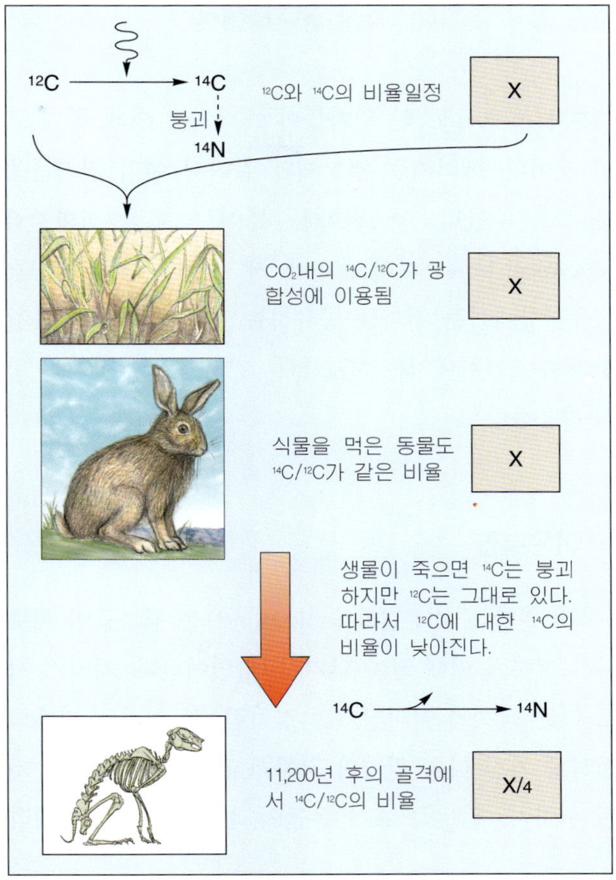

그림 2.7 방사성 동위원소 연대 측정

이 그림은 방사성 동위원소인 탄소-14를 이용한 연대 측정을 나타낸 것이다.

알 수 있다. 암석을 구성하는 무기물 중에서 특정 방사성 원자의 방사성 붕괴 정도를 측정하여 암석의 연대를 알아낸다. 방사성 원자는 중성자와 양성자가 불안정함으로 분열하여 더 작고 안정된 다른 원소의 원자로 변한다. 방사성 원소의 붕괴 속도가 일정하므로 과학자들은 방사성 붕괴 정도로부터 화석의 연대를 측정할 수 있다. 오래된 화석일수록 화석에 포함된 방사성 원소는 더 많이 붕괴되어 있다.

50,000년 미만의 화석의 연대를 측정할 경우 탄소-14(^{14}C) 방사성 동위원소법이 널리 사용된다(그림 2.7). 대부분의 탄소 원자는 원자량이 12(^{12}C)이지만, 대기 중 탄소 원자의 일정량은 원자량이 14(^{14}C)이다. 이 비율이 광합성에 의해 식물에 저장되고 동물체 내의 탄소함유 분자도 같은 비율로 나타난다. 식물이나 동물이 죽으면 그 속의 ^{14}C는 시간이 지남에 따라 점점 붕괴되어 중성자를 잃고 질소-14(^{14}N)가 된다. 시료에 들어 있는 ^{14}C의 절반이 ^{14}N로 변하는데 5,600년이 필요하다. 이 시간이 그 동위원소의 반감기(half life)이다. 동위원소마다 반감기는 변함없이 일정하므로 방사성 붕괴의 정도로부터 시료의 연대를 알 수 있다. 어떤 시료에서 14C이 원래 비율의 1/4이 남아 있다면 약 11,200년(반감기의 두 배)된 것이다.

50,000년 이상된 화석에는 ^{14}C이 너무 조금 남아 있어서 정밀하게 측정할 수 없으므로, 과학자들은 칼륨-40(^{40}K)이 아르곤-40(^{40}Ar)으로 붕괴되는 양을 조사하는데, 그 반감기는 13억년이다.

2.3 각 원소의 동위원소들은 중성자 수가 다르지만 화학적 성질은 모두 같다.

2.4 화학결합에 의한 분자 형성

분자(molecule)란 원자들이 에너지에 의해 함께 모인 것이다. 에너지는 접착제와 같아서 여러 원자들을 하나로 붙인다. 두 원자를 붙이는 힘을 **화학결합**(chemical bond)이라고 한다. 세 종류의 화학결합 중, 공유결합에서는 전자를 공유하는 힘에 의하고 이온결합과 수소결합에서는 서로 다른 전하가 끌어당기는 힘이 작용한다.

이온결합

화학결합 중 **이온결합**(ionic bond)은 원자들이 서로 다른 전하에 의해 끌어 당겨질 때 일어난다. 자석의 서로 다른 극끼리 끌어당기는 것처럼, 한 원자는 반대의 전하를 가진 다른 원자와 강하게 결합한다. 전하를 가진 원자가 이온이므로 이온들의 결합을 이온결합이라고 한다.

우리가 매일 먹는 소금은 이온결합으로 만들어진다. 소금을 구성하는 나트륨 원자와 염소 원자가 이온인데, 나트륨이 최외곽 궤도(바로 밑의 궤도는 전자가 8개)에 있는 전자 1개를 내놓고 염소는 전자 1개를 받아 최외곽 궤도를 완전히 채운다(그림 2.8). 전자가 이동한 결과 소금의 나트륨 원자는 양이온이 되고 염소 원자는 음이온이 된다. 각 전자는 전하가 다른 주변의 이온들과 전기적으로 끌어 당겨지므로 나트륨과 염소의 거대한 이온결합체인 결정이 생긴다. 이 때문에 소금은 작은 결정이 된다.

결정체를 만드는 이온결합의 중요한 두 가지 특성은 첫째 그 결합이 강하고(공유결합보다는 약하다), 둘째 비방향성이다. 전하를 띤 원자는 반대로 하전된 주변 원자의 전자장에 끌어당겨진다. 이온결합이 대부분의 생물체내 분자에서 중요한 역할을 하지 못하는 이유는 이러한 비방향성 때문이다.

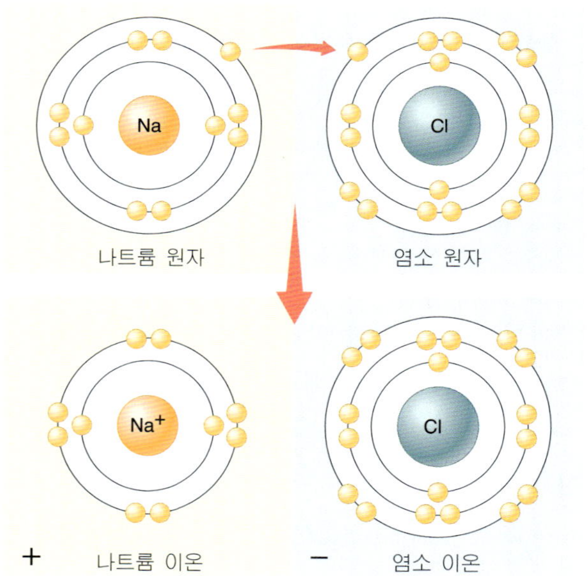

(a)

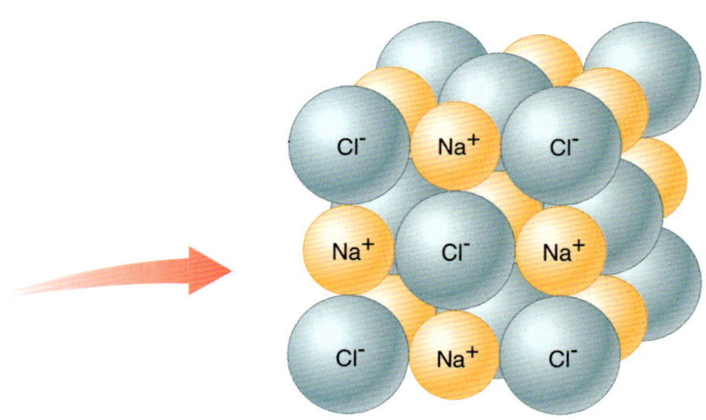

(b) 염화나트륨의 결정

그림 2.8 소금의 이온결합

(a) 나트륨 원자가 전자 1개를 염소 원자에 주면 전자가 부족하여 양전하의 나트륨 이온이 된다. 염소 원자는 전자를 1개 더 가져서 음전하의 염소 이온이 된다. (b) 염화나트륨은 나트륨 이온과 염소 이온이 교대로 모여 아주 규칙적인 격자를 만든다. 이 결정체가 우리들이 매일 먹는 소금이다.

공유결합

강한 화학결합인 **공유결합**(covalent bond)은 두 원자가 전자를 서로 공유할 때 생긴다. 우리 몸을 구성하는 원자들은 대부분 공유결합으로 연결되어 있다. 원자들이 분자에서 전자를 공유하는 이유는 무엇일까? 모든 원자는 전자가 선회하는 제일 바깥 궤도를 채우려 하고 생물체 내 원자들은 수소를 제외하고 대개 전자를 8개 가지고 있다. 이 궤도에 전자가 7개뿐인 원자는 제일 바깥 궤도에 전자를 1개만 가진 원자와 전자를 공유하여 각 원자의 바깥 궤도는 일시적으로 8개의 전자를 갖게 된다.

마찬가지로 바깥 궤도의 전자가 6개인 원자는 전자를 2개 가진 원자와 공유하거나 바깥 궤도에 전자가 1개인 원자 둘과 공유한다. 물(H_2O)은 산소(6개의 외곽 전자)가 수소(1개의 외곽 전자) 2개와 공유결합한 분자이다(그림 2.9a). 탄소 원자의 최외곽 전자가 4개이므로 탄소는 4개의 공유결합으로 최외곽 궤도를 가득 채우게 된다. 4개의 공유결합이 생기는 방법이 여러 가지이므로 탄소 원자는 여러 종류의 분자를 만든다.

공유결합이 생물체 내에서 분자를 구성하는 역할을 하기에 적합한 두 가지 특징은 첫째 강한 결합으로 많은 에너지가 포함되고, 둘째 방향성이 강해서 단순히 주변의 원자끼리 끌어당기는 것이 아니라 특정 원자와 원자 사이에 일어나는 결합이라는 것이다.

수소결합

수소결합(hydroen bond)은 약한 화학결합이지만 생물학에서 중요한 비중을 차지한다. 수소결합을 이해하려면 공유결합을 간단히 요약해 볼 필요가 있다. 두 원자 사이의 공유결합에서 한쪽 핵이 공유전자를 끌어당기는 힘이 다른 핵보다 더 큰데, 예를 들어 물에서 산소 원자가 전자를 끌어당기는 힘이 수소보다 훨씬 크다. 이럴 경우 공유전자는 강하게 끌어당기는 원자 쪽에 더 오래 머물고 그 결과 약간의 음전하를 띠게 된다. 반대로 전자를 약하게 끌어당기는 원자 쪽에서는 잠시 머물게 되고 그 결과 약한 양전하를 띠게 된다(그림 2.9b). 이들 전하는 이온이 가지는 완전한 전하가 아니라 아주 작은 부분적 전하이다. 분자 수준의 자석이 양성 및 음성의 극을 가질 경우 이런 분자를 **극성**이 있다고 한다. 수소결합은 극성분자의 양성극이 다른 쪽의 음성극을 끌어당기는 경우 일어나는데, 이는 두 자석이 서로 끌어당기는 것과 같다(그림 2.10).

수소결합은 생물 분자에서 두 가지 중요한 역할을 한다. 첫째 수소결합은 약하므로 강한 이온결합만큼 지속되지 않는다. 둘째 수소결합은 결합이 약하므로 방향성이 강해서 극성분자들이 아주 가까이 있어야 약하게 끌

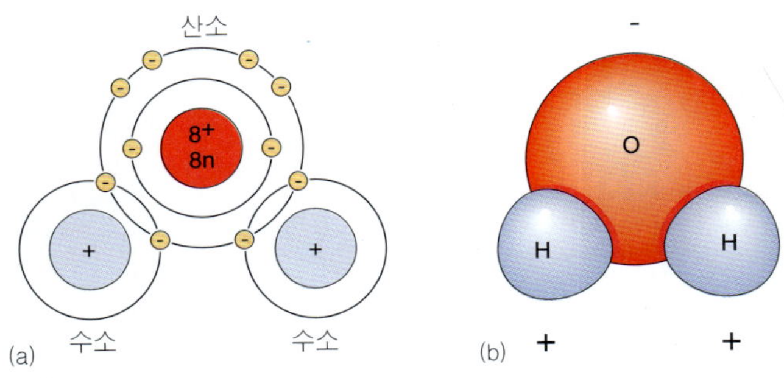

그림 2.9 공유결합이 2개인 물 분자

물 분자는 산소 원자 1개와 수소 원자 2개가 모인 것이다. (a) 산소 원자는 수소 원자와 전자 1개씩을 공유한다. (b) 물 분자의 3차원적 구조.

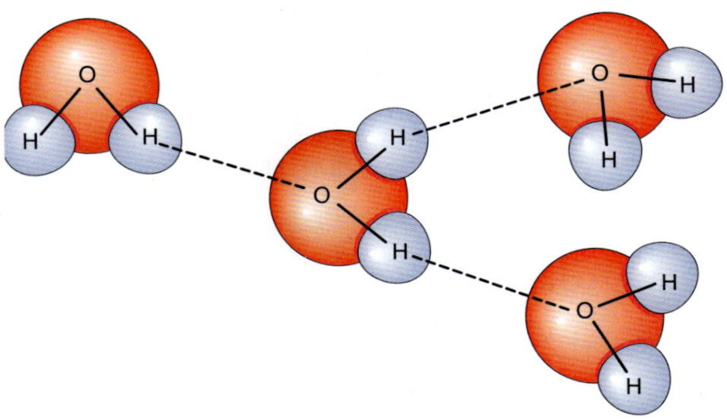

그림 2.10 물 분자들의 수소결합

수소결합은 세포에서 단백질의 형태를 결정한다. 단백질을 구성하는 극성 아미노산의 작용기는 주변의 물 분자들과 수소결합을 이루지만, 비극성 폴리펩티드 부위는 단백질의 안 쪽으로 모인다.

어당기는 작용이 효과가 있다. 수소결합은 아주 약해서 실제로 안정된 분자를 만들 수는 없다. 그 대신 수소결합은 약한 상호작용이 많이 모여서 튼튼한 결합을 만든다. 수소결합은 생물학적으로 중요한 여러 가지 분자의 형태를 안정화시키는데, 이 경우 분자의 특정 부위가 다른 부위를 끌어당기게 한다. 단백질은 큰 분자이고 생물체에서 여러 모로 중요한데, 단백질 분자의 여러 부위 사이에 수소결합이 일어나 접혀져서 독특하고 복잡한 모양이 된다.

표 2-2 물의 중요한 특성

특 성	설 명
열의 저장	수소결합이 끊어질 때 열을 흡수하고 연결될 때 열을 방출하므로 온도 변화가 적다.
얼음의 형성	얼음 결정에서 물 분자는 수소결합 때문에 규칙적으로 멀리 떨어져 배열된다.
높은 기화열	많은 수소결합이 끊어져야 물은 수증기가 된다.
응집력	수소결합이 물 분자들을 서로 잡아당긴다.
높은 극성	물 분자는 이온 및 극성 화합물을 끌어당긴다.

2.4 **원자들이 서로 연결되어 분자가 될 경우 주로 공유결합이 일어나는데, 전자를 공유하므로 아주 강한 결합이 생긴다.**

2.5 수소결합으로 인해 물의 특성이 나타난다

지구 표면의 3/4은 물로 덮여 있다. 인체의 2/3가 물이고 물 없이는 오래 살 수가 없다. 모든 생물은 물이 필요하다. 열대우림에는 많은 생물이 사는 반면 사막에는 비가 온 후를 제외하고는 생물이 거의 없는 것은 우연이 아니다. 따라서 생물의 화학 반응에서는 물이 아주 중요하다.

물은 구조가 간단해서 산소 원자 1개가 수소 원자 2개에 공유결합으로 연결된다. 물의 분자식은 그래서 H_2O이다. 산소 원자가 공유전자를 수소 원자보다 더 강하게 끌어당기므로 물은 극성 분자이고 수소결합이 가능하다. 물의 수소결합으로 생물체의 화학적 구조인 막의 구조나 단백질의 구조가 결정된다.

약한 수소결합이 물 분자의 수소 원자와 다른 물 분자의 산소 원자 사이에 생기면 액체인 물에서는 수소결합의 격자가 만들어진다. 각 수소결합은 아주 약하고 순간적이어서 하나의 결합은 겨우 천억분의 1초 동안 유지된다. 그러나 티끌 모아 태산이 되듯이 수많은 수소결합이 모인 효과는 엄청나서 여러 가지 중요한 물의 물리적 특성을 나타낸다 (표 2.2).

열의 저장

물질의 온도는 그 구성 분자들의 움직이는 정도를 나타내는 지표가 된다. 많은 수소결합이 물 분자들을 서로 연결하므로 액체인 물의 구조가 깨지고 온도가 올라

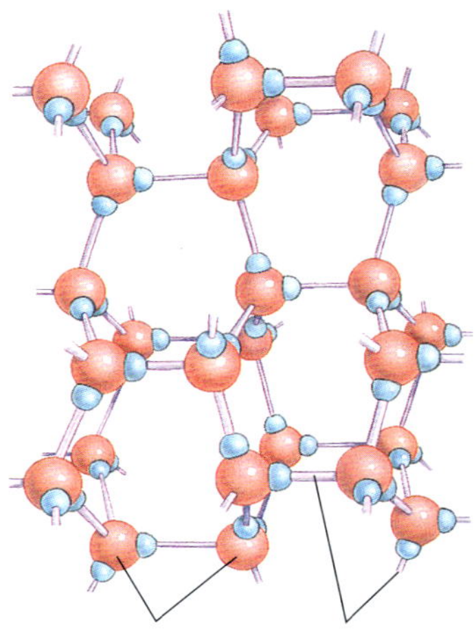

그림 2.11 얼음의 형성

물이 0℃ 이하가 되면 규칙적인 결정 구조가 되어 물 위에 뜬다. 각각의 물 분자는 수소결합에 의해 멀리 떨어지고 위치가 고정된다.

가는데 많은 열에너지가 필요하다. 따라서 물은 대부분의 다른 물질보다 온도가 느리게 올라가고, 온도가 오랫동안 일정하게 유지된다. 그러므로 사람의 체온이 어느 정도 일정하게 유지되는 것이다.

■ 얼음의 형성

온도가 충분히 낮아지면 수소결합은 극히 일부만 끊어지고 수소결합의 격자는 결정과 비슷한 구조로 되는데, 이것이 바로 얼음이다(그림 2.11). 얼음은 물보다 밀도가 낮으므로 빙산이 물에서 뜨게 된다. 물이 얼음보다 밀도가 낮은 이유는 무엇일까? 수소결합은 물 분자들을 멀리 떨어지게 하므로 물 분자들이 더 이상 접근하지 못하게 되는 것이다.

■ 높은 기화열

온도가 충분히 높아지면 물 속의 수소결합이 많이 끊어지고 액체는 기체로 변한다. 이 과정에 엄청난 열에너지가 필요한데, 물 1g이 피부에서 증발할 때 우리 몸에서 586칼로리의 열을 제거하는데, 이는 물 586g의 온도를 1℃ 낮추는데 필요한 에너지와 같다.

■ 응집력

물 분자는 극성이 매우 커서 다른 극성 분자들을 끌어당기므로 접착제처럼 극성 분자들을 서로 연결시킨다. 그 다른 극성 분자가 물 분자일 경우 끌어당기는 힘을 응집력(cohesion)이라고 한다. 물의 표면장력은 응집력 때문에 생긴다(그림 2.12). 그 다른 극성 분자가 물 이외의 물질일 경우 끌어당기는 힘을 흡착력(adhesion)이라고 한다. 좁은 유리관에서 물이 상승하는 모세관현상은 흡착력 때문이다. 물은 어떤 물질이던지 달라붙는데 유리에서도 수소결합이 일어난다. 흡착

(a)

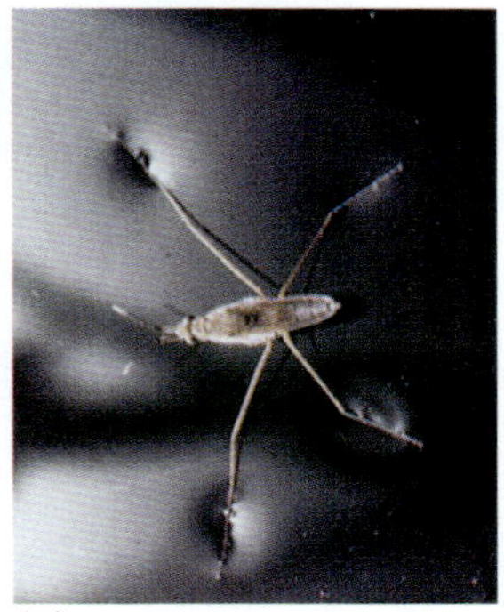

(b)

그림 2.12 응집력

(a) 응집력 때문에 물 분자들이 모여서 작은 방울을 만든다. (b) 표면장력은 응집력 때문인데, 이는 수소결합의 힘으로 물이 강한 표면을 가지는 것이다. 소금쟁이 같은 곤충은 물 위를 걸어 다닌다.

력 때문에 무슨 물건이든지 물에 담그면 젖는데, 비극성 분자인 왁스를 함유한 물질은 젖지 않는다.

■ 높은 극성

물 분자는 용액에서 수소결합이 최대로 많이 일어나려는 경향이 있다. 극성 분자들은 수소결합을 하고 물 분자를 잘 끌어당긴다. 극성 분자를 친수성(hydrophilic) 분자라고 하는데 친수성은 '물(hydros)'과 '친한(philic; loving)'의 합성어다. 물 분자들은 전하를 띠는 물질이면 완전히 하전된 이온이나 부분적으로 하전된 극성 분자를 가리지 않고 그 주변에 가까이 모여든다. 설탕입자가 물에 녹으면 각각의 설탕 분자가 결정에서 떨어져 나오고 물 분자에 둘러 싸이는데, 이는 약간 극성을 가진 수산기(OH^-)가 끌어당기기 때문이다. 물 분자들이 각 설탕 분자 주변에 배열하는 것은 마치 파리 떼가 꿀에 모이는 것처럼 보이는데, 이 물 분자의 막 때문에 설탕 분자는 다시 결정이 되지 못한다. 마찬가지

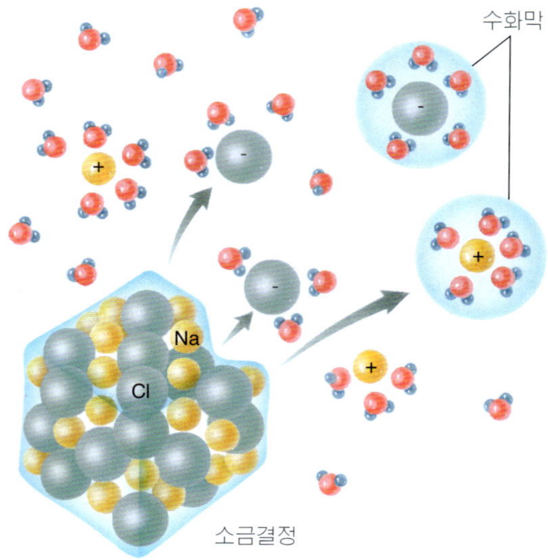

그림 2.13 물에 녹는 소금

소금은 물에 잘 녹는데, 부분적으로 하전된 물 분자들이 하전된 나트륨과 염소 이온에 끌어당겨지기 때문이다. 물 분자들이 이온을 둘러싸면 수화막(hydration shell)이 생긴다. 이온들이 모두 결정에서 분리되면 소금이 용해되었다고 말한다.

로 모든 극성 분자 주변에는 물의 막이 생기는데, 이와 같이 극성 분자가 물에 녹는 것을 수용성이라고 한다(그림 2.13).

기름 같은 비극성 분자는 수소결합이 생기지 않으며 물에 녹지 않는다. 비극성 분자가 물에 있으면 물 분자들은 멀어지고 그 대신 다른 물 분자들과 수소결합을 한다. 비극성 분자들은 서로 함께 모여서 물의 수소결합에 의한 분열이 최소화된다. 이는 마치 비극성 화합물들이 물과 접촉할 때 줄어드는 것처럼 보이는데, 이 때문에 소수성(hydrophobic)이라고 한다. 소수성은 그리스말로 '물(hydros)'과 '무서운(phobos; fearing)'의 합성어다. 많은 생물체 내 구조가 이런 소수성 힘에 의해 생긴다. 예를 들어 여러 단백질 중 몇 부위가 소수성인데, 이들 부위가 서로 접근하려는 힘 때문에 물은 이런 단백질이 용액에서 특별한 모양이 되게 한다.

2.5 물 분자들은 액체 상태에서 수소결합의 격자를 만들고 다른 극성 분자들을 녹인다. 물의 여러 가지 중요한 성질은 물의 수소결합을 끊는데 많은 에너지가 필요한 것과 관련이 있다.

2.6 물의 이온화

물 분자 내부의 공유결합이 저절로 끊어지는 경우가 있다. 순수한 물은 25℃에서 5억 5천만 개의 물 분자 중 1개에서 이런 일이 일어난다. 이 경우 양성자 1개(수소 원자의 핵)가 물 분자에서 분리된다. 분리된 양성자는 산소와 공유결합시 공유하던 음전하의 전자가 없으므로, 양전하의 수소이온(H^+)이 된다. 분리된 물 분자의 나머지는 공유결합시 공유하던 전자가 남아 있어서 음 전하의 **수산이온**(hydroxide ion; OH^-)이 된다. 이처럼 저절로 이온이 만들어지는 과정을 이온화(ionization)라고 한다. 이 과정을 간단한 화학식으로 나타내면, 물이 이온 2개로 이온화되고 화살표는 그 방향을 가리킨다.

$$H_2O \rightarrow OH^- + H^+$$

물 수산이온 수소이온

공유결합이 강하므로 이온화가 저절로 일어나는 경우는 흔하지 않다. 물 1리터에서 5억 5천만개 중 한 분자가 이온화되고, 이는 1/10,000,000(10-7) 몰의 수소이온에 해당하는데, 1몰은 한 분자의 질량을 그램으로 나타낸 무게로서 이 경우는 1그램이다. 물의 수소이온 농도를 좀더 간단하게 나타내려면 분모에서 숫자 "1" 다음에 오는 소수점 이하의 자리수를 세면 된다.

$$[H^+] = \frac{1}{10,000,000}$$

pH

용액의 수소이온 농도를 보다 편리하게 나타내는 방

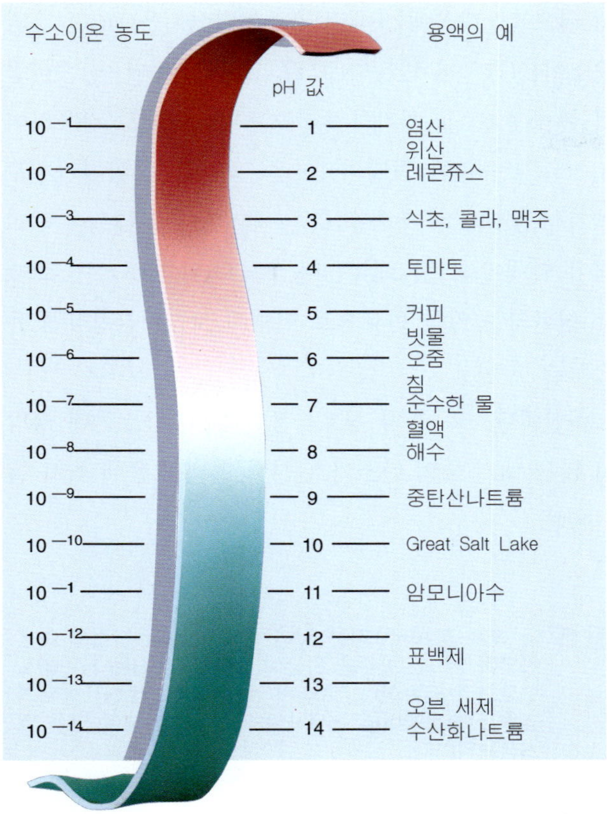

그림 2.14 pH 지수

용액 속의 수소이온 수에 따라 나타내는데, 로그값이므로 1의 차이는 수소이온 농도 10배의 변화를 나타낸다. 따라서 레몬 쥬스는 토마토보다 100배 더 산성이고, 바닷물은 순수한 물보다 10배 더 알카리성이다.

법이 pH 눈금이다(그림 2.14). 여기서 pH는 용액의 수소이온 농도를 음의 로그값으로 나타낸 것이다.

$$\mathbf{pH = -\log[H^+]}$$

수소이온 농도의 로그값이 단순히 몰 농도의 지수이므로, pH는 지수에 -1을 곱한 값이다. 순수한 물의 수소이온 농도가 1 리터당 10^{-7}몰이므로 pH는 7이다. 물이 해리될 때 수소이온이 생기는 만큼 수산화이온도 생기므로, 물이 해리되면 H^+와 OH^-는 같은 양이 생긴다고 할 수 있다. 따라서 pH 7은 중성을 나타내는데, 이는 pH 지수에서 H^+와 OH^- 사이의 중간에 해당한다.

pH 지수가 로그값이므로 pH 1의 차이는 10배의 수소이온 농도 차이를 뜻한다. 즉 pH 4인 용액은 pH 5보다 수소이온 농도가 10배이다.

산

물에 해리되어 수소이온 농도를 증가시키는 물질을 산이라고 한다. 산성용액은 pH가 7 이하이다. 강한 산일수록 수소이온이 많고 pH가 더 낮다. 예를 들어 사람의 위에 많은 염산(HCl)은 물에서 완전히 이온화된다. 즉 1리터당 10^{-1} 몰의 염산이 해리되어 1리터당 10^{-1}몰의 수소이온이 생기고 pH는 1이다. 샴페인 속에는 탄산이 녹아 있어서 거품이 생기는데 pH가 약 2이다.

염기

물에 녹았을 때 수소이온과 결합하는 물질을 염기라고 한다. 수소이온과 결합하므로 염기는 용액의 수소이온 농도를 낮춘다. 따라서 염기성(알카리성) 용액은 pH가 7보다 높다. 수산화나트륨(NaOH) 같은 강염기는 pH가 12 이상이다.

완충제

살아 있는 모든 세포의 내부와 다세포생물의 세포를 둘러싸는 용액의 pH는 거의 7에 가깝다. 대사작용을 조절하는 단백질들은 pH 변화에 아주 민감해서 pH가 조금만 변해도 구조가 변하고 활성이 떨어진다. 그래서 세포는 일정한 pH 수준을 유지하는 것이 중요하다. 사람의 혈액은 pH가 7.4인데, 7.0으로 낮아지거나 7.8로 높아지면 수 분 안에 죽게 된다.

그런데 생물의 화학 반응으로 세포 안에는 산과 염기가 계속 생긴다. 더구나 많은 동물이 산성이나 염기성 물질을 먹는다. 예를 들어 콜라는 산성이다. 생물은 어떻게 pH를 일정하게 유지할까? 세포에는 완충제가 있어서 H^+와 OH^-의 농도 변화를 최소화시킨다(그림 2.15).

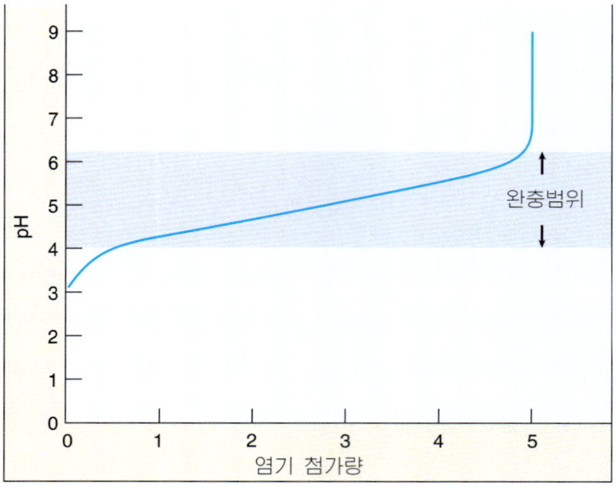

그림 2.15 pH 변화를 최소화시키는 완충제

용액에 염기를 가하면 산의 일부를 중화해서 pH가 올라간다. 곡선이 오른 쪽으로 갈수록 염기성이 강하고 pH도 높아진다. 완충제는 좁은 pH 범위에서 아주 천천히 pH를 변화시키는데, 이 범위를 완충제의 완충범위(buffer range)라고 한다.

완충제(buffer)는 수소이온의 저장고로 작용하는 물질로서 수소이온 농도가 낮아지면 용액으로 수소이온을 내놓고, 농도가 높아지면 용액에서 수소이온을 제거한다. 어떤 물질이 이런 역할을 할까? 생물에서는 대부분의 완충제가 짝을 이루어 하나는 산으로 다른 하나는 염기로 작용한다. 사람의 혈액에서 주된 완충제는 탄산(산)과 중탄산염(염기)으로 구성된 산-염기 쌍이다. 이 두 물질은 한 쌍의 가역 반응에서 상호작용한다. 먼저 이산화탄소(CO_2)와 물(H_2O)이 만나 탄산(H_2CO_3)이 되고, 그 다음에는 해리되어 중탄산이온(HCO_3^-)과 수소이온(H^+)을 만든다(그림 2.16). 산이나 어떤 물질이 혈액에 H^+을 첨가하면 $HCO3^-$이 염기로 작용하여 H_2CO_3을 만들어 과잉의 H^+을 제거한다. 마찬가지로 염기성 물질이 혈액에서 H^+을 제거하면 H_2CO_3이 해리되어 혈액에 H^+을 내놓는다. H_2CO_3과 HCO_3^-이 교대로 전환되는 양쪽 반응으로 혈액의 pH가 일정하게 유지되는 것이다.

이산화탄소와 물의 상호작용이 매우 중요한데 상당히 많은 대기 중의 탄소가 탄산의 형태로 물에 녹아 들어온다.

2.6 **물 분자 중 아주 적은 양이 어느 순간에 저절로 이온화되어 H^+와 OH^-를 만든다. 용액의 pH는 H^+ 농도 로그값의 역수이다. 그래서 pH가 낮으면 H^+ 농도가 높은 산성용액이며, pH가 높으면 H^+ 농도가 낮은 염기성용액이다.**

2.7 고분자 합성과 분해

생물체는 수천 가지 다양한 분자로 되어 있으나 대부분이 탄수화물, 지질, 단백질 및 핵산의 네 종류이다. 이 네 종류의 **고분자**(macromolecule)는 매우 크고 세포 자체와 세포안의 여러 구조물을 구성하는 성분이다.

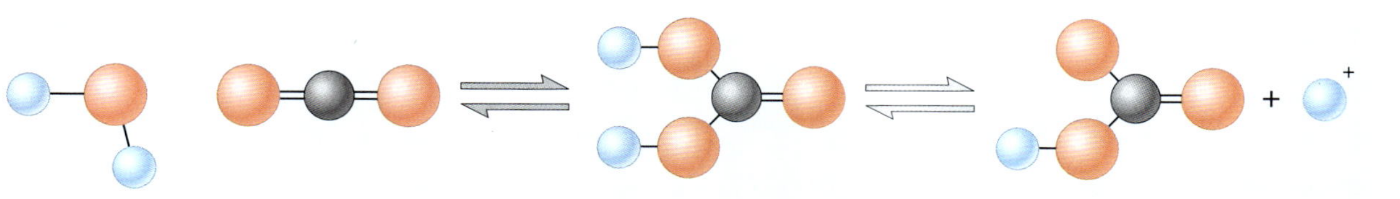

그림 2.16 탄산과 중탄산염의 완충작용

이산화탄소와 물이 화학적으로 결합하여 탄산을 만들고 탄산은 물에서 해리되어 수소이온을 내놓는다. 사람의 혈액에 수소이온이 첨가되면 중탄산이온이 염기로 작용하여 과잉의 수소이온을 제거하여 탄산을 만든다. 마찬가지로 혈액에서 수소이온이 어느 정도 제거되면 탄산이 해리되어 수소이온을 방출한다.

작용기	구조식	모 형	예
수산기	$-OH$	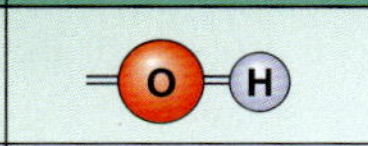	알코올
카르보닐기	$-\overset{\|}{C}-$ ‖ O	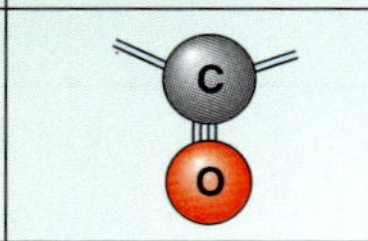	포름알데히드
카르복실기	$-C(=O)OH$	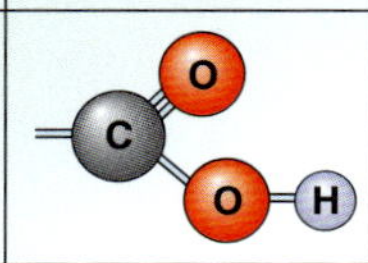	식초
아미노기	$-N(H)H$	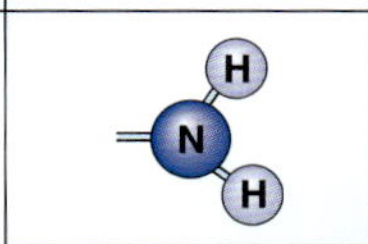	암모니아
메르캅토기	$-S-H$	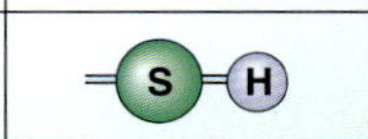	고무
인산기	$-O-P(=O)(O^-)-O^-$	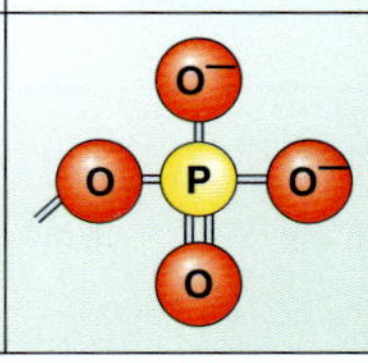	ATP

그림 2.17 여섯 가지 중요한 작용기

생물체 내의 화학 반응에서는 대부분 하나의 작용기가 분자에서 다른 분자로 이동하거나 탄소-탄소 결합이 끊어진다.

생물체의 고분자는 보다 작은 성분들이 함께 모여 조립되는데, 이는 긴 기차가 여러 개의 객차로 연결된 것과 같다. 비슷한 기본단위들이 모여 긴 사슬로 된 분자를 **중합체**(polymer)라고 한다. 유기화합물(organic molecule)은 생물이 만든 분자로서 탄소를 중심으로 특별한 집단들이 부착하여 구성된다. 이들 원자의 집단은 특별한 화학적 성질을 가지며, **작용기**(functional group)라고 한다. 작용기는 화학 반응에서 하나의 단위로 작용하며 같은 작용기를 가진 분자마다 화학적 성질이 독특하다. 여섯 가지 중요한 작용기를 그림 2.17에 나타내었다.

고분자의 합성과 분해

네 종류의 고분자는 각각의 기본단위가 똑 같은 방법으로 모인 것이다. 즉 공유결합이 2개의 기본단위 사이에 생기는데, 수산기(OH)가 하나의 기본단위에서 제거되고 또 다른 기본단위에서는 수소(H)가 제거된다. 이 과정을 **탈수결합**(dehydration synthesis)이라 하는데, OH와 H가 제거되는 것이 물 한 분자의 제거와 같기 때문이며, 탈수란 물을 제거한다는 뜻이다(그림 2.18a). 이 과정에서는 **효소**(enzyme)라는 특별한 종류의 단백질이 필요한데, 효소는 분자들의 위치를 조정함으로써 정확한 화학결합이 이루어지도록 한다.

분자가 쪼개지는 과정은 음식물 중의 단백질이나 지방처럼 탈수결합과 정반대로서 물 한 분자가 첨가된다. 물 한 분자가 첨가되면 수소가 하나의 기본단위에 결합하고 수산기는 다른 기본단위에 결합하며 공유결합은 끊어진다. 중합체가 이런 방법으로 끊어지는 것을 **가수분해**(hydrolysis)라고 한다(그림 2.18b).

2.7 **고분자는 기본단위들이 함께 연결되어 긴 사슬로 된 것인데, 각 연결마다 물이 한 분자씩 제거된다.**

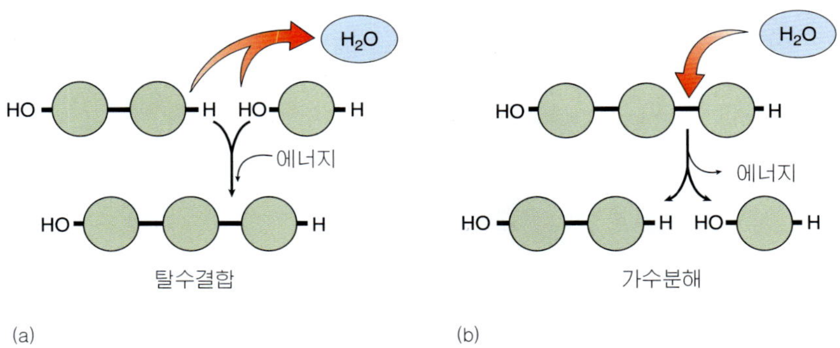

그림 2.18 탈수결합과 가수분해

(a) 생물체의 분자는 기본단위들이 연결되어 생긴다. 기본단위 사이의 공유결합은 탈수결합인데, 이 과정에서 물 한 분자가 제거된다. (b) 탈수결합이 끊어지려면 물 한 분자가 첨가되어야 하는데, 이를 가수분해라고 한다.

표 2.3 고분자의 종류와 기능

	고분자	기본 단위	기 능
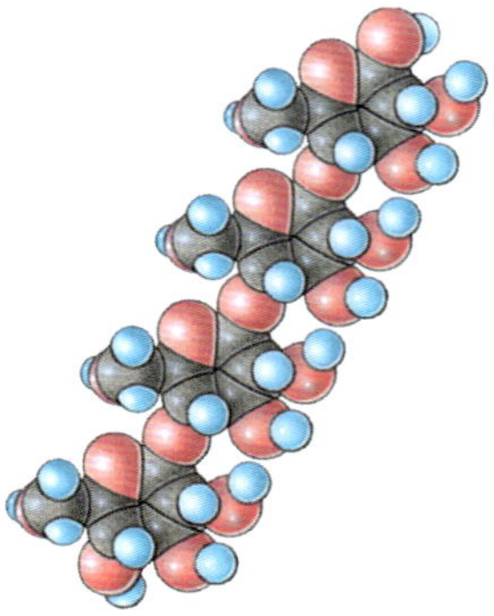 탄수화물 (녹말)	**탄수화물**		
	녹말, 글리코겐	포도당	에너지원
	섬유소	포도당	식물의 세포벽 성분
	키틴	포도당의 유도체	곰팡이의 세포벽, 곤충의 외골격
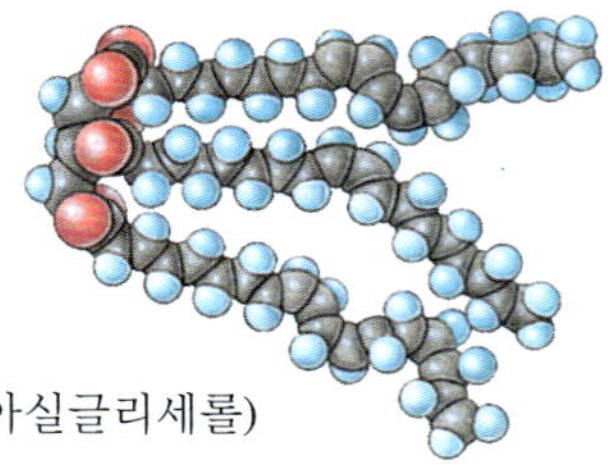 지질 (트리아실글리세롤)	**지 질**		
	지방	글리세롤 + 지방산 3분자	에너지원
	인지질	글리세롤 + 지방산 2분자 + 인산염	세포막의 성분
	스테로이드	탄소고리 화합물 4분자	신호전달(호르몬)
	테르펜	긴 탄소사슬	광합성의 색소
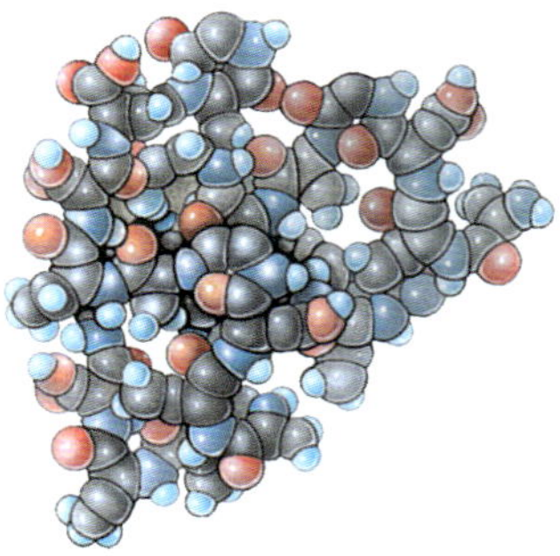 단백질 (효소)	**단백질**		
	구형 단백질	아미노산	촉매작용
	구조 단백질	아미노산	지지 및 구조
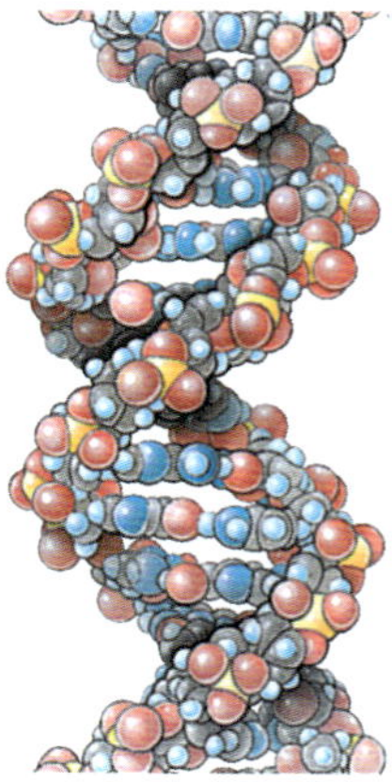 핵산 (DNA)	**핵 산**		
	DNA	뉴클레오티드	유전정보의 암호화
	RNA	뉴클레오티드	유전정보의 전사

2.8 탄수화물

탄수화물은 세포의 기본골격을 만들고 에너지원으로 중요하다. **탄수화물**(carbohydrates)은 탄소, 수소 및 산소가 1 : 2 : 1의 비율로 들어 있는 분자이다. 탄수화물 중에서 단당류나 이당류는 **단순탄수화물**(simple carbohydrates)이고, 긴 중합체는 **복합탄수화물**(complex carbohydrates)이다(그림 2.19). 탄수화물은 탄소-수소(C-H) 결합을 많이 가지므로 에너지원으로 적당하다. 생물들은 이런 C-H 결합을 분해하여 에너지를 얻는다.

그림 2.19 복합탄수화물로 만들어진 게의 외골격

복합탄수화물인 키틴(chitin)은 갑각류와 곤충을 포함한 무척추동물의 외골격과 곰팡이의 세포벽을 구성하는 주성분이다.

■ 단순탄수화물

가장 간단한 탄수화물이 **단당류**(monosaccharides)이다. 단당류의 분자는 1개의 기본단위로 구성된다. 예를 들어 포도당(glucose)은 우리 몸에서 세포로 에너지를 운반하는 당인데, 탄소 6개로 구성된 6탄당이고 분자식은 $C_6H_{12}O_6$이다(그림 2.20). 또 다른 단순탄수화물인 이당류(disaccharide)는 단당류 2개가 연결된 것이다. 설탕(sucrose)은 6탄당 2개가 연결된 이당류이다(그림 2.21).

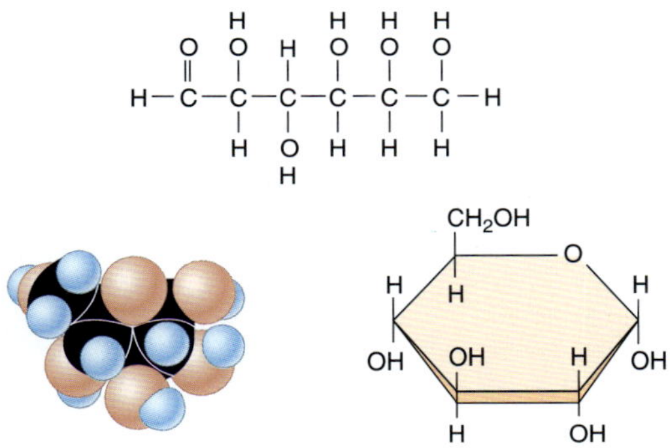

그림 2.20 포도당의 구조

단당류인 포도당은 탄소가 6개인 선형 분자인데 물 속에서 고리모양이 된다. 포도당을 세 가지 방법으로 나타낼 수 있다.

■ 복합탄수화물

생물은 대사에 필요한 에너지를 저장하는데, 수용성 당분을 불용성으로 바꿔서 몸의 특정한 저장 부위에 모은다. 이 경우 당분을 서로 연결하여 긴 중합체 사슬인

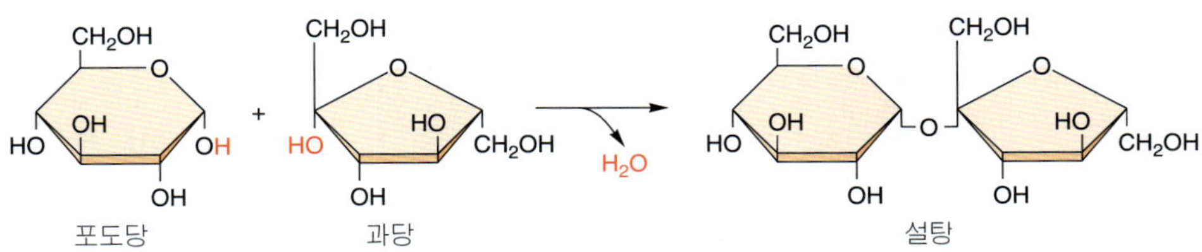

그림 2.21 설탕의 형성

2당류이인 설탕은 포도당과 과당이 탈수결합으로 만들어진다.

다당류(polysaccharide)를 만든다. 식물과 동물이 에너지를 저장할 때 포도당으로 만든 다당류를 이용한다. 식물이 에너지를 저장하는 다당류는 **녹말**(starch)이다. 동물은 에너지를 글리코겐(glycogen)으로 저장하는데, 불용성이고 매우 길며 가지가 많이 퍼진 다당류이다.

식물과 동물은 포도당 사슬로 몸의 구조를 만들기도 하는데, 기본단위들이 연결되는 방식이 달라서 대부분의 효소가 작용할 수 없다. 키틴(그림 2.19)과 셀룰로오스(식물의 세포벽 성분)는 모두 중합체로서 긴 사슬 모양의 기본단위들이 모인 것이다.

2.8 탄수화물은 탄소, 수소 및 산소 원자로 구성된다. 탄수화물에서 에너지는 C-H 결합에 저장된다.

2.9 지질

장기간 저장을 위해 생물은 포도당을 지방으로 바꾸는데, 지방은 C-H 결합이 더 많은 저장 분자이다. 물에 불용성이지만 기름에 녹는 지방 및 기타 생물체내 분자를 **지질**(lipid)이라고 한다. 지질이 물에 불용성인 이유는 녹말처럼 긴 사슬이기 때문이 아니라 비극성이기 때문이다. 물에서 지방 분자가 덩어리로 모이는 것은 물 분자와 수소결합을 하지 않기 때문이다.

지방

지방 분자는 두 가지 기본단위인 지방산과 글리세롤로 구성된다. 지방산(fatty acid)은 탄화수소의 긴 사슬로서 카르복실기(-COOH)로 끝난다. 글리세롤의 탄소 3개는 기본골격이 되고 여기에 지방산 세 분자가 탈수결합으로 부착하면 지방 분자가 된다(그림 2.22). 세 분자의 지방산이 모인 분자이므로 지방을 트리아실글리세롤(triacylglycerol)이라고 한다.

지방산이 내부의 탄소 원자마다 수소를 2개씩 가지면 수소 원자의 수가 최대로 된다. 이런 지방산으로 구성된 지방을 **포화**(saturated)되어 있다고 한다(그림 2.23a). 그러나 탄소 원자 사이에 한 쌍 이상의 이중결

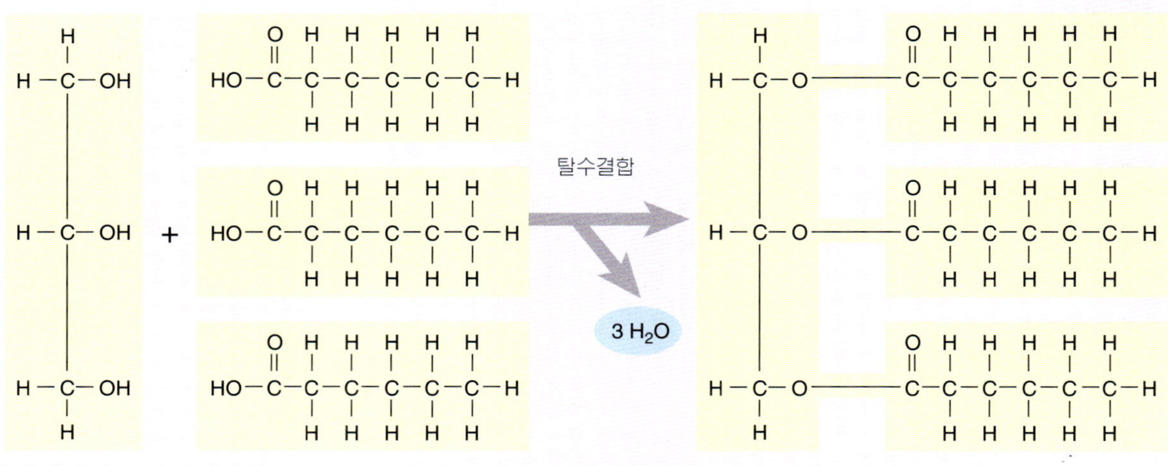

그림 2.22 지방 한 분자의 형성

이 지방 분자는 트리아실글리세롤이고 탈수결합으로 만들어지는데, 글리세롤이 지방산 세 분자에 붙어 있다.

을 과잉 섭취하면 콜레스테롤이 혈관을 막히게 하거나 고혈압, 심장병, 심장마비 등을 일으킨다. 남성과 여성의 성호르몬도 스테로이드이다. 기타 중요한 생물의 지질은 고무, 왁스, 색소 등인데, 색소 중 엽록소는 식물이 녹색을 띠게 하고 레티날은 사람의 눈에서 빛을 감지하는데 이용된다.

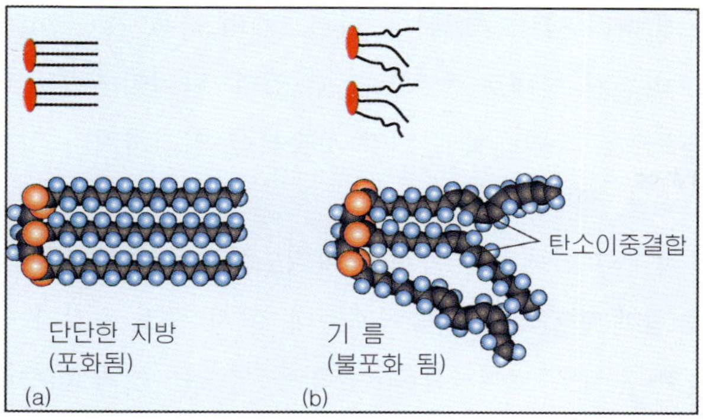

그림 2.23 포화 지방과 불포화 지방

(a) 동물성 지방은 대부분 포화되어 있다. 모든 탄소 원자가 수소 원자를 최대로 가진다. 지방산의 사슬이 가까이 모이고 이런 트리아실글리세롤은 잘 움직이지 않는 배열로서 단단한 지방이 된다. (b) 식물성 지방은 대부분 불포화되어서 트리아실글리세롤의 사이가 가까와지지 않아 액체인 기름이 된다.

2.9 지질은 물에 녹지 않는다. 지방은 지방산의 사슬을 기본단위로 가지며 에너지를 저장한다.

합을 가진 지방산으로 구성되면 최대 수소 원자보다 적은데, 이런 지방은 불포화(unsaturated)되어 있다고 한다(그림 2.23b). 식물에는 불포화 지방산이 많지만, 동물에는 포화 지방산이 많고 고체상태로 존재한다.

■ 기타 지질

우리 몸에는 다양한 지질이 있어서 에너지 저장 이외에도 세포의 여러 가지 기능을 담당한다. 세포의 막성분은 지방이 변화된 **인지질**(phospholipid)로 구성되어 있다. 인지질은 한 쪽 끝에 극성기를 가지며 비극성인 2개의 긴 꼬리를 가진다. 물 속에서 인지질의 비극성 말단은 엉키고 비극성 꼬리들은 안쪽으로 향하므로 인지질의 이중층이 된다. 막에는 또 다른 지질인 **스테로이드**(steroid)가 있는데, 4개의 탄소고리가 모인 것이다. 대부분의 동물 세포막에는 스테로이드인 콜레스테롤이 있다. 포화 지방

2.10 단백질

단백질은 생물의 몸을 구성한다. 효소는 화학 반응이 시작되는데 필요한 에너지를 낮추는 단백질이다. 테니스 라켓 줄의 콜라겐, 새 깃털의 케라틴, 거미줄의 비단실, 머리카락 등은 구조단백질이다(그림 2.24). 연골,

(a)

(b)

(c)

그림 2.24 구조단백질

(a) 테니스 라켓의 줄, (b) 새의 깃털, (c) 머리칼 등은 잘 알려진 구조단백질이다.

경골 및 힘줄에는 모두 구조단백질인 콜라겐이 있다. 케라틴도 구조단백질인데 코뿔소의 뿔과 새의 깃털을 만든다. 또 다른 단백질들은 뇌와 몸 전체에서 화학적 전달자로 작용한다.

단백질은 기본적인 구조가 모두 같아서 아미노산의 기본단위가 길게 모인 중합체 사슬이다.

아미노산(amino acids)은 기본 구조가 단순한 작은 분자로서 중심 탄소 원자에 아미노기($-NH_2$), 카르복실기($-COOH$), 수소원자(H), 그리고 R로 표시되는 작용기가 붙어 있다. 아미노산의 종류는 20가지이다.

각 아미노산이 화학적 골격은 같지만 작용기에 따라 아미노산의 종류가 달라진다. 아미노산의 작용기 중 6개는 비극성이고, 아주 커다란 고리 구조인데 이런 작용기를 가진 아미노산을 방향족이라고 한다. 또 다른 6개의 작용기는 극성이지만 하전되지 않으며, 극성의 정도에 따라 서로 구별된다. 다른 5개의 작용기는 극성이고 하전된 형태로 이온화될 수 있다. 나머지 3개는 화학적으로 특별해서 단백질 사슬들을 연결하거나 입체 구조를 만드는데 중요하다.

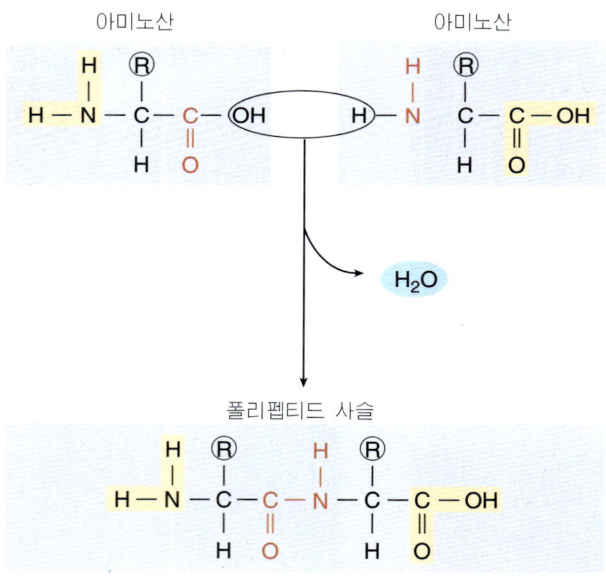

그림 2.25 펩티드결합의 형성

모든 아미노산은 기본적인 구조가 같아서 한쪽 끝은 아미노기를 가지고 그 반대 쪽에는 카르복실기가 있다. 다른 점이 있다면 "R"로 표시된 작용기 부분이다. 아미노산들이 탈수결합으로 연결되면 펩티드결합이 된다. 이와 같이 연결된 아미노산들의 사슬을 폴리펩티드라고 하는데, 단백질 구조의 기본적인 요소가 된다.

각각의 단백질은 특정한 아미노산들이 독특한 순서로 함께 연결되어 만들어지는데, 마치 특정 문자가 독특한 순서로 모여 하나의 문장을 만드는 것과 비슷하다. 아미노산 2개를 함께 연결하는 공유결합을 **펩티드 결합**(peptide bond)이라고 하며(그림 2.25), 아미노산들이 펩티드결합으로 길게 연결된 사슬을 **폴리펩티드**(polypeptide)라고 한다. 사람의 적혈구에 있는 헤모글로빈 단백질은 폴리펩티드 사슬 4개가 모인 것이다.

단백질의 구조

폴리펩티드 사슬의 아미노산 배열을 그 폴리펩티드의 **1차 구조**라고 한다(그림 2.26). 일부 아미노산이 비극성이고 나머지는 극성이어서 단백질 사슬은 비극성 부위들이 함께 모이고 접히게 된다. 이런 최초의 접힘을 단백질의 **2차 구조**라고 한다. 마지막 3차원적 형태인 단백질의 **3차 구조**는 접히고 꼬여서 둥근 모양의 분자가 되는데, 단백질 사슬에서 비극성 아미노산의 부위에 따라 구조가 결정된다. 단백질이 2개 이상의 폴리펩티드 사슬로 구성될 경우 몇 개의 사슬이 모인 공간적 배열을 단백질의 **4차 구조**라고 한다.

단백질의 형태는 대개 아미노산의 작용기들이 물과 상호작용해서 나타나는데, 폴리펩티드의 비극성 부위는 단백질의 안쪽으로 밀려 들어가게 된다. 만일 단백질의 외부 환경에서 극성이 변하면 단백질이 펴지는 **변성**(denaturation)이 일어난다. 용매의 극성이 원래의 상태로 되면 단백질은 저절로 다시 접힌다.

많은 구조단백질은 길다란 끈 모양으로서 세포의 골격으로 작용하여 구조와 형태를 결정한다. 효소 단백질은 홈이나 오목한 부위가 있는 3차원 구조로서 이 부위는 특정 탄수화물이나 기타 화합물에 정확히 들어 맞는다. 홈 속에 화합물이 잘 들어맞으면 반응이 촉진되고, 화합물이 효소에 의해 구부러지면 화학결합이 스트레스를 받는다. 화학 반응이 촉진되는 과정을 촉매작용(catalysis)이라고 하며, 단백질은 세포의 촉매제로서 화학결합이 일어나는 장소와 시기를 조절한다.

> **2.10** **단백질은 아미노산이 사슬처럼 연결되어 복잡하게 접힌 것이다. 단백질의 형태는 아미노산 배열에 따라 다른데 단백질의 기능을 결정한다.**

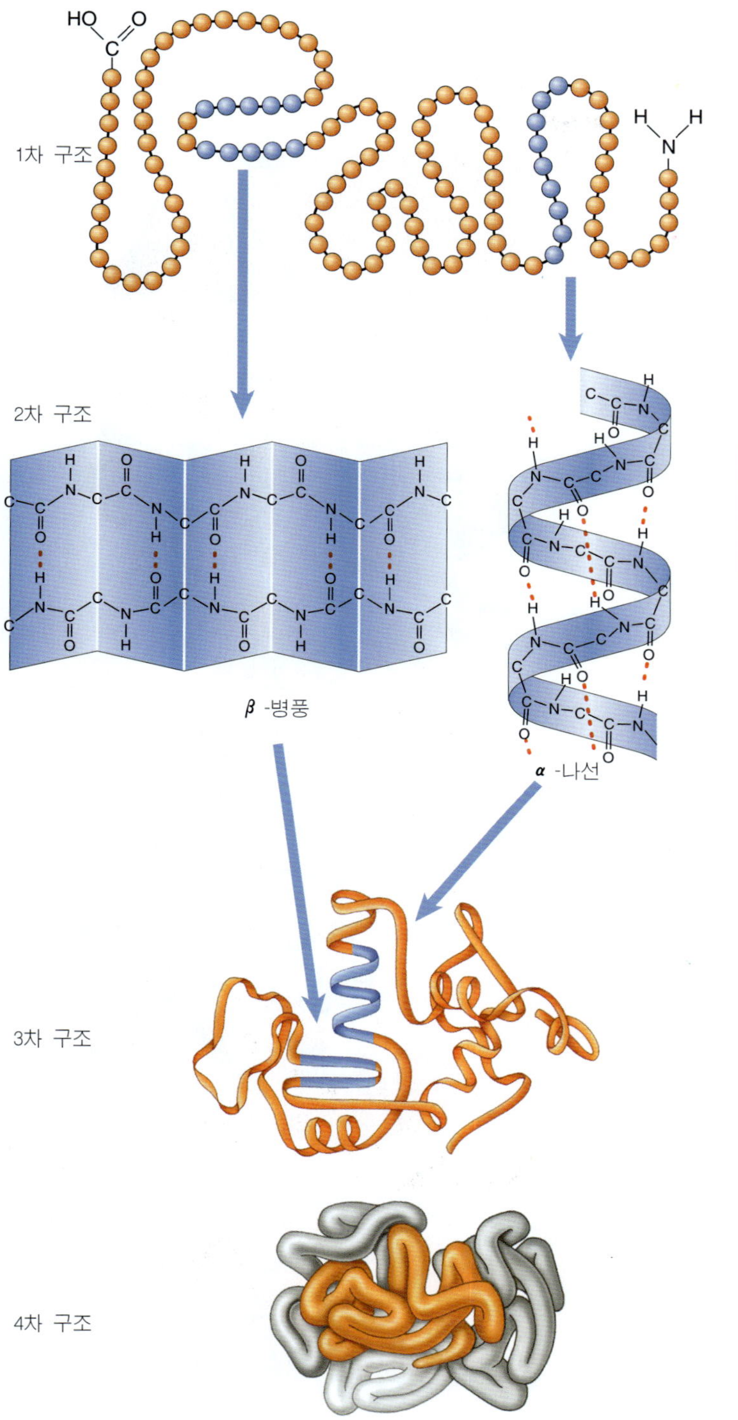

그림 2.26 단백질의 형태를 좌우하는 1차 구조

단백질의 1차 구조는 아미노산의 배열순서이다. 아미노산의 사슬이 휘거나 주름이 지면 2차 구조가 되는데, 이는 사슬 내부에 부분적으로 생기는 수소결합 때문이다. 사슬이 더 복잡하게 접히면 3차 구조가 된다. 2개 이상의 단백질사슬이 함께 모이면 4차 구조가 된다.

2.11 핵산

핵산(nucleic acid)은 **뉴클레오티드**(nucleotide)라는 기본단위가 반복되어 연결된 길다란 중합체이다. 각각의 뉴클레오티드는 세 부분으로 구성되는데, 5탄당, 인산기(PO_4), 질소를 가진 염기성 유기물이다(그림 2.27). 핵산이 만들어질 때 각 5탄당은 인산기에 의해 한 줄로 연결되어 −[5탄당]−인산기−[5탄당]−인산기−와 같이 아주 긴 **폴리뉴클레오티드 사슬**이 된다.

뉴클레오티드는 네 종류가 있는데, 2개는 아데닌과 구아닌으로서 크고, 2개는 시토신과 티민으로서 작다. 핵산이 정보를 암호화할 때는 중합체의 각 위치에서 뉴클레오티드를 다양하게 바꾼다.

DNA와 RNA

핵산은 **디옥시리보핵산**(deoxyribonucleic

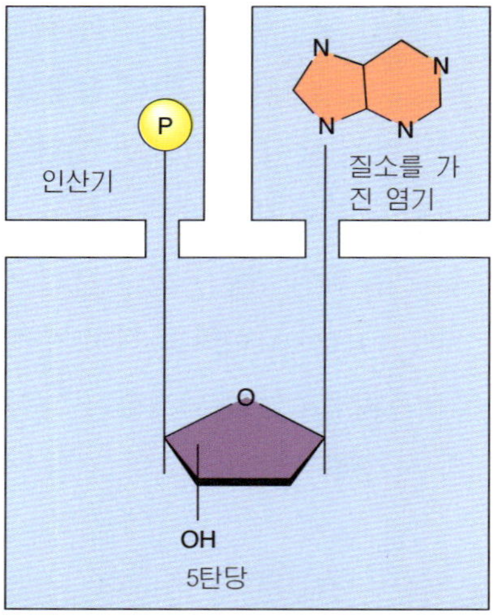

그림 2.27 뉴클레오티드의 구조

뉴클레오티드는 세 부분으로 구성되는데 5탄당, 인산기, 질소를 함유한 염기성 유기물 등이다.

acid; DNA)과 **리보핵산**(ribonucleic acid; RNA)의 두 종류인데, 모두 뉴클레오티드의 중합체이다(그림 2.28). RNA는 한 가닥의 길다란 뉴클레오티드 사슬

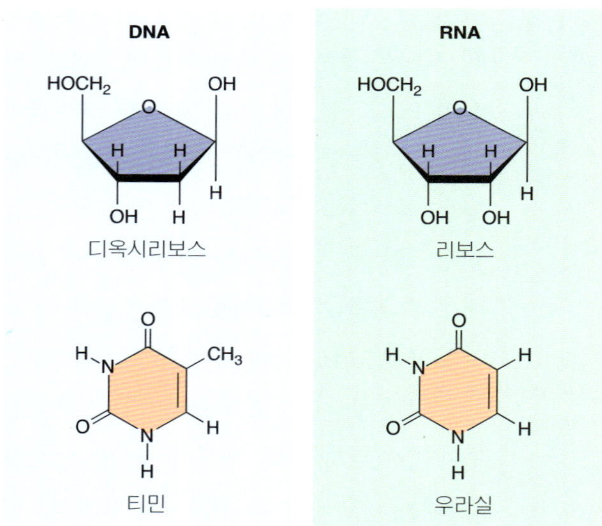

그림 2.28 DNA와 RNA의 차이

DNA의 구조는 RNA와 비슷하지만 두 가지가 크게 다르다. (1) 둘 다 5탄당인 리보스를 가지지만 DNA는 수산기(−OH) 1개가 수소로 치환되어 있다. 그래서 디옥시리보(deoxyribo-)라는 이름이 붙었다. (2) DNA의 염기성 유기물 4개 중 티민이 조금 바뀌어 CH3가 제거된 우라실로 치환되었다.

로서 세포에서 단백질을 만들 때 쓰이는데, 이 때 DNA 내부의 암호화된 유전정보를 이용한다. DNA는 두 가

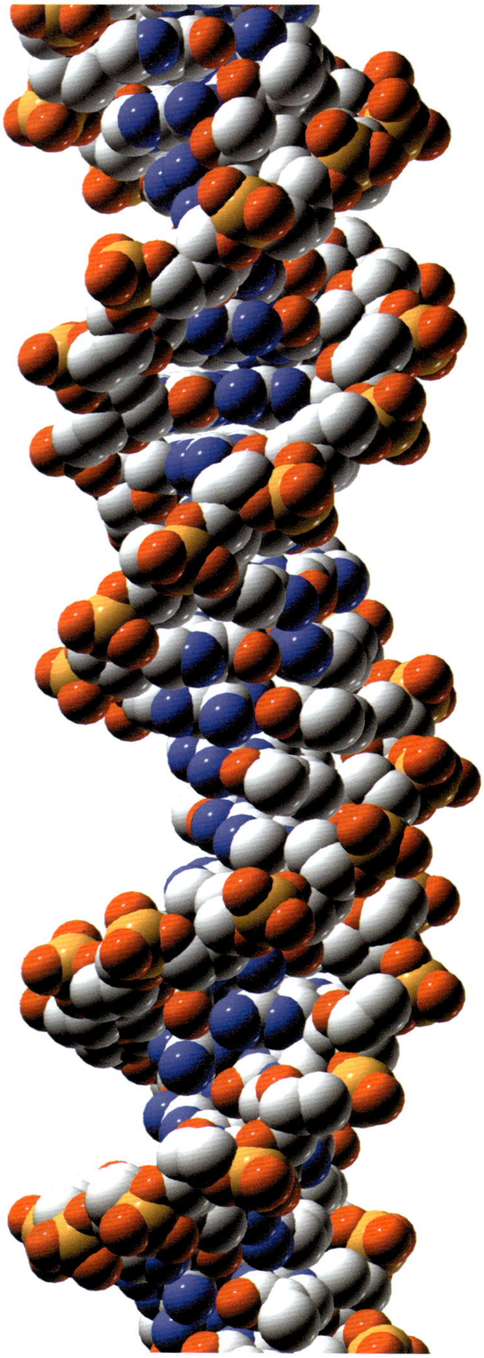

그림 2.29 DNA의 이중나선

DNA 분자는 2개의 뉴클레오티드 사슬이 함께 꼬인 이중나선이다.

닥의 뉴클레오티드가 서로 꼬인 **이중나선**(double helix)이다(그림 2.29).

■ 이중나선

DNA의 이중나선 구조를 자세히 살펴보면 두 사슬에 있는 염기들이 당-인산기 골격의 안쪽으로 향하고, 각 사슬의 염기들이 서로 마주보고 있음을 알 수 있다. 두 사슬의 염기들은 분자의 중간에서 수소결합으로 연결되는데, 이는 마치 두 줄로 선 사람들이 손을 마주 잡고 있는 모양이다. DNA가 이중나선임을 이해하려면 염기들을 살펴보아야 하는데, 오로지 두 가지 염기쌍이 가능하다. 2개의 큰 염기는 부피가 너무 커서 서로 쌍을 이룰 수 없고, 2개의 작은 염기는 안쪽으로 너무 치우치므로 서로 쌍을 이룰 수 없다. 이중나선을 이루려면 큰 염기는 작은 염기와 쌍을 이루어야 한다. 모든 DNA 이중나선에서는 아데닌(A)이 티민(T)과 그리고 구아닌(G)이 시토신(C)과 쌍을 이룬다(그림 2.30). A가 C와, 그리고 G가 T와 쌍을 이루지 못하는 이유는 이들 염기쌍이 적당한 수소결합을 하지 못하기 때문인데, 이 경우 전자를 공유하는 원자들의 방향이 맞지 않는다.

DNA 이중나선의 단순한 A–T 및 G–C 쌍이 세포로 하여금 정보를 아주 간단하게 복사하도록 한다. 나선형이 풀리고 각 사슬에 들어맞는 염기들이 붙기만 하면 된다. 이 점이 이중나선의 커다란 장점인데, 정보를 두 벌로 가지고 있어서 한쪽은 다른쪽의 거울 모양이다. 만약 한쪽 사슬의 서열이 ATTGCAT이면 이중나선의 반대쪽 서열은 TAACGTA이다.

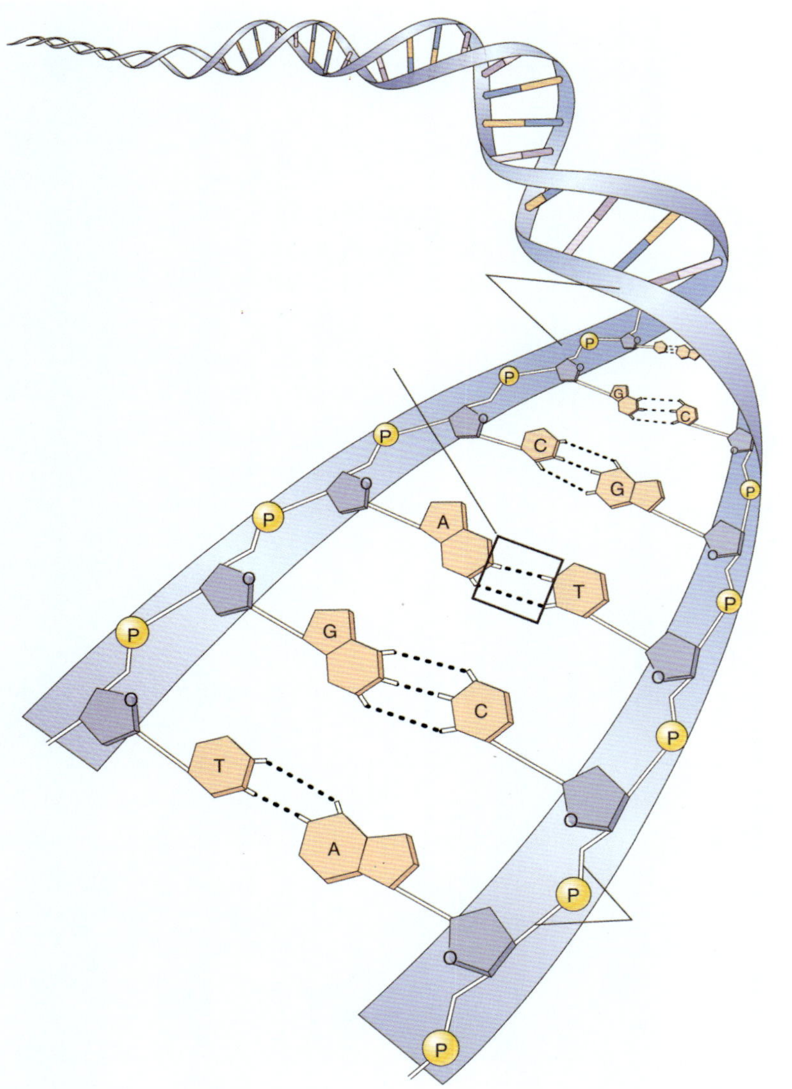

그림 2.30 DNA의 구조

이중나선의 두 사슬이 수소결합으로 연결되는데, A–T 염기쌍과 G–C 염기쌍을 이룬다.

2.11 DNA 같은 핵산은 뉴클레오티드인 A, T, G, C 등이 모인 길다란 사슬이다. 뉴클레오티드의 서열은 단백질의 아미노산 서열을 결정한다.

Chap 03

세포 : 생물체의 기본단위

3.1 세포의 특징

대부분의 세포들은 너무 작아서 맨눈으로 볼 수가 없다. 우리의 몸은 약 100조 개의 세포로 되어있다(그림 3.1).

■ 대부분의 세포는 매우 작다.

세포는 모두 같은 크기를 가지고 있지는 않다. 예를 들어, 바다 조류인 단세포 생물 아세타불라리아(*acetabularia*)는 무려 5cm에 달한다. 이와 대조적으로 우리의 몸을 구성하는 전형적인 세포는 직경이 5~20μm로 너무 작아 맨 눈으로 볼 수 없다. 만약 우리의 몸을 구성하는 세포의 크기를 신발 상자로 가정한다면 아세타불라리아는 아마 그 길이가 2km나 될 것이다. 세균의 세포는 우리의 몸의 세포보다 더 작아서 몇 μm 밖에 되지 않는다.

■ 왜 세포는 더 커지지 않는가?

세포는 왜 이렇게 작은가? 그 이유는 큰 세포는 능률적으로 기능을 수행할 수 없기 때문이다. 모든 세포의 중앙에는 세포의 각 부분에서 수행해야 할 일을 명령하는 중추가 있다. 즉, 몇 가지의 효소를 합성해야 하는지를 결정하고 외부의 이온과 분자들의 흡수, 새로운 세포의 형성 등 세포의 모든 부분으로 명령을 내리는 명령 중추이다. 이런 명령들은 세포핵에서부터 세포의 모든 부분까지 전해져야 한다. 따라서 세포가 크다면 이러한 명령이 도달하는 시간은 아주 길어질 것이다. 이러한 이유로 작은 세포로 이루어진 생물이 큰 세포로 이루어진 생물보다 장점이 있다.

또 다른 이유로는 부피에 대한 표면적의 비를 크게 하기 위한 것이다. 세포의 크기가 늘어나면 부피는 표면적보다 더 급격하게 늘어난다(그림 3.2). 둥근 세포의 경우 표면적은 반경의 제곱으로 증가하지만 부피는 반경의 3제곱으로 증가한다. 세포의 표면은 환경과 상호작용하는 기회를 제공하는데, 반경이 10배로 늘어나면 표면적은 100배로 늘어나는 반면에 부피는 1,000배로 늘어나게 되며, 따라서 큰 세포는 작은 세포보다 적은 표면적을 갖게되는 것이다.

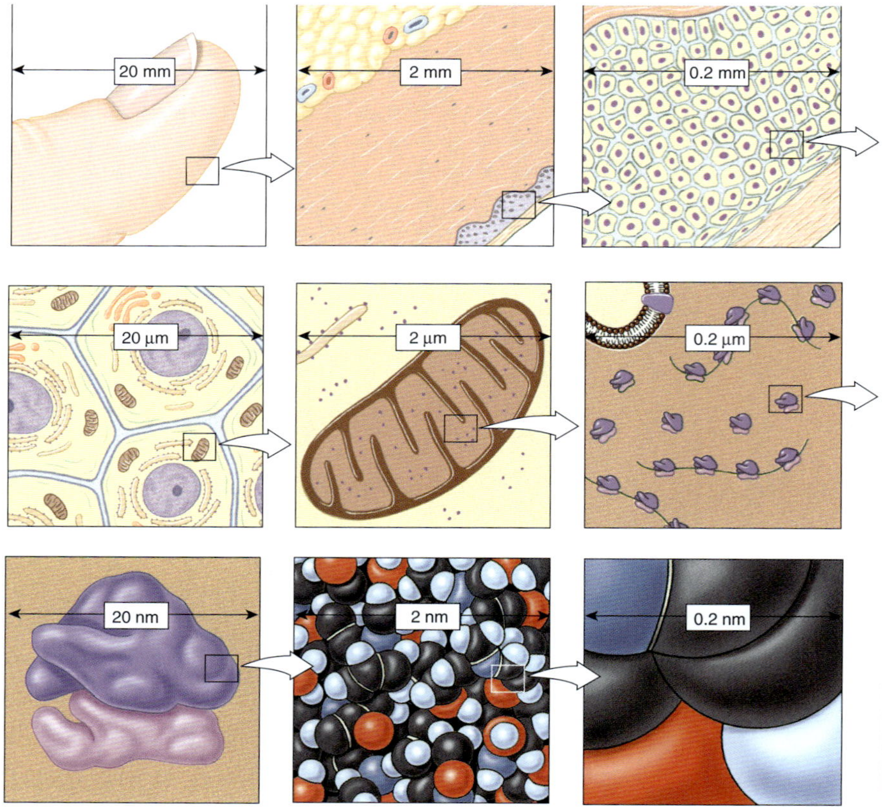

그림 3.1 세포의 크기와 그들의 내용물

이 도형은 인간 피부세포, 세포기관 그리고 분자의 크기를 보여주고 있다. 일반적으로 인간 피부세포의 크기는 20μm 이다. 미토콘드리아는 2μm, 리보솜은 20nm, 단백질 분자는 2nm, 원자는 0.2nm 이다.

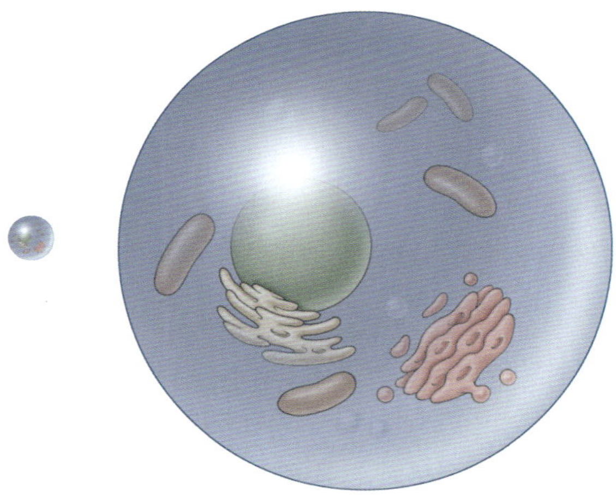

세포 반경(r)	1cm	10cm
표면적($4\pi r^2$)	12.57cm^2	1257cm^2
용적($\frac{4}{3}\pi r^3$)	4.189cm^3	4189cm^3

그림 3.2 표면적-부피 비율

세포가 커질수록, 세포의 부피는 세포의 표면적 보다 큰 비율로 증가한다. 만약 세포 반지름이 10배 증가하면 세포의 표면적은 100배 증가하나 부피는 1,000배 증가한다. 세포의 표면적은 세포의 부피가 필요한 만큼 충분히 커져야만 한다.

3.1 **모든 살아있는 생물체는 하나 또는 그 이상의 세포로 이루어져 있으며, 각각의 세포는 세포막에 의하여 둘러싸인 작은 세포질이다.**

3.2 원형질막의 구조

모든 살아있는 세포는 몇 개의 분자 두께 정도 밖에 되지 않는 얇고 정교한 원형질막(plasma membrane)으로 싸여있다. 이 막은 7nm의 두께로 되어있으며, 이 막을 10,000개 이상 포개더라도 그 두께는 책의 종이의 두께만큼도 되지 않는다. 그러나 이 막의 구조는 간단하지 않다. 이 막은 마치 지질로 가득 찬 연못에 다양한 단백질이 떠다니는 구조로 이루어져있는데, 이는 마치 연못 위에 떠 있는 보트가 흔들거리는 모습과 유사하다. 세포가 매우 다양함에도 불구하고 원형질막의 구조는 모두 동일하며, 모든 원형질막은 지방에 단백질이

끼어있는 **유동 모자이크모델**(fluid mosaic model)이라는 기본 구조로 되어있다.

원형질막의 기반을 구성하는 지질 층은 **인지질**(phospholipid)이라고 불리는 지방 분자들로 이루어져 있다. 인지질 분자의 한쪽 끝에는 인산이라는 화학물질 그룹이 붙어있는데, 이들은 극성을 가져서 물에 잘 녹는다(그림 3.3a). 반면에 반대쪽 끝은 2개의 긴 지방산 사슬로 이루어져 있는데, 이들은 비극성이고 물에 잘 녹지 않는다. 이런 구조 때문에 극성기가 어느 한 방향을 향하면 2개의 비극성기는 반대 방향으로 평행하게 향하게 된다. 따라서 인지질의 그림은 흔히 하나의 공에 2개의 꼬리가 달린 것으로 묘사된다(그림 3.3b).

인지질을 물에 넣으면 어떤 일이 일어날지 한번 상상해 보자. 자동적으로 지질 이중층(lipid bilayer)이라는 구조가 형성된다(그림 3.4). 어떻게 이러한 일이 일어날 수 있을까? 인지질 분자의 비극성 꼬리는 그들을 둘러 싸고있는 물 분자에 의해서 떠밀려진다. 그리고 물 분자가 수소 결합을 할 수 있도록 한쪽으로 비켜선다. 이 과정이 끝나면 모든 인지질 분자의 극성 머리쪽이 물과 접하고 비극성 꼬리는 바깥으로 나란히 서게된다.

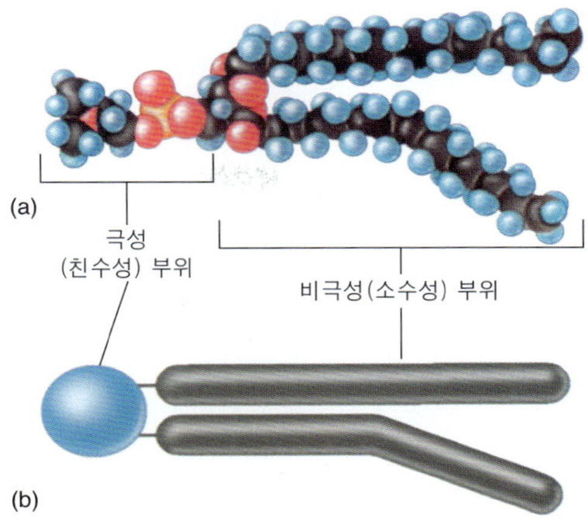

그림 3.3 인지질 구조

인지질 분자의 한쪽 끝은 극성을 띠고 있고 다른쪽은 비극성이다. (a) 색을 띤 구체에서 볼 수 있는 분자구조는 각각의 원자를 나타낸다(검은색은 탄소, 파란색은 수소, 빨간색은 산소 그리고 노란색은 인). (b) 인지질은 종종 2개의 꼬리를 가진 공의 모양으로 묘사되곤 한다.

이것이 바로 인지질 분자의 이중층이다. 왜냐하면 2개의 지질 층의 비극성 꼬리가 물과 접촉하지 않게 하기 위하여 서로 마주보기 때문이다.

이러한 지질 이중층의 내부는 완전한 비극성이기 때문에 수용성 분자가 지질 이중층을 통과하는 것을 완벽

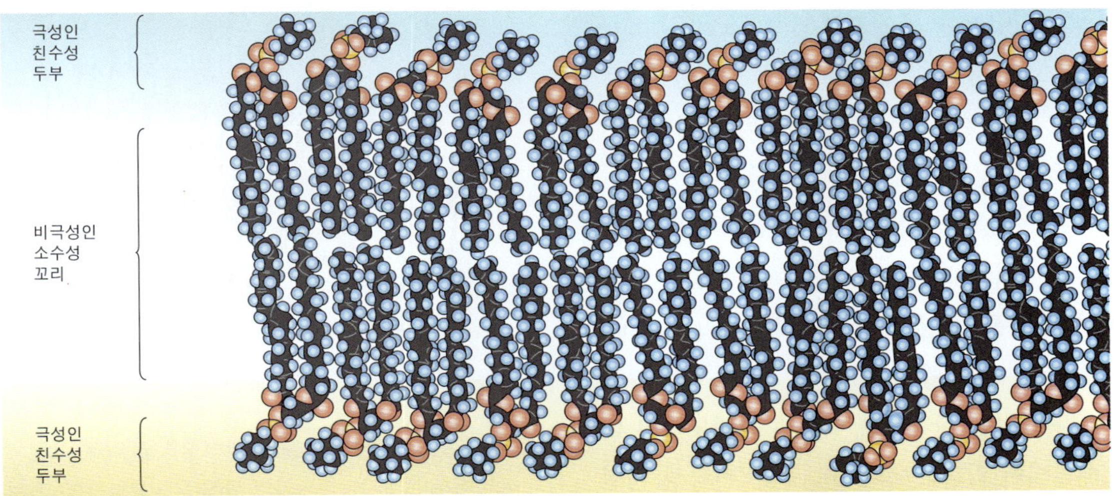

그림 3.4 지질 이중층

모든 원형질막의 기본 구조는 지질의 이중층이다. 이 도형은 어떻게 인지질이 비극성 내부와 함께 이중층을 형성하기 위해 집합되어지는 지를 나타내고 있다.

하게 막아버리는데, 이것은 기름층이 물 분자의 출입을 막는 것과 같은 원리이다. 이러한 이유 때문에 단백질로 구성된 통로를 통해서만 화학물질이 지질 층을 통과하여 세포로 들어가거나 나갈 수가 있는 것이다.

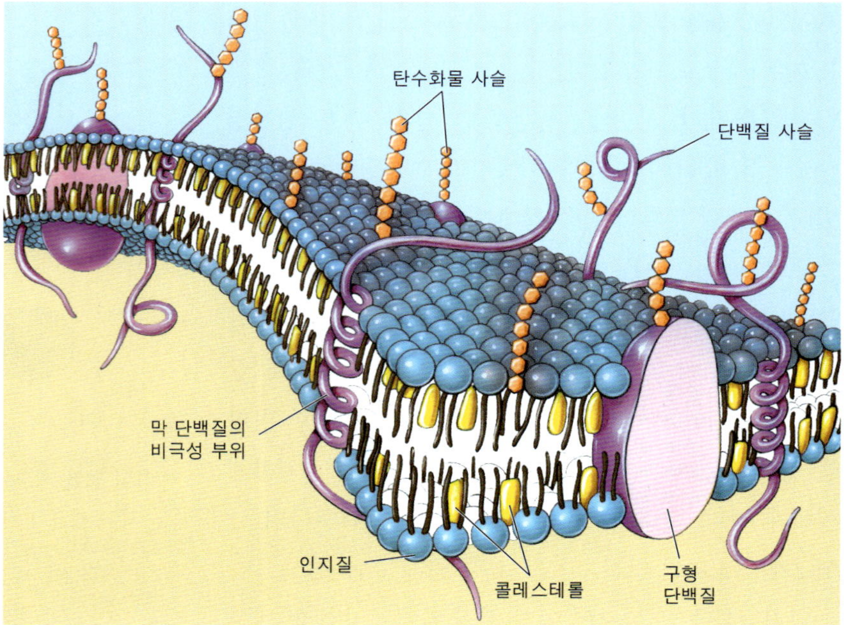

그림 3.5 단백질들은 지질 이중층 내에 파묻혀 있다.

많은 수의 단백질들은 동물 세포에서 지질 이중층을 관통하여 앞으로 돌출되어 있다. 막 단백질은 통로, 수용체, 그리고 세포 표면 표지로서 기능하고 있다. 탄수화물 사슬은 종종 이 단백질들과 결합할 뿐만 아니라 막에서 인지질들과 결합하기도 한다. 이 사슬들은 세포의 특수한 형태를 나타내는 특별한 식별 인식표로서 작용한다.

■ 막을 구성하는 단백질

모든 생체막에서 두번째로 중요한 구성요소는 지질 이중층에 떠다니는 **막 단백질**(membrane protein)이다(그림 3.5). 원형질막에서 이들 단백질들은 분자와 정보가 왕래할 수 있는 일종의 통로를 제공한다. 막 단백질은 위치가 고정되어있지 않으며 자유로이 움직인다.

어떤 막 단백질은 부표처럼 원형질 막 표면으로 나와 있다. 마치 깃발을 달고 있듯이 탄수화물 사슬이나 지방을 달고 있다. 이러한 **세포 표면 단백질**(cell surface protein)은 특정한 유형의 세포를 구별하는 인식표로 이용되거나 특정한 호르몬 또는 단백질의 결합여부를 알려주는 지표로 활용되기도 한다.

이중층을 관통하는 단백질은 극성 이온이나 다른 분자들이 세포안과 밖으로 이동하는 통로를 만들어 준다. 어떻게 이런 **막 관통 단백질**(transmembrane proteins)이 지질 이중층을 관통 할 수 있는 것일까? 실제로 지질 이중층을 관통하는 단백질은 비극성 아미노산이 나선상으로 배열되어 있다(그림 3.6). 물은 비극성 지질 사슬에 반응하는 것처럼 비극성 아미노산에도 같은 반응을 한다. 따라서 나선사슬은 이중층의 안쪽 지질에 나선구조를 형성하며, 비극성 아미노산의 물을 피하려

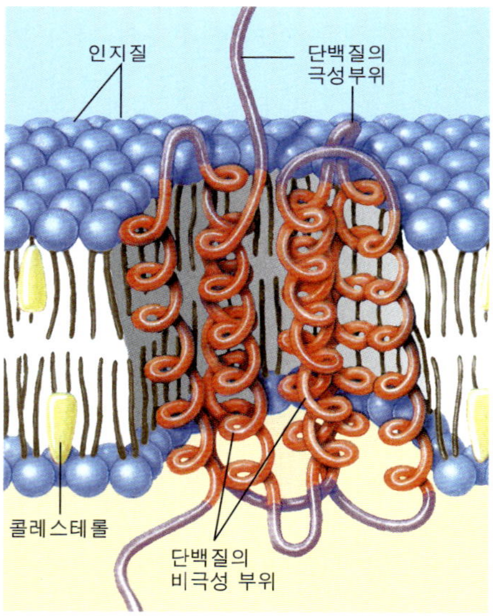

그림 3.6 비극성 부분들은 단백질들을 막에 고정시킨다.

나선형의 비극성 아미노산(빨간색)들은 비극성 지질 내부를 관통하고 있고, 반면에 단백질의 극성(보라)부분은 이중층으로부터 밖으로 나와있다. 단백질은 안이나 밖으로 이동할 수 없는데 왜냐하면 그러한 이동은 단백질의 극성 부분을 막의 내부 비극성 부분으로 끌어 들일 수 있기 때문이다.

는 경향 때문에 큰 힘으로 결합되어 있다. 많은 막 관통 단백질들은 나선영역의 양쪽 말단이 전하를 갖는(극성이 강한 지역) 아미노산으로 되어 있으며, 이 아미노산에 의해 막에 연결되어 있다.

3.2 **모든 세포는 정교한 원형질막이라고 하는 지질 이중층으로 둘러 쌓여있으며, 다양한 단백질이 들어있어 표지 역할이나 또는 물질이 통과하는 통로 역할을 한다.**

3.3 원핵세포의 구조

세포는 크게 원핵세포와 진핵세포 두 가지로 나눌 수가 있다. **원핵생물**(prokaryotes)은 상대적으로 균일한 세포질을 가지며, 내막에 의하여 세포질이 나누어져 있지 않다. 예를 들면 세포 소기관(organelles) 또는 핵(nucleus)과 같이 특별히 막으로 둘러싸인 구조물을 가지고 있지 않다. 모든 세균은 원핵이며, 그 외의 세포는 모두 진핵세포이다.

세균은 간단한 구조로 되어있다. 수천 종 이상이 알려져 있지만, 실제 존재하는 종은 이보다 몇 배 많으며, 아직 정확하게 알려져 있지 않은 것도 많다. 비록 모양은 다양할지라도 그들의 구조는 거의 같다(그림 3.7).

1~10μm 밖에 되지 않는 작은 세포는 살아있는 다른 모든 세포들처럼 원형질막으로 둘러 싸여있으나 안에 특별한 구조물은 없다. 바깥쪽은 세포벽(cell wall)으로서, 탄수화물이 서로 얽혀 골격을 만든 견고한 구조이다. 어떤 세포는 피막(capsule)을 가지고 있다. 세균세포는 모양이 다양하며 사슬이나 집단을 형성할 수 있으나(그림 3.8), 각 세포는 다른 세포와 독립적이다.

세균세포의 내부는 매우 단순하다. 세포의 안쪽은 균일한 세포질로 되어있으며, 이를 지지하는 내부구조도 없으며, 내막에 의하여 구분되어 있지도 않다. 원핵세포의 원형질에는 단백질을 합성하는 작은 구조물인 리보솜(ribosome)이 흩어져 있다. 리보솜은 막으로 싸여 있지 않기 때문에 세포 소기관으로 취급하지 않는다.

3.3 **원핵세포는 핵이 없으며 내막에 의하여 둘러싸인 구조물을 가지고 있지 않다.**

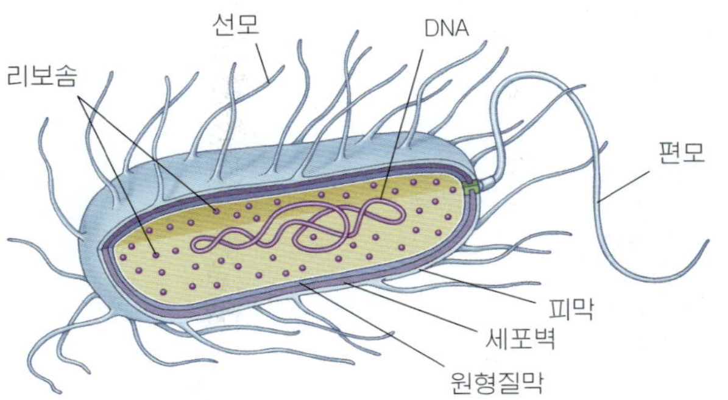

그림 3.7 세균세포의 체제

세균세포는 내부 구획이 없다. 모든 세균세포들이 그림처럼 선모를 가지고 있는 것은 아니다. 그러나 모든 세포들은 뉴클레오티드 부위, 리보솜, 원형질막, 세포질 그리고 세포벽을 가지고 있다.

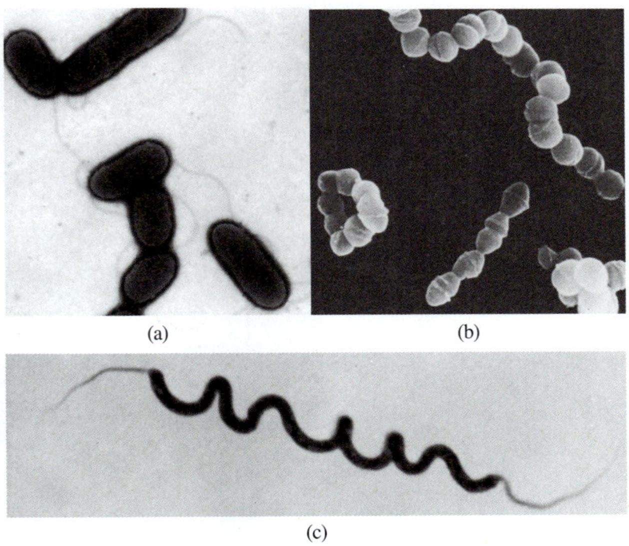

그림 3.8 세균세포들은 여러 형태를 가지고 있다.

(a) 막대 모양의 세균 슈도모나스(pseudomonas)는 많은 식물의 질병을 일으킨다. (b) 연쇄상 구균(streptococcus)은 사슬모양으로 연결된 다소 구형의 세균이다. (c) 나선균(spirillum)은 나선 세균이다. 이 큰 세균은 양 끝에 편모를 가지고 있다.

3.4 진핵세포의 구조

생명체가 생긴 이후 처음 20억 년 동안 지구에 살았던 것은 구조가 간단한 세균세포였다. 그리고 15억 년 전에 더 크고 복잡한 내막구조를 갖는 새로운 세포가 처음으로 나타났다. 세균을 제외하면 지금 살고있는 모든 세포는 이 새로운 유형의 세포인 것이다. 세균과는 달리 막으로 구분된 많은 내막구조를 가지고 있으며, 다양한 세포 소기관을 가지고 있다. 이들 세포 소기관들 중 하나는 세포를 현미경으로 관찰할 때 쉽게 보이며 마치 복숭아의 씨와 같이 세포 가운데에 있다. 1831년에 식물학자인 Robert Brown이 이것을 핵(nucleus)이라고 불렀다. 핵을 가지고 있는 모든 세포를 **진핵생물**(eukaryotes)이라고 하며, 반면에 세균을 원핵세포라고 한다. 식물세포(그림 3.9)와

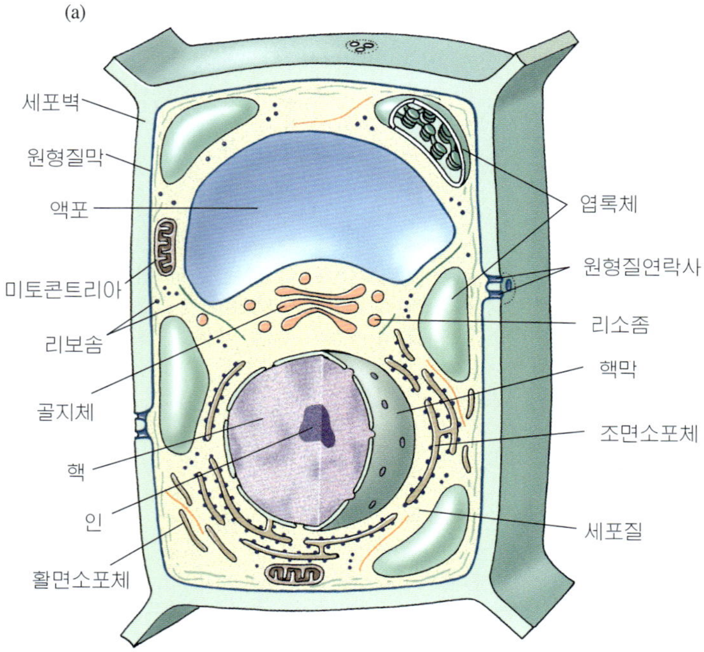

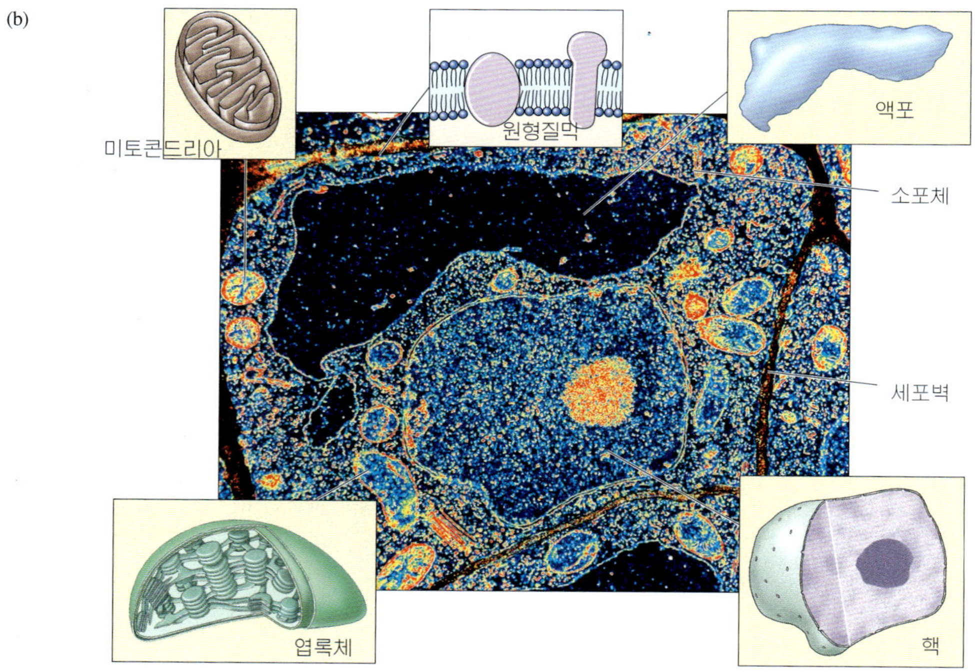

그림 3.9 식물세포의 구조

(a) 식물세포 모식도. 식물세포의 중앙에 있는 큰 액포는 대부분의 세포 공간을 차지한다. (b) 식물세포의 세포 소기관을 상세하게 나타낸 전자현미경 사진.

동물세포(그림 3.10)는 모두 진핵세포이다. 이제 우리는 이런 전형적인 진핵세포의 내부구조를 알아보도록 하자.

3.4 **진핵세포는 내막 구조를 가지며 세포 안쪽을 기능적인 부분으로 나누는 막으로 둘러싸인 세포 소기관을 가지고 있다.**

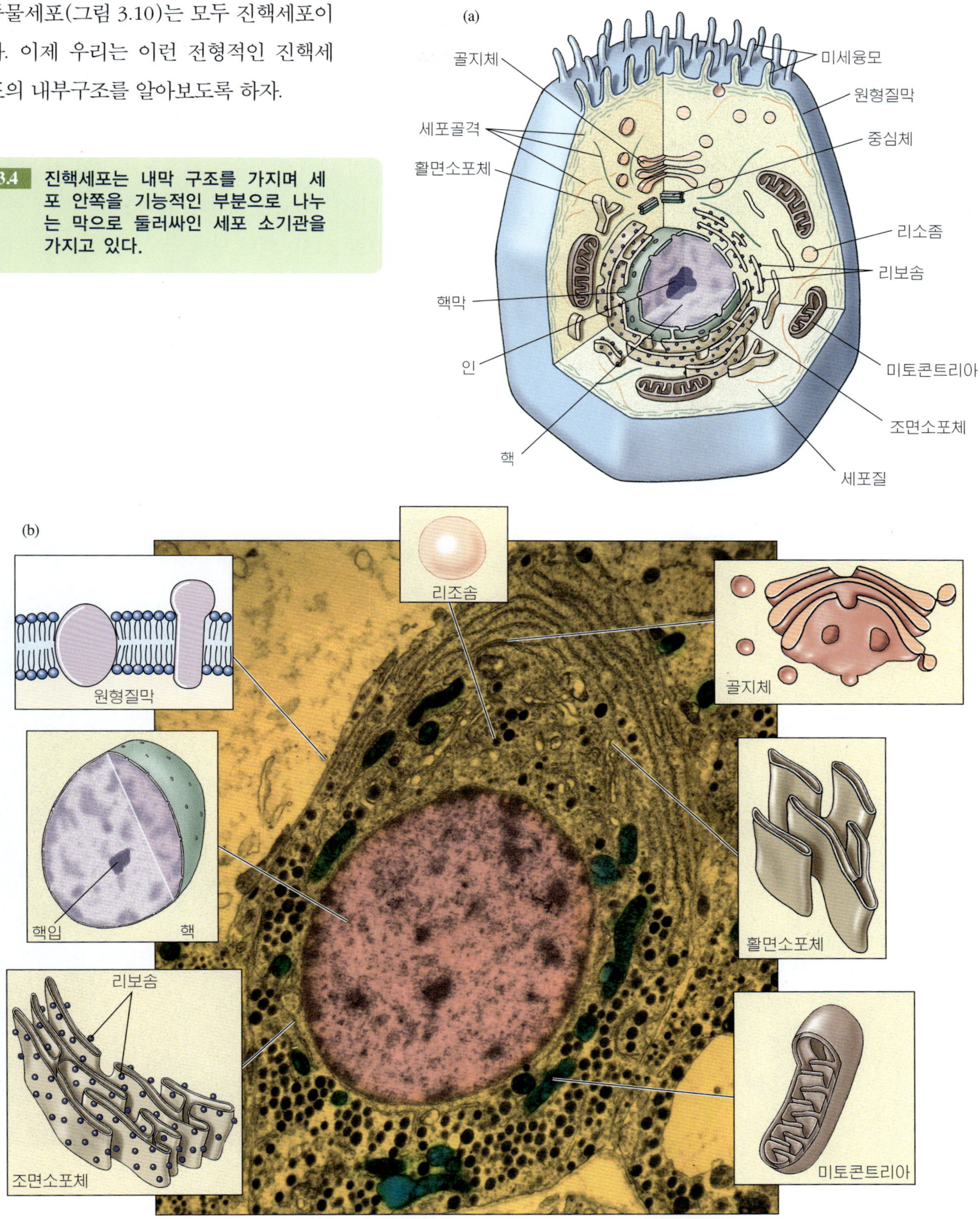

그림 3.10 동물세포의 구조

(a) 동물세포의 모식도. (b) 동물세포의 전자현미경 사진.

3.5 세포골격은 세포 내부의 뼈대를 이룬다

만일 우리의 몸이 작아져서 진핵세포 안으로 들어간다면, **세포골격**(cytoskeleton)이라고 불리는 단백질 섬유의 망상 구조들과 맨 먼저 만나게 된다. 세포골격은 세포의 모양을 지지해주고 핵과 같은 세포 소기관의 위치를 고정시켜준다(그림 3.11). 이런 망상 구조는 광학현미경으로는 볼 수가 없는데, 그 이유는 각각의 섬유는 매우 작은 하나의 단백질 사슬로 되어있기 때문이다. 세포 골격을 보기 위하여 과학자들은 형광 항체를 단백질 섬유에 붙이고 형광 빛 아래에서 세포골격의 사진을 찍었다(그림 3.12).

세포골격의 단백질 섬유는 매우 역동적인 시스템으로 끊임없이 생성되고 분해된다. 단백질섬유는 세 종류가 있다(그림 3.13). 액틴 단백질로 된 길고 가느다란 **미세섬유**(microfila-ments), 튜뷸린 단백질로 된, 속이 빈 튜브 모양의 **미세소관**(microtubules), 두꺼운 밧줄과 같은 **중간섬유**(intermediate fiber)이다. 미세섬유, 미세소관 그리고 중간섬유는 원형질 막 속에 박혀있는 막 단백질에 달라붙어 있다.

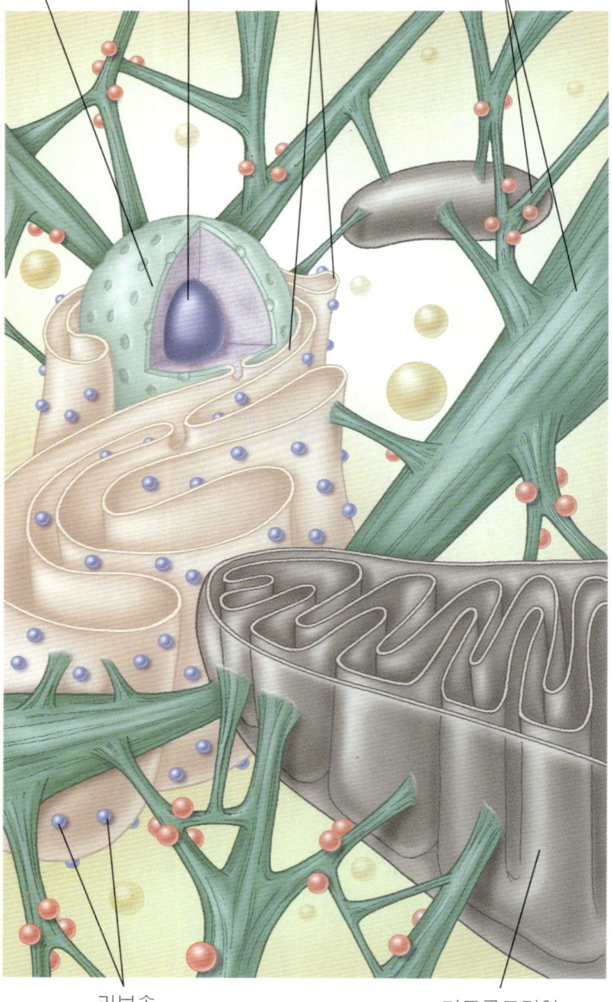

그림 3.11 세포골격

미토콘드리아와 같은 세포 소기관들은 미세소관이라고 불리는 단백질에 의해서 세포질의 고정된 위치에 자리잡고 있다.

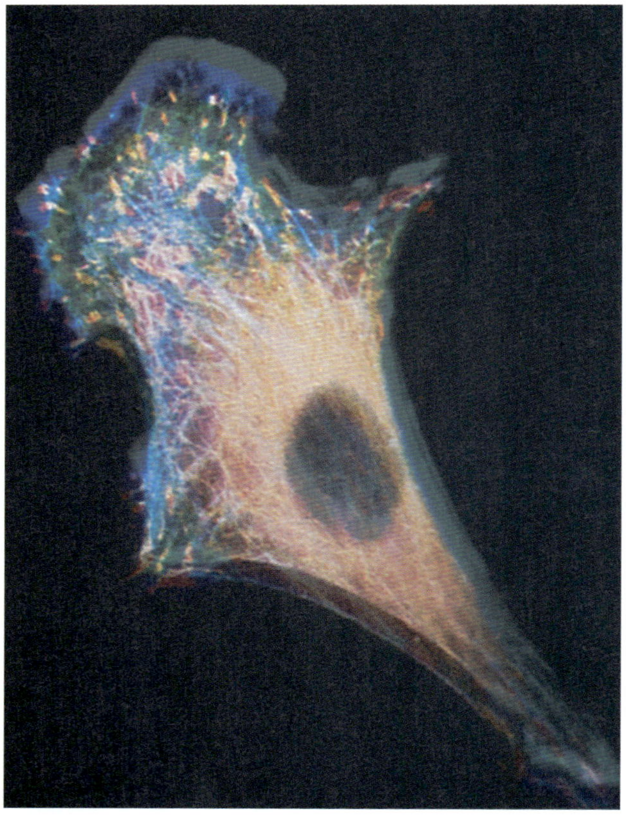

그림 3.12 세포골격의 시각화

단백질섬유의 복잡한 망이 진핵세포의 세포질 전체에 분포하고 있다. 서로 다른 단백질들이 형광 현미경 하에서 눈으로 볼 수 있게 되었다. 여기에서 액틴은 파란색, 미세소관은 녹색 그리고 중간섬유는 빨간색으로 나타나 있다.

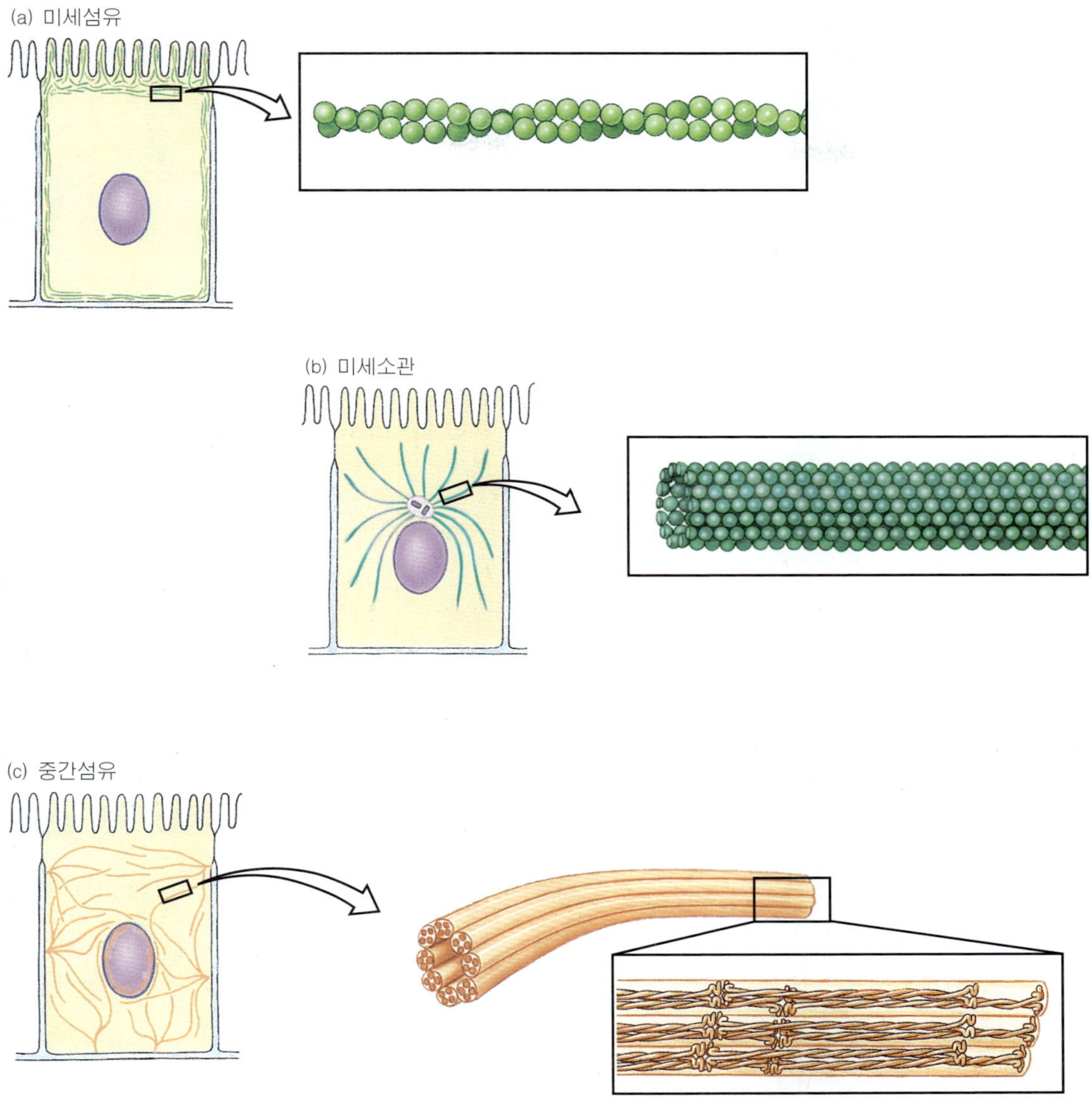

그림 3.13 세포골격의 세 가지 단백질섬유

(a) 미세섬유는 수축섬유로 알려진 액틴의 다발로 세포 표면막과 평행하게 위치하며 수축기능이 있다. (b) 각각의 미세소관은 튜뷸린이라는 단백질이 축적되어 형성된 빈 관이다. 이것은 튜뷸린 13개가 원형으로 배열되어 있다. (c) 중간섬유를 구성하는 단위들이 어떻게 배열되어 있는지는 알려져 있지는 않지만 3개의 단위들이 서로 나선상으로 꼬여 있으며, 꼬여 있지 않은 부분에서 단절되어 있는 것으로 보인다. 미세소관처럼 중간섬유들도 세포질 전체에 펴져 있고 세포를 지지하는 역할을 한다.

세포골격은 세포벽이 없는 동물세포에서 세포의 모양을 결정하는데 중요한 역할을 한다. 섬유는 신속하게 형성되고 분해될 수 있기 때문에 동물세포의 모양은 금방 변할 수 있다. 만일 우리가 현미경으로 동물세포의 표면을 본다면, 표면으로부터 밖으로 돌출하기도 하고 수축도 하며, 분출에 의하여 다른 곳으로 천천히 움직이는 모양을 가끔 관찰할 수 있을 것이다.

세포골격은 세포모양 뿐 만이 아니라 단백질 합성을 수행하는 리보솜의 뼈대가 되며 산재해 있는 효소가 세포질 내에 안착 할 수 있는 뼈대가 되기도 한다. 가까이에 특별한 효소들이 부착되어 있음으로써 세포질은 세포 소기관과 함께 세포 활동에 참여할 수 있는 것이다.

3.5 **세포골격은 단백질 섬유의 격자로서 세포모양을 결정하며 세포질 내의 특정한 위치에 세포 소기관들을 고정시킨다.**

3.6 세포 소기관의 진화

식물세포에서 동물세포까지 또는 짚신벌레에서 포유류에 이르기까지 세포의 많은 부분이 서로 비슷하다. 모든 생물에서 세포 소기관은 서로 유사하고 비슷한 기능을 수행한다. 이러한 공통점은 초기 세포 소기관들이 수 십억 년에 걸쳐 성공적으로 공통 조상세포로부터 진화된 것이기 때문이다.

어떻게 세포 소기관을 갖는 세포가 진화할 수 있었을까? 오늘날의 진핵세포는 원핵세포들 사이의 내부 공생관계를 통해 진화했다고 생각된다. 공생은 한 종이 다른 종과 아주 가까운 관계로 함께 사는 것이다(그림 3.14). 공생관계 이론에 따르면 들어간 원핵세포는 그들의 숙주세포에게 그들의 특별한 대사능력과 관련된 도움을 주었다. 진핵세포에서 중요한 2개의 세포 소기관인 미토콘드리아와 엽록체는 이러한 내부 공생 결과를 통해 형성되었다고 생각된다.

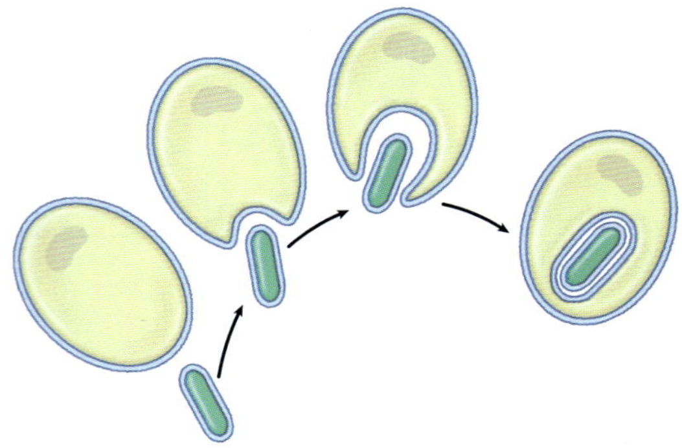

그림 3.14 내부 공생

이 그림은 미토콘드리아가 공생하는 동안 어떻게 이중막이 생성되는지를 보여주고 있다.

3.6 **진핵세포는 내부 공생관계를 통해 형성되었다고 생각된다.**

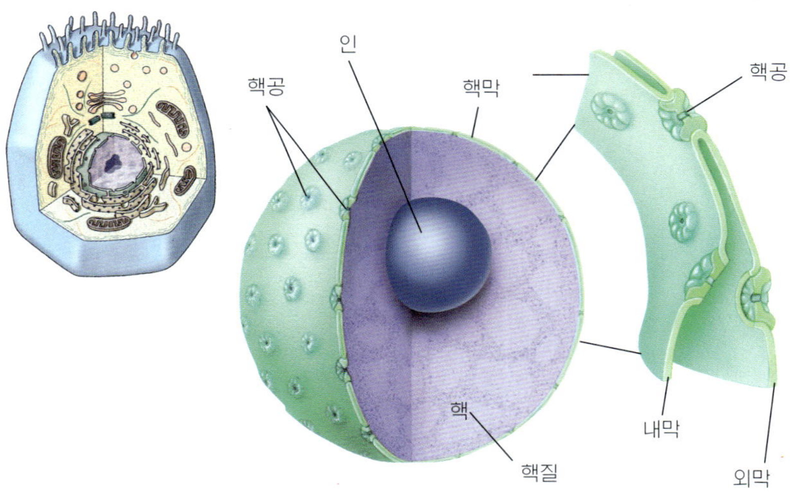

그림 3.15 핵

핵은 핵막이라고 불리는 이중막으로 싸여 있고 액체로 채워진 내부에 염색체를 가지고 있다. 핵막의 단면에서 개개의 핵공은 2개의 막 층을 관통한다. 구멍 내의 검은 물질은 단백질인데, 이 단백질은 구멍을 통한 물질 출입을 조절하는 작용을 한다.

3.7 핵은 세포의 중앙 통제소

세포의 중심부에는 핵(nucleus)이 자리잡고 있다(그림 3.15). 핵은 세포의 명령과 조절의 중심으로 세포의 모든 활동을 지휘한다. 또한 핵은 유전정보를 저장하고 있다.

■ 핵막

핵 표면은 핵막(nuclear envelope)이라고 불리는 특별한 막으로 둘러싸여 있다. 핵막은 2개의 막으로 이루어져 있다. 핵막 표면 위에 흩어져있는 작은 구멍을 핵공(nuclear pore)이라고 한다. 핵공은 2개의 핵막 층이 서로 꼭 눌려진 형태이고 도넛의 가운데 처럼 그냥 빈 상태로 열려져 있는 것이 아니다. 오히려 핵공에는 많은 단백질이 들어 있는데, 이들은 단백질과 RNA가 핵 안 밖으로 출입할 수 있도록 해 준다.

■ 염색체

세균과 진핵세포에서 유전 정보는 세포의 구조와 기능을 결정하는 DNA에 암호화되어 있다. 그러나 세균의 DNA와는 달리 진핵세포의 DNA는 여러 개의 조각으로 나누어져 있으며, 단백질과 결합하여 염색체(chromosomes)를 형성한다. 염색체 단백질은 세포 분열시 DNA를 응축시킨다. 광학 현미경으로 보면 이러한 응축된 염색체가 세포분열 시에 짙게 염색된 막대기처럼 보인다. 세포분열이 끝난 후 진핵세포 염색체는

표 3-1 진핵세포의 구조물과 그 기능

구조	설명	기능
구성 요소		
세포 골격	단백질 섬유의 그물	구조 유지, 세포 운동
편모와 섬모	미세소관 쌍이 9+2배열을 갖는 세포성 돌기물	운동성
세포 내막계		
원형질 막	단백질이 끼어있는 지질 이중층	세포 내외로 물질의 출입 조절; 세포와 세포의 인식
소포체	내부 막의 망상구조	소낭의 형태
핵	이중막으로 둘러싼 구형의 구조 막 : 염색체를 포함	세포의 조절 중심; 단백질 합성과 세포분열 명령
골지 복합체	편평한 주머니가 쌓여 있는 구조	세포로부터 배출 되는 단백질의 변형과 포장 : 분비낭 형성
리소좀	골지 복합체로부터 만들어지는 주머니로 가수분해 효소를 포함한다	오래된 세포 소기관이나 세포잔해의 소화
에너지-생성 세포 소기관		
미토콘드리아	내막을 가지며 세균과 비슷한 구조	세포의 발전소; 산화적 물질대사
엽록체	식물과 조류에서 발견되는 세균과 비슷한 세포 소기관	광합성
유전자 발현의 영역		
염색체	단백질과 복합체를 형성하는 가늘고 긴 DNA	유전 정보를 포함
인	rRNA를 합성하는 유전자 의 영역	리보솜 조립
리보솜	단백질과 RNA로 구성된 소형의 구체, 흔히 소포체에 붙어있다.	단백질 합성

풀어져 염색질(chromatin)이라고 하는 실모양으로 되며, 이것은 광학 현미경으로는 관찰되지 않는다.

인

핵속의 어느 한 지역은 나머지 다른 부분보다 어둡게 보인다. 이 어두운 지역을 인(nucleolus)이라고 한다. 보통 수백 개의 rRNA 유전자를 암호화하는 집단으로, 리보솜 소단위를 조립한다. 이들 소단위는 핵공을 통하여 리보솜이 최종적으로 조립되는 세포질로 들어간다.

많은 단백질을 만들기 위해 세포는 리보솜이라고 불리는 특별한 구조를 사용한다. 리보솜은 유전자의 정보를 복사한 RNA의 정보를 읽어 단백질을 합성하게 된다. 리보솜은 리보솜RNA(ribosomal RNA, rRNA)라고 하는 특수한 RNA와 단백질의 복합체로 구성되어 있다.

3.7 핵은 세포의 활동을 조절하고 지시하는 세포의 지휘 본부이다. 또한 세포의 유전 정보를 저장하고있다.

3.8 세포내 막계

진핵세포 핵의 주변은 막과 같은 물질로 빽빽하게 채워져 있다. 세포 속을 채우고 있는 이 막들은 세포를 여러 부분으로 나뉘어 세포 내부의 분자가 이동할 수 있는 통로를 만들고, 효소가 활동할 수 있는 표면을 제공한다.

소포체 : 수송계

소포체의 표면은 탄수화물, 지방, 그리고 분비성 단백질(세포 표면에서 분비되는 효소 같은)을 만드는 곳이다. 전자 현미경으로 보았을 때 이 물질들이 합성되는 소포체의 표면은 운반 단백질을 합성하는데 관여하는 리보솜이 많이 분포하고 있어서 사포의 표면처럼 보인다. 이러한 이유 때문에, 이 부분을 **조면소포체**(rough ER)라고 한다. 상대적으로 리보솜이 비교적 드문 소포체부분을 **활면소포체**(smooth ER)라고 한다(그림 3.16).

골지복합체 : 운반계

소포체 표면에서 새로운 분자가 만들어지면 소포체 막을 통과하여 편평한 막이 쌓여있는 **골지체**(Golgi bodies)라는 곳으로 들어간다. 한 세포에 들어있는 골지체의 수는 원생생물의 경우는 1개 또는 몇 개 있으며, 동물세포에 20개 이상 그리고 식물세포에는 수 백 개가 들어 있다. 골지체는 세포 안에서 만들어진 분자의 농축, 포장 분배하는 역할을 한다. 세포질 전체에 산재해 있는 골지체의 집합을 **골지복합체**(Golgi complex)라고 한다(그림 3.17).

소포체 막에서 만들어진 단백질과 지방은 소포체의 통로를 통해 운반되거나 또는 그것으로부터 갈라져 나온 소낭에 의해 골지체로 들어간다. 골지체 내에서, 이 분자들은 대부분 탄수화물과 결합한다. 분자들은 골지체의 막이 접힌 부분에 모이는데, 이 부분을 **시스터나**(cisternae)라고 한다. 시스터나로부터 떨어져 나온 소낭들은 세포의 다른 구획으로 분자들을 이동시키거나 또는 원형질막 안쪽 표면으로 이동하여, 거기에서 분자들은 바깥쪽으로 분비하기도 한다.

퍼옥시솜 : 독성 분해

진핵세포 안에는 소포체로부터 유래된 막으로 둘러싸인 세포 소기관이 있는데, 이들은 특이한 화학적 기능을 수행한다. 예를 들면 모든 진핵세포에는 퍼옥시솜(peroxisome)이 들어있는데, 두 세트의 효소를 가지고 있는 소낭이다. 첫 번째 세트는 지방을 탄수화물로 전

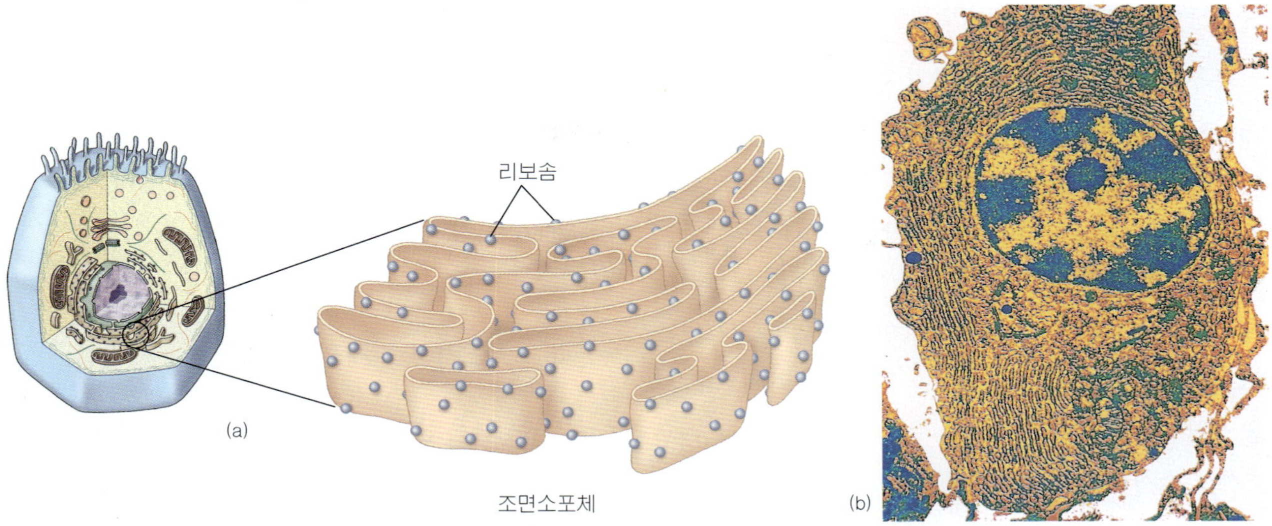

그림 3.16 소포체

세포에는 물질의 합성과 수송에 관여하는 소포체라고 하는 내막계가 있다. (a) 조면소포체의 모식도. (b) 조면소포체를 갖는 세포의 현미경 사진.

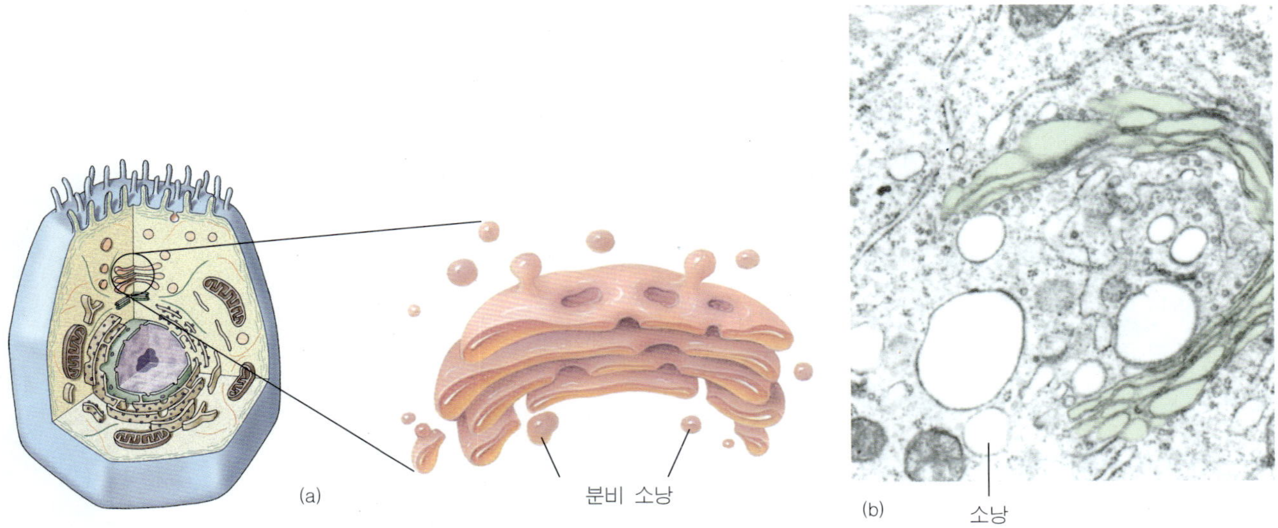

그림 3.17 골지복합체

골지복합체라고 불리는 소낭 형성계는 세포의 막계에서는 필수적인 부분이다. 골지복합체는 세포로부터 외부로 수송하는 물질을 합성하고 포장한다. (a) 골지복합체의 모식도 (b) 소낭을 보여주는 골지복합체의 현미경 사진.

환시키고, 다른 한 세트는 세포 안에서 만들어지는 다양한 유해 분자들을 분해한다. 이들은 산소 분자를 사용하여 특정 분자로부터 수소 원자를 떼어낸다. 이런 화학 반응이 퍼옥시솜 외부에서 일어날 경우 세포에게 매우 치명적일 수 있다.

■ 리소좀 : 재활용 센터

퍼옥시좀과 같은 크기를 가진 다른 소기관인 **리소좀**(lysosome)은 거대 분자를 분해 할 수 있는 강력한 효소집단으로 가득차 있다. 리소좀은 세포의 재활용 센터로서, 늙은 세포의 내용물을 소화시켜 새로운 세포를 형성하는데 사용한다. 사람의 조직에서 미토콘드리아라고 하는 큰 세포 소기관은 10일마다 한번씩 교체되는데, 이 때 리소좀이 오래된 것을 분해시키고 새로운 것을 생산한다.

세포 소기관과 세포 안의 다른 구조를 파괴시키는 일 외에, 리소좀은 또한 세포가 잡아들인 물질(다른 세포를 포함하여)도 분해한다. 예를 들어, 백혈구가 병균을 잡아들이면 여기에 리소좀이 결합하여 결과적으로 "식포"를 형성하고, 효소를 방출하여 들어온 병원균을 분해한다.

왜 리소좀은 스스로 분해되지 않는 것일까? 비록 그 해답은 아직 명확하지는 않지만 그 과정에는 반드시 에너지가 필요하다. 왜냐하면 대사작용이 활발하지 않은 진핵세포에서는 안에서 리소좀 막이 분해되어 일차 리소좀의 효소에 의해 가수분해되어 죽게 된다. 이들 막이 분해되면 리소좀의 소화 효소가 세포질로 쏟아져 나와 세포를 파괴한다. 그래서 진핵세포 안에서 파괴하고 수리하는 과정이 또한 세포 자신의 붕괴를 일으킬 수도 있다. 세균은 리소좀을 가지고 있지 않다. 따라서 물질 대사가 멈추어도 죽지 않는다. 대신에 그들의 물질 대사 활동이 다시 일어날 수 있는 환경이 올 때까지 불활성인 상태로 있게 된다. 이런 놀라운 능력으로 세균은 극한의 환경에서도 살아 남는다.

3.8 **세포 내부의 막계는 세포 내부를 단백질의 합성과 운반 그리고 다양한 화학 반응을 수행하는 기능성 구획으로 구성한다.**

3.9 DNA를 가진 세포 소기관

■ 미토콘드리아 : 세포의 발전소

진핵 생물은 **산화적 물질 대사**(oxidative metabolism)를 통하여 유기물 분자로부터 에너지를 얻는데 이러한 일련의 복잡한 화학반응은 미토콘드리아에서 일어난다. **미토콘드리아**(mitochondria 단수는 mitochondrion)는 소세지 모양의 세포 소기관으로 크기는 세균

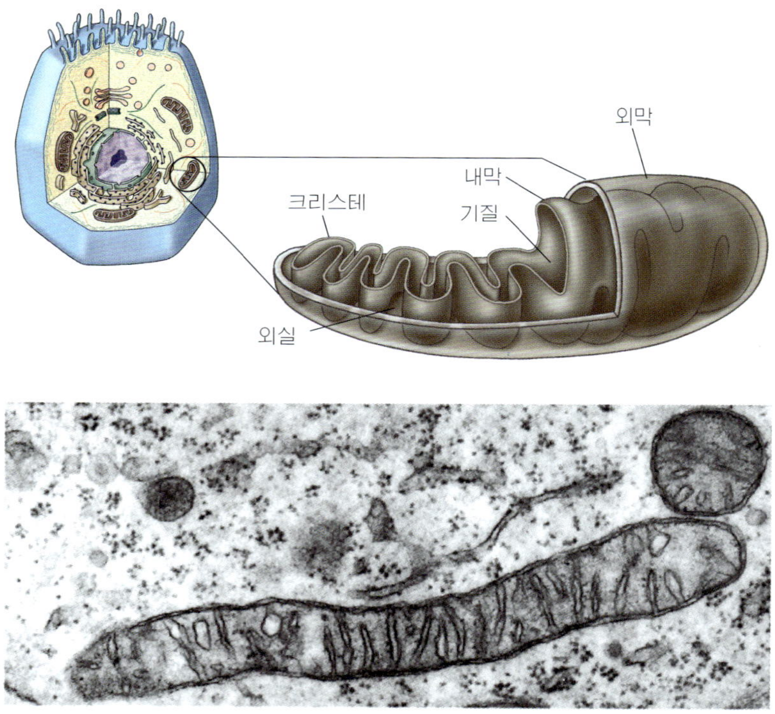

그림 3.18 미토콘드리아

미토콘드리아는 산화적 물질 대사를 수행하며, 산소를 사용하여 음식으로부터 에너지를 얻어내는 소세지 모양의 세포 소기관이다. (a) 미토콘드리아는 이중막을 가지고 있다. 안쪽의 막은 크리스테라고 하는 접혀진 형태를 갖는다. 크리스테 내의 공간은 기질이라고 한다. 크리스테은 산화적 물질 대사를 위한 표면적을 증가시킨다. (b) 전자현미경으로 미토콘드리아의 단면을 본 사진

정도이다(그림 3.18). 미토콘드리아는 2개의 막으로 둘러싸여 있다. 바깥쪽 막은 매끄러우며 세균이 진핵세포에 들어 왔을 때 숙주세포의 소포체로부터 얻어진 것이다. 안쪽 막은 박테리아 원형질막이 미토콘드리아의 막으로 된 것으로 수많은 **크리스테**(cristae, 단수는 crista)로 되어 있다. 이 크리스테는 미토콘드리아를 두 부분으로 나누는데, 안쪽의 **기질**(matrix)과 그리고 외실이다.

15억년 동안의 진화과정에서 미토콘드리아는 대부분의 염색체를 숙주세포에게 넘겨주게 되었다. 그러나 미토콘드리아는 아직도 그들 본래 유전자의 일부를 가지고있는데 환상이고, 닫혀져 있으며, 나출된 DNA분자(mt DNA)를 가져 세균의 환상 DNA와 비슷하다. 이런 mt DNA에 있는 일부 유전자는 산화적 물질대사에 필수적인 단백질을 만든다. 세균과 미토콘드리아 모두에 있는 환상 DNA 분자는 분열과정에서 복제된다. 진핵세포가 분열될 때 미토콘드리아는 단순한 분열에 의하여 세균처럼 둘로 나누어진다.

엽록체 : 에너지 포획 중심

식물과 조류에서 일어나는 모든 광합성은 세균과 비슷한 **엽록체**(chloroplast)라는 세포 소기관에서 일어난다(그림 3.19). 엽록체는 미토콘드리아처럼 세균상태에서 공생관계를 통하여 생겨난 것이다. 엽록체는 미토콘드리아와 마찬가지로 이중 막으로 둘러싸여 있으며, 안쪽은 세균에서 기원된 것이며 바깥 것은 숙주세포의 소포체에서 얻어진 것이다. 엽록체는 미토콘드리아보다 커서 그들의 안쪽 막은 더 복잡한 구조를 가지고있다. 안쪽 막은 **틸라코이드**(thylakoids)라고 하는 폐쇄된 소낭이 쌓인 모양이다. 광합성은 틸라코이드 안에서 일어난다. 틸라코이드들이 차례로 쌓여 **그라나**(granum 또는 grana)를 형성한다. 엽록체의 내부는 반유동 물질인 **스트로마**(stroma)로 채워져 있다. 미토콘드리아처럼 엽록체도 환상 DNA 분자를 가지고있다.

중심립

중심립(centriole)(그림 3.20)은 동물과 대부분의 원생 생물의 세포에서 튜뷸린 소단위로된 미세소관이 조

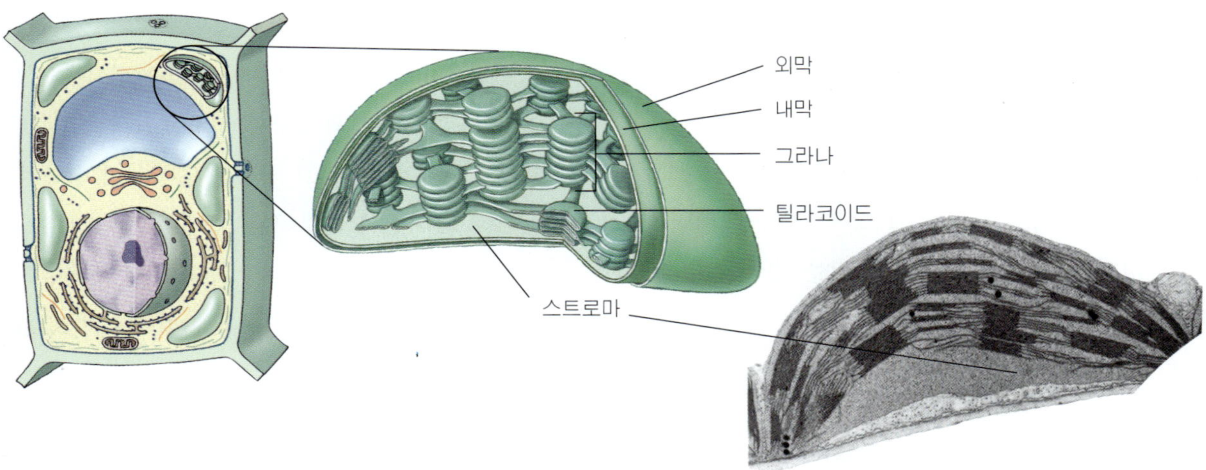

그림 3.19 엽록체

엽록체라고 하는 박테리아와 유사한 세포 소기관은 광합성을 하는 부분이다. 미토콘드리아처럼 그들은 화학 반응을 할 수 있는 복잡한 내막의 구조를 가지고 있다. 엽록체의 내막은 틸라코이드라고 하는 밀폐된 소포의 다발이 융합되어 형성된다. 광합성은 이 틸라코이드 내에서 일어난다. 틸라코이드가 쌓여 그라나를 형성한다. 엽록체의 안쪽은 스트로마라고 하는 반 액체 상태의 물질에 의해 채워져 있다.

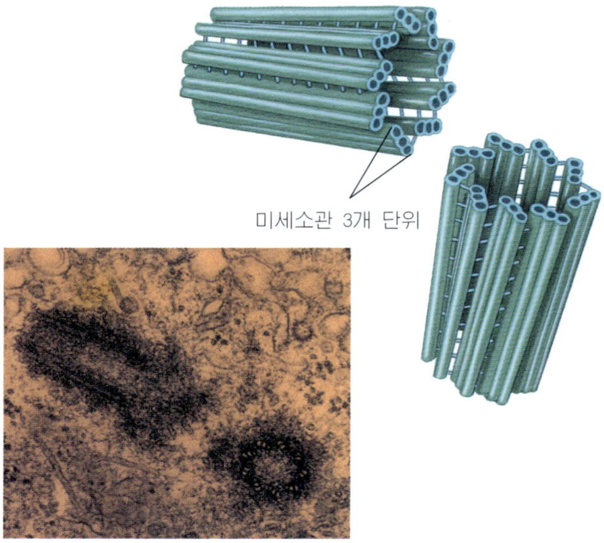

그림 3.20 중심립

중심립은 미세소관으로 이루어져 있다. 이들은 부착 능력으로 보아 진핵세포의 편모의 기저체로 볼 수 있으며 구성 능력으로 보아 세포가 분열하는 동안 딸세포의 분리와 관련이 있는 것 같다. (a) 한쌍의 중심립이 분리되고 있다. 중심립은 보통 쌍으로 나타나고 세포에서 특별한 평면상에 위치한다. 하나의 중심립은 세포 표면과 평행하게 놓여있는 반면 다른 하나는 표면과 수직으로 놓여있다. (b) 중심립은 미세소관 3개가 한 묶음으로 된 9개의 묶음으로 구성되어 있다.

립된 것이다. 중심립은 세포질 내에 쌍으로 존재하며, 일반적으로 핵막 가까운 지역에 서로 직각으로 위치하고 있다. 편모 혹은 섬모를 가지고 있는 세포에서 편모는 기저체라고 불리는 중심립에 부착되어 있다. 대부분의 동물과 원생생물 세포는 중심립과 기저체를 가지고 있지만 식물과 곰팡이에는 없고 대신 미세소관을 가지고 있다. 중심립은 많은 점에서 스피로헤타 박테리아와 매우 유사하며, 그들의 구조 단백질을 생산할 수 있는 환상 DNA 분자를 가지고 있는데 많은 생물학자들은 중심립도 미토콘드리아나 엽록체처럼 공생세균으로부터 기원되었을 것으로 생각한다.

3.9 **진핵세포는 그들 자신의 DNA를 갖는 복잡한 세포 소기관을 가지고 있는데 이러한 세포 소기관은 고대 박테리아와의 내부 공생에 의해 생겨난 것으로 추정된다.**

3.10 세포운동

모든 세포운동은 필수적으로 액틴 섬유나 미세소관 또는 둘 모두의 운동에 의해 일어난다. 중간섬유는 마치 세포 안의 인대처럼 작용하여 과도한 세포 팽창을 막으며, 액틴섬유는 세포의 모양을 결정하는데 중요한 역할을 한다. 액틴 섬유는 매우 신속하게 형성되거나 분해되므로, 신속하게 세포의 모양을 바꿀 수가 있다. 만일 우리가 현미경으로 이런 세포의 표면을 본다면 그들이 살아 움직이는 것을 볼 수 있다. 동물세포에서 **미세융모**(microvilli)라고 불리는 돌기물은 표면에서 바깥으로 돌출된 다음 다시 수축한다.

어떤 세포는 서서히 움직인다

세포가 서서히 움직이는 것은 원형질 안에 있는 액틴 섬유 때문이다. 세포의 이와 같은 움직임은 중요한 세포현상으로서 염증, 응고, 상처치료 그리고 암의 확장과 관련되어 있다. 백혈구세포는 이런 능력이 탁월한데, 골수 안에서 생산되는 백혈구세포들은 순환계로 갔다가 모세 혈관의 밖으로 빠져 나와 조직 안으로 들어가 그 속의 독소를 파괴한다.

액틴섬유는 다른 형태의 세포운동에도 관여한다. 예를 들면, 세포분열 과정에서 염색체가 나뉘어져 세포 양쪽으로 이동하는데, 그 이유는 염색체가 수축하는 미세소관에 붙어있기 때문이다. 세포는 액틴섬유가 수축할 때 둘로 나뉘어진다. 근육 세포도 액틴섬유를 그들의 세포골격을 수축하는데 사용한다. 속눈썹의 깜박임, 독수리의 비행, 아기가 서투르게 기어가는 것 등은 모두 이런 근육 세포 안의 세포골격의 움직임에 의존한다.

■ 섬모와 편모에 의한 유영

편모(flagella 단수는 flagellum)는 가늘고 긴 실같은 기관으로, 세포 표면에 돌출되어있다. 각각의 편모는 **기저체**(basal body)라고 불리는 구조에서 발생하고 9개의 미세소관과 중심에 있는 한 쌍의 미세소관으로 구성되어있다(그림 3.21a). 사람의 귀에 있는 감각모처럼 편모가 없는 세포에서도 이런 9+2구조는 종종 볼 수 있다. 편모의 수가 많고 밀도가 높으면 이것을 **섬모**(cilia)라고 한다(그림 3.21b). 섬모는 구조면에서 편모와 다르지 않으나 일반적으로 짧다. 사람의 정자는 하나의 긴 편모를 가지고 있고, 우리의 기관지에는 섬모가 빽빽이 나 있어서, 목안의 점액과 먼지 입자를 바깥쪽으로 내보내는 역할을 한다.

3.10 **세포는 그들의 모양을 바꿈으로써 표면을 기어가는 것처럼 움직일 수가 있고, 또한 그들은 긴 편모를 이용해 헤엄쳐 이동할 수 있다.**

3.11 식물세포내 특수구조

■ 액포 : 저장소

식물세포의 중앙에는 일반적으로 크고 비어있는 **액포**(vacuole)가 위치하고 있다. 액포는 실제로는 비어있는 게 아니며 많은 양의 물과 설탕, 이온, 색소 등의 물질을 포함하고 있다. 액포는 이런 중요한 물질의 저장소 역할을 하며 원형질막에 압력을 가해서 부피와 표면적의 비를 증가시켜주기도 한다(그림 3.22).

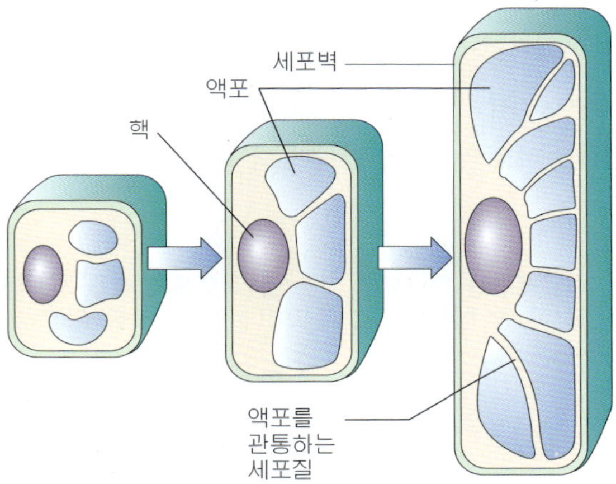

그림 3.22 액포 확장

식물의 중앙 액포는 식물세포의 표면적을 증가시킴으로서 그 크기를 증가시킬 수 있다. 세포질은 세포질 성분에 의해서 액포를 통해 상호 연결되어 있다.

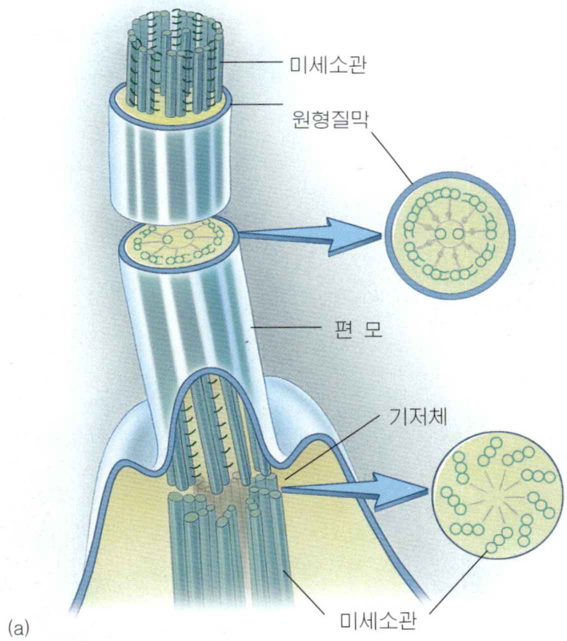

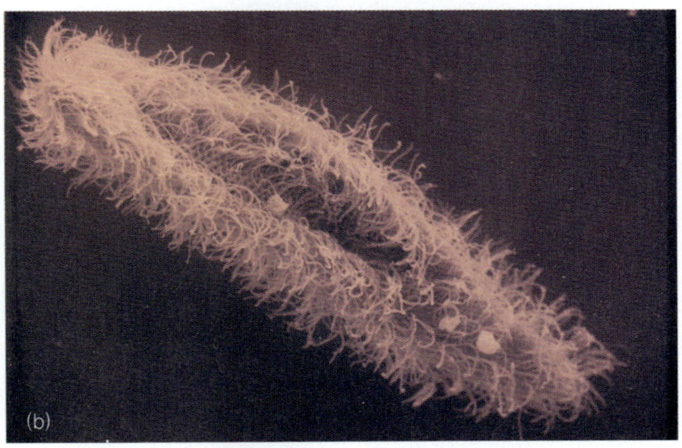

그림 3.21 편모와 섬모

(a) 진핵세포의 편모는 기저체로부터 나오며 9쌍의 미세소관이 환상으로 배열하고 그 중앙에 2개의 미세소관이 있다. (b) 짚신벌레의 표면은 섬모로 덮여 있다.

■ 세포벽 : 보호와 지지

식물세포는 식물세포를 보호하고 지지하는 **세포벽**(cell wall)이 있다. 박테리아도 세포벽을 가지고 있지만 식물세포의 세포벽은 화학적, 구조적으로 박테리아의 세포벽과는 다르다. 세포벽은 또한 곰팡이와 몇 가지 원생생물에서도 발견된다. 식물의 세포벽은 다당류 섬유소의 섬유로 구성되어있다. 1차벽(primary walls)은 세포가 아직 성장할 때에 형성되며, 이웃하고 있는 세포 사이에는 중간층(middle lamella)이라고 하는 끈적한 물질로 가득 차 있는데 이것들은 세포 사이의 접착제 역할을 한다(그림 3.23). 어떤 식물세포는 강한 2차벽(secondary walls)을 만드는데, 이 2차벽은 충분히 팽창한 세포의 1차벽 안쪽에 축적 된다.

3.11 식물세포는 중앙부에 있는 큰 액포에 물질을 저장하고, 강한 섬유소로된 세포벽이 식물세포를 싸고 있다.

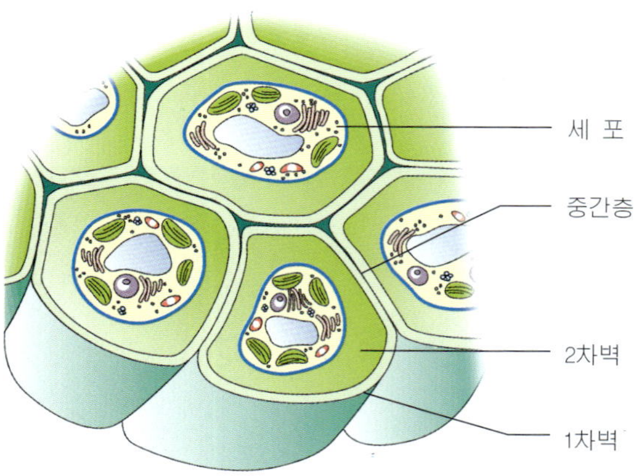

(a)

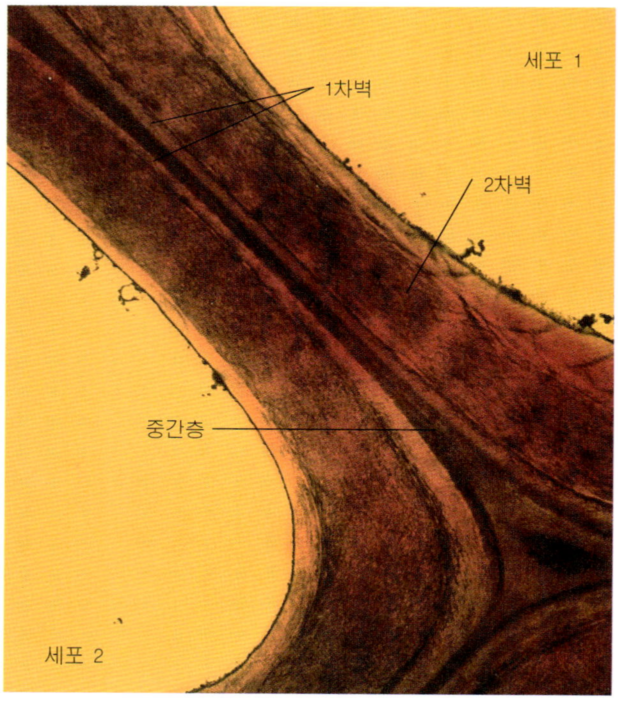

(b)

그림 3.23 식물의 세포벽

모형도(a)와 투과 전자 현미경 사진(b)에서 보는 바와 같이 식물 세포벽은 근본적으로 세균과 다르다. 식물 세포벽이 더 두껍고, 강하며, 좀더 질기다. 1차 세포벽은 어린 세포시기에 만들어진다. 두꺼운 2차 세포벽은 나중에 세포가 충분히 성장하였을 때 형성된다.

3.12 확산과 삼투

세포가 살기 위해서는 양분, 물, 기타의 물질이 세포 안으로 들어 가고 세포 안에서 생성된 노폐물은 방출되어야 한다. 세포의 원형질막을 통해 일어나는 이러한 모든 이동은 다음 세 가지 방법 중 한 가지에 의해 일어난다. (1) 물이 막의 불완전한 부분을 통해서 나오거나, (2) 영양물질이나 액체를 막이 둘러싸서 끌어들이는 방법 또는 (3) 막에 있는 단백질들이 일부 분자들을 통과시키는 통로 역할을 하는 것이다.

■ 확산

분자의 움직임은 임의적이므로 두 종류의 분자를 함께 놓으면 곧 섞인다. 분자의 임의적인 운동은 항상 균일한 혼합물을 만들려는 경향이 있는데, 이는 분자가 드문 곳으로 이동하기 때문이다. 그러면 **농도구배**(concentration gradient)가 낮은 곳으로 분자는 이동한다. 분자들은 단순히 많이 있는 곳에서 적게 있는 곳

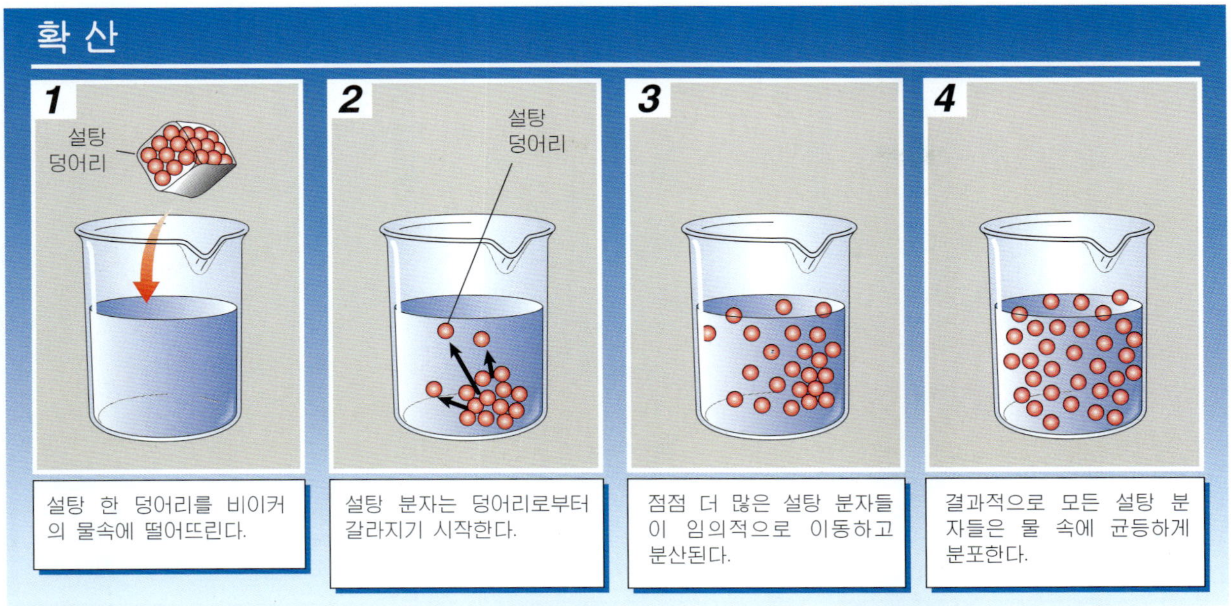

그림 3.24 확산은 어떻게 일어나는가?

확산은 세포 안에 분자를 퍼트리는 혼합과정이다. 확산이 어떻게 일어나는지 알아보기 위해서 설탕 한 덩어리를 물 안에 떨어뜨리는 간단한 실험을 보여주고 있다.

으로 이동한다. 이런 혼합과정을 확산(diffusion)(그림 3.24)이라고 한다. 확산은 분자의 농도구배에 따른 이동인데 농도가 높은 지역에서 낮은 지역으로 일어난다.

삼투압

막은 확산을 막는다. 왜냐하면 많은 분자들이 막을 통과할 수가 없기 때문이다. 이것은 당과 단백질 같은 영양물의 분자에서 더욱 뚜렷한데, 이들은 극성을 가지며 원형질막의 지질 이중층을 자유롭게 통과할 수 없기 때문이다. 따라서 원형질막은 세포 안에 영양 분자들을 원형질 안에 축적하고 저장할 수가 있다. 그러나 물 분자의 이동은 차단되지 않는데, 물은 막을 자유롭게 통과할 수 있을 만큼 작기 때문이다.

많은 양의 물은 당과 단백질 그리고 다른 극성 분자들과 상호작용을 하고 있다. 물은 그 자체가 매우 강한 극성을 띠며 다른 극성 분자들과 친화력이 크다. 이런 물 분자는 물 분자들만 있을 때처럼 마음대로 움직이지 못하고 극성 분자들 주변에 밀집된다.

그 결과, 세포 안으로 들어 온 물 분자는 극성 분자에 잡혀, 임의적으로 세포 밖으로 다시 나가지 못한다. 나가는 물 분자보다 들어오는 물 분자가 더 많기 때문에 세포 안으로 물이 순 이동을 하게 된다. 막을 통과할 수 없는 극성 분자가 있는 쪽으로 물이 막을 통해 확산되는 것을 **삼투**(osmosis)라 한다(그림 3.25).

용액 속의 모든 용질의 농도를 용액의 삼투농도라 한다. 만약 두 용액의 삼투농도가 다르다면 고농도의 용액을 **고장액**(hyperosmotic)이라 하고, 저 농도의 용액을 **저장액**(hyposmotic)이라 한다. 만약 두 용액의 농도가 같다면, 그 용액은 **등장액**(isosmotic)이다.

삼투에 의해 세포 안으로 물이 이동할 때 생기는 압력을 **삼투압**(osmotic pressure)이라 하며, 이로 인해 세포가 팽창하고 파열되기도 한다. 대부분의 세포는 원형질막이 팽창을 견디지 못하면 삼투압을 이겨내지 못

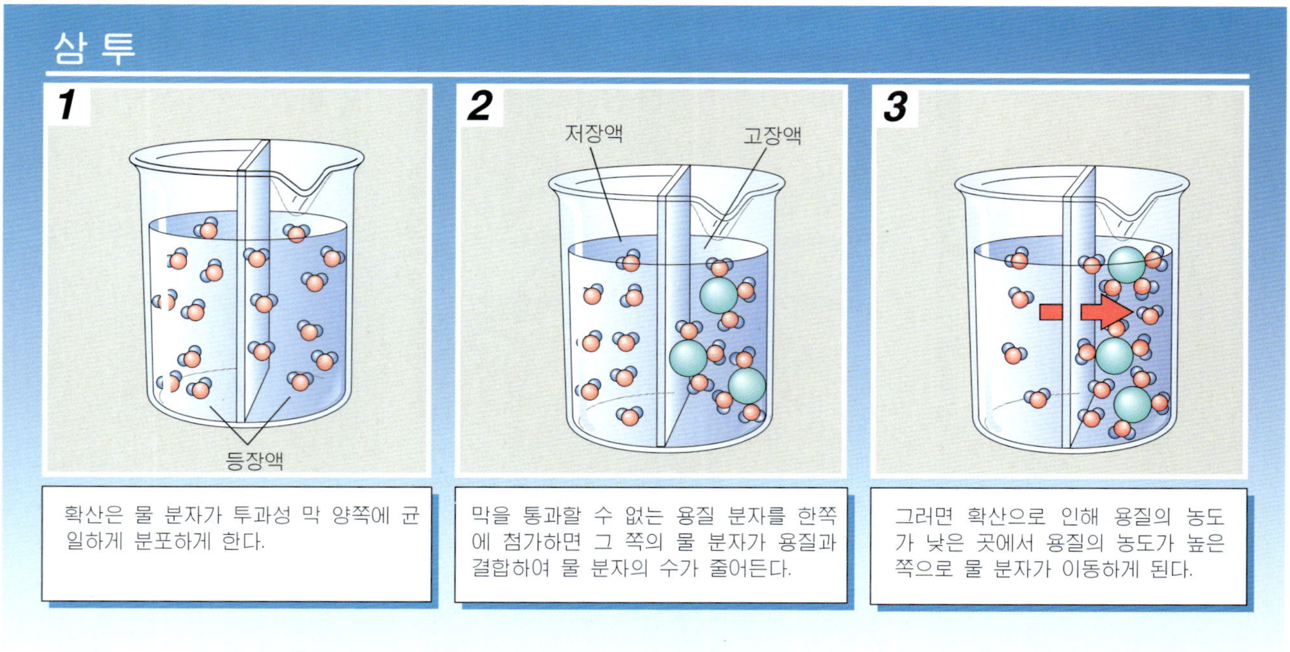

그림 3.25 삼투는 어떻게 일어나는가?

삼투란 물이 막을 통과해 물 분자가 적은 곳으로 이동하는 것을 말한다. 이를 좀더 자세히 설명하면, 가운데 부분이 막으로 나뉘어진 물통에 극성 분자를 첨가하는 것을 상상해 보자. 극성 용질이 첨가되면 그 주위에 모인 물 분자는 더 이상 막을 통과할 수 없게 된다. 즉, 극성 용질이 물 분자의 수를 감소시킨 것이다. 막 오른편에 더 많은 극성 분자를 넣었다고 생각해 보자. 막 왼편에는 용질이 적기 때문에 결합되지 않은 물 분자는 용질이 많은 오른편으로 확산에 의해 이동하게 된다.

하고 파열한다. 만약 증류수에 세포를 넣으면 세포는 곧 부풀어오른 풍선처럼 터지게 된다(그림 3.26).

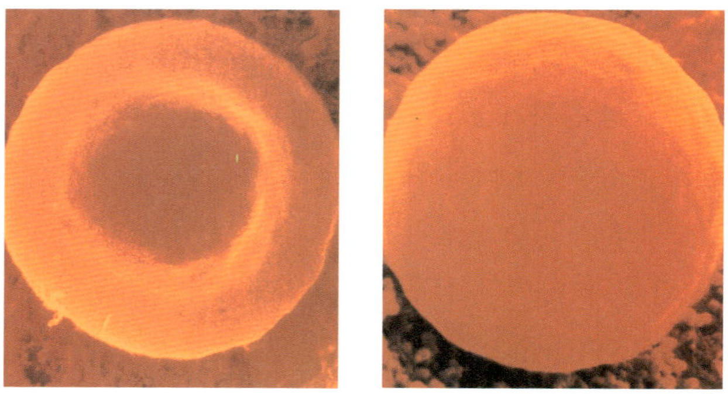

(a) (b)

그림 3.26 적혈구 세포 내의 삼투압

(a) 정상적인 적혈구 세포는 편평한 베개 모양이다. 세포 내의 용질의 농도는 주위 액체의 농도와 같아서 물이 막을 통과하지 않는다. (b) 증류수에 넣으면 적혈구 세포가 팽창하여 파열되는데 이는 세포 내의 용질 농도가 외부보다 높기 때문이고 세포 안으로 물이 순 이동을 하게 된다.

3.12 분자가 임의 운동에 의해 용액 안에서 균일하게 섞이는 것을 확산이라 한다. 극성 분자와 결합한 물은 자유롭게 확산하지 못하며 이때 물 분자가 적은 쪽으로 물 분자가 막을 통과해 이동하게 되는데, 이를 삼투라 한다.

3.13 엔도시토시스와 엑소시토시스

많은 진핵세포는 먹이가 있는 쪽으로 원형질막을 뻗어 먹이와 액체를 흡수한다. 막은 그 부스러기들을 포획하여 막으로 둘러싸인 소포를 형성한다. 이러한 과정을 **엔도시토시스**(endocytosis)라 한다(그림 3.27). 역과정은 세포 표면에서 소포로부터 물질을 방출함으로써 물질들을 세포에서 제거하는 것으로 **엑소시토시스**(exocytosis)라 한다(그림 3.28). 소포가 먹이 부스러기(또는 세균과 같은 고형성분) 등을 포함할 때 이것을 식세포작용(phagocytosis)이라고 한다. 만약 들어온 물질이 분자가 용해된 액체라면 엔도시토시스는 음세포작용(pinocytosis)이라고 한다. 음세포작용은 인체 세포에서는 흔하다. 예를 들어 사람의 난세포는 주변의 세포가 분비한 영양물을 음작용에 의해 흡수하여 성숙된다. 백혈구 중에는 매 시간마다 그들 부피의 25%에 해당하는 영양분을 음세포작용에 의해 섭취 하는 것도 있다.

3.13 원형질막은 엔도시토시스에 의해 물질 주위를 막으로 감싸 소포 안에 넣어 물질을 흡수한다.

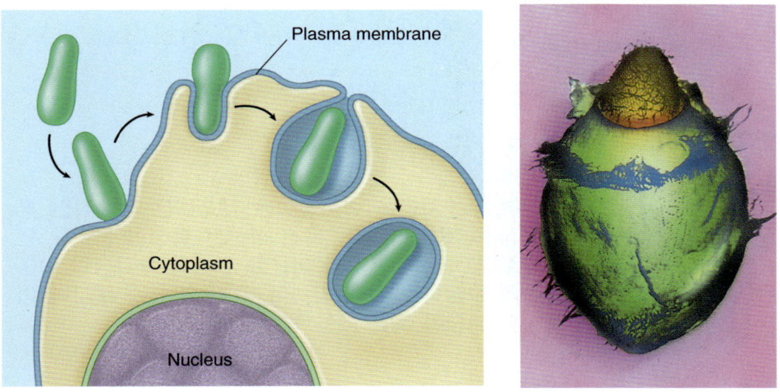

그림 3.27 엔도시토시스

엔도시토시스는 물질의 주위에 원형질막을 감싸 소포를 형성하여 포획하는 과정을 말한다. (a) 물질이 생물체이거나 또는 비교적 큰 유기 물질의 큰 조각일 때, 그 과정을 식세포작용이라고 한다. (b)에서, 달걀 모양의 원생생물인 *Didinium nasutum*이 더 작은 원생생물인 짚신벌레(*paramecium*)를 잡아 먹고 있다.

3.14 선택적 투과성

효율성의 관점에서 볼 때 엔도시토시스의 문제는 세포는 반드시 많은 막을 만들고 이동해야 하기 때문에 실행하는데 비용이 많이 든다는 것이다. 또한, 엔도시토시스 중에서 특히 액체를 빨아들이는 음세포작용은, 세포가 어떤 분자들을 들어오게 할 것인지를 선택하지 않는다. 세포는 원형질막에 있는 단백질로 된 통로들을 통하여 분자를 세포 안이나

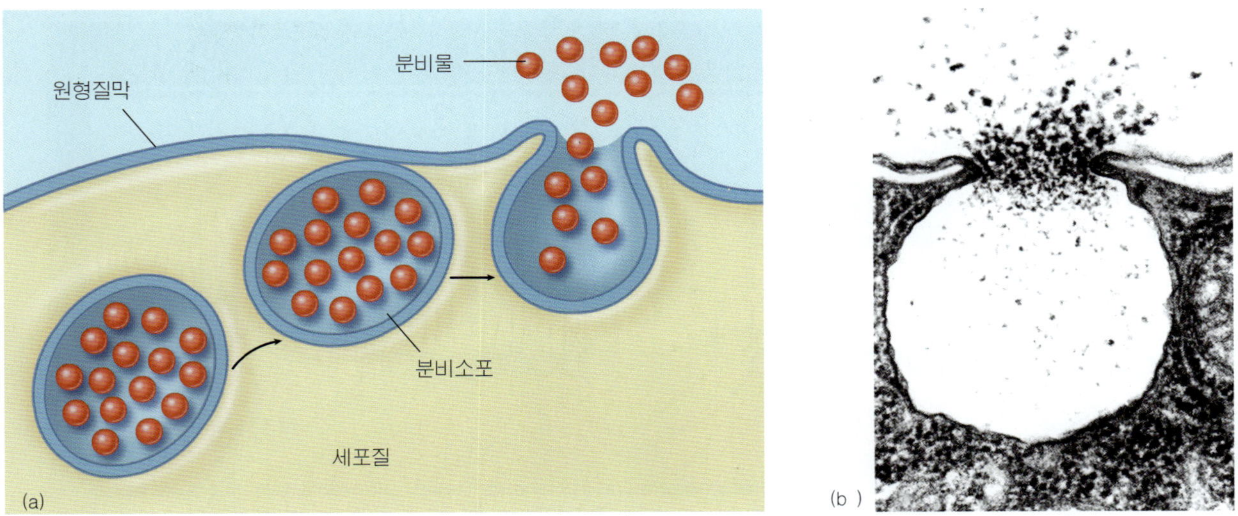

그림 3.28 엑소시토시스

엑소시토시스는 세포 표면의 소포에서 물질을 방출하는 것을 말한다. (a) 단백질과 기타 분자들은 분비소포(secretory vesicles)라고 하는 작은 주머니에서 분비되는데, 이 소포의 막이 원형질막과 융합하여 분비 소포가 내용물을 세포 표면으로 방출할 수 있게 된다. (b) 전자 현미경 사진에서 엑소시토시스가 폭발적으로 일어나고 있음을 볼 수 있다.

바깥으로 통과시킴으로서 이러한 문제를 해결한다. 각 경로들이 특정한 종류의 분자들만 지나가게 하기 때문에 세포는 무엇을 들여보내고 나가게 할 것인지를 제어할 수 있다. 이러한 기능을 **선택적 투과성**(selective permeability)이라고 한다.

촉진 확산

통로를 통한 확산에는 대개 특별한 운반체 단백질(special carrier protein)이 관여한다. 이 단백질은 특별한 당, 아미노산 또는 이온 등과 같은 특정한 종류의 분자만 결합한다. 막의 한 쪽에서 결합하여 반대쪽에다 풀어놓는다. 분자의 순 이동 방향은 막을 통과하는 물질의 농도 구배에 달려 있다. 만약 세포질 안의 농도가 더 높으면 분자는 막의 세포질 쪽의 운반체에 결합하여 세포 바깥쪽으로 방출된다. 만약 세포 바깥의 액체의 분자 농도가 더 높다면 순 이동은 밖으로부터 안으로 일어난다. 따라서 물질의 순 이동은 마치 단순 확산에서처럼 항상 고농도에서 저농도 쪽으로 일어나며, 그 과정은 운반체들에 의해 촉진된다. 이 수송 기작을 **촉진 확산**(facilitated diffusion)이라고 한다(그림 3.29).

운반체 단백질에 의한 물질수송의 특징은 그 이동률이 포화될 수 있다는 것이다. 만약 물질의 농도가 점진적으로 증가하면 그 물질의 수송율은 어느 정도까지 증가하다가 멈추게 된다. 막에는 운반체 단백질의 수가 제한되어 있어 운반될 물질의 농도가 충분히 높아지면 모든 운반체들이 사용되게 된다. 이 경우 운반 시스템이 포화 되었다고 한다.

3.14 특정한 분자만을 받아들이는 세포들은 선택적인 투과성을 가지고 있다. 촉진 확산은 특정한 운반체 단백질에 의하여 분자와 이온을 선택적 투과성인 막을 통해 수송하는 것을 말하며, 이동 방향은 분자나 이온의 농도가 낮은 쪽을 향한다.

3.15 능동수송

원형질막의 한 가지 통로는 닫혀진 문과 같다. 이런

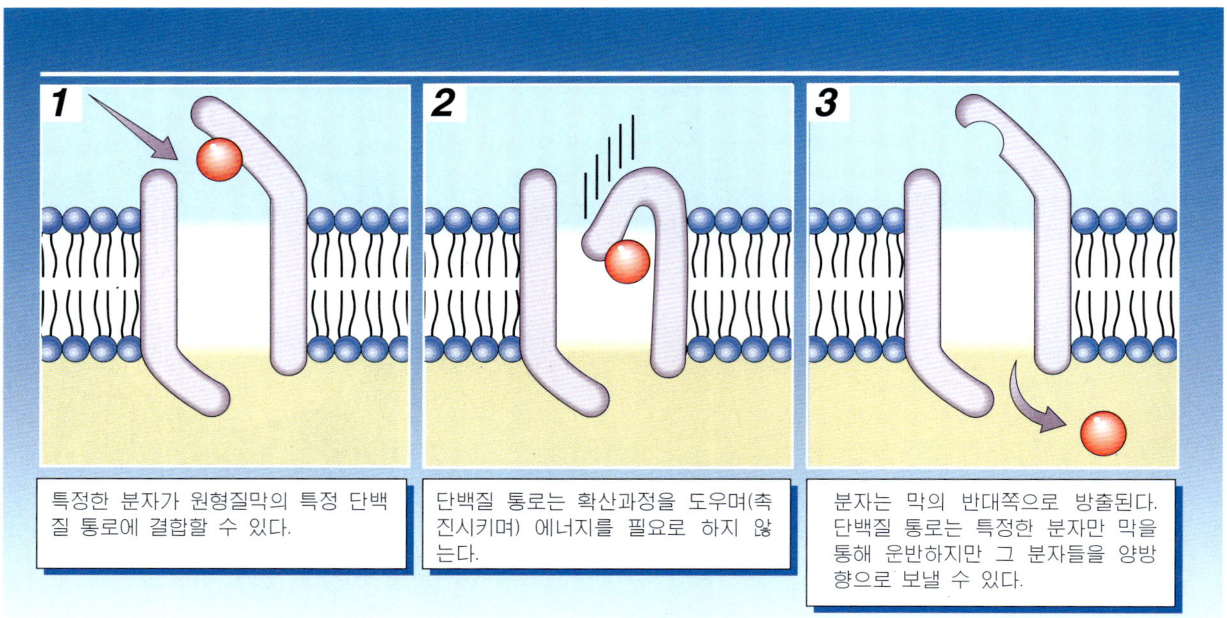

그림 3.29 촉진 확산의 작동방법

통로들은 에너지가 공급될 경우에만 열리게 된다. 이들은 세포 밖보다 세포 안에 특정 분자의 농도를 더 높이 유지할 수 있도록 만들어져 있다. 만약 문이 열리면 분자들은 촉진 확산으로 인해 밖으로 흘러나올 것이다. 그러나 모터로 움직이는 회전문처럼 그 통로들은 에너지가 공급되었을 때에만 작동되며 한 방향으로만 작용한다. 이는 일방통행이며, 에너지를 필요로 하는 채널을 능동수송(active transport)이라 하는데, 이는 에너지를 소비하면서 막을 통해 고농도 쪽으로 이동하는 분자의 운동을 말한다. 능동수송은 모든 세포에서 가장 중요한 활동 중 하나이며, 세포가 세포질 안쪽에 세포질 밖보다 더 많은 영양물을 가지고 있더라도 계속하여 영양물을 축적할 수 있게 한다.

세포 내의 거의 모든 능동수송은 단지 두 종류의 통로에 의해 이루어지고 있다. 그것은 나트륨-칼륨 펌프와 양성자 펌프이다.

나트륨 - 칼륨 펌프

능동수송의 두 종류 중 하나인 **나트륨-칼륨 펌프**는 세포에서 Na^+을 능동적으로 빼내고 K^+을 흡수하기 위하여 대사 에너지를 소비한다(그림 3.30). 우리의 몸의 세포에서 사용되는 에너지의 3분의 1 이상은 펌프를 운영하기 위해 쓰여진다. 각각의 채널이 최대로 작동하면 1초당 300개 이상의 나트륨이온을 옮길 수 있다. 이러한 펌프의 결과 세포 안에는 밖에 비해 훨씬 적은 나트륨이온이 있게 된다. 이와 같이 막대한 양의 대사 에너지를 소비하여 얻어진 농도의 차이가 다양한 방법으로 이용된다. 가장 중요한 것들 중 두 가지는 첫째, 신경세포에서 신호를 전달하는 것이며, 둘째, 당이나 아미노산과 같은 중요한 분자들을 농도의 차이를 거슬러 세포 안으로 끌어들이는 것이다.

이 두 번째 과정에 잠시 초점을 맞추어 보자. 많은 세포의 원형질막에는 촉진 확산 통로가 존재하여 Na^+-K^+펌프에 의해 밖으로 내보내졌던 나트륨이온이 다시

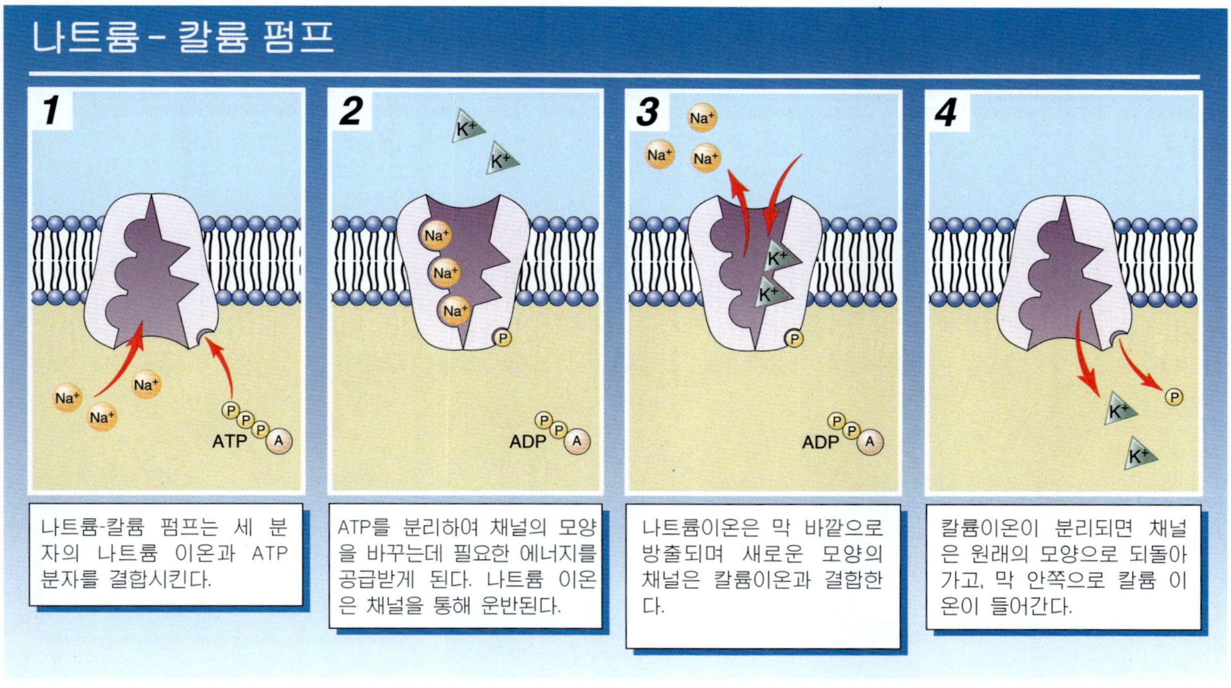

그림 3.30 나트륨-칼륨 펌프의 작동방법

들어올 수 있게 한다. 그러나 주의할 점이 있다. 이러한 통로는 나트륨이온이 짝을 가지고 있어야 통과시키는데, 이는 마치 댄스 파티에서 커플만이 문을 통과할 수 있는 것과 같다. 이러한 특별한 통로는 나트륨이온이 다른 분자와 결합해 있지 않으면 받아들이지 않는다. 경우에 따라 짝 분자가 당일 수도 있고 아미노산이나 다른 분자일 수도 있다. 많은 나트륨이온이 다시 들어가려고 하기 때문에, 세포 안이 이미 짝 분자의 농도가 높더라도, 이런 확산 압력은 짝 분자를 계속하여 끌어들이게 된다. 이러한 방법으로 당과 기타 다른 능동수송되는 분자들은 특별한 **공역통로**(coupled channel)를 통해 세포 안으로 들어간다(그림 3.31). 이러한 이동은 사실 나트륨이온의 능동수송에 의한 촉진 확산의 형태가 된다.

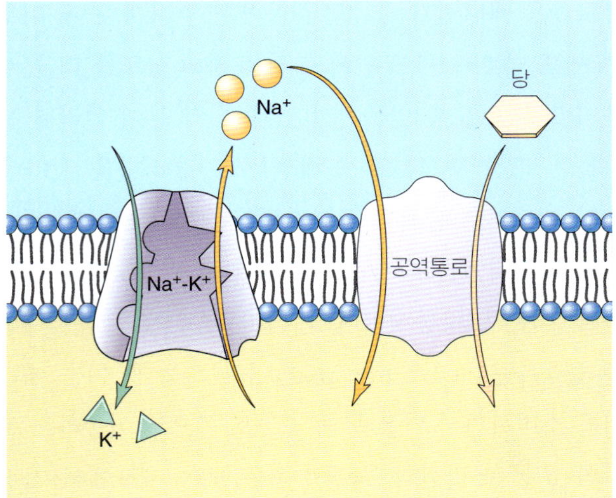

그림 3.31 공역 통로

세포 안쪽으로 당 분자의 능동 수송은 전형적으로 두 단계로 일어나는데. 당의 촉진 확산은 나트륨 이온의 능동 수송과 연결되어있다. 나트륨-칼륨 펌프는 Na+의 농도를 세포의 안쪽보다 바깥쪽이 더 높게 유지시킨다. Na+이 공역 통로를 통하여 다시 들어올 때 당 분자의 수송이 동시에 일어난다. Na+의 농도 구배는 당의 구배에 비해 더욱 심하기 때문에, Na+과 당은 세포로 이동한다.

양자 펌프

두 번째의 주요 능동수송 경로는 **양자 펌프**(proton pump)로서 막을 통해 양성자를 펌프하는데 에너지를 소비하는 복합 채널이다(그림 3.32). 나트륨-칼륨 펌프에서처럼, 양자 펌프는 양자를 다시 되돌아가게 하는

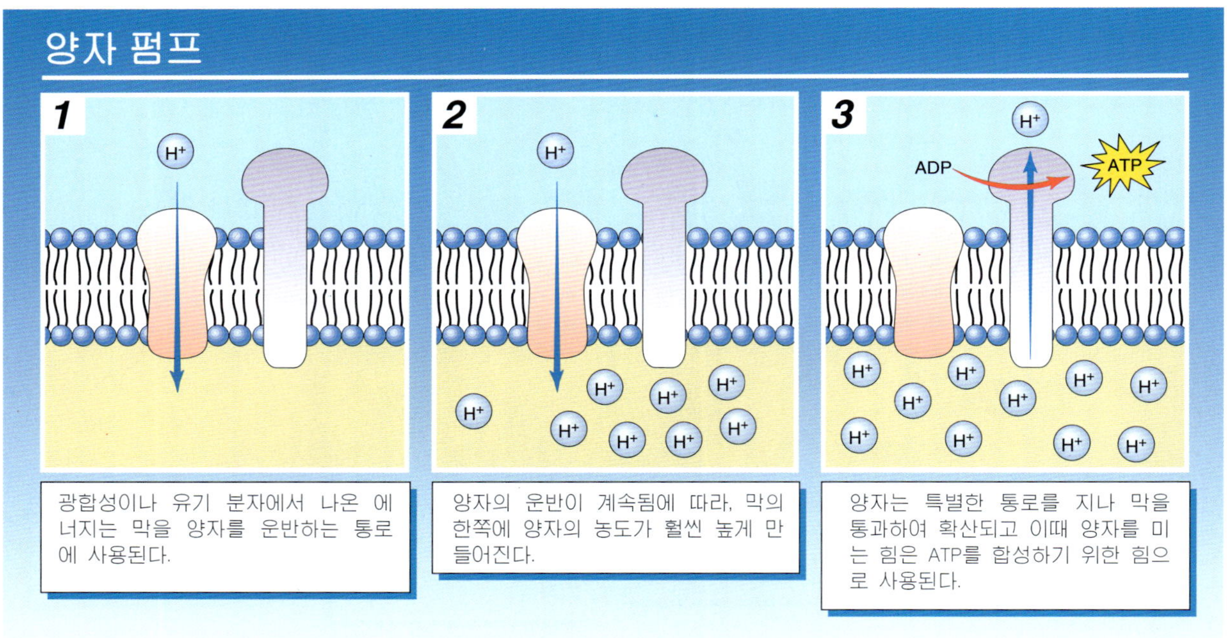

그림 3.32 양자 펌프의 작동방법

확산 압력을 생성한다. 그러나 이 경우 오직 그들에게 열려 있는 통로는 공역 통로가 아니라 ATP를 생성하는 통로이다. 이 펌프는 세포가 먹이에 있는 광합성 에너지나 화학적 에너지를 ATP로 바꾸는 작용인 세포 대사의 중요한 수단이 된다. 펌프의 활동에 의하여 화학 삼투를 형성한다. 화학 삼투에 대하여는 다음 장에서 상세히 논의 할 것이다.

3.15 **능동수송은 에너지를 이용하여 분자를 농도 지역으로 이동시키는 것이다. 분자의 수송은 나트륨 또는 수소이온의 수송과 공유되어 있다.**

3.16 세포가 정보를 얻는 법

세포가 자신의 환경 변화에 적절히 반응하는 능력은 세포의 생존에 매우 중요한 요소이다. 세포들은 환경의 변화를 감지하기 위한 다양한 방법들을 발전시켜왔다. 압력이나 빛을 감지하는 "눈"이나 "귀"들을 갖는 세포로 분화 된 것도 있다. 그러나 거의 모든 세포들은 그들의 환경을 감지하는데 화학적 또는 전기적인 신호를 사용한다. 이를 위해 세포들은 원형질막 속에 묻혀있는 세포 표면 단백질이라는 일련의 특별한 단백질을 사용한다. 세포 표면에 튀어나온 많은 단백질들은 세포가 바깥 세계와 접촉하는 유일한 수단이다.

화학적 정보의 감지

세포들은 화학적 정보를 **수용체 단백질**(receptor protein)이라고 하는 그들의 원형질막에서 나온 세포 표면 단백질에 의해 감지한다. 이들 단백질은 독특한 종류의 분자를 묶지만 그들은 분자가 세포 안으로 들어가기 위한 통로를 제공하지는 않는다. 수용체가 세포에 전달하는 것은 정보이다. 종종 정보는 근처에 다른 세포들의 존재에 관한 것이기도 하다. 세포의 정체를 감지하는 것은 몸을 감염에서 보호하는 면역 체계의 기본이다. 경우에 따라 정보는 다른 세포로부터 보내져 온 화학적 신호일수도 있다.

우리의 몸은 **호르몬**(hormone)이라 불리는 화학적 신호를 사용하는데 이것은 수용체 단백질이 어떻게 작용하는지를 보여주는 좋은 예이다. 세포 표면에 노출된 수용체 단백질의 끝은 인슐린과 같은 특별한 호르몬 분자에 들어맞는 모양을 가지고 있다. 대부분의 세포는 약간의 인슐린 수용체를 가지고 있으나, 우리의 간 세포들은 각각 100,000개 정도를 소유하고 있다. 인슐린 분자가 간 세포의 표면에 있는 인슐린 수용체와 만나면, 인슐린 분자는 수용체에 결합된다. 이 결합은 수용체 단백질의 다른 쪽 끝(세포의 안쪽을 향한 돌출 부분의 끝)의 모양에 변화를 일으킨다. 마치 발을 세게 밟히면 입이 열리는 것처럼, 이러한 안쪽 끝에서의 수용체의 모양의 변화는 세포활동에 변화를 일으킨다. 이 경우, 세포질로 돌출 된 부분의 끝은 단백질에 인산염 그룹을 부착하기 시작하고, 그것은 혈액 속의 포도당 농도의 통제와 관련된 다양한 세포작용을 활성화시킨다.

전압의 감지

많은 세포들은 화학적 정보 뿐 아니라 전기적 정보도 감지한다. 원형질막 내부에는 나트륨이나 다른 이온들을 위한 특별한 통로가 있으며, 이 통로들은 보통 닫혀져 있다. 나트륨-칼륨 펌프와는 달리 이러한 닫혀져 있는 통로들은 화학 에너지에 의해 열리지 않는다. 이 통로들을 여는 것은 전압이다. 작은 자석처럼 통로가 전기신호의 반응에 의해 열리고 닫힌다.

전압 감지 통로가 어떻게 동작하는지를 이해하는 것은 어렵지 않다. 막을 통과하여 통로에 공급하는 단백질의 중심은 전압 감지 "문", 즉 하전된 아미노산을 포함하고 있는 단백질의 일부에 의해 점유되어있다. 근처의 전압이 변화되면 통로의 문이 열려 나트륨이나 다른 이온의 통로가 된다. 전압 감지 통로는 신경계 내에서 여러가지 중요한 역할을 한다(그림 3.33).

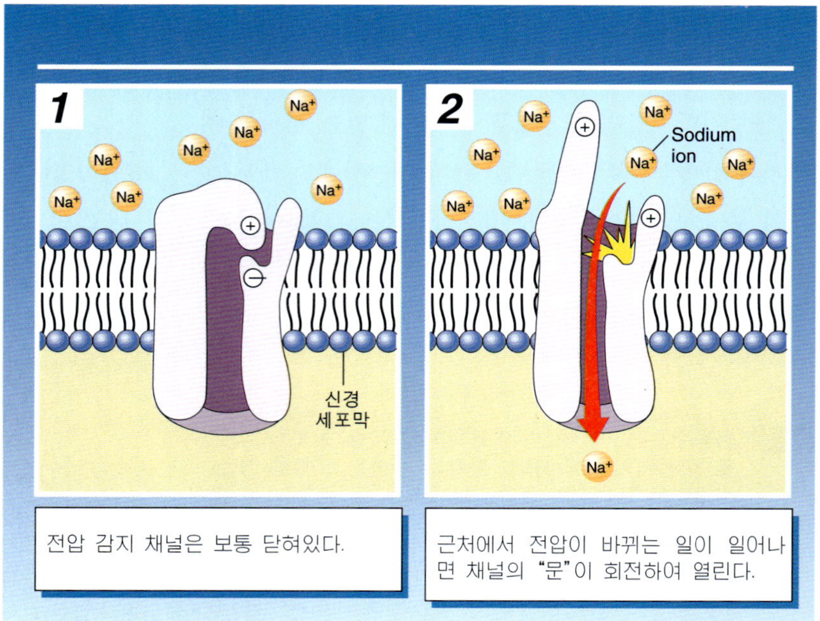

그림 3.33 전압 감지 채널의 작동방법

세포 내의 정보 감지

많은 구획을 가지고 있는 진핵 세포 안에서, 세포의 다른 부분에서 일어나고 있는 일을 감지하는 것은 매우 중요하다. 이러한 종류의 의사 소통은 세포질 안에서 분자의 확산에 의하여 일어난다. 소포체가 세포의 구석구석까지 분포되어 있으므로 그것은 정보의 고속도로라 할 수 있다. 일부 화학신호들은 물질대사에 사용되는 분자들이며, 일부는 세포 안에 있는 호르몬들이다. 이 밖에 이온들도 사용되는데, 특히 이들은 세포의 pH를 나타낸다.

3.16 세포들은 세포막에 돌출되어 있는 일련의 단백질들에 의해서 주변의 정보를 얻는다. 일부는 화학적 정보에, 그리고 다른 것은 전압에 민감하다.

Chap 04

생물과 에너지

4.1 생물내 에너지의 흐름

에너지(energy)는 일을 할 수 있는 능력이며 두 가지 상태로 존재한다. 운동 에너지는 물체의 운동에 의한 에너지이다. 능동적으로 움직이지는 않지만 움직일 수 있는 능력을 갖고 있는 물체는 위치 에너지를 가지고 있다고 할 수 있다. 언덕 위에 놓여 있는 둥근 돌은 위치 에너지를 가지고 있다. 그것이 아래로 굴러 내려감에 따라 그것의 위치 에너지 중 일부는 운동 에너지로 변환된다. 생물에 의해 수행되는 대부분의 일은 위치 에너지가 운동 에너지로 변하는 과정이다.

에너지는 기계적 에너지, 열, 소리, 전류, 빛, 또는 방사능 등 여러 가지 상태로 존재한다. 그러므로 그것을 측정하는 방법에도 여러 가지가 있다. 가장 편리한 방법은 열을 이용하는 것인데, 왜냐하면 모든 형태의 에너지는 열로 전환될 수 있기 때문이다. 사실 에너지에 관해 공부하는 것을 열의 변화를 뜻하는 **열역학**(thermo-dynamic)이라 한다. 생물에서 주로 쓰이는 열의 단위는 킬로칼로리 kcal이다. 1kcal는 1000 칼로리 cal와 동일하며, 1cal는 1g의 물을 1°C 올리는데 필요한 양이다(칼로리를 식 습관이나 영양에 관한 것과 혼동하면 않된다. 그때는 킬로칼로리와는 다른 칼로리로, C로 나타낸다).

산화 - 환원

생물권이 필요로 하는 에너지는 태양으로부터 온다. 태양은 지구로 1년에 13×10^{23}칼로리를 공급한다. 식물, 조류 그리고 일부 세균들은 이 에너지의 일부를 광합성을 통해 고정하고 있다. 햇빛에너지는 광합성 과정에서 물과 이산화탄소와 같은 작은 분자들을 좀더 복잡한 분자인 당으로 만드는데 쓰인다. 에너지는 당 분자를 구성하는 원자들 사이에 공유 결합으로 저장된다. 원자는 하나 또는 그 이상의 궤도를 도는 전자들로 둘러싸인 중심 핵으로 이루어져 있으며, 공유결합은 두 원자핵이 하나의 전자를 공유하며 형성된다. 그러한 결합을 끊기 위해서는 핵을 서로 분리하기 위한 에너지가 필요하다. 공유결합의 힘은 그것을 끊기 위한 에너지의 양으로 측정된다. 예를 들면 1몰(6.023×10^{23}개)의 탄소-수소(C-H) 결합을 끊기 위해서는 98.8kcal가 필요하다.

세포 안에서 일어나는 모든 화학적 작용은 분자 사이의 일련의 화학적 반응으로 볼 수 있다. **화학 반응**은 화학결합을 만들거나 끊는 것으로서, 원자들을 모아서 새로운 분자를 만들거나 분자를 갈라서 다른 부분에 붙이기도 한다. 화학 반응이 일어나는 동안 화학결합에 저장된 에너지는 새로운 결합으로 이동할 수도 있다. 이런 반응 중에는 실제로 전자가 한 원자나 분자에서 다른 원자나 분자로 이동된다. 원자나 분자가 전자를 잃으면 **산화**(oxidation)되었다고 한다. 이것은 생물계에서 전자를 강하게 끌어당기는 산소가 가장 보편적인 전자 수용체임을 의미한다. 반대로, 원자나 분자가 전자를 얻었을 때 환원되었다고 한다. 산화와 환원은 항상 함께 일어나는데, 왜냐하면 산화를 통하여 소실된 전자는 환원을 통해 다른 원자에 붙기 때문이다. 이러한 종류의 화학 반응을 **산화-환원 반응**이라고 한다(그림 4.1). 산화-환원 반응을 통해 에너지는 한 분자에서 다른 분자로 전달되어 진다. 환원된 형태의 분자는 산화된 형태보다 에너지 수준이 높다. 전자가 한 원자에서 다른 원자로 이동하면서 에너지를 운반하기 때문에 산화-환원 반응은 생태계 에너지의 흐름에 중요한 역할을 하고 있다.

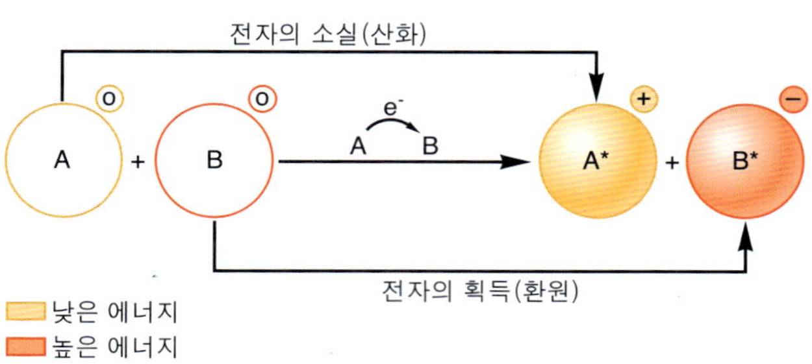

그림 4.1 산화-환원 반응

산화는 전자를 잃는 것이고, 환원은 전자를 얻는 것이다. 오른쪽 위의 작은 원안에 분자 A와 분자 B의 전하를 표시하였다. 분자 A가 전자를 잃으면서 에너지도 잃게되며, 그 동안에 분자 B는 전자를 얻으면서 에너지도 얻는다.

4.1 **에너지는 일할 수 있는 능력이며, 운동에너지와 위치에너지가 있다. 에너지는 종종 전자로 전달되어 진다. 산화는 전자를 잃는 것이고, 환원은 전자를 얻는 것이다.**

4.2 열역학 법칙

열역학 제1법칙

열역학 제1법칙(first law of thermody-namic)은 우주의 에너지의 양과 관련되어 있다. 에너지는 한 상태에서 다른 상태로 (예를 들어 위치에너지가 운동에너지로) 바뀔 수 있으나 에너지는 사라지거나 새로 생기지도 않는다. 우주 안에 있는 에너지의 총 양은 변하지 않는다.

사자가 기린을 먹는 것은 에너지를 얻는 과정이다. 태양에너지를 고정하거나 새로운 에너지를 생성하는 대신 사자는 단지 기린의 몸 조직에 저장되어 있던 위치에너지를 자신의 몸으로 이동시킨다(마치 기린이 살아있던 동안 식물에 저장되어 있던 위치에너지를 획득하는 것처럼). 생물체 내에서 이러한 화학적 위치에너지는 다른 분자로 전환되거나 다른 화학결합에 저장될 수 있다. 또한 이 위치에너지는 운동에너지, 빛, 전기 등과 같은 다른 형태의 에너지로 전환 될 수 있다. 에너지 전환이 일어나는 과정에서 에너지의 일부는 **열**로 손실된다. 따라서 열은 운동에너지 형태의 한 척도가 된다. 에너지는 생물계에서 한 방향으로 계속 흘러가며, 태양에서 온 새로운 에너지가 열로 손실된 에너지를 보충한다.

열은 오직 두 지역에 온도의 차이가 있는 곳에서만 일을 하는데 쓰일 수 있다(이것은 증기기관이 작동하는 방법이다). 세포는 중요한 온도차를 유지하기에는 너무 작기 때문에 열에너지는 세포의 일을 하는 데는 불가능하다. 따라서, 비록 우주의 에너지 총량은 일정하게 유지되더라도 그것이 점진적으로 열로 방출되는 만큼 일을 할 수 있는 에너지는 줄어든다.

열역학 제 2 법칙

열역학 제2법칙은 위치에너지가 열이나 다른 불규칙적인 분자 상태로 변화하는 것과 관련되어 있다. 열역학 제2법칙에서는 우주의 무질서 엔트로피는 계속 증가한다는 것이다. 간단히 말하면 질서보다는 무질서가 더 흔하다. 예를 들어, 쌓아놓은 벽돌 기둥이 무너지는 것이 벽돌 더미가 자발적으로 쌓아 올려져 기둥이 형성되는 일보다 더 흔하다. 일반적으로 에너지의 변화는 더 규칙적이고 덜 안정적인 상태에서, 덜 규칙적이고 더 안정적인 상태로 일어난다(그림 4.2).

엔트로피

엔트로피(entropy)는 계의 무질서의 척도이며, 따라서 열역학 제 2 법칙은 "엔트로피의 증가"로 표현 할 수 있다. 우주가 100~200억 년 전에 생성되어졌을 때, 우주는 가질수 있는 모든 위치에너지를 가지고 있었다. 그 후 점차적으로 우주는 좀 더 무질서 상태로 되었으며, 모든 에너지전환은 우주의 엔트로피의 양을 증가시켰다.

4.2 **열역학 제1법칙은 에너지는 새로 생성되거나 소멸되지 않고, 단지 한 상태에서 다른 상태로 전환 될 뿐이다. 열역학 제2법칙은 우주의 무질서(엔트로피)가 증가하고 있다는 것이다. 생물은 생명 활동을 위해 태양에서 온 에너지를 다른 상태의 에너지로 전환한다. 에너지는 줄어들지 않지만, 사용됨에 따라 열로 전환 된다.**

그림 4.2 일상 생활에서의 엔트로피

시간이 경과함에 따라 어린이의 방은 점점 더 어지럽혀진다. 그것을 치우기 위해선 노력이 필요하다.

4.3 화학 반응과 활성화 에너지

화학 반응에서 반응에 참여하는 분자들을 반응물 또는 기질(substrate)이라고 하며, 반응이 끝났을 때의 분자를 반응의 생성물(product)이라 한다. 모든 화학 반응이 똑같이 잘 일어나지는 않는다. 둥근 돌이 언덕 위보다는 아래로 더 굴러가기가 쉽듯이, 반응은 그것이 에너지의 공급을 필요할 때 보다 에너지를 방출하려 할 때 더 잘 일어난다. 에너지를 방출하는 반응은 생성물이 반응물 보다 적은 에너지를 포함하는 것으로, 이 반응은 스스로 일어나려는 경향이 있으며 이것을 **발열 반응**(exergonic reaction)이라고 한다. 대조적으로, 생성물이 반응물보다 더 많은 에너지를 갖고 있을 때를 **흡열 반응**

(endergonic reaction)이라고 하며, 에너지를 외부에서 공급받지 못하면 반응이 일어나지 않는다.

활성화 에너지

만일 에너지를 방출하는 모든 화학 반응이 자발적으로 일어나려 한다면, "모든 발열 반응은 이미 일어났어야 하지 않는가?"라고 묻는 것이 당연하다. 만약 가솔린에 불을 붙이면 그것은 에너지를 방출하면서 계속 탄다. 그렇다면 왜 세상의 모든 자동차의 가솔린은 당장 불타 없어지지 않는가? 그것은 가솔린 뿐만 아니라 모든 화학 반응들이 그것을 시작하기 위한 에너지의 입력을 필요로 하기 때문이다. 비록 생성물의 새로운 결합이 반응물의 결합에 존재하는 것보다 더 적은 에너지를 사용할지라도 먼저 반응물에 존재하는 결합을 끊을 필요가 있으며, 이때 에너지가 필요하다. 기존의 화학결합을 약화시켜 화학 반응을 일으키게 하는데 필요한 에너지를 **활성화 에너지**(activation energy)라고 부른다(그림 4.3a). 따라서, 돌을 언덕 아래로 굴리려면 우리는 먼저 그것이 박혀있는 구멍 밖으로 밀어내야 한다.

촉매작용

세상에 있는 모든 가솔린이 바로 불타 없어지지 않는 것은 연소반응에 상당히 많은 활성화 에너지가 필요로 하기 때문이다. 세포의 모든 발열 반응 또한 항상 자발적으로 일어나는 것은 아니다. 각각의 반응은 충분한 활성화 에너지가 공급되어야 진행된다. 발열 반응이 좀 더 잘 일어나게 하기 위해서는 필요한 활성화 에너지의 양을 줄여야 한다. 돌을 굴려내리기 위해서는 돌 밑의 땅을 파는 것처럼 반응이 시작되는데 필요한 활성화 에너지를 줄이는 것이다. 활성화 에너지를 줄이는 과정의 반응을 **촉매작용**(catalysis)이라고 한다. 촉매작용은 흡열 반응을 자발적으로 일어나도록 만들 수는 없다. 즉,

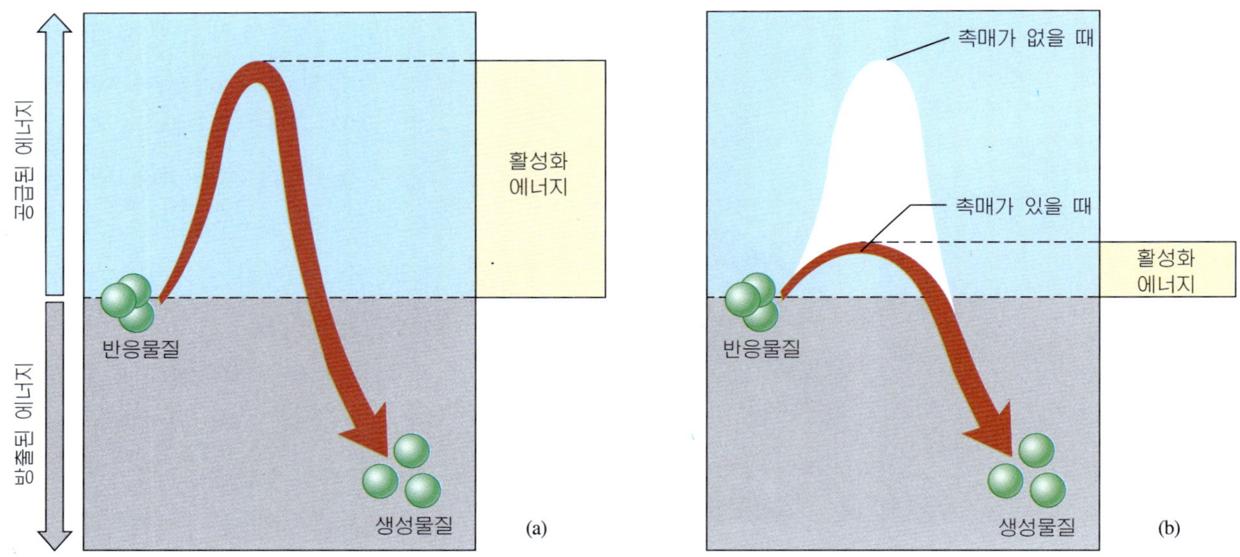

그림 4.3 활성화 에너지와 촉매작용

발열 반응은 반드시 반응이 빠르게 일어나는 것은 아니며, 이는 반응이 일어나기 위해서는 에너지가 필요하기 때문이다. (a) 이 그림에서 화살표의 구부러진 부분은 기존의 화학 결합을 끊기 위해 공급되어야 하는 에너지를 나타내고 있다. (b) 촉매작용을 받을때 반응은 더 빠르게 일어난다. 왜냐하면 반응을 시작하는데 필요한 활성화 에너지의 양이 감소되기 때문이다.

우리는 에너지를 공급하는 것을 피할 수는 없으나 흡열 반응이 좀더 빠르게 진행되도록 할 수 있다(그림 4.3b).

4.3 화학 반응은 원자들을 연결하고 있는 공유 결합이 생성되거나 깨어질 때 일어나며, 화학 반응이 일어나기 위해선 에너지가 필요하다.

4.4 효소의 작용기작과 조절

효소 단백질은 세포에서 특정한 화학 반응에 사용되는 촉매이다. 세포는 효소의 활성화되는 시기를 제어함으로서, 세포 속에서 일어나는 일들을 조절할 수 있다.

효소의 작용기작

효소는 특정 분자에 결합하여 특정 반응이 잘 일어나도록 한다. 이 작용에서 중요한 것은 효소의 모양이다(그림 4.4). 효소는 반응물에 특이성을 가지고 있는데

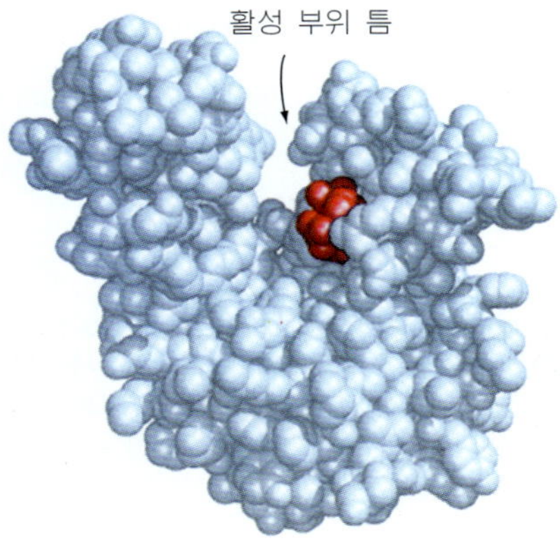

그림 4.4 효소의 모양은 효소의 활성을 결정한다.
아데닐산 키나아제 효소(이 그림에서 파란색 부분)는 깊은 홈이 있다. 그리고 홈의 바닥에는 한 쌍의 기질이 결합할 부위가 서로 마주보고 있다. 하나는 기질 ATP와 결합하며, 다른 부분은 두 번째 기질인 AMP와 결합한다. 이들 두 분자들을 서로 가깝게 위치시키면서, 효소는 ATP로부터 AMP로 말단 인산의 전이를 돕는다. 이들 두 기질 결합 부위가 근접되어 있는 것이 촉매 작용을 가능하게 한다.

그 이유는 효소의 표면은 이 구조에 반응물이 들어맞는 구조를 가지고 있기 때문이다. 그 틈에 정확히 맞지 않는 분자들은 효소의 표면에 부착하지 않는다. 반응물이 부착하는 효소의 표면부분을 **활성부위**(active site)라고 하고, 효소에 붙는 반응물의 부분을 **결합부위**(binding site)라고 한다.

효소는 특정 반응의 활성화 에너지를 낮춘다. 반응물 분자의 화학적 결합을 약하게 하여 끊어지기 쉽게 할 수도 있고, 때로는 그것의 전자를 떼어 낼 때도 있다. 한편, 효소는 두 반응물 사이를 가깝게 해서 그들의 결합을 더 강하게 해 줄 수도 있다(그림 4.5).

효소의 조절

효소가 활동하기 위해서는 정확한 모양을 가져야 하기 때문에 세포는 효소의 모양을 변형시켜 활성시기를 조절할 수 있다. 많은 효소는 그 표면에 "신호" 분자가 결합함으로써 변형 될 수 있는 모양을 가지고 있다. 그런 효소를 알로스테릭(allosteric)효소라고 한다. 만약 신호 분자가 결합하여 생성된 새로운 모양이 더 이상 반응물에 들어맞지 않을 때, 신호 분자는 효소 반응의 억제제로 작용한다. 만약 신호 분자가 효소에 결합할 때까지 효소가 그것의 생성물을 결합할 수 없을 때는, 신호는 효소 활동의 활성제처럼 행동한다(그림 4.6). 신호 분자가 효소의 표면에 붙는 부위를 알로스테릭 부위(allosteric site)라고 한다.

효소의 활성화에 영향을 미치는 요소들

조효소(coenzyme)

효소들은 때때로 촉매작용에 보조인자(cofactor)라 불리는 물질을 보조적으로 사용한다. 금속 이온들과 조효소 모두 보조인자로 작용할 수 있다. 조효소는 보조인자로 작용하는 비단백질 유기 분자이다. 가장 중요한

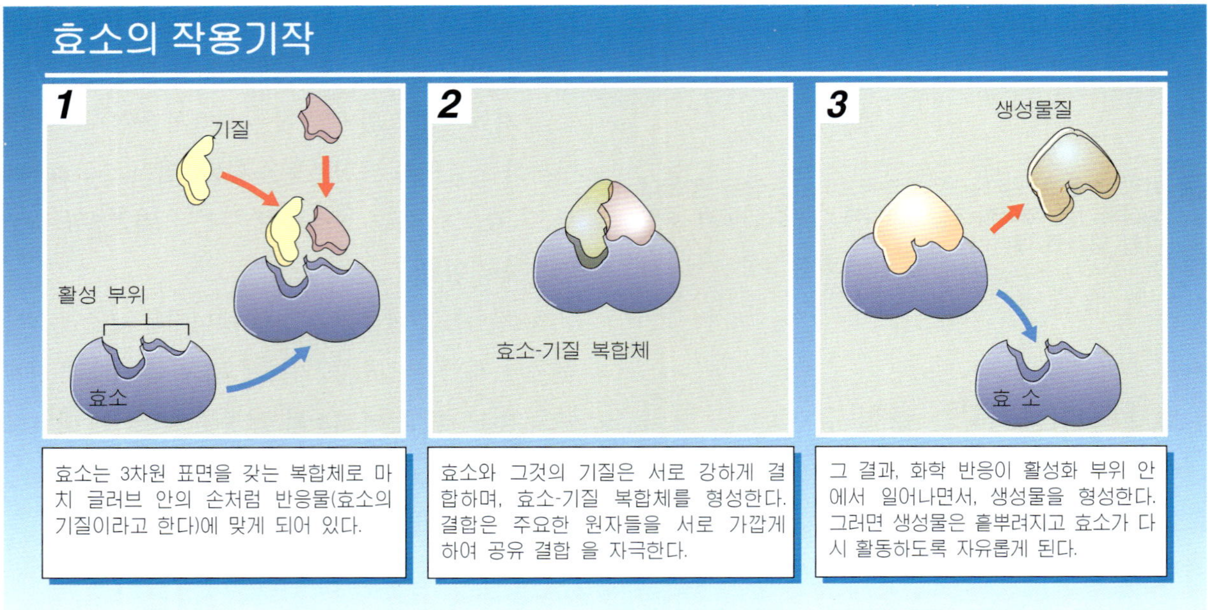

그림 4.5 효소의 작용기작

효소의 표면은 반응물(효소의 기질)과 꼭 들어 맞는 복잡한 입체구조로 되어 있다.

조효소 중의 하나는 전자 수용체 NAD^+이다. 많은 효소 반응에서 여기된 전자들은 효소의 활성 부위로부터 NAD^+로 이동한다. 전자들은 보통 수소 원자로서 양자와 함께 전이된다. 따라서 NAD^+는 NADH가 되고 그리고 전자들을 다른 효소로 운반할 수 있다(그림 4.29 참조).

pH와 온도

조효소 외에, 온도와 pH도 효소의 활성에 영향을 준다. 효소의 활성은 그것의 3차원적 구조를 변형시키는 어떠한 조건에도 영향을 받는다. 온도가 너무 낮아지면 효소의 모양을 결정하는 결합들의 유연성이 적어져 촉매에 필요한 형태 변화를 유도하지 못한다. 고온에서는 결합이 너무 약해져서 펩티드 사슬이 적절한 위치에 있지 못하게 된다. 그 결과 효소의 기능은 최적 온도 범위에서 최상이 되는데 그 범위가 매우 좁다. 이밖에 대부분 효소는 적정한 pH 범위 내에서만 작용한다. 왜냐하면 효소의 결합구조는 수소이온(H^+) 농도에 민감하기 때문이다. 단백질 분해 효소인 트립신처럼 인체의 대부분의 효소는 pH 6에서 8 범위에서 가장 활성이 높다. 그러나 소화 효소인 펩신과 같은 일부 효소들은 위처럼 강산성인 환경(pH 1～2)에서 작용할 수 있다.

4.4 **효소는 세포 안에서 화학 반응을 촉진하는 단백질이다. 그들의 활성은 그들과 결합하는 신호 분자에 의해 영향을 받는다. 효소는 또한 온도와 pH에 민감한데, 이들도 단백질의 모양에 영향을 주기 때문이다.**

4.5 세포가 사용하는 에너지의 공급처 : ATP

세포는 일을 하는데 에너지를 필요로 한다. 가장 대표적인 것 중의 하나가 운동이다. 어떤 세포는 꼬리처

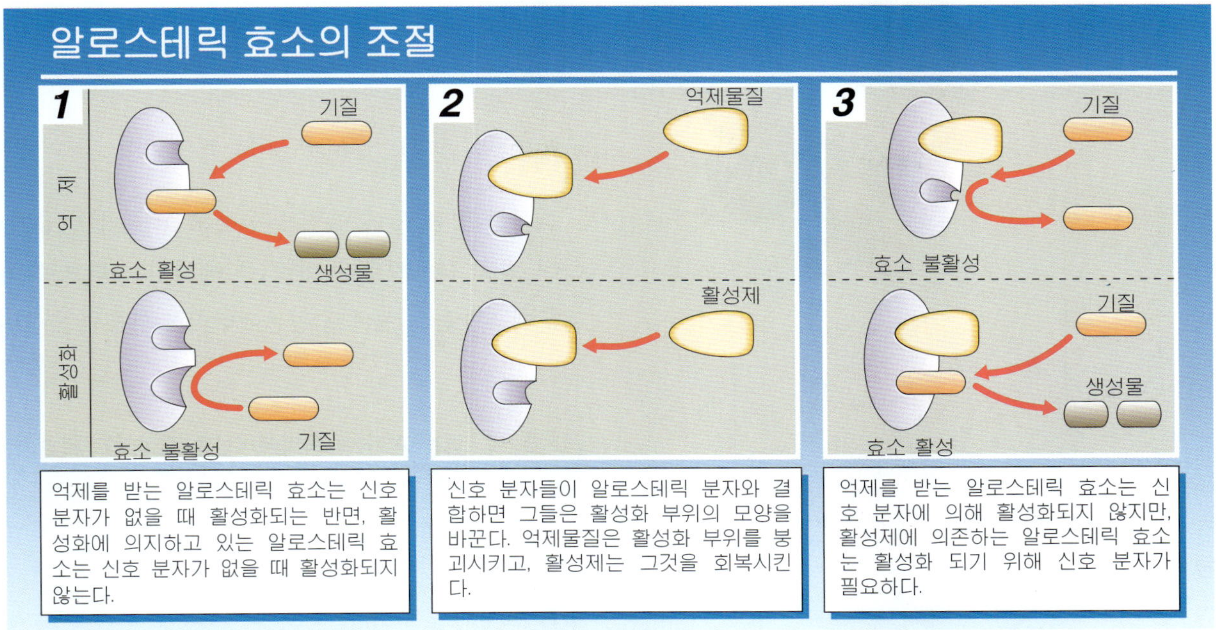

그림 4.6 알로스테릭 효소의 작용기작

알로스테릭 효소는 2개의 결합부위를 갖고 있는데, 하나는 기질을 위한 것이고 다른 하나는 신호 분자를 위한 것이다. 신호 분자가 그것의 부위에 결합 될 때, 효소의 모양이 바뀐다. 이것은 활성화 부위를 붕괴시키거나(억제) 형태를 정확히 복구시킨다(활성).

럼 생긴 긴 편모를 빠르게 움직여서 헤엄친다. 새로운 위치로 가기 위하여 기어가는 세포도 있다. 세포 내에서는 많은 움직임들이 일어난다. 미토콘드리아와 세포물질들은 우리의 발과 척추를 연결하는 신경세포들을 따라서 1미터 이상을 이동한다. 염색체들은 세포분열 동안 미세소관에 의해 끌려간다. 이러한 모든 세포들의 운동에는 에너지가 필요한데, 이러한 에너지를 공급하는 분자는 **아데노신 3인산**(adenosine triphosphate, ATP)이다.

세포가 에너지를 사용하는 두 번째 중요한 것은 흡열 반응을 수행하는 것이다. 세포의 합성 활동은 대부분 흡열 반응인데 분자형성엔 에너지가 필요하기 때문이다. 흡열 반응은 자발적으로 일어나지 않는다. 생성물의 화학 결합은 화학 반응이 일어나기 전보다 더 많은 에너지를 함유하고 있으며, 따라서 어디에선가 추가의 에너지가 공급되지 않으면 반응이 일어나지 않는데, 이때 공급되는 에너지가 ATP이다.

ATP 분자의 구조

잘 알고 있는 바와 같이 ATP는 세포의 에너지 화폐이자, 세포의 활동에 쓰이는 힘의 원천이다. ATP 분자는 세 부분으로 구성되어 있는데, 다른 두 부분을 연결하는 당, DNA를 구성하는 염기 중의 하나인 아데닌 그리고 3개의 인산이다(그림 4.7).

인산이 음전하를 띠기 때문에 ATP의 끝에 3개의 인산이 연속적으로 결합하기 위해서는 상당한 양의 화학에너지를 필요로 한다. 따라서 인산과 인산을 연결하고 있는 화학 결합을 "고 에너지" 결합이라고 부른다.

ATP 분자 맨 끝에 있는 인산이 떨어질 때 상당한 양의 에너지가 방출된다. 이 반응은 ATP를 ADP로 바꾼다. 두 번째 인산 그룹도 역시 여분의 에너지를 방출하

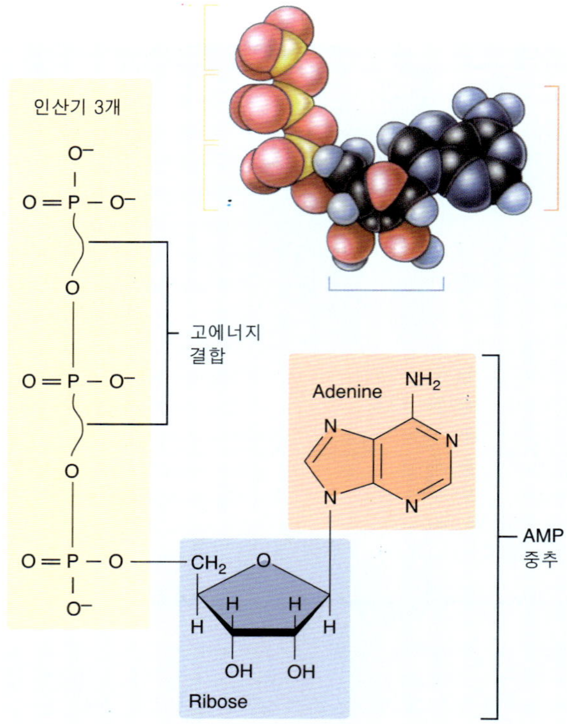

그림 4.7 ATP 분자의 구조

모형(a)과 구조식(b)은 모두 ATP가 리보오스(5탄당)에 연결된 3개의 인산그룹으로 이루어져 있다는 것을 보여준다. 리보오스 분자는 또한 아데닌 분자(DNA의 뉴클레오티드 중 1개)와 연결되어있다.

면서 제거되어 AMP로 된다. 대부분의 세포 내 에너지 교환은 오직 가장 바깥쪽에 있는 인산 결합의 분리에 의해서만 일어나며, 그 결과 ATP가 ADP와 Pi 라는 무기 인산으로 바뀐다(그림 4.8).

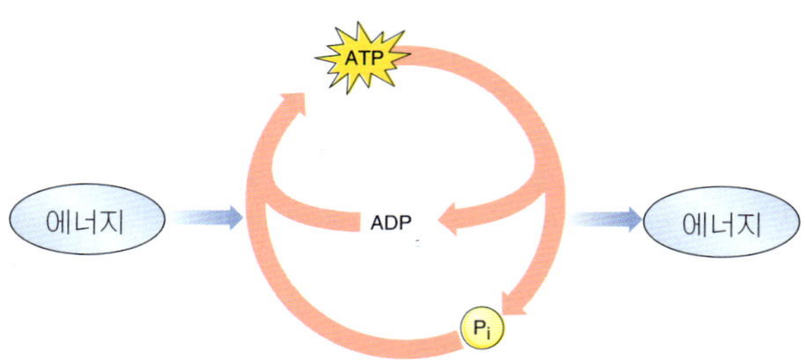

그림 4.8 ATP-ADP 환

미토콘드리아와 엽록체에서 화학 또는 광합성 에너지는 ADP와 무기 인산으로부터 ATP를 만드는데 이용된다. ATP가 세포의 생명 활동을 하는데 사용될 때, 분자는 ADP와 무기 인산으로 분리되면서 새로운 ATP 분자를 형성할 수 있도록 한다.

$$\text{ATP} \rightarrow \text{ADP} + \text{Pi} + \text{에너지}$$

대부분의 세포 내 흡열 반응은 ATP 분해 반응에 의하여 방출되는 것보다 더 적은 에너지를 필요로 하기 때문에 ATP는 세포에서 활동에너지로 사용될 수 있다.

4.5 세포들은 ATP에 화학에너지를 저장하고 흡열 반응을 하는데 ATP를 사용한다.

4.6 광합성의 개요

살아있는 세포에서 사용되는 모든 에너지는 궁극적으로 태양으로부터 오며, 태양에너지는 식물과 조류(algae)의 **광합성**(photosynthesis)과정을 통하여 유기물질의 형태로 고정된다. 매일 지구에 도달하는 복사에너지의 양은 히로시마에 투하된 핵 폭탄의 100만 배와 비슷하다. 그 중 약 1퍼센트는 광합성에 의해 고정되어 모든 생물을 움직이게 하는 에너지로 제공된다.

광합성은 식물의 잎에서 일어난다. 식물의 잎세포는 광합성을 수행하는 엽록체라고 하는 세포 소기관을 포함하고 있다(그림 4.9). 광합성은 3단계를 거치는데, (1) 태양으로부터 에너지 획득, (2) 획득 에너지를 사용하여 ATP 생성, (3) 공기중의 CO_2를 이용하여 분자들을 합성하는데 ATP를 사용하는 것이다.

처음의 두 단계는 빛이 있을 때 일어나기 때문에, 명 반응(light-dependent reaction)이라 한다. 대기 중의 CO_2로부터 유기 분자를 형성하는 세 번째 단계는 밝은 곳이든 또는 어두운 곳이든 반응이 일어나기 때문에 광합성의 암 반응(light-independent reaction)이라고 한다. ATP가 이용 가능한 동안에는 암 반응이 쉽게 일어난다.

광합성의 모든 단계는 간단한 식으로 요약할 수 있다.

$$6CO_2 + 12H_2O + \text{빛 에너지}$$
$$\rightarrow C_6H_{12}O_6 + 6\ H_2O + 6O_2$$

엽록체의 내부

엽록체의 내부 막들은 틸라코이드라 불리는 평평한 주머니로 구성되어 있는데, 틸라코이드가 차례차례 쌓여 그라나를 형성한다. 틸라코이드 막계를 둘러 싸는 것은 스트로마라고 하는 반 액체의 물질이다. 틸라코이드의 막에서 엽록소는 **광계**(photosystem)라고 하는 구조 속에 모여 있다.

광계 안에 있는 각각의 엽록소 분자들은 광자(빛에너지의 단위)를 잡을 수 있다. 단백질의 격자는 광계의 색소들을 서로 근접하게 위치하도록 한다. 적당한 파장의 빛이 광계에 있는 엽록소 분자에 흡수되고, 여기 상태의 전자가 하나의 엽록체 분자로부터 다른 엽록체 분자로 전달 된다. 여기 상태의 전자는 물리적으로 이동되는 것이 아니며, 엽록체에서 다른 엽록체로 전달되는 것은 에너지이다. 이러한 에너지 전달 방식은 포켓당구에서도 볼 수 있다. 15개의 당구공이 삼각형으로 배열된 상태에서 초구를 정면의 공을 향해 치면 삼각형의

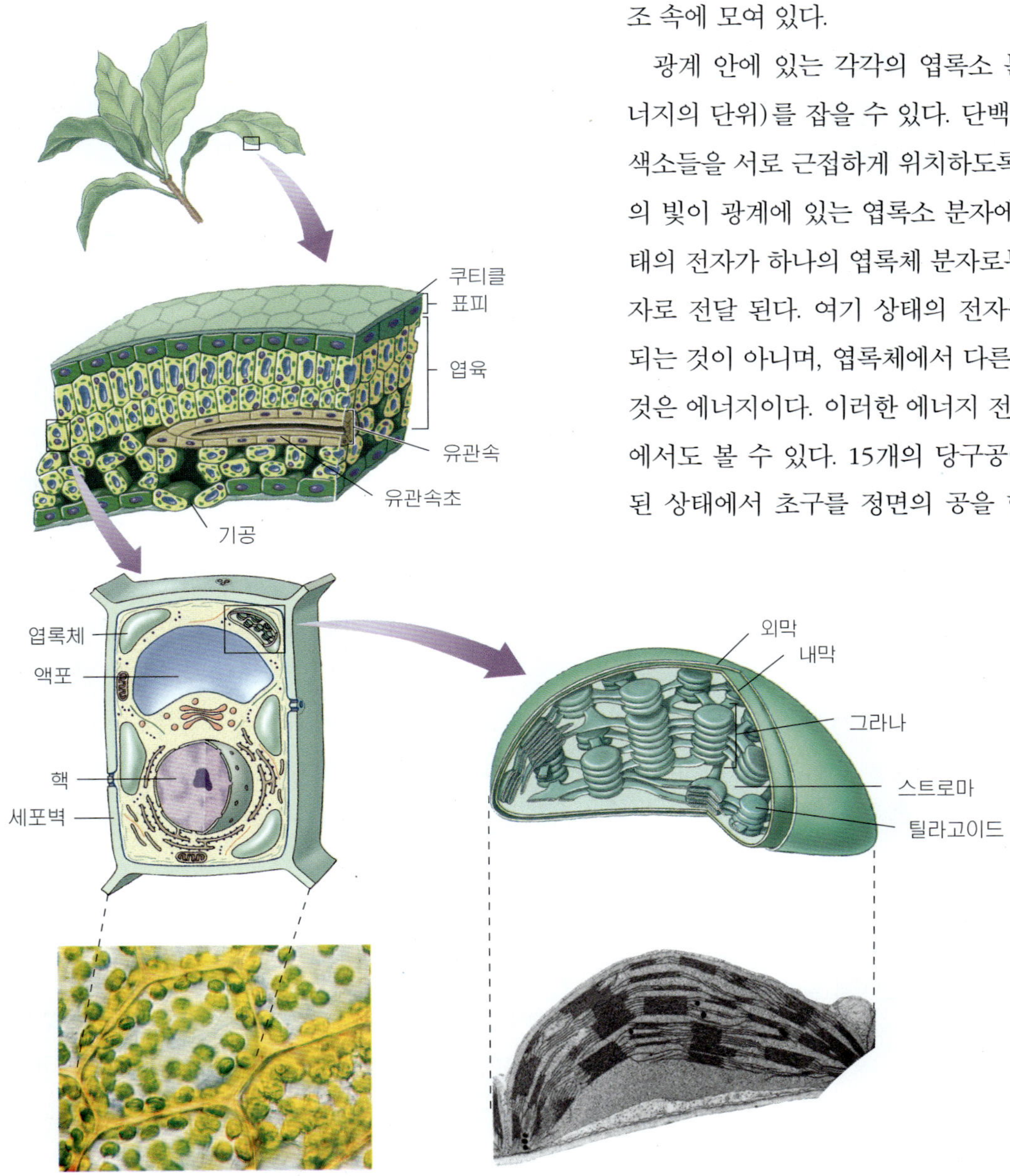

그림 4.9 잎의 내부구조

잎세포에는 엽록체가 들어 있고, 엽록체 안에는 틸라코이드 막이 쌓여 있다. 틸라코이드에는 광합성 반응을 유도하는 광계에 엽록소 색소가 모여 있다.

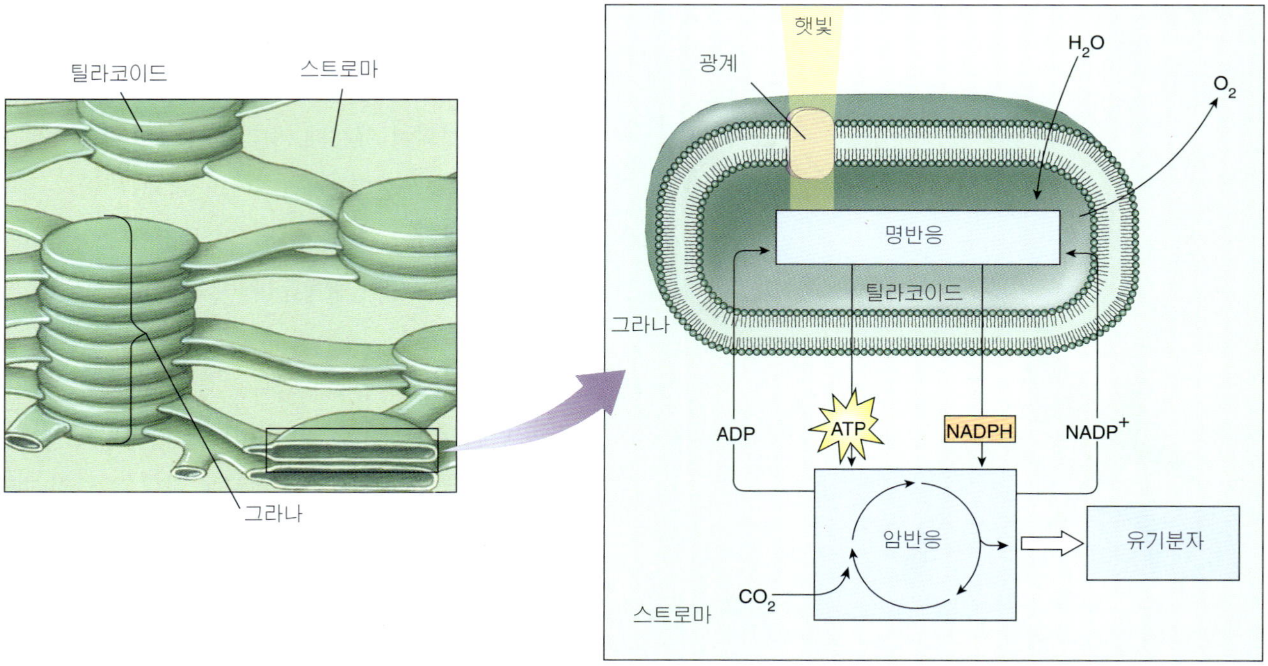

다른 끝점에 있는 두 공만이 굴러가고 다른 공들은 전혀 움직이지 않는다. 이때 힘은 가운데 있는 공들을 통해 맨 끝에 있는 공으로 이동하기 때문이다.

궁극적으로 에너지는 막 결합 단백질과 연결되는 주된 엽록소 분자에 도달하게 되며, 에너지는 단백질로 전달 된다. 그 다음 ATP와 유기 분자들을 만드는 일에 관여하는 일련의 단백질쪽으로 넘겨진다. 따라서 광계는 각각의 엽록소 분자들의 빛을 모아 힘을 증폭시키며, 큰 안테나 역할을 하고 있다.

4.6 광합성은 공기 중의 CO_2를 유기 분자로 합성하기 위하여 햇빛에너지를 사용한다. 식물에서 광합성은 엽록체에 있는 특수화된 부분에서 일어난다.

4.7 식물의 태양에너지 포획

빛속의 어디에 에너지가 있을까? 20세기 물리학의 발달은 빛이 사실상 **광자**(photon)라 불리는 에너지의 작은 다발로 구성되어 있음을 보여 주고 있다. 빛이 우리의 손에 비치면 우리 피부의 표면에 이들 광자들이 부딪치는 것이다.

광자들 중에는 많은 양의 에너지를 가진 것이 있는데 예를 들면, X선이나 자외선이 그것이다. 반면에, 전파 같은 다른 것들은 소량의 에너지를 가지고 있다. 일반적으로 고에너지 광자는 저에너지 광자보다 더 짧은 파장을 가지고 있다. 우리의 눈은 오직 중간정도의 에너지에 해당하는 **가시광선**(visible light)이라는 광자(그림 4.10)만을 인지한다. 식물들은 좀더 별나서, 주로 청색 빛과 적색 빛을 흡수하고 가시광선의 나머지는 다시 반사하며, 그 결과 식물이 녹색으로 보인다(그림 4.11).

가시광선은 햇빛에너지 중 극히 일부이다. 햇빛 전체를 **전자기 스펙트럼**(electromagnetic spectrum)이라고 한다. 가장 짧은 파장이면서 가장 높은 에너지를 갖는 광자는 1nm 보다 작은 파장인 감마선이고 가장 작은 에너지 광자는 수 천 미터의 파장을 갖는 전파이다.

잎이나 인간의 눈은 어떻게 광자를 선택하여 흡수할 수 있을까? 이 중요한 질문에 대한 답은 원자의 본질과

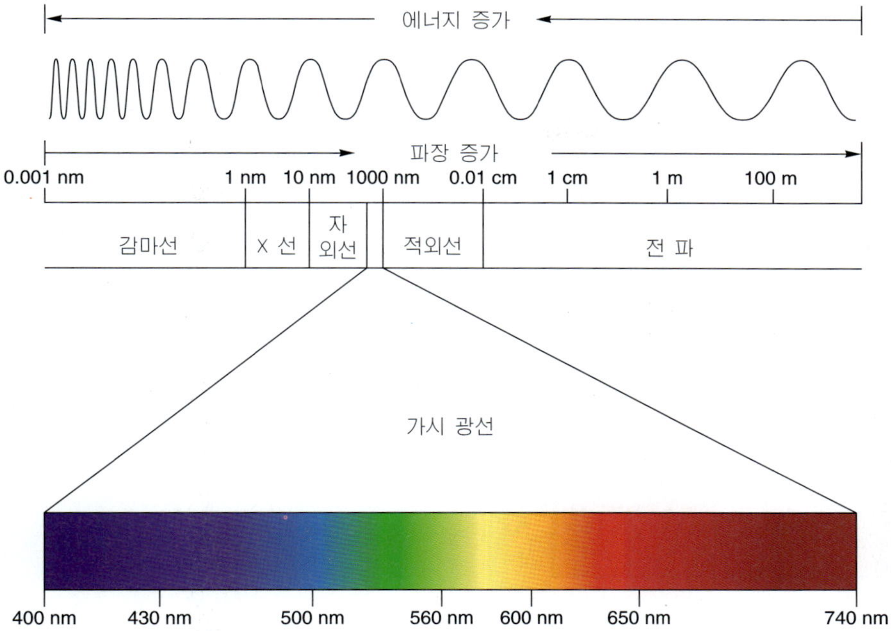

그림 4.10 에너지 상태가 다른 광자들: 전자기 스펙트럼

빛은 광자라 불리는 에너지의 다발로 되어 있다. 빛의 어떤 광자들은 다른 것보다 더 많은 에너지를 동반한다. 전자기 에너지 형태인 빛은 파장으로 나타낼 수 있다. 빛의 파장이 짧을 수록 그 광자의 에너지는 더 크다. 가시 광선은 400~740nm에 해당하는 전자기 스펙트럼의 일부분이다.

관계가 있다. 전자들은 원자핵 주변에서 에너지 단계가 서로 다른 특정한 궤도를 빙빙 돈다는 것을 기억하자. 원자들은 높은 에너지 단계로 전자를 밀어 올리는 것에 의하여 빛을 흡수한다. 전자를 밀어 올리기 위해서는 많아도 안되고 적어도 안되는 적합한 양의 에너지가 필요하다. 특정한 종류의 원자는 적합한 양의 에너지를 갖는 특정한 광자만을 흡수한다.

색소

많은 양의 빛을 흡수하는 분자를 **색소**(pigment)라고 한다. 우리는 가시광선을 이야기할 때는 사람의 눈 속에 있는 망막의 색소의 파장을 말한다. 망막은 380nm(보라)~750nm(적)까지의 빛을 흡수 할 수 있다. 다른 동물들은 다른 색소를 사용하며, 따라서 전자기 스펙트럼의 다른 부분을 보게 된다. 예를 들어, 곤충의 눈에 있는 색소는 사람의 망막보다 더 짧은 파장을 흡수한다. 그래서 벌은 자외선을 볼 수 있지만 우리는 볼 수 없고, 벌은 붉은 색을 볼 수 없지만 우리는 볼 수 있는 것이다.

식물에서 빛을 흡수하는 주요 색소는 엽록소(chlorophyll)인데, 엽록소 a와 엽록소 b의 두 가지 형태를 갖는다(그림 4.12). 엽록소는 망막보다 적은 종류의 광자를 흡수하지만, 훨씬 더 효과적으로 흡수한다. 엽록소들은 복잡한 탄소 고리의 중앙에 있는 금속이온(마그네슘)과 함께 광자를 흡수한다. 광자들은 마그네슘이온의 전자들을 흥분시키고, 이 전자는 탄소 원자에

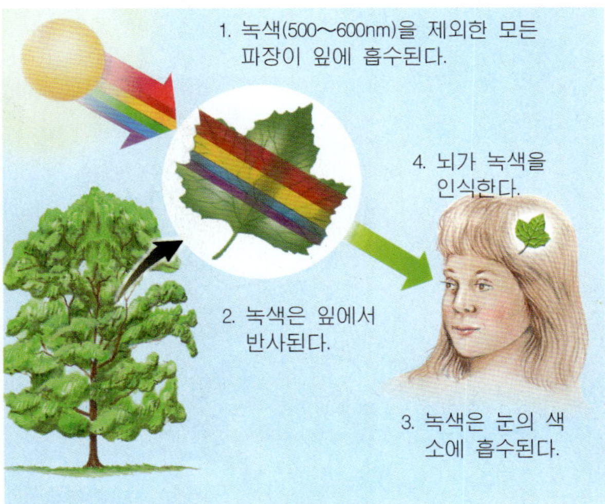

그림 4.11 식물은 왜 녹색인가?

엽록소를 포함하고있는 잎은 500~600nm의 광자를 제외한 넓은 범위의 스펙트럼의 모든 색을 흡수한다. 잎은 색을 반사한다. 반사된 파장은 우리 눈에 있는 시각 색소에 의해 흡수되고, 우리의 뇌는 반사된 파장을 "녹색"으로 인식하게 된다.

의해 이동된다. 두 종류의 엽록소들은 고리의 바깥쪽에 붙어있는 작은 원자단이 서로 다르며, 그 결과 그들이 흡수하는 광자의 파장이 약간 다르다. 다른 그룹의 색소인 카로티노이드(carotenoid)는 엽록소에 의해 쉽게 흡수되지 않는 파장의 빛을 흡수한다(그림 4.13).

4.7 **식물은 엽록소와 같은 색소를 사용하여 청색과 적색광의 광자를 포착하고, 녹색 파장의 광자를 반사한다.**

4.8 광합성 색소들의 광계형성

광합성의 명 반응은 막에서 일어난다(그림 4.14). 식물의 광합성은 세포 소기관인 엽록체 안의 막에서 일어난다. 명 반응은 세 단계로 일어난다.

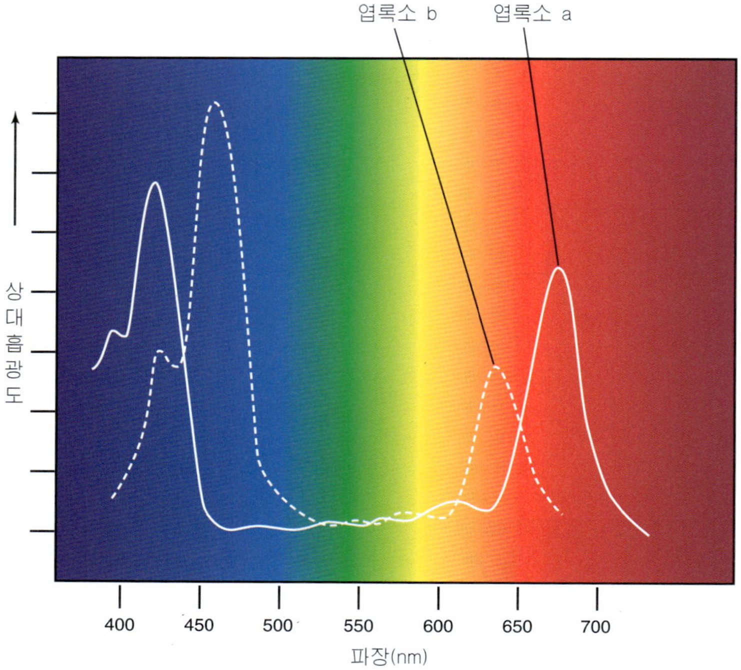

그림 4.12 엽록소의 흡수 스펙트럼

왼쪽과 오른쪽에 보이는 피크 부분이 엽록소 a와 엽록소 b에 의해 강하게 흡수되는 빛의 파장을 나타내고 있다. 이러한 엽록소들은 스펙트럼에서 청자색과 적색을 주로 흡수하며, 스펙트럼의 중앙에는 녹색 빛을 반사하고 있다. 카로티노이드(여기에는 나타내지 않음)는 주로 청색과 녹색 빛을 흡수하고 오렌지색과 노란색 빛을 반사한다.

그림 4.13 가을의 색은 카로티노이드와 같은 색소에 의해 표현된다.

봄과 여름동안 잎에서 엽록소는 카로티노이드라 불리는 색소를 덮고 있다. 가을의 시원한 기온이 나뭇잎들로 하여금 엽록소의 생산을 멈추게 한다. 엽록소가 더 이상 녹색 을 반사하지 않으면, 오렌지색과 노란색 빛이 카로티노이드에 의해 반사되어 가을의 잎이 밝은 색을 내게 된다.

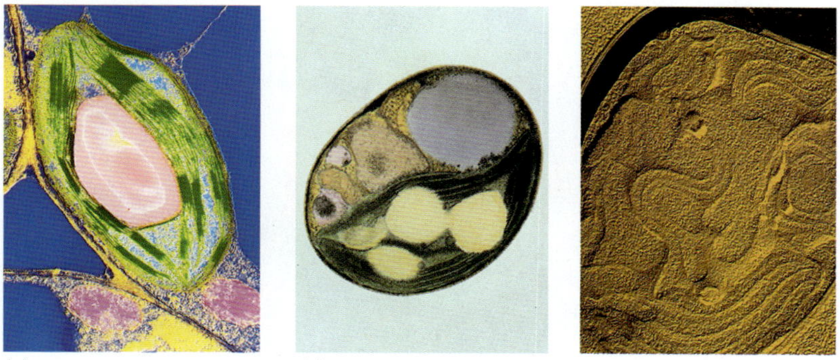

(a) (b) (c)

그림 4.14 광합성 막의 예

(a) 녹색식물 Coleus blumei (5,000배), (b) 단세포성 녹조 Chlorella, (c) 질소 고정 시아노박테리아 Nostoc museorum (60,000배).

1. 일차 광 작용

 햇빛의 광자는 색소에 의해 포획된다. 이와 같은 일차 광 작용의 결과로 색소 안에 있는 전자가 여기 상태로 된다.

2. 전자수송

 여기 상태의 전자는 광합성 막 안에 박혀있는 전자-운반체 분자들의 배열을 따라 이동하여 결국 막 관통 양자-펌프 통로에 도달한다(때로 "산화 환원 펌프"라고 불리기도 한다). 전자가 펌프에 도달하면 막을 가로질러 양자의 수송이 일어난다. 그리고 전자는 수용체로 전달된다.

3. 화학 삼투

 양자의 수송에 의해 호기성 호흡에서 처럼 화학 삼투에 의해 ATP가 합성된다.

광계의 발견

색소가 어떻게 빛을 흡수하는지를 연구하는 한 가지의 방법은 광량에 따른 광합성량을 측정하는 것이다. 이런 종류의 실험을 식물에서 행하면 광합성 양은 약광에서는 직선적인 증가를 보이지만 강광에서는 감소하며 결국 포화가 된다. 포화는 빛을 흡수하는 식물의 모든 능력이 사용되기 때문에 일어난다. 또한 더 이상의 빛을 주어도 광합성 양을 증가시키지 못하는데, 그 이유는 더 이상 광자를 흡수 할 수 없기 때문이다.

포화상태에서는 모든 식물의 색소 분자가 사용되고 있다고 생각할 수 있다. 1932년에 식물 생리학자 로버트 에머슨과 윌리엄 아놀드는 이 가설을 실험하기 위하여 생물에서 엽록소 분자의 수와 광합성 양을 측정할 수 있도록 조절하였다. 이 실험에서, 그들은 광합성 시 발생되는 산소를 측정하였다. 단 몇 마이크로 초만 비추어 준 뒤 색소의 포화 가설이 맞는다면, 빛의 세기가 증가함에 따라, 각각의 엽록소 분자가 하나의 광자를 흡수할 때까지 광합성 양은 증가할 것으로 기대하였다. 이 광자들은 명 반응에서 사용될 것이고, 따라서 산소 분자를 생산할 것이다.

뜻밖에 그런 일은 일어나지 않았다(그림 4.15). 대신에, 포화는 더 빨리 이루어 졌는데, 오직 2,500개의 엽

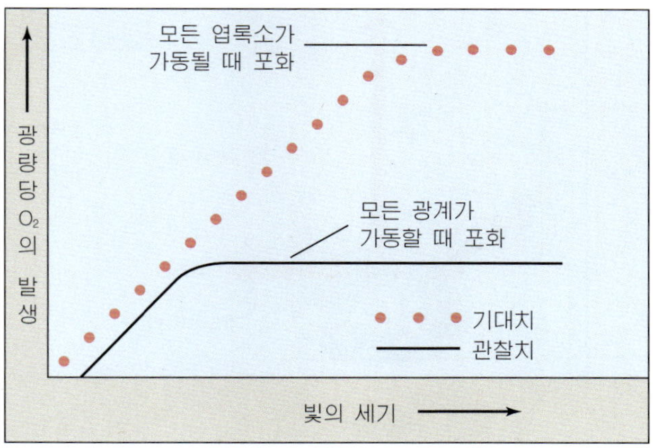

그림 4.15 에머슨과 아놀드의 실험

광합성 포화상태에 도달하면, 그 이후의 세기가 증가하더라도 생산은 더 이상 증가하지 않게 한다.

록소 분자 당 하나의 산소 분자가 생성되었다. 이러한 결과를 통해 에머슨과 아놀드는 빛이 독립적인 색소 분자에 의해 흡수된다기보다는 엽록소와 보조 색소 분자들의 집합체에 의해서 흡수된다는 결론을 내렸다. 그리고 이것을 광계(photosystem)라고 불렀다. 클로렐라 같은 광계에서 빛은 광계에 있는 100여 개의 색소 분자들에 의해 흡수되고, 그들의 여기된 에너지가 에너지 수준이 보다 낮은 상태로 이동한다. 광계의 **반응중심**(reaction center)은 여기 된 에너지를 포획하는 에너지 수용부처럼 행동한다. 이러한 사실은 각 분자가 포화되는 것이 아니고 반응중심이 포화되는 것을 의미하며, 이러한 사실은 에머슨과 아놀드에 의해 발견되었다.

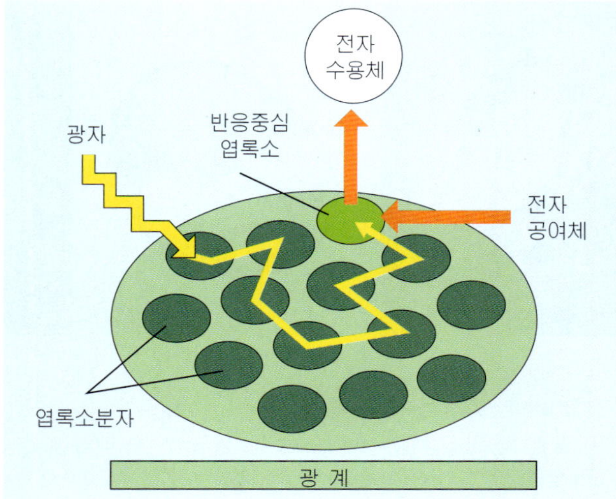

그림 4.16 광계는 어떻게 작동하는가?

적당한 파장의 빛이 광계 안의 어떤 색소 분자에 닿으면, 빛은 흡수되고, 여기 에너지는 색소 분자들의 조직 안에서 그것이 반응중심을 만날 때까지 한 분자에서 다른 분자로 전해진다. 반응중심은 에너지를 여기 전자 상태로 수용체 분자로 내보낸다.

■ 광계의 구성

각각의 광계는 엽록소 a 분자와 보조색소들이 광합

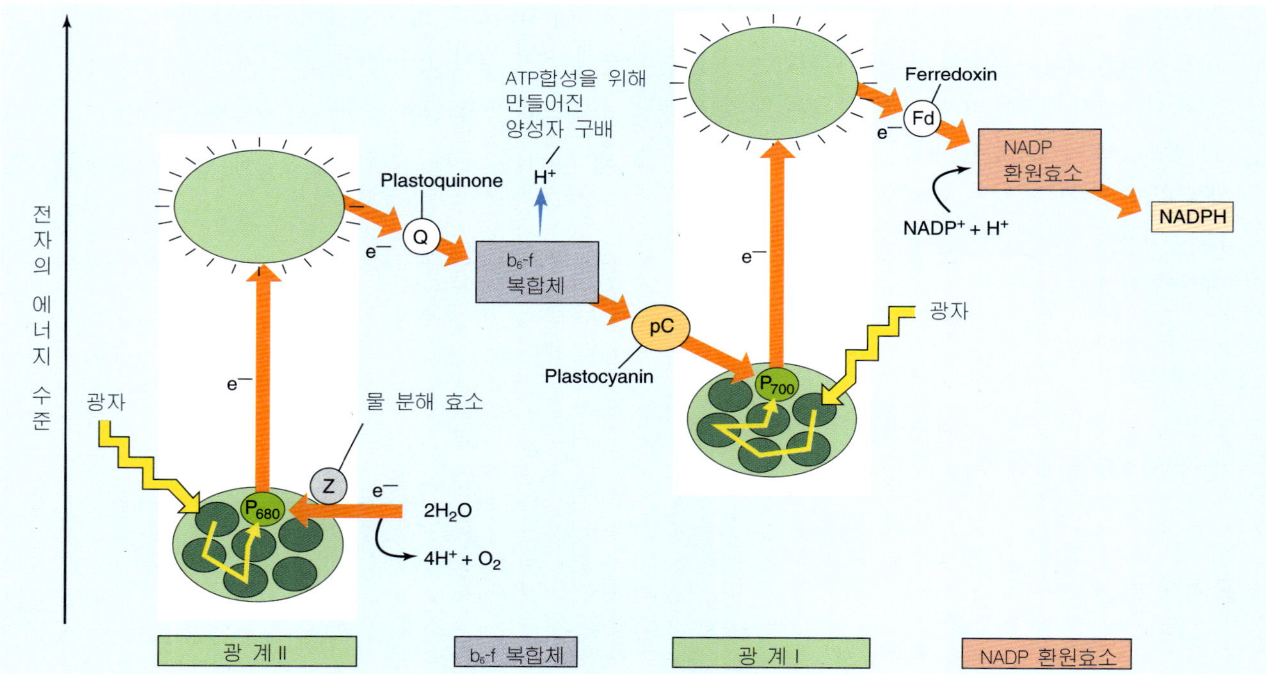

그림 4.17 식물은 2개의 광계를 이용한다.

먼저, 광계 II에서의 여기 전자는 막을 가로질러 양성자를 펌프하는데 쓰이며, 화학 삼투적으로 ATP 분자의 생산에 기여한다. 방출된 전자는 광계 I의 시토크롬의 일련을 과정을 따라 전달되며, 전자는 빛에너지의 양성자와 함께 이용되어 NADPH를 만든다.

성 막 표면의 단백질 기질 속에 들어있는 망상구조이다. 정확한 지점에 초점을 맞춘 확대경처럼, 광계는 그것의 색소 분자들이 모은 여기 에너지를 특정한 분자인 엽록소 반응중심으로 보낸다(그림 4.16). 그리고 이들 분자들은 에너지를 광계 밖으로 전달함으로서 ATP와 유기 분자의 합성을 유도한다.

■ 식물은 2개의 광계를 이용한다.

녹색식물과 조류는 2개의 광계를 이용한다(그림 4.17). 첫번째 광계에서 모아진 에너지는 ATP를 만드는데 사용되며, ATP는 분자를 합성하기 위한 에너지로 이용된다. 두번째 광계에서 모아진 에너지는 $NADP^+$로부터 NADPH를 생산하는데, 이것은 많은 C－H 결합으로 당과 기타 유기물을 합성하는데 필요한 "환원력"(수소 원자들)을 제공한다.

4.8 광에너지는 색소에 의해서 흡수되며 그것은 전자를 자극시키는데 쓰여서 ATP와 NADPH를 생산하는 화학적 작용을 하도록 한다.

4.9 광계에서 빛에너지를 화학에너지로 전환

식물은 2개의 광계 즉, 광계 Ⅰ과 광계 Ⅱ를 이용해서 ATP와 NADPH를 생산한다. 이 두 단계의 과정을 **비순환적 광인산화**(noncyclic photopho-sphorylation)라 한다. 왜냐하면 전자의 경로가 순환이 아니기 때문이다. 즉, 광계로부터 나온 전자가 다시 광계로 돌아가지 않고 NADPH에서 끝나기 때문이다. 광계는 물이 분해될 때 생기는 전자로 대신 채워진다. 광계Ⅱ에서 발생된 고에너지 전자는 ATP를 합성하는데 사용되고 광계Ⅰ로 넘어가서 NADPH의 생성을 유도한다. 물에서 얻어진 모든 전자쌍은, NADPH 한 분자와 한 분자보다 약간 많은 ATP를 생성한다.

■ 광계 Ⅱ

P680이라 불리는 광계 Ⅱ의 반응중심은 10개의 막관통 단백질로 구성되어 있다. 광계의 안테나 복합체는 몇 개의 단백질 사슬에 붙어 있는 250개 정도의 엽록소 a의 분자와 보조 색소로 이루어져 있다. 광계 Ⅱ에서 망간 원자 덩어리와 결합된 2개의 물 분자의 산소 원자는 Z로 표시되는 반응중심에 있는 효소 속에 묻혀 있다. 자세히 규명된 것은 아니지만, 이들 효소는 물을 분해하여 전자를 방출시켜 빛에 의해 전자를 잃어버린 반응중심의 전자를 보충한다. 2개의 물 분자에서 4개의 전자가 제거되는 순간 O_2가 방출된다.

■ 광계Ⅰ로의 경로

광계Ⅱ에서 떠난 여기 전자의 최초 전자 수용체는 퀴논 분자이다. 환원된 퀴논(플라스토퀴논 Q로 표시됨)은 강한 전자 공여체이다. 플라스토퀴논은 활성화된 전자를 틸라코이드 막에 묻혀 있는 b_6-f 복합체라 불리는 양자 펌프로 전달한다(그림 4.18). 이 복합체는 이 장 뒤에서 설명 되는 미토콘드리아의 호흡 전자 전달 사슬의 bc_1과 비슷하다. 여기 전자가 도착하면 b_6-f 복합체는 틸라코이드 공간 속으로 양자를 펌프 한다. 구리를 포함한 작은 단백질인 플라스토시아닌(pC로 표시됨)이 전자를 광계Ⅰ로 운반한다.

■ ATP생성: 화학 삼투

각각의 틸라코이드는 b_6-f 복합체에 의해 스트로마로부터 양자가 펌프되어 들어오는 폐쇄된 구간이다. 틸라코이드막을 통과 할 수 없기 때문에 양자는 거의 대부분 ATP합성 효소에 의해 제공되는 통로를 통하여 밖으

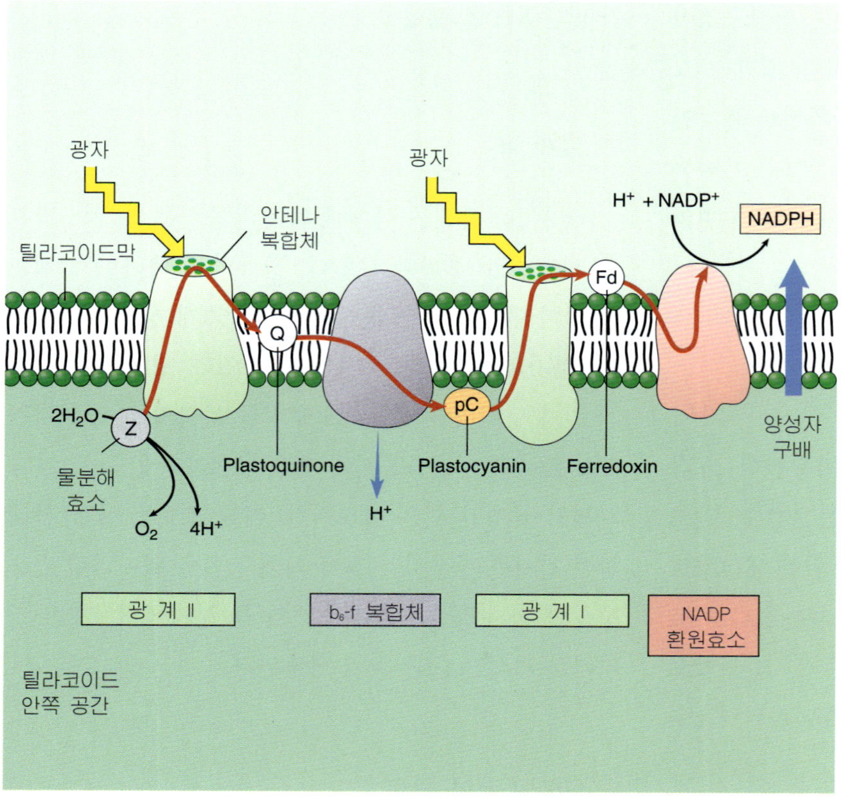

그림 4.18 광합성 전자 전달계

광계 II에서 광자가 색소 분자에 흡수되면 색소의 전자가 여기된다. 이 전자는 Z 단백질에 의해 물에서 방출 된 양자와 결합되어 막에 있는 시토크롬 전자 전달계의 사슬을 따라 전달된다(붉은 화살표). 물이 분해되면, 산소가 세포에서 방출되고 수소 이온은 틸라코이드 공간에 남는다. 양자 펌프(b_6–f 복합체)에서 광자에 의해 공급되는 에너지는 양자를 막을 통과시켜 틸라코이드로 수송하는데 이용된다. 틸라코이드 안의 수소 이온의 농도는 더욱 증가한다. 광계 I이 광자를 흡수하면, 그것의 색소는 두번째 여기 전자를 NADPH를 생산하는 환원 복합체로 전달한다.

로 나온다. 이 통로는 틸라코이드 막의 바깥쪽 표면에 혹같이 불쑥 나와있다. 양자가 ATP 합성 효소 통로를 통하여 틸라코이드 밖으로 나갈 때, ADP가 ATP로 인산화되고 엽록체 안쪽의 유동 기질인 스트로마로 방출된다. 스트로마는 탄소 고정의 암 반응을 촉매하는 효소를 가지고 있다(그림 4.19).

광계 I

P_{700}이라 불리는 광계 I 의 반응중심은 적어도 13개의 단백질로 구성되어있는 막관통 복합체이다. 에너지는 130개의 엽록소a와 보조 색소 분자로 구성된 안테나 복합체에 의해 광계 I 에 공급된다. 광계 I 은 광 여기 전자의 방출에 의해 손실된 전자를 플라스토시아닌으로부터 받아들인다. 여기에 도달한 전자는 빛에 의해 얻어진 에너지를 모두 잃어버리는 것이 아니고 거의 절반은 남아있다. 따라서 광계 I 에 의한 빛 에너지의 흡수는 반응중심에서 방출되는 전자를 매우 높은 에너지 수준으로 만든다. 광계 II 와 달리 광계 I 은 전자 수용체로서 퀴논을 이용하지 않고 대신에 전자를 페레독신(Fd)이라 불리는 철-황 단백질로 넘긴다.

NADPH 생성

광계 I 은 전자를 막의 스트로마쪽(틸라코이드의 바깥쪽)에 있는 페레독신으로 넘긴다. 환원된 페레독신은 매우 높은 전위 전자를 운반한다. 전자는 NADPH를 형성하기 위해 $NADP^+$ 분자로 넘겨진다. 이 반응은 NADP 환원 효소에 의해 촉매된다. 이 반응은 막의 스트로마쪽에서 일어나고 NADPH를 만들 때에 사용되는 양자의 흡수가 포함되기 때문에 광합성 전자 전달 동안 형성된 양자 구배가 한층 강화된다.

보다 많은 ATP생성

비순환적 광인산화 반응에서 물로부터 NADPH로 전

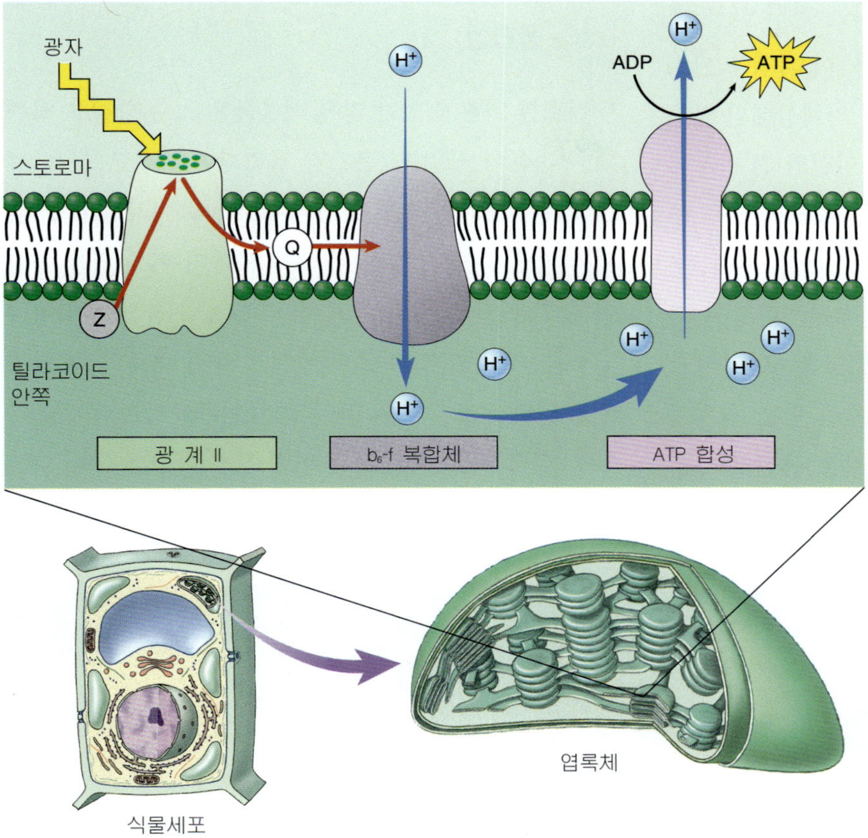

그림 4.19 엽록체에서의 화학 삼투

틸라코이드 막에 들어있는 b_6-*f* 복합체는 틸라코이드의 안쪽으로 양자를 퍼낸다. ATP는 양자가 ATP 합성 효소 통로를 지나 틸라코이드의 바깥으로 확산되는 동안, 막의 바깥 표면 스트로마 쪽에서 생산된다.

자가 전달 되는 동안 한 분자의 NADPH와 한 분자보다 약간 많은 ATP가 생성된다. 그러나 우리가 이 장의 후반부에서 공부하게 되겠지만 유기 분자를 만드는데는 그것보다 더 많은 에너지가 필요하다. 즉 탄소를 고정시키는데는 NADPH 분자당 한 개 반의 ATP 분자가 필요하다. 모자라는 ATP를 생산하기 위해 많은 식물들은 광합성을 순환적 광인산화 반응으로 바꾸어, 광계 I 을 떠난 광 여기 전자가 NADPH대신에 ATP를 만드는데 사용 될 수 있도록 한다. 여기된 전자는 $NADP^+$로 전달되기보다는 b_6-*f* 복합체로 되돌아 온다. b_6-*f* 복합체는 양자를 펌프하여, 양자 구배를 증가시켜 ATP의 화학적 합성을 유도한다. 이들 식물에서 순환적 그리고 비순환적 광인산화 반응의 상대적인 비율은 유기분자를 만드는데 필요한 ATP와 NADPH의 상대적 양을 결정한다.

4.9 **광합성에서 고에너지의 환원된 유기 분자를 만드는데 사용되는 전자는 물로부터 얻는다. 물 분자에 있는 나머지 산소 원자는 결합하여 산소기체를 형성한다.**

4.10 새로운 분자 형성

■ 캘빈 회로

간단히 말하면 광합성은 이산화탄소(CO_2)로부터 유기 분자를 만드는 과정이다. 유기 분자를 만들기 위하여 세포는 명 반응에 의해 제공되는 원료를 사용한다.

1. **에너지** ATP(광계 II 에 의해 제공됨)는 흡열 반응을 일으킨다.

2. **환원력** NADPH(광계 I 에 의해 제공됨)는 수소의 공급원이며, 탄소 원자와 수소를 결합시키는데 필요한 여기 전자를 공급한다.

광합성에서 새로운 분자들의 합성은 소위 캘빈 회로(calvin cycle)(그림 4.20) 또는 C_3 **광합성**(C_3 photosynthesis)이라 불리는 복잡한 효소계에서 일어난다. 이산화탄소로부터 온 탄소 원자는 먼저 5탄당에 붙는 후 바로 2개의 3탄당을 생산한다. 이 과정을 탄소 고정이라 부른다. 그것은 유기 분자에 기체상태의 탄소 원자를 부착시키기 때문이다. 이어서 일련의 긴 반응에 의해 탄소는 이쪽 저쪽으로 이동한다. 결국 생성물 분자 중 일부는 당을 만드는 곳으로 전달되며, 나머지는 5탄당을 재형성하는데 이용된다. 재형성된 5탄당은 회로를 다시 시작하는데 사용된다. 포도당은 6탄당이고, 한번의 순환에서 CO_2로부터 단지 1개의 탄소 원자가 첨가되기 때문에 새로운 포도당 1분자를 생산하기 위해서는 캘빈 회로가 6번 돌아야 한다.

C_4 광합성

건조한 기후에 있는 많은 식물들은 C_3 광합성을 하는데 어려움이 생긴다. 온도가 올라가면 식물은 물을 보존하기 위해 부분적으로 기공(stomata)이라 불리는 잎의 구멍을 닫는다. 그 결과 CO_2와 O_2가 이 구멍을 통하여 출입을 할 수 없게되고, 잎의 CO_2의 농도는 떨어지고 O_2는 증가한다. 이 상태에서는 캘빈 회로의 첫 단계를 수행하는 효소인 RuBP 카르복실라아제는 CO_2를 기질에 첨가시키기보다는 오히려 반응 산물로부터 CO_2를 떼어내는 **광호흡**(photorespiration)을 한다. 따라서

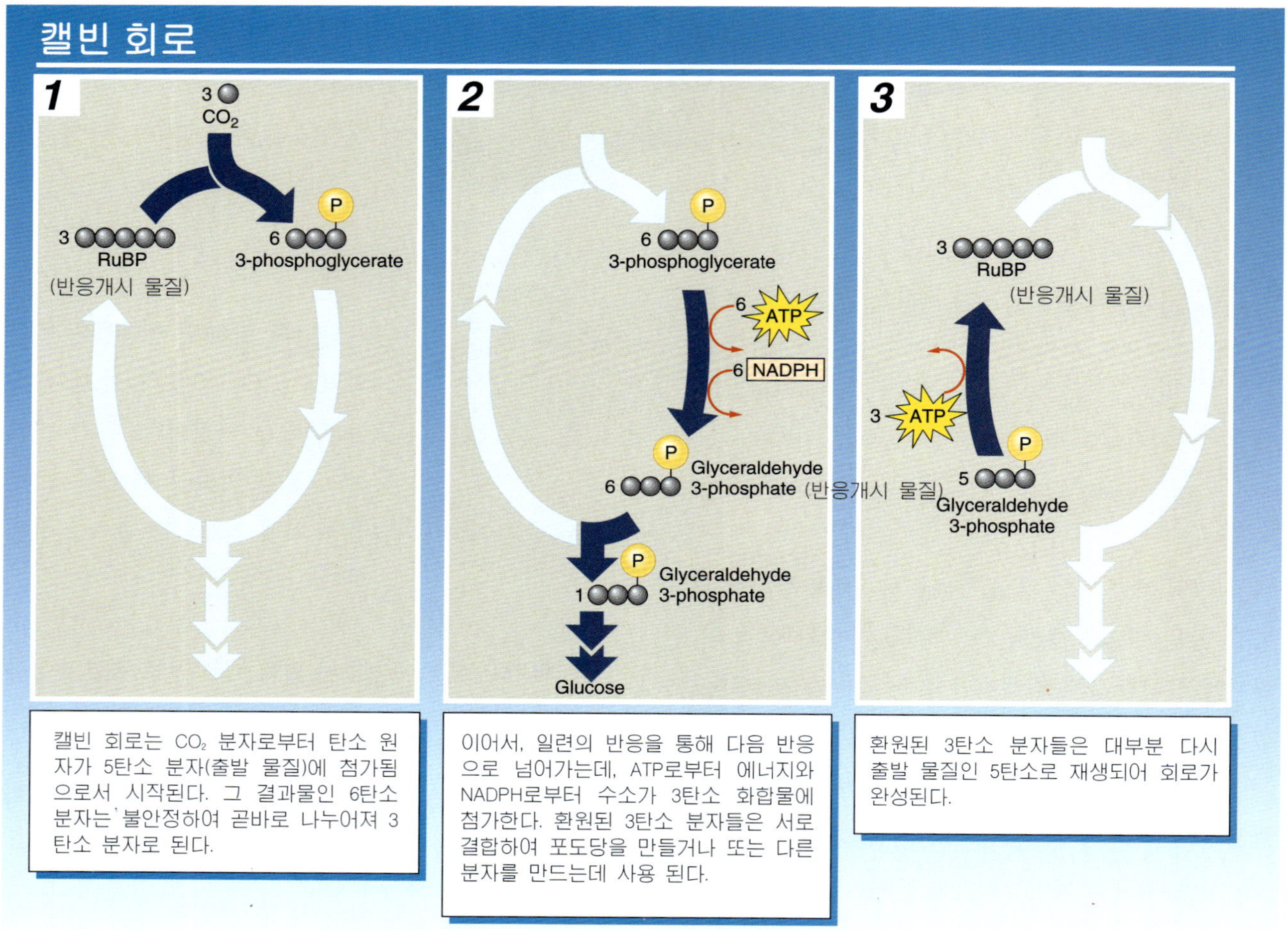

그림 4.20 캘빈 회로는 어떻게 작동하는가?

캘빈 회로는 엽록체의 스트로마 부분에서 일어난다. 명반응에서 생성된 NADPH와 ATP는 암 반응인 캘빈 회로에서 탄소 분자를 만들기 위해 사용된다. 각 단계에서 탄소 원자의 수는 공의 수로 나타내어 졌다. 한 분자의 포도당을 만들기 위해 회로는 여섯 번 돌아야 한다.

광호흡은 성공적인 캘빈 회로를 방해한다.

일부 식물은 **C_4 광합성**(C_4 photosynthesis)을 함으로써 높은 온도의 기후에도 적응할 수 있다. 이 과정에서, 사탕수수, 옥수수 그리고 많은 벼과 식물들은 잎에 있는 다른 종류의 세포를 이용하여 탄소를 고정시킴으로서 광합성산물이 높은 온도로 인하여 감소되는 것을 피할 수 있다.

C_4 식물은 이산화탄소를 앞에서 설명한 C_3 광합성에서 3탄소 분자인 포스포글리세르산 보다는 오히려 4탄소 화합물인 옥살로아세트산에 고정시킨다. 이 과정은 C_4 식물 잎의 엽육세포에서 일어난다. 이 과정에서 생성된 옥살로아세트산은 잎의 유관속초세포로 운반된 후 분해되어 CO_2가 재생된다. 재생된 CO_2는 캘빈 회로로 들어간다(그림 4.21). 유관속초세포는 CO_2가 투과하지 못하므로 그 안에 CO_2를 잡아 놓을 수가 있다. CO_2의 농도가 증가함에 따라 광호흡은 감소한다.

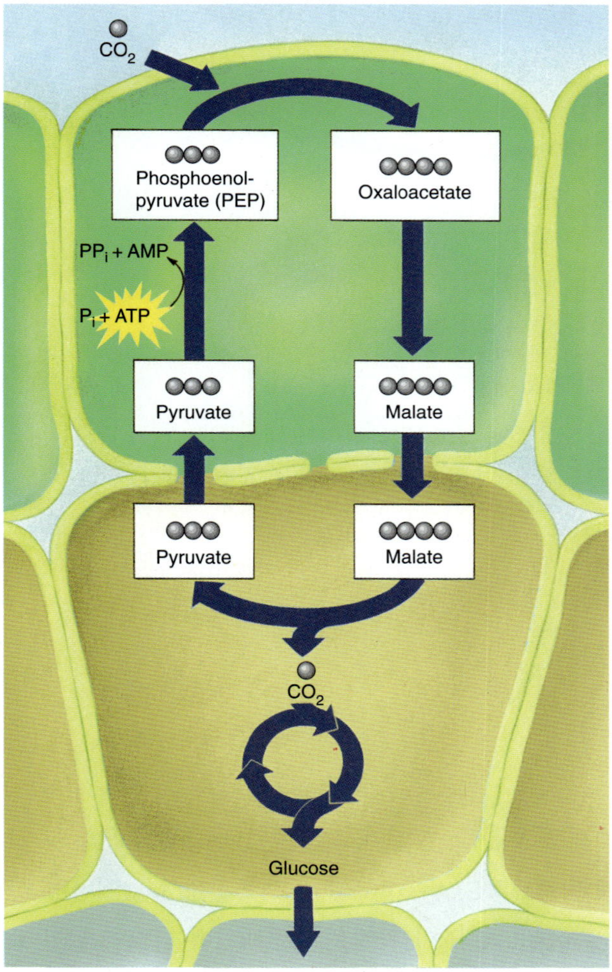

그림 4.21 C_4 식물의 탄소 고정 과정

C_4 식물은 4-탄소 분자(말산, malate)을 유관속초 세포로 수송하여 그곳에 CO_2 농도가 증가된다. 이러한 방법으로, C_4 세포는 CO_2를 보존한다.

C_4 광합성에서 에너지 비용은 C_3 광합성의 거의 배에 달한다. 그러나 더운 기후에서는 C_3 식물은 광호흡 때문에 생장이 감소하기 때문에 C_4 광합성은 최고의 대안이다. 이러한 이유 때문에 C_4 식물은 추운 지역보다는 따뜻한 지역에 많다(그림 4.22).

4.10 빛이 필요 없는 암 반응 과정에서 세포는 광계 I과 II에서 만들어진 ATP와 NADPH를 사용하여 새로운 유기 분자를 만든다.

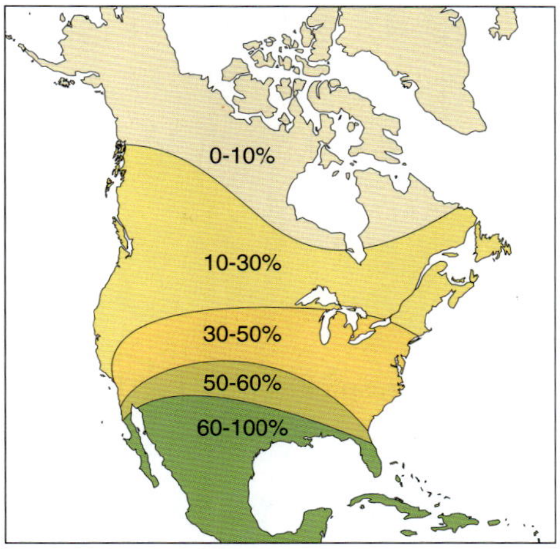

그림 4.22 북아메리카에서의 C_4 식물의 분포

C_4 초본들이 남쪽에 많은데 이 지역은 생육계절 동안의 평균 기온이 높은 곳이다. 높은 기온에서는 광호흡에 의해 많은 양의 광합성의 생산물이 소모된다. 따라서 C_4 식물의 광호흡을 억제하는 능력은 C_3 초본들이 많은 서늘한 지역보다 더 이점이 있다. 이 지도는 모든 종들에 대한 C_4 초본들의 %를 나타낸 것이다.

4.11 세포호흡의 개요

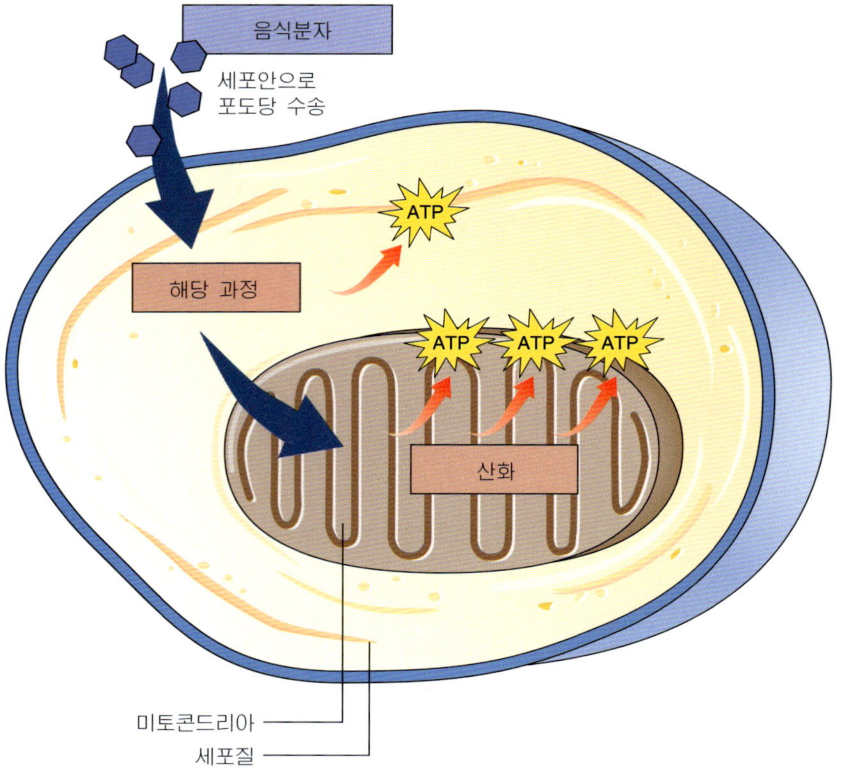

그림 4.23 세포 호흡의 개요

우리가 음식을 먹으면, 소화과정에 의해 잘게 부수어져 여러 가지 성분으로 된다. 세포의 주 연료인 포도당은 우리의 순환계에 의해 세포로 전달된다. 첫 단계는 세포의 안쪽에서 포도당에 저장된 에너지가 해당 과정이라고 하는 복잡한 과정에 의해 유리되어 ATP 분자로 전달된다. 이 과정은 세포질에서 일어나며, 산소를 필요로 하지 않고, 단지 약간의 ATP분자를 생산할 뿐이다. 두 번째 단계인 산화는 미토콘드리아에서 일어나며, 산소를 필요로 하고 더 많은 양의 ATP를 생산한다.

식물과 동물을 포함하여 거의 모든 생물체가 살아가는데 필요한 에너지는 엽록체에 의해 만들어진 유기 물질로부터 얻는다. 유기물 분자를 만드는데 사용된 ATP 에너지와 환원력은 여기 전자를 이용하여 ATP를 만드는데 사용함으로써 회수된다. 이것이 가능한 이유는 전자는 핵으로부터 멀리 떨어져 있고, 이 전자들이 아직도 에너지를 가지고 있기 때문이다.

음식물 분자의 화학결합으로부터 전자가 떨어져 나오는 것을 산화라고 한다(전자를 잃는 것이 산화라는 것을 기억하라). 영양소가 산화되어 에너지를 얻는 것을 **세포호흡**(cellular respiration)이라 한다. 이것을 폐가 수행하고 있는 단순한 산소 운반과정인 호흡과 혼동하지 말아야 한다.

유기호흡

유기호흡(aerobic respiration)에서 ATP는 회수된 전자가 전자 전달계를 따라 전달되어 결국에는 산소 기체에 넘겨진다. 진핵생물은 이 방법으로 포도당으로부터 대부분의 ATP를 생산한다. 화학적으로 볼 때 세포에서 탄수화물의 산화와 벽난로에서 나무가 연소되는 것과는 차이가 없다. 두 가지 모두 반응물은 탄수화물과 산소이며, 생성물은 이산화탄소와 물 그리고 에너지이다.

$$C_6H_{12}O_6 + 6O_2 \rightarrow 6CO_2 + 6\ H_2O + \text{에너지}$$
(열 또는 ATP)

세포 호흡은 두 단계로 수행된다(그림 4.23). 첫 단계인 **해당과정**(glycolysis)은 세포질에서 일어나며 산소가 필요없다. 이 과정은 지구대기에 산소가 없던 30억 년 전부터 진화했다고 생각된다. 두 번째 단계는 화학 결합으로부터 전자를 회수하고 그들의 에너지를 ATP 생산에 이용한다. 이 단계를 **산화**(oxidation)라고 하며 미토콘드리아에서만 일어난다.

무기호흡

산소가 있을 때만 세포는 유기호흡을 할 수 있다. 산소가 없을 때 일부 생물은 산소가 아닌 다른 무기 전자 수용체를 이용하여 혐기적으로 호흡을 한다. 예를 들어, 많은 세균은 산소 대신에 전자 수용체로 황, 질산염 또는 다른 무기화합물을 이용한다.

메탄 생성 세균 (methanogens)

무기호흡을 하는 종속영양생물 중에는 호열성 세균과 같은 원시적 고세균이 있다(그림 4.24). 이들 중에서 메탄 생성 세균은 전자 수용체로서 CO_2를 이용하며, 다른 생물에 의해 생산된 유기 분자로부터 유래된 수소와 함께 CO_2를 CH_4(메탄)으로 환원시킨다.

황 세균 (sulfur Bacteria)

황 세균은 무기 황산염을 황화 수소(H_2S)로 환원시키는 과정에서 에너지를 얻는다(그림 4.25). 수소 원자는 다른 생물이 생산한 유기 분자로부터 얻는다. 이 세균들은 메탄 생성 세균과 같은 과정을 갖는 것으로 생각되지만, 이들은 산화제(전자를 수용)로서 CO_2 대신에 SO_4를 사용한다.

광합성 진화의 단계에서 황산염을 환원시키는 생물은 H_2S가 풍부한 환경을 조성하였을 것이다. 초기 광합성에서는 빛에너지를 이용하여 H_2S로부터 수소를 얻었을 것이다.

4.11 **세포호흡은 음식물 분자를 분해시켜 에너지를 얻는 과정이다. 유기호흡에서 세포는 포도당 분자로부터 해당과정과 산화의 두 과정을 통하여 에너지를 얻는다. 산소는 최종 전자 수용체이다. 무기호흡에서는 얻은 전자를 다른 무기화합물에 준다.**

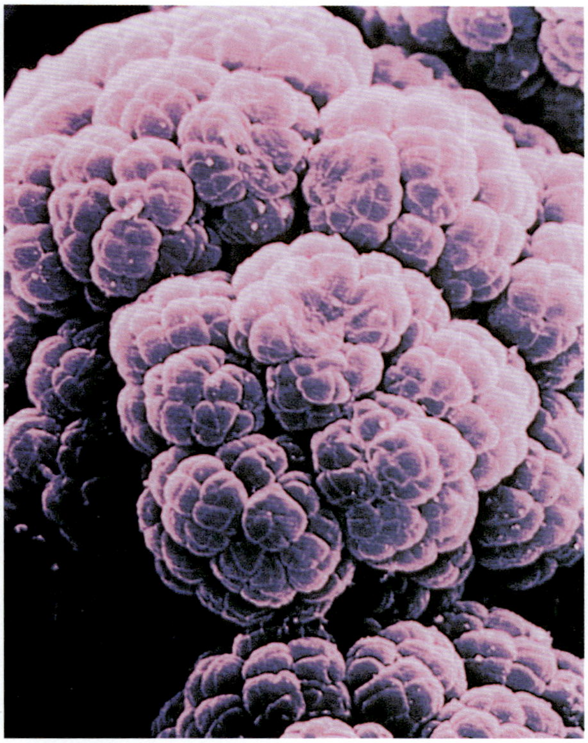

그림 4.24 Methanosarcina barkeri

이 원시적인 세균은 메탄 생성균이라고 한다. 이들은 무기호흡을 하며 이산화탄소(CO_2)를 메탄가스(CH_4)로 환원한다.

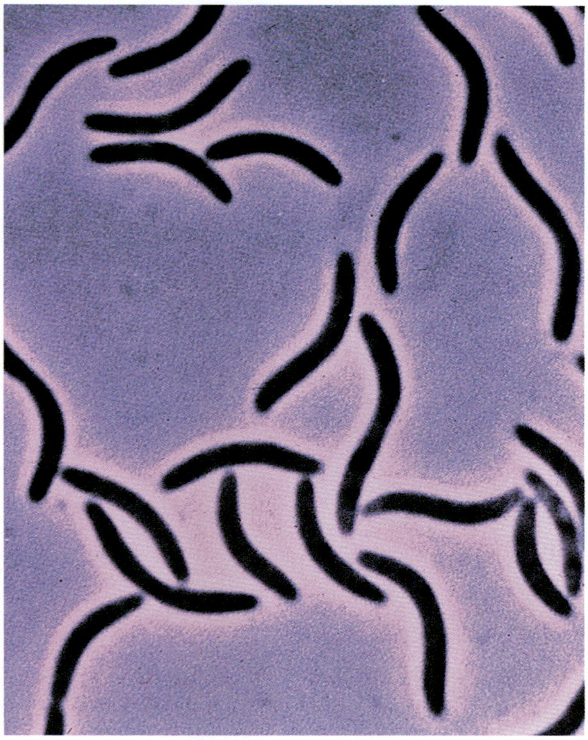

그림 4.25 Desulfovibrio gigas

이들 세균은 황산염(SO_4^{2-})을 황화 수소(H_2S)로 환원하는 무기호흡을 한다.

4.12 해당과정과 발효

■ 해당과정

세포호흡의 첫 단계인 해당과정(그림 4.26)은 일련의 연속적인 생화학 반응경로이다. 10개 효소의 촉매 반응에 의해 6탄당인 포도당은 피루브산이라는 2개의 3탄소 분자로 나누어진다. 이 생화학 경로는 에너지를 얻기 위하여 산소를 쓰지 않으며 2개의 공역 반응이 일어나도록 하기 위해 단순히 화학 결합을 이리저리 뒤섞는다. 각각의 반응에서 화학 결합이 깨어질 때 나오는 에너지는 ADP로부터 ATP분자를 형성하는데 사용된다. 기질에서 ADP로의 인산 원자단의 전이를 **기질 수준 인산화**(substrate-level phosphorylation)라고 한다. 이 과정에서 2개의 여기 전자가 방출되어 NAD^+라고하는 운반 분자에 공급된다. NAD^+는 유기호흡을하는 동안 추출된 다른 전자와 결합하기 위해 NADH형태로 전자를 운반한다. 해당과정에서는 하나의 포도당으로부터 2분자의 ATP만이 만들어진다. 그러나 무산소상태에서는 생물체가 먹이로부터 에너지를 얻는 유일한 경로이다.

해당과정은 모든 생화학과정의 진화에서 가장 초기의 것 중 하나라고 생각된다. 모든 생물은 해당과정을 할 수 있다. 비록 비효율적이긴 하지만 해당과정은 진화 과정에서 없어지지 않고 오히려 산화에 의한 에너지를 좀 더 생산하는 시작점으로 사용되었다.

■ 발효

만약 유기호흡에 필요한 산소가 없다면 어떻게 될까? 해당과정 산물인 피루브산 즉 유기호흡의 시작 물질이 세포질에 쌓이기만 할까? 아니다. 다른 경로가 있다. 해당 과정에서 1개의 활동적인 전자가 한 단계에서 나와, NAD^+라고 하는 매개체 분자에 의해 운반됨을 상기하자. 산소가 없는 곳에서는 이 전자들은 화학 삼투에 사용되지 않으며, 따라서 곧 거의 모든 NAD^+는 전자들로 포화된다. 더 이상 NAD^+가 전자를 운반할 수 없게 되면 해당과정은 진행되지 않는다. 산소가 없는 상태에서 음식으로부터 에너지를 얻기 위해서는 이 문제를 해결하여야 한다. 이들 전자들이 있어야 할 곳을 제공하여야 한다. 동물과 식물에서 이들 전자를 받아들일 산소가 없을 때 유기 분자에 전자를 첨가하게 되는데, 이것을 **발효**(fermentation)라고 한다.

진핵생물에는 보통 두 가지 형태의 발효가 있다(그림 4.27). 동물들은 추출된 전자를 피루브산에 첨가하여 젖산을 형성한다. 후에 산소를 얻게 되면 이 과정은 역으로 진행되어 전자는 에너지 생산에 이용된다. 근육이 피로하면 근육세포는 모든 산소를 소비하고 해당과정에서 만든 ATP를 쓰기 시작하며, 피루브산과 전자를 젖산으로 저장한다. 이것이 근육에 타는듯한 느낌이 있는 피로를 생산하는 산소부채(oxygen debt)이다.

효모라는 단세포 곰팡이는 다른 접근방법으로 발효를 수행한다. 먼저 피루브산을 다른 분자로 전환시킨 뒤 해당과정에서 생성된 전자를 결합시켜 에틸 알코올을 생산한다. 수 세기 동안, 사람은 포도주나 맥주에 있는 에틸 알코올을 소비하였다. 효모는 산소가 없는 상태에서 이 발효를 수행한다. 포도주를 만들 때 으깬 포도를 밀폐된 용기에 넣는데 바로 공기중의 산소가 들어가는 것을 막기 위한 것이다.

4.12 **호흡의 첫 단계인 해당과정에서 세포들은 화학 결합 혼합시켜 두 가지의 공역 반응이 일어나도록 하여 기질 수준 인산화에 의해 ATP를 생산한다. 해당과정에서 생산된 전자들은 산소가 공급되지 않으면, 유기 분자에 첨가되는데, 이것이 발효이다.**

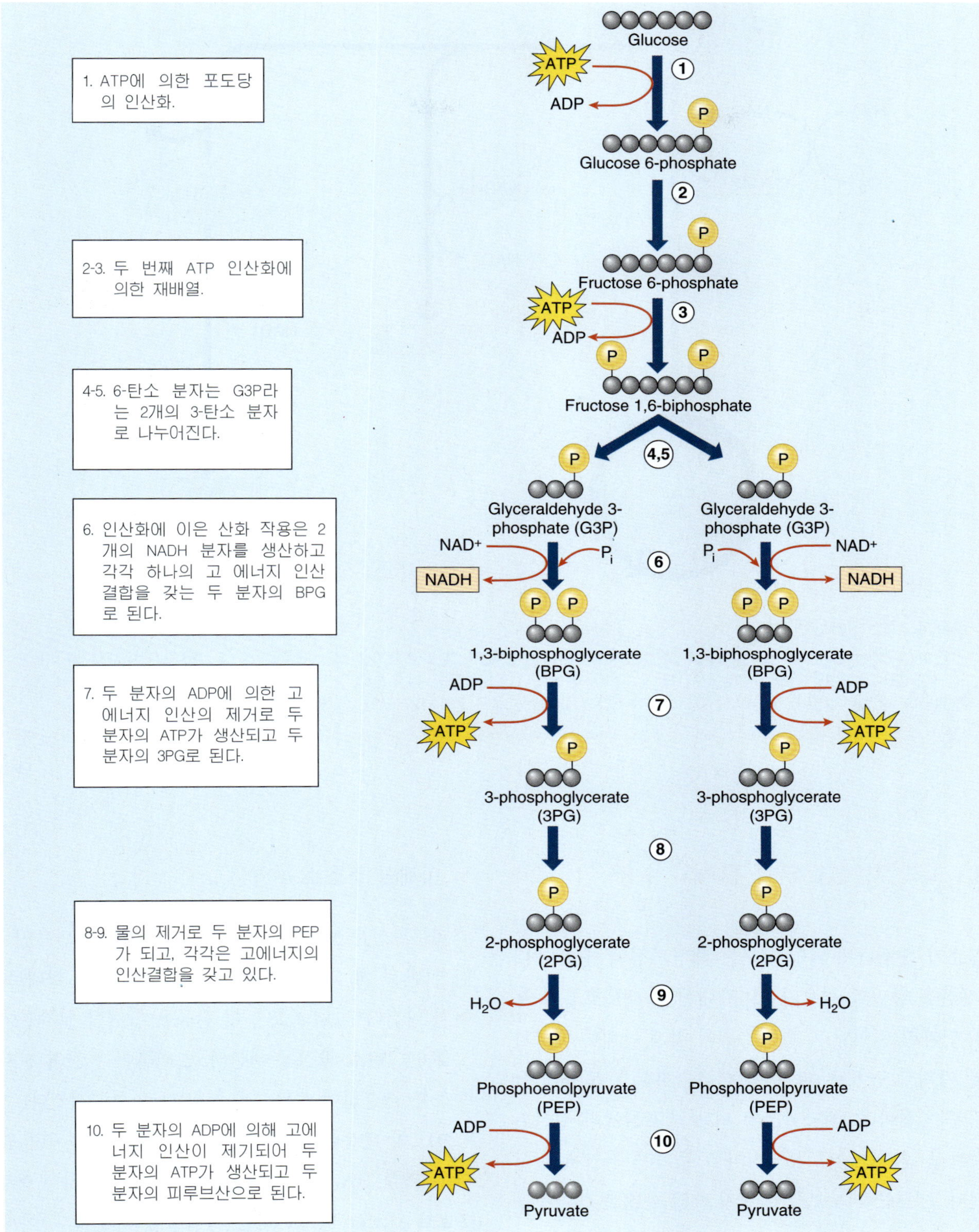

그림 4.26 해당과정

해당과정에는 10개의 효소-촉매 반응이 있다.

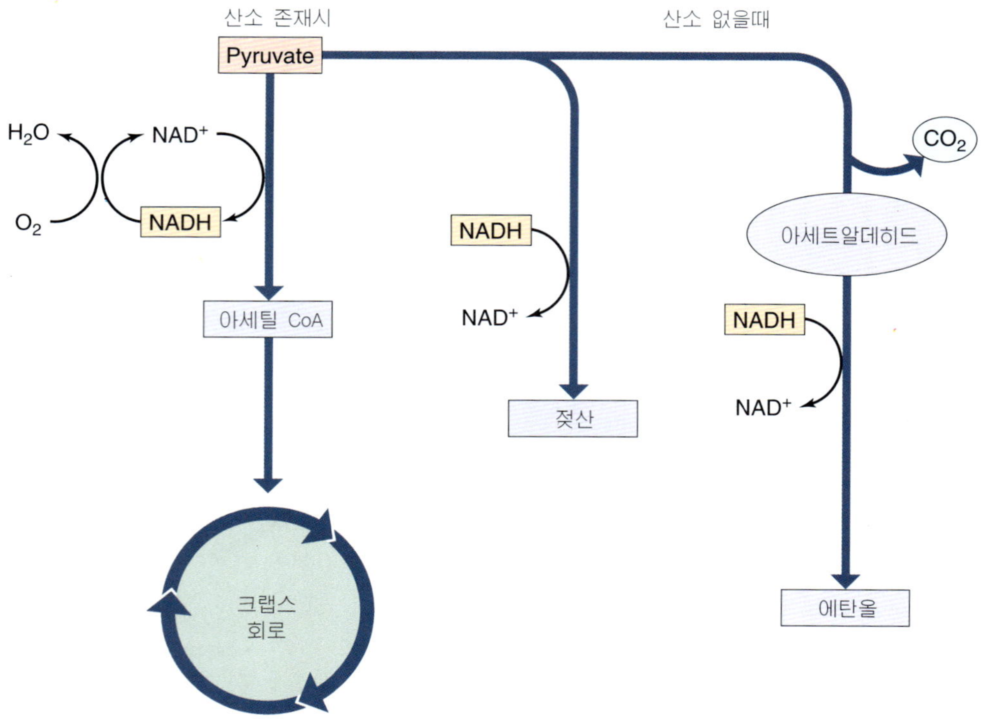

그림 4.27 두 종류의 발효

산소의 존재 하에서 피루브산은 아세틸-조효소 A로 산화되어 크렙스 회로로 들어간다. 산소가 없으면 피루브산은 해당 과정동안 추출되어 NADH에 의해 수송된 전자를 수용하여 환원된다. 이 과정을 발효라고 한다. 우리 근육에서 처럼 피루브산이 바로 환원되어 생기는 물질이 젖산이다. 효모에서는 CO_2가 피루브산에서 먼저 제거되고 잔류물이 환원되면 에탄올이 생산된다.

4.13 화학결합들로부터 전자의 수확

산소가 존재하게 되면 세포는 해당과정 후에도 에너지 생산을 중단할 필요가 없다. 대신에, 세포호흡의 두 번째 단계가 일어난다. 유기호흡의 첫째 단계는 해당과정의 마지막 단계로 피루브산이라는 3탄소 분자를 산화시키는 것이다. 해당과정에 의해 세포질에서 생산된 피루브산 분자는 미토콘드리아로 들어가 거기에서 산화된다. 세포는 피루브산이 가지고 있는 많은 에너지를 2단계에 걸쳐 얻는다. 먼저 피루브산을 산화시켜 아세틸 CoA를 형성하고, 그 다음에는 크렙스 회로에서 아세틸 CoA를 산화시킨다.

아세틸 조효소 A 형성

피루브산은 3개 탄소 중 하나가 떨어지는 반응인 "탈탄산 반응"에 의해 산화된다. 이 탄소는 CO_2형태로 떨어져 나간다(그림 4.28). 이 반응은 아세틸 원자단이라고 하는 2탄소 물질을 생산하고, 더불어 한쌍의 전자와 수소를 생산하여 NAD^+를 NADH로 환원시킨다(그림 4.29). 이 반응에서 피루브산에서 제거된 아세틸 원자단은 조효소 A라 불리는 보조 인자와 결합하여 **아세틸 조효소 A**(acetyl-CoA)라는 화합물을 형성한다. 아세틸 조효소 A는 단백질과 지질의 분해에 의해서도 발생한다. 만약 세포에 ATP가 많이 공급되고 있으면 아세틸 CoA는 나중의 수요에 대처하기 위하여 여기 전자를 지

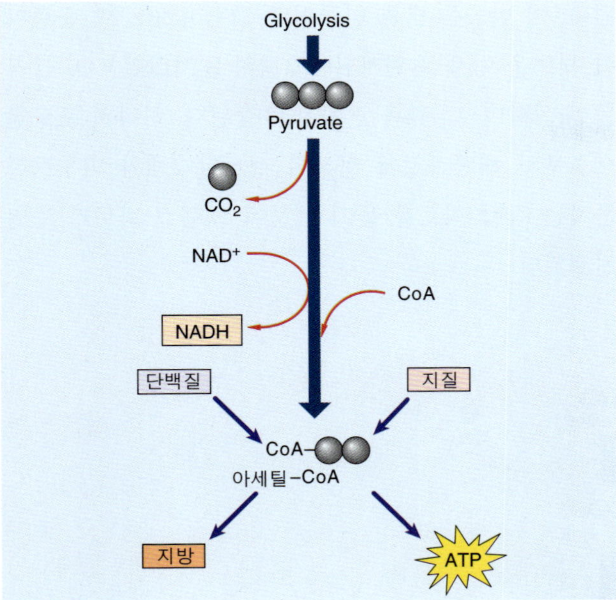

그림 4.28 아세틸－조효소 A 생성

해당과정에 의해 생성된 3-탄소 분자인 피루브산은 2-탄소 분자인 아세틸 CoA로 산화된다. 이 과정에서 CO_2 형태로 탄소 원자 하나를 그리고 전자 하나를 잃는다(NAD^+가 NADH로). 우리가 식품으로 사용하는 거의 모든 분자들은 아세틸-CoA로 전환된다. 아세틸-조효소 A는 이어서 우리 몸의 필요에 따라 지방 합성으로 연결되거나 ATP 생산으로 연결된다.

방 합성에 이용한다. 만약 세포가 당장 ATP가 필요하면 아세틸 CoA는 곧바로 크렙스 회로를 통해 ATP를 생성하는데 쓰여지게 된다.

크렙스 회로

산화적 호흡의 나머지는 그것을 발견한 사람의 이름을 따서 **크렙스 회로**(Krebs cycle)라 한다. 크렙스 회로는 미토콘드리아에서 일어나고 3단계에 걸쳐 일어난다.

1단계 : 아세틸 CoA가 회로에 들어와서 4탄소 분자와 결합하여 6탄소 분자를 생산한다.

2단계 : 2개의 탄소가 CO_2로 제거되고, 그들의 전자는 NAD^+에 전달되며, 4탄소 분자가 남는다.

3단계 : 보다 많은 전자가 분리되고, 4탄소 시작 물질이 재생된다.

회로는 피루브산에서 생산된 2탄소 아세틸 조효소 A

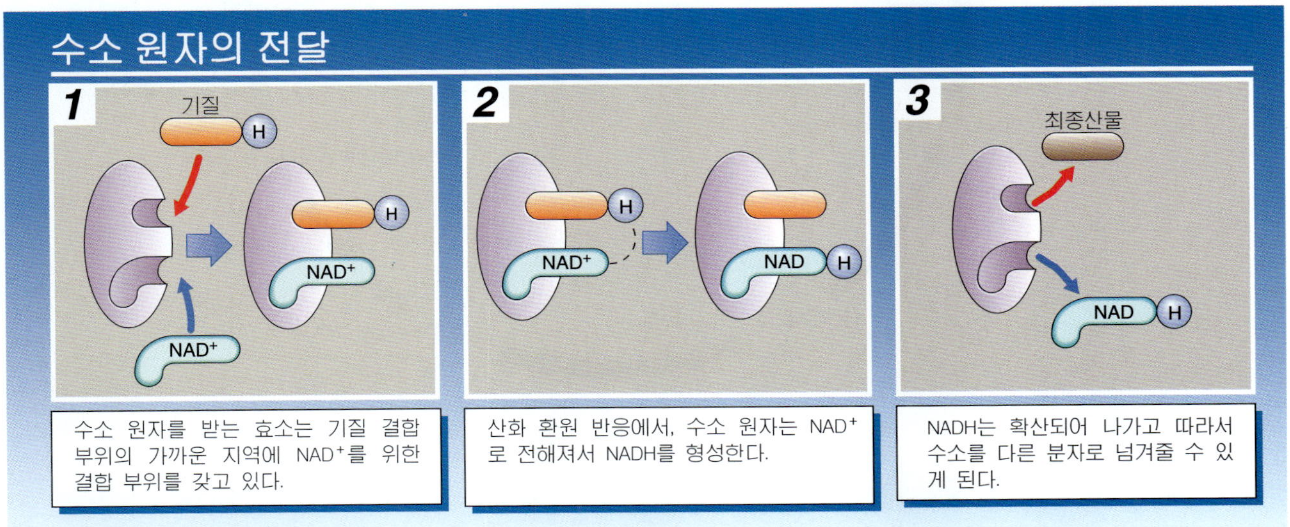

그림 4.29 NAD^+의 작용기작

세포들은 NAD^+를 사용하여 수소 분자 속의 여기상태 전자를 효과적으로 한 분자에서 다른 분자로 수송한다. 여기상태의 전자를 얻은 분자들은 환원되었다고 하며, 전자를 잃은 것을 산화되었다고 한다. NAD^+는 수소를 얻어 에너지가 풍부한 분자를 산화시키며(그림에서 이 과정은 1→2→3으로), 다른 분자에게 수소를 줌으로써 그들을 환원시킨다(그림에서, 3→2→1의 과정이다).

가 옥살로아세트산이라 불리는 4탄당과 결합하면 시작된다. 그리고 연이어 8개의 일련의 순서대로 반응이 일어난다. 반응이 모두 끝났을 때 2개의 탄소 원자가 CO_2로 방출되고, 1개의 ATP 분자가 공역 반응에서 만들어지고 8개 이상의 여기 전자는 모아져 NADH나 다른 운반체로 간다. 그리고 시작물질인 4탄 당이 남게 된다. 이 반응은 순환 반응이다(그림 4.30). 매 순환마다 새로운 아세틸 원자단이 2개의 잃어버린 CO_2 분자를 대신하며, 더 많은 전자가 추출된다. 하나의 포도당으로부터 해당과정에 의하여 생성된 2개의 피루브산 분자는 각각 회로를 돌기 때문에 크렙스 회로가 두번 진행된다.

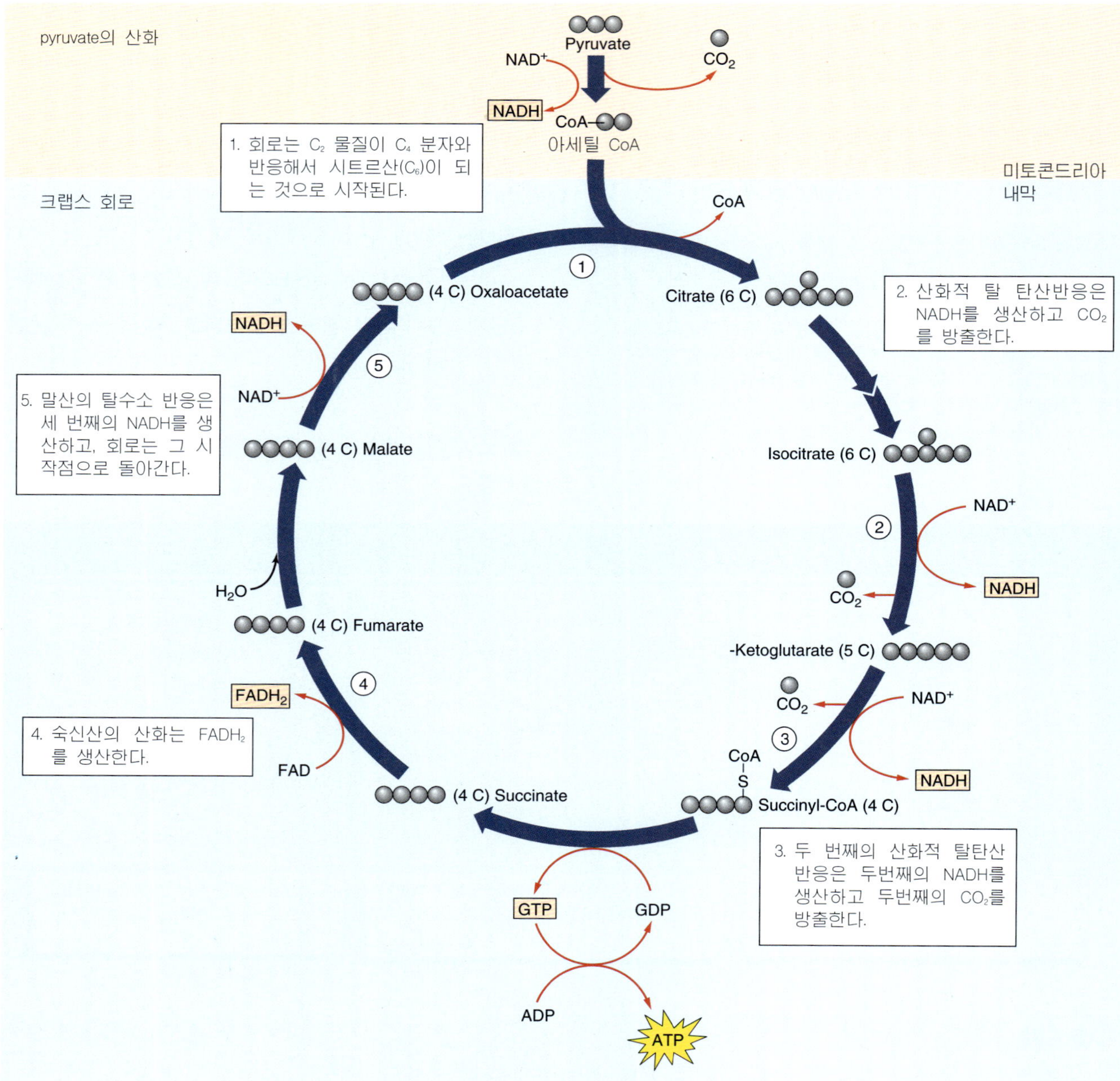

그림 4.30 크렙스 회로

세포호흡 과정에서, 포도당은 완전히 소모된다. 6탄당인 포도당 분자는 해당과정에서 먼저 2개의 3탄당 피루브산 분자로 나뉘어진다. 피루브산의 탄소 중 하나는 피루브산이 아세틸 CoA로 전환되면서 CO_2로 잃게된다. 그리고 나머지 2개의 탄소는 크렙스 회로의 산화 동안에 CO_2로 잃게된다. 포도당이 모든 과정을 거치는 동안에 6개의 CO_2 분자가 빠져나가고, 4개의 ATP 분자를 생성하고 10개의 NADH와 2개의 $FADH_2$ 운반자에 의해 전자가 운반된다.

4.13 **해당과정의 마지막 산물인 피루브산은 2탄소 아세틸 CoA로 산화되면서 CO_2와 한 쌍의 전자를 생산한다. 아세틸 CoA는 크렙스 회로로 들어가, ATP와 많은 여기 전자 그리고 2개의 CO_2 분자를 생성한다.**

4.14 전자 전달계를 이용하여 ATP 생산

미토콘드리아는 엽록체와 마찬가지로 ATP를 만들 때 비록 양자 펌프는 그 방향이 반대이지만 화학 삼투를 이용한다. 미토콘드리아는 막의 바깥쪽으로 양자를 밀어내는 양자 펌프를 작동시키기 위하여 유기 분자로부터 빼낸 여기 상태의 전자를 이용한다. 양자가 바깥쪽 보다 안쪽이 더 적게되면, 양자는 반대로 특별 통로를 통하여 안으로 들어오게 된다. 이들의 통과는 ADP로부터 ATP를 생산하는 힘이 된다. 그리고 ATP는 ATP를 통과시키는 개방 통로를 통하여 미토콘드리아의 바깥쪽으로 이동된다(그림 4.31).

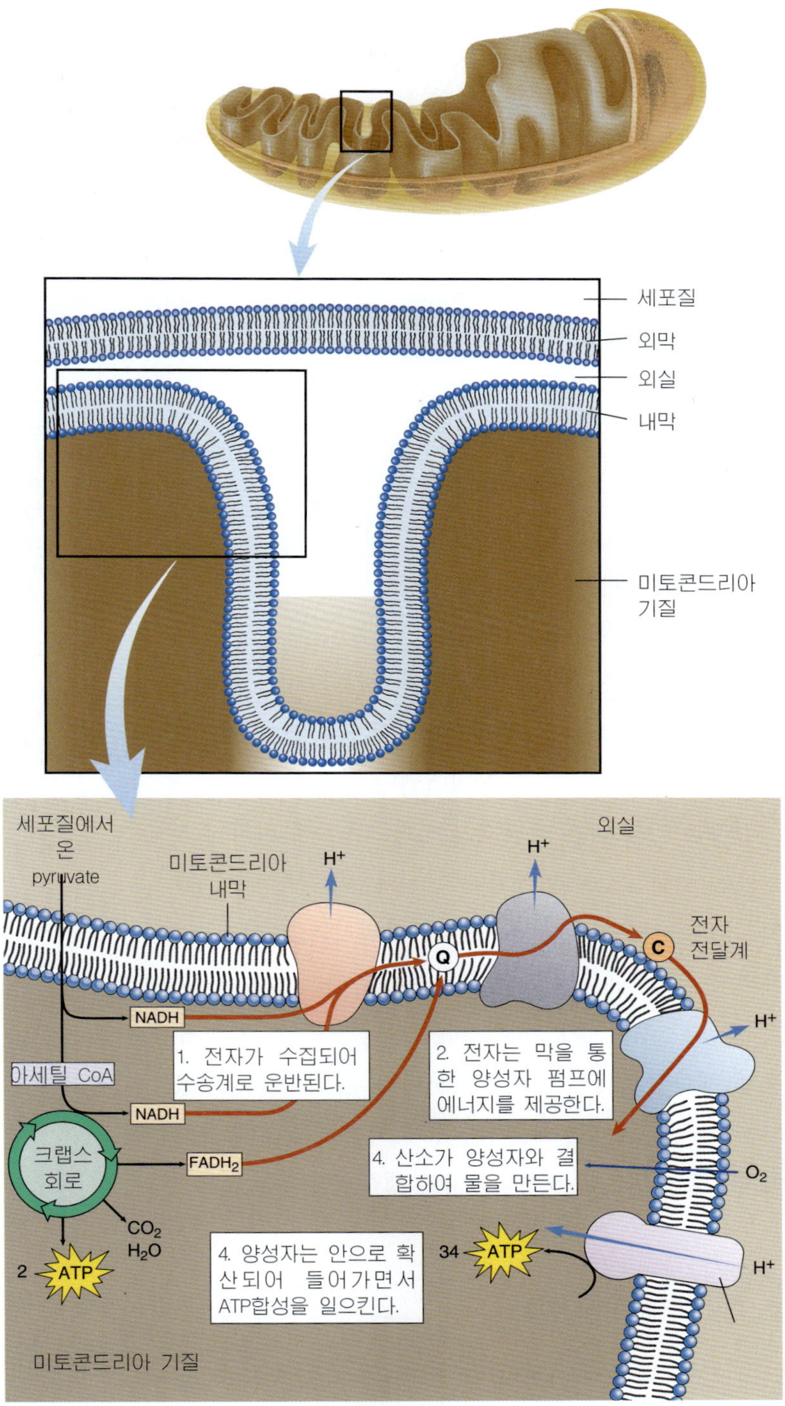

그림 4.31 전자 전달계와 화학 삼투의 개요

■ 전자 전달계를 통한 전자의 이동

호기성 호흡의 첫 단계 동안에 생성된 NADH와 $FADH_2$는 각각 NAD^+와 FAD가 환원될 때 얻은 한 쌍의 전자를 가지고 있다. NADH 분자는 그들의 전자를 미토콘드리아 내막으로 운반한다. 거기서 그것은 **전자 전달계**(electron transport chain)(그림 4.32)라고 하는 일련의 막 단백질로 전자를 옮긴다.

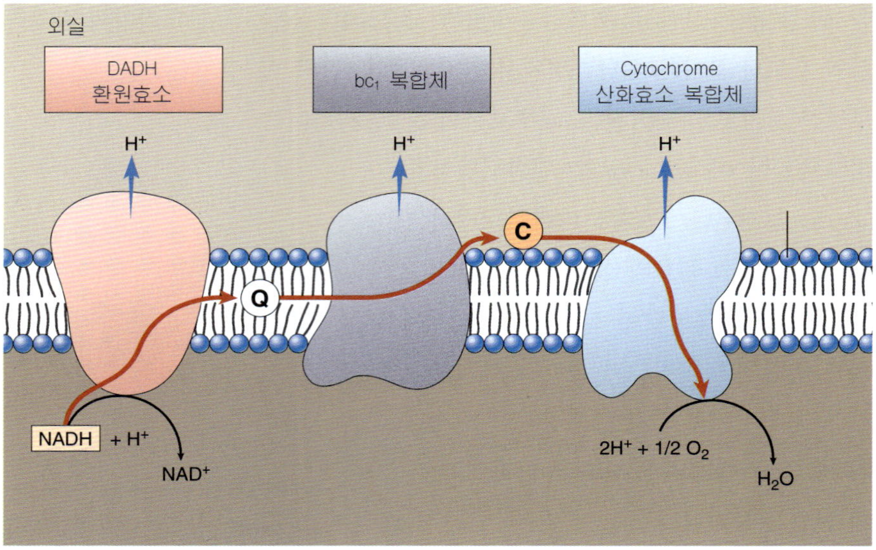

그림 4.32 전자 전달계

고 에너지 전자들은 이동할 수 있는 전자 운반체(Q로 표시된 유비퀴논과 C로 표시된 시토크롬 C)에 의해 막 단백질의 사슬을 따라 수송된다(빨간 화살표). 3개의 단백질은 전자들의 에너지를 분배하는데 사용되어 지며 양성자(파란 화살표)를 기질의 바깥쪽으로 펌프하여 막간 공간으로 보낸다. 전자들은 산소로 넘겨져서 물이 생긴다.

전자를 받는 첫 번째 단백질은 NADH 탈수소효소라 불리는 막내 단백질-효소 복합체이다. 그 다음 우비퀴논이라 불리는 운반체가 bc_1 복합체라 불리는 단백질-시토크롬 복합체로 전자를 넘긴다. 이 복합체는 전자 전달계의 다른 것들과 함께 밖으로 양자 펌프로 작용하여 막 밖으로 양자를 밀어낸다.

전자는 이제 다른 운반체인 시토크롬 C에 의하여 시토크롬 산화효소 복합체로 운반된다. 이 복합체는 4개의 전자를 사용하여 산소 분자를 환원시키고, 산소는 2개의 수소이온과 결합하여 물을 형성한다.

유기적 호흡을 가능하게 하는 것은 풍부한 전자 수용체(때로는 산소)가 있기 때문이다. 유기호흡에 사용되는 전자 전달계는 유기광합성에 사용하는 계와 유사하며 이것으로부터 진화되었다고 생각된다.

■ 전기화학 구배 형성

미토콘드리아의 안쪽 부분 즉 기질(matrix)에는 크렙스 회로의 반응을 수행하는 효소가 들어 있다. 유기호흡으로 얻어진 전자들이 전자 전달계를 따라 이동 될 때, 방출된 에너지는 양자를 기질 밖으로 방출하고, 때로는 외실(intermembrane space)이라고 하는 바깥 부분으로 수송한다. 미토콘드리아 내막의 막 관통 단백질인 양자 펌프가 실질적으로 양자의 수송을 마무리한다. 여기된 전자의 흐름은 단백질 펌프의 모양을 변화시키며, 이 변화는 막을 통한 양자의 수송을 일으킨다. NADH에 의해 공급된 전자는 이 양자 펌프 3개를 활성화시키고, $FADH_2$에 의해 공급된 전자들은 2개를 활성화시킨다.

■ ATP 생성 : 화학 삼투

바깥 부분의 양자 농도가 기질의 농도보다 높아지면, 기질은 약한 음전하를 띠게 된다. 이러한 기질 쪽의 음전하는 양전하를 갖는 양자를 끌어당겨 양자를 기질 속으로 다시 들어오도록 한다. 기질 바깥쪽의 높은 양자의 농도는 양자를 확산에 의해 다시 안쪽으로 되돌려 보내는 경향을 갖게 된다. 막은 이온에 대해 비교적 불투과성이기 때문에 기질로 되돌아가는 대부분의 양자는 미토콘드리아 내막의 특별한 양자 통로를 통과하여야 한다. 양자가 통과할 때, 이 통로는 기질에서 ADP+Pi로부터 ATP를 합성한다. ATP는 촉진 확산에 의해 미토콘드리아 밖으로 수송되고 그 다음 세포질로 들어간다. ATP의 화학적 형성이 삼투와 비슷한 확산의 힘에 의해 일어나기 때문에 이 과정을 화학 삼투(chemiosmosis)(그림 4.33)라 한다.

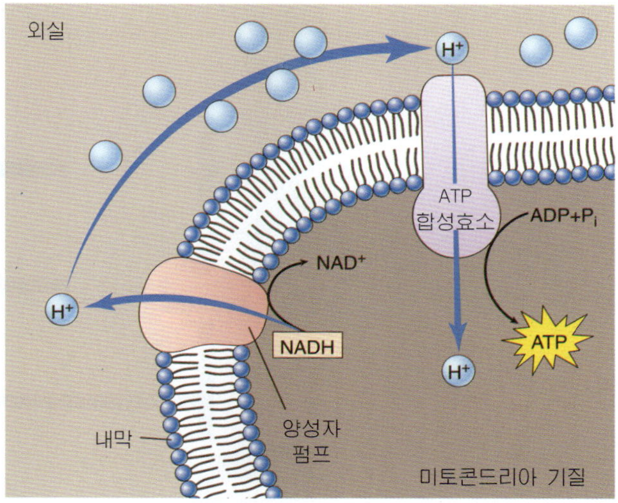

그림 4.33 화학 삼투

NADH는 고분자에서 생성된 고에너지의 전자를 "양자 펌프"로 수송하는데, 이 양자 펌프는 양자를 미토콘드리아의 기질 바깥쪽으로 펌프하는 에너지를 사용한다. 그 결과, 미토콘트리아 내막의 이동에 의해 ATP가 생성된다. 양자가 다시 기질 안으로 확산되도록 유발한다. 이 때 많은 양자는 특별한 통로를 통하여 이동되며, 이러한 양자의 이동에 의해 ATP가 생성된다.

4.14 유기 분자의 산화에 의해 얻어진 전자는 화학 삼투적으로 ATP 생성을 유도하는 양자 펌프의 힘으로 사용된다.

4.15 세포호흡으로 생산된 총 ATP량

화학 삼투 모델에 의하면 하나의 ATP 분자는 산화적 물질 대사에서 전자 전달계에 의해 활성화된 각 양자 펌프를 통하여 생산된다. NADH에서 나온 전자는 3개의 펌프를 활성화시키고 $FADH_2$서 나온 전자는 2개를 활성화시킨다. 따라서 우리는 NADH와 $FADH_2$는 각각 3분자와 2분자의 ATP 분자를 생산한다는 것을 알 수 있다. 그러나 진핵세포는 세포질에서 해당과정을 그리고 미토콘드리아에서 크렙스 회로를 수행하므로, 해당과정에서 생산된 NADH 두 분자를 반드시 미토콘드리아 막 안쪽으로 보내야하는데, 이 때 NADH 한 분자 당 한 분자의 ATP를 필요로 한다. 따라서 ATP 생산은 2개로 줄어든다. 그러므로 세포호흡에서의 전체적인 ATP 생산은 이론상으로 2(해당과정 동안 기질 수준의 인산화로부터 4분자가 생성되지만 해당과정에서 생성된 NADH를 운반하는데 2분자가 사용된다)+30(NADH 10 분자로부터 각각 3분자 생성)+4($FADH_2$ 2분자로부터 각각 2분자)=36ATP 분자(그림 4.34)가 된다.

4.15 산화는 매우 효율적이다. 해당과정에서 포도당이 분해되어 피루브산으로 될 때 오직 2ATP가 생성되고, 포도당의 산화에 의하여 부가적으로 34 ATP 분자가 생성된다.

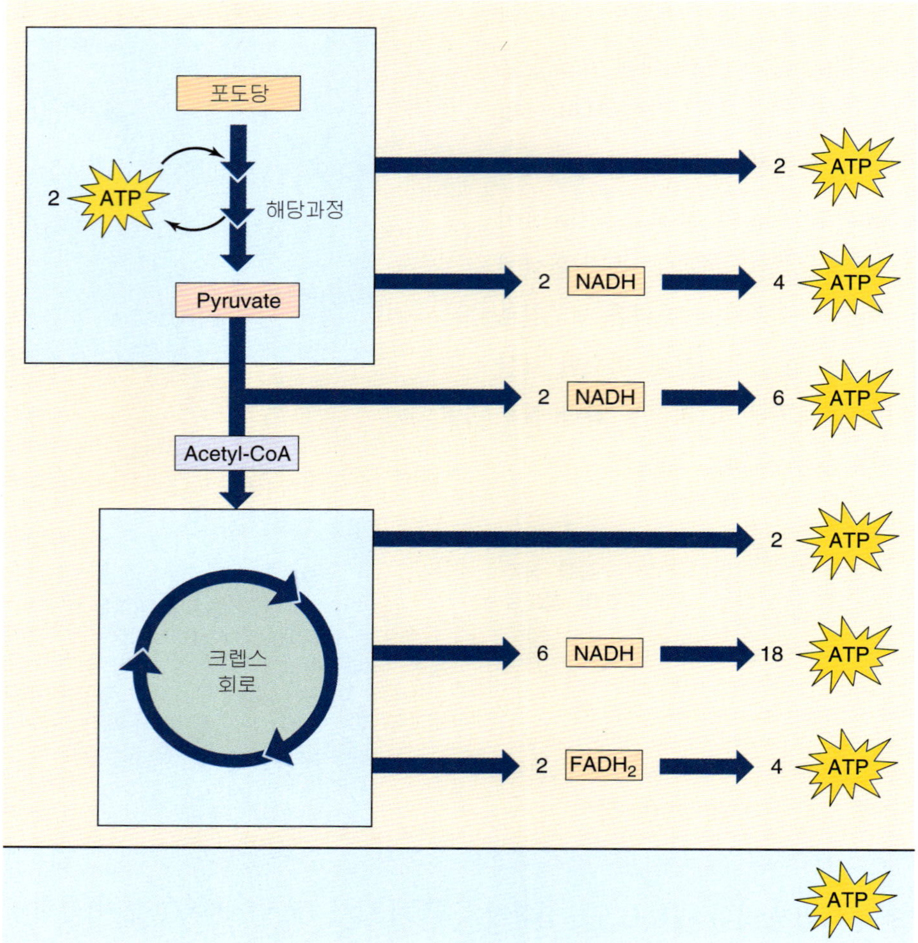

그림 4.34 포도당이 붕괴되는 동안의 에너지 추출

에너지의 대부분은 산화하는 동안에 추출된다(산화는 전자를 잃는 것). 여기 전자는 NADH와 $FADH_2$에 의해 운반되고 화학 삼투에 의해서 ATP를 생산한다.

Chap 05

세포의 분열

5.1 원핵생물의 단순한 세포주기

모든 생물은 번식하고 그들의 유전정보를 자손에게 전달한다. 이 장에서 세포의 증식방법을 관찰하면서 유전의 중요성에 대해 알아본다. 세균에서 세포분열은(그림 5.1) 두 단계로 구성된 **단순 세포주기**(simple cell cycle)를 갖는다. 처음에는 DNA가 복제되고, 그 다음에 세포가 양분된다.

세균의 유전정보 즉, 유전자는 원형질막 내부 표면의 한 지점에 부착된 1개의 원형 DNA를 이룬다. 세포가 분열하기 전, 원형 DNA는 그 자체가 복제된다. DNA 이중나선은 한 지점에서 풀리기 시작하여 두 가닥이 된다. 각 DNA 가닥의 노출된 뉴클레오티드의 상보적인 뉴클레오티드가 결합하여 새로운 이중나선을 형성한다. 이중나선이 풀어지면서 세포는 유전정보를 지닌 2개의 복사본을 갖게 되며 내부 원형질막에 나란히 부착된다(그림 5.2).

DNA가 복사되고 적당한 크기에 도달하면 세균세포는 반으로 나누어지는데, 이 과정을 **이분법**(binary fission)이라 한다. 2개의 DNA 복사본이 막에 부착된

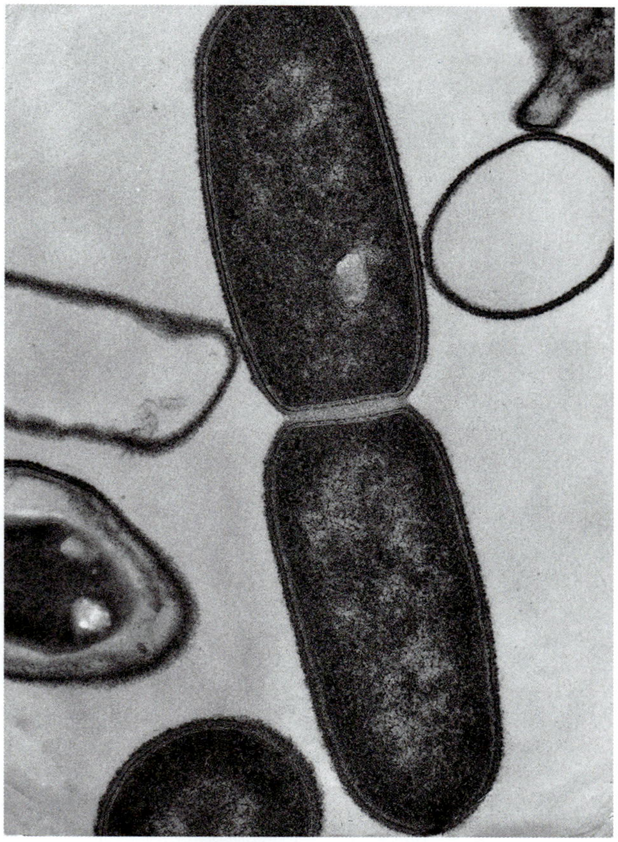

그림 5.1 세균의 분열

세균은 단순한 세포분열 방법으로 분열된다. 세포는 2개로 분리되고 원형질막의 성장으로 인한 함입으로 분리된다.

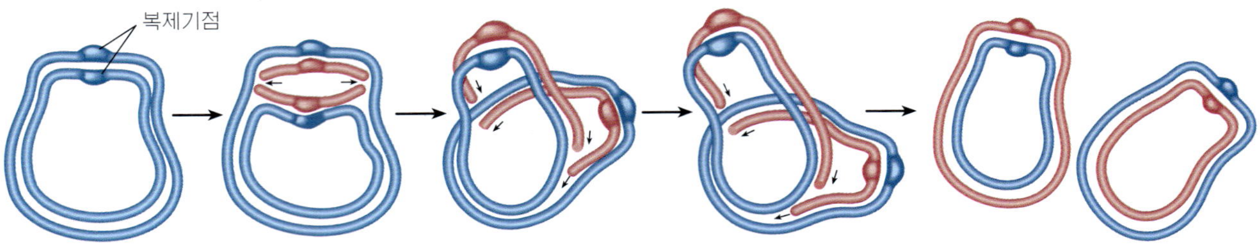

그림 5.2 세균의 DNA 복제방법

세균의 원형 DNA 분자는 한 지점에서 복제가 시작되어 양방향으로 진행된다. 2개의 이동하는 복제점이 반대편에서 만나면, DNA 복제는 완성된다.

지점 사이로 새로운 원형질막과 세포벽이 첨가된다. 원형질막 안쪽으로 성장하는 세포는 나누어져 2개의 **딸세포**(daughter cell)가 된다. 각 딸세포는 1개의 원형 DNA를 가진 완전한 세포이다.

5.1 **세균DNA가 복제된 후 이분법으로 나누어진다. 분열은 원형질막과 연결된 2개의 DNA 복사본 사이에서 일어난다.**

5.2 진핵생물의 복잡한 세포주기

진핵세포는 세균보다 훨씬 더 크며, 더 많은 DNA를 포함한다. 진핵세포는 실모양의 염색체에 DNA가 있으며, 세균의 단일가닥 원형 DNA 분자보다 훨씬 복잡한 구조로 되어 있다. **염색체**(chromosome)는 하나의 긴 DNA 분자가 단백질과 함께 조밀한 구조를 이룬 것이다. 즉 염색체 속에서 DNA는 히스톤이라는 단백질과 결합하여 치밀하게 응축된 나선구조로 되어 있다.

진핵생물의 세포분열은 세균보다 훨씬 많은 DNA를 가지며 응축되어 있기 때문에 좀 더 복잡하다. 진핵생물 세포는 유사분열이나 감수분열로 DNA가 분열한다. **유사분열**(mitosis)은 생물체의 비생식세포인 **체세포**(somatic cells)에서 일어나는 세포분열 기작이다. **감수분열**(meiosis)은 유성생식 과정인 생식세포와 관련된 세포의 DNA 분리이다. 감수분열 결과 정자와 난자 같은 배우자가 만들어진다.

진핵세포는 분열하기 위한 준비 상태와 분열과정이 복잡한 **세포주기**(cell cycle)를 갖는다(그림 5.3).

- G_1 기 세포의 1차 성장기이다. 대부분의 생물에서 세포 생존기간의 대부분을 차지한다.
- S 기 합성기로 DNA가 복제되며, 각 염색체는 2개의 복사본을 만든다.
- G_2 기 세포분열을 준비하는 단계로 미토콘드리아 복제, 염색체 응축이 계속되며, 미세소관이 합성된다. G_1기 S기 그리고 G_2기를 간기(interphase)라고 한다.
- M 기 유사분열에서 미세소관 장치가 염색체에 결합되고 각기 분리되어 움직인다.
- C 기 세포질이 분열하며, 2개의 딸세포가 형성된다.

5.2 **진핵세포는 복제된 염색체가 나누어져 딸세포로 들어감으로써 분열된다.**

세포주기

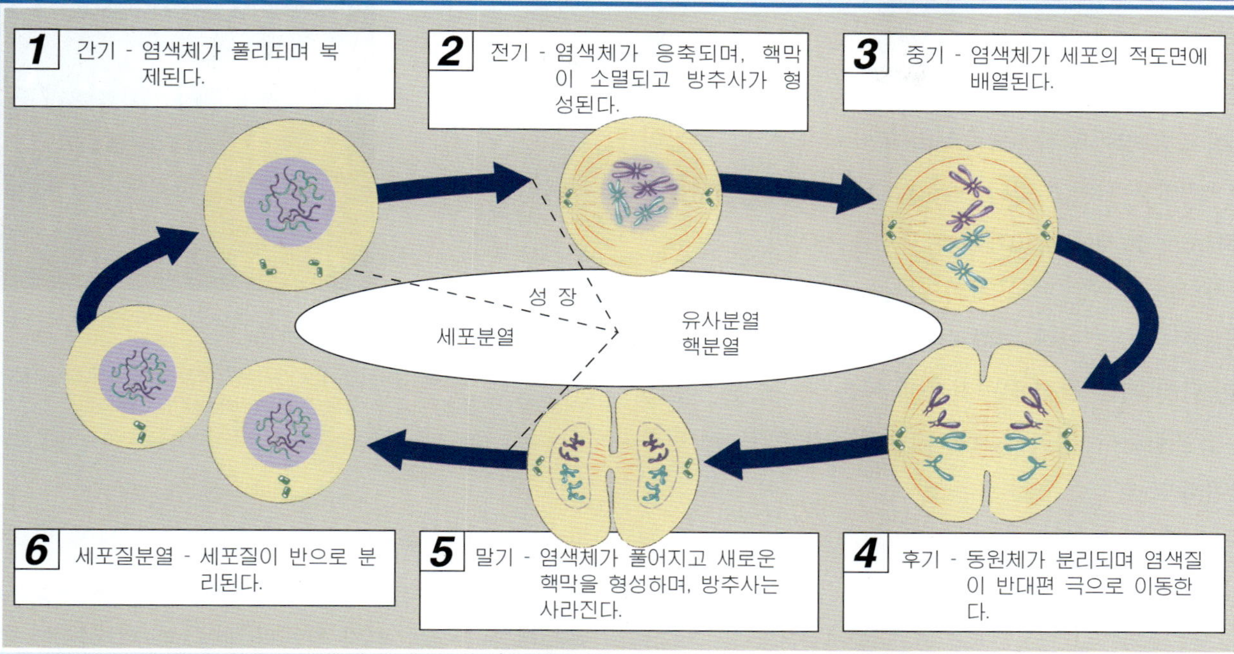

그림 5.3 세포주기

G_1, S, G_2기는 세포가 성장하고 분열을 준비하는 간기에 해당된다. 유사분열동안 세포핵은 나누어진다. 마지막으로 세포질이 2개의 딸세포를 형성하면서 분할한다(세포질분열).

5.3 염색체

■ 염색체의 발견

염색체는 1882년 독일의 발생학자인 Walther Fleming이 빠르게 분열하는 도롱뇽 유생(Salamnader larvae)에 대해 연구하면서 처음으로 발견하였다. Fleming은 초기의 원시적인 광학현미경을 사용하여 세포의 내부구조를 관찰하였음에도 불구하고, 핵이 종렬로 배열될 때 나타나는 가느다란 실 같은 것을 관찰하였다. Fleming은 이 분열을 그리스어로 실을 의미하는 Mitos에서 착안하여 유사분열(mitosis)이라 명명하였다.

■ 염색체 수

최초의 염색체 발견 이후, 모든 진핵생물 세포에서 염색체가 발견되었다(그림 5.4). 염색체 수는 종마다

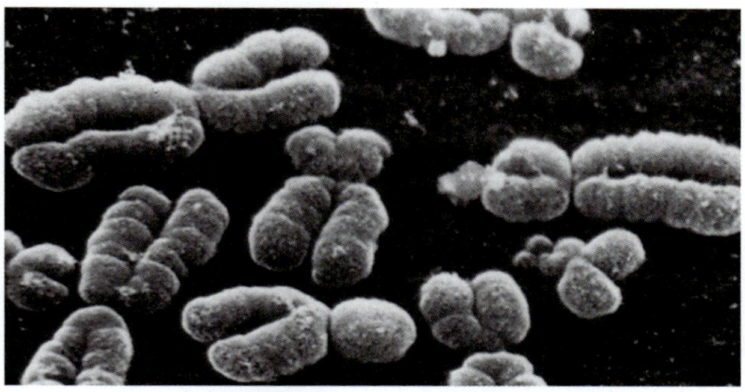

그림 5.4 사람 염색체

핵분열 바로 전에 나타나는 사람의 염색체를 보여준다(×950). 각 DNA 가닥은 이미 복제되어 있다.

매우 다양하다. 일부 양치식물에서는 500쌍 이상의 염색체를 가지고 있는 것에 비해 몇 종의 생물 즉, 호주산 개미인 호구개미(*Myrmecia spp.*), 북아메리카 사막에서 자라는 해바라기의 일종인 *Haplopappus gracilis*, 그리고 곰팡이의 일종인 *Penicillium* 등은 단 한쌍의 염색체만을 가지고 있다(표 5.1). 대부분의 진핵생물은 체세포에 10개에서 50개의 염색체를 가진다.

사람의 세포는 서로 거의 일치하는 23쌍, 46개의 염색체를 가지고 있다(그림 5.5). 각 염색체는 개인의 신체발달과 기능 결정에 중요하게 작용하는 수많은 유전자를 포함한다. 따라서 모든 염색체는 생존하는데 필수적이다.

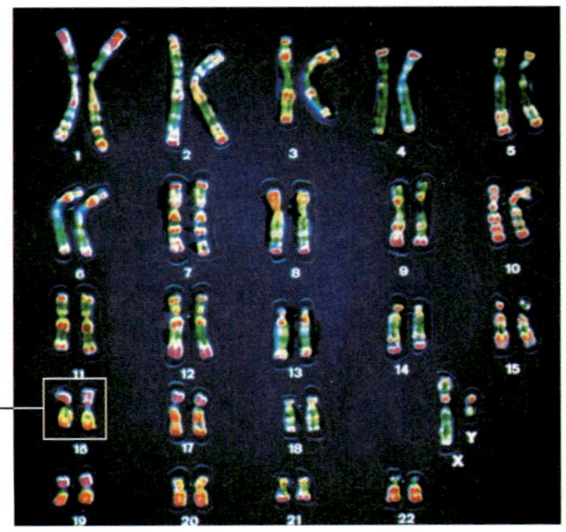

그림 5.5 사람의 46개 염색체

한 남자의 염색체 사진을 잘라 상동염색체끼리 쌍으로 배열한 것으로, 이렇게 배열된 것을 핵형(karyotype)이라 한다.

염색체 구조

진핵생물 DNA는 여러 개의 염색체로 나누어져 있다. DNA 분자의 인산기들이 음전하를 띠며 모든 음전하는 서로간에 단순 반발작용을 일으키므로 DNA를 조밀하게 감겨지기는 불가능하다. 그 대신 DNA 나선은 양전하를 띤 히스톤(histones) 단백질에 둘러싸여 있으며, 양전하(histone)와 음전하(DNA)간의 중화작용으로 복합체는 전하를 띠지 않는다. DNA와 히스톤 단백질 복합체는 완전한 염색체를 형성하며 조밀하게 꼬인다(그림 5.6). 사람의 염색체를 예로 들면 약 40%는 DNA, 60%는 단백질이며, 끊어지지 않은 DNA 나선을 한줄로 늘어놓으면 약 5cm 정도로, 일반적으로 약 5억

표 5-1 진핵생물의 염색체 수

생물	염색체 수	생물	염색체 수
곰팡이		밀	42
붉은 곰팡이	7	사탕수수	80
효모	16	Horsetail(속새식물)	216
곤충		Adder' s tongue fern	1,262
모기	6	**척추동물**	
초파리	8	주머니쥐	22
꿀벌	32	개구리	26
누에	56	생쥐	40
식물		사람	46
Haplopappus gracilis	2	침팬지	48
완두콩	14	말	64
옥수수	20	닭	78
		개	78

개의 뉴클레오티드를 포함한다. 한 사람의 염색체 정보량은 각각 1,000 페이지 분량의 책 2,000권에 해당한다.

체세포에는 **상동염색체**(homologus chromosome)라는 거의 동일한 2개의 염색체가 들어있다. 각 염색체를 쌍으로 갖는 세포를 이배체 세포(diploid cells)라 한다. 세포분열 전, 각각의 2개 상동염색체는 복사되며, 동일하게 복사된 2개의 **자매염색분체**(sister chromatids)는 **동원체**(centromere)에 같이 연결되어 있다(그림 5.7). 예를 들어 사람의 세포는 46개의 염색체를 가지고 있다. 간기 동안 복제되지 않은 상태에서는 모계에서 유래된 한 조, 부계에서는 유래된 한 조를 갖는 23쌍의 상동염색체를 가진다. 이것이 복제된 상태에서는 복제된 23쌍이 2개의 자매염색분체를 구성하여, 염색체는 모두 92개의 염색분체가 된다.

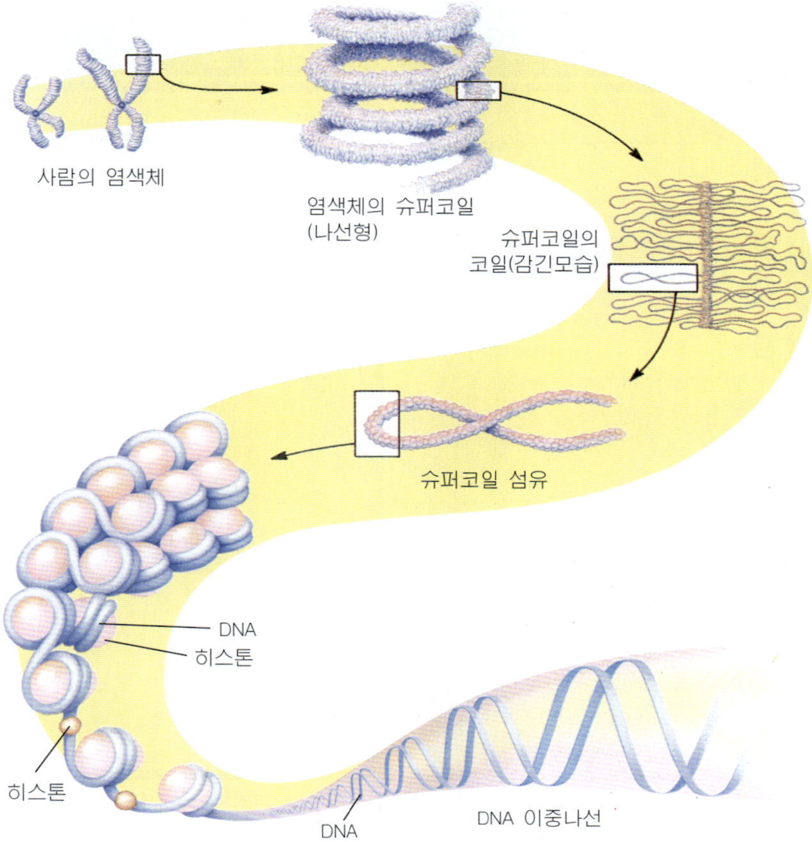

그림 5.6 염색체 구성 단계

막대모양의 염색체는 실제로는 DNA 분자가 조밀하게 감겨져 있다.

5.3 **모든 진핵세포는 자신의 유전정보를 염색체에 담고 있다. 그러나 생물의 종류에 따라 유전정보를 저장하는 염색체의 수가 서로 다르다.**

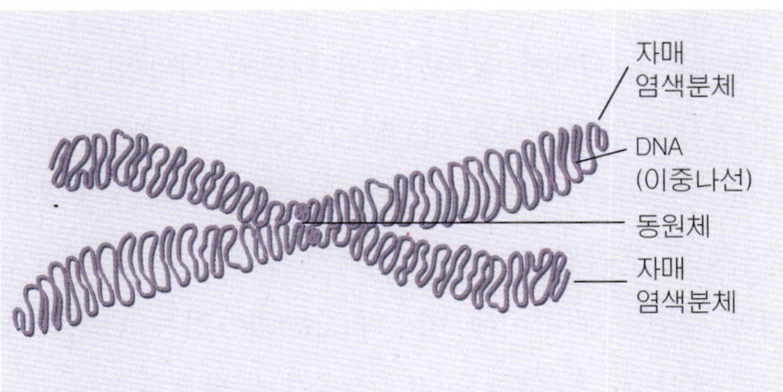

그림 5.7 자매염색분체

복제된 염색체는 X자 모양을 나타내며, 동원체에 함께 묶인 2개의 자매염색분체로 구성되어 있다.

5.4 세포분열 과정

■ 간기(interphase)

세포주기의 간기 때 분열이 시작되면, 염색체는 복제되고 조밀하게 감기는 **응축**(condensation)이 시작된다. 딸염색체는 코헤신(cohesin)이라는 단백질 복합체와 결합되어 있다.

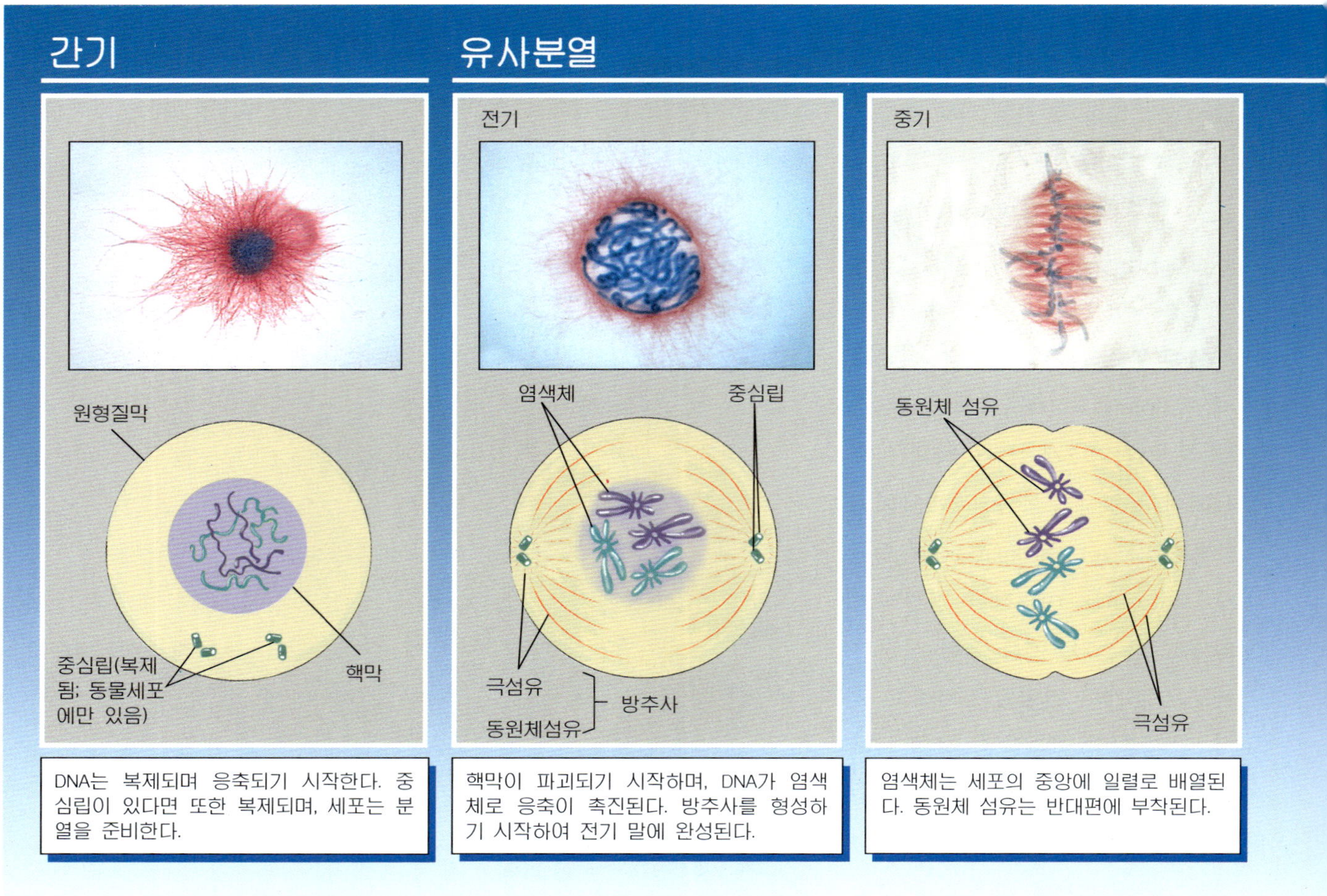

그림 5.8 세포분열 과정

진핵생물의 세포분열은 간기에 시작되며, 유사분열의 4단계를 거쳐 세포질분열로 끝난다. 사진에서 파란색으로 염색된 것이 염색체이며 붉은색으로 염색된 미세소관에 의해 양극으로 끌려간다.

유사분열(mitosis)

간기는 세포분열을 위한 준비단계로 유사분열인 핵분열이 뒤이어 일어난다. 유사분열 과정은 한 단계에서 다음 단계로 원활하게 연속적으로 일어나지만 이해하기 쉽도록 유사분열을 보통 전기, 중기, 후기 그리고 말기인 4단계로 구분한다(그림 5.8).

전기(prophase) : 유사분열의 시작

전기에서는 처음으로 각기 다른 모양의 응축된 염색체를 광학현미경으로 관찰할 수 있다.

복제된 염색체가 응축되면서 세포의 핵막이 분해되며, 복제된 딸염색체를 세포의 양극으로 끌어당길 부속물이 조합되기 시작한다. 동물세포의 중앙에는 한쌍의 중심립이 분리된 뒤 세포의 양극으로 이동한다. 이때 2개의 중심소체 사이에 방추체(spindle)라는 단백질이 실타래처럼 형성된다. 각 실타래를 **방추사**(spindle fiber)라 하며 길고 내부가 빈 단백질인 미세소관으로 되어있다. 식물세포는 중심소체 대신에 성상체(aster)라는 지지기관이 방추체 말단에 고정된다.

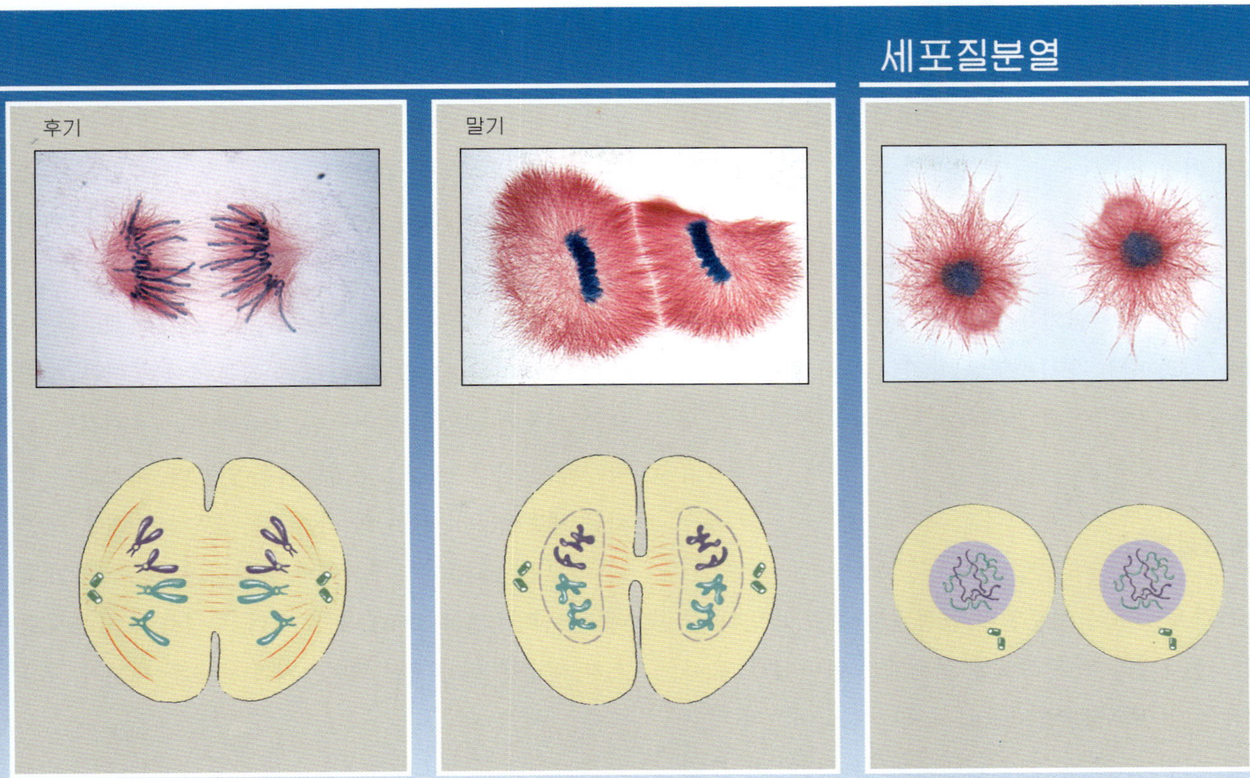

동원체가 복제되고 자매염색분체가 분리되어 반대 극으로 이동한다.

핵막이 다시 나타나며, 염색체는 풀어진다. 말기가 진행됨에 따라 세포질분리가 일어난다.

세포질분열로 2개의 딸세포가 형성된다. 각 세포는 부모세포의 복제물이며 이배체이다.

염색체 응축이 계속됨에 따라 두번째 그룹의 미세소관이 각 염색체의 동원체에서 나와 **동원판**(kinetochore)이라고 불리우는 단백질판을 형성한다. 동원판의 반대편에서 나온 미세소관 2조는 세포의 반대 극 방향으로 확장되어 극쪽에 연결될 때까지 계속 신장된다. 이 과정이 끝나면, 각 쌍의 하나의 딸세포는 한쪽 극의 미세소관에 부착되고, 다른 딸세포는 다른 극에 부착된다. 또한 이 기간에 핵막이 파괴되기 시작하고, 자매염색분체가 분리하는데 이용되는 유사분열 방추체가 형성된다. 동물세포와 대부분의 원생생물에서 방추사는 중심체와 연결되어 있다. 중심체가 복제된 후 양극으로 이동하고, 자매염색체 쌍은 분리된다.

중기(metaphase) : 염색체의 정렬

중기는 유사분열의 두번째 단계로 각기 한쌍의 염색분체로 구성된 염색체가 세포의 중앙에 배열하기 시작한다. 동원체의 동원판에 부착된 미세소관은 전체적으로 세포의 반대극 뒤쪽으로 확장된다.

후기(anaphase) : 염색분체의 분리

후기에 효소는 자매염색분체와 같이 연결된 코헤신(cohesin)과, 동원판이 갈라지고, 따라서 딸염색체가 분리된다. 세포분열은 이제 낚시줄에 매달린 물고기처럼 딸염색체가 미세소관에 감겨 극쪽으로 끌려가고, 미세소관의 말단은 조금씩 계속적으로 분해된다. 미세소관이 점점 짧아짐에 따라 끌려오는 염색체는 극방향으로 점차 가깝게 부착된다. 염색분체는 세포의 반대 극으로 빠르게 이동하며 마침내 양극에 닿으면 완전한 한 조의 염색체를 갖는다. 후기가 지속되는 시간은 유사분열에서 가장 짧다.

말기(telophase) : 핵의 재형성

마지막 과정인 말기에는 염색분체가 풀려지며 미세소관이 사라진다. 유사분열 방추사는 사라지고 염색체가 풀어지는 동안 염색체 주위에 핵막이 형성된다.

세포질분열

말기가 끝나면 유사분열이 완성된다. 세포의 반대 끝에 위치한 2개의 핵에 복제된 염색체가 들어있다. 유사분열에 이어 **세포질분열**(cytoki-nesis)이 일어나며 세포는 나누어진다. 세포 소기관은 이미 복제되었고, 분리되면 딸세포가 된다.

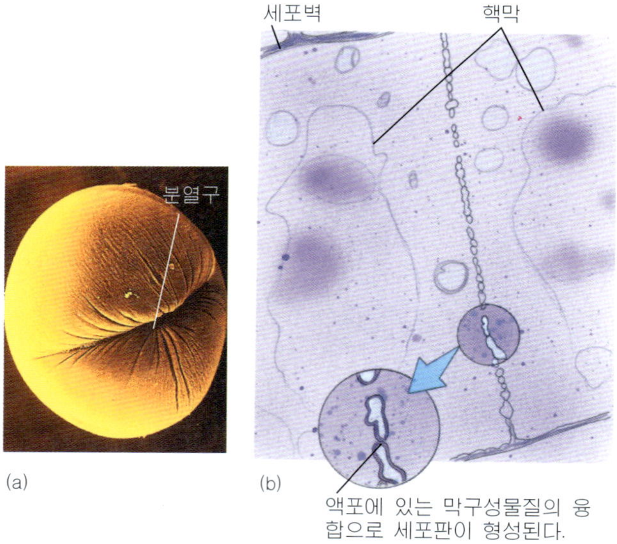

그림 5.9 세포질분열

유사분열 후에 일어나는 세포질의 분리를 세포질분열이라 하며 대략 반으로 세포가 나누어진다. (a) 성게알과 같은 동물세포에서 분열구는 분리되는 세포 주위에 형성된다. (b) 분리되는 식물세포는 새롭게 형성되는 2개의 딸세포 사이로 세포판이 형성된다.

세포벽이 없는 동물세포의 세포질분열은 미세섬유의 수축벨트에 의해서 2개의 세포로 분리된다. 이 수축이 진행됨에 따라 **분열구**(cleavage furrow)가 세포 주위에 발달하게 되면, 세포질은 미세섬유 벨트 직경의 증가로 점차 조여진다(그림 5.9a). 세포가 2개로 정확히 나누어 질 때까지 분열구는 깊어진다.

세포벽을 가진 식물세포는 단단하므로 미세소관 수축으로 분리될 수 없다. 따라서 식물에서는 다른 방법으로 세포질 분열이 일어난다. 식물세포는 유사분열 시 방추체에 직각으로 막 구성물질을 만든다. 확장되는 격막을 **세포판**(cell plate)이라 하며 세포막의 내부 표면에 이르면 신장하여 세포막과 융합하여 세포가 2개로 나누어진다(그림 5.9b). 세포벽의 주성분인 셀룰로오스가 새로운 막에 침적되면 2개의 새로운 세포가 형성된다.

세포사멸

분열 할 수 있는 기능이 있음에도 불구하고 세포는 영원히 살 수 없다. 생물의 손상은 세포기구에서 서서히 진행된다. 한 부분이 약간 손상된 경우에는 다시 회복될 수 있으나 완전하게 회복될 수는 없다. 때로는 환경적 간섭이 작용한다. 예를 들어 영양분 공급이 중단된다면, 동물세포는 리소좀(lysosome) 막을 유지하는데 필요한 에너지를 얻을 수 없다. 따라서 세포는 죽고 그 자신의 효소에 의해 소화된다.

태아의 배가 발달하는 동안 많은 세포는 사멸이 예정되어 있다. 사람 태아의 손과 발은 처음에는 물갈퀴같이 생겼지만, 뼈 사이로 피부세포가 분리되어 발가락과 손가락 형태로 되는 것은 예정된 세포의 사멸 때문이다(그림 5.10). 오리는 물갈퀴가 있는 발을 가지고 있는데 왜 사람은 없는지에 대해서는 발생과정에서 나타나는 세포사멸과정에 따라 결정된다.

사람세포는 단지 유전자에 쓰여진 계획에 따라 많은

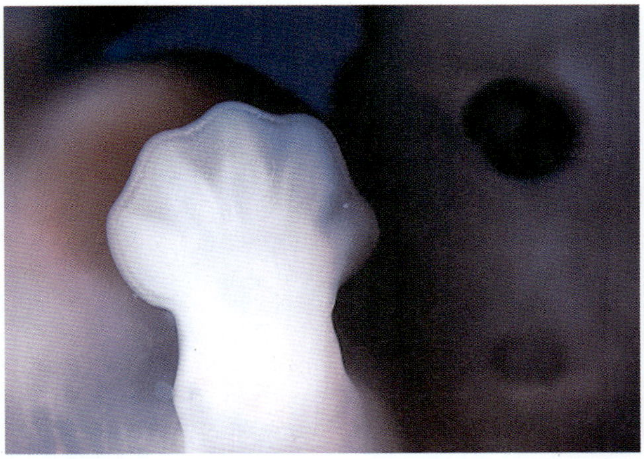

그림 5.10 예정된 세포의 사멸

사람의 태아 배에서 예정된 세포사멸의 결과 물갈퀴같은 손과 발에서 손가락과 발가락이 형성된다.

세포분열과 사멸이 예정되어 있다. 조직배양시 세포는 약 50회 정도 분열한 후, 세포 전체가 죽는다. 일부 세포는 몇 년 동안 냉동시킨 후, 해동시키면 멈춘 분열주기에서 다시 시작하고 예정된 대로 사멸한다. 단 암세포만이 이 명령을 따르지 않고 끊임없이 분열을 일으킨다. 세포분열이 이루어지는 몸에는 생체 시계를 지니고 있으며, 모든 세포는 이 신호가 멈추면 세포는 죽는다.

5.4 **진핵세포의 주기는 복제된 염색체가 응축되는 간기에서 시작된다. 유사분열 동안 염색체는 미세소관에 의해 세포의 양극으로 끌려간다. 세포질분열 결과 2개의 딸세포로 나누어진다.**

5.5 암이란?

암(cancer)은 세포의 성장장애이다. 정상세포이었지만, 통제할 수 없는 공격적인 성장이 지속된다(그림 5.11). 그 결과 세포는 **종양**(tumor)이라는 암 덩어리가 생기고 끊임없이 크기가 커진다. 양성종양은 덩어리 상태로 남아 있고 전이되지 않으나, 악성종양은 흐르는 세포로 덩어리를 형성하지 않으며 공격적이다. 종양에서 떨어져 나온 세포는 몸 전체에 퍼져 새로운 종양을 형성하는데 이것을 **전이**(metastases)라 한다(그림 5.12). 아마도 암은 가장 치명적인 질병일 것이다. 1999년에 출생한 어린이의 1/3은 살아가는 동안 언젠가는 암에 걸릴 것이며, 남자 어린이의 1/4과 여자 어린이의 1/3은 암으로 사망하게 될 것이다. 우리들 주위에 많은 사람들 중에 암에 걸린 가족이나 친구가 있다. 2002년 550,000명의 미국인들이 암으로 사망하였다.

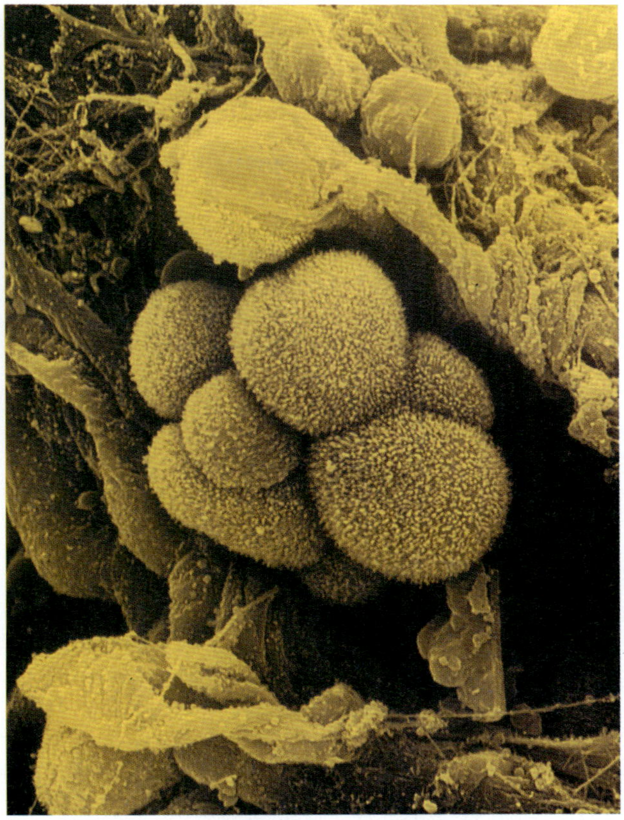

그림 5.11 폐암세포 (×530)

폐의 폐포 안에 있는 종양세포.

놀랄 일은 아니지만, 연구자들은 이 질병의 원인을 규명하기 위해 많은 노력을 기울이고 있다. 과학자들은 지난 30년 간 분자생물학적 기술을 이용하여 암 치료에 많은 발전을 이루었고, 암에 대한 개략적인 윤곽이 밝

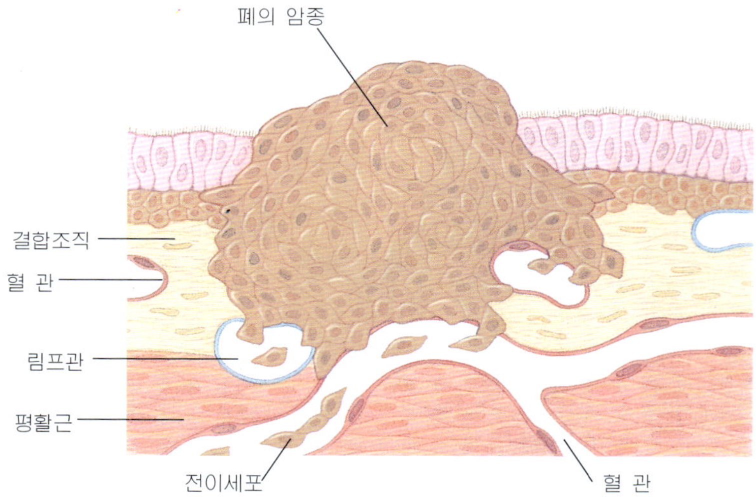

그림 5.12 암의 모식도

공 같이 생긴 세포는 사람 폐의 내부 표면 상피세포에 발달하고 있는 암종양이다. 세포 덩어리가 성장함에 따라 주위의 조직에 침입하며, 결국에는 림프와 혈관에 침투하고, 암세포와 종양이 폐의 상피세포와 폐 전체로 퍼진다. 혈관이 몸 전체로 암 전이세포를 운반하며, 이 세포들은 운반된 곳에서 성장하여 결국에는 새로운 암조직 덩어리를 형성한다.

혀졌다. 이제 암은 손상된 유전자가 정확한 세포분열을 조절하지 못함으로써 나타나는 체세포의 유전적 장애에 의해 일어난다는 것을 알 수 있게 되었다. 세포분열주기는 다양한 단백질들에 의해 조절된다. 암은 이들 단백질들을 합성하는 유전자의 돌연변이 결과이다.

암은 DNA를 변화시키는 화학물질이나, 정상적인 세포의 분열 조절을 어렵게 하는 바이러스가 원인 일 수 있다. 그러나 직접적인 원인이 무엇이든 간에 모든 암은 조절되지 않는 세포성장과 분열의 특성을 나타낸다. 암세포는 결코 분열을 멈추지 않는다. 암세포는 사실상 암세포가 있는 생물체가 죽을 때까지 영원하다.

5.5 암은 세포분열주기를 조절하는 유전자의 손상이 원인으로 세포분열이 조절되지 않는다.

5.6 암과 세포분열 조절

앞에서 언급한 바와 같이 암은 손상된 유전자의 세포분열 조절이 실패한 결과이다. 최근 연구에서 이 유전자의 하나를 찾아냈다. 유전학, 분자생물학, 세포생물학 같은 다른 다양한 영역에서 연구하는 과학자들은 각자가 찾아낸 유전자가 동일한 것으로 판명하였다. 공식적인 명칭으로 *p53*(연구자들은 유전자 표시를 단백질과 구별되게 이탤릭체로 나타낸다)이며, 일반적으로 "수호천사유전자(guardian angel gene)"라고 한다. 이 유전자는 세포분열 주기의 G_1기 점검부위에서 중요한 역할을 한다. 이 유전자에서 만들어진 *p53* 단백질은 DNA가 정상상태인지를 관찰하고, 성공적으로 복제되고 손상이 없는지를 확인한다. 만약 *p53* 단백질이 손상된 DNA를 발견하면, 세포분열을 멈추고 손상된 곳을 수리하는 특별한 효소가 활성화 되도록 자극한다. DNA가 수리되면 *p53*은 세포분열이 계속하도록 명령한다. 수리할 수 없는 DNA의 경우에는 바로 *p53*이 세포사멸(apoptosis) 프로그램을 활성화하여 세포를 죽인다.

손상된 세포에서 *p53*은 세포분열을 멈추게 하여 변이 된 세포의 성장을 막아 주기 때문에 결과적으로 종양 억제유전자로 생각할 수 있다. *p53* 유전자가 활성화된다 해도 암을 예방할 수는 없다. 과학자들은 실험한 암세포의 대부분에서 *p53*이 전혀 없거나 손상되어 있음을 발견하였다. 분명하게, *p53*의 기능이 없을 때 암세포는 G_1 점검부위에서 정지되지 않고 지속적인 세포분열을 할 수 있다(그림 5.13). 과학자들은 세포 배양

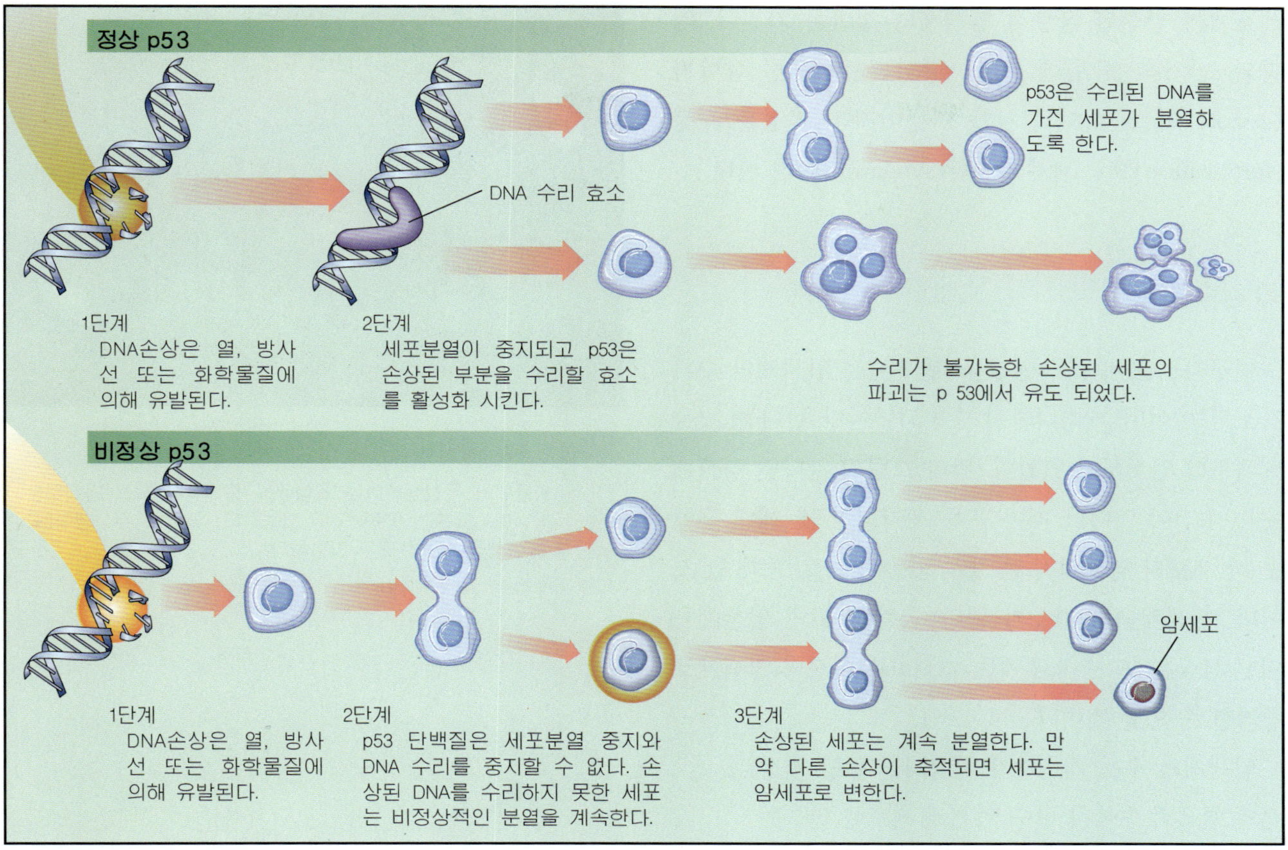

그림 5.13 세포분열과 *p53* 단백질

정상 *p53* 단백질은 DNA를 점검하며, DNA가 손상되어 회복할 수 없는 세포는 파괴시킨다. 비정상적 *p53* 단백질은 세포분열을 중지시키는 일과 DNA 수리를 할 수 없다. 손상된 세포는 급격히 증식하여 암으로 발전한다.

용 접시에서 빠르게 분열하는 암세포에 건강한 *p*53 단백질을 투여한 실험을 수행한 결과, 암세포는 곧 분열을 중지하고 사멸되었음을 밝혀냈다. 또한 과학자들은 담배 연기가 *p*53 유전자의 돌연변이 유발을 촉진시킨다고 보고하였다.

5.6 G_1 점검부위의 돌연변이는 많은 암의 발생과 관련이 있다.

5.7 감수분열의 발견

1882년 Walther Fleming이 염색체를 발견한 몇 년 후에 벨기에의 세포학자인 van Beneden은 회충의 일종인 Ascaris의 세포에서 염색체의 수가 차이가 있음을 발견했다. 좀더 정확히 말하면 그는 배의 체세포와 성숙한 개체들이 4개의 염색체를 갖는 반면 2개의 염색체만을 갖는 **배우자**(gamate; 정자, 난자)를 관찰했다.

수정

1887년 van Beneden이 관찰한 정자와 난자는 다른 세포에서 발견된 상보적 염색체의 절반을 가진다. 정자와 난자의 융합에 의해 형성된 세포는 접합자(zygote)라 하며, 접합자가 만들어지는 과정을 수정(fertilization) 또는 배우자융합(syngamy)이라 한다.

그림 5.14 유성생식과 무성생식

모든 생물에서 무성생식이나 유성생식 중 하나만으로 번식하는 것은 아니며, 일부는 양쪽 모두 가능하다. 딸기는 무성생식(덩굴)과 유성생식(꽃)이 모두 가능하다.

감수분열

연구자들은 배우자 형성 시 반수체는 염색체의 수가 감소되는 어떤 메커니즘이 수반되어야만 한다는 것을 일찍부터 인식하고 있었다. 만약 그렇지 않다면 염색체 수는 수정이 일어날 때마다 두 배가되며 몇 세대 후에는 각 세포의 염색체 수는 셀수 없을 정도로 증가 할 것이다. 염색체수의 감소가 없다면 현재 46개 염색체를 지닌 사람은 10 세대 후에는 47,000개 이상의 염색체로 증가할 수 있을 것이다 (46×2^{10}).

염색체의 수는 배우자가 형성되는 동안 정상적인 염색체 수에서 반수 염색체 세포를 만드는 특별한 감수분열이 일어나기 때문에 앞에서처럼 급증되지 않고, 한 세대에서 다음 세대로 염색체 수가 일정하도록 한다.

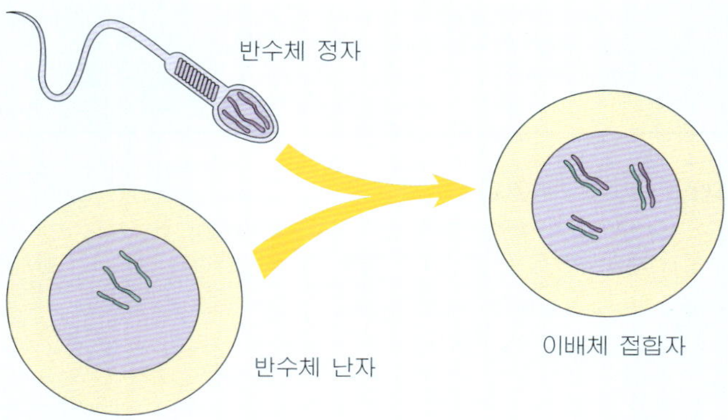

그림 5.15 이배체 세포는 양쪽 부모로부터 염색체를 받는다.

이배체 세포는 각 염색체의 상동 염색체를 포함한다. 하나는 모계의 난자로부터 제공받고 다른 하나는 부계의 정자로부터 제공받는다.

유성생식 주기

감수분열과 수정이 함께 생식주기를 구성한다. 성숙된 개체의 체세포는 2조의 염색체를 갖는 **이배체**(diploid) 세포들인 반면, 배우자는 한 조의 염색체를 지닌 **반수체**(haploid)이다. 감수분열과 수정이 교대로 이루어지는 생식을 **유성생식**(sexual reprodution)이라 한다(그림 5.14). 유성생식을 통하여 자손은 부모 양쪽으로부터 염색체를 물려받는다(그림 5.15). 예를 들어 사람의 수정에서 난자는 23개 염색체를 어머니로부터 물려받고, 정자는 아버지로부터 23개의 염색체를 물려받는다.

5.7 감수분열은 배우자를 형성하는 동안 염색체의 수가 반감하는 세포분열 과정이다.

5.8 유성생식 주기

■ 체조직

유성적으로 번식하는 모든 생물의 생활환은 이배체 시기와 반수체 시기를 교대로 가진다(그림 5.16, 5.17). 수정 후 유사분열이 시작되며, 하나의 이배체 세포로부터 성체의 모든 세포가 만들어진다. 이 세포들을 체세포라 한다. 간혹 상처가 생기거나, 면역계 이상과 같은 특별한 변이가 나타난 상태를 제외하고, 성숙한 모든 체세포는 유전적으로 접합자와 동일하다.

대부분의 원생생물을 포함한 단세포 진핵생물은 각각의 세포가 배우자처럼 작용하여 다른 배우자 세포와 융합한다. 이 접합자는 유사분열을 하거나 반수체가 되는 감수분열로 즉시 분열할 수 있다. 식물에서 감수분열로 만들어진 반수체 세포는 유사분열로 다세포성 반수체 상태를 형성한다. 반수체 상태의 세포는 난자나 정자로 분화된다.

■ 생식계통 조직

동물의 경우 언젠가는 감수분열을 통해 생식세포를 형성할 세포들이 발생초기부터 체세포와 구분되어 있다. 이 세포를 **생식계통**(germ-line) 세포라고 한다. 체세포와 배우자를 만드는 생식선 세포는 둘 다 이배체이다. 그러나 체세포는 유사분열 하여 유전적으로 동일한 형태인 딸세포가 되는 반면 배우자를 만

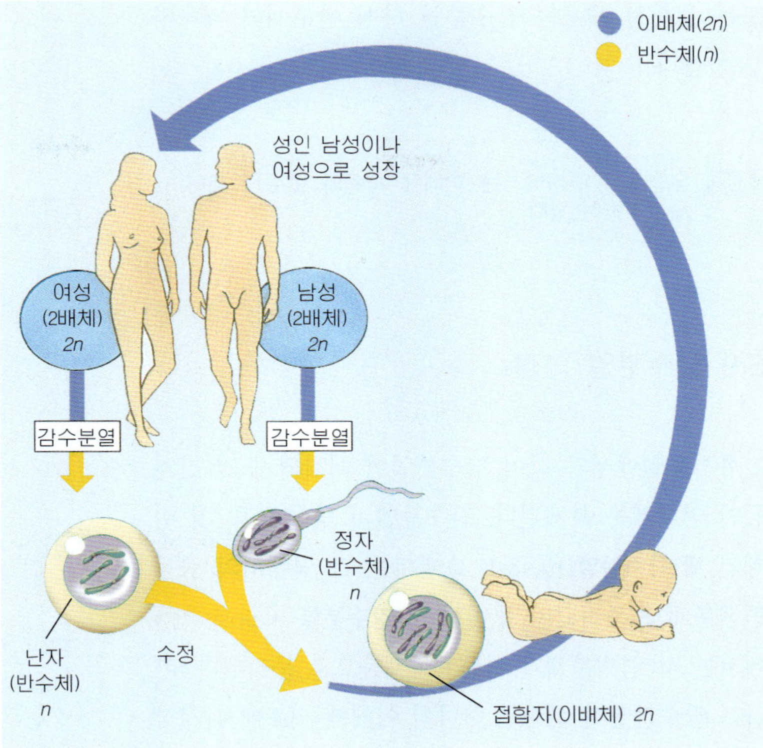

그림 5.16 유성생식 주기

동물에서 감수분열의 완성 뒤에 바로 수정이 일어난다. 따라서 생활주기의 대부분은 이배체 상태로 지낸다. 반수체를 n, 이배체를 $2n$으로 나타내었다.

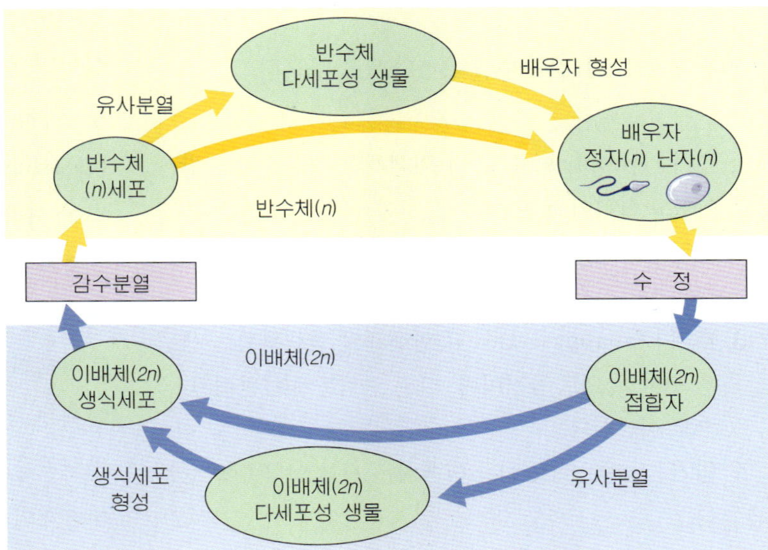

그림 5.17 세대교번

유성생식에서는 반수체 세포나 생물체는 이배체 세포 혹은 생물체와 교대된다.

드는 생식선 세포는 감수분열 하여 반수체의 배우자를 만든다.

5.8 유성생식 주기에서는 이배체 세대와 반수체 세대의 세대교번이 있다.

5.9 감수분열 과정

유사분열에서와 같이 감수분열이 시작되기 전 간기 동안 염색체는 복제된다. 감수분열의 두단계 중 첫 번째인 **제1감수분열**(meiosis I)에서는 각 염색체의 상동염색분체가 분리되며 두번째 **제2감수분열**(meiosis Ⅱ)에서는 각 염색분체가 2개의 복제품으로 분리된다. 따라서 감수분열이 끝나면 하나의 이배체 세포에서 시작되어 4개의 반수체 세포가 완성된다. DNA 복제는 한번이지만 두 번의 세포분열이 일어나기 때문에 염색체수가 반감된다.

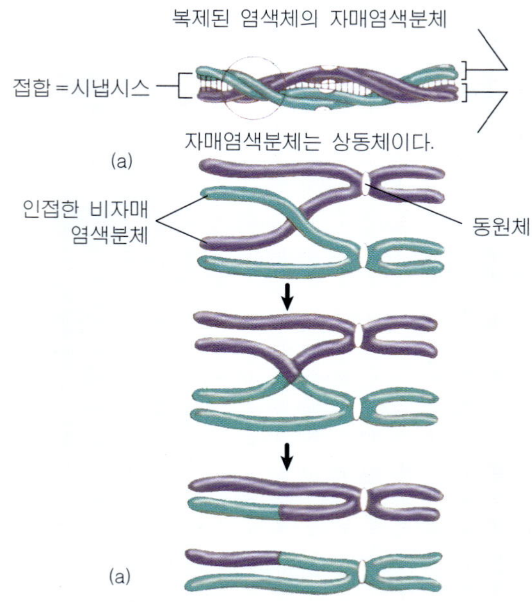

그림 5.18 교차

교차를 통해 각 염색체의 두 복사본 중 일부분이 교환된다. (a) 교차과정은 밝은 원 부분에서 두 복사본이 꼬여 있는 동안 일어난다. 이 과정을 염색체의 접합이라 부른다. 복제된 자매염색분체는 상동체이다. (b) 교차가 진행되는 동안 비자매염색분체는 서로 유전정보를 교환한다.

제1감수분열

일반적으로 제1감수분열 은 4단계로 나눈다.

1. **전기 I** (prophase I). 각 염색체의 염색분체는 쌍을 이루고 절편이 교환된다.
2. **중기 I** (metaphase I). 염색체가 적도판에 배열한다.
3. **후기 I** (anaphase I). 각 염색체의 염색분체는 세포의 한쪽 극으로 움직이며, 다른 염색분체는 반대편 극으로 이동한다.
5. **말기 I** (telophase I). 염색체는 서로 양극쪽에 모인다.

전기 I 에서는 DNA가 점점 조밀하게 감겨 있는 염색체를 광학현미경으로 관찰할 수 있다. 감수분열 시작 전 DNA가 복제되기 때문에 복제된 실같은 염색체는 실제로는 동원체에 연결된 자매염색분체이다. 2개의 상동염색체는 옆으로 나란히 늘어서며, 상동염색체의 두 비자매염색분체 사이에 DNA가 교환되는 **교차**(crossing over)가 일어난다(그림 5.18). 전기 말에 핵막이 사라진다.

중기 I 에서는 방추체가 형성된다. 그러나 상동염색체는 교차된 상태로 연결되어 있기 때문에 방추사는 각 동원체의 동원판 바깥쪽으로 부착할 수 있다. 각 상동염색체 쌍의 배열은 방추사 축에서 무작위적이다. 즉, 카드패를 섞는 것과 같이 많은 조합이 가능하다. 세포에 3개의 염색체 쌍이 있다면 8개의 다른 배열이 가능하다(2^3). 이 과정을 **독립분리**(independent assortment)라 한다(그림 5.19).

후기 I 에서는 방추사 부착이 완성되고 상동체는 분

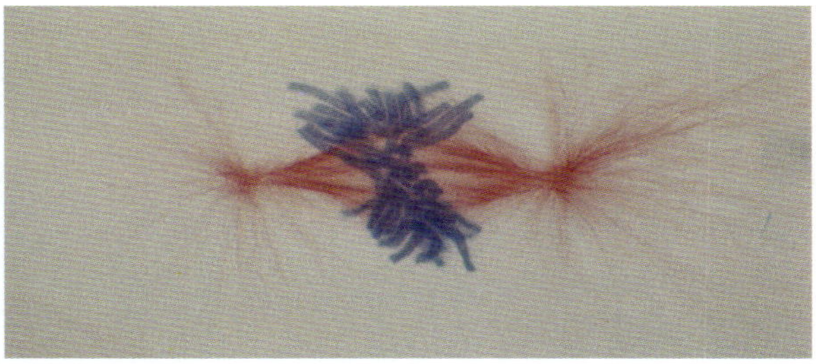

그림 5.19 독립분리

중기의 적도판에서 염색체(현미경사진에서는 푸른색 임)의 배치가 임의적이기 때문에 독립분리가 일어난다. 무작위적으로 가능한 많은 배열의 결과로 양친 염색체와 상이한 조합을 갖는 배우자가 형성된다.

감수분열

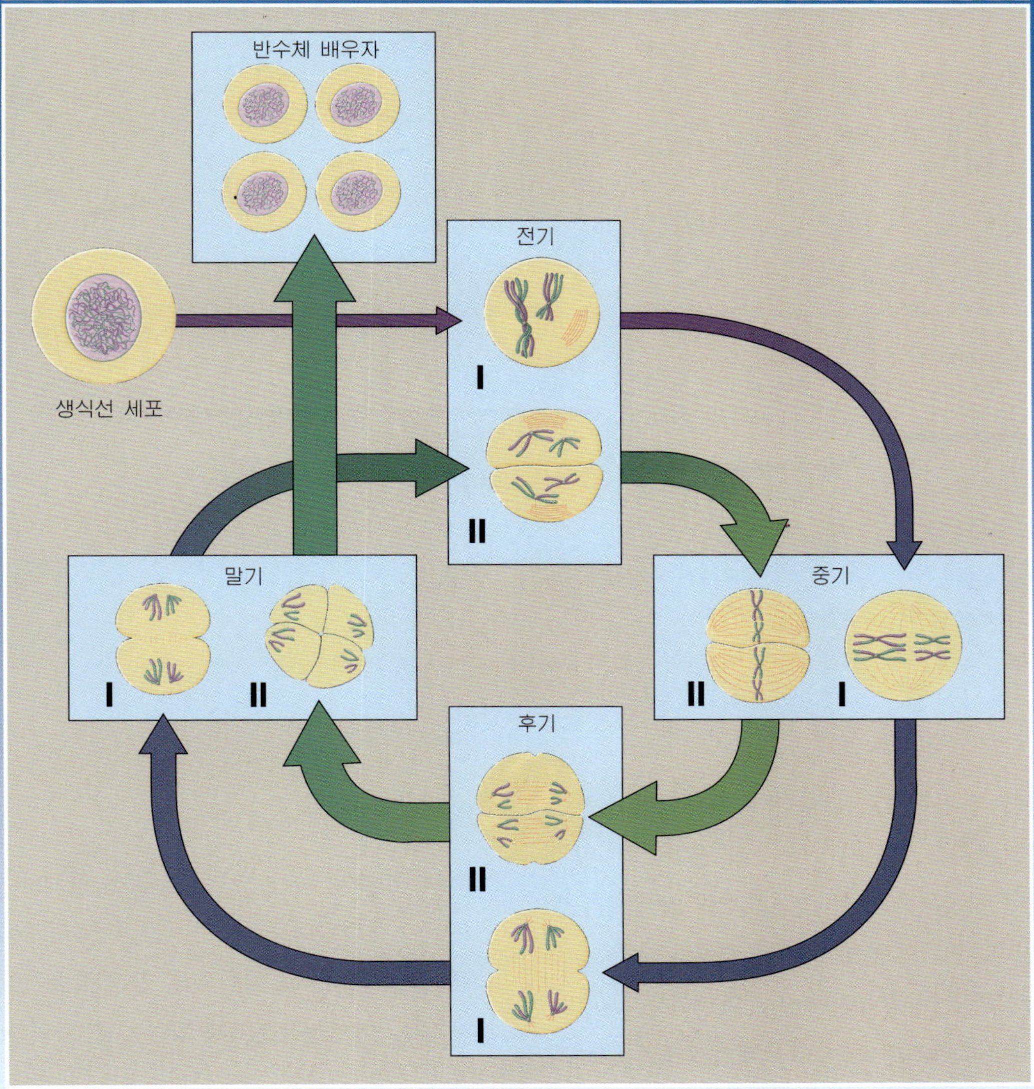

그림 5.20 감수분열 과정

유사분열과 비슷한 두 단계의(제1감수분열, 제2감수분열)의 세포분열로 구성된 감수분열은 4개의 반수체를 형성한다.

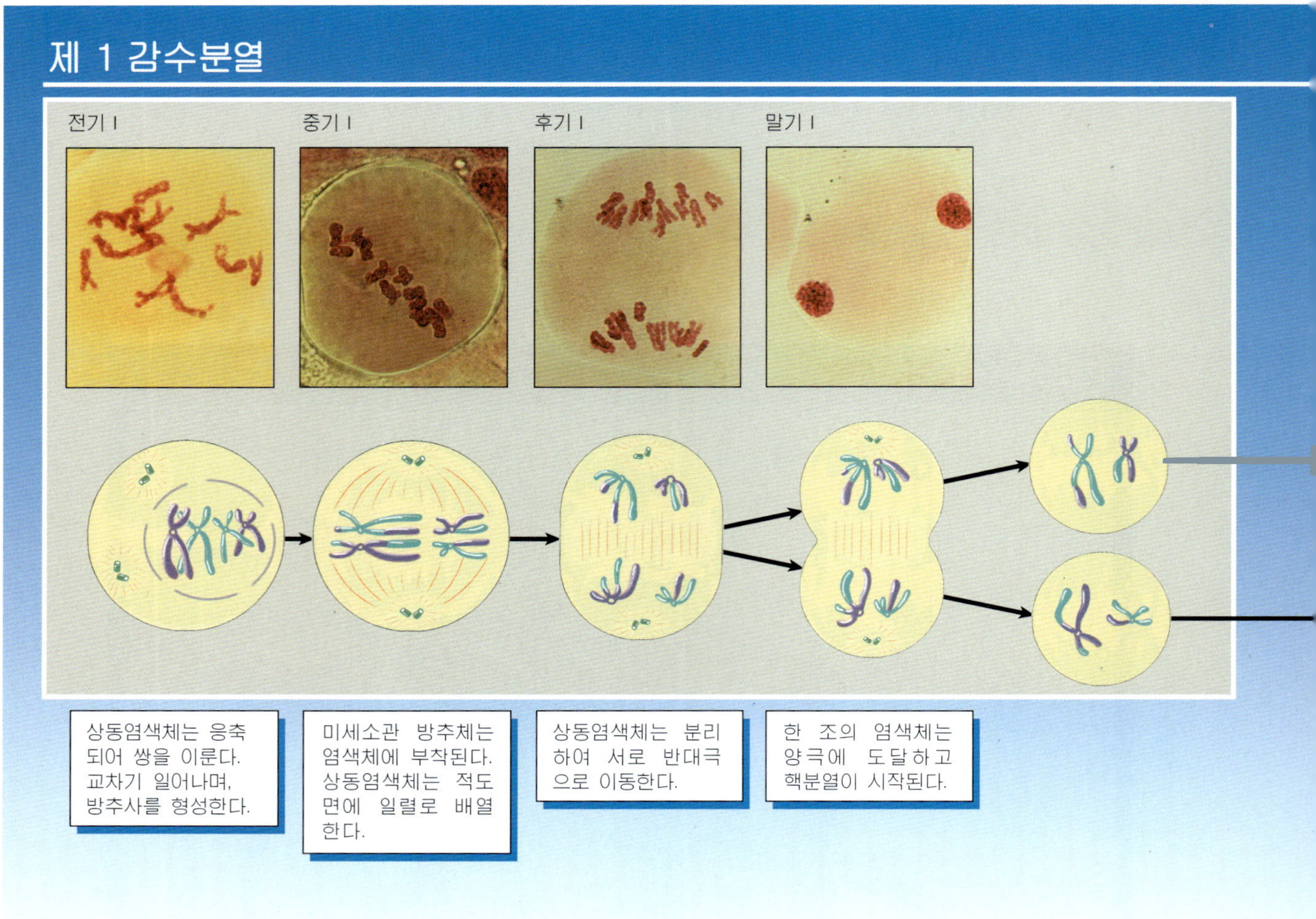

그림 5.21 감수분열

감수분열 결과 4개의 딸세포가 형성된다.

리되어 반대편 극 방향으로 끌려간다. 자매염색체는 이 단계에서 분리되지는 않는다. 후기 I이 종결되면, 양극은 감수분열이 시작된 세포와 비교해보면 염색체의 반을 가지고 있다. 후기의 중요성은 염색체의 수가 감소되는 것이 아니라 교차로 유전물질이 교환되는 것이다.

말기 I 에서는 각 극에 모인 염색체가 2개의 염색체 군집을 형성한다(그림 5.20).

제2감수분열

DNA 합성이 일어나지 않는 짧은 간기에 두 번째 감수분열이 시작된다.

제2감수분열은 교차에 의해 발생된 유전적으로 동일하지 않은 자매염색분체를 갖는것을 제외하고는, 유사분열과 같은 단순한 과정이다. 후기 I 이 끝나면 양극은 염색체의 반수를 가진, 각기 동원체가 부착된 2개의 자매염색분체로 된다. 감수분열 I 과 같이 감수분열 II 도 4단계로 구분한다.

제 2 감수분열

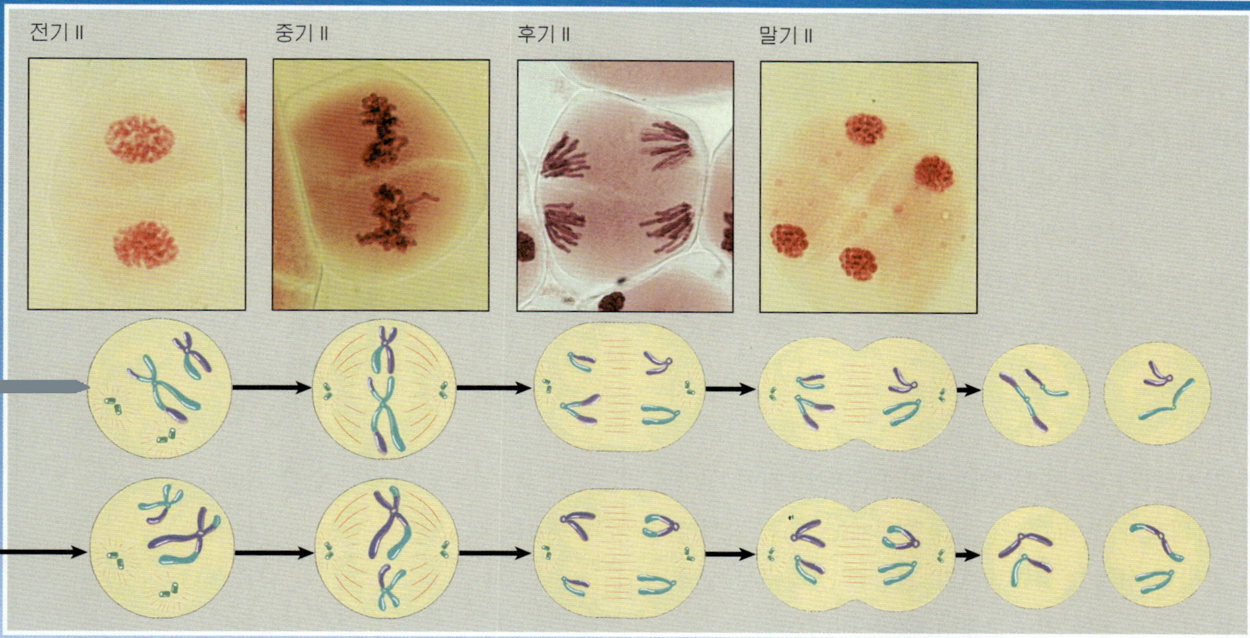

염색체가 다시 응축된다. 중심립이 있다면 그 사이로 방추사가 형성된다.

미세소관 방추체가 염색체에 부착된다. 염색체는 방추사 적도면에 일렬로 배열한다.

자매염색분체는 분리하여 서로 반대 극으로 이동한다.

염색분체가 양극에 도달하면 세포분열이 시작된다.

세포분열이 완성된다. 각 세포는 원래 염색체 수의 반수가 된다.

1. **전기 II.** 세포의 양극에서 염색체 군집은 전기 Ⅱ로 진행된다. 새로운 방추체가 형성됨에 따라 핵막이 사라진다.
2. **중기 II.** 중기 Ⅱ에서는 방추사가 동원체의 양 옆에 연결된다.
3. **후기 II.** 방추사가 수축되고 동원체가 분열하며 자매염색분체가 서로 반대 극으로 이동한다.
5. **말기 II.** 마침내 4개의 딸 염색체 주위에 핵막이 재형성된다.

4단계 감수분열 Ⅱ(전기 Ⅱ, 중기 Ⅱ, 후기 Ⅱ와 말기 Ⅱ)에서의 주된 과정은 자매염색분체의 분리이다. 원래의 세포는 유사분열에서처럼 분리한다. 분열의 최종 결과는 원래 염색체의 반수를 가진 4개의 세포이다. 전기 Ⅰ에서의 교차 때문에 2개는 동일하지 않다. 핵은 재편성되고 핵막은 반수체 염색체 주위에 형성된다(그림 5.21).

5.9 **제1감수분열 동안 상동염색체는 후기 I 에서 반대편 극 방향으로 움직이며, 각각의 염색체는 군집은 말기 I 에서 양극으로 이동한다. 제2감수분열이 끝나면 4개의 반수체 세포 각각은 염색체의 복사본 한 조를 포함한다. 교차 때문에 2개의 세포는 동일하지 않다. 반수체 세포는 동물에서와 같이 즉시 배우자로 진행되거나 또는 식물, 곰팡이 그리고 많은 원생생물처럼 유사분열로 분열할 수 있다.**

5.10 감수분열의 특징

감수분열 기작은 생물에 따라 중요한 세부적 차이가 있다. 염색체 분리 기작에서 특히 차이가 많은데, 식물과 동물의 과정과 원생생물과 곰팡이의 염색체 분리 기작에 상당한 차이가 있다. 감수분열과 유사분열은 공통점이 많지만, 감수분열은 염색체 접합과 수적 감소의 두 가지 특징을 가지고 있다.

■ 접합

두 가지 특징 중 첫 번째는 1차 핵분열 초기에 일어난다. 염색체가 복제된 후, 상동염색체는 모두 길이에 따라 쌍이 지어지고 물리적으로 결합된 상태에서 상동염색체 사이에 유전적인 교환이 일어난다(그림 5.22a). 상동염색체의 복합체를 형성하는 과정을 접합(synapsis)이라 하며, 쌍이 지어진 염색체 사이에서 일어나는 교환과정을 교차라 한다. 염색체는 분열세포의 적도면을 따라서 배열하며, 계속해서 상동염색체는 세포의 반대 극쪽으로 미세소관에 의해 끌려간다. 이 과정이 끝나면, 각 극의 염색체들은 2개의 상동염색체중 1개를 갖게된다. 각 극의 염색체는 원래의 이배체가 갖는 염색체의 반수를 포함한 반수체이다. 자매염색분체는 첫 번째 핵분열에서 서로 분리되지 않았다. 따라서 각 상동염색체는 여전히 2개의 염색분체로 구성되어 있다.

■ 감수분열

감수분열만의 두 번째 특징은 상동염색체가 두 번의 핵분열을 할때마다 계속 복제되지 않는 것이다. 따라서 두 번째 분열에서 염색체 분리는 다른 딸세포로 각 염색체의 자매 염색분체가 분리된다(그림 5.22b).

대부분 감수분열 Ⅱ는 일반적인 유사분열과 같다. 그러나 제I분열 동안 일어난 교차 때문에 감수분열 Ⅱ의 자매 염색분체는 서로 동일하지 않다.

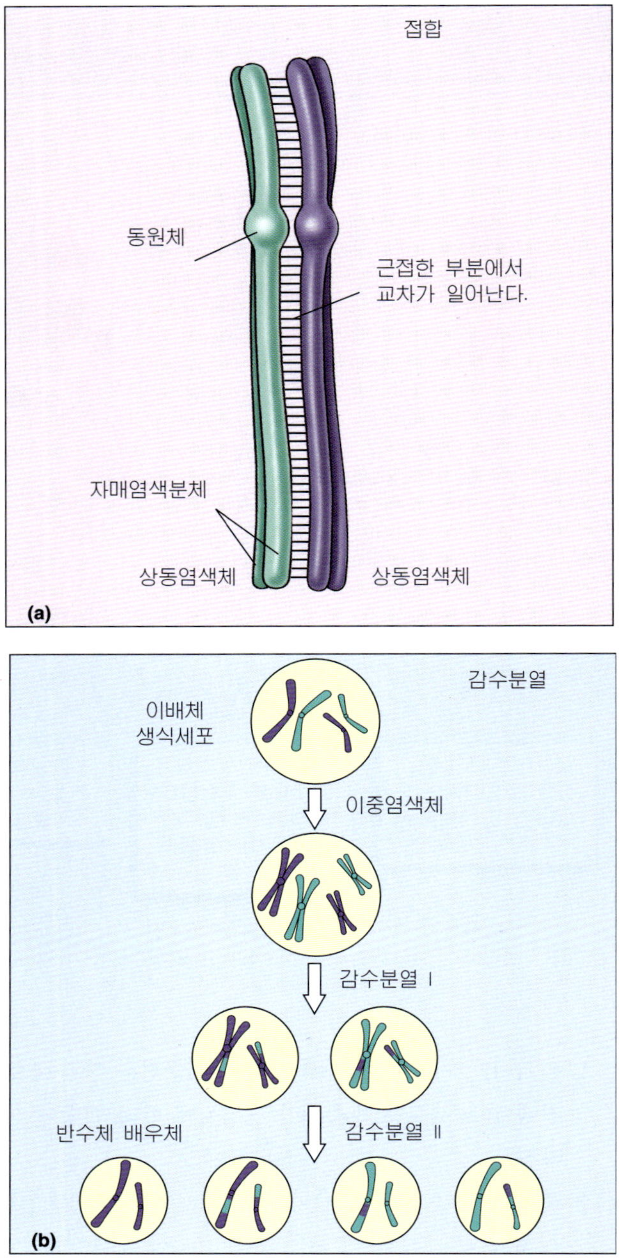

그림 5.22 감수분열의 독특한 특징

(a) 접합은 상동염색체를 서로 연결한 것이며 교차라는 과정으로 염색체의 일부분을 교환을 할 수 있다. (b) 감수분열은 제 2 감수분열 이전에 나타나는 염색체 복제를 생략하여 반수체 배우자를 생산한다. 따라서 생식주기 동안 염색체 수가 일정하게 유지된다.

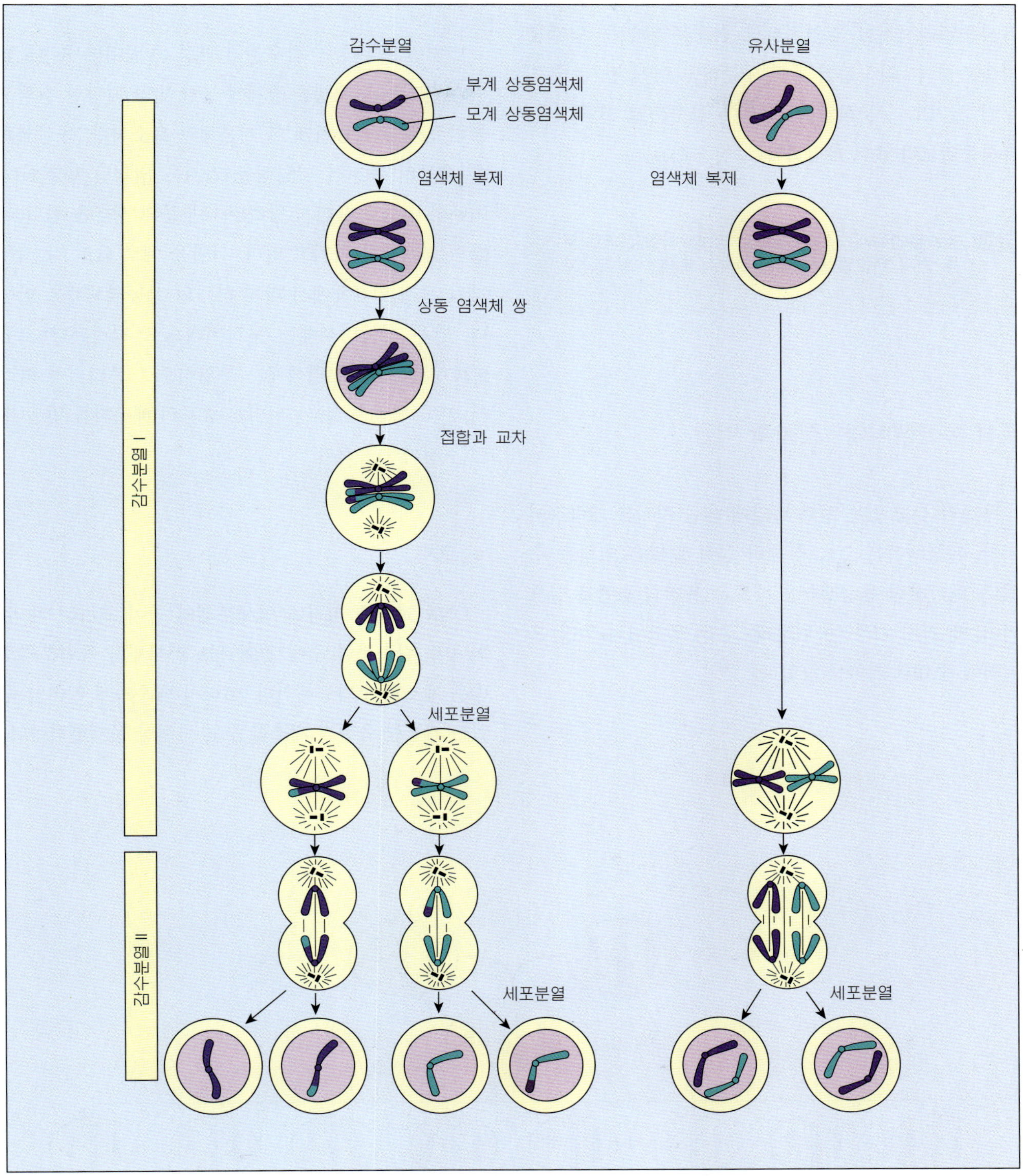

그림 5.23 감수분열과 유사분열의 비교

감수분열은 핵분열 사이에서 DNA 복제가 없이 두 번의 핵분열을 수행한다. 따라서 원래 지닌 염색체 수의 반을 가진 4개의 딸세포를 만든다. 교차는 감수분열의 전기 I에서 일어난다. 유사분열은 DNA 복제 후 한번의 핵분열을 갖는다. 따라서 원래의 염색체 수를 가진 2개의 딸세포를 만든다.

감수분열은 연속되는 과정이지만 쉽게 이해하도록 유사분열에서처럼 임의적으로 감수분열의 두 단계를 감수분열 Ⅰ, 감수분열 Ⅱ로 구분하고 다시 전기, 중기, 후기 말기로 구분하였다. 그러나 감수분열 전기 Ⅰ은 유사분열보다 좀더 복잡하다(그림 5.23).

5.10 감수분열에서 상동염색체는 서로 가깝게 위치하며, 두 번의 핵분열 사이에서 DNA 복제는 일어나지 않는다.

5.11 유성생식의 진화적 역할

우리가 갖고 있는 성의 발달에 대한 지식은 개략적이지만, 유성생식은 오늘날 종의 진화에 많은 영향을 주었다. 왜냐하면 유성생식은 새로운 유전적 조합을 일으키며, 세 가지 기작 (독립분리, 교차, 무작위적 수정)은 진화에 중요한 기여를 하였다.

독립분리

15억년 이상 동안 감수분열 과정 중 일어난 유전물질의 재분리는 진핵생물 전체에 놀랄 만큼 다양한 진핵생물의 진화를 가능하게 한 기본적인 요소이다. 유성생식은 생물의 유전적 다양성을 가져온 엄청난 발전이다. 이해하기 쉽도록 다시 말하면 대부분의 생물은 하나 이상의 염색체를 가지고 있다. 사람을 예로 들면 각 배우자의 23개 염색체에서 각기 하나의 상동염색체를 받는다. 받은 상동염색체는 무작위적으로 결정된다(그림 5.24). 각 23쌍의 염색체는 독립적으로 분리되며 따라서, 2^{23}(8백만 이상)개의 다른 종류의 배우자를 만들 수 있는 것이 가능하다.

교차

DNA 교환은 비자매 염색분체의 팔이 교차될 때 일어나며, 감수분열 후에 일어나는 염색체의 독립분리로 많은 재조합이 가능해진다. 따라서 배우자에 일어날 수 있는 가능한 유전적 재조합 수는 사실상 무제한적이다.

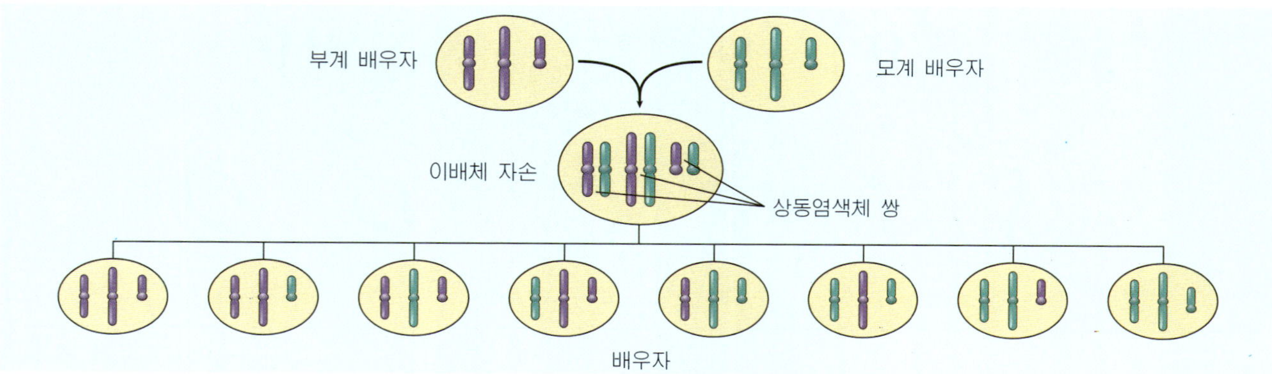

그림 5.24 독립분리로 유전적 다양성이 증가된다.

독립분리는 중기의 적도판에 염색체의 배열이 무작위적이기 때문에 다음 세대의 새로운 유전자 조합에 기여한다. 위의 세포에는 3개의 염색체 쌍을 보여준다. 각각의 8개의 배우자는 각기 부모염색체의 다른 조합을 가지고 형성 되었다.

무작위적 수정

게다가 새로운 개체는 각기 독립적인 두 배우자의 융합으로 만들어졌기 때문에 이들이 형성할 수 있는 가능한 접합자의 수는 $2^{23} \times 2^{23}$은 70조이다.

5.11 **감수분열 중기 I 에서의 독립분리, 감수분열 전기 I 의 교차, 그리고 무작위적 수정으로 유성생식은 유전적 다양성을 증가시킨다.**

Chap 06

유전학의 태동

6.1 멘델과 완두콩 실험

우리가 태어날 때, 많은 부분이 어머니와 아버지를 닮는다. 유전은 어떻게 일어날까? DNA와 염색체를 발견하기 전까지 이 수수께끼는 과학의 가장 불가사의한 비밀 중 하나였다.

유전에 대한 의문을 해결하기 위한 열쇠는 140년 전 오스트리아의 수도원 정원에서 Gregor Mendel이란 수도사가 발견하였다(그림 6.1). 멘델은 완두를 다른 완두와 교배시킨 결과를 가지고 유전 유형을 정확히 예상할 수 있는 일련의 단순한 규칙을 발견했다. 어떻게 자손이 부모들을 닮게 되는가? 유전형질은 부모로부터 자손에게 전달되는 **유전자**(gene)에 있음을 알았다.

■ 유전에 관한 초기 개념

멘델이 완두교배로 유전을 이해하려고 시도했던 최초의 사람은 아니다. 200년 전 영국 농부들이 비슷한 교배를 실시하여 멘델과 유사한 결과를 얻었다. 두 종류(키가 크고 작은 식물)간의 교배를 실시하였다. 그 결과 한 종류가(작은 식물) 그 세대에선 나타나지 않았고, 다음 세대에서 다시 나타났다. 예를 들어, 1790년대

(a)

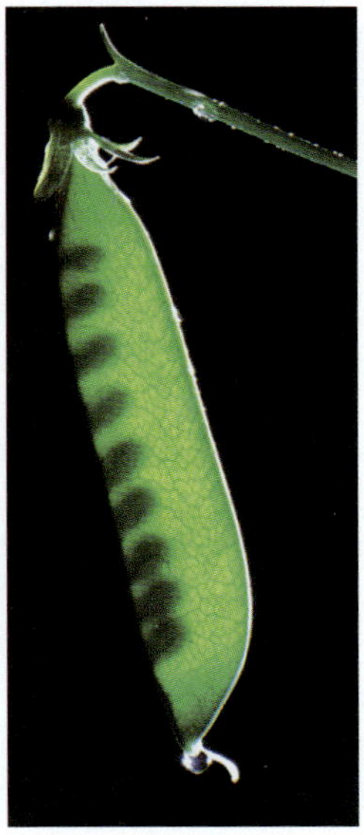

(b)

그림 6.1 멘델과 완두

(a) 유전의 의문을 이해하기 위한 핵심은 멘델이 Austria의 Brunn에 있는 수도원 정원에서 완두를 재료로 한 교배실험으로 풀렸다. (b) 완두(*pisum sativum*)는 재배하기 쉽고, 구별하기 쉬운 많은 품종들이 있기 때문에 멘델 연구 이전에도 유전연구의 실험재료로 널리 사용되었다.

에 영국 농부인 T.A. Knight는 자주색꽃이 피는 품종과 흰꽃이 피는 완두 품종을 교배했다. 교배된 결과 모두 자주색꽃이었다. 만일 그가 교배하여 얻은 후손을 교배했다면, 일부는 자주색꽃이었을 것이고 일부는 흰꽃이었을 것이다. Knight는 자주색꽃이 흰꽃보다 더 강한 경향이 있다고 기록하였으나, 각 종류의 결과에 대한 통계적 계산을 하지 않았다.

멘델의 실험

멘델은 1822년 소작농 집안에서 태어났으며 수도원에서 교육받았다. 그는 수도사가 되어 과학과 수학을 공부하러 Vienna 대학에 갔다. 그는 과학자와 교사가 되길 희망하였으나, 대학의 교사자격 시험에서 실패한 후 수도원으로 되돌아와 그곳에서 그의 생의 나머지를 보냈으며, 후에는 수도원장이 되었다. 수도원으로 되돌아 왔을 때, 멘델은 근처 지역 농부들과 과학에 관심이 있는 사람들의 비공식적인 모임인 과학 모임에 참가했다. 지역 귀족의 후원으로 각 회원들은 과학적 연구를 시작하였고, 만나서 토론도 하고 잡지도 발간하였다. 멘델은 Knight와 그 동료들이 실험한 완두를 가지고 전형적인 연속교배를 반복적으로 실시하였으며, 각 종류별로 나타난 결과의 수를 계산하면 그 숫자가 약간의 암시를 줄 것이라는 의도로 계속 실험하였다. 과학의 양적 접근 즉, 정량과 계산방식은 그 당시 유럽에서 유행하고 있었다.

완두

멘델은 연구하기 쉬운 여러 가지 형질을 가지고 있는 완두를 연구하기로 하였다.

1. 많은 품종을 이용할 수 있었으며, 멘델은 60년 전에 Knight가 연구한 흰꽃과 자주색꽃을 포함하여 쉽게 구분되는 7쌍의 형질을 선택했다.
2. 멘델은 Knight와 다른 이의 연구결과에서 나타난 것으로 미루어, 이형형질이 1 세대에서는 사라지고 그 다음 세대에서는 다시 나타난다는 것을 예상하고 있었다. 다시 말하면, 어떤 것을 계산해야 하는지 알고 있었다.
3. 완두는 작고, 키우기 쉽고, 많은 종자를 생산하며 빨리 성장한다.
4. 완두의 생식기관은 꽃에 둘러싸여 따로 분리되어 있으며(그림 6.2), 꽃은 열리지 않고 자가수분으로 쉽게 수정된다. 교배시키기 위해 멘델은 꽃잎을 열어 가위로 수술을 잘라내고 다른 식물의 꽃가루를 암술에 묻혀 수분시켰다.

멘델의 실험계획

멘델의 실험모형은 Knight의 실험방법과 동일하였다. 교배는 3단계로 실시하였다.

1. 멘델은 각 품종을 여러 세대에 걸쳐 자가수분 시켰다. 이렇게 하여 각 품종이 다른 품종과 섞이지 않은 순종을 확보한 것이다. 예를 들어 흰꽃 품종은 각 세대에서

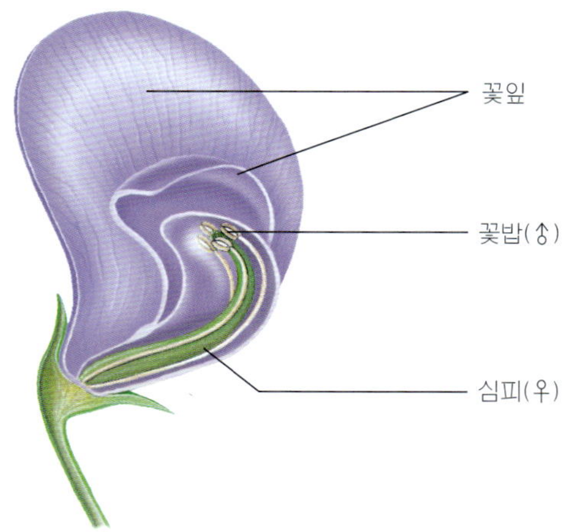

그림 6.2 완두의 생식기관

완두꽃은 꽃잎이 수술(꽃밥)과 암술(심피)를 둘러싸고 있으므로, 외부의 영향을 받지 않는 한 자가수분이 일어나도록 되어 있다.

흰꽃만 피고 자주색꽃은 피지 않는다. 멘델은 이 세대를 P세대(부모세대; P generation)라 명명하였다.

2. 그 다음, 멘델은 흰꽃과 자주색꽃처럼 대립형질로 나타나는 두 완두품종을 교배했다(그림 6.3). 교배된 결과 얻어진 자손을 F_1 세대라 명명하였다.
3. 마지막으로, 멘델은 2단계 교배에서는 얻어진 것(F_1)을 자가수분시켜, 각 종류의 자손의 수를 계산하였으며 이를 F_2 세대라 하였다.

> **6.1** **멘델의 연구에서는 자가수분을 통하여 얻은 순종 계통의 대립형질을 사용함으로써 쉽게 구분할 수 있게 하였으며, 자손을 자가수분 시켰다.**

6.2 멘델의 발견

멘델의 완두를 이용한 다양한 형질실험에서 유사한 결과가 반복적으로 나타났다. 멘델은 모두 7쌍의 대조적인 형질을 실험대상으로 하였다. 멘델이 교배한 각 대립형질쌍의 결과는 그림 6.4와 같다. 여기에서는 꽃 색깔로 자세하게 멘델의 교배실험을 설명하고자 한다.

F_1 세대

꽃 색의 경우, 멘델이 자주색과 흰색의 꽃을 교배했을 때 모든 F_1 세대는 자주색이었고 대립형질인 흰꽃은 나타나지 않았다. 멘델은 F_1에서 나타나는 형질을 우성(dominant), 나타나지 않는 형질을 열성(recessive)이라고 하였다. 앞의 경우 자주색꽃은 우성이고, 흰꽃은 열성이다. 멘델은 꽃 색깔 이외에 여러 다른 형질을 연구하여, 대립형질쌍 중에서 하나는 우성이며, 다른 하나는 열성임을 증명하였다.

F_2 세대

멘델은 F_1을 키워 자가수분 시킨 후, F_2 세대에서 어

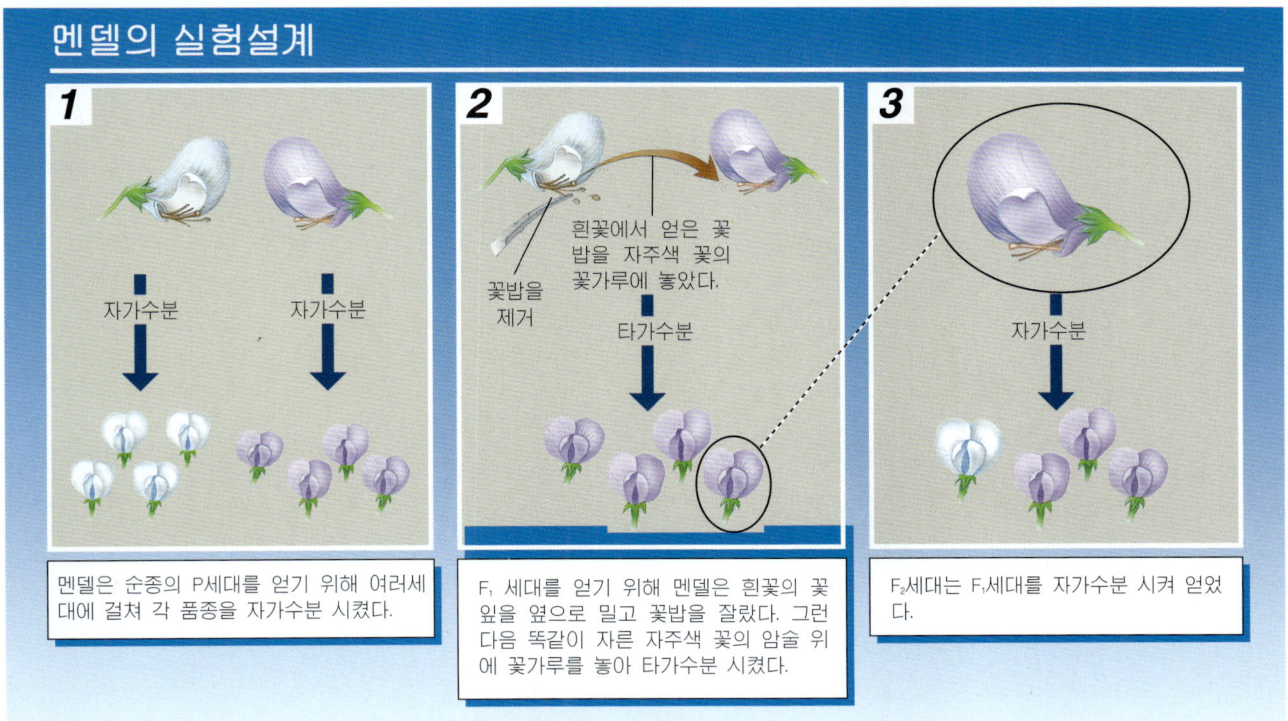

그림 6.3 멘델은 실험을 어떻게 했나?

떤 자손이 나타나는지 보기 위해 종자를 모아서 심었다. 멘델은 F_2 일부에서 열성의 형질인 흰색꽃이 나타난다는 것을 발견하였다. 열성 형질은 F_1 세대에서는 나타나지 않고 오직 F_2 세대에서만 나타났다. 이것은 F_1 각자가 가지고는 있지만 표현되지는 않았던 것이다.

이 단계에서 멘델은 실험계획에 획기적인 근본적인 변화를 주었다. 그는 각 타입간의 F_2 결과를 계산하였으며, F_2 타입의 비율이 유전 기작에 대한 약간의 실마리를 줄 것이라고 믿었다. 자주색 꽃인 F_1을 교배시켜 929 개체의 F_2를 얻었다(그림 6.4). 여기에서 705(75.9%)는 자주색꽃이고, 224(24.1%)는 흰색꽃이었다. F_2의 약 1/4이 열성 형질로 나타났다. 멘델은 다른 6가지 형질을 더 실험하여 다음과 같은 숫자상의 결과를 얻었다. F_2의 3/4은 우성이며 1/4은 열성으로 나

형 질	우 성×열 성	F_2 세대 우성 형질	열성 형질	비 율
꽃 색	 자주색 X 흰색	705	224	3.15:1
종자 색	 황색 X 흰색	6,022	2,001	3.01:1
종자 모양	 둥근형 X 주름진형	5,474	1,850	2.96:1
꼬투리 색	 녹색 X 황색	428	152	2.82:1
꼬투리 모양	 편편한 꼬투리 X 잘록한 꼬투리	882	299	2.95:1
꽃 위치	 축화 X 정단화	651	207	3.14:1
키	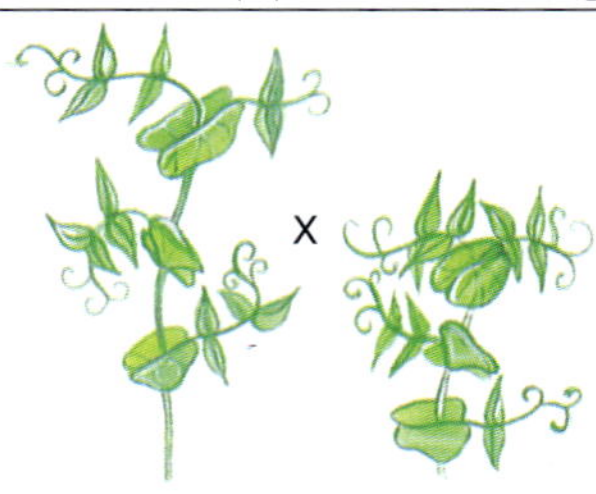 키가 큼 X 키가 작음	787	277	2.84:1

그림 6.4 멘델의 실험 결과

멘델이 연구한 완두의 7가지 대립형질과 교배에서 얻어진 결과를 함께 나타내었다. 멘델이 연구한 7가지 형질은 모두 통계적으로 3:1에 근접하였다.

타났다. 즉, F_2에서 우성 : 열성의 비는 항상 3 : 1에 가까웠다. 멘델은 둥근 것과 주름진 종자처럼 다른 형질을 대상으로 유사한 실험을 수행하여 같은 결과를 얻었다(그림 6.5).

감춰진 비율 1:2:1

멘델은 다음 세대를 알아보기 위해 F_2를 자가수분하고, 교배로 나타날 순종 열성은 전체의 1/4라는 것을 알아냈다. F_2 식물의 3/4이 우성으로 발현되었고 이중 개체의 1/3만이 순종으로 나타났다. F_3 세대에서 두 가지 형질로 나타난 경우, 멘델이 실험한 결과에서 우성 : 열성의 비가 다시 3 : 1의 비율인 것을 발견하였다. 이 결과로 멘델은 F_2 세대에서 관찰한 3 : 1의 비는 사실상 감춰진 1 : 2 : 1의 비율이라고 추측했다(그림 6.6).

1		2		1
순종 우성	:	잡종 우성	:	순종 열성

6.2 **멘델이 두 대립형질을 교배하고, 다음 세대의 결과를 계산한 결과, 모든 제1세대는 하나의 형질로 발현되며(우성), 다른 형질은(열성) 발현되지 않는다는 것을 알아냈다. 다음세대에서는 순종 우성 형질 25%, 우성과 열성을 가지나 우성으로 발현되는 잡종이 50%, 순종 열성 형질이 25%이었다.**

그림 6.5 둥근 씨 : 주름진 씨

멘델이 연구한 완두의 형질 중 하나는 종자의 모양이다. 어떤 것은 둥글고, 어떤 것은 주름져 있다.

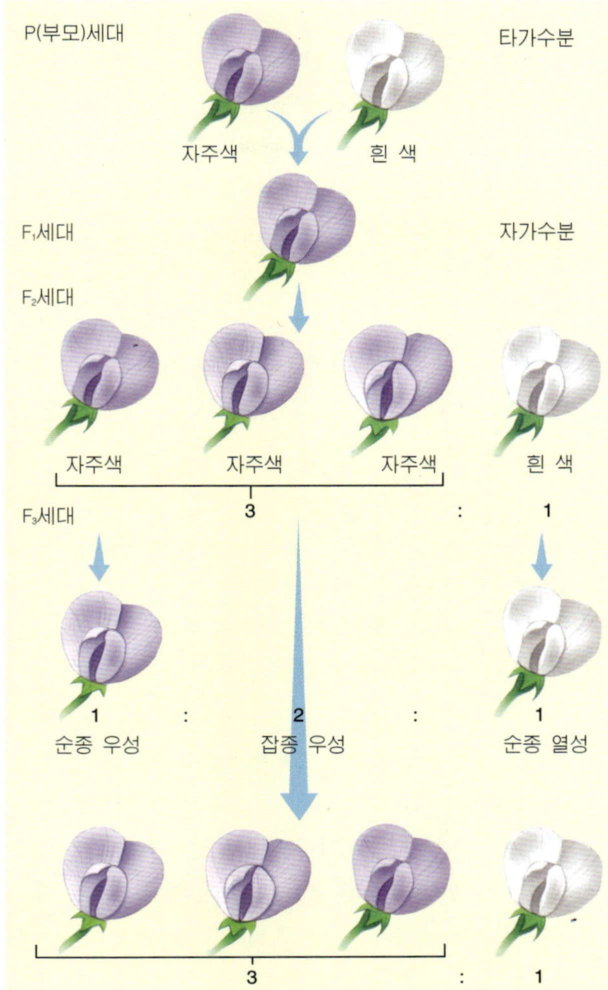

그림 6.6 F_2 세대는 감춰진 1:2:1 이다.

멘델은 F_2 세대의 자가수분으로 얻어진 후손(F_3)을 통해 F_2 세대가 하나의 순종 우성, 2개의 잡종 우성, 하나의 순종 열성임을 알아냈다.

6.3 멘델이 제안한 이론

멘델은 결과를 설명하기 위해, 그가 실험한 결과를 정확히 예상할 수 있는 간단한 규칙을 제안했다. 이것은 과학 역사상 가장 유명한 이론 중 하나로 멘델은 다섯 가지 원리를 제안하였다.

1. 부모는 그 자손에게 직접적으로 형질을 전달할 수 없

다. 그대신 형질에 대한 정보를 전달한다. 이 정보를 현대 전문용어는 유전자라 한다.

2. 각 부모는 각각의 형질을 통제하는 인자의 두 가지 복사체를 지니고 있으며, 복사체는 동일하거나 동일하지 않을 수 있다. 만약 인자의 두 복사체가 동일하다면 그 개체는 동형접합성(homozygous)이며, 만약 두 요인이 다르면 그 개체는 이형접합성(heterozygous)이다.
3. 흰꽃이나 자주색꽃 같이 두 형질을 유도하는 인자의 대립되는 형태를 대립인자(alleles)라 명하였다. 멘델은 열성 대립인자를 나타낼 때는 소문자를, 우성 대립인자를 나타낼 때는 대문자를 사용했다. 따라서 자주색꽃의 경우에는 우성 자주색꽃 대립인자를 *P*로 표현하고, 열성 흰색꽃 대립인자는 *p*로 나타내었다. 외형을 표현형(phenotype)이라 한다. 외형은 그들의 부모로부터 받은 꽃색 유전자의 대립인자로 결정되며, 이 특별한 형질을 유전자형(genotype)이라 한다. 그래서 완두콩은 표현형 "꽃"과 유전자형 *pp*를 가진다고 할 수 있다.
4. 개체가 지닌 두 대립인자 중 하나는 부계에서, 다른 하나는 모계에서 받은 것이며, 서로에게 영향을 주지 않는다. 각 대립인자는 개체의 성장과 배우자를 생산할 때 변화 없이 전달된다.
5. 대립인자의 존재만으로 대립형질을 전달받은 개체가 형질을 발현할 것인지 아닌지는 알 수 없다. 이형접합성 개체에서는 우성 대립형질만 발현되며, 열성 대립형질은 존재는 하나 발현되지는 않는다.

다섯 가지 원리는 동시에 적용되며 유전과정에서 멘델 모델을 구성한다. 인간의 많은 형질 또한 멘델이 연구한 완두 형질과 유사하게 우성 또는 열성 유전으로 발현된다(표 6.1).

6.3 **개체가 지닌 유전자는 유전자형이라 하며, 개체의 외형은 표현형이라 한다.**

6.4 멘델의 결과 분석법

흰 꽃이 핀 순종(*pp*)과 자주색 꽃이 핀 순종(*PP*)간의 교배로 예상할 수 있는 결과는 퍼네트 평방(Punnett square)으로 나타낼 수 있다. 퍼네트 평방은 한 개체의

표 6-1 사람의 우성과 열성 형질

열성 형질	표현형	우성 형질	표현형
대머리	나이가 들어가면서 M 모양으로 머리선이 뒤로 밀려감.	중지의 털	손가락 중간 마디에 털 있음
알비뇨증	멜라닌 색소 형성 결핍	단지증	짧은 손가락
알캅톤뇨증	헤모겐티신산(Hemogenistic acid) 물질대사 이상	헌팅턴무도병	중년기에 시작되는 신경계의 퇴화
적녹 색맹	빛의 적색이나 녹색 파장을 구별하는 능력 없음.	PTC 민감성	쓴맛같은 것을 느끼는 능력
		굴지증	새끼손가락을 곧게 펴는 능력 없음
낭포성섬유증	비정상적 분비샘이 간 기능 퇴화와 폐의 기능저하를 유발.	고콜레스테롤혈증	높은 혈중 콜레스테롤 수치를 나타내며 심장질환 발병 위험 있음.
Duchenne 근위축증	유년기 동안 근육 쇠약		
혈우병	혈병을 형성 할 수 없다	다지증	손가락과 발가락이 더 있음.
겸형적혈구	헤모글로빈 결함으로 적혈구 능력 저하		

가능한 배우자를 평방의 가로면을 따라 적고, 다른 개체의 가능한 배우자를 세로면을 따라 적는다. 잠재적인 자손의 유전자형은 평방의 구획에 나타난다.

자손에서 나타나는 유전자형 빈도는 보통 확률(probability)로 표현한다. 예를 들어 멘델이 실험한 것과 같이 동형접합성인 흰꽃이 핀 식물(*pp*)과 자주색 꽃이 핀 식물(*PP*) 간의 교배에서 *Pp*는 F_1 세대의 모든 개체의 유일한 유전자형이다(그림 6.7). *P*는 *p*에 대해 우성이므로 F_1의 모든 개체는 자주색 꽃이다. F_1 세대의 개체간에 교배 시 F_2에서 동형접합성 우성(*PP*) 개체를 얻을 확률은 가능한 유전자의 1/4이 *PP*이기 때문에 25%이다. 또한, F_2에서 동형접합성 열성(*pp*)의 확률은 25%이다. 이형접합성 유전자형(*Pp*)은 평방의 반을 차지하기 때문에, F_2에서 이형접합성(*Pp*) 개체를 얻을 확률은 50%이다.

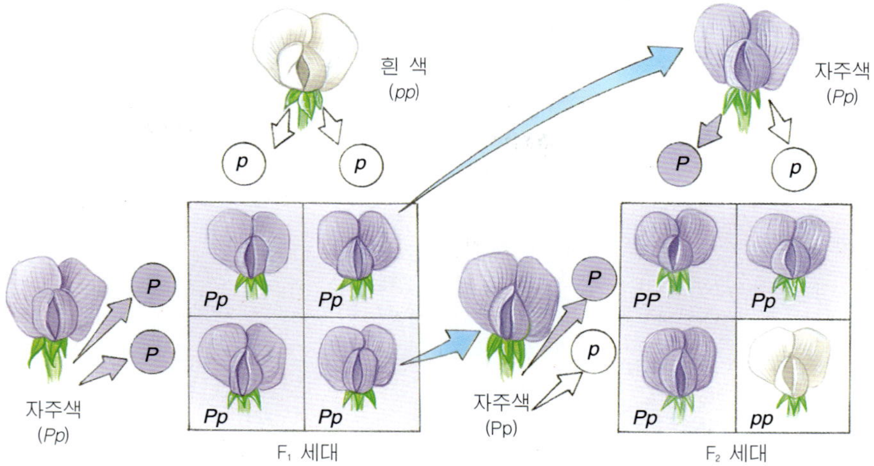

그림 6.7 멘델이 꽃 색깔을 분석한 방법

첫 번째 교배로 가능한 자손은 자주색인 *Pp* 이형접합체이다. 이 개체는 F_1 세대이다. 2개의 이형접합체성 F_1 개체를 교배하면 세 종류의 자손을 얻을 수 있다 : *PP* 동형접합성(자주색꽃) ; *Pp* 이형접합성(역시 자주꽃) ; *pp* 동형접합성(흰꽃). F_2 세대 개체간에 우성 표현형과 열성 표현형의 비율은 3:1이다.

검정교배

멘델은 F_2에서(또는 *P* 세대) 자주색 꽃이 핀 개체가 동형접합체(*PP*)인지, 이형접합체(*Pp*)인지를 어떻게 알았을까? 이것은 단순한 관찰만으로는 알 수 없다. 따라서 멘델은 개체의 실제적인 유전적 구성을 알아낼 수 있는 검정교배라는 간단하고 효과적인 방법을 고안했다. 자주색 꽃을 보면, 표현형을 관찰하는 것으로 동형접합성인지 이형접합성인지 말하는 것은 불가능하다. 유전자형을 알려면 다른 개체와 교배해 보아야 한다. 어떤 종류의 교배가 해답을 줄 수 있을까? 만약 동형접합성 우성 개체를 교배한다면 모든 자손은 실험 식물이 동형접합체이거나 이형접합체이든 우성 표현형으로 나타날 것이다. 이형접합성 개체간의 교배로 역시 구분하기가 어려울 것이다(그러나 불가능하진 않다). 그러나 만약 동형접합성 열성 개체로 검정식물을 교배하면 두 가지 검정식물의 가능한 유전형은 전체적으로 다른 결과를 나타낼 것이다(그림 6.8).

1 : 알수 없는 동형접합성 개체(*PP*). *PP*×*pp* : 모든 자손은 자주색꽃(*Pp*)이다

2 : 알수 없는 이형접합성 개체(*Pp*). *Pp*×*pp* : 자손의 1/2은 흰꽃(*pp*)이며 1/2은 자주색꽃(*Pp*)이다.

검정교배 실험에서 멘델은 열성 형질의 동형접합체 부모와 이형접합체 F_1을 교배하였다. 그는 1 : 1의 비로 우성과 열성 형질이 나타날 것으로 예상하였고 관찰하였다.

멘델이 연구한 대립인자의 각 쌍은 표현형적 F_2의 비가 3 : 1로 관찰되었으며(그림 6.4 참조), 검정교배의 비율은 그가 예상한 대로 1 : 1에 매우 가까웠다.

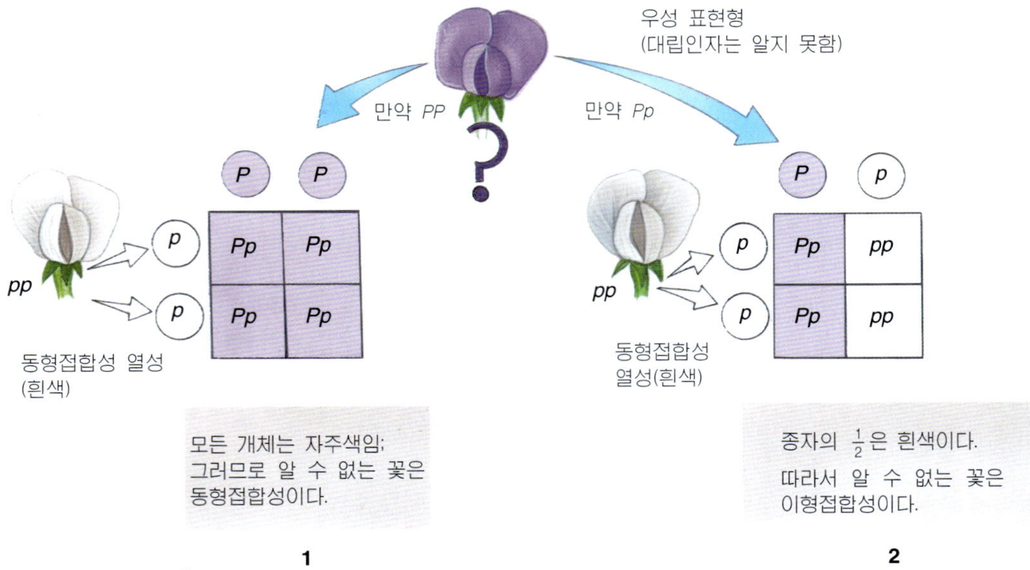

그림 6.8 멘델이 검정교배를 이용하여 이형접합체를 확인한 방법

자주색꽃처럼 우성 표현형으로 발현되는 개체가 우성 대립인자 동형접합체(*PP*)인지 이형접합체(*Pp*)인지를 알기 위해 멘델은 검정교배를 고안하였다. 그는 검정대상 개체를 열성 동형접합체(*pp*, 그림에서 흰꽃식물)와 교배시켰다.

검정교배는 두 유전자를 포함할 때 개체의 유전자형을 결정하는데도 이용할 수 있다. 멘델은 앞으로 논의해야 할 몇 종류의 양성잡종 실험을 실시하였다. 그는 현저하게 우성으로 발현되는 F_2 개체의 유전자형을 증명하기 위해 검정교배를 자주 사용하였다. 따라서 F_2 개체에서 나타나는 양쪽 우성 형질 (A_B_)은 다음의 유전자 AABB, AaBB, AABb 또는 AaBb 중 어느 것이라도 가질 수 있다. 멘델은 우성으로 표현되는 F_2 개체와 동형접합성 열성 개체의 교배로 (이것은, A_B_× aabb), 순종인자의 여부를 결정하는 것이 가능했고, F_2의 유전자형을 알아냈다.

AABB	형질 A 순종	형질 B 순종
AaBB		형질 B 순종
AABb	형질 A 순종	
AaBb		

6.4 퍼네트 평방을 이용한 멘델의 분석은 배우자의 독립분리를 증명한다.

6.5 멘델의 법칙

■ 멘델의 제1법칙: 분리의 법칙

멘델의 모델은 교배의 결과를 정확하게 예상할 수 있게 하고, 관찰한 결과를 적절히 해석하는데 유용한 방법이다. 유사한 유전 패턴은 다른 생물체에서도 셀 수 없을 만큼 많이 관찰되었다. 이 유전방식으로 발현되는 형질을 멘델 형질이라 한다. F_2에서 우성과 열성이 3 : 1로 분리되는 것을 멘델의 제1법칙 혹은 **분리의 법칙**(law of segregation)이라 부른다. 멘델 제1법칙은 대립되는 형질을 정하는 하나의 대립인자는 각각의 배우자를 형성할 수 있고, 배우자는 무작위적으로 결합하여 자손을 형성한다.

■ 멘델의 제2법칙: 독립의 법칙

멘델은 꽃의 색깔과 줄기의 높이 같은 유전자 쌍이 어떻게 유전되는지를 계속해서 연구하였다. 맨먼저 그는 완두의 7쌍 형질의 순종 번식종자를 확보하였다. 두 번째 그는 순종 번식 계통의 대조적인 쌍을 교배했다. 예를 들어 둥글고 황색 종자를 가진 동형접합체 개체를 주름지고 녹색인 개체와 교배시켜 이 두 가지를 모두 지닌 이형접합체를 생산하였다. 이런 F_1 개체를 **양성잡종**(dihybrid)이라 한다(그림 6.9).

멘델은 양성잡종 개체를 자가수분 하였다. 만약 종자의 모양과 색깔에 영향을 미치는 대립인자의 분리가 독립적이라면, 종자모양을 결정하는 대립인자의 특정 쌍과 종자 색깔을 결정하는 대립인자의 특정 쌍이 같이 발현될 확률은, 각 쌍에서 일어나는 두 개별적 확률로 나타날 것이다. 예를 들어, F_2에서 주름지고 녹색인 종자가 나타날 확률은 녹색 개체의 확률(1/4)과 주름진 종자의 확률(1/4)을 곱한 1/16이다.

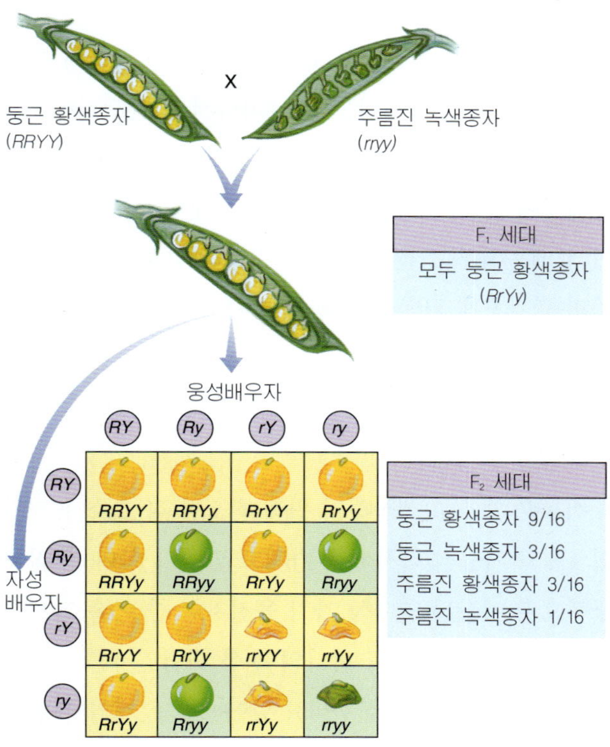

그림 6.9 양성잡종 교배의 분석

양성잡종 교배는 둥근 종자(*R*): 주름진 종자(*r*)와 황색 종자(*Y*): 녹색 종자(*y*)의 교배를 통하여 알아볼 수 있다. 네 종류의 가능한 표현형 조합 비율은 멘델이 발견한 비율인 9:3:3:1 이다.

멘델은 양성잡종 교배로 F_2 자손에서 표현형 빈도가 퍼네트 평방 분석에 의해 예상한 9 : 3 : 3 : 1의 비율에 거의 일치한다는 것을 알아냈다. 그는 한 형질의 유전은 다른 형질의 유전에 영향을 주지 않는다고 결론지었고, 그 결과를 멘델의 제2법칙 또는 **독립의 법칙**(law of independent assortment)이라 한다. 현재 우리는 이러한 결과는 같은 염색체에 위치하지 않은 유전자에서만 유효하다는 것을 알고 있다. 따라서 멘델의 제2법칙은 종종 다음과 같이 말한다. 다른 염색체에 있는 유전자는 서로 독립적으로 유전된다.

> **6.5 분리와 독립의 법칙에 대한 멘델의 이론에 대해서는 실험적 결과가 잘 증명한다.**

6.6 상위성

모든 형질이 멘델이 관찰했던 것처럼 유전자형과 표현형간에 단순한 상호작용만이 있는 것은 아니다. 1900년 멘델 법칙의 재발견 이후 수십년 간 많은 연구자들이 그의 이론을 검증하려고 했다. 그러나, 멘델의 가설을 검증하려는 과학자들의 실험에서는 멘델이 보고한 결과와 동일한 비율을 얻는 것은 어려웠다. 특히 순종 양성잡종 교배에서 어려웠다. 양성잡종 교배에서 이형접합체 일 때 2개의 다른 유전자에 의해 자손은 유전자의 한쪽 또는 다른 쪽 2개의 유전자가 우성 표현형으로 나타날 수 있다. 그러나 때로는 2개나 그 이상의 형질이 서로 비슷할 때는 연구자가 네 종류의 표현형 각각을 식별하는 것이 사실상 불가능한 경우도 있었다.

실제로, 한 가지 유전자가 작용하여 나타나는 표현형은 거의 없다. 대부분의 형질은 연속적이거나, 함께 작용하는 많은 유전자의 작용에 의한다. **상위성**(epistasis)은 하나의 유전자가 다른 유전자의 표현형적 발현을 변형시키는 유전자간 상호작용이다. 예를 들어, 옥수수의 상업적 품종 중에는 종피에 다른 종에서는 나타나지 않는 안토시아닌(anthocyanin)이란 자주색 색소가 나타난다. 1918년 유전학자인 R.A. Emerson은 안토시아닌 색소가 전혀 나타나지 않는 두 가지 순종 옥수수 품종을 교배했다. 놀랍게도 모든 F_1 식물에서 자주색 종자를 생산했다.

이 색소 생산 F_1 식물을 서로 교배하면 56%는 색소를 생산하고 44%는 그렇지 않은 F_2 세대를 생산한다. 어떻게 이런 일이 일어 날 수 있는가? Emerson은 두 유전자가 색소 생산에 관여하며, 두 번째 교배가 멘델이 실험한 것과 같은 양성잡종교배였다고 정확하게 추론했다. 멘델은 배우자들이 서로 결합하여 16가지 가능한 방법을 예상한 결과 9:3:3:1 (9+3+3+1 =16)의 표현형적 비가 나타났다. 그러면 Emerson이 얻은 두 타입은 얼마만큼씩 이었을까? 그는 색소 생산체는 16 중 9 (0.56) 이었으며, 색소를 생산하지 못하는 것은 16 중 7 (0.44) 임을 알았다. 그래서 Emerson은 일반적인 9:3:3:1 비율 대신 수정된 비율(modified ratio)인 9 : 7을 제안했다(그림 6.10).

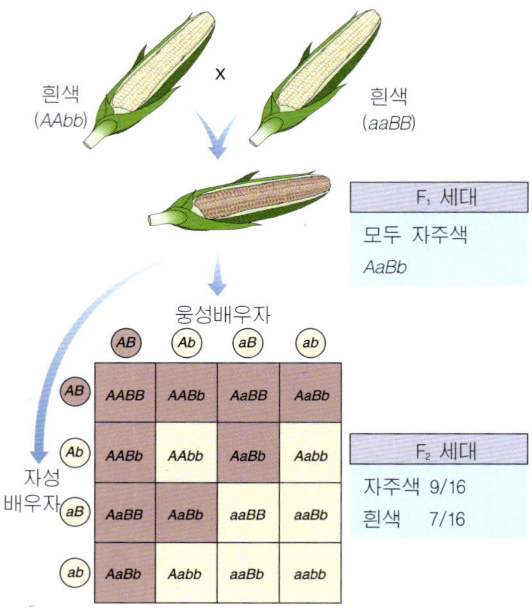

그림 6.10 상위성이 종자 색에 영향을 준다.

옥수수의 일부 품종에서 발견되는 자주색 색소는 두 유전자에 의해 결정된다. 두 유전자 각각에 우성 대립인자가 없으면 색소가 별현되지 않는다.

■ 왜 Emerson의 비율이 바뀌었나?

낟알 색에 영향을 주는 두 유전자의 한쪽은 다른 쪽의 발현을 억제할 수 있다. 유전자(B) 중 1개는 우성 대립인자(*BB* 또는 *Bb*)가 있는 경우에만 채색된 색소를 생산하도록 하는 효소를 생산한다. 다른 유전자(A)는 우성인 형태(*AA* 또는 *Aa*)에서 색소가 종피에 침착하도록 하는 효소를 생산한다. 따라서 A 유전자에 (색소 침착 없음) 2개의 열성 대립인자를 지닌 개체는 B 유전자에 (자주색 색소 생산) 우성 대립인자를 가지고 있기 때문에 색소를 생산하는 것이 가능하더라도 흰색 종피를 가지게 된다. 비슷하게 A 유전자의 우성 대립인자를 가진 개체가 유전자 B를 (색소 생산) 단지 열성 대립인자만 가지고 있다면 흰색 종피만을 나타내며 색소를 생산할 수 없다.

식물은 색소를 생산하기 위해 최소한 각 효소 유전자의 1개의 기능적 복사체를 가지고 있어야 한다. 무작위 구분으로 예상된 열여섯 가지 유전자형 중 아홉 가지는 양쪽 유전자 중 적어도 하나의 우성 대립인자를 포함한다(자주색 종자를 생산한다). 남아 있는 7개의 유전자형은 한쪽 또는 양쪽의 좌위에서 우성 대립인자가 결여되어 있으며 (3+3+1=7), Emerson이 관찰했던 9 : 7의 비율과 같이 표현형으로는 동일하다(색을 띄지 않는다).

6.6 어떤 유전자의 대립인자는 다른 유전자의 영향으로 표현형이 발현되는 것이 어려운 경우도 있다.

6.7 복대립 유전자

개체군에는 두 가지 이상의 대립인자를 가지고 있을 수 있으며, 많은 유전자는 여러 대립인자를 가지고 있다. 하나의 대립인자가 우성일 수 없지만, 대신에 각 대립인자가 각각 자신의 발현력을 가지고 있으며, 이 대립인자를 공우성(codominant)이라 한다.

인체에서 1개 이상의 공우성 대립인자가 나타나는 것 중 하나는 ABO 혈액형을 결정하는 유전자이다. 이 유전자는 적혈구의 표면 지질에 당 분자를 부착하는 효소를 암호화한다. 이 당은 면역시스템에서 세포 인식 표식처럼 작용하며, 세포 표면 항체라 한다. I로 나타내는 암호화된 유전자는 세 가지 대립인자가 있다. 즉, 갈락토오스당을 첨가하는 I^B, 갈락토사민을 첨가하는 I^A, 그리고 i는 당의 첨가가 없는 단백질을 암호화한다.

각 개인은 I 유전자를 갖는 염색체의 2개의 복사본을 가지고 있고 어떤 대립인자는 동형 그리고 2개의 대립인자가 이형일 수 있기 대문에 개인마다 3개의 I 유전자의 조합이 다르다. I^A와 I^B를 이형접합체로 갖는 사람은 두 가지의 효소를 생산하여 적혈구 표면에 갈락토오스와 갈락토사민을 둘 다 부착한다. 이형접합체에서 두 대립인자는 동시에 발현되기 때문에 I^A와 I^B 대립인자는 공우성이다. I^A 또는 I^B 대립인자는 당의 첨가를 유도하지만 i 대립인자는 유도하지 않기 때문에 I^A나 I^B 대립인자는 i 대립인자에 비해 우성이다. 세 가지 대립인자의 상이한 조합에 의해 네 가지의 다른 표현형이 나타난다(그림 6.11).

1. A형 개체는 갈락토사민만 부착한다. 이는 I^AI^A 동형접합체이거나 I^Ai 이형접합체이다.
2. B형 개체는 갈락토오스만 부착한다. 그들은 I^BI^B 동형접합체이거나 I^Bi 이형접합체이다.
3. AB형 개체는 두 가지 당 모두를 부착하고 I^AI^B 이형접합체이다.
4. O형 개체는 당을 부착하지 않으며, ii 동형접합체이다.

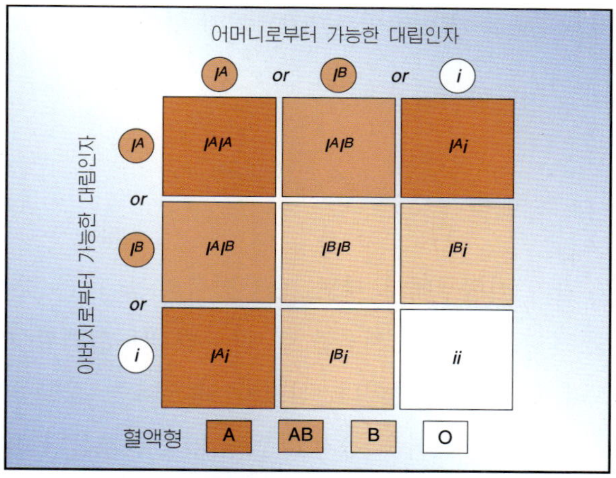

그림 6.11 복대립인자로 조절되는 ABO식 혈액형

3개의 대립인자가 ABO혈액형을 조절한다. I 유전자라 불리는 세가지 대립인자의 조합이 개체에 따라 다르다. 각각의 대립인자가 동형접합체이거나 이형접합체 일 것이다. 세 가지 대립인자가 조합을 이루면 네 종류의 다른 표현형 혈액형이 나타난다: A형(동형접합체인 I^AI^A 또는 이형접합체인 I^Ai), B형(동형접합체인 I^BI^B 또는 이형접합체인 I^Bi), AB형(이형접합체인 I^AI^B), O형(동형접합체인 ii).

네 가지 상이한 세포 표면 표현형을 **ABO식 혈액형**(ABO blood groups)이라 한다. 사람의 면역계는 네 가지 표현형으로 구별할 수 있다. 만약 A형에 B형을 수혈하면 수혈자의 면역계는 B형 혈액을 "이물질" 항원(galactose)으로 인식하여 수혈 받은 혈액을 공격하여 세포를 응집시킨다. 또한 수혈된 혈액이 AB형 일 때도 같은 반응이 일어난다. 그러나 만약 수혈된 혈액이 O형이면, 수혈된 혈액세포의 표면에 갈락토오스 항원이 없기 때문에 O형 제공 혈액에 대한 면역 공격은 일어나지 않는다. 일반적으로 어떤 사람의 면역계라도 O형 혈액의 수혈은 허용된다. AB형은 갈락토오스와 갈락토사민을 이물질로 인식하지 않기 때문에(적혈구는 두 가지 당을 모두 가지고 있으므로) 어떤 형의 혈액도 받을 수 있다.

Rh 혈액형

사람의 적혈구에서 세포 표면 인식의 또 다른 것은, 붉은털원숭이에서 처음으로 연구된 **Rh 혈액형**(Rh blood groups) 항원이다. 성인의 약 85%는 적혈구에 Rh 세포 표면 표식을 가지고 있어 Rh^+라 부른다. Rh^-인 사람은 이것을 암호화하는 유전자가 열성 동형접합성이며 적혈구의 세포 표면 표식이 없다.

만약 Rh^-인 사람이 Rh^+ 혈액을 수혈받으면 Rh^-인 사람의 면역계가 Rh^+ 항원을 침입자로 인식하여 Rh 항원에 대해 직접적으로 항체를 만들기 시작한다. 이것은 대부분 Rh^- 여성이 Rh^+ 아이를 낳을 때 일어난다(아버지는 Rh^+이다). 태아기에는 태반과 모체의 대동맥이 연결되어 있음으로 태아의 혈액이 태반을 통해 모체로 들어오며 Rh^- 항체가 생산된다. 두번째 이후의 임신에서는 모체의 체내에 있던 항체가 새로운 태아에게 역으로 작용하여 적혈구를 응집시키며, 적아세포파괴(erythroblastosis fetalis)라는 잠재적으로 태아에 치명적인 상태가 유발된다.

6.7 척추동물의 혈액을 암호화하는 것과 같은 많은 유전자는 개체군의 구성원에 몇 가지의 대립인자로 존재한다.

6.8 다른 유전자형의 변이

유전자형의 발현이 유전법칙을 따르지 않는 경우가 많이 알려지고 있다. 복대립유전자에서 나타나는 상위성과 공우성 이외에 보다 복잡한 연속변이, 다면발현, 완전 우성의 결여와 환경적 영향 등이 있다(환경은 대립인자의 발현에 영향을 준다). 이것에 대하여 간단히 살펴보자.

연속변이

키나 몸무게 같은 형질은 여러 개의 유전자가 공동으로 작용한 결과로, 형질은 작은 변이를 나타낸다(다인자 유전). 키와 몸무게 같은 표현형을 결정하는 모든 유전자는 서로 독립적으로 분리되기 때문에 우리는 많은 개체를 조사할 때 차이의 정도가 단계적임을 알 수 있다(그림 6.12). 우리는 이 단계적 변화를 연속변이(continuous variation)라 한다. 형질에 영향을 주는 유전자가 많을수록 그 형질의 변이가 더 연속적이다.

(그림 6.12a)와 같은 신장의 변이는 어떻게 설명할 수 있을까? 인간은 키가 매우 작은 사람부터 매우 큰 사람까지 분포하지만, 극단적인 것보다는 보통 평균적인 키에 많이 분포한다. 각 그룹별 개체수는 막대그래프로 나타낼 수 있다. 막대그래프는 가상의 종모양 곡선에 가깝고, 변이의 정도는 곡선의 폭으로 특징지을 수 있다.

다형질발현 효과

흔히 개인의 대립인자는 한가지 이상의 표현형에 영향을 준다. 그런 대립인자를 다형질발현(pleiotropic)이라 한다. 프랑스의 유전학자인 Lucien Cuenot가 쥐에서 우성 형질인 노란털을 연구했을 때, 그는 노란 쥐와 다른 쥐의 교배를 통하여 노란 계통의 순종을 얻지 못했다. 노란털의 대립인자를 동형접합으로 가진 쥐는 노란색 대립인자가 치사되는 형질도 갖는 다형질발현이기 때문이었다. 노란색과 치사작용은 동일한 유전자의 영향을 받은 결과이다. 다형질발현 유전자 변화는 아마도 하나의 표현형에는 우성이며(노란털), 다른 것에 대해서는 열성이다(발육상의 결점인 치사). 다형질

(a)

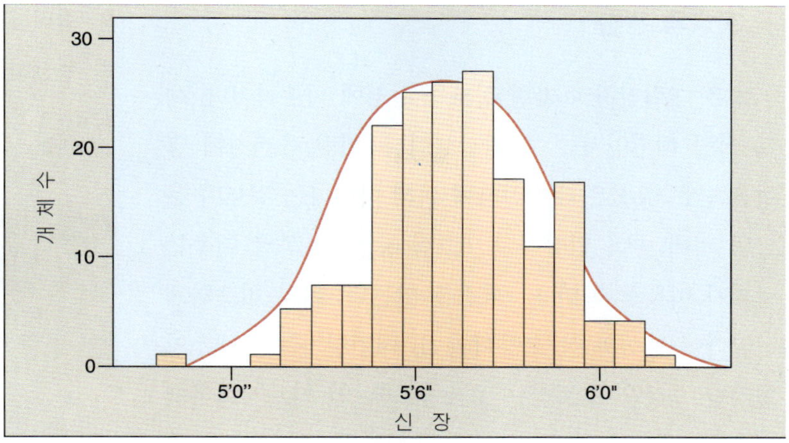

(b)

그림 6.12 다양한 신장은 연속적인 형질이다.

(a) 이 사진은 1914년 코네티컷 농업 학교 학생들의 신장 분포를 보여준다. 많은 유전자가 신장에 영향을 주며, 각각 독립적으로 분리되는 경향이 있기 때문에 많은 다양한 조합이 형성된다. (b) 신장에 대한 대립인자의 점증적인 기여는 연속적인 분포를 형성하는데, 무작위 분포이며, 극단은 중간값보다 드물게 나타난다.

발현에서 하나의 유전자는 많은 형질에 영향을 준다. 형질에 영향을 주는 유전자가 때로 알려지지 않은 다른 기능을 나타내기 때문에 다형질발현 효과는 예상하기 어렵다.

■ 불완전 우성

이형접합체에서 완전한 우성 또는 완전한 열성 대립인자가 없는 경우이다. 일부 대립형질쌍은 불완전 우성(incomplete dominance)으로 나타나며 부모 형질의 중간표현형이 나타난다. 예를 들어 (그림 6.13)에 설명한 일본산 분꽃의 빨강과 흰꽃 교배에서 모든 F_1 자손은 빨강도 흰색도 아닌 분홍색이다. 불완전한 우성인 이 예에서 멘델이 틀렸다고 논할 수 있는가? 물론 아니다. F_1인 분홍꽃 둘을 교배하면 빨강, 분홍 그리고 흰색꽃이 1:2:1의 비율로 나타난다. 간단히 말하면 이형접합체는 색깔면에서 중간 생성물이 나타난다.

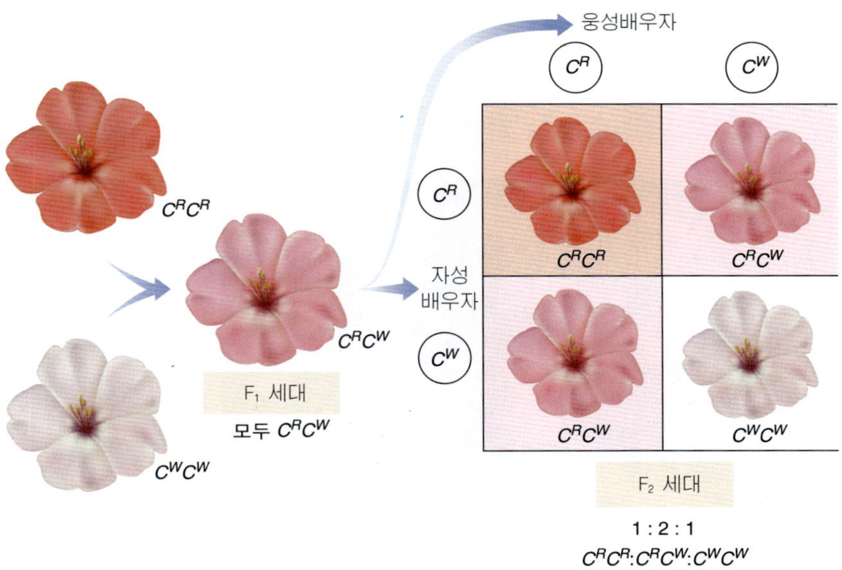

그림 6.13 불완전 우성

일본산 분꽃의 교배에서, 빨간꽃 유전자형 C^RC^R과 흰꽃 (C^WC^W)은 어느 대립인자도 우성이 아니다. 이형접합체는 분홍색이고 유전자형은 C^RC^W이다. 만약 이형접합체 둘을 교배하면 1:2:1(빨강:분홍:흰색)의 표현형적 비율로 자손이 나타난다.

■ 환경의 영향

많은 대립인자의 발현 정도는 환경에 의존적이다. 예로 어떤 대립인자는 열-민감성이다. 이런 유전자에 영향을 받는 형질은 대립인자에 의해 나타나는 것보다 온도나 빛에 좀더 민감하다. (그림 6.14)의 북극 여우는 날씨가 따뜻할 때만 털 색소를 만든다. 이와 비슷하게 히말라야 토끼와 샴 고양이의 ch 대립인자는 흑색소인 멜라닌 생산을 조절하는 효소중 하나인 티로시나아제의 열-민감성이 나타나도록 암호화한다. 효소 ch의 변이는 약 33℃ 이상의 온도에서 비활성화된다. 온도가 33℃ 가 넘는 경우, 대부분의 몸과 머리의 표면에서 티로시나아제 효소가 비활성화되며(즉 멜라닌 색소의 생성이 억제되며) 반면에, 온도가 33℃ 이하일 때는 꼬리와 귀의 끝 같은 몸의 말단에서는 활성화된다. 이 효소가 생산하는 어두운 멜라닌 색소 때문에 귀, 코, 다리와 꼬리는 검게 된다.

(a)
(b)

그림 6.14 대립인자에 대한 환경요인의 영향

(a) 겨울에 북극여우는 거의 흰색 털을 갖기 때문에 눈 위에서 여우를 발견하기가 어렵다. (b) 여름에는 똑같은 여우의 털이 갈색으로 변하여 주변 환경과 유사하게 된다. 열 민감 대립인자가 이러한 색깔 변화를 조절한다.

6.8 **다양한 요인이 대립 유전자의 멘델의 분리비를 변화시킬 수 있다. 이러한 예에는 많은 유전자가 하나의 형질에 작용하여 나타나는 연속변이, 양쪽 부모와 다른 이형 접합자를 생산하는 불완전 우성, 표현형의 발현에 대한 환경요인의 영향 등이 있다.**

6.9 멘델유전은 염색체에 의해 일어난다

진핵생물 세포가 분열할 때 염색체만이 일정하게 분리되는 것은 아니다. 중심소체 역시 나뉘어 일정한 방법으로 분리되며, 세포질에 있는 미토콘드리아와 엽록체도 그렇다. 그러므로, 20세기초까지는 염색체가 유전학적 정보의 매개물이란 명백한 증거는 없었다.

■ 유전의 염색체설

유전에서 염색체의 중요한 역할은 1900년 독일 유전학자 Correns가 멘델 연구의 재발견을 발표한 논문 중에서 처음으로 제시되었다. 곧이어 감수분열 동안 비슷한 염색체가 서로 쌍을 이룬다는 관찰이 있었고, 1902년 미국인 Sutton은 맨 처음 체계화한 유전의 염색체 이론을 발표했다.

여러 증거들이 Sutton의 이론을 뒷받침했다. 한 가지는, 번식할 때 단 두 종류인 난자와 정자 세포만의 결합으로 이루어진다는 것이다. 만약 멘델 모델이 정확하다면 두 배우자는 유전학적 역할이 동일해야만 한다. 그러나 정자는 세포질이 적으므로 유전물질이 배우자의 핵 안에 존재해야한다는 것을 암시한다. 더구나, 배수체 개체는 상동염색체 각 쌍의 2개의 복사체를 가지지만, 배우자는 단 1개만을 가진다. 이 관찰은 멘델 모델과 일치되며, 배우자는 유전되는 각 유전자의 1개 복사체만을 가지나 배수체는 2개를 갖는다. 마지막으로, 감수분열 동안 염색체는 분리하며 상동염색체 각 쌍은 세포분열 중 독립적으로 행동한다. 분리와 독립은 멘델의 모델에서 유전자의 두 가지 특징에 해당된다.

■ 염색체설이 지닌 문제점

그러나 곧 연구자들은 이 이론에서 한 가지 문제점을 제기했다. 만약 멘델의 형질이 염색체에 있는 유전자에 의해 결정된다면, 그리고 멘델 형질의 독립적 분리가 감수분열에서 염색체의 독립적 분리에 반영된다면, 왜 생물체에서 독립적으로 분리하는 형질의 수가 생물이 지닌 염색체쌍 보다 많은가? 이것은 중요한 문제점으로 인식되어 초기의 많은 연구자들이 Sutton의 이론에 대해 회의를 가지게 되었다.

■ 모건의 흰눈 초파리

유전의 염색체 학설에 근본적인 해답은 작은 파리가 이 가설에 대한 의문이 풀리기 오래전에 이미 증거를 제공하였다. 1910년 Morgan은 초파리의 일종인 노랑초파리(*Drosophila melanogaster*)를 연구하면서, 눈이 붉은색 대신에 흰색인 수컷 돌연변이 한 마리를 발견했다(그림 6.15).

모건은 만약 이것이 새로운 형질이라면 멘델 방식으로 유전되는지의 여부를 알아내기 위하여 실험하였다. 먼저 붉은눈 또는 흰눈 중 어느 것이 우성인지 알아보기 위해 돌연변이 수컷과 정상 암컷을 교배했다. F_1 모두는 붉은색 눈을 나타내었으며, 이에 모건은 붉은눈이 흰색눈에 우성이라고 결정했다. 모건은 오랜 전 멘델이 행한 실험과정에 따라 붉은눈을 지닌 F_1 세대 파리를 서로 교배했다. 모건이 조사한 4,252 마리의 F_2 자손 중 782(18%) 마리가 흰눈이었다. 비록 F_2에서 붉은눈 : 흰눈의 비율이 3 : 1은 아니었지만 교배의 결과는 눈색이 분리된다는 정확한 증거를 제공하였다. 그러나, 멘델의 이론에 비하여 생소하고 완전히 예상하지 못했던 결과가 나타났는데, F_2에서 흰눈을 가진 개체는 모두 수컷이었다.

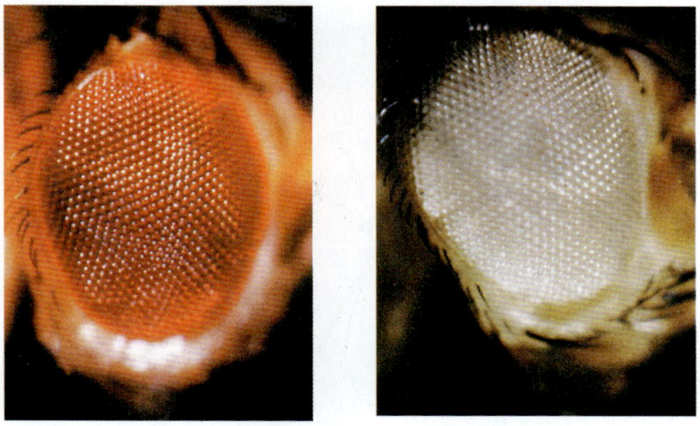

그림 6.15 붉은눈(야생형)과 흰눈(돌연변이형) 초파리

흰눈은 유전적이며 X 염색체에 위치한 유전자 돌연변이 결과이다. 모건이 행한 이 돌연변이의 연구로 유전자는 염색체에 있다는 것이 증명되었다.

어떻게 이 결과를 설명할 수 있을까? 아마 이것은 흰눈 암컷의 존재가 불가능하기 때문일 것이다. 즉 흰눈을 갖는 암컷은 알지 못하는 몇 가지 이유로 생존할 수 없을 것이다. 이 생각을 검증하기 위해 모건은 암컷 F_1 개체와 순종 흰눈 수컷을 검정교배 했다. 그는 멘델 이론에서 예상되는 것처럼 1 : 1 : 1 : 1의 비율로 흰눈과 붉은눈의 암컷과 수컷을 얻었다, 그런데 왜 위의 교배 자손에서는 흰눈 암컷이 없을까?

■ 성연관유전은 염색체 이론을 증명한다.

이 문제에서 해답은 성과 관련 있다. 초파리에서 성은 초파리가 가지고 있는 특별한 **X 염색체**(X chromosome)의 수에 의해 결정된다. 2개의 X 염색체를 가진 초파리는 암컷이고 X 염색체가 단 하나뿐인 것

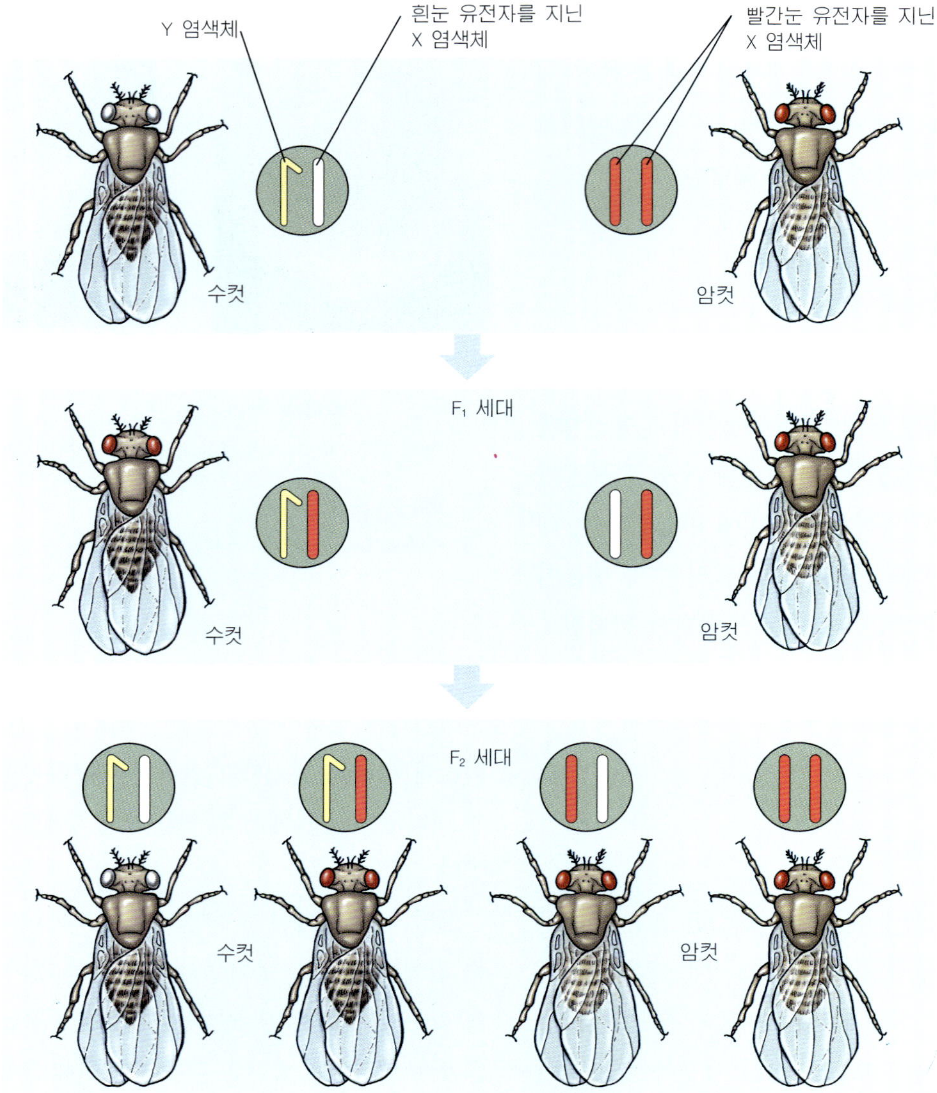

그림 6.16 모건의 실험은 초파리에서 성연관유전의 염색체적 근거가 된다.

흰눈 돌연변이 수컷을 정상 암컷과 교배하였다. F_1은 모두 붉은눈이며 열성 흰눈 유전자를 이형접합체로 갖는다. F_2에서 흰눈은 모두 수컷에서만 나타난다.

은 수컷이다. 감수분열 시 수컷의 1개 X 염색체는 **Y 염색체**(Y chromosome)라는 다른 상대와 쌍을 이룬다. 따라서 수컷이 X 또는 Y 배우체를 제공하는 반면, 암컷은 오직 X 배우자만 제공한다. 수정 시 수컷에서 유래된 X 정자를 포함한 결과는 암컷으로 성장하는 XX 접합체이고, Y 정자를 포함하면 결과는 수컷으로 성장하는 XY 접합체이다.

모건에 따르면 초파리에서 흰눈 형질에 관계되는 유전자는 Y 염색체에는 없고 X 염색체에만 존재한다는 것이다(현재 초파리의 Y 염색체는 거의 기능이 없는 유전자만 가지고 있다는 것을 안다). 성염색체의 유전자에 의해 결정되는 형질을 **성연관유전**(sex-linked)이라 부른다. 흰눈 형질은 붉은눈 형질에 대해 열성이며, 우리는 모건의 결과가 염색체의 멘델식 분리에 따르는 결과라고 볼 수 있다(그림 6.16).

모건의 실험은 Sutton이 제안한 것처럼 멘델의 형질을 결정하는 유전자가 실제적으로 존재한다는 것을 확인한 첫번째 증거이기 때문에 유전 역사상 중요한 실험 중 하나이다. 흰눈 형질의 분리는 X 염색체의 분리와 1:1의 상관관계를 가진다. 바꿔 말하면, 초파리에서 눈색 같은 멘델 형질은 염색체 위에 존재하기 때문에 독립적으로 분리한다. 멘델이 완두콩에서 대립 형질의 분리를 관찰한 것은 염색체의 감수분열 분리의 영향을 관찰한 것과 같다.

6.9 멘델의 형질은 감수분열 때 독립적으로 분리되는 염색체 위에 위치한 유전자에 의해 결정되기 때문에 독립적으로 분리된다.

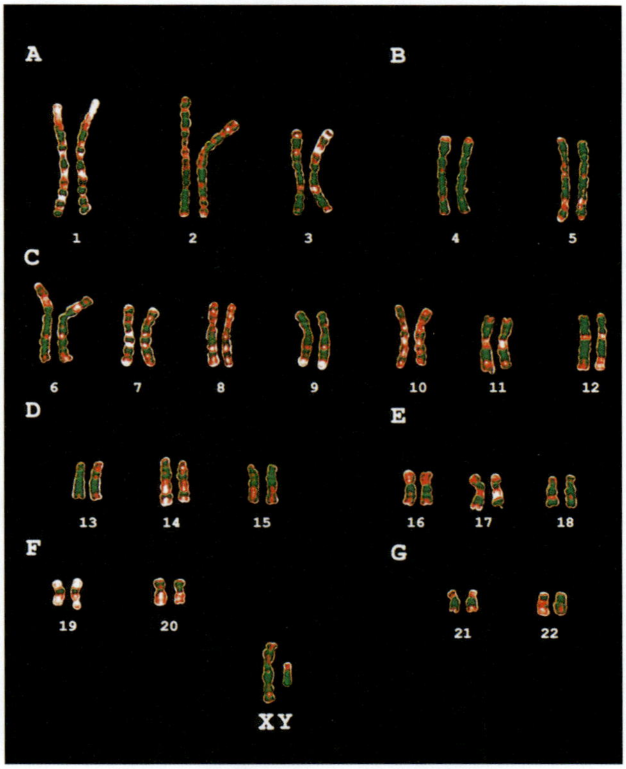

그림 6.17 사람의 핵형

핵형은 A에서 G 등급으로 나뉘어 배열되어 있다.

6.10 인간 염색체

보통 사람의 체세포는 46개의 염색체를 가지며 감수분열시 23쌍을 형성한다. 염색체는 크기, 형태, 외형에 따라서 7개의 그룹(A에서 G)으로 나눈다. 염색체간의 차이는 염색체를 핵형 순서대로 배열하였을 때 가장 확실하게 볼 수 있다(그림 6.17). **핵형**(karyotype)은 개인의 독특한 염색체 배열이다. 간혹, 감수분열 동안 자매염색분체나 상동염색체가 분리되지 못하고 함께 쌍을 지어 연결된 상태로 남기도 한다. 감수분열 Ⅰ이나 감수분열 Ⅱ 동안 염색체가 정확한 분리를 하지 못하는 것을 **비분리현상**(nondisjuction)이라 한다. 비분리현상은 비정상적인 염색체수를 가진 이수체(aneu-ploidy)를 유발한다.

비 분리현상

대부분 같은 성의 사람은 다른 배열이 작용하지 않기 때문에 같은 핵형을 가진다. 상염색체 중에서 복사본 하나가 소실된 사람(**일염색체성**; monosomy)은 생존·발육 할 수 없으며, 여분의 상염색체를 가진 사람(**삼염색체성**; trisomy)도 역시 생존할 수 없다. 그러나, 가장 작은 상염색체 중 5개(13번, 15번, 18번, 21번 그리고 22번)는 3개의 복사체를 지닌 사람이 있을 수 있으며, 어느 정도는 생존할 수 있다. 13번, 15번, 18번에 여분의 염색체가 존재하면 심한 발육상 장애를 일으키며, 그런 유전적 이상을 가진 소아는 출생 후 몇 달 내에 죽는다. 이와는 대조적으로 21번이나 좀더 드물지만 22번 염색체에 여분의 복사체를 가진 사람은 성인이 될 때까지 생존 가능하다. 이 사람은 골격계의 발육이 지연되어 일반적으로 작고 빈약한 근육상태로 된다. 21번이나 22번이 삼염색체인 어린이는 정신적 발육에도 영향을 받으므로 정신적 질환을 가지게 된다.

다운증후군

21번이 삼염색체성으로 발현되는 발육적 이상은 (그림 6.18) 1866년 J. Langdon Down이 처음으로 보고하여 **다운증후군**(Down syndrome)이라 부른다. 출생하는 어린이의 약 750명당 1명 꼴로 다운증후군이 나타나며, 이 빈도는 모든 인종간에 비슷하다. 이 질병은 일반적으로 나이가 많은 어머니에게서 태어난 아이에게 더 많다. 30세 이하의 어머니는 발생률이 약 1500명 당 1명인 반면, 30에서 35세 어머니의 경우 발생률이 두 배인 750명 당 1명이다. 45세 이상의 어머니에서는 위험률이 16명당 1명으로 높다(그림 6.19). 나이 많은 어머니가 다운증후군 아이를 출산할 경향이 높은 이유는 여자의 모든 난자는 태어날 때 이미 난소에 존재하고 있으며, 나이가 들어감에 따라 난자에 손상을 입을 가능성이 높아지기 때문이다.

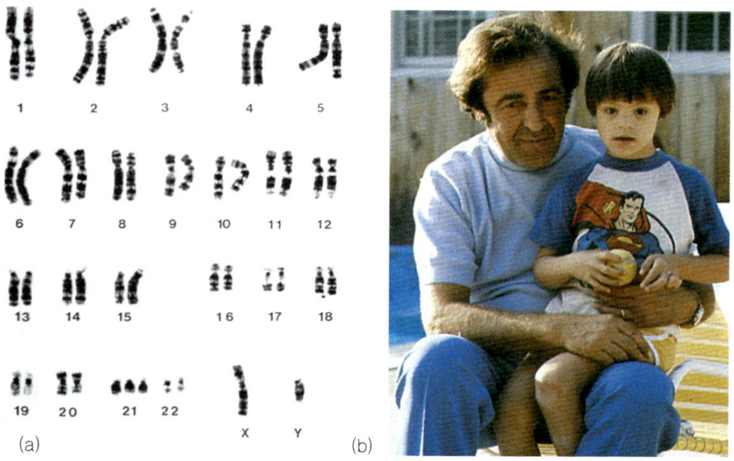

그림 6.18 다운증후군

(a) 다운증후군을 가진 사람의 핵형은 21번이 삼염색체성이다. (b) 아버지 무릎에 앉아 있는 다운증후군 아이

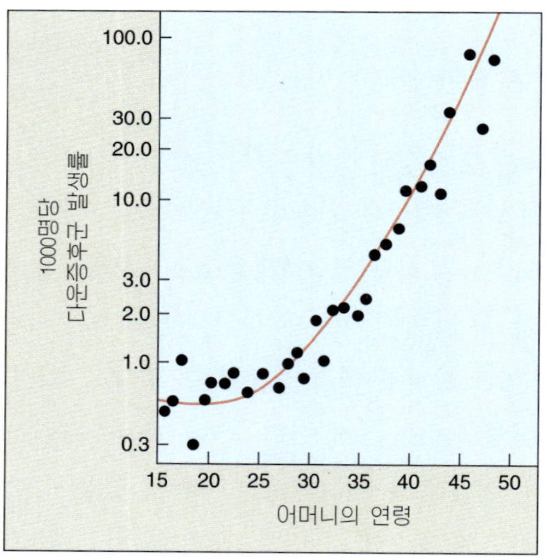

그림 6.19 어머니의 나이와 다운증후군 발병률 사이의 상호관계

여성이 나이가 들어감에 따라 다운증후군 아이를 출산할 확률이 증가한다. 35세가 넘은 여성에서는 다운증후군 아이의 출생 빈도가 급격히 증가한다.

성염색체의 비 분리현상

사람 염색체의 23쌍 중 22쌍은 남성과 여성 모두 완전하게 일치하며 상염색체라 한다. 남은 쌍은 성염색체로 X와 Y이다. 사람은 초파리처럼(그러나 모든 이배체 종에서 X와 Y는 아니다) 여성은 XX, 남성은 XY이다. 최소한 1개의 Y 염색체를 가진 사람도 남성이다. Y 염색체는 조밀하게 응축되어 있고 대부분의 생물체에서 약간의 기능적 유전자를 지닌다. Y 염색체가 지닌 유전자의 일부는 "남성적"인 것과 관련된 특징이 나타나도록 한다. 성염색체를 정상보다 많이 갖거나 적은 개체는 상염색체의 이상에 의한 심각한 발육상의 기형과는 일반적으로 다르다. 이런 개체는 완전한 발육은 하지만 정상적이지 못한 어떤 특징을 가진다.

■ X 염색체

감수분열 시 X 염색체가 분리되지 않으면 제공되는 배우체의 일부는 X 염색체를 둘 다 지니게 되며 XX 배우체이다. 이 비분리의 결과 다른 배우자는 성염색체가 없으며 "O"으로 표시한다(그림 6.20).

만약 XX 배우자가 X 배우자와 결합하면 XXX 접합체가 되고, 일반적으로는 정상이지만 불임인 여성으로 성장한다. 만약 XX 배우자가 Y 배우체와 결합한 XXY 접합체는 여성의 신체적 특징을 가진 불임의 남성으로 성장하며, 일부 경우에는 정신적 능력도 떨어진다. 이 경우를 **클라인펠터증후군**(Klinefelter syndrome)이라 하며, 남성의 약 1/500명 꼴로 나타난다.

만약 O 배우자와 Y 배우자가 결합하면, OY의 접합자가 될것이나 X 염색체의 유전자가 없으므로 접합자는 생존할 수 없다. O 배우자가 X 배우자와 결합한 XO 접합자는 키가 작은 여성으로 성장하며 생식기관의 미성숙으로 사춘기 동안 2차 성징이 나타나지 않아 중성화된다. XO 사람의 정신능력은 정상인보다 낮다. 이 상태를 **터너증후군**(Turner syndrome)이라 하며, 여성의 1/5000명 꼴로 나타난다.

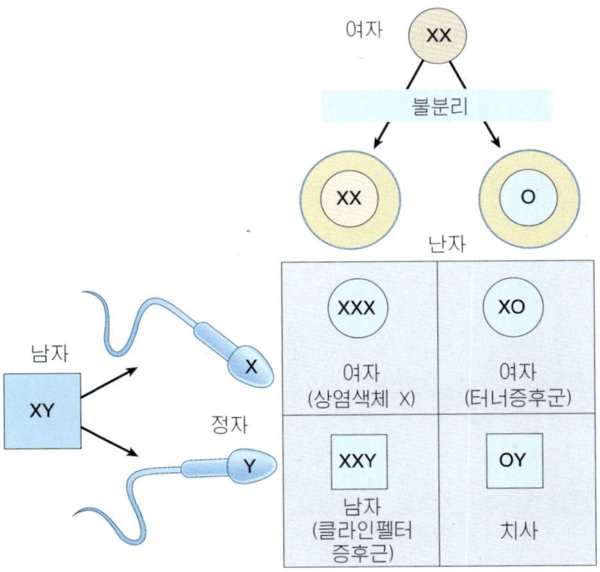

그림 6.20 X 염색체의 비분리현상

X 염색체의 비분리현상은 이수성 성염색체가 생기게 한다.

■ Y 염색체

Y 염색체 역시 감수분열 시 분리가 일어나지 않으면 YY 배우자 형성을 유발한다. 이 배우자가 X 배우자와 결합하면 XYY 접합체가 되며 정상적인 외형의 생식능력이 있는 남성으로 성장한다. XYY 유전자형의 빈도는 새로 태어나는 남아의 약 1,000명 당 1명 정도이다. 그러나 교도소나 정신병원의 남성들에서는 이보다 거의 20배정도 높다. 이 조사로 XYY 남성이 유전적으로 반사회적이다 라는 가능성을 제시하는 것으로 항상 맞는 것은 아니다. 여하튼 대부분의 XYY 남성이 반사회적 행동 양식을 나타내지는 않는다.

6.10 **상염색체의 결손은 항상 치사이며 상염색체를 보유할 때에도 몇몇 경우를 제외하고는 치사이다. 여분의 성염색체는 불임을 유도하기는 하지만 상염색체보다는 심각한 영향을 주지 않는다.**

6.11 혈우병

혈관이 파열되면, 파열된 곳의 혈액은 즉시 혈병이란 고형의 겔을 형성한다. 혈병은 혈액내에 순환하는 단백질섬유가 중합된 결과로 형성된다. 열두 가지 단백질이 이 과정에 관여하며, 혈병을 형성하기 위해 정확하게 작용해야 한다. 돌연변이가 생기면 단백질의 일부가 활성능력을 잃게 되고 혈액이 천천히 응고되거나 응고되지 않는 상태가 되며, 이를 혈우병(hemophila)이라 한다.

혈우병은 열성 질환으로 정상 대립인자를 지니지 못한 사람에게 나타나며, 혈액응고에 필수적인 단백질 중 하나를 생산할 수 없다. 혈액응고 단백질을 암호화하는 대부분의 유전자는 상염색체상에 있으나, 2개의 유전자는 (Ⅷ와 Ⅸ로 표시) X 염색체상에 있다. 이 두 유전자는 성연관유전 현상을 보이며, 돌연변이 대립인자가 유전된 남성은 그 X 염색체와 쌍을 짓는 다른 성염색체가 그 유전자의 대립인자가 없는 Y 염색체이기 때문에 혈우병이 된다.

혈우병의 가장 유명한 예는 황실 혈우병으로 불리는 영국 황실가에서 발생된 성연관유전 현상이다. 이 혈우병은 영국의 Victoria 여왕의 (1819~1901: 그림 6.21) 부모 중 한쪽에서 발생한 X 유전자의 돌연변이에 의해 유발되었다. 빅토리아 여왕 이후 5세대 동안 그녀의 남성 자손 중 10명이 혈우병이었다. 현재의 영국 황실가는 빅토리아 여왕의 아들 때문에 혈우병에서 벗어났다. Edward Ⅶ는 결함이 있는 대립인자가 유전되지 않았으며, 그 이후의 영국의 모든 통치자가 그의 후손이다. 빅토리아 여왕의 9자녀 중 3명은 결함이 있는 대립인자를 받았고, 그들은 유럽의 많은 다른 왕족과 결혼하여 혈우병을 전달하였다(그림 6.22).

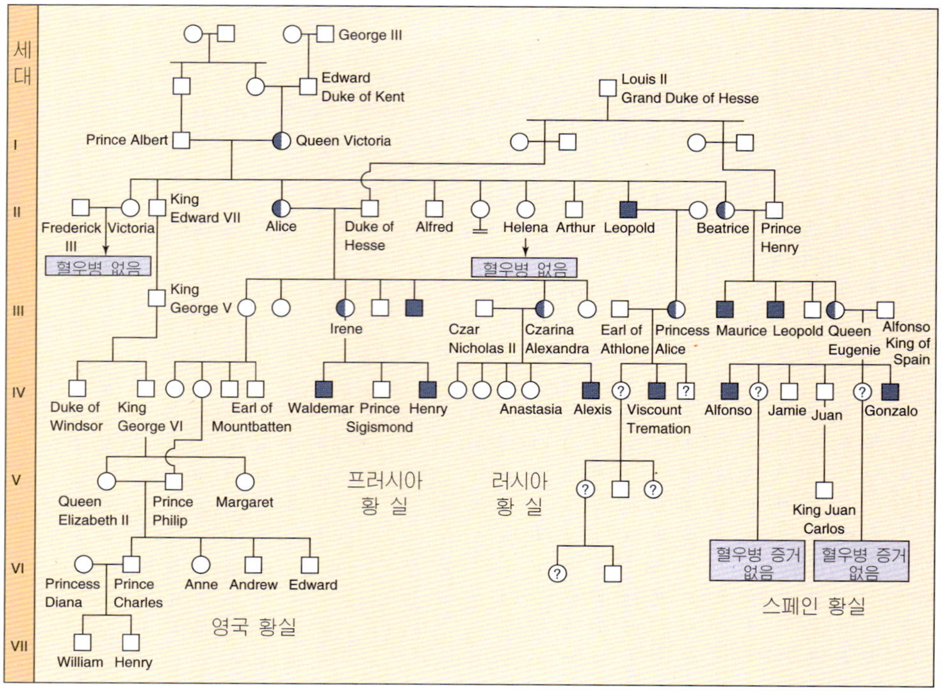

그림 6.22 영국 황실 혈우병 가계도

Victoria여왕의 딸인 Alice는 러시아와 오스트리아 황실에 혈우병을 전파시켰으며, 여왕의 딸 Beatrice는 스페인 황실에 혈우병을 전파했다. 빅토리아의 아들 Leopold 역시 희생자로 후손 3대에 걸쳐 혈우병이 전달됐다. 반쪽이 검은 기호는 하나는 정상 대립인자이며 다른 하나는 결함있는 대립인자로 잠재성을 나타내며 전부 검은 기호는 혈우병이 있는 사람을 나타낸다.

그림 6.21 영국 Victoria 여왕과 그 일족(1984)

아이를 낳았던 빅토리아 가문의 네 딸 중 Alice와 Beatrice은 황실 혈우병의 전달자였다. Alice의 두 딸이 빅토리아 여왕 뒤에서 있다(털목도리를 하고 있다).: 곧 러시아의 황후가 되는 Irene(오른쪽)와 Alexandra(왼쪽) 공주도 둘 다 혈우병의 전달자였다.

6.11 혈우병은 혈병 단백질을 만드는 유전자의 열성 돌연변이 결과이다.

6.12 겸상적혈구 빈혈증

겸상적혈구 빈혈증은 산소를 운반하는 적혈구 내의 단백질인 헤모글로빈 분자에 영향을 주어 결함을 나타나게 하는 열성 유전질환이다. 따라서 이런 사람들은 조직에 적당한 양의 산소를 운반할 수 없다. 결함 있는 헤모글로빈 분자는 서로 달라붙어 딱딱하고 막대 같은 모양을 형성하여 낫모양의 적혈구가 된다(그림 6.23). 그 결과 적혈구는 매우 작은 혈관을 통한 이동이 어려워지며 혈관에 축적되어 혈병을 형성한다. 겸상적혈구 빈혈증을 가진 사람은 일찍 사망한다.

겸상적혈구의 헤모글로빈을 정상 적혈구 헤모글로빈과 비교해 보면 574개 아미노산 중 단 하나만 다르다. 겸상적혈구는 단백질의 한 부분에서 발린이 글루탐산으로 치환되어 있다. 겸상적혈구 헤모글로빈 단백질의 표면이 매우 비극성인 아미노산을 지니며 "끈적이는 조각"을 만들어 서로 달라붙으며, 비극성 아미노산은 물과 같은 극성인 환경에서는 서로 결합하려는 경향이 있다. 헤모글로빈 1개가 다른 것에 부착됨에 따라 헤모글로빈 분자사슬을 형성한다.

이형접합자인 사람은 정상인과 구별되지 않는다. 그러나 그들의 적혈구의 일부는 낮은 농도의 산소에 노출되었을 때 낫모양으로 된다. 겸상적혈구 빈혈증의 원인인 대립인자는 아프리카 사람들에서 그 빈도가 높다.

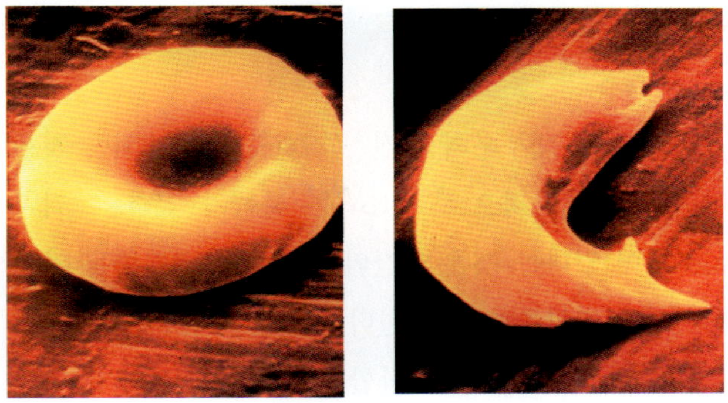

(a) (b)

그림 6.23 정상적혈구와 낫모양의 적혈구(겸상적혈구)

(a) 정상적혈구는 편평한 원반형이다. 매끄러운 끝 부분은 좁은 모세혈관을 쉽게 이동할 수 있게 한다. 겸상적혈구 대립인자의 동형접합성 개체는 많은 적혈구가 낫모양이다. (b) 모세혈관을 통과하는 동안 낫모양의 끝부분으로 찔린 지점에서 출혈이 있게 되며, 빈혈을 유발한다.

아프리카계 미국인의 약 9%가 이형접합체이고, 약 0.2%가 동형접합체로 이 질병을 가지고 있다. 아프리카의 일부 집단은 45% 이상이 이 대립인자에 대해 이형접합체이고, 6%가 동형접합체로 질병이 나타난다. 어떤 요인이 아프리카에서 겸상적혈구 빈혈증의 빈도를 높게 하였을까? 겸상적혈구 빈혈증에 대한 이형접합체는 말라리아에 대한 내성이 높은 것으로 밝혀졌다. 말라리아는 중앙 아프리카에서는 비교적 흔하고 위험한 질병이다(그림 6.24).

6.12 겸상적혈구 빈혈증은 헤모글로빈의 열성 돌연변이 때문이고, 이형접합체는 말라리아에 대한 저항성을 갖기 때문에 아프리카에서 높은 빈도를 보인다.

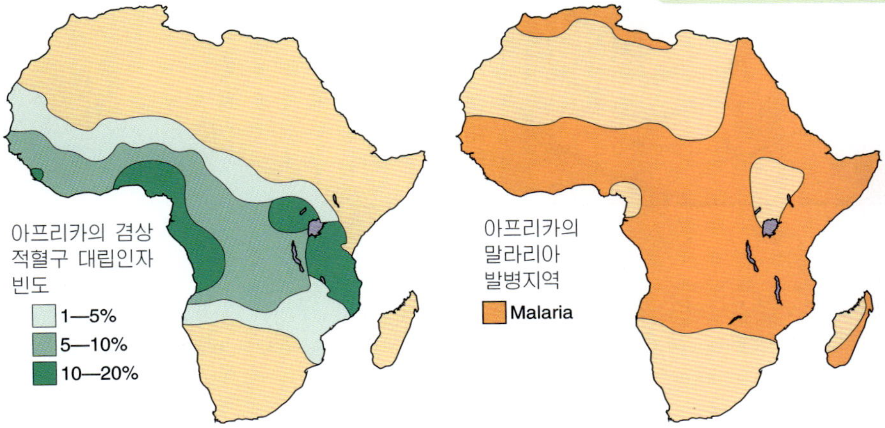

그림 6.24 겸상적혈구 대립인자는 말라리아에 내성을 갖는다

중앙 아프리카에서 겸상적혈구 빈혈증의 분포는 말라리아의 발생지역과 거의 일치한다. 이것은 우연이 아니다. 이 대립인자가 이형접합체 일 때 겸상적혈구 빈혈증은 매우 위험한 질병인 말라리아에 내성을 갖는다.

6.13 유전 상담과 치료

비록 아직 대부분의 유전적 질환들이 치료되는 것은 아니지만, 성공적으로 치료되는 사례가 있다. 그러나 치료법이 없다는 것은 인간의 의지로 유전질환을 가진 어린이의 출산을 피해야 한다는 것을 의미한다. 유전적 결함을 가진 어린이를 출산할 위험을 가진 부모를 확인하는 과정과 태아의 유전적 상태를 평가하는 것을 유전상담(genetic counseling)이라 한다.

만약 유전적 결함이 열성 대립인자에 의해 일어난다면, 어떻게 해야 잠재성인 부모의 대립인자 전달 가능성을 알 수 있을까? 그 한 가지 방법이 가계분석을 통해서 이며, 이 가계분석은 유전적 상담을 할 때마다 보조자료로 사용된다. 가계도를 분석함으로써, 그 사람이 질병의 보인자인지 아닌지에 대한 확인이 가능하다. 예를 들어 당신 친척 중 한 사람이 낭포성섬유증 같은 열성 유전질환을 앓고 있다면, 당신은 그 질환에 대해 열성의 이형접합성 보인자일 가능성이 있다. 부부가 아이를 출산할 때, 가계분석은 심각한 유전적 질환의 원인인 열성 대립인자의 이형접합성 전달자가 될 가능성을 알 수 있고, 보인자일 가능성이 있다면 임신은 위험하고 태어난 아이는 임상적인 질환이 발현될 확률이 높다.

또 다른 위험성 높은 임신은 어머니의 나이가 35세 이상 일 때이다. 우리가 앞에 공부한 것과 같이 다운 증후군의 아이가 태어날 확률은 나이가 많은 여성의 임신에서 매우 증가한다(그림 6.19 참조).

유전적 질환을 가질 위험이 큰 임신이라고 판단되면, 산모는 태아기 때 유전적 질환진단을 가능케 하는 양수검사(amniocentesis)를 받아야 한다(그림 6.25). 임신 4개월에 살균된 주사바늘을 산모의 자궁안으로 삽입하고 태아가 있는 양수액를 채취한다. 양수액에는 태아로

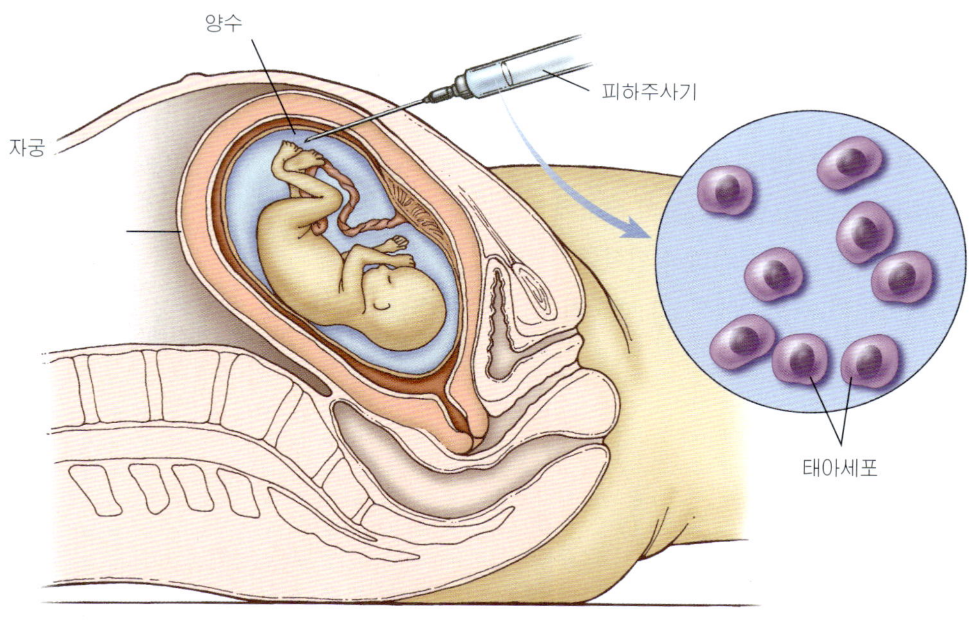

그림 6.25 양수검사

바늘이 양막내로 삽입된다. 그리고 태아로부터 유리된 일부 세포가 포함된 양수액 시료는 주사기 내로 들어간다. 태아세포를 배양하여 그 핵형과 대사기능을 검사한다.

부터 나온 부유세포가 있다. 추출하자마자 세포를 실험실에서 배양한다. 양수검사 동안 바늘과 태아의 위치는 일반적으로 초음파(ultrasound)를 통해 확인 할 수 있다. 초음파검사에 사용되는 음파는 모체나 태아에게 해가 없으며, 그리고 태아에 손상 없이 양수를 꺼낼 수 있게 하며, 주요한 기형의 징후를 알아낼 수 있다.

최근에 의사들은 유전학적 검진을 위한 양막돌기 표본채취(chorionic villi sampling)라는 방법에 관심을 기울이고 있다. 이 방법은 의사가 태아를 보호하는 태반의 막 부분인 융모막에서 세포를 취한다. 이 방법은 임신 초기에(8주부터) 이용할 수 있으며, 양수검사 보다 좀더 빨리 결과를 얻을 수 있다.

Chap 07

유전자의 활동

7.1 Griffith의 실험

염색체를 이루는 것은 단백질과 DNA이다. 이 둘은 모두 유전자의 구성 물질이 될 수 있는 조건을 갖추고 있다. 단백질의 각기 다른 아미노산 서열, 혹은 DNA의 각기 다른 뉴클레오티드는 어느 것에든 유전정보가 저장될 수 있는 가능성이 있는 것으로 가정할 수 있었다. 그러나 이 중 어느 것이 과연 유전물질일까? 만약 염색체에서 DNA와 단백질을 따로 따로 분리해내서 실험해 본다면 이 둘 중 어느 것이 다른 생물의 유전자를 바꿀 수 있을까?

1928년, 영국의 미생물학자인 Frederick Griffith는 병원성 세균으로 실험을 하던 중 예기치 못한 일련의 결과를 관찰하게 되었다. 전염성이 강한 *Streptococcus pneumoniae*를 쥐에 감염시킬 때 이 쥐는 죽는다. 그러나 전염력이 강한 종류에서 다당류 외피가 제거된 돌연변이 *S. pneumoniae*로 다시 쥐를 감염켰더니 전혀 아무런 영향을 미치지 못했다. 다당류 외피가 쥐를 감염시키는데 있어 절대적으로 필요한 요소였던 것이다. 이 세균의 일반적인 병원성 형태는 "S-형"이라고 불리는데, 이유는 이 세균이 배양접시에서 매끄러운(smooth) 콜로니를 형성하기 때문에 붙인 이름이다.

돌연변이 세균에는 다당류 캡슐을 만드는데 필요한 효소가 결핍되어 있는데, 이 세균은 배양접시에서 거친(rough) 콜로니를 형성하기 때문에 'R-형' 이라 불린다. 다당류 외피 자체가 독성 효과를 나타내는 것인지를 알기 위해서 Griffith는 전염력이 있는 죽은 'S-형"과 살아있으나 전염력은 없는 R-형을 섞어 쥐에 주사했다(그림 7.1). 예기치 않게도 이 쥐는 병에 걸려 죽었고 감염력이 있으면서 살아있는 S-형이 죽은 쥐의 혈액에서 높은 농도로 검출되었다. 다당류 외피를 만드는 정보가 죽은 S-형으로부터 외피가 없는 R-형으로 옮겨가서 외피가 없는 R-형이 전염력을 가진 S-형으로 영구적으로 전환된 것이다.

7.1 **유전자 정보는 죽은 세포로부터 살아있는 것으로 옮겨가 그것을 전환시킬 수 있다.**

7.2 Avery의 실험

*Streptococcus*를 형질전환 시킨 물질이 무엇인지 1944년 전까지 밝혀지지 않았다. Oswald Avery와 그의 동료인 Colin MacLeod, 그리고 Maclyn McCarty는 일련의 실험을 통해 그들이 "형질전환을 일으키는 물질"의 정체를 분석했다. 그들은 우선 Griffith가 사용했던 죽은 S-형과 살아있는 R-형의 혼합물을 준비했다. 그 다음에 이 혼합물로부터 가능한 최대로 단백질을 제거하여 순도 99.98%에 도달하게 했다. 거의 모든 단백질을 제거했음에도 불구하고 형질전환의 활성은 줄어들지 않았다. 더우기 전환시키는 중심물질은 그 특성이 여러 면에서 DNA를 닮아 있었다.

DNA와 같은 화학적 원리

정제된 혼합물을 화학적으로 분석했을 때 원소의 배열이 DNA와 거의 일치했다.

DNA와 같은 행동

초 원심분리에서 형질전환물질은 DNA와 같은 위치로 이동했다. 전기영동과 기타 다른 화학적 물리적 실험에서도 DNA와 같은 행동 양상을 보여주었다.

지방이나 단백질 추출에 영향받지 않음

정제된 형질전환물질로부터 지방을 추출했을 때에도 활성은 줄어들지 않았다.

단백질 분해효소나 RNA 분해효소에 의해 파괴되지 않음

단백질 분해효소나 RNA 분해효소는 이 형질전환물질의 활성에 아무런 영향을 미치지 않았다.

DNA 분해효소에 의해 파괴됨

DNA 분해효소는 모든 형질전환 활성을 파괴하였다.

증거는 충분했다. 형질전환물질의 기본적 단위는 데옥시리보스와 같은 유형의 핵산이라고 결론내렸다. 즉 DNA가 유전물질이다.

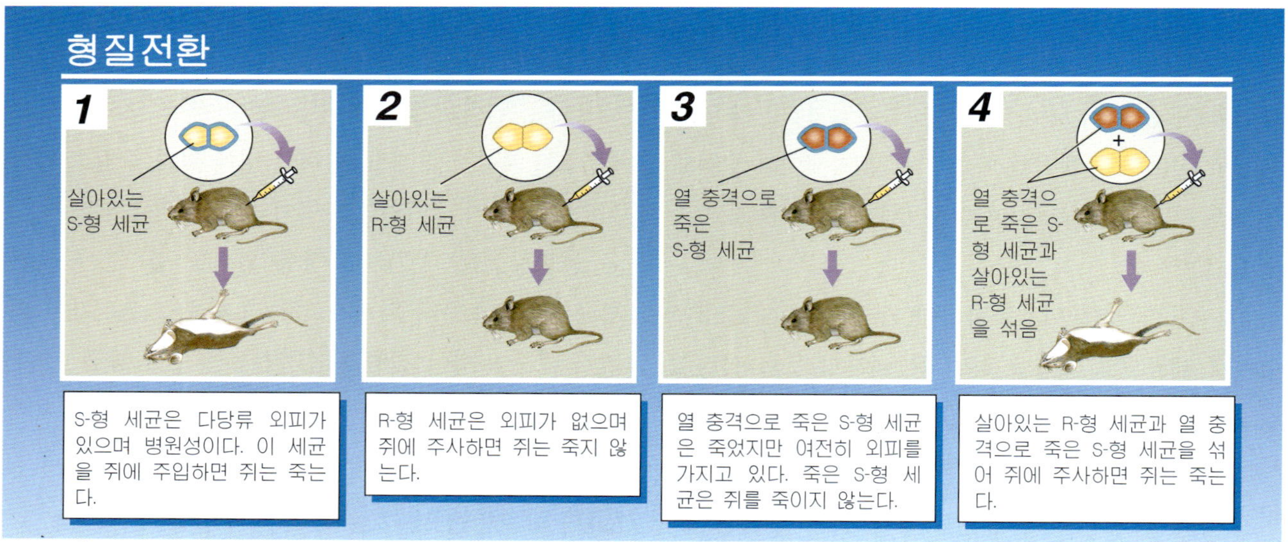

그림 7.1 Griffith의 형질전환의 발견

한 개체로부터 다른 개체로 유전자가 이동하는 형질전환은 DNA가 유전물질이라는 중요한 증거를 제공하는 것이었다. Griffith는 죽은 병원성 세균 *Streptococcus pneumoniae*의 추출물이 살아있으나 독성이 없는 세균을 병원성 세균으로 형질을 "전환"시킬 수 있다는 사실을 발견하였다. 후에 Avery는 이 추출물을 분석하고 죽은 세균으로부터 살아있는 세균으로 옮겨진 물질이 DNA라는 것을 증명하였다.

7.3 Hershey–Chase의 실험

Avery의 실험은 처음에는 그 진가를 널리 인정받지 못했는데, 그 당시 대부분의 생물학자들이 유전자는 단백질로 만들어져 있다고 생각했기 때문이었다. 그러나 1952년 Alfred Hershey와 Martha Chase에 의한 간단한 실험은 결코 무시될 수 없는 것이었다. 이들 연구팀은 세균을 감염시키는 바이러스의 유전자를 조사했다. 이 바이러스들은 세균 표면에 부착하여 그들의 유전자를 세균 내부로 들여보낸다. 충분히 성숙되면 새로 생겨난 바이러스 자손들은 또 다른 세포에 침투하기 위해 터져 나온다. 이들 세균 감염 바이러스들은 매우 간단한 구조로 되어 있다. 즉 DNA와 이를 둘러싸고 있는 단백질 외피가 전부이다.

이 실험에서 Hershey와 Chase는 바이러스의 DNA와 단백질에 "표지"를 달기 위해 방사선 동위원소를 사용했다. 한 실험에서는 바이러스들이 번식했을때 방사선 동위원소 ^{32}P를 포함하는 DNA를 갖도록 만들었다. 또 다른 실험에서는 바이러스가 성장했을 때 단백질 외피에 방사선 동위원소 ^{35}S가 포함되도록 하였다. 이 두 실험에서 나온 바이러스를 서로 섞은 후 세균을 감염시키도록 했다. 몇 분 후 Heyshey와 Chase는 세균 표면에

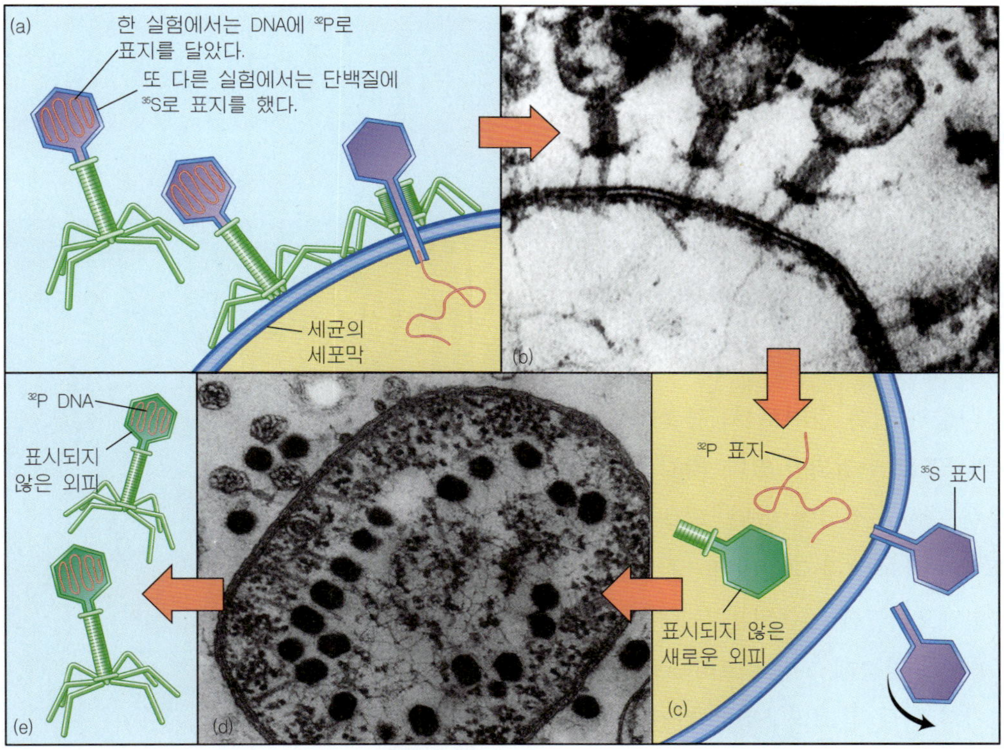

그림 7.2 Hershey–Chase의 실험

대부분의 생물학자들로 하여금 유전물질의 정체가 DNA임을 확신하게 만든 이 실험은 제2차 세계대전 직후 시행되었는데, 이 때부터 방사선 동위원소는 연구자들 사이에 일반적으로 사용되어지기 시작했다. Hershey와 Chase는 단백질과 DNA에 인식표를 각기 다르게 달아 이들의 경로를 추적하기 위한 표지로 사용했다. 그들은 세균에 침범하는 바이러스들이 번식하기 위해 세균 안으로 그들의 유전자를 끼워 넣을 때 단백질이 아니라 DNA가 들어가는 것임을 발견했다. 이로써 바이러스 단백질이 아니라 바이러스 DNA가 새로운 바이러스의 생성을 주도하는 원인 물질임이 확실해졌다.

붙은 바이러스들을 떨어뜨리기 위해 용액을 세게 흔들었고, 세균만을 따로 분리하기 위해 원심분리기를 사용했다. 그리고 아주 간단한 질문을 던졌다. 바이러스가 세균세포 안으로 침투시킨 것은 단백질인가? DNA인가? 그들은 실험결과 세균세포 내부에 ^{32}P만 있고 ^{35}S 표지는 없다는 것을 발견했다. 이 실험의 결론은 명백하다. 바이러스가 새로운 바이러스 세대에게 물려주는 유전자는 단백질이 아니라 DNA로 만들어졌다는 것이었다(그림 7.2).

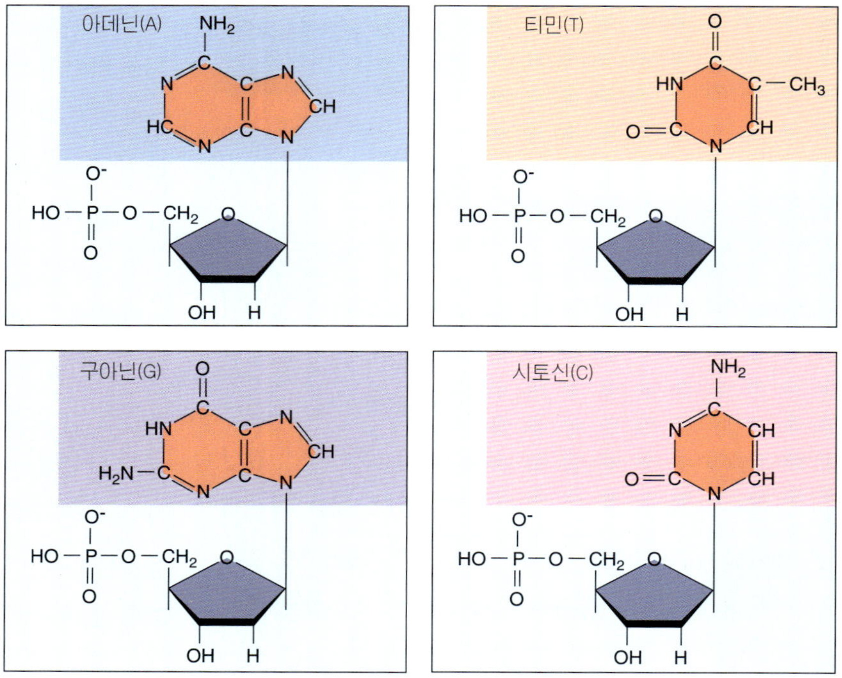

그림 7.3 DNA를 구성하는 네 가지 뉴클레오티드 단위구조.

DNA의 뉴클레오티드 단위구조는 세 가지 요소로 구성되어 있다. 즉 중심에 있는 5탄당, 인산, 그리고 유기질소를 포함하는 염기.

7.3 박테리오파아지(bacteriophage)의 유전물질은 단백질이 아니라 DNA이다.

7.4 DNA 구조의 발견

DNA는 긴 사슬과 같은 분자로서 "뉴클레오티드"라고 불리는 단위구조로 구성되어 있다. 각각의 뉴클레오티드는 세 부분으로 구성되어 있다. 당(sugar), 인산(PO_4) 그리고 염기(base)가 그것이다. 당과 인산은 모든 DNA의 뉴클레오티드에 공통되는 부분이다. 그러나 염기에는 네 종류가 있는데, 2개의 고리구조를 가진 두 가지의 큰 염기와 하나의 고리구조를 가진 두 가지의 작은 염기이다(그림 7.3). 크기가 큰 염기를 퓨린(purine)이라고 하며, 여기에는 A(아데닌)와 G(구아닌)가 있다. 크기가 작은 염기는 피리미딘(pyrimidine)이라고 하며 C(시토신)과 T(티민)이 있다. Erwin Chargaff는 DNA를 분리했을 때 퓨린과 피리미딘의 양

그림 7.4 Watson과 Click.

1953년 Watson과 Click은 DNA의 구조를 추론해냈다. 제임스 왓슨(사진에서 DNA 모델을 응시하고 있는 쪽)은 젊은 미국 박사 후과정 학생이었고, 프랜시스 크릭(사진에서 모델을 가리키고 있는 사람)은 영국의 과학자였다.

이 항상 같다는 것을 발견했다. 사실상, 측정상의 오차가 약간 있긴 하지만, A는 T의 양과 같았고, G의 양은 항상 C의 양과 같았다. 이러한 발견(A=T, G=C)은 'Chargaff의 법칙' 으로 알려져 있으며, DNA가 규칙적

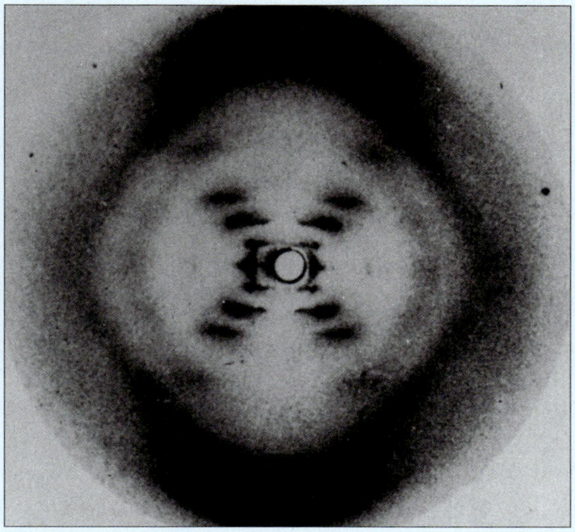

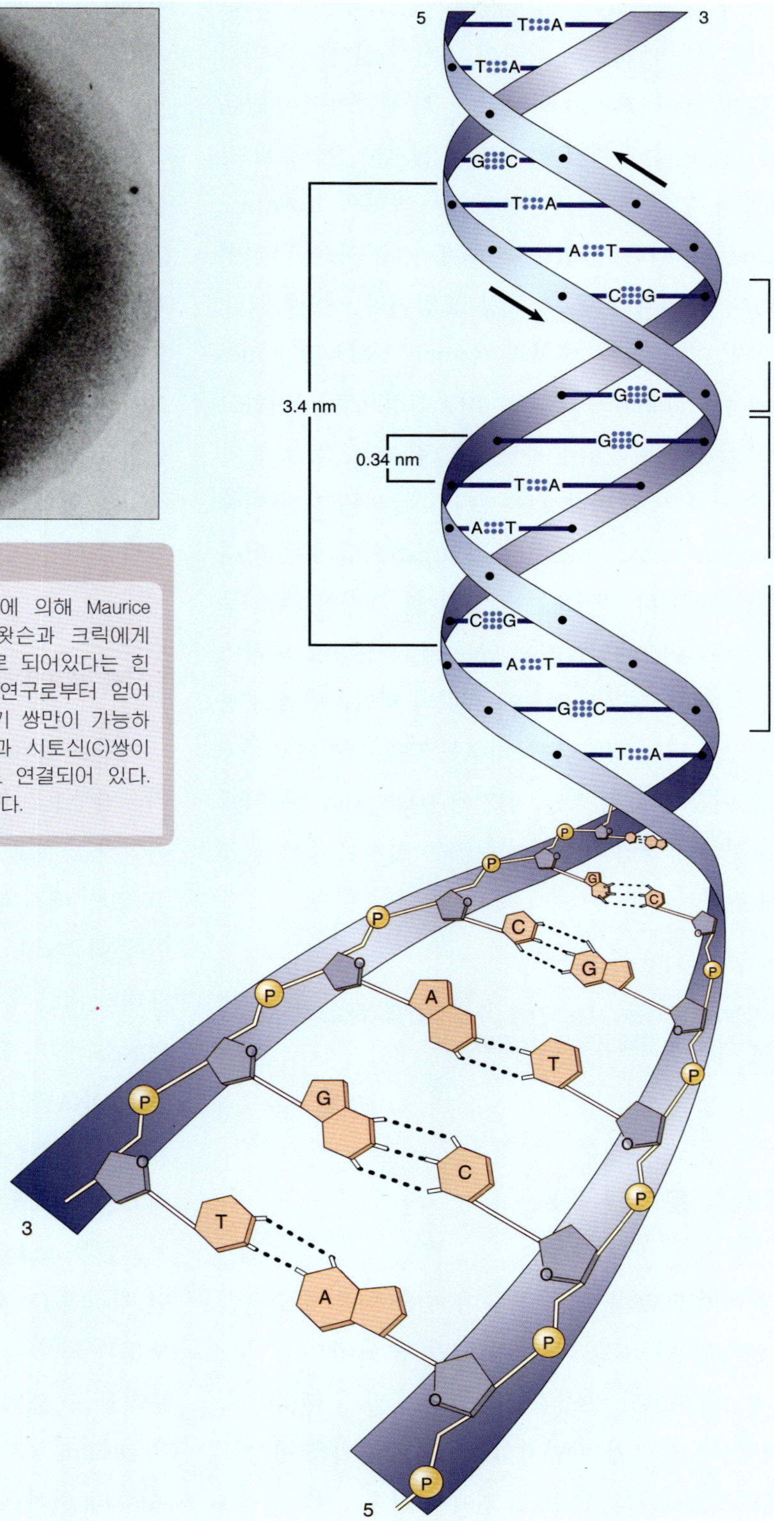

그림 7.5 DNA 이중나선.

이 X-선 회절사진은 1953년 로잘린 프랭클린에 의해 Maurice Wilkins 실험실에서 얻어진 것이다. 이것은 왓슨과 크릭에게 DNA 분자가 날개형 계단을 가진 나선모양으로 되어있다는 힌트를 제공했다. 이중나선의 크기는 X-선 회절연구로부터 얻어졌다. DNA 이중 분자에서는 단지 두 가지 염기 쌍만이 가능하다. 아데닌(A)과 티민(T)쌍, 그리고 구아닌(G)과 시토신(C)쌍이 그것이다. G-C 염기 쌍은 3개의 수소결합으로 연결되어 있다. A-T 염기쌍은 2개의 수소결합으로 연결되어 있다.

인 구조를 갖고 있음을 의미한다.

'Chargaff의 법칙'의 중요성은 과학자들이 X-선 회절 기술을 사용하여 DNA구조를 조사하기 시작했던 1953년에 와서 명백해졌다. 이 실험에서는 X-선으로 DNA 분자에 충격을 가하는데 각각의 광선이 원자와 부딪히면 경로가 구부러지거나 회절된다. 각 원자와의 충돌은 잔잔한 호수에 돌멩이가 떨어질 때 생기는 잔물결과 같은 모양을 만들게 된다. 런던 킹 대학의 Rosaline Frankin은 이같은 실험을 통해 DNA분자는 나선형(helix)의 코일과 같은 스프링 모양이라 제안하였다. 캠브리지 대학의 두 연구자 Francis Crick과 James Watson은 Franklin의 결과를 비공식적으로 확인하고 DNA의 실제 구조를 추론해냈다(그림 7.4). DNA 분자는 두 염기가 서로 마주보는 계단형 날개를 가진 이중나선(double helix) 구조이다. Chargaff의 법칙은 이러한 구조를 정확히 반영하는 것으로 한 줄기에 있는 부피가 큰 퓨린이 다른 줄기에 있는 부피가 작은 피리미딘과 쌍을 이루고 있기 때문에 퓨린과 피리미딘의 구성비율이 같게 되는 것이다. 특히 A는 T와, 그리고 G는 C와 쌍을 이룬다(그림 7.5). 염기쌍(base pairs) 사이에는 수소결합이 형성되어 있어 분자는 일정한 두께를 유지하게 된다.

7.4 DNA 분자는 서로 간에 수소결합을 하고 있는 두 가닥의 뉴클레오티드로 되어 있다.

7.5 DNA 분자의 복제

두 가닥의 DNA를 서로 붙들어 주는 힘은 수소결합이다. 이것이 A는 C가 아닌 T하고만 쌍을 이루는 이유이다. A는 T하고만 수소결합을 할 수 있기 때문이다. 마찬가지로 G는 T가 아닌 C하고만 수소결합을 형성할 수 있다. 왓슨-크릭의 DNA 모델에서 이중나선의 두 가닥은 각각에 대해 **상보적**(complementary)이라고 표현한다. 나선의 한쪽 가닥은 A, T, G, C의 네 가지 염기들로 이루어진 서열을 이루고 있으며, 이 서열은 나선의 반대쪽 파트너의 서열을 완전히 결정짓는다. 만약 한 체인의 서열이 ATTGCAT라면 이중나선의 다른 한쪽 파트너의 서열은 TAACGTA가 된다. 나선구조 안의 각 가닥은 반대쪽 가닥의 정확한 상보적인 거울상인 것이다. 이중나선은 단지 서로 풀어지기만 하면 A와 T의 염기조합, 그리고 G와 C의 염기조합에 의해 원래의 DNA 가닥에 상보적인 새로운 가닥을 조립하게 된다. 이런 형식의 DNA 복제를 **반보존적**(semiconservative)이라고 하는데, 이유는 원래 이중나선의 서열이 복제과정이 한번 끝난 후에도 그대로 보존되지만 처음 만들어진 이중나선 자체는 아니기 때문이다. 대신 이중나선의 각 가닥은 다른 이중나선의 한쪽 부분이 된다.

Meselson-Stahl의 실험

이같은 복제 방식에 대한 가설은 1958년 캘리포니아 기술연구소의 메젤슨과 스탈에 의해 시험되었다. 이 두 과학자는 질소 동위원소 중 무거운 쪽인 ^{15}N을 포함하고 있는 배지에서 세균을 배양하여 세균 DNA의 염기 안에 이 ^{15}N이 삽입되어 들어가도록 했다(그림 7.6). 몇 세대가 지난 후 이 세균의 DNA 밀도는 가벼운 질소 동위원소 ^{14}N가 들어 있는 일반적인 배지에서 배양된 세균의 DNA 밀도보다 무거워졌다. 메젤슨과 스탈은 ^{15}N 배지의 세균을 ^{14}N 배지로 옮긴 후 시간차를 두고 배지의 DNA를 모았다.

그들은 cesium chloride라 불리는 무거운 염에 모았던 각각의 DNA를 용해시켜 초 원심분리기로 높은 속도에서 돌려 각기 다른 밀도를 가진 DNA 가닥을 따로 분리할 수 있었다. cesium 이온에 의해 생기는 원심력은 cesium 농도 차에 의해 밀도에 따라 원심분리 시험관의 각 위치로 이동해간다. 각각의 DNA 가닥은 정확

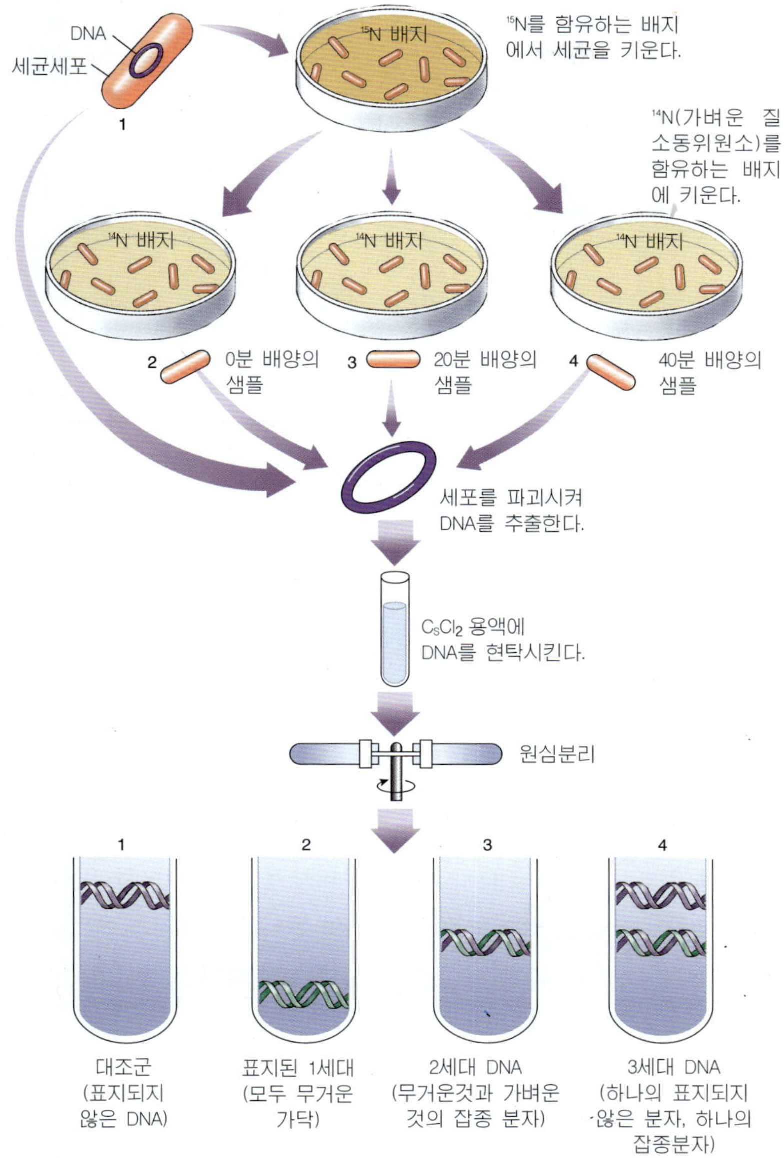

그림 7.6 Meselson-Stahl의 실험

세균세포를 무거운 질소동위원소(^{15}N)를 함유한 배지에서 몇 세대를 배양한다. 그리고 정상의 가벼운 질소동위원소(^{14}N)를 함유한 새로운 배지로 옮겼다. 수시간 후에 세균샘플을 모으고, 이것의 DNA를 C_SCl_2 용액에 녹인후 원심분리기로 빠른 속도로 회전을 시켰다.

히 밀도가 일치하는 cesium 농도가 있는 위치에 도달하게 된다. ^{15}N 가닥은 ^{14}N 가닥보다 밀도가 크기 때문에 cesium 밀도가 보다 큰 시험관의 아래쪽에 위치하게 된다. 배지를 옮기자마자 모았던 DNA는 모두 밀도가 큰 위치에 있었다. 그러나 ^{14}N 배지에서 한 바퀴의 복제가 완료된 후 모은 세균의 DNA 밀도는 ^{14}N-DNA와 ^{15}N-DNA의 중간 지점으로 내려갔다. 복제가 두번 완료된 뒤에는 두 가지 종류의 DNA 밀도가 관찰되었는데, 하나는 ^{14}N-DNA와 ^{15}N-DNA의 중간에 위치하는 밴드였고 다른 하나는 정확히 ^{14}N-DNA와 같은 위치에 있었다.

메젤슨과 스탈은 자신들의 실험결과를 다음과 같이 해석했다. 한번의 전사가 이루어진 뒤 수집한 DNA 이중나선은 부모 DNA로부터 온 한 가닥의 무거운 ^{15}N DNA와 한 가닥의 새로 만들어진 가벼운 ^{14}N DNA로 만들어져 있는 혼성체이다. 이 혼성체 이중나선이 다시 복사되면 이중 한 가닥은 다시 가벼운 DNA 가닥과 혼합체를 만들고 다른 가벼운 DNA 한 가닥은 새로 만들어지는 가벼운 DNA 한 가닥과 짝을 이루어 가벼운 DNA 이중나선을 만들게 된다. 따라서 이 실험은 왓슨-크릭 모델에서 DNA가 반보전적인(semiconservative) 방식으로 복제된다고 했던 예측을 정확히 확인한 것이다.

DNA가 스스로 복제하는 방법

세포분열이 일어나기 전에 DNA가 복제되는 것을 '**DNA 복제**(DNA replication)'라 하며, 이 과정은 DNA 중합효소(DNA polymerase)라 불리는 효소에 의해 수행된다. '헬리카제(helicase)'라 불리는

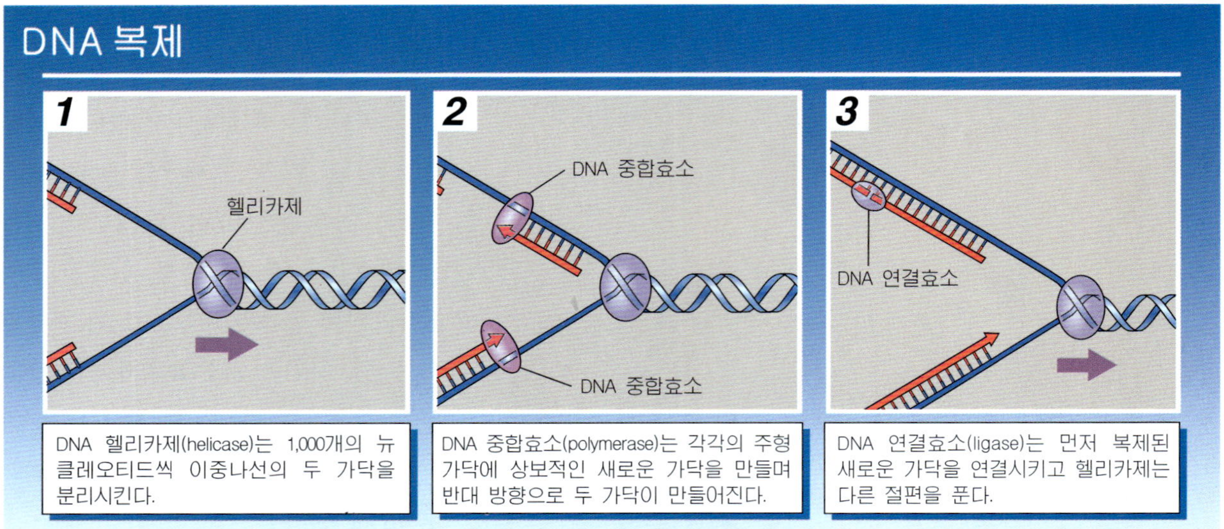

그림 7.7 DNA 복제

효소에 의해 DNA의 이중나선이 풀어지면 한 가닥이 된 단일 DNA를 따라 DNA 중합효소를 움직여가면서 정확하게 상보적인 뉴클레오티드(A와 T, G와 C)를 각 위치에 결합시켜 상보적인 가닥을 만들어낸다. 'DNA ligase'가 새로 형성된 DNA 조각의 끝을 서로 연결시켜준다(그림 7.7). 부모 DNA가 열리기 시작하는 장소를 '**복제 분기점**(replication fork)'이라고 한다. 복제 분기점에서 중합효소는 매우 활발하게 한 가닥은 위로 다른 한 가닥은 밑으로 가도록 작업한다. 염색체는 한 가닥의 매우 긴 DNA분자를 포함하고 있지만 한쪽에서 시작해서 다른쪽 끝까지 한 군데의 복제 분기점에서만 시작해서 복제를 해나가기에는 시간이 너무 많이 걸린다. 각 염색체는 각 분절 마다 따로 복제가 일어나는데, 대략 약 10만개 뉴클레오티드당 하나씩 복제 분기점이 따로 있다.

7.5 DNA 복제의 놀라운 정확성은 상보성에 있다. DNA의 두 가닥은 서로에 대한 정확한 상보적 거울상이며 이 중 어떤 것이나 다른 가닥을 위한 주형으로 사용될 수 있다.

7.6 전사

DNA는 결코 핵 밖으로 나가지 않는다. 대신 DNA의 지시정보를 담고 있는 전사본을 밖으로 내보내 세포로 전달하여 단백질이 합성되도록 지휘한다. 이 유전자의 전사본도 DNA가 아닌 리보핵산(RNA)으로 만들어져 있다. RNA는 DNA와 거의 유사하며 단지 당에 산소 원자 하나가 더 들어가 있고, 피리미딘 중 T(티민)이 비슷한 피리미딘 염기인 우라실(U)로 되어 있는 것만이 다르다. 그러므로 정보의 흐름은 다음과 같다.

DNA → **RNA** → 단백질

이 정보의 흐름을 '중심원리(central dogma)'라 부르며 유전자를 발현시키는 순서이다(그림 7.8). 세포는 단백질을 합성할 때 세 가지 종류의 RNA를 사용한다. 전령 RNA(mRNA), 리보솜 RNA(rRNA), 그리고 운반 RNA(tRNA)가 그것이다. 어떤 단백질을 만들기 위해 DNA의 정보가 사용되는 것을 '유전자 발현(gene expression)'이라고 한다. 유전자 발현은 두 단계로 일어난다. 첫번째 단계는 '전사(transcription)'라는 과정

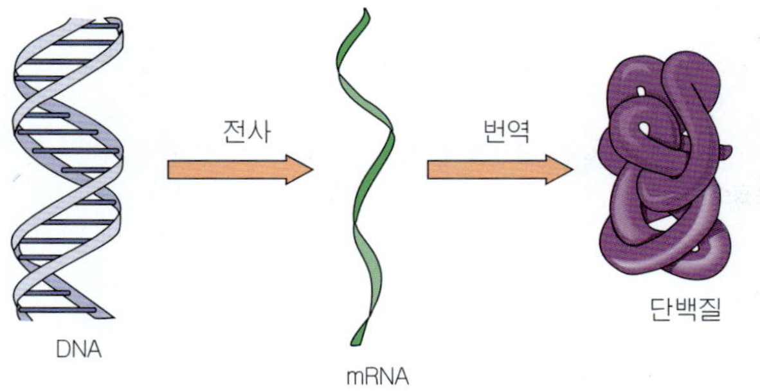

그림 7.8 유전자 발현의 중심적 원리

mRNA의 생성(전사)과 단백질합성(번역)을 통하여 DNA가 지니는 정보가 발현된다.

으로 DNA 안의 유전자로부터 mRNA 분자가 합성되는 것이다. 두번째 단계는 '번역(translation)'이라고 불리는 과정으로 mRNA가 단백질합성을 일으키는 과정이다.

■ 전사과정

유전자의 RNA 복사본 중 세포에서 단백질 합성을 위해 사용되는 것을 전령 RNA(mRNA)라 하는데 이것은 핵으로부터 나온 정보를 세포질로 운반하는 전령(messenger) 역할을 한다. mRNA가 만들어지는 복사과정은 전사라 불린다. 세포 안에서 이러한 복사를 담당하는 것은 'RNA 중합효소(RNA polymerase)'라 불리는 단백질이다. 이것은 DNA 이중나선 중 한 가닥의 '프로모터(promotor)' 위치에 붙어 선로 위의 기차처럼 DNA 가닥을 따라 움직여간다. RNA 중합효소가 DNA를 따라 이동함에 따라 상보적인 RNA 뉴클레오티드(A는 U, G는 C)와 쌍을 이루며, DNA 가닥을 따라 밑으로 움직여가면서 그 뒤로 mRNA 사슬을 만들어낸다(그림 7.9).

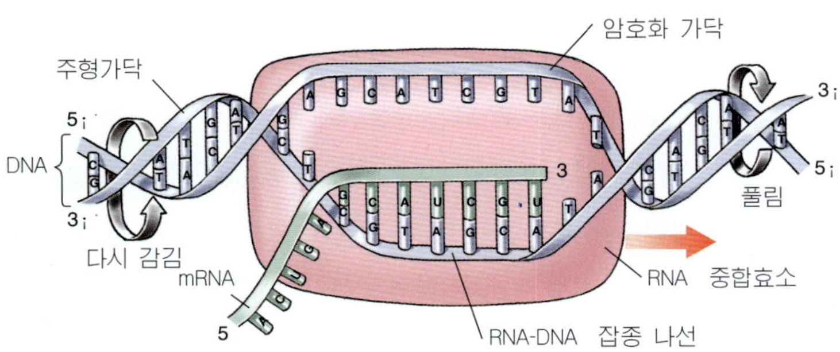

그림 7.9 전사

한 가닥의 DNA는 주형으로 작용하여 RNA 중합효소가 DNA 가닥을 따라 밑으로 움직여 가면서 mRNA 사슬을 만들어낸다.

> **7.6** **전사는 효소인 RNA 중합효소에 의해 유전자로부터 mRNA 복사본이 만들어지는 과정이다.**

7.7 유전암호

유전자 발현의 본질은 DNA에 암호화된 정보를 읽고 그 정보를 이용하여 정확한 단백질을 만들도록 제어하는 일이다.

유전자를 정확하게 읽기 위해서 세포는 DNA에 쓰여진 정보를 단백질 언어로 번역을 해야만 한다. 즉, 유전자의 염기서열을 단백질의 아미노산 서열로 바꿔야 한다. 이 번역을 통제하는 법칙은 매우 간단하며 **유전암호**(genetic code)라고 불린다.

1. 각 유전자는 정해진 시작점으로부터 읽히기 시작한다. 시작점은 'promoter site'라는 부분으로 RNA 중합효소가 처음 DNA와 결합하는 부분을 일컫는다.
2. RNA 중합효소는 뉴클레오티드 3개씩을 한 단어로 읽어 내려간다.
3. 유전자의 각각 3개의 뉴클레오티드가 하나의 특정한 아미노산을 지정한다.

유전자 끝의 특정한 3개의 뉴클레오티드로 이루어진 부분은 '정지(stop)'라는 뜻을 지닌다. 아미노산 서열을 결정하는

mRNA의 '3개 뉴클레오티드'를 '코돈(codon)'이라 부른다. 생물학자들은 어떤 코돈이 어느 아미노산을 지정하는지 실험으로 밝혀냈다. UUUUUU...로 반복된 서열의 mRNA는 페닐알라닌(phenylalanine)이라는 아미노산으로만 짜여진 단백질을 만들어냈다. 이 결과로 연구원들은 'UUU'라는 '코돈은 '페닐알라닌'이라는 아미노산으로 번역된다는 것을 알아낼 수 있었다. (그림 7.10)에 전체 유전부호의 사전이 주어져 있다. 3개의 문자로 구성되는 코돈의 각각의 위치에 4개의 다른 뉴클레오티드(A, U, G, C)가 올 수 있으므로 만들어질 수 있는 가능한 '코돈'의 수는 64가지이다 (4×4×4=64).

유전암호는 거의 모든 생명체에서 동일하다. 'GUG'는 세균과 초파리, 독수리와 사람의 세포에서 모두 아미노산 발린(valine)을 암호화 한다.

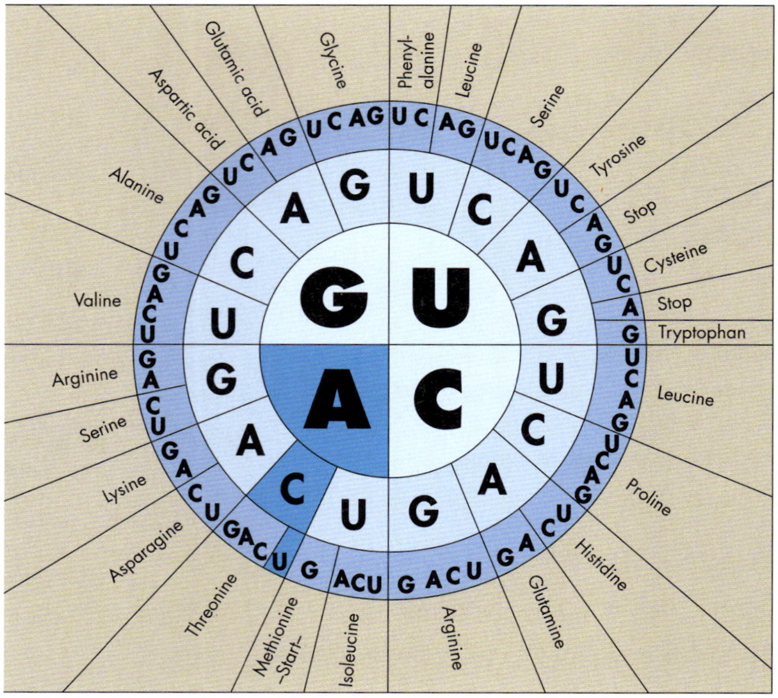

그림 7.10 유전부호

부호는 원의 중앙에서 밖으로 읽는 3개의 뉴클레오티드로 구성된다. 예를 들면, ACU는 threonine을 암호화 한다.

7.7 **유전부호는 특정한 염기서열이 어떠한 아미노산 서열을 지정할 것인지를 결정한다. 염기서열은 '코돈'이라 불리는 3개의 염기서열씩 읽히며, 유전부호는 어떤 코돈이 어떤 아미노산을 지정하는지를 결정한다.**

7.8 번역

유전자의 전사가 끝나면 mRNA는 핵막의 핵공을 통해 세포질로 간다. 그리고 세포질에서 유전정보의 번역이 일어난다. 번역과정에서는 '리보솜(ribosome)'이라는 세포 소기관이 전사를 통해 생산된 mRNA와 함께 단백질을 만든다.

■ 단백질을 만드는 공장

리보솜은 세포내의 공장이라고 할 수 있다. 리보솜은 매우 복잡하며 50가지가 넘는 종류의 단백질과 리보솜 RNA(rRNA)로 만들어졌다. 리보솜은 핵 유전자의 복사본인 mRNA를 이용해 단백질을 합성하는 곳이다.

리보솜은 2개의 구성단위로 만들어져 있는데, 주먹을 손바닥에 올려놓은 것처럼 서로 포개져 있다(그림 7.11). 주먹은 2개의 구성단위 중 작은 단위를 뜻한다. 작은 구성단위에는 겉으로 노출된 짧은 염기서열이 존재한다. 이 노출된 염기서열은 모든 유전자의 시작 부분에 위치한 판독부위와 상보적이다. 따라서 mRNA는 작은 구성단위의 노출된 rRNA의 염기서열 때문에 파리가 파리잡는 종이에 붙는 것처럼 강하게 붙는다.

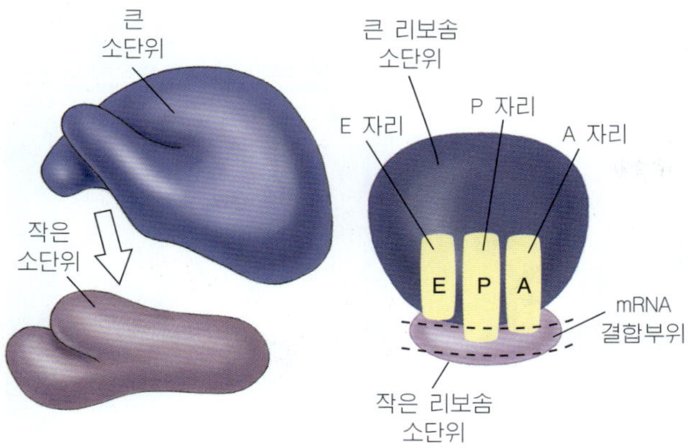

그림 7.11 리보솜은 2개의 구성단위로 만들어진다.

작은 구성단위는 큰 구성단위의 표면에 있는 홈에 들어간다. 리보솜의 A, P와 E 위치는 단백질 합성에서 중요한 역할을 한다.

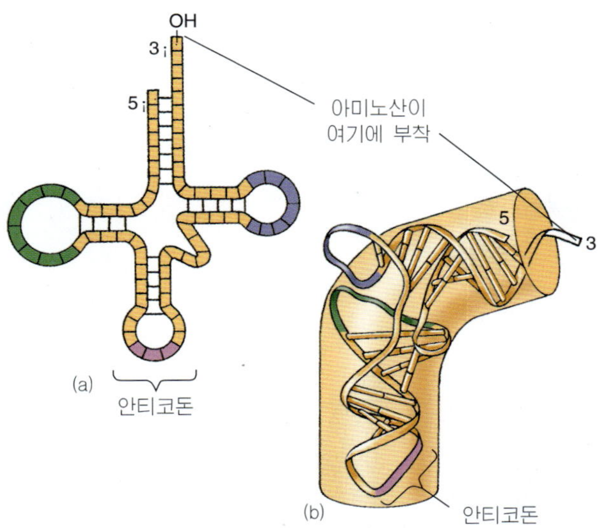

그림 7.12 tRNA의 구조

tRNA는 유전부호를 읽고 적절한 아미노산을 mRNA에 가져다주는 분자이다. Anticodon은 mRNA의 codon과 일치한다. 맞는 아미노산이 tRNA의 끝부분에 부착된다. (a) 2차원 구성도에서 tRNA의 3개 고리는 펼쳐져서 그 중 2개가 단백질 합성 시 리보솜에 결합하며 3번째 고리에 anticodon 서열이 포함된다. 아미노산은 자유로운 1개의 나선에 있는 OH 기에 붙는다. (b) 3차원 구조에서 tRNA의 고리들은 접혀 있다.

tRNA의 중심역할

노출된 rRNA의 염기서열 바로 옆에는 A, P 와 E 위치라 불리는 3개의 작은 홈이 있다. 이 홈은 tRNA(transfer RNA)와 결합하기에 알맞은 모양을 하고 있다. tRNA는 단백질 합성에 쓰일 아미노산을 리보솜으로 가져오는 역할을 한다. tRNA는 80개 염기서열 정도의 길이로 촘촘하게 뭉쳐져 있고 한쪽 끝에는 3개의 염기가 노출되어 있고 반대쪽에는 아미노산 결합부위가 있는 구조이다(그림 7.12).

3개의 염기서열을 'anticodon'이라 부르며 64개 코돈 중 1개에 상보적인 서열을 지닌다. 특별한 효소가 아미노산에 맞는 tRNA를 연결시키며 anticodon은 어느 아미노산이 어느 tRNA와 연결되는지를 결정한다.

리보솜의 첫번째 홈인 A 위치는 mRNA가 rRNA에 결합하는 부위의 바로 옆이기 때문에 mRNA의 3개 핵산은 tRNA의 anticodon과 마주치도록 배치된다.

단백질 만들기

작은 리보솜 단위에 mRNA가 결합하면 큰 리보솜 구성단위도 연달아 붙어서 완성된 리보솜을 형성한다. 그런 후에 리보솜은 번역과정을 시작하게 된다(그림 7.13). mRNA는 도넛의 중간 구멍을 통과하는 실과 같이 리보솜을 지나가게 된다. mRNA는 3개의 뉴클레오티드 단위씩 움직이며 한번 움직일 때마다 tRNA가 결합하는 A 자리의 반대편에 새로운 코돈이 배치된다(그림 7.14).

A 자리에 새로운 코돈이 배치될 때마다 새로운 tRNA는 해당 아미노산을 가져온다. 기존의 코돈과 결합했던 tRNA는 P 자리로 넘어가고 아미노산이 폴리펩티드의 끝에 붙으면 E 자리로 옮겨진다. 리보솜은 mRNA를 읽어 내려가면서 끝에 도달할 때까지 상보적인 tRNA를 계속 선택한다. 끝까지 오면 상보적인 tRNA anticodon

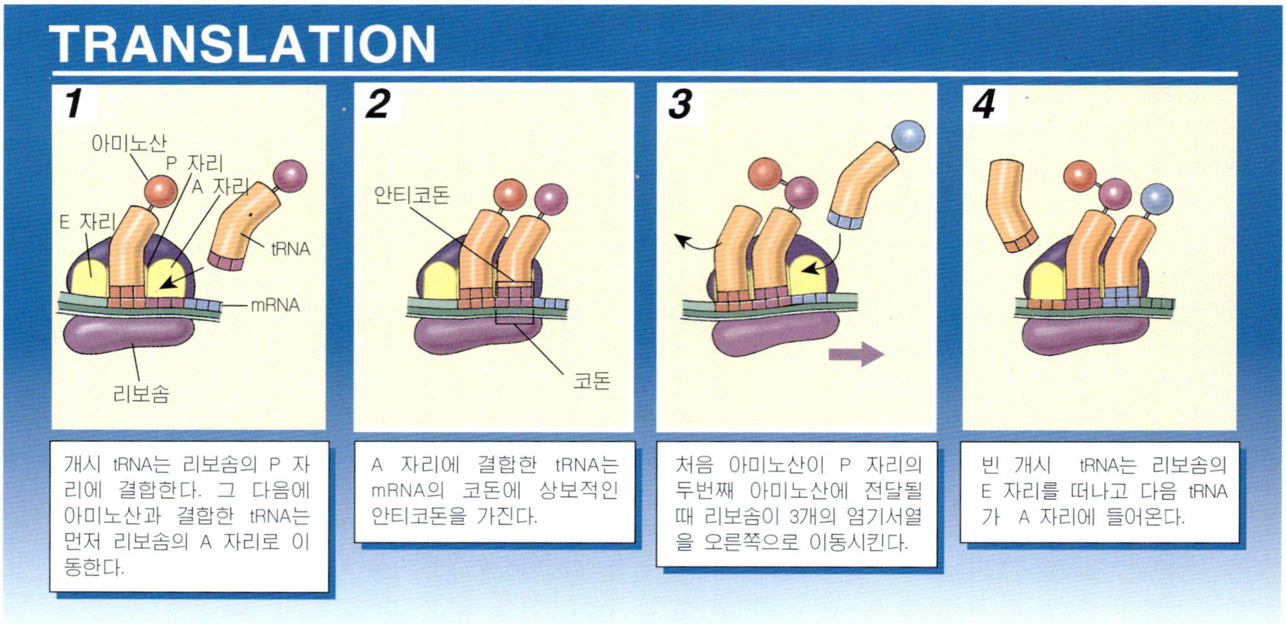

그림 7.13 번역이 어떻게 일어나는가

mRNA 가닥은 tRNA를 위한 주형(template) 역할을 한다. mRNA를 3개 뉴클레오티드 단위씩 읽어가는 리보솜에 의해 적절한 tRNA가 선택되어 배치된다. tRNA는 아미노산을 리보솜의 A 자리에 가져온다. P 자리에서는 새로 들어오는 아미노산과 길어져 가는 폴리펩티드 사이에 펩티드 결합이 형성되며, E 자리에서는 빈 tRNA가 리보솜을 나간다.

이 존재하지 않는 코돈이 나오고 tRNA 위치가 비기 때문에 리보솜 복합체는 떨어져나가고 합성된 단백질은 세포에 들어가게 된다(그림 7.15).

7.8 번역이란 리보솜에 의해 mRNA가 읽히는 것으로서 mRNA의 코돈서열에 의해 단백질의 아미노산 서열이 결정된다.

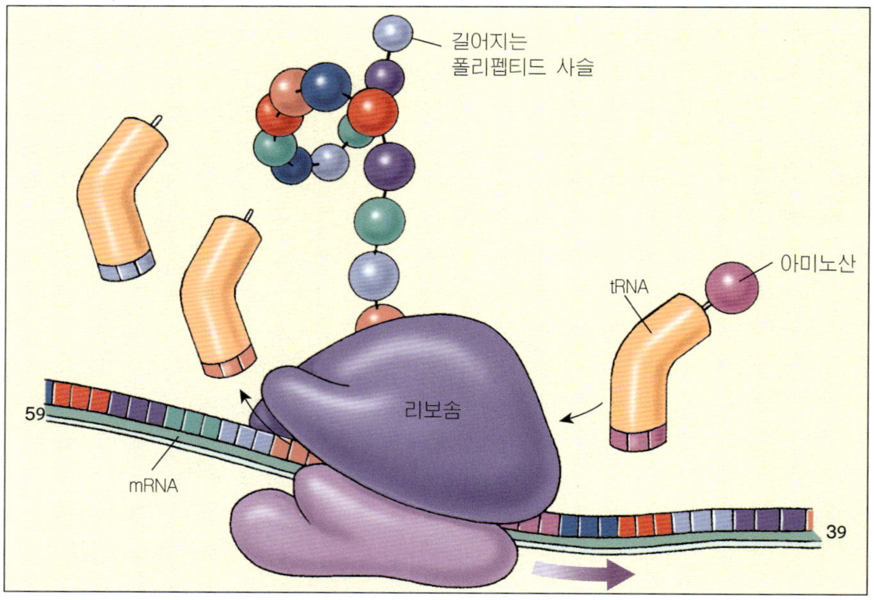

그림 7.14 리보솜은 번역과정을 안내한다.

tRNA는 anticodon 서열에 따라 아미노산을 선택한다. 리보솜은 아미노산과 결합한 tRNA 중 mRNA와 상보되는 서열을 지닌 아미노산과 결합한다. tRNA는 아미노산을 길어지는 폴리펩티드에 결합시키며, 이러한 폴리펩티드 합성이 끝나면 완성된 단백질로 배출된다.

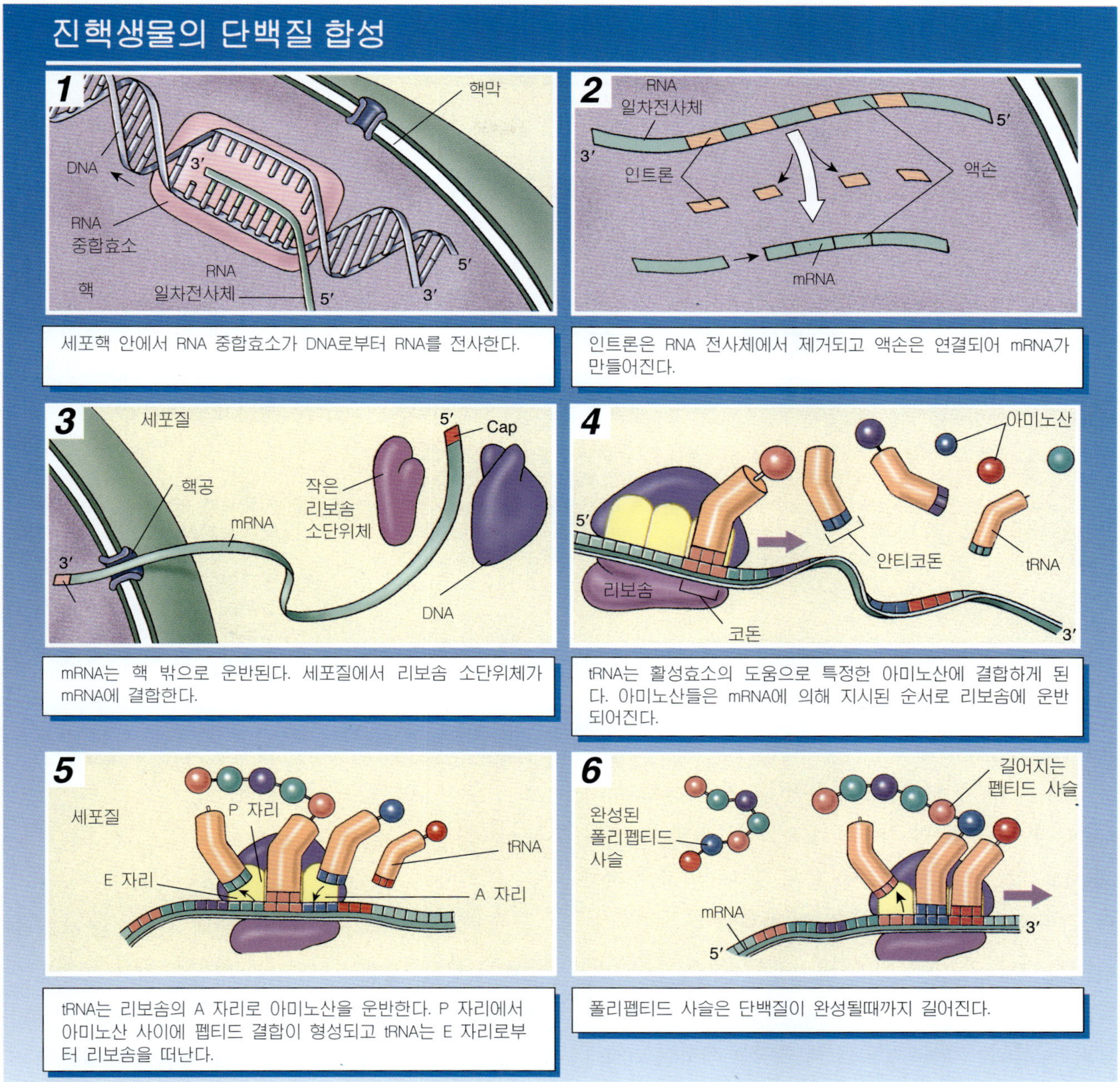

그림 7.15 진핵생물의 단백질 합성은 어떻게 일어나는가

7.9 유전자의 구조

■ 인트론(intron)

유전자를 간단하게 단백질의 뉴클레오티드 버전, 혹은 아미노산 체인을 만들기 위해 차례로 3개씩 읽어내는 일렬의 염기서열이라고 생각하기 쉽지만 이는 세균에서만 해당되는 사실이다. 진핵생물 유전자는 조각으로 이루어져 있다. 이 복잡한 유전자에서 단백질의 아미노산 서열을 코딩하는 염기서열 "엑손(exon)"은 "인트론"이라 불리는 조각들이 사이 사이에 끼어 있다. 대부분의 인간 유전자에서는 아미노산을 코딩하는 엑손

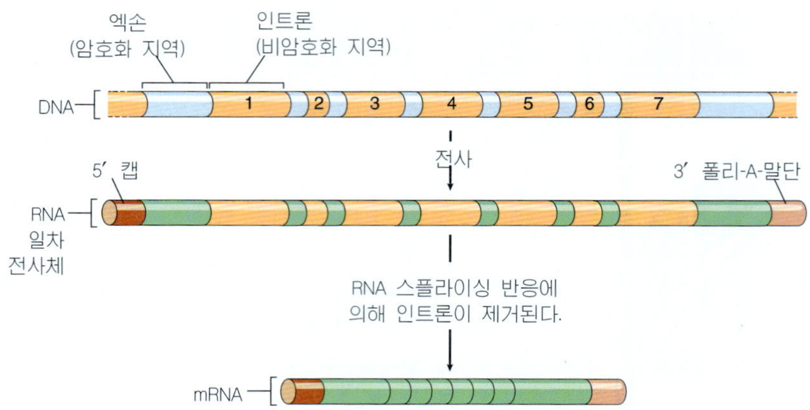

그림 7.16 진핵세포 유전자의 변형과정

이 그림의 유전자는 ovalbumin 이라는 단백질을 암호화 한다. 이 유전자와 이 유전자의 1차 전사체(primary transcript)는 7개의 비암호화 지역(intron)을 포함하는데 리보솜에서 단백질의 합성을 지시하는 mRNA에는 이 부위가 없다. 모든 인트론 서열이 효소에 의해서 제거되고 엑손들이 연결된다.

보다 인트론의 양이 훨씬 많다. 인간 유전자의 10% 미만이 엑손이며, 나머지는 아미노산을 코딩하지 않는 인트론이다.

세포는 어떻게 단백질을 만들어내는가? DNA로부터 mRNA가 전사되려면 특수한 효소들이 mRNA를 공격해 필요 없는 인트론 부분을 모두 잘라내버리는 것이다. 그리고 엑손들은 다시 하나의 서열로 연결된다. 이 처리를 거친 mRNA를 이용하여 리보솜이 단백질을 만들어내는 것이다(그림 7.16). 게다가 효소는 5′cap이라 불리는 구조를 mRNA의 5′ 끝에 붙여서 세포질 내에서 오래 돌아다녀야 하는 mRNA가 분해되지 않도록 보호한다. 또 다른 효소는 mRNA의 3′ 끝에서 250개의 A 뉴클레오티드를 붙인다. 이것을 3′ poly-A 말단이라 부르는데 이 역시 mRNA가 분해되는 것을 막아주고 단백질 합성에 도움을 준다.

생물학자들은 이러한 인트론/엑손을 통한 유전자의 구성이 유전자 사이의 엑손이 서로 섞일 수 있기 때문에 진화에 유리했을 것으로 판단한다. 이 뒤섞기 현상은 새로운 유전자들을 만들 때 처음부터 만들어내지 않고 한번에 만들어 낼 수 있는 강력한 방법이다. 레고로 여러 가지 장난감을 만들 수 있듯이 여러 새로운 효소를 만들어낼 수 있다. 두 명의 친구가 서로 스웨터, 바지, 벨트, 신발과 모자를 바꾸어가면서 입을 수 있는 의상의 수를 상상해보라. 인체의 세포에 존재하는 수백만 가지의 단백질이 단지 몇 천 개의 엑손으로부터 만들어진다.

7.9 진핵세포 유전자의 대부분은 액손으로서 긴 인트론 서열 사이 사이에 끼어있는 형태로 존재한다. 많은 진핵세포 유전자는 여러 개의 복사본이 있으며 이 중 염색체의 한 부분에서 다른 부분으로 옮겨간 듯한 것도 있다.

7.10 유전자 발현의 조절

모든 세포는 특정 유전자가 언제 쓰일지 조절할 수 있어야 한다. 교향곡에서 모든 악기가 최고 크기의 소리를 내는 연주는 있을 수 없다. 음악은 소리가 아니라 소리의 조절된 표현이기 때문이다. 성장과 발생은 유전자의 조절된 발현으로서 필요에 따라 알맞은 시간에 정확하게 발현되는 것이다.

세포는 유전자의 발현을 어느 유전자가 전사될지를 선택하므로써 조절한다. 각 유전자의 첫 부분에는 이러한 조절을 할 수 있는 특별한 조절부위(regulatory site)가 있다. 세포내의 특정 조절단백질이 이러한 부분에 붙어 유전자를 활성화시키거나 불활성화시킨다.

■ 억제인자

많은 유전자는 활성이 억제되어 있다. 즉, 필요할 때를 제외하고는 불활성화되어 있다. 이러한 유전자에서는 조절부위가 RNA 중합효소가 DNA에 결합하는 부분('프로모터'라고 불림)과 유전자의 시작부분 사이에 위치한다. **억제인자**(repressor)라고 불리는 조절단백질이 **작동자**(operator)라고 불리는 조절부위에 붙으면 중합효소가 유전자 쪽으로 움직이는 것을 방해한다. 유전자의 전사는 억제인자 단백질이 제거되기 전까지는 불가능하다.

억제인자에 의해 전사가 억제된 유전자를 다시 활성화 시키려면 억제인자가 제거되어야 한다. 세포는 특별한 "신호(signal)" 분자를 억제인자 단백질에 붙이고, 그 결과 억제인자 단백질이 DNA에 들어맞지 않는 모양으로 바뀌게 하여 떨어지게 되면 전사가 다시 가능해진다. 한 가지 예로 대장균의 'lac operon'이라는 유전자 집단을 들 수 있다. 오페론(operon)이란 한 단위로 전사되는 유전자의 집단을 포함하는 DNA 부분을 가리킨다. 오페론은 단백질을 암호화 하는 구조유전자, 그리고 이와 연관된 조절요소인 작동자와 프로모터(promoter)로 구성된다. 대장균이 락토스와 접하면 락토스가 억제인자에 붙어서 모양을 뒤틀어 DNA에서 떨어지게 만든다. RNA 중합효소의 억제가 풀리기 때문에 락토스를 분해할 수 있는 유전자를 전사하여 에너지를 얻을 수 있게 된다(그림 7.17).

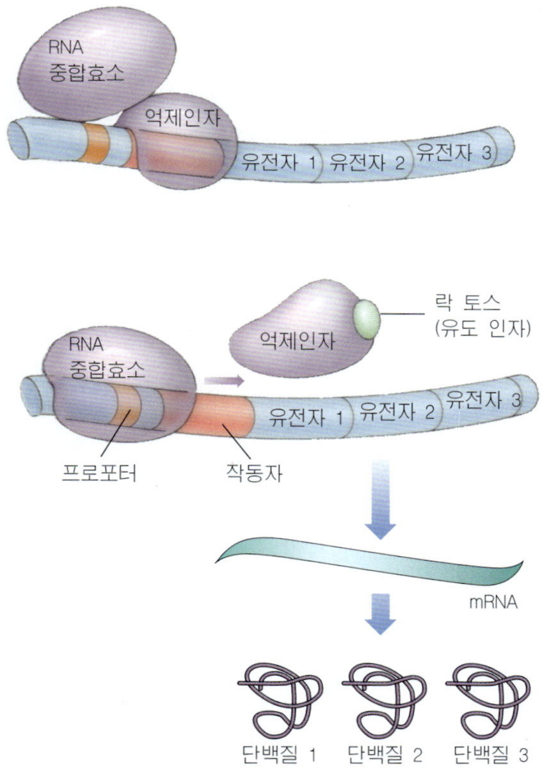

그림 7.17 *lac* 오페론이 작동하는 원리

(a) 작동자 부위에 억제인자 단백질이 붙어있으면 lac 오페론은 억제된다. 프로모터와 작동자 위치가 겹치기 때문에 사람 두 명이 한 의자에 앉을 수 없듯이 중합효소와 억제인자도 한번에 둘 다 붙을 수 없다. (b) 락토스당이 억제인자 단백질에 붙어 모양을 바꾸어 작동자 위치에서 떨어지게 하여 중합효소가 움직일 수 있게 되면 lac 오페론이 전사되기 시작한다.

■ 활성인자

RNA 중합효소는 DNA 이중나선 중 하나에 위치한 특정 프로모터 부위에 붙기 때문에 그 근방의 이중나선이 풀려야만 중합효소가 제대로 붙을 수 있다. 많은 유전자는 **활성인자**(activator)라고 불리는 조절단백질이 붙어야만 이중나선을 풀 수 있다. 위에 설명한 억제인자와 같이 세포는 활성인자 단백질에 "신호(signal)" 분자를 붙였다 떼었다 하면서 유전자를 활성화/불활성화 시킬 수 있다. 신호 분자들은 활성인자를 DNA에 붙일 수 없게 하거나 그 반대로 작용한다.

활성인자는 세포에게 제2의 조절능력을 발휘한다. 박테리아가 락토스당이 있는 환경에 들어왔다 하더라도 에너지가 이미 충분할 수도 있다. 음식을 볼 때마다 먹어야 한다고 상상해보라. 박테리아가 이미 에너지가 충분할 때는 특정한 "배가 고프다" 라는 신호의 양이 감소한다. 이 신호가 없이는 CAP이라는 활성인자 단백질이 올바른 모양으로 틀어지지 못해 락토스를 분해하는데 필요한 유전자 앞부분의 DNA에 붙지 못하여 유전자는 억제인자 단백질이 없음에도 불구하고 전사되지 못한다(그림 7.18).

■ 촉진자

제3의 조절능력은 유전자에 접근하는 것을 더 쉽게 만들어주는 것이다. 복잡하게 조절되는 유전자의 프로모터와 여러 개의 조절단백질이 동시에 반응할 수 있도록 진핵생물의 유전자는 **촉진자**(enhancer)라는 특별한 염기서열을 갖고 있다. 촉진자는 특정 조절단백질에 결합하며 이 조절단백질은 단백질 **전사인자**(transcription factor)와 상호작용하여 RNA 중합효소가 구조적 유전자의 시작부분에 잘 붙을 수 있도록 도와준다. 유전자의 시작부분에 가까이 위치한 프로모터나 작동자(operater)와는 달리 촉진자는 대부분 유전자의 시작에서 멀리 떨어져 있으며 몇천 개의 염기서열이나 떨어져 있는 경우도 많다.

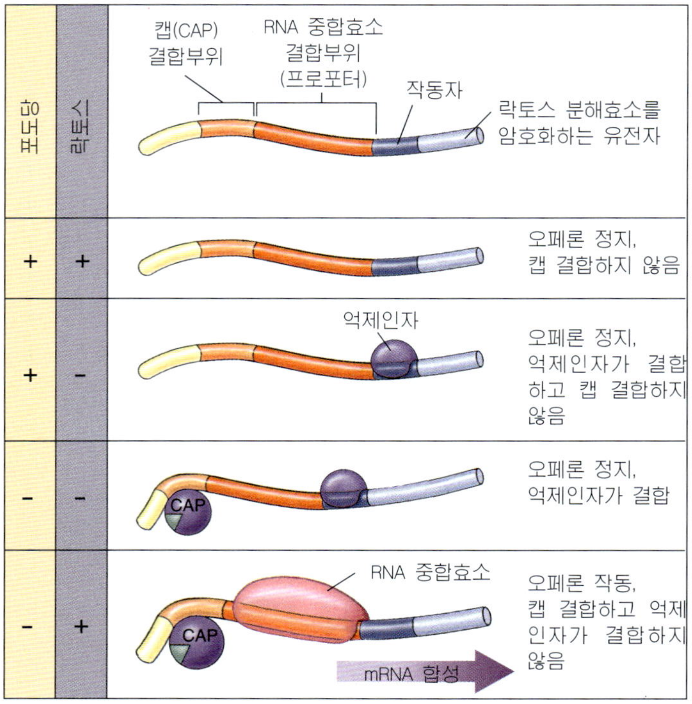

그림 7.18 *lac* **오페론의 억제인자와 활성인자**

lac 억제인자와 CAP이라는 활성인자는 세포가 락토스를 분해하는 효소를 이용하거나 필요에 따라 민감하게 반응한다.

프로모터에서 멀리 떨어져 있는 촉진자에 붙는 조절단백질이 어떻게 프로모터에 영향을 줄 수 있는가? DNA는 고리를 만들어서 촉진자가 프로모터 가까이 오도록 한다. 이러면 촉진자에 결합한 조절단백질이 프로모터에 결합한 전사인자 복합체와 직접 닿는다(그림 7.19).

촉진자를 이용한 유전자 전사의 조절방법은 진핵생물에게 융통성있는 조절을 가능하게 한다. 조절부위를 유전자에서 멀리 떨어진 곳에 배치하기 때문에 유전자를 통제할 많은 수의 조절 염기서열을 DNA 곳곳에 분산시킬 수 있다.

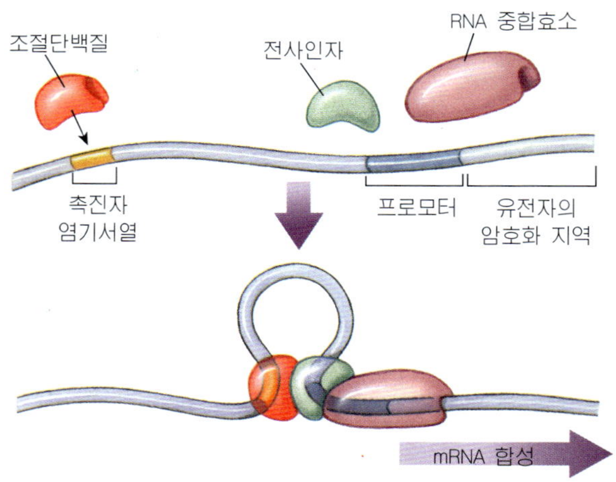

그림 7.19 촉진자(활성인자 단백질 결합부위)의 작동원리

촉진자 부위는 유전자 조절부위로부터 멀리 떨어져 있다. 촉진자에 결합한 유전자 조절단백질에 의해 전사인자(transcription factors)와 RNA 중합효소의 복합체형성이 유도되고 전사가 활성화 된다.

7.10 세포는 유전자의 발현을 언제 전사되는지 결정함으로써 조절하는 것이지 얼마나 빨리 전사되는지를 통해 조절하는 것이 아니다. 어떤 조절단백질은 중합효소와의 결합을 억제하고 어떤 단백질은 결합을 유도한다. 진핵생물에서는 이러한 조절단백질이 전사되는 유전자에서 멀리 떨어진 곳에 위치한 제어 유전자(control genes)와 연관되어 있는 경우가 많다.

7.11 돌연변이

유전정보가 바뀌는 방법은 크게 두 가지가 있다. **돌연변이**(mutation)와 **재조합**(recombination)이 그것이다. 유전정보의 내용의 변화, 즉 1개 또는 그 이상의 유전자의 염기서열이 바뀌는 것을 돌연변이라 한다. 돌연변이에는 유전자에 뉴클레오티드의 종류를 바꾸거나 하나 더하거나 빼는 등의 변이가 있다. 유전물질의 내용 중 일부의 위치를 바꾸는 것을 재조합이라 한다. 유전자를 다른 염색체로 옮기는 경우도 있고 유전자 일부분의 위치만 바꾸기도 한다.

■ 실수가 생긴다

세포가 복제될때 실수로 세포의 유전정보의 변화, 즉 돌연변이를 일으키기도 한다(그림 7.20). 그러나 이런 변화는 극히 드물다. 유전자마다 백만 개의 생식세포 중 1개에서 변이를 보이는 것이 보통이다. 변이가 흔하게 일어나면 DNA에 암호화된 유전정보는 곧 의미를 잃어버릴 것이다. 이렇게 적은 수의 돌연변이는 놀랍게도 진화를 가능하게 만든다.

그림 7.20. 돌연변이

초파리는 보통 흉부에 한쌍의 날개가 있다. 이 파리는 양쪽 흉부를 갖는 변이체이다. 발생의 결정적인 시기를 조절하는 유전자의 돌연변이로 인하여 양쪽 흉부체절에 두쌍의 날개가 있다.

■ 유전자 변이의 중요성

모든 진화는 유전정보의 변이로부터 시작된다. 돌연변이는 새로운 대립형질(allele)을 만들고, 유전자 전달과 전위(transposition)는 유전자의 위치를 바꿔주고, 염색체의 재조합은 염색체 전체의 배열에 변화를 준다. 이러한 변화는 자손에게 물려진다.

진화는 많은 유전자에서 특정한 대립형질을 선택하는 것이라고 볼 수 있다. 돌연변이와 재조합을 통한 유전정보의 변화는 진화를 위한 재료를 제공해준다.

체세포의 유전자 변이는 자손에게 물려주지 않기 때문에 진화적 영향이 적다.

7.11 **돌연변이라 불리는 유전자의 드문 변화는 체세포에서 일어나면 개인에게는 큰 영향을 미치지만 자손에게 상속되는 것은 germ-line 조직의 변화 뿐이다. 유전적인 변화는 진화를 위한 재료를 제공한다.**

7.12 돌연변이의 종류

돌연변이는 세포의 DNA에 임의로 생기는 변화이기 때문에 대부분 세포에게 해롭다. 돌연변이는 사소한 변화일 수도 있고 크게 해로운 변화일 수도 있다.

■ 생식세포 조직의 돌연변이

돌연변이의 효과는 변이가 일어난 세포의 종류에 따라 크게 달라진다. 모든 다세포 동물의 배발생 중에는 체세포를 형성할 세포들과 생식세포를 형성할 세포가 나뉘는 단계가 있다. 생식세포를 형성할 세포에서 일어난 변이만이 자손에게 전달된다.

■ 체세포 조직의 돌연변이

생식세포에 일어난 돌연변이는 진화를 일으키는 근본적인 재료이기 때문에 생물학적으로 큰 의미가 있다. 돌연변이는 새로운 대립형질을 만들어내고 재조합은 대립형질을 여러 가지 다른 복합체로 섞어준다. 동물에서는 생식세포에서 일어나는 이 두 가지 과정이 진화에 중요하다. 왜냐하면 체세포에서 일어난 변이는 자손에게 전달되지는 않기 때문이다. 하지만 체세포에서 일어난 변이는 그 세포가 분열하여 생긴 모든 딸세포에게도 물려지므로 개체에 큰 영향을 미친다.

■ 점 돌연변이

돌연변이의 한 종류는 염기서열을 바꾸어 유전정보의 내용 자체를 바꾼다. 서열의 1개 또는 몇 개의 염기서열만을 바꾸는 돌연변이를 **점 돌연변이**라 부른다. 염기의 종류를 바꾸는 경우(염기치환)도 있고 더해지는 경우(삽입)도 있으나, 몇 개 빠지는 경우(결실)도 있다. 염기가 더해지거나 빠져서 유전자가 읽히는 순서가 바뀌면 frame-shift 변이가 생긴다. 어떤 점 돌연변이는 DNA 복제시 실수로 일어나기도 하지만 방사선이나 화학물질과 같은 돌연변이 유발원(mutagen)으로 인해 생기기도 한다.

■ 유전자 위치의 변화

또 다른 변이의 종류는 유전정보의 구성을 바꾼다. 각 유전자는 게놈의 한 부분에서 다른 부분으로 전위를 통해 옮겨갈 수 있다. 특정 유전자가 다른 곳으로 옮겨가면 그 곳 또는 그 근방의 다른 유전자의 발현을 변화

표 7-1 돌연변이의 분류

돌연변이	결과
돌연변이 없음 	정상의 B 단백질이 B 유전자에 의해 생성된다.
점 돌연변이	
염기의 치환 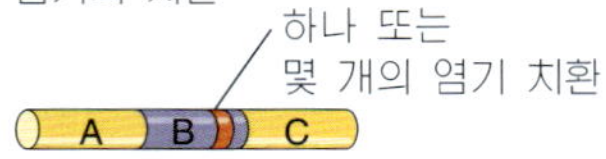	B 단백질은 불활성화된다. 아미노산이 바뀌어 기능이 파괴되었으므로.
삽입 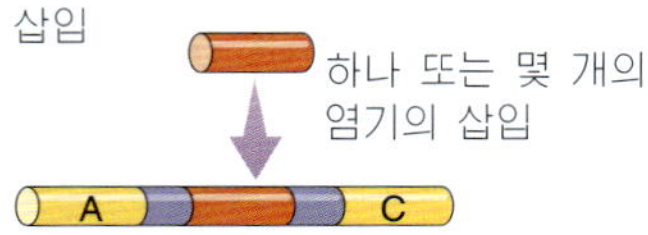	B 단백질은 불활성화된다. 삽입된 물질이 적절한 형태를 파괴하므로.
결실 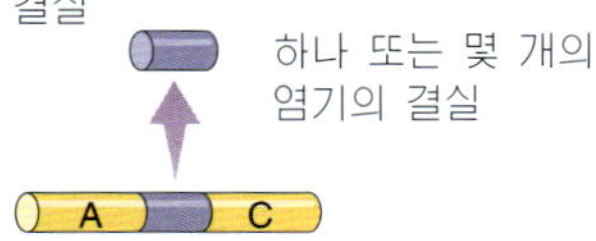	B 단백질은 불활성화된다. 단백질의 일부분이 없어졌기 때문.
유전자 위치의 변화	
전위 	유전자 위치의 변화로 인하여 B 유전자 또는 B 단백질은 다르게 조절 될 수도 있다.
염색체의 재배열 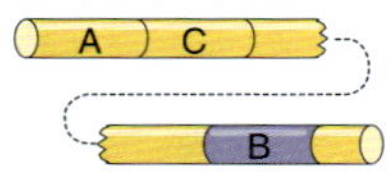	B 유전자는 염색체상의 새로운 위치에서 불활성화되거나 다르게 조절될 수도 있다.

시킬 수 있다. 또한 진핵생물 염색체의 큰 조각들이 상대적인 위치를 바꾸거나 복제될 수도 있다. 이러한 염색체 재배치는 유전정보의 발현에 큰 영향을 미친다. (표 7.1)은 돌연변이의 종류에 따른 영향을 정리한 것이다.

> **7.12** 점 돌연변이란 생명체의 유전정보의 변화를 의미한다. DNA 복제시 실수로 생길 수도 있고 방사선이나 화학물질로 인한 DNA 손상으로부터 생길 수도 있다.

7.13 암과 돌연변이

암을 일으킨다고 생각되는 물질을 **발암물질**(carcinogens)이라고 한다. 강력한 돌연변이 유발원인 몇 가지 화학물질이 암과 연관되기 때문에 연구원들은 암이 부분적으로나마 화학물질에 의해 생긴다는 **화학물질 암 발생론**(chemical carcinogenesis theory)을 발표하게 되었다.

■ 초기 연구

이러한 화학물질 암 발생론은 200여년 전인 1761년 존 힐(John Hill)이라는 영국의 의사가 처음 제안했다. 힐 박사는 코담배를 사용하는 환자들의 코에 생긴 특이한 형태의 암을 관찰하여 담배로 인해 암이 발생했음을 제안했다. 1775년 런던의 외과의사 퍼치발 팟 경(Sir Percivall Pott)도 비슷한 관찰을 하였는데, 그는 굴뚝 청소부들에게 음낭 암이 흔하다는 것을 보고 재와 석탄이 원인이라고 제안하였다. 많은 관찰을 통해 암은 인체에 작용하는 화학물질로 인해 생긴다는 이론이 나오게 되었다.

■ 화학물질이 암을 일으킨다는 증거

이 이론이 직접적으로 실험에 의해 밝혀진 것은 약 100년 전이다. 1915년에 일본인 의사 야마기와는 137마리의 토끼 피부에 석탄 타르 원액을 3개월 동안 2~3일마다 한차례씩 발라주었다. 1년 후 7마리의 토끼에서 타르를 발랐던 부위에 암이 생겼음을 확인하였다. 야마기와는 석탄 타르로 암의 발생을 유도한 것이며, 이 실험은 화학물질 암발생 이론의 첫 직접적인 근거였다. 후에 이러한 실험적 접근을 통해 여러 가지의 화학물질이 암의 발생에 관여하는 것이 밝혀졌다.

이러한 증거는 실험실에서 행해진 실험에 의한 것이기 때문에 많은 이들은 연구결과가 사람에게도 적용이 되는지 의심을 했다. 타르는 실제 사람에게도 암을 유발하는가? 1949년 미국의 의사 Ernst Winder와 영국의 역학자 Richard Doll은 각자 단독으로 폐를 타르에 노출시키는 담배와 폐암 사이의 관련을 증명했다. 윈더는 684명의 폐암환자와 600명의 건강한 사람을 면담하여 담배를 피운 적이 있느냐고 물었다. 담배를 피우지 않는 사람에 비하여 흡연자의 폐암 발생률은 40배나 높았다. 이러한 연구에 의해 흡연자는 담배연기 속의 타르와 그 외의 화학물질로 인해 암 발생이 유발되는 것이 밝혀졌다.

■ 발암물질은 흔하다

지난 50년간 계속된 연구에 의하면 실험동물에서 암

표 7-2 공장지역의 암을 유발하는 화학물질

화학물질	암	노출위험에 있는 근로자
일반적인 노출		
벤젠	골수성 백혈병	페인트공, 염색공, 가구 제작공
경유가스	폐	철도 및 버스정비소 수리공, 트럭운전자, 광부
광유	피부	금속기공
살충제	폐	스프레이(Sprayer)
담배타르	폐	흡연가
특이적인 노출		
석면	폐	브레이크 라이닝, 절연체 취급자
합성광물성섬유	폐	벽과 파이프 절연, 배관 포장 근로자
머리염색물질	방광	미용사, 이용사
페인트	폐	페인트공
폴리염화비닐	간, 피부	유동체, 윤활제, 잉크, 접착제, 살충제 취급 근로자
매연	피부	굴뚝청소부, 소방관, 난방 서비스 종사자
희귀한 노출		
비소	폐, 피부	살충제/접착제 흡입자, 피혁업자, 기름정제자
포름알데히드	코	병원실험실 연구원, 목재 생산, 종이, 직물, 금속물 생산자

을 유발할 수 있는 인공화학물질은 수백 가지가 넘는다. 이 중 몇 가지를 예로 든다면 trichloroethylene, 석면, 벤젠, vinyl chloride, 비소, acrylamide와 여러 가지 석유제품이 있다(표 7.2).

발암물질은 모두 DNA에 변화를 일으킬 수 있는 돌연변이 유도물질이다.

7.13 **DNA 변이를 유발할 수 있는 담배연기의 타르와 같은 화학물질은 강력한 발암물질인 경우가 많다.**

Chap 08

유전공학

8.1 과학의 혁명

한 생물에서 다른 생물로 유전자를 이식하는 것을 흔히 **유전공학**(genetic engineering)이라고 한다. 이와 같은 기술은 주로 진핵세포의 여러 유전자를 세균에 집어넣어 세균을 진핵세포 유전자의 지시를 받는 단백질의 생산공장으로 전환시키는데 이용되어 왔다. 한편으로는 어떤 동물이나 식물로부터 다른 동식물로의 유전자 이식도 이루어져 왔다.

유전공학은 의학과 농학에 큰 영향을 주었다(그림 8.1). 현재 당뇨병 치료에 사용되는 대부분의 인슐린은 사람의 인슐린 유전자가 이식된 세균으로부터 얻고 있다. 1990년 말 경에는, 한 사람으로부터 다른 사람으로의 최초의 유전자 이식이 희귀 유전병인 **중증복합면역결핍증**을 치료하기 위해 시도되었다. 또한 재배식물과 사육동물의 내충성, 크기, 성장 속도 등을 유전공학적으로 개량할 수 있게 되었다.

8.1 **최근 들어 유전자를 다루는 기술과 한 생물에서 다른 생물로 이식하는 기술로 의학과 농학의 급격한 발전이 이루어지고 있다.**

8.2 제한효소

유전공학 기술의 첫 단계는 이식하고자 하는 유전자를 잘라내는 것이다. 이 첫 단계는 유전자의 성공적 이식을 위한 핵심적 과정인데, 이 방법을 개발하므로써 유전학적 혁명이 가능해진 것이다. 그 비밀은 DNA 분자를 절단할 때에 절단된 DNA 조각이 추후 다른 염색체 내에 삽입될 수 있도록 "점착성 말단"을 갖도록 하는 것이다.

이 방법은 DNA의 짧은 특이 서열에(대개 4~6 뉴클레오티드 길이) 결합하는 특수 효소인 **제한효소**(restriction enzymes)에 의해 수행된다. 이 짧은 서열은 대칭으로 존재한다. 즉 DNA 이중나선의 두 가닥이 서로 반대 방향으로 동일한 서열을 가지는 것이다. 그 예로 CTTAAG를 보자. 반대편 가닥을 읽어가 보면 GAATTC가 되는데 이는 원래 서열을 거꾸로 읽은 것과 동일한 것이다.

DNA 단편을 "점착성"으로 만드는 것은, 대부분의 제한효소가 서열의 중앙부를 자르는 것이 아니고 한쪽으로 치우쳐 자르는 성질 때문이다. 위의 GAATTC 서열

성장호르몬의 생산 큰 생쥐가 원래의 생쥐에는 없던 사람의 성장호르몬 유전자를 하나 더 가진 것 외에는 이 두 생쥐는 유전적으로 동일하다.

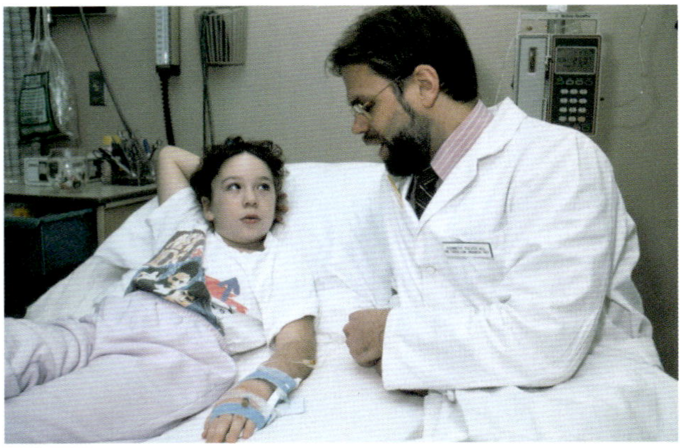

질병의 치료 결핍된 유전자를 이식 받음으로써 최초로 유전병을 치료한 두 소녀 중 한 명의 모습. 1990년에 유전자 이식이 성공적으로 수행되었고, 이 소녀는 지금까지 건강하다.

생산량 증가 오른쪽의 유전자 조작된 연어는 생산주기가 단축되었으며 왼쪽의 유전자 조작 되지 않은 연어에 비해 더 크다.

내충성 작물 왼쪽의 유전자 조작된 완두콩은 저장 곡물의 악명 높은 해충인 바구미의 섭식을 억제하는 유전자를 가지고 있다.

그림 8.1 유전공학의 예

을 예로 들면, 절단은 첫번째 뉴클레오티드 다음에서 일어나 G/AATTC가 된다. 그 결과 각 말단에는 짧은 단일 가닥의 DNA가 달려있게 되는 것이다. 이 두 단일 가닥 말단은 서로 상보적 서열을 가지므로 다시 짝을 지을 수 있으며, 또한 같은 제한효소에 의해 절단된 다른 DNA 단편과도 짝을 지을 수 있게 된다. 왜냐하면 모두 동일한 단일 가닥의 점착성 말단을 가지기 때문이다(그림 8.2). CTTAAG 서열을 공격하는 효소에 의해 절단된 어떤 생물의 어떤 유전자라 할지라도 다른 생물의 유전자와 리가아제라고 하는 효소에 의해 연결될 수 있는 것이다. 리가아제는 DNA의 당-인산 간의 결합을 다시 형성한다.

다양한 4~6 뉴클레오티드 서열을 인지하는 수백 가지 제한효소가 알려져 있다. 이들 각 효소는 단 한 가지 서열만 공격하며 똑같은 장소를 절단한다. 생물학자들은 그들이 찾는 유전자의 양쪽 말단을 절단하면서 내부는 절단하지 않는 효소를 찾아서 사용할 수 있다. 제한효소는 유전공학의 기본적 도구인 것이다.

8.2 **제한효소는 유전공학을 가능하게 해주는 기본적 도구로 DNA의 짧은 특이적 서열에 결합하여 이를 절단한다. 그 결과 형성되는 "점착성 말단"은 다른 DNA 분자와 다시 결합할 수 있다.**

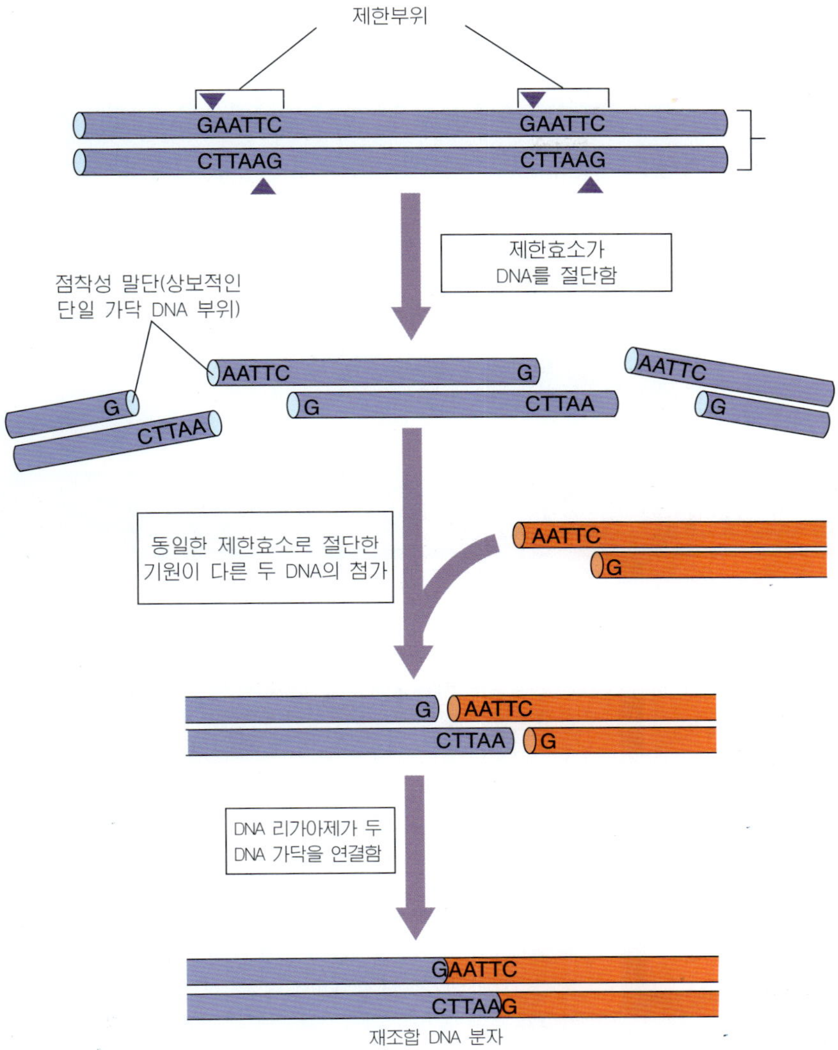

그림 8.2 제한효소로 어떻게 점착성 말단을 가지는 DNA 단편을 만드는가?

제한효소인 EcoRI은 GAATTC 서열의 G와 A 사이를 절단한다. 동일 서열이 두 가닥에 모두 존재하므로 두 가닥 모두 절단된다. 그러나 두 서열은 두 가닥에서 서로 반대방향이다. 그 결과 서로 상보적인 단일 가닥의 말단, 즉 "점착성" 말단이 형성된다.

8.3 유전공학 실험의 네 단계

모든 유전자 이식은 나름대로의 문제점이 있겠지만, 어떤 경우에도 다음의 네 단계를 거친다(그림 8.3):

1. **DNA 잘라내기** - 사용할 DNA를 잘라 냄.
2. **재조합 DNA 형성** - 잘라낸 DNA 조각을 표적세포에 감염하는 운반체에 넣음.
3. **클로닝** - 재조합 DNA를 가지는 운반체를 세포에 감염시키고 감염된 세포를 증식시킴.
4. **선별** - 재조합시킨 유전자를 받아들인 세포만 골라 냄.

■ 제1단계 : DNA 잘라내기

제한효소를 사용하여 원하는 DNA를 잘라낸다. 제한효소가 인식하는 서열이 공여 DNA(source DNA) 내부에 여러 곳 있게 마련이므로, 아주 많은 상이한 조각들이 만들어진다. 크기가 다양한 이 조각들은 **전기영동법**으로 크기별로 분리할 수 있다(그림 8.4).

■ 제2단계 : 재조합 DNA 형성

DNA 단편을 동일한 제한효소로 절단한 플라스미드나 바이러스 DNA 내에 삽입한다. **플라스미드**는 세균의 염색체와는 별도로 복제되는 작은 환상 DNA이다.

■ 제3단계 : 클로닝

플라스미드나 바이러스는 외래 DNA를 숙주세포 내로 운반해 주는 **운반체**(vector)가 된다. 숙주세포로는 흔히 세균이 사용된다. 이 세균세포가 증식하면 모두 재조합 DNA가 포함된 운반체를 가지는 세포의 **클론**이 된다. 각각의 클론은 따로 배양하며, 이들 클론들은 공여체 DNA의 **클론 라이브러리**(clone library)를 구성하게 된다.

■ 제4단계 : 선별하기

원하는 DNA 조각을 가지는 클론을 클론 라이브러리로부터 골라낸다. 이 과정은 유전공학 실험에서 가장 도전할만한 단계다. 이 단계를 보다 상세히 살펴보자.

클론의 예비적 선별 클론의 선별을 쉽게 하기 위해 연구자들은 먼저 운반체를 갖지 않거나 갖더라도 공여 DNA 조각을 갖지 않는 클론을 라이브러리로부터 제거한다. 운반체를 갖지 않는 클론은 테트라싸이클린, 페니실린 또는 앰피실린 같은 항생제에 대한 내성인자를 가진 운반체를 사용함으로써 제거할 수 있다. 그림 8.5a에서 플라스미드는 ampr 유전자를 가지며, 이 유전자는 항생제 앰피실린에 대해 내성을 갖게 한다. 클론을 항생제를 가지는 배지에서 배양하면 운반체를 가진 클론만 성장할 수 있다.

운반체를 가지지만 삽입 DNA 조각(재조합 DNA)을

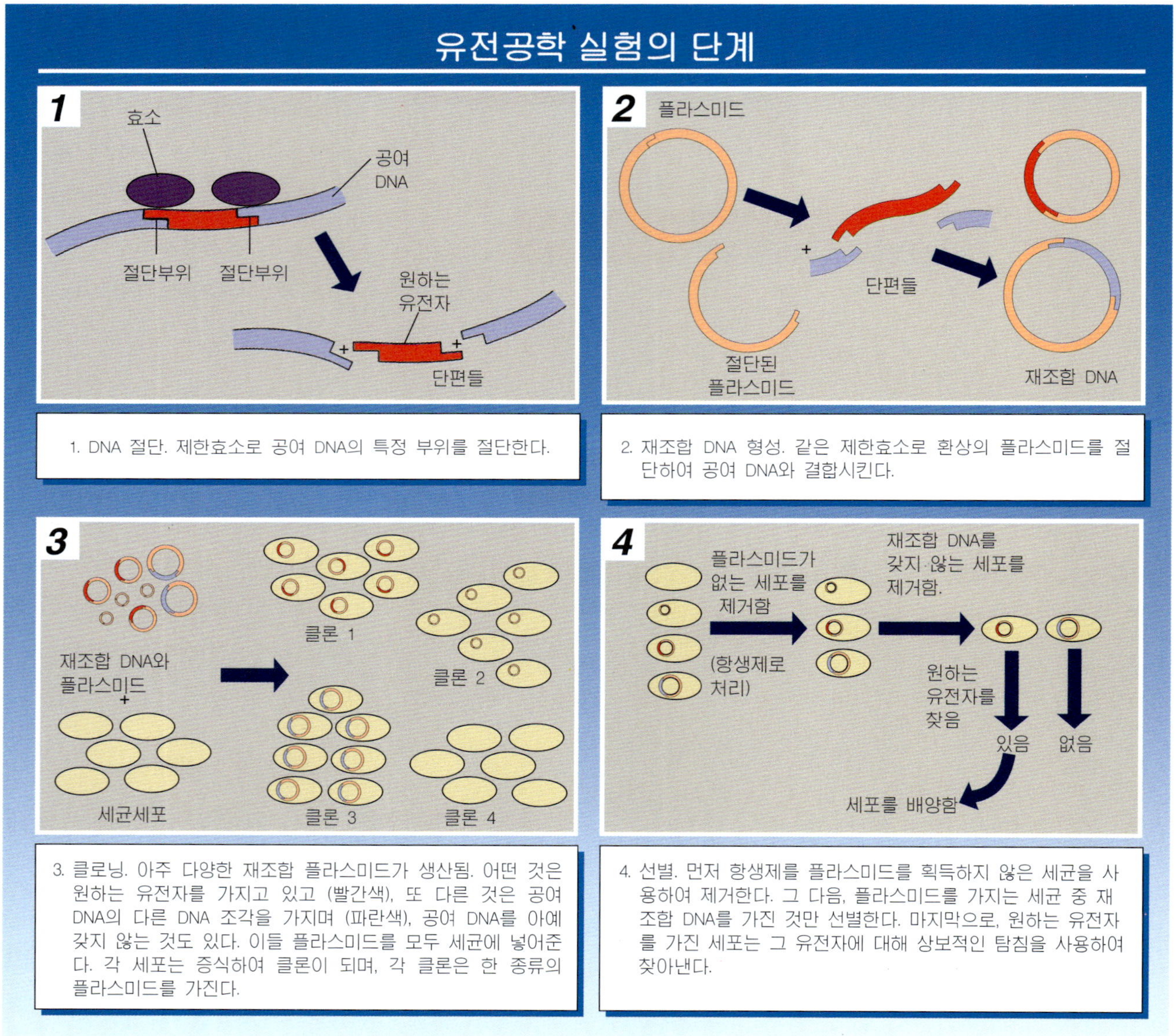

1. DNA 절단. 제한효소로 공여 DNA의 특정 부위를 절단한다.

2. 재조합 DNA 형성. 같은 제한효소로 환상의 플라스미드를 절단하여 공여 DNA와 결합시킨다.

3. 클로닝. 아주 다양한 재조합 플라스미드가 생산됨. 어떤 것은 원하는 유전자를 가지고 있고 (빨간색), 또 다른 것은 공여 DNA의 다른 DNA 조각을 가지며 (파란색), 공여 DNA를 아예 갖지 않는 것도 있다. 이들 플라스미드를 모두 세균에 넣어준다. 각 세포는 증식하여 클론이 되며, 각 클론은 한 종류의 플라스미드를 가진다.

4. 선별. 먼저 항생제를 플라스미드를 획득하지 않은 세균을 사용하여 제거한다. 그 다음, 플라스미드를 가지는 세균 중 재조합 DNA를 가진 것만 선별한다. 마지막으로, 원하는 유전자를 가진 세포는 그 유전자에 대해 상보적인 탐침을 사용하여 찾아낸다.

그림 8.3 유전공학 실험과정

가지지 않는 클론을 제거하는 한 가지 방법으로는 항생제 저항성 유전자 외에 X-gal의 대사를 가능하게 해 주는 효소인 β-galactosidase를 생산하는 Z-gene을 가지는 운반체를 사용하는 것이다. X-gal은 대사 결과 푸른색 반응생성물을 형성하므로 운반체의 이 유전자 기능이 발현되면 X-gal 존재시 세포는 푸르게 된다(그림 8.5b). 만약 Z-gene 내의 인지 부위를 절단하는 제한효소가 사용된다면 재조합 DNA가 형성될 때 이 유전자는 절단될 것이다. 만약 공여 DNA 단편이 이 절단 부위에 삽입된다면 유전자는 불활성화 되어 세포는 X-gal을 대사할 수 없게 된다. 따라서 공여 DNA가 삽입된 운반체를 가지는 세포는 X-gal 배지에서 무색으로 남아있게 된다.

항생제를 함유하는 배지에서 성장할 수 있고 X-gal 배지에서 푸른색으로 변하지 않는 세포는 공여 DNA 단편을 가지는 운반체를 가지고 있음에 틀림없는 것이다. 선별의 다음 단계는 특정 조각을 가지는 세포를 찾는 과정이다.

원하는 유전자 찾기 클론 라이브러리는 공여 DNA

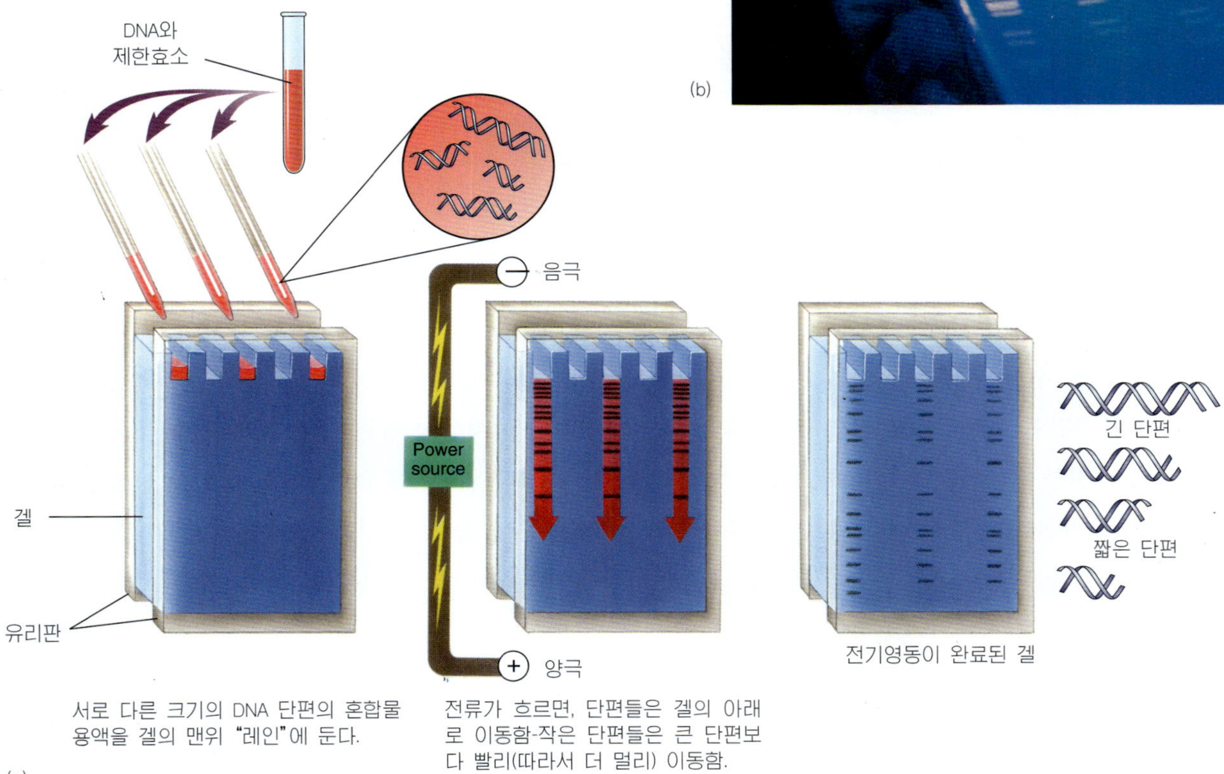

(a)

(b)

그림 8.4 제한효소로 DNA를 절단하고, 조각을 확인하기 위해 전기영동을 한다.

전기영동은 DNA를 조각의 크기에 따라 분리시키므로 여러 크기의 DNA 조각들의 분리에 사용될 수 있다.
(a) 겔의 한쪽에 DNA를 두고 전류를 흐르게 하면 조각들은 크기에 따라 서로 다른 거리만큼 이동한다. 보다 큰 조각은 보다 느리게 이동하므로 같은 시간 동안에 보다 짧은 거리를 이동하게 된다. (b) 분리된 DNA 조각을 형광하에서 본 모습.

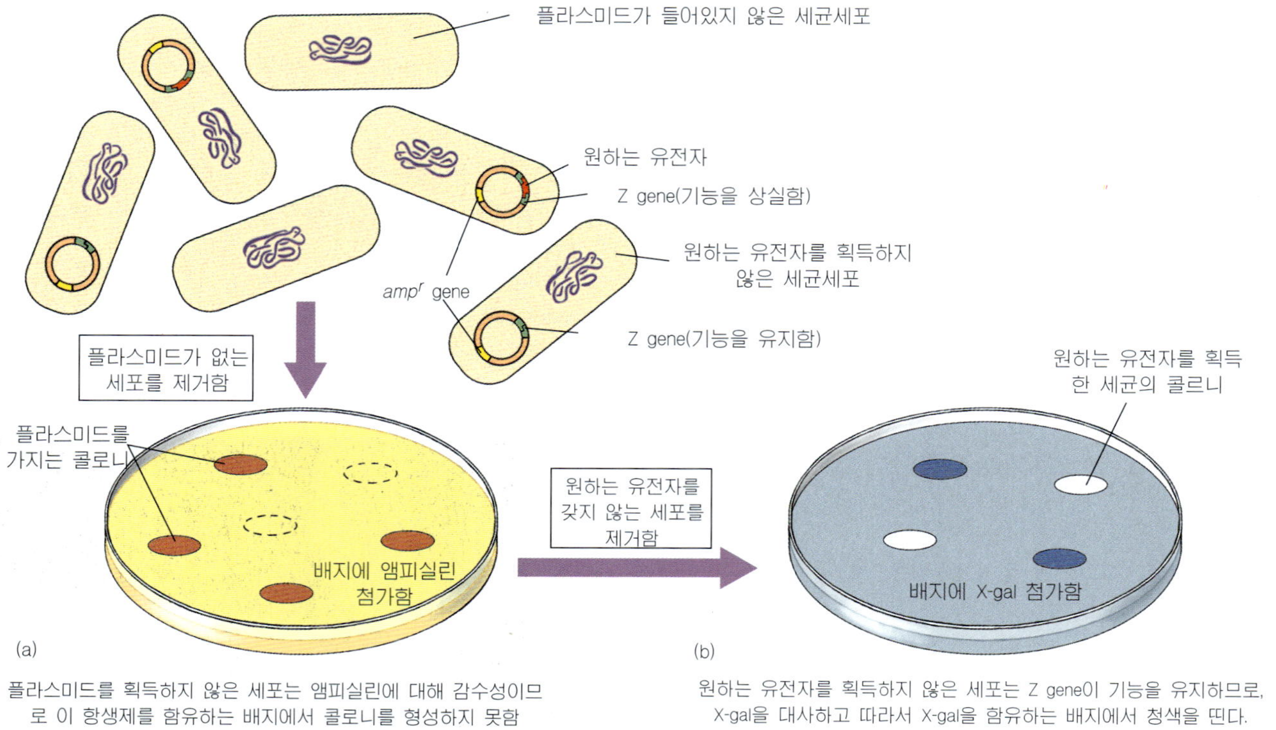

그림 8.5 항생제 저항성 인자와 X-gal을 사용하여 제한 조각의 클론을 예비적으로 선별하는 방법

재조합 플라스미드를 가져 형질 전환된 세균의 선별. 플라스미드는 항생제 앰피실린 (Amp)에 대한 저항성 유전자 (amp^r)와 X-gal이라는 당을 대사하는 효소인 β-galactosidase를 생산하는 유전자를 가진다. (a) 플라스미드를 가지는 세균만이 앰피실린에 대해 저항성이므로 이 항생제를 함유하는 배지에서 살아남을 수 있다. (b) 앰피실린 저항성 세균은 만약 그들의 플라스미드 내의 Z 유전자 내부에 외래 DNA가 삽입되지 않았으면 X-gal을 대사할 수 있다. 그런 세균은 X-gal을 함유하는 배지에서 배양하면 푸른색으로 변하게 된다. Z 유전자 내부에 외래 DNA가 삽입된 플라스미드를 가지는 세균은 X-gal을 대사하지 못하므로 X-gal의 존재시에 무색으로 남아 있게 된다.

로부터 수십 내지 수천 부위에서 DNA 단편을 획득할 수 있다. 그들 단편의 상당수는 동일할 것이므로 전체 공여 게놈의 완전한 라이브러리 구축에는 수십만의 클론이 요구된다. 예를 들어, 초파리의 완전한 라이브러리는 4만 이상의 클론을 가지며, 사람의 완전한 라이브러리는 20kb 짜리 조각으로 구성된 100만 개에 가까운 클론이 요구된다. 이와 같이 엄청난 라이브러리로부터 특정 유전자를 가지는 클론을 찾아내는데는 정교한 기술이 필요한데, 현재 여러 가지 방법들이 성공적으로 사용되고 있다.

클론 라이브러리로부터 특정 유전자를 찾아내는데 사용되는 가장 일반적인 방법은 잡종법이다(그림 8.6). 이 방법은 클론된 유전자가 다른 핵산의 상보적 서열과 염기쌍을 형성케 하는 것이다. 이 상보적 핵산은 원하는 유전자의 존재를 찾는데 사용되므로 **탐침**(probe)이라 부른다. 탐침을 만들기 위해서는 원하는 유전자의 염기서열을 적어도 일부는 알 수 있어야 한다.

잡종법은, 우선 삽입된 유전자를 가지는 세균 콜로니를 한천배지에서 배양한다. 배양된 콜로니를 필터로 묻혀 옮겨 전사배지(轉寫培地, replica plate)를 만든다. 그 다음 필터를 세균 DNA를 변성시키고 방사성으로 표지된 탐침을 가지는 용액으로 처리한다. 탐침은 세균 DNA 위의 상보적인 단일 가닥의 서열과 잡종을 형성하게 된다.

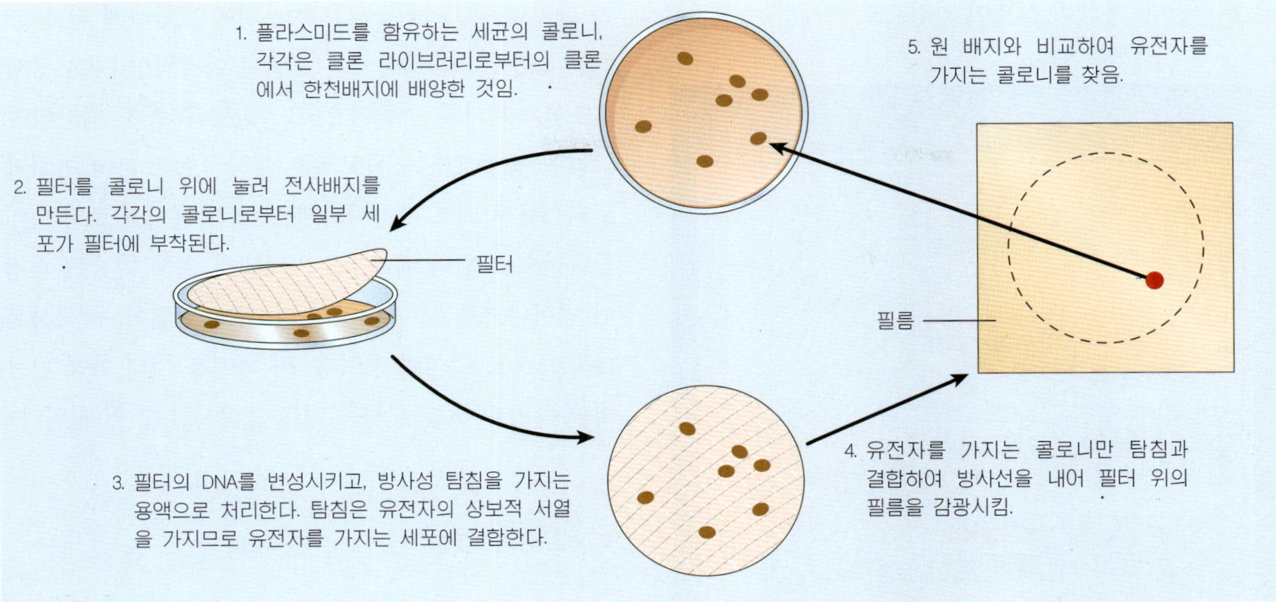

그림 8.6 잡종법으로 원하는 유전자 찾아내기

(1) 세균 배양기 내의 각각의 콜로니는 각기 단일 세포에서 기원한 수백만 개의 클론이다. 어떤 클론이 특정 유전자를 갖고 있는지를 확인하기 위해서는 그 유전자에 대해 상보적 DNA 서열을 가지는 탐침과 잡종을 형성하는지 여부를 관찰해야 한다. (2) 필터를 원래의 배지에 눌러 각 콜로니의 일부 세포가 필터에 묻게 한다. (3) DNA를 변성시키고 또 방사성 탐침을 함유하는 용액으로 필터를 처리한다. (4) 탐침과 잡종을 형성하는 DNA를 가지는, 즉, 원하는 유전자를 가지는 콜로니만이 방사선 사진으로 나타난다. (5) 방사선 사진의 필름과 원래의 배지를 비교하여 원하는 유전자를 가진 콜로니를 확인한다.

이 필터를 사진 필름 위에 얹어 두게 되면 방사성을 가지는 부위는 필름을 감광시키게 된다(방사선 사진술). 오직 원하는 유전자를 가지는 콜로니만이 방사성 탐침과 잡종을 형성하여 필름에 방사선을 방출하는 것이다. 필름에 나타난 콜로니를 최초의 배지와 비교하여 원하는 유전자를 가지는 콜로니를 찾을 수 있다.

8.3 **전형적인 유전공학 기술은 다음 4단계로 이루어진다.: DNA를 잘라 조각 만들기 (제한효소 사용), 재조합 DNA 형성 (절단된 단편을 플라스미드에 부가시킴), 클로닝 (플라스미드를 세균세포에서 배양), 선별하기 (원하는 유전자를 가진 플라스미드를 함유하는 세포 찾기)**

8.4 기타 유전공학 기술

PCR 증폭

때때로 과학자들은 유전자를 세균 내에 삽입하여 대량의 단백질을 생산하는 대신 PCR, 즉 **중합효소 연쇄 반응**(polymerase chain reaction)이라는 기술을 쓰기도 한다(그림 8.7).

이 유전자 복제과정을 수행하기 위해서는 먼저 **시발체**(primer)라 불리는 짧은 단일가닥 뉴클레오티드 서열을 합성한다. 시발체는 증폭시킬 DNA의 양쪽 말단에 결합하는 상보적인 서열로 이루어진다. DNA와 시발체를 가지는 용액을 95℃ 정도로 가열하면 DNA 이중나선을 지탱하는 수소결합이 파괴되어 단일 가닥으로 변성된다. 용액이 식으면 과량으로 존재하는 시발체가 단일 가닥 DNA의 상보적 부위에 결합하게 된다. 그 다음 Taq 폴리머라아제라는 열에 안정적인 DNA 중합효소를 네 가지 뉴클레오티드 원료와 함께 제공한다. 그러면 중합효소는 시발체를 개시점으로 하여 뉴클레오티드를 차례로 부가시키게 된다. 합성이 완료되면 이중나선으로 된다. 두 단일 가닥에서 모두 똑같은 과정이 일어나므로 그 결과 최초의 DNA 단편이 두 복사본(copy)으로 증식된 것이다. 이 과정을 여러 차례 반복하면 특정 DNA를 원하는 대로 증식시킬 수 있게 된다.

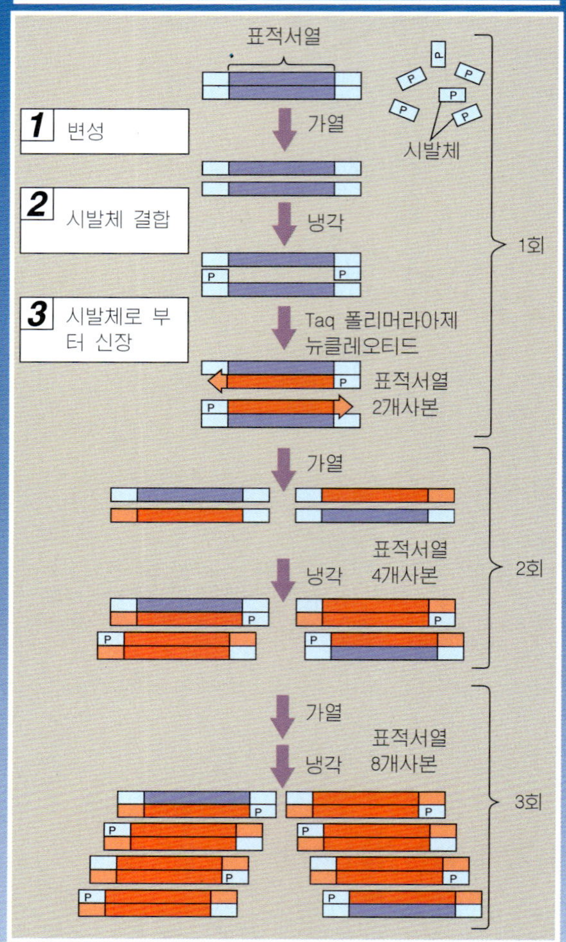

1 이중 가닥의 DNA의 표적서열을 가열하여 단일가닥으로 만든다 (변성시킴).

2 식히면 시발체 (primer)라 불리는 단일가닥 서열이 표적서열의 말단부에 붙는다.-시발체가 훨씬 많으므로 표적서열끼리 재결합하지는 않게 된다.

3 DNA 중합효소가 시발체 말단에 뉴클레오티드를 부가하여 표적서열의 상보적 사본을 만들게 된다. 그 결과 동일한 2개의 이중 가닥이 만들어진다.

그림 8.7 중합효소 연쇄 반응은 어떻게 일어나는가?

1단계부터 3단계까지 분석에 필요한 충분한 양의 DNA가 될 때까지 여러 차례 반복된다. 한 차례에 DNA의 사본수는 두 배로 증가한다.

cDNA의 형성

세균에서는 유전자로부터 전사된 모든 뉴클레오티드는 아미노산을 지정하는 암호의 기능을 가진다. 그러나 진핵세포 유전자는 7장에서 공부했듯이, 인트론이라 불리는 여러 비해독 서열에 의해 분리되는 엑손에 의해 암호화 된다. 유전자는 RNA 중합효소에 의해 전체가 전사되어, 소위 **1차 전사물**이 된다. 이것은 해독에 사용되기 전에 인트론 부분이 제거되어야 한다. 남은 단편들(엑손)은 연결되어 mRNA가 되고 이것이 세포질에서 해독된다. 진핵세포 유전자를 세균에 넣어 줄 때는, 이와 같은 과정으로 처리된 DNA를 넣어주는 것이 좋은데 그 이유는 세균은 1차 전사물을 처리하는 효소를 가지고 있지 않기 때문이다(그림 8.8). 이를 위해서는 특정 유전자에 상응하는 mRNA를 세포질에서 분리해 내어 역전사효소로 처리하여 mRNA의 DNA 버전을 만든다. 유전자의 이와 같은 버전을 cDNA(복사 DNA)라 부른다. 단일 가닥의 cDNA로부터 상보적인 이중 가닥을 만들 수 있으며, 이 방법으로 인트론이 없는 유전자를 만들어 세균으로부터 진핵세포 단백질을 생산할 수 있다.

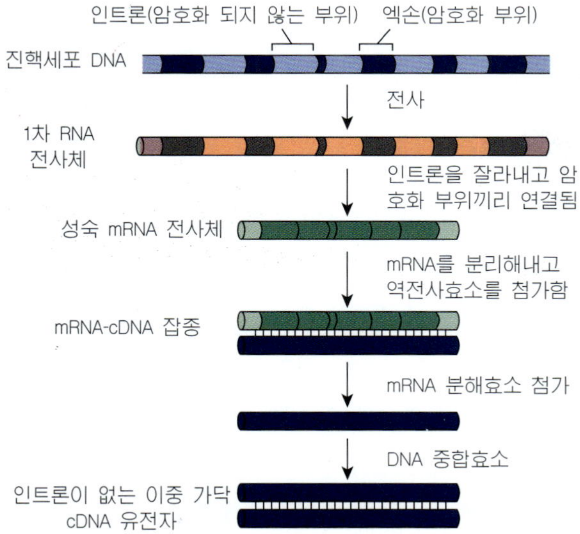

그림 8.8 인트론 없는 진핵세포 유전자 만들기

유전자의 1차 전사체는 추후 처리과정에서 제거되는 많은 인트론을 가진다. 1차 전사체는 처리과정 후에 mRNA가 된다. mRNA로부터 상보적인 DNA를 만드는 데는 역전사효소를 이용한다. DNA 중합효소를 이용하여 새로 만들어진 DNA 가닥으로부터 이중나선의 DNA를 만들게 되면 인트론이 없는 DNA가 된다.

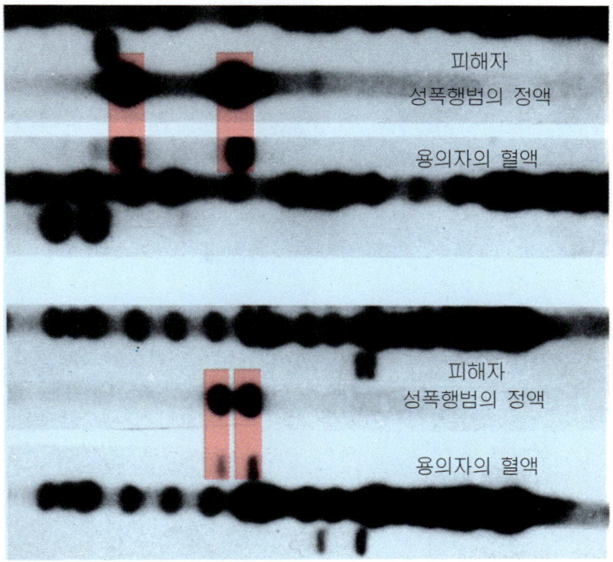

그림 8.9 유죄 판결의 근거가 된 DNA 지문

그림의 두 DNA 탐침은 피해자, 성폭행범이 남긴 정액 그리고 용의자로부터의 DNA를 식별하기 위해 사용되었다. 맨 위의 검은 부분은 많은 띠로 된 대조구이다. 용의자와 성폭행범의 정액의 DNA가 명백히 일치함을 보여준다.

■ DNA 지문

그림 8.9는 1987년 한 지방 검찰관이 강간사건의 재판에 제출한 DNA 지문이다. DNA 지문은 방사선 사진으로 만들어지며, X-선 필름 위에 슈퍼마켓의 물건의 가격코드와 비슷한 형태의 평행한 막대로 나타난다. 각각의 막대는 그림 8.4에서 설명된 것과 비슷한 방법으로 만들어진 DNA의 제한효소 단편부위이다. 그림에서 많은 막대로 구성된 줄은 표준화된 대조구를 나타낸다. 제한단편을 확인하기 위해 서로 다른 두 가지 탐침을 사용했다. 피해자의 질로부터 사건 몇 시간 내에 면봉으로 샘플을 채취하였고, 얻어진 정액으로부터 DNA의 제한효소 단편의 양상을 분석하였다.

정액과 용의자의 제한효소 단편의 양상을 비교해 보라. 용의자의 두 단편 양상이 강간범의 것과 일치함을 알 수 있다(그러나 피해자의 것과는 전혀 다르다). 피해자로부터 채취된 정액과 용의자의 혈액 샘플이 동일인임이 분명한 것이다. 1987년 11월 6일, 배심원은 이 용의자에게 유죄 판결을 내렸다. 범인 Tommie Lee Andrews는 미국에서 DNA를 증거로 유죄 판결을 받은 최초의 사람이 되었다.

Andrews의 판결 이후 DNA 지문은 2,000건 이상의 재판에서 증거로 인정되었다. 어떤 탐침은 여러 사람이 공통으로 가지지만 또 다른 탐침은 공통적인 경우가 매우 드물다. 여러 가지 탐침을 사용함으로써 동일인인지 여부를 확실히 밝힐 수 있다.

지문이 1900년대 초기에 법정에서의 증거에 혁명을 일으켰듯이, 현재는 DNA 지문이 혁명을 불러오고 있다. 한올의 머리카락, 작은 핏자국 하나, 한방울의 정액이 모두 DNA의 근원이 되어 용의자의 혐의를 입증하거나 누명을 벗길 수 있게 되었다. Andrews의 DNA를 분석했던 사람은 다음과 같은 말을 했다. "그것은 사건 현장에 당신의 이름, 주소, 주민등록번호를 남겨두는 것과 같다. 그것은 확실함 바로 그 자체다." 물론 DNA 샘플의 분석은 정확하게 수행되어야 한다. 엉성한 분석 과정은 잘못된 증거로 이어질 수 있다. 분석 과정의 일부 문제점들이 널리 공표된 이후 국가적인 표준이 개발되고 있다.

8.4 **오늘날의 유전공학자들이 사용하고 있는 핵심적인 기술 중에는 PCR(DNA 샘플의 양을 증가시키는데 사용), cDNA(mRNA로부터 유전자를 만드는데 사용), DNA 지문(특정 개인의 동일인 여부 판정에 사용) 등이 있다.**

8.5 DNA 염기서열 분석

Sanger의 방법

요즘 주로 사용되는 DNA 서열 분석법인 "사슬종결(chain termination)" 기술은 Frederick Sanger에 의해 개발되었는데, 이 방법으로 그는 그의 두번째 노벨상을 받았다(그림 8.10). (1) 서열을 모르는 단일가닥 DNA 단편의 말단에 짧은 단일 가닥의 시발체(primer)를 붙인다. 시발체(primer)는 DNA 중합효소가 작용할 수 있도록 3′ 말단을 제공한다. (2) 4개의 DNA 합성 시험관에 앞의 DNA 단편 외에 DNA 중합효소와 네 가지 디옥시뉴클레오티드(deoxynucleotide, d-nucleotide)를

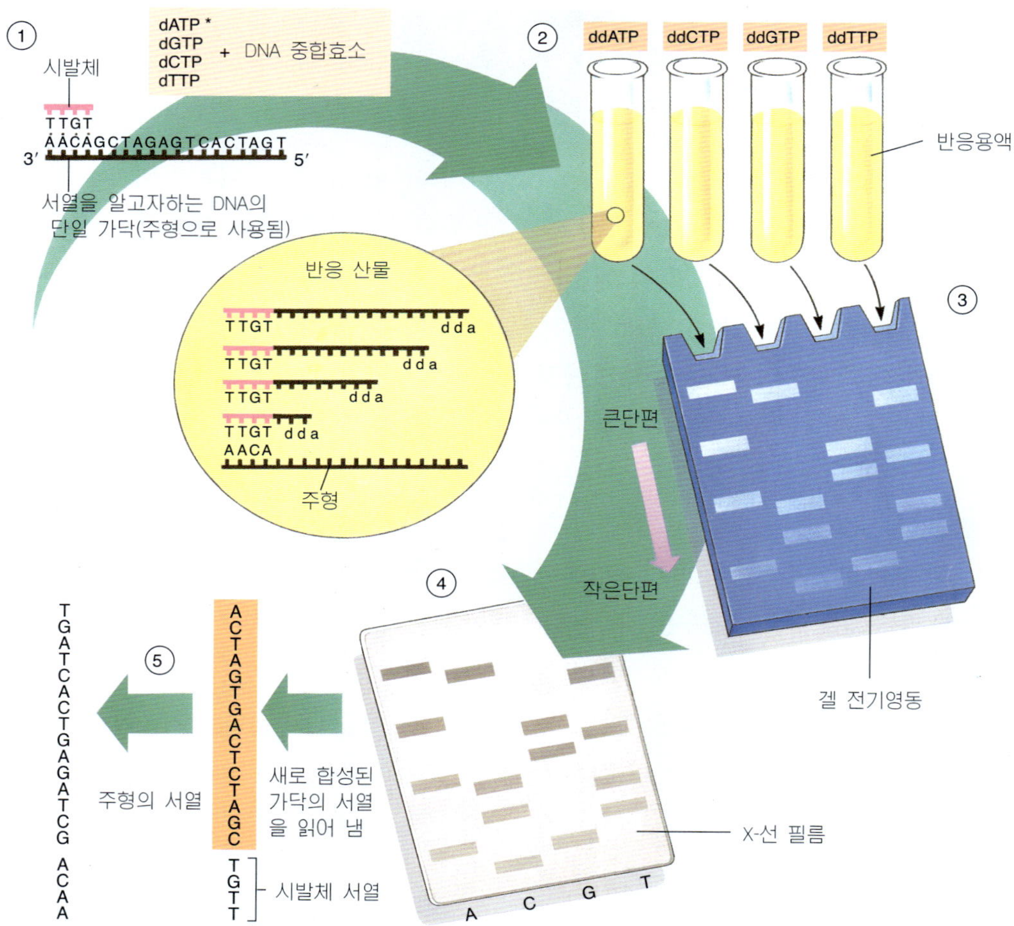

그림 8.10 Sanger의 dideoxynucleotide 서열 분석법

첨가한다. 각각의 시험관은 서로 다른 디디옥시뉴클레오티드(dideoxynucleotide, dd-nucleotide)를 넣어 준다. 디디옥시뉴클레오티드는 2′-OH 및 3′-OH기가 없으므로 사슬이 종결된다. 예를 들어, 첫번째 시험관에 ddATP를 넣는다면 dATP 대신 ddA가 합성되어 들어간 DNA 부위에서는 DNA 합성이 중지된다. dATP에 비해 상대적으로 낮은 농도의 ddATP 때문에, ddA는 최초의 A 자리에만 들어가는 것이 아니고 곳곳의 A 자리에 들어가게 되어 DNA 중합효소가 시발체로부터 이동한 거리에 따라 길이가 제각기 다른 일련의 단편들이 합성될 것이다. (3) 이들 합성된 DNA 단편들은 전기영동으로 크기대로 분리시킨다. (4) 방사성 (dATP*)로 인해 단편들은 X-선 필름으로 식별 가능해진다. 서열은 X-선 필름에서 직접 읽을 수 있게 된다. 그림 8.10의 ④로부터 직접 읽어 보도록 하라. (5) 원래의 단편은 읽혀지는 서열과 상보적 서열로 구성된다.

게놈의 서열 분석

국제과학협회는 인간의 전체 게놈의 서열을 분석하는 엄청난 일을 수행하고 있다. 인간의 게놈은 약 3,000Mb(Mb는 백만 염기쌍)을 가지므로 이 일은 결코 작은 도전이 아닌 것이다.

그러나 유전공학 기술로 우리는 인간 게놈에 대해 훨씬 더 많이 알 수 있게 되었다. 크기가 큰 제한 단편을 사용하여 인간 게놈의 여러 클론 라이브러리(clonal library)가 만들어졌다. 어떤 증식된 유전자라 할지라도 방사성 탐침(radioactive probe)을 사용한 원위치 잡종법(in situ hybridization; 염색체상의 상보적 서열과 탐침을 결합시키는 기술)으로 염색체 내에서의 그 유전자의 위치를 찾아낼 수 있다. 현재 유전자의 위치는 놀라운 속도로 밝혀지고 있다: 실독증 관련 유전자, 비만 유전자 등은 최근에 유전자 지도가 밝혀진 주요한 유전자들이다. 어떤 유전자가 사람의 게놈 내의 어느 위치에 존재하는지 그리고 그들이 어떻게 발현되는지 등을 알게 된다면, 장래에 유전병을 치료할 수 있게 되거나 아니면 **유전자 치료법**(gene therapy)으로 유전자 차원의 치료가 가능해질 수도 있을 것임을 상상하기 어렵지 않다. 낭포성 섬유증(cystic fibrosis) 환자의 경우 낭포성 섬유증 유전자의 정상 유전자를 사용한 치료가 일부 성공적임이 이미 보고되고 있다.

표 8-1 완전히 분석된 게놈

생물종	게놈크기 (Mb)	특 징
고세균		
Archaeoglobus fulgidus	2.2	황산염-환원 화학합성 세균
Methanobacterium thermoautotrophicum	1.8	CO_2를 환원시켜 메탄을 만듦
Methanococcus jannaschii	1.7	극단적인 호열성 세균
진정세균		
Escherichia coli	4.6	실험실 표준 세균
Mycobacterium tuberculosis	4.4	결핵
Bacillus subtilis	4.2	내생포자 형성
Synechocystis spp.	3.6	활주성 남조류
Haemophilus influenzae	1.8	수막염; 귀, 부비동, 목의 감염
Helicobacter pylori	1.7	위궤양
Borrelia burgdorferi	1.4	라임병
Treponema pallidum	1.1	매독
Mycoplasma pneumoniae	0.8	폐렴
Mycoplasma genitalium	0.6	가장 작은 게놈
진핵생물		
Caenorhabditis elegans	100	선충
Saccharomyces cerevisiae	13	효모

인간 게놈 계획(Human Genome Project)의 부수적인 결과로 몇 Mb 수준의 보다 작은 게놈을 가진 여러 미생물의 게놈이 완전히 분석되었다. 일반적으로, 전체 유전자의 절반 정도는 어떤 알려진 기능을 갖는다는 것이 확인되었다. 나머지 절반의 유전자는 어떤 기능을 가지는지 전혀 알려지지 않은 상태다. 지금까지 진핵세

포 게놈은 효모(Saccharomyces cerevisiae)와 선충의 일종인 Caenorhabditis elegans 두 종에서만 완전히 분석되었다. 그들의 많은 유전자는 사람의 상응하는 유전자와 비슷한 구조를 가지고 있다. 그 외 말라리아를 일으키는 Plasmodium(30Mb), 식물의 일종인 Arabidopsis(100Mb; 그림 8.11), 초파리(120Mb), 생쥐(300Mb) 등 여러 생물의 게놈의 완전한 서열이 조만간 밝혀질 것으로 기대되고 있다.

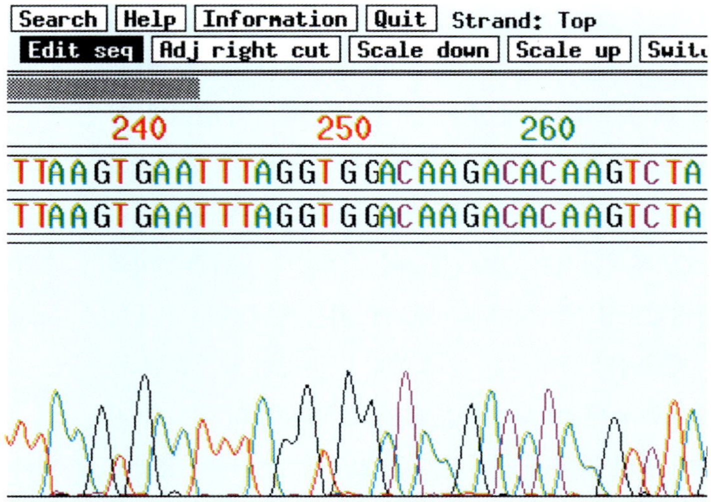

그림 8.11 Arabidopsis (식물의 1종)의 DNA 염기 서열의 일부

자동화된 DNA 서열 분석기로 분석한 Arabidopsis 게놈의 일 부분의 자료. 자동화된 DNA 서열분석으로 게놈 분석의 속도가 무척 빨라지게 되었다.

8.5 **특정 생물의 완전한 뉴클레오티드 서열을 밝힐 수 있게 됨으로 그들 생물에 대한 우리의 지식은 급속히 증가하고 있다. 또한 사람의 게놈 분석도 빠르게 진행되어 거의 완료 단계에 이르렀다.**

8.6 유전공학과 의학

유전공학에 대한 기대가 큰 분야로는 의학분야로, 질병의 치료와 예방에 미칠 가능성에 초점이 맞춰져 있다. 질병을 치료하는데 사용되는 단백질의 생산, 감염에 맞설 새로운 백신의 개발 그리고 결함 유전자의 대체 등의 분야에서 많은 발전이 이루어지고 있다.

■ "마법의 탄환" 만들기

많은 유전병은 중요한 단백질을 만들지 못하기 때문에 일어난다. 당뇨병도 그러한 질병이다. 신체가 중요한 단백질인 인슐린을 만들지 못하므로 혈당의 수준을 조절할 수 없는 것이다. 이 결함은 만약 결핍된 단백질(인슐린)을 제공받는다면 극복되어질 수 있다. 제공된 단백질은 몸의 조절 불능을 치료할 수 있는 말 그대로의 "마법의 탄환"인 것이다.

최근까지 조절단백질을 약으로 사용하는데 있어서 큰 문제는 그 단백질을 만들어 내는 것이었다. 몸의 기능을 조절하는 단백질은 대개 체내에서 매우 낮은 농도로 존재하므로, 이를 대량으로 얻는 것이 어렵고 비싸게 먹힌다. 그러나 유전공학 기술을 이용하므로써 이들 단백질들을 대량으로 생산하는 방법이 가능해졌다. 현재 의학적으로 중요한 단백질의 생산은 흔히 유전자를 세균에 이식하여 세균을 통해 생산한다(표 8.2). 숙주가 되는 세균은 싼 비용으로 배양할 수 있으므로 원하는 단백질을 쉽게 대량으로 얻을 수 있다. 1982년, 미국의 식품의약국은 유전공학적으로 세균으로부터 생산된 인슐린의 사용을 승인함으로써 인슐린은 유전공학에 의한 최초의 상업적 산물로 기록되게 되었다.

오늘날 세계 각국의 수백 개의 제약회사들이 유전공학 기술을 이용하여 의학적으로 중요한 다른 단백질을 생산하기 위해 연구 중이다. 이들 산물 중에는 심장마비 환자의 치료에 효과적인 **항응고제**(anticoagulants; 혈전을 용해하는데 관계하는 단백질), 혈액응고를 촉진하는 단백질인 **응고인자** Ⅷ(factor Ⅷ) 등이 있다. 응고

표 8-2 유전공학적으로 제조되는 약품

산물	효과와 이용
콜로니-촉진인자 (colony-stimulating factor)	백혈구 생산 촉진; 감염과 면역 결핍에 사용
조혈촉진인자 (erythropoietin)	적혈구 생산 촉진; 신장병을 가진 빈혈 환자의 치료에 사용
성장인자 (growth factors)	여러 세포 유형의 분화와 성장 촉진; 상처 치유 보조에 사용
인간 성장인자 (Human growth factors)	난장이병 치료에 사용
인터페론	비루스의 증식 교란; 일부 암의 치료에 사용
인터루킨	백혈구의 활성화와 자극; 상처 치유, HIV 감염, 암, 면역 결핍증 등에 사용

인자 Ⅷ이 결핍되면 6장에서 공부한 바 있는 혈우병이 나타나게 되는데, 이 병은 출혈이 지속되는 특징이 있다. 불행히도 제공된 혈액이 HIV나 B형 간염 같은 비루스에 감염될 수 있어 혈액을 수혈받은 사람들이 이런 병에 감염되는 경우가 있었다. 오늘날 유전공학적으로 생산된 응고인자 Ⅷ의 사용으로 수혈로 인한 감염의 위험이 사라졌다.

■ 유전공학을 이용한 편승식 백신 제조(piggyback vaccines)

백신은 우리 몸이 겪지 못한 병원균으로부터 몸을 방어하는 방법을 가르쳐주는 수단이다. 병을 일으키는 미생물을 무해한 형으로 변화시켜 몸에 주입하면 면역체계가 병에 대한 방어력을 개발하게 된다. 주입된 변이체는 체내에서 모델로 작용하여 항체라 불리는 방어용 단백질을 만들어 내는데 기여하게 된다.

전통적으로 백신은 병원균을 죽여서(때로는 약화시

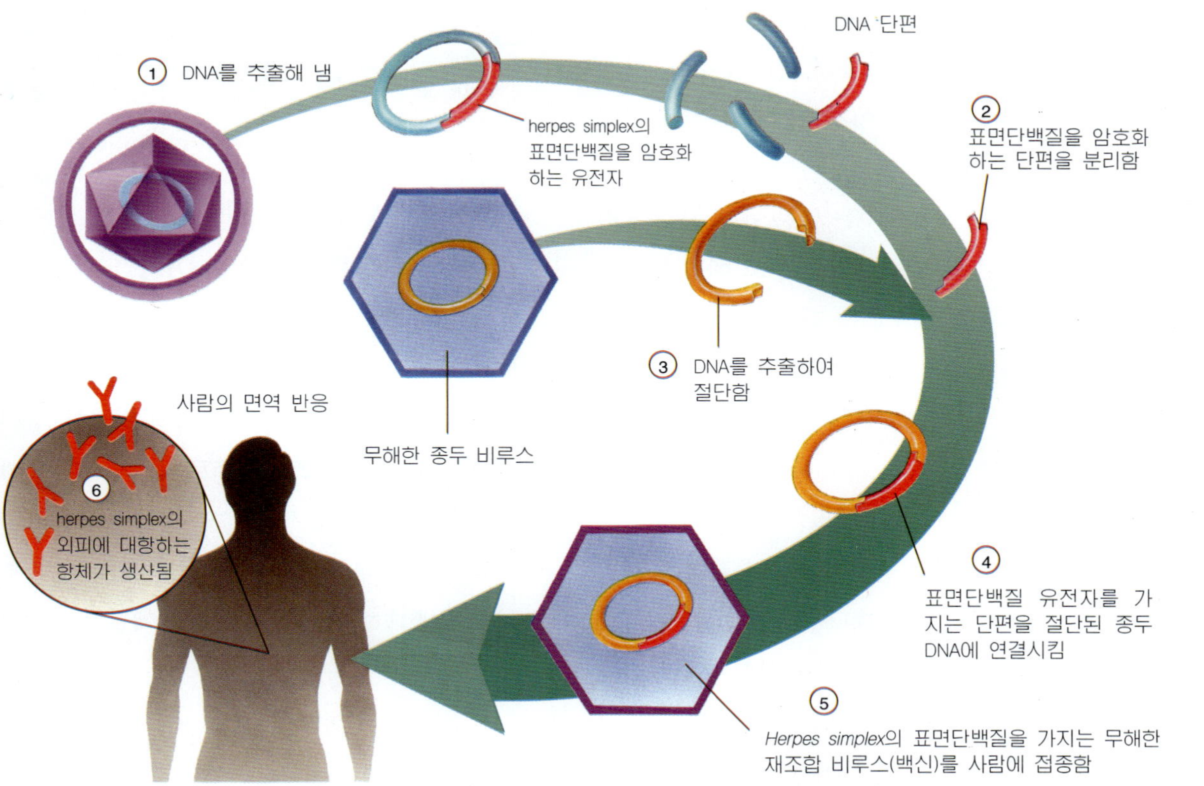

그림 8.12 허피즈 비루스에 대한 piggyback vaccine의 제조법

켜 성장할 수 없게 함) 만들어왔다. 따라서 그것을 신체에 주사해도 병에 걸리지는 않는다. 이와 같은 "약화(弱化)" 과정은 최초의 소아마비 백신 제조에 사용되었다. 이 방법의 문제점은 약화 또는 멸균과정에 잘못이 있을 경우 예방을 하려는 사람에게 바로 병을 접종시켜주는 결과로 이어진다는 것이다. 광견병에 감염된 것으로 의심되는 개에 물렸을 때에만 광견병 예방 백신을 접종하는 것은 바로 이런 이유에서이다.

지금은 유전공학 기술의 발달로 훨씬 안전한 방법이 가능해졌다. 즉, 병원 미생물의 표면단백질을 만드는 유전자를 무해한 비루스의 DNA에 넣어 주는 것이다. 그림 8.12에 설명된대로, 무해한 비루스는 부가된 유전자를 "자신의 유전자에 편승시켜" 가지고 있는 것이다. 변형된 이 비루스는 여전히 무해하면서 효과적이고 안전한 piggyback 백신이 되는 것이다. 사람의 체내에 주입되면 변형된 비루스의 표면은 마치 전쟁터의 깃발처럼 "편승 된" 표면단백질이 나타나는 것이다. 몸의 면역 체계는 그 단백질을 가지는 어떠한 세포도 공격하는 항체를 만드는 것이다. 그 결과 신체는 그 이후 piggyback 유전자에 의해 얻어진 그 병원균으로부터 보호된다.

이와 같은 방법으로 만들어지는 많은 백신 중에는 허피즈(Herpes) 비루스와 B형 간염 비루스 예방 백신도 있는데, 특히 B형 간염 비루스는 감염성이 높고 매우 위험한 질병이다.

■ 사람의 유전자 치료법

1990년, 학자들은 사람의 유전자 이식에 의한 유전병 치료를 처음으로 시도하였다. 대다수의 유전병은 두 염색체의 유전자가 모두 결함이 있거나 결실되어 유전자 발현이 되지 않을 때 나타난다. 이 경우 확실한 치료법은 환자에게 그 유전자가 발현될 수 있는 사본을 넣어주는 것이다. 유전공학 기술에 의한 **유전자 치료법**(gene therapy)이 낭포성 섬유증(cystic fibrosis)과 근육 위축증(muscular dystrophy) 같은 여러 유전병을 치료하는 수단으로 시도되고 있다. 최초의 성공적 시도 중에는 효소의 결핍으로 일어나는 희귀한 혈액 유전병으로 고통받는 여자 아이의 골수에 효소를 만드는 유전자를 도입한 사례가 있다.

사람의 유전자 이식은 또한 암에 대한 강력한 무기를 제공한다. 모든 사람은 체내에 아주 소량의 종양괴사인자(tumor necrosis factor, TNF)라는 단백질을 가진다. 최근 이 단백질을 만드는 유전자를 암에 대항하는 기능의 백혈구에 유전공학적으로 넣어 주었다. 이들 백혈구는 암세포를 찾아내는데는 능숙하지만, 마치 전차에 나무화살을 쏜 것처럼 암세포를 파괴하는데는 비효율적이었다. 그러나 새로운 TNF로 무장한 재조합된 백혈구는 폭발적인 탄두를 가지고 암세포를 향해 날아가는 유도탄 미사일처럼 되었다.

8.6 **유전공학은 의학적으로 중요한 단백질의 생산을 쉽게 해 주고 있고, 새로운 백신의 개발을 가능케 하며 또한 유전병의 치료에 대한 희망을 제공하고 있다.**

8.7 유전공학의 농축산업 이용

우리 사회에 대한 유전공학의 가장 큰 영향 중 하나는 농작물의 유전자를 조작하므로써 내병성, 상해(서리의 피해), 그 외 다른 스트레스로부터의 피해에 대한 저항성을 성공적으로 증가시켜 왔다는 것이다. 또한 영양적으로 보다 우수하고 단백질 함량이 높은 작물, 그리고 제초제에 대해 저항성인 작물도 개발되고 있다.

Ti 플라스미드

최근 들어 식물 유전공학이 크게 발전하게 된 데는 한 식물에서 다른 식물로 DNA를 운반할 수 있는 효과적 방법이 개발된 데 기인한다. 오랫동안 식물에서의 유전공학은 불가능했는데, 그 이유는 식물의 경우 세균과 달리 유전자를 운반할 효과적인 비루스가 없기 때문이었다.

식물에서 유전공학의 진전은 세균의 플라스미드를 벡터로 사용하므로써 이루어졌다. 근두암종이라 불리는 큰 혹을 만들어 식물의 암종을 일으키는 이 플라스미드는 **Ti 플라스미드**로 불리며, 토마토, 담배, 콩 같은 잎이 넓은 작물에 쉽게 감염된다. 식물에 감염되면 스스로 식물세포의 염색체 내에 통합되어 들어간다. 유전공학의 벡터로 사용하기 위해 과학자들은 Ti 플라스미드의 종양유발 유전자를 제거했다. 그 결과 무해하게 된 플라스미드의 빈 자리에는 DNA를 재조합시킬 수 있으며 이를 원하는 식물의 염색체에 운반시키는 것이다.

안타깝게도 Ti 플라스미드를 가지는 세균은 옥수수, 벼, 밀 같은 중요한 식량 작물에는 감염되지 않는다는 것이다. 과학자들은 이들 식물에 유전자를 도입할 수 있는 다른 방법을 개발했다. 1991년 유전자를 가지는 DNA를 현미경적인 탄환으로 포장하여 이를 밀에 쏘아 넣는데 성공한 것이다(그림 8.13).

그림 8.13 세포 내에 유전자 쏘아 넣기

이 유전자 입자 총은 DNA를 포함하는 텅스텐 총알을 식물세포 내에 쏘아 넣는다.

제초제 저항성

농업분야에서의 유전공학의 주요한 발전은 제초제 **글리포세이트**(glyphosate)에 대한 저항성 작물의 개발이다. 글리포세이트는 목장이나 경작지에서 잡초를 없애기 위해 사용되는 강력한 제초제인 근사미의 주성분이다. 식물은 성장하려면 다량의 단백질을 만들어야 하는데, 글리포세이트는 중요한 아미노산을 합성하는 효소를 파괴하므로써 단백질 합성을 중지시킨다. 사람에게는 글리포세이트의 작용이 미치지 않는데, 그 이유는 사람은 아미노산을 합성하지 않고 우리가 먹는 식물을 통해서 얻기 때문이다. 이 강력한 제초제에 저항성인 작물을 만들기 위해 과학자들은 수천 종의 생물을 조사한 결과 글리포세이트 존재하에서 이 아미노산을 합성할 수 있는 한 종의 세균을 발견하였다. 그들은 저항성 효소를 만드는 유전자를 분리해 내어 Ti 플라스미드를 벡터로 사용하여 식물 내에 성공적으로 이식시켰다(그림 8.14).

그림 8.14 유전자 조작된 제초제 저항성 식물

그림의 네 포기 페튜니아에 같은 양의 제초제를 처리하였다. 위의 두 포기는 제초제의 주성분인 glyphosate에 저항성을 가지도록 유전자 조작이 되었고, 반면 아래의 죽은 두 그루는 유전자 조작이 되지 않은 것이다.

제초제 저항성 작물에 의해 농업은 다음의 두 가지 이유로 혁명적 전기를 맞게 되었다. 첫째, 제초제 저항성 작물은 제초의 필요가 없어지므로 작물의 생산 단가를 낮춘다. 게다가 글리포세이트 저항성 작물의 개발은 환경에도 도움이 된다. 글리포세이트는 환경에서 쉽게 분해되므로 다른 제초제에 비해 탁월한 증진효과를 가진다. 두번째는 잡초를 죽이기 위해 경작지를 갈아 엎지 않아도 되므로 비옥한 표토가 침식에 의해 유실되는 것을 감소시키는 것이다.

■ 내충성(pest resistance)

농업에서의 유전공학자의 또 다른 주요한 노력은 살충제를 뿌리지 않아도 되는 내충성 작물의 개발에 관한 것이다. 면화의 경우를 예로 들어보자. 면화의 섬유는 전 세계적으로 의복의 주요한 원자재가 된다. 그러나 면화는 많은 해충의 공격으로 인해 스스로는 농장에서 살아남을 수 없을 정도이다. 오늘날 사용되는 화학적 살충제의 40% 이상이 면화를 가해하는 해충 구제에 사용된다. 만약 이들 수 천 톤의 살충제를 사용할 필요가 없어진다면 지구의 환경에 크게 기여할 것이다. 생물학자들은 현재 곤충의 공격에 대해 저항성인 면화를 개발 중에 있다.

성공적인 시도 중 하나는, 일부 작물에 심각한 해충인 나비와 같은 곤충의 유충을 공격하여 죽이는 효소를 분비하는 토양세균을 이용하는 것이다. 이들 효소를 생산하는 유전자를 토마토의 염색체에 넣어주면 토마토는 이 효소를 생산하게 되고 그러면 토마토에 가장 심각한 해충인 박각시나방의 유충에게 강한 독성을 갖게 된다(그림 8.15).

해충들 중에는 뿌리를 먹어 치우는 것도 많다. 이들 해충을 막기 위해 유전공학자들은 토양세균으로부터 분리한 살충효소 유전자를 농작물의 뿌리에 붙어 사는 다른 세균에 넣어 주려고 시도하고 있다. 식물의 뿌리를 먹은 해충은 세균도 함께 먹게 되고 그러면 효소에 의해 죽게될 것이다.

그림 8.15 내충성에 대한 성공적인 실험

이 두 포기의 토마토는 실험실 내에서 심각한 해충인 박각시나방의 유충에 노출되었다. 왼쪽의 유전자 조작이 되지 않은 식물은 거의 다 먹혔으나 유전자 조작 식물은 거의 피해를 입지 않았다.

■ 가 축

농업에서 또 한 가지 중요한 발전은 젖소의 사료에 소의 소마토트로핀(bovine somatotropin, BST, 성장호르몬)을 첨가하므로써 우유의 생산량을 크게 증가시킨 것이다. 비싼 비용으로 죽은 소의 뇌로부터 이 호르몬을 추출하는 대신 유전자를 세균에 넣어 값싸게 생산하고 있다. 소위 말하는 BST 우유는 사실상 다른 젖소의 우유와 다르게 없고, 단지 이 경우 더 많은 우유를 생산하는 것에 지나지 않는다. BST에 의해 생산량이 향상된 젖소로부터의 우유는 1994년에 선을 보인 이래 유전공학에 반대하는 공익단체들의 심한 반대에도 불구하고 계속 판매되고 있다.

이 성장호르몬을 만드는 유전자를 소와 돼지의 염색체 내에 넣어줌으로써 체중을 늘리려는 시도가 이루어지고 있다. 아직 연구중이지만 이 시도는 매우 크고 또 빨리 자라는 소와 돼지의 품종 개발을 약속하고 있다

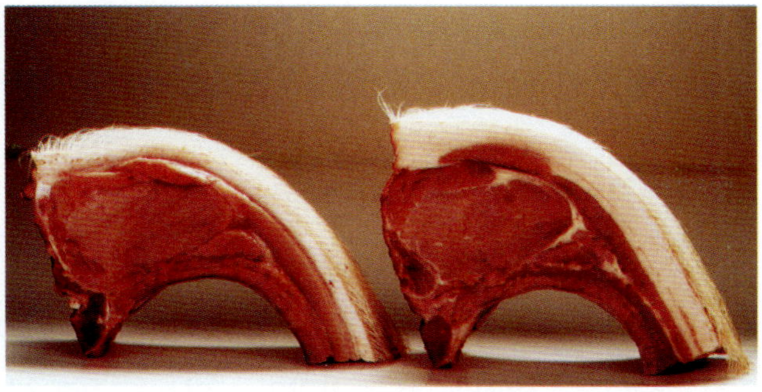

그림 8.16 유전자 조작으로 생산한 저지방 돼지고기

왼쪽, 소의 성장호르몬 유전자를 도입한 돼지로부터 생산된 고기 오른쪽, 보통 돼지로부터 생산된 고기. 둘 모두 거의 같은 체중을 가졌으나 왼쪽의 것이 훨씬 적은 체지방을 가짐.

(그림 8.16).

성장호르몬을 사람에 이용하려는 연구도 진행되고 있다. 송과선에서 충분한 양의 성장호르몬을 생산하지 못해 나타나는 난장이병에 이를 사용하여 치료하는 방법이다.

8.7 유전공학은 제초제와 해충에 대해 저항성을 가지는 개량된 농작물을 가능하게 해주고 있고 또 보다 크고 생산성이 높은 가축 개량에도 기여하고 있다.

8.8 클로닝

유전자 이식을 이용한 가축 개량의 어려움은 이제 극복되고 있다. 교배에 의한 새끼의 생산은 매우 더디며, 교배시 일어나는 양친의 유전자의 재조합은 유전공학자들이 어렵게 이룩해 놓은 일을 허사로 만들어 버린다. 만약에 우리가 유전자 이식한 품종을 정확하게 유전적으로 복제할 수 있다면 이상적이겠지만 최근까지 동물은 복제될 수 없다는 생각이 지배적이었다. 그러나 1997년, 분화된 척추동물의 조직으로부터의 최초의 클로닝이 성공하였는데 어미양의 세포로부터 새끼양을 만들어냈다. 이 놀라운 결과는 농학에 혁명을 예고하고 있다.

Spemann의 "환상적인 실험"

동물의 클로닝에 대한 생각은 1938년 독일의 발생학자인 Hans Spemann(흔히 "현대 발생학의 아버지"라 불림)에 의해 처음 제안되었다. 그는 난세포의 핵을 제거하고 대신 다른 세포의 핵을 넣어주는 실험을 제안하였으며 이를 "환상적 실험"이라 불렀다.

Spemann의 이 실험이 수행될 수 있는 기술이 발전되기까지는 14년의 세월이 흘렀다. 1952년, 두 미국인 학자 Robert Briggs과 T. J. King은 미세 피펫을 사용하여 개구리의 알(개구리 알은 매우 커서 실험이 용이함)에서 핵을 뽑아내고 성체 개구리의 체세포에서 뽑아낸 핵을 대신 넣어 주었다. 이 같은 방법으로 실험은 성공하지 못하였다. 그러나 18년 후(1970) 영국의 발생학자 John Gurdon은 성체의 조직에서 핵을 뽑아 넣어주는 대신 두꺼비의 발생 중인 배로부터 핵을 뽑아 넣어줌으로써 일부 성공을 거두었다. 두꺼비의 알은 올챙이로 자랐으나 성체가 되기 전에 죽어버렸다.

성공에 이르는 길

그 후 14년 동안 핵 이식실험은 많이 시도되었으나 별다른 성공이 없었다. 그러나 기술은 계속 발달되었다. 드디어 1984년, Texas에서 연구 중이던 덴마크의 발생학자 Steen Willadsen은 초기 배의 세포에서 추출한 핵을 사용하여 양을 클로닝하는데 성공했다. 이 결과는 곧 바로 다른 학자들에 의해 소, 돼지, 원숭이 등의 다른 동물에서도 시도되어 복제에 성공하였다.

그러나 오직 초기 배 세포만 클로닝이 가능한 것 같아 보였다. 학자들은 동물세포는 발생 중인 배에서 처음 몇 번의 세포분열이 끝나고 나면 제한적이 되어 그 이후의 분화된 동물 세포의 핵으로는 완전한 생물체로 클로닝 할 수 없는 것으로 확신하게 되었다.

그 후 그와 같은 결론이 잘못되었음이 밝혀졌다. 이 수수께끼를 푸는데 있어서 핵심적인 진전은 주로 가축의 세포주기 연구를 하던 스코틀랜드의 유전학자 Keith Campbell에 의해 이루어졌다. 1990년대 초기에는 세포주기의 조절에 대한 지식으로 세포는 조건이 적당해지지 않으면 분열하지 않는다는 사실이 밝혀지게 되었다. 이는 마치 세탁기가 탈수 단계를 시작할 때에는 세탁조의 물이 완전히 비었는지 감지하는 것과 같다. Campbell은 난자와 제공된 핵의 세포주기가 동일해야 한다고 추론했다. 이 추론은 정확함이 증명되었다. 1994년 Neil First가, 그리고 1995년에는 Campbell 자신이 생식 생물학자인 Ian Wilmut와 함께 가축의 진행된 배로부터의 세포를 먼저 굶주리게 하여 세포주기를 G_2에 맞춤으로써 클로닝하는데 성공했다. 굶주린 두 세포는 그리하여 동일 세포주기로 맞추어진 것이다.

Wilmut의 복제 양

그 후 Wilmut는 95년 전 Spemann이 제시한 이후 많은 연구자들이 해결하지 못한 실험의 정면돌파를 시도하는 계획에 착수했다. 성체의 분화된 세포의 핵을, 핵을 제거한 난자에 주입하여 이를 대리모에서 성장-발달시켜 건강한 동물을 생산코자 한 것이다.

Wilmut는 여섯 살 된 양의 유방에서 유선세포를 적출했다(그림 8.17). 이들 세포에서 기원된 클론은 대중가수 Dolly Parton의 이름을 따서 "Dolly"라고 명명되었다. 세포는 조직배양으로 증식하였고 일부는 추후 이 클론이 여섯 살짜리 양으로부터의 세포와 유전적으로 동일하다는 것을 유전적 지문으로 증명할 수 있도록 냉동 저장되었다.

클로닝을 준비하면서 Wilmut 연구진은 유선세포를 배양하고 있는 배지의 혈청 농도를 닷새동안 크게 감소시켰다. 동시에 암양으로부터 얻은 난자의 핵을 미세피펫으로 조심스럽게 제거했다.

그 다음 유선세포와 난자를 외과적으로 결합시켰다. 유선세포를 난세포를 둘러싸고 있는 막 내부로 삽입한 것이다. 때는 1996년 1월이었다. 삽입 후 Wilmut는 짧은 전기 충격을 주었다. 전기 충격은 두 세포를 둘러싸고 있는 원형질막을 새게 하여 유선세포의 내용물이 난세포 내부로 들어가게 해주었다. 이 충격은 또한 세포주기를 시작하게 하여 세포가 분열을 시작하게 했다.

6일 후, 277회의 시도 중 30개에서 배가 분열하여 우

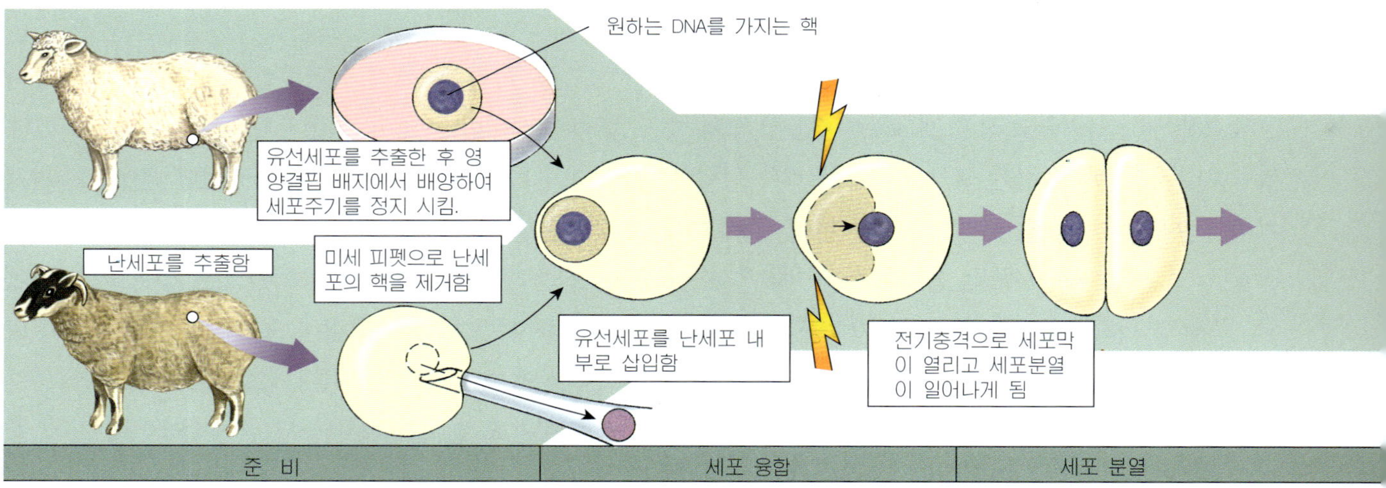

그림 8.17 Wilmut의 동물 클로닝 실험 Wilmut는 핵을 제거한 난자에 유선 (乳腺)세포의 핵을 결합시켜 양을 복제하는데 성공했다.

묵한 공모양의 포배기에 도달했다. 이 중 29개의 배를 대리모 양에게 이식시켰다. 약 5개월 여가 지난 후인 1997년 7월 5일 한 마리가 새끼 양을 낳았다. 이 새끼 양이 바로 Dolly인데, 분화된 동물세포로부터 생산된 최초의 성공적인 클론이었다.

■ 복제(클로닝)의 미래

완전히 분화된 양의 세포로부터의 Wilmut의 성공적인 클로닝은 유전자 기술에서 획기적 사건이었다. 비록 그의 실험과정이 비효율적인 것으로 드러났지만(277회의 시도에서 단 한 번 성공함), 동물의 성체에서 얻은 세포로부터 클로닝이 가능하다는 것을 의심의 여지 없이 보여주었다. 1998년에 연구자들은 클로닝의 효율을 크게 향상시키는데 성공했다. Wilmut가 수행한 방법을 따르되, 휴지기 세포를 클론하기 위해 그들은 Briggs와 King이 개척한 옛날의 핵 이식과정을 사용하여 암컷 생쥐로부터 800개의 휴지기 여포세포를 사용했다. 이 중에서 10개의 건강한 생쥐 클론을 얻을 수 있었는데, 모두 제공된 암컷과 동일했으며 결국 이 중 7개 클론이 얻어졌다.

유전자 이식 클로닝은 농업 뿐 아니라 의학에도 크게 기여하리라 기대되고 있다. 사람의 유전자를 이식한 동물로부터 희귀한 호르몬을 얻을 수도 있을 것이다. 예를 들어 최근 alpha-1 antitrypsin(낭포성 섬유증의 증상 완화에 효과적임)이라는 단백질을 우유 속에 분비되도록 유전자 조작된 양의 경우, 이를 복제하여 이 비싼 약품을 훨씬 값싸게 생산해 낼 수 있게 될 것이다.

사람의 복제 가능성에 대해 고찰해 보는 것은 어렵지 않은 일이다. 그와 같은 실험이 수행되지 않을 것이라고 믿을 근거는 없다. 그러나 그것이 실제로 행해질 것인지에 대한 질문에는 많은 이유가 있다. 서구사상의 대부분이 사람의 개성에 관한 관념에 바탕을 두고 있어 사람의 복제는 심각한 논쟁을 불러일으킬 것임을 예견할 수 있다.

> **8.8** 최근의 연구는 분화된 포유류 조직으로부터의 클로닝이 가능함을 입증했다. 이는 가축의 유전자 이식과 복제의 문을 열었다는 의미를 지닌다.

8.9 윤리적 문제

유전공학에 의해서 제공되는 장점들은 우리의 삶에

혁명적 변화를 일으키고 있다. 그러면 그것의 단점은 무엇이며, 잠재적 비용과 위험은 무엇인가? 과학과 사회의 영향력 있는 활동가를 포함하여 많은 사람들은 유전공학자들이 유전 물질을 가지고 함부로 장난하므로써 "신의 행세"를 하고 있다고 우려하고 있다. 이것은 윤리적, 도덕적 문제에 국한되는 것이 아니고 파생되는 결과까지 생각하면 심각한 문제일 수 있다(그림 8.18). 예를 들어 만약 과학자가 암세포의 DNA를 잘라내어 벡터를 통해 여러 세균에 넣어 증식시킨다면 어떤 일이 일어나겠는가? 세균 중 일부라도 감염성 암을 전파할 위험성이 전혀 없겠는가? 유전공학으로 살상력이 강한 비루스를 만들어 낸다면 어떻게 되겠는가? 유전공학 산물을 식물이나 동물에 투여했을 때 여러 세대 후에 위험성이 나타날 가능성은 없는 것인가? 개량된 농작물이 생태계에 예기치 않았던 어떤 영향을 주지는 않을까? 유전적으로 월등한 식물이 야생에 방출되어 기존의 다른 모든 식물을 능가할 경우를 예상해 보라. 유전적으로 뛰어난 생물이나 사람을 만드는 것이 윤리적인가?

유전공학에 대한 일반 대중의 걱정은 충분한 근거에 기초한 것이 아니다. 우리가 알고 있는 세균의 1% 미만만이 사람에게 병을 일으키며, 유전공학에 사용되는 거의 모든 세균은 비병원성이다. 실제로 유전공학에 사용되는 대부분의 세균은 사람을 숙주로 해서 살 수도 없다. 부패 내성 토마토가 위협이 되지 않는 것도 물론이다. 대부분의 경우 유전자 조작 농작물은 단지 하나 아니면 몇 개의 유전자만 다르며, 그 유전자는 흔히 동일 종의 다른 계통에서 얻어진 것이다. 유전자 재조합 기술은 Mendel이 행했던 유전적 교배에서와 같은 유전자 조합에 근거하며 단지 그 과정이 빠를 뿐이다. 그런 관점에서 본다면, 과학은 자연에 존재하지 않는 어떤 일을 하는 것은 아니다. 돌연변이는 자연에서 임의적으로 일어난다. 그리고 유리한 돌연변이를 가진 생물은 선택되는데 그것이 진화의 요체다. 사람이 행하는 유전적 "장난"은 자연이 행하는 것에 비하면 하찮은 수준에 지나지 않는다.

그렇다고 해서 실수가 일어날 수 없다거나 또는 자연이 인공적으로 조작되어 향상된 생물을 수용하지 않는다는 것은 아니다. 그렇지만 유전공학의 혜택은 그것의 위험성을 크게 능가하는 것으로 보인다.

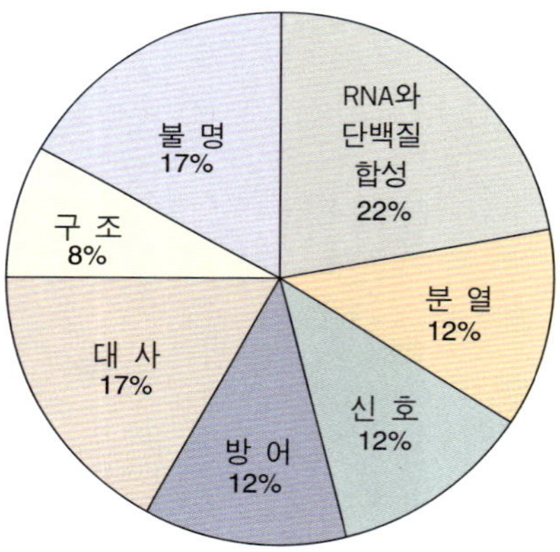

그림 8.18 우리는 인류 자신에 대해 엄청나게 많은 것을 알게 되었다.

전형적인 사람세포 내의 유전자가 어떤 일을 하는지 그 기능을 알고 있는 유전자의 부분적 서열과 비교하여 추론해 낸 비율. 이와 같은 지식을 어떻게 이용할 것인지의 문제는 금세기의 중요한 윤리적 과제이다.

8.9 **유전공학의 잠재적 위험에 대해서는 사회적으로 많은 논의가 있어 왔다. 상당한 우려도 있지만, 유전공학은 인류에 대한 위협보다는 번영에 기여하는 것으로 나타나고 있다.**

Chap 09

생물 진화와 자연선택

1859년 영국의 박물학자인 Charles Darwin (1809-1882 : 그림 9.1)은 왜 진화가 일어나는지를 설명하기 위하여 소위 **자연선택**(natural selection)이라는 과정을 처음으로 제시하였다. 오늘날 생물학자들은 진화를 생물학의 중심개념의 하나로 생각하고 있다.

9.1 Darwin의 비글호 항해

진화의 이론은 한 종이 점진적인 진화를 거쳐 새로운 종으로 될 수 있다는 것이다.

Darwin은 30년 동안의 연구와 관찰 끝에 역사상 가장 유명하고 영향력 있는 한 권의 책을 집필하였다. 자연선택에 의한 종의 기원이라는 제목의 책은 출판되었을 당시 큰 화제를 불러일으켰고, Darwin이 그 책 속에 표현한 생각들은 이후에도 계속 사상의 발달에 중요한 역할을 하였다.

Darwin 시대의 대부분의 사람들은 여러 종류의 생물과 그들 각각의 구조는 창조자에 의해 만들어진 것이라고 믿었다(그리고 지금까지도 여전히 많은 사람들이 이것을 사실로 믿고 있다). 종은 특별한 목적으로 창조되었고, 시간이 흘러도 변하지 않는 것이라 생각했다.

그림 9.1 진화의 이론은 Darwin에 의해 제시되었다.

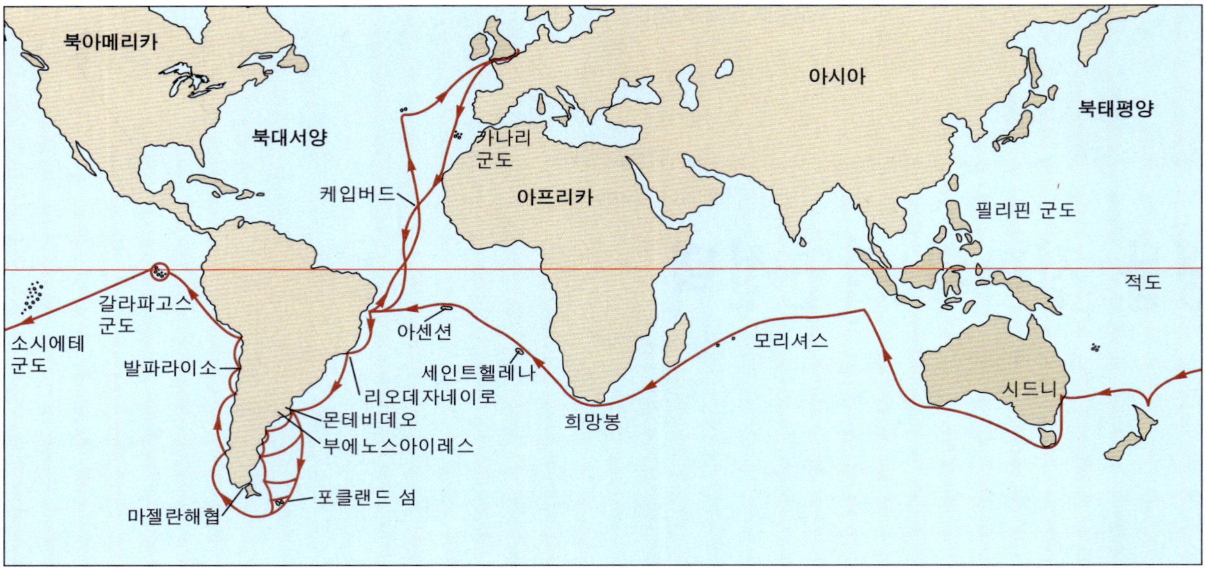

그림 9.2 HMS Beagle호의 5년간의 항해

배를 타고 전 세계를 항해하였으나 남아메리카 연안이나 갈라파고스 군도와 같은 연안의 섬들을 탐험하는데 대부분의 시간을 보냈다. 그 섬들의 동물에 대한 Darwin의 연구는 자연선택에 의한 진화론을 발전시키는데 핵심적인 역할을 하였다.

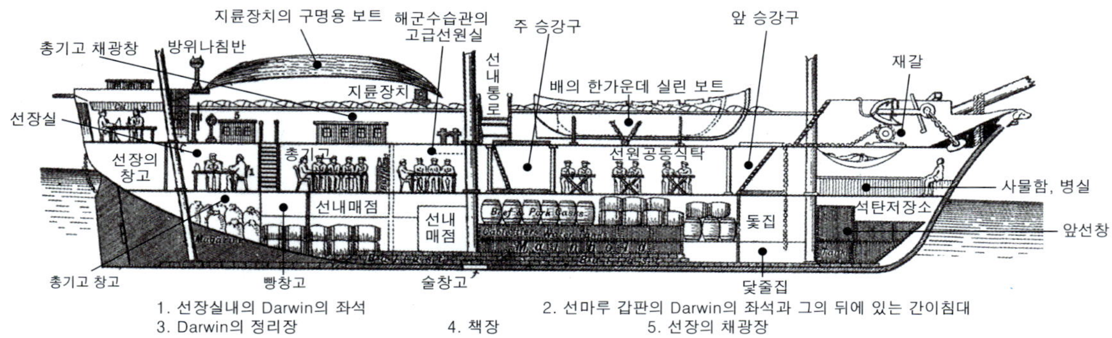

그림 9.3 HMS Beagle호의 내부

길이 90 피트의 74명의 선원이 승선했던 242 톤의 10포 범선. 이 배를 처음 본 후 Darwin은 그의 대학 교수 Henslow에게 "공간의 절대적인 부족이 더 할 수 없는 불운이다"라고 썼다.

이와는 반대로, 초기의 여러 철학자들은 생명체가 지구에서 살아가는 동안 변해 왔다는 견해를 가졌다. Darwin은 이 과정을 논리적으로 설명하기 위하여 자연선택이라는 개념을 제안하였고, 그의 제안은 많은 사람들의 이목을 집중시켰다.

Darwin은 22살이던 1831년 Cambridge대학에 다닐 때 한 교수의 추천으로 5년 동안 HMS Beagle호(그림 9.3)를 타고 남아메리카 해안(그림 9.2) 주변의 항해지도를 작성하는 팀의 박물학자로 선발되었다. 긴 항해를 하는 동안 Darwin은 대륙과 섬 그리고 바다에 있는 아주 다양한 식물과 동물을 연구할 수 있는 기회를 갖게 되었다. 그는 열대우림의 풍부한 생물을 탐험할 수 있었고, 남아메리카 남단의 Patagonia에서 멸종된 거대한 포유동물의 화석을 관찰하였으며, 남아메리카의 에콰도르 부근 서쪽 해안 앞 바다에 있는 Galapagos군도에서 뚜렷한 유연 관계를 가진 독특한 형태의 생물들을 관찰하였다. 이 기회는 지구상의 생물의 특성에 대한 Darwin의 생각을 발전시키는데 중요한 역할을 하였다.

항해를 마치고 돌아온 27세 때부터 Darwin의 기나긴 연구는 시작되었다.

9.1 **Darwin은 지구에 다양한 생물이 존재하도록 한 진화의 기작으로서 자연선택을 처음으로 제시했다.**

9.2 Darwin이 관찰한 것

Darwin이 살던 시대에 진화이론의 수용을 방해하였던 장애물 중의 하나는 그 당시 대부분의 사람들이 믿고 있었던 지구의 나이가 겨우 수 천년 정도라는 잘못된 생각이었다. 그러나 두꺼운 바위 층의 발견, 광대하고 장기간에 걸친 침식의 증거, 그리고 Darwin 시대에 여러 종류의 낯선 화석이 발견되기 시작하자 이 주장은 점차 설득력을 잃게 되었다. Darwin이 Beagle호로 항해하는 동안에 많이 읽었던 유명한 지질학자 Charles Lyell(1797-1875)의 저서 '지질학 원리'(1830)에는 끊임없이 변화해온 고대 동식물의 세계에 대하여 처음으로 설명되어 있었다. 이 지구에서는 종이 끊임없이 사라져 가는 한편 새로운 종들이 출현하였다. 이것이 Darwin이 설명하려고 했던 세계였다.

Darwin의 관찰

Beagle호가 출범하던 당시만 해도 Darwin은 종이 불변하는 것이라고 확신하고 있었다. 실제로, 그가 돌아온 2~3년 후에도 종이 변할 수 있다는 가능성을 진지하게 고려하지 않았다. 그럼에도 불구하고 Darwin은 5년 간의 항해를 통해 그가 최종적인 결론에 도달하는데 핵심이 되었던 여러 가지 현상을 관찰하였다(표 9.1). 예를 들면, 그는 남아메리카 남부의 화석이 풍부한 지층에서, 그 지역에 살고 있던 아르마딜로와 형태가 유사한 멸종된 아르마딜로의 화석을 관찰할 수 있었다(그림 9.4). 이전의 형태가 다른 형태로 바뀌지 않는다면, 왜 같은 지역 내의 현존생물과 화석생물이 서로 비슷하게 생겼을까?

Darwin은 유사한 종의 형질이 지역에 따라 다소 바뀐다는 것을 알았다. 그는 한 지역에서 다른 지역으로 종이 이주함에 따라 생물의 계통이 점차 변하였다고 생각했다. Darwin은 Galapagos 군도에서 거대한 육지 거북(그림 9.5)을 보았는데 놀랍게도 그 거북들은 모두 생김새가 달랐다. 사실, 먹기 위해 거북을 포획했던 그 지역의 주민들과 선원들은 단지 껍질만 보고도 특정 거북이 어느 섬에서 왔는지 알 수 있었다. 이러한 몸의 차이는 거북들이 모두 같은 종이었지만 그들이 각각 다른 섬에 고립된 후에 생김새가 조금씩 변했다는 것을 암시하였다. 또한, Darwin은 생긴지 비교적 얼마 되지 않은 화산섬의 동식물들이 남아메리카 해안 근처의 동식물

그림 9.4 진화에 대한 화석상의 증거

지금은 멸종한 Glyptodont(a)는 평균 무게가 약 4.5kg인 현대의 아르마딜로(b)보다 훨씬 큰 2000kg의 남아메리카 아르마딜로였다(그림은 일정 비율로 축척 되지 않았다). 같은 지역에서 발견되는 생물과 Glyptodont와 같은 화석이 서로 비슷하였기 때문에 Darwin은 진화의 결과라고 주장하였다.

표 9.1 진화가 일어난다는 Darwin의 증거

화 석

1. 그림 2.4의 아르마딜로 화석과 같이 그 지역의 생물과 거의 흡사하게 닮은 멸종된 종은 하나의 생물이 다른 생물로 변화되었다는 것을 암시한다.
2. 암석층에서는, 더욱더 오래된 층의 화석으로부터 점차적인 형질의 변화를 관찰할 수 있다.

지리적 분포

3. 오스트리아, 남아프리카, 캘리포니아 그리고 칠레는 유사한 기후를 나타내는 육지이지만 유연 관계가 없는 동식물들이 있다. 이는 생물의 다양성은 기후나 환경에 전적으로 좌우되지는 않는다는 것을 나타낸다.
4. 각 대륙의 동식물은 차이를 나타낸다; 예를 들어 남아메리카의 모든 설치류는 단일집단에 속하며 구조적으로 모르모트와 흡사하지만, 그 외의 지역에서 발견되는 설치류는 대부분 다른 집단에 속한다.

원양의 섬

5. 비록 원양의 섬에는 소수의 종이 있지만, 그들은 독특한(고유의) 형태를 가지고 있으며, 가라파고스거북에서와 같이 서로 유연 관계를 보여준다. 이것은 그 거북과 그 외의 다른 토착종들은 육지의 조상들이 그 섬에 도착한 이후에 발달하였기 때문에 서로 밀접한 관계가 있음을 나타낸다.
6. 원양의 섬에 있는 종들은 가장 가까운 대륙의 생물과 강한 유사성을 보여준다. 그래서, Galapagos 군도의 피리새는 남아메리카 서쪽 연안의 피리새와 매우 닮았다. Galapagos의 피리새는 Galapagos와 비슷한 아프리카의 대서양의 Cape Verde 군도의 새와는 닮지 않았다. Darwin은 개인적으로 Cape Verde 섬을 포함한 많은 섬의 관찰결과를 기초로 그 차이점을 파악할 수 있었다.

들과 닮았다는 사실에 충격을 받았다(그림 9.6). 만일 이 동식물들이 각각 따로 만들어져서 Galapagos 군도에 놓였다면, 왜 그 생물들은 그곳과 유사한 기후를 갖는 아프리카 연안의 섬에 있는 동식물과는 닮지 않고 인접한 남아메리카 연안의 생물들과 닮았을까?

9.2 Darwin이 Beagle호의 항해에서 관찰했던 화석과 생물의 형태는 그에게 진화의 결과라는 확신을 주었다.

9.3 자연선택의 가설 제시

진화의 결과를 관찰하는 것과 진화가 어떻게 일어나는지를 이해하는 것은 별개의 문제이다. Darwin의 위대한 업적은 자연선택에 의하여 진화가 일어난다는 가설을 제시한 것이다.

Darwin과 Malthus

Thomas Malthus의 '인구론'(1798)은 Darwin의 통찰력을 발달시키는데 중요한 역할을 하였다. Malthus는 이 책에서, 식물과 동물(인간을 포함한) 개체군은 기하급수적으로 증가하지만 인간의 식량 생산능력은 산술급수적으로만 증가하는 경향이 있다고 지적했다(그림 9.7).

개체군은 기하급수적으로 증가하기 때문에 만약 그들이 무제한적으로 번식할 수 있다면, 어떤 종류의 동식물은 아주 짧은 시간 내에 지구를 완전히 덮을 수 있을 것이다. 그러나 개체의 사망으로 인하여 개체군의 크기가 제한되므로 개체군은 매년 일정하게 유지된다. Malthus의 결론은 Darwin이 자연선택에 의해서 진화가 일어난다는 가설을 발전시키는데 필요한 핵심요소를 제공하였다.

자연선택

Malthus의 생각에 힌트를 얻은 Darwin은, 비록 모든 생물이 생존할 수 있는 것보다 더 많은 자손을 낳을 수 있는 잠재력을 가지지만, 일부 자손만 살아 남아 후손

그림 9.5 갈라파고스 거북

Darwin이 본 것과 비슷한 커다란 육지 거북이 있는 Galapagos 섬의 경치

(a)

(b)

그림 9.6 다윈피리새

(a) Darwin이 연구한 갈라파고스의 피리새 중 한 종류인 중간크기의 피리새, (b) 멕시코에서 칠레까지의 태평양 연안을 따라 분포하며, 초원에서 발견되는 새의 일종. 이 종은 Darwin이 관찰한 피리새의 조상일지도 모른다.

을 생산한다는 것을 알았다. Darwin은 가축의 사육에서 얻은 경험뿐만 아니라 Beagle호의 항해를 통해서 그가 관찰하였던 것을 종합하여 중요한 개념을 만들었다. 보다 우수한 신체적, 행동적, 또는 기타의 형질을 소유한 개체가 그렇지 않은 개체들보다 더 많이 살아남을 것이다. 생존함으로써 그들의 유리한 형질을 그 자손에게 물려줄 수 있는 기회를 얻는다. 개체군내에 이러한 우수형질의 빈도가 증가함에 따라 개체군의 전체적인 특성은 점점 변하여 갈 것이다. Darwin은 이 과정을 선택이라고 했다. 그가 밝힌 진화의 추진력은 흔히 적

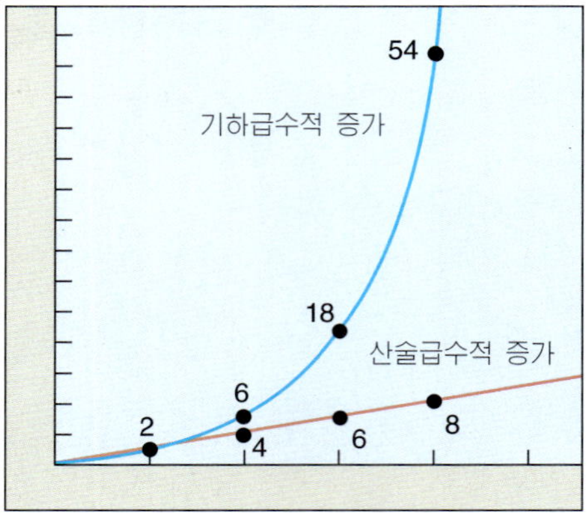

그림 9.7 기하급수적 증가와 산술급수적 증가

산술급수는 일정한 차이(예를 들면, 1, 2 또는 3의 단위)로 증가하는 반면, 기하급수는 일정한 비율(예를 들면, 2배, 3배 또는 4배)로 증가한다. Malthus는 인류의 성장 곡선은 기하급수적으로 증가하지만, 식량의 생산 곡선은 오직 산술급수적으로만 증가한다고 주장했다. 이 차이에서 야기될 수 있는 문제를 이해할 수 있습니까?

자생존이라고도 불린다.

Darwin은 가축의 변이에 대해 잘 알고 있었고, 비둘기 사육을 통하여 얻은 자세한 결과를 가지고 '종의 기원'(*On the Origin of Species*)에 대한 연구를 시작했다. 그는 사육자가 어떤 형질을 얻기 위하여 비둘기나 개와 같은 동물의 변종을 선택한다는 것을 알았다. Darwin은 이 과정을 인위선택이라 하였다. Darwin은 격리된 야생종보다 길들여진 품종이나 혈통 사이에서 더 큰 차이점이 생기는 것을 관찰했다. 예를 들어, 사육되어 길들여진 비둘기 품종이 전 세계적으로 발견되는 수백 종의 야생 비둘기보다 더 큰 변이를 나타낸다. 이러한 관련성은 자연상태에서도 역시 진화적인 변화가 일어날 수 있다는 것을 Darwin에게 암시하였다. 만약 비둘기 사육사가 "인위선택"이라는 방법으로 그런 변종을 사육할 수 있다면 다음 세대를 선택하는 사육사의 역할을 자연도 할 수 있다는 것이다. Darwin은 이 과정을 자연선택이라고 하였다.

Darwin의 이론은 생물학적 다양성에 대하여 또는 동물들이 왜 지역에 따라 다른가를 간단하고 직접적으로 설명해준다. 왜냐하면 서식처의 요구조건과 기회가 다르기 때문에, 자연선택에 의해 유리한 형질을 가진 개체가 지역에 따라 변할 수 있기 때문이다

9.3 **개체군이 기하급수적으로 증가하지 않는다는 사실은 자연이 개체군의 수를 제한한다는 것을 의미한다. 자손을 더 많이 생산하기 위해 살아남은 생물의 형질은 다음 세대에는 더욱 흔하게 나타날 것이다. Darwin은 이 과정을 자연선택이라고 하였다.**

9.4 유전자 변이: 진화의 재료

소진화는 대진화를 일으킨다

진화라는 단어가 언급되면, 공룡이나 맘모스를 떠올리게 된다. 지금은 멸종된 옛날 생물들의 흔적들이 화석으로 남아있어서 진화 이야기를 조립할 수 있게 도와준다. 진화란 오랜 시간에 걸쳐서 일어난 변화, 동식물 종류에 있어서의 변화라고 생각한다. 이런 종류의 진화인 **대진화**(macroevolution)는 새로운 구조의 기원, 진화의 경향, 새로운 서식지가 가지는 새로운 생물, 멸종의 주요 사건을 말하는 큰 규모의 진화적 변화이다.

그러나 자연선택에 대한 다윈이론의 초점의 대부분은 신종이 생기는 방식이 아니라, 그러한 변화가 종 내에서 일어나는 방식에 모아져 있다. 자연선택은 한 집단 내에 어떤 특징을 가진 몇 개체들이 그런 특징을 가지지 못한 개체들보다 더 많은 자손을 생산하는 과정이다. 결국, 그 집단은 이로운 특징을 가지는 개체들을 더 많이 가지게 될 것이다. 이런 방법으로 집단은 진화한다. 집단 내의 이런 식의 변화가(유전자 빈도의 변화) **소진화**(microevolution)를 일으킨다.

적응(adaptation)은 특정 유전형질의 소진화적 변화에 의해 이루어진다. 진화에 대한 다윈의 설명은 자연선택에 의한 적응이 한 종 내의 진화적 변화를 만들고

(소진화), 이런 변화의 축적이 새로운 종의 형성을 일으킨다(대진화)는 것이 요점이다.

■ 변이원

다윈은 우리 주위의 많은 종류의 생물들이 진화과정에 의해 만들어진다고 본 과거의 철학자나 박물학자와 의견을 같이했다. 그러나 다윈은 그들과는 달리 진화의 기작으로 자연선택을 제안했다. 그는 일부의 개체가 더 많은 자손을 생산하게 하는 형질을 가지며, 그 자손들이 그 형질을 가지게 되므로 새로운 종류의 생물은 기존의 생물에서 진화한다고 설명했다.

그림 9.8 기린은 어떻게 긴 목을 진화시켰나?

기린의 가까운 친척인 오카피(okapi)는 짧은 목을 가졌다. Lamarck는 기린은 나무 잎사귀에 이르기 위해 목을 늘리므로 목이 길어졌고, 이 변화가 자손에게 전달되었다고 믿었다. 대신 Darwin은 보다 긴 목을 가지고 태어난 기린이 보다 유리했다고 설명한다. 두 가지 설명의 중요한 차이는 변이가 획득되는 것인가 혹은 유전적인 것인가 하는 것이다.

자연선택이 유일하게 제시된 기작은 아니었다. 저명한 생물학자인 라마르크에 의하면, 진화는 획득형질의 유전에 의하여 일어난다는 것이다. 라마르크에 의하면 개체들은 일생동안 얻어진 신체적, 행동적 변화를 자손에게 전달했다. 그래서 짧은 목을 가진 조상 기린이 나무잎을 먹기 위하여 목을 늘리려 했고, 이런 목 늘이기가 다음 세대에도 이어졌고, 결국 목이 긴 기린이 되었다고 라마르크는 설명했다(그림 9.8). 반대로 다윈의 이론에서는 변이는 경험에 의하여 만들어지는 것이 아니라 선택이 작용할 때 이미 존재했다는 것이다.

9.4 **다윈은 개체군 내의 변이개체에 대한 자연선택이 다른 종의 진화를 일으키는 원인이 된다고 설명했다.**

9.5 진화의 속도

생물의 종류가 다르면 진화속도도 다르다. 예를 들면 포유류는 비교적 서서히 진화한다. 종의 형성에서 멸종까지, 대표적 포유류 종들의 유지기간의 평균값이 비교적 완전한 화석기록에 근거하여 약 200,000년으로 계산되었다. 미국의 고생물학자 George Gaylord Simpson은 폐어류와 같은 동물들은 포유류보다 더 서서히 진화한다고 지적한다. 실제로 지난 1.5억년에 걸쳐서 폐어류는 거의 진화하지 않았으며, 일부 무리에서는 더 늦은 진화속도도 나타내었다고 Simpson은 계산했다.

■ 신속한 진화

진화속도는 생물들간에 크게 다를 뿐 아니라, 한 생물 내에서도 어떤 기간에는 진화가 신속하게 일어나고 다른 기간에는 비교적 서서히 진행된다. 화석기록은 그러한 진화 속도의 변화에 대한 증거를 제공하며, 진화학자들은 그것을 설명할 수 있는 요인을 이해하는데 많은 관심을 가진다. 1972년 뉴욕에 있는 미국 자연사박물관의 고생물학자 Niles Eldrege와 하버드대학의 Stephen Jay Gould는 일반적으로 진화는 신속히 진행한다고 설명했다. 그들은 진화과정은 **단속평형**(punctuated equilibria)의 연속이라고 주장한다. 진화적 변화는 새로운 계통을 만들 수 있고, 이 계통은 장기간 "평형"을 이루며 변화 없이 유지된다. 그러다가 화석기록상의 "평형붕괴"를 만들면서, 하나의 새롭고 신속한 진화가 일어나는 것이다. Eldrege와 Gould는 그들의 단속평형설을 **점진적진화설**(gradualism) 혹은 점진적인 진화적 변화 이론과 비교하는데, 후자는 Darwin과 초기 진화학자들이 생각했던 이론이다(그림 9.9).

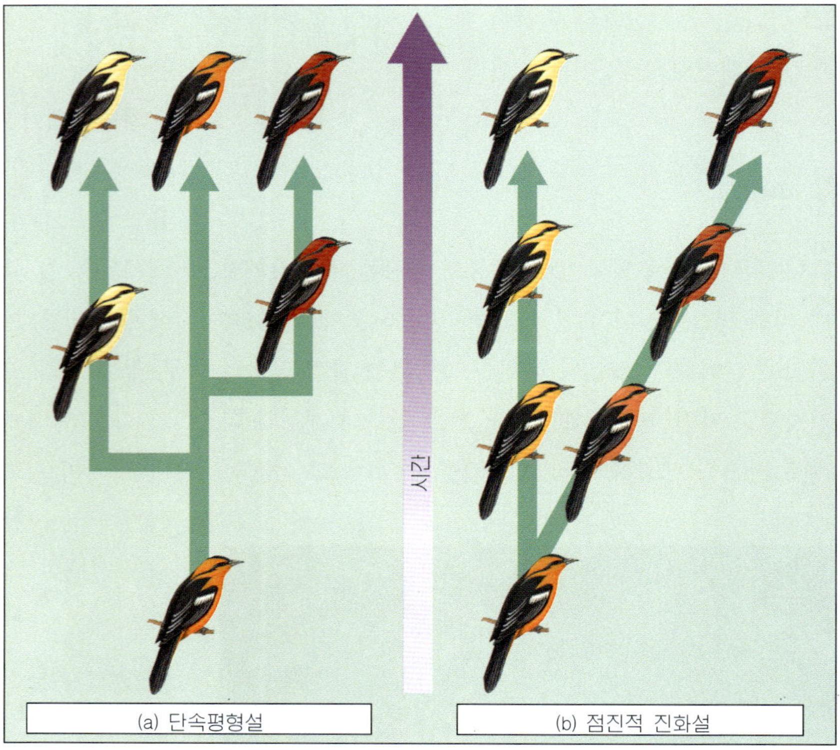

그림 9.9 대진화의 속도에 대한 두 가지 견해

(a) 단속평형설은 종형성이 갑자기 이루어져서 오래 유지된다고 생각하는 것이며, (b) 점진적진화설은 종형성은 일정하게 일어나고 있다고 생각하는 것이다.

Eldrege와 Gould는 진화적 정체상태는 여러 가지 상충되는 선택압을 받는 큰 집단 내에서 예상된다고 설명했다. 이에 비해, 신종의 신속한 진화는 집단이 작으면서, 격리되어 있고, 창시자 효과(founder effect)의 결과로서 이미 어버이 집단과는 차이가 나는 경우에 일어날 수 있다. 창시자 효과는 새로운 환경에서 도태압이 작용할 때 신속한 변화를 일으킬 수 있다.

그러나 불행하게도 이 구분은 명쾌하지 않다. 아프리카의 포유류들은 분명히 점진적으로 진화했으나, 해산태형동물(Bryozoa) 같은 무리는 단속평형 모델과 일치하는 불규칙한 진화적 변화의 양상을 보여준다. 그러나 이런 사례들의 화석기록이 화석형성의 조건이 다르기 때문에 불완전하며, 따라서 많은 불완전한 화석 기록에 대한 설명에 문제가 있다고 주장할 수 있다. 이런 어려움에도 불구하고, 단속평형 모델은 진화의 양식과 속도를 고찰하는데 유용한 시각을 제공했다.

9.5 단속평형 모델은 진화는 거의 진화적 변화가 없는 오랜 기간 사이사이에서 신속히 일어난다고 생각하는 것이다. 점진적진화 모델은 진화는 어떤 진화적 계통 내의 연속적인 변화로서 점진적으로 일어난다고 생각하는 것이다.

9.6 진화의 증거: 화석기록

대진화에 대한 가장 직접적 증거는 화석기록에서 발견된다. 화석(fossil)은 한때 생존했던 생물의 잔해 흔적이다. 화석이란 생물이 퇴적층에 매몰되면서 만들어지는데, 뼈 속의 칼슘이나 다른 딱딱한 조직이 무기질화되면서, 주위의 퇴적층이 결과적으로 암석을 형성하게 된다. 퇴적암의 암반 층에 포함된 화석은 지구상의 생명체에 대한 역사를 보여주게 된다.

■ 화석의 연대측정

화석이 발견된 암석의 연대를 추정하므로 그 화석이 얼마나 오래되었는지에 대한 정확한 정보를 얻을 수 있다. 다윈시대에는 암석을 다른 암석과 비교해서 이들의 상대적 위치에 따라 연대를 설정했는데(상대적 연대), 더 아래쪽에 위치한 암석은 일반적으로 더 오래되었다고 본다. 퇴적암의 상대적 위치와 다양한 환경에서 다양한 퇴적암의 부식율을 알아냄으로써 19세기의 지질학자들은 암석의 상대적 나이에 대한 매우 정확한 결론을 도출해 냈다. 오늘날 암석에 포함되어 있는 방사선 동위원소의 붕괴정도에 따라 암석의 연대가 매겨지는데(절대적 연대), 암석이 오래되면 될 수록 이 방사선 동위원소가 더 많이 붕괴된다. 상대적 연대에 비해 이와 같은 방법이 암석의 연대를 측정하는 더 정확한 방법으로써 백 만 년의 단위로 연대를 제공해 준다.

오래된 것에서 최근 것까지 화석을 그 나이에 따라 배열하면 이들은 종종 연속적인 진화의 변화에 대한 증거를 제공해 준다(그림 9.10).

■ 화석기록의 불연속

다윈시대만 해도 화석기록 사이에 많은 불연속이 존재했고 이로 말미암아 과학자들은 시조새의 화석이 파충류와 조류 사이에 위치한다고 여겼다. 오늘날 화석기록은 더 완전해졌고 특히 척추동물사이에는 더욱 그러하고 모든 주요 분류군 사이가 화석으로 연결되어졌다. 포유동물과 파충류를 연결하는 형태가 특히 잘 알려졌다. 고래와 육지에 서식하는 사지 유제류의 조상들 사이를 연결하는 일련의 멸종 해양포유류가 최근의 중요한 불연속을 메웠다(그림 9.11).

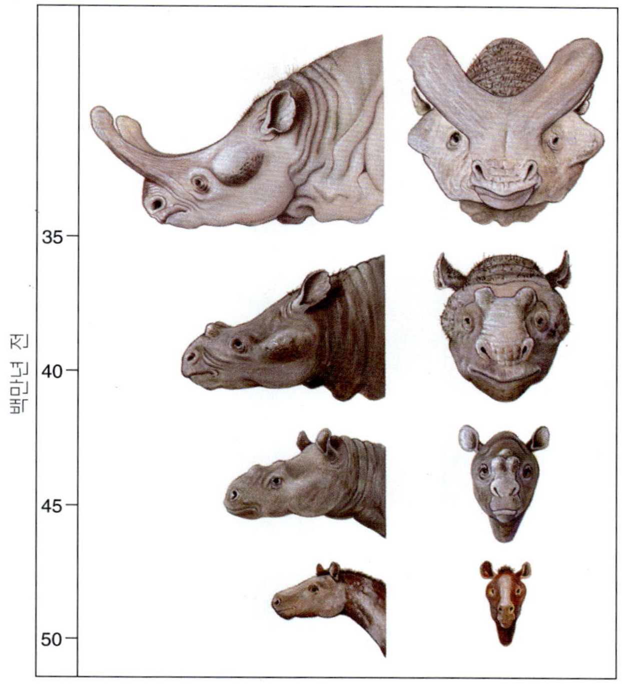

그림 9.10 티타노세레스의 점진적 진화

5000만년 전부터 3500만년 전 사이에 티타노세레스로 알려진 유제류 군의 변화과정을 보여준다. 5,000만년 전에는 작고 뼈 같은 돌기가 코 위에 위치하고 있었는데 비교적 크고 돌출된 뿔로 진화되었다.

9.6 **화석기록은 연속적인 진화적 변화에 대한 명확한 기록을 제공한다.**

9.7 분자 수준의 진화의 증거

진화에 대한 과거의 증거를 찾는 것은 분자 수준에서

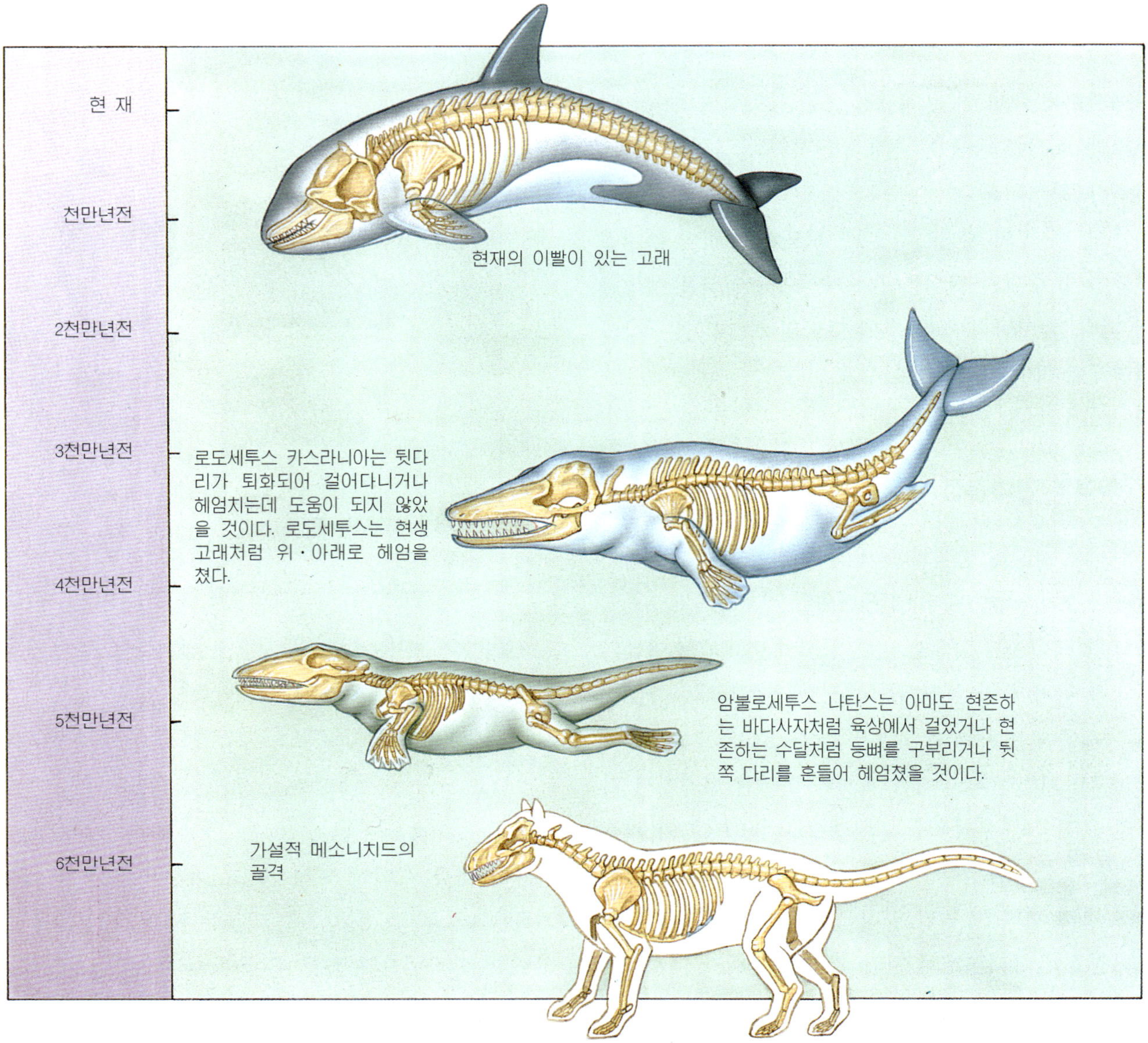

그림 9.11 고래의 잃어버린 연결고리

암불로세투스와 로도세투스가 최근 발견됨으로 고래와 유제포유류 사이의 가설적 조상계통인 메소니치드와 현생 고래사이의 불연속을 매웠다.

도 역시 가능하다. 우리는 색깔을 구별할 수 있는 유전자를 가지고 있고, 이 유전자는 척추동물이 진화되어감에 따라 더욱 복잡해 졌으며, 인간은 발생의 초기단계에 모든 동물이 갖고 있는 유전자를 발현한다. 진화적 이론에 의하면 모든 진화적 변화는 기존의 유전자로부터 새로운 유전자로의 치환으로 일어난다. 돌연변이에 의해 기존의 대립인자로부터 새로운 대립인자가 출현하게 되고, 이로운 자연선택에 의해 우세하게 된다. 그래서, 일련의 진화적 변화는 DNA 수준에서 유전적 변화의 연속적인 축적을 일으킨다. 유연 관계가 더 먼 생물들은 더 많은 유전적 변화를 축척하고 있을 것이고, 두 종이 더 가깝게 유연 관계를 맺고 있다면 그들 DNA

에 있는 많은 부분을 공유하게 될 것이다. 이와 같은 분화는 인간의 헤모글로빈 폴리펩티드에서 잘 보여주고 있다(그림 9.12).

인간과 가장 가까운 유연 관계를 보여주는 침팬지, 고릴라, 우랑우탄, 그리고 긴팔원숭이는 쥐와 같은 더 유연 관계가 먼 포유동물에 비해 146개의 아미노산 헤모글로빈 베타체인에서 더 작은 차이를 보여주고 있다. 포유동물 외의 척추동물은 더 차이가 나고, 심지어 무척추동물의 경우 전체에서 가장 큰 차이를 보여준다.

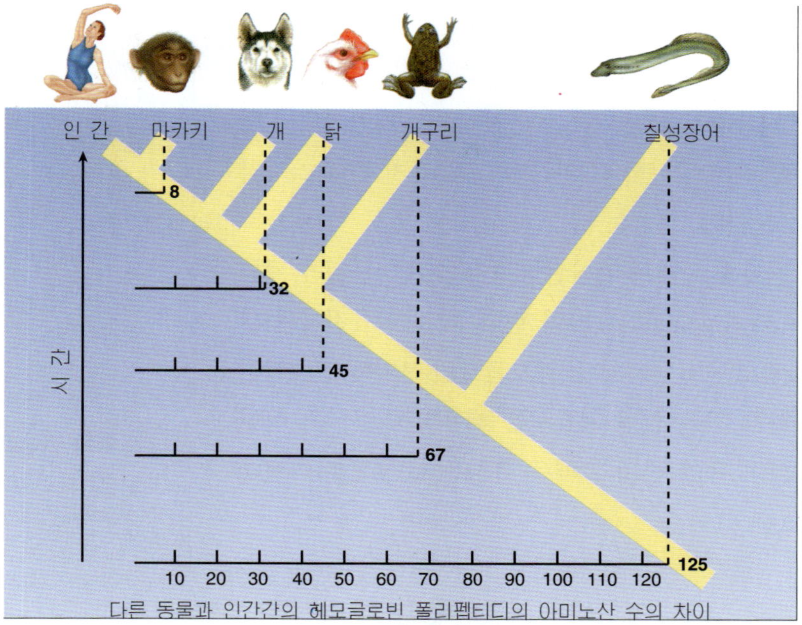

그림 9.12 분자는 진화적 분화를 반영한다.

인간으로부터 더욱 진화적 거리가 멀어지면 척추동물의 헤모글로빈 폴리펩티드의 아미노산 차이의 수가 더 커짐을 알 수 있다.

분자시계

다양한 생물의 염기서열을 비교할 때 위와 동일한 유형이 발견된다. 예를 들어 생물체가 분화된지 오래 될 수록 사이토크롬 C 유전자(그림 9.13)의 염기서열의 차이가 더 커짐을 알 수 있다. 그 변화는 일정한 속도로 사이토크롬 C에 축척되어 나타나게 되고, 이 현상을 종종 **분자시계**(molecular clock)라 한다.

단백질들은 서로 다른 속도로 진화한다

사이토크롬 C가 일정한 비율로 진화한다는 사실은 다른 단백질도 역시 이와 같은 일정한 율로 진화하는지에 대한 재미있는 의문점이 생긴다. 일반적으로 헤모글로빈이나 사이토크롬 C와 같이 매우 보전적인 단백질의 경우 분자시계를 가장 잘 나타낸다. 백 만년 당, 100 아미노산 당 가능한 점 돌연변이의 횟수 속도로 나타낸다. 가장 빠른 속도로 변화한 것은 피브리노 펩타이드이고, 가장 천천히 변화하는 단백질은 히스톤 H4이다

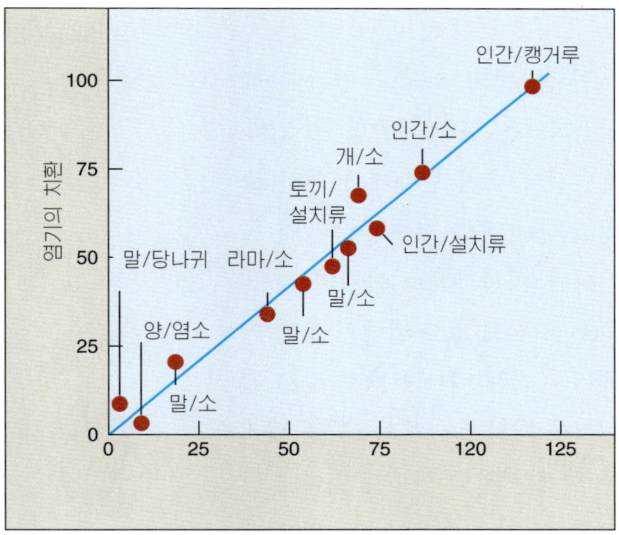

그림 9.13 사이토크롬 C의 분자시계

각 쌍의 생물들이 분화된 시기로 가정되는 그 시점을 염기차이의 수에 대한 좌표에 나타낼 때 그 결과는 직선으로 나타나고 이와 같은 결과는 사이토그롬 C 유전자가 일정한 비율로 진화함을 의미한다.

(그림 9.14). 전사되지 않는 유전자에 있어서는 더욱 빠르게 변하는 것으로 알려져 있지만, 이 유전자는 전사되지 않기 때문에 분자진화는 자연선택의 영향을 받지 않아서 더 빠른 속도로 유지 된다고 가정할 수 있다.

진화를 통해서 얻어진 자손들의 분자유형을 계통수(phylogenetic tree)라 한다. 이것은 유전자의 진화적 역사를 나타낸다. 헤모글로빈 분자의 연속적인 변화가 만들어 낸 계통수는 해부학적 연구에 의한 진화적 유연 관계와 매우 유사한 유형을 나타낸다(그림 9.15).

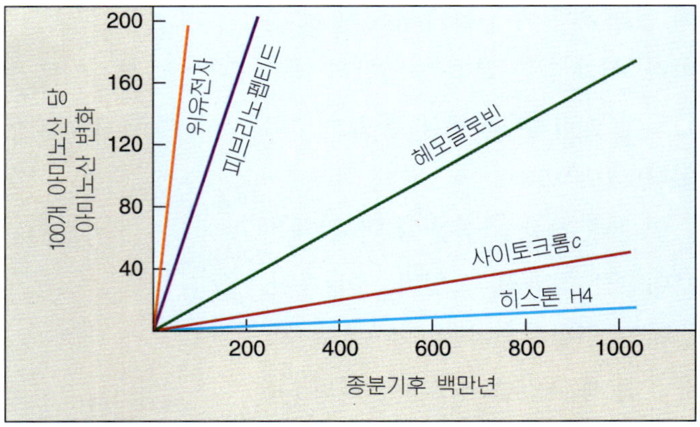

그림 9.14 다양한 속도로 진화하는 여러 가지 분자시계

위 유전자와 피브리노 펩타이드는 헤모글로빈보다 더 빨리 진화하고 헤모글로빈은 사이토크롬C 혹은 히스톤 H4 보다 더 빨리 진화한다.

9.7 단백질을 합성하는 유전자는 진화를 거듭해 오면서 점점 변화해 왔다.

9.8 해부학적 진화의 증거

■ 발생

인류진화의 과정은 인간의 배발생과정을 통해 관찰할 수 있다. 배발생의 초기 단계에서 인간(그리고 다른 모든 척추동물의 배)은 어류와 마찬가지로 아가미틈(gill slits)을 갖고 있고 발생의 후기 단계에는 인간 배아는 뼈를 갖는 긴 꼬리를 가지며 발생의 5개월 째에는 미세한 털로 피부가 덮이게 된다. 이와 같은 고유한 발생의 형태는 인간의 발생 단계가 오래된 형질 위에 새로운 형태가 첨가되는 진화의 단계를 밟아 왔음을 강하게 시사하고 있다(그림 9.16).

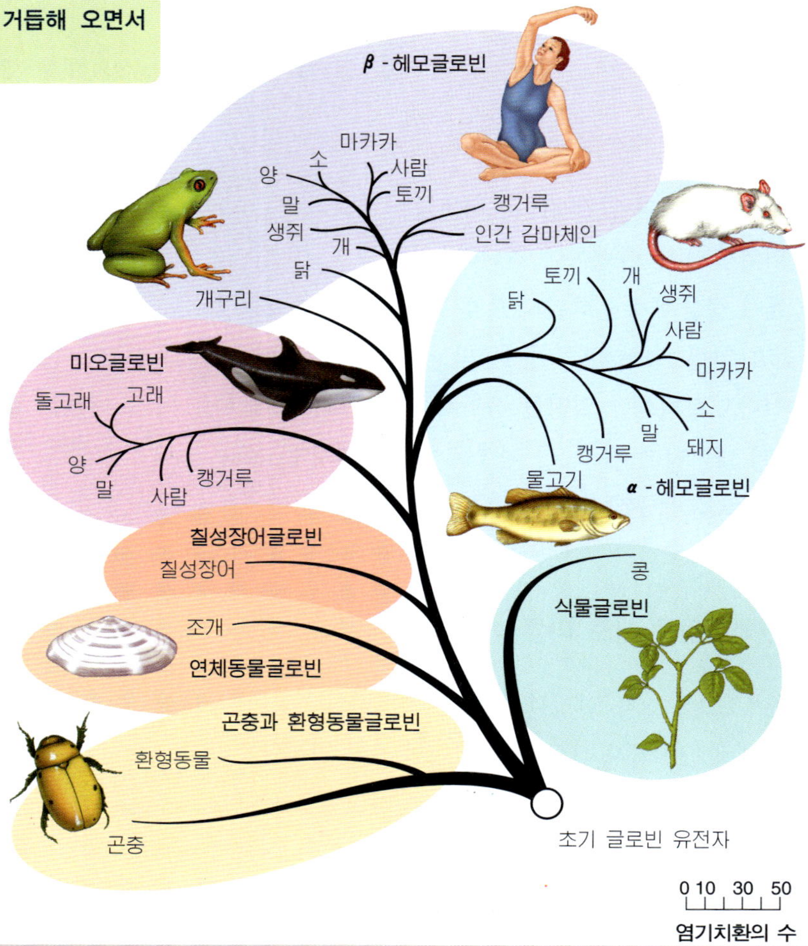

그림 9.15 글로빈 유전자 진화의 계통수

다양한 가지의 길이는 유전자에 있어 염기치환의 숫자를 반영한다. 인간에 있어 글로빈 유전자에 의해 생산되는 두 가지의 단백질은 알파 헤모글로빈과 베타 헤모글로빈이다.

■ 상동기관의 공유

척추동물이 진화함에 따라 동일한 골격들이 종종 다양한 기능을 수행하게 되지만 이들의 기관들은 그들이 과거로부터 진화해온 경로를 추적할 수 있다. 예를 들면 척추동물의 앞다리는 모두 **상동구조**(homologous structure)를 나타내는데, 비록 그 뼈의 구조나 기능이 분화되어 왔으나 공통 조상의 동일한 부위로부터 기원되었다. 앞다리의 뼈들이 박쥐의 날개로, 돌고래의 지느러미로 그리고 개구리, 말, 인간의 다리로 변화되어 왔음을 볼 수 있다(그림 9.17).

모든 유사한 형질들이 모두 상동은 아니다. 생물들이 유사한 특징을 보여주는 것은 서로 다른 계통으로부터 평행진화의 결과로 나타나기도 한다. 이와 같은 것을 **상사구조**(analogous structures)라 한다. 예를 들어, 호주의 유대류는 포유류 조상으로부터 격리과정을 거쳐 진화되어 왔으나, 유사한 선택압이 매우 비슷한 형태로 진화하게 했다(그림 9.18). 이와 유사한 예로는, 펭귄의 날개나 돌고래의 앞 지느러미는 상사구조이고, 이들은 계통이 서로 다른 두 조상의 다른 구조로부터 기원되어 와서 동일하게 보이고 유사한 기능을 하도록 자연선택에 의해 변화되어 왔다.

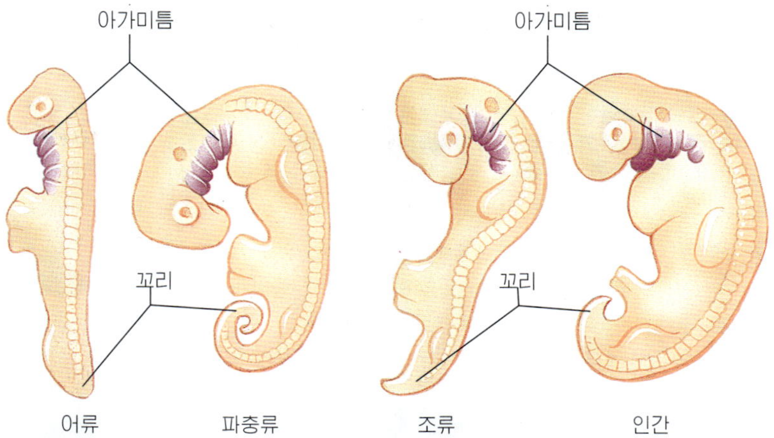

그림 9.16 배는 인간의 초기 진화의 역사를 보여준다.

다양한 척추동물이 보여주는 배는 그들의 초기 분화단계에서 모두 나타나는 아가미틈과 꼬리가 원시적 특징임을 보여준다.

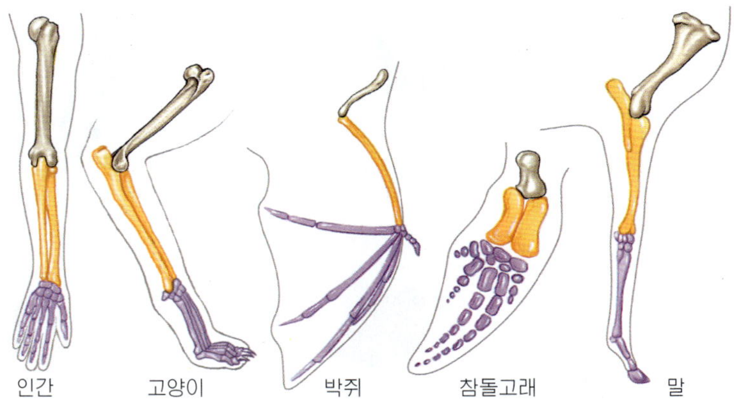

그림 9.17 척추동물 앞다리에서 보는 상동

다섯 종류의 포유류의 앞다리의 상동은 뼈의 모양이 각 생물의 생활 방식에 따라 변한 경우를 보여준다. 모양과 기능에서 많은 차이가 나타나지만, 동일한 기본적인 뼈가 각 앞다리에 존재한다.

■ 흔적기관

때때로 전혀 쓸모가 없는 뼈가 붙어 있는 경우가 있다. 유제류로부터 진화해온 오늘날의 고래의 경우, 골반뼈는 뒷다리 흔적으로 어떤 뼈와도 연결되어 있지 않으며 특별한 기능도 수행하고 있지 않다. 또 다른 흔적기관의 예는 인간의 충수돌기이다. 인간과 가장 가까운 고릴라에 있어 충수돌기는 인간보다 더 크며 소화관에 부착되어 있어 소화의 기능을 수행하며 이 유인원들이 섭취하는 식물의 셀룰로즈 성분을 분해하는 세균이 들어있다. 인간의 충수돌기는 이 구조의 흔적기관으로 현재는 어떤 기능도 수행하고 있지 않다.

9.8 비교해부학은 진화가 일어났음을 알려주며 이와 같은 현상은 고유한 발생기관이나 흔적기관, 상동구조에서 찾아볼 수 있다.

그림 9.18 수렴진화: 한 목적을 향한 다양한 경로

진화의 경로를 통해볼 때, 형태는 기능을 따라가게 된다. 서로 다른 분류군들은 동일한 환경에서 유사한 적응을 하게 된다. 위에서 소개되는 것은 이와 같은 수렴진화의 많은 예 중 일부를 보여 준다. 날아다니는 척추동물은 포유류(박쥐), 파충류(테로사우루스) 그리고 조류(파랑새)에서 나타난다. 세 쌍의 육상 척추동물에서 북아메리카의 유태반류와 호주의 유대류는 대조를 보여 준다.

9.9 Hardy-Weinberg 법칙

집단유전학(population genetics)은 집단 내의 유전자 특성을 연구하는 학문이다. 자연집단 내에서 유전적 변이는 다윈과 당대의 많은 학자들에게는 수수께끼와 같은 것이었다. 감수분열을 통해 교잡의 자손들에게 유전자가 분리되는 방법은 그 시대에는 아직 알려지지않았다.

■ 집단 내의 유전자

1920년대 이후로 과학자들은 유전자의 서로 다른 형태인 대립인자(alleles)가 어떻게 집단 내에서 행동하고, 유전자의 빈도 변화가 어떻게 진화적 변화를 이끌어 낼 수 있는지에 대한 여러 이론을 수립하기 시작했다. 집단 내 변이라는 것은 당시 많은 학자들에게 수수께끼와 같은 것이었는데, 자연선택은 최적의 형태를 갖게함으로써 집단 내 우성의 대립인자는 열성의 인자를 제거해 버린다고 믿었다. 왜 유전적 변이가 유지되는지에 대한 수수께끼는 1908년에 하디와 바인베르크에 의해 그 해답을 얻게 되었다. 하디와 바인베르크는 큰 집단 내에서 교배가 자유롭게 이루어지며, 주어진 유전자의 대립인자의 비율, 즉 **대립인자의 빈도**(allele frequencies)의 변화를 일으킬 힘이 존재하지 않는다면 원래 유전자의 비율은 세대가 지나도 일정하게 유지된다고 지적하였다. 사실, 우성 대립인자는 열성 대립인자로 대치되지 않는다. 그들의 비율이 변화하지 않기 때문에 그 유전자 평형을 **하디-바인베르크의 평형**(Hardy-Weinberg equilibrium)(그림 9.19)이라 한다. 하디-바인베르크의 평형상태에 있는 집단은 진화하지 않게 된다.

하디와 바인베르크는 연속되는 다음 세대의 대립인자 빈도를 분석함으로써 이와 같은 결론에 도달하게 되었다. **빈도**(frequency)라는 것은 전체 개체 수에 대해 어떤 특정한 부분에 속하는 개체의 비율로 정의한다. 100마리의 고양이로 구성된 집단 내에서 84마리의 검은 고양이와 16마리의 흰 고양이가 있을 때 검은 고양이와 흰 고양이의 비율은 0.84대 0.16이 된다. 편리하게 표현하자면, 두 대립인자 중 더 빈도가 높은 것을 p자로 나타내면 상대적으로 빈도가 낮은 인자는 q로 표현할 수 있다. 단지 두 가지의 대립인자가 있으므로 p와 q의 합($p+q$)은 항상 1이 되어야한다.

대수적 용어로 하디-바인베르크의 평형은 하나의 공식으로 표현할 수 있다. 한 유전자가 서로 다른 대립인자 B(p의 빈도)와 b(q의 빈도)를 갖고 있을 경우, 공식은 아래와 같다.

$(p+q)^2 =$	p^2	+	$2pq$	+	q^2
	동형접합자		이형접합자		동형접합자
	대립인자 B를 가지는 개체		대립인자 B,b를 가지는 개체		대립인자 b를 가지는 개체

이 공식에 의하면 매우 쉽게 대립인자의 빈도(p, q값)를 구할 수 있다. 예를 들어, 100마리의 고양이로 구성된 집단에서 흰색이 열성형질이라 가정한다면, 공식에서 q^2를 의미하는 2개의 열성인자를 갖는 흰색 고양이는 16마리이다. 만약 q^2=0.16이면 q는 0.4이다(0.16의 제곱근은 0.4이다). 위에서 본 바와 같이 $p+q=1$이고 p는 $1-0.40$ 혹은 0.60이 된다. 그러면 p^2 는 $(0.60)^2$ 혹은 0.36으로 이것은 100마리 중 36마리는 우성대립인자 B의 상동접합자를 갖는 검은 고양이를 의미한다. 그러면 이형접합자의 빈도는 얼마나 되는가? 공식에 의하면 $2pq$는 이형접합자 B와 b의 개체 수를 나타내며, 이는 $2pq=2\times0.60\times0.40$으로 0.48을 나타낸다. 그래서 100마리 중 48마리는 역시 검정 색이지만 그들은 이형접합자를 갖고 있다(그림 9.20).

하디-바인베르크의 공식은 특별한 가정을 기초로 하고 있다. 이 공식은 아래의 다섯 가지 가정이 만족할 때만 성립이 가능하다.

표현형			
유전자형	*BB*	*Bb*	*bb*
집단내 유전자형의 빈도	0.36	0.48	0.16
배우자의 빈도	0.36 + 0.24 → 0.6*B*		0.24 + 0.16 → 0.4*b*

그림 9.19 하디-바인베르크 평형

이들의 빈도를 변화시키는 요소가 없다면 세대가 지나도 배우자, 유전자형 그리고 표현형의 빈도는 일정하게 유지된다. 여기서 보여주는 예는 100마리의 고양이로 구성된 한 집단 내에서 16마리가 흰색이고 84마리가 검정색이다. 흰색 고양이는 *bb*이고 검정고양이는 *Bb*이거나 *BB*이다.

1. 집단의 크기가 매우 크거나 무한대이다.
2. 개체는 무작위로 생식을 한다.
3. 돌연변이는 일어나지 않는다.
4. 다른 곳으로부터 새로운 대립인자의 유입이 없다.
5. 모든 대립인자는 세대마다 동일한 비율로 유전된다(자연선택이 일어나지 않는다).

하디-바인베르크의 공식에 의해 만들어진 예측치가 어느 정도 유효한가? 많은 유전자에 있어서 이 예측치가 매우 정확한 것으로 인정되었다. 열성 대립인자에 의해 나타나는 무서운 인류 질병인 cystic fibrosis를 예를 들어보자. 이 대립인자는 북아메리카의 백인들에게 약 1000명당 22명 즉, 0.022로 나타난다. 그러면, 북미의 백인들 중 얼마의 비율로 이와 같은 형질이 발현될 수 있을까? 열성 동형접합자(q^2)를 갖는 개체의 빈도는 0.022×0.022 혹은 2,000명당 1명 꼴로 기대된다. 이형접합자를 갖고 있는 개체의 비율은 얼마로 기대할 수 있는가? 만약 열성대립인자 q의 빈도가 0.022라면 우성 대립인자 p의 빈도는 1−0.022 혹은 0.978이어야만 한다. 이형접합자 개체($2pq$)의 빈도는 그래서 2×0.978

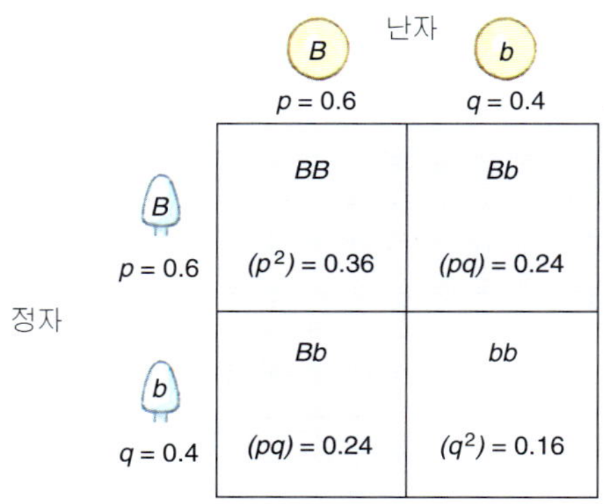

그림 9.20 퍼넷의 사각형 분석

이 고양이 집단의 가능한 교잡은 퍼넷의 사각형 분석을 이용하여 결정될 수 있다.

×0.022 혹은 1000명당 43명으로 실제적 측정치와 매우 가까운 수치를 나타낸다. 대부분의 인류집단들은 크고 무작위로 생식이 이루어지기 때문에 하디와 바인베르크가 상상하는 이상적 집단과 유사하게 된다. 그러나 어떤 유전자에 있어서는 기대치와 실제적 수치와는 일치하지 않는 경우가 있다. 그 이유는 대부분 진화에 의해 설명된다.

9.9 멘델의 유전은 대립인자의 빈도를 변화시키지 않는다. 크고 무작위로 생식하는 집단에 있어서 서로 다른 대립인자 B(p의 빈도)와 b(q의 빈도)는 $p^2+2pq+q^2$의 비율로 존재할 것으로 기대 된다.

9.10 대립인자 빈도 변화의 요인

다섯 가지 요인이 하디-바인베르크의 법칙에 의해 기대치로부터 벗어나는 동형접합자와 이형접합자의 비율을 만들 수 있다. (1) 돌연변이 (2) 이주(집단 안으로 이주해 오는 개체와 바깥으로 나가는 개체를 포함) (3) 유전적 부동(무작위적인 대립인자의 소실을 말하는데 일반적으로 소집단에서 잘 일어날 수 있다) (4) 선택적 교배 그리고 (5) 자연선택(표 9-2).

■ 돌연변이

돌연변이(mutation)는 DNA에 있어서 염기서열의 복제에 오류가 생긴 것을 의미한다. 하나의 대립인자에서 다른 대립인자로의 돌연변이는 명확히 한 집단 내에서 특정 대립인자의 비율을 변화시킬 수 있다. 그러나 돌연변이율은 일반적으로 매우 낮기 때문에 대립인자 비율은 신속히 변화되지 않는다. 많은 유전자들은 10만번의 세포분열 당 1~10번 돌연변이를 일으킨다. 이들 돌연변이의 일부는 해롭지만 중성적이거나 극히 일부는 이로운 경우도 있다. 돌연변이가 매우 낮은 빈도로 발생하기 때문에 많은 수의 돌연변이를 축적하기 위해서는 충분한 시간이 필요하다.

표 9-2 진화적 변화의 요인

요인		설명
돌연변이	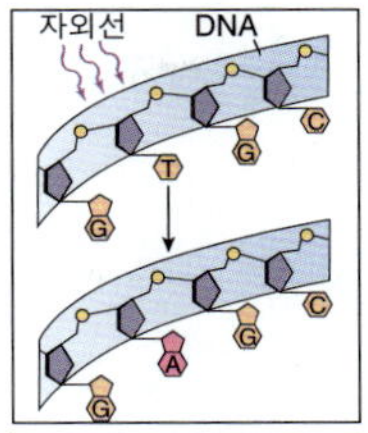	변이의 근본적인 원인. 각 돌연변이는 매우 희소하여 돌연변이 혼자서는 대립인자 빈도를 크게 변화시킬 수 없다.
이주		아주 강력한 변화요인. 이주는 개체군들이 상호 구성원들을 교환할 수 있게 하여 진화적 변화를 촉진하도록 한다.
유전적 부동	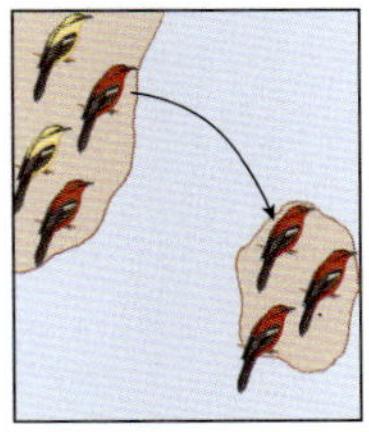	통계적인 현상. 통상 아주 작은 개체군 내에서만 일어난다.
선택적 교배	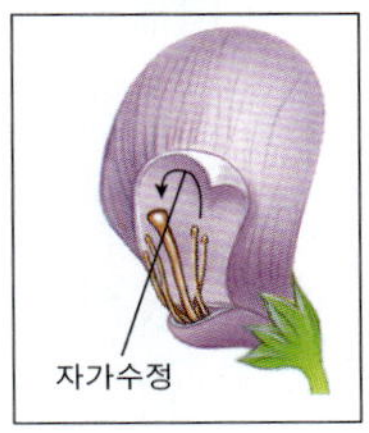	동계교배가 가장 일반적인 경우이다. 이는 대립인자의 빈도는 변화시키지 않고 이형접합자($2pq$)의 비율을 감소시킨다.
자연선택		적응적인 진화적 변화를 일으키는 유일한 요인. 0.01이상의 대립인자의 빈도에 대해서만 신속하다.

■ 이주

유전적 용어로서 **이주**(migration)라는 것은 한 집단으로부터 다른 집단으로 개체가 이동하는 것으로, 자연집단의 유전적 안전성을 교란시킬 수 있는 매우 중요한 원인이 될 수 있다. 어떤 동물이 한 장소에서 다른 장소로 이동할 때처럼 이주가 명확할 때도 있다. 새롭게 도착한 동물의 형질이 이미 존재하는 동물과 다르고 개체들이 새로운 지역에서 자유롭게 생식한다면 집단의 유전적 조성은 변할 수 있다.

식물의 배우자가 분산하거나 해양동물의 유생이 다른 장소로 이동하는 것도 이주다. 이와 같은 이주가 집단의 유전적 조성을 변화시킬 수 있고 하디-바인베르크의 평형을 파괴할 수도 있다. 그럼에도 불구하고 이주의 진화적인 기능은 평가하기 매우 힘들며 그 종이 사는 장소에서 일어나는 선택압이 더 크게 작용한다.

그림 9.21 창시자 효과의 한 결과

아미쉬 교도의 한 여자가 엘리스반크레벨드 증후군에 걸린 아이를 안고 있다. 이 증후군을 가진 사람은 팔·다리가 짧고 키가 작으며 손가락이 1개 더 있다. 이와 같은 비정상적 특징은 18세기 아미쉬의 한 창시자로부터 전파되었을 것이고 이는 아미쉬 교도들의 생식적 격리에 의해 오늘날까지 유지되었다.

유전적 부동

작은 집단에서 어떤 특정한 대립인자의 빈도는 우연히 변화 할 수도 있다. 한 유전자에서 각각의 대립인자는 몇몇 개체에만 존재할 수 있으며 그 일부는 그 인자를 갖는 개체들이 생식을 못하거나 죽을 경우 우연히 사라지게 된다. 대립인자의 빈도가 무작위적으로 변하고 따라서 그 빈도가 표류하는 것처럼 보이므로 대립인자의 무작위적인 소실을 **유전적 부동**(genetic drift)이라고 한다. 다른 집단으로부터 격리되어 있는 작은 집단은 유전적 부동의 결과로 매우 다른 유전자 빈도를 갖게 된다.

하나 혹은 소수의 개체들이 원래의 지역으로부터 멀리 격리된 곳으로 이주하여 개척자가 되면 그들이 가져온 대립인자들은 매우 의미가 있게 된다. 이와 같은 대립인자들이 원래의 집단에서는 희귀할지라도 새로운 집단의 유전적인 조성에서는 큰 비율을 차지하게 될 것이다. 이와 같은 것을 **창시자 효과**(founder effect)라 부른다.

창시자 효과의 결과로 희귀한 대립인자가 격리된 집단에서는 흔한 대립인자가 된다. 창시자 효과는 특히 다윈이 방문했던 갈라파고스 군도와 같은 해양의 군도에 서식하는 생물의 진화에 매우 중요한 요인이 된다. 이와 같은 지역에 서식하는 대부분의 생물들은 아마도 하나 혹은 소수의 초기 창시자로부터 기원했을 것이다. 이와 유사한 방법으로, 격리된 인류집단의 경우 종종 창시자가 가지는 특징적인 유전적 형질로 바뀌어 버리는데, 이 경우는 소수의 개체로부터 시작된 집단일 경우이다(그림 9.21).

생물들이 한 장소에서 다른 장소로 이주하지 않더라도 가끔 갑자기 집단의 크기가 감소될 수 있다. 이와 같은 현상은 홍수, 가뭄, 지진의 재앙에 의해 일어날 수 있다. 생존한 개체들은 원래 집단의 무작위 유전적 표본으로 구성된다. 이와 같은 유전적 다양성의 감소를

병목현상(bottleneck effect)이라 부른다. 일부 현존하는 생물들은 유전적으로 매우 단순한 현상을 보여주는데 이 경우 과거에 병목현상을 겪었을 가능성이 크다. 현존하는 치타들은 실제 유전적으로 차이가 없는 것으로 나타났다. 유전적 다양성의 결여로 저항력이 줄어들어 쉽사리 질병에 걸리게 된다. 이와 같은 유전적 단순성의 원인은 과거에 치타집단의 크기가 갑자기 줄어든 적이 있고, 오늘날 살아 있는 치타는 유전적 병목을 통과해온 소수의 개체로부터 기원되었다고 보는 것이 최근의 견해이다.

선택적 교배

때때로 어떤 특정한 유전자형을 갖는 개체들은 무작위적인 교배가 아닌 동일 유형의 개체들끼리만 교배를 하는 경우가 있는데 이와 같은 현상을 **선택적 교배**(nonrandom mating)라 한다. 많은 생물에서 나타나는 선택적 교배의 한 예는 **근친교배**(inbreeding)이다. 근친교배는 동형접합자 율을 높이고, 결과적으로 하디-바인베르크의 법칙에서 기대되는 수치보다 더 높은 동형접합자의 비율을 갖게 된다. 이와 같은 이유 때문에 자가수분을 하는 식물집단은 일차적으로 동형접합자를 갖는 개체로 구성되고, 한편 타가수정을 하는 식물은, 즉 그들과 다른 집단의 개체와 교배를 하는 이형접합자를 갖는 개체의 빈도가 더 높다.

자연선택

다윈이 지적한 것처럼, 일부 개체들은 다른 개체에 비해 더 많은 자손을 생산하는데 이러한 경향은 한 가지의 유전적 형질이다. 이와 같은 과정의 결과를 **선택**(selection)이라 부르며 다윈시대에 동물이나 가축의 육종가들에게 잘 알려졌었다. 소위 **인위선택**(artificial selec-tion)은 육종가들이 원하는 형질을 선택하는 일이다. **자연선택**(natural selection)에서 다윈은 환경이 이와 같은 역할을 한다고 제안했으며, 그와 같은 환경에 가장 적응된 개체들을 골라내고, 집단의 유전자 비율에 영향을 미친다.

9.10 집단 내 대립인자의 빈도를 변화시킬 수 있는 다섯 가지의 진화적 원동력은 돌연변이, 이주, 유전적 부동, 선택적 교배 그리고 자연선택이다.

9.11 자연선택의 여러 유형

미식축구에서 기술이 작용하듯, 자연집단에 자연선택이 작동한다. 각 경기에서 승자를 예측하기란 어려운데, 그 이유는 우연이라는 요인이 결과에 중요하게 작용할 수 있기 때문이다. 그러나 가장 기술이 좋은 선수를 확보한 팀이 일반적으로 대부분의 경기에 승리하게 된다. 자연에 있어서도 비록 우연이라는 것이 어떤 한 개체에 중요한 요인으로 작용할 수는 있지만, 환경에 가장 잘 적응한 개체들이 자손을 남기면서 진화라는 경기에서 승리하는 경향이 있다. 자연선택이라는 것은 통계적 개념이다. 어느 한 개인의 운명이나 동전 던지기의 결과를 예측할 수는 없지만 여러 번의 동전을 던져서 앞면이 나올 비율을 예측하듯이, 한 종의 집단 내에서 어떤 종류의 개체가 더 높은 빈도를 차지하게 될 것인가는 예측할 수 있다.

자연에 있어 아마 대부분의 많은 형질들은 하나 이상의 유전자에 의해 영향을 받게 된다. 유전자간의 상호작용은 일반적으로 복잡하다. 예를 들어, 인간의 키를 결정하는 데는 다양한 유전자의 대립인자가 작용한다. 이럴 경우 자연선택은 표현형에 관여하는 모든 유전자들에 작용한다. 자연선택이 어떻게 집단을 변화시키느냐 하는 것은 어떤 유전자형이 선택되느냐에 따라 결정된다. 세 가지의 자연선택의 유형은 분열성 선택, 안정

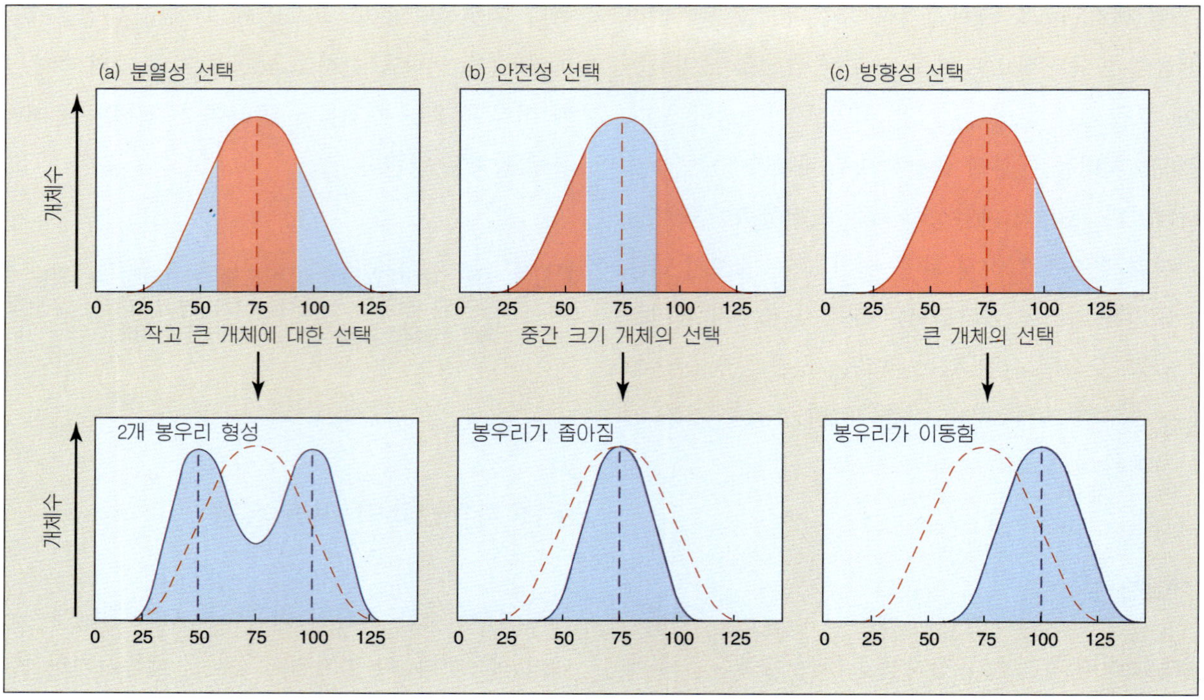

그림 9.22 자연선택의 세 가지

(a) 분열성 선택에 있어서는 어떤 형질에 표현형 중에서 중간 타입은 도태 되고, 극단적인 형태가 선택된다. (b) 안정성 선택에 있어서는 중간 형태에 표현형을 갖는 개체들이 선택되며 극단적인 양극의 표현형은 도태된다. (c) 방향성 선택에 있어서는 한쪽의 극단적 형질을 가진 개체들이 선택된다.

성 선택 그리고 방향성 선택이다(그림 9.22).

분열성 선택

자연선택이 중간적 형질을 제거하는 쪽으로 작동하는 경우가 있다. 예를 들어, 아프리카의 여러 지역에서 나비 Papilio dardanus의 색깔은 매우 다양한데, 각각 새들이 먹기 싫어하는 다른 나비 종들의 색깔과 매우 유사하다. 새들은 맛이 없는 나비를 닮지 않은 나비를 먹기 때문에 중간 색깔의 나비는 제거가 된다. 이 경우 자연선택은 중간적인 표현형을 제거하도록 작용한다. 이와 같은 형태의 자연선택을 **분열성 선택**(disruptive selection)이라 부른다. 분열성 선택은 다른 두 유형의 자연선택보다 드물다.

안정성 선택

자연선택이 극단적인 표현형을 제거하도록 작용할 때 중간 형태의 빈도를 증가시키는 결과를 가져온다. 1898년 2월 1일 혹독한 눈보라, 비 그리고 진눈깨비가 내린 후 조사된 바에 의하면 136마리의 굶주린 영국 참새를 잡아서 로드아일랜드에 있는 브라운 대학의 범프스의 실험실로 가져왔다. 이들 중 64마리는 죽었고 72마리는 생존했다. 범프스는 이 모든 새들에 표준치를 측정했다. 그는 수컷 중에서 살아남은 새들은 크기가 더 큰 경향이 있다는 것을 발견했는데 이것은 방향성 선택이 작동했음을 예견할 수 있다. 그러나 암컷에서는 죽은 새들이 살아 있는 새들보다 평균적으로 더 작지는 않았다. 다수의 죽은 개체들은 극단적인 수치를 나타냈다. 자연선택이 이와 같은 방법으로 작용한다면 집단내

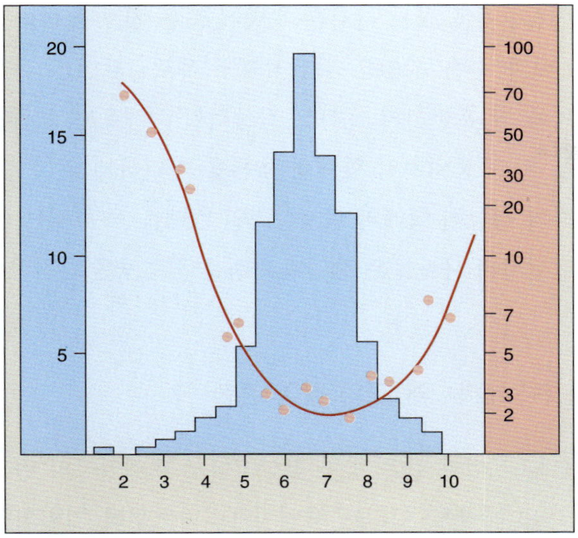

그림 9.23 신생아의 몸무게에 대한 안정성 선택

신생아의 사망율은 7과 8파운드 사이의 체중을 가진 아이가 가장 낮다. 이보다 더 무겁거나 가벼운 신생아는 태어나자마자 사망하는 경향이 매우 높다. 안정성 선택이 양 극단의 표현 형질을 제거하도록 작용하고 그 중간 값을 갖는 유형의 빈도를 증가시킨다.

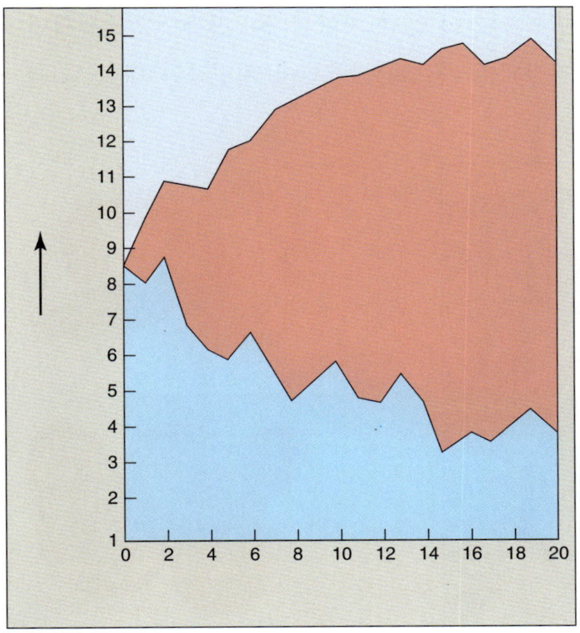

그림 9.24 방향성 선택의 작동

몇 세대를 걸쳐 초파리의 개체들이 두 집단으로 나누어지도록 선택적으로 교배시켰다. 빛을 향해 날아가는 경향이 강한 파리를 선택했을 때 그들의 자손들은 빛을 향해 날아가는 경향이 매우 강했다(위쪽 곡선). 빛을 향해 날아가는 경향이 없는 파리를 선택했을 경우 그들의 자손들은 빛을 향해 날아가지 않는 성향을 나타냈다(아래쪽 곡선).

에서 극단적인 형태를 선호하는 대립인자를 갖는 개체들은 적어진다. 자연선택은 집단에서의 가장 일반적인 표현형을 변화시키지는 않지만 극단적인 형태를 제거함으로써 이와 같은 표현형을 더 일반적인 것으로 만든다. 범프스의 암컷 참새와 유사한 많은 예가 알려졌다. 인간에 있어서는 태어날 때 중간적인 체중을 가지는 신생아가 가장 높은 생존율을 나타낸다(그림 9.23). 오리나 병아리에 있어서 중간적인 체중을 가지는 알들은 가장 높은 부화 성공률을 나타낸다. 이와 같은 유형의 자연선택을 **안정성 선택**(stabilizing selection)이라 부른다.

■ 방향성 선택

자연선택이 표현형 중 한쪽 극단을 제거하도록 작동할 때, 이와 같은 극단적 표현형을 결정하는 유전자는 집단 내에서 그 빈도가 줄어들게 된다. 환경은 어떤 극단적 형질이 선택되지 않을지를 결정하게 된다. 표현형의 또 다른 극단을 나타내는 개체들은 선택되지 않는 극단을 가지는 개체나 이들의 중간적 특징을 나타내는 개체들보다도 더 많은 개체를 생산할 것이다. 그래서 하나의 극단적 표현형을 갖는 개체들은 더욱 흔하게 된다(그림 9.24). 이와 같은 자연선택을 **방향성 선택**(directional selection)이라 부른다.

9.11 **많은 유전자에 의해 영향을 받는 형질에 대한 자연선택은 그 형질의 극단, 혹은 중간 값, 혹은 한쪽의 극단만을 선택할 수 있다.**

9.12 적응진화: 겸상적혈구 빈혈증

자연선택이 종의 유전적 조성을 변화시키는데 작동한다는 많은 예가 발견되었다. 가장 잘 연구된 두 가지의 예는 겸상적혈구 빈혈증과 공업암화이다.

우리가 알아볼 첫번째 예는 겸상적혈구 빈혈증

(sickle-cell anemia)으로 혈액의 헤모글로빈 분자에 영향을 미치는 유전병이다. 겸상적혈구 빈혈증은 1904년 시카고에서 피로감을 호소하는 환자의 혈액검사를 하는 과정에서 최초로 발견되었다(그림 9.25). 이 증상은 헤모글로빈의 베타사슬을 암호화하는 유전자의 염기 하나가 바뀜으로써 나타나는 질병으로 헤모글로빈 분자가 서로 엉키게 만든다(그림 9.26).

베타사슬 유전자에서 겸상적혈구 돌연변이 유전자의

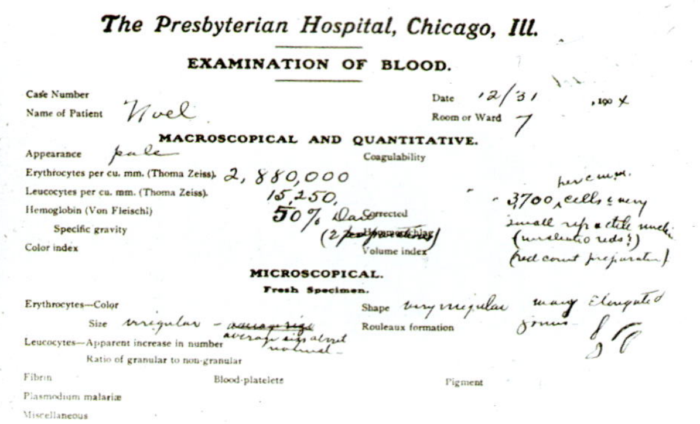

The Presbyterian Hospital, Chicago, Ill.

EXAMINATION OF BLOOD.

Case Number
Name of Patient Noel
Date 12/31, 1904
Room or Ward 7

MACROSCOPICAL AND QUANTITATIVE.

Appearance pale
Coagulability
Erythrocytes per cu. mm. (Thoma Zeiss). 2,880,000
Leucocytes per cu. mm. (Thoma Zeiss). 15,250
Hemoglobin (Von Fleischl) 50%
Corrected
Specific gravity
Color index
Volume index

MICROSCOPICAL.
Fresh Specimen.

Erythrocytes—Color
Size irregular
Shape very irregular
Rouleaux formation
Leucocytes—Apparent increase in number
Ratio of granular to non-granular
Fibrin
Blood-platelets
Pigment
Plasmodium malariæ
Miscellaneous

그림 9.25 최초의 겸상적혈구 빈혈증 환자의 진료기록

동형접합자를 갖는 사람은 수명이 짧은 것으로 나타났다. 이와 같은 원인은 겸상적혈구 헤모글로빈은 산소 원자를 잘 운반하지 못하고 겸상적혈구 세포는 모세혈관을 막고 뭉쳐져서 혈액의 흐름을 차단하게 된다. 유전자의 정상적 형태와 비정상적인 형태를 모두 갖는 이형접합자의 사람들은 정상에 가까운 적혈구를 가진다.

수수께끼: 왜 그와 같이 흔한가?

오늘날 이와 같은 병이 겸상적혈구 대립인자의 빈도가 0.12 퍼센트나 되는 중앙아프리카로부터 기원되었다는 것이 알려졌다. 100명 중 1명은 이 결함이 있는 대립인자의 동형접합자를 갖고 있고 그래서 이 치명적인 병을 일으키게 된다. 겸상적혈구 빈혈증은 미국으로 온 아프리카인 1000명당 2명 꼴로 나타나며, 다른 민족에서는 전혀 알려지지 않고 있다.

만약 다윈이 맞고, 자연선택이 진화를 일으킨다면, 왜 자연선택이 아프리카에서 이 치명적인 대립인자를 도

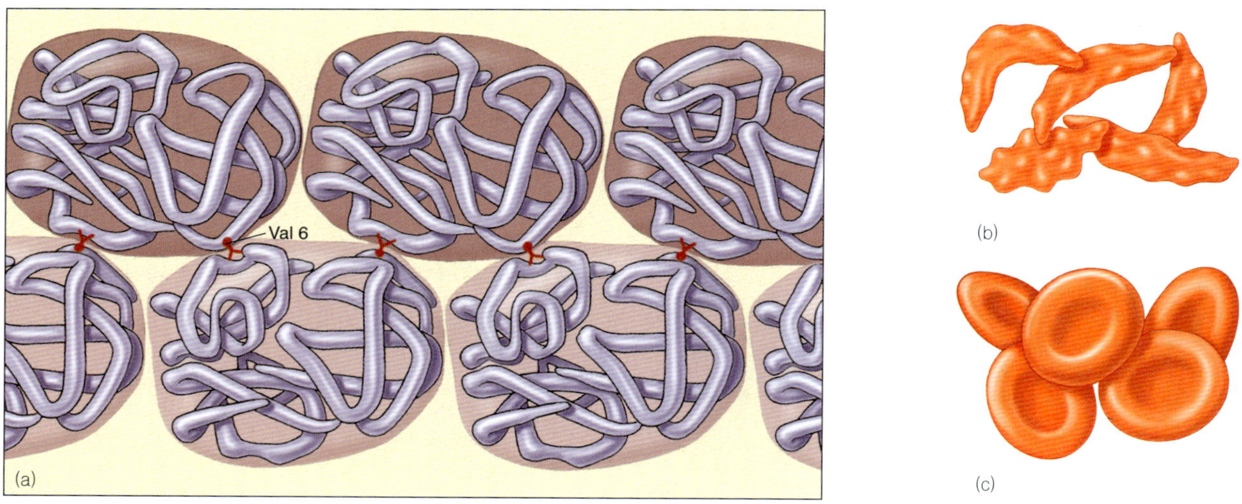

그림 9.26 겸상적혈구 세포의 헤모글로빈이 엉키게 만드는 이유

(a) 겸상적혈구 돌연변이는 베타헤모글로빈 사슬(B6 위치)의 6번째 아미노산인 글루탐산(매우 극성이 높다)을 발린(비극성)으로 바꾼다. 이와 같은 돌연변이의 불행한 결과는 6번 위치의 비극성 발린은 헤모글로빈 분자의 한 모서리로부터 튀어나와 또 다른 헤모글로빈 분자의 반대편의 비극성 부위와 잘 맞게 되는 것이다. 그 결과 두 분자가 서로 잘 엉키게 된다. 각 분자가 둘다 6번 위치에 발린과 반대쪽에 비극성의 구석을 갖기 때문에 긴 사슬이 형성된다. (b) 그 결과 낫모양의 적혈구 세포로 변형된다. (c) 극성의 글루탐산(정상적인 대립인자)이 6번 위치에 존재하면 이 곳은 비극성 부위와 친화성을 나타내지 못하므로 뭉쳐지지 않게 된다.

태시켜 인류집단으로부터 제거하지 않는 것일까? 왜 이 치사인자가 그곳에서 매우 흔하게 존재하는 것일까?

■ 해답 : 안정성 선택

겸상적혈구 대립인자의 이형접합자인 사람들은 중앙아프라카에서 위험한 질병인 말아리아에 잘 걸리지 않는다(그림 9.27). 비록 매 세대마다 겸상적혈구 대립인자의 동형접합자여서 죽는 사람이 많이 생기는 큰 댓가를 치르지만 만약 이형접합자의 개체들이 말라리아에 대해 저항력을 가진다면 겸상적혈구의의 동형접합자로 죽는 숫자는 훨씬 적은 숫자가 될 것이다. 5명중 1명이 이형접합자이기 때문에 말라리아에 대해 살아남을 수 있고, 단지 100명당 1명의 동형접합자가 겸상적혈구 빈혈증으로 죽게 된다. 자연선택은 중앙아프리카에서 겸형적혈구 대립인자가 유지되도록 하는데, 그 이유는 동형접합자로 죽는 것보다 이형접합자로 살아남는 수가 더 많기 때문이다.

안정성 선택은 그래서 다음과 같이 겸상적혈구 대립인자에 작동한다. (1) 자연선택은 동형접합자의 경우 치사의 효과가 있기 때문에 겸형적혈구의 대립인자를 제거하려는 경향이 있다. (2) 자연선택은 겸상적혈구의 이형접합자가 말라리아로부터 생존할 수 있기 때문에 이 대립인자를 선택하는 경향이 있다. 경제학자가 예산의 균형을 유지하듯, 자연선택도 비용과 이익이 균형을 유지할 때까지, 그 대립인자의 빈도를 증가시키게 된다. 말라리아에 대한 저항은 치사증후군에 대한 손실을 메우기 때문에 안정성 선택이 발생하게 된다. 말라리아는 열대질병으로써 1900년대 초부터는 미국에서는 발생하지 않았고 그래서 미국에서는 안정성 선택이 겸상적혈구 대립인자를 선택하지 않았다. 수 세기 전부터 미국으로 들어온 흑인들은 겸상적혈구 대립인자의 이형접합자를 갖는다고 해서 어떤 진화적 이익도 갖지 못했다. 말라리아에 걸릴 위험이 전혀 없는 곳이라면 말라리아에 대한 저항력을 가지는 것은 아무런 이익도 되지 않는다. 결과적으로 미국에서는 겸상적혈구 대립인자에 대한 자연선택이 아무런 이익으로도 보상되지 못했기 때문에 그 대립인자는 중앙아프리카의 흑인에 비해 미국의 흑인에서 더 낮은 빈도로 나타나게 되었다.

9.12 **아프리카의 인류집단에서 겸형적혈구 빈혈증이 일반적인 것은 자연선택이 겸형적혈구 대립인자를 하나만 갖고 있는 것을 선택하기 때문인데 이는 아프리카에 일반적인 말라리아에 대해 이 이형접합자가 저항력이 있기 때문이다.**

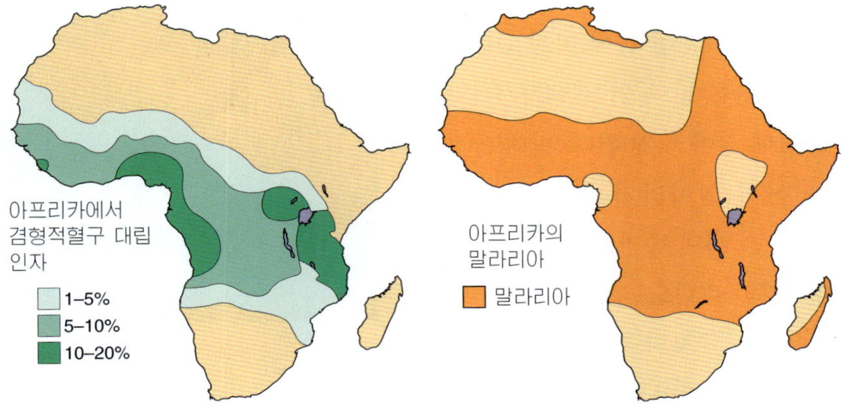

그림 9.27 안정성 선택이 겸상적혈구 빈혈증을 존속시키는 이유

이 그림은 겸상적혈구 대립인자의 빈도(왼쪽)와 말라리아의 분포(오른쪽)를 보여준다. 말라리아는 치명적인 질병 중의 하나이다. 말라리아의 분포와 겸상적혈구의 특징을 보여주는 대립인자의 분포는 매우 높은 상관관계가 있음을 알 수 있다.

9.13 회색가지나방과 공업암화

회색가지나방 *Biston betularia*는 낮 동안 나무의 줄기에 붙어서 쉬는 유럽산 나방이다. 19세기 중엽까지 대부분은 옅은색의 날개를 갖고 있었다. 그 이후로 검은색의 날개를 갖는 나방의 빈도가 공업지역에서 계속해서 증가되었다. 검정색이 우성의 대립인자로서, 1850년 이전에는 집단 내에 드물게 존재하였다. 생물학자들은 곧 검정색 나방이 많은 공업지역은 공해 때문에 나무의 줄기가 거의 검게 되었다는 것을 알았다. 이 지역의 나무 위에 앉을 경우 검정색 나방이 옅은색 나방에 비해 덜 눈에 띄게 되었다. 또한 산업화지역을 휩쓴 공기오염이 나무의 줄기 위에 자라는 옅은 색 지의류를 죽였으며, 결국 나무의 줄기가 검게 변하게 되었다.

공업암화에 대한 자연선택

다윈의 이론이 검정색 대립인자의 증가를 설명할 수 있을까? 1850년을 전후하여 왜 검정색 나방이 생존에 이롭게 되었는가? 아마추어 나방 수집가인 터트는 옅은색 나방이 줄어드는 이유에 대한 가설을 제안했다. 그는 옅은색의 나방이 지의류가 없어진 검은 나무 표면에서 육식동물에게 더 잘 눈에 띄게 된다고 제안했다. 결과적으로 새들은 낮 동안 회색가지나방이 나무에서 쉬고 있을 때 잡아 먹게 된다. 반대로 검정색 나방은 위장되어서 살아남기 쉬웠다(그림 9.28). 비록 초기에 터트는 어떤 증거도 제시하지 않았지만, 영국의 생태학자인 버나드 케틀웰은 1950년경에 자신이 사육한 동일한 숫자의 검정색과 흰색의 회색가지나방을 이용하여 그 가설을 검증하였다. 케틀웰은 두 종류의 숲에 이 집단들을 날려보냈다. 하나는 공해가 심한 버밍엄 근처에 그리고 다른 하나는 깨끗한 지역인 도셋이었다. 케틀웰은 두 종류의 나방이 얼마나 생존해 있는지를 알아보기 위해 숲 속 주위에 그물을 설치하였다. 그 결과를 평가하기 위해 그는 새가 볼 수 없는 곳인 나방의 날개 아래에 페인트로 점을 찍어 날려보낸 나방을 조사하였다.

공해지역인 버밍엄 근처에서 케틀웰은 19%의 옅은색 나방과 40%의 검정색 나방을 잡았다. 이 결과는 검정색 나방이 나뭇가지가 검게 오염된 숲에서 생존하기가 더 쉽다는 것을 의미한다. 상대적으로 덜 오염된 도셋 숲에서는 케틀웰이 12.5%의 옅은색 나방과 6%의 검정색 나방을 발견했다. 이것은 나무 줄기가 아직까지 옅은색인 곳에서 옅은색 나방이 생존할 수 있는 기회가

그림 9.28 공업암화를 설명하는 터트의 가설

이 사진은 회색가지나방인 *Biston betularia*의 색깔의 변이를 보여준다. 터트는 검정색 나방이 공해의 영향을 방해받지 않은 나무 위에서 눈에 더 잘 띄고(위) 옅은색 나방은 공해에 의해 검정색으로 변한 나무껍질 위에서 육식동물에게 눈에 더 잘 띈다고 제안했다(아래).

더 많다는 것을 의미했다. 그 후 케틀웰은 숲 속에 은신처를 설치해 놓고 나방을 잡아먹는 새를 촬영함으로써 그의 주장을 더욱 뒷받침했다. 때때로 케틀웰이 관찰했던 새들이 주위와 동일한 색을 갖는 나방의 위를 스쳐 지나가는 것을 관찰했다.

■ 공업암화

공업암화(industrial melanism)는 자연선택의 결과로 산업혁명 이후에 검정색 개체가 옅은색 개체보다 더 많아지는 진화적 과정을 설명하는데 사용되는 용어이다. 그 과정은 사실인 것으로 널리 알려졌는데 그 이유는 케틀웰의 조사에 의해서 제안되었던 것처럼 공해에 의해서 검게 변한 서식처에서 검정색 개체들이 그들의 천적으로부터 더 잘 숨을 수 있었기 때문이다.

유라시아에서 북아메리카에 걸친 공업화된 지역에서도 19세기 중엽 이후 산업화가 진행됨에 따라 회색가지나방과 똑같은 방법으로 수십 종의 나방들에서 검정색 나방의 빈도가 더 높아졌다.

9.13 **자연선택은 공기오염이 심한 지역에서 후추나방의 검정색 형을 선호했는데, 그 이유는 검정색 나무에서 나방들은 그들의 포식자인 새에 의해 쉽게 눈에 띄지 않기 때문일 것이다. 공해가 줄어든 곳에서는 자연선택은 옅은색을 선택하게 되었다.**

9.14 종의 개념

다윈 진화론의 중요 관점은 적응(소진화)이 궁극적으로 종형성(대진화)에 이른다는 것이다. 자연선택이 신종의 형성에 이르는 방법은 생물학자들의 의해서 철저히 기록되었는데, 그들은 많은 종류의 식물, 동물 그리고 미생물에서 종형성 과정의 단계들을 관찰했다. 보통 종형성은 점진적 변화를 가진다. 먼저 국지적 집단이 점차 분화된다. 그 다음 그들이 충분히 달라지게 되면 새로운 종이 형성되도록 자연선택이 작용하게된다.

종(species)(그림 9.29)은 보통 다른 무리들과 같지 않고 자연상태에서 다른 무리들과 잘 융합되지 않는 생물의 무리로서 정의된다. 종 형성은 긴 진화과정의 마지막 단계로 생각된다. (1) 먼저 국지적 집단은 그들이 가지는 특별한 환경에 적응된다. (2) 그들이 충분히 달라졌을 때 생태적 품종이 될 수 있다. (3) 그 다음 자연선택은 그들간 잡종을 억제하여, 두 생태적 품종 사이의 차이가 커지도록 작용하게 된다. 이런 변화를 격리기작이라 한다. (4) 결국 두 생태적 품종은 상호 교배할 수 없게 되고 서로 다른 종이 된다.

9.14 **종은 자연상태에서 다른 무리들과 광범위하게 유전자를 교환하지 않는 비슷한 생물 무리로서 보통 정의된다.**

9.15 교배 전 격리기작에 의한 종 형성

흔히 생태적 품종들은 자연선택이 여러 가지 환경하에서 여러 가지 생존전략에 유리하게 작용할 때 서로 점점 더 다르게 되면서 분지를 계속한다. 결국 생물학자들이 그들을 별개의 종이라고 생각할 정도로 다르게 될 때까지 이르게 된다. 흔히, 선택은 격리기작 (isolating mechanism)이라고 부르는 변화에 작용한다. 이는 새로운 종들이 상호 교배하는 것을 방지하는데, 이 교배에서 만들어진 잡종은 어떤 환경에도 부적합하게 된다. 이때 두 종은 생식적으로 격리되었다고 말한다.

종 사이의 **생식적 격리**(reproductive isolation)는 두 가지 기본적인 격리기구에 의해서 만들어지고 유지된다. 접합자를 형성하는 것을 저해하는 교배 전 (prezygotic) 격리기작과 접합자가 형성된 후 그들의

그림 9.29 커다란 유전적 변이가 한 종 내에서 일어날 수 있다.

"다르게 보인다는 것"이 두 동물이 다른 종이라는 의미는 아니다. 여러 가지 계통의 모든 개는 같은 종(*canis familiaris*)이고, 모두 서로 성공적으로 교배된다. 인위선택을 시키는 개 사육사들에 의해 개의 계통이 아주 많아졌다.

적절한 발생과 작용을 저해하는 교배 후(postzygotic) 격리기작이다.

여섯 가지 주요 교배 전 격리기작이 있다. 지리적 격리로 종은 물리적으로 서로 떨어져서 잡종화할 기회가 없다 (그림 9.30). 생태적 격리로 두 종은 같은 지역에서 살지만, 서식지의 다른 부분을 사용함으로서 서로 만나지 못하기 때문에 잡종화되지 못한다. 행동적 격리로 정교한 구애행동과 교미행동이 관련 종간에 달라서 이 종들이 같은 장소에서 서식할지라도 자연상태에서 따로따로 살아가는 경향이 있다. 시간적 격리는 종들이 서로 다른 교배 시기를 가질 때 생기는데, 이는 종간의 잡종화를 저해한다. 기계적 격리는 구조적인 차이가 관련된 동물 종 사이의 교배를 막는다. 크기와 같은 분명한 특징은 제외하고라도, 암수 교미기관의 구조와 위치가 서로 맞지 않을 수 있다. 끝으로, 배우자 융합의 방해로 배우자들이 서로 접근하는데 실패하거나 기능적으로 저해될 수 있다.

9.15 교배 이전 격리기작은 잡종 접합자의 형성을 방해하므로 생식적 격리에 이르게 한다.

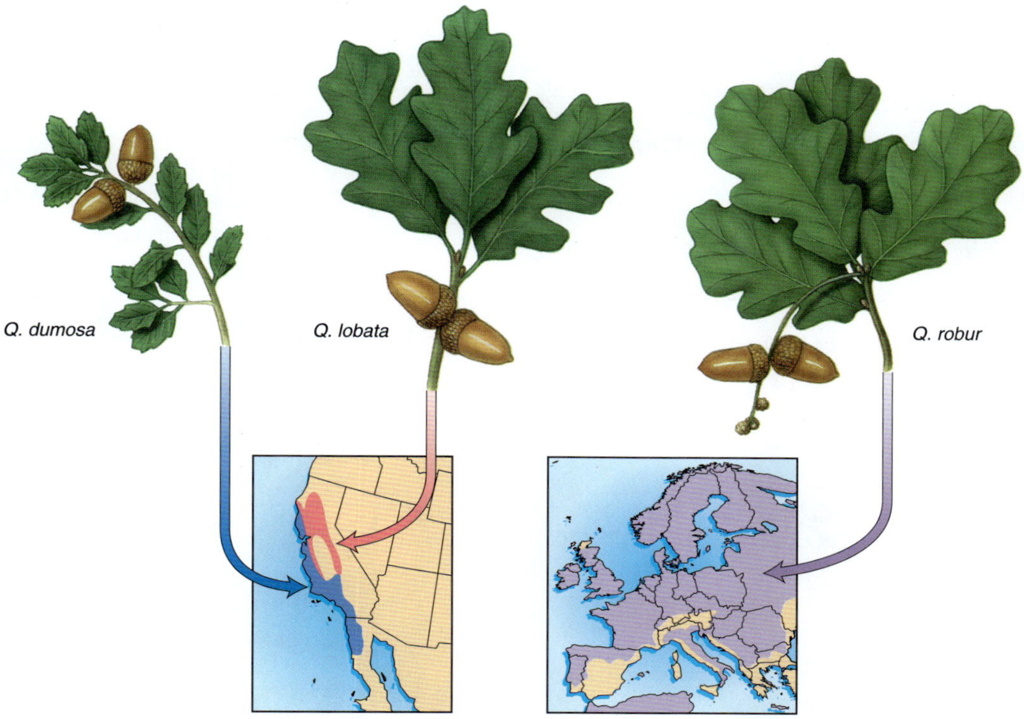

그림 9.30 참나무의 지리적, 생태적 격리

세 종류의 참나무- *Quercus robur, Q. lobata,* 및 *Q. dumosa* -가 서로 다른 잎사귀와 특징적인 도토리를 가지지만, 그들 모두는 서로 잡종화 될 수 있다. 그러나 *Quercus robur*는 켈리포니아에 서식하는 다른 두 종과 지리적으로 격리되어 유럽에서 서식한다. *Q. lobata* 와 *Q. dumosa*는 캘리포니아 내의 서로 다른 서식지에서 발견되기 때문에, 생태적 격리가 이들을 서로 떼어놓고 있다.

9.16 교배 후 격리기작에 의한 종 형성

앞에서 언급한 모든 요소들은 잡종을 막는 경향에 대한 내용이었다. 만약 잡종이 이루어지고 접합자가 형성되더라도, 접합자가 분화되고, 기능을 갖는, 수정능력이 있는 F_1개체로 분화되는 것을 막는 많은 요소들이 존재한다(표 9-3). 발생과정은 모든 종에서 복잡한 과정이다. 잡종 개체에서는 두 어버이로부터 물려받은 유전자가 서로 달라서 배발생 과정이 서로 정상적으로 이루어질 수 없을 때가 있다. 예를 들어, 양과 염소의 잡종은 초기 배발생 단계에서 죽은 배를 만들어낸다.

미국 동부의 표범개구리(*Rana pipi-ens complex*) 복합체는 유사한 종들의 군으로 오래 동안 한 종으로 취급되어 왔다. 과거에는, 일부 개구리들 간에 잡종이 드문 이유는 단지 서로 다른 지역으로부터 왔기 때문이라고 여겨졌다. 그러나, 심층적인 조사결과 비록 종들이 매우 유사하게 보이지만 이들 간의 교배는 성공적이지 못한 것으로 밝혀졌다. 실험실 안에서 조차도 잡종이 이루어지지 않았다.

유사한 종들이 잡종실험을 통해 다른 종인 것으로 밝혀지는 예가 식물에서도 알려졌다. 때때로 잡종 배를 배 발생의 초기단계에 분리하여 인위적인 배지에서 자라게 할 수도 있다. 이와 같은 잡종 개체에 특수한 영양물질을 공급할 경우 이들의 결함이 보충되어 정상적인 분화를 하게 될 수 도 있다.

그 잡종 개체가 배 발생 단계에서 살아 남을 지라도

정상적으로 분화될 수는 없다. 만약 그 잡종개체가 그들의 부모보다 약하다면 자연에서 완전히 제거될 것이다. 말과 당나귀의 잡종개체인 노새처럼 잡종개체가 강할지라도, 그들이 불임이기 때문에 다음 세대에 유전될 가능성이 없다. 잡종개체에 있어 생식기관의 분화가 비정상적이 될 수도 있고, 부모로부터 물려받은 염색체가 비정상적으로 쌍을 이룰 경우도 있으며, 혹은 그들의 수정 능력이 여러가지 이유 때문에 정상보다 낮을 때도 있다.

9.16 교배이후 격리기작은 교잡개체가 정상적으로 분화하지 못하게 하거나 자연에서 교잡개체가 정상적으로 생존할 수 없도록 한다.

표 9-3 격리기작

요인		설명
수정 전 격리기작		
지리적 격리		종들은 서로 다른 지역에서 살며, 흔히 강이나 산맥 같은 물리적 장벽으로 격리된다.
생태적 격리		종들은 같은 지역에서 살지만 서로 다른 서식지를 차지한다. 잡종은 그들의 어버이의 어느쪽 환경에도 적응하지 못하므로 잘 생존하지 못한다.
시간적 격리		종들은 서로 다른 계절에 혹은 하루 중 다른 시간에 생식을 한다.
행동적 격리		종들은 구애 방식에서 다르다.
기계적 격리	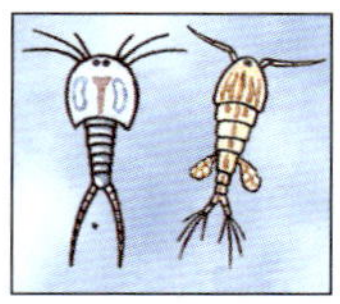	종들 사이의 구조적인 차이가 교배를 방해한다.
배우자 융합의 방해	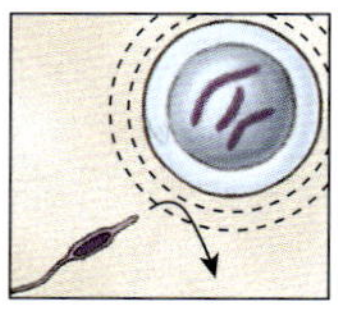	한 종의 배우자가 다른 종의 배우자와 정상적으로 작용하지 못하거나, 다른 종의 생식기 안에서 정상적으로 작용을 못한다.
수정 후 격리기작		
잡종 생존불능 혹은 생식불능		잡종의 배가 정상적으로 발생하지 않거나, 잡종의 성체가 자연상태에서 생존하지 못하거나, 혹은 잡종성체가 생식불능이거나 생식력이 감소된다.

Chap 10

최초의 단세포 생물

10.1 가장 단순한 생물체

화석을 조사해보면 세균은 35억년 전부터 지구상에서 매우 풍부하게 존재하였다는 것을 알 수 있다. 메탄생성세균과 시아노세균(cyanobac teria)을 포함한 여러 세균들은 특이한 환경에서 현재까지 생존하였고 반면에 다른 종류의 세균들은 수백만년 또는 심지어 수십억년 전에 멸종하였을 것이다. 세균보다 훨씬 크고 복잡한 진핵세포들은 화석상의 기록으로 보면, 지금부터 15억년 전에 출현하였다. 그러므로 지구의 역사 중 20억년 동안은 세균만이 유일한 생명체였다.

오늘날 세균은 지구상에서 가장 단순하고 수가 많은 생물이다. 한 숫가락의 농경지의 흙 속에는 약 25억 마리의 세균이 들어있다. 영국의 1 ha 밀밭의 흙속 세균의 무게가 자그만치 100마리 양의 몸무게와 비슷하다.

그러므로 지구상의 생명계에서 세균이 중요한 위치를 차지하는 것은 놀랄만한 일이 아니다. 세균은 생태계 내에서 무기영양소의 순환에 핵심적인 역할을 담당한다. 실제로 광합성 세균은 지구의 대기권에 산소를 처음으로 공급하였고 지금도 공급하고 있다. 또한 세균은 사람을 포함하여 동물과 식물에 질병을 일으킨다. 세균은 우리가 먹는 모든 것과 우리의 손에 닿는 모든 물건에 존재하는, 항상 우리와 함께 있는 동반자이다.

■ 세균의 구조

세균은 작고 구조가 단순하며 막으로 둘러싸인, 핵이 없는 단세포 생물로써 원핵세포이며, 1개의 환상 DNA를 가지고 있다. 세균의 세포는 너무 작아서 육안으로는 보이지 않으며 형태가 단순하여 구형이거나 또는 나선형으로 꼬여 있다. 세균의 어떤 종류는 많이 모여서 자루가 있는 구조 또는 실 모양으로 되기도 한다.

세균의 원형질막은 세포벽 안쪽에 있다(그림 10.1). 2개의 세균계 중 더 진화된 계의 세균들은 세포벽이 단백질과 연결된 다당류 분자의 그물구조로 되어 있다. 일부 세균에서는 세포벽이 당지질(지질이 부착된 당의 사슬)의 고분자로 이루어진 외막으로 덮여 있다. 세균은 흔히 이 막의 존재 유무에 따라서 **그람양성**(외막이 없음)과 **그람음성**(외막을 가짐)으로 나누어진다. 그람음성균의 외막은 세균의 세포벽을 공격하는 항생제에

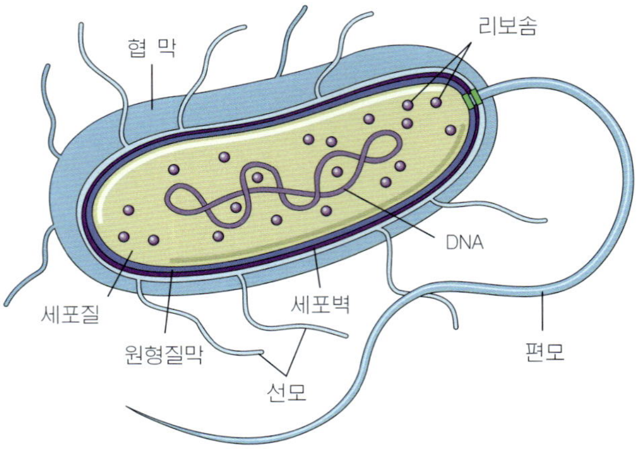

그림 10.1 세균 세포의 구조

세균의 세포는 작고 내부기관이 없다. 원형질막은 단단한 세포벽 안쪽에 들어 있다.

도 내성을 갖게 만든다. 페니실린은 진정세균의 세포벽의 단백질을 공격하는데 페니실린이 그람 양성균에 대해서만 효과를 가지는 것은 바로 이 때문이다. 많은 세균은 세포벽과 외막의 바깥에 **피막**이라는 젤라틴 층을 가지고 있다.

많은 종류의 세균은 실 같은 **편모**를 지니고 있다. 편모는 세포 크기의 몇 배나 되는 길이로 뻗어 있는 단백질의 기다란 끈으로 세균은 이 편모를 휘저어서 헤엄친다. 편모는 세포 전체에 분포하고 있거나 또는 세포의 한쪽 또는 양쪽 끝에만 분포하기도 한다. 어떤 세균은 짧은 돌기인 선모를 가지고 있는데 선모는 세포가 어떤 물체의 표면이나 다른 세포에 부착하는 것을 도와주는 역할을 한다.

어떤 세균은 혹독한 조건(건조 또는 고온)에 노출되었을 때 DNA와 세포질을 두꺼운 세포벽으로 둘러싸는 포자를 형성한다. 이러한 포자는 환경압박에 대하여 저항성이 매우 크고 심지어는 수백년 후에 발아한다. 보툴리누스 중독(썩은 소시지, 통조림 고기에서 생김)을 일으키는 세균인 *Clostridium botulinum*이 포자를 죽일 만큼 충분히 높은 온도로 가열되지 않은 통조림과 병 속에서도 발견되는 이유는 바로 이 포자 때문이다.

어떻게 세균이 번식하는가?

세균도 성장하고 분열한다. 세균은 **이분법**이라는 과정으로 증식하는데, 이분법이란 개개의 세포가 단순히 크기가 커지고 2개로 분리되는 과정이다. 세균 DNA의 복제가 일어난 다음 원형질막과 세포벽은 안쪽으로 생장하여 세포를 마침내 둘로 나누게 된다.

어떤 세균은 **접합**이라는 과정을 통해서 플라스미드를 다른 세포로 옮길 수 있다. 플라스미드는 고리모양의 작은 DNA로 독자적으로 복제된다. 세균의 접합에서는 공여자 세포의 선모가 수용자 세포와 연결하는 접합다리를 형성한다. 공여자 세포의 플라스미드는 자신의 DNA를 복제하고 복사본은 접합다리를 건너서 수용

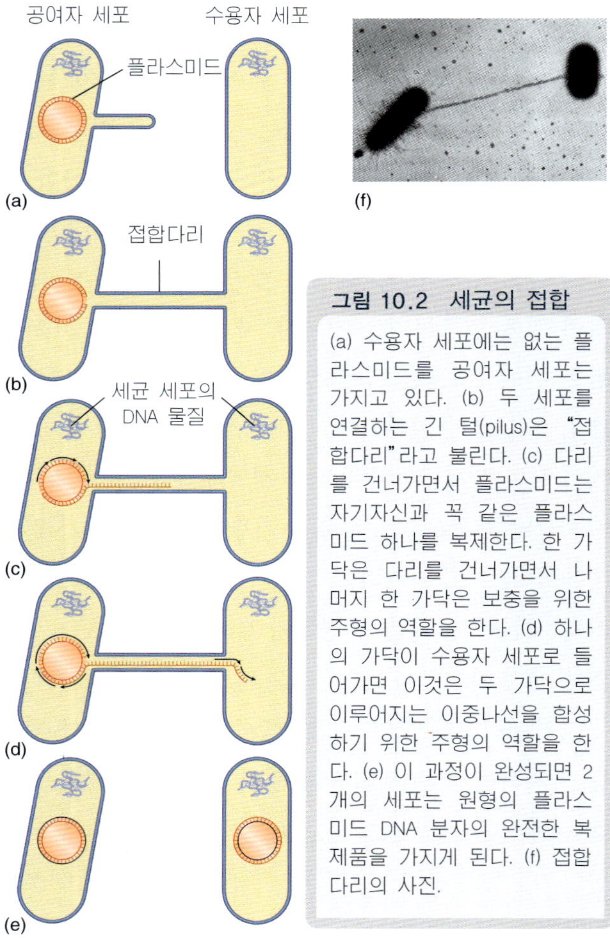

그림 10.2 세균의 접합

(a) 수용자 세포에는 없는 플라스미드를 공여자 세포는 가지고 있다. (b) 두 세포를 연결하는 긴 털(pilus)은 "접합다리"라고 불린다. (c) 다리를 건너가면서 플라스미드는 자기자신과 꼭 같은 플라스미드 하나를 복제한다. 한 가닥은 다리를 건너가면서 나머지 한 가닥은 보충을 위한 주형의 역할을 한다. (d) 하나의 가닥이 수용자 세포로 들어가면 이것은 두 가닥으로 이루어지는 이중나선을 합성하기 위한 주형의 역할을 한다. (e) 이 과정이 완성되면 2개의 세포는 원형의 플라스미드 DNA 분자의 완전한 복제품을 가지게 된다. (f) 접합다리의 사진.

자 세포로 건너간다(그림 10.2).

10.1 세균은 가장 작고 가장 단순한 생명체로서 내부기관 또는 세포기관이 없는 단세포로 구성된다. 세균은 하나의 세포가 가운데가 잘룩해지는 방식의 이분법으로 분열한다.

10.2 세균과 진핵생물 비교

세균은 진핵생물과 달리 다음 일곱 가지의 주요한 특성을 가진다.

1. **내부 구획화** 세균의 세포질에는 세포 소기관이 없다. 진핵세포의 세포질과는 달리 내부 구획이 없고 또한 내막계가 없으며 핵을 가지고 있지 않다.
2. **세포의 크기** 대부분의 세균의 세포는 직경이 약 1mm에 지나지 않는다. 대부분의 진핵세포들은 이보다 직경이 10배 이상 크다.
3. **단세포성** 모든 세균은 기본적으로 단세포이다. 비록 어떤 세균은 서로 부착하기도 하지만(그림 10.3), 진핵생물과는 달리 세균의 세포질은 서로 연결되지 않고 세포들의 활동이 통합되거나 조절되지 않는다.
4. **염색체** 세균은 염색체를 가지지 않는다. 세균의 DNA는 세포질내에서 1개의 원을 이룬다.
5. **세포분열** 세균의 세포분열은 이분법에 의해서 이루어진다. 진핵생물에서는 미세소관이 유사분열 도중에 극으로 염색체를 끌어당긴다.
6. **편모** 세균의 편모는 단순하여 한가닥의 단백질 섬유로 되어 있으며, 이 섬유는 프로펠러처럼 회전한다. 진핵생물의 편모는 더 복잡하여 미세소관이 9+2의 배열을 하고 있으며 편모가 회전하기 보다는 앞뒤로 채찍질한다.
7. **대사의 다양성** 세균은 진핵생물이 가지고 있지 않은 많은 대사 능력을 가지고 있다. 예를 들면, 세균은 여러 가지 다른 종류의 호기적 광합성과 혐기적 광합성을 수행할 수 있는 반면에 진핵생물은 오직 한 가지만 수행한다. 세균만이 무기화합물을 산화시켜서 에너지를 얻을 수 있는데, 이런 생물은 화학독립영양생물이라고 불린다. 세균만이 대기권의 질소를 고정시키는 능력을 가지고 있다.

그림 10.3 세균에서 다세포성으로의 접근

활강(gliding)세균인 *Chondromyces crocatus*는 함께 움직이는 막대 모양의 개체들을 가지고 포자를 달고 있는 복합적인 구조를 만든다. 수백만 개의 포자가 이러한 구조물로부터 방출된다.

세균의 물질대사

세균은 생장과 생식을 위해서 탄소 원자와 에너지를 얻기 위한 방법들을 훨씬 더 많이 진화시켜 왔다. 많은 세균은 **독립영양생물**(autotroph)인데 이는 CO_2로부터 탄소를 획득하는 생물을 일컫는 말이다. 햇빛으로부터 에너지를 얻는 독립영양생물을 **광독립영양생물**(photoautotroph)이라 하며 무기화합물로부터 에너지를 얻는 독립영양생물은 **화학독립영양생물**(chemoautotroph)이라고 한다. 다른 세균은 **종속영양생물**(heterotroph)인데, 이는 포도당과 같은 유기물로부터 탄소를 획득하는 생물을 일컫는 말이다. 햇빛으로부터 에너지를 얻는 종속영양생물을 광종속영양생물(photoheterotroph)이라고 부르고 유기분자로부터 에너지를 얻는 종속영양생물을 화학종속영양생물(chemoheterotroph)이라고 부른다.

광독립영양생물

많은 세균은 이산화탄소로부터 유기물을 만들기 위해서 광합성을 한다. 시아노세균은 엽록소 a를 가지며 물을 전자공여체로 사용하며 부산물로서 산소를 방출한다. 다른 세균은 세균엽록소(bacteriocholophyll)를 색소로 사용하며 H_2S를 전자공여체로 사용하고 부산물로 원소상태의 황을 방출한다.

화학독립영양생물

어떤 세균은 무기물질을 산화시켜 에너지를 얻는다. 예를 들면 질화세균은 암모니아와 아질산이온을 산화시켜 식물이 흡수하는 질산이온으로 바꾼다. 다른 세균은 황, 수소 및 다른 무기분자를 산화시킨다. 2,500m 깊이의 심해의 바닥에서는 전 생태계가 화산의 틈에서 새어나오는 황화수소를 산화시키는 세균에 의존하고 있다.

광종속영양생물

소위 자색비황세균(purple nonsulfur bacteria)은 빛을 에너지원으로 사용하지만 탄소는 다른 생물이 만들어낸 탄수화물이나 알코올과 같은 유기물로부터 획득한다.

화학종속영양생물

대부분의 세균은 유기분자로부터 탄소원자와 에너지를 얻는다. 분해자와 대부분의 병원균이 이에 포함된다.

10.2 **세균은 핵이 없거나 다른 내부 구획이 없으며, 물질대사적으로 훨씬 다양하고 그 외에도 많은 다른 기본적인 면에서 진핵생물과 구별된다.**

10.3 세균의 중요 역할

세균은 수십억 년에 걸쳐서 대기와 토양의 특성을 결정짓는데 있어 큰 역할을 해 왔다. 세균은 진핵생물에 비해서 대사적으로 훨씬 더 다양한데, 이 때문에 세균이 매우 다양한 서식처에서 살아갈 수 있다. 많은 독립영양세균(광합성세균 또는 화학합성세균)은 육지, 담수 및 해양에서 지구의 탄소의 균형을 맞추는데 크게 기여해 왔다. 다른 종속영양세균은 유기물을 분해하므로써 지구생태계에서 핵심적인 역할을 하고 있다. 이들 종속영양세균의 일부는 인간과 동식물의 질병을 일으킨다. 지구생태계에서 세균이 수행하는 가장 중요한 역할의 하나는 세균의 몇몇 속이 다른 생물들이 결코 수행하지 못하는 대기중의 질소를 고정하여 다른 생물들이 이를 이용할 수 있게 하는 것이다.

세균은 산업에서도 매우 중요하다. 세균은 초산과 식초, 많은 아미노산과 효소의 생산에 이용된다. 세균이 생산하는 효소가운데 특히 젖당을 젖산으로 발효시키는 효소는 우유의 단백질을 응고시키고 치즈, 요구르트 등의 식품 생산에 이용된다. 빵의 생산에서도 어떤 계통의 세균을 첨가시키면 다양한 아미노산이 최종생산물에 첨가되어 영양가를 높인다. 스트렙토마이신, 클로로마이세틴과 같이 널리 사용되는 항생제도 세균으로부터 만들어진다. 대부분의 항생제는 자연계에서 다른 세균이나 곰팡이와 경쟁하기 위해서 세균이 이용하는 물질이다. 세균은 환경오염물질을 제거하는데 관여하기도 한다(그림 10.4).

10.3 **세균은 탄소와 질소의 순환에서 핵심적인 역할을 하고 있는 것을 포함하여 지구 생태계에 많은 중요한 기여를 하고 있다.**

그림 10.4 세균을 이용하여 유류오염을 청소하기

세균은 석유의 탄화수소나 염소화합물과 같은 환경오염물질을 제거하는데 사용된다. 미국의 Alaska에서 유조선인 Exxon Valdez 호의 석유 유출로 오염된 장소(왼쪽의 바위)에서 석유를 분해하는 세균을 이용하여 획기적인 결과(오른쪽의 바위)를 얻을 수 있었다.

10.4 세균의 종류

지금까지 밝혀진 세균의 종류는 수천 종이 넘으며, 아직 발견되지 않은 세균도 수천은 될 것이다. 지구상에서 홀로 진화해온 20억년 동안 세균은 극한지를 포함하여 다양한 환경에 적응해왔다. 오늘날 세균은 온도가 78℃가 넘는 온천에서도 발견되며 남극의 430m 깊이의 얼음에서도 발견된다(표 10.1).

생명진화의 초기에 세균은 두 가지 종류로 나뉘어졌는데, 이들의 구조와 대사가 너무 달라서 생물학자들은 그들을 완전히 분리된 계(kingdom)로 분류하고 있다. 한 그룹은 **고세균**(archaebacteria)으로 발전되었는데 오늘날 이들의 유일한 후손은 초기 지구의 서식지 환경과 유사한 극한적인 환경에서만 살고 있다. 이들로부터 진핵생물이 진화되었다고 생각된다. 다른 종류의 세균은 **진정세균**(eubacteria)으로 발전되었는데, 오늘날 살고 있는 4,800종의 세균이 거의 모두 포함된다.

고세균과 진정세균은 다음 네 가지 기본적인 특징이 서로 다르다.

1. **세포벽** 두 종류의 세균 모두 원형질막 밖에 세포벽을 가지고 있다. 진정세균의 세포벽은 펩티도글리칸(peptidoglycan)이라고 불리는 탄수화물-단백질 복합체로 구성되어 있는데, 이 물질은 서로를 연결시켜 진정세균의 세포벽의 강도를 높게 만드는 강한 그물구조를 만든다. 고세균의 세포벽에는 펩티도글리칸이 없다.
2. **원형질막** 모든 세균은 지질이중층의 원형질막을 가지고 있다. 그러나 진정세균과 고세균의 원형질막은 매우 다른 종류의 지질로 구성된다.
3. **유전자 전달 기구** 진정세균은 진핵생물과는 완전히 다른 리보솜 단백질과 RNA중합효소를 가진다. 그러나 고세균의 리보솜 단백질과 RNA는 진핵생물의 것과 매우 비슷하다.

표 10.1 세균

주요 그룹	전형적인 예		주요 특징
			고세균계
호극한생물	메탄생성균 호열세균		진정세균계에 속하지 않는 세균. 대부분 특이한 세포벽을 가지는 혐기성 세균임. 일부의 종은 메탄을 생성하고 다른 종은 황을 환원시킨다.
			진정세균계
방선균	*Streptomyces*, *Actinomyces*	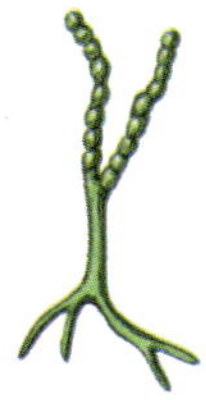	그람양성균. 분지하는 사상체를 형성하고 포자를 생산하며 때로는 균류로 오인된다. 스트렙토마이신과 테트라사이클린을 포함하는 흔히 사용되는 많은 항생제를 생산한다. 토양세균 중 가장 흔한 종류의 하나이고 또한 치태(dental plaque)에도 흔하다.
화학독립영양생물	유황세균, *Nitrobacter*, *Nitrosomonas*,		무기화합물로부터 에너지를 획득할 수 있는 세균. 대부분 황화수소, 암모니아, 메탄과 같은 환원된 기체로부터 에너지를 얻는다. 질소순환에서 핵심적인 역할을 한다.
남세균	*Anabaena*, *Nostoc*	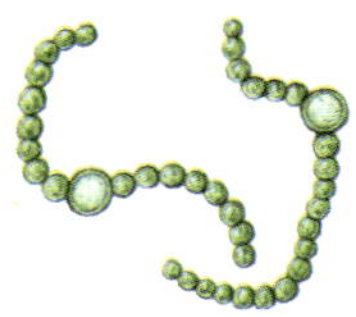	해수 및 담수 환경에 모두 흔한 광합성 세균의 한 종류. 체색이 진하다. 오염된 물에서 적조현상을 일으킨다.
장내세균	*Escherichia coli*, *Salmonella*, *Vibrio*	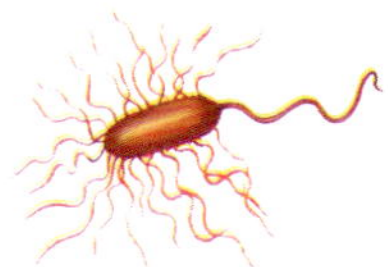	그람음성균이고 간균이다. 포자를 형성하지 않으며 흔히 혐기성 종속영양생물이다. 선페스트와 콜레라를 포함하는 많은 중요한 질병을 유발한다.

4. **유전자 구조** 진정세균의 유전자에는 인트론이 없다. 반면에 일부 고세균의 유전자는 인트론을 가진다.

10.4 세균은 고세균과 진정세균이라는 2개의 계로 나누어지는데, 이들은 사람이 식물과 다른 정도로 서로 크게 다르다.

10.5 세균의 생활양식

고세균

오늘날까지도 살아 있는 고세균의 많은 종류는 메탄생성균인데 이들은 수소기체를 이용해서 이산화탄소를 메탄으로 환원시키는 세균이다. 메탄생성균은 절대적 혐기성균으로서 산소기체가 있으면 독성피해를 받는다. 이들은 늪과 습지에 살고 있는데, 이곳에서는 다른 미생물이 이미 산소를 다 소비한 상태이다. 셀룰로오스를 주식으로 살아가는 소와 일부 초식동물의 내장에 사는 메탄생성균은 섬유소 분해시 발생되는 이산화탄소를 메탄으로 전환시킨다. 가장 잘 알려진 메탄생성균은 호극한균(extremophiles)으로서 이들은 염분이 매우 높은 사해(Dead Sea)와 같은 혹독한 환경에서 살아간다. 호열산균(thermoacidophiles)은 온도가 80℃이고 pH가 2 또는 3인 옐로우스톤 국립공원의 유황온천(그림 10.5)처럼 온도가 높고 산성인 온천을 좋아한다.

표 10.1 (계속)

주요 그룹	전형적인 예		주요 특징
활강세균과 출아세균	점세균 *Chodromyces*		그람음성균. 점액성의 다당류를 분비하고 그 위에서 세포덩어리가 활강하는 방식으로 활강 운동성을 가진다. 어떤 종류는 자실체라고 불리는 포자를 달고 있는 직립성의 다세포성 구조물을 형성한다.
슈도모나스	*Pseudomonas*	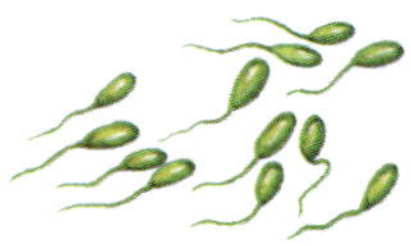	그람음성균이면서 극성 편모를 가지는 막대형 종속영양생물. 토양세균의 매우 흔한 형태. 중요한 식물 병원균이 여기에 포함된다.
리켓챠와 클라미디아	*Rickettsia*, *Chlamydia*	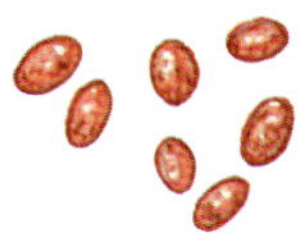	작고 그람음성인 세포내 기생생물. 리켓챠의 생활사에는 포유동물과 함께 벼룩이나 진드기와 같은 절지동물이 관여된다. 리켓챠는 파상풍(*Rickettsia prowazekii*)과 록키산맥반점열병을 포함한 많은 치명적인 인간의 질병을 일으킨다. 클라미디아의 감염은 성적으로 전염되는 가장 흔한 질병의 하나이다.
나선균	*Treponema*		길고 나선형인 세포. 수중환경에서 흔하다. 이 종류 중 기생성인 세균은 매독을 일으킨다.

그림 10.5 뜨거운 온천에 사는 호열산균

미국 와이오밍주 옐로우스톤 국립공원의 유황온천에 사는 이들 고세균은 낮은 pH와 매우 높은 온도를 견딜수 있다.

진정세균

현존하는 대부분의 세균은 진정세균인데 이들은 진정세균계(kingdom eubacteria)에 속한다. 많은 진정세균은 종속영양생물로서 유기분자를 소비하여 살아가며 일부 진정세균은 광합성을 한다. 시아노세균은 광합성 세균 중에서 가장 뛰어나다. 이들은 지구의 대기에 산소를 공급하여 지구의 역사에 크게 기여하였다. 질소고정은 거의 모든 시아노세균에서 수행되는데 많은 사상형 세균(그림 10.6)에 들어있는 이형세포라는 특수화된 세포 내에서 일어난다. 세포는 이용 가능한 질소의 양이 어떤 기준치 이하로 떨어지면 생기며 반면에 질소가 풍부할 때는 생성이 억제된다. 질소고정으로 대기중의 질소 기체가 살아 있는 생물이 이용할 수 있는

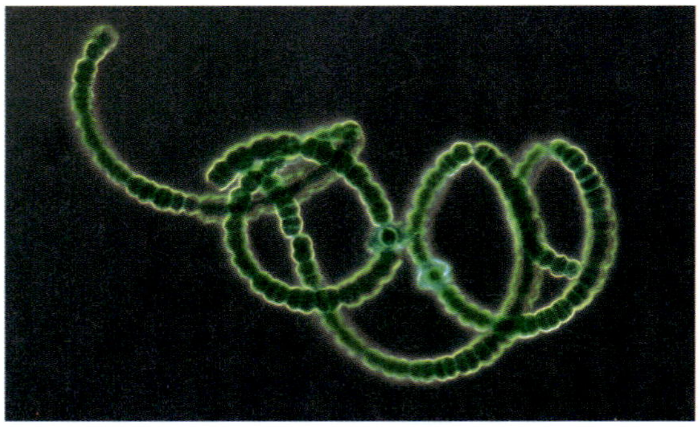

그림 10.6 남세균의 일종인 *Anabaena*

각각의 세포는 실모양으로 달라붙어 있다. 큰 세포(사상체에서 불룩 튀어나온 부분)는 이형세포인데 질소고정이 일어나는 특수화된 세포이다. 이 생물은 세균 가운데 다세포성에 가장 가깝게 접근하고 있다.

형태로 변형된다.

비광합성 세균은 수많은 문에 속한다. 어떤 것은 화학독립영양생물이지만 대부분은 종속영양생물이다. 이들 종속영양생물 중 일부는 분해자로서 유기물을 분해시킨다. 세균과 균류는 생물학적 과정에 의해서 생성된 유기 분자를 분해하는데 주도적인 역할을 하는데, 이 과정을 통해서 유기분자 속의 영양소가 한번 더 재순환되도록 한다. 분해는 광합성과 마찬가지로 지구상의 생명의 연속성에서 없어서는 안될 과정이다.

세균은 사람에게 콜레라, 디프테리아, 나병 등 여러 종류의 질병을 일으킨다(표 10.2). **결핵**은 세균이 일으키는 가장 심각한 질병의 하나인데, 이것은 *Mycobacterium tuberculosis*라는 세균에 의해서 기도에서 생기는 질병이다. 결핵은 전세계적으로 사망의 주요 원인이다. 공기를 통해서 전염되므로 전염성이 매우 크다. 대부분의 경우 이 세균을 함유하는 작은 수증기 방울을 흡입해도 결핵에 걸린다.

10.5 가장 흔한 세균은 진정세균이며, 이들중 일부는 사람에게 심각한 질병을 일으킨다.

10.6 바이러스의 발견

생물학자에게는 생명체와 비생명체의 구분의 기준은 명확하다. 생물은 세포로 되어 있고, DNA 내에 저장된 정보에 따라서 독립적으로 생장하고 번식할 수 있다. 이 조건에 맞는 지구상에서 살아 있는 가장 단순한 생물은 세균이다. 세균보다도 더 간단한 것은 바이러스다(그림 10.7). 바이러스는 너무 간단해서 "생명체"의 기준을 만족시키지 못한다.

바이러스는 단지 생물체 특성의 한 부분만을 가지고 있다. 바이러스는 "기생하는" 화학물질이며 단백질 외피로 싸여진 DNA(때로는 RNA) 조각이다. 스스로 생식할 수 없기 때문에 생물학자들은 바이러스를 살아 있는 것으로 간주하지 않는다.

생물학자들은 19세기 말경에 처음으로 바이러스의 존재를 추측하기 시작했다. 소에 구제역 질병을 일으키는 감염물질의 분리를 시도했던 유럽의 과학자들은 그것이 세균보다 더 작다는 결론을 내렸다. 그 후 과학자들은 그 물질에 대한 연구를 통해 그것이 용액 내에서 증식할 수 없음을 발견했다. 단지 살아있는 숙주 세포 내에서만 스스로 증식할 수 있었다. 그 감염하는 물질을 바이러스라 명명했다.

생물학자인 Wendell Stanley가 담배 모자이크 바이러스(TMV)라 불리는 식물 바이러스의 추출물을 얻고 그것을 정제하려고 시도했던 1933년에 바이러스의 실질적인 특성이 발견되었다. 놀랍게도 정제된 TMV 시료는 결정의 형태로 침전되어(용액과 분리되어) 있었다. 침전은 화학물질만이 일으키는 현상인데 TMV 바이러스가 생물체보다는 화학물질처럼 행동하고 있었다. Stanley는 TMV 바이러스가 살아있는 생물이라기 보다는 화학물질로 간주하는 것이 바람직하다는 결론을 내렸다. 몇 년 내에 과학자들은 TMV 바이러스를 분해했고 Stanley가 옳았다는 것을 발견했다. TMV는 세포가 아니라 화학물질이었다. 사실상 TMV 바이러스의 각 입

표 10.2 사람에게 걸리는 중요한 세균성 질병

질 병	병원균	매개체/병균보유자	증 상
탄저병	*Baillus anthrcis*	동물	접촉 또는 흡입으로 전염되는 세균성 질병. 간헐적인 대발생을 제외하면 드물다. 치명적일 수 있다.
보툴리누스중독	*Clostridium botulinum*	부적절하게 조리된 음식	음식섭취 또는 상처를 통해서 감염됨. 급성 독성중독을 일으킴. 치명적일 수 있다.
클라미디아	*Chlamydia trachomatis*	사람(성병)	비뇨기에 감염되며 눈과 호흡기로 퍼질 수 있다. 전세계적으로 발생함. 지난 20년간 매우 보편화된 질병.
콜레라	*Vibrio cholerae*	인간(배설물), 플랑크톤	탈수로 죽음에까지 이르게 할 수 있는 심한 설사를 일으킨다. 이 질병은 치료하지 않으면 치사율이 50%에 이를 수 있다. 인구가 조밀하고 위생상태가 나쁜 시기에는 주요 사망원인이 된다. 1994년 르완다에서 콜레라가 발생하여 10만명 이상이 사망함.
충치	*Streptococcus*	사람	치아 표면에 이 세균이 많이 모여있으면 산을 분비하여 치아의 법랑질의 광물질을 파괴한다. 당분이 단독으로는 충치를 일으키지 않는다.
디프테리아	*Corynebacterium diphtheriae*	사람	점막의 급성 염증과 손상(lesion)을 가져온다. 감염된 사람과 접촉을 통해서 전염됨. 백신 있음.
임질	*Neisseria gonorthoeae*	사람에게만 발병	성병. 전세계적으로 증가추세에 있다. 치명적이지는 않다.
한센씨병(나병)	*Mycobacterium leprae*	사람, 야생 아르마딜로	피부의 만성적 감염. 세계적으로 1,000만에서 1,200만 명이 감염됨. 특히 동남아시아에 많다. 감염된 사람들과 접촉을 통해서 전염됨.
라임관절염	*Borrelia bergdorferi*	진드기, 사슴, 작은 설치류	감염된 진드기에 물려서 전염됨. 손상(lesion)부위가 생기고 이어서 불안, 발열, 피로감, 통증, 목이 뻣뻣해짐, 두통 등이 뒤따른다.
소화성궤양	*Helicobacter pylori*	사람	처음에는 스트레스나 음식에 의하여 발생하는 것으로 생각하였음. 대부분의 소화성궤양은 이 세균에 의해서 일어나는 것으로 보인다. 항생제로 치료가 되기 때문에 궤양 환자들에게는 희소식임.
페스트	*Yersinia pestis*	야생 설치류에 기생하는 이; 쥐와 다람쥐	14세기에는 유럽의 전 인구의 1/4이 페스트로 사망하였음. 오늘날 미국 서부의 야생 설치류 개체군의 풍토병임.
폐렴	*Streptococcus, Mycoplasema, Chlamydia*	사람	폐의 급성 감염, 치료를 하지 않으면 때로는 치명적임.
결핵	*Mycobacterium tuberculosis*	사람	폐와 림프 및 뇌막의 급성 세균 감염증상. 발병이 증가하고 있다. 항생제에 내성을 가진 세균의 새로운 계통이 생겨서 문제임.
장티프스열	*Salmonella typhi*	사람	전세계적으로 발병하는 전신 세균 질병. 미국에서는 발병건수가 1년에 500건 이하로 보고됨. 오염된 물과 음식(예: 깨끗하게 씻지 않은 과일과 채소)을 통해서 전염됨. 여행객들을 위한 백신이 판매되고 있음.
발진티프스	*Rickettsia*	이, 쥐벼룩, 사람	역사적으로 인구가 조밀하고 위생상태가 나쁜 시기의 주요 사망원인임. 감염된 이와 벼룩에 물려서 사람에서 사람으로 전염됨. 발진티프스는 치료하지 않으면 사망률이 70%에 이르기도 함.

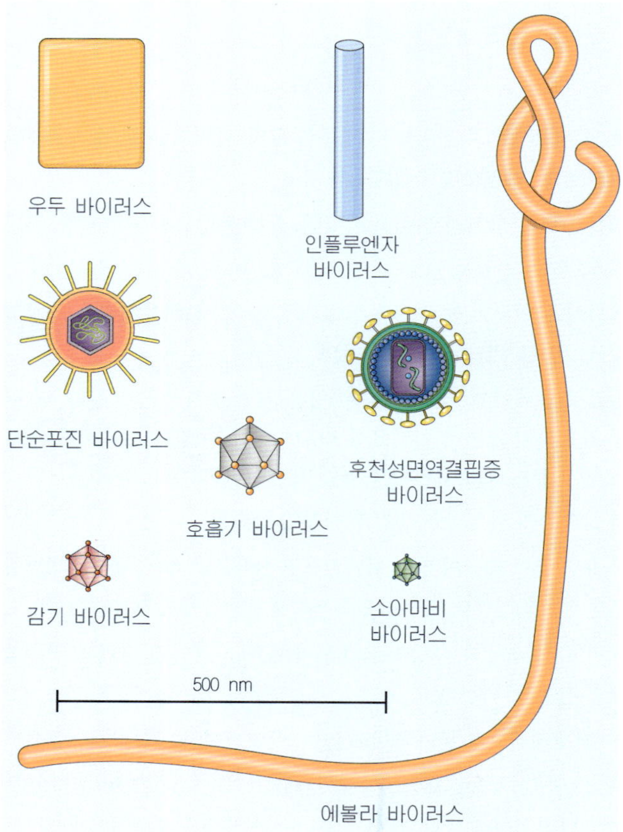

그림 10.7 여러 가지 유형의 바이러스

바이러스는 매우 작은 입자이다. 여기에 제시된 축적으로는 사람의 머리카락은 8 m의 두께가 될 것이다.

자는 RNA와 단백질의 혼합물이다.

10.6 바이러스는 세포를 감염시킬 수 있고 세포 내에서 복제할 수 있는 화학물질의 조합체이다. 그들은 살아 있지 않다.

10.7 바이러스의 구조

모든 생물체는 바이러스를 갖고 있는 것으로 나타났으며, 모두 단백질로 둘러싸여진 핵산의 중심부를 가진다. 그러나 자세히 살펴보면 상당한 차이점이 있다.

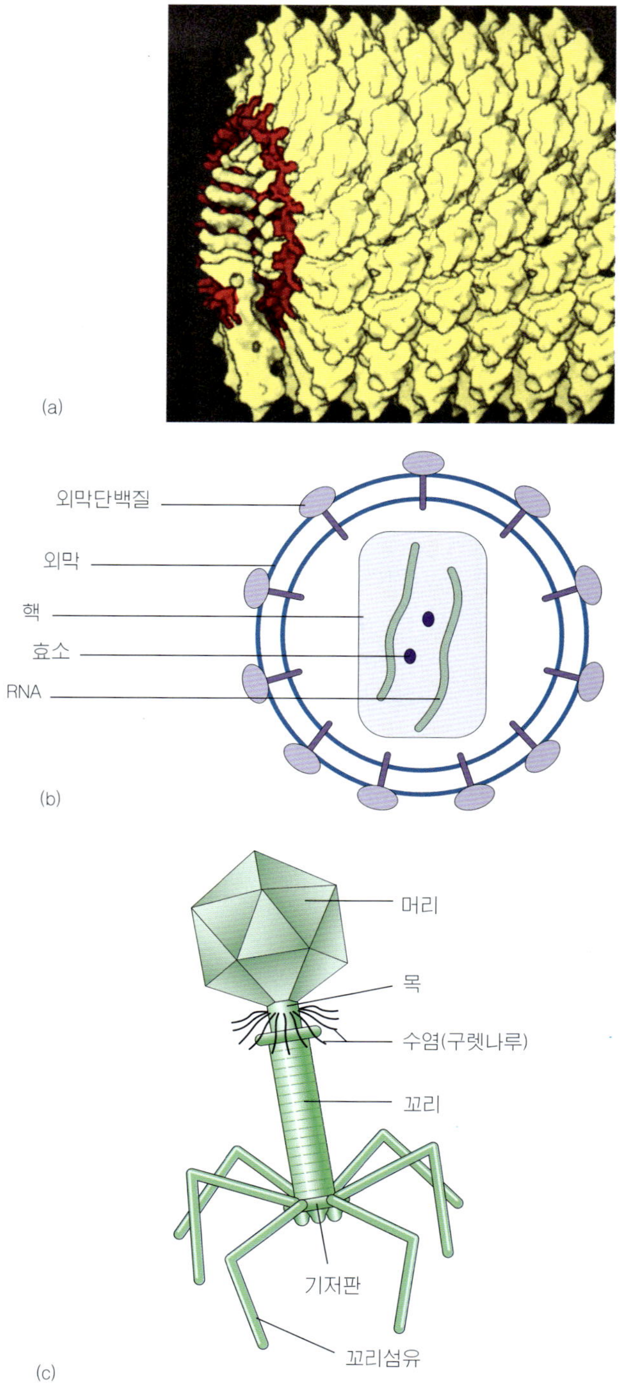

그림 10.8 식물, 동물, 세균 바이러스의 구조

(a) 담배 모자이크 바이러스 한 부분의 컴퓨터로 만든 모델. 바이러스 전체는 2,130개의 동일한 단백질 분자(노란색 마디)로 구성되어 있는데 이는 단일 가닥의 RNA(빨간색) 주위에 원통 모양의 외투를 형성하고 있다. (b) AIDS 바이러스의 구조. RNA 핵은 단백질 외막에 의해 둘러 싸이는 핵캡시드(core capsid) 내에 위치하고 있다. (c) T4 세균 바이러스의 구조는 달 착륙선과 같은 모습이다.

TMV와 같은 많은 식물 바이러스는 RNA로 이루어진 중심부를 가지고 있고(그림 10.8a), HIV와 같은 일부 동물 바이러스 역시 RNA 중심부를 갖고 있으나 (그림 10.8b) 대부분의 바이러스는 RNA 대신 DNA를 가지고 있다. 대부분의 바이러스는 핵산 중심부 주위에 단백질 초(sheath) 또는 껍질을 형성한다. 게다가, 많은 바이러스는 캡시드 주위에 단백질, 지질, 당단백질 분자가 풍부한 세포막과 유사한 외막을 형성한다.

가장 작은 바이러스는 직경이 17 nm에 지나지 않으며 가장 큰 것은 광학 현미경으로 간신히 볼 수 있을 정도의 크기인 1,000 nm이다. 바이러스는 너무 작아서 세포 내 대부분의 분자들보다도 더 작고 대부분은 전자 현미경의 높은 해상도를 이용해야만 관찰할 수 있다.

대부분의 바이러스는 TMV보다 훨씬 복잡하다. 박테리오파지라 불리는 세균 바이러스는 가장 복잡한 바이러스의 하나이며 머리, 목, 꼬리, 기저판 및 꼬리 섬유를 갖는 달 착륙선과 같은 모양이다(그림 10.8c). 대부분의 동물과 식물 바이러스는 박테리오파지보다 외관상으로는 더 단순하다. HIV와 같은 등생장성 바이러스의 측지학적 구조는 내부 용량을 최대화 하면서 외피를 형성하기 위해서 단위체들을 조립하는 가장 효율적인 방법이다.

10.7 바이러스는 세포가 아니며 진정한 막을 가지고 있지 않다. 바이러스는 단백질 외피로 싸여진 DNA 또는 RNA 절편이다.

10.8 세균 세포의 침입자 박테리오파지

박테리오파지는 세균에 감염하는 바이러스이다. 박테리오파지는 구조적으로나 기능적으로 다양하며 세균 숙주 내에 존재할 때 단독으로 결합된다. 이중 가닥 DNA 박테리오파지는 분자생물학에서 핵심적인 역할을 담당해왔다. 이러한 박테리오파지 가운데 많은 종류는 크기가 크고 복잡하며 상대적으로 많은 양의 DNA와 단백질을 갖고 있다. 이 중 일부는 "T" 계열(T1, T2 등)로 명명되어져 왔고, 나머지는 다른 이름으로 불리어왔다. T3와 T7 박테리오파지는 정20면체이고 짧은 꼬리를 가지고 있다. 이와는 대조적으로, 소위 T-짝수 박테리오파지(T2, T4, T6)는 20면체로 된 머리, 기본적인 3개의 단백질로 구성된 껍질, 깃과 긴 수염을 가지고 연결되어 있는 목, 긴 꼬리, 그리고 복잡한 기저판을 가지고 있다(그림 10.9).

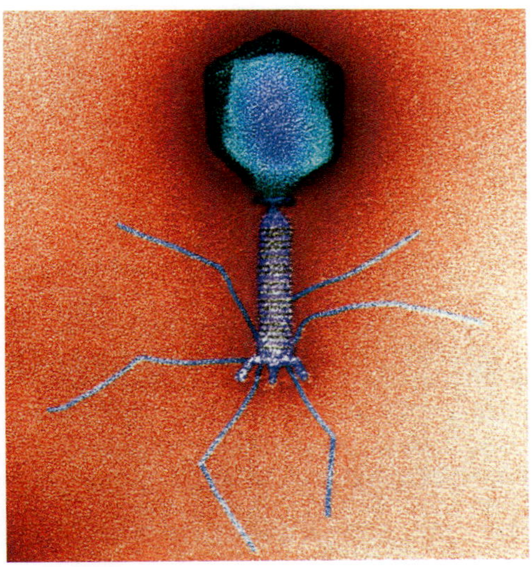

(a)

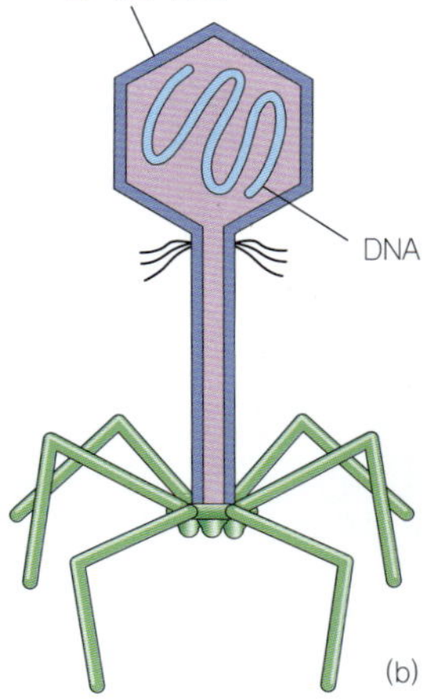

(b)

그림 10.9 세균 바이러스

(a) 전자현미경 사진 (b) T4 박테리오파지 구조의 모식도

■ 용해성 주기

T4 박테리오파지에 의한 세균의 감염 과정 동안에 적어도 꼬리 섬유 중 하나는 숙주 세균 세포벽의 지질 단백질과 접촉해있다. 다른 꼬리 섬유는 박테리오파지를 세균의 표면과 직각을 이루게 해주고 기저판을 세포 표면과 접촉하게 한다. 꼬리는 수축하고, 꼬리관은 기저판이 열려졌을 때 세균의 세포벽을 뚫게된다. 그 때 DNA인 머리의 내용물이 숙주 세포질로 주입된다.

T-계열 박테리오파지는 모두 유독한 바이러스이고 감염 세포 내에서 증식하며 결국엔 세포를 용해(파괴)시킨다. 바이러스가 자신을 복제하는 숙주 세포를 죽일 때의 생식주기를 용해성 주기(lytic cycle)라 한다(그림 10.10).

■ 용원성 주기

많은 박테리오파지들이 감염된 세포를 즉시 죽이지 않고 숙주 세포의 게놈 내로 자신의 핵산을 통합시킨다. 이러한 과정의 박테리오파지를 **프로파지**(pro

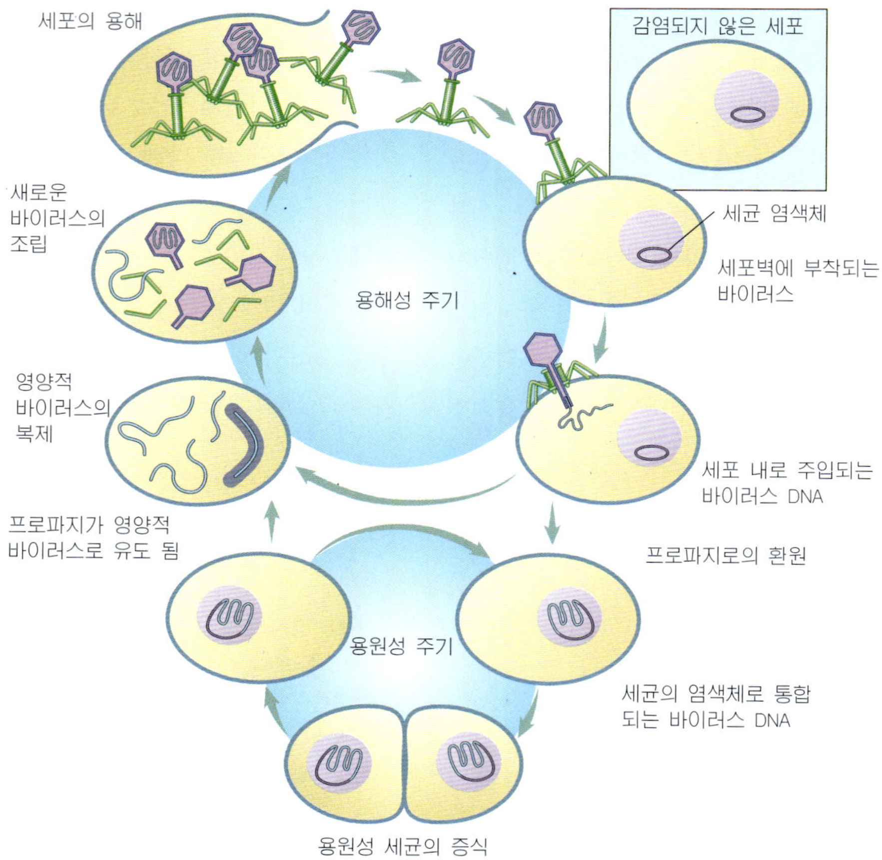

그림 10.10 박테리오파지의 용해성 주기와 용원성 주기

용해성 주기에서 박테리오파지는 바이러스의 DNA로 존재하고 세균의 숙주 세포의 세포질에서 자유로우며, 바이러스 DNA는 용해과정에 의해 바이러스가 세포를 파괴할 때까지 숙주 세포에 의한 새로운 바이러스 입자 생성을 조절한다. 용원성 주기에서는 박테리오파지의 DNA가 숙주 세균의 큰 원형인 DNA 분자 내로 통합된 후 증식한다. 박테리오파지는 계속 복제하고 용원성 세균을 생산하거나 또는 용해성 주기를 개시하고 세포를 파괴한다. 박테리오파지는 이 그림에서 표시된 것 보다 숙주에 비해서 상대적으로 훨씬 더 작다.

phage)라 부른다. 이러한 박테리오파지 중에서 대장균에 감염하는 것을 람다파지(lambda phage)라 한다. 이 파지의 48,502개 염기의 서열이 분석되었다. 적어도 23개의 단백질이 람다파지의 발달 그리고 성숙과정과 연관되어 있으며, 많은 다른 효소가 이러한 바이러스의 숙주 게놈 내로의 통합에 관련되어 있다.

세포의 게놈 내로 바이러스가 통합되는 것을 **용원**(lysogeny)이라 부른다. 마지막 단계에서 프로파지는 게놈 밖으로 나오게 되고 바이러스의 복제가 개시된다. 게놈 통합 기간을 포함하는 이러한 생식주기의 종류를 용원성 주기(lysogenic cycle)라 한다. 숙주세포의 게놈 내로 안정하게 통합된 바이러스를 용원성 바이러스(lysogenic virus 또는 temperate virus)라 일컫는다.

세포의 형질전환

용원성 생식 주기의 통합된 부분 동안에 바이러스 유전자는 종종 발현된다. RNA 중합효소는 바이러스 유전자를 마치 숙주 유전자인 것처럼 읽어들이고, 때때로 이러한 유전자의 발현은 숙주 세포에 중요한 영향을 끼치기도 하며 새로운 방법으로 세포를 바꾸기도 한다. 외래 DNA의 도입에 의한 세포 게놈의 유전적 변형을 형질전환(transformation)이라 부른다.

콜레라균의 형질전환

바이러스의 유전자에 의해서 조절되는 세포의 형질전환의 중요한 예는 종종 인간에게 치명적인 질병을 일으키는 세균에서 찾아볼 수 있다. 질병을 일으키는 세균인 비브리오 콜레라(Vibrio cholerae)는 보통 유해하지 않은 형태로 존재하지만, 2차적으로 질병을 일으키는 악성인 형태가 나타나기도 한다. 후자의 형태에서 세균은 치명적인 질병인 콜레라를 일으키지만, 세균이 어떻게 유해하지 않은 형태에서 치명적인 형태로 바뀌는지에 대해서는 최근에 와서야 밝혀지게 되었다. 현재의 연구는 비브리오 콜레라를 감염시키는 박테리오파지가 콜레라 독소를 암호화하는 유전자를 숙주 세균 세포 내로 도입시키는 것을 보여준다. 이러한 유전자는 세균의 DNA로 통합되는데, 이 DNA는 다른 숙주 유전자와 함께 해독되어지며 그 결과 해가 없는 세균이 질병을 유발하는 매개체로 전환된다.

10.8 **박테리오파지는 세균을 공격하는 바이러스의 다양한 집합체이다. 일부는 용해성 주기에서 그들의 숙주 세포를 파괴하고 다른 것은 숙주의 게놈 내로 통합되어 용원성 주기를 개시하게 된다. 박테리오파지는 비브리오 콜레라 세균을 질병을 유발하는 매개체로 형질전환시킨다.**

10.9 동물 바이러스의 세포 침입

세균 바이러스는 세균의 세포벽에 구멍을 뚫어 자신의 DNA를 세균 내부로 주입한다. TMV와 같은 식물 바이러스는 상처난 지점에서 세포벽에 있는 작은 찢어진 틈을 통해 식물 세포 내로 들어간다. 동물 바이러스는 식세포작용(endocytosis)에 의해 숙주 세포로 들어

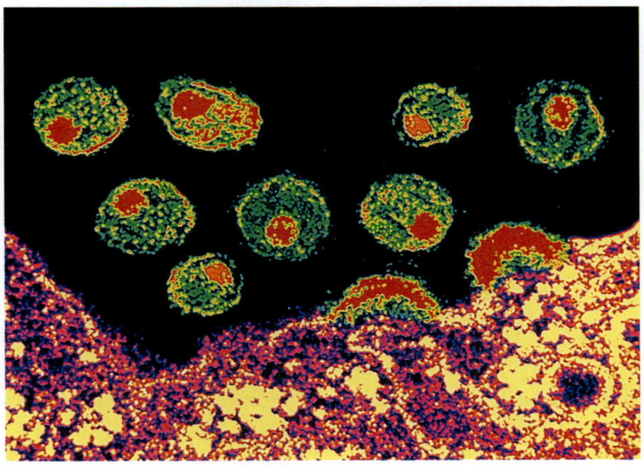

그림 10.11 AIDS 바이러스

HIV 입자들이 세포를 떠나고 있다. 이 입자들은 퍼져나가 이웃해 있는 세포들을 감염시킬 것이다.

간다.

동물에서는 다양한 종류의 바이러스가 나타난다(그림 10.11).

■ 부착

HIV가 사람의 혈류 내로 들어가게 되면 바이러스 입자는 몸 전체를 통해 순환하지만, 대식세포(macrophage)와 T세포와 같은 면역계세포를 감염시킨다. 대식세포는 몸에서 폐기물을 수집하는 역할을 하는데 파괴된 세포의 단편들과 다른 유기물 부스러기들을 흡수하고 재순환시킨다. HIV가 이러한 한 종류의 세포 내에서 특수화되는 것은 놀라운 일이 아니다. 이와 유사하게 다른 대부분의 동물 바이러스도 그들의 필요조건이 매우 제한적이다. 소아마비 바이러스는 단지 특정한 척추신경만을, 간염 바이러스는 간 세포를, 광견병 바이러스는 뇌 세포를 감염한다.

인체 내 모든 종류의 세포는 세포 표면 마커(marker)를 가지고 있다. HIV 바이러스는 매크로파지의 세포 표면 마커를 인식할 수 있다. 각 HIV 바이러스의 표면에 긴 못(spike)과 같은 구조물이 산재해 있다. 그 구조물은 **gp120**이라 불리는 단백질로 구성되어 있다. gp120이 자신의 모양에 들어맞는 세포 표면 마커와 만나게 될 때 HIV 바이러스는 동물세포에 부착하여 세포를 감염시킨다. gp120 매크로파지 표면에 존재하는 **CD4**라 부르는 세포 표면 마커와 꼭 들어맞는 것으로 밝혀졌다(그림 10.12).

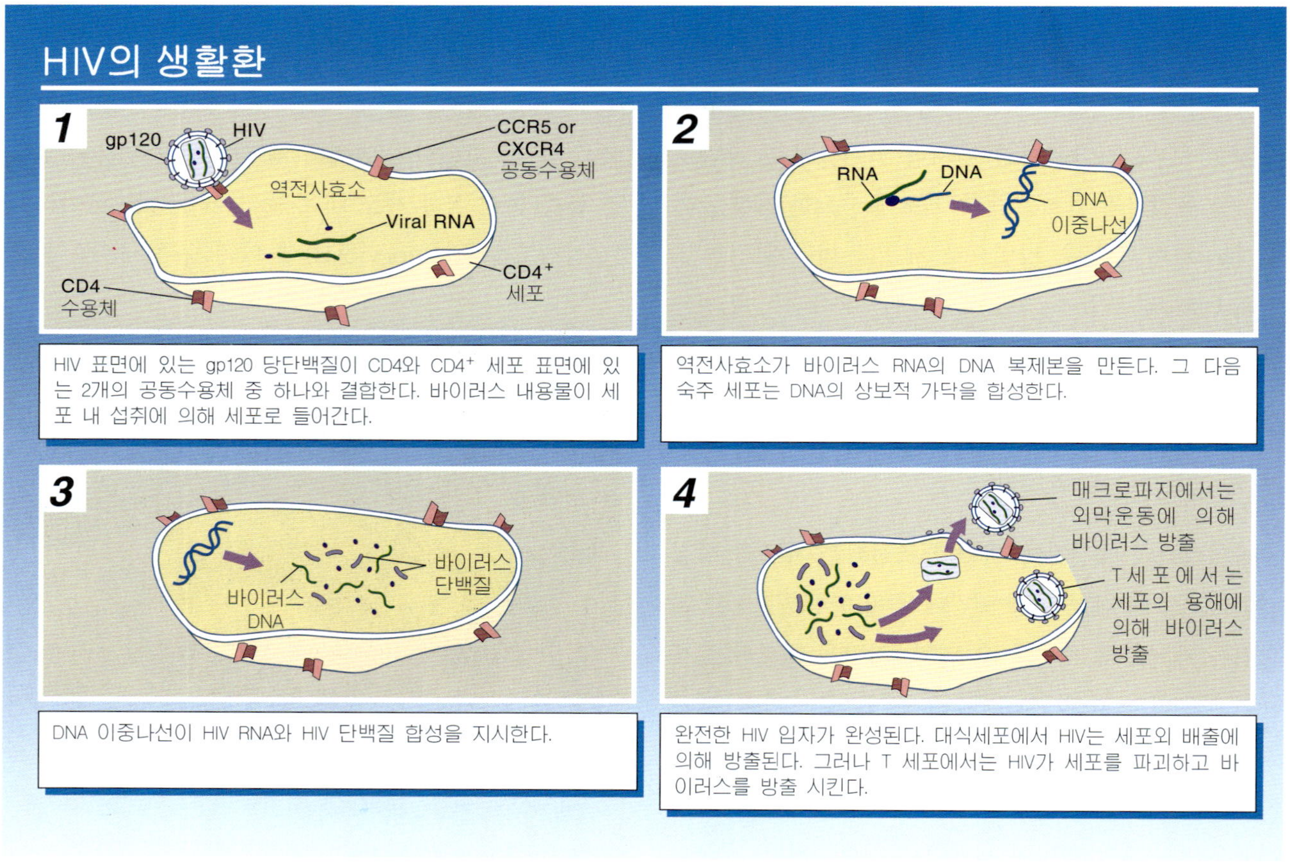

그림 10.12 HIV 감염주기의 작동방법

■ 복제

HIV 바이러스 입자는 일단 매크로파지 내부로 들어가면 보호성 외피는 벗겨진다. 그 결과 바이러스 외피 내에 있는 바이러스 효소와 함께 세균세포의 세포질에 바이러스 핵산(이 경우엔 RNA)이 떠 다니게 된다. 이 효소가 **역전사 효소**(reverse transcriptase)이며, 바이러스 RNA의 끝에 결합하고 그것을 읽어가면서 바이러스 RNA와 짝을 이루는 DNA를 합성한다. 이 과정에서 바이러스 유전자의 RNA 언어는 세포의 DNA 언어로 해독되며, 새로운 바이러스를 생산하게 된다.

여기서 중요한 것은 HIV 역전사 효소가 자신의 일을 매우 정확하게 하지는 않는다는 것이다. 이 효소는 종종 HIV RNA를 읽는 일에 실수를 하여 새로운 돌연변이를 많이 만들어낸다. 이 효소가 만들어내는 이중 나선 DNA는 숙주세포를 이용하게 되고 숙주세포로 하여금 바이러스의 복제품을 만들게 한다.

HIV는 감염시킨 매크로파지 세포를 파괴하지도 죽이지도 않는다. 대신에, HIV가 감염 초기에 세포 내로 들어올 때와 같은 방법으로 밖으로 접혀져 새로운 바이러스들이 세포로부터 밖으로 방출된다.

이것은 AIDS가 긴 잠복기를 갖는 특성의 기본이 된다. HIV는 강력하게 증식하지만 숙주의 몸에는 뚜렷한 피해 를 주지 않으면서 수 년에 걸쳐 매크로파지를 통하여 주기를 반복한다.

■ 에이즈의 시작: T 세포로의 유입

긴 잠복기 동안 매크로파지의 연속적인 세대를 통해 HIV가 주기를 반복함에 따라 끊임없이 복제하고 돌연변이가 일어난다. 궁극적으로는 우연에 의해서 gp120 단백질이 자신의 공동수용체를 바꾸는 것과 같은 방법으로 HIV는 gp120에 대한 유전자를 바꾼다. 이러한 gp120 단백질의 새로운 형태는 $CD4^+$T세포(CD4 세포 표면 마커를 가지고 있는 T세포) 표면에 존재하는 수용체인 CXCR4라는 다른 종류의 공동수용체에 결합하는 것을 더 선호한다. T세포는 HIV에 의해 감염되는 것이다.

새로운 바이러스가 T세포로부터 방출될 때 원형질막을 파열시킴으로써 치명적인 결과를 가져온다. 이 파열은 T 세포를 죽이게 된다. 방출된 바이러스가 가까이에 있는 $CD4^+$T세포를 감염시킴에 따라 T세포의 죽음이 확산된다. **CXCR4** 이차 수용체로의 전환으로 살아있는 T세포의 수는 곧 급격하게 감소한다. T세포의 파괴는 면역 반응을 방해하고 AIDS의 시작을 유도한다.

10.9 동물 바이러스는 특정한 수용체 단백질을 이용하여 원형질막을 가로질러서 세포 내로 침입한다.

10.10 병원성 바이러스

인간은 수 천년 동안 바이러스 질병을 알고 두려워해 왔다. 바이러스가 일으키는 질병(표 10.3)에는 인플루엔자, 천연두, 전염성 간염, 황열병, 소아마비, 광견병, 에이즈 등이 있고, 그 외에도 잘 알려져 있지 않은 많은 질병들이 있다. 게다가, 바이러스는 몇 종류의 암과 백혈병과도 연관되어 있다.

■ 독감

아마도 인간 역사에서 가장 치명적인 바이러스는 독감 바이러스이다. 1918년과 1919년의 18개월 동안에 약 2,100만명이라는 경악할만한 숫자의 미국인과 유럽인들이 독감으로 죽었다.

유형

독감 바이러스는 RNA 동물 바이러스이다. 1개의 독

표 10.3 인간의 중요한 바이러스성 질병

질 병	질병원	매개체/보유자	증 상
AIDS	HIV 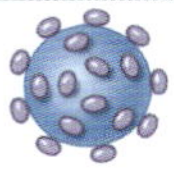	사람	면역방어를 파괴시켜서 감염이나 암으로 사망하게 함. 1999년까지 1,400만명이 감염됨.
수두	인간포진바이러스3 (*varicellazoster*)	사람	감염된 사람들과 접촉으로 전파됨. 치료약이 없음. 치명적인 경우는 드물다. 미국에서 1995년 초기에 백신이 승인됨.
에볼라	*Filovirus* 	미상	급성 출혈열. 바이러스는 결합조직을 공격하여 다량의 출혈을 일으키고 사망에 이르게 한다. 이 병을 치료하지 않으면 최대 사망률이 50%에서 90% 까지 이른다. 대발생은 중부 아프리카에서 국지적으로 한정됨.
B형간염 (바이러스성)	B형간염바이러스 (HBV) 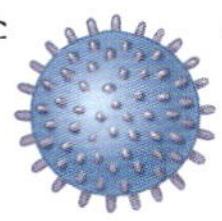	사람	감염된 사람의 체액과 접촉하여 전파되며 전염성이 매우 강하다. 약 1%의 미국인이 감염되어 있음. 백신이 개발되어 있으나 치료는 안됨. 치명적일 수 있다.
포진	*Herpes simplex* 바이러스 (HSV)	사람	열물집. 1차적으로 감염된 침과 접촉하여 전파됨. 전세계적으로 매우 널리 퍼져있음. 치료가 안됨. 잠복기를 가진다 - 증상이 수년 동안 나타나지 않을 수 있다.
인플루엔자	인플루엔자바이러스 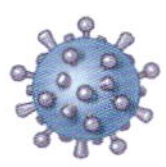	사람, 오리	역사적으로 주요한 사망원인이었음 (1918-1919년의 18개월동안 2,200만명이 사망하였음). 야생 아시아산 오리, 닭, 돼지가 주요 보유자임. 오리는 독감 바이러스에 의해서 피해를 입지는 않지만 바이러스가 오리 체내에서 증식하면서 항체유전자를 뒤섞어 새로운 독감 계통을 만들어낸다.
홍역	*Paramyxovirus* 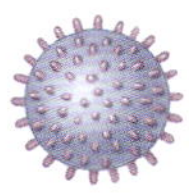	사람	감염된 사람들과의 접촉으로 매우 빨리 전파됨. 백신이 개발되어 있음. 주로 어릴 때 걸리지만 이 때에는 치명적이지 않다. 어른에게 걸리면 더 위험함.
단구증가증	*Epstein-Barr virus* (EBV)	사람	감염된 침을 통해서 전파됨. 수 주일 동안 지속될 수 있음. 젊은 성인에게 흔함. 치료가 안됨. 치명적이지 않음.
유행성이하선염	*Paramyxovirus* 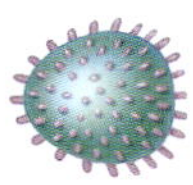	사람	감염된 침을 통해서 전파됨. 백신이 개발되어 있음. 치명적이지 않다. 치료가 안됨.
폐렴	인플루엔자바이러스 	사람	폐의 급성감염. 치료하지 않으면 때로는 치명적임.
소아마비	소아마비바이러스	사람	마비를 일으키는 중추신경계의 급성 바이러스성 감염으로 때로는 치명적임. 1954년에 Salk 백신이 만들어지기 전에는 미국에서만 6만명이 매년 발병하였음.
광견병	*Rhabdovirus* 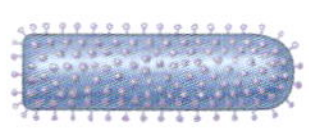	야생 및 사육 개과 동물 (개, 여우, 늑대, 코요테 등)	감염된 동물이 물어서 전염되는 급성 바이러스성 뇌척수염. 치료하지 않으면 치명적임.
천연두	*Variola* 바이러스	과거에는 사람에게, 현재는 단지 2개의 실험실에서 존재함 (곧 완전히 사라질 예정)	역사적으로 중요한 사망원인이었음. 마지막으로 발병이 기록된 해는 1977년임. 전세계적인 백신치료로 이 질병이 완전히 제거됨. 이 바이러스가 연구목적을 위해서 없애지 않고 유지해야 하는가에 대해서는 현재 논란이 있음.
황열병	*Flavivirus* 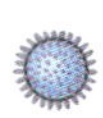	사람, 모기	모기에 물려서 개체에서 개체로 전염됨. 파나마 운하 건설 당시 주요한 사망원인이었음. 치료하지 않으면 이 병은 최고 60%까지 사망률을 보인다.

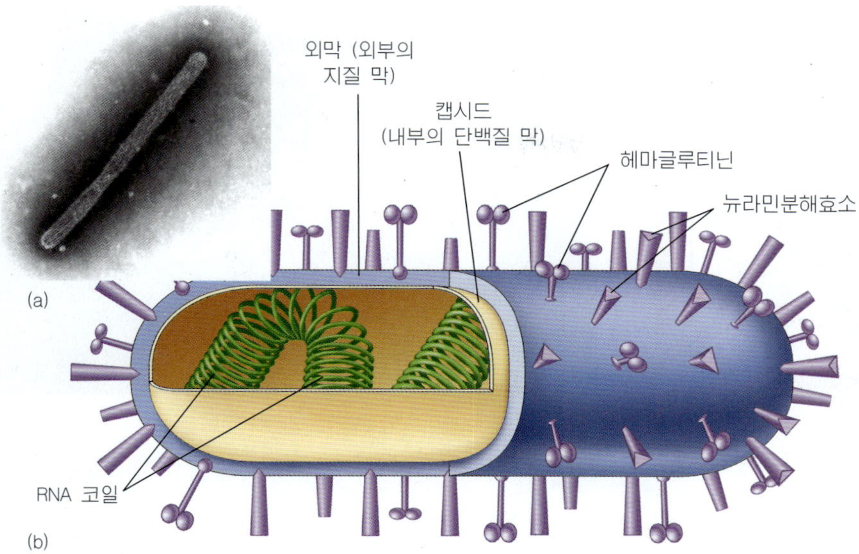

그림 10.13 인플루엔자 바이러스

(a) 1997년 홍콩에서 처음으로 인간을 감염시킨 조류 인플루엔자 바이러스 A(H5N1)의 투과 전자현미경사진. (b) 인플루엔자 바이러스의 모식도. 코일모양의 RNA는 두 종류의 돌출된 못(spike)과 내부의 단백질 capsid를 가지고 있는 지질이 풍부한 외막을 일부분 잘라내면 볼 수 있다.

감 바이러스는 두 종류의 단백질로 구성된 스파이크(spike)가 산재해 있는 막대모양을 하고 있다(그림 10.13). 독감 바이러스에는 세 가지 일반적인 유형이 있는데 그들의 내막단백질이 각 유형마다 달라 이것에 의해 구별된다. A형 독감 바이러스는 대부분 사람, 포유동물과 조류의 심각한 유행성 독감을 일으킨다. B형과 C형 바이러스는 사람에게만 나타나며, 심각한 건강 문제는 거의 일으키지 않는다.

재조합의 중요성

독감 바이러스에 대항하는데 있어서의 문제는 바이러스의 돌연변이가 아니라 재조합이다. 바이러스 유전자는 유전적 재조합에 의해서 쉽게 재구성되는데, 새로운 조합을 구성함으로써 예전의 조합에 대해서 특정하게 반응하는 항체가 인식할 수 없게 된다. 이러한 종류의 바이러스 재조합은 20세기에 전세계적으로 유행한 세 가지 주요한 독감을 만들어 내었다. 1918년의 "살인 독감"인 A형(H1N1)은 2,100만명의 사람들을 죽게 했다. 1957년의 아시아 독감 A형(H2N2)는 10만명 이상의 미국인을 죽게 하였다. 1968년의 홍콩독감 A형(H3N2)는 미국에서만 5,000만명의 사람들을 감염시켰으며, 이 중 7만명이 죽었다.

독감의 새로운 변종이 일반적으로 극동지방에서 만들어지는 것은 우연한 일이 아니다. 독감 바이러스의 가장 흔한 숙주는 아시아에서 종종 인간과 가깝게 살고 있는 오리, 닭, 돼지이다. 돼지는 바이러스 중에서 조류와 사람을 감염시키는 계통 모두에 의해 감염되기 쉬우며, 동물개체들은 종종 여러 종류의 계통에 동시에 감염되기도 한다. 이것은 계통사이의 유전적 재조합이 더 잘 일어나는 조건을 창출하여 새로운 조합을 만들어낸다. 예를 들어, 홍콩 독감은 A형(H3N8)(오리로부터)과 A형(H2N2)(인간으로부터) 사이의 재조합으로부터 발생하였다. A형(H3N2)와 같은 새로운 계통은 사람에게로 다시 전염되고 사람은 이러한 조합을 전에 경험해 본 적이 없기 때문에 유행성 독감으로 확산되는 것이다.

새로 출현하는 바이러스

때때로 한 생물체에서 생성된 바이러스는 다른 생물로 전염되어 새로운 숙주 내에서 질병을 야기시킨다. 예를 들어 HIV는 침팬지에서 나타났고 비교적 최근에 인간에게 전염되었다. 독감은 기본적으로 새(조류) 바이러스이다.

이와 같은 방법으로 생겨난 새로운 병원균을 **"신생 바**

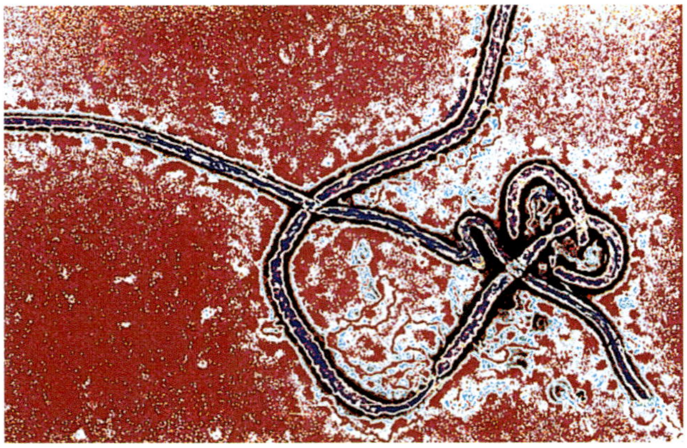

(a)

(b)

그림 10.14 에볼라 바이러스

(a)사람에 있어서 사망률이 90% 이상인 바이러스가 20년의 공백기간 후에 서부 아프리카에서 다시 나타났다. 보건전문가들은 이 바이러스의 자연적인 숙주를 밝혀내기 위해 그리고 이 질병의 전염과 싸우는 전략을 짜내기 위해 고심하고 있다. (b) 두 명의 어린이들이 1995년 5월에 에볼라에 감염된 사람들이 격리되어 있던 자이레의 Kikwit 마을 병원 밖에서 기다리고 있다. 감염자들 중 70%가 사망했다.

이러스(emerging virus)"라고 부르며, 항공여행이 전염된 사람들을 세계로 빠르게 이동시키고 있다.

신생 바이러스 중 가장 치명적인 것은 중부 아프리카에서 나타난 인간의 결합 조직을 공격하는 여러 종류의 **사상 바이러스**(filamentous virus)이다. 치사율이 50% 이상인 소위 이러한 "filovirus"는 지금까지 알려진 가장 치명적인 전염성 질병의 하나이다. 그 중 하나인 에볼라(ebola)바이러스는 중부 아프리카의 격리된 지역에서 발발하여 90% 이상의 치사율을 나타냈다(그림 10.14). 자이레(Zaire)에서 1995년 여름에 발발한 에볼라바이러스는 316명의 감염자 중에서 245명을 사망하게 하여 78%의 사망률을 나타냈다. 가장 최근의 발생은 서부 아프리카 가봉에서 1996년 2월에 일어났다. 에볼라의 자연적인 숙주는 알려지지 않았다.

신생 바이러스는 종종 원숭이에 의해 옮겨지며, 실제로 넓은 지역으로 흩어진다면 전세계적으로 사람들의 건강에 잠재적인 위협이 될 것이다.

10.10 **바이러스는 인간에게 가장 치명적인 일부 질병을 일으킨다. 가장 심각한 경우 중 일부는 다른 숙주로부터 인간에게 전이되는 바이러스이다. 조류 바이러스인 인플루엔자는 인간의 역사에서 가장 심각한 피해를 끼쳤던 전염병이었다. 최근에는 에볼라와 같은 신생 바이러스가 공공의 관심을 끌고 있다.**

10.11 프라이온과 비로이드

수십 년 동안 과학자들은 특정 그룹의 치명적인 뇌질병에 큰 관심을 가져 왔다. 이 질병은 개체에서 다른 개체로 전이될 수 있지만 그 질병이 감염된 개체 내에서 발견되기까지는 수 년 또는 심지어 수십 년이 걸린다는 특이한 성질을 가진다. 감염된 개체의 뇌는 뉴런이 죽음으로써 수많은 작은 구멍이 생겨나 뚜렷한 스폰지 모양으로 변하게 된다. 전염성 스폰지형 뇌질환(TSE : transmissible spongiform encephalopathies)이라는 질병은 양에게는 진전병(scrapie), 소의 경우에는 광우병, 사람에게는 쿠루(kuru)병과 Creutzfeldt-Jakob병을 일으킨다.

TSE는 조직 이식과 음식을 통해서 퍼져나갈 수 있다.

파푸아 뉴기니의 Fore 종족은 과거에 식인 풍습으로 감염된 사람의 뇌를 먹음으로써 Kuru병이 흔했다. 광우병은 1990년대 초 영국의 소떼 사이에서 널리 퍼져나갔는데, 그 이유는 소 먹이의 단백질 함량을 증가시키기 위해 소 시체로부터 나온 뼈로 만든 먹이를 주었기 때문이다. 파푸아의 Fore 종족과 마찬가지로 영국의 소는 그 질병으로 죽은 소의 조직을 먹고 있었던 것이다.

이단적 제안

1960년대에 영국의 과학자 T. Alper와 J. Griffith는 감염된 TSE 조직 샘플이 DNA 또는 RNA를 파괴하는 방사선에 노출된 후에도 감염성을 갖는 것을 알게 되었다. 그들은 감염원이 단백질이라고 제시했다. 아마도 단백질이 일반적으로 한번 접혀진 유형을 선호하지만, 때로는 잘못 접혀져서 다른 단백질이 같은 일을 하도록 촉매작용을 하여 잘못 접혀지는 현상이 연쇄 반응처럼 퍼져 나가지 않을까 하고 그들은 생각했다. 이러한 이단적인 제안은 학계에서는 받아들여지지 않았는데, 그 이유는 이러한 설명이 오직 DNA와 RNA만이 유전물질로서 작용하여 한 세대에서 다음 세대로 유전정보를 전달한다고 보기 때문이다.

Prusiner의 프라이온

1970년대 초, 내과의사인 Stanley Prusiner는 Creutzfeldt-Jakob 병에 걸린 환자의 죽음에 자극을 받아 TSE를 연구하기 시작했다. Prusiner는 감염된 TSE 조직 샘플에서 핵산 또는 바이러스의 증거를 찾을 수 없었다. 그는 감염원은 단백질이라고 결론지었고 1982년의 논문에서 이것을 단백질성 감염 입자라는 뜻으로 프라이온(prion)이라고 이름을 붙였다.

Prusiner는 독특한 프라이온 단백질을 계속해서 분리했고 20년 동안 그는 프라이온이 TSE를 일으키는데 중요한 역할을 한다는 증거를 모으는 일을 계속했다. 학계는 Prusiner의 이단적인 결론을 무시했으나 결국에는 Prusiner와 또 다른 연구실에서 수행한 실험들이 많은 지지자들을 확신시키기 시작했다. 예를 들어, Prusiner가 다른 비정상적인 조성을 가진 프라이온을 몇 몇 종류의 숙주에 주입하면, 이러한 숙주들은 부모 프라이온과 같은 종류의 비정상적인 조성을 가진 프라이온이 생겼다(그림 10.15). 또 다른 중요한 실험에서, Charles Weissmann은 유전공학적으로 Prusiner의 프라이온 단백질을 제거한 쥐가 TSE 감염에 대해 면역성을 가지고 있음을 알았다. 그러나 만약 프라이온 단백질을 가지고 있는 뇌 조직을 쥐에 이식하면, 이식된 조직은 TSE에

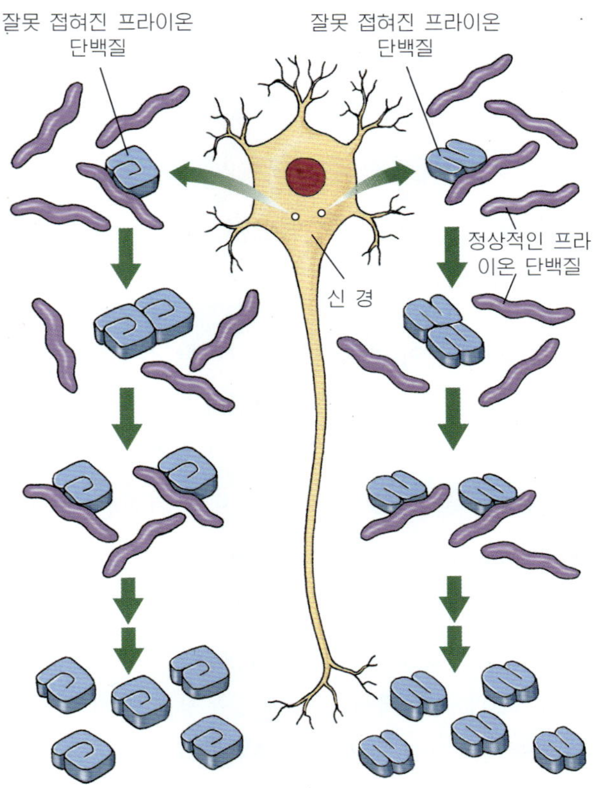

그림 10.15 프라이온이 존속되는 방법

프라이온은 단순히 접촉하기만 하여도 정상적인 프라이온 단백질을 잘못 접혀지게 할 수 있다. 프라이온이 다른 방법으로 잘못 접혀지고 (푸른색) 정상적인 프라이온 단백질 (보라색)에 접촉하면 정상적인 프라이온 단백질은 같은 방법으로 잘못 접혀지게 된다.

감염될 수도 있었으며 반면에 뇌의 나머지 부분은 감염되지 않았다. 1997년에 Prusiner는 프라이온에 대한 그의 업적으로 인해 생리학-의학 분야에서 노벨상을 수상했다.

Prusiner가 옳은가?

Prusiner의 노벨상 수상에도 불구하고 모든 과학자들이 그의 의견에 모두가 동의한 것은 아니다. 지금까지 시험관에서 합성된 프라이온 단백질 (따라서 바이러스 또는 핵산에 의한 오염이 없음)을 건강한 동물에게 주입하여 TSE를 유도할 수 있었던 사람은 아무도 없었다. 이러한 실험이 성공적으로 이루어질 때까지 또는 이러한 실험이 왜 실패할 수 밖에 없는지에 대한 과정이 충분히 알려질 때까지 일부 과학자들은 프라이온 이론이 완전하게 확립된 것이 아니라고 논쟁할 것이다.

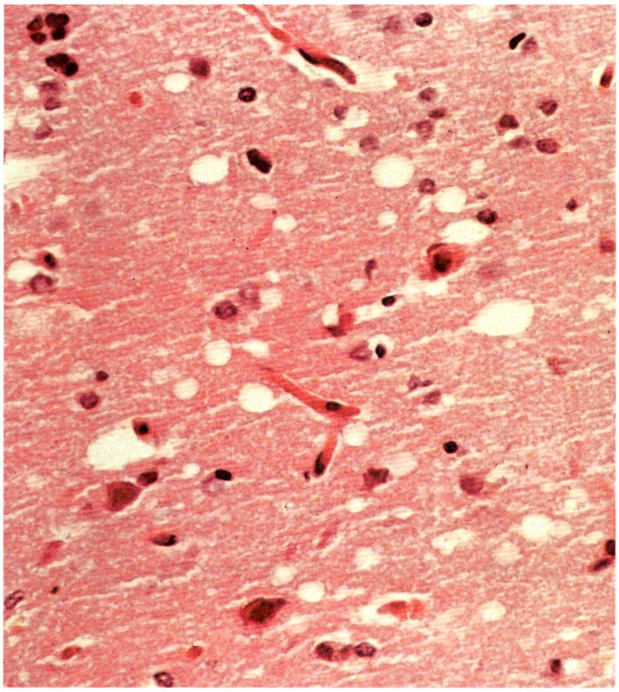

그림 10.16 손상된 뇌 조직

뇌 조직에 있는 상해와 구멍은 사람에게 피해를 주는 Creutzfeldt-Jakob disease (CJD)라 불리는 TSE로 인한 결과이다. 프라이온은 이러한 뇌 조직의 치명적인 손상에 중요한 역할을 한다.

광우병에 걸린 소를 먹으면 사람도 광우병에 걸릴 수 있을까?

많은 과학자들이 프라이온이 그러한 질병을 인간에게 전염시킬 수 있다는 것을 걱정하기 시작했다(그림 10.16). 특히 그들은 일반적으로 광우병으로 알려진, 프라이온이 일으키는 소의 스폰지형 뇌질환(bovine spongiform encephalopathy : BSE)이 인간을 감염시켜 Creutzfeldt-Jakob disease(CJD)로 불리는 유사한 치명적인 질병을 야기할 수 있다는 것을 걱정한다. 1996년 3월에 영국에서 발생한 광우병은 수천 마리의 소를 감염시켜 많은 관심을 집중시켰다. BSE는 프라이온에 의해 생기는 뇌를 퇴화시키는 질병으로 양으로부터 영국 소 떼로 옮겨간 것으로 나타났다. 양은 진전병(scrapie)이라 불리는 프라이온 질병에 걸리기 쉬우며, 이 질병은 갈아 놓은 양의 뇌가 포함된 단백질이 섞인 먹이를 통하여 양으로부터 소에게로 전달된 것으로 생각된다. 한 종에서 다른 종으로의 프라이온의 이동은 영국 과학자들을 걱정하게 만들었다. 지난 4년간 영국에서 CJD로 인하여 젖소 농장에서 일하는 네 명의 농부가 사망한 것은 이 프라이온이 소로부터 사람에게로 전염될 수 있다는 것을 암시하고 있다. 죽은 농부의 뇌 조직과 광우병에 걸린 소로부터 채취한 뇌 조직이 쥐에 주입되면 같은 종류의 뇌 상해를 유도하는 반면에 전형적인 CJD는 매우 다른 종류의 상해를 유발하는 것이 밝혀짐으로써 (분명히 죽은 농부의 CJD의 형태는 광우병과 같은 종류의 감염원에 의해 야기되므로) 영국에서 생산된 소고기를 먹는 것과 CJD가 연결된다는 것은 확실해 졌다. 따라서 조심해야 할 정당한 이유가 있다고 할 수 있다. CJD의 잠복기는 15년에서 45년까지 다양할 수 있기 때문에 영국에서 광우병에 오염된 고기를 먹음으로써 CJD에 감염된 사람들의 수가 얼마 동안은 뚜렷하게 나타나지 않을 수 있다.

■ 비로이드

비로이드(viroid)는 식물의 중요한 질병 감염원으로서 작고 나출된 RNA 분자이며, 단지 수백 개 길이의 뉴클레오티드로 되어 있다. 최근 필리핀에서 비로이드가 출현하여 천만 그루 이상의 코코넛 야자나무를 죽게 했다. 비로이드가 어떻게 질병을 일으키는가에 대해서는 아직 명확하지 알려져 있지 않다. 한 가지 단서는 비로이드의 뉴클레오티드 서열이 리보솜 RNA 유전자의 인트론(intron)의 서열과 닮았다는 것이다. 이러한 서열은 DNA의 절단을 촉매하는 능력이 있어 아마도 비로이드가 염색체 완전성의 파괴를 촉매하는 것으로 생각된다.

10.11 **프라이온은 전부는 아니지만 많은 과학자들이 심각한 뇌 질병을 일으키는 것으로 믿고 있는 감염성 단백질이다. 식물에서는 비로이드라 불리는 나출된 RNA 분자가 질병을 전파시킬 수 있다.**

Chap 11

진핵생물의 출현

11.1 내부공생설

미토콘드리아는 어디서 왔는가? 대부분의 생물학자들은 공생을 하며 산소를 이용했던 진정세균으로부터 미토콘드리아가 기원했다는 **내부공생설**(endosymbiosis)에 동의한다(그림 11.1). 공생(symbiosis: 그리스어 함께란 의미의 syn과 생명체란 뜻의 bios에서 유래)은 가까이 모여 함께 사는 것을 의미한다. 진핵생물의 역사 초기에 펠로믹사와 매우 유사했던 진핵생물 조상이 호기성 진정세균을 삼켜 이 세균이 미토콘드리아가 된 것으로 생각된다. 미토콘드리아와 가장 닮은 진정세균류는 홍색비황세균(nonsulfur purple bacteria)인데 이들은 유기호흡(4장에서 서술)을 수행한다. 이 세균을 획득하기 전에는 숙주인 진핵생물이 크렙스 회로나 산소가 증가하는 대기 속에서 살아남기 위한 다른 대사를 수행할 수 없었다. 이들 세균을 삼킴으로써 우리가 오늘날 보는 것처럼 미토콘드리아가 세포 안에 자리잡게 되었다.

미토콘드리아. 1~3㎛ 정도의 소시지 모양의 세포소기관으로 대부분의 진정세균류와 비슷한 크기이다. 미토콘드리아는 2개의 막으로 쌓여있다. 외막은 매끄럽고 확실히 숙주세포의 소포체에서 유래했으며 내막은 많은 주름을 가지는데 홍색비황세균의 겹쳐진 막과 유사하다. 이 주름진 막 내에는 유기호흡을 할 수 있는 단백질들이 박혀 있다.

미토콘드리아가 진핵세포 내에 내부공생생물로 존재해온 15억 년 동안 미토콘드리아 유전자의 대부분이 숙주 염색체로 옮겨갔다. 미토콘드리아는 여전히 세균의 것과 유사한 환상의 폐쇄 DNA 분자인 자신의 유전체를 가지고 유기호흡에 필요한 단백질을 생산하는 유전자를 가지고 있다. 이 유전자들은 미토콘드리아의 리보솜을 이용하여 미토콘드리아 내에서 전사되는데 이 리보솜들은 진핵세포의 리보솜보다는 작으며 크기와 구조가 세균의 리보솜과 매우 닮았다. 미토콘드리아는 세균처럼 이분법으로 분열하고 진핵세포 밖에서는 살수가 없다.

엽록체. 많은 진핵세포는 미토콘드리아 외에 다른 내부공생 박테리아를 가지고 있다. 식물과 조류는 세균을 닮은 세포 소기관인 엽록체를 가지고 있는데 광합성 세균의 공생에서 유래한 것이 확실하다. 엽록체는 복잡한 내막 시스템과 하나의 환상 DNA를 가지고 있다.

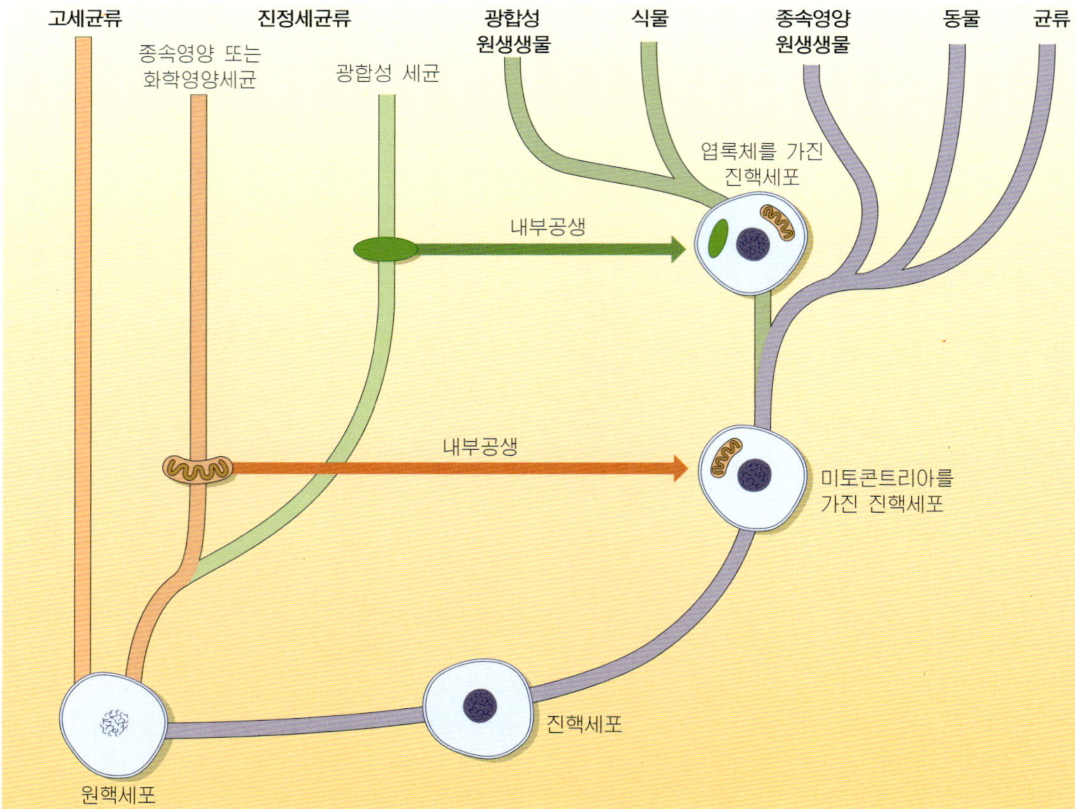

그림 11.1 내부공생설

과학자들은 진핵생물의 조상이 호기성 진정세균을 삼켰고, 이 세균이 진핵생물의 미토콘드리아가 되었다고 생각한다. 엽록체도 이와 같은 방식으로 진핵생물이 광합성 세균을 삼킨것으로 본다.

모든 미토콘드리아가 단 한번의 공생과정에 의해 생겼다고 여겨지는 반면, 엽록체도 그러한지는 아직 모르고 있다. 엽록체는 생화학적으로 뚜렷이 구분되는 여러 그룹으로 나눌 수 있는데 모두 남세균에서 기원했을 것으로 생각된다.

홍조류와 녹조류는 공통적으로 남세균류를 내부공생으로 받아들인 것으로 여겨지며 계통적으로 근연관계에 있는 것으로 생각된다. 다른 조류들의 엽록체는 과거에 이들 엽록체를 갖는 조류들로부터 2차적으로 받은 것으로 생각된다. 유글레나류는 녹조류로부터 엽록체를 획득한 것으로 여겨지고 갈조류는 홍조류에서 획득한 것으로 생각된다. 쌍편모조류와 규조류의 엽록체는 복잡한 과정을 통해 생긴 것으로 여겨진다.

유사분열

전형적인 진핵생물의 특성인 유사분열이란 무엇인가? 현재 모든 진핵생물에서 공통적으로 나타나는 유사분열은 모두 한번에 진화한 것이 아니다. 전혀 다르고 중간 형태처럼 보이는 흔적들이 몇몇 진핵생물에 존재한다. 예를 들어 균류와 몇몇 원생생물들에서는 핵막이 없어지지 않고 유사분열이 핵 분열만으로 이루어진다. 유사분열은 핵이 두 딸핵으로 나누어진 다음 세포의 남은 부분이 나누어진다. 유사분열에서 이렇게 핵분열 시기가 분리되어 있는 것은 대부분의 원생생물이나 식물, 동물에서는 없는 현상이다. 이것이 오늘날 대부분의 진핵생물의 특징인 유사분열을 형성하도록 진화하는 과정 중에 존재하는 중간형태인지, 또는 단순히 진화의 다른 방향인지는 아직 모른다. 우리가 유사분열의 역사를 규명하기에 충분한 분열세포의 내부를 보여주는 화석들이 없기 때문이다.

11.1 내부공생설은 미토콘드리아가 호기성 진정세균의 공생으로 생겼다는 주장이다.

11.2 원생생물의 분류

원생생물계(kingdom protista)에는 단세포생물, 군체생물, 다세포생물 등 많은 생물 그룹이 포함된다. 이 그룹은 인위적 그룹이다. 예를 들면 편의상 모든 단세포성 진핵생물을 이 그룹에 포함시키는데 이들 서로는 매우 이질적이고 계통적으로도 거리가 매우 멀다. 따라서 원생생물을 하나의 계로 묶는 것은 어떤 진화적 계통성에 근거를 둔 것이 아니다. 일부를 제외하고 원생생물계에 속하는 대부분의 문 준위의 생물그룹은 계통적으로 서로 먼 거리에 있다(그림 11.2).

그림 11.2 원생생물인가 식물인가?

광합독립 원생생물에 속하는 녹조류인 *Acetabularia*는 진화적으로 식물과 같은 계통을 가지고 있다. 하지만 대부분의 학자들이 육상식물만을 한정해 식물계에 포함시키므로 *Acetabularia*는 원생생물이라 할 수 있다.

■ 5개 원생생물 그룹

원생생물에는 약 15개의 문이 있다. 이들의 방대한 다양성을 한 가지 분류체계로 묶는 것은 쉽지 않다. 전통적으로 원생생물은 인위적으로 광합독립영양 원생생물(조류), 종속영양 원생생물(원생동물), 부생 원생생물(균류성 원생생물)로 구분해 왔다.

이 책에서는 원생생물을 중요 특징에 따라 5개의 그룹으로 묶었다(표 11.1). 오늘날 분류학자들이 일반적으로 원생생물계를 분류하는데 널리 사용하고 있는 특징에는 다음과 같은 것이 있다. (1) 편모와 섬모의 존재 유무 및 종류, (2) 색소의 종류와 유무, (3) 유사분열의 종류 (4) 미토콘드리아 크리스테의 종류, (5) 리보솜 "S" 단위체의 분자유전학적 특성, (6) 세포 함유물, (7) 몸의 형태, (8) 외피의 유무와 종류, (9) 영양 형태와 운동 방식

이들은 원생생물의 계통적 관계를 정의할 때 주로 이용되고 있는 일부 특징이다.

11.2 15개 원생생물 문은 공유하는 중요 특징들에 따라 5개 분류계급으로 나눌 수 있다.

11.3 비이동성 종속영양 원생생물

다섯 그룹 중 가장 큰 그룹에 속하는 원생생물로서 이동성 세포기관을 갖지 않아서 다른 그룹들과 구분된다. 모두 종속영양생물이며 근족충문(rhizopoda, 아메바)과 유공충문(foraminifera, 유공충) 등 2개의 큰 문과 1개의 작은 문인 방사족충문(actinopoda, 방산충)이 포함된다.

표 11-1 원생생물의 종류

그룹	문	전형적 예	그림	주요형질
이동성 세포기관이 없는 종속영양 원생생물				
아메바류	근족충문	아메바		위족으로 이동.
유공충류	유공충문	유공충	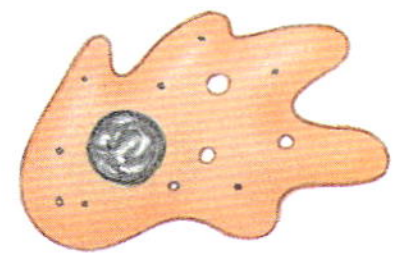	딱딱한 껍질, 세포질 유동으로 이동.
방산충류	방사족충문	방산충		유리 같은 껍질, 바늘처럼 가는 위족.
편모가 있는 종속영양 원생생물				
동물성편모충류	동물성편모충문	트리파노소마		종속영양, 단세포.
섬모충류	유모충문	짚신벌레	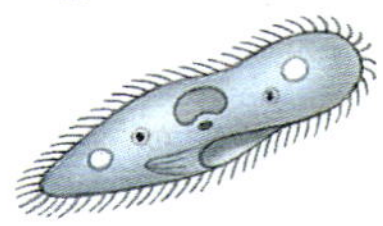	일정한 외형 2개의 핵과 많은 섬모를 갖는 종속영양 단세포 원생생물.
비운동성 포자충류				
포자충류	포자충문	말라리아 원충	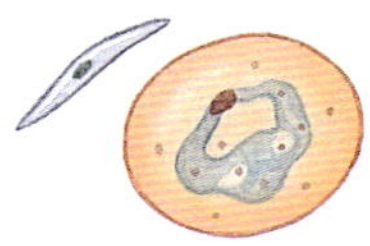	운동성이 없고 단세포성, 포자의 한쪽 끝에 복잡한 세포 소기관 보유.
광합성 원생생물				
쌍편모조류	쌍편모조류문	적조		단세포성, 2개의 편모, 엽록성 a, b.
유글레나류	유글레나식물문	유글레나	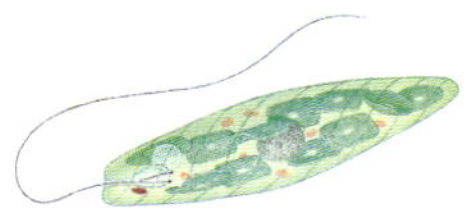	단세포성, 광합성을 하거나 종속 영양을 취함.
규조류	황갈조식물문	*Diatorma*	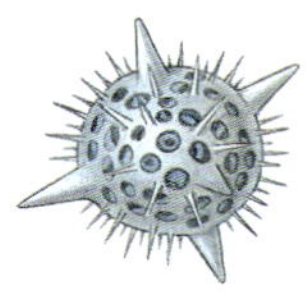	탄수화물 크리소나미나린 만듬 독특한 두 개의 규산껍질, 엽록소 a, c .
황갈색조류	황갈조식물문	*Dinobryon*		단세포 또는 군체, 탄수화물 크리소나미나린 만듬. 엽록소 a, c.
녹조류	녹조식물문	클라미도모나스		단세포 또는 다세포, 엽록소 a, b.
홍조류	홍조식물문	산호말		대부분 다세포, 엽록소 a와 홍색소.
갈조류	갈조식물문	다시마		다세포, 엽록소 a, c.
제한이동성 종속영양 원생생물				
세포성 점균류	세포성점균문	*Dictyostelium*		개별 세포가 모여 슬러그 형성, 아메바와 가까움.
변형성 점균류	비세포성점균문	*Fuligo*	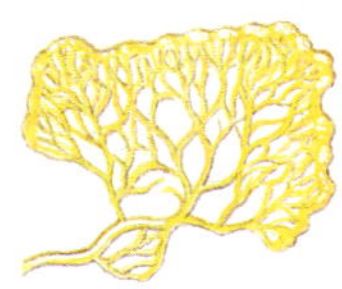	다핵성, 유동적 이동.
물곰팡이류	난균문	물곰팡이, 먼지곰팡이		육상 또는 담수산.

아메바류

근족충류에 속하는 아메바류에는 편모와 세포벽이 없는데 수백 종이 알려져 있다. 세포질의 유동적 흐름으로 생기는 돌기, 즉 **위족**을 바깥으로 뻗어 장소를 옮겨 다닌다(그림 11.3). 아메바는 흙 속에 풍부하게 존재하고 상당수가 동물에 기생한다. 아메바의 생식은 단순히 두 딸세포가 같은 크기로 나뉘는 단순분열법을 취한다. 유사분열은 있으나 성 구분이나 감수분열은 없다.

유공충류

유공충문에 속하는 유공충은 견고한 껍질을 가지고

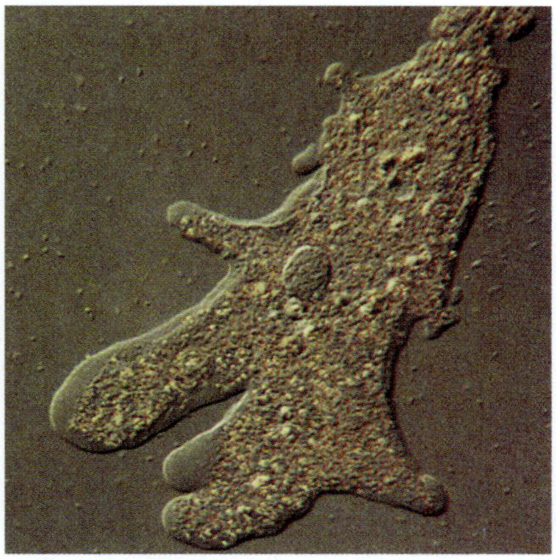

그림 11.3 아메바

아메바 중 큰 종류인 *Amoeba proteus.* 바깥으로 뻗어 나온 것이 위족이다. 세포질유동에 의해 이동한다.

있으며 **세포질유동**으로 움직인다. 이들은 해양 원생생물로서 구멍이 많이 뚫린 **종피**라 불리는 패각을 가지고 있는데 직경이 수 cm가 되는 것도 있다. 유공충에는 수백종이 알려져 있다. 껍질의 성분은 주로 탄산칼슘인데 대개 선명한 노란색이나 밝은 적색 또는 누르스름한 분홍색 등 밝은색을 띠고 있으며 나선형 형태로 배열되어 있는 많은 방을 가진 작은 달팽이 모양을 한 것도 있다. 위족을 종피에 있는 구멍을 통해 밖으로 내밀어 먹이를 잡거나 유영을 한다(그림 11.4). 유공충의 생활환은 복잡하며 반수체와 이배체의 세대교번을 한다.

방산충류

방사족충문의 생물들은 바늘 형태의 위족과 유리 같은 골격을 갖는데 여기에 속하는 *Actinosphaerium*(그림 11.5)은 특이한 아메바 형태를 갖고 있다.

11.3 **아메바류, 유공충류, 방산충류는 이동성 세포기관을 가지고 있지 않다. 이들은 세포질유동으로 이동한다.**

그림 11.4 유공충

유공충문에 속하는 현생 유공충. 가는 세포성 돌출물인 위족은 칼슘성분의 종피 구멍을 통해 뻗어 나온다.

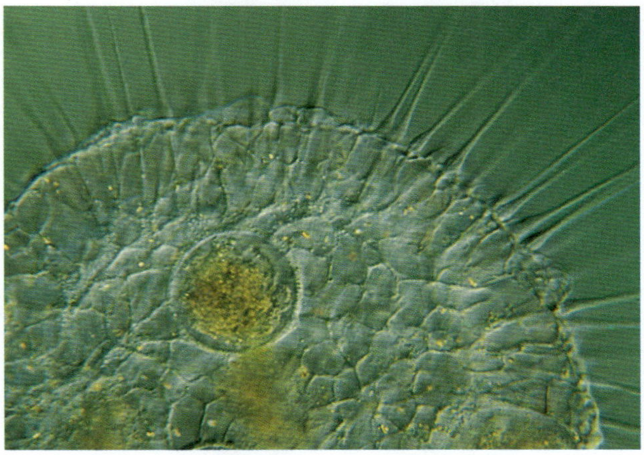

그림 11.5 방산충류

방사족충문에 속하는 아메바 형태인 *Actinosphaerium*은 (X300) 바늘처럼 가는 위족을 가지고 있다.

11.4 이동성 종속영양 원생생물

동물성편모충류

일부 원생생물은 편모를 이용하여 움직인다. 동물성편모충문(phylum zoomastigophora)에 속하는 생물은 종속영양을 하며 모두 편모를 가지고 있다.

모든 동물의 조상이 이 그룹에서 유래했을 것으로 생각된다. 해면동물뿐 아니라 아마도 모든 동물들이 입금편모충류(choanoflagellata)에서 유래된 것으로 여겨진다. 동물성편모충류는 매우 다양한 형태를 가진 단세포성 종속영양 원생생물인데 수천 종이 여기에 속한다. 이들은 모두 적어도 1개 이상의 편모를 가지고 있으며 어떤 종은 수천 개를 가지고 있으며, 대부분 무성생식을 한다. 트리파노소마는 인간에게 중요한 병원체이다(그림 11.6). 일부 동물성편모충류는 세균이 양과 말의 위에서 풀을 소화시키도록 돕는 것처럼 흰개미의 소화관에 공생하면서 흰개미가 나무를 소화하는데 필요한 효소를 제공한다.

(a)

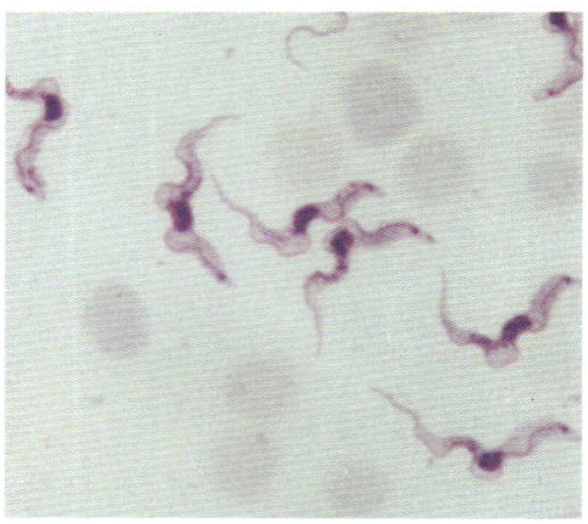

(b)

그림 11.6 동물성편모충류

동물성편모충류인 트리파노소마는 수면병을 일으킨다. (a) 동아프리카 탄자니아에서 수면병을 일으키는 트리파노소마를 옮기는 체체파리가 사람의 팔 위에서 흡혈하고 있다. (b) 물결치듯 움직이면서 쉽게 모양이 변화는 트리파노소마 (*trypanosoma*)가 적혈구와 함께 보인다.

섬모충류

섬모충류는 **섬모**(cilia)를 가지는 매우 복잡하고 특이한 단세포성 종속영양 원생생물인데, 일정한 세포 형태를 가지며 2개의 핵을 가지고 있다. 섬모충류는 다른 진핵생물들과 너무 다르기 때문에(이들은 심지어 유전암호도 다른 것을 사용한다!) 많은 분류학자들은 이들을 분리해서 독립적 계로 취급해야한다고 주장하기도 한다.

유모충문(phylum ciliophora)에 속하는 섬모충류는 모두 많은 수의 섬모를 가지고 있으며 섬모들이 몸 길이로 또는 몸 주위를 나선형으로 감싸는 형태로 배열되어 있다. 약 8,000여 종이 알려져 있다. 전형적 섬모충

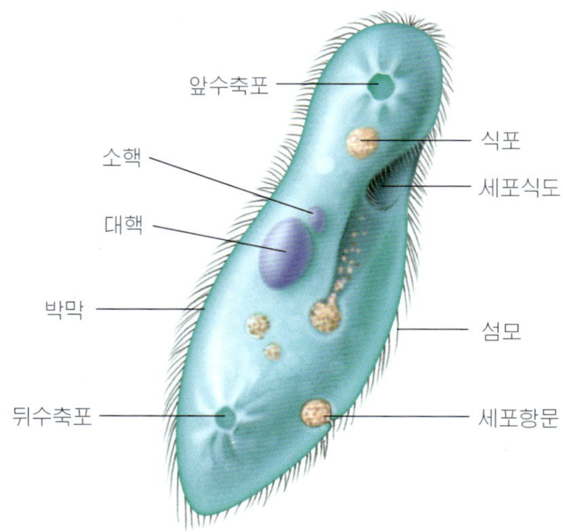

그림 11.7 섬모충류

섬모충류인 짚신벌레(*Paramecium*)의 주요 특징

류인 짚신벌레류(*paramecium*)는 복잡한 소화 과정을 거치는데 세포식도와 유입관을 통해 박테리아와 먹이 입자를 삼켜 막으로 감싼 후 효소로 소화를 시킨다(그림 11.7). 생식은 대개 몸이 2개로 나누어지는 유사분열이다. 세포는 약 700 세대까지 무성생식에 의해 분열할 수 있는데 그 이후 만약 유성생식을 하지 못하면 죽게된다. 유성생식은 접합(conjugation)을 통해 수행되는데 서로 다른 짚신벌레 간에 복제된 핵을 교환한다.

11.4 동물성편모충류는 편모를 물결처럼 흔들어서 움직이고 섬모충류는 섬모의 열을 이용해 움직인다.

11.5 포자충류

포자충류는 운동성이 없고 포자를 형성하는 단세포 원생생물로 동물에 기생하며 모두 포자충문(phylum apicomplexa)에 속한다. 사람과 가축의 많은 질병에 관여한다. 포자충류는 숙주에서 숙주로 옮겨 다니는 작은 포자 상태로 동물에 감염한다. 모든 포자충류는 매우 독특하게 배열된 미세소관을 가지고 있으며 다른 세포 소기관들은 세포의 한쪽 끝에 모여있고 운동성이 없으며 편모를 갖지 않는다. 현재까지 약 3,900여 종이 기재되었으며 이 중에는 말라리아원충(*plasmodium*)도 포함된다.

포자충류는 무성과 유성생식 단계 모두를 갖는 복잡한 생활환을 가지고 있다. 반수체와 이배체 모두 유사분열을 통해 빠르게 분열할 수 있어서 작고 감염을 일으킬 수 있는 개체를 많이 만들 수 있다. 유성생식은 작고 편모를 가진 수컷 배우자와 크기가 큰 암컷 배우자의 수정을 통해 일어난다. 그 결과 생긴 접합자는 곧 두꺼운 껍질로 쌓인 낭포인 접합자낭(oocyst)이 되는데 접합자낭은 탈수에 강할 뿐 아니라 나쁜 환경에서도 잘 견딘다. 접합자낭에서 감수분열을 통해 감염성 반수체 포자를 만든다.

서로 다른 숙주들을 오고가면서 진행되는 생활환을 포자충류에서는 흔히 볼 수 있다(그림 11.8). 말라리아원충(*plasmodium*)속에 속하는 포자충류는 얼룩날개

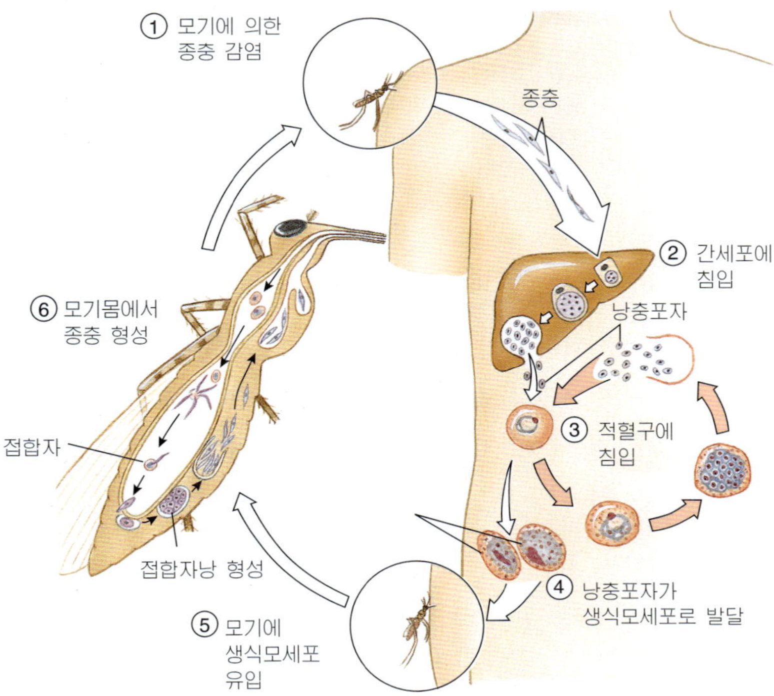

그림 11.8 포자충류의 생활환

말라리아원충(*plasmodium*)은 말라리아를 일으키는 포자충류다. 포유류와 모기를 통해 복잡한 말라리아원충의 생활환이 완성된다.

모기속(*anopheles*)에 속하는 모기에 의해 사람에게 감염된다(이 속에 속하는 최소 65종 이상의 모기가 관여한다). 말라리아충은 세 가지 생활환 단계인 병원충포자(sporozoites), 낭충포자(merozoites), 생식모세포(gametocytes)를 거치는데 각각은 다른 항원을 생산하고 이들은 서로 다른 항체에 민감하다. 모기가 사람의 혈관에 주둥이를 찌를 때 수천 개의 병원충포자가 방출된다. 이 포자들은 몇 분 내에 간으로 이동하는데 간에서는 혈액 속에 돌아다니는 항체에 더 이상 노출되지 않는다. 비록 단 하나의 병원충포자가 간에 이르게 되더라도 빠르게 증식할 수 있어 말라리아를 일으킬 수 있다.

말라리아는 세상에서 가장 무서운 질병 중 하나다. 약 5억명 이상이 한번 이상 말라리아에 감염되는데 이 중 약 2백만명이 매년 사망하며 대부분이 어린이다. 말라리아를 근절하기 위한 노력은 (1) 매개 모기의 방제, (2) 인체에 침입한 기생충을 죽이는 약의 개발 그리고 (3) 백신 개발에 초점을 맞추고 있다.

11.5 포자충류는 포자를 형성하는 비운동성 기생충이다.

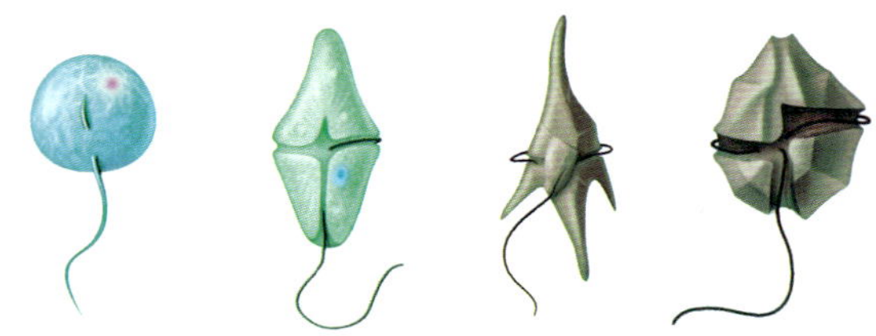

그림 11.9 쌍편모조류

*Noctiluca*는 대부분의 쌍편모조류가 가지고 있는 섬유소 외피를 가지고 있지 않은 특이한 발광 쌍편모조류인데 난대 바다에서 일년의 특정시기에 볼 수 있는 발광 파도는 이 종에 의해 생긴다. 나머지 세 종에서는 짧은 편모는 틈을 따라 몸을 감싸고 있고 긴 것은 외부로 뻗어 있다.

그림 11.10 적조

적조는 쌍편모조류 집단의 폭발적 증가에 의해 일어난다. 일부 다른 생물체에 의해서도 일어날 수 있지만 쌍편모조류가 갖고 있는 색소체에 의해 바다색이 붉게 보인다.

11.6 광합성 원생생물

쌍편모조류

쌍편모조류는 황적조식물문(phylum pyrrhophyta)에 속하는 단세포의 광합독립 원생생물로 대부분 길이가 서로 다른 2개의 편모를 가지고 있으며 근연분류군을 가지지 않는 매우 특이한 원생생물로 알려져 있다. 1000여 종이 있으며 일부 담수에도 서식하지만 대부분은 해양성이다. 대부분은 셀룰로오스로, 일부는 규소로 된 딱딱한 외피에 싸여있어 독특한 모양을 보인다. 쌍편모조류는 다른 원생생물 문에서는 볼 수 없는 독특한 편모를 가지고 있는데 하나는 몸에 난 틈을 따라 허리띠처럼 자기 몸을 감싸고, 다른 것은 수직으로 난 틈에 있는데 편모를 휘저으면 몸이 팽이처럼 돌게 된다(그림 11.9). 적조는 일부 쌍편모조류가 폭발적으로 증식하여 발생된다(그림 11.10).

유글레나류

유글레나식물문(phylum euglenophyta)에 속하는 유글레나류는 2개의 편모를 가진 담수 원생생물이다. 현재까지 알려진 1,000여 종 중 1/3이 엽록체를 가지고 광합성을 하며, 나머지는 엽록체가 없고 종속영양을 한다. 광합성을 하는 유글레나의 엽록체는 빛이 없으면 크기가 줄어들고(마치 없어진 것처럼 보인다) 빛을 다시 받을 때까지는 종속영양만을 한다. 유글레나류는 동물성 편모충류와 매우 가까운 근연관계를 보여서 많은 분류학자들은 이 두 문을 하나로 묶기도 한다.

유글레나(*euglena*)는 원형질막 내부에 박막이라 불리는 단백질 뼈대를 가지고 있어 몸의 모양을 바꿀 수 있다(그림 11.11). 2개의 편모는 저장고(reservoir)라 불리는 플라스크 모양의 구멍 바닥에 붙어 있으며 세포의 앞쪽 끝에 위치해 있다. 긴 편모의 한쪽 면에는 매우 가늘고 짧은 머리털처럼 난 돌기가 열을 지어서 나 있다. 짧은 제2편모는 저장고 안에 있어서 바깥으로 드러나지 않는다. 안점(stigma)은 녹조류(녹조식물문에 속함)에서도 발견되는 세포 기관으로 빛에 민감한데 이들 광합성 생물이 빛을 향해 움직이도록 돕는다. 생식은 유사분열에 의해서 일어나는데 유성생식은 알려져 있지 않다.

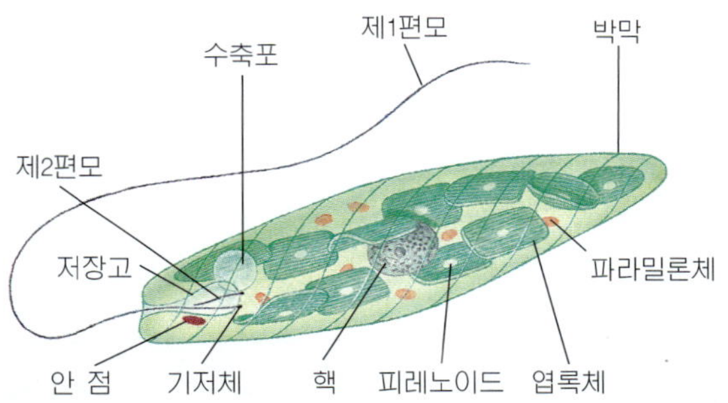

그림 11.11 유글레나류

유글레나(*euglena*)와 같은 유글레나류는 피레노이드에서 녹말을 만들어 피라밀론체에 저장한다.

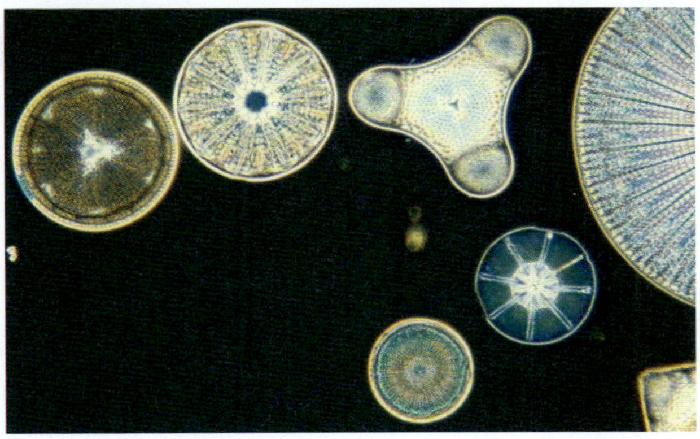

그림 11.12 규조류

방사대칭형 규조류의 다른 종류들

규조류

규조류는 황갈조식물문(phylum chrysophyta)에 속하는 광합성을 하는 단세포 원생생물로 규질로 된 특이한 2개의 껍질을 가진다. 마치 아주 작은 굴처럼 껍질은 뚜껑이 달린 작은 상자 모양인데 한쪽이 다른쪽 안으로 겹쳐져 덮인다. 이들은 황갈색조류라고 불리기도 하지만 주요 형질에 있어서 다른 조류들과 닮은 점이 없다.

규조류는 바다와 호수에 풍부하며 11,500 종 이상이 알려져 있다. 몸은 방사대칭형(그림 11.12)이거나 좌우대칭형이다. 규조류 화석의 껍질은 규조토라는 두꺼운 퇴적층을 형성하는데 상업적으로 채굴되어 연마분이나 페인트 광택제로 이용된다. 규조류는 껍질 주변에 있는 홈을 따라 원형질유동을 일으켜 이동한다. 이배체이고 대개 두 껍질이 둘로 나뉘어 분리되는 무성생식을 한다. 나뉘어진 두 껍질은 바깥쪽 껍질이 되고 그 안쪽에 새로운 안쪽 껍질이 자라 나온다. 개체가 반복되는 분열로 너무 작아지면 껍질을 벗고 충분한 크기로 자란 뒤 새로운 두 껍질을 만든다. 환경압박이 있으면 규조류는 감수분열을 하고 유성생식을 한다.

황갈색조류

황갈색조류는 황갈조식물문에 속하는데 엽록체 내에

노랗고 갈색인 카로티노이드와 크산토필 및 보조색소를 가지고 있어 황금색으로 보이기에 붙여진 이름이다. 단세포지만 간혹 군체를 형성하기도 하는 담수산 원생생물인데, 세포의 동일한 부위 끝에 근접해 있는 2개의 특징적인 편모를 가지고 있다. 여름에 호수와 웅덩이가 말라버리면 황갈색조류는 내성피낭(resistant cyst)을 형성한다. 가을이 되어 다시 축축해 지면 이들 피낭에서 건강한 세포들이 방출된다.

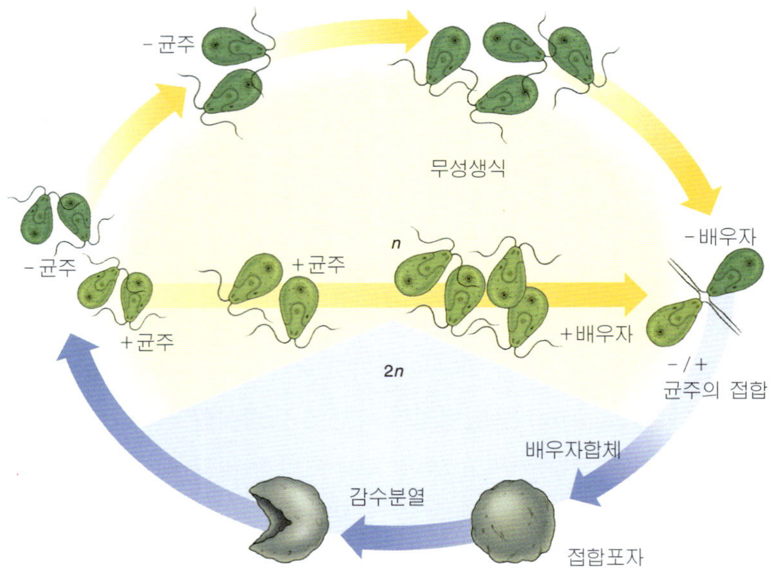

그림 11.13 녹조류 크라미도모나스(*chlamydomonas*)의 생활환

현미경적 크기로 2개의 편모를 가지는 녹조식물문에 속하는 클라미도모나스의 각 개체들은 반수체로 무성생식에 의해 분열하여 자기와 동일한 형태의 개체를 생산한다. 그림 오른쪽 아래에서처럼 때때로 반수체 배우자의 접합으로 접합자를 만든다. 접합자는 두껍고 내성을 가지는 세포벽으로 쌓인 접합포자(*zygospore*)가되고 감수분열을 하여 4개의 반수체 개체를 만들어 방출한다.

녹조류

녹조식물문(phylum chlorophyta)에 속하는 녹조류는 이로부터 식물의 조상이 유래했기에 특히 흥미를 끈다. 녹조류 엽록체는 식물처럼 엽록소 a, b를 가지고 있다. 녹조류는 7,000 종 이상을 포함하는 아주 다양한 그룹인데 대부분은 클라미도모나스(*chlamydomonas*)와 같이 운동성을 가지고 물 속에 살지만(그림 11.13) 클로렐라(*chlorella*)와 같은 비운동성인 것은 축축한 흙이나 나무 줄기에 산다. 대부분의 녹조류는 현미경적 크기의 단세포이지만 파래와 같은 것은 크고 다세포성이다(그림 11.14). 이들 중 가장 정교한 것이 수천 개의 세포가 모인 속이 빈 공 모양의 군체를 형성하는 볼복스다. 생식세포는 한쪽 끝에 있으며 각 세포들이 가지고 있는 2개의 편모를 동시에 움직이면 군체가 회전할 수 있다. 볼복스는 다세포 생물과 가까운 생물이라 할 수 있다.

그림 11.14 녹조류

파래는 매우 큰 다세포 녹조류다

홍조류

홍조류는 홍조식물문(phylum rhodophyta)에 속하는데 특징적인 색깔을 띠게 하는 피코빌린이라는 홍조소를 가지고 있다(그림 11.15). 홍조류에 속하는 4,000여 종 대부분이 다세포이며 다른 광합성 생물들보다 훨씬 깊은 바다에 살고 있다. 홍조류는 세포간에 필라멘트가 서로 얽혀 있는 복잡한 몸 구조를 가지고 있다. 실

그림 11.15 홍조류

이 홍조류의 셀룰로오스 세포벽에는 굴 껍질을 이루는 성분과 동일한 탄산칼슘이 많이 포함되어 있다. 몸이 딱딱하고 산호초 주변에 서식하기에 산호말로 불린다

험재료로 사용되는 한천은 홍조류의 세포벽에서 추출한 것이다. 생활환은 복잡하고 대개 세대교번을 한다. 홍조류는 편모와 중심립을 가지지 않는 것으로 보아 진핵생물 중 가장 원시적 그룹에 속하는 생물이라 생각된다.

■ 갈조류

갈조류는 갈조식물문(phylum phaeophyta)에 속하는데 어떤 생물보다 길고 빨리 자랄 수 있고 광합성 측면에서 보면 가장 효율적인 생명체라 할 수 있다. 거대 다시마는 100미터 이상으로 자랄 수 있다(그림 11.16). 알려진 갈조류 1,500여 종 모두는 다세포생물인데 거의 대부분이 해산이다. 바다 속에서 가장 독특한 해조라 할 수 있다. 큰 갈조류는 납작한 엽신, 줄기, 그리고 부착기를 가지고 있으며 식물과 유사한 복잡한 통도조직을 가지고 있다. 세대교번을 하는데 우리가 보는 커다란 개체들은 이배체인 포자체(sporohyte)이다.

11.6 쌍편모조류, 유글레나류, 규조류 그리고 네 가지 조류 등 많은 원생생물은 광합성을 한다.

그림 11.16 갈조류

스쿠버다이버를 둘러싸고 있는 식물이 갈조류인 거대 다시마이다. 다시마 숲은 지구상에서 가장 큰 숲을 이룬다.

11.7 제한적 운동성을 갖는 종속영양 원생생물

점균류와 물곰팡이류는 종속영양 원생생물인데 많은 차이가 있음에도 불구하고 간혹 균류와 혼동된다. 예를 들어 세포성 점균류와 물곰팡이류는 셀룰로오스로 된 세포벽을 가지고 있는 반면에 균류는 키틴으로 된 것을 가지고 있다. 또한 점균류와 물곰팡이류는 정상적인 유사분열을 하지만 균류의 유사분열은 비정상적이다. 3개의 주요 문이 있는데 몸 구조와 생활환에서 서로 많은 차이를 가지고 있다. 따라서 이들 문들은 계통적으로 서로 관련성이 없다고 본다.

세포성 점균류

세포성 점균류는 세포성 점균문(phylum acrasiomycota)에 속하는데 다른 문의 종들보다 아메바에 가장 가깝다고 여겨진다. 환경압박이 있으면 이동성이 있는 다세포성의 슬러그를 형성한다. 70여 종이 명명되어 있는데 *Dictyostelium discoideum*이 가장 잘 알려져 있다. 생물 발생의 기본 기작을 밝히기 위해 생물학자들이 흥미를 가지고 *Dictyostelium*에 대한 연구를 많이 해 왔다(그림 11.17). *Dictyostelium*은 기본적으로 단세포 포식자인데 먹이가 고갈되면 수천 개의 개별 *Dictyostelium* 아메바가 모여서 슬러그를 형성하여 새로운 서식지로 이동한 후 기부, 줄기, 포자를 방출하는 부푼 돌기로 즉각 분화한다. 방출된 포자가 새 아메바가 되어 먹이를 섭취하면서 생활환이 새로 시작된다.

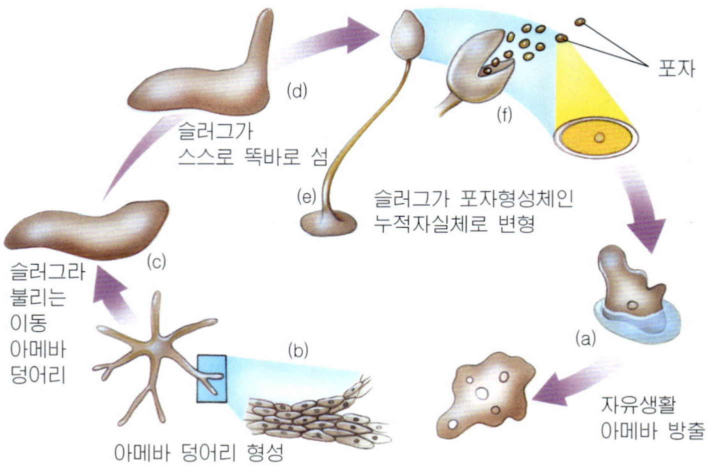

그림 11.17 세포성 점균류인 *Dictyostelium*의 생활환

세포성 점균류인 *Dictyostelium discoideum*은 (a) 포자가 발아하여 아메바가 만들어지고 (b) 아메바들이 응체를 형성하여 고정된 중심부로 모여 (c) 길이 2~3mm 정도의 다세포 슬러그를 형성하여 빛이 있는 쪽으로 이동한다. (d) 슬러그는 이동을 멈추고 포자를 만드는 누적자실체 (sorocarp)로 분화한다(e). (f) 누적자실체 머리 부위에서 포자가 나와 아메바가 된다.

변형성 점균류

비세포성 점균문(phylum myxomycota)에 속하는 변형성 점균류에는 500여 종이 알려져 있는데 세포벽이 없는 다핵성 세포덩어리인 변형체 형태로 유동한다(그림 11.18). 변형체는 장애물을 따라 흐르거나 심지어 직물의 망사 틈을 통과할 수도 있다. 위족을 확장시켜 움직이면서 세균이나 다른 유기물질을 삼키고 소화시킨다. 변형성 점균류는 많은 핵을 가지고 있지만 세포벽으로 서로 분리되어 있지 않다. 모든 핵들은 동시에 같은 방식으로 유사분열을 시작한다. 만약 변형체가 마르거나 또는 굶주리게 되면 빠르게 다른 장소로 이동하여 멈춘 후 많은 수의 작은 덩어리로 나누어진다. 이들 각각은 포자를 갖는 구조로 변형되는데 포자에서 감수분열이 일어나 반수체인 배우자를 생산한다. 상황이 좋아지면 포자는 발아하고 이 배우자는 서로 접합하여 접합자를 만들어 유사분열을 통해 이배체인 새로운 변형체를 형성한다.

그림 11.18 변형성 점균류

이 다세포성 변형체는 세균이나 섭취할 유기물이 있는 곳으로 이동한다

물곰팡이류

난균문(phylum oomycota)에 속하는 물곰팡이류는 습기찬 지역에서 흔히 볼 수 있는 먼지같은 곰팡이류다. 580여 종이 알려져 있는데 이들 모두는 죽은 유기물을 포식하거나 살아있는 생물체에 기생하여 산다. 난균의 포자는 특이하게 운동성이 있으며 포자는 앞 뒤쪽에 하나씩 2개의 편모를 가진다. 많은 난균류는 식물에 병을 일으키는 병원균으로 1845~47년에 발생한 아일랜

드 감자기근의 원인이었으며 400,000명의 아일랜드 사람들이 굶어 죽게 한 감자역병을 일으키는 *Phytophthora infestans*도 여기에 속한다.

11.7 점균류들은 제한적인 운동성을 갖고 종속영양을 취하는데 많은 종이 응체를 형성한다.

Chap 12

다세포 생물의 진화

12.1 복잡한 다세포 생물

조류는 단순한 구조를 갖는 다세포 생물로서 단세포 원생동물과 복잡한 다세포 생물(균류. 식물, 동물) 사이의 진화적 중간단계에 있는 생물이다. **복합 다세포 생물**(complex multicellular organism)은 매우 분화된 세포를 많이 가지고 있어 통합적인 생체활동이 가능하다. 여기에는 3개의 계가 있다.

1. **식물.** 다세포 녹조류가 식물의 직접적인 조상이라는 점은 거의 확실하며(13장 참조) 실제로 19세기까지는 식물로 분류되어 왔다. 그러나 녹조류는 수생생물로서 식물에 비해 많은 면에서 구조가 단순하여 오늘날 널리 받아들여지고 있는 6가지 생물계에서는 식물이 아닌 원생생물 계에 포함되었다.
2. **동물.** 동물은 단세포성 원생생물에서 기원했다. 지난 세기에서는 편모충류, 섬모충류와 아메바류와 같이 몸이 아주 작은 원생생물들을 작은 동물, 즉 원생동물로 분류했다. 오늘날 가장 단순한(그리고 외관상 가장 원시적인) 동물인 해면동물은 편모류의 한 종류로부터 진화해 온 것이 확실해 보인다.
3. **균류.** 균류는 동물의 조상과는 다른 종류의 단세포 원생생물로부터 유래했다. 점균류나 물곰팡이류와 같은 일부 원생생물이 균류로 분류되어 왔지만 균류의 조상은 이들과 달랐을 것으로 생각된다. 진정한 균류의 조상형 원생생물에 대해서는 아직 밝혀진 것이 없으며 이것이 균류 분류학에서 해결되지 않은 가장 큰 문제 중 하나다.

복합 다세포 생물과 해양 조류와 같은 단순한 다세포 생물은 **세포의 전문성**(cell specialization)과 **세포간 통합성**(intercell coordination)이라는 두 가지 큰 특징에 의해 뚜렷이 구분된다. 균류, 식물, 동물에 속하는 각 개체들은 구조가 다른 여러 종류의 세포를 가지며 세포들은 복잡한 방식으로 생체활동이 통합되어 있다. 복합 다세포 생물의 가장 중요한 특징은 아마도 세포의 전문성일 것이다. 같은 개체들 내부에 다른 종류의 세포들을 다양하게 가지고 있다는 것은 개체의 유전자에 대해서 매우 중요한 무엇인가를 암시한다. 즉, 다른 세포들은 각기 다른 유전자를 사용한다. 하나의 세포(사람에서는 수정된 난자)로부터 많은 다른 종류의 세포를 가지는 다세포성 개체가 형성되는 과정을 발생이라 부른

그림 12.1 균류

선반버섯(*Trametes versicolor*)

다. 복합 다세포 생물의 특징인 세포의 전문성은 각기 다른 방식으로 다른 유전자들을 서로 다르게 발현시키는 세포 **발생**의 직접적 결과이다. 복합 다세포 생물의 두번째 중요 특징은 세포간 통합성인데 다른 세포들에 반응하여 세포의 활동성이 조절되는 것을 말한다. 모든 복합 다세포 생물의 세포들은 호르몬이라 부르는 화학 신호를 이용하여 다른 세포들과 교신한다. 해면과 같은 생물에서는 상대적으로 낮은 세포간 통합성이 존재하는 반면 사람과 같은 생물체에서는 거의 모든 세포들이 복잡하게 통합되어 있다.

복합 다세포성 생물에는 3개의 계 즉, 균계, 식물계, 동물계가 있다. 균계에 속하는 효모를 제외하면 3계의 모든 구성원은 복합 다세포 생물이다. 이번 장에서는 균류(그림 12.1)를 다루고 다음 장에서는 식물을, 그 다음 장에서는 어떻게 동물이 진화했는지를 자세히 다룰 것이다.

12.1 균류, 식물, 동물은 다세포 생물로서 분화된 세포를 가지며 세포간에는 통합성이 있다.

12.2 균류는 식물이 아니다

균류는 독특한 계를 구성하며 77,000여 종이 명명되어있다. 균류학자들은 더 많은 종들이 서식하고 있을 것으로 믿고 있다. 전통적으로 식물계에 포함시켜 왔었지만 클로로필이 없으며 전반적인 외부 형태와 운동성이 없는 점만이 식물과 닮아 있을 뿐이다. 균류와 식물간에 크게 다른 점은 다음과 같다.

균류는 종속영양생물이다. 모든 식물들은 광합성생물인 반면 균류는 광합성을 하지 않는다. 균류는 주변에 분해효소를 분비하여 유기물을 분해하여 흡수한다.

균류는 사상체(filamentous body)를 갖는다. 균사가 함께 모여 버섯과 같은 복잡한 구조를 형성할 수 있지만 기본적으로 사상형(filamentous) 성장을 한다

균류는 비운동성 정자를 가지고 있다. 몇몇 식물들은 편모가 있는 운동성 정자를 가지는데 반해서 모든 균류는 운동성 정자를 가지고 있지 않다.

균류는 키틴질의 세포벽을 가진다. 균류의 세포벽에는 게의 갑각에 포함되어 있는 딱딱한 성분인 키틴이 포함되어 있다. 식물의 세포벽에는 셀룰로오스가 포함되어 있다. 키틴은 셀룰로오스보다 미생물의 분해에 훨씬 더 잘 견딜 수 있다.

균류는 핵 유사분열(nuclear mitosis)을 한다. 균류의 유사분열은 다른 모든 진핵생물의 유사분열과는 다르다. 즉 핵막이 깨지거나 재형성되지 않는다. 대신, 모든 유사분열이 핵 내에서만 일어난다. 방추장치(spindle apparatus)가 핵 내에 형성되고 염색체를 핵의 양쪽 극으로 끌고 간다.

균류의 몸 형태

균류는 맨 눈으로는 거의 볼 수 없는 가는 필라멘트 형태로 존재하는데 이것을 **균사**(hypha)라 부른다. 균사는 기본적으로 세포가 가늘고 긴 줄 형태로 모인것이다. 세포를 나누는 벽을 **격벽**(septum)이라 부른다. 균류의 격벽은 균류를 다른 모든 다세포생물과 구분되게

그림12.2 균사체

균사체는 균사들이 빽빽하게 서로 엮어져 만들어진다. 대부분의 균류 몸체는 이 균사체가 차지한다. 이 균사의 균사체는 미국 메릴랜드 숲에 떨어진 나뭇잎을 뚫고 자라고 있다.

하는 차이점인데 왜냐하면 격벽은 완벽한 장벽을 형성하는 경우가 드물기 때문이다. 격벽에 뚫린 구멍을 통해 세포에서 세포로 균사의 흐름을 따라 세포질이 자유롭게 이동할 수 있다.

균류의 기본 형태는 버섯 형태가 아니다. 이것은 일시적인 생식구조일 뿐이며 오히려 흙, 나무 등을 뚫을 수 있는가는 균사가 퍼져서 만들어진 그물망 형태를 갖는다. 균사덩어리를 균사체(mycelium)라 부르며 수 미터 길이에 이르는 각각의 균사들로 구성된다(그림 12.2). 이러한 몸의 형태는 균류와 주위 환경과의 독특한 관계가 형성되게 한다. 균류 몸의 모든 부위는 물질대사가 활성화되어 있어서 분해효소를 분비하고 접촉하는 어떤 유기물질이든지 왕성하게 분해시켜 흡수하려 한다.

세포질유동으로 세포질이 공유된 균사체의 수많은 핵들은 상호 연결되어 있다. 그들 중 어떤 것들도(생식세포를 제외하고) 하나의 세포로 분리되어 있지 않다. 즉 균사체의 모든 세포들은 세포질로 연결되어 있다.

12.2 **균류는 식물과는 전혀 다른 생물이다. 균류의 몸은 기본적으로 세포가 모여서 만드는 길고 가는 줄 형태인데 대개 세포간에는 내부적으로 연결되어 있다.**

12.3 균류의 생식과 영양

■ 균류는 어떻게 생식을 하는가?

균류는 무성, 유성생식 둘 다 한다. 모든 균류의 핵은 접합자를 제외하면 반수체이다. 대개 균류의 유성생식에서 사람이 2개의 성을 필요로 하는 것과 같이 다른 교배형 개체들이 참여해야 한다. 유성생식은 유전적으로 다른 교배형인 2개의 균사가 만났을 때 시작된다. 그 다음엔 무슨 일이 일어날까? 동물과 식물에서는 2개의 반수체 배우자들이 융합되었을 때 2개의 반수체 핵들이 즉시 융합하여 접합자의 이배체 핵이 된다. 균류는 이와 다르다. 대부분의 균류에서 2개의 핵은 즉시 융합되지 않는다. 대신, 균류의 생활환 대부분을 같은 세포질 내에서 존재하는, 같은 집에 사는 결혼하지 않은 거주자로 남아 있게 된다. 균류에서 유전적으로 다른 2개의 개체에서 유래한 핵을 가지고 있는 균사를 **이핵체**(heterokaryon)라 부른다. 모든 핵이 유전적으로 유사한 균사는 **동종핵체**(homokaryon)라 한다.

균류에서 생식기관이 형성되면 세포들 사이에 완전한 격벽이 형성되는데 균류 몸을 이루는 세포들 사이에 자유로운 세포질 흐름이 없어지는 유일한 경우이다. 세 종류의 생식구조가 있다. (1) 내부에 배우자가 형성되는 **배우자낭**(gametangia), (2) 내부에 포자가 형성되는 **포자낭**(sporangia), (3) 무성포자 형태인 **분생자**(conidia).

포자는 균류의 공통적인 생식방식이다(그림 12.3). 포자는 한 곳에 정착하여 살아가는 생물에게 적당한 생식 방법이다. 포자들은 매우 작고 가벼워서 오랜 시간 동안 공기 중을 떠돌며 꽤 먼 거리까지 이동할 수 있다. 포자가 적당한 장소에 떨어지면 발아하고 분열을 시작하여 곧 새로운 균사를 형성한다.

모든 균류는 주위에 분해효소를 분비한 뒤 이런 **외부소화**에 의해 생산된 유기물 분자를 흡수하는 방식으로 영양분을 섭취한다. 많은 균류는 나무의 셀룰로오스를 깨고 포도당 소단위체 사이의 결합을 부순 뒤 포도당 분자를 영양분으로 흡수할 수 있다. 이것이 균류가 흔히 죽은 나무 옆에서 자라고 있는 이유이다(그림 12.4).

그림 12.3 여러가지 균류가 포자를 형성한다.

주머니버섯이라 불리는 균류의 표면에서 포자가 터져 나오고 있다.

그림 12.4 굴버섯

굴버섯인 *Pleurotus ostreatus*는 선충류를 움직지 못하게 만들어서 잡아먹는다.

12.3 균류는 무성, 유성생식 둘 다 한다. 이들은 주위로 분해효소를 분비한 뒤 소화된 분자들을 흡수하는 방식으로 영양을 얻는다.

12.4 생태계에서 균류의 역할

균류는 세균과 함께 생물권에서 중요한 분해자이다. 균류는 유기물을 부수고 이들 분자에 포함되어 있는 물질들을 생태계로 되돌린다. 균류는 실제로 나무의 중요 구성물 중 하나인 리그닌을 분해할 수 있는 유일한 생물이다. 이 같은 물질들을 분해함으로써 균류는 죽은 생물의 몸에서 탄소, 질소, 인산과 같은 중요한 골격들을 해체하여 다른 생물체가 이용할 수 있도록 한다.

유기물을 분해할 때 어떤 균류는 살아있는 식물, 동물을 공격하여 유기분자의 공급원으로 이용하는 반면 다른 균류는 죽은 생물을 공격한다. 균류는 대개 식물과 동물 모두에서 질병을 일으키며 매년 수 십억 달러의 농업 손실을 초래한다. 균류는 살아있는 식물에 가장 해로운 기생생물일 뿐만 아니라 수확되고 저장된 후에도 해를 끼친다.

균류를 생태적으로 중요하게 하는 공격적인 물질대사는 다양한 방식으로 상업적으로 이용되어왔다. 빵과 맥주는 이산화탄소와 에탄올을 풍부하게 생산하는 단세포 균류인 효모의 생화학적 활성을 이용하여 제조된다. 치즈와 포도주는 특정 균류의 대사과정을 통해 독특한 향을 가지게 되며 어떤 균류는 간장의 제조를 가능하게 한다. 페니실린을 포함하여 많은 항생제가 균류에서 만들어진다.

지의류는 균류와 녹조류 또는 남세균간의 공생관계로 만들어진 것이다. 이들은 세계 어디서나 쉽게 볼 수 있는데 특히 민둥바위와 같은 거친 서식처에 많다. 식물의 뿌리와 균류 사이의 특수한 공생관계인 **균근**(mycorrhizae)은 전체 식물의 약 80%가 지니고 있는 특징이다. 광합성을 하는 식물은 대기중의 이산화탄소를 고정하여 균류가 이용할 수 있는 유기물을 만든다. 균류의 대사활동은 특정 서식처에 살 수 있도록 전반적인 공생관계의 활성을 높인다. 즉, 균근의 경우 균류는 식물에게 인산과 같은 필수 영양소를 공급한다.

12.4 **균류는 거의 모두 육상 생태계에서 중요 분해자인데 생태적으로, 상업적으로 중요한 역할을 한다.**

12.5 균류의 종류

균류는 최소 4억 년 이상된 원시생물 그룹이다(표 12.1). 균류의 많은 종류는 영양분을 섭취하면서 다른 많은 것을 썩게 하거나 부패시키는데 동물과 특히 식물에서는 심각한 질병을 일으킬 수 있어 해롭다. 그러나 어떤 균류는 대단히 유용하다. 빵과 맥주의 제조는 이산화탄소와 에탄올을 풍부하게 생산하는 단세포 균류인 효모의 생화학적 활성을 이용한 것이다. 균류는 복잡한 유기물 분자를 다른 형태로 바꿀 수 있어 산업에 광범위하게 이용되고 있는데 상업적으로 매우 중요한 스테로이드는 이런 방식으로 합성되는 예이다.

생식방식에 의해 균류는 3개의 문 즉, 접합균문, 자낭균문, 담자균문으로 나눈다. 이들 세 문과 불완전균류(imperfect fungi) 간의 진화적 관련성은 분명하지 않다.

12.5 **균류의 문은 주로 생식방식에 의해 나뉘어진다. 유성생식이 관찰되지 않는 종류의 균류를 소위 불완전균류로 통칭한다.**

표 12-1 균류

문	전형적인 예	주요형질	예상되는 현생종의 수
자낭균문	효모, 송이버섯, 곰보버섯 	유성생식, 자낭에서 자낭포자가 형성 무성생식도 흔히 일어남	32,000
불완전균류	누룩곰팡이 페니실린곰팡이 	유성생식은 관찰되지 않음, 대부분은 유성생식 능력을 상실한 자낭균류라 생각됨	17,000
담자균문	식용버섯, 독버섯 	유성생식으로 번식, 곤봉모양의 담자기에서 형성, 균사 말단 세포에서 포자의 일종인 담자기가 형성, 무성생식은 드물게 일어남.	22,000
접합균문	*Rhizopus* (검은빵곰팡이) 	유성생식과 무성생식으로 번식, 생식기관 외 다른 균사는 다핵으로 격벽을 갖지 않음, 균사의 융합으로 접합자가 형성되고 발아 직전에 감수분열이 일어남	1,050

12.6 접합균류

접합균류는 접합균문(phylum zygomycota)에 속하며 균사의 융합으로 이핵체를 만들지 않는다는 점이 독특하다. 대신 2개의 핵이 융합하여 하나의 이배체 핵을 만든다. 마치 식물과 동물에서 정자와 난자가 접합하여 접합자를 만드는 것처럼 융합을 통해 접합자를 만든다. 접합균류의 의미는 접합자를 만드는 균류란 뜻이다.

접합균류는 균류 가운데서도 예외적인 경우이며 종류가 많지 않다(기재된 균류의 1%에도 못 미치는 약 1,050여 종만이 알려져 있다). 여기에 속하는 것으로 가장 흔히 볼 수 있는 빵곰팡이류(흔히 검은빵곰팡이라 불림)인데 많은 수의 미세균류를 부패한 음식물에서 볼 수 있다.

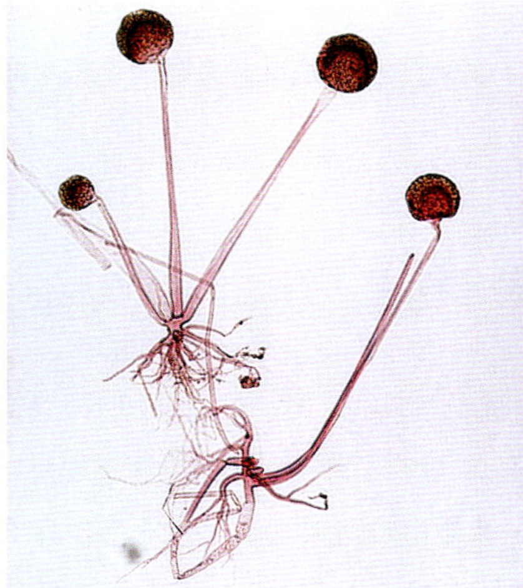

그림 12.5 접합균류
포자낭이 달려있는 검은빵곰팡이(*rhizopus*)는 약 1cm 정도 된다.

접합균류의 생식은 전형적인 무성생식이다. 균사의 끝 부분 세포에서 완전한 격벽이 형성되고 여기에서 위로 쭉 뻗는 줄기를 형성하게 되는데 줄기 끝에는 포자낭(sporangium)이 붙어있다. 포자낭에서 반수체 포자가 만들어진다(그림 12.5). 이들 포자는 바람에 흩날려 새로운 장소로 날아가 발아하여 새로운 균사체를 만들기 시작한다. 드물기는 하지만 환경압박을 받으면 유성생식을 하기도 한다. 환경압박으로 인해 특히 **접합포자낭**(zygosporangium)이라 불리는 질기고 저항성 있는 구조가 만들어진다(그림 12.6). 접합포자낭은 매우 효

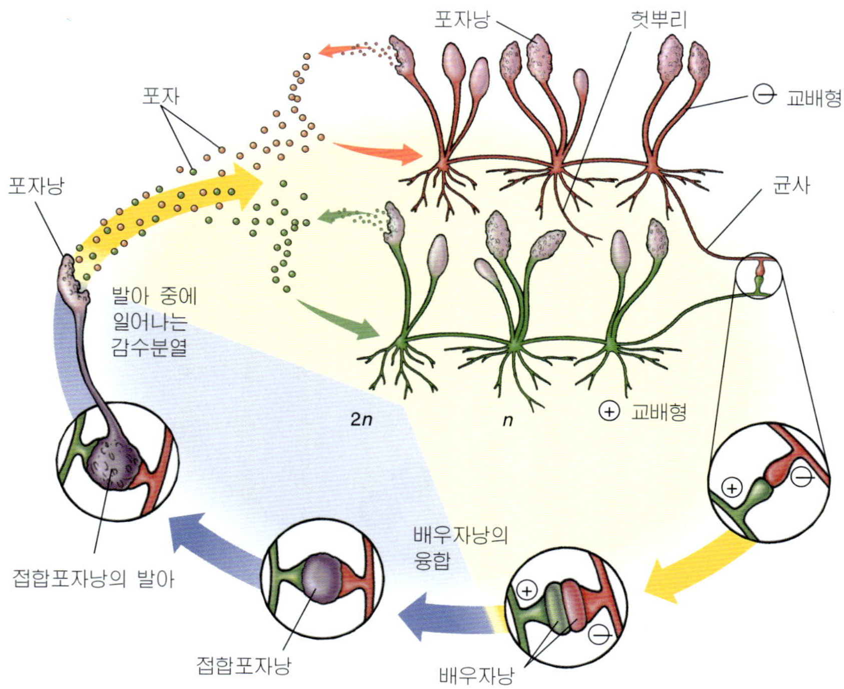

그림 12.6 접합균류의 생활환
빵이나 다른 물질의 표면에서 균류의 균사가 자라나 끝에 포자낭을 달고 있는 곧게 선 줄기가 가지는 균사덩어리가 형성된다. 만약 2개의 균사가 같이 자라게 되면 핵 융합을 통해 접합자를 형성할 수 있다. 접합자는 생활환에서 유일한 이배체 세포인데 검고 두꺼운 껍질을 갖게되어 접합포자낭이 된다. 감수분열은 발아하면서 일어나는데 정상적인 반수체 균사는 감수분열을 통해 형성된 반수체 세포에서 자라 나온다.

과적인 생존 기작으로, 조건이 안 좋을 때 생물이 오랫동안 휴면상태를 유지하도록 해주는 휴면구조이다.

12.6 **접합균류는 전형적인 무성생식을 하는 특이한 균류이다. 즉 정자와 난자 세포가 융합하여 이핵체(2개의 n 핵)가 아닌 접합자(하나의 2n 핵)를 생산한다.**

12.7 자낭균류

자낭균류가 속하는 자낭균문은 세 균류문 중 분류군의 크기가 가장 크고 약 32,000여 종이 현재까지 기록되어 있으며 매년 많은 종이 새로 발견되고 있다(그림 12.7). 자낭균류에는 효모, 곰보버섯, 송로버섯은 물론 붉은빵곰팡이, 식물에 감염되어 병을 일으키는 균류인 독일느릅나무병균, 밤나무역병균 등이 이에 속한다.

그림 12.7 자낭균류

자낭균문에 속하는 이 컵모양의 균류는 트리니다드섬(서인도제도 최남단의 섬)에 서식한다.

접합균류에서처럼 자낭균류의 생식도 대개 무성생식이다. 그러나 격벽이 없는 균사를 가지는 접합균류와는 달리 자낭균류의 균사는 세포를 나누는 격벽을 가지고 있다. 격벽은 불완전하고 중앙에 커다란 구멍이 있어 균사에서 세포질이 큰 어려움 없이 위 아래로 흐를 수 있다. 무성생식은 균사의 끝에 완전한 격벽이 형성되어 균사체로부터 완전히 분리되어 분생자라 불리는 무성포자를 형성하면서 시작되는데 각 포자는 여러 개의 핵을 갖는 경우도 있다. 이들 분생자 중 하나가 방출되어 공기흐름을 타고 다른 곳으로 이동한 후 발아되어 새로운 균사체가 형성된다.

분생자가 갖는 핵의 수 때문에 혼돈을 가져서는 안된다. 일반적으로 이배체 세포는 유전적으로 다른 2개의 염색체 조를 가지나 다핵성 포자는 자낭균의 한쪽

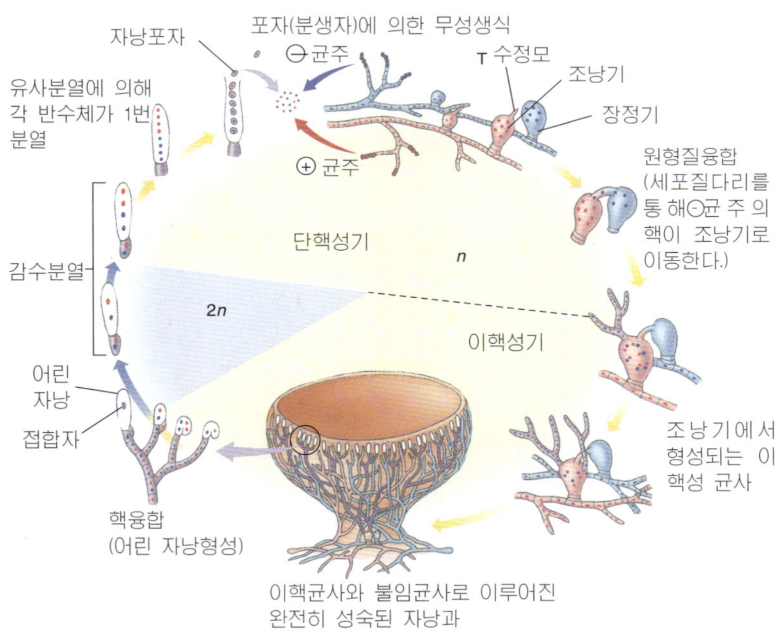

그림 12.8 자낭균류의 생활환

무성생식은 변형된 균사의 끝에서 격막에 의해 짤려나온 분생자란 포자에 의해 일어난다. 유성생식은 자성생식기관인 조낭기과 웅성생식기관인 장정기가 수정모를 통해 융합하여 접합자를 형성하고 자낭과가 발달하면서 시작된다.

염색체 조만을 가지는 반수체이다. 핵의 실제 수는 중요한 것이 아니고 중요한 것은 다른 유전체(genome)의 수이다.

자낭균류란 이름은 특징적인 유성생식기인 자낭에서 유래했는데 자낭은 보다 큰 구조인 자낭과에서 분화되어 나온 것이다(그림 12.8). 자낭은 현미경적 크기의 세포로 내부에서 접합자가 만들어진다. 접합자는 자낭균류 생활환에서 유일한 이배체의 핵이다. 성숙한 자낭이 터지면서 개개의 포자가 30cm 이상 멀리 퍼질 수 있는데 자낭이 매우 작다는 것을 고려하면(단지 10mm) 정말로 놀라운 거리이다.

그림 12.9 담자균류

살인버섯인 *Amanita phalloides*를 먹으면 죽게된다.

12.7 대부분의 균류는 자낭이라 불리는 생식기 내에 접합자를 형성하는 자낭균류다.

12.8 담자균류

담자균문에 속하는 것으로 알려진 22,000여 종의 담자균류 내에는 우리에게 아주 친숙한 식용버섯, 독버섯, 주머니버섯, 선반버섯 등이 포함되어 있다. 많은 종류의 버섯은 식용이지만 치명적인 독을 가지는 것도 있다(그림 12.9). 몇몇 종은 농작물로 재배되는데 주름버섯(*Agaricus campestris*)은 70여 개국에서 재배되어 1998년에는 150억 달러어치가 생산되었다. 담자균류에는 중요 작물에 질병을 일으키는 녹병균과 흑수병도 포함된다.

담자균류의 생활환은 발아하는 포자로부터 균사가 만들어지면서 시작된다(그림 12.10). 이들 균사에는 처음에는 접합균류처럼 격벽이 없다. 그러나, 핵과 핵사이에 격벽이 형성되는데 자낭균류에서처럼 구멍이 있어 세포질이 자유롭게 세포사

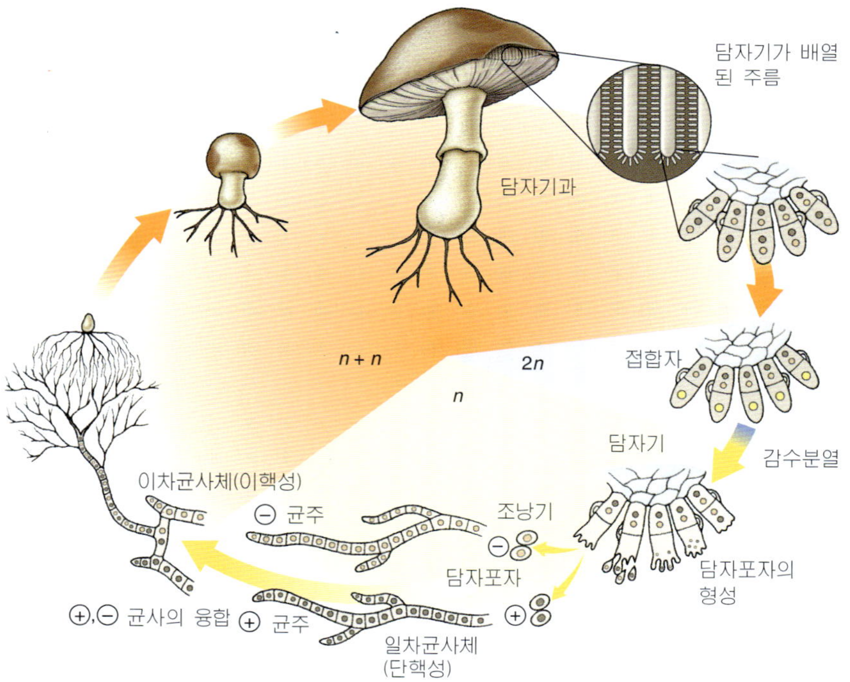

그림 12.10 담자균류의 생활환

담자균류는 일반적으로 유성생식을 하는데 담자기에 있는 핵이 융합하여 접합자를 만든다. 배우자합체는 감수분열을 하여 포자를 형성하고 이것이 결국에는 담자기과가 된다.

이를 흐를 수 있다. 이들 균사가 자라 복잡한 균사체가 형성되는데, 2개의 다른 교배형을 가진 균사가 융합하여 이핵체를 만들어 이핵성 균사체가 만들어진다.

이핵성 균사의 각 세포 내에 존재하는 2개의 핵은 융합이 일어나지 않은 상태로 오랫동안 공존할 수 있다. 다른 두 균류와 달리 담자균류에서의 무성생식은 드물고 거의 언제나 유성생식을 한다.

유성생식기에 이핵성 세포의 두 핵이 융합하여 접합자(생활환에서 유일한 이배체 세포)가 형성되는데 **담자기**(basidium)라 불리는 곤봉모양의 생식기관에서 일어난다. 균사체에서 이핵성의 균사가 모여 만들어진 복잡한 구조의 담자기과 또는 흔히 **버섯**(mushroom)이라 불리는 구조가 형성된다. 감수분열은 각 담자기에서 반수체 포자가 형성되면서 시작된다. 담자기는 버섯의 갓 아래 부분에 있는 표면이 아코디온처럼 접혀진 조밀한 층에 있다. 갓 크기가 8cm인 버섯은 시간당 4억 개나 되는 많은 포자를 만들 수 있는 것으로 추정되고 있다.

12.8 **버섯은 담자균류인데 담자기라는 곤봉모양의 생식기관을 형성한다.**

12.9 단세포성 무성생식 균류

효모

단세포 균류를 통칭해서 일반적으로 효모라 부른다. 단세포임에도 효모는 다세포 조상으로부터 유래한 것이 거의 확실하다. 효모는 3개의 균류문 각각에서 유래했는데 대부분은 자낭균류에서 유래했다. 약 250여종이 명명되어 있으며 수천년 동안 빵, 맥주, 포도주를 생산하는데 이용되었으며 제빵용 효모(*saccharomyces cerevisae*)도 여기에 포함된다(그림 12.11). 그 외 효모로는 중요 병원성 기생생물로 질염 원인균인 칸디다

그림 12.11 효모의 쓰임새

빵 제조에 단세포 자낭균류인 효모의 대사활동이 이용된다. 포도주 또한 효모의 대사성질을 이용한 것인데 대개 같은 종인 *Saccharomyces cerevisae*가 두 과정에 관여한다. 빵을 구울 때는 효모가 이산화탄소를 만들고 와인이나 맥주를 만들 때는 알코올을 만든다.

(*Candida*)등이 있다.

자낭균류처럼 대부분 효모의 생식은 무성생식이며 분열법 또는 출아(큰 세포의 일부로 작은 세포가 형성됨)에 의해 발생한다. 효모에서 유성생식은 2개의 효모 세포가 융합하여 일어난다. 2개의 핵을 가지고 있는 새로운 세포가 자낭과 같은 기능을 한다. 2개의 핵이 융합한 후에 감수분열로 4개의 자낭포자가 형성되고 곧 새로운 효모 세포로 자란다.

불완전균류

앞에서 살펴본 유성생식의 방식에 따라 구분되는 세 종류의 균류 외에도 유성생식이 관찰되어 있지 않은 17,000여 종의 균류가 알려져 있는데 이들을 앞서 언급한 3개의 유성생식문에 포함시킬 수가 없어서 편의상 **불완전균류**로 묶고 있다(그림 12.12). 불완전균류는 유성생식능력을 잃어버린 균류이다. 균사와 무성생식의 형태를 고려하면 이들 대부분은 자낭균류처럼 보이지만 일부는 담자균류와도 유사하다.

대부분의 불완전균류는 경제적으로 매우 중요하다.

그림 12.12 불완전균류

불완전균류는 유성생식이 알려져 있지 않은 균류이다. 알파파의 중요 병원체인 *Verticillum alboatrum*는 소용돌이꼴의 분생자를 갖는다. 불완전균류에 속하는 단세포성 분생자는 분생포자의 말단에서 생성된다.

몇몇 페니실린곰팡이류(*penicillium*)에 속하는 종들은 항생제로 잘 알려진 페니실린의 원료이며 다른 종들은 치즈의 특이한 맛과 향을 내게한다. *Aspergillus* 종들은 간장을 만들거나 상업적으로 이용되는 시트르산을 생산하는데 사용된다. 무좀 백선 등 피부질환을 일으키는 대부분의 균류는 불완전균류이다.

12.9 효모는 단세포 균류이다. 불완전균류는 유성생식 능력을 잃어버렸다. 많은 종이 경제적으로 매우 중요하다.

12.10 지의류

균류는 생물계에서 매우 중요한 역할을 담당하고 있는 조류, 식물 등과 밀접한 공생관계를 다양하게 맺고 있다. 균류가 관여하는 공생관계는 종속영양생물(균류)과 광합성생물(조류 또는 식물)간에 공존 능력을 높일 수 있는 관계가 전형적이다. 균류는 환경으로부터 무기염류나 다른 영양분을 매우 효율적으로 흡수하는데, 광합성생물은 태양빛을 이용해 유기물 분자를 만드는데 기여한다. 균류 혼자서는 유기물을, 광합성생물은 환경으로부터의 무기염류를 취할 수 없지만 공생함으로써 서로 양분을 얻는 협력관계가 이루어진다.

지의류는 균류와 광합성 생물간의 공생관계를 보여준다. 지의류 중 20여 종을 제외한 15,000여 종이 자낭균류를 파트너로 삼고 있다. 이끼로 보이는 대부분의 부위는 균류이고 균류 내부에 있는 망사처럼 된 균사층 사이에 남세균이나 녹조류, 때로는 두 종류가 섞여있어 빛이 투과될 수 있는 균사층에 충분한 양의 빛이 통과되어 광합성을 가능하게 한다. 특수화된 균사가 광합성 생물의 세포를 감싸거나 관통하여 광합성 세포가 만든 당분과 다른 유기물 분자를 균류로 옮기고 모으는 고속도로와 같은 역할을 한다. 균류는 남세균 또는 녹조류가 균류의 성장에 의존하지 않는다면 만들 필요가 없는 대사산물을 생산하도록 하는 특수한 생화학 신호를 보낸다. 사실, 균류는 광합성 능력이 있는 파트너가 없다면 살 수가 없다. 이러한 독특한 공생관계를 많은 생물학자들은 협동관계로 보기보다는 숙주인 균류에 의해 광합성 생물의 기생생활이 조절되는 일종의 주인과 노예 관계의 특징으로 보고 있다.

이런 밀접한 공생구조는 지의류가 열악한 환경에서 자랄 수 있게 한다(그림 12.13). 지의류는 바위를 부수기도 하면서 다른 생물들이 정착해서 살 수 있는 토대를 마련한다. 1차천이의 가장 중요한 것은 대기 중 질소를 고정할 수 있는 남세균을 가진 지의류일 것이다.

(a) (b)

그림 12.13 지의류의 두 가지 형태

(a) 캘리포니아의 바위에 서식하는 껍질형(외피가 덮인) 지의류 (b) 플로리다 주에서 자라는 관목형 지의류인 *Cladina evansii*. 관목형 지의류는 대기 중에 포함된 습기도 효과적으로 흡수할 수 있어 사막에서도 자란다.

지의류들은 이용 가능한 질소를 암모니아 또는 유기분자 형태로 축적시켜 초기 정착 생물이 이용할 수 있도록 한다. 질소가 없다면 다른 생물들이 이 지역에 살수 없을 것이다.

12.10 지의류는 균류와 광합성생물인 남세균 또는 조류와의 공생적 군집이다.

12.11 균근

전체 식물 종류 중 80%의 뿌리는 특정 균류와 공생관계에 있다. 사실 전 세계 전체 식물 뿌리 무게의 15% 이상은 균류가 차지하는 것으로 추정된다. 이 같은 종류의 공생군집을 균근(mycorrhiza)이라 한다(그림 12.14). 균근에서 균류의 필라멘트는 대단히 효율적인 뿌리털 역할을 하는데, 뿌리털은 뿌리의 끝 부위의 표피 또는 가장 바깥쪽 세포층으로부터 바깥쪽으로 뻗어나온 것이다. 균류의 필라멘트는 인산이나 다른 종류의 미네랄이 흙에서 식물 뿌리로 직접 이동될 수 있도록 돕는 반면에 식물은 공생균류에게 유기탄소를 공급한다. 양쪽 모두에게 실질적으로 이득이 되기 때문에 이들 관계는 하나의 좋은 상리공생의 예가 된다(그림 12.15).

내균근

균근이 있는 대부분의 식물, 즉 200,000여 종 이상의 식물에서 볼 수 있는 균근은 균사체의 균사가 직접 식물 뿌리의 바깥세포를 관통하고 바깥 흙 쪽으로도 꽤 멀리 뻗어나가는 종류의 내균근이다. 이 수십만 종류의 공생관계가 30여 종에 불과한 매우 적은 종의 접합균류에 의해 일어난다는 것은 놀랄만한 일이다.

가장 오래된 식물화석들은 대개 내균근 뿌리를 가지는 것으로 보아서 내균근이 식물의 육상 정착에 중요한 역할을 한 것으로 추정된다. 현존하는 관다발식물 중 가장 원시적인 종류들은 여전히 지속적으로 내균근에 상당히 의존하고 있다.

외균근

약 10,000여 종의 식물에서 볼 수 있는 균근은 식물

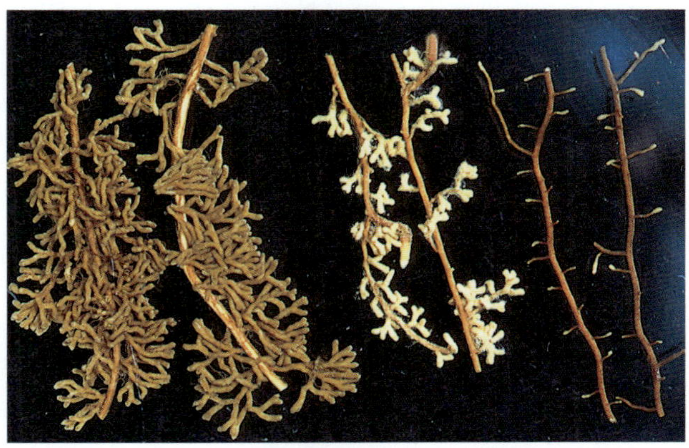

그림 12.14 소나무 뿌리에 형성된 균근

왼쪽부터 *Pisolithus*에 의해 형성된 황갈색 외균근, *Rhizopagon*에 의해 형성된 백색 외균근, 균류와 군집을 형성하지 않은 소나무 뿌리 순이다.

그림 12.15 어떻게 상리공생이 식물의 성장에 도움이 될까?

균근은 식물뿌리가 흙에서 양분을 흡수해서 성장할 수 있도록 도와준다. 균근이 없는 대두(왼쪽)는 각각 다른 종류의 균근을 가진 대두(가운데와 오른쪽)보다 훨씬 느리게 자란다.

뿌리세포를 물리적으로 관통하지 않고 둘러싸기만 하는 외균근이다. 이들 비관통성 외균근과 내균근의 뚜렷한 차이점은 특정 식물종이 특정 균류와 특수화된 공생관계를 형성한다는 것이다. 여기에 관련된 균류의 대부분은 담자균류(일부는 자낭균류)인데 각 각 1 종의 특정 식물에만 국한되어 특수한 공생관계를 형성하는데 관여하는 균류가 적어도 5,000종 이상 된다는 것이 확인되었다. 이런 종류의 균근은 온대지역의 소나무, 전나무, 너도밤나무, 버드나무 등 경제적으로 중요한 수종과 관련되므로 중요하다고 할 수 있다.

12.11 균근은 균류와 식물뿌리간의 공생적 군집이다.

Chap 13

식물의 세계

13.1 육지 환경에 대한 적응

식물체는 움직일 수 없기 때문에 배우자가 바람이나 곤충에 의해 전달되어야 한다. 최초의 식물체에서 난자는 세포들로 둘러싸여 있었으며 정자가 난자까지 헤엄쳐가기 위해서는 얇은 수분 막이 필요했다. 오늘날도 식물이 이와 같은 방법으로 수정을 한다. 그러나 선태류가 진화하고 생활사의 변화가 생기면서 건조에 대하여 내성을 갖는 포자(spore)의 출현이 뒤따르게 된다.

■ 생활사의 변화

상당수의 조류에서는 단상(n)의 시기가 생활사의 대부분 기간을 차지한다. 배우자의 결합에서 생기는 접합자(zygote)만이 복상체이며 그나마 곧바로 감수분열을 거쳐 단상세대로 돌아가게 된다. 초기의 육상식물체에서는 이 감수분열의 시기가 점차 늦추어져서 복상세대의 시기가 점차 늘어났다. 그 결과 단상세대로 살다가 수정 이후 복상세대로 나머지 생활사를 살아가는 **세대교번**이 출현하게 되었다(그림 13.1). 복상세대의 개

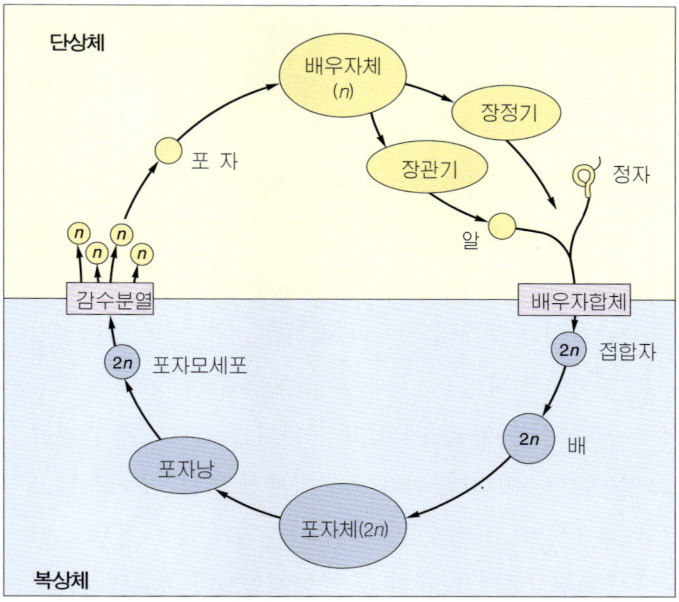

그림 13.1 일반화된 식물의 생활사

식물의 생활사에서는 세대교번이 있는데 이는 복상세대와 단상세대가 교체하여 출현하는 것을 말한다. 배우자체는 단상체로 복상체인 포자체와 교대하게 된다. 수배우체의 장정기(antheridia)와 암배우체의 장란기(archegonia)가 유성생식기이며, 이들은 배우자체 위에 형성된다. 정자는 장정기에서, 난자는 장란기에서 생성된다. 정자와 난자의 결합에 의하여 최초의 복상세포인 접합자가 되며 포자체 세대가 시작된다. 감수분열은 복상의 포자체에 형성되는 포자낭에서 일어나며 결과적으로 단상의 포자가 방출된다. 포자는 자라나서 암수 배우자체가 된다.

체를 **포자체**(sporophyte)라고 부르는데 이는 포자체가 감수분열을 통하여 포자를 만들어 내기 때문이다. 단상세대의 개체는 배우자체라고 부르는데 이는 단상의 배우자체로부터 배우자가 체세포분열을 통하여 만들어져 방출되기 때문이다. 뿔이끼와 같은 하등식물을 보면 매우 큰 **배우자체** 위에 작은 갈색의 포자체가 얹혀 사는 형태를 취하는 것을 볼 수 있다. 진화한 식물체들은 대부분 포자체의 시기가 더 길고 개체가 크며 종종 배우자체는 매우 축소되어 포자체 내부에 보호조직으로 감싸여 있다.

식물이 육상에 정착하게 되면서 많은 속성들이 발달하게 되었다. 예컨대, 최초의 식물체에서는 육상부와 지하부의 차이가 없었으나 이후 뿌리와 줄기가 분화하면서 각각의 환경에 적합한 형태로 되어간다.

식물이 육지에 적응하면서 일어난 가장 중요한 구조적 변화의 하나는 식물체의 수분의 수송구조이다. 도관은 단순히 물을 뿌리로부터 잎까지 수송할 뿐 아니라 잎에서 고정된 포도당을 뿌리로 이동시키는 기능도 수행하게 된다. 이와 같이 내부가 비어 있으며 서로 연결되어 물과 영양을 수송하는 도관계를 유관속계(vascular system)라고 한다. 대부분의 유관속식물의 유관속계는 뿌리의 끝부터 줄기를 거쳐 잎의 말단까지 연결되어 있다.

모든 식물이 효율적이고 분화된 유관속계를 가지고 있는 것은 아니다. 아예 유관속계가 없는 경우도 있고 매우 단순하고 비효율적인 유관속계를 갖는 경우도 있다. 현생식물의 12개의 문 중에서 9개가 유관속식물이다. 유관속식물의 가장 오래된 화석은 약 4억천만 년 전 것이다. 이 식물은 지금은 멸종한 Rhinophyta에 속하며 잎이 없었다. 가지도 매우 단순하고 가지의 끝부분에 포자를 형성하는 포자낭을 달고 있었다. 잎은 처음에는 가지의 신장된 형태였다가 오늘날에 보는 바와 같은 가지에 달린 잎이 출현하였다. 유관속식물은 성공적으로 진화하여 오늘날 가장 보편적인 식물로 되었다.

13.1 **식물은 다세포의 육지 광합성 생물체로 녹조류로부터 진화하였으며, 최초에는 균류와의 공생을 통하여 영양염류를 흡수함으로써 육지 환경에 적응하였다. 수분을 유지하기 위하여 큐티클층과 같은 보습막이 발달하였으며 포자와 종자를 통하여 생식한다.**

13.2 무관속식물

우산이끼와 뿔이끼

최초의 육상식물은 관속이 없었다. 즉, 물과 영양염류를 수송할 아무런 도관계도 없었다. 따라서, 물질은 삼투나 확산에 의해서만 이동할 수 있었으며 이는 식물체의 크기가 제한적인 이유가 되었다. 오늘날 뿔이끼와 우산이끼만이 완전히 관속이 결여되어 있다. 우산이끼는 식물 중 가장 단순한 형태로 8,500여 종이 알려져 있으며, 뿔이끼에는 100종 정도가 알려져 있다. 이들은 대부분 습기가 많은 음지에 서식한다.

선태류

이끼라고 부르는 선태류(Bryophyta)는 물과 탄수화물을 수송하는 일련의 세포를 최초로 진화시킨 식물이며, 이와 같은 부위를 유사관속조직(vascular tissue)이라 한다(그림 13.3). 많은 이끼들에서 유사관속조직의 중앙에 있는 줄기세포가 배우자체의 줄기 부위까지 물

그림 13.2 이끼의 포자체

대부분 우리가 관찰할 수 있는 것은 이끼의 포자체이다. 그림에서 보는 솔이끼(*polytrichum*)의 아래 부분에 있는 잎과 같은 구조는 배우자체이며 길고 황갈색으로 끝부분에 캡슐모양을 갖는 대는 포자체이다.

을 수송한다. 이끼류의 유사관속계는 마치 물렁한 관과 같아서 관의 벽을 강화하는 물질이 침적되어 있지 않으며 따라서 높은 곳까지 물을 수송할 수가 없다. 이끼류는 우산이끼, 뿔이끼 등과 함께 무관속식물에 포함되기도 한다. 현재 약 10,000여 종의 이끼가 보고되어 있으며, 이들은 대부분 습지에 서식한다. 우산이끼, 뿔이끼 등의 경우와 마찬가지로 이끼류에서도 포자체는 배우자체의 몸 위에 기생하면서 영양분을 얻는다(그림 13.2).

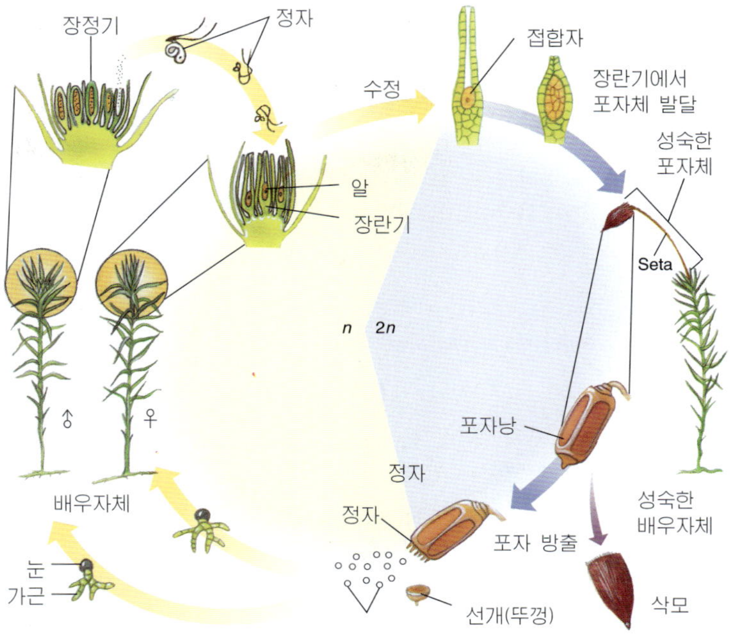

13.2 **우산이끼와 뿔이끼는 관속이 완전히 결여된 반면 이끼는 단순하고 강하지 않은 관속조직을 가지고 있다.**

그림 13.3 이끼의 생활사

단상인 배우자체에서 정자는 각각의 장정기에서 방출된다. 정자는 물속을 유영하여 장란기에 접근하며 장란기의 긴 목 아래로 가서 난자와 결합한다. 수정은 장란기 내부에서 일어나며, 휴면접합자는 나중에 발아하여 복상의 포자체가 된다. 포자체는 장란기로부터 곧바로 자라나서 긴 빨대 모양으로 끝부분에 캡슐모양의 포자낭을 형성한다. 포자낭은 처음에는 다양한 형태의 뚜껑으로 덮여있으며 이 뚜껑 부분은 장란기의 일부가 신장하여 된 것이다. 포자낭 내에서는 감수분열에 의하여 포자가 형성된다. 뚜껑이 떨어져 나가면서 포자는 방출된다. 포자는 발아하여 배우자체가 된다.

13.3 무종자 관속식물

현존하는 대부분의 유관속식물은 종

(a)

(b)

(c)

그림 13.4 종자를 만들지 않는 관속식물

종자를 만들지 않는 관속식물의 4개 문 중 3개 문. (a)말레이시아의 삼림에 있는 나무고사리. (b) 석송류인 *Lycopodium lucidulum*의 모습. 언 듯 보기에는 이끼와 매우 유사하나 개체의 전체가 포자체이다. (c) 속새식물인 *Equisetum telmateia*. 현재 속새식물에는 불과 몇 종만이 남아 있다. 이 종은 두 종류의 직립하는 줄기를 갖는데 하나는 녹색의 광합성을 하는 줄기와 엷은 갈색의 줄기로 옥수수 모양의 포자낭을 형성하는 것이 있다.

표 13-1 식물

문	대표적인 예		주요 특징	종 수
속씨 식물문	참나무, 옥수수, 밀, 장미		꽃은 심피로 둘러싸인 배주가 특징이다. 수정은 2개의 정핵이 관여하는데 하나는 배를, 다른 하나는 배젖을 형성한다. 수정 후 심피와 수정된 배주(종자)는 성숙하여 열매가 된다.	250,000
선태식물관	*Polytrichum, sphagnum*		진정한 관숙조직이 없다. 진정한 뿌리와 잎이 없다. 습한 곳에 살며 삼투와 확산에 의해 양분을 흡수한다.	20,600
우산이끼문	*Marchania*			
뿔이끼문	뿔이끼류			
양치식물문	*Azolla, Sphaeropteris*		무종자 관속식물 : 반수체포자는 발아하여 자유생활하는 반수체 개체로 된다.	12,000
속새식물문	속새			
솔잎란문	솔잎란			
석송식물문	석송		무종자 관속식물은 외형상 이끼와 유사하나 배수체이다. 습한 곳에서 서식한다.	1,150

자식물이다. 즉, 복상체의 배가 종자라 불리는 단단하고 건조에 강한 단위로 성숙한다는 것이다. 초기의 유관속식물은 종자를 만들지 않았다. 오늘날 살고 있는 은화식물은 크게 4개의 문; 양치식물(pterophyta), 석송식물(lycophyta), 속새식물(arthrophyta), 솔송식물(psilophyta)이 있다(그림 13.4).이들 식물문은 유영하는 정자를 가지며, 수정을 하기 위해서는 물이 꼭 필요하다.

이들 중 가장 흔한 것은 12,000여 종으로 구성된 고사리들이다. 고사리는 열대지방에 가장 많지만 전세계 어디에서나 볼 수 있다.

고사리의 생활사

고사리에서는 종자식물로 발달되기 직전의 혁신적인 생활사의 변화가 나타나게 된다. 이끼류와 같은 무관속 식물은 생활사의 대부분이 단상의 배우자체이다. 유관속 은화식물인 고사리에서도 배우자체 세대와 포자체

표 13-1 (계속)

문	대표적인 예		주요 특징	종 수
구과식물문 (침엽수)	소나무, 가문비나무, 전나무, 미국삼나무, 삼나무		나자식물: 배주가 수분시 부분적으로 노출 되어 있다. 꽃이 없고 종자는 바람에 의해 산포된다. 정자는 편모가 없다. 잎은 바늘 혹은 비늘 모양이다. 대부분 상록성이며 밀집된 숲을 이룬다. 지구상에서 가장 흔한 나무이다..	601
소철식물관	소철, 사고야자		나자식물: 생장이 느린 야자 모양의 나무이다. 정자는 편모가 있으나 화분관에 의해 난자 근처에 도달한다..	206
마황식물문	모르몬티		나자식물: 정자는 운동성이 없다. 관목과 덩굴식물	70
은행식물문	은행나무		나자식물: 부채 모양의 잎으로 겨울에 떨어진다(낙엽성). 종자는 육질이며 나쁜 냄새가 난다. 정자는 운동성이 있다.	1

세대를 모두 관찰할 수 있다. 배우자체는 정자와 난자를 생산하며 이들은 물속을 헤엄쳐서 수정하게 되며 접합자는 포자체로 자라게 된다. 포자체는 단상의 포자를 형성하여 방출하며 이들 포자는 물의 흐름에 따라 땅위에 떨어져 발아한 다음 배우자체가 된다. 고사리의 배우자체는 이전의 다른 무관속 식물의 경우에 비해 현저히 작으며(대개 수 cm 미만) 매우 얇은 심장모양의 광합성 식물로 습지에서만 자랄 수 있다. 고사리의 포자체는 훨씬 크고 복잡하며 대개 엽체라고 부르는 수직의 잎을 가지고 있다. 사실 우리가 자연상태에서 관찰하는 고사리는 거의 모두 포자체이다(그림 13.5).

13.3 **고사리는 관속식물 중 종자를 만들지 않는 식물로 무관속 식물과 마찬가지로 포자를 이용하여 번식한다.**

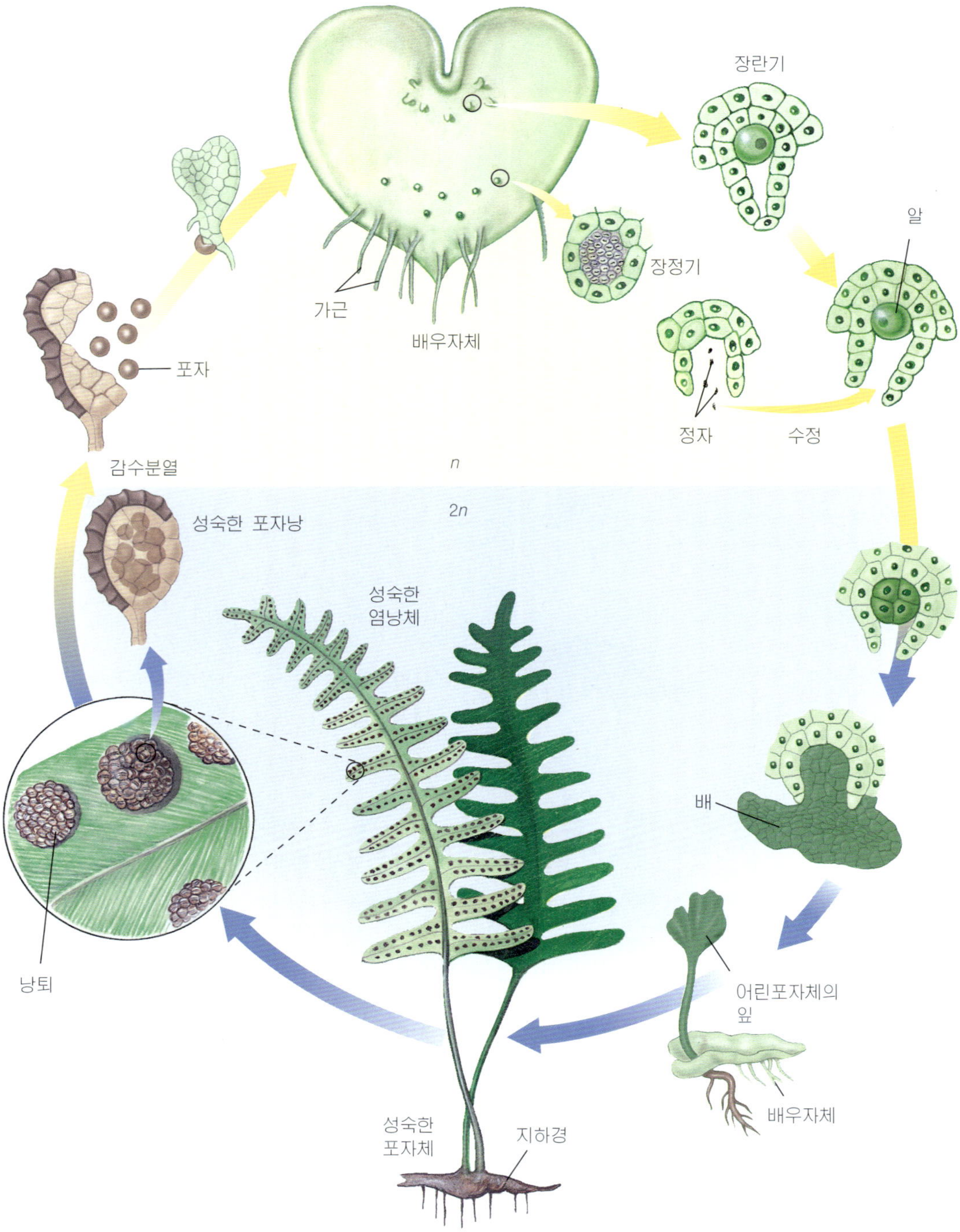

그림 13.5 고사리의 생활사

단상의 배우자체는 습한 곳에서만 자라며 가근을 전엽체의 아랫 부분에서 낸다. 난자는 장란기 내에서 발생하며 정자는 장정기에서 발달한다. 이들은 모두 배우자체의 낮은쪽 표면에서 생성되며 빠른 세포분열을 한다. 정자는 방출된 이후 물속을 유영하여 장란기의 입구쪽으로 접근한다. 정자와 난자의 결합을 통하여 수정란이 만들어지며 이 수정란이 복상세대의 시초인 셈이다. 수정란은 장란기 내부에서 곧바로 생장한다. 결과적으로 포자체는 계속 자라 배우자체보다 훨씬 큰 엽체를 이루며 이 포자체가 흔히 우리가 고사리라고 부르는 것이다. 대부분의 고사리는 다소간의 수평으로 벋는 가지와 가근을 가지고 지표면에서 포복하는 경향이 있다. 포자체의 잎에는 포자낭들이 배열한다. 이를 낭퇴(sorus)라고 부르며 낭퇴 내에서 감수분열이 일어나 포자가 형성된다. 포자의 방출은 상당수의 고사리에서 터져 나가는 형태로 이루어지며 일단 떨어진 포자는 물기가 많은 축축한 곳에서 발아하여 작은 배우자체가 된다.

13.4 종자식물

종자는 배아를 건조와 혹독한 환경에서 보호하기 위한 형태이다. 종자는 식물의 배를 방수처리하여 오래 보존할 수 있는 형태로 가공한 것으로 생각하면 된다(그림 13.6). 종자는 육지환경에 적응하는데 필수적인 적응 조건이다. 왜냐하면 종자 형태로 보존되어 있어야만 생활사 중에서 가장 취약한 시기인 배아의 보호와 보존이 가능하기 때문이다. 따라서, 종자의 진화는 식물이 육상을 우점하게 되는데 있어 가장 중요한 단계였다.

유관속식물의 진화 방향은 배우자체 세대가 줄어들고 포자체 기간이 길어지는 방향으로 이루어져 왔다. 종자식물은 암, 수 두 종류의 배우자체를 형성하는데 이들은 모두 불과 몇 개의 세포로 구성되어 있다. 배우자체들은 모두 포자체 내부에서 형성되며 전적으로 영양을 포자체에 의존하고 있다. 수배우자체는 **소포자체**(microgametophytes) 또는 **화분**(꽃가루 : pollen grain)으로 **소포자**(microspore)에서 기원한다. 정자가 만들어지게 되면 화분은 성숙하게 된다. 꽃가루는 암배우체까지 이동하는데 물을 필요로 하지 않는다. 암배우체인 **대포자체**(megagametophyte)는 **배주**(ovule) 안에 있는 **대포자**(megaspore)로부터 발달하는 난자를 가지고 있다. 곤충이나 바람 또는 다른 매개체를 통하여 꽃가루가 이동하는 것을 수분(pollination)이라 한다. 꽃가루는 암술의 주두에 도착하면 깨어져서 발아하며, 이 때 수정관이 주두 속으로 자라면서 정자의 핵을 난자가 있는 자방속까지 이동시킨다.

식물학자들은 일반적으로 모든 종자식물이 하나의 공통 조상으로부터 기원한 것으로 인식하고 있다. 현존하는 5개의 문중 4개는 나자식물로 배주가 포자체의 조직으로 완전히 둘러싸여 있지 않으며 수정과정도 단순하다.

나자식물은 최초의 종자식물로 여겨지고 있다. 피자식물(angiosperms)은 종자식물의 마지막 그룹으로 가장 최근에 진화한 식물문이다. 피자식물은 수정과정 중 배주가 포자체의 조직인 심피(carpel)로 완전히 둘러싸여 있게 된다.

그림 13.6 종자식물

소철류의 종자는 다른 모든 종자와 마찬가지로 식물의 배와 보호 외피로 구성되어 있다. 소철은 나자식물로 종자가 원추형 구과로 형성된다.

종자의 구조

종자는 단단한 종피로 둘러싸여 있다(그림 13.7). 종자의 발달은 식물 진화에 있어 엄청난 기여를 하였다. 종자가 있음으로써 식물이 육지 환경에 적응하는데 용이하게 된 이유를 네 가지로 나누어 볼 수 있다.

1. **분산** 종자는 식물의 다음 세대를 멀리 이동하여 새로운 환경에서 번식할 수 있게 하였다.

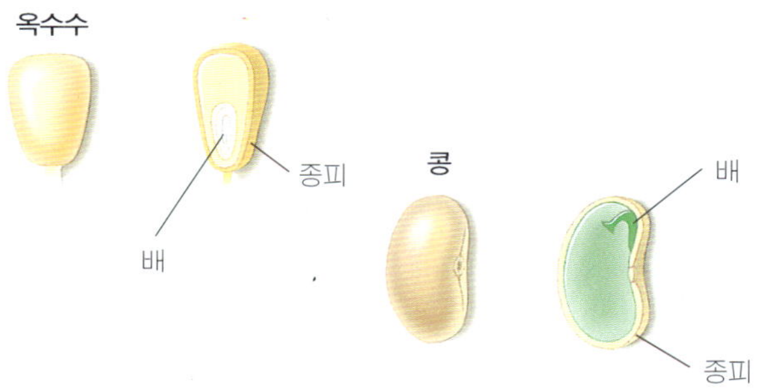

그림 13.7 종자의 기본적 구조

종자는 복상의 배를 보호 외피가 둘러싼 구조이다. 이 종피는 포자체의 조직이 분화하여 생기며 배아, 즉 휴면하는 다음 세대의 어린 포자체를 보호한다.

2. **휴면** 환경이 불리할 때 휴면을 하다가 불리한 환경이 끝나면 효율적으로 발아함으로써 생존에 유리한 환경을 선택할 수 있게 되었다.
3. **발아** 환경요인의 변화에 맞추어 새로운 세대를 시작할 수 있게 함으로써 계절의 변화에 맞추어 생육하는 것이 가능해 졌다.
4. **후손에 대한 영양 공급** 발아한 이후 매우 취약한 시기에 어린 포자체의 생육에 필요한 에너지를 충분하게 공급하여 어린 개체의 생존률을 현저히 높히게 되었다.

13.4 종자는 단단한 보호 외피로 둘러싸인 복상의 휴면상태의 배(embryo)이다. 종자는 식물이 다양한 환경에서 성공적으로 번식하는데 있어 핵심적인 역할을 한다.

13.5 겉씨식물류

나자식물은 4개의 식물문으로 이루어져 있다(그림 13.8). 구과식물문, 소철식물문, 마황식물문과 은행나무문이 그것이다. 구과식물문은 이들 네 식물문 중 가장 흔한 것들로 소나무, 가문비나무, 솔송나무, 주목, 편백나무, 전나무 등이 포함된다. 구과식물은 구과(conifers) 내에 종자를 형성한다. 구과의 종자는 구과의 비늘 모양 구조 위에서 생기며, 수정과정 내내 나출되어 있다. 대부분의 구과식물은 침엽을 가지며 이는 수분의 증발을 최소화하기 위한 진화의 결과로 보인다.

나머지 3개의 나자식물문은 소수의 종을 포함하고

그림 13.8 네 종류의 나자식물

(a) 플로리다 주에 생육하는 소나무(*pinus palustris*). (b) 아프리카 소철(*encephalartos ferox*). 소철류는 고사리의 잎과 같은 잎을 가지며 그림에서 보는 바와 같이 구과내에 종자를 형성한다. (c) 은행나무. 은행나무문의 유일한 종이다. 이 식물문은 약 2억 년 전에는 매우 번성했던 것으로 생각된다. 현존하는 나자식물 중 소철류와 은행나무만이 유영하는 정자를 갖는다. (d) 마황식물문의 *Welwitschia mirabilis*는 남서아프리카 사막의 혹독하게 건조한 환경에 적응해 살고 있다.

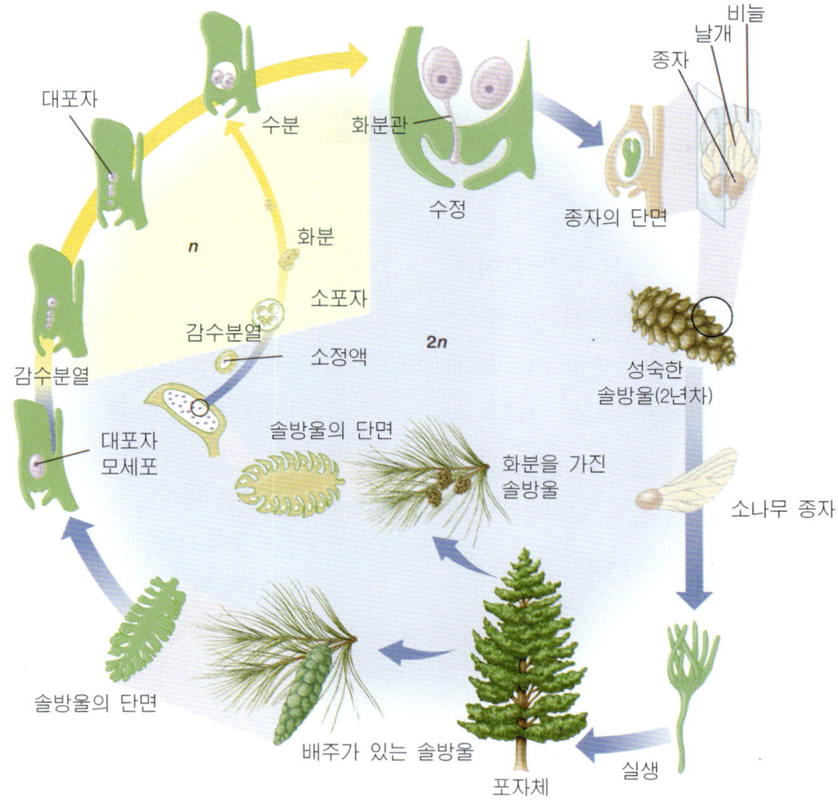

그림 13.9 구과식물의 생활사

모든 종자식물에 있어 배우자체 세대는 극도로 축소되어 있다. 소나무와 같은 구과식물에서는 소포자가 비교적 연약하고 노란색의 수컷 구과 표면에서 형성된다. 반면에 대포자낭은 자낭의 내부조직에 발달한다. 우리가 흔히 솔방울이라고 부르는 소나무의 구과는 화분을 형성하는 소포자낭에 비해 훨씬 더 견고하고 딱딱하다. 2개의 자낭으로부터 결과적으로 2개의 씨가 형성되며 이들은 구과의 비늘모양 안쪽 위에 생긴다. 송화가루가 비늘모양의 구과 표면에 닿으면 이들은 발아하여 가느다란 화분관이 난자 쪽으로 자란다. 화분관이 대포자낭으로 접근하면 거기에서 정자가 방출되어 난자와 수정을 하며 그 결과 수정란이 형성된다. 수정란은 발달하여 배가 되며, 이는 배주 내부에서 이루어진다. 배주는 그대로 성숙하여 종자가 된다. 마지막으로 종자는 솔방울로부터 떨어져 나와 발아하여 새로운 소나무가 된다.

있다. 소철류는 공룡이 존재하던 쥐라기에 매우 우점하던 식물로 짧은 줄기와 야자나무 잎과 유사한 잎을 가지고 있다. 소철류는 현재에도 열대지방에는 상당히 많이 분포하고 있다. 은행나무문에는 단 한종만이 생존하고 있다. 마황식물문은 피자식물과 가장 밀접한 유연관계를 갖는 식물로 생각되고 있으며 이 식물문에는 단지 세종의 식물이 포함되어 있다. 이 식물 중 가장 기괴하다고 여겨지는 *Welwitschia*는 혹독한 남서아프리카의 나미비아 사막 모래 위에서 생육하는데 마치 물구나무서서 자라는 형태를 하고 있다.

화석의 기록에 의하면 은행나무는 한 때 북반구 전역에 널리 분포한 것으로 보인다. 그러나 오늘날에는 단 하나의 종(*ginkgo biloba*, 은행나무)만이 생존해 있을 뿐이다. 은행나무의 생식기관은 암, 수나무에서 각각 만들어진다(그림 13.9).

13.5 나자식물은 종자식물 중 자낭이 불완전하게 복상체의 조직에 둘러싸인채 수분을 하는 것들을 말한다. 나자식물은 꽃의 구조가 없다.

13.6 속씨식물류의 출현

육지식물의 90%가 피자식물이며, 무려 250,000종으로 구성되어 있다. 우리가 보는 식물들은 거의 대부분이 피자식물이다.

피자식물은 육지환경에 적응하는데 있어 가장 어려운 마지막 요건을 충족시키게 되었다. 즉, 뿌리를 발달시킴으로써 생존에 필요한 영양소를 충분히 획득하게 되었으며, 물 없이도 수배우자를 성공적으로 암배우체까지 이동시킬 수 있게된 것이다. 곤충이나 다른 동물들로 하여금 수배우자를 운반하게 만드는 것이다. 이와 같이 동물을 매개체로 하여 피자식물의 대번성을 가능케 한 기관이 바로 꽃이다.

■ 꽃

꽃은 피자식물의 생식기관이다. 꽃은 말하자면 정교한 수분장치이다. 꽃은 밝고 아름다운 색깔로 곤충이나 새 또는 작은 포유류 등 매개자를 유혹하여 그들에게 꿀을 제공하고 대신 그들이 방문할 때마다 꽃가루가 묻어나가는 구조를 갖고 있다.

꽃의 기본적 구조는 4개의 구심형의 환 또는 나선모양으로 이루어져 있다(그림 13.10).

1. 꽃의 가장 바깥 구조는 꽃을 물리적 피해로부터 보호하는 꽃받침(sepal)이다. 꽃받침은 일종의 잎의 변형된 형태로 꽃이 눈 상태일 때 보호하는 기관이다.
2. 꽃은 특정한 수분매개자를 유혹하기 위하여 꽃받침(petal)을 가진다. 꽃받침은 대부분 특징적인 색소를 갖고 있으며 대개 뚜렷한 색깔을 나타낸다.
3. 꽃은 꽃가루를 만들기 위한 수술(stamen)을 가진다. 수술은 가늘고 실모양이며 끝부분이 부풀어올라 이 속에 꽃가루를 간직한다.
4. 가장 내부에 위치한 꽃의 구조는 난자를 생산하는 곳이다. 이는 심피(carpel)이라고 부르며 포자체의 조직으로 배주(ovule)을 완전히 둘러싸서 내부의 난자를 보호하고 있다. 배주는 심피의 하부조직에 부풀어 오른 형태인 자방(ovary)의 내부에 존재한다. 흔히 자방으로부터 가는 대가 솟아 오르는데, 이를 암술(style)이라 하며 암술 끝의 부풀어 오른 부위를 주두(stigma)라고 한다. 주두는 꽃가루를 받아들이기 위한 장치이다. 꽃이 수분되면 화분관이 주두로부터 암술 내부를 지나 자방까지 자라게 된다.

13.6 피자식물은 현화식물로 배주가 수분과정 내내 복상체의 조직으로 둘러싸여 있다.

13.7 다양한 꽃들의 진화

곤충들은 특정한 색의 조합이나 향을 인식한 다음 이에 부합되는 꽃들을 찾는다. 곤충과 꽃은 상호작용을 하면서 진화해 왔다. 따라서, 어떤 종의 곤충은 특정한 종의 꽃을 찾는다. 결과적으로 특정한 종의 곤충은 서

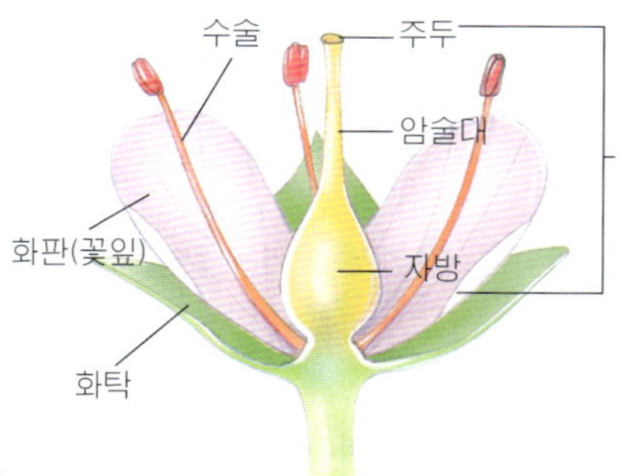

(a)

(b)

그림 13.10 피자식물의 꽃

(a) 꽃의 기본적 네 가지 요소는 꽃받침, 꽃잎, 수술과 심피(자방, 암술, 주두)이다.
(b) 이 꽃은 5개의 독립꽃잎과 10개의 수술 그리고 합체된 심피를 갖고 있는 전형적인 피자식물의 꽃이다.

로 같은 종의 꽃에게 화분을 전달해주게 된다. 이것이 야말로 곤충을 매개체로한 수분과정이 그처럼 효율적인 이유이다.

수분매개 곤충 중에서 가장 보편적인 것은 벌들이다. 벌들은 현화식물이 출현하고 나서 곧바로 진화하였으며, 오늘날에는 20,000종에 이른다. 벌들은 향으로서 꿀이 있는 곳을 인지하며(이것이 꽃의 향기가 그 처럼 달콤한 이유이다), 특정한 꽃의 색과 형태를 파악하여 집중적으로 이 꽃을 유인하게 된다. 벌을 수분매개자로 이용하는 꽃은 대개 노란색이나 푸른색을 띠며 종종 꽃 위에 반점 모양이나 줄무늬를 만들어 벌을 꿀이 있는 쪽으로 유도한다. 일단 꽃 속으로 들어가서 목을 기울이고 꿀을 찾다 보면 곧바로 벌의 몸은 꽃가루로 온통 범벅이 된다. 대부분의 벌들이 꽃을 방문하는 목적은 꽃가루를 얻기 위한 것인데, 꽃가루가 벌의 유생들이 필요로 하는 단백질이기 때문이다.

나비도 협죽도화꽃을 자주 방문하는데, 이 꽃의 위에는 나비가 잘 안착할 수 있도록 '활주로'와 같은 구조가 있다. 이 꽃은 특징적으로 매우 가늘고 긴 꽃대를 가지고 그 안쪽 깊숙이 꿀을 채우고 있다. 나비는 긴 주둥이를 펼쳐서 깊숙한 곳에 있는 꿀을 빨게 된다. 나방은 주로 밤에 꽃을 찾는데, 따라서 흰색이나 색깔이 매우 엷은 꽃을 주로 찾는다. 진한 향기를 선호하는데 어두운 곳에서는 향기에 주로 의존해야하기 때문이다.

13.7 **꽃은 수분매개자를 유혹하기 위한 장치로 볼 수 있으며, 특정한 수분매개자는 특정한 형태와 색을 갖는 꽃을 방문한다.**

13.8 종자의 발달: 중복수정

피자식물의 종자는 영양분이 풍부하고 분화된 조직인 **배유**(endosperm)라는 조직을 종자 내부에 갖고 있다. 피자식물의 생활사에서 수배우체는 단상의 배우자체에 하나가 아니라 2개의 정자를 갖고 있다(그림 13.11). 첫번째 정자는 다른 모든 유성생식의 경우와 마찬가지로 난자와 결합하여 수정란을 형성한다. 다른 정자는 2개의 극핵(난자가 형성될 때 감수분열이 일어난 후 난자가 되지 못한 2개의 딸핵)과 결합하여 삼상(3n)의 배유세포가 된다. 이 배유세포는 수정란보다 훨씬 빨리 분열하여 영양분을 함유한 배유조직을 종자 내에 형성하게 된다. 이처럼 2개의 정자가 각각 난자와 결합하여 수정란이 되는 것과 극핵과 결합하여 배유를 만드는 수정 과정을 **중복수정**(double fertilization)이라 한다. 중복수정은 피자식물에서만 나타난다.

콩과식물과 같은 일부 피자식물에서는 씨가 성숙할 때쯤 배유가 완전히 소모된다. 영양분은 대신 부풀어 오른 모양의 살찐 잎에 저장된다. 옥수수와 같은 다른 피자식물들에서는 성숙한 종자가 많은 양의 배유를 함유하며, 이는 종자의 발아에 이용된다.

피자식물 중 2개의 자엽을 가지는 것들을 **쌍자엽식물**(dicots)이라고 부른다. 최초의 피자식물은 아마 쌍자엽식물이었을 것이다. 쌍자엽식물은 그물 모양의 엽맥을 가지며 꽃들은 4개 또는 5개의 구조로 이루어져 있다. 참나무와 단풍나무 등은 다른 많은 관목들과 마찬가지로 쌍자엽식물이다.

피자식물들 중 하나의 자엽을 갖는 식물을 **단자엽식물**(monocots)이라고 한다. 단자엽식물의 잎은 전형적으로 서로 평형한 엽맥을 가지며 꽃도 3개의 구조로 단순화 되어있다. 식물 중에서 가장 풍부한 종을 자랑하는 초본식물들은 대부분 바람에 의해 수분이 매개되는 단자엽식물이다(그림 13.12).

13.8 **2개의 정자가 피자식물의 배주에서 각각 수정한다. 1개는 알과 결합하고 다른 1개는 2개의 극핵과 결합하여 $3n$인 배젖을 형성한다.**

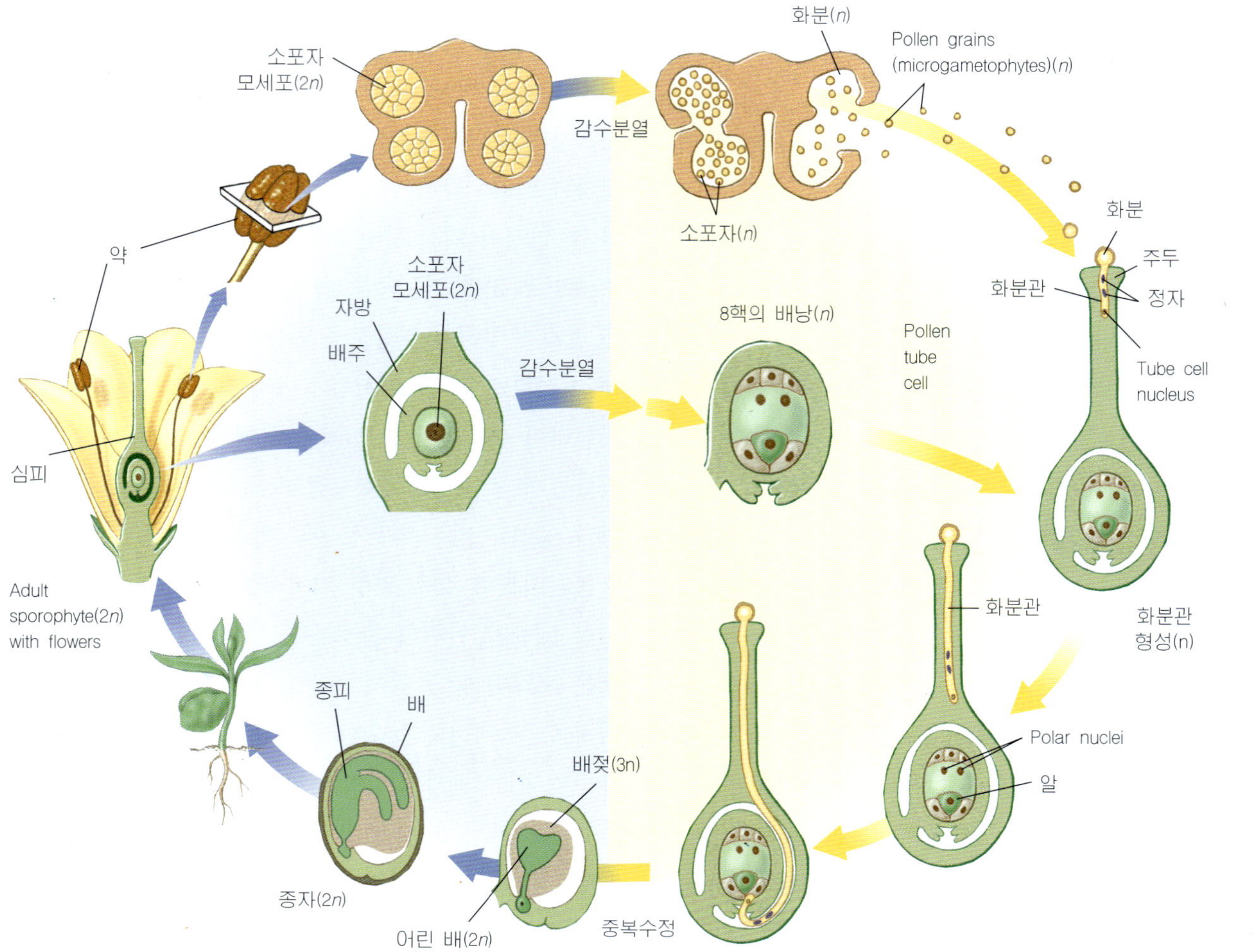

그림 13.11 피자식물의 생활사

피자식물에서는 나자식물의 경우와 마찬가지로 포자체가 생활사의 거의 전부를 차지하고 있다. 난자는 배주 내부에 있는 대포자체 또는 배낭 내에서 형성되며 심피에 의해 둘러싸여 있다. 심피는 대부분의 피자식물에서 가는 부위인 암술로 분화되어 있으며 끝부분에 주두를 형성한다. 주두의 표면에서 화분은 발아한다. 소포자체 또는 화분은 수술의 소포자낭에서 형성되며 분화가 끝나면 방출되기 전후에 3개의 세포로 분화한다. 수정은 피자식물에 있어 매우 뚜렷하게 중복 수정의 형태로 나타난다. 하나의 정자와 난자가 결합하여 수정란을 형성하며 동시에 다른 정자는 2개의 극핵과 결합하여 삼상인 일차배유를 형성한다. 수정란과 일차배유의 핵은 체세포분열을 거쳐 각각 배와 배유를 형성한다. 배유는 피자식물에만 나타나는 조직으로 배아와 어린 식물체에 영양을 공급하게 된다.

13.9 효율적 종자분산: 열매

성숙한 배주가 종자가 되듯이 배주를 둘러싼 자방은 성숙하여 **열매**(fruit)가 된다. 열매의 발달은 종자식물로 하여금 단순히 씨앗을 통한 분산보다도 훨씬 효율적으로 만들었다. 씨앗이 단순히 바람에 의하여 분산되는데 비해 열매는 동물을 유혹하여 동물들이 이를 먹게 한다. 열매 내에 있는 씨앗은 동물의 장기 속에서 분해되거나 소화되지 않은 채 배설되어 새로운 땅에서 발아하게 된다.

열매에는 세 가지 종류가 있다. 장과(berry)와 핵과(derupe) 그리고 이과(pomes)가 그것이다. 장과는 포도와 토마토 등과 같이 많은 씨앗을 가지고 심피의 내

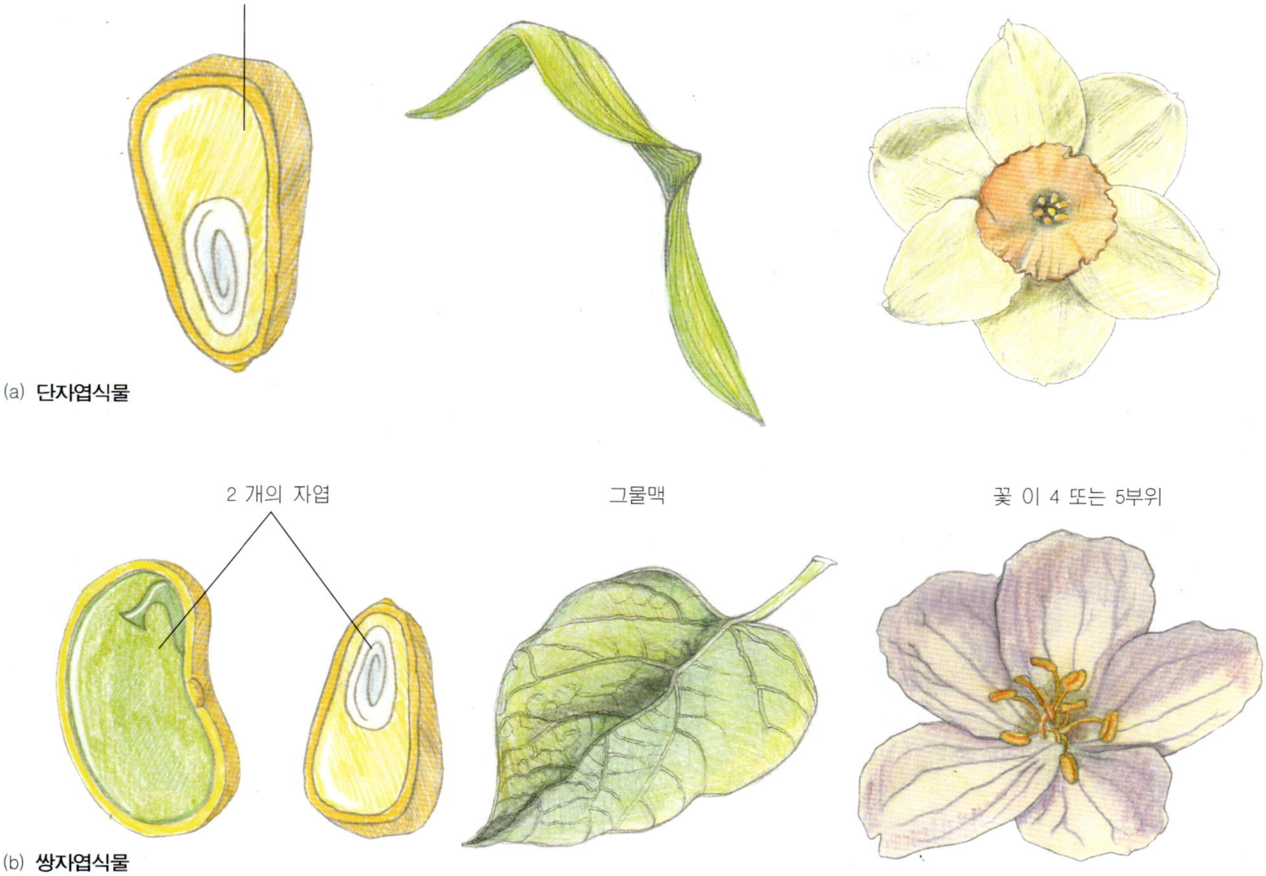

그림 13.12 쌍자엽식물과 단자엽식물

(a) 단자엽식물은 하나의 자엽을 가지며, 평행엽맥을 갖고 꽃의 구조가 세 부분으로 나뉜다.(b) 쌍자엽식물은 2개의 자엽을 가지며 그물 모양의 엽맥을 갖는다. 꽃은 4개 또는 5개의 부위로 나뉜다.

부에 과육을 갖는 것들이다. 핵과에는 복숭아, 올리브, 체리 등이 포함되며 과일의 최심부가 단단하고 딱딱한 하나의 종자로 유합되어 있다. 이과는 사과와 배 같은 것들이 포함되는데, 과일의 과육이 꽃의 화탁이나 화판이 변해서 된 것이다.

과육이 풍부한 과일들은 대개 매우 뚜렷한 색의 외피로 둘러 싸여 있어 동물을 유혹하기 쉽다.

우엉처럼 과육이 없는 것들은 동물의 털에 붙어서 전파한다. 코코넛나무는 물에 의해 전파되는데 바닷물의 흐름에 따라 외딴 섬에까지 전파한다. 코코넛은 핵과로 바깥쪽에 과육 대신에 매우 단단한 섬유질이 있는데, 이 섬유질은 동물을 유혹한다기 보다는 방어기작으로 발달하였다.

많은 식물의 과일은 바람에 의해 전파되도록 분화하였다. 민들레와 같이 작고 과육이 없는 열매는 솜털모양의 꽃받침을 가지고 바람을 따라 멀리 멀리 날아간다. 많은 초본 식물들은 먼지처럼 작은 열매를 맺는데, 이는 최대한 가볍게 하여 바람을 잘 타기 위해서이다. 단풍나무는 열매에 긴 2개의 날개가 달려 있다. 비름이나 명아주 같은 식물들은 가을에 식물체의 밑둥이 부러져 들판을 굴러다니게 되는데, 이 과정에서 씨앗을 퍼뜨린다.

13.9 **열매는 수정된 종자를 갖는 성숙한 자방으로 종자를 널리 퍼뜨리기 위해 다양한 형태로 분화되어 있다.**

13.10 관속식물의 구성

유관속식물의 세포와 조직 그리고 생존에 필요한 기능을 어떻게 수행하는지 알아보자. 먼저 식물의 지하부인 뿌리와 지상부인 줄기의 차이점을 살펴보고 이들 사이의 구조적 그리고 기능적인 관계를 알아보자.

식물의 지하부를 **뿌리**(root)라고 하고 지상부를 **줄기**(shoot)라고 한다(그림 13.13). 뿌리와 줄기는 기본 구조에서 차이가 있지만 일생을 통해 끝에서 생장을 계속한다는 공통점을 가지고 있다. 뿌리는 땅속으로 파고들어 물과 여러 가지 이온을 흡수하고 식물을 한 곳에 고정시킨다. 지상부는 줄기와 잎으로 구성된다. 줄기는 잎이 달리는 기본골격을 제공하며, 잎에서는 광합성이 일어난다. 잎의 배열과 크기 그리고 기타의 특징은 식물의 광합성에 매우 중요하다. 시간이 지나면 열매와 종자로 되는 꽃도 줄기에서 형성된다.

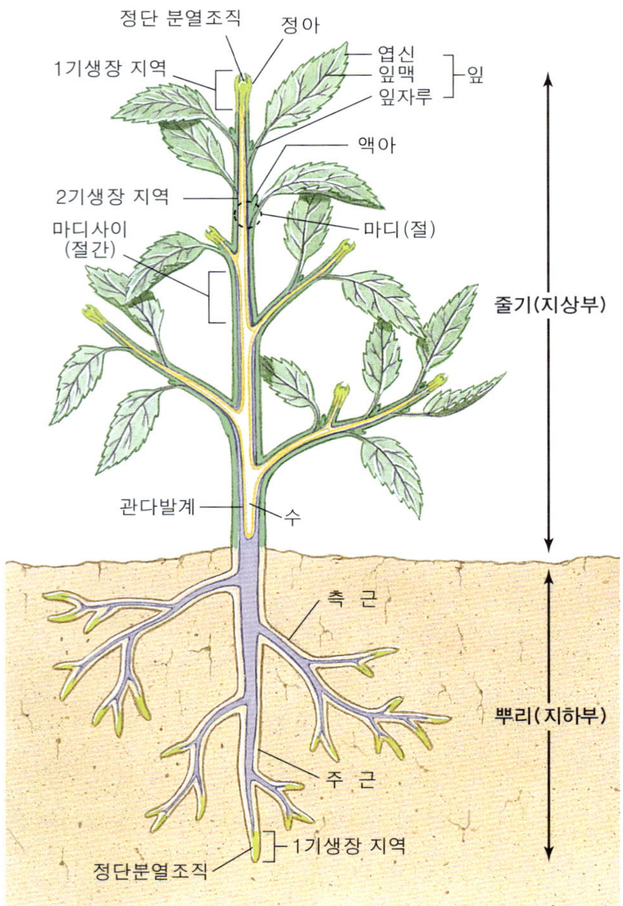

그림 13.13 식물의 체구성

식물의 몸은 줄기와 잎으로 구성된 지상부와 뿌리라고 하는 지하부로 구성되어 있다. 1기생장이라고 부르는 식물의 길이생장은 뿌리와 줄기의 끝에서 분열하는 정단분열조직에서 일어난다. 식물이 굵어지는 것을 2기생장이라고 하는데, 줄기에 있는 원통형의 측생분열조직에서 일어난다.

분열조직

동물은 몸 전체에서 생장이 일어난다. 그러나 식물은 일정한 부분에서만 생장이 일어난다.

식물은 미분화 세포들로 구성된 분열조직이라는 생장부위를 가지고 있다. **분열조직**(meristem)의 기능은 오직 세포분열을 하는 것이다. 분열조직세포가 분열하면 딸세포 중 하나는 분열조직에 남아 있고 나머지 하나는 분화하여 식물체의 일부를 구성하게 된다.

식물체에서 **1기생장**(primary growth)은 **정단분열조직**(apical meristem)에서 시작되는데, 뿌리와 줄기의 끝에서 세포분열이 왕성하게 일어나는 지역이다. 이들 분열조직의 생장으로 식물의 길이 생장이 일어나며, 식물이 신장되면서 1차조직으로 구성된 1차식물체를 형성한다.

2기생장이라고 부르는 줄기의 비후생장은 **측생분열조직**(lateral meristem)의 활동에 의해 일어나는데, 측생분열조직은 원통형의 분열조직이다. 이 지역의 세포들이 분열하면 식물의 줄기가 두꺼워진다. 측생분열조직에는 **유관속형성층**(vascular cambium)과 **코르크형성층**(cork cambium) 두 가지가 있다. 유관속 형성층은 2차 목부와 2차 사부를 형성하며 코르크 형성층은 뿌리와 줄기에서 껍질 층을 형성한다.

13.10 관속식물의 몸은 기본적으로 분열조직을 가지고 있는 뿌리와 잎을 연결하는 관이다.

13.11 식물의 조직

대부분의 식물은 세 가지 유형의 주요 조직을 가지고 있는데 그것은 **기본조직**, **표피조직** 그리고 **유관속조직**이다. 기본조직에는 유관속조직이 들어 있고 표피조직은 식물의 겉을 둘러싸 내부를 보호한다. 유관속조직은 물과 영양염류를 수송하고 광합성 산물을 각 부분으로 운반한다.

각각의 주요 조직은 독특한 종류의 세포들로 구성되어 있는데, 이들 세포의 구조는 그들이 구성하는 조직의 기능과 관련이 있다. 예를 들어, 유관속조직은 물과 영양염류를 운반하는 목부와 당을 운반하는 사부로 구성되어 있다.

기본조직

유조직세포(parenchyma cells)는 분화가 거의 일어나지 않았으며 식물세포에서 가장 흔하다(그림 13.14). 유조직세포는 잎, 줄기, 뿌리를 구성하며, 다른 세포들과는 달리 성숙하였을 때에도 완전한 기능이 있는 세포질과 핵을 갖는, 살아 있는 세포이다.

대부분의 유조직세포는 세포벽이 얇다. 세포벽은 섬유소로 구성되어 있는데 섬유소는 세포가 생장하는 동안 세포벽에 침적된다.

후각조직세포(collenchyma cells)도 성숙하였을 때

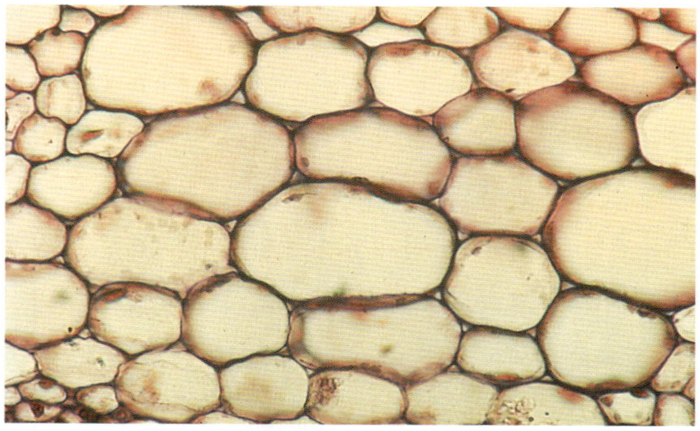

그림 13.14 유조직세포
단자엽식물 유조직세포의 횡단면. 이 살아있는 조직에서는 1차 세포벽만을 볼 수 있다.

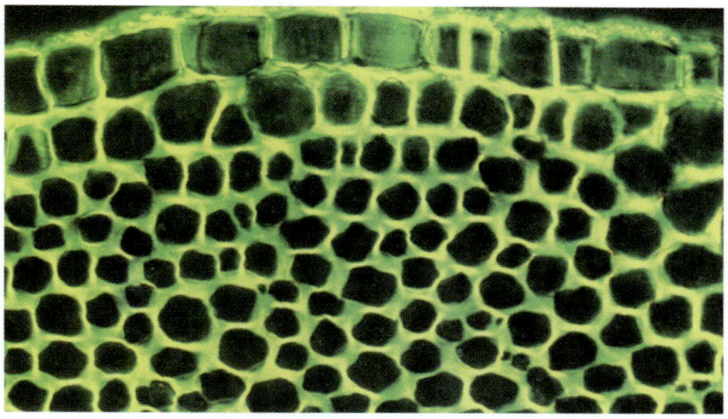

그림 13.15 후각조직세포
벽이 두꺼워진 후각세포의 횡단면. 세포벽의 구석이 비후되어 있다.

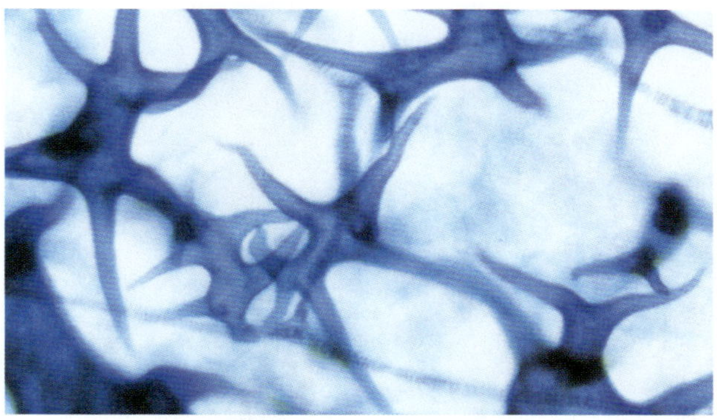

그림 13.16 후벽세포
배에 있는 석세포 덩어리

살아 있는데, 줄기나 잎자루의 표피 밑에서 실 혹은 길다란 통모양이며, 1차벽이 불규칙하게 비후되어 있는 것이 특징이다. 실 모양의 후각조직은 식물기관을 지지하는 역할을 한다(그림 13.15).

유조직이나 후각조직세포와는 달리 후벽세포는 질기고 두꺼운 세포벽을 가지며, 성숙하면 세포질이 없어진다. 후벽세포에는 섬유와 후벽세포 두 가지 종류가 있는데, 섬유는 길고 가느다란 세포로 보통 실을 형성한다. 후벽세포는 모양이 다양하며 보통 분지상태이다(그림 13.16). 후벽세포는 석세포라고도 불리는데, 복숭아와 같은 핵과 그리고 견과의 단단한 부분을 형성하기 때문이다. 섬유와 후벽세포는 모두 세포벽이 비후되어 있고 그들이 구성하는 조직을 강하게 해준다.

표피조직

1기생장이 된 식물체의 외측은 편평한 표피세포로 덮여 있다. 표피세포는 흔히 각피라고 부르는 두꺼운 납층으로 덮여 있다. 이들 세포가 식물의 표피조직에 가장 많다. 이들은 식물을 보호하고 수분 소실을 막는다. 표피세포가 분화된 것 중의 하나가 공변세포이다.

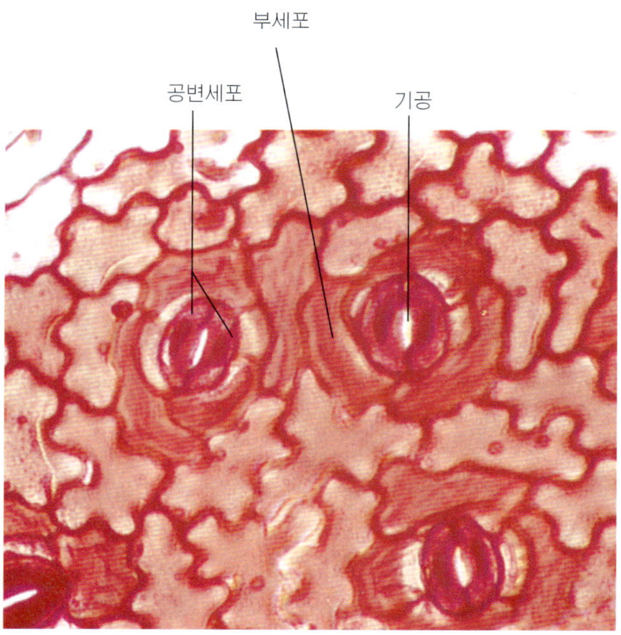

그림 13.17 공변세포와 기공
잎의 표피조직에는 많은 기공이 있다.

공변세포는 쌍을 이루고 있으며, 이들 사이에 형성되는 구멍을 기공이라고 한다. 공변세포와 기공은 잎의 표피조직에서 흔히 볼 수 있으며 때에 따라서는 줄기나 열매에서도 볼 수 있다(그림 13.17). 기공을 통해 산소, 이산화탄소 그리고 물이 잎 내외로 이동하며, 기공은 습도나 광과 같은 외적 요인에 반응하여 개폐가 일어난다.

모상체는 표피가 외부로 자라난 것으로 줄기와 잎의 표면에서 볼 수 있다. 식물의 종류에 따라 모상체의 모양은 매우 다양하다. 표면에 털이 있는 잎을 현미경으로 관찰해 보면 섬유로 이루어진 숲처럼 보인다. 모상체는 잎의 열과 수분균형을 조절하는 중요한 역할을 한다. 털 코트가 단열작용을 하듯이 모상체도 잎의 표면에서 열과 물의 소실을 지연시킨다. 초식동물이 싫어하는 끈끈한 독성물질을 분비하는 선상모상체도 있다.

지하부인 뿌리의 끝부분 표면에서 표피가 외부로 자란 것을 뿌리털이라고 한다. **뿌리털**은 하나의 표피세포가 통모양으로 돌출된 것인데, 뿌리가 토양입자와 접촉하도록 해 준다. 뿌리털은 토양으로부터 물과 무기염류를 흡수하는 중요한 역할을 한다.

유관속조직

유관속식물은 목부와 사부 두 종류의 유관속조직을 가지고 있다. 목부는 식물체 내에서 물을 수송하는 조직으로 연속된 관을 형성하고 있다. 물과 물에 용해된 무기염류는 뿌리에서부터 줄기를 통해 목부에서 단절되지 않은 상태로 위로 이동된다. 물이 잎에 도달하면 많은 양이 수증기의 형태로 기공을 통해 대기 중으로 방출된다.

목부에는 두 가지의 통도요소가 있는데 가도관과 도

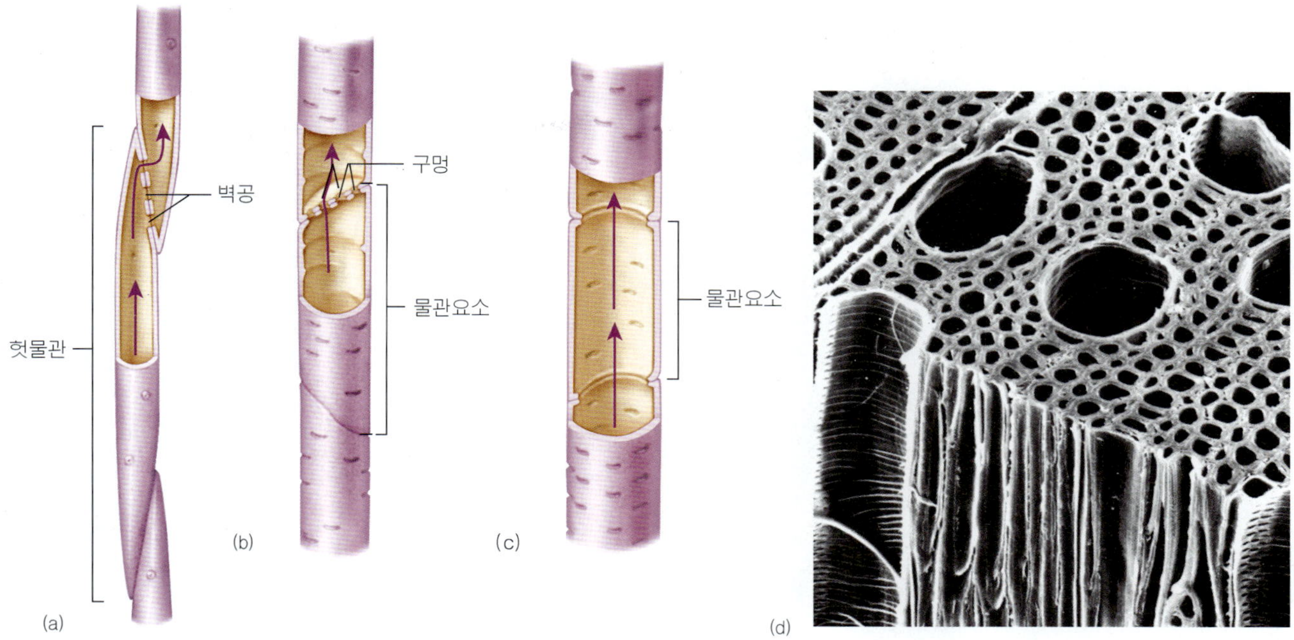

그림 13.18 도관요소와 가도관의 비교

(a) 가도관에서 물은 벽공을 통해 세포에서 세포로 이동한다. (b) 도관요소에서는 구멍이 있는 판을 통해 물이 이동한다. (c) 끝이 터진 도관요소 (d) 단풍나무 목부의 주사전자현미경사진

관요소이다. 이들은 모두 두꺼운 2차벽을 가지며, 길쭉한 모양이고 성숙한 세포에는 살아있는 세포질이 없다. 가도관에서는 물이 2차벽에 있는 벽공을 통해 하나의 가도관에서 다른 가도관으로 흐른다. 반면에 도관요소는 벽공뿐만이 아니라 다른 도관요소와 만나는 끝 부분에 나 있는 구멍을 통해 물이 흐른다. 도관요소들이 연결되어 물관을 형성한다(그림 13.18). 원시적인 피자식물은 가도관만을 가지고 있지만 대부분의 피자식물이 물관을 가지고 있다. 목부는 가도관에 비해 훨씬 효율적으로 물을 수송한다. 도관세포 외에도 목부에는 섬유와 유조직세포가 있다.

사부는 관속식물에서 영양분을 수송하는 조직이다. 사부에서 양분의 수송은 사세포와 사관요소라는 두 가지의 길쭉한 세포에 의해 수행된다(그림 13.19). 종자를 맺지 않는 유관속식물과 나자식물은 사세포만을 가지고 있고, 대부분의 피자식물은 사관요소를 가지고 있다. 그러나 원시적인 피자식물 중에는 사세포만을 가진 것도 있다. 구멍이 모여 있는 사세포역은 두 종류의 세포에 다 있으며, 인접한 사세포와 사관요소의 세포질을 연결한다. 이들 세포는 모두 살아 있지만 핵은 성숙과정에서 소실된다.

사관요소에서 일부 사세포에는 좀 더 큰 구멍이 형성되는데, 이것을 사판이라고 한다. 사관요소들은 끝과 끝이 연결되어 긴 사관을 형성한다. 반세포라고 부르는 특이한 유조직 세포가 사관요소와 함께 존재한다. 사세포는 사관요소에 비해 분화가 미약하고 사세포에 있는 구멍들의 직경이 거의 같다. 진화적인 측면에서 보면 사관요소가 더 고등하고 더 분화되었으며, 양분 수송에 더 효율적이다.

13.11 식물은 기본조직, 표피조직, 관속조직 등과 같은 다양한 조직으로 구성되어 있다.

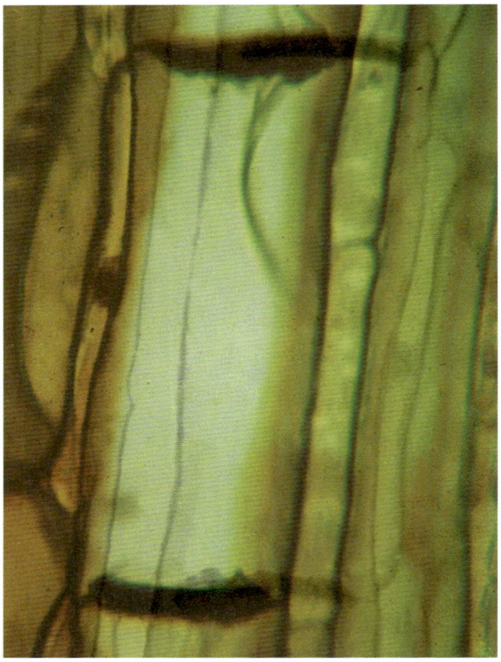

(a)

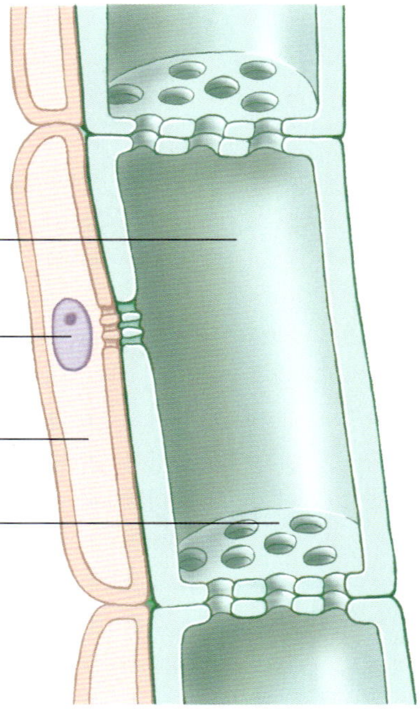

(b)

그림 13.19 체관

(a) 호박의 사부에 있는 사관요소. 위아래의 세포가 연결되어 사부를 이룬다. (b) (a)의 모식도. 연결부위의 세포벽이 비후되어 있고, 연결부가 사부와 직각을 이룬다. 체관요소 왼쪽의 핵이 있는 길쭉한 세포가 반세포이다.

13.12 잎

이제 식물을 구성하는 세 가지의 영양기관인 잎, 줄기 그리고 뿌리에 대하여 알아보자. 잎은 가장 눈에 잘 띠는 기관으로 구조상 매우 다양하다(그림 13.20). 줄기의 끝이 자라서 형성되는 잎은 대부분의 식물에서 광합성을 수행하는 주요기관이다. 엽록체를 가지고 있는 세포들은 대부분 잎에 있기 때문에 광합성이 대부분 잎에서 일어난다. 예외적으로 선인장에서는 녹색줄기에서 광합성이 일어난다. 광합성은 식물의 녹색부분에서 일어나는데, 광합성에 가장 효과적인 광합성 색소가 들어 있기 때문이다.

줄기와 뿌리의 정단분열조직은 적당한 조건만 주어지면 끝없이 생장할 수 있다. 이와는 대조적으로 잎은 중앙의 두꺼운 부분 외측에 있는 **주변분열조직**에 의해 성장한다. 주변분열조직은 외부로 성장하여 잎의 **엽신**을 이루고 중앙 부분은 중륵이 된다. 잎이 완전히 개엽하면 주변분열조직은 생장을 멈춘다.

대부분의 잎은 평평한 엽신 이외에 가느다란 엽병을 가지고 있다. 잎 모양의 기관인 **탁엽**이 잎자루가 줄기와 만나는 부분의 양옆에 있다. 잎맥은 물관부와 체관부로 구성되는데, 잎 전체에 분포한다. 대부분의 쌍자엽식물은 망상맥계로 되어 있고 단자엽식물의 잎맥은 평행하다. 가지에 잎이 배열하는 모양은 서로 어긋나게 붙는 **호생**, 쌍을 이루어 서로 마주나는 **대생**, 그리고 3개 이상의 잎이 같은 절에서 돌려나는 **윤생**이 있다(그림 13.21).

전형적인 잎은 **엽육**이라고 하는 다량의 유조직을 가지고 있다. 이 유조직 속에 잎맥이 분포한다. 잎의 상면 표피의 아래에는 기둥모양의 유조직세포들이 한층 혹은 다층으로 밀집되어 있는데, 이를 **책상유조직**이라고

그림 13.20 잎

피자식물의 잎 모양은 매우 다양하다.
(a) 코스타리카의 열대우림 초본층의 다양한 잎 (b) 삼(*Cannabis sativa*)의 복엽. 복엽은 몇 개의 소엽으로 구성된다. (c) 튜립나무의 단엽. 단엽은 엽신이 하나이다. (d) 콩과식물의 복엽 (e) 이 식물의 잎은 꽃송이 밑에서 2개의 잎이 완전히 융합되어 있다.

한다. 잎의 내부에서 잎맥을 제외한 나머지 부분은 **해면유조직**으로 구성되어 있다(그림 13.22). 해면유조직세포 사이에는 큰 세포간극이 있고 이들 공간은 대기로부터 엽육세포로의 이산화탄소 이동과 같은 기체교환 기능이 있다. 이 세포간극은 직접 혹은 간접적으로 기공과 연결되어 있다.

그림 13.21 잎 배열의 유형

일반적으로 호생, 대생, 윤생이 있다.

13.12 식물의 광합성 기관인 잎은 그 모양이 다양하다.

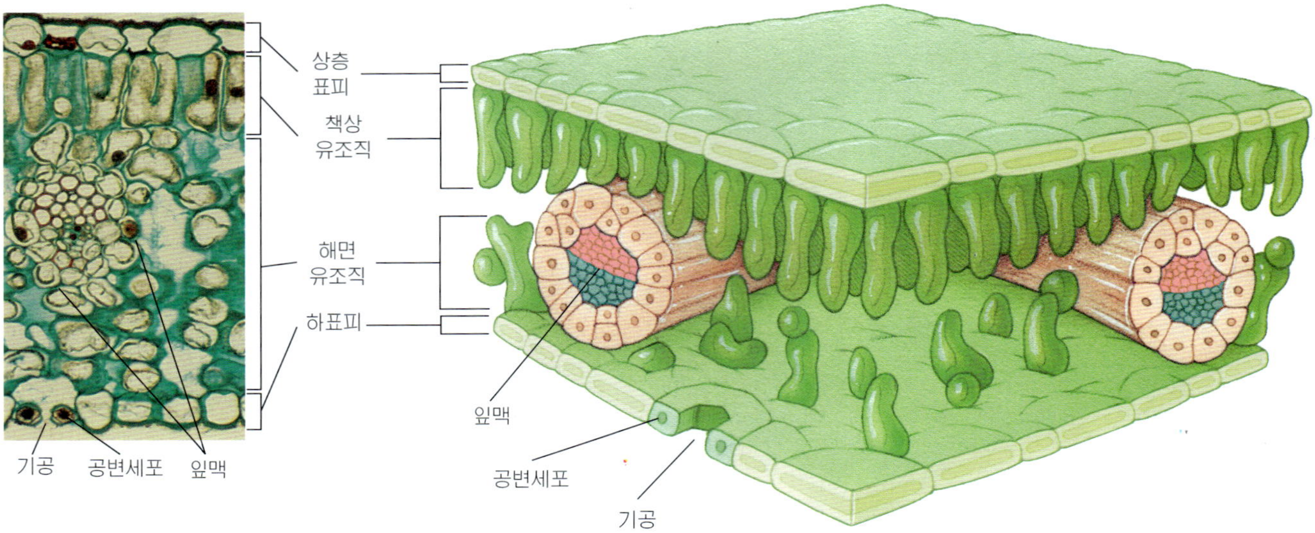

그림 13.22 잎의 횡단면

책상유조직과 해면유조직, 유관속, 표피조직의 배열을 보여주는 잎의 단면. 기공 주변에 공변세포가 있다.

13.13 줄기

앞에서 설명한 바와 같이 줄기는 지상부의 일부이며, 잎의 배열을 위한 기본구조를 제공한다. 줄기에서는 보통 1기생장과 2기생장을 모두 볼 수 있으며, 줄기는 상업적으로 중요한 목재로 사용된다.

1기 생장

줄기의 1기생장에서는 먼저 잎 원기로부터 잎이 나타나는데, 정단분열조직 주변에 뭉쳐 있고 줄기 자체가 신장함에 따라 생장한다(그림 13.23). 줄기에서 잎이 형성되는 부분을 **마디**라고 한다. 잎이 확장되어 성숙해지면서 미발달의 작은 눈이 엽액에 형성되는데, **엽액**은 줄기와 잎의 사이 부분을 말한다. 이들 눈은 그 속에 미성숙 잎을 가지고 있는데, 신장하여 측지를 형성하거나 휴면상태로 남아 있다. 줄기의 정아로부터 아래로 이동하는 호르몬이 측아의 생장을 계속 억제한다. 정아를 제거하면 이들 측아의 생장이 시작된다.

그림 13.23 잎이 형성되는 곳

단풍나무 줄기 끝의 주사전자현미경 사진으로 생장이 왕성한 여름에 줄기의 발달 모습이다. 정단분열조직과 잎 원기를 잘 볼 수 있다

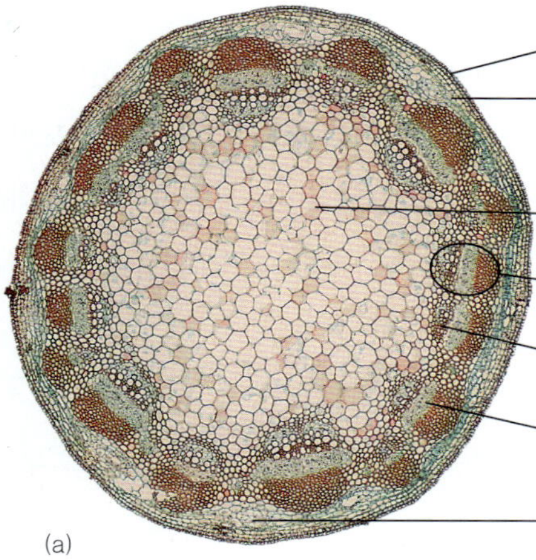

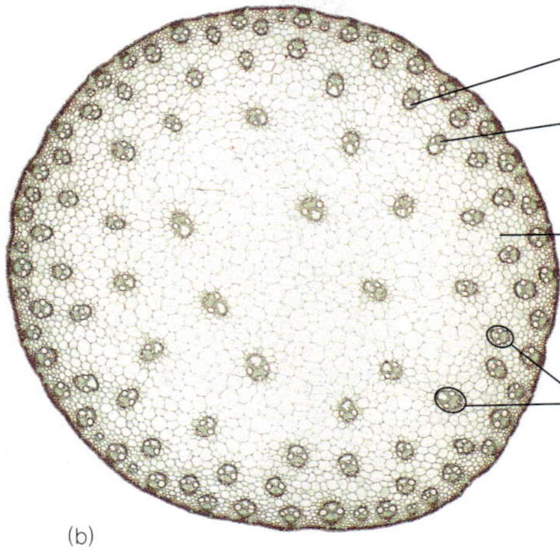

그림 13.24 쌍자엽식물과 단자엽식물의 줄기 비교

(a) 쌍자엽식물인 해바라기 어린 줄기의 횡단면. 유관속이 줄기의 외측에 환상으로 배열되어 있다. (b) 단자엽식물 줄기의 횡단면. 유관속이 흩어져 있다.

부드럽고 어린 줄기에는 유관속 조직인 목부와 사부가 쌍자엽식물의 경우 줄기의 외측에 환상으로 배열되어 있고 단자엽식물에서는 전체에 분산되어 있다(그림 13.24). 관다발 조직은 1기목부와 1기사부를 모두 가지고 있다. 1기생장만이 일어나는 단계에서는 쌍자엽식물 줄기에서 기본조직의 안쪽 부분을 수라고 하며, 바깥부분을 **피층**이라고 한다

2기 생장

줄기에서 2기생장은 유관속 형성층의 분화에 의해 시작된다. 유관속 형성층은 목본식물에서 목질부와 껍질 사이에 있는 세포분열이 왕성한 얇은 조직으로 1기목부와 1기사부 사이인 줄기의 유관속 내에 있는 유조직세포로부터 발달된다(그림 13.25). 유관속 형성층의 원통형 모양은 유관속 사이에 있는 일부 유조직 세포의 분화에 의해 완결된다. 완성된 유관속 형성층은 큰 액포가 있는 길쭉하고 다소 편평한 세포로 구성된다. 유관속 형성층에서 껍질이 있는 바깥쪽으로 분열하는 세포는 2기사부가 되고, 안쪽으로 분열하는 세포들은 2기목부가 된다.

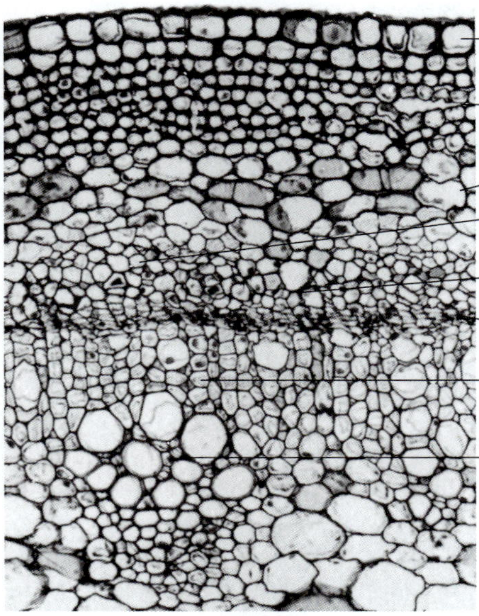

그림 13.25 유관속 형성층

유관속 형성층의 분화 초기단계

유관속 형성층이 형성되는 동안 줄기의 바깥 층에서 코르크 형성층이 발달한다. 코르크 형성층은 보통 분열함에 따라 줄기의 안쪽으로 더 깊이 이동하는 세포들로 구성된다. 코르크 형성층은 밖으로는 매우 밀집된 코르크세포를 생산하는데, 코르크세포는 지방성분을 함유하며 물이 투과할 수 없다. 코르크세포는 성숙하면 죽는다. 안쪽으로는 유조직 세포층을 형성한다. 코르크를 생산하는 코르크 형성층 그리고 유조직 세포층이 외피(주피)를 구성하는데, 이 외피가 식물을 보호하는 역할을 한다.

성숙한 줄기나 뿌리의 표면을 덮고 있는 코르크는 표피조직을 대신한다. 성숙한 줄기나 뿌리의 유관속 형성층의 바깥쪽에 있는 모든 조직을 수피라고 한다. 유관속 형성층은 세포벽이 가장 얇기 때문에 축적된 2기목부에서 수피가 떨어져 나간다.

목재는 경제적으로 매우 중요하며 식물로부터 얻은 유용한 생산물이다. 해부학적으로 목재는 2기목부가 축적된 것이다. 시간이 지남에 따라 2기목부 세포에 고무와 수지가 스며들어 목재의 색이 어두워진다. 이러한 이유로 줄기의 중앙부에 있는 목재를 **심재**라고 한다. 심재는 유관속 형성층 근처에 있는 **변재**보다 검고 밀도가 높다. 변재는 아직도 활발히 물을 수송하는 역할을 하고 있다. 온대지방에서는 목재에 환상의 연륜이 형성된다(그림 13.26).

그림 13.26 소나무의 연륜

유관속 형성층은 물이 많고 기온이 적당한 봄과 여름에는 가을이나 겨울에 비해 더 왕성하게 분열한다. 그 결과 봄과 여름에는 색이 밝고 세포벽이 얇은 큰 세포층이 형성되고 가을과 겨울에는 어둡고 세포벽이 두꺼운 작은 세포들이 형성되어 층이 구분된다.

13.13 식물체의 지상부를 구성하는 줄기는 길이생장과 부피생장을 한다.

13.14 뿌리

뿌리는 줄기에 비하여 구성패턴과 발달과정이 단순하다(그림 13.27a). 뿌리에도 줄기에서처럼 목부와 사부가 있지만 대부분의 쌍자엽식물 뿌리에서 유관속 조직의 중심에 수가 없다. 대신에 이들 뿌리는 중앙에 방사상의 팔 모양을 갖는 목부 기둥을 가지고 있다. 팔 모양의 방사상 목부와 교대로 1기사부 섬유가 위치하고 있다. 기둥모양의 유관속 조직의 주변에서 외부 경계를 형성하고 있는 것은 **내초**라고 부르는 하나 이상의 세포층으로 된 원통형 조직이다. 분지근은 내초의 세포로부터 형성된다. 뿌리의 가장 바깥 층은 줄기에서처럼 표피로 되어 있다. 뿌리의 유관속 조직이 들어 있는 다량의 유조직은 피층에 위치한다. 가장 안쪽에 있는 층은 내피인데, 유관속 조직과 뿌리 외부 사이의 물의 흐름을 조절하는 특이한 세포로 구성되어 있다(그림 13.28). 내피는 내초 바로 외측에 있다. 내피세포들은 카스파리띠라고 부르는 두꺼운 납질의 띠로 둘러싸여 있다. 내피세포를 통한 영양염류의 차등적인 이동으로 식물은 영양염류의 공급을 조절한다.

뿌리의 정단분열조직은 분열하여 내부와 외부로 세

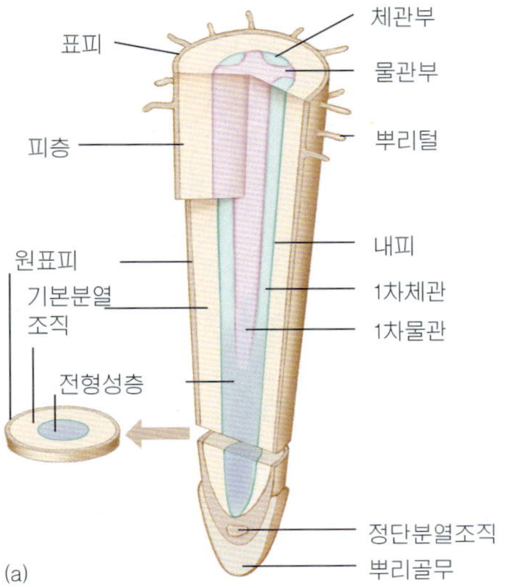

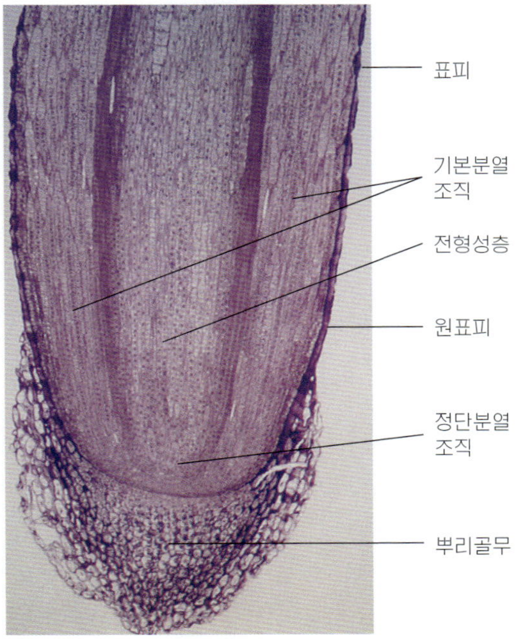

그림 13.27 뿌리의 구조

(a) 쌍자엽식물 뿌리에서 정단분열조직과의 관계를 부여주는 1기분열조직의 모식도. (b) 원표피, 전형성층 그리고 기본분열조직의 분화를 보여주는 옥수수 뿌리 끝의 종단면.

포를 생산한다. 세 종류의 1차 분열조직이 있는데, 원표피는 표피가 되고 전형성층은 1기 유관속조직을 생산한다. 기본분열조직은 더 분화가 일어나 기본조직을 형성하는데, 유조직 세포를 구성한다. 바깥쪽으로 일어나는 세포분열에 의해 비교적 분화가 되지 않은 세포덩어리인 뿌리골무가 형성된다. 뿌리골무는 뿌리의 정단분열조직을 보호한다.

뿌리는 끝 부분의 바로 뒤 부분에서 비교적 신속하게 신장된다. 하나의 표피세포가 확장되어 형성되는 뿌리털이 그 위쪽에 많이 형성된다. 실제로는 모든 물과 영양염류가 토양으로부터 뿌리털을 통해 흡수되며, 뿌리털은 뿌리의 표면적과 흡수능을 증가시킨다. 균근을 형성하는 식물은, 뿌리털의 수가 크게 감소되는데, 곰팡이의 균사가 뿌리털의 역할을 한다.

뿌리와 줄기 사이의 가장 기본적인 차이점 중 하나는 가지형성과 관계가 있다. 줄기에서는 줄기 표면에 있는 눈으로부터 가지가 형성된다. 뿌리에서는 곁뿌리 형성이 내초를 구성하는 세포의 분열에 의해 시작되며, 뿌리의 끝으로부터 상당히 뒤쪽에서 일어난다. 곁뿌리 원기는 뿌리의 표면쪽으로 피층을 뚫고 생장하여 결국 곁뿌리가 된다(그림 13.29).

주근과 측근의 2기생장은 줄기의 경우와 유사하다. 쌍자엽식물 그리고 2기생장을 하는 다른 식물의 경우 내초의 일부 그리고 사부와 목부 사이의 유조직이 뿌리의 관다발 형성층으로 되고 이것이 안쪽으로는 2기목부, 밖으로는 2기사부를 생산하기 시작한다. 결국 2기조직은 동심원적인 통모양이 된다. 2기조직이 더 첨가됨에 따라 1기사부, 피층 그리고 표피는 부서져서 뿌리로부터 떨어져 나간다.

목본식물의 내초에서는 코르크 형성층이 바깥쪽으로 코르크세포를 생산하고 안쪽으로는 코르크피층 유조직을 생산한다. 코르크 형성층과 관련된 조직을 줄기에서

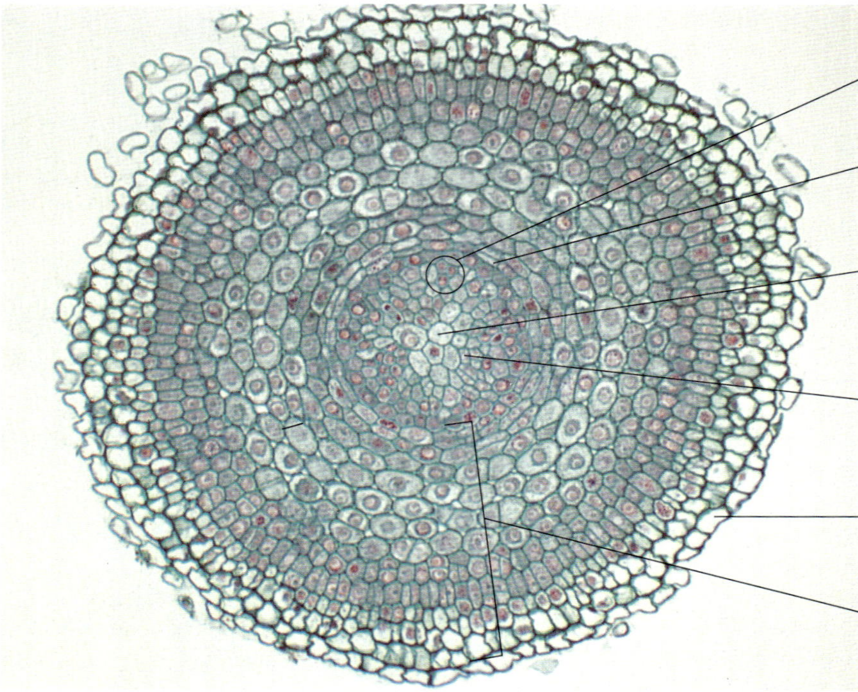

그림 13.28
미나리아재비 뿌리의 횡단면

처럼 외피라고 부른다.

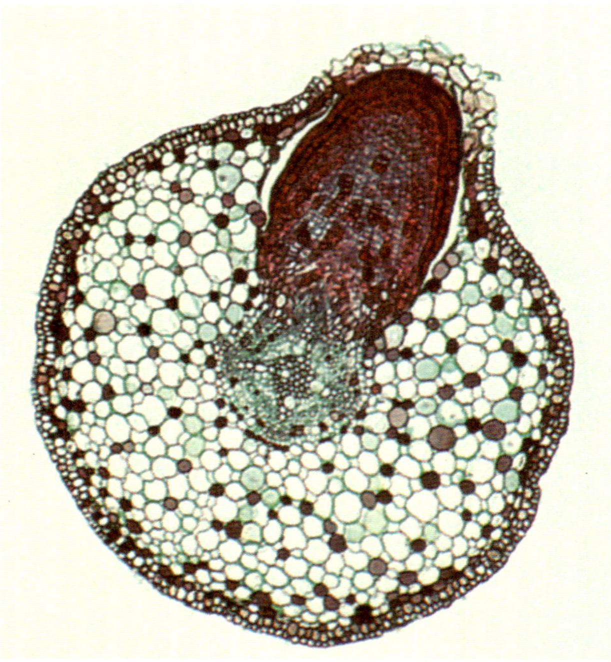

그림 13.29 측근

버드나무 뿌리의 피층을 뚫고 측근이 나오고 있다. 측근은 주근의 표피 밑에서 기원하는데, 곁가지는 줄기의 표피에서 기원한다.

13.14 식물체의 지하부인 뿌리는 토양으로부터 물과 무기염류를 흡수하도록 적응되어 있다.

13.15 물의 이동

응집-흡착-장력설

나무들은 어떻게 높은 곳까지 물을 올릴 수 있을까? 속이 비어있는 긴 관의 한쪽 끝을 막고 물을 채운 후 끝이 열린 부분을 아래로 하여 세우면 관 위에 있는 공기에 중력이 작용한다. 해수면에서의 공기의 무게는 1기압의 힘으로 관의 물에 작용하여 물이 관으로 올라가게 한다. 그러나 중력은 관 속에 있는 물에도 작용하여 물이 아래로 이동하도록 한다. 이 두 힘의 상호작용에 의해 관속의 물높이가 결정되는데, 그 값은 해수면에서 약 10.4m이다.

건조한 공기는 관의 물 표면에서 물 분자가 증발하도

록 한다. 그러나 관에 들어 있는 물의 높이는 낮아지지 않는데, 그것은 물 분자가 위에서 증발함에 따라 밑에서부터 보충되기 때문이다. 식물체에는 뿌리 끝에서부터 잎까지 많은 목부요소들이 연결되어 연속된 관을 형성한다. 잎 표면에 공기가 통과하면 증발에 의해 물 소실이 일어나고 그 결과 위 부분에서 끌어당기는 힘이 생긴다. 따라서 뿌리를 통해 들어온 새로운 물 분자는 위쪽으로 이동하게 된다. 식물체에 있는 좁은 목부요소의 벽에 물 분자가 흡착되는 것도 식물체의 위쪽으로 물기둥이 끊이지 않고 이동하는데 도움이 된다.

키가 큰 나무에서 목부 속의 물기둥은 끊기지 않는데, 물 분자 사이에 형성되는 수소결합 때문이다. 물 분자 사이의 수소결합은 물 분자간의 응집력의 원인이 되어 물기둥이 끊기지 않는다. 이러한 저항을 신장강도라고 하는데, 이 힘은 물기둥의 직경에 반비례한다. 즉 물기둥의 직경이 작을수록 **신장강도**는 커진다. 따라서 식물은 이러한 신장강도를 이용하기 위해 매우 가느다란 수송관을 가져야 한다.

중력, 신장강도 그리고 물의 응집력이 식물체 내에서 물의 이동에 영향을 주는데 이것을 **응집-흡착-장력설**이라고 한다.

증산작용

식물체에서 물이 소실되는 과정을 **증산작용**이라고 한다. 물은 수증기의 형태로 기공을 통해 나간다. 식물체 내부로부터 외부로 물이 나가기 위해서는 물 분자가 먼저 해면유조직 세포벽의 표면에서 증발하여 세포간극으로 들어와야 한다. 세포간극은 기공을 통해 식물체 외부에 열려 있다. 해면유조직 세포벽에서 증발한 물은 잎에 있는 소잎맥으로 부터 계속 보충된다. 식물체내에서 물을 수송하는 목부의 물기둥은 뿌리에서부터 잎까지 연결되어 있기 때문에 세포간극에 있는 물의 일부가 기공을 통해 빠져나가면 소실된 양만큼의 물이 계속 공급된다.

증산작용의 조절 : 기공의 개폐

식물이 물의 소실을 조절할 수 있는 한 가지 방법은 기공을 닫는 것이다. 그러나 광합성에 필요한 이산화탄소를 흡수하려면 기공이 열려 있어야 한다. 식물의 기공 개폐는 수분의 보존과 이산화탄소 흡수 두 가지 요구조건을 만족시켜야 한다.

기공의 개폐는 공변세포의 수압 변화에서 비롯된다. 기공 주변의 공변세포는 기공과 면한 쪽은 반대편에 비해 세포벽이 두껍다. 공변세포가 팽윤하면 활 모양으로 구부려져 기공이 열리게 된다.(그림 13.30)

다양한 환경요인들이 기공의 개폐에 영향을 준다. 가장 중요한 것은 수분 소실이다. 식물의 기공은 수분이 부족하면 닫힌다. 이산화탄소 농도가 증가하여도 기공

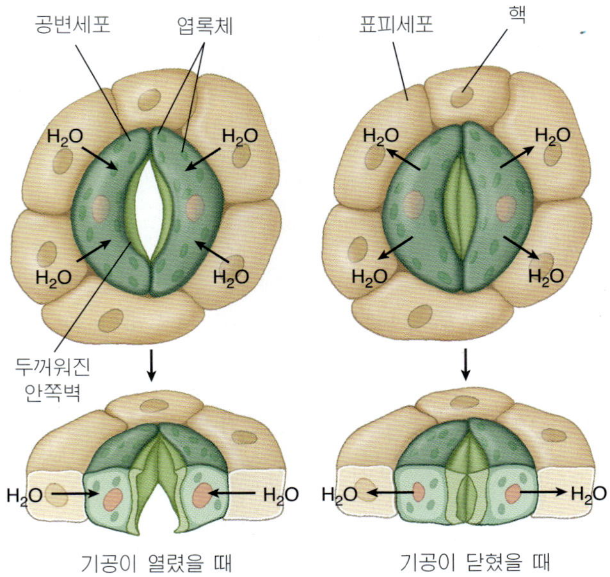

그림 13.30 기공의 개폐기작

(a) 공변세포의 염 농도가 증가하면 주변에서 물이 들어와 팽윤되고, 바깥쪽으로 휘어져 기공이 열린다. (b) 공변세포의 염 농도가 낮아지면 주변으로 물이 빠져나가 팽압이 낮아져 기공이 닫힌다.

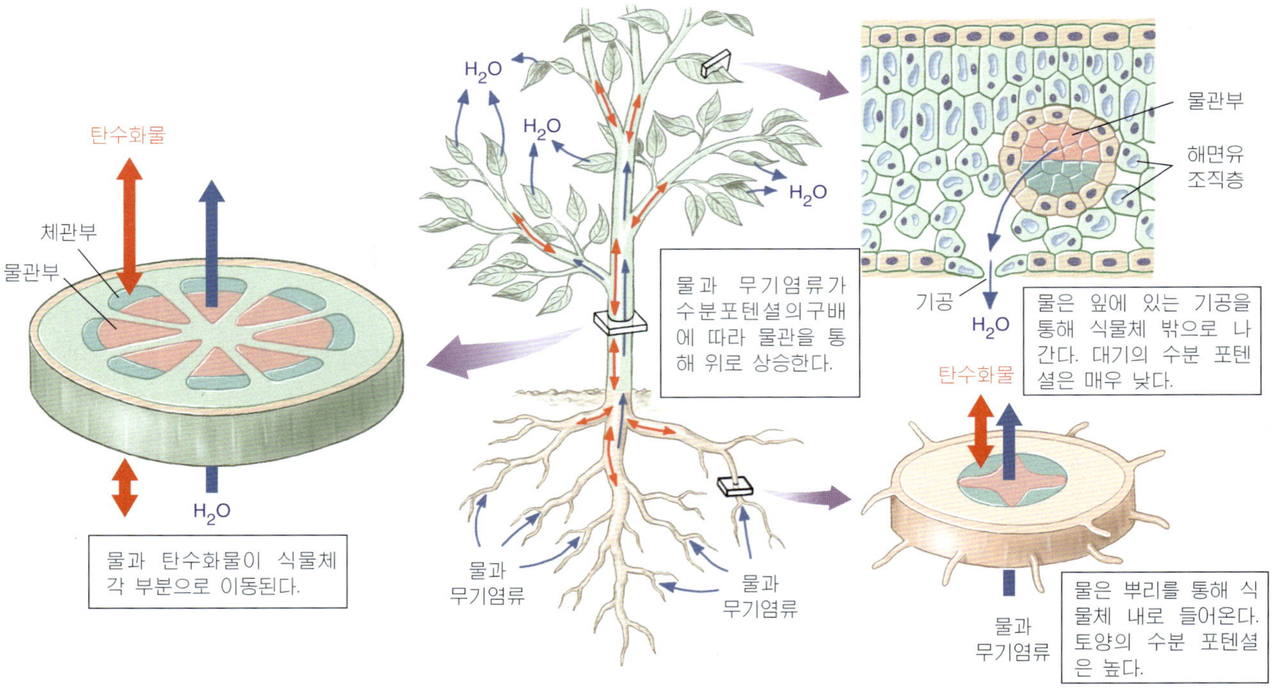

그림 13.31 식물체를 통한 물질의 흐름

물과 영양염류가 식물의 뿌리를 통해 흡수된 후 목부를 통해 각 부분으로 수송된다(청색 화살표). 물이 기공을 통해 외부로 소실된다. 잎에서 합성된 탄수화물은 체관부를 통해 온몸을 순환한다(붉은 색 화살표).

이 닫힌다. 광 조건에서 기공이 열리고 암 조건에서 닫힌다. 30~35℃ 이상의 높은 온도에서도 기공이 닫힌다.

뿌리의 수분흡수

식물은 대부분 뿌리털을 통해 물을 흡수한다. 뿌리털은 표면적을 증가시켜 뿌리의 흡수능력을 높인다. 뿌리털은 토양용액보다 무기염류 농도가 높아 물이 계속 들어오기 때문에 팽윤상태를 유지한다. 일단 뿌리 속으로 들어온 물은 목부를 통해 안쪽으로 이동된다.

뿌리털을 통해 들어오는 것은 물뿐만이 아니다. 뿌리털의 세포막은 다양한 이온수송통로를 가지고 있어 특정한 이온을 농도 구배에 역행하여 식물체 내부로 흡수한다. 이들 이온은 대부분 식물이 필요로 하는 영양염류인데, 목부를 통해 물과 함께 식물체 각 부분으로 이동된다(그림 13.31).

13.15 잎의 증산작용에 의해 물은 뿌리로부터 줄기로 상승한다.

13.16 탄수화물의 수송

식물의 잎에서 합성된 탄수화물은 체관부를 통해 다른 부분으로 운반되는데, 이것을 **전위**라고 한다. 지하경과 같은 저장기관에 농축된 녹말과 같은 탄수화물도 설탕과 같은 수송 가능한 물질로 전환되어 체관부를 통해 이동한다.

식물체 내에서 당이나 다른 물질이 이동하는 통로는 방사성 동위원소와 진딧물을 이용하여 자세히 밝혀진 바 있다. 진딧물은 잎이나 줄기의 사부세포에 침과 같은 입을 박고 풍부한 당을 얻는다. 진딧물의 입을 잎에서부터 자르면 잘라진 입을 통해 사부의 내용물이 흘러나와 사관액의 분석이 가능하다. 사관액에는 10~25%의 용해된 물질이 들어 있는데, 대부분 설탕이다.

진딧물과 방사성 동위원소를 이용한 연구를 통해 사부에서 물질의 이동이 시간당 50~100cm에 이른다는 것이 밝혀졌다. 이러한 이동은 에너지가 소비되지 않는 수동적인 과정이다. 사부를 통해 수송되는 물질의 **대량유동**은 삼투의 결과 발생되는 수압 때문에 일어난다. 먼저, 광합성의 결과 생산된 설탕이 능동적으로 유관속의 사부로 유입된다. 이러한 설탕의 유입은 사부의 용질 농도를 증가시켜 삼투현상에 의해 물이 사부로 흡수된다. 설탕이 합성되는 부분을 **공급부**라고 하며, 사부로부터 설탕이 가는 부분을 **수용부**라고 한다. 뿌리를 비롯하여 설탕이 사용되는 지역이 수용부에 해당된다. 설탕이 제거됨에 따라 사부의 염 농도는 감소한다. 이러한 과정의 결과 사부 안에 있는 물이 설탕이 흡수되는 부분에서 설탕이 제거되는 부분으로 이동하며, 설탕은 물과 함께 수동적으로 이동한다.

13.16 식물체내에서 탄수화물은 수동적 삼투과정인 전위에 의해 이동한다.

13.17 식물의 필수 영양소

사람의 경우에도 살기 위해서는 탄수화물, 아미노산, 비타민 등의 영양염류가 필요하듯이 식물도 건강하게 살아가기 위해서는 여러 가지 영양염류가 필요하다. 이들 영양염류가 결핍되면 식물의 생장이 지연되거나 질병에 민감해지며, 심하면 죽게 된다.

영양염류는 다양한 방법으로 식물의 물질대사에 관여한다(표 13-2). 질소는 단백질과 핵산의 주요 구성원이며, 칼륨이온은 공변세포의 팽압을 조절하여 식물의 수분소실과 이산화탄소 흡수를 조절한다. 칼슘은 중엽의 주요 구성원이다. 중엽은 식물세포벽 사이에 침적되는 구성원소이고 막의 물리적인 구조를 유지하는 데에도 기여한다. 마그네슘은 엽록소 분자를 구성한다. 핵산이나 ATP와 같은 주요 생물학적 물질의 구성원인 인은 앞에서 자세히 설명한 바 있다. 황은 단백질 합성에 중요한 아미노산(시스테인)의 구성성분이다.

표 13-2 식물의 필수 영양염류

영양염류	식물 조직에 함유된 상대적인 양 (ppm)
질소	1,000,000
칼륨	250,000
칼슘	125,000
마그네슘	80,000
인	60,000
황	30,000
염소	3,000
철	2,000
붕소	2,000
망간	1,000
아연	300
구리	100
몰리브덴	1

동물처럼 다른 생물체를 질소원으로 직접 이용하는 식물도 있는데, 이들을 식충식물이라고 한다. 식충식물은 곤충이나 다른 작은 동물을 유인하여 잡는다. 이들 식물은 다양한 분비선으로부터 효소를 분비하여 잡은 먹이를 소화시켜 흡수한다. 파리지옥은 잎에 민감한 털을 가지고 있다. 털을 건드리면 두 장의 잎이 닫혀진다(그림 13.32 a, b). 주전자풀은 밝고 꽃 같은 화려한 색으로 곤충을 유인하는데, 일단 곤충이 통 안으로 들어가면 물, 당 그리고 소화효소가 고여있는 아래로 미끄러져 떨어진다(그림 13.32c).

13.17 식물의 생장에는 다량의 질소와 인 그리고 칼륨이 필요하며, 그 밖에 소량으로 필요한 많은 영양염류가 있다.

(a)

(b)

(c)

그림 13. 32 식충식물

(a) 파리지옥 (b) 잎을 접은 파리지옥 (c) 주전자풀. 꿀을 찾는 곤충이 잎이 변하여 된 통 속으로 들어가 포획된 후 소화된다.

13.18 식물 호르몬

1950년대에 식물학자들은 성숙한 개체로부터 분리한 분화된 세포가 완전한 개체로 발달할 수 있음을 최초로 입증하였다. Steward는 당근의 사부세포 덩어리로부터 새로운 식물체를 유도할 수 있었다. 이 식물은 모양도 정상이었으며 생식도 가능하였다. 분화된 조직으로부터 완전한 식물체를 재생시키는 연구가 목화, 토마토 등을 비롯한 많은 식물에서 실시되었다. 초기의 분화된 사부조직이 완전한 식물체로 분화되는데 필요한 유전적 잠재력을 보유하고 있음을 보여주었다. 식물조직이 분화되는 과정에서 소실되는 정보는 없었고 비가역적인 단계도 없었다.

종자가 일단 발아되면 식물의 발생은 분열조직의 활동에 따라 달라지는데, 분열조직은 환경과 상호작용을 한다. 줄기와 뿌리의 정단분열조직은 성숙한 식물이 가지고 있는 모든 세포를 생산한다. 식물체에서 특이한 조직의 형성 즉 분화는 다섯 단계를 거쳐 일어난다(그림 13.33).

Steward 등이 수행한 조직재생 실험은 분화된 식물조직이 적당한 환경조건하에서 숨겨진 유전정보를 발현할 수 있다는 결론을 낳게 되었다. 정상적으로 생장하고 있는 식물에서 분화가 끝난 세포의 유전자 발현을 억제하는 것은 무엇인가? 이들 유전자의 발현은 식물 호르몬에 의해 조절된다.

호르몬은 생물체의 한 부분에서 생산되는 소량의 화학물질로 생물체의 다른 부분으로 운반되어 생리현상을 촉진 또는 억제하는 역할을 한다. 호르몬의 작용은 호르몬의 종류와 이들이 작용하는 조직에 의해 영향을 받는다.

식물에서는 다섯 종류의 주요 호르몬이 생산되는데,

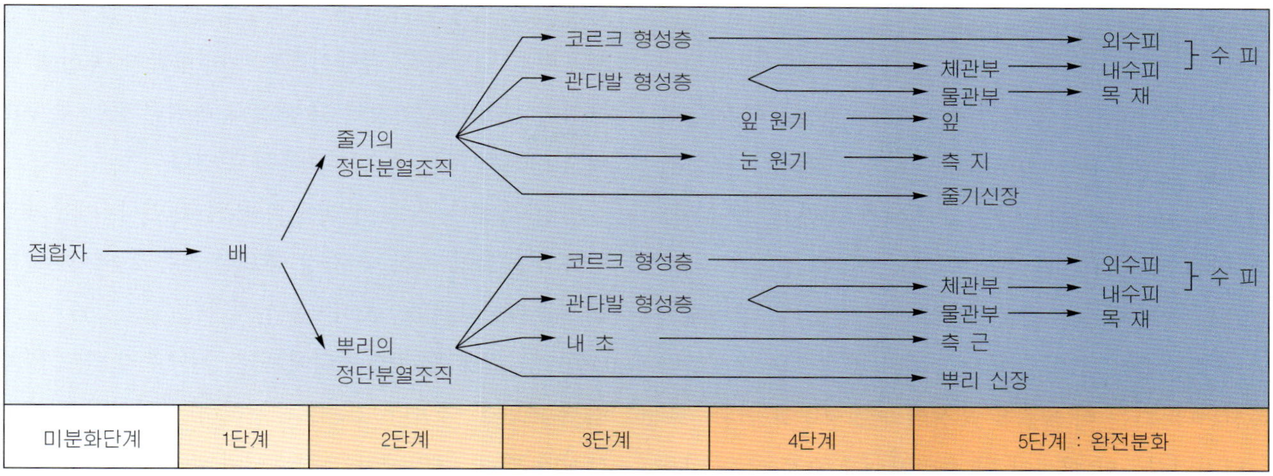

그림 13.33 식물분화의 단계

그림에서 보는 바와 같이 식물의 세포와 조직은 모두 줄기와 뿌리의 정단분열조직에서 유래됨을 알 수 있다.

옥신, 시토키닌, 지베렐린, 에틸렌 그리고 낙엽산이다.(표 13.3)

13.18 식물의 생장은 고정된 프로그램에 따르지 않고 다양한 호르몬에 의해 주변 환경에 맞게 자란다.

표 13-3 주요 식물 호르몬의 기능

호르몬	주요 기능	생성 또는 발견되는 장소
옥신(IAA)	줄기의 신장과 생장촉진 부정근 형성을 촉진 낙엽억제, 세포분열촉진(시토키닌과 함께) 에틸렌 생산을 유도, 측아의 휴면유도	정단분열조직, 기타 식물의 미성숙 조직
시토키닌	옥신이 있을 때 세포분열 촉진 엽록체 발달 촉진 잎의 노쇠방지, 눈 형성 촉진	뿌리 정단분열조직, 미성숙 열매
지베렐린	줄기의 신장 촉진, 발아 중인 종자에서 효소 생산 촉진	뿌리와 줄기의 끝, 어린 잎, 종자
에틸렌	잎, 꽃, 과일의 탈리 조절 열매성숙 촉진	뿌리, 줄기의 정단분열조직 절, 오래된 꽃, 성숙 중인 열매
낙엽산	눈의 생장억제, 기공개폐 조절 종자 휴면 조절, 다른 호르몬의 효과를 저해	잎, 열매, 뿌리골무, 종자

13.19 옥신

옥신의 식물생장 조절 기작은 1926년에 네델란드 식물생리학자인 Frits Went의 연구로 밝혀졌다(그림 13.34). Went는 빛이 있는 환경에서 자란 단자엽식물의 실생 끝 부분에서 한천배지로 스며든 물질이 세포 신장을 촉진시키는 것을 입증할 수 있었다. 실생에서 이 화학물질이 흘러 들어간 부분이 반대편보다 생장이 촉진된다. 그는 이 물질을 옥신이라고 명명하였다.

단자엽식물의 실생이 빛이 비치는 쪽으로 굽은 이유는 줄기의 두 측면의 옥신 함량이 다르기 때문이다. 빛을 받지 못하는 쪽의 옥신 함량이 반대편보다 높아 그곳의 세포신장이 촉진되기 때문에 빛이 비치는 쪽으로 굽게 된다. 나중의 연구 결과에 의하면 정상적인 식물에서 옥신이 빛에 반응하여 빛이 비치는 부분에서 반대편 어두운 곳으로 이동하여 식물이 굴광성을 보인다는 것이 밝혀졌다.

옥신은 처리 된 후 수분 내에 식물세포벽의 신축성을 증가시켜 생장을 촉진하는 것으로 보인다. 연구자들은 세포벽의 다당류를 결합시키는 공유결합이 옥신에 반응하여 변화되고 이것이 그 세포로 하여금 물을 흡수하여 신장하게 하는 것으로 추측하고 있다.

합성 옥신은 잡초 방제에 이용되고 있다. 제초제로 사용되는 합성 옥신 중 가장 중요한 것은 2,4-D로 알려진 2,4-디클로로페녹시아세트산이다(그림 13.35). 2,4-D를 잔디밭에 뿌리면 잔디에는 손상을 주지 않고 쌍자엽 잡초만을 죽인다. 2,4-D를 처리하면 쌍자엽 식물의 생장이 빨라 ATP 생산을 감소시켜 물질수송이나 기타 필수적인 기능을 수행하는데 필요한 에너지원이 부족하여 죽게 된다.

2,4-D와 유사한 제초제인 2,4,5-T(2,4,5-트리클로로페녹시아세트산)는 목본 실생과 잡초를 제거하기 위해 널리 사용되고 있다. 베트남 전쟁 당시 "고엽제(오렌지탄)"로 악명을 떨친 2,4,5-T는 생산과정에서 부산물로 발생되는 다이옥신에 쉽게 오염된다. 다이옥신은 인체 내에서 내분비 교란물질로 작용하기 때문에 매우 해로

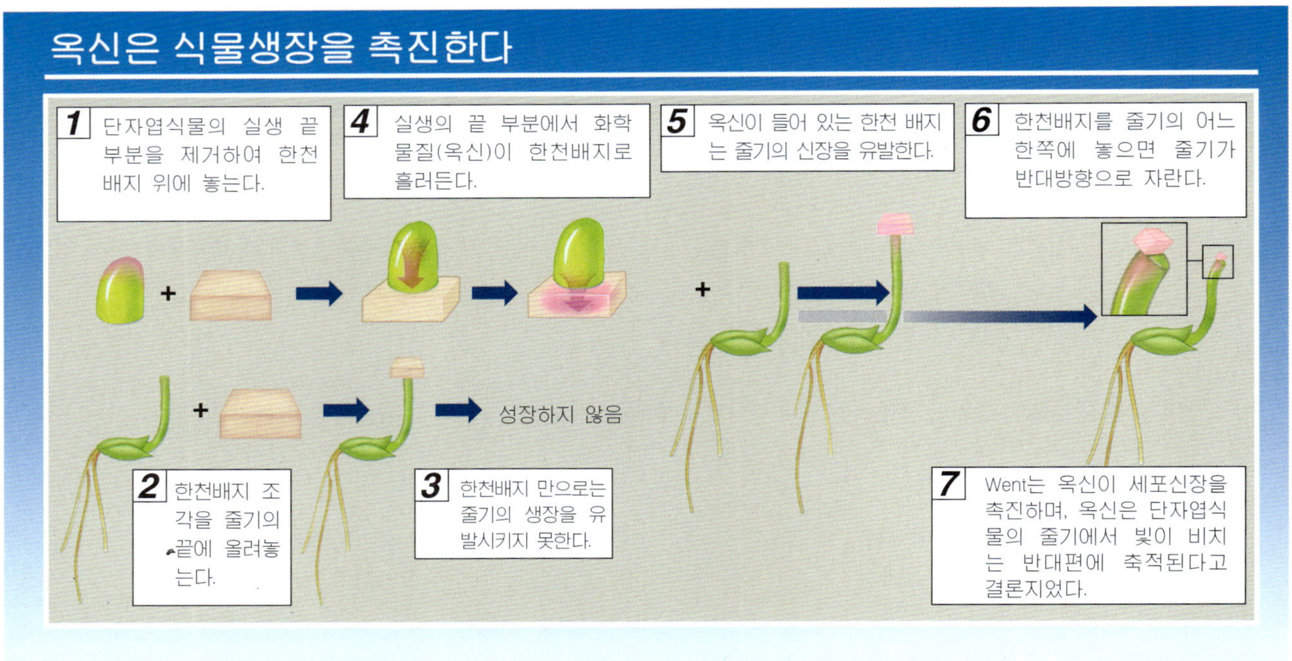

그림 13.34 식물생장에 미치는 옥신의 효과를 보여주는 Went의 실험

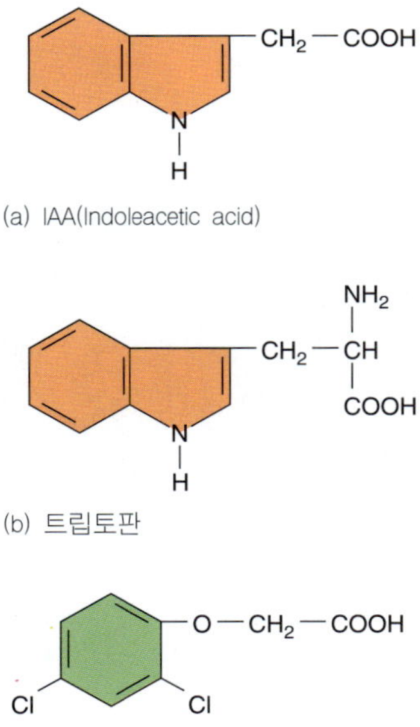

(a) IAA(Indoleacetic acid)

(b) 트립토판

(c) Dichlorophenoxyacetic acid(2,4-D)

그림 13.35 옥신

(a) IAA는 유일하게 자연적으로 생성되는 옥신으로 알려져 있다. (b) 트리프토판은 식물이 IAA를 합성하는데 사용되는 아미노산이다. (c) 합성 옥신인 2,4-D는 널리 사용되는 제초제이다.

운 물질이다. 내분비 교란물질은 사람의 배발생 과정을 방해하는 화학물질이다.

13.19 식물에서 중요한 생장촉진 호르몬인 옥신은 세포벽의 신축성을 증가시켜 특정한 방향으로 생장을 가능하게 한다.

13.20 기타 식물 호르몬

■ 시토키닌

시토키닌은 옥신과 협동으로 세포분열을 촉진하며, 분화과정을 결정한다. 이러한 성질을 갖는 물질은 박테리아와 진핵생물 모두에서 흔히 볼 수 있다. 관속식물에서는 대부분의 시토키닌이 뿌리에서 생산되어 각 부위로 운반된다. 시토키닌은 유사분열에 필요한 단백질의 합성 혹은 활성에 영향을 주어 세포분열을 촉진한다.

시토키닌은 측아가 가지로 성장하는 것을 촉진한다. 따라서 옥신이나 에틸렌과 함께 시토키닌은 정단우세와 측아생장을 조절하는 역할을 한다. 옥신이 측근형성을 촉진하는데 비해 시토키닌은 측근 형성을 저해한다. 이러한 관계 때문에 시토키닌과 옥신의 균형이 다른 요인들과 함께 성숙한 식물체의 모양을 결정한다. 이 밖에도 식물에서 떼어낸 잎에 시토키닌을 처리하면 황색으로 변하는 것이 지연된다.

■ 지베렐린

줄기와 뿌리의 정단부에서 합성되는 지베렐린은 식물의 줄기 신장에 중요한 영향을 주며 성숙한 교목과 관목에서 이 과정을 조절하는 선도역할을 한다(그림 13.36). 식물에 지베렐린을 처리하면 줄기의 절간 신장을 촉진되며, 이러한 효과는 옥신이 있을 때 더 촉진된다. 지베렐린은 이 밖에도 식물 생장과 발달에 관한 여러 과정에 영향을 준다. 2년생 식물에게 지베렐린을 처리하면 첫해에 개화가 유도된다. 이 호르몬은 종자발아도 촉진하는데, 저온처리나 광처리의 효과를 대신할 수 있기 때문이다.

■ 에틸렌

에틸렌은 열매가 성숙하는 일정한 기간 동안에 비교적 다량으로 생산되는 기체이다. 열매가 성숙하는 동안에 호흡이 가장 빨리 일어나는데, 이 기간에 복잡한 탄수화물이 간단한 당으로 분해되며 세포벽이 부드러워지고 익은 열매의 향과 관련된 휘발성 물질이 생산된다. 에틸렌을 열매에 처리하면 성숙이 촉진된다.

에틸렌을 식물 호르몬으로 인식하게 된 첫번째 증거

그림 13.36 지베렐린의 효과

60종류 이상의 지베렐린이 추출되었지만 줄기 신장에는 오직 한 종류만이 효과가 있었다. 그림에서 보는 바와 같이 양배추를 지베렐린으로 처리하면 큰 꽃대가 형성된다.

그림 13.37 에틸렌의 효과

유리항아리 밑에 호랑가시나무를 익은 사과와 함께 1주일 정도 두면 사과에서 생산된 에틸렌이 호랑가시나무 잎을 떨어지게 한다.

중의 하나는 오렌지에서 나오는 가스가 바나나의 조기 성숙을 유발하는 것이었다. 이러한 관찰결과는 상업적으로 이용하게 되었다. 토마토는 보통 녹색일 때 열매를 딴 후 에틸렌을 사용하여 원하는 시기에 인위적으로 성숙시킨다. 에틸렌은 레몬과 오렌지의 색 형성을 촉진시키는 데 에도 많이 사용된다. 이산화탄소는 에틸렌과 정 반대의 효과가 있다. 따라서 과일을 선적할 때에는 미리 성숙하는 것을 방지하기 위해 이산화탄소가 있는 방에 저장한다.

에틸렌은 또한 중요한 생태적 역할을 한다. 식물체를 오존이나 다른 독성화학물질, 극단의 온도, 건조, 병원체나 초식동물의 공격 그리고 다른 스트레스에 노출시키면 에틸렌 생산이 급격히 증가한다. 에틸렌 생산량의 증가는 이러한 스트레스에 손상을 받은 잎과 열매의 낙엽(그림 13.37) 혹은 낙과를 가속화시킨다. 오존 노출과 연관된 손상은 식물에 의한 에틸렌 생산에 기인하는 것으로 알려지고 있다. 일부 연구결과에 의하면 초식동물에 의한 공격 혹은 질병에 걸린 식물에서 에틸렌이 생산되는 것은 식물의 방어 기작을 활성화시키는 증거라는 사실이 제기되고 있다.

낙엽산

낙엽산은 성숙한 녹색 잎, 열매 그리고 뿌리골무에서 주로 합성된다. 이 호르몬은 잎을 신속히 노쇠하게 하여 떨어지게 하기 때문에 낙엽산이란 이름을 갖게 되었지만, 자연상태에서 낙엽산이 이러한 역할을 한다는 증거는 많지 않다. 실제로 낙엽산은 에틸렌 생산을 유도하고, 노쇠와 낙엽을 촉진하는 것은 에틸렌이다. 낙엽산을 녹색 잎에 처리하면 처리된 부분은 황색으로 변한다. 따라서 낙엽산은 시토키닌과 반대 효과를 갖는다.

그림 13.38 낙엽산의 효과

낙엽산은 동아의 형성을 유도한다. 이 눈은 겨울동안 휴면상태로 남아 있다. 눈을 싸고있는 비늘은 잎이 변형되어 생기는데, 건조와 추위로부터 눈을 보호한다.

시토키닌을 잎에 처리하면 황색으로 변하지 않고 녹색으로 남아 있다.

낙엽산은 눈의 생장을 억제하여 동아의 형성을 유도한다. 그 다음 잎 원기가 눈 비늘로 전환된다(그림 13.38). 낙엽산은 또한 휴면 중인 측아의 생장을 억제한다. 낙엽산은 눈의 생장과 신장을 억제하여 눈의 생장과 신장을 촉진하는 지베렐린의 효과를 상쇄시킬 수 있다. 낙엽산은 또한 종자의 휴면을 유도하는 역할을 하며, 공변세포의 칼륨이온 출입에 영향을 주어 기공의 개폐를 조절한다.

13.20 식물은 옥신 이외에 시토키닌, 지베렐린, 에틸렌, 낙엽산과 같은 중요한 호르몬을 가지고 있다.

13.21 광주기성과 휴면

식물은 상이한 환경 자극에 대하여 다양하게 반응한다. 개화, 낙엽, 단풍 등과 같은 식물의 다양한 반응도 여러 가지 환경 자극에 의해 촉진된다.

광주기성

모든 진핵생물은 낮과 밤의 주기에 의해 영향을 받고, 식물의 생장과 발생의 여러 가지 특징도 24시간 주기로 진행되는 명과 암의 비율에 의해 조절된다. 이러한 반응을 **광주기성**이라고 하는데, 광주기성이란 생물이 낮과 밤의 상대적인 길이의 계절적인 변화를 측정하는 기작이다. 이러한 광주기적 반응의 예로 피자식물의 개화를 들 수 있다.

낮의 길이는 계절에 따라 달라지는데, 적도에서 위도가 멀어질수록 변화가 크다. 식물의 개화 반응은 일장과 관련하여 장일식물, 단일식물, 중일식물의 세 가지로 구분된다. 장일식물은 밤의 길이가 일정한 시간보다 짧아질 때 개화가 시작되는 식물이며, 단일식물은 이와 반대로 밤의 길이가 일정한 시간보다 길어질 때 개화가 시작되는 식물이다. 따라서 봄과 초여름에 개화하는 식물은 장일식물이고, 가을에 개화하는 식물은 단일식물이다(그림 13.39). 그림 13.39에 있는 "교란된 빛" 실험을 통해 개화를 유발시키는 것은 교란되지 않은 밤의 길이라는 것을 분명히 알 수 있다.

장일식물과 단일식물 이외에도 많은 중일식물이 있다. 중일식물은 일장과 무관하게 환경조건이 알맞으면 개화하는 식물이다.

광주기성의 화학적 기초

일장과 암기에 대한 개화 반응은 복합적인 방법으로 상호작용하는 몇 가지 화학물질에 의해 조절된다. 이러한 화학물질 중 일부의 특성이 추론되긴 하였지만 여러 가지 화학물질이 어떠한 상호작용을 통해 개화 반응을 촉진 혹은 억제하는지는 아직 밝혀지지 않았다.

피토크롬 식물은 **피토크롬**이란 색소를 가지고 있는

그림 13.39 식물의 광주기성

각 경우에 교란되지 않은 암기의 지속기간이 개화의 시기를 결정한다.

데, 상호 전환이 가능한 P_r과 P_{fr} 두 가지 형태로 존재한다. P_r은 붉은 색을 흡수하며, P_{fr}은 근적외선을 흡수한다. P_r 분자가 660nm의 광량자를 흡수하면 바로 Pfr로 전환되고, P_{fr} 분자가 730nm의 광량자를 흡수하면 바로 P_r로 전환된다. P_{fr}은 생물학적인 활성이 있으나 P_r은 생물학적으로 불활성이다(그림 13.40). 다시 말하면 P_{fr}이 존재하면 피토크롬에 의해 영향을 받는 생물학적 반응이 일어난다. 대부분의 P_{fr}이 P_r로 전환되면 반응이 일어나지 않는다.

피토크롬은 광수용체이지만 빛을 받으면 직접 반응이 일어나지 않는다. 단일식물에서 P_{fr}이 존재하면 개화를 억제하는 생물학적 반응이 일어난다. 암처에서 P_{fr}은 일정하게 P_r로 전환되기 때문에 그 양이 감소한다. 암기간이 충분히 길면 억제 반응이 끝나고 개화 반응이 시작된다. 그러나 암기간 중 660nm 파장의 빛을 한 번만 비추어 주면 P_r 분자가 대부분 P_{fr}로 전환되어 개화 반응

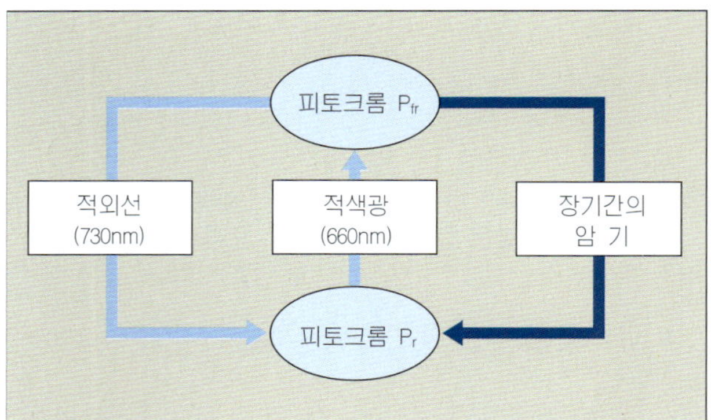

그림 13.40 피토크롬의 작용기작

P_r이 붉은 빛에 노출되면 P_{fr}로 전환되는데, P_{fr}은 식물에서 반응을 일으키는 활성물질이다. P_{fr}은 암처에서 또는 근적외선에 노출되면 P_r로 전환된다.

이 일어나지 않는다. 암기의 처음 3~4시간 내에 대부분의 P_{fr}이 P_r로 전환되었기 때문에 P_r이 P_{fr}로의 전환만으로는 단일식물의 개화 반응을 완전히 설명할 수 없다. 아직 우리가 모르는 다른 요인들이 포함되어 있음이 분명하다.

피토크롬은 식물의 다른 생장 반응에도 포함된다. 예를 들어 많은 식물에서 종자발아는 근적외선에 의해 저해되고 적색광에 의해 촉진된다. 엽록소가 적색을 많이 흡수하고 근적외선을 흡수하지 않기 때문에 녹색 잎을 통과하는 빛은 종자 발아를 저해한다. 따라서 낙엽수림 아래 땅에 떨어진 종자는 떨어진 낙엽이 분해된 후인 봄에 햇빛에 직접 노출될 때 발아가 일어나게 된다. 이러한 현상은 어린 식물의 생존기회를 증가시킨다.

개화호르몬 장일식물과 단일식물을 재료로 연구하는 과정에서 개화호르몬의 존재를 입증하는 증거들이 나오기 시작하였다. 식물을 빛에 노출시키기 전에 잎을 제거하면 일장 자극에 대한 반응으로 개화가 되지 않는다는 사실이 밝혀졌다. 그러나 하나의 잎만 존재하거나 하나의 잎이 적절한 자극에 노출되면 개화가 시작된다. 적절한 자극에 노출시킨 다음 즉시 잎을 제거하면 식물은 개화하지 않는다. 그러나 몇 시간이 지난 후 잎을 제거하면 정상적으로 개화한다. 이러한 결과는 물질이 잎으로부터 식물의 정단으로 이동되어 그 곳에서 개화를 유도한다는 것을 보여준다. 다른 실험에서는 옥신과는 달리 이 물질이 한천배지를 통해 이동되지는 못하고 서로 연결된 살아 있는 조직을 통해 이동한다는 사실이 밝혀졌다.

과학자들은 50년 이상 개화호르몬을 탐색하였지만 성공하지 못하였다. 그러나 개화를 촉진하거나 억제하는 물질이 존재한다는 많은 증거들이 있다. 이들 물질은 복잡한 방법으로 상호작용을 하는 것으로 생각된다. 개화 반응에는 많은 화학물질이 포함될 뿐 만 아니라 이 물질들 간의 상호작용이 매우 복잡하기 때문에 과학적인 면이나 상업적인 면에서 매우 중요한 개화 반응의 연구를 어렵게 하고 있다. 현재에도 개화호르몬의 존재는 엄밀히 말하면 가설에 불과하다.

■ 휴 면

식물은 대부분 생장률을 변화시켜 외부 환경에 반응한다. 환경조건이 불리할 때 생장을 멈출 수 있는 식물의 능력은 생존에 매우 중요하다. 온대지방에서 휴면은 기온이 낮고 수분이용도가 낮은 겨울과 관련이 있다. 겨울 동안에 낙엽수의 눈은 휴면상태로 남아 있고 정단분열조직은 겉을 싸고 있는 비늘에 의해 잘 보호되어 있다. 다년생 초본은 양분이 축적된 굵은 줄기나 뿌리로 땅속에서 겨울을 보낸다. 1년생 식물은 종자로 겨울을 보낸다.

13.21 식물의 생장과 생식은 광주기에 민감한데, 화학물질을 사용하여 계절에 따른 개화를 유도한다.

13.22 굴성

외부 자극에 대한 식물의 생장 반응인 **굴성**은 생장 패턴을 조절하여 외관상 모양을 결정한다. 여기에서는 굴광성, 굴지성 그리고 굴촉성에 대하여 알아보도록 하자.

■ 굴광성

식물의 줄기가 빛이 비치는 쪽으로 굽는 **굴광성**은 옥신을 설명할 때 소개한 바 있다. 일반적으로 줄기는 햇빛이 비치는 쪽으로 자라는 양성굴광성인 반면 뿌리는 햇빛이 있는 반대쪽으로 자라는 음성굴광성이다. 줄기는 양성굴광성을 통해 더 많은 빛을 받을 수 있기 때문에 적응상 가치가 있다. 굴광성에는 대부분 옥신이 관련되어 있다.

굴지성

또 하나의 흔히 볼 수 있는 식물의 반응이 **굴지성**인데, 줄기는 위쪽으로, 뿌리는 아래쪽으로 자라게 하는 반응이다. 이들 반응도 적응력이 크다. 위쪽으로 자라는 줄기는 햇빛을 더 많이 받을 수 있고, 아래로 자라는 뿌리는 좀 더 좋은 환경과 만날 수 있다. 이 반응은 중력에 대한 것이기 때문에 중력굴성이라고도 한다. 그림 13.41에서는 굴광성과 굴지성의 효과를 볼 수 있다.

굴촉성

굴촉성도 주변에서 흔히 볼 수 있는 반응이다. 굴촉성은 식물이 다른 물체와 접촉하였을 때 보이는 반응으로 줄기나 다른 물체와 만나면 신속히 감는 식물의 덩굴손이나 나팔꽃 줄기와 같은 것이다. 이러한 행동은 접촉에 대한 반응으로 접촉한 부위의 반대편 생장이 빨리 일어나기 때문이다. 식물 표피에 있는 특수한 세포들이 굴촉성에 관련되어 있는 것으로 생각되지만 정확한 기작은 아직 알려지지 않고 있다.

13.22 식물의 생장은 햇빛, 중력 혹은 접촉과 같은 자극에 민감하다.

그림 13.41 굴성이 식물의 생장패턴을 결정한다.

쓰러진 나무의 가지들이 굴광성과 굴지성에 의해 수직으로 생장한다.

Chap 14

동물문의 진화

14.1 동물의 특성

> **14.1** 동물은 복잡한 다세포 생물로서, 전형적으로 운동성과 타가영양의 특징을 지닌다. 대부분의 동물들은 또한 유성생식을 하고 조직 수준의 체계화를 가진다.

동물의 복잡한 형태는 하나의 접합자가 특징적인 배 발생과정을 거치면서 생기게 된다. 접합자는 처음에 일련의 유사분열을 거쳐서 속이 채워진 공 모양의 세포 덩어리, 즉 **상실배**(morula)로 되며, 그 다음에 모든 동물에서 나타나는 발생 단계인, 속이 빈 **포배**(blastula)로 된다. 대부분의 경우, 포배는 한 지점에서 안으로 접혀져서 **원구**(blastopore)라는 하나의 구멍을 가진 주머니 모양의 배로 된다. 이 단계의 배를 **낭배**(gastrula)라고 한다. 낭배를 이루는 세포들의 성장과 움직임으로 장과 같은 소화계가 형성된다. 배 발생의 자세한 내용은 동물문마다 매우 다르며, 흔히 동물들 사이의 진화적 관계를 알려주는 단서가 된다. 전반적으로 보아 배 발생 양상은 동물계가 가지는 특징이다.

동물계에는 약 36개의 문이 있다. 동물진화의 9단계를 살펴봄으로써 동물계의 진화적 역사, 즉 지난 6억 년 동안에 바다에서 일어났던 진화경로를 추적해 볼 수 있다(그림 14.1).

14.2 해면동물: 조직이 없는 동물

동물계는 2개의 아계, 즉 측생동물 아계와 진정후생동물 아계로 구성된다. 측생동물 아계는 대칭성이 없고 조직과 기관을 가지지 않는 동물로 구성되며, 진정후생동물 아계에 속하는 동물은 뚜렷한 형태와 대칭성을 가지며, 대부분의 경우 조직이 모여 기관을 이룬다. 측생동물 아계를 구성하는 동물은 해면동물 문에 속하는 것들이다. 그 외에 35개의 문을 이루는 동물들은 진정후생동물 아계에 속한다.

해면동물문을 이루는 **해면**(sponges)은 가장 단순한 동물이다. 대부분의 해면은 대칭성이 전혀 없고, 비록 일부 세포는 고도로 분화되어 있지만 세포들이 조직으로 체계화되어 있지는 않다. 해면의 몸은 겔 모양의 기질 속에 특수화된 세포들이 뭉쳐 있는 것과 같다고 할

표 14-1 주요 동물문

문	대표적인 예		주요 특징	대략적인 종수
절지동물문	딱정벌레 및 기타 곤충류, 게, 거미		가장 성공적인 동물문이다; 체절로 이루어진 몸을 키틴질의 외골격이 덮고 있으며, 쌍을 이루고 마디가 있는 부속지를 쌍으로 가진다; 많은 곤충이 날개를 가진다.	1,000,000
연체동물문	달팽이, 굴, 문어, 군소		몸이 연한 진체강 동물이며, 몸은 두부, 내장괴, 외투강의 세 부분으로 이루어진다; 패각을 가지는 것들이 많고, 대부분 치설을 가진다; 35,000종이 육상에 서식한다.	110,000
척색동물문	포유류, 어류, 파충류, 조류, 양서류		몸이 체절적인 진체강동물로서 척색을 가진다; 등쪽 신경색, 인두열, 생활사의 일부 시기에 꼬리를 가진다; 척추동물에서 척색은 발생 도중에 척주로 교체된다; 20,000종이 육상에 서식한다	50,300
편형동물문	플라나리아, 촌충, 간디스토마	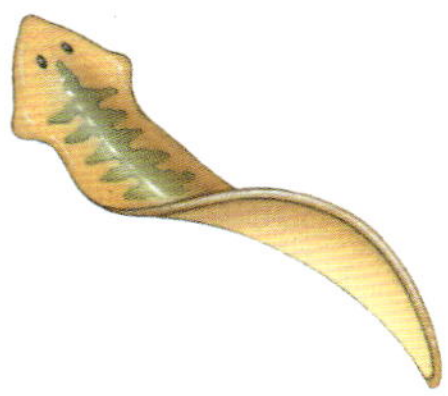	체절이 없으며, 좌우대칭이다; 체강이나 소화강이 없으며, 소화강이 있을 경우 항문이 없다.	20,000
선형동물문	회충, 요충, 십이지장충, 필라리아		위체강동물이며, 체절이 없고 좌우대칭이다; 소화관이 원통형이고 입과 항문이 있다; 섬모가 없으며, 대부분 토양이나 물 속의 저질에 서식한다; 일부는 기생성이다.	12,000이상
환형동물문	지렁이, 갯지렁이, 거머리	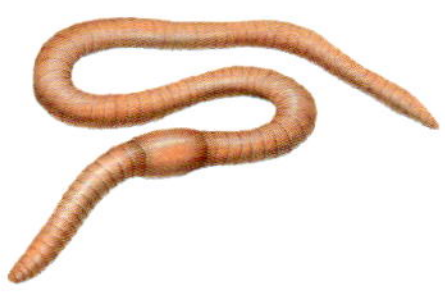	진체강동물이고 체절을 가지며 좌우대칭이다; 소화관은 완전하다; 대개 체절마다 강모가 있으며, 이를 이용하여 바닥을 긴다.	12,000

표 14-1 (계속)

문	대표적인 예		주요 특징	대략적인 종수
자포동물문	해파리, 히드라, 산호, 말미잘	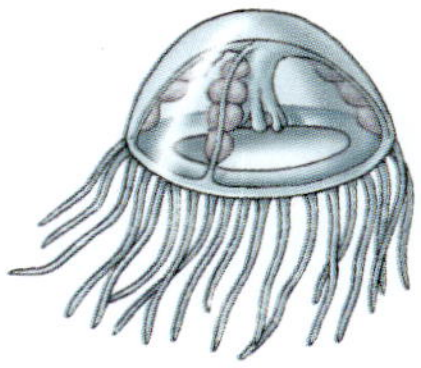	몸은 연하고 젤라틴 질이며 방사대칭이다; 입이 있으나 항문은 없다; 자포가 들어있는 자세포를 가진다; 거의 모두 바다에 산다.	10,000
극피동물문	불가사리, 해삼, 성게		방사대칭인 후구동물이다; 석회질 골판으로 된 내골격을 가진다; 몸은 5갈래 구조를 가지며, 관족이 있는 독특한 수관계를 가진다; 재생력이 강하고, 모두 바다에 산다.	6,000
해면동물문	해면, 해로동굴해면		몸은 비대칭이고 뚜렷한 조직이나 기관이 없으며, 많은 구멍이 나 있다; 내부 벽은 동정세포라는 먹이를 잡는 세포로 싸여 있다; 대부분 해산이고 150종이 담수산이다	5,150
태형동물문	이끼벌레	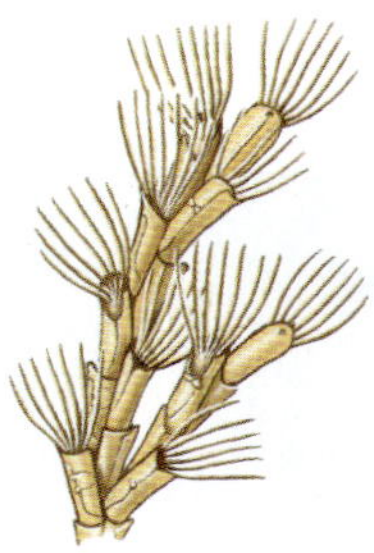	매우 작고 물 속에 살며 군체를 이루는 후구동물이다; 원형 또는 U자형의 촉수열을 외골격의 구멍을 통해 내밀어 먹이를 잡는다; 바다와 담수에 서식한다.	4,000
윤형동물문	윤충	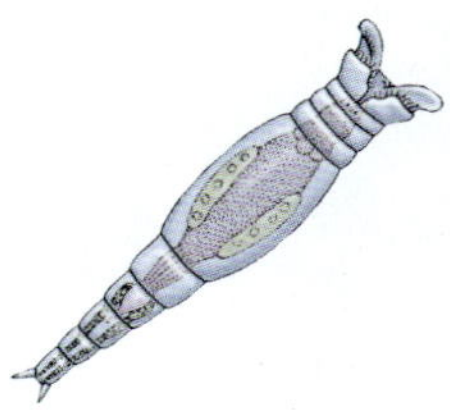	미소 수생 위체강동물로서 입 주위에 섬모관을 가져서 수레바퀴 모양을 이룬다; 대부분 담수에 서식한다.	2,000

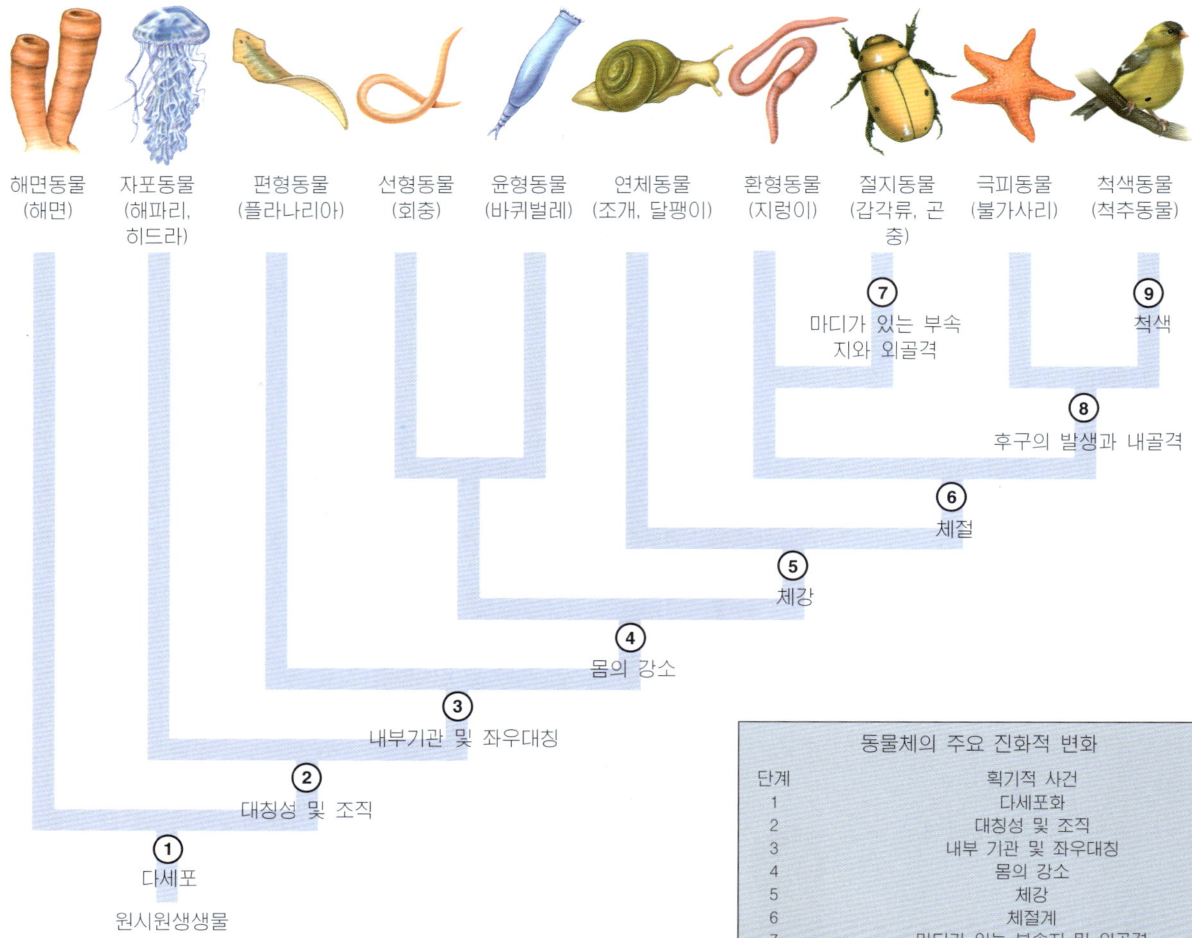

동물체의 주요 진화적 변화

단계	획기적 사건
1	다세포화
2	대칭성 및 조직
3	내부 기관 및 좌우대칭
4	몸의 강소
5	체강
6	체절계
7	마디가 있는 부속지 및 외골격
8	후구발생 및 내골격
9	척색

그림 14.1 동물계의 계통 진화

수 있다. 그러나 이 세포들은 동물세포로서의 중요한 특징, 즉 세포 인식 능력을 지닌다. 예를 들어, 해면을 비단 천으로 감싸서 짜면 각각의 세포가 분리되어 빠져 나오지만 이들은 다시 모여 해면을 이룬다.

해면은 약 5,000종 이상이 존재하며 거의 대부분이 바다에 산다(극히 일부의 종만 담수에 서식한다). 어떤 종은 아주 작지만 직경이 2m를 넘는 종도 있다(그림 14.2). 성체 해면은 물 속 바닥에 부착한다. 해면의 몸 바깥층을 이루는 피부는 납작하고 보호 기능을 가진 상피세포로 이루어져 있다.

해면의 몸에는 작고 많은 구멍이 나 있으며, **동정세포**(choanocyte)라는 편모를 가진 독특한 세포들이 몸의 안쪽 벽을 덮는다. 동정세포의 편모가 운동하면 구멍을

그림 14.2 해면

해면동물문

주요 진화적 발전 : 다세포성

해면(해면동물문)의 몸은 다세포성, 즉 여러 가지 뚜렷히 다른 유형의 많은 세포로 이루어져 있으며, 각 세포들의 활동은 서로 협동적이다. 해면의 몸은 비대칭적이고 체계화된 조직을 가지지 않는다.

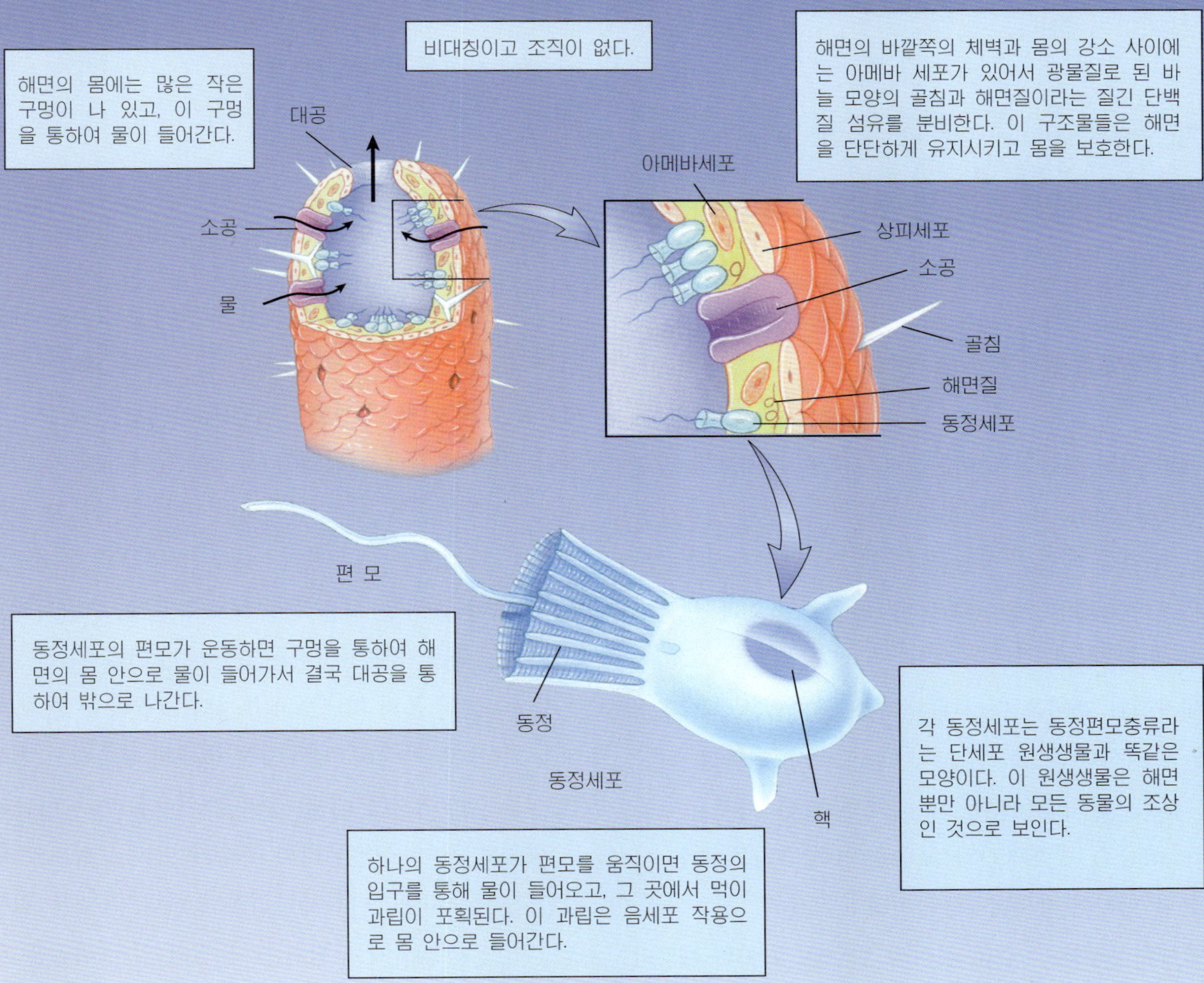

그림 14.3 해면동물 해면

통해 몸의 안쪽으로 물이 들어가게 된다(그림 14.3). 1cm³ 크기의 해면 조각은 하루에 20L의 물을 통과시킨다. 왜 물을 통과시킬까? 해면은 여과섭식자(filter feeder)이다. 각 동정세포의 편모가 움직이면 소공을 통해 위강으로 물이 들어오고, 물 속의 먹이 입자(원생생물이나 작은 동물)가 위강 안쪽 세포층인 동정세포에 부착한다. 세포는 나중에 동정에 부착된 먹이를 삼킨다.

원생생물의 한 부류인 동정편모충류(choanoflagellates)는 해면의 동정세포와 매우 유사하므로 해면의 조상이었을 것이라고 판단된다. 비록 해면이 그보다 복잡한 다른 동물들의 직접적인 조상이라고 보기는 어렵지만, 동정편모충류는 모든 동물 문의 조상이었을 것으로 여겨진다.

14.2 해면은 다세포로 이루어진 복잡한 몸을 가지지만, 뚜렷한 대칭성이나 체계화된 조직을 가지지는 않는다.

14.3 자포동물: 조직의 분화

해면 외의 동물들은 대칭성과 조직을 가지므로 진정후생동물(eumetazoa)이라고 부른다. 모든 진정후생동물은 뚜렷한 배엽을 형성한다. 방사대칭인 진정후생동물은 2개의 배엽층을 가지는데, 바깥층의 외배엽과 안쪽의 내배엽이다.

대칭성과 조직을 나타내는 가장 원시적인 진정후생동물은 방사대칭으로 된 2개의 문으로서, 해파리, 히드라, 산호, 말미잘(그림 14.4)이 포함된 자포동물문(cindaria)과 빗해파리가 포함된 빗해파리문이다. 이 두 문을 합하여 방사대칭동물이라고 부른다.

방사대칭동물의 주요 진화적 발달은 먹이의 **세포외 소화**이다. 해면에서 동정세포로 포획된 먹이는 식세포작용에 의해 직접 세포 안으로 들어가거나 아메바세포

그림 14.4 말미잘

에 의해 삼켜진다. 방사대칭동물에서는 먹이가 세포 밖, 즉 위강에서 소화된다.

자포동물

자포동물은 육식성으로서 입 주변에 환상으로 배열하는 촉수로 먹이를 직접 포획한다. 촉수와 표피에는 **자세포**를 가지는데, 이 세포는 다른 생물에서는 찾아볼 수 없다. 각각의 자세포 안에는 자포가 들어 있으며(그림 14.5), 자포동물은 이를 이용하여 먹이를 찌르고 끌어당긴다. 자세포는 매우 높은 내부 삼투압을 유지하고 있다가, 이 압력을 이용하여 자포를 밖으로 발사하고 여기에 연결된 자사가 먹이를 관통하게 된다.

자포동물의 몸의 형태는 메두사와 폴립의 두 가지 형태가 있다(그림 14.6). 메두사는 물에서 부유하고 젤라틴 질로 이루어지며 대개 우산 모양이다. 입은 아래쪽을 향하고 몸의 주변을 따라 촉수가 고리 모양으로 배열한다. 메두사를 흔히 해파리라고 한다. 폴립은 원통형이며 보통 암석에 부착한다. 폴립의 입은 위쪽을 향한다. 여러 자포동물은 메두사로서 존재하지만 어떤 종류는 폴립으로서만 존재하고, 또 어떤 종류는 생활사에

자포동물문

주요 진화적 발전 : 대칭성과 조직

히드라와 같은 자포동물의 세포는 분화된 조직으로 체계화 되어 있다. 장의 강소는 세포외 소화를 위해 특수화되어 있다. 즉, 소화가 장의 세포 속에서 이루어지는 것이 아니라 장의 강소에서 이루어진다. 해면과는 달리 자포동물은 방사대칭이어서 몸의 각 부위가 데이지 꽃의 꽃잎처럼 중심 축 주변을 따라 배열되어 있다.

히드라와 해파리의 주요 발전은 먹이의 세포외 소화, 즉 장의 강소 안에서 소화가 일어난다.

히드라와 해파리는 방사대칭이어서 데이지 꽃의 꽃잎처럼 몸의 각 부분이 중심 축 주변을 따라 배열한다.

촉수와 몸통에는 자포라는 작지만 강력한 작살이 들어있는 자세포를 가진다.

작살은 삼투압에 의하여 발사되며 자연계에서 가장 빠르고 강력한 작용이다.

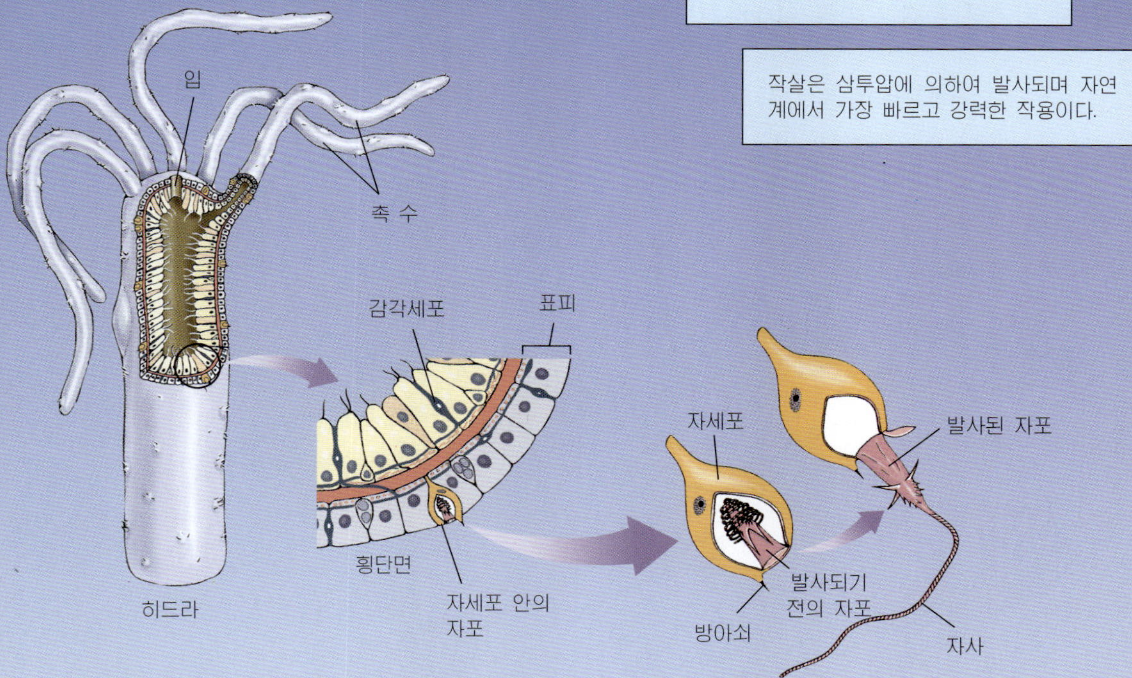

히드라와 해파리는 육식동물이며 입 주변에 나 있는 촉수로 먹이를 잡는다.

히드라는 자포를 이용하여 먹이를 찌른 다음 몸 쪽으로 잡아당긴다.

자세포 밖으로 발사된 작살은 매우 빠르고 갑각류의 단단한 외골격도 뚫을 수 있다.

그림 14.5 자포동물문

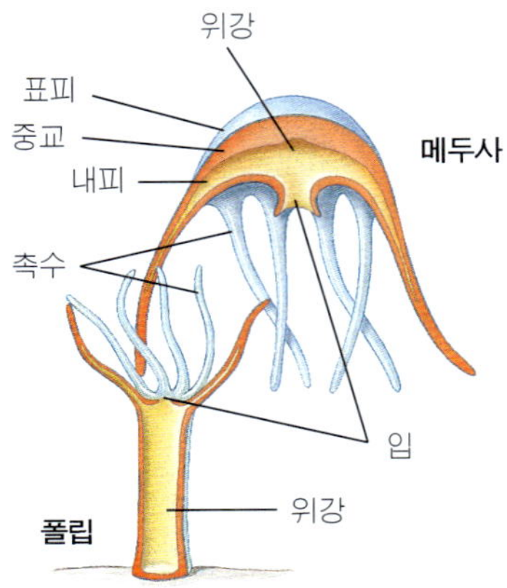

그림 14.6 자포동물의 두 가지 체형

메두사(위)와 폴립(아래)

서 메두사 시기와 폴립 시기를 교대하기도 한다(그림 14.7).

■ 빗해파리

빗해파리는 자포동물과 유사하고 투명한 동물이다. 이들은 섬모판을 움직여 물 속에서 스스로 헤엄칠 수 있는데, 이동할 때 섬모를 이용하는 동물 중에서 가장 큰 동물이다.

14.3 자포동물은 방사대칭이고 분화된 조직을 가지며 세포외 소화를 한다.

14.4 무체강동물

좌우대칭인 진정후생동물은 3개의 배엽을 만든다. 즉, 바깥쪽의 외배엽, 안쪽의 내배엽, 그리고 외배엽과 내배엽 사이의 중배엽이 그것이다. 일반적으로 몸의 바

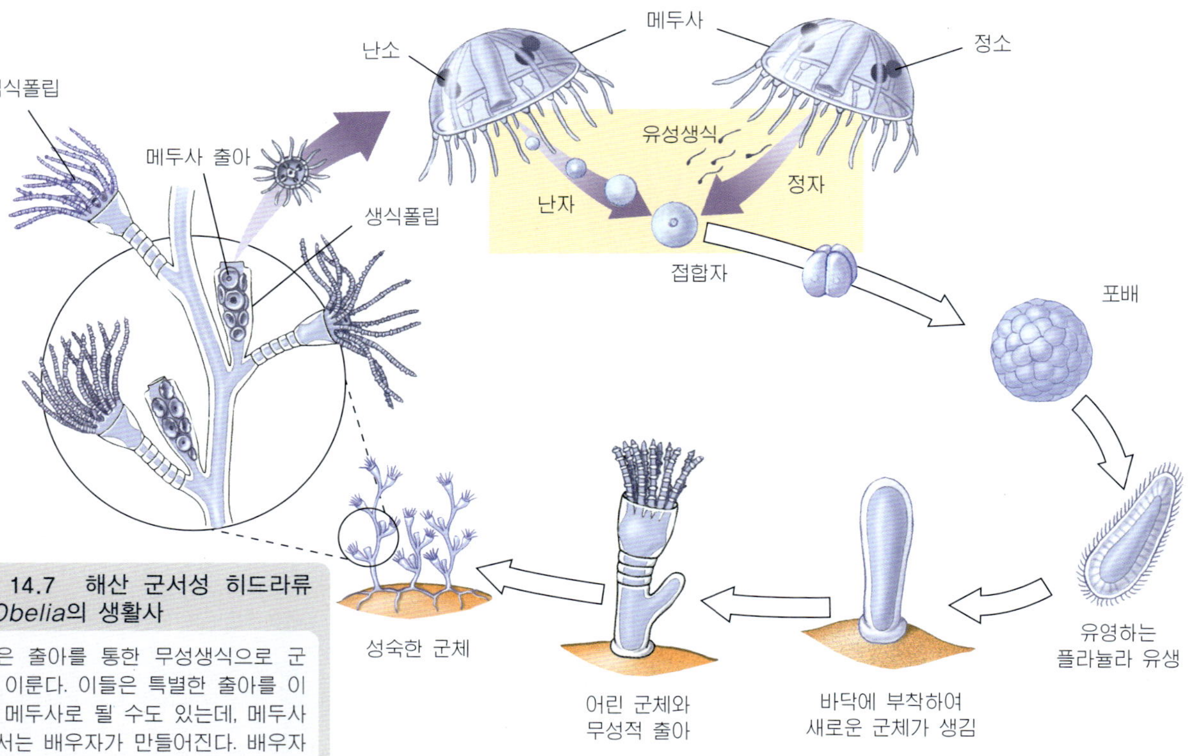

그림 14.7 해산 군서성 히드라류인 *Obelia*의 생활사

폴립은 출아를 통한 무성생식으로 군체를 이룬다. 이들은 특별한 출아를 이루어 메두사로 될 수도 있는데, 메두사 안에서는 배우자가 만들어진다. 배우자들은 융합하여 플라눌라 유생을 생산하고, 이 유생은 다시 바닥에 고착하여 폴립을 만든다.

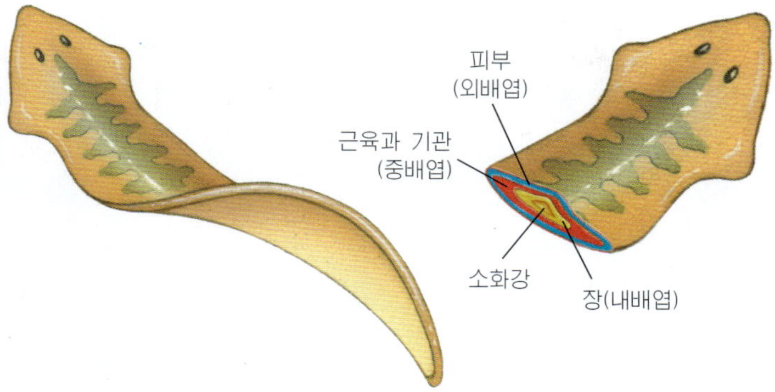

그림 14.8 속이 채워진 동물의 체제

모든 좌우대칭인 진정후생동물은 배 발생 동안 3개의 배엽, 즉 바깥층의 외배엽, 중간의 중배엽, 그리고 안쪽의 내배엽을 이룬다. 이 배엽들은 분화하여 성체에서 각각 피부, 근육과 기관, 그리고 장을 형성한다.

깥층과 신경계는 외배엽으로부터 발생하고, 소화기관과 장은 내배엽으로부터 발생하며, 골격과 근육은 중배엽으로부터 발생한다(그림 14.8).

좌우대칭 동물 중에서 가장 단순한 동물은 몸 속에 빈 곳이 없는 속이 채워진 동물이다. 이들 중에서 가장 큰 문은 편형동물문(platyhelminthes)으로서 약 20,000종을 포함한다. 편형동물은 내부 기관을 가지는 동물 중에서 가장 단순한 동물이다.

편형동물은 몸이 연하고 테이프나 리본 조각처럼 등-배로 납작하다. 편형동물의 횡단면을 보면 장이 조직과 기관으로 완전히 둘러싸여 있는 것을 볼 수 있다. 이처럼 몸 속에 빈곳이 없는 구조를 가진 동물을 **무체강동물**(acoelomate)이라고 한다.

편형동물

편형동물은 몸의 체제가 단순하지만 전단부에 뚜렷한 두부를 가지며 기관들도 있다. 편형동물의 크기는 1mm 이하로부터 일부 촌충에서처럼 수 m에 이르는 것도 있다. 대부분의 종은 기생성이어서 여러 다른 동물의 몸 속에서 산다. 독립생활을 하는 편형동물도 있으며, 이들은 바다, 담수, 육상의 축축한 곳에 서식하며 육식성이거나 썩은 동물을 먹고산다. 이들은 섬모상피세포를 이용하여 이동하는데, 섬모상피세포는 주로 몸의 복부쪽 표면에 집중되어 있다.

기생성 편형동물은 2개의 강으로 구분되며, 이들은 디스토마류와 촌충류이다. 이 두 가지 기생충들은 숙주의 소화효소와 면역 방어에 대항하는 상피 층을 지니는데, 이 능력은 기생충으로서 살아가는데 매우 중요한 특징이다.

사람에게 가장 중요한 기생성 편형동물 중의 한 가지는 간디스토마(clonorchis sinensis)이다. 이 기생충은 사람, 고양이, 개, 돼지의 간의 담관에 서식하고, 특히 아시아에 많다. 간디스토마는 길이가 1~2cm이고 복잡한 생활사를 가진다. 그 외의 중요한 디스토마류로는 Schistosoma 속의 혈액 기생충으로서, 열대 아시아, 아프리카, 라틴 아메리카, 중동에서 2억 명 이상의 인류를 괴롭히고 있다.

편형동물의 특징

편형동물 중에서 소화강을 가지는 종류는 입은 있으나 항문은 없는 불완전한 장을 가진다. 이러한 동물은 먹이를 먹고, 소화하고, 노폐물을 방출하는 일을 동시에 할 수 없다. 그러므로 편형동물은 먹이를 계속 먹을 수 없다. 장은 분지하여 온 몸에 퍼져 있으며(그림 14.9) 먹이의 소화와 운반을 담당한다. 장의 내벽을 이루는 세포들은 식세포작용으로 대부분의 과립형태의 먹이를 삼키고 소화한다. 그러나 자포동물과 같이 일부 먹이 과립은 부분적으로 세포 외에서 소화된다. 기생성 편형동물인 촌충류에는 소화계가 없다. 이들은 몸 표면을 통해서 먹이를 직접 흡수한다.

자포동물의 배설계는 몸 전체에 그물처럼 얽힌 미세

편형동물문 : 몸 속에 공간이 없는 동물

주요 진화적 발전 : 내부 기관 및 좌우 대칭

편형동물과 같이 몸 속에 공간이 없는 무체강 동물에서는 중배엽의 진화로 인하여 소화기관이나 다른 기관이 형성될 수 있다. 편형동물부터 좌우대칭을 갖추게 되었고 뚜렷한 두부를 가지게 되었다.

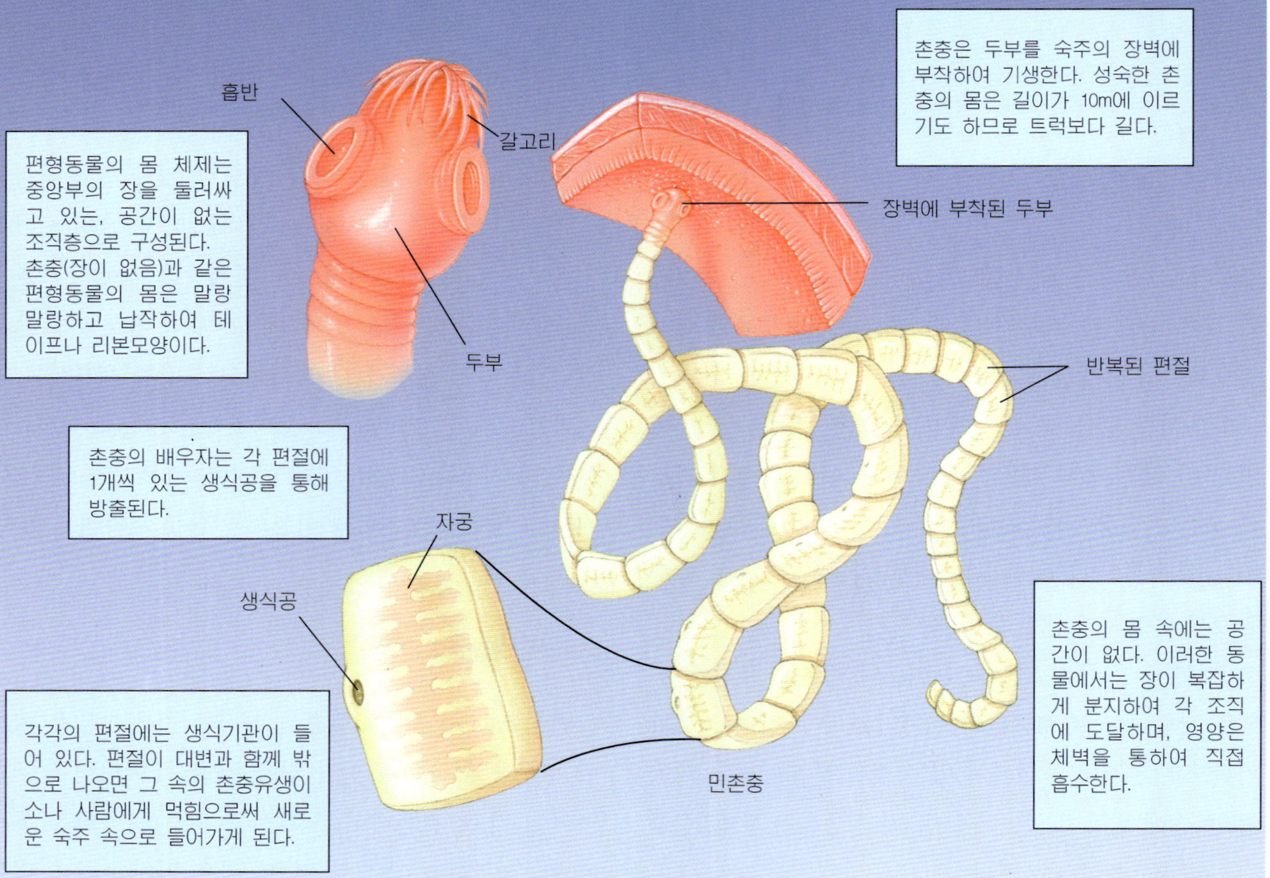

그림 14.9 편형동물문: 속이 채워진 동물

한 소관으로 구성된다. 소관의 끝에는 **불꽃세포**가 있고 불꽃세포의 중심부에는 섬모 다발이 소관쪽으로 나 있다. 이 섬모 다발은 물과 배설 물질을 소관 안으로 이동시켜서 상피세포 사이에 위치한 구멍을 통하여 밖으로 나가게 한다. 불꽃세포는 섬모 다발이 움직이는 모습이 마치 불꽃이 움직이는 모습과 비슷하여 붙여진 명칭이다. 불꽃세포는 일차적으로 수분 균형을 유지하는 기능을 하며, 배설 기능은 이차적인 것이다. 편형동물의 대사적 노폐물의 대부분은 장을 통하여 직접 확산되고 입을 통하여 배출된다.

해면동물, 자포동물, 빗해파리류와 같이 편형동물은 순환계를 가지지 않는다. 즉, 체액, 산소, 먹이 분자를 몸의 각 부위로 운반하는 혈관계가 없다. 그러므로 편형동물의 세포들은 산소와 영양분이 확산을 통해 이동 가능한 거리 내에 있어야 한다.

편형동물의 신경계는 매우 단순한다. 자포동물과 같이 일부 원시적 편형동물의 신경계는 신경망으로만 되어 있다. 그러나 대부분의 편형동물은 좌우에서 몸의 앞뒤로 달리며 단순한 중추신경계를 이루는 신경색을 가진다. 신경색은 신경에 의하여 횡으로 연결되어 있어서 신경계가 사다리 모양이다.

편형동물의 생식계는 복잡하다. 대부분의 편형동물은 **자웅동체**(hermaphroditic)로서, 각 개체는 암컷과 수컷의 생식기 구조를 모두 가진다. 일부 기생성 편형동물은 유생을 가지며, 일부 편형동물은 무성적으로 재생할 수가 있어서 한 개체가 둘이나 그 이상으로 갈라지면 각 부분이 하나의 완전한 편형동물로 재생한다.

14.4 편형동물은 내부 기관을 가지며 좌우대칭이고 뚜렷한 두부를 가진다. 그러나 이들은 체강을 가지지 않는다.

14.5 위체강과 진체강

동물의 체제 진화과정에서 한 가지 중대한 변화는 체강의 진화이다. 체강의 진화는 다음 세 가지 이유로 체제의 중대한 발달이었다.

1. **순환** 체강 안에서 움직이는 체액은 순환계의 기능을 할 수 있어서 몸의 한쪽에서 다른쪽으로 물질이 신속히 이동할 수 있게 하며, 동물이 큰 체형을 갖는 것을 가능하게 한다.
2. **움직임** 체강 속의 체액은 동물의 몸을 팽팽하게 만들어서 근육이 수축할 때 압축되지 않도록 하므로 근육에 의해 몸이 움직일 수 있게 했다.
3. **기관기능** 체강이 체액으로 차 있으므로 몸의 기관들은 주위 근육에 의해 압력을 받지 않고 제 기능을 발휘할 수 있다. 예를 들어, 동물이 움직일 때에도 이에 영향을 받지 않고 체강 속에 펼쳐 있는 장을 통해 먹이는 자유로이 통과할 수 있다.

■ 체강의 종류

좌우대칭 동물에는 기본적으로 세 가지의 몸의 체제가 있다(그림 14.10). 무체강동물은 체강을 가지지 않는다. **위체강동물**은 중배엽과 내배엽 사이에 위치하는 **위체강**이라는 체강을 가진다. 세번째 종류의 체강은 체강이 중배엽과 내배엽 사이에 있지 않고 완전히 중배엽으로 감싸여 있는 것으로서, 이러한 체강을 **진체강**이라고 하며, 진체강을 가지는 동물을 진체강동물이라고 한다. **진체강동물**에서 다른 기관계와 함께 장은 체강 안에 펼쳐져 있으며, 체강은 다시 중배엽에서 기원한 상피세포로 완전히 둘러싸여 있다.

체강의 발생에는 순환의 문제가 생기는데, 위체강동

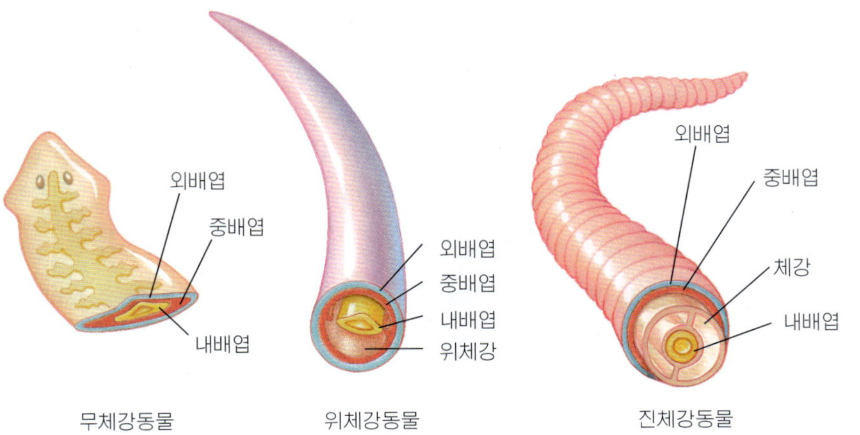

그림 14.10 좌우대칭 동물의 세 가지 체제

물에서는 체강 속에서 체액의 휘저음이 생겨서 이 문제가 해결된다. 진체강동물에서 장은 조직으로 둘러싸여 무체강동물에서와 마찬가지로 확산의 장애가 생긴다. 진체강동물에서 이 문제는 순환계의 발달로 해결된다. 혈액은 산소와 양분을 조직으로 운반하고 노폐물과 이산화탄소를 제거한다. 혈액은 심장의 수축에 의해 순환계를 따라 밀려 나간다. **개방순환계**에서는 혈액이 혈관 밖으로 나가 체액과 혼합된 다음, 다시 혈관 안으로 들어간다. **폐쇄순환계**에서는 혈액이 체액과 격리되어 있고 서로 다르게 조절된다. 또한, 폐쇄순환계에서는 혈액이 신속하고 효율적으로 움직인다.

14.5 **체강이 내배엽과 중배엽 사이에서 생기는 동물이 있는가 하면(위체강동물), 중배엽으로 완전히 둘러싸이는 동물(진체강동물)도 있다.**

14.6 선형동물: 위체강동물

좌우대칭 동물 중에서 7개 문은 위체강을 가진다. 모든 위체강동물에서 위체강은 유체 골격의 역할을 한다. 즉, 액체가 채워져 그 압력으로 단단함을 유지하는 것이다. 동물의 근육은 이 유체 골격을 향하여 작용할 수 있으므로 위체강동물의 움직임은 무체강동물보다 훨씬 효율적으로 일어나게 된다.

7개의 위체강동물 문 중에 단 1개의 문만 많은 수의 종을 포함한다. 이 문은 **선형동물문**으로서 12,000종이 이에 속한다. 과학자들은 실제로는 이 보다 100배나 더 많은 종이 있을 것으로 추산하고 있다. 선형동물은 지구의 어느 곳에서나 발견된다. 바다와 담수에 풍부하고, 다수의 종이 동물과 식물에 기생한다(그림 14.11a). 다수의 선형동물은 현미경적으로 작고 토양 속에 서식한다. 한 삽의 비옥한 토양 속에는 평균 100만 마리의 선형동물이 들어있기도 한다.

위체강을 가지는 두번째 동물은 **윤형동물문**으로서, 윤충류가 이에 속한다. 윤충은 흔하고 작으며 기본적으로 수생동물로서 두부에 섬모관을 가진다. 이들의 길이는 0.04~2 mm의 범위이고(그림 14.11b), 세계적으로 약 2,000종이 기록되어 있다. 좌우대칭이고 키틴질로 감싸여 있는 윤충은 운동과 섭식에 섬모를 이용하며, 세균, 원생생물 그리고 작은 동물을 먹고산다.

모든 위체강동물은 뚜렷한 순환계를 가지지 않으며, 순환기능은 위체강 안에서 움직이는 체액이 담당한다. 대부분의 위체강동물은 한 방향으로 난 완전한 소화관을 가지며, 공장의 조립 라인과 유사하게 활동한다. 먹이는 부수어져 흡수된 다음 처리되고 저장된다.

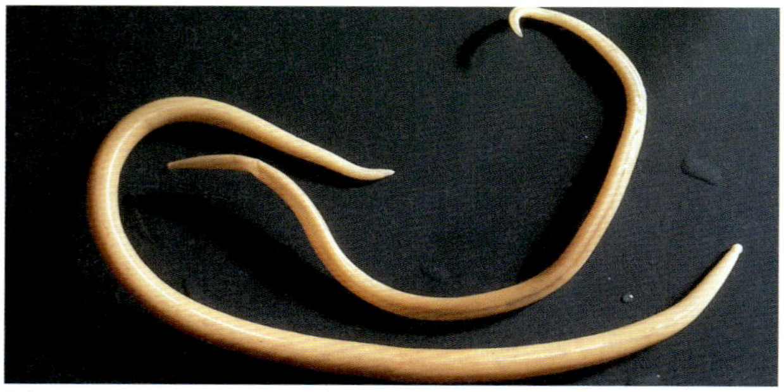

(a)

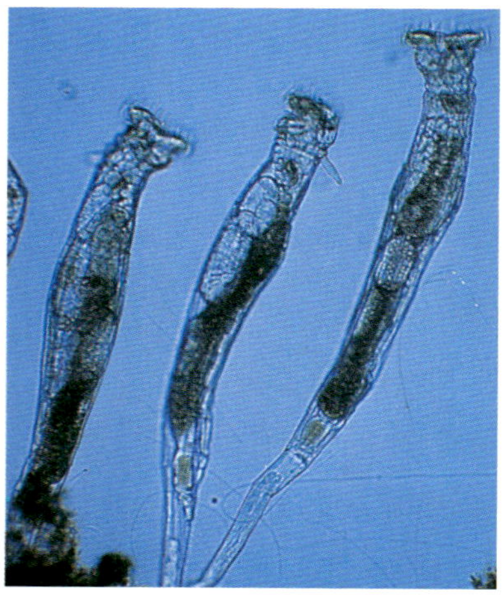

(b)

그림 14.11 위체강동물

(a) 사람과 일부 동물에 기생하는 선형동물인 회충. 회충의 수정란은 대변과 함께 밖으로 배출된 후 토양 속에서 수년간 생존할 수 있다. (b) 윤형동물은 흔한 수생동물로서 섬모 다발을 이용하여 먹이를 잡고 이동한다.

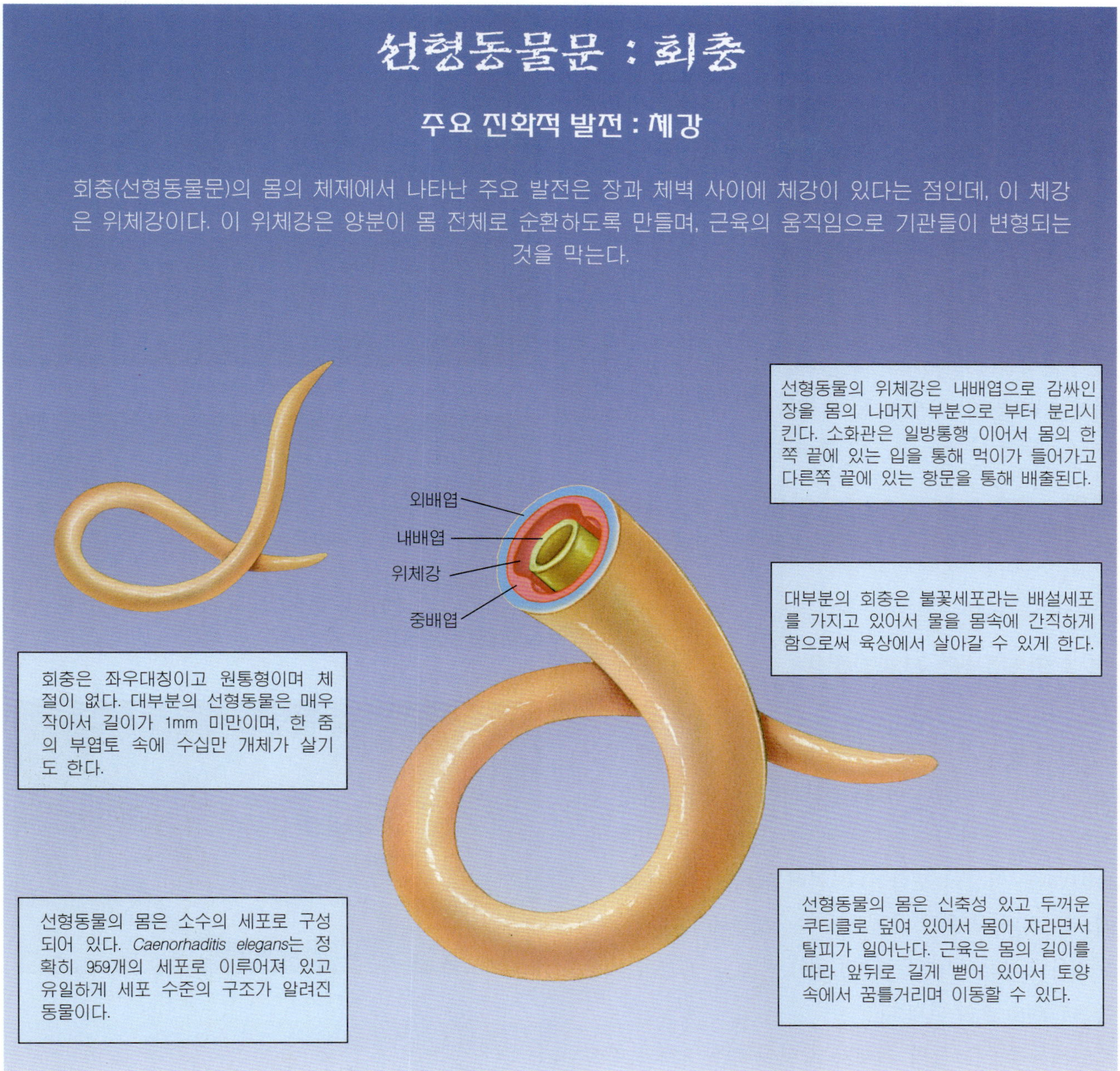

그림 14.12 선형동물문: 회충

선형동물은 좌우대칭이고 원통형이며 체절이 없다(그림 14.12). 이들은 신축성 있고 두꺼운 큐티클로 덮이며, 큐티클은 성장하면서 탈피된다. 근육은 표피 안쪽에서 하나의 층을 이루며, 횡으로 몸을 둘러싸는 것이 아니라 몸의 길이를 따라 뻗어있다. 이 종주근들은 큐티클과 위체강에 부착하여 유체 골격을 형성한다. 선형동물이 움직일 때는 몸을 옆에서 휘젓는다.

선형동물의 전단에 있는 입 부근에는 보통 16개의 곧게 선 털 모양의 감각기관이 있다. 입에는 대개 찌르는 기관인 **침**(stylet)을 가진다. 먹이는 **인두**(pharynx)라고 하는 근육성 방의 흡입작용에 의하여 입안으로 들어가게 된다.

선형동물은 편모나 섬모를 전혀 가지지 않으며, 정자에도 편모가 없다. 선형동물은 유성생식을 하며 보통 암·수의 구별이 있다. 발생은 간단하고 성체를 이루는 세포의 수는 매우 적다. 이런 까닭에 선형동물은 유전과 발생의 연구에 매우 중요한 재료가 된다. 1mm 길이를 가진 *Caenorhabditis elegans*는 단 3일 만에 성숙하며, 몸은 투명하고 단지 959개의 세포로 구성된다. 이 종은 발생 세포학적 구조가 완전히 알려지고 게놈의 서열이 밝혀진(19,000개의 유전자를 암호화하는 9,700만 개의 DNA 염기) 유일한 동물이다.

14.6 **회충은 위체강을 가진다. 선형동물은 토양 속에 매우 흔하다.**

14.7 연체동물: 진체강동물

진체강동물 중에서 가장 덜 발달되고 유일하게 체절을 가지지 않는 문은 **연체동물문**이다. 연체동물문은 절지동물을 제외하고는 가장 큰 동물문을 이루며, 110,000종 이상이 포함된다. 연체동물은 거의 모든 곳에 서식하며, 곤충류 다음으로 육상생활에 가장 성공한 동물이다. 육상 척추동물(20,000)종 보다 육상 연체동물(35,000) 종이 더 많다.

연체동물문은 몸의 체제가 뚜렷이 다른 3개의 강을 포함한다(그림 14.13). 그러나 겉보기의 차이와는 달리 기본적인 몸의 체제는 서로 유사하다. 모든 연체동물의 몸은 3개의 뚜렷한 부분으로 구성된다. 즉, 두부, 몸의 기관을 포함하는 중심부위 그리고 발이다. 내장낭 주변을 둘러싸는 것은 **외투막**이라고 하는 심하게 접혀진 조직으로서, 그 안쪽 표면에 아가미가 위치한다. **아가미**는 필라멘트 모양의 조직 돌기들이며 혈관이 많고, 외투막과 내장낭 사이를 순환하는 물로부터 산소를 뽑아내고 이산화탄소를 물로 방출한다.

(a) (b) (c)

그림 14.13 연체동물의 세 가지 주요 강

(a) 복족류 (b) 이매패류 (c) 두족류

연체동물의 가장 중요한 특징 중의 하나는 혀 모양의 기관인 **치설**을 가진다는 점이다(그림 14.14). 치설에는 뾰족하고 뒤쪽으로 굽은 이들이 줄지어 있으며, 일부 달팽이는 치설을 이용하여 암석 표면의 조류를 갉아먹는다.

14.7 **연체동물은 진체강을 가지지만 체절은 없다. 육상 척추동물 종보다 육상 연체동물 종이 더 많다.**

연체동물문

주요 진화적 발전 : 진체강

달팽이 등과 같은 연체동물의 몸 속 강소는 진체강으로서, 완전히 중배엽으로 둘러싸여 있다. 그 결과 중배엽과 내배엽 사이에 물리적 접촉이 일어나서 위와 같은 고도로 분화된 기관들의 발생을 유도하는 작용이 일어날 수 있게 된다.

연체동물에서 처음으로 신관이라는 관상구조로 된 효율적인 배설계를 볼 수 있다. 신관은 체강 속의 노폐물을 수집하여 외투강으로 배출한다.

달팽이는 3개의 방으로 된 심장과 개방혈관계를 가진다. 체강은 심장 주변의 좁은 구역에만 국한된다.

외투막은 여러층으로 중첩된 조직이 망토처럼 몸을 감싼다. 외투막과 몸 사이의 강소에는 아가미가 있어서 외투강으로 들어온 물 속에서 산소를 뽑아낸다. 일부 연체동물에서는 외투막이 단단한 패각을 분비한다.

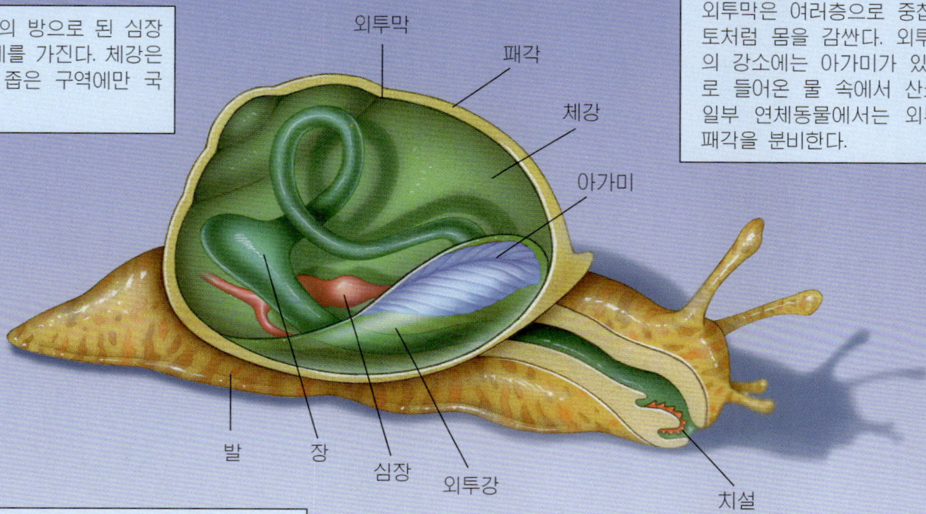

달팽이는 근육성인 발을 이용하여 땅위를 기어간다. 오징어는 외투강을 압축시켜 물을 제트식으로 뿜어낸다.

연체동물 중에는 육식성인 것이 많다. 이들은 화학감수성 구조를 이용하여 먹이를 찾아낸다. 달팽이의 입 안에는 각질의 턱과 치설이라는 혀 모양의 독특한 구조물이 있다.

그림 14.14 연체동물문

14.8 환형동물: 체절의 출현

최초로 진화되어 나타난 체절적인 동물은 **환형동물**이었다(그림 14.15). 체절화가 가져다주는 가장 큰 장점은 진화적 유연성이어서, 이미 존재하는 체절에서의 조그마한 변화가 상이한 기능을 가진 새로운 종류의 체절을 만들 수 있다. 그러므로 일부 체절은 생식을 담당하는 부분으로 개조되고, 어떤 체절은 섭식을, 또 어떤 체절은 노폐물을 제거하는 일을 담당하게 되었다.

환형동물의 몸의 기본 체제는 관 속에 있는 관과 같다. 즉, 소화관은 체강 속에 펼쳐진 일종의 관이고, 체

환형동물문

주요 진화적 발전 : 체절계

지렁이나 해산인 다모류(환형동물문)은 처음으로 반복된 체절로 이루어진 몸의 체제를 발전시킨 동물이다. 대부분의 체절은 동일하고 각각의 체절은 서로 칸막이에 의해 분리되어 있다.

각 체절에는 소화기관, 배설기관, 신경 중추가 갖추어져 있다.

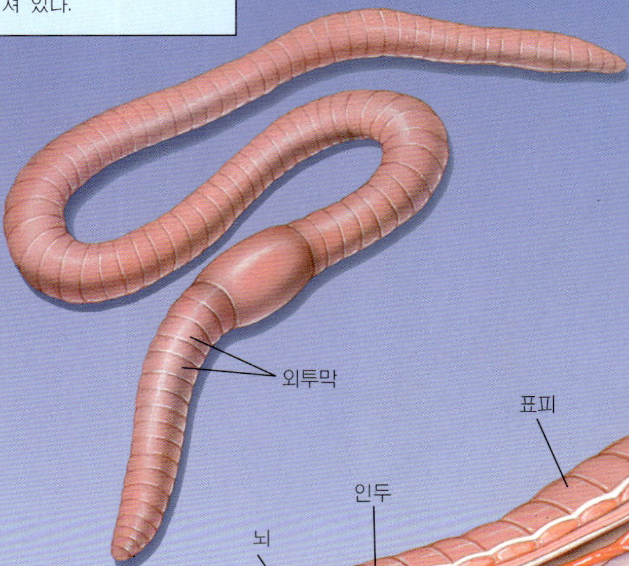

다모류는 납작한 몸을 가지며 헤엄치거나 긴다.지렁이는 강모를 땅에 박으면서 미끄러지지 않고 앞으로 전진할 수 있다.

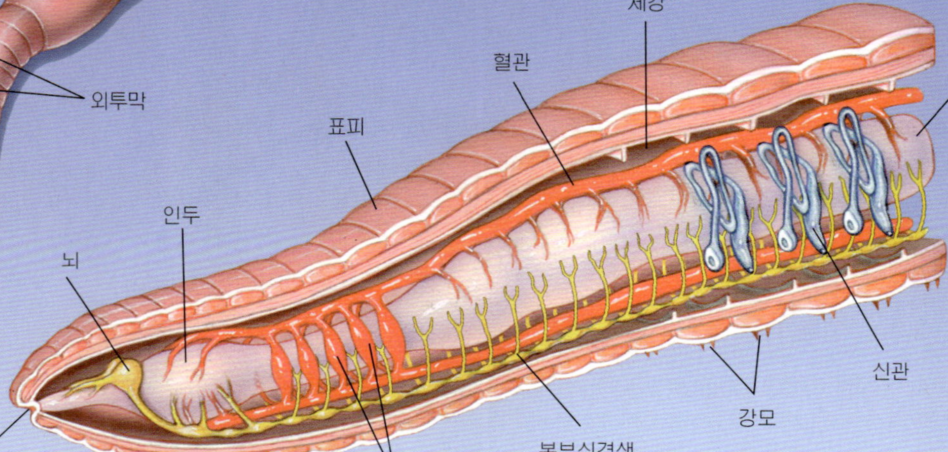

체절들 사이로 순환계와 신경계가 관통한다. 몸의 앞쪽에 있는 일련의 심장들은 혈액을 분출시킨다. 몸의 앞쪽에 있는 한 체절에는 잘 발달된 뇌가 있어서 모든 체절의 활동을 통합한다.

각각의 체절은 체강을 가진다. 근육은 체강의 체액을 압박하므로 각 체절은 부푼 풍선처럼 단단해진다. 각 체절은 독립적으로 수축할 수 있으므로 지렁이는 일부 체절은 짧게 하고 다른 체절은 길게함으로써 길 수가 있다.

그림 14.15 환형동물문

강은 다시 입에서 항문까지 연결된 일종의 관이다. 이와 같은 체제는 다음의 세 가지 특징을 가진다.

1. **반복된 체절** 환형동물의 체절은 몸의 길이를 따라 고리가 줄줄이 연결된 것 같아서, 마치 도넛을 옆으로 쌓아 놓은 것처럼 보인다. 각 체절은 내부 칸막이에 의하여 앞 · 뒤 체절이 격리되어 있다. 원통형의 각 체절은 소화기관, 배설기관, 운동기관들을 가지므로, 이 기관들이 몸을 따라 반복적으로 나 있는 모양이다. 각 체절의 체강 속의 체액은 유체골격을 형성하여 부풀린 풍선처럼 단단함을 유지하게 된다. 각 체절의 근육은 체강 속의 체액에 대하여 힘을 가할 수 있다. 체절들은 독립되어 있으므로, 각각은 독립적으로 팽창하거나 수축할 수 있다. 이와 같은 능력은 환형동물로 하여금 복잡한 방법으로 움직일 수 있게 한다. 가령, 지렁이가 평탄한 표면에서 기어갈 때 몸의 어떤 부분은 길게 되고 어떤 부분은 짧아진다.
2. **체절의 분화** 환형동물의 앞쪽 체절들은 감각기관을 가진다. 이 중에서 어떤 체절은 빛을 감지하고, 어떤 체절은 수정체와 망막이 있는 눈을 가지게 되었다. 또한 체절은 잘 발달된 뇌 신경절, 즉 뇌를 가진다.
3. **연락** 칸막이가 체절을 분리시키므로 물질이나 정보가 체절 사이를 통과해야만 한다. 순환계는 혈액을 한 체절에서 다른 체절로 운반하며, 신경색은 체절에 있는 신경 중추 즉 신경절과 다른 체절의 신경절 또는 뇌 사이를 연결한다. 그런 다음에 뇌는 몸의 행동을 조절하게 된다.

14.8 **환형동물은 체절적 동물이다. 대부분의 종이 해산이지만 전체의 1/3에 해당하는 종은 육상에 서식한다.**

14.9 절지동물: 마디로 된 부속지의 출현

■ 마디로 된 부속지

모든 절지동물은 마디로 된 부속지를 가진다. 부속지의 어떤 것은 다리이고, 어떤 것은 다른 용도로 변형되었다. 마디로 된 부속지의 중요성을 인식하기 위하여 우리 몸에서 마디가 없을 경우를 상상해보자. 엉덩이, 무릎, 발목, 어깨, 팔꿈치, 손목 등의 관절이 없다고 가정해보자. 부속지가 마디로 되어 있지 않으면 우리는 걸을 수도 없고, 물체를 쥘 수도 없다. 절지동물은 움직이기 위하여 다리나 날개처럼 마디로 된 부속지를, 환경을 감지하기 위하여 촉각을, 먹이를 흡입하고 찢고 씹는데 구기를 이용한다.

■ 단단한 외골격

절지동물은 키틴질로 된 단단한 외골격을 가진다(그림 14.16). 어떤 동물이건 골격의 주요 기능은 근육의 부착점을 제공하는 일인데, 절지동물에서는 근육이 단단한 키틴질 외각의 안쪽 벽에 부착한다. 외골격은 또 포식자로부터 자신을 보호하고 물의 증발을 막는다.

키틴질은 단단하기는 하지만 깨지기 쉽고 큰 무게를 지탱하지는 못한다. 그 결과 절지동물의 몸이 커지는 데는 한계가 있다. 그러므로 새처럼 큰 풍뎅이는 볼 수 없고, 소처럼 큰 게를 볼 수 없는데, 이는 몸이 커지면 외골격이 매우 두꺼워져야 하고 그렇게 되면 그 무게 때문에 절지동물은 움직일 수가 없게 된다.

절지동물의 몸도 환형동물처럼 체절로 되어 있어서 환형동물로부터 진화된 것이 거의 확실하다. 각각의 체절은 대개 발생 초기에만 나타났다가 성체 시기에는 융합되어 기능적 단위로 된다. 예를 들어 나비는 유충 시기에는 많은 체절을 가지지만 성체는 머리, 가슴, 배의 3개의 기능적 단위로 나누어지고, 각 단위는 여러 개의

절지동물문

주요 진화적 발전 : 마디가 있는 부속지 및 외골격

곤충을 비롯한 절지동물(절지동물문)은 체강, 체절로 된 몸, 그리고 마디가 있는 부속지를 가진다. 곤충 몸의 3개 부위(두부, 흉부, 복부)는 각기 여러 개의 체절로 이루어져 있으며 발생 도중에 융합된다. 모든 절지동물은 키틴으로 된 단단한 외골격을 가진다. 절지동물의 한 강인 곤충류는 날개를 진화시켰고, 이를 이용하여 공중에서 신속히 비행할 수 있다.

곤충의 크고 마디가 있는 부속지는 모두 몸의 중심부인 흉부와 연결되어 있다. 흉부에 연결된 다리는 3쌍이며, 흔히 2쌍의 날개(파리와 같은 일부 곤충에는 한 쌍의 날개만 남아 있다)가 있다. 날개는 키틴으로 이루어진 얇은 판이다.

곤충의 말피기관은 순환하는 체액으로부터 노폐물을 삼투적으로 제거한다. 말피기관은 장에서 혈액 속으로 뻗어 있으며 노폐물을 제외한 다른 체액은 재흡수한다.

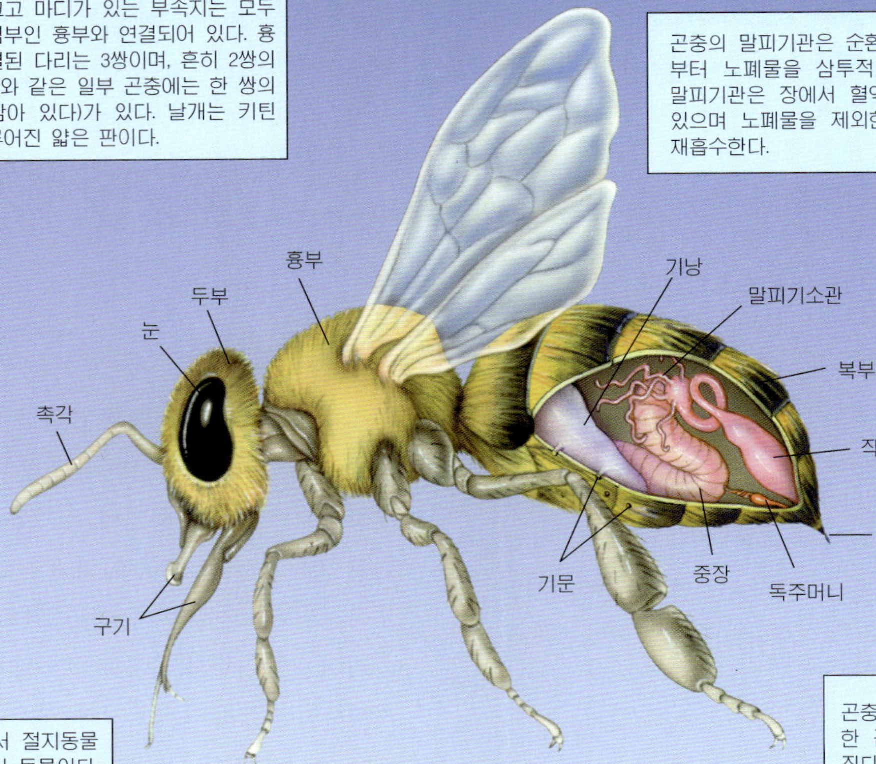

모든 동물 중에서 절지동물은 가장 성공적인 동물이다. 지구상에서 이름이 붙여진 모든 동물 종의 2/3가 절지동물이다.

곤충은 기관이라는 작은 관으로 호흡한다. 기관은 몸 속을 뚫고 지나가서 기문이라는 특수한 구멍을 통해 밖으로 열린다.

곤충은 두부에 복잡한 감각기관들을 가진다. 이 감각기관의 예로는 한 쌍의 촉각과 수많은 독립적 시각 단위로 이루어진 복안이 있다.

그림 14.16 절지동물문

체절이 융합된 상태이다.

절지동물은 매우 성공적인 동물으로 알려져 있으며, 모든 동물의 약 2/3가 절지동물이다. 과학자들은 현존하는 곤충은 10^{18}마리라고 추산하고 있는데, 이는 사람 한 명당 2억 마리에 해당되는 수치이다.

협각동물

거미, 진드기, 전갈과 같이 큰턱(mandibles)을 가지지 않는 절지동물을 **협각동물**(chelicerates)이라고 한다. 협각(chelicerae)이라는 구기는 전단부 부근에 있는 부속지가 진화한 것이다. 그 외의 절지동물은 대악을 **대악동물**(mandibulates)이며, 갑각류, 곤충류, 지네류, 노래기류 등이 이에 속한다(그림 14.17).

협각동물의 3개 강 중에서 가장 큰 강은 주로 육상에 서식하는 거미강(class arachnida)으로서 57,000여 기록종을 포함하며, 거미. 진드기, 응애, 전갈, 장님거미 등이 이에 속한다. 거미류는 한 쌍의 협각, 한 쌍의 더듬이 다리, 네 쌍의 보각을 가진다. 협각은 두툼한 기부와 독니로 이루어진다. 그 다음의 부속지인 더듬팔은 다리와 비슷하게 생겼지만 마디가 다리의 경우보다 한 마디 적다. 응애류는 주로 초식성이지만 응애류를 제외한 대부분의 거미류는 육식성이다. 진드기는 척추동물을 흡혈하는 체외 기생충이며, 일부 진드기류는 라임병과 같은 질병을 전파한다.

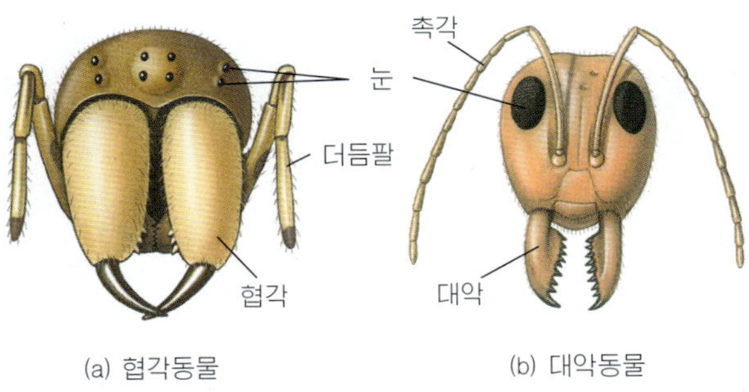

그림 14.17 협각동물과 대악동물

깡충거미(a)와 같은 협각동물에서 협각은 몸의 맨 앞쪽에 있는 부속지이다. 이와는 달리 개미(b)와 같은 대악동물에서는 몸의 맨 앞쪽에 있는 부속지는 촉각이고 그 다음 부속지가 대악이다.

대악동물

갑각류(crustaceans) 갑각류(갑각아문)는 약 35,000종이 이에 소속되어 있고, 게, 새우, 바다가재, 가재, 따개비, 물벼룩, 공벌레 등을 예로 들 수 있다(그림 14.18). 대부분이 바다나 담수에 서식하고 거의 모든 수중 생태계에서 중요한 역할을 하기 때문에 갑각류는 "물 속의 곤충류"라고 불리어 왔다. 대부분의 갑각류는 두 쌍의 촉각, 세 쌍의 저작 부속지, 그리고 다양한 수

그림 14.18 갑각류

(a) 식용 게 *Cancer pangyrus*. (b) 공벌레 *Porcellio scaber*. (c) 조개삿갓 *Lepas anatifera*.

의 다리를 가진다(그림 14.19).

갑각류는 흉부와 복부에 다리가 나 있다는 점에서 지네류와 노래기류와는 유사하지만 곤충류와는 다르다. 많은 갑각류는 복안을 가지고 있다. 이들은 또 몸을 둘러싼 큐티클에서 솟아난 많은 촉모를 가진다. 대형 갑각류는 다리의 기부에 깃털 모양의 아가미가 있다. 소형 갑각류에서는 기체 교환이 큐티클의 얇은 부위나 몸 전체를 통하여 일어난다. 대부분의 갑각류는 자웅이체(암수딴몸)이다. 갑각류의 종류마다 여러 가지 특수한 교미가 일어나며 알을 품는 종류도 있는데, 이 때 알을 알집에 넣고 다니는 종류도 있다.

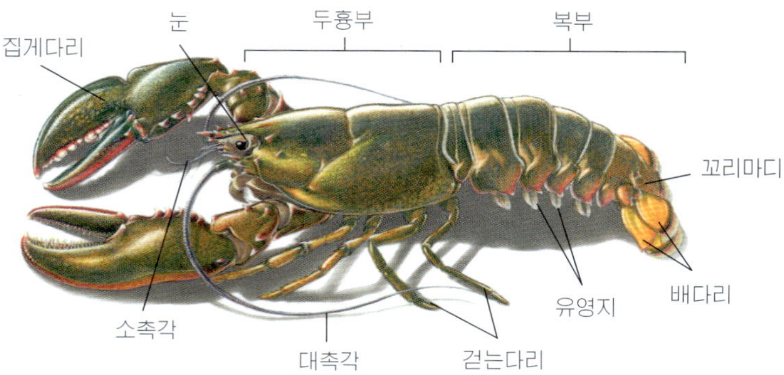

그림 14.19 바다가재 *Homarus americanus*

노래기류와 지네류(millipeds and centipedes) 노래기류와 지네류는 곤충류와 밀접하게 관련되어 있다. 지네류는 체절 당 한 쌍의 다리를 가지지만 노래기류는 두 쌍의 다리를 가진다(그림 14.20). 지네류는 모두 육식성이고 주로 곤충을 잡아먹는다. 제1흉절의 부속지는 한 쌍의 독니로 변형되어 있다. 지네류와는 달리 노래기류는 대부분 초식성으로서, 대개 썩은 식물을 먹고 산다. 노래기류는 낙엽층 아래, 썩은 나무 밑, 돌 밑, 또는 땅 속과 같이 주로 습기 많고 은밀한 곳에서 산다.

(a)

(b)

그림 14.20 지네와 노래기

(a) 지네 *Scolopendra.* (b) 노래기 *Sigmoria.*

곤충류(insects) 곤충강(class insecta)을 이루는 곤충류는 절지동물 중에서 종의 수나 개체 수로 볼 때 가장 큰 동물군이며, 지구상에서 가장 많은 진핵생물이다. 대부분의 곤충은 크기가 비교적 작아서 길이가 0.1mm에서 약 30cm의 범위이다. 곤충의 몸은 3개의 부위로 이루어져 있다.

1. **두부(head)** 곤충의 두부는 매우 정교하며, 한 쌍의 촉각과 정교한 구기가 있다(그림 14.21). 대부분의 곤충은 독립적인 시각 단위들로 구성된 복안을 가진다.
2. **흉부(thorax)** 흉부는 3개의 체절로 이루어지며, 각 체절은 한 쌍의 다리를 가진다. 대부분의 곤충은 또 흉부에 부착된 두 쌍의 날개를 가진다. 일부 곤충에서는 날개가 퇴화되어 소실되거나 다른 기관으로 변형되는데, 파리류는 뒷날개가 평균곤으로 변형되었다.
3. **복부(abdomen)** 복부는 최대 12개의 체절로 구성된다. 소화는 주로 위에서 이루어지며, 배설은 말피기관이라는 기관을 통해 일어난다. 말피기관은 수분의 보유에 매우 큰 효율성을 나타내는데, 이는 절지동물이 육상으로 침투를 가능하게 한 중요한 기관이다.

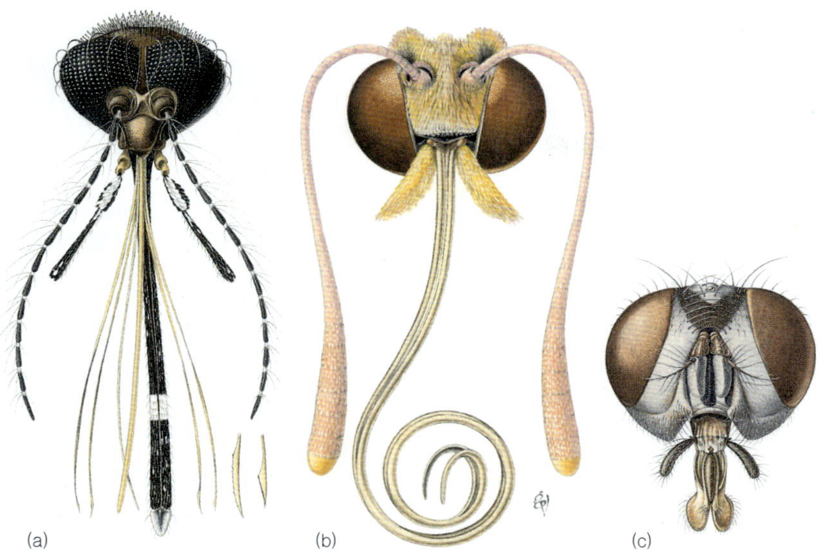

그림 14.21 세 가지 곤충의 구기부

(a) 모기 *Culex*의 찌르는 구기부. (b) 알팔파나비 *Colias*의 꿀을 빠는 구기부. (c) 집파리 *Musca domestica*의 액체를 핥는 구기부.

14.9 가장 성공적인 동물 문인 절지동물은 마디가 있는 부속지와 단단한 외골격을 가지며, 곤충류에서는 날개를 가진다.

14.10 선구동물과 후구동물

진체강동물은 두 가지 진화계열로 구분할 수 있다. 지금까지 우리가 알아본 모든 체강동물은 기본적으로 동일한 종류의 배를 가진다. 이 배는 포배(blastula)라고 하는 속이 빈 공 모양의 세포집단으로서 한쪽 부분이 안쪽으로 들어가서 2층으로 되며 원구(blastopore)를 통하여 바깥으로 열린다. 연체동물, 환형동물 그리고 절지동물에서 입은 원구 부근에서 생긴다. 입이 이와 같은 방식으로 발생하는 동물을 **선구동물**(protostome)이라고 한다. 만약 이와 같은 동물이 뚜렷한 항문을 가진다면, 이 항문은 후에 다른 부분에서 생긴다.

두번째의 뚜렷한 배 발생 양상은 극피동물, 척색동물과 일부 동물문에서 나타난다. 이들 동물에서는 항문이 원구 또는 원구 부근에서 생기며, 입은 그 뒤 포배의 다른 부위에서 생긴다(그림 14.22). 이러한 동물들을 **후구**

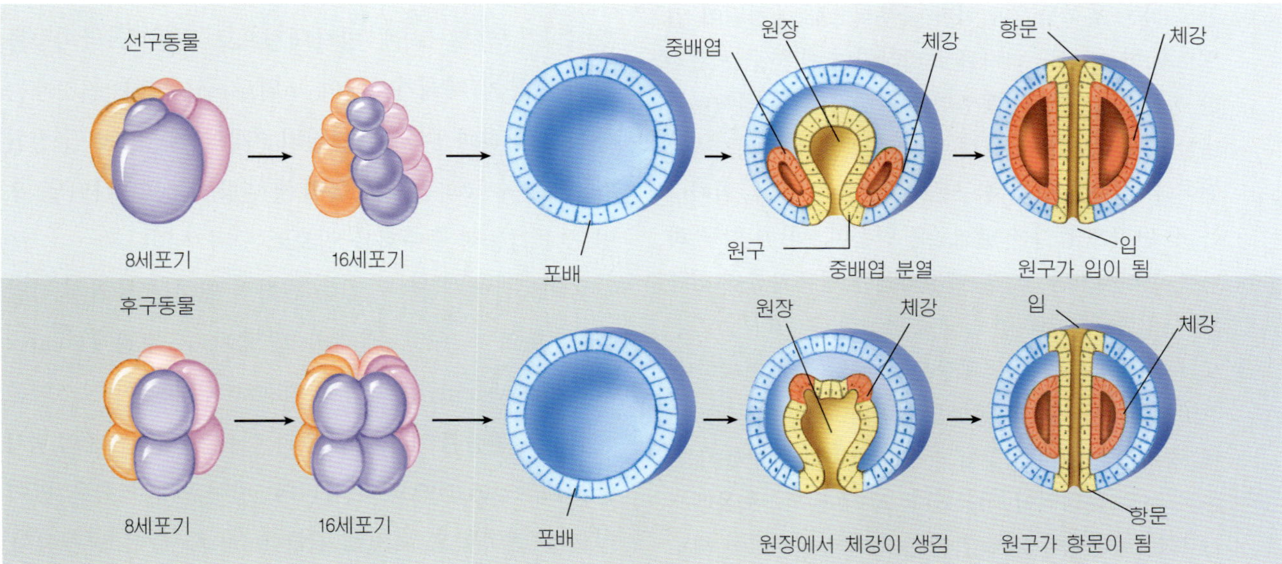

그림 14.22 선구동물과 후구동물의 배 발생

동물(deuterostome)이라고 한다.

후구동물은 배 발생상 일대 변혁이다. 원구 형성 양상 이외에도 후구동물은 선구동물과는 근본적으로 다른 다음의 세 가지 배 발생상의 특징을 가진다.

1. 배의 생장 동안에 일어나는 세포 분열을 난할(cleavage)이라고 한다. 배의 양극을 잇는 축을 기준으로 본 난할 양상은 할구가 어떻게 정렬할 것인가를 결정한다. 거의 모든 선구동물에서 새로운 세포는 배축에 대하여 비스듬한 각도로 생겨난다. 그 결과 새로운 할구는 이전에 생긴 할구 사이의 공간에 자리잡는다. 따라서 분열하는 할구들이 배축 바깥쪽으로 나선을 이루면서 조밀하게 밀착하여 열을 지으므로 이러한 난할 양상을 나선형 난할(spiral cleavage)이라고 한다. 후구동물에서는 할구들이 배축을 기준으로 평행으로 또 직각을 이루면서 분열한다. 그 결과 각 난할 때 생기는 세포 쌍은 서로 위와 아래로 위치하는데, 이와 같은 과정으로 할구들은 느슨하게 배열하게 된다. 따라서 할구들은 배축을 기준으로 방사상으로 배열하게 되므로 이러한 난할 양상을 방사형 난할(radial cleavage)이라고 한다.
2. 선구동물에서는 배에서의 각 할구의 발생 운명은 할구가 처음 나타날 때 이미 결정되어 있다. 4세포시기에 이미 각 할구는 서로 다르게 되며, 발생 신호의 역할을 하는 화학물질이 이미 국부적으로 배치되어 있으므로 이 때 할구 하나를 분리시키면 이 할구는 완전한 동물로 발생하지 못한다. 즉 수정 후에 일어나는 난할은 낭세포에 서로 다른 발생 신호를 배치시키는 것이다. 이와는 달리 후구동물에서는 수정 후 일어나는 첫 난할은 동일한 낭세포를 만들며, 이 때 할구 하나를 분리시키면 그 후 예정되었던 발생과정을 겪게 되어 이 할구는 완전한 동물로 발생할 수 있다.
3. 모든 진체강동물에서 체강은 중배엽에서 기원한다. 선구동물에서 체강의 형성은 간단하고 직접 일어나는데, 중배엽 안에서 체강이 확장됨에 따라 할구들이 단순히 서로 분리되어 이동한다. 그러나 후구동물에서는 모든 할구들이 대개 집단을 이루어 이동하여 새로 조직체를 만든다. 체강은 낭배의 주요 강소인 원장(archenteron)의 함입에 의해 생긴다. 이 강소는 내배엽으로 둘러싸이며 원구를 통해 바깥으로 열리고 결국 소화관으로 된다.

14.10 **후구동물에서 난자는 방사상으로 난할하며 원구는 항문이 된다. 선구동물에서는 난자가 나선형으로 난할하고 원구는 입이 된다.**

14.11 극피동물: 최초의 후구동물

최초의 후구동물인 극피동물(극피동물문)은 6억 5,000만년 전에 나타났다. 극피동물의 극피라는 말은 가시가 난 피부라는 뜻이고, 이는 피부 안쪽에 칼슘이 주성분인 단단한 골판으로 구성된 내골격을 일컫는 말이다. 골판이 처음 형성될 때 각각의 골편이 살아있는 조직으로 감싸이므로 진정한 내골격이라고 할 수 있으며 성체 시기에는 골판들이 융합하여 단단한 껍질을 이룬다. 현재 지구상에는 약 6,000종의 극피동물이 서식한다(그림 14.23).

극피동물의 몸의 체제는 발생 도중에 근본적인 변화가 일어난다. 즉 모든 극피동물은 유생 시기에 좌우대칭이다가 성체시기에 방사대칭으로 변한다. 극피동물 성체는 몸의 체제가 5개의 부위로 구성된다. 신경계는 중심 신경환과 여기에 연결된 5개의 신경으로 구성된다. 그래서 극피동물은 복잡한 반응 양상을 나타낼 수 있으나 기능적 중추화를 일으키는 뇌가 없다.

극피동물에서 볼 수 있는 진화적 변화는 몸의 움직임을 일으키는 수압 체제의 발달이다. **수관계**(water vascular system)라고 하는 액체로 채워진 이 시스템은 중심부의 **환상관**(ring canal)과 이에 연결된 5개의 **방사관**(radial canal)으로 구성된다. 방사관에서 작은 관이 옆으로 뻗어있고 여기에 **관족**(tube foot)이 연결된다. 관족의 기부에는 액체로 채워진 근육성의 주머니가 있는데 이것이 밸브와 같은 역할을 한다.

14.11 극피동물은 대개 서로 융합된 단단한 골판으로 된 내골격을 가지는 후구동물이다. 성체는 방사대칭이다.

극피동물문

주요 진화적 발전 : 후구의 발생과 내골격

불가사리 등의 극피동물(극피동물문)은 후구동물이자 진체강동물이다. 정교한 피부 안쪽에는 내골격이 있는데, 내골격은 칼슘이 주성분인 골판으로 구성되며, 이 골판들은 흔히 융합하여 단단한 골격 층을 이룬다.

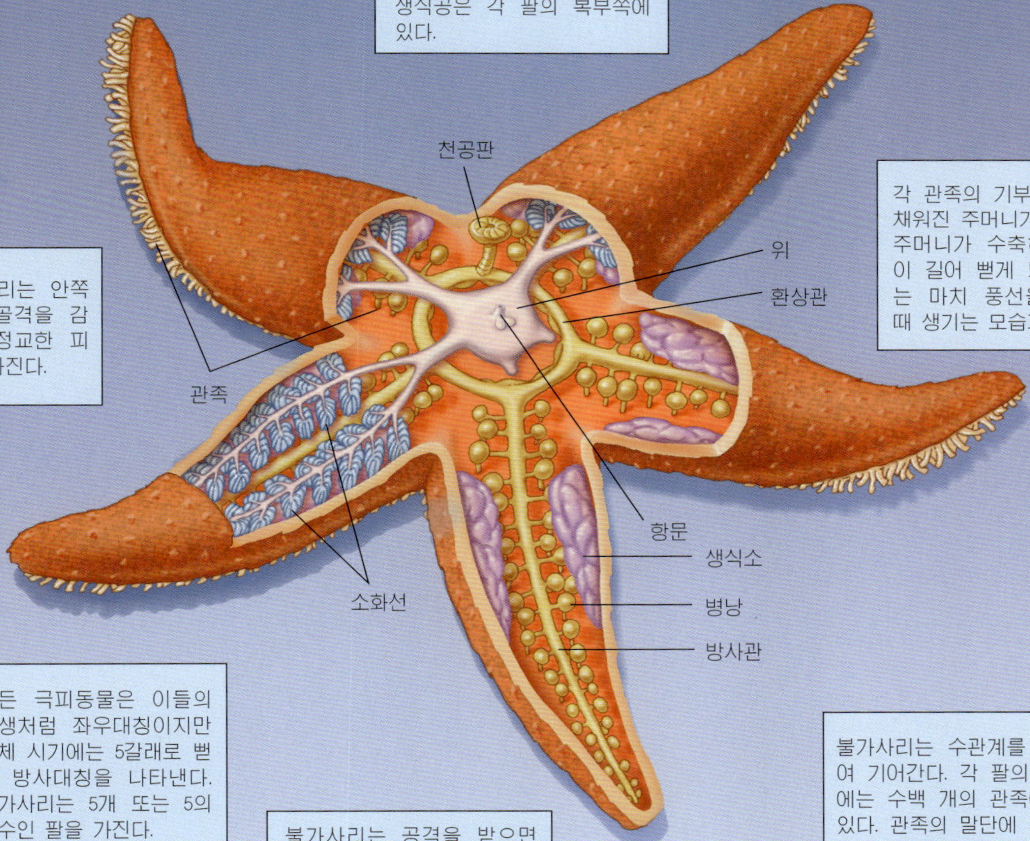

그림 14.23 극피동물문

14.12 척색동물: 골격의 발달

■ 척색동물의 일반적 특징

척색동물(척색동물문)은 후구동물이자 진체강동물이며, 이와 유연관계가 가장 깊은 동물은 극피동물이다. 척색동물은 극피동물보다도 훨씬 발달된 내골격을 가

척색동물문

주요 진화적 발전 : 척색

척추동물, 멍게, 창고기 등은 척색동물(척색동물문)이다. 척색동물은 강하지만 탄력있는 척색을 가지는 진체강동물이다. 척색은 체내 근육의 부착점을 제공하여 몸이 신속하게 움직일 수 있게 한다. 척색동물은 또한 인두열과 원통형의 등쪽 신경색을 가진다. 척추동물에서는 척색이 배 발생 과정 도중에 척주로 교체된다.

가장 단순한 척색동물인 창고기에서는 일생동안 계속 척색이 유지되며, 여기에 근육이 부착하므로 헤엄칠 수 있다. 창고기에서 이 근육들은 여러 개의 구획을 이루고 있는 것이 쉽사리 관찰된다.

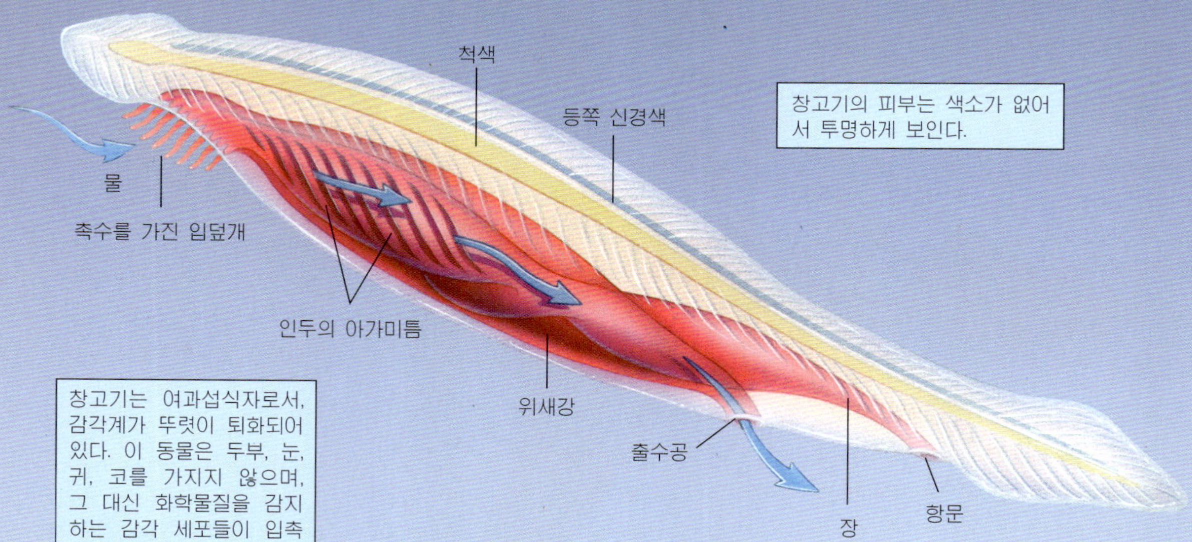

창고기의 피부는 색소가 없어서 투명하게 보인다.

창고기는 여과섭식자로서, 감각계가 뚜렷이 퇴화되어 있다. 이 동물은 두부, 눈, 귀, 코를 가지지 않으며, 그 대신 화학물질을 감지하는 감각 세포들이 입촉수에 줄지어 있다.

창고기는 인두열에 있는 아가미와 섬모를 이용하여 미세한 원생동물을 걸러 먹고산다. 장의 전단부에 있는 섬모가 움직이면 물이 입안으로 들어가고 인두를 거쳐서 인두열로 빠져 나간다.

척추동물과는 달리 창고기의 피부는 단 한 층의 세포로 이루어져 있다.

그림 14.24 척색동물문

진다(그림 14.24). 극피동물의 내골격은 단단한 외각이 몸을 감싸고 그 안쪽에 근육이 부착한다는 점으로 볼 때 기능적으로 절지동물의 외골격과 유사하다. 척색동물은 이와는 매우 다른 내골격, 즉 진정한 내골격을 가진다. 척색동물 문의 구성원들은 척색(notochord)이라는 신축성 있는 막대 모양의 구조물을 가지는데, 이는 배의 등쪽에서 발생한다. 이 막대에 부착한 근육은 초기 척색동물로 하여금 등을 앞 뒤로 움직여 물 속에서 헤엄칠 수 있게 하였다. 내부 구조물에 근육의 부착이라는 중요한 진화적 발전은 척추동물로 가는 진화 경로를 시작하게 하였고 최초로 진정한 대형 동물의 출현을 유도하였다.

척색동물에는 약 42,500종이 있으며, 이들은 다음의 네 가지 주요 특징으로 구별된다.

1. **척색**(notochord) 신경색과 소화관 사이에 생기는 단단하고 신축성 있는 막대 모양의 구조물이다.
2. **신경색**(nerve cord) 등쪽에 생기는 속이 빈 관으로서 여기에 신경이 부착한다.
3. **인두열**(pharyngeal slits) 입 뒤쪽에서 인두까지 생기는 일련의 틈으로서, 입으로부터 소화관과 기관을 연결하는 근육성인 관이다.
4. **꼬리** 척색동물은 꼬리를 가진다. 이 꼬리는 적어도 배 발생 시기에는 항문 뒤쪽으로 연장되어 있다. 척색동물 외의 다른 동물들은 거의 모두 몸의 끝에 항문이 있다.

모든 척색동물은 생활사 중 어떤 시기에 위의 네 가지 특징을 모두 가진다. 예를 들어 사람은 배 시기에 인두열, 신경색, 척색, 꼬리를 가진다.

14.12 척색동물은 일부 발생 시기에 척색을 가진다. 성숙한 모든 척추동물에서 척색은 척추로 교체된다.

14.13 척추동물

몸의 체제를 볼 때 척색동물은 체절적이고 뚜렷히 구분되는 근육을 볼 수 있다(그림 14.25). 많은 척색동물은 마디로 된 부속지를 가진다. 피낭류 및 어류와 비슷하게 생긴 창고기를 제외한 모든 척색동물은 척추동물이다. 척추동물은 다음의 두 가지 점에서 피낭류나 창고기와는 다르다.

1. **척추**(backbone). 척추동물에서 척색은 배 발생과정에서 단단한 경골성 척주로 둘러싸이고 그 것으로 대치된다. 속이 비어 관 모양인 이 척주는 등쪽에 있는 신경색을 둘러싸고 보호한다(그림 14.26).

2. **두부**(head) 원시적인 어류를 제외한 모든 척추동물은 두개골과 뇌가 있는 뚜렷하고 잘 분화된 두부를 가진다. 이 때문에 척추동물은 흔히 두개골을 가지는 척색동물이라

그림 14.25 생쥐의 배

발생 11.5일째에 근육은 체절이라는 마디로 이미 나뉘어 있는데(검게 염색됨), 이는 모든 척색동물이 기본적으로 체절을 가지는 것을 반영한다.

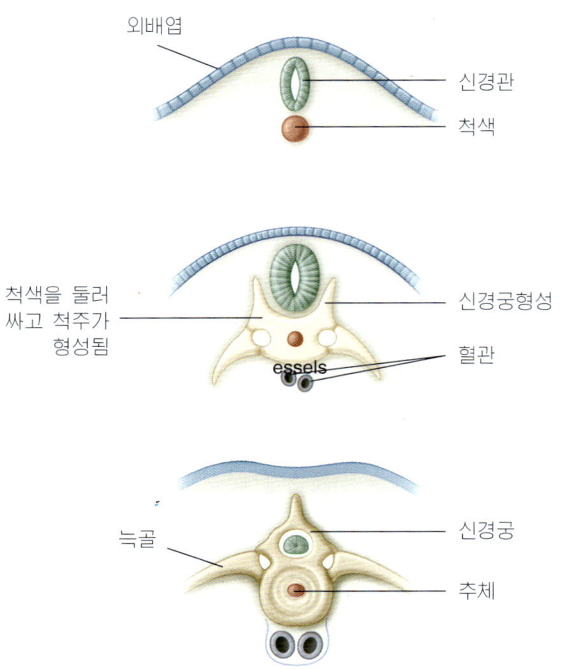

그림 14.26 척추동물의 배 발생

발생과정에서 신축성 있는 척색은 경골로 둘러싸이고 나중에 경골인 척주가 된다. 척주는 신경관을 보호하고 동물이 운동할 때 근육의 작용을 받는 강하고 신축성 있는 지주 역할을 한다.

고 불린다.

모든 척추동물은 근육이 부착하는 경골 또는 연골로 이루어진 내부 골격을 가진다. 이 내골격은 척추동물로 하여금 특징적으로 몸의 대형화와 뚜렷한 활동성을 갖출 수 있게 하였다. 척추동물과 기타 척색동물의 한 가지 재미있는 특징은 이들이 적어도 배 발생시기에 항문 뒤쪽으로 연장된 꼬리를 가진다는 점이다.

대부분의 척추동물의 내골격은 경골로 이루어져 있다(상어와 같은 일부 동물에서 경골은 이보다 신축성 있는 연골로 대치된다). 경골은 특수한 형태의 조직으로서 인산칼슘염으로 감싸인 콜라겐 단백질 섬유가 함유되어 있다. 경골은 두 단계를 거쳐 형성된다. 우선 콜라겐이 섬유성 기질 상태로 집결한 다음, 이 섬유에 칼슘이 스며들어가서 단단하게 된다. 구조적 물질로서 키틴보다 경골이 더 유리한 점은 부수어지지 않는다는 점이다.

일련의 중요한 진화적 발전을 통해 척추동물들은 바다를 지배하고, 그 뒤 육상도 지배하게 되었다(그림 14.27).

어류

척추동물의 절반 이상이 어류이다. 어류는 가장 다양하고 성공적인 척추동물 군으로서, 이들이 양서류에 의한 육상 침입의 기초를 제공하였다.

어류는 다양하지만 공통적으로 다음과 같은 네 가지 중요한 특징을 가진다 .

1. **아가미** 어류는 물로부터 산소를 흡수하는 아가미를 가진다. 아가미는 풍부한 혈관을 가진, 섬세한 필라멘트로 이루어진 조직이다. 입 뒤쪽에서 물이 아가미를 통과할 때 산소는 어류의 혈액으로 확산되어 들어간다.
2. **척주** 어류는 비록 모두가 경골로 이루어져 있는 것은 아니지만 등쪽 신경색을 둘러싸는 내골격을 가진다. 뇌는 일종의 보호 상자, 즉 경골 또는 연골로 이루어진 두개골 안에 갇혀 있다.
3. **단일 환상 순환계** 혈액은 심장에서 분출되어 아가미로 간다. 산소가 공급된 혈액은 아가미에서 몸의 나머지 부분으로 간 뒤 다시 심장으로 되돌아온다.
4. **영양 요구** 어류는 방향성 아미노산을 합성하지 못하므로, 이를 먹이로서 섭취해야 한다. 이러한 영양요구는 모든 척추동물 후손으로 유전되어 내려왔다.

상어류는 매우 훌륭한 유영능력을 가지고 있으며, 뒷지느러미, 꼬리지느러미 그리고 두 쌍의 옆지느러미를 가진다. 가오리류는 납작하고 바닥에서 생활하며, 상어류가 처음 나타난지 약 2억 년 뒤에 진화해 나타났다. 오늘날 상어류와 가오리류는 약 850종에 이른다.

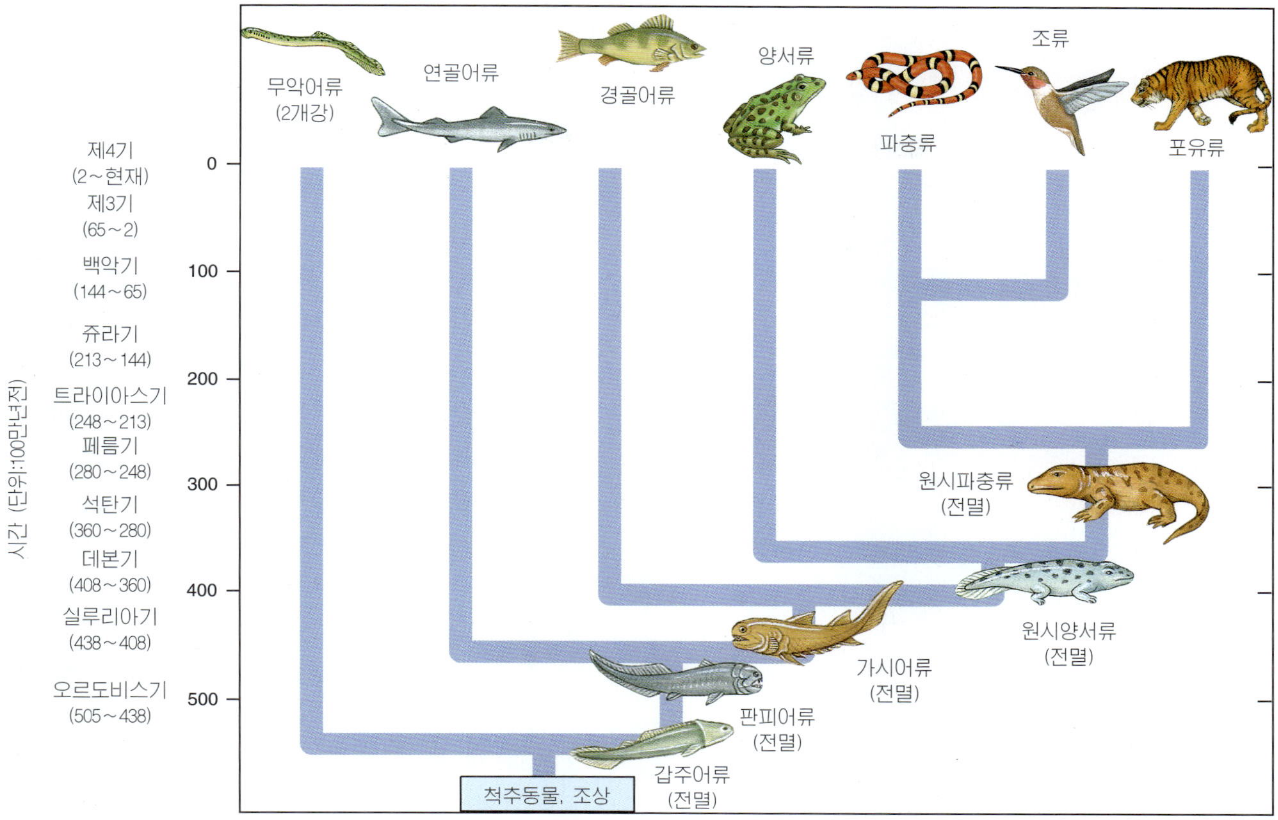

그림 14.27 척추동물의 계통수

원시 양서류는 어류로부터 생겨 나왔다. 원시 파충류는 양서류로부터 진화해 나와 포유류와 공룡으로 진화했으며, 공룡의 일부는 오늘날의 조류가 되었다.

몸집이 가장 큰 일부 상어류는 턱이 없는 어류처럼 물 속의 먹이를 걸러 먹지만 대부분의 상어류는 포식자이며, 입에는 단단하고 날카로운 이들이 줄지어 나 있다. 연골어류의 생식은 어류 중에서 가장 발달되어 있다. 상어의 알은 체내에서 수정된다. 교미하는 동안 수컷은 교미기(clasper)라고 하는 변형된 지느러미를 이용하여 암컷을 붙잡는다. 수컷의 정자는 교미기 안의 통로를 따라 암컷의 몸 속으로 들어간다. 비록 일부 종이 수정된 알을 산란하지만, 대부분의 상어류의 알은 암컷의 체내에서 발생하여 새끼가 어미 몸 속에서 밖으로 나온다.

경골어류(osteichthyes)에서는 신속하고 자유로운 유영을 위해 다른 방식을 따랐다. 상어류처럼 체중의 감소를 통하여 속력을 얻는 대신, 경골어류는 경골로 이루어진 무거운 내부 골격에 적응되어 있다. 이러한 내부 골격은 매우 강한 근육을 끌어당길 수 있는 바탕이 된다. 경골어류는 **부레**(swim bladder)를 가짐으로써 물에서 뜰 수 있다. 부레는 기체가 차 있는 주머니로서 경골어류는 그 속의 기체의 양을 조절하여 힘들이지 않고 물 속에서 뜨고 가라앉을 수 있다(그림 14.28). 이에 반하여 상어류는 몸이 물보다 더 무거우므로 물 속에서 계속 움직이지 않으면 가라앉게 된다. 이렇게 유영과 관련된 문제를 간단히 해결하게 된 것은 경골어류의 진화에 있어 대단히 성공적인 일이다.

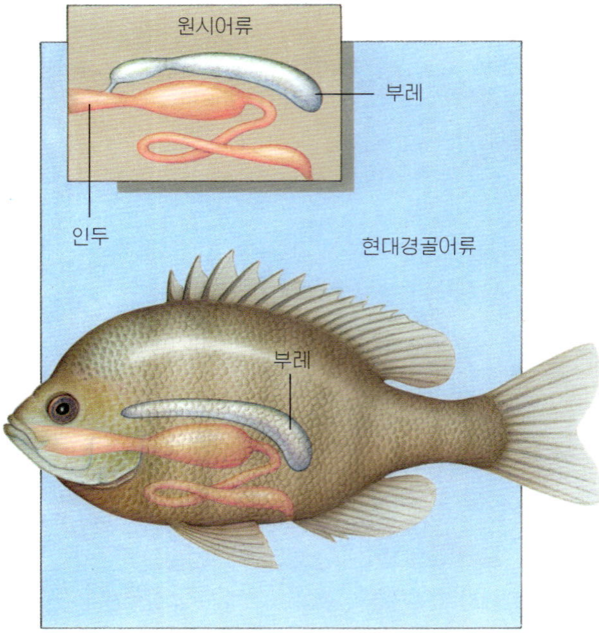

그림 14.28 부레의 모식도

경골어류는 인두의 돌출부로부터 진화한 부레를 이용하여 부력을 조절한다.

오늘날 지구상에 살고 있는 21,000종의 어류 중에서 20,000종 이상이 부레를 가진 경골어류이다. 이 수는 기타의 모든 척추동물의 종 수를 합한 것보다 많은 수이다.

부레 외에, 경골어류가 물 속 생태계를 우점할 수 있었던 특징은 여러 가지가 있다. 이들은 매우 발달된 **측선계**(lateral line system)를 가진다. 측선계는 수압의 변화를 감지함으로써 포식자와 피식자의 움직임을 감지할 수 있게 하는 감각계이다. 경골어류는 또 두부의 양 옆에 있는 아가미를 덮는 아가미덮개라는 단단한 덮개판을 가진다. 경골어류는 아가미덮개를 움직여 물이 아가미로 통과하게 한다. 매우 효율적인 풀무와 같은 아가미덮개를 이용하여 경골어류는 물 속에서 정지해 있으면서도 아가미에 물을 통과시킬 수 있다.

14.13 어류는 특징적으로 아가미, 단순한 단일 환상 순환계, 그리고 척주를 가진다. 상어류는 신속한 유영동물이며, 경골어류는 부레와 측선계를 가진다.

양서류

도롱뇽과 개구리는 축축한 피부를 가진 척추동물로서 어류의 직접적인 후손이다.

양서류는 다음의 다섯 가지 주요한 특징으로 인해 육상화에 성공하였다.

1. **다리** 개구리와 도롱뇽은 4개의 다리를 가지며 육상에서 비교적 능숙하게 걸어다닐 수 있다. 이 다리는 지느러미로부터 진화한 것으로서(그림 14.29), 육상생활을 위한 필수적인 적응이다. 무족류(caecilians)에서는 혈거생활에 적응하는 동안 다리가 소실되었다.
2. **피부 호흡** 양서류는 모두 피부를 통하여 직접 호흡함으로써 허파의 기능을 보조한다. 피부는 축축한 상태로 유지된다. 이와 같은 방식의 호흡 때문에 양서류의 몸은 어느 수준 이상으로 커질 수가 없는데, 이는 몸이 작아야 피부의 "표면적 : 부피"의 비율이 크기 때문이다.
3. **허파** 양서류는 한 쌍의 허파를 가지나 그 내부 면적은 넓지 않다.
4. **폐정맥** 혈액이 허파를 통과한 뒤 폐정맥이라는 2개의 커다란 정맥을 통하여 산소가 공급된 혈액이 심장으로 되돌아 온 다음 다시 분출된다. 그 결과 산소가 공급된 혈액은 허파에서 나올 때보다 더 높은 혈압으로 조직으로 가게 된다.
5. **불완전하게 구분된 심장** 걷는데 필요한 근육 활동을 위해 양서류는 다량의 산소를 운반이 가능하도록 심장은 개조되어야만 했다. 양서류에는 어류의 원래의 심장구조를 가지고 있지 않으며, 둘째 및 마지막 방은 벽으로 구분되어 허파에서 오는 산소가 공급된 혈액과 몸의 다른 부분에서 심장으로 돌아오는 산소가 공급되지 않은 혈액이 섞이지 않도록 한다. 이는 혈액순환을 두 가지 경로, 즉 폐순환과 조직순환으로 구분한다. 그러나 이 구분은 불완전한데, 그 이유는 셋째 방이 벽으로 나뉘어져 있지 않기 때문이다.

양서류는 1억 년 동안 육상에서 우점하던 척추동물이었다.

그림 14.29 양서류의 주요 적응인 다리의 진화

(a) 열편지느러미어류의 다리. 일부 열편지느러미어류는 물에서 나와 육상에서 걸어다녔다. (b) 초기 양서류의 다리. 골격 구조를 보면 알 수 있듯이, 원시 양서류의 다리는 열편지느러미어류의 지느러미보다 육상에서 훨씬 더 훌륭한 능력을 발휘할 수 있었다.

오늘날에는 약 4,200종의 양서류가 존재하며, 이들은 37개 과를 이루는데, 모두 수생성이고 공룡시대에 잔존했던 2개 과의 후손들이다. 양서강에는 3개의 목이 있는데, 그 것은 무미목(개구리, 두꺼비), 유미목(도롱뇽) 그리고 무족목(caecillians)이다. 오늘날의 양서류는 모두 물 속에서 생식하고 일생 중 어린 시기에는 물 속에서 생활하기 때문에 양서류는 완전한 육상 동물이라고 볼 수는 없다. 그러나 대부분의 서식처, 특히 열대지방에서 오늘날 이들은 가장 흔하고도 우점적인 척추동물이다.

14.14 양서류는 성공적으로 육상에 침투한 최초의 척추동물이었다. 이들은 다리, 허파, 폐정맥을 발전시켰다. 폐정맥 때문에 산소가 공급된 혈액을 심장에서 다시 분출시켜 근육으로 더 많은 산소를 효율적으로 운반할 수 있게 되었다.

파충류

파충류는 3억 2,000만 년 전에 처음 출현하였는데, 만약 육상생활의 측면에서 양서류를 책의 원고라고 한다면 파충류는 인쇄된 책과 같다. 모든 현생 파충류는 일정한 기본적 특징을 공유하고 있는데, 이 중 중요한 특징들은 다음과 같다.

1. **양막을 가진 알** 양서류는 알이 건조되는 것을 방지하기 위하여 물 속에 산란해야만 하므로 완전한 육상동물이 될 수는 없었다. 대부분의 파충류는 방수성인 알을 산란하며, 이 알은 영양물질(난황)과 4개의 막, 즉 장막, 양막, 난황낭 그리고 요막을 가진다(그림 14.30). 맨 바깥쪽 막인 장막(chorion)은 산소가 난각을 통과하도록 하지만 알 속의 수분은 빠져나가지 못하게 한다. 양막(amnion)은 액체로 채워진 내부에서 발생 중인 배를 감싼다. 난황낭(yolk sac)은 난황

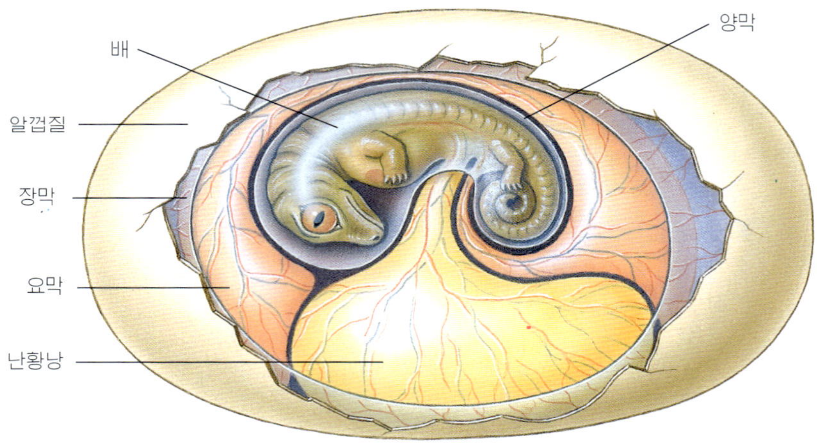

그림 14.30 파충류의 주요 적응인 방수성 알

방수성인 양막을 가진 알은 파충류로 하여금 육상의 다양한 서식처에서 살아갈 수 있게 하였다.

으로부터 영양을 배의 장과 연결된 혈관을 통하여 배에 공급한다. 요막(allantois)은 배에서 배설되는 노폐물을 가두어 두는 주머니 역할을 한다.

2. **건조한 피부** 양서류는 축축한 피부를 유지하도록 습기가 많은 장소에서 살아야 한다. 초기의 양서류처럼 파충류는 건조한 피부를 가지고 있다. 이들의 몸은 비늘이나 갑주로 둘러싸여 있어서 수분 소실을 방지할 수 있다.
3. **폐 호흡** 양서류는 입안의 공기를 삼켜 허파로 들여보낸다. 따라서 입안의 부피에 따라 호흡 능력이 제한된다. 파충류는 폐 호흡을 발전시켜서 갈비뼈를 수축하고 이완시켜 공기를 허파 속으로 들여보내고 배출시킬 수 있게 되었다.

그 외에 파충류는 양서류의 육상화를 위한 적응에서 더 진화하였다. 다리는 체중을 효과적으로 실을 수 있도록 배열되었기에 몸이 더 커지고 달릴 수 있게 되었다. 또한 허파와 심장은 더 효율적으로 발전하였다.

오늘날 파충강에는 약 7,000종이 포함되어 있으며, 대부분이 뱀과 도마뱀이다. 이들은 지구상의 습하거나 건조한 거의 모든 장소에서 발견된다.

14.15 파충류는 육상생활에 알맞은 세 가지 특징을 가지고 있는데, 방수성인 알(양막 소유), 건조한 피부 그리고 흉부 호흡이 그것이다.

■ 조류

조류는 약 1억 5,000만 년 전 두 다리로 걷는 작은 파충류로부터 진화했으나, 비행 파충류인 익룡이 공룡과 함께 전멸하기 전까지는 흔하지 않았다. 익룡과는 달리 조류는 깃털로 뒤덮였다. 깃털이 있다는 점 외에 조류는 공룡과 구조적으로 매우 유사하여 많은 과학자들은 조류를 단지 깃털을 가진 공룡이라고 생각하기도 한다.

오늘날의 조류는 이가 없고 퇴화된 꼬리를 가지고 있다. 그러나 조류는 여러 가지 파충류적인 특징을 가지고 있다. 예를 들어 조류는 비록 가죽 같은 알 껍질이 아니라 단단한 알 껍질을 가지지만 파충류처럼 양막을 가진 알을 낳는다. 또 비늘이 새의 다리에서 발견된다. 새만이 가지는 독특한 특징은 무엇일까? 무엇이 현생 파충류와 다른 점일까?

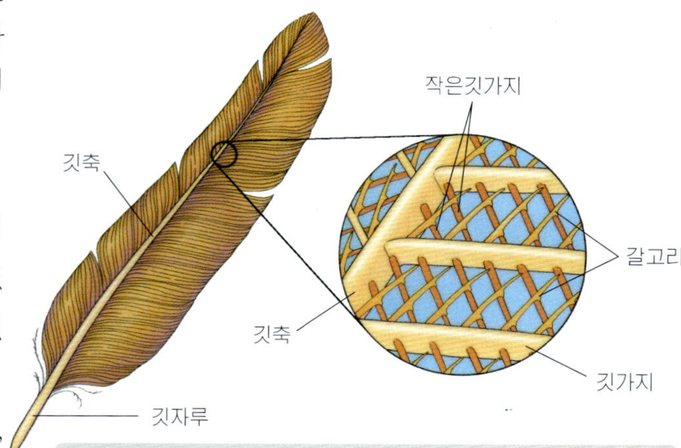

그림 14.31 조류의 주요 적응인 깃털

깃털의 중심축에서 뻗어 나온 깃가지에서 다시 작은깃가지가 뻗어 나온다. 인접한 깃가지에서 나온 작은깃가지들은 미세한 갈고리를 이용하여 서로 부착한다.

1. **깃털** 깃털은 파충류의 비늘에서 생겨났으며, 가볍고 파손되었을 때 쉽사리 교체되므로 비행에 이상적으로 적응된 구조물이다(그림 14.31).
2. **비행 골격** 조류의 뼈는 가늘고 속이 비어 있다. 많은 뼈가 융합되어 있어서 파충류의 골격보다 더 단단하다. 척추, 견갑골, 골반뼈의 융합된 부위는 비행할 때 근육의 힘이 작용하는 고정 장치의 역할을 한다. 활발하게 비행하는 힘은 조류의 체중의 30%에 이르는 커다란 흉근으로부터 나온다. 이 근육은 흉골과 날개로 연결되어 있다. 흉골은 매우 크고 근육 부착을 위한 뚜렷한 용골돌기를 가진다. 흉골은 또 소위 창사골(wishbone)을 이루는 융합된 쇄골에도 부착한다. 조류 이외의 척추동물에서는 융합된 쇄골이나 용골돌기를 가진 흉골을 볼 수 없다.

조류는 포유류와 마찬가지로 항온동물이다. 이들은 대사를 통하여 충분한 열을 발생시켜서 높은 체온을 유지한다. 조류의 체온은 대부분의 포유류의 체온보다 훨씬 높다. 높은 체온은 신속한 대사를 일으키고 비행에 필요한 많은 에너지를 내는데 필요하다.

14.16 조류는 본질적으로 깃털 달린 공룡으로서, 깃털과 강력하고 가벼운 골격 때문에 날 수 있다.

포유류

포유류는 2억 2,000만 년 전에 출현하여 공룡과 함께 나란히 진화했으며, 오늘날의 호랑이나 곰과는 전혀 다른 모습이었다. 이 포유류 조상은 오늘날의 포유류와 다음과 같은 주요 특징을 공유하고 있었다.

1. **유선** 포유류 암컷은 유선(젖샘)을 가져서 신속히 성장하는 새끼를 기르는데 필요한 젖을 생산한다.
2. **털** 현생 척추동물 중에서 포유류만이 털을 가진다. 고래도 코에 감각 기능을 맡고 있는 털을 가진다. 털은 단백질인 케라틴이 함유된 죽은 세포로 이루어진 필라멘트이다. 털의 주요 기능은 절연 작용이다.
3. **중이** 모든 포유류는 3개의 이소골을 가진다.

포유류는 공룡이 사라지기 전에는 드물었으며 공룡 시대 이후에 흔해졌다. 화석을 통하여 우리는 포유류의 진화적 역사에 대한 많은 것을 배워왔다. 최초의 포유류는 약 2억 2,000만 년 전 트라이아스기 중반 수궁류로부터 파생되어 나왔다. 당시의 포유류는 작은 쥐 모양으로서 숲에서 곤충을 잡아먹으면서 살았으며, 공룡이 우점했던 시기였으므로 매우 보잘 것 없는 존재였다. 화석으로 나타난 바로는 초기의 포유류는 커다란 안구를 가지고 있었는데, 이는 이들이 야행성이었음을 알려준다.

1억 5,500만 년 동안 공룡이 계속 번성하던 시기에 포유류는 미미한 집단이었으며 변화된 것이 거의 없었다. 그 당시에 단지 5개 포유류 목만이 나타났으며, 화석도 드물다. 이는 포유류가 그 때 흔하지 않았음을 나타내지만, 오늘날의 포유류가 속하는 두 가지 부류가 나타났다. 그 중 가장 원시적이자 수궁류의 직접적인 후손인 포유류는 원수아강(prototheria)에 속하는 것들이다. 대부분의 원수류는 작고 오늘날의 쥐와 비슷했다. 모든 원수류는 그들의 조상인 수궁류가 그랬던 것처럼 난각을 가진 알을 낳았다. 오늘날 생존하고 있는 유일한 원수류는 **단공류**(monotremes)로서 오리너구리가 이에 속한다.

다른 하나의 주요 포유류군은 수아강(subclass theria)이다. 수류(therians)는 태생이며, 두 가지 부류로 구분되는데, 하나는 **유대류**(marsupials)이고 다른 하나는 **유태반류**(placental mammals)이다. 캥거루, 주머니쥐, 코알라 등의 유대류는 알에 난각이 없고, 그 대신 어린 개체가 몸 안에서 태어난 뒤 일정한 기간이 지나면 유대 안으로 들어간다. 오늘날 약 280종의 유대류가 살고 있으며, 대부분이 오스트레일리아와 뉴기니아에 서식한다.

개, 고양이, 사람 등의 유태반류는 유대류보다 태아를 더 오랫 동안 몸 속에서 기른다. 이렇게 오랫 동안 발생하고 생장하는 동안 새끼는 태반을 통하여 영양을 공급받는다. 오늘날 유태반류는 4,000종 이상이 있으며, 공룡이 점유했던 대형동물의 생태적 지위를 차지하고 있다. 크기는 1.5g인 나무타기쥐류(shrews)로부터 100톤의 고래까지 다양하다. 포유류의 거의 절반은 쥐 등의 설치류이며, 약 1/4은 박쥐류이다. 포유류는 이들보다 수백만 년 전에 어룡류나 장경룡류가 그랬던 것처럼 바다에까지 침투하였으며, 오늘날 바다에는 79종의 고래류가 서식하고 있다. 빙하기에 육상을 걸어다녔던 유태반류는 오늘날의 것들보다 몸이 더 컸다. 그 후 기후가 따뜻해진 오늘날에는 주로 몸집이 작은 것들이 살고 있다.

사람이 속하는 영장류는 주요 동물군은 아니며, 단지 233종만이 살고 있다. 사람은 200만 년 전 이후에 등장하여 매우 신속하게 진화하였다. 과거에 인류는 적어도 3종이 살고 있었으나 1종, 즉 *Homo sapines*만이 오늘날 살아남아 있다. 영장류 중에서 사람은 털이 적고 직립 보행하며, 도구를 만들 줄 알고 복잡한 언어를 사용한다.

14.17 포유류는 항온동물로서 젖으로 새끼를 기르며 여러 가지 종류의 이를 가진다. 모든 포유류는 털을 가진다.

Chap 15

인류의 진화

15.1 유인원으로의 진화 경로

인류 진화에 대한 이야기는 Archonata라는 수상생활을 했던 소형 포유류 집단의 폭발적 적응 방산이 일어난 약 6,500만년 전으로 거슬러 올라간다. 주로 식충성이었던 이 포유류들은 커다란 눈을 가지고 있었고 야행성이었음이 틀림없다. 이들의 적응방산으로 박쥐, 나무타기쥐와 사람이 소속된 영장류 등의 여러 가지 포유류가 나타났다.

▪ 최초의 영장류

인간이 속한 영장류(primates)는 포유류로서 수상생활과 식충환경에서 성공적인 생활을 가능하게 한 두 가지 뚜렷한 특징을 가지고 있다.

1. **파지형 손가락과 발가락.** 나무타기쥐나 다람쥐의 뾰족한 발가락과는 달리 영장류의 손가락과 발가락은 파지형이어서 나뭇가지를 움켜잡고, 매달리고, 먹이를 붙잡고, 일부 영장류에서 처럼 도구를 이용할 수 있다. 여러 영장류에서 엄지손가락은 납작한 손톱을 가지며 다른 손가락과 반대 방향으로 움직일 수 있다.
2. **쌍안 시야.** 머리의 좌우에 위치하여 2개의 시야가 중복되지 않는 나무타기쥐나 다람쥐의 눈과는 달리 영장류의 두 눈은 안면의 앞쪽으로 나 있다. 이 때문에 시야가 중복되는 쌍안 시야가 생기고 거리를 정확하게 측정하는 뇌를 갖게 되었는데, 이는 나무 사이에서 움직이는 동물에게 매우 중요한 특징이다.

다른 포유류도 쌍안 시야를 가지지만 영장류만이 쌍안 시야와 파지형 손을 동시에 갖기 때문에, 이들이 사는 환경에 특별히 잘 적응할 수 있게 되었다.

▪ 원원류의 진화

약 4,000만 년 전, 초기 영장류는 원원류(prosimians)와 진원류(anthropoids)의 두 가지 부류로 갈라졌다. 원원류(원시 원숭이류)는 다람쥐와 고양이를 합성해 놓은 것과 같은 모습이었고 북아메리카, 유럽, 아시아, 아프리카에 흔했다. 일부의 원원류만이 오늘날까지 잔존하고

(a) (b)

그림 15.1 원원류

(a) 열대 아시아에 사는 이 안경원숭이는 영장류에서 볼 수 있는 특징인 파지형 손발가락과 쌍안 시야를 가진다. (b) 그림에 나타난 고리꼬리여우원숭이와 같은 모든 현생 여우원숭이류는 마다가스카르에서 발견된다.

있는데, 대략적으로 진원류가 갈라져 나온 것과 같은 시기에 초기 영장류로부터 파생되어 나온 두 가지 계통이 있다. 하나는 여우원숭이류와 로리스원숭이가 되었고 다른 한 계통은 안경원숭이류가 되었다(그림 15.1).

진원류의 발달

고등 영장류인 진원류에는 원숭이, 유인원, 사람이 속한다.

지금은 절멸된 초기 진원류는 아프리카에서 진화해 나온 것으로 추정되고 있다. 이들의 직접적인 후손은 성공적인 유인원 집단인 원숭이류이다.

신대륙 원숭이류. 약 3,000만 년 전 일부 진원류가 남아메리카로 이동하여 독립적으로 진화하였다. 그들의 후손이 신대륙 원숭이류로서 쉽게 구별할 수 있다. 즉, 모두 수상생활을 하고, 납작한 코를 가지며, 대개 긴 파지형 꼬리로 물체를 쥔다(그림 15.2a).

구대륙 원숭이류. 약 2,500만 년 전 아프리카에 남아있던 진원류는 2개의 계통으로 갈라져 하나는 구대륙 원숭이류가 되고 다른 하나는 인원류(hominoids)로 되었다. 구대륙 원숭이류는 적어도 3,000만 년 동안 신대륙 원숭이류와는 독립적으로 진화하였으며, 여기에는 땅위와 나무에서 생활하는 종들이 포함된다. 구대륙 원숭이류 중에는 파지형 꼬리를

(a) (b)

그림 15.2 신대륙 원숭이와 구대륙 원숭이

(a) 이 황금사자타마린처럼 모든 신대륙 원숭이류는 수생생활을 하고 다수가 파지형 꼬리를 가지고 있다. (b) 구대륙 원숭이류는 파지형 꼬리를 가지지 않으며, 다수가 땅 위에서 산다.

가지는 것이 없다. 이들의 주둥이는 좁고, 코는 아래쪽으로 뾰족하며, 일부는 오래 동안 앉아 있기에 알맞은 딱딱해진 피부 부위를 가지고 있다(그림 15.2b).

15.1 최초의 영장류는 작고 수상생활을 하는 식충성 동물에서 생겨나와 원원류로 되었고 그런 뒤 진원류가 파생되었다. 초기 진원류는 신대륙 원숭이류와 구대륙 원숭이류로 진화되었다.

15.2 유인원의 진화

진원류로부터 인원류가 진화했는데, 인원류는 유인원과 원인(hominids)을 말한다. 현생 유인원에는 긴팔원숭이(*Hylobates*), 오랑우탄(*Pongo*), 고릴라(*Gorilla*)(그림 15.3) 그리고 침팬지(*Pan*)가 있다.

(a) 긴팔원숭이

(b) 오랑우탄

(c) 고릴라

그림 15.3 현생 유인원. 현생 유인원은 네 가지이다

(a) 긴팔원숭이 *Hylobates muelleri.* (b) 오랑우탄 *Pongo pygmaeus.* (c) 고릴라 *Gorilla gorilla.*

한 때 아프리카와 아시아에 널리 분포했던 유인원이 오늘날에는 희귀하며, 제한된 지역에서만 서식하고 있다. 아메리카에는 유인원이 서식한 적이 없다.

15.2 유인원과 인류를 포함하는 원인류는 구대륙 원숭이로부터 분화되었다. 현생 유인원 중에서 침팬지는 사람과 가장 가까운 유연 관계를 가지고 있다.

15.3 최초의 원인 : 오스트랄로피테쿠스류

500만 년 전~1,000만 년 전에 지구의 기후는 추워지기 시작했고, 아프리카의 대 삼림은 대부분 사바나와 관목 숲으로 변화되기 시작했다. 이와 같은 변화에 반응하여 새로운 종류의 유인원, 즉 직립 보행하는 유인원이 진화하고 있었다. 이 새로운 유인원은 사람 계통인 인류로 분류된다.

인류에는 두 가지 주요 부류가 있는데, *Homo* 속의 3~7종, 그리고 이보다 더 오래되고 뇌가 작은 *Australopithecus* 속의 7종이다. 화석을 근거로 한 모든 경우에 인류는 직립 보행하는 것이다. 직립 보행은 인류 진화의 증명서이다.

최초의 인류는 1924년 남아프리카 요하네스버그의

그림 15.4 거의 사람에 근접함

동일한 각도에서 촬영한 이 4개의 두개골은 *Australopithecus*의 핵심적인 종을 나타내는 가장 양호한 표본이다.

해부학 교수인 레이몬드 다트(Raymond Dart)에 의해 발견되었다. 어느 날 광부가 모래와 흙이 섞인 이상한 암석 덩어리 하나를 가져왔다. 암석 조각을 뜯어내다가 다트 교수는 그 때까지 보지 못한 유인원의 것과 비슷한 두개골이 들어 있는 것을 발견했다. 아름답게 보존된 이 두개골은 5살 된 것으로서 아직도 젖니가 붙어 있었다. 이 두개골은 안면이 돌출하고 뇌가 작은 점 등 여러 가지 유인원의 특징을 나타내고 있었지만 뾰족한 유인원의 턱뼈와는 달리 둥근 턱뼈와 같은 사람이 가지는 특징도 지니고 있었다. 척수가 빠져 나오는 대후두공은 복부쪽에 위치하였는데, 이는 이 두개골의 주인공이 직립 했다는 것을 알려주었다, 다트 교수는 이 동물이 인류의 조상이라고 결론지었다.

이 두개골은 280만 년 전의 것으로 밝혀졌으며, 다트 교수는 이를 *Australopithecus africanus*라고 명명하였다(그림 15.4).

1974년 인류학자 돈 요한슨(Don Johanson)은 초기

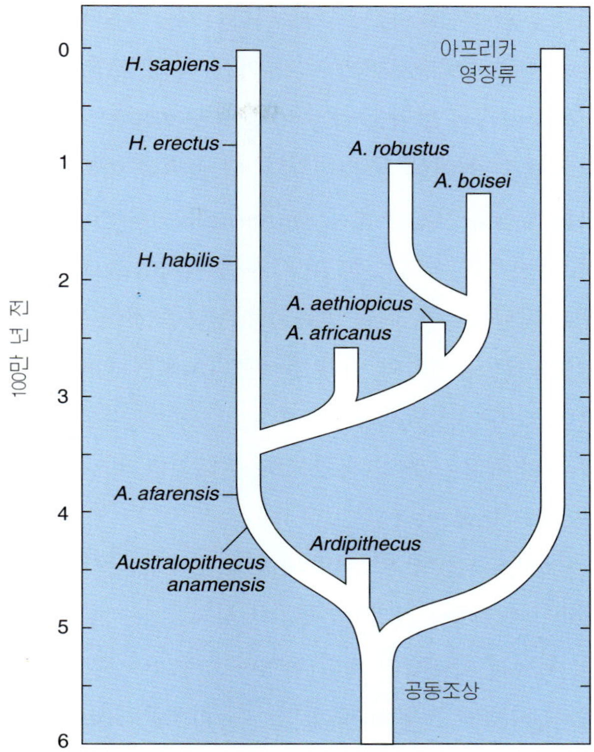

(a)

(b)

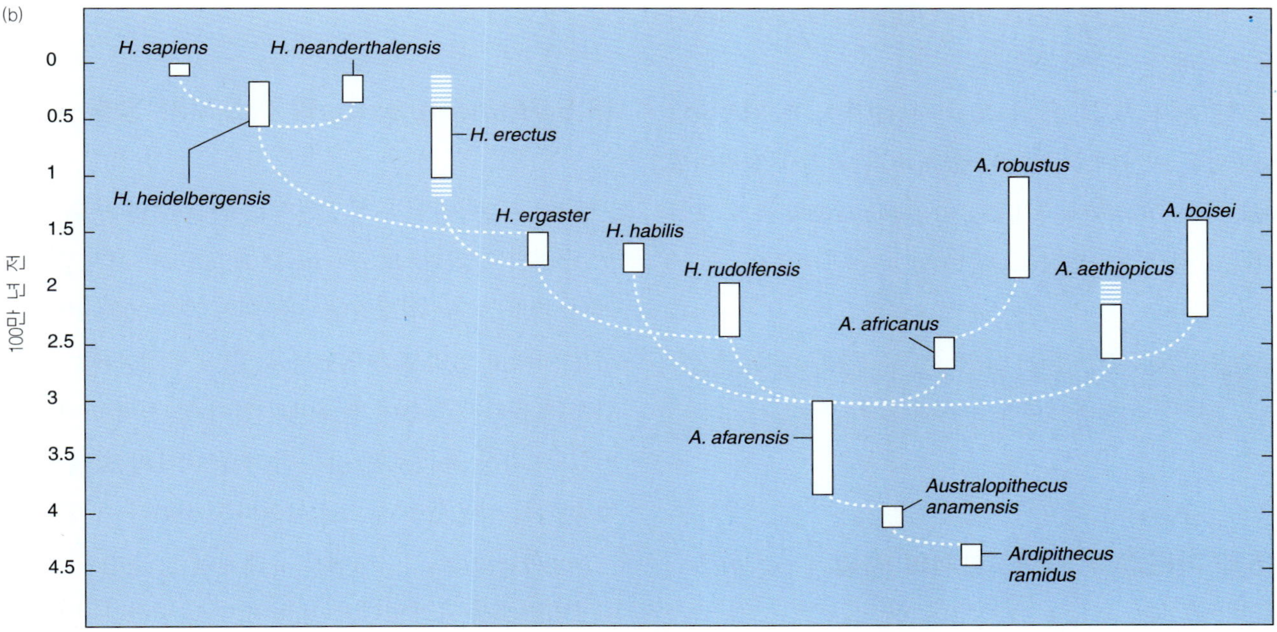

그림 15.5 인류 계통수에 대한 두 가지 관점

(a) 통합주의자의 접근. 6종의 *Australopithecus*와 3종의 *Homo*가 포함됨. (b) 세분주의자의 접근. 가장 널리 수용되고 있는 이 계통수에서 수직 막대는 제안된 종의 최초와 마지막 출현의 연대를 나타낸다. 6종의 *Australopithecus*와 7종의 *Homo*가 포함되어 있다.

인류 화석을 찾기 위해 이디오피아의 사막 오지로 갔는데, 그 곳에서 대성공을 거두었다. 그는 가장 완벽하게 보존된 오스트랄로피테쿠스류의 골격을 발견했다. 루시(Lucy)라는 별명을 가진 이 골격은 40% 정도 완전했고 300만 년 이상 된 것이었다. 이 골격은 이와 유사한 다른 화석을 포함하여 *A. afarensis*라는 학명이 붙여졌다. 골반뼈의 형태로 볼 때 루시는 여자였고, 다리뼈를 볼때 직립하였다. 이는 인류의 것이라는 것이 뚜렷하였고 머리는 유인원의 것과 유사했다. 뇌는 침팬지의 것보다 크지는 않았으며, 약 400cm^{3}로서 오랑우탄의 것과 거의 같은 크기였다(참고로, 현대인의 뇌의 평균 용량은 1,350cm^{3}이다).

1995년, 420만 년 전의 인류화석이 케냐의 리프트(Rift) 계곡에서 발견되었다. 이 화석은 조각난 것이지만, 위턱과 아래턱이 거의 완벽하고 두개골, 팔뼈, 일부 다리뼈 등이 포함되어 있다. 이 화석은 *Australopithecus anamensis*이다.

이 화석은 뚜렷한 *Australopithecus*에 해당되지만 여러 가지 면에서 유인원과 *Australopithecus afarensis*의 중간 단계를 나타내고 있다.

대부분의 학자들은 *A. anamensis*가 인류 계통수의 밑바탕을 이루며, *Australopithecus*의 최초 구성원이고 따라서 *A. afarensis*와 모든 *Australopithecus*류의 조상이라고 생각하고 있다(그림 15.5).

15.3 **오스트랄로피테쿠스류는 직립한 인류였으며, 300만 년 보다 전에 아프리카에서 살았다.**

15.4 아프리카 기원: 초기의 사람

최초의 사람은 약 200만 년 전 오스트랄로피테쿠스에서 진화해 나왔다. 그 정확한 조상은 아직 확실히 규정되어 있지는 않으나 일반적으로 *A. afarensis*인 것으로 보고 있다. 단지 지난 30년 동안 많은 초기 *Homo* 화석이 발견되었다.

Homo habilis

1960년대 초, 인류골격이 석기들과 함께 흩어진 채 발견되었다. 비록 이 화석은 여러 조각으로 부수어져 있었지만 면밀하게 짜 맞춘 결과 두개골의 뇌 용적은 약 680cm^{3}로 오스트랄로피테쿠스류의 400~500cm^{3}보다는 크다. 화석이 도구와 함께 있었으므로 이 초기 사람은 재주꾼이라는 뜻으로 *Homo habilis*라고 명명되었다.

*H. habilis*는 키가 작고 팔이 다리보다 길었으며 골격이 *Australopithecus*와 유사했다.

15.4 **초기 *Homo* 속의 종들은 오스트랄로피테쿠스류보다는 뚜렷이 큰 뇌를 가지고 있었으며, 도구를 사용했을 가능성이 크다. 이 속에는 여러 가지 종이 있었을 가능성이 있다.**

15.5 *Homo erectus*의 아프리카 탈출

오늘날 자바원인과 북경원인은 동일 종인 *H. erectus*로 규정되고 있다. *H. erectus*는 *H. habilis*보다 상당히 커서 키가 1.5m 정도였다. 이 종은 약 1,000cm^{3}의 큰 뇌를 가지고 있었고 직립보행 하였다. 두개골에는 뚜렷한 눈썹융기가 있으며 현대인과 같이 둥근 턱을 가지고 있었다. 가장 흥미로운 것은 두개골 내부의 형태를 볼 때 언어를 사용했을 것으로 보인다는 점이다.

*Homo erectus*는 어디에서 유래했던 것일까? 이 종은 아프리카에서 유래했다고 보는 것이 타당하다. 1976년에 동아프리카에서 완벽한 *H. erectus* 두개골이 발견되었다. 이 두개골은 150만년 전의 것으로서, 자바원인이나 북경원인보다 100만년 전의 것이다. *H. habilis*보다

훨씬 성공적이었던 *H. erectus*는 신속히 확산되고 아프리카에서 흔해졌으며 100만년 안에 아시아와 유럽으로 확산해 나갔다. 사회적인 존재였던 *H. erectus*는 20~50명 단위로 부족을 형성했으며, 동굴에서 거주하는 경우가 흔했다. 그들은 큰 짐승 사냥을 잘 했으며, 사냥한 것을 뼈로 만든 도구로 처리하고 고기를 불에 구어 먹었다. 중국에서 이 골격들이 발견된 장소에서는 말, 곰, 코끼리, 사슴, 코뿔소의 뼈가 나왔다.

*Homo erectus*는 100만년 이상 생존했는데, 이는 인류의 어느 종보다도 오래 생존한 셈이다. 매우 적응력이 강했던 이 종은 현대인이 등장하면서 약 50만년 전 아프리카에서 사라졌다. 흥미롭게도, 아시아에서는 이보다 더 오랜기간인, 약 25만년 전까지 생존했다(그림 15.6).

15.5 ***Homo erectus*는 아프리카에서 진화해서 그 곳으로부터 유럽과 아시아로 확산해 갔다.**

15.6 인류 진화의 마지막 단계

현대인으로 되기까지의 진화적 과정은 약 60만년 전 아프리카에서 처음으로 현대인이 나타났을 때 마지막 단계로 접어들었다. 인류의 다양성에 초점을 맞추는 학자들은 현대인은 3종이 있었다고 생각한다. 이들은 *H. heidelbergensis*, *H. neanderthalensis* 그리고 *H. sapiens*이다. 다른 학자들은 이 3종을 *H. sapiens*로 통합한다.

가장 오래된 현대인 *H. heidelbergensis*는 에티오피아에서 60만년 된 화석을 통해 알려졌다. 비록 이 종이 아프리카에서 *H. erectus*와 공존했지만 더 발전된 해부학적 특징을 가지고 있다(두개골의 정중선을 따라 달리는 용골돌기, 안와 위쪽의 두툼한 융기, 그리고 큰 뇌와 같은). 또한 전두부와 비골은 *H. sapiens*의 것과 매우 유사하다.

약 13만년 전, *H. erectus*가 희귀해지면서 새로운 인류 종이 아프리카로부터 유럽에 도착했다. *H. neanderthalensis*도 50만년 전 조상 종에서 현대인으로 가는 계통으로부터 분화했다. 오늘날의 사람과 비교해 볼 때 네안데르탈인은 키가 더 작고 통통하며, 튼튼하게 생긴 모습이었다. 이들의 두개골은 육중하고 안면이 돌출했으며 눈썹 위쪽에 두툼한 융기가 나 있고 뇌의 용적이 컸다.

제2의 아프리카 탈출

가장 오래된 *H. sapiens*의 화석은 에티오피아에서 발견된 13만년 전의 것이다. 이스라엘에서 발견된 다른 화석은 12만년 전의 것이다. 아프리카와 중동 밖에서는 약 4만년 이상 된 *H. sapiens* 화석은 아직 발견되지 않고 있다. 이는 *H. sapiens*가 아프리카에서 생기고 유럽과 아시아로 이동했다는 것을 뜻한다.

최근에 사람의 미토콘드리아 DNA를 연구하는 학자들에 의하면 DNA는 시간이 지나면서 돌연변이가 생겨 축적되므로 가장 오래 된 집단은 유전적 다양성이 가장 커야 한다. 미토콘드리아 DNA가 가장 다양하게 나타나는 곳은 아프리카라는 사실이 밝혀졌다. 이 결과는 인류가 다른 어느 대륙보다도 아프리카에서 더 오래 살아왔으며, 아프리카로부터 다른 대륙으로 분산했다는 가설과 일치한다. 그리고 이러한 분산은 50만년 전 *H. erectus*에 의해 이루어졌다고 볼 수 있다(그림 15.7).

15.6 **우리가 속하는 종인 *Homo sapiens*는 그 전에 *H. erectus*가 그랬던 것처럼, 아프리카에서 생겨난 다음 유럽과 아시아로 확산해 갔다.**

그림 15.6 *Homo* 속의 종들

위의 4개의 두개골은 *Homo* 속의 진화과정에서 나타난 변화를 나타낸다. *Homo sapiens*의 두개골은 근본적으로 오늘날의 사람 두개골과 동일하다. 위 두개골들은 동일한 각도에서 촬영한 것이다.

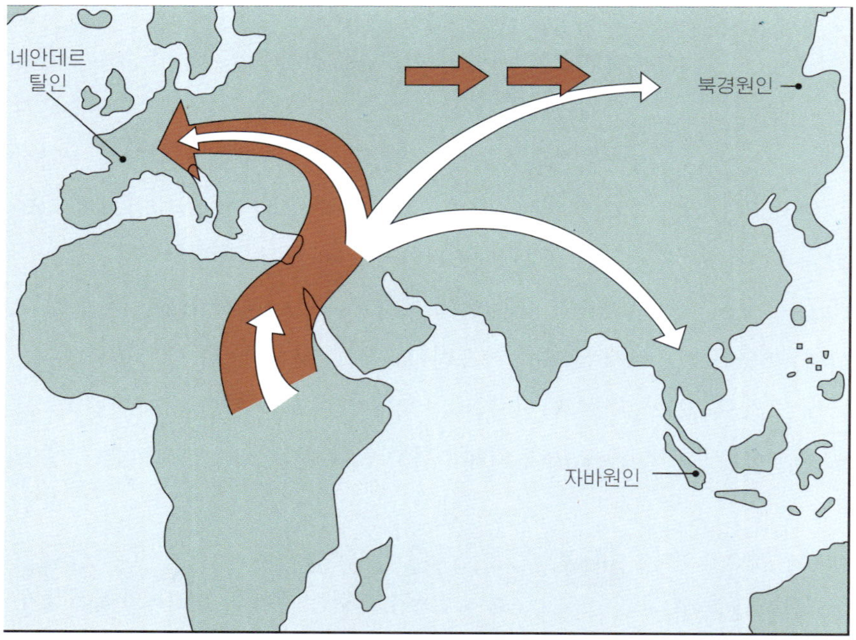

그림 15.7 제2의 아프리카 탈출.

아직 논란이 있는 이론이지만, *Homo*는 아프리카에서 유럽과 아시아로 2차례 확산했다. 1차는 *H. erectus*(흰색 화살표)가 자바와 중국으로 간 것이고, 그 후 *H. erectus*는 2차로 확산한 *H. sapiens*(적색 화살표)로 교체되었다.

15.7 마지막 생존자: 호모사피엔스

Homo 속 중에서 오늘날 생존하고 있는 종은 *H. sapiens* 뿐이다. 가장 훌륭한 *H. sapiens* 화석은 이스라엘의 나자렛 부근의 동굴에서 발견된 20개의 골격이다. 최신의 연대 측정 기술로 조사한 결과 이 골격들은 9만~10만 년 전의 것으로 밝혀졌다. 이들의 두개골은 현대인의 것과 같아서, 높고 앞뒤로 짧은 뇌실, 돌출한 앞이마, 희미한 안와 위쪽 융기 그리고 1,550cm^{3}의 뇌 용적 등은 오늘날의 인류가 가지는 특징과 유사한 것이다.

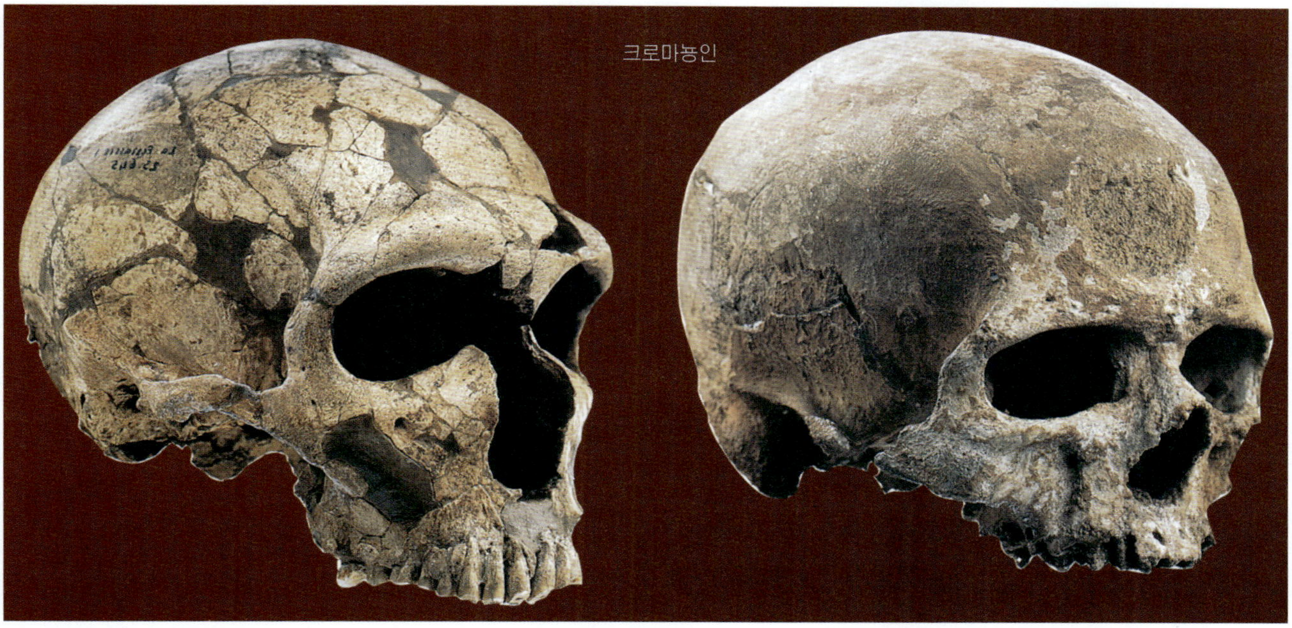

그림 15.6 (계 속)

네안데르탈인이 크로마뇽인으로 교체되다

네안데르탈인(일부 학자들은 *H. neanderthalensis*로 분류하기도 한다)은 독일의 네안데르 계곡에서 이름을 딴 것인데, 이 곳에서 화석이 발견된 것은 1856년이다. 아프리카 밖에서는 처음에는 드물었으나 유럽과 아시아에서 점점 많아지다가 7만년 전에는 흔해졌다. 네안데르탈인은 부상자나 환자를 돌보았고, 시체를 매장했으며, 매장할 때 음식, 무기, 꽃도 함께 묻어주었다. 죽은 자에 대한 이러한 배려는 그들이 사후 세계를 믿었다는 것을 암시한다. 이것이 현대인이 가지는 특징인 상징적 사고의 첫 사례이다.

*H. neanderthalensis*의 화석은 약 34,000년 전에 화석 기록에서 갑자기 사라지고, 크로마뇽인이라고 부르는(이 화석이 처음 발견된 프랑스의 크로마뇽 계곡에서 나온 이름이다) *H. sapiens* 화석으로 교체된다.

크로마뇽인은 4만년 전 중동에서 네안데르탈인을 완전히 교체하고 유럽으로 확산하는 동안 수천 년 간 네안데르탈인과 공존하면서 상호 교배까지 했을 가능성이 있다.

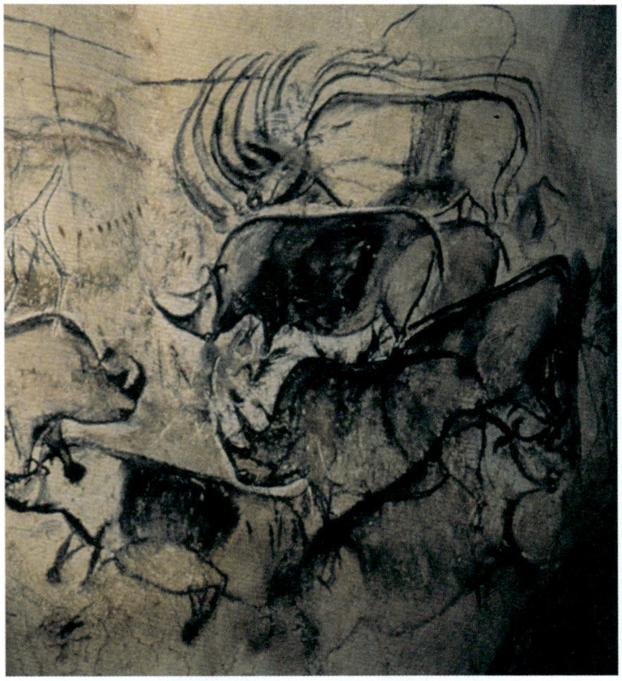

그림 15.7 크로마뇽인의 예술.
1995년 프랑스의 발롱퐁다르크 근처에서 발견된 동굴 벽화 속에 그려진 동물 사이에서 보이는 코뿔소.

크로마뇽인은 세련된 석기를 사용했고 뼈나 뿔로 도구를 만들기도 하였다. 이들은 복잡한 사회적 조직을 가졌고 완전한 언어사용 능력을 가졌던 것으로 추정된다. 그들은 사냥하면서 살아갔다. 당시는 지금보다는 추웠으며(빙하기 말), 유럽은 많은 초식동물이 집단을 이루어 서식하던 초원 지대였다. 크로마뇽인이 동굴 벽에 그린 정교한 그림(그림 15.7)은 유럽 전역에서 발견된다.

사람은 나중에 시베리아로 확산하고, 빙하가 퇴조하고 시베리아와 알래스카 사이에 육상 가교가 아직 연결되어 있던 13,000년 전에는 북아메리카로 건너갔다. 1만년 전 지구에는 약 500만 명의 사람이 살고 있었다.

15.7 우리 *Homo sapiens*는 훌륭하게 개념적 사고를 하고 도구를 사용하며 상징적 언어를 사용하는 유일한 동물이다.

*Homo sapiens*는 독특하다

우리 인간은 동물이자 진화의 산물이다. 사람의 진화는 뇌의 크기가 점진적으로 증가하는 방향으로 진행되었고, 다른 동물과는 여러 가지 면에서 차이가 난다. 첫째, 사람은 도구를 효율적으로 만들고 사용할 수 있는데, 이 능력은 다른 어떤 요소보다도 인간을 동물계에서 우점적 위치에 있게 만든 요소이다. 둘째, 개념적 사고를 할 수 있는 유일한 동물은 아닐지라도, 우리는 이 능력을 개선하고 확대해 왔다. 마지막으로, 우리는 상징적 언어를 사용하고, 언어를 이용하여 경험하지 않고도 개념을 형상화 할 수 있다. 사람의 언어 능력은 경험의 축적을 일으키고, 이는 다시 한 세대에서 다음 세대로 전파할 수 있다. 그러므로 우리는 다른 동물이 전혀 가져보지 못한 것, 즉 문화적 진화를 가지고 있다. 사람은 환경의 요구에 따라 진화적으로 변화하는 것이 아니라 문화를 통하여 주변 환경을 변화시키고 개조하는 방법을 발견했다. 사람은 전에는 가능하지 않던 방법으로 생물학적 미래를 조절할 수 있으며, 놀라운 잠재력과 커다란 책임감을 동시에 지니고 있다.

Chap 16

척추동물의 몸과 운동

16.1 척추동물 몸의 구성

모든 척추동물의 일반구조는 같다. 즉, 음식물은 입에서 항문까지 길다란 소화관을 따라 이동하며 소화관은 체강이라고 부르는 체내공간에 매달려 있다. 많은 육상 척추동물의 체강은 두 부분으로 나뉘어져 있다. 하나는 흉강으로서 심장과 폐를 담고 있고, 또 하나는 복강으로서 위, 소화관, 그리고 간을 수용한다. 척추동물의 신체는 내부 지지구조인 골격으로 지지되며 신체 성장에 따라 함께 성장하는 뼈들의 연결로 이루어진다. 두개골은 뇌를 둘러싸서 보호하고 척추의 척주는 척수를 둘러싸서 보호한다.

모든 동물들처럼 척추동물의 몸도 세포로 구성되며 당신의 몸은 100조 개 이상의 세포들로 구성되어 있다. 100조 개의 세포가 과연 얼마나 많은지 설명하기란 어렵다. 100조 초의 시간이란 미국의 역사보다 길다. 100조 대의 차를 한줄로 세우면 태양과 지구사이를 5천 만 번이나 왕복할 수 있다. 이러한 100조의 세포들은 물론 모두 같지는 않다. 만약 세포가 모두 같았다면, 우리는 지금의 몸이 아니라 비정형의 덩어리로 되어 있었을 것이다. 척추동물의 몸에는 100 종류 이상의 세포가 있다.

■ 조직

같은 종류의 세포들의 집단은 척추동물의 체내에서 구조적 기능적 단위인 **조직**(tissue)을 구성한다. 하나의 조직은 체내에서 특정의 기능을 수행하는 같은 종류의 세포들의 모임이다. 조직은 척추동물의 신체발달에 따라 형성된다. 초기발달에서 성장하는 세포덩어리는 성숙한 동물이 분화시키는 내배엽, 중배엽, 그리고 외배엽의 세 가지 기본 층으로 된다. 배의 이러한 세 가지 세포 층은 차례로 분화하여 성체에서는 100여 가지의 세포들로 분화한다. 100가지 세포형으로부터 여러 가지 다른 조직을 형성할 수 있지만, 생물학자들은 전통적으로 성체의 조직을 네 가지의 기본형, 즉 상피세포, 신경세포, 결합세포, 근육세포로 나눈다(그림 16.1). 물론 결합조직은 특별히 다양하다. 정맥 내를 흐르는 혈구들은 결합조직이며, 두개골의 골세포도 결합조직이다.

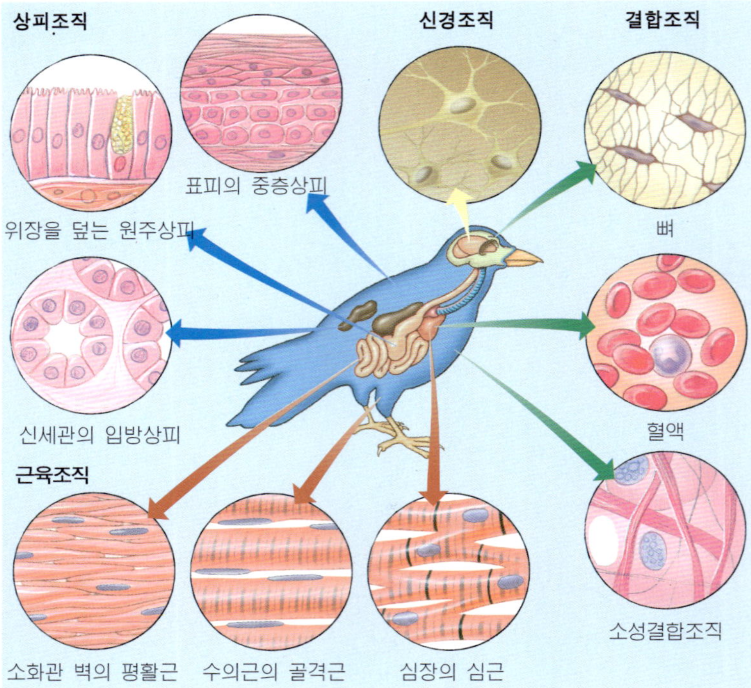

그림 16.1 척추동물 조직의 종류
네 가지 기초조직은 상피조직, 신경조직, 결합조직, 그리고 근육조직으로 나눈다.

▪ 기관

기관(organ)은 마치 공장에서 다른 일을 하는 사람들이 모여서 무엇인가를 만드는 것처럼 더 큰 구조적, 기능적 단위로 모인 몇 가지 다른 조직이 구성하는 신체구조이다. 심장은 하나의 기관이다. 심장에는 결합조직에 둘러싸인 심근조직이 있고 그것은 신경과 연결되어 있다. 이러한 조직은 모두 함께 작용하여 몸 전체에 혈액을 펌프질한다. 심근은 혈액을 밀어내도록 짜주며, 결합조직은 심장을 적절한 형태로 유지하여 심장내의 여러 공간이 적절한 순서로 수축하도록 주머니 같은 역할을 한다. 그리고 신경은 심장박동 속도를 조절한다. 폐는 공기로부터 산소를 추출해 내는 육상동물의 기관이다. 위는 음식물을 소화하는 기관이며, 간은 혈액 내 당과 다른 화학물질의 양을 조절하는 기관이다. 기관은 척추동물의 신체에서 기계와 같으며 각 기관은 몇 가지 다른 조직으로 만들어지며 각기 특별한 일을 한다.

▪ 기관계

하나의 **기관계**(organ system)는 서로 함께 작용하여 중요한 기능을 수행하는 기관의 모임이다. 예를 들면, 척추동물 소화계는 음식물을 부수고(부리나 이), 음식물을 위로 보내고(식도), 음식물을 분해하고(위), 흡수하며(장), 고형의 찌꺼기를 배출하는(직장) 개개의 기관으로 구성된 기관계이다. 척추동물의 몸에는 11가지의 중요한 기관계가 있다(그림 16.2).

1. **골격계** 아마도 척추동물의 몸에서 가장 중요한 특징은 내골격을 갖는 점일 것이다. 골격계는 몸을 보호하고 운동과 이동을 위한 지지구조이다. 주된 요소는 여러 뼈와, 두개골, 연골, 그리고 인대이다. 절지동물처럼, 척추동물도 분절된 부속지가 있으며, 팔, 손, 다리, 발이 그것이다.
2. **순환계** 순환계는 산소, 영양분, 화학신호를 몸의 세포로 전달하며 이산화탄소, 화학적 노폐물, 그리고 수분을 제거한다. 주된 요소는 심장, 혈관, 그리고 혈액이다.
3. **내분비계** 내분비계는 신체의 활동을 조절하고 통합한다. 주된 요소는 송과체, 부신, 갑상선, 그리고 그 외 도관이 없는 선(glard)들이 포함된다.
4. **신경계** 신체의 활동은 신경계에 의해 조절된다. 주된 요소는 신경, 감각기관, 뇌, 척추이다.
5. **호흡계** 호흡계는 산소를 붙들고 가스를 교환하며 주된 요소는 폐, 기관, 그리고 그 외의 공기의 통로이다.
6. **면역계** 면역계는 임파구, 대식세포, 항체와 같은 특수세포를 이용하여 혈류로부터 외래 이물질을 제거한다.

7. **소화계** 소화계는 섭취된 음식물로부터 가용성 영양분을 흡수한다. 주된 요소는 입, 식도, 위, 장, 간, 췌장이다.
8. **비뇨계** 비뇨계는 혈류로부터 대사노폐물을 제거한다. 주된 요소는 신장, 방광, 그리고 연결된 도관이다.
9. **근육계** 근육계는 몸과 팔 다리를 움직이도록 해준다. 주된 요소는 골격근, 심근, 그리고 평활근이다.
10. **생식계** 생식계는 생식활동을 한다. 주된 요소는 정소, 난소, 그리고 이에 연결된 생식구조이다.
11. **외피계** 외피는 몸을 덮어 보호한다. 주된 요소는 피부, 털, 손톱과 발톱, 그리고 땀샘이다.

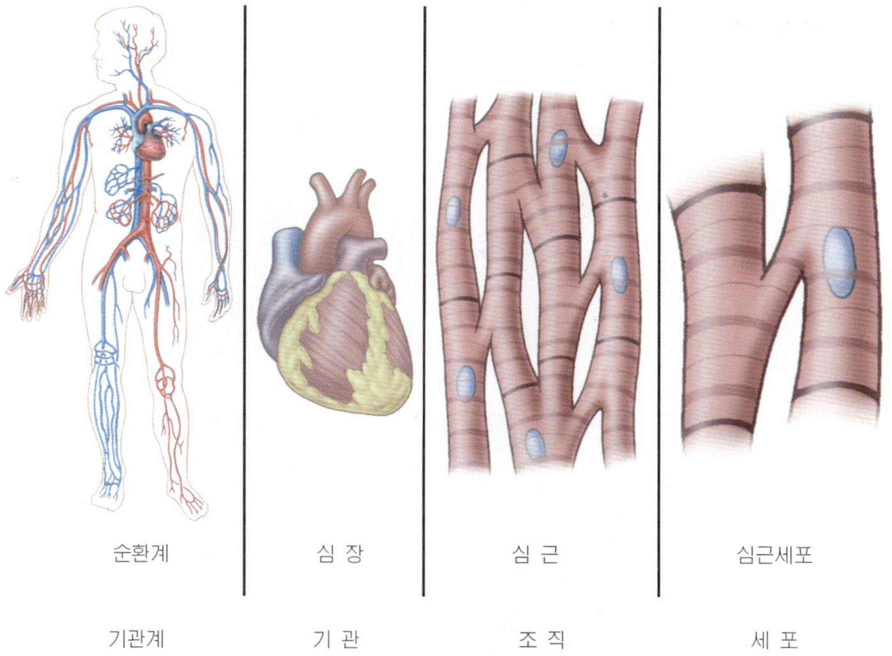

그림 16.2 척추동물의 몸을 구성하는 단계

비슷한 세포형들이 서로 작용하여 조직을 이룬다. 조직은 서로 작용하여 기관을 형성한다. 몇가지 기관들이 서로 작용하여 몸에서 어떤 기능을 수행할 때 이것을 기관계라 한다. 순환계는 한 기관계의 예이다.

16.1 **척추동물의 체내에서 같은 종류의 세포군은 조직을 구성한다. 기관은 몇가지 다른 조직으로 구성된 신체구조이다. 하나의 기관계는 서로 작용하여 어떤 중요한 기능을 수행하는 일련의 기관들을 말한다.**

16.2 상피는 보호조직이다

앞서 말했듯이 척추동물의 몸은 100조 이상의 세포로 구성되어 있으며 전통적으로 상피조직, 결합조직, 신경조직, 그리고 근육조직의 네 가지 종류의 조직으로 나눈다.

상피세포는 몸을 보호한다. 상피세포는 몸의 표면을 덮어서 어떤 물질을 체내로 들여놓을지 말지를 결정한다. 척추동물 신체의 구성은 기본적으로 관상이다. 마치 타이어의 내부에 튜브가 들어 있는 것처럼 하나의

그림 16.3 탈수방지에 필요한 상피

위의 *Glia monster* 를 비롯한 이러한 파충류에서 피부는 거칠고 비늘로 덮여 있어 건조와 상처를 막아준다. 땅위에서 기거나 걸어다니는 모든 척추동물들은 표피로 물이 비교적 잘 침투하지 않는데 이 덕택에 건조를 예방하고 공기중의 병원성 생물의 침투를 막을 수 있다.

표 16-1 상피조직

조 직	일반적 분포	조직의 기능
단순상피 편평상피 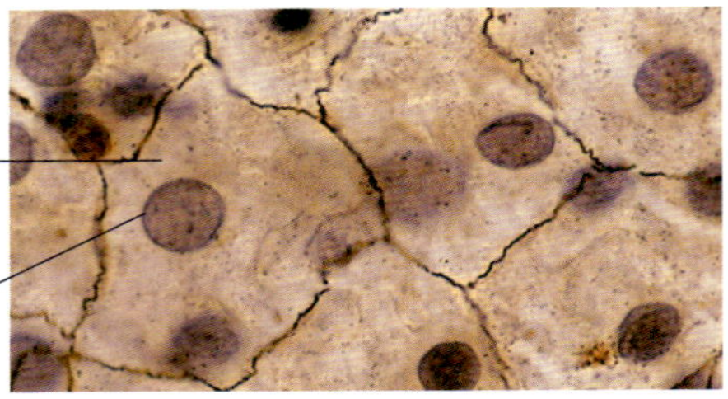 	폐, 모세혈관벽과 혈관을 덮는 상피	세포는 매우 얇아서 확산이 쉽게 일어나도록 함
입방상피 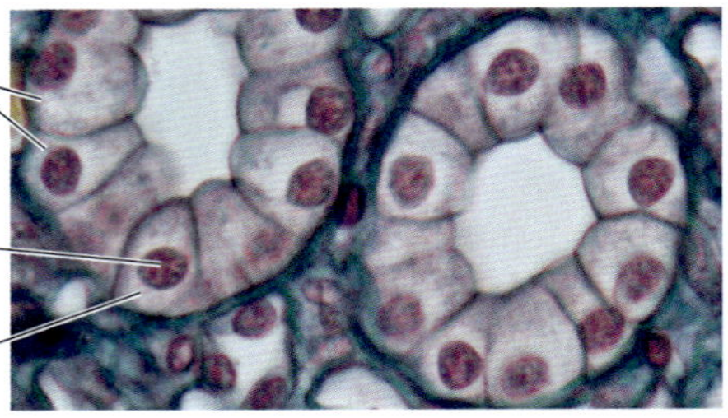 	몇가지 선과 신세관, 그리고 난소를 덮는 상피	세포들은 특수한 수송채널을 가지고 분비와 특수한 흡수를 함
원주상피 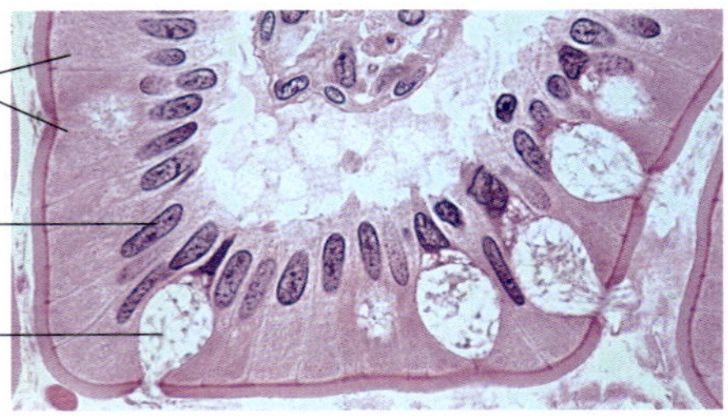 	위, 장 그리고 호흡기관일부에서 표면을 덮음	두꺼운 세포층으로서 보호기능과 분비 및 흡수기능을 함
중층상피 편평상피 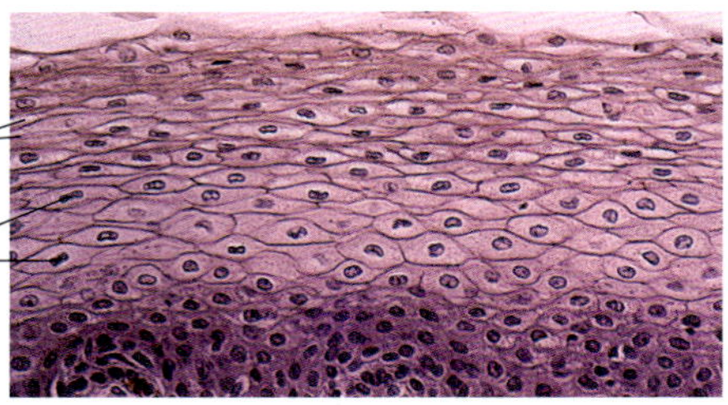 	피부의 외층과 입을 덮는 상피	강한 세포층이며 보호기능을 함
위중층상피 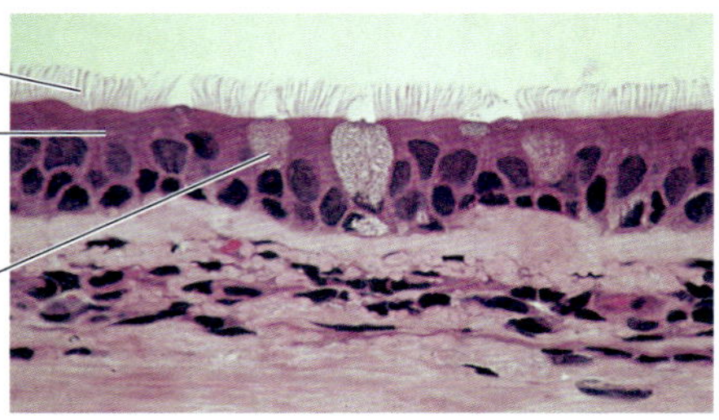 	호흡기관을 덮는 상피	점액을 분비하고, 조밀한 섬모가 분포되어 있어 점액을 이동시킴. 보호기능도 함

관이(소화관) 다른 관(체강)의 내부에 매달려 있는 관상 구조를 하고 있다. 신체의 바깥쪽은 배발생 당시 외배엽기원 조직인 피부세포로 덮여 있다. 체강은 배발생 당시 중배엽조직으로부터 발생한 세포로 덮여 있다. 소화관의 속이 빈 내부 중심은 내배엽 기원의 조직에서 발생한 세포로 덮여 있다.

상피의 기능은 다음의 세 가지이다.

1. 상피는 아래에 덮여 있는 조직을 탈수와 기계적 손상으로부터 보호한다. 상피가 모든 체표면을 덮기 때문에 몸속으로 들어가든 밖에 남든 모든 물질들은 상피층을 통해야 한다(그림 16.3).
2. 상피에는 감각표면이 있다. 척추동물의 많은 감각기관은 변형된 상피세포이다.
3. 상피는 물질분비작용을 한다. 대부분의 분비선은 배발생동안 상피세포로부터 발생한다.

상피세포와 상피조직의 종류

상피세포는 그 형태에 따라 편평상피, 입방상피, 그리고 원주상피의 세 가지 종류로 나눈다. 상피조직층은 보통 단일 또는 여러 층이다. 개개의 상피세포는 세포질의 양이 적고 비교적 대사율이 낮다. 그러나 재생력은 뛰어나다. 상피세포층은 생물의 일생동안 끊임없이 교체된다. 예를 들어, 소화관을 덮고 있는 세포들은 며칠에 한번씩 교체된다. 간은 미식 축구공 만한 선으로, 상당부분을 절개하여 제거하여도 충분히 재생된다.

상피조직에는 세 가지 일반형이 있다. 먼저 폐와 체내의 중요한 공간을 덮는 막은 오직 한 층의 세포층이 덮는 단층상피이다. 우리는 몸의 일부분을 나가고 들어가며 지나가야 하는 많은 물질이 왜 표면을 횡단하는지 이유를 알 수 있으며, 몸으로 진입하는 길과 몸밖으로 진출하는 길은 그리 멀지 않다는 사실은 중요하다. 두번째, 피부나 진피는 몇 몇 층이 두터워져 훨씬 더 복잡한 상피세포로 구성된 중층상피이다. 몇몇 층은 보호기능이 있으며, 세포가 끊임없이 재생하기 위해서 피부에 필수적이다. 표 16-1은 두 가지 형태의 상피조직의 특징을 요약한 것이다.

세번째 형태의 상피조직은 몸의 선에서 발견된다. 내분비선은 혈관 내로 호르몬을 분비한다. 외분비선(이는 신체의 바깥으로 열려 있는 도관을 가진다)은 몸밖으로 땀, 젖, 침, 소화효소를 분비한다. 또한 외분비선은 위에 소화효소를 분비한다. 위와 소화관은 몸의 밖에 있다고 할 수 있다. 왜냐하면, 몸을 지나서 표면을 지나는 내부 통로이기 때문이다. 물질은 입에서부터 항문에 이르는 이 소화관을 통과하는 방법으로 모두 지날 수 있다. 물질이 실지로 몸에 들어오기 위해서 상피층을 지나야 한다.

16.2 상피조직은 척추동물의 몸을 보호하는 조직이다. 보호와 지지의 기능을 제공하는 것 이외에도 척추동물의 상피 조직은 감각 표면이며, 중요 물질을 분비한다.

16.3 결합조직은 몸을 지탱한다

결합조직 세포는 척추동물의 몸을 구성하는 구조적인 단위일 뿐만 아니라 강력한 방어를 할 수 있도록 해준다. 중배엽에서 유래한 이들 세포는 때로는 조밀하게 같이 묶여져 있고, 때로는 넓게 퍼지는데, 마치 군대의 병사들과 같이 편대에서는 같이 모이고, 때로는 게릴라와 같이 넓게 흩어져 있는 것과 같다. **결합조직**(connective tissue)의 세포의 기능은 세 가지로 나눈다. (1) 면역계 세포로 신체를 방어하는 작용을 한다. (2) 골격계 세포로 신체를 지지한다. (3) 혈액과 지방세포로 신체의 곳곳에 물질을 저장하고 분배한다.

면역결합조직

면역계의 세포는 신체의 혈류 속에 돌아다닌다. 그들은 침입한 미생물과 암세포의 포식자로 움직인다. 면역계 세포의 두 가지 기본적인 종류는 침입한 미생물을 흡입하여 소화하는 **대식세포**(macrophage)와 항체를 만들거나 바이러스에 감염된 세포를 공격하는 **임파구**(lymphocyte)(백혈구라고도 한다)이다.

골격결합조직

섬유아세포, 연골, 골의 세 가지 결합조직은 골격계의 주요 구성 성분이다. 유사한 세포로 구성되어 있어도, 그들 개개의 세포 사이에 있는 물질의 특성이 다르다.

1. **섬유아세포** 척추동물에서 결합조직의 가장 일반적인 종류로 편평하고 불규칙적으로 세포와 연결되어 있는 세포를 섬유아세포라 부르며, 세포 사이의 공간 속으로 구조적으로 강한 단백질을 분비한다. 많은 형태의 단백질은 서로 다른 힘을 조직에 부여한다. 가장 일반적으로 분비되는 단백질은 콜라겐으로, 이것은 인체에서 가장 풍부한 단백질이다. 실제로, 인체의 모든 단백질의 1/4이 콜라겐이다. 섬유아세포는 콜라겐 기질을 가지며 상처조직을 아물게 할 때 활발히 작용한다.
2. **연골** 연골에서, 세포 사이의 콜라겐 기질은 기계적인 스트레스를 받은 선에 대하여 평행하게 배열되어 형성된다. 그 결과 나일론 분자가 길게 놓인 가닥과 같이 강도가 높은, 단단하면서 유연한 조직이 되며 평행한 배열은 강하면서도 유연한 로프를 형성한다. 연골은 현생 무악어류와 연골어류(그림 16.4)의 골격계를 완전하게 형성한다. 대부분 성숙한 척추동물에서 연골은 뼈의 관절 등에 제한되어 있어 자유롭게 관절이 움직일 수 있게 만들어 준다.
3. **경골** 콜라겐 섬유가 인산칼슘염으로 덮여 있다는 것을 제외하고는 경골은 연골과 유사하며, 딱딱한 조직을 만든다.

그림 16.4 연골로 이루어진 상어의 골격

연골은 커다란 힘과 유연성이 있는 조직을 형성한다. 무악류와 연골어류(상어, 홍어, 가오리) 에서 연골은 골격에서 뼈를 대신하며, 이는 척추동물 무리에서 선조의 특성이다.

저장과 수송 결합조직

세번째 결합조직의 일반적인 종류는 특정 분자를 수송하고 축적하는 일에 특수화되어 있는 세포들로 구성되어 있다. 여기에는 지방축적세포인 **지방세포**가 포함되어 있다. 또한 **적혈구**(erythrocyte)도 포함된다. 혈액 1mL 당 약 50억 개의 적혈구가 있다. 적혈구는 혈액의 산소와 이산화탄소를 수송한다. 성숙하는 동안에 핵, 미토콘드리아, 소포체를 포함한 그들 대부분의 기관을 소실한다. 대신에 각 적혈구의 안쪽은 산소를 운반하는 단백질인 헤모글로빈이 약 3억 개의 분자가 있다. 혈액의 유동체인 혈장내에서 적혈구의 움직임은 척추동물 체내에서 "연회"와 "쓰레기"의 관계이다. 사실상 세포에서 사용되는 나트륨, 칼슘, 노폐물과 같은 무기염과 당, 지질, 아미노산과 같은 음식 분자를 포함하는 모든 물질은 혈장에 녹아 있다. 또한 혈장은 항체와 특히 알부민을 포함하는 다양한 단백질을 가지며 이것은 혈액의 점성을 부여한다. 다양한 형태의 결합조직을 표 16-2에 요약하였다.

16.3 결합조직은 척추동물 몸을 지지한다. 이들은 몸을 방어하는 면역계의 세포, 몸을 유지하는 골격계, 물질을 저장하고 분비하는 혈액과 물질을 저장하고 분배하는 지방세포가 포함된다.

표 16-2 결합조직

조직		일반적 분포	조직의 기능	특징적인 세포형
면역계				
백혈구	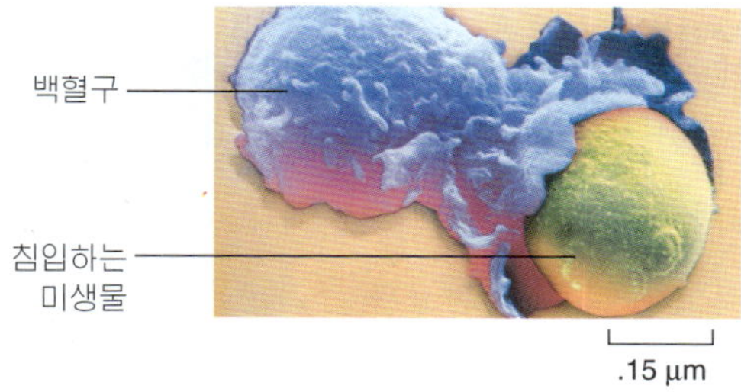 	순환계	외래침입 미생물과 바이러스 감염된 세포에 대한 공격	대식세포, 임파구, 비만세포
골격계				
섬유아세포				
소성결합조직	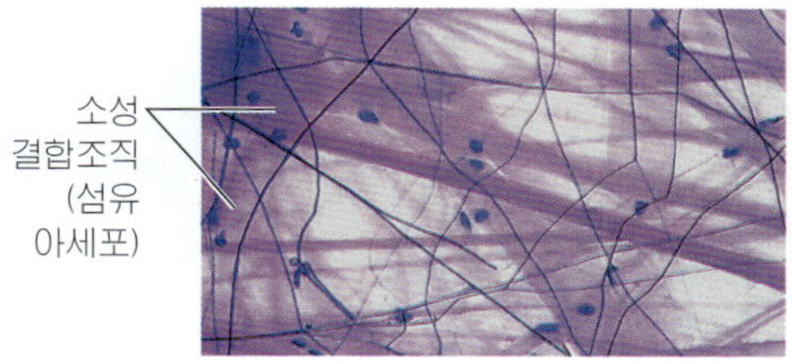 	피하 및 다른 상피조직	지지기능, 상피를 위한 액체저장소	섬유아세포
치밀결합조직		건, 근육을 둘러싸는 막, 신장, 간, 진피	유연하고 강한 연결	섬유아세포
탄성조직		인대, 대동맥, 폐조직, 피부	조직의 확장과 복귀를 가능하게 함	섬유아세포
연골	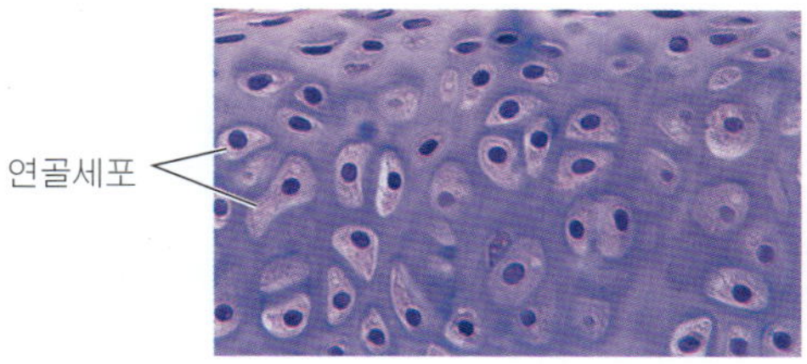 	추간판, 무릎 등의 관절, 귀, 코, 기관연골	유연한 지지구조, 충격흡수, 하중을 받는 표면의 부러짐을 감소시킴	연골세포(특수화된 섬유아세포 유사세포)
골		대부분의 골격	내부기관의 보호, 근부착을 위한 단단한 지지구조	골세포(특수화된 섬유아세포 유사세포)
저장과 수송				
적혈구	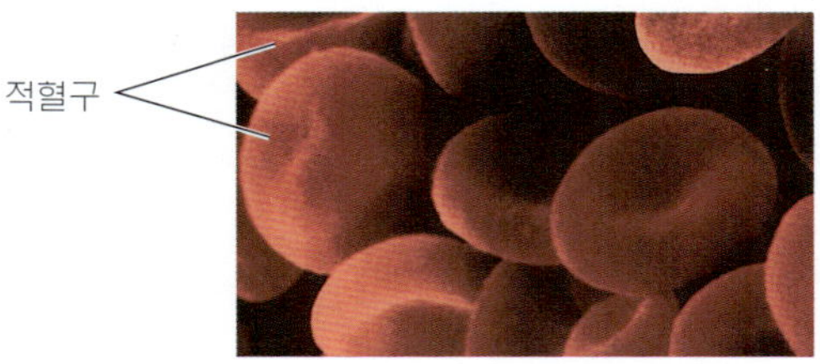 	혈장내	산소운반	적혈구
지방조직 (지방세포)	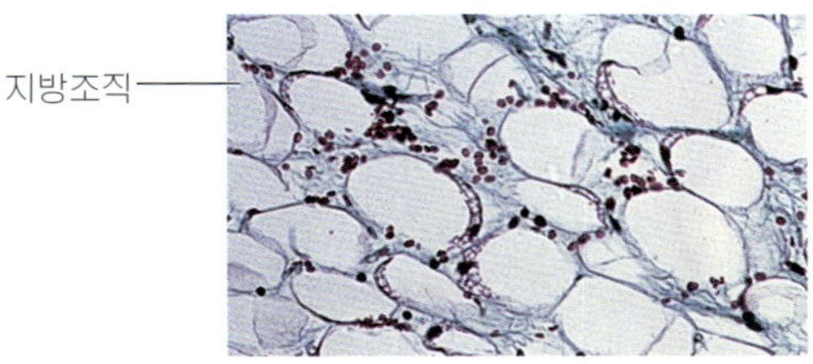 	피하	지방의 저장	특수화된 섬유아세포

16.4 몸을 움직이는 근육조직

근육세포는 척추동물의 모터이다. 근육세포의 두드러진 특징은 많은 수축성 단백질 섬유로 이루어져 있다는 것이다. **미세섬유**(microfilament)라고 하는 이 섬유들은 액틴과 미오신 단백질로 구성되어 있다. 척추동물의 세포는 이들 미세섬유의 가는 연결망을 가지고 있으며, 근육세포 안에는 다른 세포에서 보다 액틴과 미오신 필라멘트가 특히 많다. 밧줄의 실과 같은 것이 근육세포의 전체용량을 차지한다. 액틴과 미오신이 각기 서로를 지나쳐 미끄러졌을 때 섬유가 짧아지며 근육이 수축한다. 스프링을 가진 문이 쾅 닫히는 것과 같이 근육세포 내에 함께 있는 이들 짧아진 섬유는 수축력을 가진다. 척추동물의 신체에는 **평활근**, **골격근**, **심근**(표 16-3)의 세 종류의 근육이 있다. 평활근에서는 미세섬유가 느슨하게 구성되어 있을 뿐이다. 심근과 골격근에서 미세섬유는 **근원섬유**라 불리는 섬유 내에 함께 다발로 묶여 있다. 각 근원섬유에는 수천의 미세섬유가 있으며 자발적으로 짧아졌을 때 최대의 힘을 얻을 수 있는 형태로 배열된다. 심근과 골격근은 종종 횡문근이라 불린다. 왜냐하면 많은 근육의 근원섬유를 가지는 미세섬유의 정렬이 줄무늬를 나타내기 때문이다.

16.4 **근육조직은 척추동물에서 팔다리를 움직이며 기관을 수축하고 순환계를 통하여 혈액을 펌프질하는데 사용되는 도구이다.**

표 16-3 근육조직

조 직		분포	기능
평활근	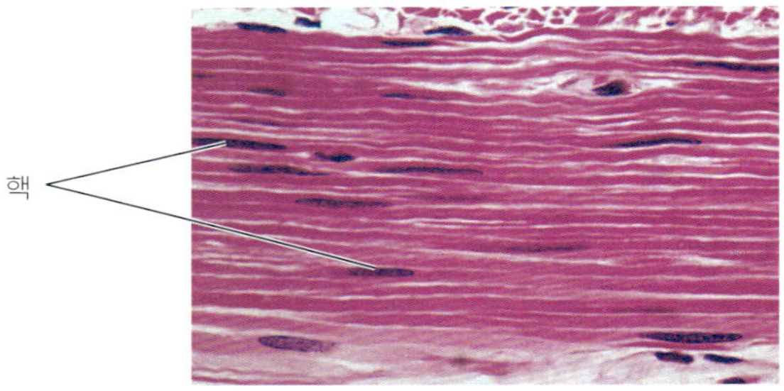 	혈관, 위장, 소화관의 벽	중추신경계에 의해 조절되는 율동적인 불수의근의 수축력
골격근	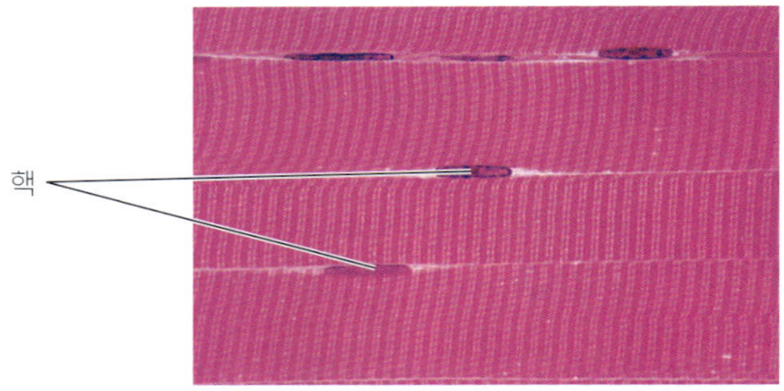 	수의근	걷고, 들고, 밀하는 등 모든 다른 수의적 운동
심근	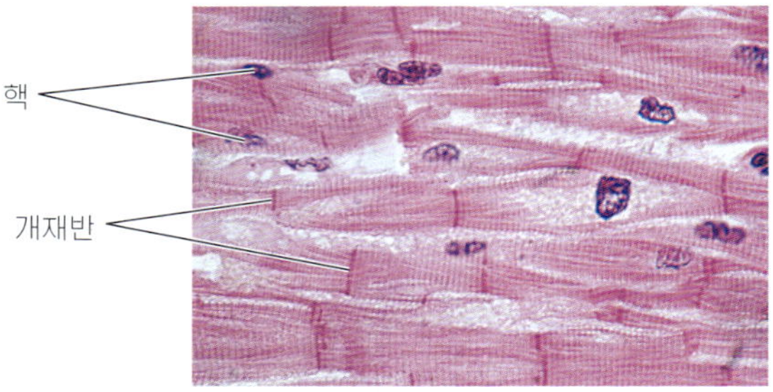 	심장벽	고도로 연결된 세포들; 수축시작 신호의 빠른 확산을 촉진함

16.5 신경조직은 신호를 빨리 전달한다

신경세포는 하나의 척추동물을 기관에서부터 다른 것에게까지 빠르게 정보를 전달하며, 두 가지 세포로 구성되어 있다. (1) **뉴런**(neurons)은 신경자극 전달을 위해서 특수화 된 것이고 (2) 지지하는 **신경교세포**는 뉴런에 영양 물질을 공급, 지지, 절연하는 것이다.

뉴런은 매우 특수화 된 세포구성을 가지며 몸의 도처에 신호를 빠르게 전달 할 수 있다. 그들의 원형질막에는 이온선택성 채널이 풍부해서 세포의 내부와 외부 사이에 서로 다른 전하를 유지한다. 막의 일부에서 이온채널이 열릴 때 이온은 외부에서 흘러 들어오며 순간적으로 전하차이가 없어진다. 이 과정을 탈 분극이라 하며 그 결과 전기적 활성파가 생겨 신경자극처럼 뉴런의 충분한 거리로 전해진다.

각각의 뉴런은 세 부위로 구성되어 있다. (1) 핵을 가지고 있는 **세포체**, (2) 실과 같이 뻗어 있는 것을 **수상돌기**라 부르며, 이는 다른 세포나 감각계로부터 세포체에 신경자극을 전달하는 안테나 역할을 한다. (3) 한 가닥으로 길게 뻗어 있는 것을 **축색**(axon)이라 부르며, 세포체로부터 멀리 신경자극을 전달한다. 종종 축색은 상당히 멀리까지 신경자극을 전달한다. 기린에서 두개골에서부터 골반까지의 축색돌기의 길이는 3m에 달한다.

뉴런의 종류는 다양하다(표 16-4). 어떤 뉴런은 아주 작고 소수의 돌기만을 가지며 다른 것은 덤불 같이 많은 돌기를 가지고, 어떤 것은 길이가 몇 미터나 된다. 뉴런은 일반적으로 다른 뉴런과 직접적인 접촉을 하지 않는다. 대신에 **시냅스**라고 불리는 작은 간극이 있는 것이 특징이다. 뉴런은 그 간극을 통과하는 **신경전달물질**이라 불리는 화학적 신호가 전달되어서 다른 뉴런과 연락한다. 시냅스의 표면에 있는 특이한 수용기 단백질은 신경전달물질을 받아드려서 새로운 신경자극을 발생하게 한다..

척추동물 신경은 육안으로 볼 때 가는 흰색의 실로 보이지만 실제로 그들은 축색의 다발로 구성되어 있다. 전화 전신 케이블과 같이 신경은 수많은 독립된 채널, 즉 수백 개의 축색으로 구성되어 있는 다발을 가지며

표 16-4 신경조직

조 직	분포	기능
감각뉴런 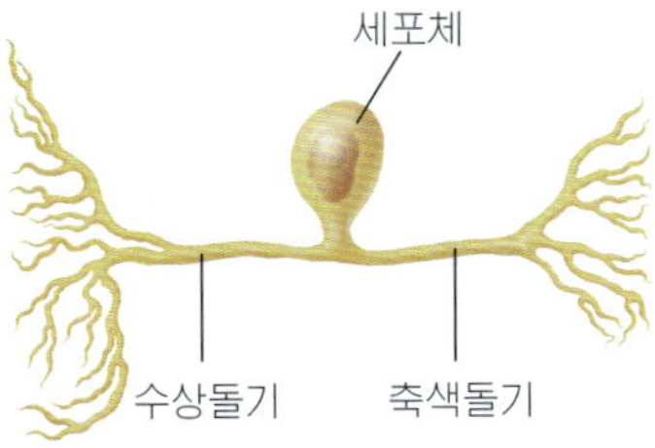	눈, 귀, 피부표면	몸의 상태와 외부 환경에 대한 정보 수용; 감각수용기로부터 중추신경계로 자극전달
운동뉴런 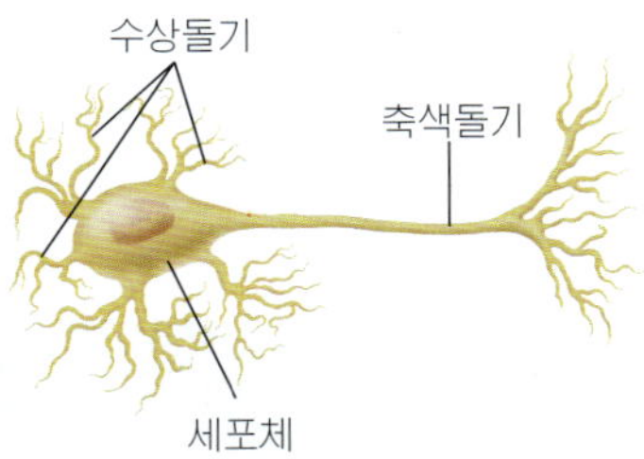	뇌와 척수	근육과 선을 자극; 자극을 중추신경계로부터 근육과 선으로 전달
연합뉴런 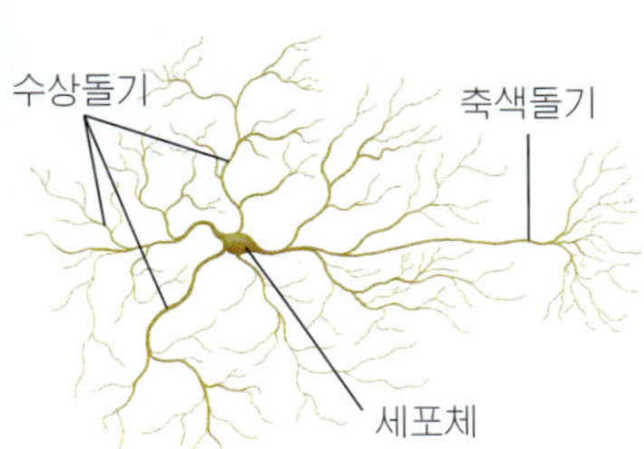	뇌와 척수	정보를 종합; 뉴런과 중추신경계사이의 자극을 전달

신경세포는 근육섬유와 연결되어 있다. 신경은 축색둘레에 많은 지지 신경교세포가 다발지어져 있다. 신경과 뉴런이 구별되지 않는 것은 중요하지 않다. 신경은 케이블이 많은 전선으로 이루어진 것과 같이 많은 뉴런의 축색으로 이루어져 있다.

16-5 신경조직은 척추동물의 몸에 대한 연락과 조절의 수단과 조절이다.

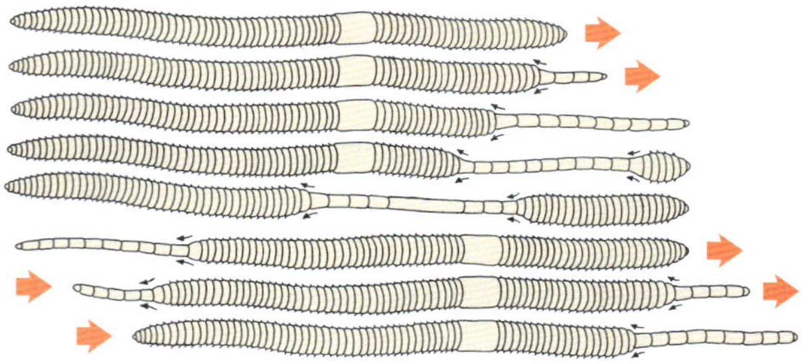

그림 16.5 지렁이의 유체골격

지렁이의 환상근이 수축할 때 내부의 유압이 종주근에 가해지며 지렁이의 체절이 펴져서 몸이 신장된다. 지렁이의 몸 뒤쪽의 수축파동은 지렁이를 앞으로 나아가게 한다.

16.6 골격의 유형

근육만으로는 동물의 몸을 움직일 수 없다. 근육 혼자 만의 수축은 마치 단순한 주기로 근육이 수축하고 이완하는 것과 같이 단순히 박동하는 것이다. 근육이 움직이기 위해서는 다른 대상에 그 힘을 전달해야 한다. 근육의 양쪽 말단이 단단한 부착점이나 골격에 부착되어 무엇인가를 잡아당길 수 있기 때문에 동물은 움직일 수 있다. 동물계에는 유체골격, 외골격, 내골격의 세 가지 유형의 골격계가 있다.

유체골격은 지렁이와 강장동물과 같이 몸이 말랑말랑한 무척추동물에서 발견된다. 이 경우에 유동체로 채워진 구멍은 근육섬유로 둘러 싸여 있으며 수축되었을 때 유동체의 압력이 증가한다. 예를 들면, 지렁이에서 환상근의 수축파동은 앞에서 시작하여 몸을 가늘어지게 만들고, 그래서 유압이 몸을 앞쪽으로 밀어낸다(그림 16.5). 종주근의 수축에 의해 몸의 나머지 부분을 당긴다.

그림 16.6 갑각류의 외골격

외골격을 가진 동물의 대부분은 딱딱하게 굳은 키틴질이 몸을 둘러싼다. 갑각류 (그림 16.6) 와 곤충 같은

그림 16.7 뱀의 내골격

대부분의 척추동물의 내골격은 뼈로 만들어져 있다. 뱀의 골격은 빠른 측면 이동을 위해서 특수화되어 있다. 이들은 수많은 척추골과 늑골을 가지며 골반은 가지지 않기 때문이다(어떤 뱀에서는 요대가 퇴화되었다).

절지동물의 외골격은 다당류인 키틴으로 구성된다. 외골격을 가지는 동물은 아주 커지지는 않는다. 왜냐하면 외골격은 충격을 예방하기 위해 두텁고 무겁게 되어 있기 때문이다. 만일 곤충이 코끼리만큼 크다면 외골격은 매우 두터워지고 무거워져야 하므로 움직이기 어려울 것이다.

척추동물과 극피동물에서 발견되는 **내골격**은 근육이 부착되는 단단한 내부골격이다. 척추동물의 외부는 부드럽고 유연성이 있어 골격의 운동이 이동을 수용할 만큼 늘어난다. 척추동물의 내골격은 뼈로 이루어져 있다(그림 16.7). 키틴과는 달리 세포성이며 성장 가능한 살아 있는 조직이므로 스스로 재생이 가능하고 물리적인 압력에 반응하여 재형성된다.

■ 척추동물의 내골격 : 인체의 골격

인체골격은 206개의 뼈로 만들어져 있다. 만일 아무렇게나 섞인 다수의 뼈를 본다면 그들에 대해 어떤 느낌을 가지기가 어려울 것이다. 골격을 이해하기 위해서 인체에서의 기능과 위치에 따른 206개의 뼈 집단이 필요하다. 80개의 뼈는 **중추골격**으로 주로 몸의 축을 차지하며 나머지 126개의 뼈는 **부속지 골격**으로 팔과 다리를 지지한다(그림 16.8). 이러한 두 가지 골격 기능은 다소 독립적이다. 즉 중추골격을 조절하는 근육(자세근육)은 부속지를 조절하는 근육(작동근육)과는 달리 뇌에 의해 조절된다.

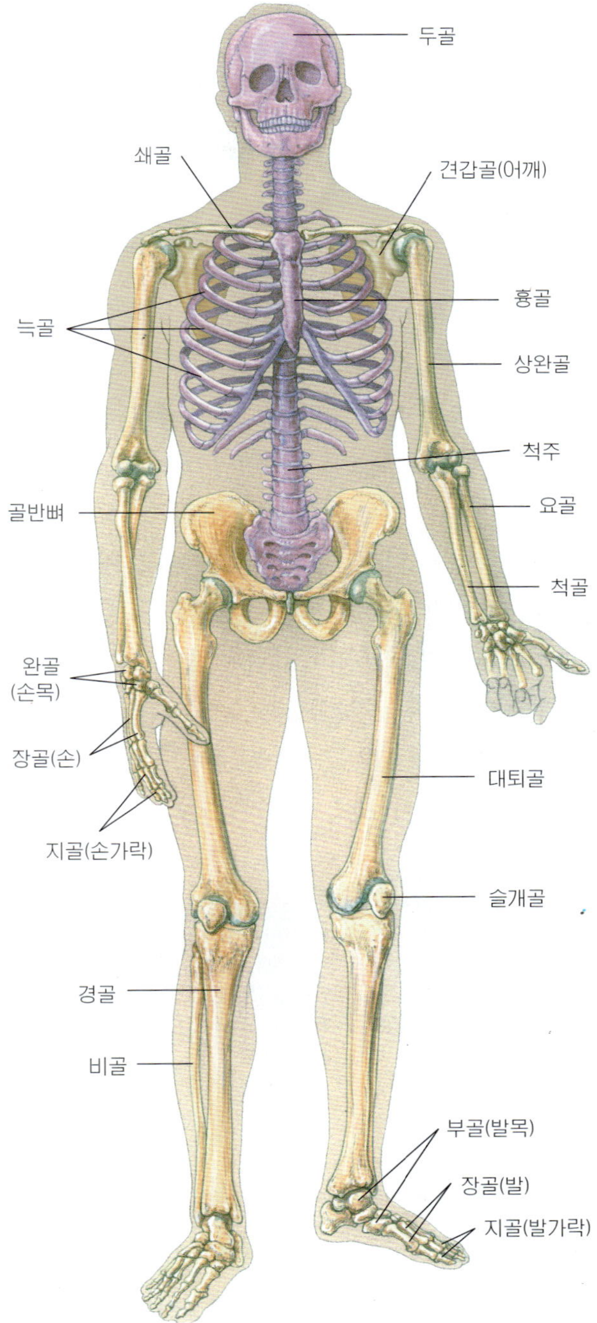

그림 16.8 중추골격과 부속지골격
중추골격은 자주색으로 나타내고 있으며 부속지 골격은 복숭아색으로 나타내고 있다.

■ 중추골격

중추골격은 두개골, 척추, 흉곽으로 구성되어 있다. 두개골의 28개 뼈 중에서 단지 8개가 뇌를 둘러싸는 두개를 형성하며 나머지는 얼굴과 중이의 뼈를 구성한다. 부가적인 뼈로 설골은 혀를 지지하나 실지로 두개골의 일부분은 아니다.

두개골은 척주라 불리는 등뼈의 위쪽 끝에 부착되어 있다. 척추는 26개의 추골로 구성되어 있으며 차례로 쌓아져서 휘어지는 상태로 척수를 둘러싸 보호한다. 척추골로부터 앞쪽으로 구부러지는 12쌍의 늑골은 몸의 앞쪽에서 흉골에 부착되어 있어 심장과 허파를 둘러싸는 보호외곽을 형성한다.

부속지 골격

126개의 부속지 골격 뼈는 어깨와 엉덩이에서 중추골격과 부착한다. 어깨 또는 흉대는 2개의 크고 편평한 견갑골로 구성되어 있으며, 각각은 가늘고 굽어진 쇄골에 의해서 흉골의 정상에 연결되어 있다. 팔은 흉대에 부착하며, 각각의 팔과 손은 30개의 뼈를 가진다. 쇄골은 가장 빈번히 부러지는 뼈이다. 그 이유가 무엇이라고 생각하는가? 왜냐하면 만일 당신이 밖으로 뻗은 팔 위에 몸이 넘어졌다면 큰 힘이 쇄골에 전달되기 때문이다.

요대는 오목한 부분을 형성하여 몸의 무게를 싣는 다리에 대해 강한 연결부분을 제공한다. 각각의 다리와 발은 30개씩의 뼈가 있다.

16.6 **동물의 골격계는 몸의 근육이 당길 수 있도록 골조를 제공한다. 몸이 말랑말랑한 여러 무척추동물은 유체골격을 가진 반면에 절지동물은 단단하고 딱딱한 외골격이 그들 몸을 둘러싸고 있다. 극피동물과 척추동물은 내부의 골격을 가져서 근육과 부착하고 있다.**

16.7 뼈의 구조

척추동물의 내골격은 뼈의 구조적 특성 때문에 강하다. 뼈는 인산칼슘염으로 덮인 콜라겐 섬유로 만들어 진다. 그 결과 깨지지 않는 강한 물질이 형성된다. 이해를 돕기 위해서 콜라겐 섬유가 어떻게 칼슘염으로 덮여서 이상적인 구조적 물질을 만드는지 섬유유리를 생각해 보자. 섬유유리는 에폭시 아교에 매몰된 유리의 섬유로 구성되어 있다. 각각의 섬유는 단단하고 꽤 큰 힘을 가지나 또 깨지기도 한다. 반대로 에폭시 아교는 유연하나 약하다. 압력이 개개의 섬유를 깨지게 하며 그것이 다른 섬유에 닿기 전에 깨진 조각이 아교로 들어가기 때문에 합성된 섬유유리는 단단하고 강하다. 아교는 압력의 집중부를 왜곡하고 줄여 준다. 사실상 아교는 압력을 많은 섬유로 퍼뜨린다. 뼈의 구조는 유리 섬유와 비슷하다. 작고 바늘 모양을 가진 인산칼슘 무기물의 결정인 수산화인회석(hydroxyapatite)은 뼈 속에 있는 콜라겐 근원섬유를 둘러싸고 스며들게 한다. 그 단단한 hydroxyapatite 결정을 깨뜨릴 만한 어떤 압력이 콜라겐기질 내로 전달되면 그 압력이 흩어져 버리기 때문에 뼈는 부서지지 않는다. Hydroxyapatite 무기물은 견고성을 주는 반면에 콜라겐 "아교"는 유연성을 제공한다.

우리 대다수는 뼈를 고체나 바위 같은 것으로 생각한다. 그러나 실제 뼈는 역동적인 조직으로 끊임없이 재구성된다(그림 16.9). 뼈의 바깥 층은 매우 촘촘하고

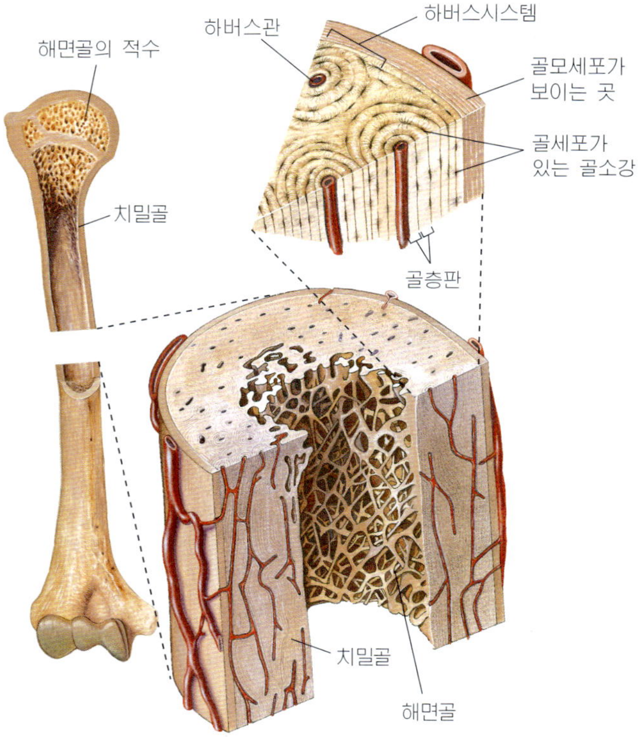

16.9 뼈의 구조

뼈의 일부분은 촘촘하고 밀집되어 있어서 뼈에 힘을 부여한다. 다른 부분은 간격이 넓은 격자형태의 해면골 이다. 이것은 대부분의 적혈구가 형성되는 적수이다.

그림 16.10 치밀골
커다란 환상구조가 하버스관이다.

밀집되어 있어 **치밀골**이라 부른다. 뼈의 안쪽은 덜 치밀하며 더 열린 격자구조로서 **해면골**이라 한다. 적혈구는 해면골의 적수에서 형성된다. 새로운 뼈는 두 단계로 형성된다. 먼저 압박을 받는 선을 따라 섬유성 기질아래에 놓여 있는 **골모세포**에서 콜라겐이 분비된다. 칼슘이 섬유내로 침투하여 뼈가 낡은 관의 페인트 칠처럼 동심원상으로 얇게 형성된다. 그 층들은 뼈의 길이를 따라 나란히 달리는 하버스관이라고하는 중앙의 좁은 관 둘레에 일련의 관상으로 형성된다(그림 16.10). 뼈속에는 많은 **하버스관**이 서로 연결되어 있으며 혈관과 신경이 포함되어 뼈의 생명유지와 골형성세포의 생존에 생명선이 되어주고 있다.

뼈가 배에서 처음 형성될 때, 골모세포는 연골성 골격을 골형성의 주형으로 사용한다. 성장기 동안 뼈는 활발히 성장한다. 건강한 젊은 성인에 있어서 전체 뼈의 양은 그 이후에 그다지 변하지 않는다. 다만 이것은 변화

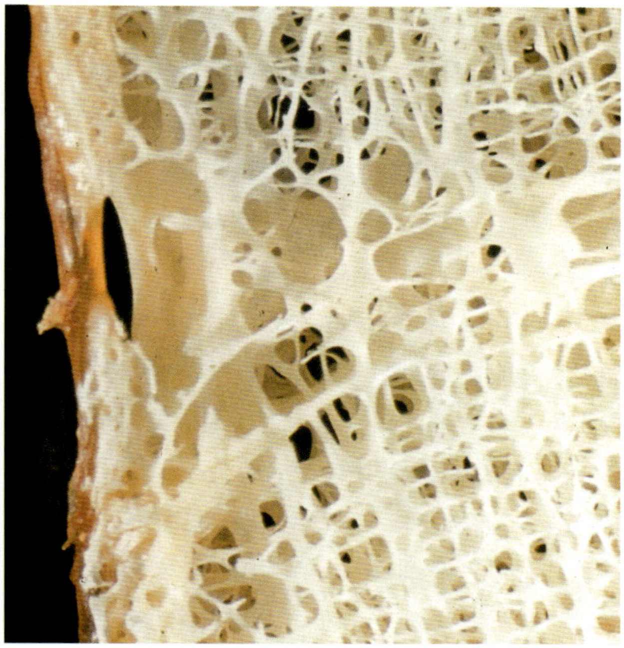

(a)

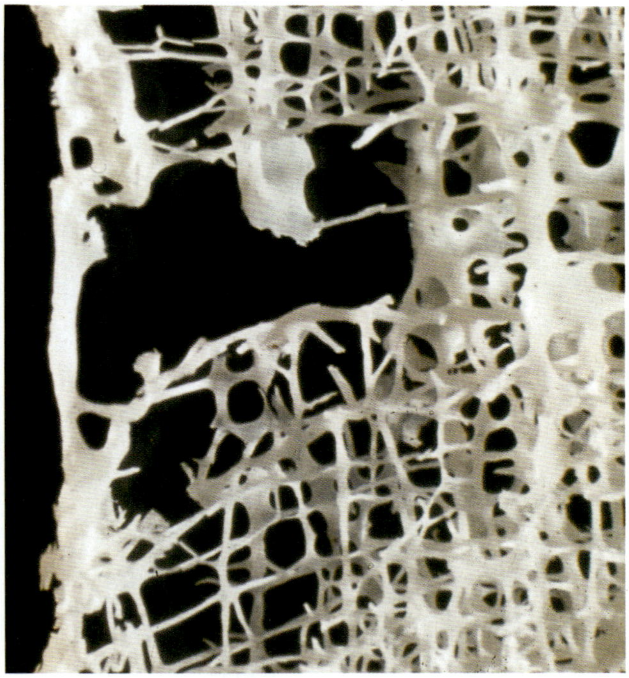

(b)

그림 16.11 골다공증
일반적으로 나이 많은 여성들에 있어 골다공증은 뼈에서 점차적으로 무기염류가 빠져나가는 질환이다. (a) 정상 골조직은 골모세포의 공급과 파골세포에 의한 뼈의 수거율이 같다. (b) 골다공증이 진행된 상태로서 파골세포의 활동이 상당한 기간 이상으로 일어나 뼈의 소실이 심각하게 일어난다.

가 일어나지 않는다는 뜻은 아니다. 다만 다량의 칼슘과 수 천 개의 골세포 들이 끊임없이 제거 되고 대치되어 전체 뼈의 양이 변하지 않는다는 것이다. 왜냐하면 유입량과 제거량이 대략 같은 비율로 일어나기 때문이다.

이러한 역동적인 뼈의 재생성 현상이 일어나기 위해서는 두 가지 세포 타입이 관여하고 있다. 골모세포는 뼈를 형성하며 파골세포는 효소를 분비하여 뼈의 유기물질을 분해한 후 혈류의 흐름에 의한 재흡수를 위해 칼슘을 방출한다. 뼈의 역동적인 재생성은 외부의 압력이 가해지는 선을 따라 새로운 뼈가 형성되는 작용 등의 강도를 조절한다. 만약에 뼈가 어떤 압력을 받을 때 파골세포에 의해 제거되는 무기염류의 양보다 골모세포에 의해서 공급되는 양이 더 많아진다. 즉, 장거리 달리기 선수가 자신들의 운동량을 천천히 늘려야 하는 이유는 자신의 뼈가 외부압력이 주어지는 선에 따라 강화되어야 하기 때문인 것이다. 그렇지 않으면 외부압력 때문에 뼈가 부러질 수 도 있기 때문이다. 나이를 먹을수록 등뼈와 다른 뼈 들은 양적으로 감소하는 경향이 있다. 과도하게 뼈가 소실되는 상태를 **골다공증**이라고 한다(그림 16.11). 일단 골다공증이 시작되면 칼슘의 치환과 다른 무기염류의 치환이 지연되어 골조직이 점차로 손상되는 것을 야기한다. 결국 뼈는 쉽게 부서지게 된다. 물리학적으로 활동력이 감소된 노인의 전형적인 생활방식은 골모세포의 활동을 점차적으로 감소시키고 노인 여성에 있어 과도한 단백질 유입과 성호르몬의 부족 등이 이러한 모든 질병의 원인을 제공하게 된다.

골다공증을 예방하는 가장 좋은 방법은 뼈의 재생성이 활발히 일어나는 연령 동안에 뼈속에 칼슘저장을 최대로 하는 것이다. 뼈의 소실이 일어나는 초기에 고칼슘 식이를 하는 것은 골모세포가 더 많은 무기염류를 뼈속에 침착시켜 골밀도를 증가시키도록 자극한다. 노년기에 들어서 골모세포의 활동이 감소되고 무기염류의 제거가 심하게 일어나면 훨씬더 고농도의 무기염류가 빠져나가게 된다.

16.7 뼈는 살아있는 조직이며 강하여 부서지지 않는다. 근육은 강한 건에 의해 뼈에 부착된다.

16.8 근육의 종류

척추동물의 근육계는 세 가지 종류의 근육으로 구성되어 있다. 척추동물의 몸은 상당한 힘으로 뼈를 당기는 골격근 때문에 움직일 수 있다. 심장의 박동은 심근이라고 하는 근육의 수축에 의해서 일어난다. 음식물이 장을 따라서 움직이는 것은 횡문근의 율동적인 수축 때문이다.

골격근

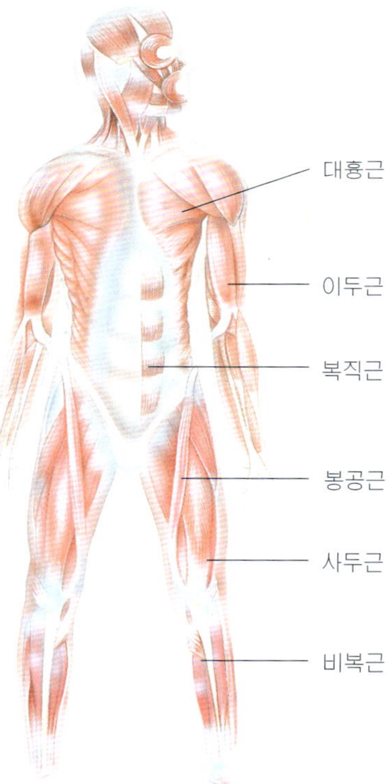

그림 16.12 근육계

인체의 주된 근육을 보여주고 있다.

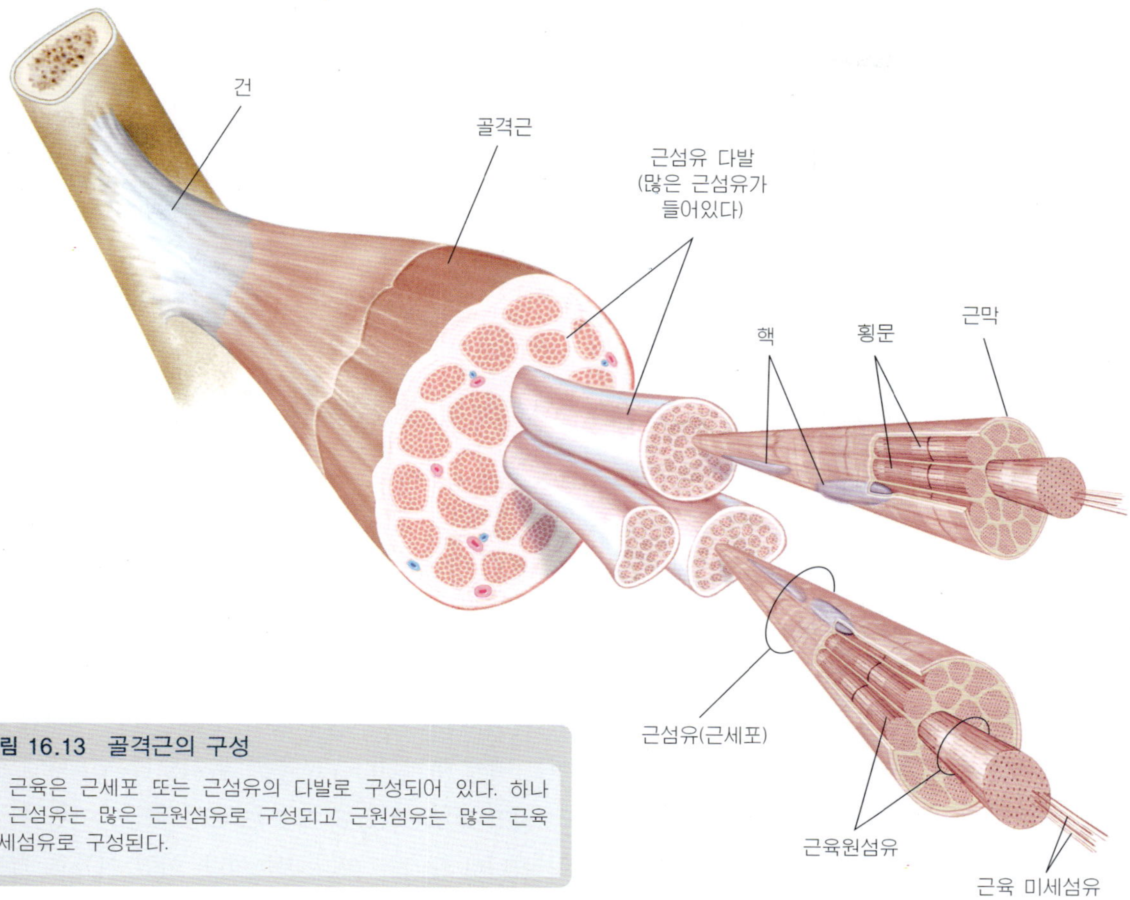

그림 16.13 골격근의 구성

각 근육은 근세포 또는 근섬유의 다발로 구성되어 있다. 하나의 근섬유는 많은 근원섬유로 구성되고 근원섬유는 많은 근육 미세섬유로 구성된다.

골격근은 뼈를 움직이는 근육이다. 인간 근육의 중요한 몇 가지 종류가 그림 16.12에 나와 있다. 골격근은 여러 개의 세포가 융합되어 매우 길다란 섬유형태로 발생과정 동안에 생성된다. 각각의 근세포는 원래의 핵을 여전히 가지고 있고, 핵들은 세포질의 가장자리로 밀려가 있다. 각각의 근섬유는 근원섬유라 불리는 긴 모양을 한 것들로 구성되어 있고, 근원섬유는 다수의 근육 미세섬유로 구성되어 있다(그림 16.13). 또한, 각 근육 미세섬유는 액틴과 미오신의 단백질 미세섬유로 구성되어 있다. 근세포에는 액틴과 미오신이 매우 풍부하게 존재하고 이것들이 핵심 요소로서, 근육세포를 수축 할 수 있게 한다. 이들 미세섬유 단백질은 모든 진핵세포의 세포골격의 한 부분으로 존재하지만, 근세포에 더욱 풍부하게 존재한다.

심근

척추동물의 심장은 골격근의 근섬유와는 달리 줄무늬를 이루어 근섬유가 정렬되어 있다. 심근은 단세포성으로 각각 하나의 핵을 가지는 형태를 하고 있다. 세포들은 분지되고 또한 상호 연결되어 격자모양을 하고있다. 이 격자구조가 심장 기능에 아주 중요한 역할을 한다. 각각의 심근 세포는 인접세포와 전기적으로 연결되어 있는데, 이는 원형질막이 관통되어 각각의 세포가 접촉해 있는 부분인 간극결합이라고 불리는 작은 구멍에 의해서 일어난다. 심장 수축은 막의 탈분극에 의하여 막을 관통하는 채널이 열림에 의해 한 지점에서 시작되는데, 이 전기적 파장이 간극결합을 따라서 세포에서 세포로 신속히 전달되어, 심장이 규칙적으로 박동하는 것이다.

■ 평활근

평활근은 길고 방추형이며, 각자 하나의 핵이 있다. 그러나 근육미세섬유는 골격근이나 심근에서 보여주는 일직선상의 질서 정연한 모양을 하지는 않는다. 평활근 조직은 얇은 천과 같이 구성되어 있다. 어떤 조직에서는 평활근은 신경이나 호르몬의 자극에 의해서만 수축이 일어난다. 예로써, 많은 혈관의 벽을 이루고 있고 또한 척추동물 눈의 홍채를 구성하는 근육들이 있다. 어떤 평활근은 장의 벽에서 나타나는 것처럼, 각 세포들은 자율적으로, 천천히, 그리고 연속적으로 수축시킨다. 골격근은 빠르고 강하게 수축하도록 특수화되어 있지만, 평활근은 천천히, 지속적으로 움직이도록 특성화되어있다. 커다란 뗏목을 다수의 작은 카누가 강을 거슬러 예인하는 모습을 상상해보자, 각각의 카누는 각자의 예인밧줄을 통해 뗏목과 연결되어 있다. 이것이 평활근의 수축과 유사한데-근육의 수축에 있어서 각 근육세포는 독립적인 역할을 한다. 또 다른 상상을 해보자, 하나의 커다란 노를 저어 가는 배에서 많은 사공들이 노를 젓는 모습을, 그들이 동시에 노를 저으면 배는 더욱 효과적으로 전진할 것이다. 이런 상태가 골격근과 비슷한데, 이런 수많은 근육세포의 집단이 그들의 힘의 원천이다.

■ 건은 뼈와 근육을 연결한다

뼈와 근육은 조밀한 결합조직으로 구성된 건이라고 하는 고리에 의해 연결되어 있다. 뼈는 관절이라고 말하는 유연한 연결을 통해서 축을 이루어 움직이는데, 그들에 붙어 있는 근육에 의해서 당겼다 폈다한다. 각 근육은 특정 뼈를 당기게 되어있다. 근육의 한쪽 끝인 기시부는 건에 의해 수축동안 고정되어 있는 뼈에 부착된다. 근육의 다른 한 쪽 끝인 착점은 근 수축시에 움직이는 뼈에 부착된다. 근육은 밀지는 못하고 단지 당기는 것만 할 수 있는데 그것은 근섬유들이 이완하는 것이 아니라 수축을 하기 때문이다. 이런 이유로 척추동물의 가동관절의 근육은 굴근과 신장근이라 불리는 상보적인 쌍으로 구성되어 있다. 굴근이 당신의 다리를 당길 때는 종아리 쪽이 허벅지 쪽에 접근한다. 신장근이 당신의 다리를 당길 때는 종아리 쪽이 반대로 움직여서 멀어지게 되는 것이다(그림 16.14).

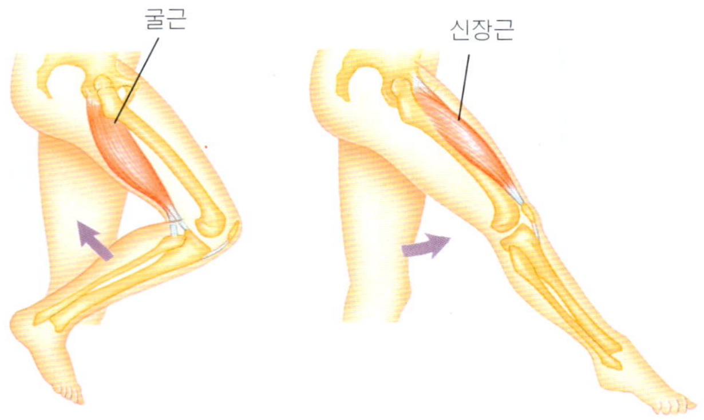

그림 16.14 굴근과 신장근

다리의 운동은 항상 근육의 수축에 의해 일어나며 근육의 신장에 의한 것이 아니다. 다리를 구부리는 근육은 굴근이라하며 다리를 펴는 근육은 신장근이라 한다. 그래서 우리는 다리의 굴곡근인 슬굴곡근을 수축함으로써 다리를 당겨 구부리며, 다리의 신장근인 사두근을 수축하여 다리를 펼 수 있다.

16.8 근육에는 세 가지 종류가 있다. 즉, 골격을 움직이는 골격근과 기관의 둘레를 싸고 느린 수축을 계속하는 평활근, 그리고 심장의 심근으로 나뉜다.

16.9 근수축은 어떻게 일어나는가

척추동물의 근육 미세섬유는 두께가 단지 6 나노미터 밖에 되지 않아서 맨눈으로 보기는 너무 작다. 각각은 긴 형태의 액틴과 미오신 단백질로 가는 실 같은 미세섬유로 구성되어 있다. **액틴 미세섬유**는 액틴분자의 두줄이 서로를 감싸고 있는, 마치 두 줄의 진주목걸이가 서로 느슨하게 꼬여 있는 모양이다.

미오신 미세섬유도 역시 2개의 줄이 서로 꼬여있는 구조를 하고 있지만, 미오신 미세섬유는 액틴 미세섬유보다 약 10배 길다. 미오신 미세섬유의 한쪽 끝은 막대같이 생겼지만, 다른 한쪽은 2개의 머리 모양을 한 구형을 하고 있는데 이것을 두부라고 한다. 전자현미경상에서, 미오신 미세섬유는 2개의 머리를 가지고 있는 뱀 같은 모습을 하고있다. 이 이상한 구조가 근육이 작동하는 핵심 역할을 한다.

근육 미세섬유는 어떻게 수축할까

근육 미세섬유에 있는 액틴과 미오신의 그림을 보라(그림 16.15), 그리고 미오신 두부에 초점을 두고 보자. 근육 미세섬유가 수축할 때, 먼저 미오신 미세섬유의 두부가 움직인다. 마치 당신의 손이 손목에서 밑으로 굽는 것 같이, 두부가 앞뒤로 굽는다. 이 움직임은 그들의 막대기 같은 등 쪽 뼈대에 가까워지고 그리고 구부러지는 방향으로 몇 나노미터 이동 할 것이다. 미오신 두부의 이동 자체만으로는 아무것도 이룰 수 없다. 그러나 미오신 두부는 액틴 미세섬유와 접촉해 있다. 그 결과 미오신 두부의 굽는 방향을 따라서 액틴 미세섬유가 밀려가게 되는 것이다. 또 다른 미오신 두부가 연속해서 움직이고, 그래서 미오신 두부는 액틴을 따라서 걸어다니는 것 같은 느낌을 준다. 미오신 두부가 각 각 구부러 지기전의 펴진 상태로 되돌아가기 위해서는 ATP의 분자를 사용한다. 그렇다면 액틴이 미오신 위로 미끄러져 밀려가게 되는 운동이 어떻게 근육 미세섬유와 근세포를 수축하게 하는 것일까? 각 근육 미세섬유 속에는 액틴의 끝을 고정하는 곳이 있는데 이 부분이 줄무늬를 보여주는 Z선이라 불리는 곳이다(그림 16.16). 이것은 액틴 미세섬유가 단순히 움직이는 게

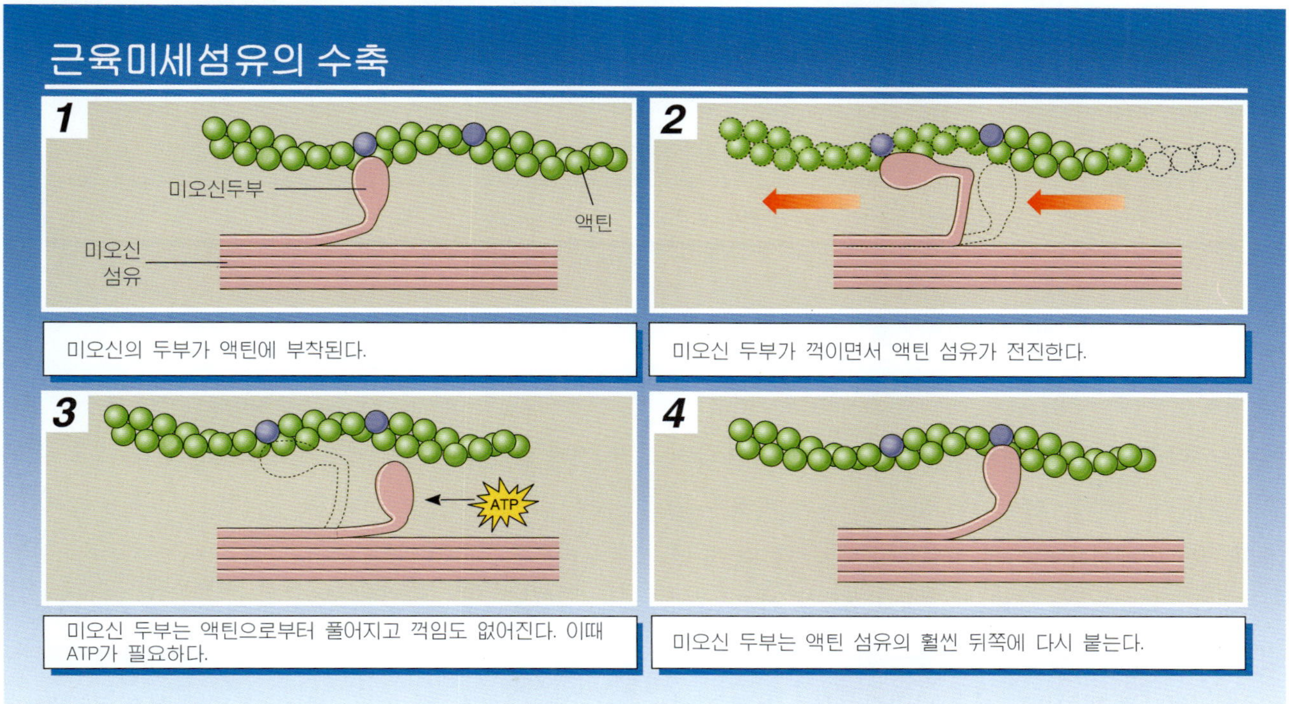

그림 16.15 근육 미세섬유의 수축작용이 일어나는 과정

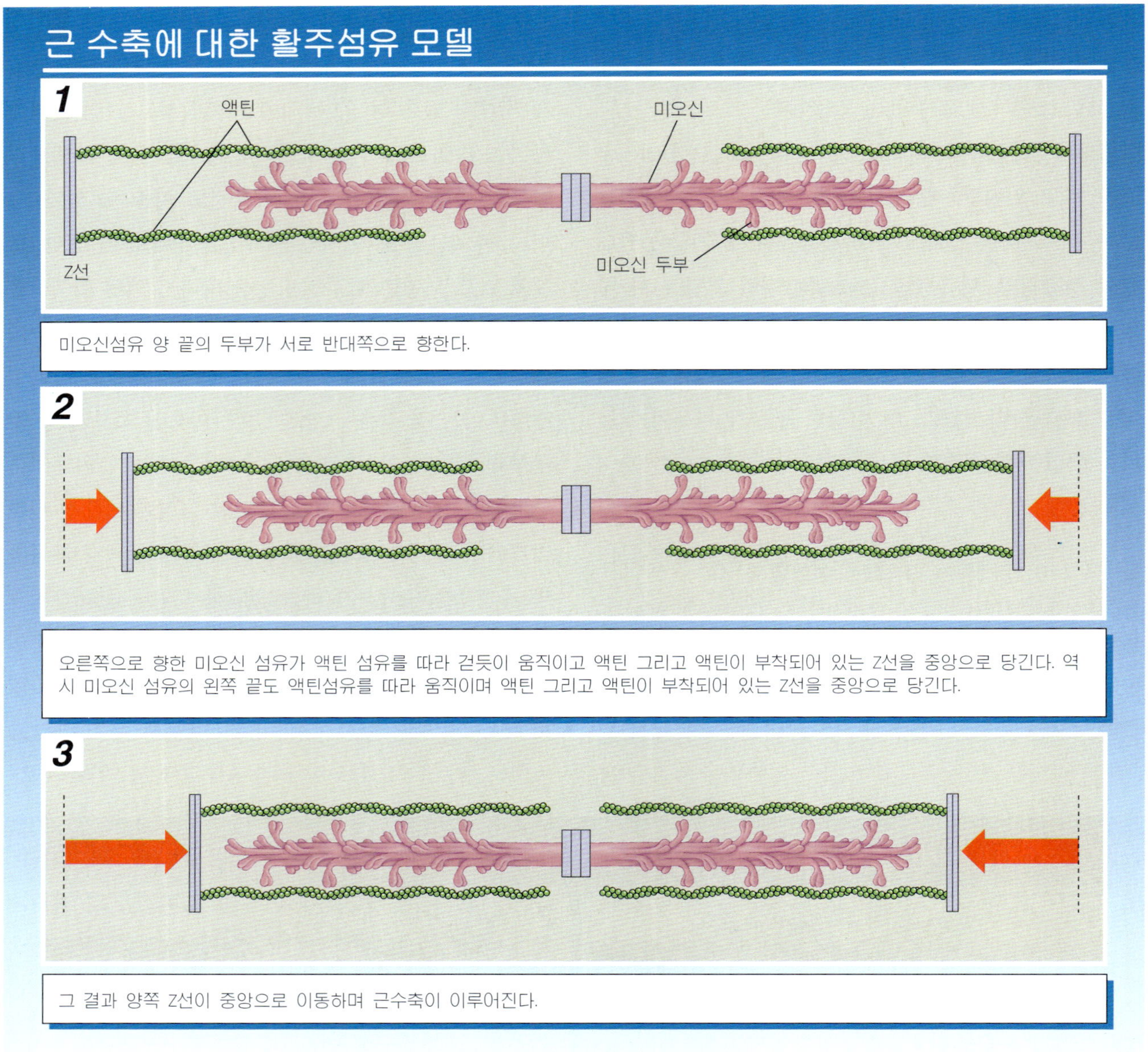

그림 16.16 액틴과 미오신의 상호작용

아니고, 이 묶여있는 Z선 전체가 미오신에 의해서 끌려오기 때문에 생기는 현상이다. 근육 수축의 비밀은 두 쌍의 액틴 미세섬유 사이에 미오신이 위치하는 것에 있다. 근육 미세섬유는 액틴에 의해서 Z선의 양쪽 끝이 접근한다. 두 쌍의 액틴 미세섬유는 하나는 오른쪽으로 또 다른 하나는 왼쪽으로 서로 당겨서 Z선을 서로 가까워지게 한다. 그래서 Z선은 서로 가까워지고, 세포막도 이것과 함께 움직여서 세포가 수축하게 된다.

신경 신호는 어떻게 근육을 수축시키는가

척추동물의 골격근에서, 신경충격에 의해서 수축은 시작된다. 신경섬유는 근섬유의 표면에 **신경-근 연접**의 형태로 묻혀있다. 신호가 신경의 말단에 도달하면 그

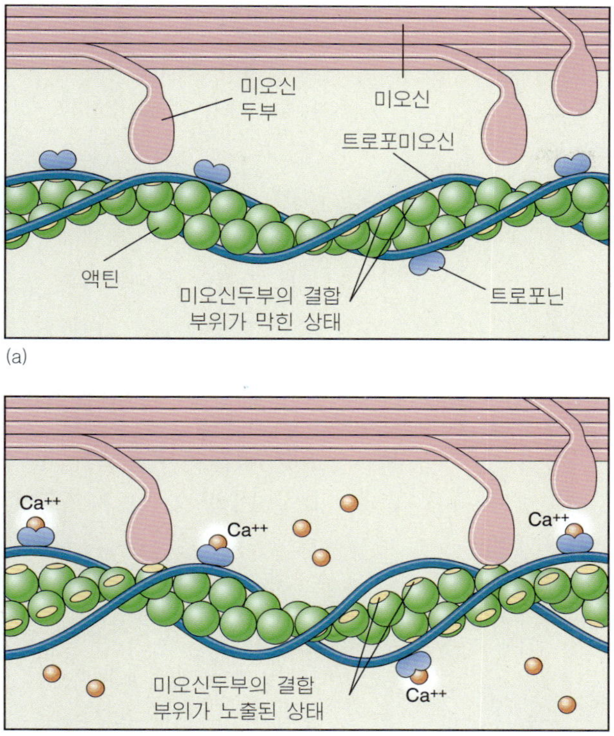

그림 16.17 칼슘이온이 근육수축을 조절하는 과정

(a) 근육이 휴지중일 때 트로포미오신분자로 구성된 긴 미세섬유가 액틴분자에 있는 미오신결합부위를 막는다. 이 부위에서 액틴이 미오신과 결합하는 능력을 잃게 되면 근 수축은 일어나지 않는다. (b) 칼슘이온이 트로포닌과 같은 다른 단백질과 결합하면 그 결합체는 트로포미오신 미세섬유를 옮겨놓아 액틴의 미오신결합부위를 노출시킨다. 미오신의 두부는 액틴과 결합할 수 있고 근수축이 일어난다.

신경 끝에 존재하는 근육(운동종판)을 자극하게 되는데, 신경은 아세틸콜린이라는 화학물질을 작은 구멍을 통해서 근육과 신경사이의 간극으로 방출한다. 아세틸콜린은 작은 구멍을 따라서 근육의 세포막까지 도달하고, 수용체 단백질에 결합하며, 이 것으로 인하여 이온 채널이 열리게된다. 근육 세포막은 탈분극되는데, 이는 채널의 개방 때문에 이온들이 자유롭게 안팎으로 이동하게되고, 이것이 안쪽과 바깥쪽의 이온 농도의 차이를 없애 버릴 것이다.

근수축에서 칼슘이온의 역할

근육이 이완되어 있을 때는 미오신이 두부가 펴져있고 ATP와 분리된 준비상태로 있으나, 액틴과 결합은 할 수 없다. 그것은 미오신 두부의 액틴 결합부위가 다른 단백질 즉 트로포미오신이라고 알려져 있는 것에 의해서 물리적으로 방해받고 있기 때문이다. 그래서 이완된 근육에서는 미오신 두부는 액틴에 결합할 수 없고, 미세섬유도 활주할 수 없다. 근육이 수축하기 위해서는, 미오신 두부가 액틴에 결합하는 부분으로부터 트로포미오신을 제거할 필요가 있다. 이런 기능을 하는 것이 트로포닌인데, 이것은 트로포미오신의 결합을 조절하는 단백질이다. 트로포닌과 트로포미오신 복합체의 조절은 근육세포의 세포질의 칼슘이온 농도에 의해 조절된다. 근육세포의 세포질에 칼슘이온 농도가 낮을 때는 트로포미오신이 미오신의 결합을 방해해서 근육은 이완된 상태이다(그림 16.17). 칼슘농도가 증가하면, 칼슘이온이 트로포닌에 결합한다. 이것이 트로포닌-트로포미오신 결합체를 액틴에 있는 미오신 결합부위에서 떨어지게 한다. 위치의 재배치가 일

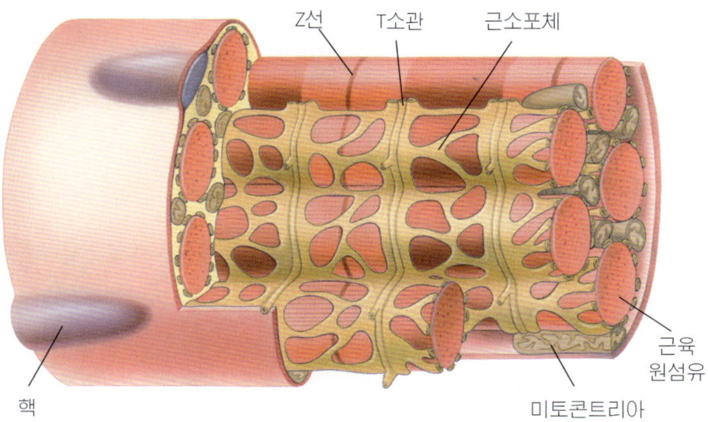

그림 16.18 근소포체

근소포체는 근섬유에서 개개의 근원섬유를 둘러싸는 막성계이다.

어났을 때, 미오신 두부가 액틴에 결합하고, ATP 에너지를 사용해서, 액틴을 따라서 움직이고 근원섬유가 짧아지게 된다.

칼슘이온은 어디서부터 오는가? 근육섬유는 근소포체라는 특성화된 소포체에 칼슘이온을 저장한다(그림 16.18). 근육섬유가 자극받아 수축할 때 칼슘은 근소포체로부터 방출되고 근원섬유 속으로 확산되고, 그곳에서 트로포닌과 결합하여 수축이 일어난다. 근육 수축은 신경활성에 의해서 조절되고, 그리고 신경은 근섬유 속에 칼슘이온을 분포하게 한다.

16.9 **근육은 수많은 조그만 실과 같은 액틴과 미오신의 세사로 구성된다. 근육은 액틴을 따라 미끄러지는 미오신에 ATP가 힘을 공급하여 근육미세섬유가 수축함으로써 일을 하게 된다.**

Chap 17

순환계와 호흡계

척추동물의 체내에 있는 모든 세포는 살아가는데 필요한 에너지를 외부의 유기 분자들로 부터 획득하여야 한다. 도시거주자들의 식료품들이 교외의 농장에서 운반되어 오는 것과 같이, 체내의 세포들은 식품을 운반할 트럭이 필요하고, 그 트럭이 다닐 수 있는 고속도로가 필요하며, 도착된 식료품을 요리할 수 있는 연료가 필요하다. 척추동물의 체내에서 그와 같은 트럭은 혈액이며, 고속도로는 혈관이고 연료는 산소 분자이다. 세포는 포도당과 같은 당으로 산화시켜 에너지를 얻는다. 동물에 있어 그러한 트럭과 고속도로를 제공하는 기관을 **순환계**(circulatory system)라 부르며, 반면에 연료인 산소를 획득하고 부산물인 이산화탄소를 배출하는 기관을 **호흡계**(respiratory system)라 부른다. 우리는 이 장에서 이들 두 기관의 기능에 관하여 알아볼 것이다.

17.1 개방순환계와 폐쇄순환계

단세포성 원생생물은 산소와 영양분을 물로 이루어진 외부환경으로부터 단순확산에 의하여 직접 섭취한다. 히드라(Hydra)와 같은 자포동물과 플라나리아(Planaria) 같은 편형동물은 외부환경에 직접 노출되는 세포를 갖거나 소화와 순환의 기능을 가진 **위강**(gastrovascular cavity)이라는 체강 안으로 바로 노출되어있는 세포를 갖는다(그림 17.1a). 히드라의 위강은 촉수까지 뻗어있으며 산소와 소화로 흡수된 영양분을 모든 세포에 공급할 수 있도록 가지를 뻗고 있다. 그러나 몸집이 큰 동물에서는 몇 개의 세포층으로 이루어진 두꺼운 조직이 있어 많은 세포들이 직접 물질을 교환할 수 있는 체표나 소화강에서 멀리 떨어져있다. 이 경우 산소와 영양분은 **순환계**(circulatory system)내의 내부체액에 의하여 환경과 소화강으로부터 체세포로 운반된다.

순환계에는 크게 두 종류가 있는데, 개방순환계와 폐쇄순환계이다. 연체동물과 절지동물에서 볼 수 있는 **개방순환계**(open circulatory system)는 (그림 17.1b) 순환성 체액(혈액)과 체조직의 세포외액(간질액 또는 림프액) 사이에 구분이 없다. 따라서 이를 **혈림프**(hemolymph)라 부른다. 곤충들은 근육성 관을 갖는데, 이

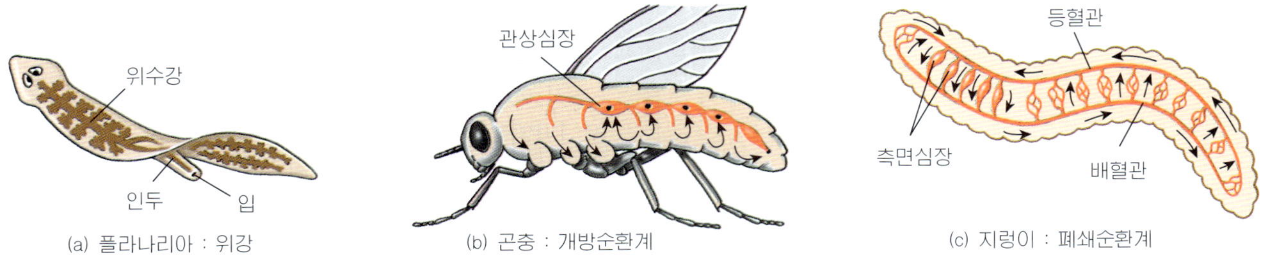

그림 17.1 동물계에서 볼 수 있는 순환계의 세 가지 유형

(a) 플라나리아의 장은 소화계와 순환계의 두 가지 역할을 하며, 확산에 의하여 소화계로부터 조직세포로 영양분을 직접 전달한다.
(b) 곤충의 개방순환계에서 혈림프는 관상의 심장에서부터 체내의 강소 쪽으로 펌프된다. 혈림프는 그후 혈관으로 되돌아가 재순환된다.
(c) 지렁이의 폐쇄순환계에서 심장에서 분출되어진 혈액은 심장으로 되돌아올 때까지 혈관계 내에 머무르게 된다. 모든 척추동물은 폐쇄순환계를 갖는다.

는 체내의 강소들과 관들의 연결을 통하여 혈림프를 펌프하기 위한 심장으로 작용한다. 체액은 그후 중심강으로 되돌아간다.

폐쇄순환계(closed circulatory system)의 순환액 즉, 혈액은 항상 혈관내로 흐르며 심장의 펌프질에 의하여 이동한다. 환형동물과 모든 척추동물은 폐쇄순환계를 갖는다. 지렁이와 같은 환형동물에서 등정맥은 펌프의 기능을 하기 위하여 규칙적으로 수축한다. 혈액은 5개의 작은 연결동맥을 통과하도록 분출되는데, 이것은 또한 배동맥으로 보내는 펌프로 작용하여 혈액이 결국 등정맥으로 되돌아 갈 때까지 뒤쪽으로 혈액을 운반한다. 작은 관들에서 뻗어나간 가지들은 지렁이의 각 조직에 산소와 영양분을 공급하고 노폐물들을 운반한다(그림 17.1c).

혈관은 혈액이 심장에서부터 온몸의 세포를 돌아 다시 심장으로 돌아올 수 있도록 관으로 된 망상조직을 형성한다. 동맥은 심장에서부터 먼 곳으로 혈액을 운반하며, 정맥은 혈액을 심장으로 되돌아오게 한다. 혈액은 아주 가늘고 풍부한 혈관인 모세혈관에 의하여 동맥에서 정맥계로 전달된다.

혈장이 모세혈관을 통해 이동될 때 혈압은 혈장의 일부를 모세혈관 벽의 바깥으로 밀어낸다. 이 액체는 모세혈관 벽을 빠져나와 주변조직으로 전달되는데, 혈장에서 유래되었으므로 **간질액**(interstitial fluid)이라 부른다. 이 액체의 일부는 바로 모세혈관으로 되돌아가며 일부는 혈관을 둘러싸고 있는 결체조직내에 위치한 **림프관**(lymph vessels)으로 들어간다. 림프라 부르는 이 액체는 특정 위치에서 정맥계 혈액과 합쳐진다. 림프계는 순환계의 일부로 간주되며, 이 장의 후반부에서 설명할 것이다.

척추동물 순환계의 기능

순환계의 기능은 운반, 조절, 보호 세 가지로 구분된다.

1. **운반** 세포대사에 필수적인 모든 물질들이 순환계에 의하여 운반된다. 이 물질들은 다음과 같이 나뉜다.

   호흡 : 적혈구는 산소를 조직세포로 운반한다. 폐와 아가미의 모세혈관에서 산소는 적혈구 안에 있는 헤모글로빈에 부착하여 호기성 호흡을 하는 세포로 운반된다. 세포호흡에 의하여 생성된 이산화탄소는 혈액에 의하여 폐나 아가미로 운반된 후 제거된다.

   영양 : 소화계는 음식물의 분해를 담당하며 영양물질은 소장벽을 통하여 흡수되어 순환계의 혈관으로

들어간다. 그 후 혈액은 소화, 흡수된 물질들을 간을 거쳐 체내의 각 세포로 운반한다.

배설 : 대사부산물, 과잉의 수분과 이온 그리고 혈장내 여러 분자들(혈액의 액체인 부분)은 신장의 모세혈관을 통과하면서 걸러져서 오줌으로 배설된다.

2. **조절** 심관계는 호르몬 운반과 체온조절에 관여한다.

호르몬 운반 : 혈액은 호르몬이 분비되는 내분비선에서 멀리 떨어져있는 표적세포까지 운반해준다.

체온 조절 : 항온 척추동물은 주변온도와 관계없이 체온을 일정하게 유지한다. 이는 표피 아래에 있는 혈관의 기능에 의한 것으로 추울 때는 표면의 혈관이 수축하여 따뜻한 혈액이 더 깊은 쪽에 위치한 혈관으로 흐르도록 하고, 더울 때는 표면의 혈관이 팽창되어 체온이 분산되도록 한다.

일부 척추동물들은 추운 환경에서 **대향류열교환**(countercurrent heat exchange)으로 체온을 유지한다. 이 과정 중에 체내 깊은 곳에서 따뜻한 혈액을 운반하는 혈관들은 체표 쪽의 차가운 혈액을 운반하는 혈관에 연결되어있다(그림 17.2). 따라서 따뜻한 혈액은 체표에서 들어오는 차가운 혈액에 열을 전달하게 되므로 이 혈액이 체내에 도달하였을 때는 더 이상 차갑지 않게 되는 것이다.

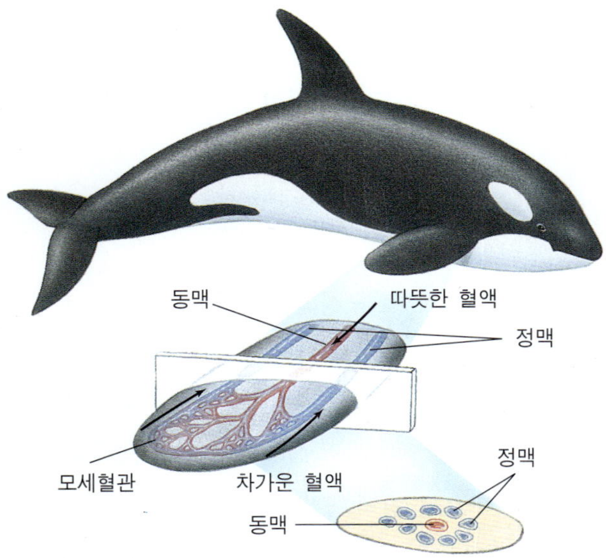

그림 17.2 대향류열교환

범고래와 같은 해산 포유류들은 역류흐름에 의하여 차가운 물에서도 열을 잃지 않는다. 체내 동맥에서 방출된 따뜻한 혈액은 피부의 정맥에서 돌아온 차가운 혈액을 따뜻하게 만든다. 따라서 체온은 차가운 물에서도 일정하게 유지될 수 있다.

3. **보호** 순환계는 외상, 외부 미생물 또는 체내로 유입된 독물질들로부터 몸을 보호한다.

혈액 응고 : 응고는 혈관이 손상되었을 때 혈액이 손실되는 것을 막아준다. 이러한 응고기작은 혈장에서 유래한 단백질들과 혈소판이라는 세포구조물이 연관되어 이루어진다.

면역 방어 : 혈액 내에는 다양한 질병 유발물질들에 대항하여 면역성을 나타내는 백혈구가 있다. 어떤 백혈구는 식세포작용을 하며, 그 외에도 항체를 생성하거나 몸을 보호하는 여러 기작을 나타내는 백혈구들이 있다.

17.1 **순환계는 개방되거나 폐쇄되어 있다. 모든 척추동물들은 폐쇄순환계를 가지며, 그 안에서 혈액은 동맥을 통하여 심장에서 나가고 정맥을 통하여 심장으로 되돌아오는 순환을 하게된다. 순환계는 수송, 조절, 보호 등의 다양한 기능을 제공한다.**

17.2 척추동물 순환계의 구조

척추동물의 순환계는 세 가지 요소로 구성되어 있다. (1) **심장**은 혈액을 몸쪽으로 밀어내는 근육성 펌프, (2) **혈관**은 혈액이 통과하여 이동하는 망상의 관, (3) **혈액**은 혈관내에서 순환한다. 순환계내의 심장과 혈관을 연결하는 부분을 **심혈관계**(cardiovascular system)라고도 부른다.

혈액은 **동맥**(arteries)을 통과하여 심장을 떠난다. 동맥에서 혈액은 **소동맥**(arterioles)이라 부르는 더 작은 동맥의 망상구조 내로 전달되며, 결국 아주 좁은 관들이 미세한 격자를 이루고 있는 **모세혈관**(capillaries)(라틴어 어원 capillus : 털)을 통과하게 된다. 모세혈

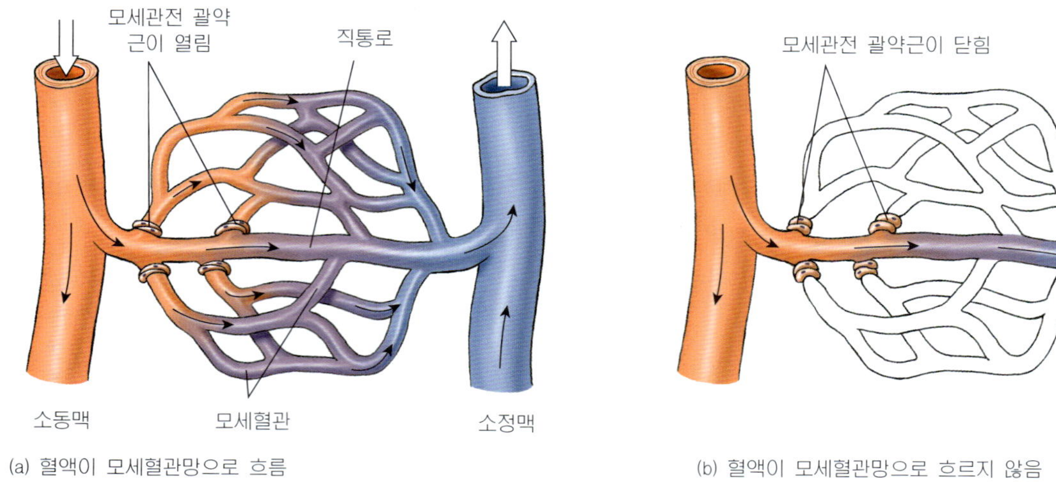

그림 17.3 소동맥과 소정맥 사이의 모세혈관망.

(a) 혈액과 세포외액 사이의 물질과 가스교환의 대부분은 모세혈관에서 일어난다. 모세혈관으로의 혈액이동은 모세관전 괄약근에 의해 조절된다. (b) 괄약근의 수축으로 몸은 특정 조직의 모세혈관망의 혈액량을 제한하고, 따라서 이 조직의 물질과 가스 교환율을 조절한다.

관을 통과하는 동안 혈액은 가스와 대사산물들(포도당, 비타민, 호르몬 등)을 체내 세포와 교환한다. 모세혈관을 통과한 혈액은 **소정맥**(venules)으로 전달된다(그림 17.3). 소정맥들은 더 큰 **정맥**(veins)들로 합쳐지면서 순환된 혈액을 모으고 심장으로 되돌려 보낸다.

모세혈관은 체내에서 가장 작은 직경을 가진 혈관이다. 포유동물에서 혈액은 심장을 떠나 대동맥을 통과하게 되는데, 이 관은 반경이 약 1 cm(엄지손가락 굵기)이지만, 이 대동맥이 모세혈관에 이르게 되면 반경이 8 μm 관으로 연결되어 반경이 1,250배나 줄어들게 된다. 이와 같은 혈관 직경의 감소는 매우 중요한 결과를 갖는다. 혈액과 같은 액체가 관을 통과하여 흐를 때 혈액은 혈관 벽과 마찰저항을 일으키게 된다. 저항은 관이 좁을수록 더 커진다. 모세혈관의 망상구조는 혈액의 흐름에 큰 저항성을 나타내고, 그 저항은 심장박동의 힘에 의하여 극복되어진다.

모세혈관 망은 닫힌 고리이기 때문에 심관계의 모든 부분은 전체적으로 같은 순환율(성인의 경우 매 분당 5 리터)을 갖는다. 순환율(단위시간당 용량)은 속도(단위 시간당 이동한 거리)와 같지 않다. 비록 개개의 모세혈관에서 혈액이 흐르는 속도는 동맥보다 느리지만, 모세혈관의 망상구조에는 너무나 많은 모세혈관이 있기 때문에 전체적으로 동맥과 거의 같은 순환율을 갖는다.

동맥

동맥과 소동맥으로 구성되는 동맥계는 심장으로부터 혈액을 먼 곳으로 운반한다. 동맥은 단순한 관 이상이다. 왜냐하면 심장에서 나온 혈액은 심장의 강한 박동의 힘으로 흐르기 때문에, 심장이 수축할 때마다 힘차게 뿜어져 나오는 혈액을 받기 위하여 동맥은 확장 될 수 있어야 한다. 따라서 동맥은 그 벽이 세 층의 조직으로 구성된 확장성 관으로 되어 있다(그림 17.4). 가장 안쪽의 얇은 층은 한 층의 내피세포로 구성되어있다. 내피세포를 둘러싸고 있는 두터운 평활근과 탄성 섬유층이 나타나며 이들은 다시 보호 기능을 하는 결합조직

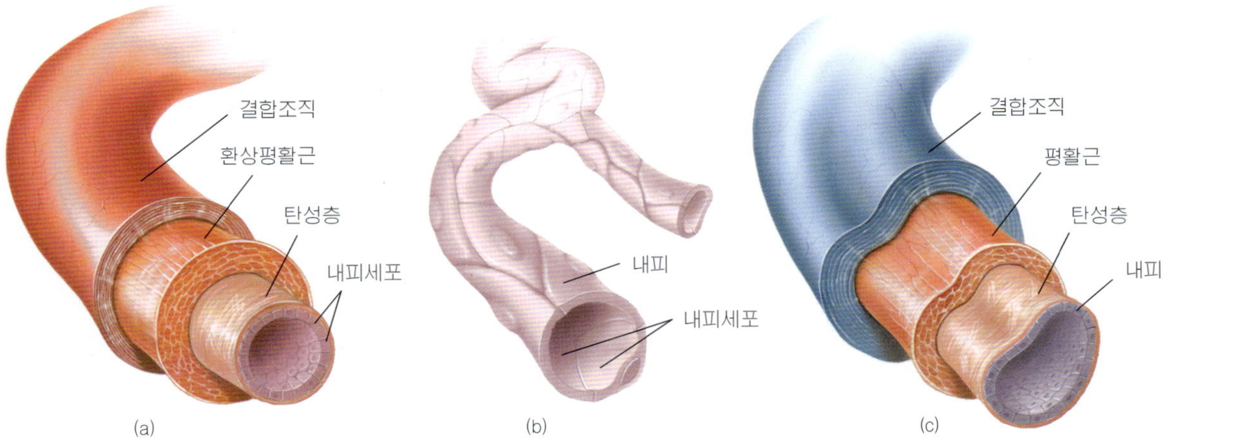

그림 17.4 혈관의 구조

(a) 동맥. 심장으로부터 혈액을 받아 나간다. 확장될 수 있으며 여러 조직층으로 이루어져 있다. (b) 모세혈관은 단순한 관으로 혈액과 체세포 사이의 물질 교환이 용이하도록 얇은 벽으로 되어있다. (c) 정맥. 심장으로 혈액을 되돌려보낸다. 동맥처럼 튼튼할 필요가 없어 정맥의 벽은 동맥보다 얇은 근육층이며, 비어있을 때는 쭈그러 든다.

막으로 싸여있다. 이와 막이 탄력적이기 때문에, 심장 수축시 동맥은 마치 관 형태의 풍선속으로 바람을 불어 넣을 때와 같이 상당한 용적을 확장 할 수 있다.

소동맥은 두 가지 면에서 동맥과 다르다. 직경이 더 작으며, 소동맥을 둘러싸고 있는 근육층은 호르몬의 영향에 의하여 직경을 확장시킬 수 있다. 직경이 확장되면 혈류가 증가하여 몸이 활동적으로 움직일 때 유리하다. 대부분의 소동맥은 또한 신경섬유와 연접하고 있다. 이들 신경에 의해 자극될 때 소동맥을 싸고있는 근육이 수축하여 혈관의 직경을 수축하게 된다. 그러한 수축은 기온이 낮거나 스트레스를 받는 동안 말단부들의 혈류를 제한한다. 무섭거나 추울 때 얼굴이 창백해지는 것은 피부의 소동맥이 수축하기 때문이다. 반대의 상황에서는 얼굴이 붉어진다. 당황하거나 흥분하게 되면 소동맥을 둘러싸고 있는 근육에 연결되어있는 신경섬유가 저해를 받게되고, 이는 평활근을 늘어나게 하여 피부에 있는 소동맥의 확장을 유발하는 것이다.

모세혈관

모세혈관은 산소와 영양분이 혈액에서 체세포로 이동되고 불필요한 이산화탄소가 제거되는 곳이다. 이러한 운송활동에 편리하도록 모세혈관은 가스와 대사산물이 쉽게 통과할 수 있는 얇은 벽을 가지고 있다. 모세혈관은 심관계에서 가장 단순한 구조를 갖는다. 즉, 겨우 세포 하나정도 두께로 된 단순한 관으로 빨대와 같은 형태이다(그림 17.4b). 모세혈관의 평균 길이는 1mm 정도이며 소동맥과 소정맥을 연결해준다. 모든 모세혈관의 직경은 약 8 μm 정도로 아주 좁아 적혈구의 직경보다 조금 더 크다(5~7 μm). 이러한 구조는 모세혈관의 기능에 매우 중요하다. 즉, 적혈구가 관을 통과할 때 측면에 부딪치게 되어 모세혈관벽에 보다 가깝게 접촉하게 됨으로써 물질교환이 더 쉬워지게 된다(그림 17.5).

척추동물 체내의 모든 세포는 모세혈관에서 100 μm 이내에 있다. 그리고 혈액의 약 5%는 항상 모세혈관 내에 있으며, 모세혈관 망의 길이를 모두 합한다면 수천 마일에 달한다.

만약 몸 안에 있는 모든 모세혈관을 잇는다면 그 길이는 미대륙을 횡단할 정도이다. 개개의 모세혈관은 직경이 아주 작아서 흐름에 강한 저항성을 갖게된다. 그러나 모세혈관 망의 횡단면을 합한 면적은 소동맥의 횡단면을 합한 면적보다 더 크다. 그 결과 혈압은 실제로 소동맥에서보다 모세혈관에서 훨씬 더 낮아진다. 이것은 모세혈관벽이 강하지 않아서 만일 소동맥이 통상 견디어내는 압력에 노출된다면 터질 수도 있기 때문에 중요하다.

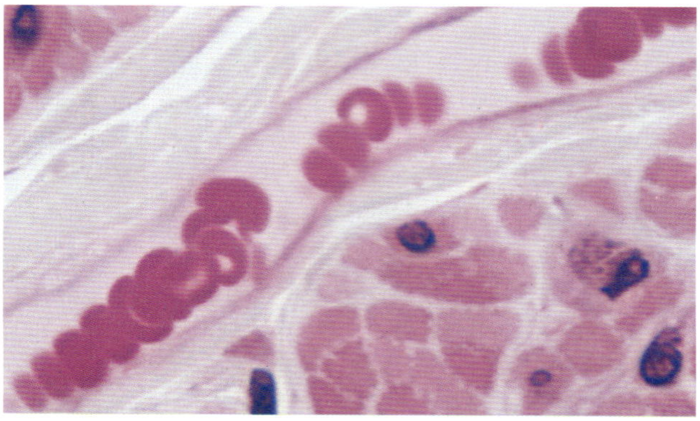

그림 17.5 모세혈관 내의 적혈구 세포

이 모세혈관 내의 적혈구 세포는 일렬로 통과하고 있다. 많은 모세혈관들이 지금 보여지고 있는 것보다 더 가늘다. 그러나 적혈구는 자신의 직경보다 더 좁은 모세혈관을 심장박동의 압력으로 밀려서 통과할 수 있다.

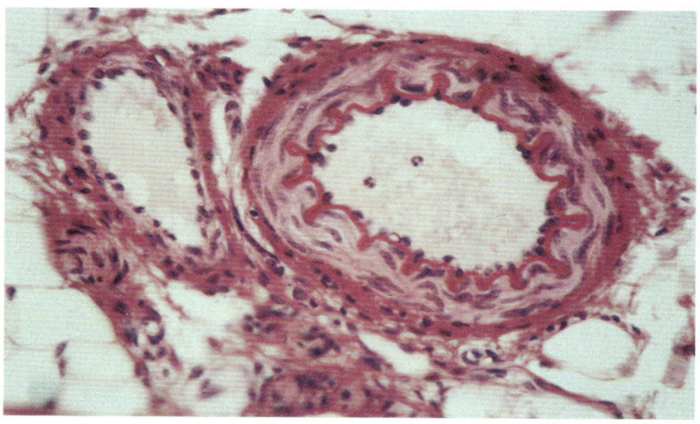

그림 17.6 정맥과 동맥

정맥(왼쪽)은 동맥(오른쪽)과 같은 일반구조를 갖고 있지만 훨씬 더 얇은 근육과 탄력섬유층으로 되어있다. 동맥은 비어있을 때도 그 형태가 유지되지만 정맥은 쭈그러진다.

정맥

정맥은 혈액이 심장으로 되돌아오는 혈관이다. 정맥은 동맥과 달리 박동압의 조절을 받지 못하는데, 이는 심장박동력의 대부분이 높은 저항과 커다란 모세혈관 망의 횡단면적으로 인해 약해지기 때문이다. 이러한 이유로 정맥벽은 근육과 탄성섬유의 아주 얇은 층으로 되어 있다. 비어있는 동맥은 파이프 같은 빈 관일 수 있지만, 정맥이 비게 되면 그 벽은 마치 비어있는 풍선처럼 쭈그러진다(그림 17.6).

정맥 내 혈류의 압력이 낮기 때문에 흐름에 저항을 주게되는 어떤것도 피해야만 혈액이 심장으로 돌아올 수 있는 만큼의 충분한 압력을 갖게 된다. 넓은 관은 좁은 관보다 저항을 훨씬 작게 받으므로 정맥의 내부는 상당히 넓고 따라서 아주 작은 압력으로도 혈액이 심장으로 돌아올 수 있다. 인체에서 가장 직경이 큰 정맥은 심장으로 이어지는 대정맥인데, 그 폭이 엄지손가락보다 넓은 3cm에 달한다. 정맥은 또한 혈액이 역류하는 것을 막기위하여 일방통행성 정맥판막을 가지고 있다.

17.2 척추동물의 순환계는 심장으로부터 혈액을 운반해 나가는 동맥과, 얇은 벽을 통과하여 가스와 영양물질의 교환이 일어나는 모세혈관의 미세한 망, 그리고 모세혈관에서 심장으로 혈액이 되돌아가는 정맥으로 구성되어 있다.

17.3 림프계: 손실된 체액의 회복

심혈관계는 누수되기가 아주 쉽다. 체액은 심장의 박동압에 의하여 모세혈관의 얇은벽을 관통하게 된다. 이

누수는 피할 수 없는 것이긴 하지만(순환계는 얇은 벽을 가진 작은 관이 없이는 가스와 물질대사 교환을 할 수 없다) 누수가 생긴다는 것은 중요하다. 몸에서 매일 이와 같은 방법으로 하루 4리터의 체액이 심관계를 빠져나오며, 이 양은 약 5.6리터에 달하는 총 혈액양의 절반 이상이 된다. 이 체액을 수집하여 재순환시키기 위하여 몸은 **림프계**(lmphatic system)라 부르는 제 2의 순환계를 사용한다(그림 17.7). 끝이 열려진 림프모세혈관은 세포주변의 공간에서 체액을 모아서 점차 커지는 일련의 관들을 거친 후 2개의 큰 림프관으로 운반하며, 이것은 단일 방향 판막을 통하여 목의 아랫부분에 위치한 정맥내로 흘려보낸다. 일단 림프계로 들어간 체액은 **림프**(lymph)라 불린다.

체액은 체근육의 움직임에 의하여 관이 압착될 때 림프계를 통하여 이동하게 된다. 림프관은 단지 목 방향으로만 이동을 허용하는 일방통행성 판막을 가지고 있다. 어떤 경우 림프관은 또한 규칙적으로 수축하기도 한다. 많은 어류, 모든 양서류와 파충류, 새의 배, 그리고 일부 새들에서 림프의 움직임은 **림프심장**(lymph heart)에 의하여 추진된다.

림프계는 세 가지 중요한 기능을 갖는다.

1. **순환계로 단백질을 되찾아온다** 너무 많은 혈액이 모세혈관을 통과하여 흐르기 때문에 모세혈관벽이 단백질을 잘 통과시키지 않더라도(단백질은 아주 큰 분자이다) 상당량의 혈액단백질이 누수된다. 잃었던 체액을 재수거함으로써 림프계는 또한 잃었던 단백질도 되찾게된다. 이 단백질이 혈액으로 되돌아오지 않으면 몸이 붓게되는데 이를 부종(edema)이라 한다.
2. **소장에서 흡수된 지방을 운반한다** 림프모세혈관은 유미관(lacteals)이라 부르는 소장융모를 통과한다. 유미관은 소화관으로부터 지방을 흡수하여 림프관으로 유도함으로써 결국 지방이 순환계로 운반되도록 한다
3. **체내 방어작용에 기여한다** 림프관을 따라 부풀어있는 곳을 **림프절**(lymph nodes)이라 한다. 각 림프절 내에는 방어작용을 위하여 특수화되어 있는 백혈구세

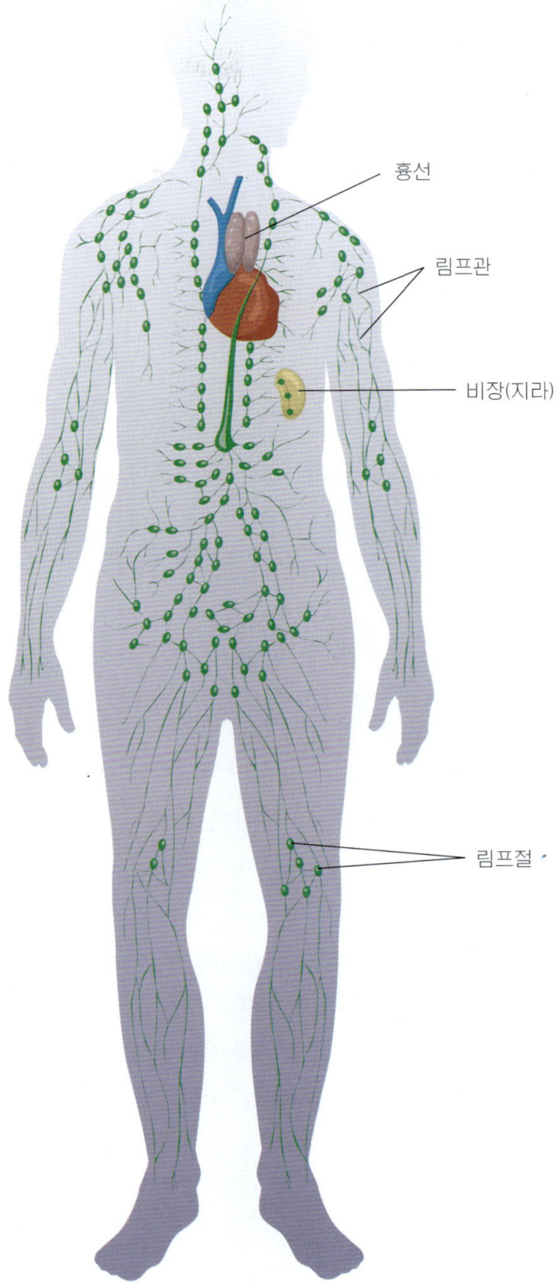

그림 17.7 인간의 림프계
림프계는 림프관과 림프모세혈관, 림프절, 그리고 비장과 흉선을 포함하는 림프기관으로 구성된다.

포가 가득 차있다. 림프계는 세균과 죽은 혈구세포를 림프절과 비장으로 운반하며, 운반된 물질은 이곳에서 파괴된다.

17.3 림프계는 모세혈관에서 손실된 체액을 순환계로 되돌려보낸다.

17.4 혈액의 구성

체중의 약 5%는 동맥, 정맥 그리고 모세혈관을 통과하여 순환하는 혈액으로 구성된다. 이러한 혈액은 **혈장**(plasma)이라는 액체성분과 그 액체 내에서 순환하는 몇 가지 종류의 세포로 구성되어 있다.

■ 혈장 : 혈액의 액체성분

혈장은 수분에 세 가지 상이한 종류의 성분들이 용해되어 있는 복합체이다

1. **대사산물과 배설물** 만일 순환계가 척추동물 체내의 고속도로라고 한다면 혈액은 고속도로상의 교통수단이라 할 수 있다. 혈장 내에 용해되어있는 성분으로는 포도당, 비타민류, 호르몬 그리고 체내 세포들 사이를 순환하는 배설물들이다.
2. **염과 이온들** 생명이 기원한 바다와 같이 혈장에는 염이 희석되어 있다. 혈장의 주요 이온성분은 나트륨과 염소 그리고 중탄산염이다. 그리고 칼슘, 마그네슘과 같은 미량의 여러 종류의 염들과 구리, 칼륨, 아연과 같은 금속이온들이 혈장 내에 존재한다. 혈장의 성분은 해수의 구성성분과 다르지 않다.
3. **단백질** 혈장 구성성분의 90%는 수분이다. 체내 모든 세포를 통과하는 혈액은 혈액이 통과하는 세포만큼 높은 단백질 농도를 유지하지 않으면, 삼투에 의하여 혈액 내 수분의 대부분을 잃어버릴 수가 있다. 혈장단백질 중에는 면역계에서 활동하는 항체도 포함되어 있다. 체세포에 포함된 단백질의 균형을 유지하는데 필요한 단백질의 절반 이상이 **혈청알부민**(serum albumin)인데, 이 혈청알부민이 삼투를 유지하는 힘으로써 혈액 내를 순환한다. 인간의 혈액 내에는 리터당 46그램의 혈청알부민이 포함되어 있다. 굶주림과 콰시요커(kwashiorkor)같은 단백질 결핍성 질병은 체세포가 알부민이 결핍된 혈액에서 수분을 흡수하기 때문에 부종을 유발하게 된다.

간은 혈장단백질의 대부분을 차지하는 알부민을 생산하고, 지질과 스테로이드 호르몬의 운반체로 작용하는 α 그리고 β글로불린 및 혈액응고에 필요한 피브리노겐(fibrinogen) 등을 포함한 대부분의 혈장단백질을 생산한다.

시험관 내에서 혈액이 뭉쳐질 때 피브리노겐은 불용

그림 17.8 피브린 섬유

이 주사전자현미경 사진은(X1,430) 적혈구사이의 피브린섬유를 보여준다. 피브린은 혈장내 가용성 단백질인 피브리노겐으로부터 만들어지며, 혈관이 손상을 입었을 때 혈액응고를 유도한다.

성 섬유인 피브린(fibrin)으로 전환되어 혈병을 만든다(그림 17.8). 피브리노겐이 부족하여 뭉쳐지지 못하고 남겨진 액체성분은 혈청이라 부른다.

■ 혈액세포들 : 몸 속를 순환하는 세포들

혈액은 액체이지만 혈액 부피의 거의 절반이 실제로는 세포들이다. 혈액의 총 부피 중 세포가 차지하는 부분을 혈액의 **적혈구용적**(hematocrit)이라 한다. 인간의 적혈구용적은 약 45%이다. 혈액 내 세포 중 주요한 세 가지는 적혈구, 백혈구 그리고 혈소판이라 불리는 세포조각이다(그림 17.9)

적혈구는 헤모글로빈을 운반한다.

혈액 1ml 당 오십억 개의 **적혈구**(erythrocytes)가 포함되어 있다. 각각의 적혈구는 양쪽 가운데가 움푹하게 파인 원반 형태를 하고있으며, 체내 세포로 산소를 운반한다. 이들의 내부는 대부분 헤모글로빈으로 가득 차 있는데, 이 헤모글로빈은 폐에서 산소를 부착하여 체내의 각 세포들로 산소를 운반하는 단백질이다.

성숙한 포유류 적혈구의 기능은 트럭이라기 보다는 유개화차에 비유할 수 있다. 엔진이 없는 자동차처럼, 적혈구는 핵이나 단백질 생산기구를 포함하고 있지 않다. 핵이 없기 때문에 적혈구세포는 손상을 스스로 복구할 수 없고, 따라서 수명이 다소 짧아서 단지 4개월 정도 밖에 살지 못한다. 새로운 적혈구는 지속적으로 골수세포에서 생산되어 혈액 내로 방출된다.

백혈구는 몸을 방어한다.

포유류 혈액 세포의 1% 이하가 **백혈구**(leukocytes)이다. 백혈구는 적혈구보다 크며, 헤모글로빈을 함유하지 않아 특정한 색깔이 없다. 각각 다른 기능을 가진 몇 가지 종류의 백혈구가 있다. 호중성구가 백혈구 중 가장 수가 많으며, 다음으로는 림프구, 단핵구, 호산성구

혈구세포	혈액 내 생존기간	기 능
 적혈구	120 일	산소와 이산화탄소 운반
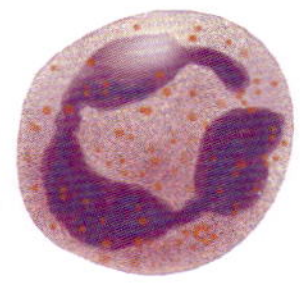 호중성구	7 시간	면역 방어
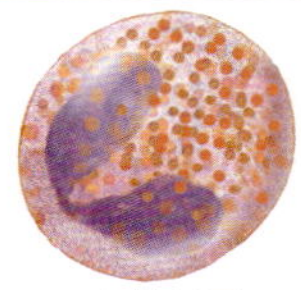 호산성구	알려지지 않았음	기생생물에 대한 방어
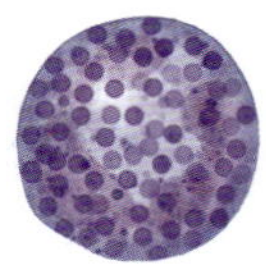 호염기성구	알려지지 않았음	염증반응
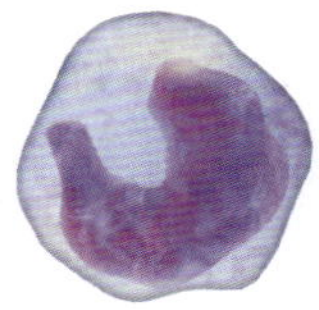 단핵구	3일	면역감시 (대식세포조직의 전구체)
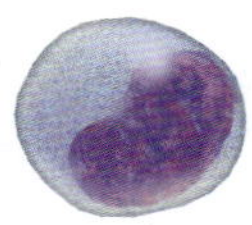 B-림프구	알려지지 않았음	항체 생성 (형질세포의 전구체)
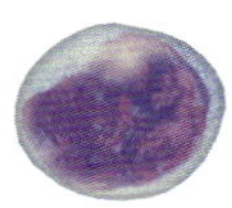 T-림프구	알려지지 않았음	세포성 면역반응
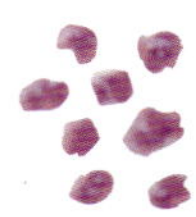 혈소판	7~8일	혈 병

그림 17.9 혈액세포의 종류
적혈구, 백혈구(호중성구, 호산성구, 호염기성구, 단핵구, 림프구), 그리고 혈소판은 척추동물에서 볼 수 있는 세 가지 주요 형태의 혈액세포이다.

그리고 호염기성구 순이다. 호중성구(neutrophils)는 외부세포에 반응하여 화학물질을 방출하고 자신과 이웃한 모든 세포를 죽인다. 단핵구는 대식세포(macrophages)로 유도되어 외부세포를 공격하여 죽인다(이름이 "잘 먹는 것"을 의미한다). 림프구는 항체를 생산하는 B 세포(B cells)와 글자 그대로 침입한 세균에 구멍을 뚫는 T 세포(T cells)를 포함한다.

이들 모든 형태의 백혈구세포는 침입한 미생물과 외부 물질들에 대항하여 몸을 방어한다. 다른 혈액세포와 달리 백혈구는 혈류의 흐름에 제한되지 않으며 세포를 둘러싸고 있는 체액 내를 오가는 움직이는 군인이다.

혈소판은 혈액의 응고를 도와준다.

대핵세포(megakaryocytes)라 불리는 골수 내의 어떤 세포는 규칙적으로 그들의 세포질 일부를 잘라낸다. 이 세포의 조각을 **혈소판**(platelets)이라 부르며, 핵을 갖지 않는다. 혈소판이 혈류의 흐름 내로 들어가면 혈액응고에 중요한 역할을 하게 된다. 응고가 일어날 때 피브린 단백질 섬유로 된 접착성 망에 혈소판이 달라붙어 혈관이 파열된 곳이 막힐 수 있도록 덩어리를 형성한다. 이 단단하고 강한 덩어리가 손상된 부분을 막아준다. 덩어리를 만드는 피브린은 순환하던 혈소판이 손상부위와 마주치면 일련의 반응이 시작되어 만들어진다. 손상된 혈관에 의하여 방출된 화학물질에 반응하며 혈소판은 혈액응고 기작을 작동시키는 단백질요소를 혈액 내로 방출한다.

17.4 **혈액은 혈장이라 부르는 단백질이 풍부하고 염을 포함하고있는 액체 내에 순환하는 혈구들을 모아놓은 것이다. 혈액 내에서 순환하는 세포 중 일부는 가스를 운반하며, 다른 것들은 감염과 암 등으로부터 몸을 방어하는 역할을 수행한다.**

17.5 어류의 순환계

척추동물의 조상인 척색동물은 현재의 창고기에서 볼 수 있는 것과 유사한 단순한 관상의 심장을 가졌던 것으로 생각된다. 그러한 심장은 나머지 동맥들보다 상당히 근육화되어 있는 배동맥이 특수화된 부분으로, 단순히 연동성으로 수축한다. 펌프 활동은 관의 직경이 수축한 부분보다 수축하지 않은 부분이 더 크기 때문에 일어난다. 따라서 혈액의 흐름은 저항을 적게 받는다.

어류에서 아가미의 발달은 더 효과적인 펌프를 요구

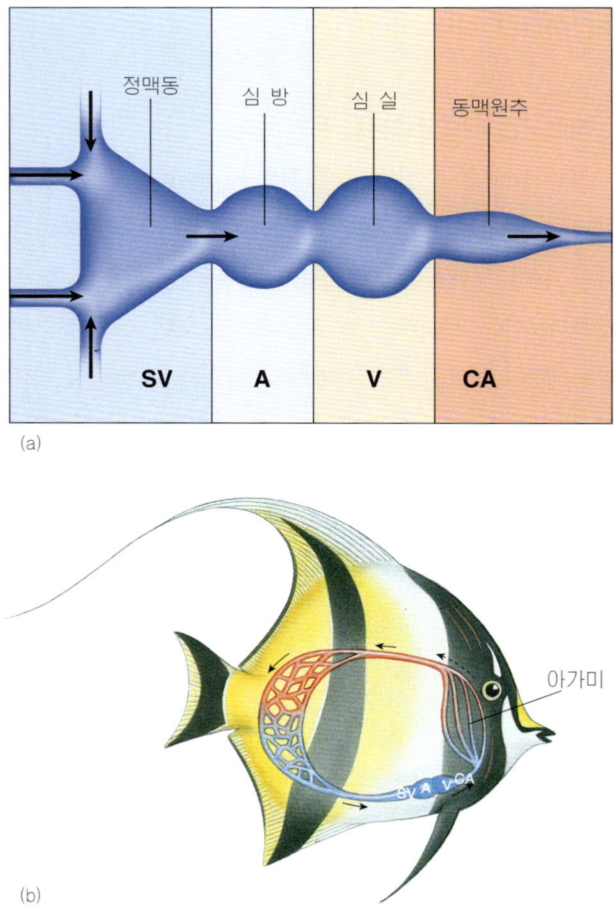

그림 17.10 어류의 심장과 순환

(a) 어류의 심장 모식도. 일련의 방들을 보여준다.
(b) 어류 순환의 모식도. 혈액이 심실에 의하여 아가미로 펌프되어진 후 바로 몸으로 흘러가므로 순환이 느리다. 산소가 풍부한 혈액(산화된)은 붉은색으로 나타내었다. 산소가 거의 없는 혈액(산소가 제거된)은 푸른색으로 나타내었다.

하게 되었고 그 결과 진정한 방을 가진 심장의 진화를 보게된다. 본질적으로 어류의 심장은 4개의 방이 차례로 놓여있는 관의 일종이다(그림 17.10a). 처음 2개의 방, **정맥동**(sinus venosus)과 **심방**(atrium)은 수집을 위한 방들이며, 다음의 2개, **심실**(ventricle)과 **동맥원추**(conus arteriosus)는 펌프작용을 위한 방들이다

어류의 심장이 진화되어 나온 초기 척색동물의 심장에서 볼 수 있는 것처럼, 어류의 연속적인 심장박동은 뒤쪽에서 시작하여 앞쪽으로 움직여 가는 일종의 연동작용이다. 수축은 4개의 방 중 첫번째 방인 정맥동에서 시작하여, 심방, 심실 그리고 마지막으로 동맥원추의 순서로 이어진다. 뒤에 진화되는 척추동물들에서 이들 방들의 상대적인 위치가 변화함에도 불구하고, 이러한 연속적인 심장박동은 모든 척추동물들에서 그대로 유지된다. 어류에서 수축을 유도하는 전기적 충격은 정맥동에서 시작된다. 다른 척추동물들에서 이 전기적 충격은 정맥동의 전기적 균형에 의하여 시작된다.

어류의 심장은 아가미 호흡기작에 아주 적합하며, 척추동물에서 중요한 진화적 발달 중 하나이다. 아마도 어류심장의 최대의 이점은 몸조직으로 운반된 혈액이 완전히 산화된다는 점일 것이다. 혈액은 처음에 산화가 일어나는 아가미로 분출된 후 아가미에서부터 몸의 나머지 부위로 동맥의 망을 통과하여 흐르게 된다. 그 후 혈액은 정맥을 통하여 심장으로 되돌아온다(그림 17.10b). 그러나 이러한 배열은 중대한 문제점이 있다. 아가미 내의 모세혈관을 통과하여 나올 때 혈액은 심장의 수축으로 생긴 압력의 상당부분을 잃어버리므로 아가미에서부터 몸의 나머지 부분을 통과해야하는 순환은 아주 느려진다. 이러한 특징은 몸의 나머지 부분으로의 산소 운반률을 제한한다.

17.5 어류의 심장은 변형된 관의 형태로 일렬로 된 4개의 방으로 구성되어 있다. 혈액은 처음에 심장의 수축이 물결처럼 시작되는 곳인 정맥동에서부터 심장으로 들어간다.

17.6 양서류와 파충류의 순환계

폐의 출현은 순환 패턴의 커다란 변화와 연관이 있다. 혈액은 심장에 의하여 폐로 펌프된 후 바로 체내의 조직으로 가지않고 심장으로 되돌아간다. 이는 2개의 순환으로 결론지어 진다. 하나는 심장에서 폐로 또 폐에서 심장으로 가는 **폐순환**(pulmonary circulation)이며, 다른 하나는 심장에서 몸으로 또 몸에서 심장으로 가는 **체순환**(systemic circulation)이다.

만일 심장의 구조에 어떠한 변화가 없다면 폐로부터 온 산화된 혈액은 몸의 나머지 부분으로부터 돌아온 환원된 혈액과 심장에서 섞이게 될 것이다. 결과적으로, 심장은 완전히 산화된 혈액이 아닌 산화혈과 환원혈이 섞인 혈액을 펌프하게 된다. 양서류의 심장은 이러한 섞임을 줄일 수 있는 두 가지 구조적 특징을 가지고 있다(그림 17.11a). 첫째, 심방은 2개의 방으로 나뉘어져 있다. 우심방은 체순환에서 오는 환원된 혈액을 받고, 좌심방은 폐에서 오는 산화된 혈액을 받는다. 따라서 이들 두 혈액은 심방에서 섞이지 않게 된다. 그러나 각 심방의 내용물이 단일의 공통 심실로 들어갈 때에 약간의 섞임이 일어날 수 있다. 둘째, 동맥원추는 격벽(septum)에 의하여 부분적으로 나뉘어져 있어, 폐에서 폐동맥 내로 환원된 혈액이 바로 들어오며 체순환에 관여하는 주동맥인 대동맥으로 산화된 혈액이 바로 들어가게 된다.

양서류의 심장에는 심실이 하나뿐이므로 폐순환과 체순환의 분리는 불완전하다. 그러나 수중에서는 피부를 통한 확산에 의하여 추가적인 산소를 얻을 수 있다. **피부호흡**(cutaneous respiration)이라 부르는 이 과정은 혈액의 추가적인 산화를 도와준다.

파충류에서 추가된 변형은 심장에서 혈액의 섞임을 훨씬 더 줄여주었다. 2개의 분리된 심방을 가진 것 외에도 파충류는 심실을 부분적으로 나누어주는 격벽을 가지고 있다(그림 17.11b). 이 격벽은 심장 내에서 산

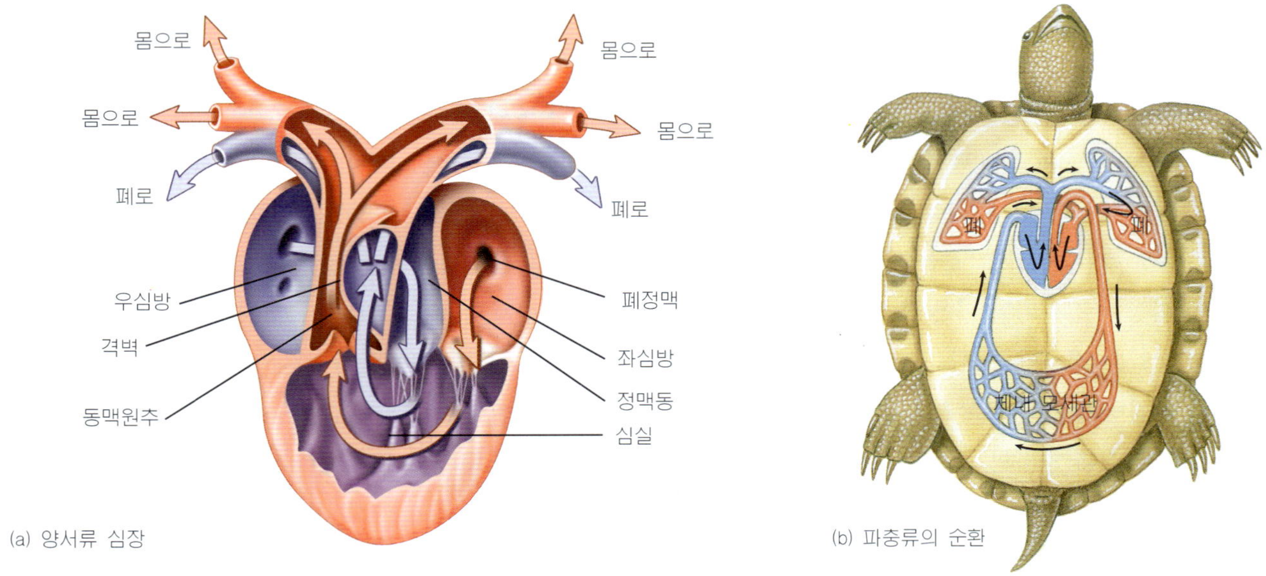

그림 17.11 양서류의 심장과 파충류의 순환

(a) 개구리의 심장은 2개의 심방과 혈액을 폐와 몸의 양쪽으로 펌프하는 1개의 심실을 갖는다. 섞임의 가능성에도 불구하고 산화혈(붉은색)과 환원혈 푸른색으로 표시된)은 몸과 폐로 펌프될 때 아주 소량만이 섞이게 된다. 약간 섞인 상태는 보라색으로 나타내었다. (b) 파충류에는 2개의 분리된 심방 뿐 아니라, 심실도 부분적으로 분리가 되어있다. 양서류와 파충류에서 혈액은 폐를 떠난 후에 심장으로 되돌아오고, 다시 분출되어 어류보다 더 강한 힘에 의하여 몸으로 순환하게 된다.

화혈과 환원혈을 더 효과적으로 분리하여 준다. 파충류의 한 목인 악어에서는 2개의 분리된 심실이 완전한 격벽에 의하여 나뉘어져 있다. 따라서 악어에서는 폐순환과 체순환이 완전하게 나뉘어 진다.

17.6 양서류와 파충류는 혈액을 폐와 몸의 나머지 부분으로 운반하는 폐순환과 체순환의 2개의 순환을 가진다.

17.7 포유류와 조류의 순환계

포유류, 조류 그리고 악어는 단위체내에 함께 작동되는 2개의 분리된 펌프계가 존재하는 4개의 방이 있는 심장을 가지고 있다. 이들 펌프 중 하나는 혈액을 폐로 보내며, 다른 하나는 혈액을 몸의 나머지 부분으로 보낸다. 왼쪽 부분에는 2개의 연결된 방이 있으며, 오른쪽도 그러하지만 양쪽은 서로 연결되어 있지 않다. 포유류와 조류에서는 이중 순환계의 효과를 증가시키기 위하여 항온성(따뜻한 피를 가진)의 진화가 중요했던 것으로 생각되어지는데, 왜냐하면 순환의 효과를 증대시키기 위하여서는 높은 대사율을 유지하는 것이 필수적으로 요구되기 때문이다.

심장을 통한 순환

산소가 풍부한 혈액이 폐에서 심장으로 들어오는 것에서부터 시작하여 포유류 심장을 통한 혈액의 경로를 살펴보자(그림 17.12). 폐에서 심장의 왼쪽으로 들어온 산화된 혈액은 **폐정맥**(pulmonary veins)이라 부르는 큰 혈관을 통과하여 **좌심방**(left atrium)으로 바로 들어온다. 심방에서부터 혈액은 연결된 방인 **좌심실**(left ventricle)내로 흘러간다. 이 흐름의 약 80%가 심장이 이완되어 있을 때 일어난다. 심장수축이 시작되면 심방이 먼저 수축되는데 나머지 20%의 혈액이 심실 내로 밀려들어 간다.

뒤이어 심실이 수축한다. 심실의 벽은 심방의 벽보다 훨씬 더 두꺼운 근육으로 되어있으며, 따라서 이 수축이 훨씬 더 강한 것이다. 한번의 강한 박동으로 심실 내의 혈액의 대부분이 밖으로 밀려나간다. 혈액은 큰 일방향 판막인 **이첨판**(mitral valve)에 의하여 심방으로의 역류가 방지되며, 이것은 심실이 수축할 때 밀려서 닫혀진다.

심방으로의 역류가 방지되므로 좌심실 수축시 혈액은 오직 반대방향으로만 빠져나가게 된다. 즉, **대동맥**(aorta)이라 부르는 커다란 혈관 내로 유도되는 2차적인 개구를 통과하여 움직인다. 이 대동맥은 **대동맥판**(aortic valve)이라는 일방향 판막에 의하여 좌심실에서 분리되어 있다. 이첨판과 달리 이 대동맥판은 심실의 바깥으로 혈액이 흐르도록 방향 지워져 있다. 한번이 바깥방향 흐름이 발생하면 동맥으로부터 심장 안쪽으로 혈액이 재유입 되는것을 막기 위하여 대동맥판은 닫혀지게 된다. 대동맥과 대동맥의 많은 가지들은 체동맥으로써 산소가 풍부한 혈액을 몸 전체로 운반한다.

결국 이 혈액은 체세포로 산소를 운반한 후 심장으로 되돌아온다. 되돌아올 때에 혈액은 일련의 커다란 정맥들을 거치게 되고, 마지막으로 심장의 우심방으로 연결되는 2개의 커다란 정맥에서 끝난다. **상대정맥**

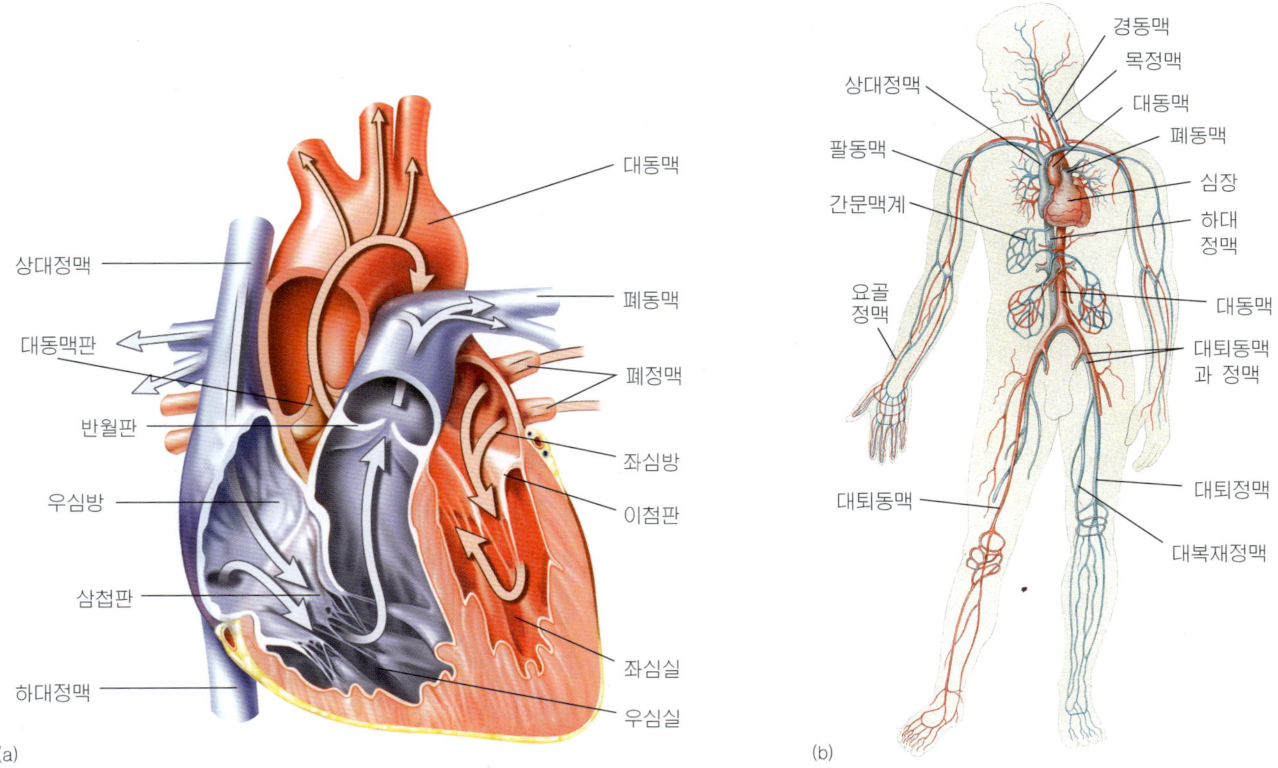

그림 17.12 포유류와 조류의 심장과 순환

(a) 양서류와 다른 이 심장은 좌우심실 안에 심실을 분리하는 격벽이 있다. 폐에서 산화된 혈액은 폐정맥을 통하여 심장의 좌심방으로 들어간다. 이 혈액은 좌심실로 들어가고, 체순환을 위하여 대동맥을 지난 후 조직에 산소를 운반한다. 가스교환이 조직에서 이루어지면 정맥이 심장으로 혈액을 되돌린다. 상대정맥과 하대정맥을 통하여 우심방으로 들어온 후에, 환원된 혈액은 우심실을 통과하고 폐의 폐동맥판을 거쳐 폐동맥을 통과한다. (b) 인간 순환계의 주요 동맥과 정맥의 일부를 보여준다.

(superior vena cava)은 상체의 혈액을 모으며, **하대정맥**(inferior vena cava)은 하체의 혈액을 모은다.

심장의 오른쪽은 왼쪽과 유사하게 구성되어있다. 혈액은 **우심방**(right atrium)에서부터 일방향 판막인 **삼첨판**(tricuspid valve)을 통과하여 **우심실**(right ventricle) 내로 들어온다. 다음에 우심실이 수축되면서 두번째 판막인 **폐동맥판**(pulmonary valve)을 통과한 후 **폐동맥**(pulmonary arteries)을 거쳐 폐로 환원된 혈액을 운반한다. 그 후 혈액은 폐에서 새로 산소와 결합한 후 심장의 왼쪽으로 되돌아와 다시 온몸으로 펌프된다.

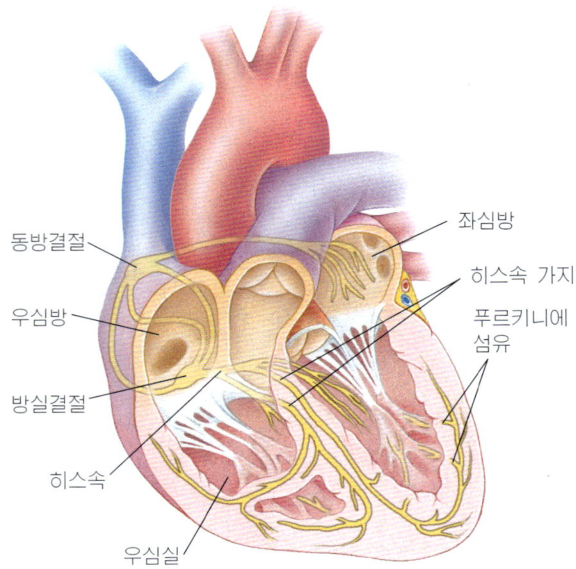

그림 17.13 포유류의 심장은 어떻게 수축하는가. 포유류 심장의 수축은 동방결절에서 시작된 분극의 물결에 의하여 개시된다. 오른쪽과 왼쪽 심방으로 전달되어 수축을 일으킨 후, 분극의 물결은 방실결절에 도달하여 이곳에서부터 심실로 전달된다. 분극은 히스속섬유를 만들어 심실에 전체적으로 가지를 뻗어있는 푸르키니에섬유에 의하여 심실 표면에 전체적으로 빠르게 전달된다.

심장은 어떻게 수축하는가?

척추동물 심장의 진화 역사 동안 정맥동은 심장의 박동이 시작되는 박동원으로 쓰여졌다. 정맥동은 어류의 심장에서는 하나의 주된 방으로 구성되지만, 양서류에서는 그 크기가 감소하였고 파충류에서는 더욱 감소하였다. 포유류와 조류의 정맥동은 더 이상 분리된 방이 아니며, 체정맥의 혈액이 심방 내로 들어오는 부분과 가까운 곳인 우심방 벽에 정맥동의 조직 일부가 남아있다. **동방결절**(sinoatrial(SA) node)이라 불리는 이 조직은 여전히 심장박동이 생기는 곳이다.

심장의 수축은 일련의 정교한 근육수축으로 이루어진다. 먼저 심방이 함께 수축하고, 뒤이어 심실이 수축한다. 수축은 동방결절에 의하여 개시된다(그림 17.13). 동방결절의 막은 심장박동의 리듬을 결정하는 규칙적인 리듬으로 동시에 분극된다. 이 박동원에서 개시된 각각의 분극은 왼쪽과 오른쪽 심방에 거의 동시에 차례로 퍼져나가 심장의 근육들로 빠르게 전달된다.

그러나 분극의 물결은 심실로 즉시 퍼져나가지 않는다. 심장의 아래쪽 반이 수축을 시작하기 전에 잠깐의 멈춤이 있게 된다. 이러한 지연이 있는 이유는 심장의 심방이 분극의 물결을 전하지 못하는 결합조직에 의하여 심실로부터 분리되어 있기 때문이다. 이 분극은 **방실결절**(atrioventricular(AV) node)이라 불리는 심근세포의 가는 연결부위를 따라서 전달되어, **히스속**(bundle of His)이라 불리는 특수화된 근육의 가닥을 거쳐 간극을 통과한 후 심실로 연결된다. 이 섬유다발은 속도를 빨리 할수 있도록 **푸르키니에섬유**(Purkinje fibers)로 가지를 나누게 되어, 심방 수축 후 약 0.1초만에 우심실과 좌심실의 모든 세포들이 동시에 수축을 시작하게 된다. 이 지연은 심실이 수축을 시작하기 전에 심방이 심실 내로 심방내의 모든 내용물을 비울 수 있도록 하여준다.

순환계 전체가 폐쇄되어 있으므로, 반드시 각각의 심방박동과 함께 체순환을 거친 것만큼의 동량의 혈액이 폐순환을 통과하여 움직여야 한다. 그러므로 오른쪽과 왼쪽 심실은 매번 수축시에 반드시 동량의 혈액을 펌프하여야 한다. 만일 한쪽 심실에서 나오는 양이 다른 쪽의 것과 같지 않으면, 체액이 축척되고 한쪽 순환에 압력이 증가하게 된다. 그 결과 모세혈관 밖으로 여과되는 양이 증가하고 부종이 생기게 된다. 비록 두 심실에서 펌프되는 혈액의 양은 같지만, 생산되는 압력은 같지 않다. 저항이 높은 체내 순환혈액을 펌프하는 좌심실은 우심실보다 더 근육성이며 더 큰 압력을 생산한다.

17.7 포유류의 심장은 2개의 순환펌프로 되어있다. 왼쪽편은 체조직으로 산화된 혈액을 펌프하고, 반면에 오른편은 이산화탄소를 유리시키고 더 많은 산소를 모아 주는 폐로 산소가 부족한 혈액을 펌프한다.

17.8 심장 기능검사

심장박동은 단순히 쥐어짜서 내보내는 순환이 아니라 예측 가능한 순서로 일어나는 일련의 결과이다. 심장박동을 검사하는 가장 쉬운 방법은 청진기를 이용하여 심장이 뛰는 소리를 듣는 것이다. 청진기를 통해 듣는 첫번째 소리인 저음의 러브(*lub*)는 심실수축이 시작될 때 이첨판(=승모판)과 삼첨판이 닫히는 것이다. 잠시 후 들리는 고음의 더브(*dub*)는 심실수축이 끝날 때 폐동맥판과 대동맥판이 닫히는 소리이다. 만일 그 판막들이 완전히 닫히지 않거나 불완전하게 열리게 되면 심장 내에 역류가 일어나게 된다. 이 역류는 **심장잡음**(heart murmur)으로 들리는데, 종종 액체가 튀는 것 같은 소리가 난다.

심장박동의 결과를 검사할 수 있는 두번째 방법은 혈압을 검사하는 것이다. 심장박동의 첫번째 시기동안 심방이 가득 채워지게 된다. 이때 심장의 왼쪽에서부터 체조직으로 유도되는 혈관의 압력은 약간 감소되어 나온다. 이 낮은 압력이 심장 **이완기**(diastolic) 혈압으로 간주된다. 좌심실이 수축하는 동안 혈액의 맥박은 체동맥계 내로 퍼져나가 즉시 이들 혈관 내에 혈압을 일으킨다. 이 확장기 동안 생성되는 높은 혈압은 대동맥판이 닫혀질 때 끝이 나며, **수축기**(systolic) 혈압으로 간주된다. 정상적인 혈압은 이완기 혈압이 70~90, 그리고 수축기 혈압이 110~130이다. 동맥의 내벽에 지방이 축적된 동맥경화증 상태가 되면 통로의 직경이 좁아지

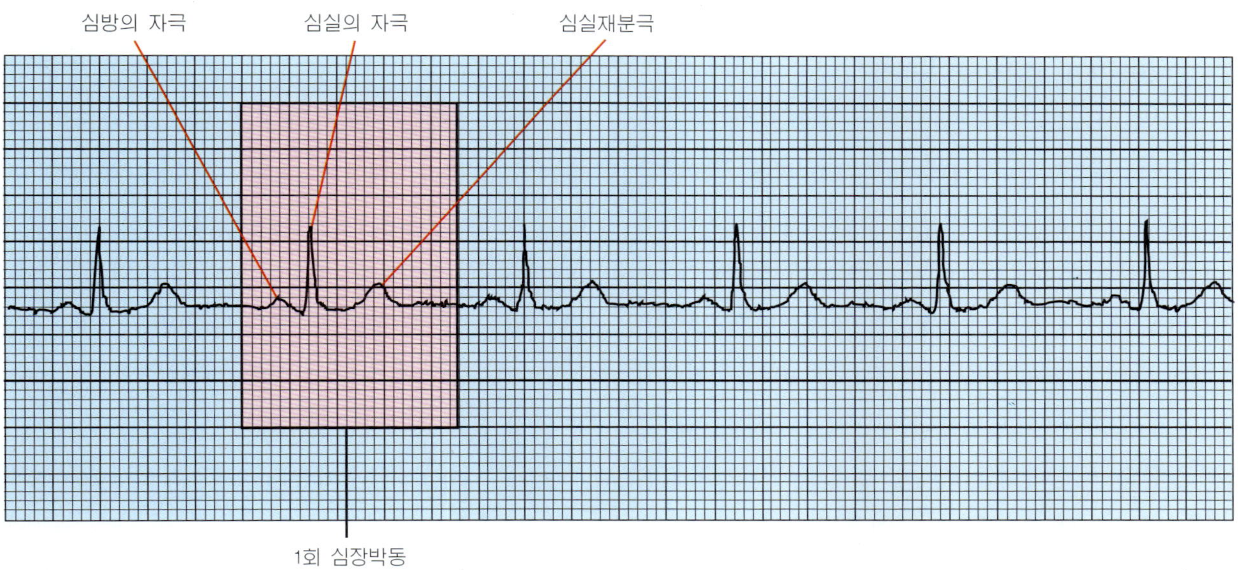

그림 17.14 심전도

이 차트는 정상적인 심장박동의 세 가지 연속된 맥박을 보여준다. 첫번째 탈 분극은 심방의 흥분을 나타낸다. 0.1초 후에 나타나는 더 강한 파동은 심실의 수축과 심방의 이완 모두를 나타내는 것이다. 끝으로 약 0.2초 후에 나타나는 세번째 파동은 심실의 이완 혹은 재분극의 결과이다.

게 된다. 이때에는 수축기 혈압이 상승하게 된다.

심방 박동을 검사하는 세번째 방법은 분극의 파동을 측정하는 것이다. 척추동물의 몸은 기본적으로 물로 이루어져 있기 때문에, 전기적 흐름이 잘 이루어 진다. 심장의 표면을 따라 전달되는 막분극의 물결은 몸 전체로 퍼져나가는 전기적 흐름을 생성시킨다. 이 전기적 박동의 크기는 아주 작은 것이지만, 피부에 부착한 감지기에 의하여 감지될 수 있다. 이러한 박동을 기록한 것을 심전도라 한다(그림 17.14).

다세포생물의 진화는 효과적으로 몸 전체에 물질들을 순환시키는 능력에 결정적으로 의존하였다. 척추동물은 순환계의 작동을 조절하여 몸의 활성을 조정할 수 있다. 실제로 척추동물들의 상이한 대사적 요구들이 순환계의 진화를 형성하였다

17.8 **심장의 기능은 소리를 듣거나, 박동에서 생성된 혈압의 변화를 느끼거나, 수축에 의하여 생성된 분극의 파동을 측정함으로써 검사할 수 있다.**

17.9 심혈관계 질병들

심혈관계 질병들은 미국에서 사망의 원인으로 선두를 달린다. 4천 2백만명 이상이 심혈관계 질병을 가지고 있다. 심장마비는 미국에서 심혈관계 사망의 주요 원인이며, 모든 사망의 20%정도를 차지한다. 심장마비는 심장근육의 하나 혹은 여러 부분에 미치는 혈액의 공급이 불충분하여 그 부분의 심근세포가 죽어버리는데 기인한다. 심장마비는 관상동맥(심장근육으로 혈액을 공급하는 동맥) 내의 어딘가에 혈병이 형성되어 그 혈관을 통과하려는 혈액의 경로가 차단됨으로써 유발되는 수도 있으며, 동맥이 동맥경화에 의하여 차단됨으로써 생길 수도 있다. 심장마비는 만일 심장 내의 다른 혈관들이 용적을 증가시켜 손상된 조직에 혈액을 재공급할 수 있을 만큼 심장 내의 손상된 부분이 작다면 회복이 가능하다. "가슴 통증"을 의미하는 **협심증**(angina pectoris)은 심장마비의 원인과 유사하게 발생하지만, 그렇게 심각하지는 않다. 그러한 통증은 심장에서 생긴 것이지만, 종종 왼쪽 팔과 어깨에 통증이 있기도 한다. 협심증은 심장으로의 혈액 공급이 부적절함을 경고하는 것이기는 하지만, 심근세포가 죽는 것은 충분히 피할 수 있다.

뇌졸중(strokes)은 혈액이 뇌로 공급되는 것에 방해를 받아 유발된다. 또한 뇌의 혈관이 파열되었을 때나 대뇌동맥의 혈액흐름이 혈병이나 동맥경화에 의하여 차단될 때에도 생길 수 있다. 뇌졸중의 영향은 손상의 정도와 손상이 일어난 부위가 뇌의 어느 부분인가에 따라 달라진다.

죽상 경화증(atherosclerosis)은 지방물질, 평활근의 비정상적인 양, 콜레스테롤이나 섬유소의 축적, 또는 여러 종류의 세포 부스러기들이 동맥 내에 축적된 것이다. 이 축적물은 혈액의 흐름을 감소시킨다(그림 17.15). 동맥의 내강은 죽상 경화증에 의해 형성된 덩어리에 의해 직경이 훨씬 줄어들게 된다. 심한 경우 동맥은 완전히 막히기도 한다. 죽상 경화증은 유전적 소인, 흡연, 고혈압 그리고 높은 콜레스테롤치에 의하여 촉진된다. 콜레스테롤과 포화지방(콜레스테롤이 만들어질 수 있는)을 낮추는 식이요법은 혈액 내 콜레스테롤의 수치를 낮추는데 도움이 되며, 고혈압을 치료하는 것도 위험요소를 줄일 수 있는 방법이다. 특히, 금연을 하는 것은 흡연자가 죽상 경화증의 위험을 줄일 수 있는 가장 쉽고 효과적인 방법이다.

동맥이 굳는 **동맥경화증**(arteriosclerosis)은 동맥의 내벽에 칼슘이 축적될 때 일어난다. 이 때의 동맥경화증은 죽상경화증이 심할 때에 발생하는 경향이 있다. 이는 동맥으로 혈액이 흐르는 것이 제한되는 것 뿐 아니라, 심장에 의하여 펌프된 혈액의 양을 수용하기 위해 정상적인 동맥이 확장되는 능력을 없앤다. 이러한

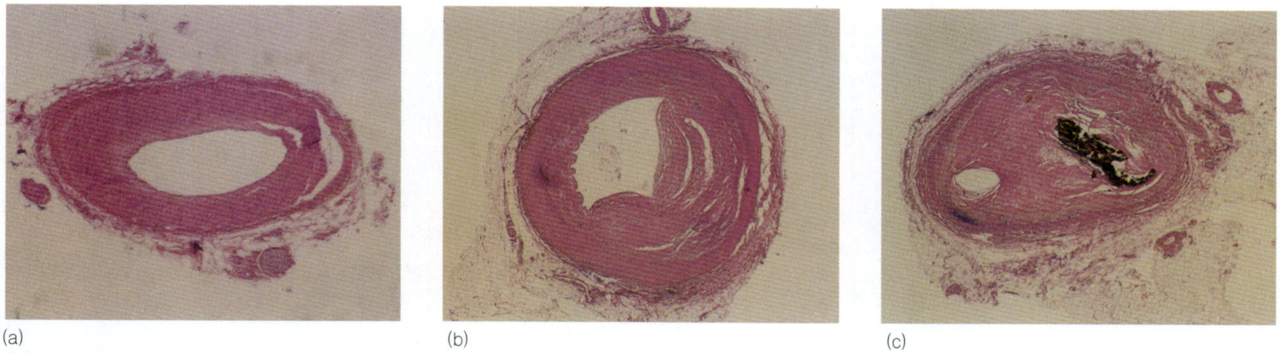

그림 17.15 심장마비의 과정

(a) 관상동맥에 약간의 방해물이 보인다. (b) 동맥이 심한 아테롬성경화증을 나타낸다. 통로의 상당부분이 동맥의 내벽에 축적된 물질에 의하여 차단 되어있다. (c) 관상동맥은 결국 완전히 막히게 된다.

비유연성은 심장의 작동을 더욱 어렵게 만든다.

> **17.9** 인간은 다양한 심혈관계 질병을 앓고 있으며, 그중 다수가 동맥의 내면에 지방물질이 축적된 것과 연관이 있다.

17.10 호흡계의 여러 유형

모든 동물은 에너지가 잠재되어 있는 탄소-수소 결합이 풍부한 분자들을 산화시킴으로 살아가는데 필요한 에너지를 얻는다. 이들 산화 대사작용은 산소 공급이 필요하다. 산소의 획득과 동시에 일어나는 이산화탄소의 방출을 함께 **호흡**(respiration)이라 부른다.

하등한 문에 속하는 대부분의 생물들은 해수로부터 확산에 의하여 직접 산소를 얻는데, 해수에는 1리터 당 10ml의 산소가 용존되어 있다(그림 17.16a). 해면류, 자포류, 많은 편형동물류, 환형동물류 그리고 일부 선충류들은 주변 물로부터의 확산에 의하여 모든 산소를 얻는다. 이와 비슷하게 척추동물인 양서강의 동물들도 그들의 축축한 피부를 통한 확산에 의하여 직접적으로 가스교환을 일으킨다 (그림 17.16b).

더 진보된 형태의 해산 무척추동물들(연체동물류, 절지동물류 그리고 극피동물류)은 표면적을 증가시켜 산소의 확산이 쉽도록 만들어주는 아가미라 불리는 특수화된 호흡기관을 가진다. **아가미**(gill)는 물이 통과할 때 물결치는 얇은 판들로 이루어진 조직이다. 아가미는 극피동물의 돌기구조처럼 단순한 것도 있고(그림 17.16c), 물고기에서와 같이 아주 복잡한 포선형태(convoluted)의 아가미도 있다(그림 17.16e). 육상절지류는 아가미 같은 단일 주호흡기관을 갖지 않는다. 그 대신, **기관**(trachea)이라 부르는 공기 통로의 망을 가지는데, 이 관들이 점점 더 작은 관들로 가지를 뻗어 몸의 모든 부분들로 공기를 운반한다(그림 17.16d). 기관이 외부로 열리는 개구부는 **기문**(spiracles)이라 부르는 특별한 구조이며, 이 기문은 개폐가 가능하다. 일부 양서류를 제외한 육상척추동물들은 단일 호흡기관인 **폐**(lung)를 갖는다(그림 17.16f).

> **17.10** 수생동물에는 물에 용존되어 있는 산소를 직접 확산에 의하여 획득하는 것과 아가미로 획득하는 것이 있다. 육상 동물들은 기관이나 폐를 이용한다.

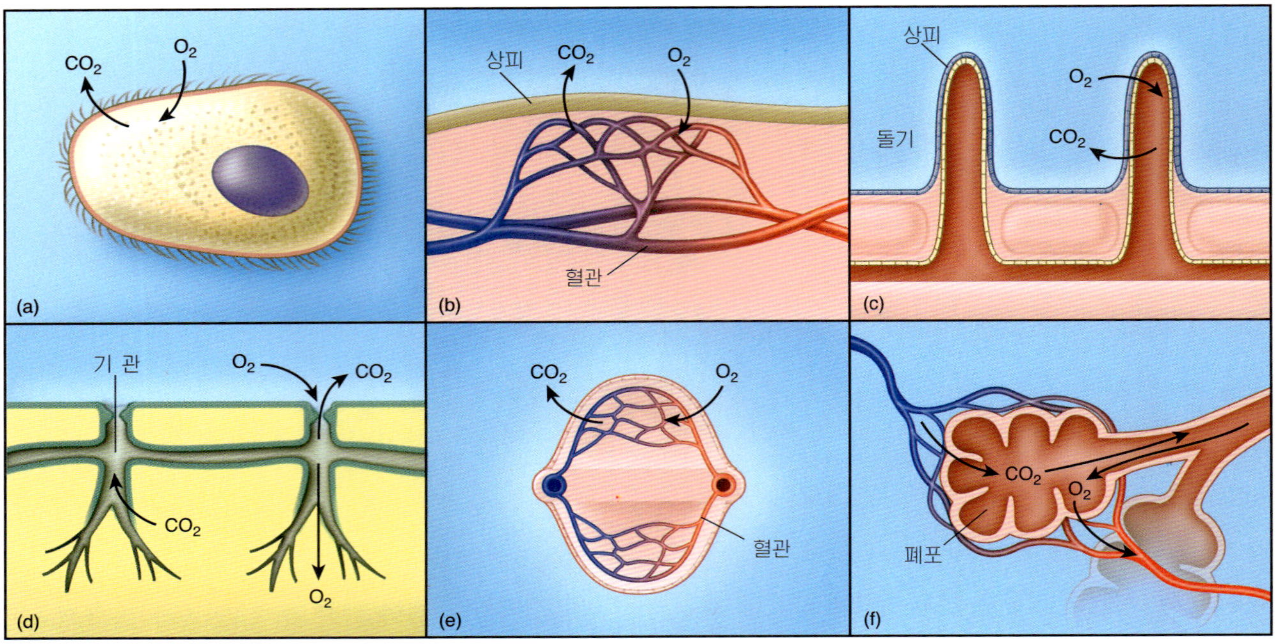

그림 17.16 동물에서의 가스교환

(a) 가스가 단세포생물체 내로 직접 확산된다. (b) 양서류와 다수의 다세포생물은 피부를 통하여 호흡한다(피부호흡). (c) 극피동물은 튀어나온 돌기구조를 가지며, 이 돌기는 호흡면적을 증가시켜 준다. (d) 곤충은 바깥으로 열려있는 기관을 통하여 호흡한다. (e) 어류의 아가미는 아주 넓은 호흡면을 제공하며 역류흐름을 유도한다. (f) 포유류의 폐는 넓은 호흡면을 제공하지만 역류흐름을 허용하지는 않는다.

17.11 수생 척추동물의 호흡계

어류는 물안에서 계속하여 입을 벌렸다 닫았다 하면서 수영을 하므로 구강을 통하여 들어온 물이 입 뒤쪽에 있는 작은 틈새로 나간 후 단일 방향으로 아가미들을 지나게 된다.

이러한 다소 복잡한 듯한 삼키는 과정은 어류의 아가미가 진보된 형태임을 보여주는 것이다. 삼키는 과정에서 중요한 것은 물이 항상 같은 방향으로 아가미를 지나서 움직인다는 것이다. 같은 방향으로 아가미를 통과하는 물의 움직임은 **역류흐름**(countercurrent flow)을 허용하므로 산소를 얻는 데에 가장 효과적인 방법이 될 수 있다. 기작은 다음과 같다.

각 아가미는 얇은 막성 판들이 탑처럼 쌓아올려져 있으며 물이 흘러가는 쪽으로 돌출되어 있는 2개의 열로 된 새사로 구성되어 있다(그림 17.17). 물이 앞쪽에서부터 뒤쪽으로 새사를 지나 흘러갈 때, 산소는 물에서 새사 내의 혈액순환 쪽으로 확산된다. 각 새사 내에는 혈액순환이 있으므로 혈액은 물이 움직이는 반대방향, 즉 새사의 뒤에서부터 앞쪽으로 운반될 수 있다.

이러한 역류흐름 때문에 어류의 아가미에 있는 혈액은 아가미로 들어오는 물이 가지고 있는 산소의 농도만큼 높은 산소 농도를 가질 수 있다(그림 17.18). 경골어류의 아가미는 진화된 생물체들 중 가장 효과적인 호흡기구이다. 그들은 물로부터 85%에 달하는 산소를 얻을 수 있다.

17.11 어류의 아가미에서는 산소를 추출하기에 아주 효과적인 역류흐름이 일어난다.

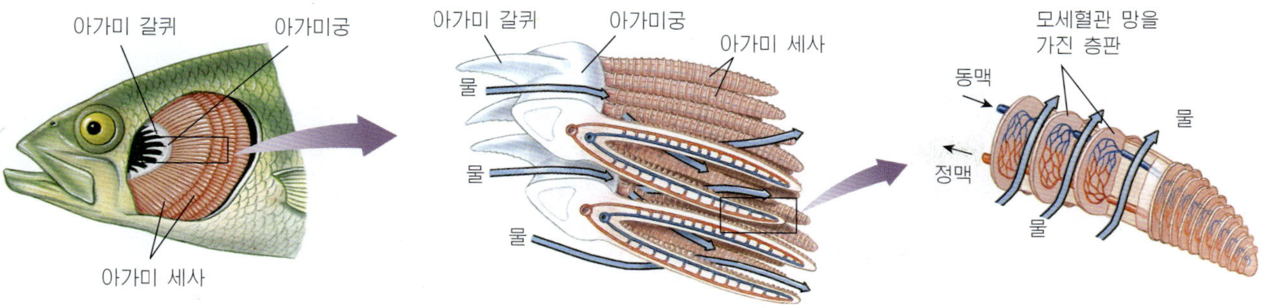

그림 17.17 어류 아가미의 구조

물은 새궁에서 새사를 지나 통과한다(그림의 왼쪽에서 오른쪽으로). 물은 항상 같은 방향으로 얇은 판을 통과하며, 이 방향은 얇은 판을 가로질러 혈액이 흐르는 방향에 반대되는 것이다. 이처럼 혈액과 물이 흐르는 방향이 반대가 된다는 것은 아가미 작동을 성공시키는데 결정적인 것이다.

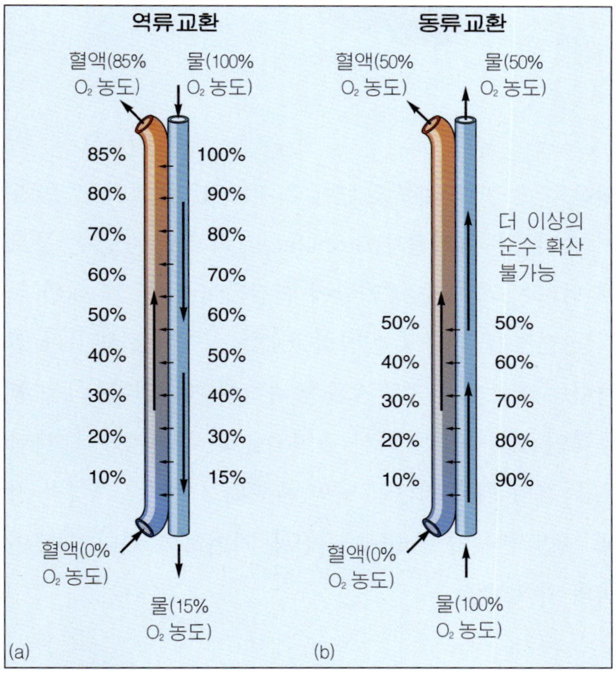

그림 17.18 역류흐름

혈액과 물의 흐름이 반대방향 일 때 (a) 물과 혈액사이의 초기 산소농도 차는 크지 않지만, 물에서 혈액으로 산소를 확산시키기에 충분하다. 혈액의 산소농도가 증가할 때 혈액은 더 높은 산소 농도를 가진 물과 맞부딪치게 된다. 언제나 산소의 농도는 물이 더 높기 때문에, 확산은 계속된다. 이 예에서 혈액은 85%의 산소농도를 획득한다. 혈액과 물이 같은 방향으로 흐르면 (b) 산소는 처음에는 빠르게 물에서 혈액 내로 확산될 수 있지만, 확산률은 확산이 진행될수록 점점 느려지게 되고, 결국 물과 혈액내의 산소 농도는 같아지게 될 것이다. 예에서 혈액의 산소농도는 50%를 넘을 수 없다.

17.12 육상 척추동물의 호흡계

■ 양서류는 폐의 공기에서 산소를 얻는다.

최초의 육상척추동물이 직면한 주요 과제는 공기로부터 산소를 얻어야 하는 것이다. 어류의 아가미는 물에서는 훌륭한 산소 수집 기구이지만, 공기 중에서는 쓸 수가 없다. 섬세한 막구조인 아가미는 공기 중에서는 유지될 수가 없어 막이 붕괴된다. 물고기가 물 밖에서는 살 수 없는 이유이다.

어류와 달리 개구리는 물 바깥의 마른땅에서도 죽지 않는다. 이것은 개구리가 부분적으로 축축한 피부를 통하여 호흡할 수 있기 때문이기도 하지만, 주된 이유는 개구리가 폐를 가지고 있기 때문이다. **폐**(lung)는 가방처럼 생긴 호흡기관이다. 양서류의 폐는 포선형 내막으로 된 주머니가 거의 없다(그림 17.19a). 공기는 머리에서부터 관상통로를 통과하여 주머니 내로 들어온 후, 다시 같은 경로를 거쳐 밖으로 되돌아 나간다. 폐는 아가미만큼 효과적이지 못한데, 왜냐하면 들여마신 새 공기가 이미 폐 안에 들어와 있는 오래된 공기와 섞이기 때문이다. 그러나 공기는 1리터 당 약 210ml의 산소

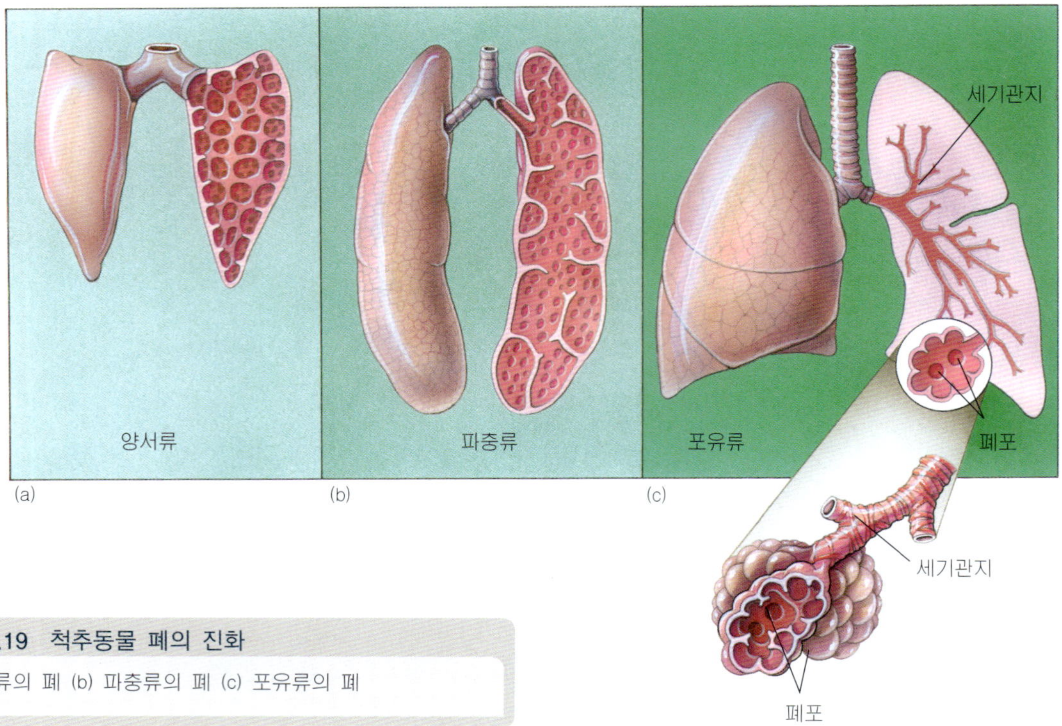

그림 17.19 척추동물 폐의 진화

(a) 양서류의 폐 (b) 파충류의 폐 (c) 포유류의 폐

를 함유하며, 이것은 해수에 포함되어있는 양의 20배가 넘는다. 따라서 공기중에는 더 많은 산소가 있기 때문에 폐는 아가미처럼 효과적일 필요는 없는 것이다.

■ 파충류와 포유류의 폐의 표면적 증가

파충류는 양서류보다 훨씬 더 활동적이므로 더 많은 산소를 필요로 한다. 그러나 파충류는 양서류처럼 호흡을 피부에 의존할 수 없다; 파충류의 건조하고 비늘이 있는 피부는 수분손실을 막기 위하여 '방수' 되어 있다. 대신 파충류의 폐는 많은 수의 작은 공기 주머니를 가지며, 이것이 산소를 확산하는데 이용되는 폐의 표면적을 증가시킨다(그림 17.19b).

포유류는 대사적으로 몸에 열을 가하여 체온을 일정하게 유지하기 때문에 파충류보다 더 많은 산소가 대사에 필요하다. 더 많은 산소를 얻기 위한 문제점이 폐 내의 확산 표면적을 증가시킴으로써 해결되었다. 포유류의 폐는 포도처럼 송이로 된 **폐포**(alveoli)라 부르는 수많은 작은 방을 내부 표면에 가지고 있다(그림 17.19c). 이 송이들은 **세기관지**(bronchiole)라 부르는 짧은 통로에 의하여 폐의 주 공기낭에 연결되어 있다. 폐 내의 공기는 산소를 취하고 이산화탄소를 처리하는 과정이 일어나는 폐포에서 기관지를 통과하여 지나간다. 더욱 활동적인 포유동물은 확산 표면적을 더 증가시킨다. 사람은 각각의 폐에 약 3억 개의 폐포를 가지며, 그것의 전체 표면적이 약 80m²로 확산에 기여하고 있다(체표면적의 약 42배).

■ 조류의 완전한 폐

폐의 표면적을 증가시킴으로써 효율을 증가시키는 것에는 한계가 있으며, 활동적인 포유류들은 이미 그 한계에 도달하였다. 조류가 진화하였을 때, 이 효과는 만족스럽지 못했다. 날아다니는 동물에서 산소를 위한 호흡 요구는 가장 활동적인 포유류가 가진 낭상 폐의 용적을 넘어서는 것이었다. 비행의 상당부분이 활강으

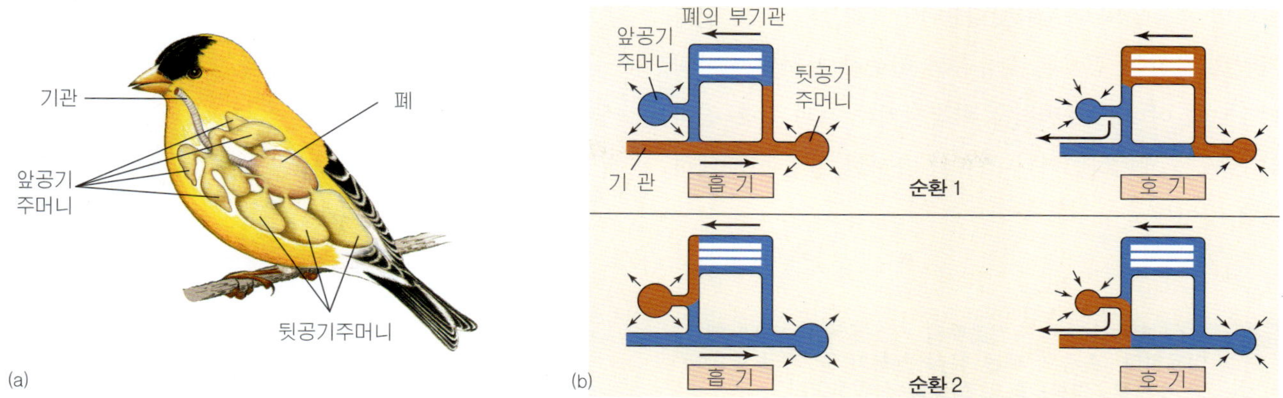

그림 17.20 새는 어떻게 숨을 쉬는가

(a) 새의 호흡계는 기관지, 앞쪽 공기낭, 폐 그리고 뒤쪽 공기낭으로 구성되어 있다. (b) 숨쉬기는 두 가지 순환으로 일어난다. 순환 1에서 공기는 기관지에서부터 뒤쪽 공기낭으로 들어간 후, 폐 안으로 내뱉어진다. 순환 2에서 공기는 폐에서부터 앞쪽 공기주머니로 들어간 후, 기관지를 통하여 내뱉어진다. 폐를 통과하는 공기의 경로는 항상 뒤쪽에서 앞쪽으로 이어지는 같은 방향이다(책에서는 오른쪽에서 왼쪽으로). 혈액이 앞쪽에서 뒤쪽으로 순환하기 때문에 폐는 공기로부터 산소를 취하기에 아주 효과적인 역류흐름의 형태를 획득하게 된다.

로 이루어지는 박쥐와 달리, 대부분의 새들은 날기 위하여 날개를 빨리 움직여야 하며, 때로는 오랜 시간동안 날개짓을 해야 한다. 격렬한 날개짓은 많은 양의 에너지를 소모하기 때문에, 날개 근육들은 매우 빈번히 수축하여야 한다. 따라서 날고있는 새는 비행근육에 의하여 소모된 ATP를 다시 충당하기 위하여 세포 내의 세포호흡을 아주 활동적으로 수행하여야하며, 이 과정에는 많은 양의 산소가 요구된다.

조류의 폐는 더 이상의 표면적의 증가 없이 폐의 효율을 증가시킬 수 있는 새로운 방법을 발전시켜 비행에 대처하였다. 조류는 효율에 있어서 어류의 효율과 같은 정도의 효과를 나타낸다. 조류의 폐는 폐 뒤쪽에 있는 일련의 공기주머니와 연결되어 있다. 새가 공기를 들이마시면, 바로 공기주머니로 들어가고, 이것이 저장고로 작용한다(그림 17.20). 새가 공기를 내뱉으면, 공기가 공기주머니에서부터 앞쪽으로 흘러 폐로 들어간 후 폐의 앞쪽에 있는 공기 주머니를 통과하여 몸의 바깥으로 나간다. 이러한 복잡한 경로의 이점은 무엇인가? 이것은 폐를 통과하는 공기가 한 방향으로만 흐르도록 한다.

새의 폐를 통과하는 공기의 흐름은 뒤에서부터 앞으로 오직 한 방향으로만 흐른다. 이 일방향 공기 흐름은 두 가지 면을 개선 시켰다. (1) 포유류의 폐와 달리 조류의 폐는 확산 표면을 통과하여 지나는 공기가 항상 완전히 산화되어있다. (2) 어류의 아가미에서와 같이 혈액의 흐름은 일방향으로 흐르는 공기와 다른 방향으로 폐를 지나간다. 이것은 어류에서처럼 반대방향은 아니다. 그 대신 모세혈관의 격자가 90도의 각도로 공기의 흐름을 가로질러 놓여있다. 이는 어류에서의 배열인 180도 각도인 것만큼 효과적이지는 못하지만, 폐를 떠난 혈액은 여전히 내뱉어진 공기보다 더 많은 산소를 함유하고 있다. 참새는 6,000m 높이의 높은 산 정상에서 비행하는 데에도 아무런 문제가 없지만, 같은 체중과 같은 대사율을 가진 쥐는 숨이 차서 걸을 수조차 없는 것이 이러한 이유 때문이다. 참새는 쥐보다 단지 더 많은 산소를 얻을 수 있을 뿐이다.

어류의 아가미가 수중 호흡기로 가장 효과적인 것처럼 조류의 폐는 대기의 호흡기로 가장 효과적인 것이다. 이 둘은 모두 역류흐름의 형태를 이용하여 높은 효과를 획득하였다. 공룡의 폐가 어떤 것이었는지 아는 사람은 아무도 없지만, 만일 공룡이 실제로 항온동물이었다면 오늘날의 파충류보다는 더 효과적인 폐를 진화시켰을 것이다. 공룡은 포유류와 비슷한 시기에 진화되었으므로 아마도 표면적을 확장시키는 것과 같은 진화적 전략을 채택하였거나 조류와 유사한 방법을 채택하였을 것이다.

17.12 **육상 척추동물은 공기로부터 산소를 얻는 데에 폐를 이용한다. 조류의 폐는 육상 호흡기 중 가장 효과적인 것으로, 역류흐름의 형태를 성취하였다.**

17.13 포유동물의 호흡계

포유류의 산소 획득 기작이 조류보다 덜 효과적이긴 하지만 포유류는 육상 서식처에 잘 적응하였다. 모든 육상척추동물과 마찬가지로 포유류는 21%가 산소인 공기로부터 대사활동에 필요한 산소를 얻는다. 한 쌍의 폐는 가슴 즉 **흉강**(thoracic cavity)에 자리잡고 있다. 2개의 폐는 이 강소 내에 자유롭게 매달려 있는데, 단지 폐의 혈관과 공기관이 들어오는 지점만이 몸의 나머지 부분에 연결되어 있다. 이 공기관은 **기관지**(bronchus)라 부른다. 기관지는 각 폐를 기관이라 부르는 긴 관으로 폐와 연결되어 있고, 이것은 구강의 뒤쪽으로 열려 있다(그림 17.21).

공기는 정상적으로는 비공을 통하여 들어오면서 따뜻해진다. 덧붙여 비공에는 먼지와 다른 입자들을 걸러주는 털이 줄지어서 있다. 공기는 비강을 통과하여 들어올 때 공기를 걸러주는 역할과 촉촉하게 해주는 역할을 하는 넓은 섬모의 열을 지나게 된다(그림 17.22). 그 후 공기는 구강의 뒤쪽을 통과하여 지나고, **후두**(larynx)로 처음 들어간 후 기관으로 들어간다. 그 곳에서부터 기관지를 통과하여 폐로 내려가게 된다. 공기는 목 뒤쪽에서 음식물의 경로와 교차되기 때문에 후두개라 부르는 특별한 뚜껑이 음식물이 내려갈 때 기도를 덮어준다

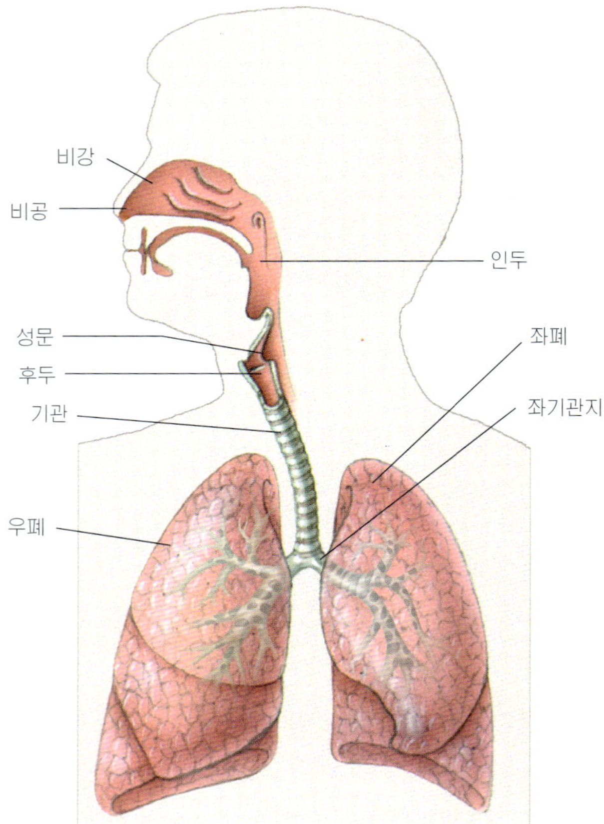

그림 17.21 인간의 호흡계
호흡계는 폐와 폐에 이르는 통로들로 구성된다.

그림 17.22 호흡관에 줄지어 있는 섬모
3,500배로 확대한 섬모. 비강, 기관, 기관지의 상피를 덮고 있다. 이 섬모들은 들이마신 공기를 걸러주며 촉촉하게 하여준다.

포유류의 호흡기는 단일순환펌프로써 구조와 기능에서 단순하다. 흉강은 늑골에 양쪽 끝이 고정되어 있고 아래쪽은 두꺼운 근육으로 흉강과 복강을 나누어주는 **횡격막**(diaphragm)에 의하여 고정되어 있다. 각각의 폐는 **흉막**(pleural membrane)이라 부르는 아주 얇고 매끈한 막으로 덮여있다. 제 2의 흉막이 흉강 내부를 덮고 있고, 그 안에 폐가 달려있다. 그 강소 내에서 폐의 무게는 **흉강내액**(interpleural fluid)인 물에 의해 지지된다.

흉강내액은 폐를 지지할 뿐만 아니라, 폐의 모든 부분에 고르게 압력이 주어지도록 하는 중요한 역할을 수행한다. 흉막은 크기가 다른 2개의 풍선이 하나의 시스템을 이루는 것으로 볼 수 있는데, 하나가 다른 하나의 안쪽으로 밀려들어가면 그 둘 사이의 공간은 아주 얇은 수막으로 완전히 채워지게 된다. 안쪽 풍선은 대기로 열려있으며, 2개의 힘이 그것에 작용한다. 즉 대기로 부터의 기압은 바깥쪽으로 밀고, 흉강내액에서 온 수압은 안쪽으로 밀어준다.

■ 호흡의 역학

폐를 통하여 공기를 받아들이고 내보내는 활동적인 펌프작용을 **호흡**이라 한다. 흡기(inhalation) 동안 근육의 수축은 늑골을 바깥쪽과 위쪽으로 움직여 흉강벽의 확장을 유발한다. 횡격막은 이완되었을 때는 돔의 형태이지만, 수축되어있는 동안에는 아래로 처져서 평평해진다(그림 17.23). 바깥쪽 풍선을 모든 방향으로 잡아당김으로써 커지게 하는 효과인 것이다. 액체는 압축되어질 수 없기 때문에, 안쪽 풍선의 벽이 잡아당겨지게 된다. 안쪽 풍선이 확장될 때, 그 내부의 기압은 감소되고, 안쪽 풍선이 대기와 연결되어 있기 때문에 공기는 빠르게 압력이 같아지는 쪽으로 이동한다.

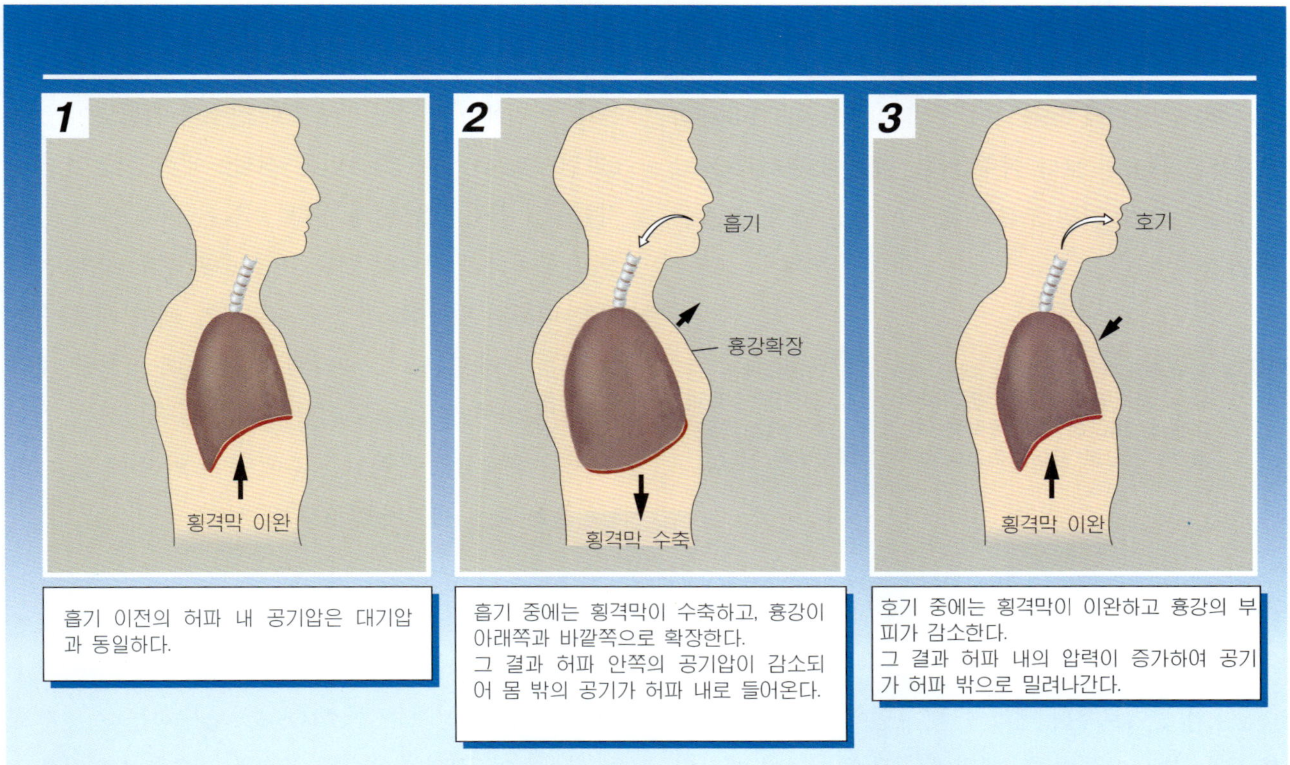

그림 17.23 호흡이 어떻게 이루어는가

호기(exhalation) 동안에 늑골과 횡격막은 원래의 휴식기 위치로 되돌아오며, 이를 위하여 액체의 압력을 사용한다. 이 압력은 폐의 전체 표면 위를 덮고 있는 액체에 의하여 일정하게 전달되며(안쪽 풍선), 공기를 안쪽 강소에서부터 바깥쪽 대기로 되밀어낸다. 사람의 경우 쉬고 있을 때의 전형적인 호흡은 0.5L의 공기를 움직이며, **호흡용량**(tidal volume)이라 부른다. 폐로 들어오거나 나갈 수 있는 추가적인 양은 남자가 약 4.5L, 여자가 3.1L 정도이다. 그러한 최대 호기 후에 폐에 남아있는 공기의 잔여량은 보통 약 1.2L 이다.

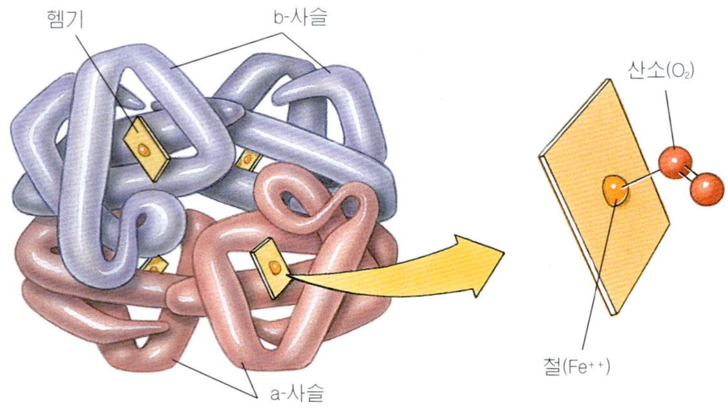

그림 17.24 헤모글로빈 분자

헤모글로빈 분자는 실제로 4개의 단백질 사슬로 구성되어 있다. 2개의 동일한 'α-사슬'과 2개의 동일한 'β-사슬'. 각 사슬은 헴기와 연결되어 있고, 각각의 헴기는 중앙에 철 원자를 갖는데, 이곳에 산소 분자가 결합하게 된다.

매번 호흡을 끝마칠 때, 폐에는 여전히 약 1,200mL의 **잔여량**(residual volume) 공기가 남아있다. 매번의 흡기에는 500mL(휴식시)에서 3,000mL(운동시)의 공기가 추가적으로 더해진다. 매번의 호기는 흡기 때 더해진 것과 거의 같은 양을 제거하여, 폐 내의 공기의 양을 약 1,200mL까지 감소시킨다. 폐의 확산표면이 완전하게 산화된 공기에 노출되어 있지 않으므로, 포유류의 호흡율은 최고치 보다 아주 낮다. 예로써 잔여량을 남기지 않는 폐를 가진 조류의 경우는 훨씬 더 큰 호흡율을 가질 수 있다.

17.13 포유류에서 폐는 흉강 내에 위치하며 아래쪽에는 근육성 횡격막에 의하여 둘러싸여 있다. 횡경막 수축과 이완에 의하여 흉강체적을 확장과 감소시켜서 공기를 폐 안으로 끌어들이거나 밖으로 내보내게 된다.

17.14 호흡계의 가스교환 기작

산소가 공기로부터 폐의 안쪽 표면에 놓여있는 축축한 세포 내로 확산될 때, 체내에서 산소 이동이 시작된다. 이들 세포에서 혈류로 전달된 산소는 이 장의 전반부에서 설명하였듯이 순환계에 의해 몸 전체로 운반된다. 만일 순환계에 의한 도움이 없이 확산만으로 산소가 폐에서부터 발끝까지 운반되려면 약 3년이 걸릴 것이다.

산소는 **헤모글로빈**(hemoglobin) 단백질에 실려서 순환계 내를 이동한다. 헤모글로빈 분자는 철을 함유하는데, 여기에 가역적인 방법으로 산소가 결합되어 있다(그림 17.24). 헤모글로빈은 적혈구에서 만들어지며, 적혈구가 붉은색을 띠게 한다. 이들은 마치 배가 짐을 싣고 항해하는 것처럼 혈류 내를 순환하며, 결코 적혈구를 떠나지 않는다. 산소는 적혈구가 폐의 폐포 주변에 있는 모세혈관을 통과하여 이동할 때 적혈구 내의 헤모글로빈에 결합한다. 적혈구에 실려 운반되는 산소를 지닌 헤모글로빈 분자는 후에 몸의 먼 곳에 있는 대사활동을 하는 세포에 산소를 방출한다.

O_2 운반

헤모글로빈 분자는 산소(O_2)를 흡수하는 스펀지처럼 활동하여, 적혈구 내에서 산소를 흡수하여 혈장으로 확산이 일어나게 한다. 폐에 공급되는 혈액에서 발생하는 높은 산소 농도에서 대부분의 헤모글로빈 분자는 산소 원자를 가득 적재하여 운반한다. 후에, 조직 내에서 산소의 농도가 훨씬 더 낮아지게 되면 헤모글로빈은 적재하였던 산소를 포기한다.

조직에서 이산화탄소(CO_2)의 존재는 헤모글로빈 분자의 형태를 바꾸도록 유도하여, 더 쉽게 산소를 포기하도록 한다. 이것은 헤모글로빈으로부터 산소를 방출하는 것을 훨씬 더 가속화시킨다.

산소를 방출하는 데에 작용하는 이산화탄소의 효과를 **보어효과**(Bohr effect)라 부르며, 이 효과가 중요한 이유는 이산화탄소가 세포대사의 장소인 조직에서 생성되기 때문이다. 이러한 이유로 혈액은 대사를 수행하고 이산화탄소를 생성하는 조직 내에 더 빨리 산소를 공급하게 된다.

CO_2 운반

적혈구는 조직세포에 산소를 공급하는 동시에 조직으로부터 이산화탄소를 흡수한다(그림 17.25). 혈액이 운반하는 이산화탄소의 극히 일부분만이 혈장 내에 녹아있으며, 나머지 중 약 5분의 1은 적혈구 내의 헤모글로빈 분자에 의하여 운반된다. 나머지 남은 이산화탄소

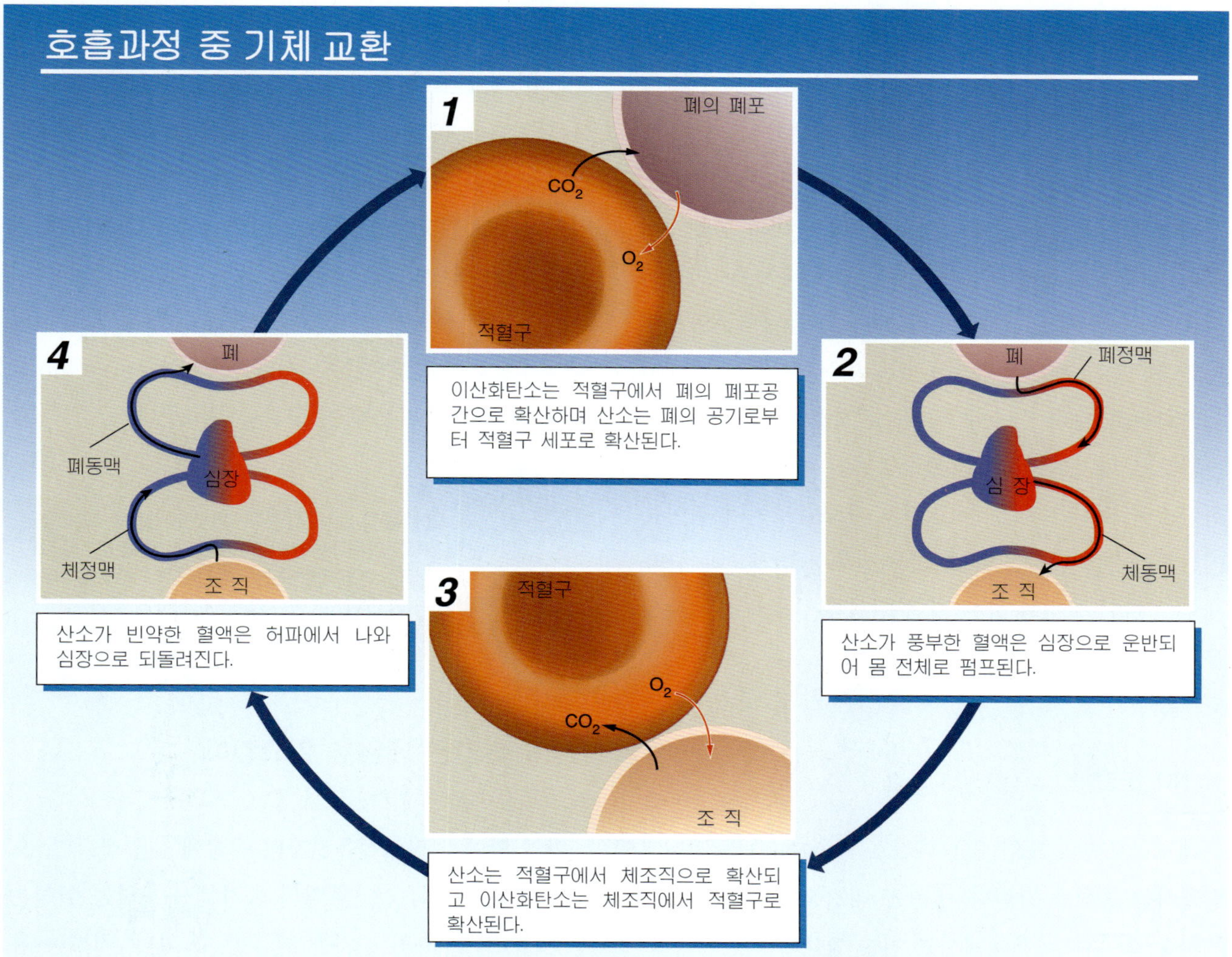

그림 17.25 호흡 가스의 교환은 어떻게 일어나나

모두는 적혈구의 세포질 내에서 운반된다. 어떻게 적혈구는 이들 이산화탄소를 모두 그 안에 지닐 수 있을까? 적혈구에서 확산되어 혈장으로 돌아가려는 이산화탄소를 유지하기 위하여, 이산화탄소 농도가 낮은 곳에서는 탈탄산효소(carbonic anhydrase)라는 효소가 탄산(H_2CO_3)을 형성하기 위하여 물에 이산화탄소분자를 결합시킨다. 이 산이 **중탄산이온**(bicarbonate ion)으로 해리되면 밖으로 확산되지 못한다. 적혈구세포에 의한 이와 같은 이산화탄소의 흡수는 혈장으로부터 다량의 이산화탄소를 제거하며, 주변조직으로부터 적혈구로 더 많은 양의 이산화탄소가 확산되는 것을 간편하게 한다. 간편함은 이산화탄소 제거에 결정적인데, 왜냐하면 혈액과 조직사이의 이산화탄소 농도차가 크지 않기 때문이다(5% 미만).

적혈구는 폐로 그들의 적재물인 중탄산이온을 운반한다. 폐 내부의 공기는 이산화탄소 농도가 더 낮기 때문에 탈탄산효소의 반응이 역방향으로 진행되어 가스 상태의 이산화탄소를 유리시키고, 폐포 내의 혈액에서부터 바깥으로 확산시킨다. 다음 호기 때에 이 이산화탄소는 몸을 떠난다. 헤모글로빈에 결합된 5분의 1의 이산화탄소는 헤모글로빈이 낮은 이산화탄소 농도에서 이산화탄소 보다 산소에 더 큰 친화성을 갖기 때문에 몸밖으로 나가게 된다. 적혈구로부터 바깥쪽으로 이산화탄소의 확산은 이들 세포내의 헤모글로빈이 잡아둔 이산화탄소를 방출하고 그 대신 산소를 취하도록 한다. 새로 결합된 산소와 함께 적혈구는 다음의 새로운 출발을 시작한다.

NO 운반

헤모글로빈은 또한 일산화질소 가스(NO)를 지니고 방출하는 능력을 가진다. 질산은 대기중에서는 비록 유독한 가스이지만, 체내에서는 이들 형태와 기능에 변화를 일으키는 많은 종류의 세포들에 작용하여 생리적으로 중요한 역할을 한다. 예를 들어, 혈관 내에 일산화질소가 존재하면 주변 근육세포들이 이완되기 때문에 혈관확장이 일어난다. 따라서 혈액의 흐름과 혈압이 혈류내로 방출된 일산화질소에 의하여 조절될 수 있다.

헤모글로빈은 super nitric oxide라 불리는 특별한 형태로 일산화질소를 운반한다. 이러한 형태로 일산화질소는 여분의 전자를 획득할 수 있고, 헤모글로빈 내에 존재하는 시스테인 이라는 아미노산에 결합될 수 있다. 폐에서 헤모글로빈은 이산화탄소를 방출하고 산소를 취하며, super nitric oxide로써 일산화질소를 취한다. 조직의 혈관에서 산소를 유리시키고 이산화탄소를 취하는 헤모글로빈은 일산화질소와 함께 두 가지 중 한 가지를 할 수 있다. 혈류를 증가시키기 위하여, 헤모글로빈은 혈액 내로 일산화질소로써 super nitric oxide를 방출할 수 있고, 이완인자로 작용하는 일산화질소로 인하여 혈관을 확장시킬 수 있다. 또한 헤모글로빈은 혈관의 수축을 일으키도록 한다. 산소를 방출시킴으로써 비어있는 철원자에 과잉의 일산화질소가 결합되게 하여 적혈구 세포가 폐로 돌아왔을 때, 헤모글로빈은 이산화탄소와 철원자에 결합되어있는 정상적인 형태의 일산화질소를 방출한다. 그 후 산소와 super nitric oxide를 실을 준비를 하여 순환을 계속한다.

17.14 **산소와 일산화질소는 적혈구 세포와 함께 헤모글로빈 단백질에 의해 운반되어 순환계 전체로 움직인다. 대부분의 이산화탄소는 적혈구의 세포질 내에 용해되어 이동한다.**

17.15 흡연은 폐암을 일으킨다

만약 암이 성장조절유전자의 손상에 기인한다면, 오늘날 미국에서 급속한 폐암의 증가를 유도하는 원인은 무엇인가? 두 가지 증거를 언급할 수 있다. 첫째는 흡연자들 중 암 보유율에 대한 세밀한 정보이다. 매년 비

흡연자의 폐암 발병율은 단지 100,000분의 얼마 정도에 불과하지만, 하루에 30개의 담배를 피우는 사람의 경우는 100,000분의 300이며, 피우는 담배의 숫자가 증가할수록 수치도 함께 증가한다.

두번째 증거는 폐암의 발생율이 흡연으로 인한 변화를 반영하고 있다는 것이다. 그림 17.26에 나타나있는 자료를 주의 깊게 보라. 위쪽 곡선은 미국남성들에 관한 자료를 모은 것으로, 1900년 이후의 흡연율과 폐암의 발생율을 보여준다. 1920년대 후반에 폐암은 드문 질병이었다. 약 20년 후에는 흡연율이 남성들 사이에서 증가하기 시작하여 폐암 역시 더 흔해지기 시작하였다. 이제 미국 여성들의 현재 자료를 나타내는 아래쪽 곡선을 보라. 사회적인 관습으로 인하여 대부분의 미국여성들이 2차 세계대전 직후까지는 흡연을 하지않아 단지 6,588명의 여성만이 폐암으로 죽었다. 그러나 여성 흡연자의 숫자가 증가하면서 폐암 방병율도 증가하게 된다. 오늘날 미국 여성들은 흡연자 숫자에서 남성과 비슷하고, 폐암 사망율도 남성의 사망율에 빠른 속도로 근접하고 있다. 매년 약 66,000명으로 추산되는 여성이 미국에서 폐암으로 사망하였다.

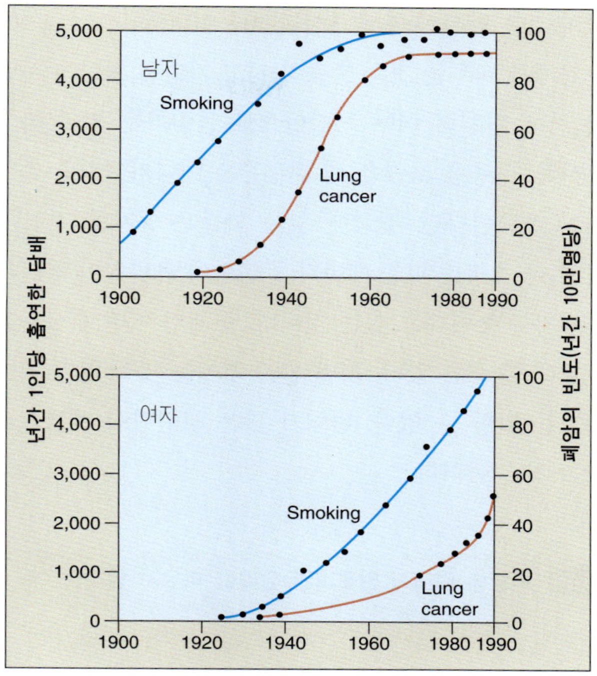

그림 17.26 여성과 남성의 폐암 발생율

1900년대 초에 남성들의 흡연이 증가하였을 때, 폐암의 발생율도 또한 증가하였다. 여성은 수년 후부터 남성의 경우와 일치하고, 1990년에는 49,000명 이상의 여성이 폐암으로 사망하였다.

흡연이 어떻게 암을 유발하는가? 담배에는 benzo[a]pyrene과 같은 많은 강력한 돌연변이원들이 포함되어 있고, 흡연은 이들 돌연변이원을 폐조직으로 유도한다. 예를 들어 benzo[a]pyrene은 *p53*유전자 위의 세 군데에 결합하여 이 유전자를 불활성화 시켜 돌연변이를 유발한다. 1997년에 이 종양억제 유전자를 연구한 과학자들은 흡연과 폐암사이의 직접적인 연관을 시사한 바 있다. 그 과학자들은 *p53*유전자가 모든 폐암의 70%에서 불활성화 되었다는 것을 발견하였다. 과학자들은 불활성화된 *p53* 유전자를 조사하여, 오로지 benzo[a]pyrene이 결합하는 세 군데만이 돌연변이가 된다는 것을 증명하였다. 분명히 담배 내에 있는 화학물질은 폐암에 책임이 있다.

이러한 사실을 알고도, 왜 그토록 많은 사람들이 흡연을 계속하는가? 담배에 포함된 니코틴이 중독성 약물이기 때문이다. 연구자들은 니코틴이 결합하는 중추신경계의 뉴런에 위치한 수용기를 찾았으며, 흡연이 뇌에 있는 이들 수용기 집단의 감소를 유도하고, 더 많은 담배를 원하게 되도록 유도한다는 것을 밝혔다. 니코틴 중독의 기작은 코카인 중독의 기작처럼 아주 단순하다; 어떤 사람이 한번 중독이 되면 그만두기가 어렵다. 끊고자 하는 사람의 절반 가량이 결국 성공을 한다. 여러분의 인생이 걸려 있으므로 노력할 가치는 충분하다.

명백히, 폐암을 피할 수 있는 효과적인 방법은 담배를 피우지 않는 것이다. 생명보험회사들은 통계적 기초로 담배 한 개피를 피우는 것은 당신의 수명을 10.7분가량 단축시킬 수 있다고 계산하였다(담배 한 개피를 피우는 시간보다 더 긴 시간이다). 20개피가 들어있는 한갑의 담배에는 무언의 글귀가 적혀있다: 이 담배 한

갑의 값은 당신 수명 중 3시간 30분이다.

담배를 피우는 것은 총을 가지고 가만히 서있는 사람과 함께 완전히 어두운 방안으로 들어가는 것과 아주 흡사하다. 총을 쏘았을 때 대부분은 빗나가겠지만 총쏘기가 계속된다면, 결국에 맞을 확률은 증가할 것이다. 담배 한 개피를 피울 때마다 돌연변이 유발원이 당신의 유전자를 쏘아대고 있는 것이다. 통계가 어떤 한사람을 보호해 줄 수는 없다. 첫번째 쏜 것에는 맞지 않을 것이라고는 말할 수 없다. 나이가 많은 사람만이 폐암으로 죽는 것은 아니다.

17.15 폐암에 걸리지 않으려면 담배를 피우지 말라.

Chap 18

소화와 배설

18.1 에너지를 나타내는 칼로리

동물이 섭취한 음식물은 에너지와 동물체가 스스로 생산하지 못하는 원료물질을 공급한다. 최적의 식품은 지방보다 더 많은 양의 탄수화물과 상당한 양의 단백질이 포함되어 있다. 지방은 많은 고에너지 탄소-수소 결합을 가지고 있어서 탄수화물이나 단백질보다 그램 당 에너지 양이 많다. 따라서 지방은 에너지 저장에 매우 효과적이다.

탄수화물은 주로 곡물, 빵, 과일, 채소로부터 나온다. 탄수화물은 평균적으로 그램 당 4.1칼로리의 열량을 포함한다. 지방과 비교하면, 지방은 두 배를 넘는 그램 당 9.3칼로리를 포함한다. 식이 지방은 주로 유지, 마가린, 버터로부터 섭취되며, 튀긴 음식과 고기에 풍부하며, 감자 칩이나 크래커 같은 스낵류에 포함되어 있다. 단백질은 탄수화물처럼 그램 당 4.1칼로리를 포함하고 유제품, 가금, 생선, 고기, 곡류를 통해 섭취된다.

몸은 에너지원으로 탄수화물을 이용한다. 지방은 세포막과 그 밖의 세포구조를 구성하고, 신경조직을 절연하며, 에너지를 제공한다. 건강을 위하여 필수적인 지용성 비타민은 지방과 함께 흡수된다. 단백질은 세포의 구조, 효소, 헤모글로빈, 근육, 골조직 등을 위한 구성물질로 이용된다.

선진국에서는 과체중이 일반화되었는데, 이는 습관성 과식과 고지방 식사의 결과이다. 적절한 체중의 국제기준치를 체중지수(BMI)라고 하는데, 이는 몸무게 킬로그램을 키의 제곱미터로 나눈 값이다(그림 18.1). 체중지수 30 혹은 그 이상의 사람들은 비만으로 분류된다. 과체중은 심장질환 및 많은 질환과 관계가 깊다.

음식물의 한 가지 필수적인 요소는 섬유성분이다. 동물들은 상대적으로 높은 섬유성분을 가진 음식을 소화하는 많은 다양한 방법을 진화시켜왔다. 섬유소를 적게 섭취하는 미국에서는 그 결과 결장을 통한 음식물의 통과가 상당히 느려졌다. 이는 대장암 발생과 관계가 깊다.

18.1 **음식은 에너지를 위한 필수요소이다. 탄수화물과 단백질, 지방의 적절한 균형을 유지하는 것이 중요하다. 개인의 체중지수가 25 이상이면 과체중이다.**

25 과체중 한계　　　과체중

체중	100	105	110	115	120	125	130	135	140	145	150	155	160	165	170	175	180	185	190	195	200	205
신장																						
5 0	20	21	21	22	23	24	**25**	26	27	28	29	30	31	32	33	34	35	36	37	38	39	40
5 1	19	20	21	22	23	24	**25**	26	26	27	28	29	30	31	32	33	34	35	36	37	38	39
5 2	18	19	20	21	22	23	24	**25**	26	27	27	28	29	30	31	32	33	34	35	36	37	37
5 3	18	19	19	20	21	22	23	24	**25**	26	27	27	28	29	30	31	32	33	34	35	35	36
5 4	17	18	19	20	21	21	22	23	24	**25**	26	27	27	28	29	30	31	32	33	33	34	35
5 5	17	17	18	19	20	21	22	22	23	24	**25**	26	27	27	28	29	30	31	32	32	33	34
5 6	16	17	18	19	19	20	21	22	23	23	24	**25**	26	27	27	28	29	30	31	31	32	33
5 7	16	16	17	18	19	20	20	21	22	23	23	24	**25**	26	27	27	28	29	30	31	31	32
5 8	15	16	17	17	18	19	20	21	21	22	23	24	24	**25**	26	27	27	28	29	30	30	31
5 9	15	16	16	17	18	18	19	20	21	21	22	23	24	24	**25**	26	27	27	28	29	30	30
5 10	14	15	16	17	17	18	19	19	20	21	22	22	23	24	24	**25**	26	27	27	28	29	29
5 11	14	15	15	16	17	17	18	19	20	20	21	22	22	23	24	24	**25**	26	26	27	28	29
6 0	14	14	15	16	16	17	18	18	19	20	20	21	22	22	23	24	24	**25**	26	26	27	28
6 1	13	14	15	15	16	16	17	18	18	19	20	20	21	22	22	23	24	24	**25**	26	26	27
6 2	13	13	14	15	15	16	17	17	18	19	19	20	21	21	22	22	23	24	24	**25**	26	26
6 3	12	13	14	14	15	16	16	17	17	18	19	19	20	21	21	22	22	23	24	24	**25**	26
6 4	12	13	13	14	15	16	16	16	17	18	18	19	19	20	21	21	22	23	23	24	24	**25**

그림 18.1 당신은 과체중인가?

이 표는 체중지수를 나타낸 것이다. 체중지수는 당신의 키(피트)와 체중(파운드)의 교차점의 수이다. 체중지수는 체중을 키의 제곱미터로 나눈 값이다. 체중지수가 25 이상이면 과체중이다.

18.2 성장에 필요한 필수 영양소

진화과정에서 많은 동물들은 그들이 필요로 하고, 물질 대사에서 결정적 역할을 하는 어떤 물질들을 생산하는 능력을 잃었다. 예를 들어, 모기와 많은 다른 흡혈곤충들은 콜레스테롤을 생산할 수 없지만, 콜레스테롤이 풍부한 사람의 피를 먹이로 하여 그것을 섭취한다. 많은 척추동물들은 단백질을 만드는데 사용되는 20개 아미노산 중 하나 또는 그 이상을 생산해 내지 못한다. 인간은 다음과 같은 8가지의 아미노산을 합성할 수 없다. 리신, 트립토판, 트레오닌, 메티오닌, 페닐알라닌, 류신, 이소류신, 발린. 이러한 아미노산을 필수 아미노산이라고 하는데, 우리가 섭취하는 음식의 단백질로부터 획득해야만 한다(그림 18.2). 이런 이유로, 모든 필수 아미노산을 포함하고 있는 소위 완전 단백질로 불리는 물질을 섭취하는 것이 중요하다. 이밖에 모든 척추동물은 그들의 몸을 구성하는 많은 종류의 지방의 기본골격을 제공하는 몇 개의 불포화성 지방을 생산하는 능력이 소실 되었다.

비타민

비타민은 미량으로 이용되는 필수 유기물질이다. 인체는 적어도 13종류의 비타민을 필요로 한다(표 18-1). 많은 비타민은 세포성 효소의 보조인자로 사용된다. 동물의 종류에 따라 생체 내에 합성이 되는 것과 합성되지 못하는 것이 있다. 예를 들어, 사람, 원숭이, 기니아피그는 아스코르브산(비타민 C)을 합성하는 능력을 상실하였다. 만약 비타민 C가 음식물을 통해 공급되지 않으면 괴혈병으로 불리는 치명적 질병이 발생하는데, 쇠약, 잇몸 쇠약, 점막과 피부 출혈 등의 증상이 특징적으로 나타난다. 그밖의 포유류들은 아스코르브산을 합성할 수 있다.

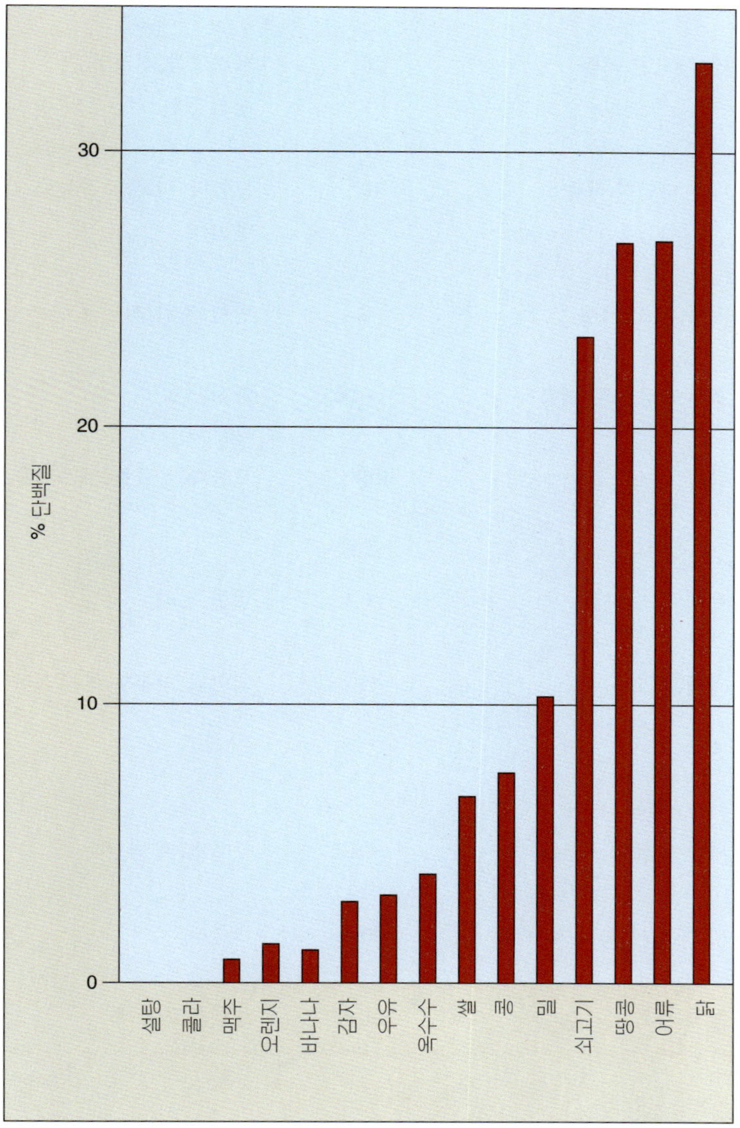

그림 18.2 여러가지 식품의 단백질 함량

사람과 척추동물은 그들이 합성할 수 없는 아미노산을 획득하기 위해 단백질을 섭취해야만 한다.

■ 미량원소

섭취된 음식물은 에너지와·필수 유기물질의 공급과 더불어 칼슘, 인과 같은 필수 무기질과 극소량으로 요구되는 무기물질인 많은 종류의 미량원소도 공급한다. 미량원소 가운데는 요오드(갑상선 호르몬의 구성물질), 코발트(비타민 B_{12}의 구성물질), 아연과 몰리브덴(효소의 구성성분), 망간과 셀레늄이 있다. 셀레늄을 제외하고 이 모두는 또한 식물 성장의 필수 요소이다. 동물은 직접 식물을 먹거나 혹은 간접적으로 초식동물을 포식함으로써 그런 물질을 획득한다.

18.2 **음식은 에너지뿐만 아니라 신체가 스스로 생산해 내지 못하는 필수아미노산과 비타민, 미량원소도 제공한다.**

18.3 소화계의 여러 유형

종속영양동물은 먹이 종류에 따라 세 가지로 나누어 진다. 완전히 식물만 먹고사는 동물은 **초식동물**(herbivore)로 분류되어지며, 소나 말, 토끼 그리고 참새들이 이에 속한다. 다른 동물을 먹는 동물은 **육식동물**(carnivore)에 속하며 여기에는 고양이, 독수리, 송어 그리고 개구리 등이 있다. **잡식동물**(omnivore)은 식물과 동물 양쪽 모두를 먹는 종류로서 사람, 돼지, 곰 그리고 까마귀 등이 이에 속한다.

해면동물은 세포내 소화를 한다. 다른 동물은 소화기관 내에서 세포외 소화를 한다. 이런 경우, 동물의 외부 환경과 연결된 소화기관 안으로 소화효소가 분비된다. 자포동

표 18-1 주요 비타민

비타민	기 능	식품원	일일 권장량(mg)	결핍증
비타민 A	시각색소 생성, 상피조직 유지	녹색 채소, 당근, 유제품, 간	1	야맹증, 비늘모양의 피부
B 복합비타민				
B_1	세포 호흡시 CO_2 제거 조효소	육류, 곡물, 콩류	1.5	각기병, 심장 약화, 부종
B_2(riboflavin)	대사작용을 수행하는 조효소 FAD, FMN의 구성분	매우 다양한 식품	1.8	피부염증
B_3(niacin)	NAD^+와 $NADP^+$의 조효소 구성분	간, 살코기, 곡물	20	펠라그라, 신경염증, 정신 질환
B_5(pantothenic acid)	조효소 A의 구성분	매우 다양한 식품	5-10	드물다; 피로, 조절능력 상실
B_6(pyridoxine)	많은 아미노산 대사의 조효소	곡물, 채소, 육류	2	빈혈, 경련, 과민성
B_{12}(cyanocobalamin)	핵산 생성시 조효소	붉은 육류, 낙농제품	0.003	악성 빈혈
바이오틴	지방 합성과 아미노산 대사의 조효소	육류, 채소	소량	드물다. 우울증, 메스꺼움
엽산(folic acid)	아미노산과 핵산 대사의 조효소	녹색 채소, 곡물	0.4	빈혈, 설사
비타민 C	콜라겐, 뼈와 치아의 시멘트질 및 혈관 결합조직 형성에 중요; 감염에 대한 저항성 유지	과일, 채소	45	괴혈병, 피부와 혈관 쇠약
비타민 D(calciferol)	칼슘 흡수에 도움, 뼈 형성 촉진	낙농제품, 대구간유	0.01	구루병, 뼈 변형
비타민 E(tocopherol)	지방산과 세포막 산화 방지	마가린, 씨, 녹색 채소	15	드물다
비타민 K	혈액응고에 필수	녹색 채소	0.03	혈액응고 장애

물과 편형동물(플라나리아)에서 소화강은 입과 항문 양쪽의 기능을 하는 단 하나의 개구부를 가진다. 이 유형의 소화계에서는 분화를 전혀 볼 수 없는데, 이들의 모든 세포가 소화의 모든 단계에 노출되어 있기 때문에 위강이라 불린다(그림 18. 3).

입과 항문을 가질 때 소화관이 분화되는데, 그 결과 음식물의 이동은 한 방향으로만 된다. 가장 원시적인 소화기관은 선충(선형동물문)에서 볼 수 있는데, 이들의 소화관은 상피막에 의해 연결된 단순한 관상의 장이다. 지렁이(환형동물문)는 먹이의 섭취, 저장, 분해, 소화를 위해 여러 구역으로 분화된 소화관을 가지고 있다. 모든 고등동물은 이와 유사한 분화된 구조를 가진다(그림 18.4).

섭취된 먹이는 소화관의 특별한 구역에 저장되거나, 이의 저작 운동(많은 척추동물의 입에서) 혹은 작은 돌에 의한 갈아 으깨기(지렁이와 새들의 모래주머니에서)를 통하여 물리적으로 분쇄된다. 그 후 화학적 소화가 일어나서 다당류, 지방 그리고 단백질 같은 큰 분자가 더욱더 작은 단위로 분해된다. 화학적 소화는 가수분해를 통해 음식물로부터 주로 단당류, 아미노산, 지방산 같은 단위들을 만들어낸다. 이러한 화학적 소화의 산물은 장의 상피세포를 통해 혈액 안으로 들어가게 되는데 이를 흡수라 한다. 흡수되지 않은 물질은 동물이 사용할 수 없으며, 이 노폐물은 항문을 통해 배출된다.

18.3 **대부분의 동물은 먹이를 세포외에서 소화한다. 먹이를 한방향 운반을 하는 소화관은 특수한 기능을 하는 영역으로 분화되어 있다.**

18.4 척추동물의 소화계

사람을 비롯한 척추동물에서 소화기관은 관상의 위장관과 부속 소화기관으로 구성된다(그림 18.5). 위장관의 첫째 구성요소는 입 그리고 구강과 비강의 공통 경로가 되는 인두이다. 인두는 식도와 연결되는데, 식도는 근육으로 된 관으로서 위로 음식물을 넘겨준다. 위에서 음식물은 소장의 첫 부분으로 이동되는데, 여기

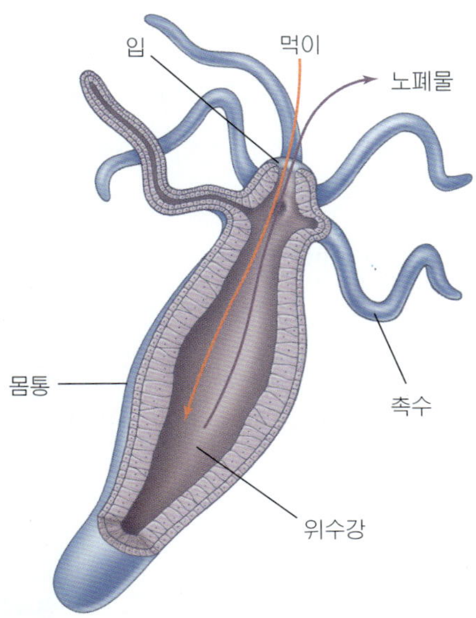

그림 18.3 히드라의 위강

단 하나의 개구부가 있어서 입이 또한 항문이기 때문에 세포외 소화를 수행하는 별개의 부분으로의 분화가 가능하지 않다.

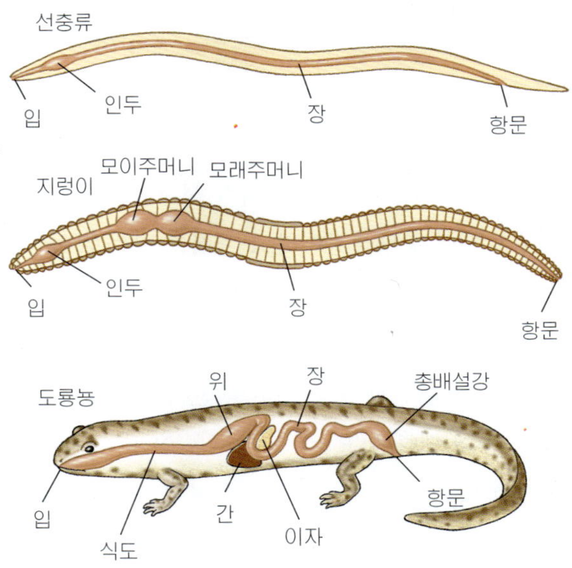

그림 18.4 한 방향 소화관

소화관을 통한 한 방향으로의 운반은 소화계가 다양한 기능을 수행하게 되는 별개의 영역으로의 분화가 가능하도록 한다.

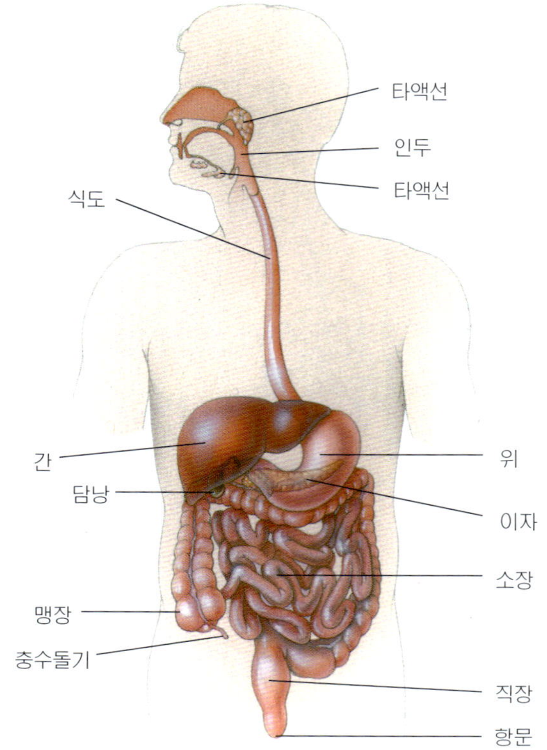

그림 18.5 사람의 소화계
관상의 위장관과 부속 소화기관

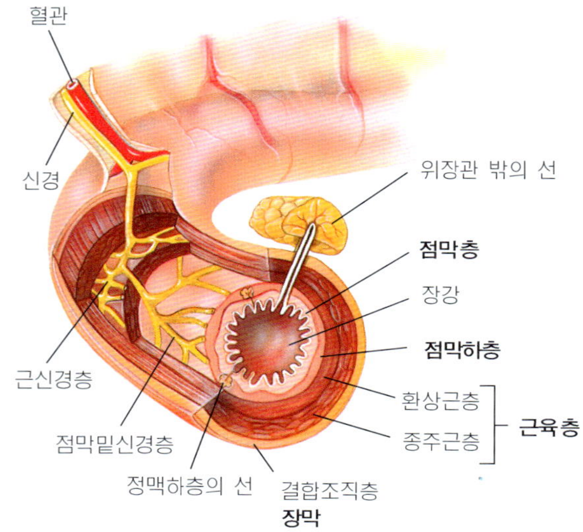

그림 18.6 위장관의 층
점막층은 상피층을 포함하고, 점막하층은 결합조직으로 구성되며(장막층과 마찬가지로), 근육층은 평활근으로 구성된다.

에서 일련의 소화 효소들에 의해 소화과정이 연속적으로 일어나게 된다. 소화된 음식물은 소장의 벽을 통과하여 혈액 내로 들어가게 된다. 소장에 남아 있는 여타 물질은 대장으로 이동하게 되고, 여기에서 물과 무기물의 흡수가 일어난다. 포유류 외의 척추동물은 노폐물이 대장으로부터 총배설강이라고 불리는 강소로 들어가게 되는데(그림 18.4), 총배설강으로 배설계나 생식계의 생성물도 나온다. 포유동물에서 비뇨생식기의 생성물은 대장에서 대변과 구분된다. 대변은 직장에 도달하여 항문을 통해 배출된다.

일반적으로 육식동물은 초식동물보다 몸 크기에 비해 창자가 짧다. 이런 구조는 육식동물에게는 적당하나, 초식동물은 소화가 힘든 식물의 셀룰로오스를 다량 섭취해야 하므로, 긴 소장을 가지고 있다. **반추동물**(소와 같은)은 풀과 다른 식물을 섭취하며, 여러 개의 방을 가진 위에서 세균의 도움을 받아 셀룰로오스를 소화한다. 토끼나 말 등의 다른 초식동물들은 세균의 도움으로 셀룰로오스를 대장의 첫 부분에 위치한 맹장에서 소화시킨다. 부속 소화기관에는 간, 담낭, 이자가 있다.

척추동물의 관상 위장관은 독특한 층 구조를 가지고 있다(그림 18.6). 내벽 맨 안쪽은 점막층으로, 관(내강)의 내부는 상피조직이 덮고 있다. 다음의 주 조직층은 결합조직으로 구성되어 있고, 점막하층이라 한다. 그 바깥은 평활근의 이중층으로 되어 있는 근육층이다. 내층의 근육은 환상근이며, 외층의 근육은 종주근이다. 또 다른 결합조직층으로 장막층이 있으며 관의 바깥 면을 덮고 있다. 신경이 얽혀 있는 부분을 신경총이라 하는데, 점막하층에 분포하고 있으며, 위장 활동의 조절을 돕는다.

18.4 **척추동물의 소화계는 관상 위장관으로 구성되는데, 동물에 따라 다양하게 변형되어 있으며, 일련의 조직층으로 이루어져 있다.**

18.5 치아와 입에서의 소화

척추동물의 독특한 소화계 구조는 이들이 사는 방식의 차이를 반영한다. 물고기는 아가미 틈을 가지는 큰 인두를 가지고 있다. 이에 비해 공기 호흡을 하는 척추동물은 훨씬 작은 인두를 가진다. 많은 척추동물은 이를 가지고 있으며(그림 18.7), 씹어서(저작) 음식물을 작은 조각으로 부수고, 타액을 분비하여 섞는다. 이가 없는 새는 음식물을 모이주머니와 모래주머니의 2개의 방에서 분해한다(그림 18.8). 이 중의 하나인 모래주머니에서는 새가 삼킨 작은 돌 알갱이들이 근육작용에 의해 먹이와 서로 섞이게 되고, 씨앗이나 다른 단단한 식물 먹이를 더 작은 덩어리로 분쇄하여 쉽게 소화시킬 수 있게 한다.

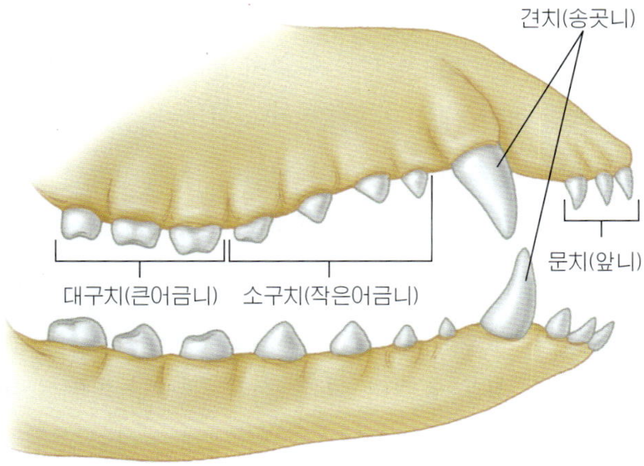

그림 18.7 척추동물의 일반적인 치열도

다양한 척추동물은 이러한 일반적 구조로부터 육식성이냐, 초식성이냐, 잡식성이냐에 따라 독특하게 변형된 구조를 가진다.

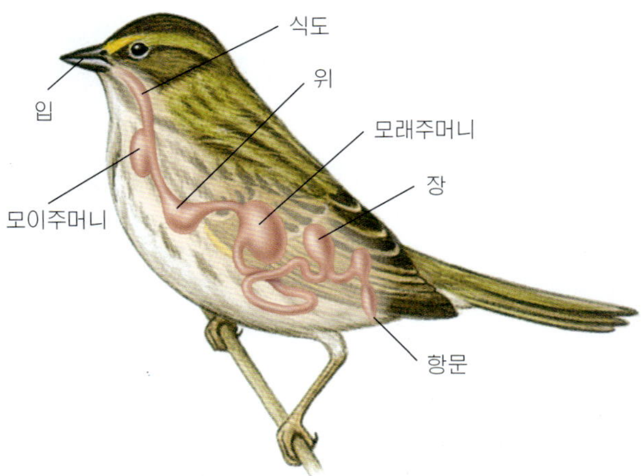

그림 18.8 조류는 먹이를 모이주머니와 모래주머니에서 잘게 부순다.

이가 없는 새는 모이주머니, 모래주머니로 된 2개의 방을 가지는데 먹이는 여기서 소장으로 내려가기 전에 잘게 부수어진다.

척추동물의 이

육식동물은 갈아 으깨기에 적합한 편평한 면이 없는 뾰족한 이를 가지고 있다. 그런 이는 자르고 찢는 일에

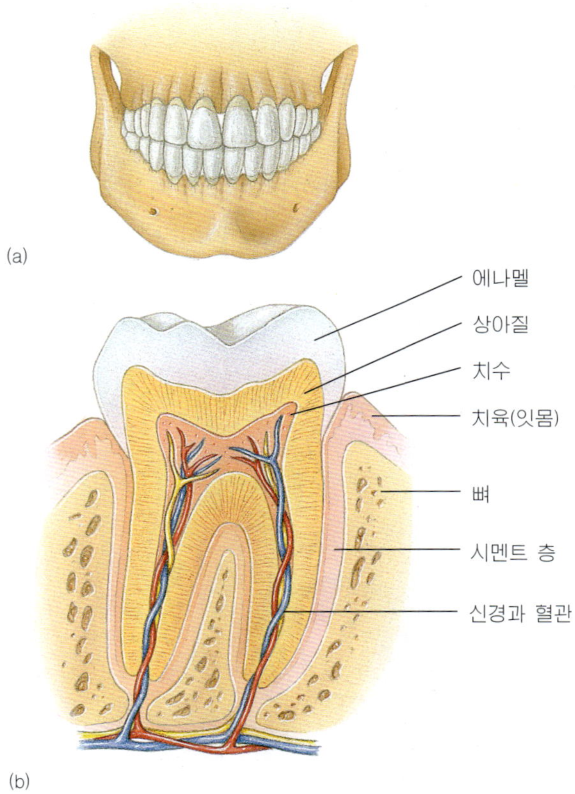

그림 18.9 사람의 이

(a) 윗턱과 아래턱에 있는 앞의 6개의 치아는 견치와 문치이다. 입의 옆면을 따라 나열된 치아는 소구치와 대구치로 불리는 어금니이다. 사람 구강의 앞부분은 육식성이고, 뒷부분은 초식성이다. (b) 각각의 치아는 신경과 혈관이 분포하는 중앙 치수를 가지는 살아있는 기관이다. 실제 씹는 면은 치아의 몸체를 형성하는 연질의 상아질을 덮고 있는 단단한 에나멜층이다.

적당하다. 육식동물은 흔히 먹이를 조각으로 찢어내지만, 먹이를 씹을 필요가 없다. 이는 소화 효소가 직접적으로 동물세포에 작용하기 때문이다. 이와는 다르게 풀을 먹는 소나 말 등의 초식동물은 소화시키기 전에 셀룰로오스 세포벽을 없애야만 한다. 이러한 동물은 갈아 부수기에 적당한 크고 편평하며, 복잡한 홈을 가진 이를 가지고 있다.

사람은 잡식성이므로 이는 식물과 동물성 음식 모두를 먹기에 적당한 구조로 되어 있다. 간단히 살펴 보면, 사람의 앞쪽의 이는 육식성에 가까우며, 뒤쪽의 이는 초식성에 가깝다(그림 18.9). 윗턱과 아래턱에 있는 4개의 앞니는 끌처럼 날카롭게 생긴 문치인데, 무는데 사용된다. 앞니 중 날카롭고 뾰족한 것을 견치라 한다. 이는 음식물을 찢는데 사용된다. 견치의 뒷쪽에는 2개의 앞어금니(소구치)와 3개의 뒤어금니(대구치)가 있으며 모두 편평하고 홈이 있어서 먹이를 잘게 부수거나 깨뜨리는데 유용하다. 유아는 20개의 이를 가지고 있으며, 이런 유치는 성장하는 동안 없어지고 32개의 성인 이로 교체된다.

입에서의 소화

입안에서 혀는 점액성 용액인 타액을 음식물과 섞는다. 사람은 세 쌍의 타액선에서 입의 점막 내층에 있는 관을 통해 입안으로 타액을 분비한다. 타액은 음식물을 젖게 하고 매끄럽게 해서 쉽게 삼킬 수 있도록 하며, 인두를 통해 지나갈 때 세포를 손상시키지 않게끔 한다. 타액은 또한 **아밀라아제**라는 가수분해 효소를 가지고 있어서, 다당류인 전분을 이당류인 엿당(맥아당)으로 분해한다. 그러나 대부분의 사람들은 음식물을 오랫동안 씹지 않기 때문에 이러한 소화는 일반적으로 적게 일어난다.

타액선의 분비는 신경계에 의해 조절되어 음식물이 없을 때 분당 0.5ml 정도로 꾸준히 흘러나온다. 이런 연속적인 분비는 입의 물기를 유지시켜준다. 음식물이 입에 들어오면 입에 있는 미각 신경이 뇌에 신호를 보내고,, 이에 대한 반응으로 타액선을 자극하게 되어 분비량이 증가하게 된다. 가장 강한 자극은 산성용액이다. 예를 들어, 레몬주스는 타액 분비량을 8배 증가시킬 수 있다. 개의 경우 음식의 색깔, 소리, 냄새가 타액 분비를 자극시킬 수 있다. 그러나 사람에게는 이런 자극은 음식에 대하여 생각하거나 이야기하는 것보다 덜 효과적이다.

삼킴

음식을 삼킬 준비가 되었을 때 혀는 음식물을 입 안

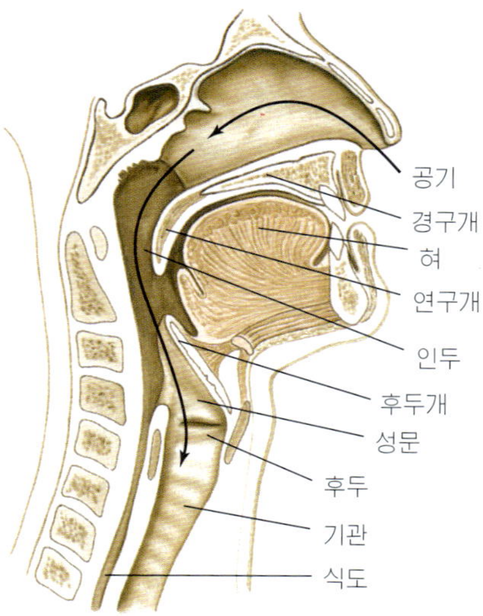

그림 18.10 사람의 인두, 구개 및 후두

인두로 들어온 음식은 연구개가 올라감에 따라 비강으로 들어가는 것이 방지되며, 후두개 쪽으로 후두가 올라감으로써 호흡계의 공기 통로인 후두와 기관으로 음식이 들어가는 것이 방지된다.

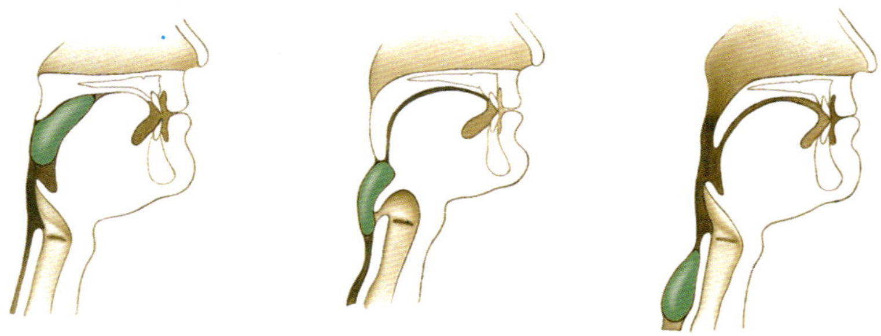

쪽으로 보낸다. 포유동물에서 삼키는 작업은 연구개가 올라가고 인두의 뒷면으로 밀면서 시작된다(그림 18.10). 연구개의 상승은 비강을 닫게 하여 그곳으로 음식물이 들어가는 것을 방지한다. 인두에 대한 압박은 그 벽에 있는 신경을 자극하고, 이 신호는 뇌에 있는 삼키기 중추에 도달하게 된다. 이에 대한 반응으로 근육이 수축되고 후두를 올리게 된다. 이것은 후두에서 기관으로 들어가는 개구부인 성문을 후두개라 불리는 조직의 판 쪽으로 밀게 된다. 이런 동작을 통해 음식물은 호흡기관으로 들어가지 않고 식도로 들어가게 된다.

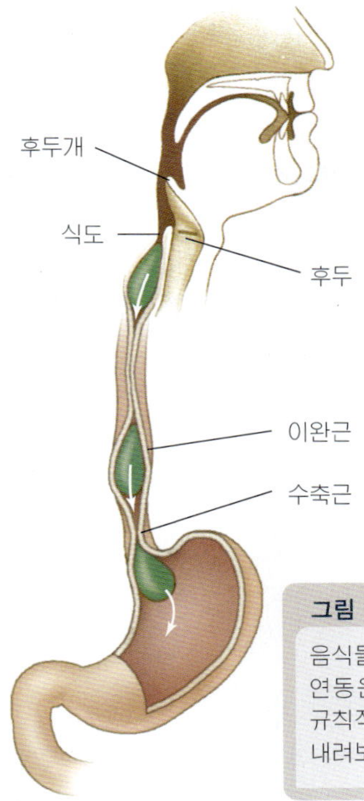

그림 18.11 식도와 연동운동

음식물이 식도로 들어온 이후에 연동운동이라 불리는 근수축의 규칙적인 연동은 음식물을 위로 내려보낸다.

18.5 **많은 척추동물에서 섭취된 음식은 분화된 치아의 분쇄하고 으깨는 운동에 의해 부수어진다. 조류에서는 이 과정이 모래주머니에서 모래의 분쇄작용에 의해 이루어진다. 침과 섞인 음식물은 삼켜져서 식도로 내려간다.**

18.6 식도와 위에서의 소화

■ 식도의 구조와 기능

삼킨 음식은 식도라고 불리는 근육성 관을 통과한다. 식도는 인두와 위를 연결한다. 성인의 경우 식도는 길이가 약 25cm 정도이다. 위쪽의 1/3은 삼키는 작업의 자율적 조절을 위해 골격근으로 둘러싸여 있고, 아래쪽 2/3는 불수의적인 평활근에 의해 둘러싸여 있다. 삼키기 중추는 근육의 연속적인 수축을 통해 음식물을 식도에서 위로 보낸다. 이런 규칙적인 근수축 운동을 **연동운동**이라 한다(그림 18.11). 이런 동작은 사람이나 다른 척추동물이 거꾸로 있을 때에도 삼키는 작업을 할 수 있게 해준다.

많은 척추동물의 경우 식도로부터 위까지의 음식물의 이동은 **괄약근**이라는 환상의 근육에 의해 조절되며, 이는 삼킨 음식의 압력에 반응하여 열리게 된다. 괄약근의 수축은 음식물이 위로부터 다시 식도로 가는 것을 방지한다. 설치류나 말은 이 부위에 전형적인 괄약근을 가지고 있어서 음식물의 역류를 막을 수 있으나, 사람은 약한 괄약근 때문에 역류 할 수도 있다.

■ 위의 구조와 기능

위(그림 18.12)는 주머니 같이 생긴 소화관이다. 위는 내벽에 많은 주름이 있어서 복잡하게 생겼고, 음식물로 채워졌을 때 풍선처럼 확장 되며, 비어 있을 때는 접혀진 상태로 될 수 있다. 사람의 위는 비어 있을 때 약 50ml의 부피이지만, 가득 찼을 때는 2~4l 정도의 음식물을 채울 수 있다. 불규칙하게 음식을 먹는 육식동물은 이보다 더 많은 확장성을 보이는데, 이것은 생존에 매우 중요하다.

위는 점막의 위액선에서 분비하는 산성의 위액과 음식물을 섞기 위하여 특별한 평활근층을 가지고 있다(그림 18.13). 이러한 외분비선은 두 종류의 분비세포를 함

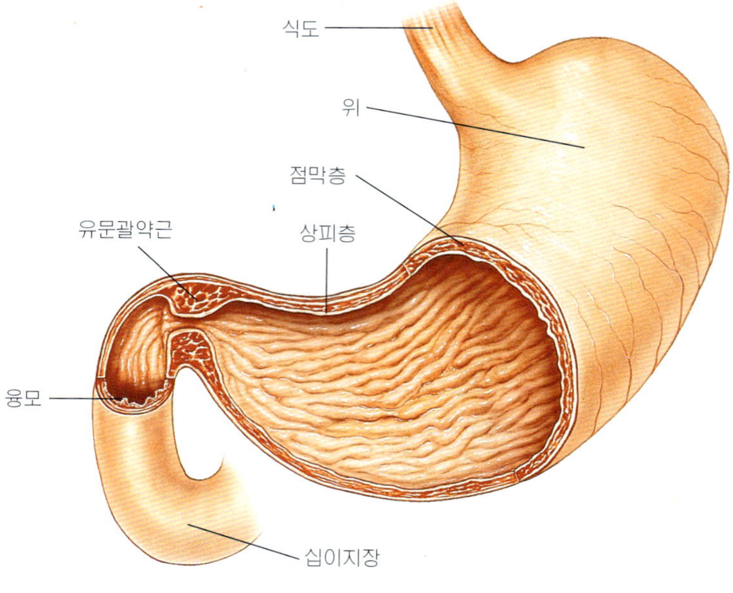

그림 18.12 위와 십이지장

음식물은 식도로부터 위로 들어온다. 위의 상피벽에는 위오목이 산재되어 있는데, 이는 염산과 펩시노겐 효소를 분비하는 선을 포함하고 있다. 유문 괄약근이라고 불리는 평활근의 띠는 소장의 상부인 십이지장으로 음식물이 들어가는 것을 조절한다.

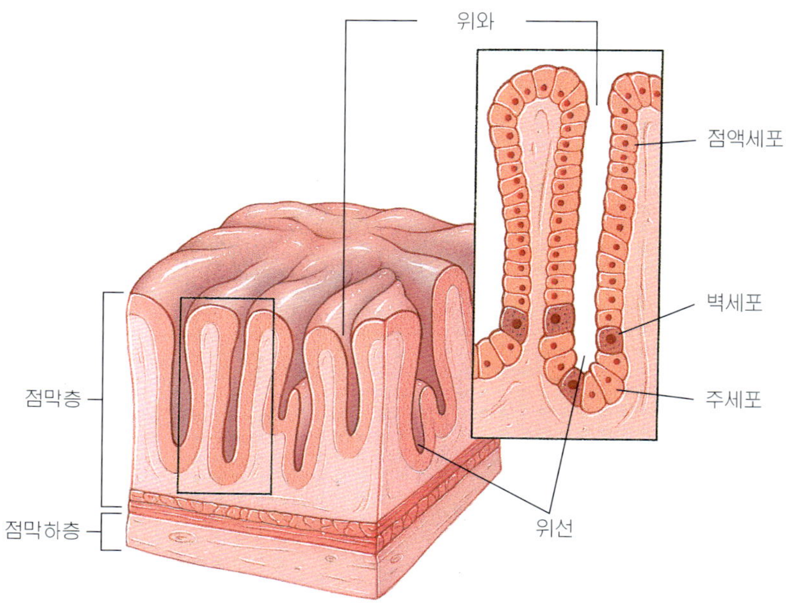

그림 18.13 위의 함몰부분과 위점막의 위선

위선은 점막세포, 펩시노겐을 분비하는 주세포, 염산을 분비하는 벽세포로 구성된다. 위와는 위선의 개구부이다.

유하고 있다. 하나는 염산(HCl)을 분비하는 벽세포이고 다른 하나는 약한 단백질 분해 효소인 펩시노겐을 분비하는 주세포인데, 매우 낮은 pH에서 활성화된다. 위 속의 낮은 pH는 염산때문이다. 활성화된 펩시노겐 분자는 일부 부위가 절단되어 더욱 활성화된 단백질 분해 효소인 펩신으로 된다. 상대적으로 불활성인 효소를 분비 한 후 세포 밖에서 활성화된 효소로 변형되는 과정은 주세포 자신들이 이 효소에 의해 소화되는 것을 방지한다. 위에서는 부분적으로 단백질만 소화하고 당이나 지질에 대한 소화기능은 없다.

산의 기능

사람의 위는 매일 2리터의 염산과 위액을 생산해서 위 내부를 매우 산성화된 상태로 만들게 된다. 위액의 염산 농도는 약 10mM에 해당하며, pH는 약 2이다. 그래서 위액은 혈액보다 약 250,000배 높은 산성 농도이다. 혈액의 pH는 7.4이다. 위 내의 낮은 pH는 위 속에 들어온 음식물의 단백질을 변성시켜 소화되기 쉽게 만들어 주며, 펩신이 최대의 활성을 띨 수 있게 해 준다. 활성화된 펩신은 음식물의 단백질을 소장에 도달해서 소화될 수 있는 짧은 사슬의 폴리펩티드로 가수분해한다. 부분적으로 소화된 음식과 위액의 혼합물을 **유미즙**(chyme)이라고 한다.

산성인 위액은 음식물과 함께 들어온 세균도 죽인다. 위 내에서 살아난 소수의 세균은 장에 도달해서 대량으로 증식되며, 이는 대장에서 특히 활발하게 이루어진다. 사실 대부분의 척추동물은 그들의 장에 대량의 세균을 가지고 있으며, 배설물의 주요 성분이다. 다음에 언급하겠지만 소나 다른 가축의 소화기관내에 서식하는 세균은 셀룰로오스를 소화하는데 중요한 역할을 한다.

■ 궤양

위가 너무 많은 산을 생성하지 않는 것은 중요하다. 너무 많은 산을 생산할 경우 소장에서 이 산을 중화시킬 수 없다. 산의 생성은 호르몬에 의해 조절되어 진다. 이러한 호르몬은 위벽 내에 산재해 있는 내분비 세포에서 생산된다. **가스트린**(gastrin)이라는 호르몬은 위벽 세포에 의해 합성되는 염산을 조절한다. 이로써 염산은 위에서 pH가 1.5보다 높을 때에 만들어진다.

위산의 과도한 생산은 경우에 따라 위벽에 구멍을 낼 수 있다. 이런 **위궤양**(ulcers)은 드물게 발생한다. 왜냐하면 위의 점막에 있는 상피세포는 염기성 점막층에 의해 보호되고 이런 세포들은 손상 받게 되면 세포분열을 통해 급속히 대체되기 때문이다(위 상피세포는 2~3일마다 교체된다). 위장관궤양의 90% 이상은 십이지장궤양이다. 이것은 과도한 양의 산성 유미즙이 십이지장에 들어가서 염기성 이자액에 의해 적절히 중화될 수 없기 때문이다. 궤양의 가능성은 자체 소화에 대한 점막 장벽이 *Helicobacter pylori*라는 박테리아에 의해 약해졌을 때 증가한다. 이런 감염에 대한 항생제 투여는 궤양 증상을 완화시키거나 치료할 수 있다.

벽세포는 염산을 분비하는 외에도 비타민 B_{12}의 장 흡수에 요구되는 폴리펩티드를 분비한다. 이 비타민은 적혈구의 생성에 필요하기 때문에 이런 기본 요소가 부족한 사람은 악성 빈혈을 일으키게 된다.

■ 위를 지나서

유미즙은 유문괄약근(그림 18.12)을 통해 위를 빠져나가 소장에 도달하게 된다. 여기에서는 당, 지질 그리고 단백질 모두의 최종 소화가 일어나게 되고, 아미노산, 포도당 등과 같은 소화 산물은 혈액 내로 흡수된다. 유미즙의 미량의 물과 알코올, 아스피린 같은 물질은 위벽을 통해 흡수된다.

18.6 **연동운동은 음식을 식도를 따라 위로 보낸다. 위 액에는 염산 그리고 단백질을 소화시키는 효소인 펩신이 들어 있다. 산성의 유미즙은 유문괄약근을 통과하여 소장으로 운반된다.**

18.7 소장과 대장에서의 소화

■ 소화와 흡수 : 소장

소화관은 위에서 나와 소장으로 연결되는데, 소장에서 큰 분자는 작은 분자로 분해된다. 음식물은 조금씩만 소장에 넘겨지는데, 이는 산이 중화되고 효소가 활성화되는 시간을 가지게 해 준다. 소장은 신체의 진정한 소화 용기이다. 이 속에서 탄수화물이 당으로 분해되고, 단백질이 아미노산으로, 지질이 지방산으로 분해된다. 이렇게 작은 분자가 생성되면 소장의 상피세포를 통과해 혈액 내로 들어가게 된다.

이러한 소화 과정에 필요한 필수적인 몇몇 효소는 장벽에 있는 세포에서 분비된다. 그러나 대부분은 소장과 위의 경계에 있는 이자에서 분비된다. 이자는 신체의 주된 외분비선 중의 하나이다. 이자는 분비물을 **십이지장**(duodenum) 내에 있는 관을 통해 소장으로 분비한다. 우리의 소장은 길이가 약 6m 정도가 되며 우리의 키보다 훨씬 크다. 전체 길이의 약 4%인 처음 부분의 25cm가 십이지장이다. 이 부분은 이자 효소가 분비되

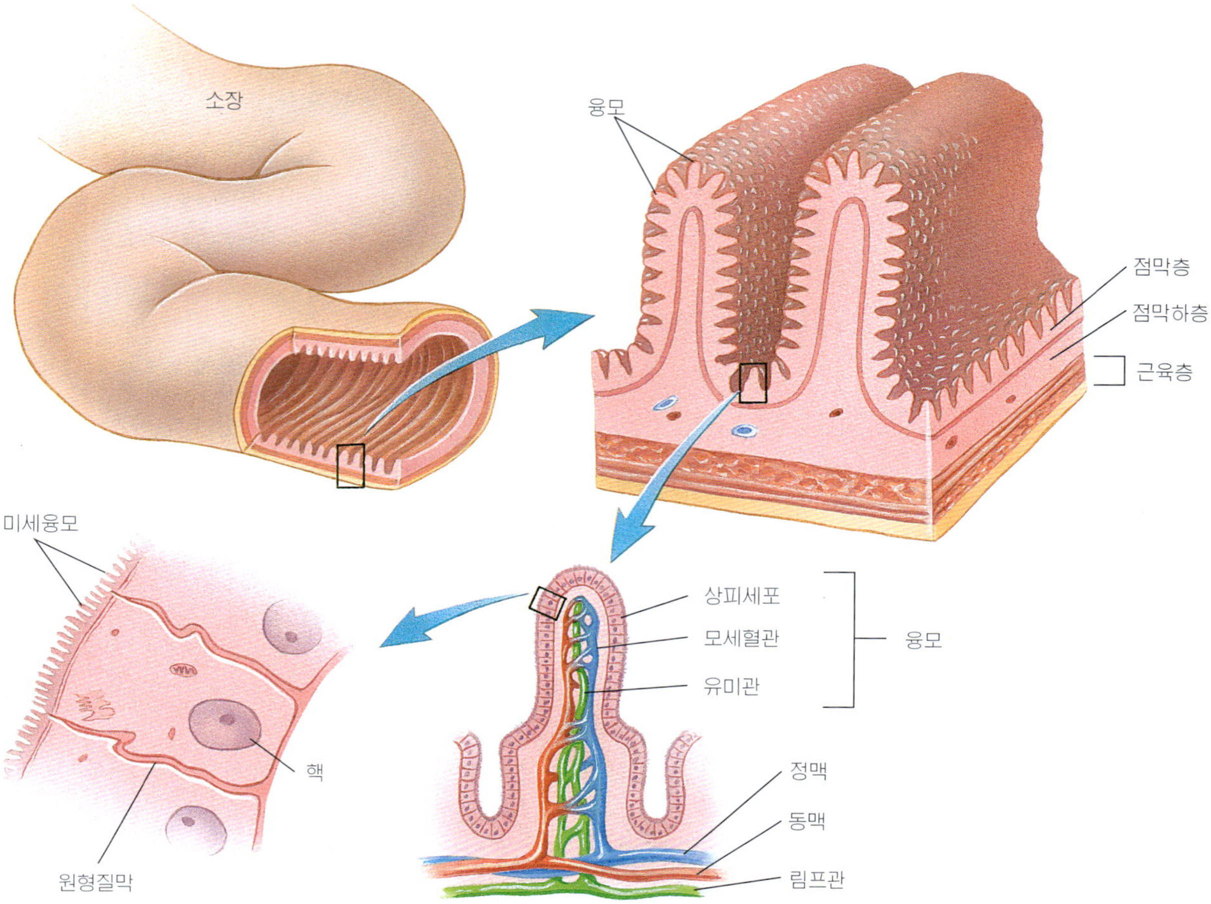

(a)

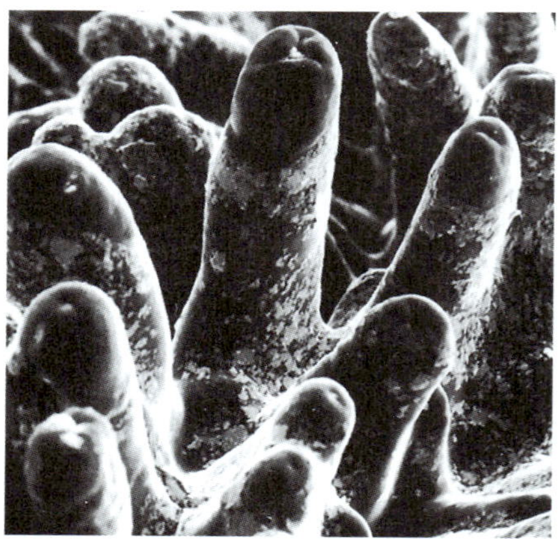

(b)

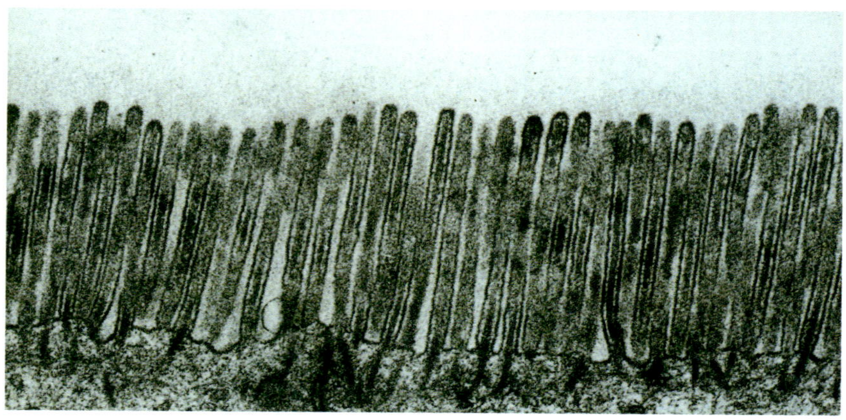

(c)

그림 18.14 소장

(a) 소장의 융모 구조를 상세히 보여주는 횡단면 (b) 주사전자현미경으로 찍은 미세융모. 미세융모는 소장에게 막대한 표면적을 제공하면서 매우 빽빽하게 밀집되어 있어서 효과적으로 흡수하도록 되어있다. (c) 투과 전자현미경으로 본 장의 미세융모.

어 음식물과 섞이는 장소이다.

척추동물은 대부분 지방으로부터 에너지를 얻는다. 지방이 효소에 의해 소화되기 전에 반드시 물에 녹는 성분으로 되어야 한다. 이런 과정은 간으로부터 십이지장으로 분비되는 담즙에 의해 이루어진다. 담즙은 지방의 불용성 문제를 해결해 준다. 우리의 몸은 어떻게 세포에 영양분을 공급하는 혈액에 녹지 않는 지방을 영양분으로 사용할 수 있는가? 담즙은 강력세제로 작용하여 이 문제를 해결한다. 담즙은 지방과 결합해서 미세한 크기의 방울을 형성한다. 이를 유화라 한다. 이러한 작은 방울들은 실제로 무한정 물에 부유할 수 있게 된다. 소장의 나머지 부분(길이의 96%)은 **회장**이라 한다. 회장은 물과 소화산물을 혈액 내로 흡수한다. 소장은 육안으로는 볼 수 없는 복잡한 손가락 모양의 돌출된 **융모돌기**로 덮여 있다(그림 18.14a). 융모를 덮은 각각의 세포는 그의 표면에 세포 돌기인 **미세융모**로 덮여 있다. 이러한 두 종류의 돌기들은 소장의 흡수 면적을 증가시킨다(그림 18.14b, c). 성인의 소장 평균 표면적은 300 m^2로서 보통 수영장보다 더 넓은 면적이다.

소장을 통해 들어오는 물질의 양은 상당히 많다. 사람은 하루에 평균 800g의 고체 음식을 소비하고 1200mL의 물을 소비해서 총 2L 정도의 양을 섭취, 소비한다. 여기에 타액으로부터 1.5L의 액체, 위에서 분비되는 2L의 위 분비액, 이자부터 1.5L, 간으로부터 0.5L 그리고 장으로부터 1.5L의 분비액이 더해진다. 그래서 신체 부피의 10% 이상인 9L 정도가 되는 것이다. 그러나 이런 많은 양에도 불구하고 실질적 이동 양은 적다. 대부분의 액체성분과 고체성분은 그들이 소장을 통과하는 동안에 재흡수 된다(소장벽을 통해 8.5L, 그리고 대장벽을 통해 0.35L). 고형성분 800g과 9L 정도의 액체 성분이 소화관에 들어가서 약 50g의 고형성분과 100mL의 액체 성분만 대변으로 배출된다. 소화관의 액체 흡수 효능은 99%에 가까운 매우 높은 수치이다.

■ 고형성분의 농축 : 대장

대장(결장)은 소장보다 훨씬 짧고 길이가 1m 정도이다. 대장에서는 소화가 일어나지 않으며 단지 약 4% 정도의 액체 흡수가 일어난다. 대장은 주름져 있지 않으며 3개의 부분으로 이루어져 있고, 그의 내부 표면은 융모를 가지고 있지 않다. 결과적으로 대장은 소장의 약 1/13의 표면적을 가지고 있다. 나트륨 이온과 비타민 K, 비타민 B_{12}가 이 벽을 통해 흡수되지만, 이의 주요 기능은 찌꺼기 성분을 담아 두는 기능이다. 소화되지 않은 물질이나 식물성 섬유와 셀룰로오스가 농축되고 저장된다. 많은 세균이 대장에서 활발히 분열하고, 소화되지 않은 물질을 최종 분비 산물인 **대변**으로 만드는데 중요한 역할을 한다.

소화관의 마지막 분절은 직장으로 **대장**이 짧게 확장된 것이다. 대장 내에 농축된 고형 성분은 직장으로 들어가게 되고, 근육의 수축을 통해 대장을 지나가게 된다. 고형성분은 직장으로부터 항문을 통해 몸 밖으로 나오게 된다.

> **18.7** 대부분의 소화는 소장의 앞부분 십이지장에서 일어난다. 소장의 나머지 부분은 물과 소화산물의 흡수를 담당한다. 대장은 잔여 고형 노폐물을 농축한다.

18.8 척추동물 소화계의 변이

대부분의 동물은 식물의 주요 구성 성분인 셀룰로오스를 소화시키는 효소가 부족하다. 그러나 몇몇 동물의 소화관에는 셀룰로오스를 숙주가 소화시킬 수 있는 물질로 변형시켜주는 세균과 원생동물을 가지고 있다. 위장에 서식하는 미생물의 소화 역할이 비록 사람의 영양상 미미하지만, 소수의 초식동물과 바퀴, 흰개미 같은 곤충 등의 여러 종류의 동물에서는 영양에 필수적인 역

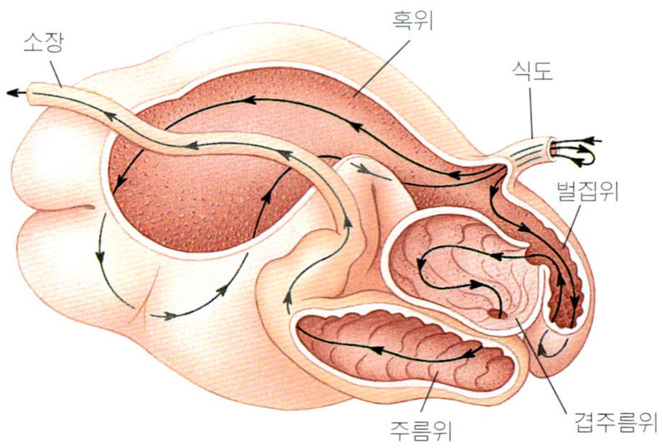

그림 18.15 반추동물의 4개의 강으로 된 위

소와 같은 반추동물이 먹은 풀이 혹위로 들어오면 그 곳에서 부분적으로 소화된다. 두번째 공간인 벌집위로 운반되기 전에 음식물은 반추되고 되새김질된다. 그리고 나서 음식물은 뒤쪽의 두 공간인 겹주름위와 주름위로 운반된다. 주름위만이 위액을 분비하는 기능이 있어 사람의 위와 유사하다.

할을 맡고 있다. 이런 미생물과 그들의 숙주 동물 사이의 관계는 서로 이익을 주는 공생 관계의 예이다.

소, 사슴 등의 가축은 분할된 위를 가지고 있다(그림 18.15). 첫번째 부위는 혹위와 작은 벌집위로 구성되어 있다. 두번째 부위는 2개의 부가적인 방인 겹주름위와 주름위로 구성되어 있다. 약 50 갤런을 채울 수 있는 혹위는 미생물과 원생생물이 셀룰로오스와 다른 분자를 여러가지 화합물로 변형시키는 발효 장소로 쓰인다. 4개의 방 가운데 앞에 위치한 혹위는 내용물을 되새김질할 때 매우 중요한 역할을 맡고 있다. 이런 활동을 반추 혹은 '되새김질'이라 한다. 되새김질 된 음식물을 삼키면 벌집위로 들어가고 겹주름위와 주름위를 통과한 후 마침내 위액과 섞이게 된다. 주름위만이 그 기능 면에서 사람의 위와 비슷하다. 이러한 과정은 말처럼 혹위가 없는 동물보다 셀룰로오스의 소화를 더욱더 효과적으로 할 수 있게 해준다.

말이나 설치류, 토끼류 등의 포유동물의 경우, 미생물에 의한 셀룰로오스의 소화는 커다란 맹장에서 이루어진다(그림 18.16). 맹장은 위의 뒤쪽에 위치하고 있기 때문에 내용물의 역류는 불가능하다. 그러나 설치류나 토끼류는 되새김질과 유사한 다른 셀룰로오스의 소화 방법을 발전시켜 왔다. 이런 동물은 그들의 대변을 먹음으로써 이런 역할을 수행하는데, 음식물을 두번째로 소화관에 보낸다. 소화관을 두번째로 통과하는 동안 동물이 맹장내의 미생물에 의해 생성된 영양분을 흡수할 수 있게 된다. 이러한 **식분성**(coprophagy) 동물이 배설물을 먹는 것이 방해되면 건강을 잃게 된다.

장내 미생물의 활동에 의해 소화되는 먹이가 셀룰로오스만이 아니다. 대부분의 육상동물이 소화하지 못하는 밀랍은 아프리카 새의 일종인 꿀앞잡이(honey-guides)의 소화관에 사는 공생 미생물에 의해 소화된다. 해저에 서식하는 생물들의 먹이중 밀랍은 요각류(갑각류 플랑크톤)의 주요 구성요소이고, 많은 물고기와 새는 공생 미생물에 의해 밀랍을 소화할 수 있다.

장내 미생물이 그들의 숙주 동물 대사에 기능을 나타내는 또 다른 예는 비타민 K의 합성에서 볼 수 있다. 모든 포유동물은 혈액 응고에 필요한 이 비타민은 장내 세균이 합성한다. 이런 세균이 없는 새는 음식물에서 비타민 K를 흡수해야 한다. 사람은 오랫동안 항생제를 사용해서 장내의 미생물 집단을 많이 줄이게 되었다. 이런 환경에서 여분의 비타민 K를 지속적으로 공급하는 것은 꼭 필요하다.

18.8 **많은 동물의 소화관에는 셀룰로오스를 소화하는 미생물이 서식한다. 장내 미생물들은 또한 그들의 숙주가 잘 살아 갈 수 있게 하기 위해 비타민 K 같은 중요한 물질을 생산하기도 한다.**

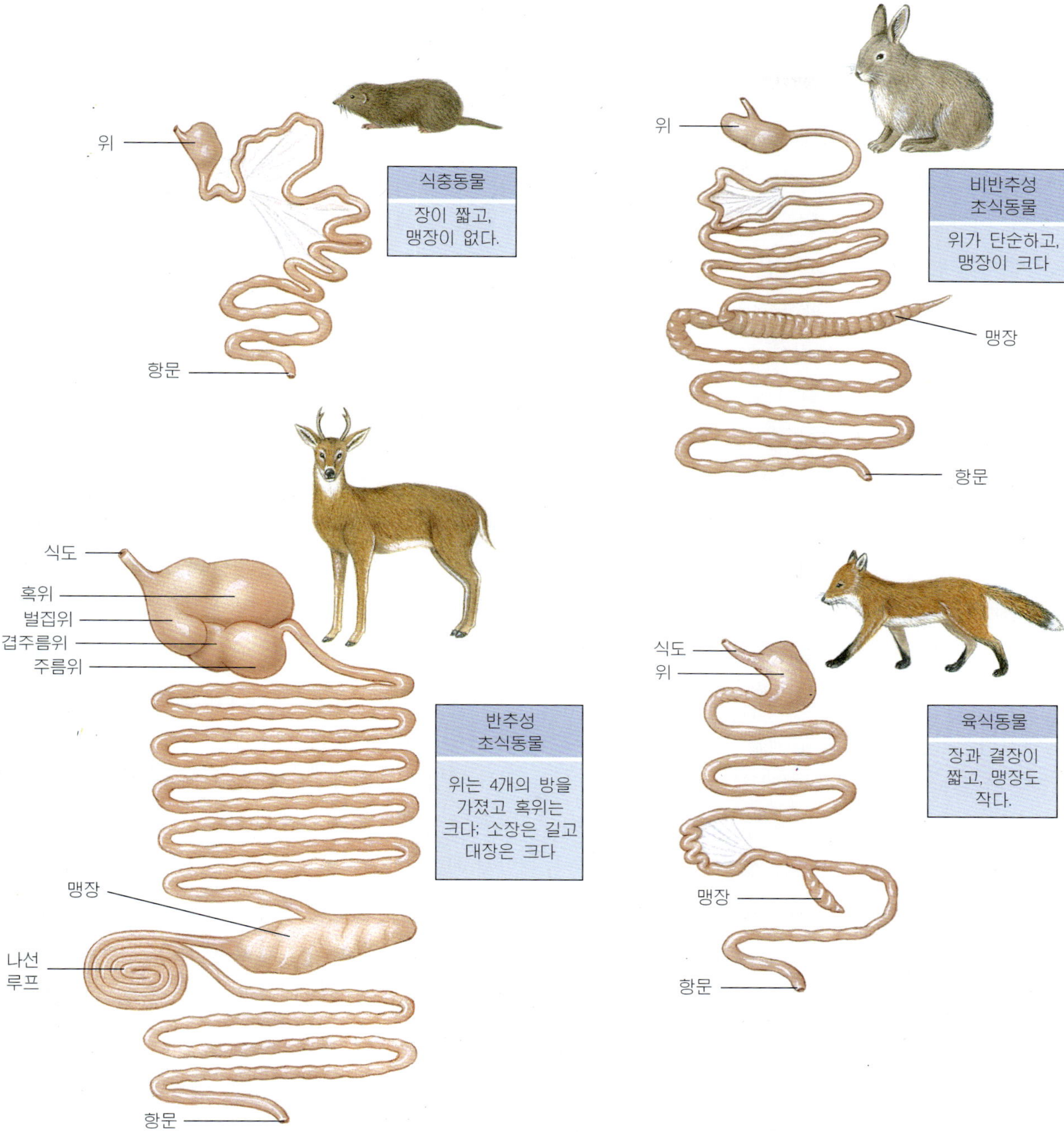

그림 18.16 포유류의 다양한 소화계는 그들의 먹이와 관계있다.

초식동물은 식물을 소화하기 위해 분화된 구획을 가진 긴 소화관이 필요하다. 단백질 먹이는 좀 더 쉽게 소화되기 때문에 식충성과 육식성 포유류는 짧은 소화관을 가진다.

18.9 부속 소화기관

■ 이자

위와 소장의 접합부 부근에 위치한 거대 선인 **이자**(pancreas)는 소화관 분비에 기여하는 부속기관 중의 하나이다. 이자로부터 이자액이 이자관을 통해 십이지장으로 분비된다(그림 18.17). 이런 이자액은 지방을 소화하는 리파아제, 전분을 소화하는 아밀라아제, 단백질을 소화하는 트립신, 키모트립신 등의 효소 집합체를 이룬다. 이런 효소는 불활성화된 형태로 십이지장으로 분비된 후 장내의 효소에 의해 활성화된다. 이자 내 효소는 단백질을 더욱더 작은 폴리펩티드로, 다당류를 더욱더 짧은 당으로 그리고 지방을 자유 지방산과 다른 산물로 소화한다. 이런 분자의 소화는 장내 효소에 의해 완결된다.

이자액은 또한 위로부터 내려온 염산을 중화시키는 중탄산염($NaHCO_3$)을 포함하고, 유미즙을 십이지장에서 약알칼리성의 pH를 갖도록 해준다. 소화 효소와 중탄산염은 소포(acinus)라고 알려진 분비 세포의 집합체에서 생성된다. 소화에 관계하는 물질의 분비 외에 이자는 당과 다른 영양분의 혈액 내 양을 조절하는 몇 종류의 호르몬을 혈액에 분비한다. 이런 호르몬은 이자에 산재한 내분비 세포 집합체인 **랑게르한스섬**에서 생성된다. 2개의 중요한 이자 호르몬인 인슐린과 글루카곤은 후에 논의 될 것이다.

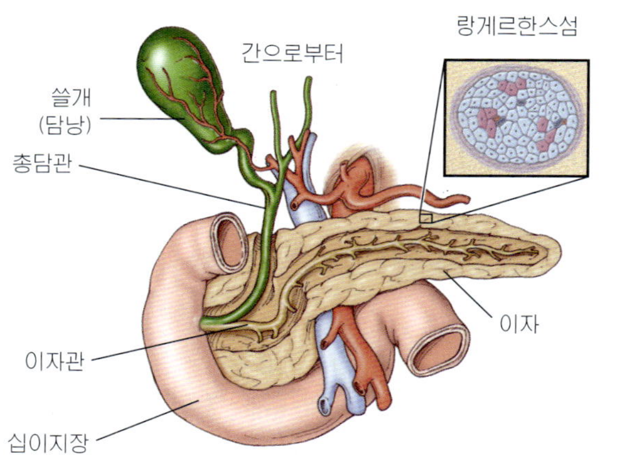

그림 18.17 이자관과 담관은 십이지장과 연결된다.

■ 간과 쓸개

간은 신체의 가장 큰 내부기관이다. 성인의 간은 1.5kg 정도의 무게에 축구공 크기이다. 간의 주요 외분비물은 **담즙**으로서 음식이 소화되는 동안 십이지장 내로 유입되는 담색소와 담염으로 구성되는 혼합 액체이다. 담색소는 오래된 적혈구 세포가 간에서 분해된 물질이며 최종적으로 대변에 섞여 제거된다. 간에 의해 담색소의 분비가 차단되면 색소는 혈액에 누적되고, 그 결과, 조직이 누렇게 착색이 되는 황달이 나타난다.

담색소와는 달리 담염은 지방의 소화에 중요한 역할을 한다. 지방은 물에 녹지 않기 때문에 묽은 유미즙 내의 방울로서 장내에 들어간다. 담염은 일부는 지용성이며 일부는 수용성으로, 세제처럼 작용하여 지방 덩어리가 작은 입자의 현탁액으로 잘라지게 해 준다. 이런 유화는 지방에 지방가수분해 효소가 작용할 수 있는 표면적을 증가시켜서 지방의 소화가 더욱 빨리 일어날 수 있게 해준다.

간에서 생긴 담즙은 **쓸개**에 저장되고 농축된다. 십이지장에 지방 음식물이 도달하면 신경과 내분비 반응이 자극되어 담즙의 분비가 촉진되고, 그 결과 담즙이 담관을 통해 십이지장에 주입된다. 담관이 담석(gallstone; 콜레스테롤의 경화 침전물)에 의해 막히면 쓸개가 수축이 되어 오른쪽 견갑골 아래의 통증을 느끼게 된다.

■ 간의 조절 기능

대정맥이 위와 장으로부터 간에 직접 혈액을 운반하기 때문에 간은 위장관이 흡수한 기질이 신체의 다른 부분에 가기 전에 화학적으로 변형시키는 장소이다. 예를 들어, 섭취된 알코올과 기타 다른 약물은 간세포에 의해서 처리된다. 따라서 알코올과 약의 남용은 간을 손상하기 쉽다. 간은 또한 독소, 살충제, 발암물질 그리고 여러 독성물질을 독성이 없거나 약한 물질로 바꾼다(그림 18.18). 또한 혈액 내에서 여분의 아미노산은 간

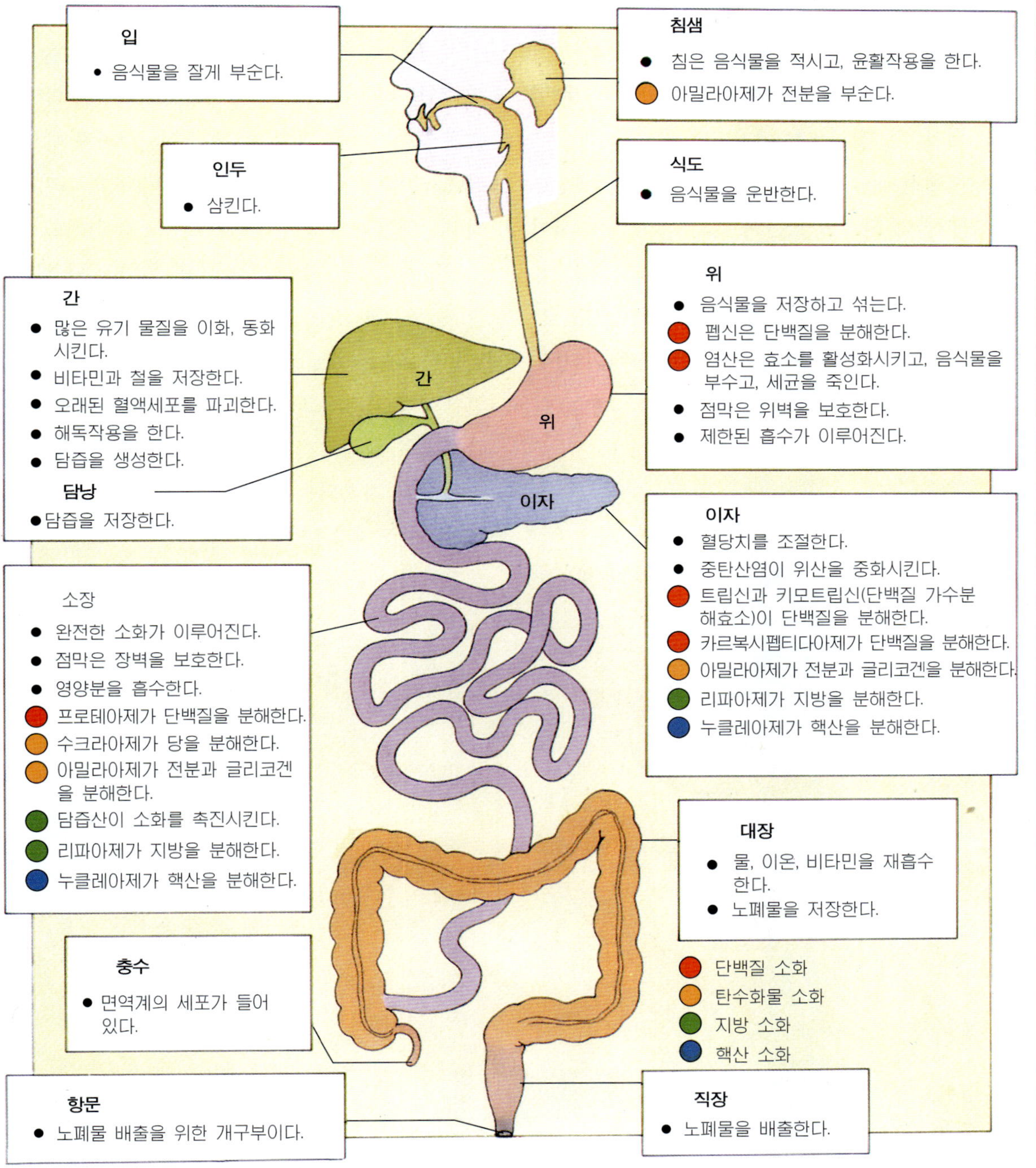

그림 18.18 소화계의 기관과 기능

입에서 시작하여 항문으로 끝나는 소화계는, 음식물에 작용하는 각기 다른 12개의 기관으로 이루어져 있다. 이 기관들은 신체가 영양을 효과적으로 흡수할 수 있도록 활동한다.

의 효소에 의해 포도당으로 전환된다. 이런 전환의 첫 단계는 아마이드 분해(탈아마이드 작용)라고 불리는데, 아미노산으로부터 아미노기를 제거하는 과정이다. 식물과는 달리 동물은 이 아미노기의 질소를 이용할 수 없고, 질소 노폐물로서 배출해야 한다. 아미노산의 탈아미노기의 산물인 산물인 암모니아는 요소를 형성하기 위해 이산화탄소와 결합한다. 요소는 간에 의해 혈류 속으로 유입되고 신장에서 제거된다.

간은 또한 혈장 내에 있는 대부분의 단백질을 생성한다. 혈장 단백질의 전체 농도는 혈액과 장내 체액 사이의 삼투 균형을 유지해야 하기 때문에 일정 수준을 유지해야 한다. 혈장 단백질의 농도가 너무 낮아지면 간경변과 같은 병이 생기며, 체액이 조직에 누적되면 부종이 생긴다.

혈당의 조절

뇌의 신경은 필요한 에너지를 혈장으로부터 획득한 당의 유기호흡으로부터 얻는다. 그러므로 기아나 오랜 기간 운동으로 혈당량이 너무 낮아지지 않게 하는 것이 중요하다. 또한 당뇨병에 걸린 사람처럼 혈당량이 너무 높아져서 조직이 손상되지 않도록 하는 것도 중요하다.

간으로 들어가는 혈액에 과도한 양의 당이 존재할 때(주로 식사 후에 바로 발생하는데), 간은 이것을 글리코겐으로 만든다. 이런 과정은 호르몬인 인슐린에 의해 자극 되는데, 이것은 이자의 랑게르한스섬의 β-세포에 의해 분비된다. 간이 이런 글리코겐을 일부 저장하고, 나머지는 근육에 저장되어 근 수축의 연료로 쓰이도록 한다(그림 18.19).

혈당치가 감소하면(식사 후 좀 지나고 난 뒤, 단식 기간, 운동 후), 간은 혈액 내로 당을 분비한다. 이 당의 일부는 간에 있는 글리코겐의 분해로 얻어진다. 그 후 인산기가 제거되고 유리된 당은 혈액 내로 분비된다. 간에 있는 글리코겐의 분해는 또 다른 호르몬인 글루카곤에 의해 자극되는데, 이것은 이자에 있는 랑게르한스섬의 α-세포에 의해 분비된다.

단식이나 운동을 계속하면 간은 아미노산과 젖산 같

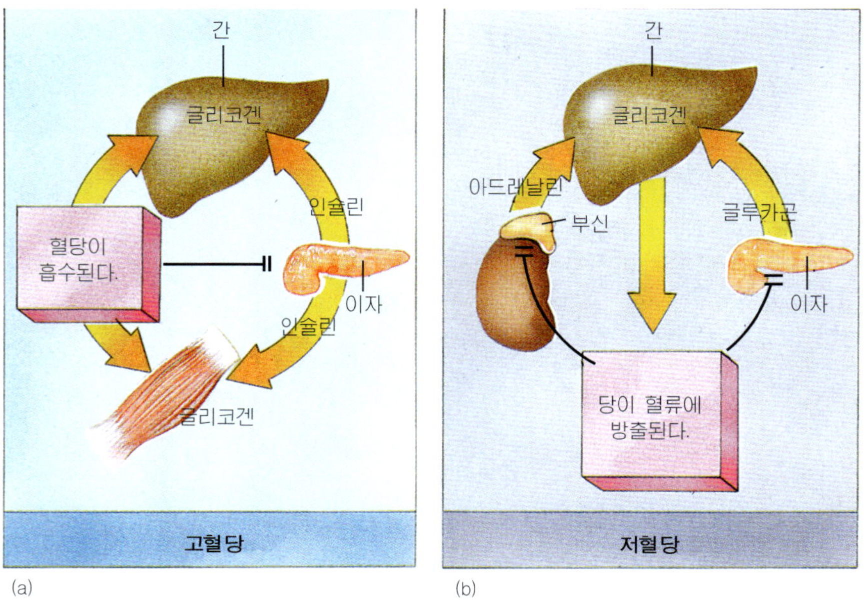

그림 18.19 혈당치의 조절

(a) 혈당치가 높아지면 이자 안에서 세포는 인슐린을 생산하고, 간과 근육에서 혈당을 글리코겐으로 전환시키는 것을 자극한다. (b) 혈당치가 낮아지면 이자의 다른 세포가 글루카곤을 혈관으로 방출시킨다. 또한 부신 세포는 아드레날린을 혈관으로 방출한다. 이 두 가지 호르몬은 간이 글리코겐을 당으로 분해하는 작용을 촉진한다.

은 분자를 당으로 전환시키기 시작한다. 이 과정에 사용되는 아미노산은 근육 단백질로부터 나오므로 오랜 기간 동안의 단식은 심한 근육손상을 일으킨다.

18.9 **이자는 이자관으로 소화 효소와 중탄산염을 분비한다. 간은 담즙을 생산하는데, 담즙은 쓸개에서 농축되어 저장된다. 간과 이자 호르몬은 혈당 농도를 조절한다.**

18.10 내부 환경의 유지

질소 노폐물

우리가 약 70년을 살 경우 일생동안 약 22톤의 음식을 먹고, 27,000L 정도의 물을 마시게 된다. 우리가 먹은 음식과 물은 모두 어떻게 되는가? 우리는 그것을 모두 연소시키지는 않는다. 음식과 물을 구성하는 모든 원자는 체내에 존재하기도 하고 배출되기도 한다. 아미노산과 핵산은 질소를 함유하는 분자이다. 동물이 에너지를 얻기 위해 이들 분자를 분해하거나 지방이나 탄수화물로 변환시킬 때 **질소 노폐물**이라고 불리는 질소를 포함하는 부산물이 생산되게 된다(그림 18.20). 그리고 이들은 체내에서 반드시 제거되어야만 한다.

척추동물에서 아미노산과 핵산 대사의 첫 단계는 아미노기를 제거하고 수소와 결합시켜서 간에서 암모니아를 형성하는 것이다. **암모니아**는 세포에 독성이 강하므로 매우 희석된 용액으로 존재해야 안전하다. 암모니아의 배출은 물고기나 올챙이에게서는 그다지 큰 문제가 되지 않는데, 대부분을 아가미를 통한 확산 방식으로, 나머지는 매우 희석된 오줌으로 제거한다. 연골어류나 양서류, 그리고 포유동물은 질소노폐물을 독성이 덜한 **요소**의 형태로 배출한다. 요소는 수용성이기 때문에 소변에 농축시켜 배출 할 수 있다. 파충류나 새 그리고 곤충은 질소 노폐물을 요산의 형태로 배출한다. 요산은 물에 잘 녹지 않으므로 결정 상태로 배출된다. 요산은 반죽과 같은 흰색 노폐물이다.

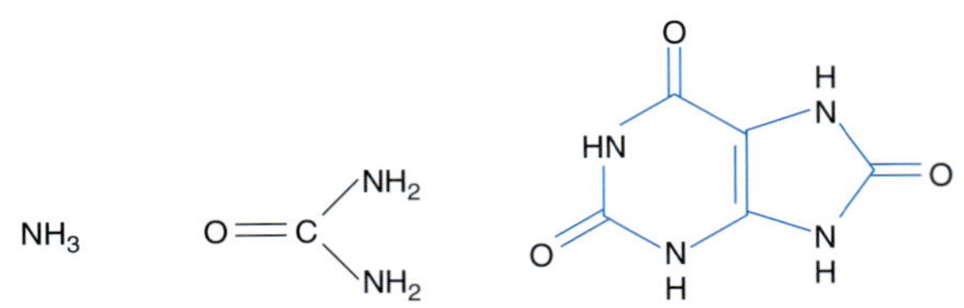

그림 18.20 질소 노폐물

아미노산 대사 과정에서 생기는 중간 생성물인 암모니아는 독성을 띠는데, 이것은 경골어류의 아가미로 배출될 수 있다. 포유류는 암모니아를 독성이 적은 요소로 전환한다. 새와 육상 파충류는 암모니아를 불용성인 요산으로 전환한다.

이처럼 동물은 질소노폐물을 제거하는 세 가지 방법을 진화시켰다.

1. **관류작용** 경골어류는 아미노산의 아미노기 부분을 제거하고 암모니아를 형성하여 아가미를 통해 배출한다.
2. **해독작용** 모든 포유동물과 여러 육상동물은 암모니아를 독성이 약한 요소로 전환시켜 배출한다. 요소는 간으로부터 신장까지 혈류를 통해 운반되고 오줌으로 배출된다.
3. **불용화 작용** 새와 육상 파충류는 특별한 문제에 직면한다. 그들의 알은 껍질에 싸여 있기 때문에 대사 노폐물은 배아가 자람에 따라 알 속에 쌓이게 된다. 이 동물들이 진화시킨 해결책은 암모니아를 불용성인 요산으로 전환하는 것이었다. 이 대사 과정은 많은 에너지가 소모되며 결정화되고 침전된 화합물을 형성하게 된다. 이런 방법으로 독성의 질소 노폐물은 용액으로부터 제거된다. 다 자란 새와 육상 파충류도 질소 노폐물이 요소 배출에 필요한 것 보다 적은 양의 물을 소비하면서 같은 과정을 수행한다. 이들의 반죽 형태의 반고형물을 **구아노**라 한다.

포유동물도 또한 약간의 요산을 형성하지만, 이것은 아미노산이 아닌 퓨린 뉴클레오티드의 분해 산물이다. 대부분의 포유동물은 요산을 수용성인 **알란토인**으로 변환시키는 우리카아제라고 하는 효소를 가지고 있다. 대부분의 영장류와 개는 이런 효소를 가지고 있지 않아서 요산을 배출해야만 한다. 사람의 경우 과도한 양의 요산이 관절에 축적되면 **통풍**이 생긴다.

■ 수분 균형

동물은 주의 깊게 체내의 물의 양을 점검해야 한다. 최초의 동물은 바다에서 진화했고, 따라서 모든 동물의 생리 현상은 이러한 기원을 반영한다. 척추동물 몸의 약 2/3는 물이 차지한다. 만약 물의 양이 이 보다 훨씬 줄어들면 죽게 된다. 동물은 **삼투조절**을 위해 다양한 메커니즘을 이용한다. 삼투조절은 신체의 삼투 비율을 조절하거나, 얼마나 많은 양의 물과 염이 있어야 하는지를 결정한다. 많은 척추동물의 기관계의 적절한 작동은 혈액 내의 삼투 농도를 결정하고, 용해된 용질의 농도를 적당하게 유지하게 한다.

18.10 척추동물은 수분 농도를 적절한 범위 내에서 유지하면서 다양한 방법으로 질소 노폐물을 배출시킨다.

18.11 여러 삼투조절 기관의 진화

동물은 물의 균형을 유지하기 위하여 다양한 메커니즘을 진화시켜 왔다. 많은 동물의 경우 신체로부터의 물과 염류의 제거는 배설계를 통한 대사 노폐물의 제거와 연관되어 있다. 원생생물은 이를 위해 스폰지와 같은 수축포를 가지고 있다. 다른 다세포 동물은 몸으로부터 노폐물과 물을 배설하는 배설관을 가지고 있다.

편형동물에서 이러한 관은 원신관이라 불린다. 원신관은 전구같은 불꽃세포로부터 시작해 몸 전체에 가지를 치고 있다(그림 18.21). 이런 간단한 배설 구조는 체외로 열려져 있지만 체내로는 열려 있지 않다. 불꽃세포 내의 섬모는 몸에서 수분을 흡수 한다. 물과 대사산

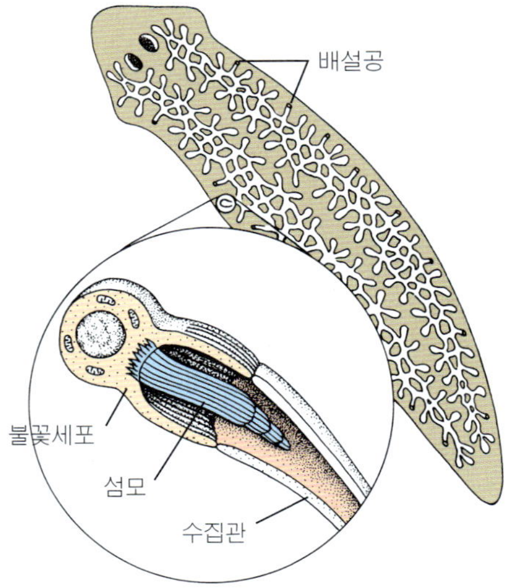

그림 18.21 편형동물의 원신관

불꽃세포와 배설공은 편형동물의 원신관(소관의 분기체계)을 구성한다. 불꽃세포의 섬모의 운동에 의해 체액을 끌어당긴다. 그리고 나서 물질들은 몸밖으로 난 구멍을 통해 배설된다.

물은 재흡수되고 배설물은 배설공을 통해 밖으로 빠져나가게 된다.

다른 무척추동물은 몸의 외부와 내부에 모두 열리는 관 구조를 가지고 있다. 지렁이에서 이 관을 신관이라고 한다(그림 18.22). 신관은 신구라고 불리는 깔때기 형태의 구조를 가지고 있으며, 여과작용을 통해 체강으로부터 체액을 수집한다. 체액이 압력으로 인해 작은 개구부를 통해 이동하게 되고, 또 일정한 크기 이상의 큰 분자는 거르게 되기 때문에 여과라는 용어가 사용된다. 이런 여과된 용액은 등장액이다. 그러나 신관의 소관을 통과하게 되면 NaCl은 능동수송과정에 의해 제거된다. 소관 바깥으로 수송되어 체액으로 다시 들어가는 현상을 재흡수라 한다. 염류는 여과액으로부터 재흡수되기 때문에 배출된 오줌은 체액보다 더욱 희석된 상태이다(저장액). 연체동물의 신장과 갑각류의 배설기관(촉각선)은 또한 재흡수에 의해 이온을 재흡수하고 여과에 의해 오줌을 형성한다.

곤충의 배설기관은 **말피기관**이며(그림 18.23), 후장

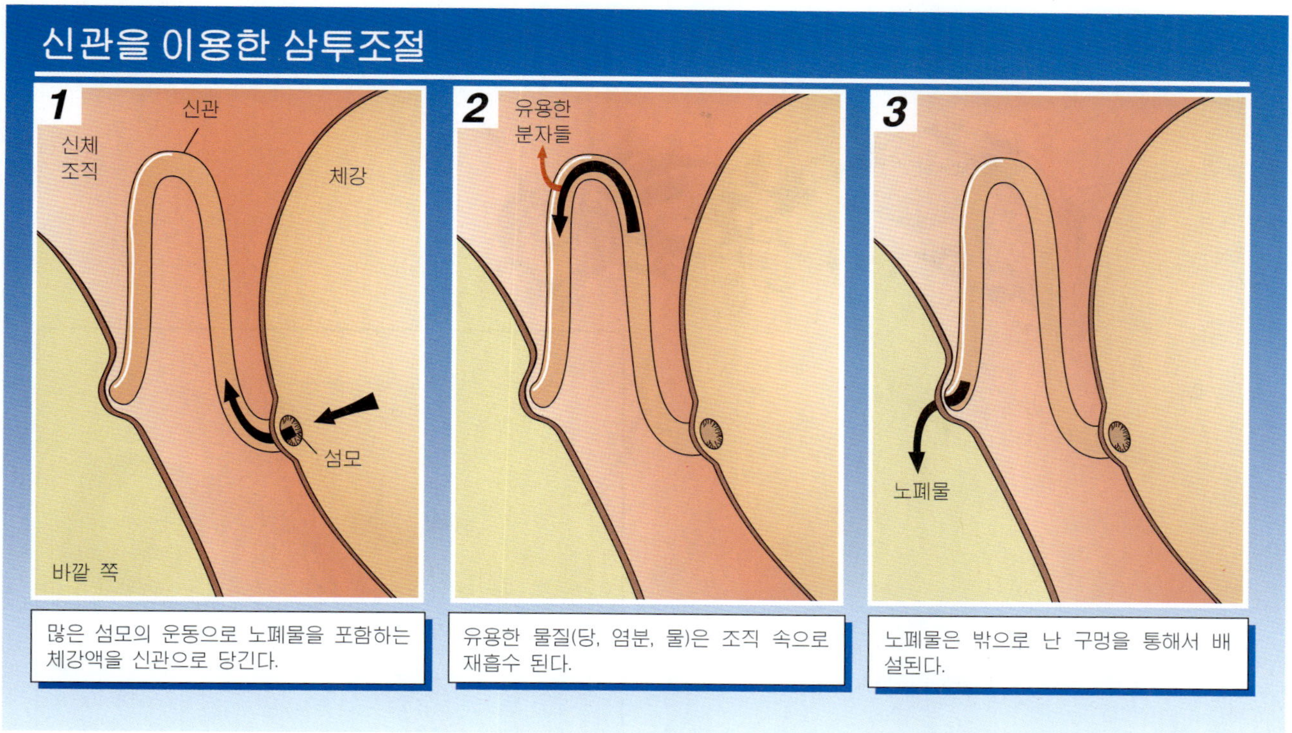

그림 18.22 신관에서의 삼투조절

의 앞쪽에 분기되어 있는, 소화관의 확장된 형태이다. 오줌은 이 관에서 여과에 의해 형성되지는 않는다. 왜냐하면 체강과 관 사이의 혈액에 압력차가 없기 때문이다. 대신, 노폐물 분자와 칼륨이온(K^+)이 능동수송에 의해 관 내로 분비된다. 분비는 재흡수의 반대로서, 이온이나 분자가 체액으로부터 관 속으로 이동되는 것이다. K^+의 분비는 물이 체내의 개방 순환계로부터 삼투압에 의해 관으로 들어오게 하는 원인이 되는 삼투 구배를 형성하게 된다. 물과 K^+의 대부분은 후장의 상피세포를 통해 순환계로 재흡수되고, 다른 작은 물질과 노폐물은 대변 형태로 직장으로부터 배출된다. 따라서 말피기관은 매우 효과적인 물의 보존 수단을 제공하게 된다.

신장은 척추동물의 배설기관으로서 곤충의 말피기관과는 달리 압력을 통한 혈액의 여과에 의해 오줌을 형성하게 된다. 노폐물과 물로 구성된 여과액은 당이나 아미노산 그리고 비타민 등 동물에 유효한 작은 분자를 많이 포함하고 있다. 이런 분자와 대부분의 물은 노폐물이 여과되는 동안 관으로부터 혈액 내로 재흡수되고, 노폐물은 관에 의해 분비되어 여과액에 첨가되어 마지막 노폐 산물인 오줌의 형태로 체외로 배출된다.

척추동물의 신장이 혈장으로부터 대부분의 물질을 여과하고(여과되기에 너무 큰 단백질을 제외하고), 그 후 신체가 필요로 하는 물질을 재흡수하거나 되돌리기 위해 에너지를 소비하는 과정이 이상하게 보일지도 모른다. 그러나 선택적 재흡수에는 유연성이 있다. 다양한 척추동물들은 고유의 서식처에서 꼭 필요한 여러 가지의 분자들을 재흡수하는 능력을 진화시켜 왔다. 이런 유연성은 척추동물에 의해 다양한 환경에 성공적인 적응을 할 수 있게 하는 주요 요소이다.

18.11 **많은 무척추동물은 소관계에서 체액을 여과하며 이온과 물을 재흡수하고 노폐물은 배설한다. 곤충은 소관으로 칼륨이온을 분비함으로써 삼투압으로 물을 끌어들이면서 배설액을 만든다. 척추동물 신장은 소관으로 들어가는 여과액을 생산하고 이는 뇨로 변형된다**

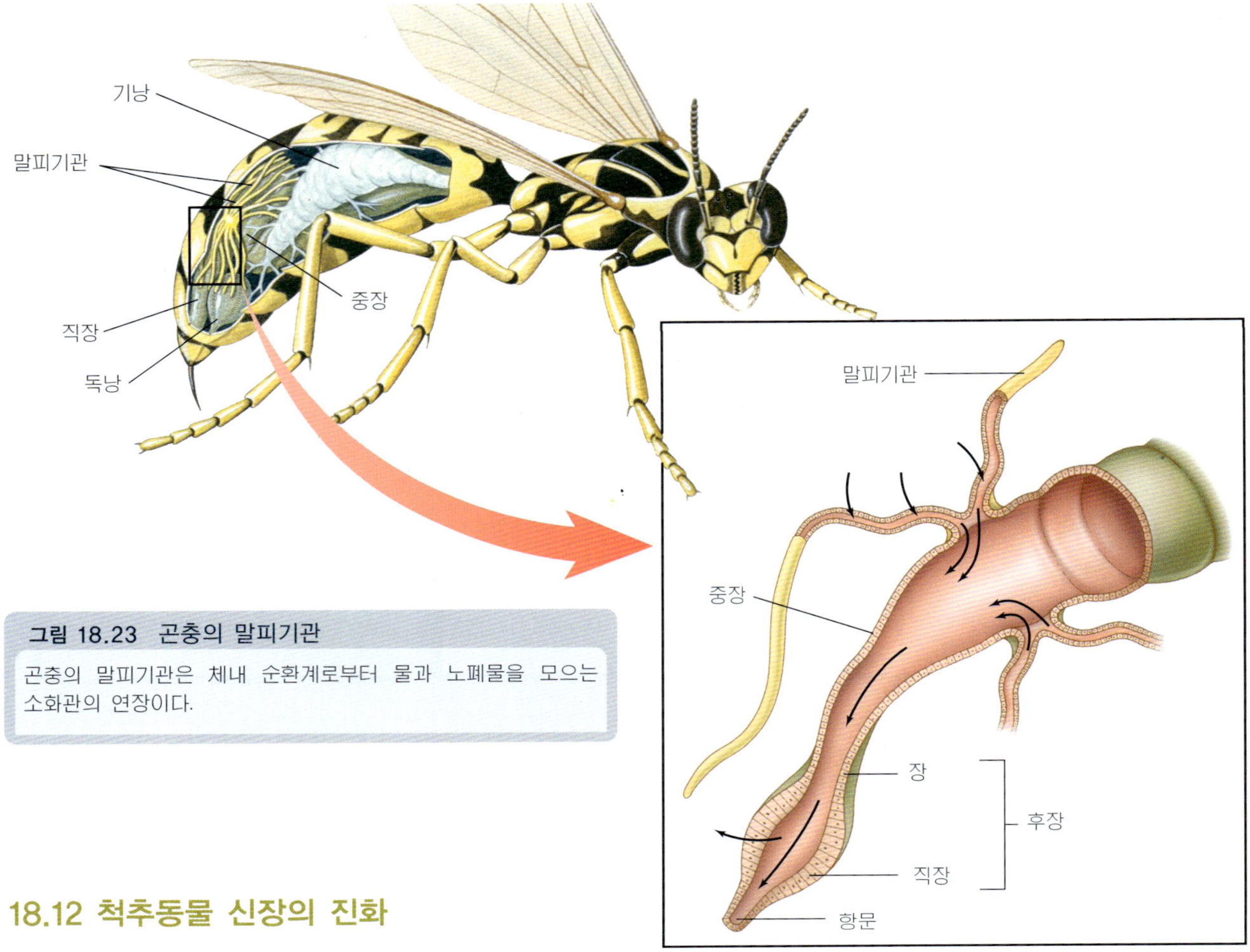

그림 18.23 곤충의 말피기관

곤충의 말피기관은 체내 순환계로부터 물과 노폐물을 모으는 소화관의 연장이다.

18.12 척추동물 신장의 진화

신장은 구부러진 관 구조를 가진 네프론이라 불리는 수천 개의 반복되는 배열 단위로 구성된 복합기관이다(그림 18.24). 혈압은 혈액을 각 네프론의 맨 위부분에 있는 사구체라 불리는 여과기를 강제로 통과하게 한다. 사구체에서 혈액에 있는 혈구, 단백질을 비롯한 혈액 속의 유용한 큰 분자들은 혈액 내에 그대로 남지만 물이나 작은 분자들, 용해되어 있는 노폐물들은 네프론의 굽은 관으로 여과된다. 여과된 용액이 네프론 관을 통과하면서 당과 이온들은 능동수송에 의해 재흡수되고 물과 대사산물은 배설된다.

모든 척추동물 신장에는 이같은 기본구조가 있지만 일부 변형이 존재한다. 원래 사구체 여과액은 혈액과 등장성이기 때문에 모든 척추동물은 이온 재흡수에 의해 등장성 오줌 혹은 혈액보다 좀더 희석된 저장성 오줌을 생산할 수 있다. 조류와 포유류는 혈액보다 좀더 농축된 고장성 오줌을 생산하기 위해 그들의 사구체 여과물로부터 물을 재흡수 할 수 있다.

담수어

신장은 담수 경골어류에서 처음으로 진화되었다고 여겨진다. 왜냐하면 담수어의 체액은 주위 물보다 더 높은 삼투농도를 가지고 있기 때문에 이런 동물은 두 가지 심각한 문제에 직면된다. (1) 물은 체외로부터 체내로 들어가고자 한다. 그리고 (2) 용질은 체내에서 체외로 빠져 나가고자 한다. 담수어는 첫번째 문제를 물을 흡수하지 않고 자신의 체액보다 저장성인 희석된 오

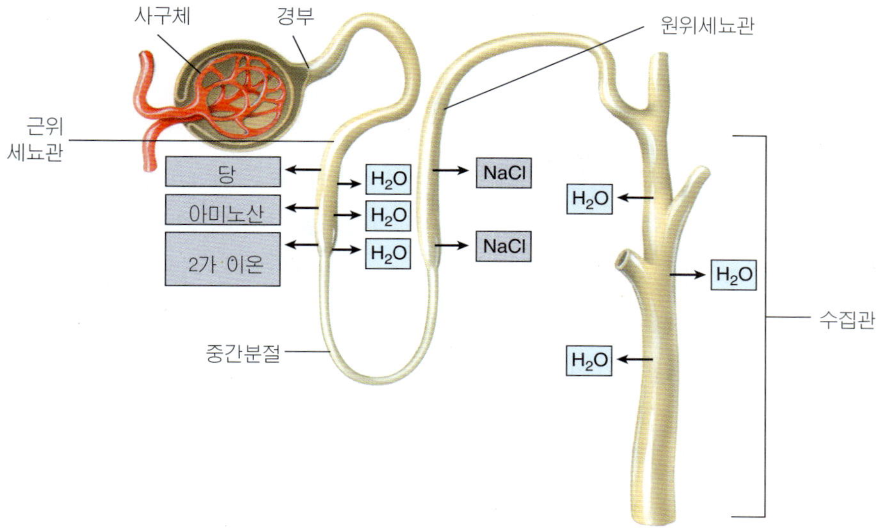

그림 18.24 척추동물 신장의 기본구조

담수어의 네프론 관은 뒤에 진화된 해수어와 육상 척추동물의 기본적인 구조이다. 당, 작은 단백질, Ca^{++}같은 2가 이온은 근위 세뇨관에서 재흡수 된다(Na^+, Cl^- 같은 이온들은 원위 세뇨관에서 재흡수 된다).

줌을 배설시킴으로써 해결하였다(그림 18.25). 두번째 문제는 사구체 여과액으로부터 역으로 네프론 관을 통해 혈액으로 이온들을 재흡수 함으로써 해결하였다. 또 이온들을 그들의 아가미를 통해 주위의 물로부터 혈액으로 능동적으로 수송한다.

■ 해양 경골어류

동물의 대부분이 바다에서 처음으로 진화된 것처럼 보임에도 불구하고, 해양 경골어류는 담수의 조상으로부터 진화되었을 것으로 생각된다. 이들은 바다에 살기 시작하면서 체액이 주변의 해수보다 저장성이기 때문에 새로운 문제에 직면했다. 결론적으로 물은 삼투압에 의해서 아가미를 통해 몸 밖으로 빠져 나가려는 경향이 있고, 또 오줌으로 물을 잃게 된다. 이러한 계속적인 수분의 손실을 보상하기 위해 해수어는 다량의 해수를 마신다.

어류가 마시는 바닷물 속의 2가 양이온(주로 Ca^{++}, Mg^{++})은 소화관에 남고, 이것은 항문을 통해 배출된다. 그러나 K^+, Na^+, Cl^- 같은 1가 이온들은 혈액 내로 흡수된다. 대부분의 1가 이온은 아가미를 통해 혈액으로부터 밖으로 능동적으로 이동되고, 반면에 혈액 내로 흡수된 2가 이온들은 네프론으로 분비되어 오줌으로 배출된다. 이런 두 가지 방식으로 해양 경골어류는 그들이 마신 해수로부터 이온들을 배설한다. 그들이 배설한 오줌은 그들 체액과 등장액이다. 그것은 담수어의 오줌보다는 좀더 농축된 것이고, 조류나 포유류보다는 농축되지 않은 형태이다.

■ 연골어류

상어, 가오리 그리고 홍어 같은 판새어류는 연골어강에서 가장 일반적인 아강이다. 판새어류는 해수 환경에 의해 발생하는 삼투 문제를 경골어류와는 다른 방식으로 해결한다. 바닷물에 대해 저장액인 체액을 가지는 것 대신에 그들은 연속적으로 바닷물을 마시고, 능동적으로 이온을 배출하며, 신관으로부터 요소를 재흡수해서 포유동물보다 100배 높은 혈액 내 요소농도를 유지하게 된다. 이렇게 더해진 요소는 그들의 혈액을 바닷물과 거의 동등한 등장액으로 만든다. 등장액 사이에는 물의 이동이 없기 때문에 이런 물고기는 삼투 균형을 위해 바닷물을 마실 필요가 없고, 신장과 아가미는 그들의 몸으로부터 많은 양의 이온을 배출하지 않는다. 연골어류의 효소와 조직은 높은 농도의 요소에 견디도록 진화되어 왔다.

양서류와 파충류

첫번째 육상 척추동물인 양서류의 신장은 물고기와 동일하다. 양서류는 대부분의 시간을 물에서 보내고 육지에서도 보통 축축한 장소에 있기 때문에 그리 놀라운 것은 아니다. 양서류는 매우 희석된 오줌을 생산하고, 소실된 N_a^+는 물로부터 피부를 통해 능동적으로 흡수함으로써 보상한다.

파충류는 이와는 다르게 다양한 서식환경에서 생활한다. 대부분을 담수에서 살고 있는 악어는 물고기나 양서류와 유사한 서식처를 가짐에 따라 이들과 유사한 신장을 가지고 있다. 악어, 거북, 바다뱀 그리고 일부 도마뱀 같은 파충류는 담수에 사는 근연종과 유사한 신장 구조를 가졌으나 반대되는 문제에 직면해 있는데,

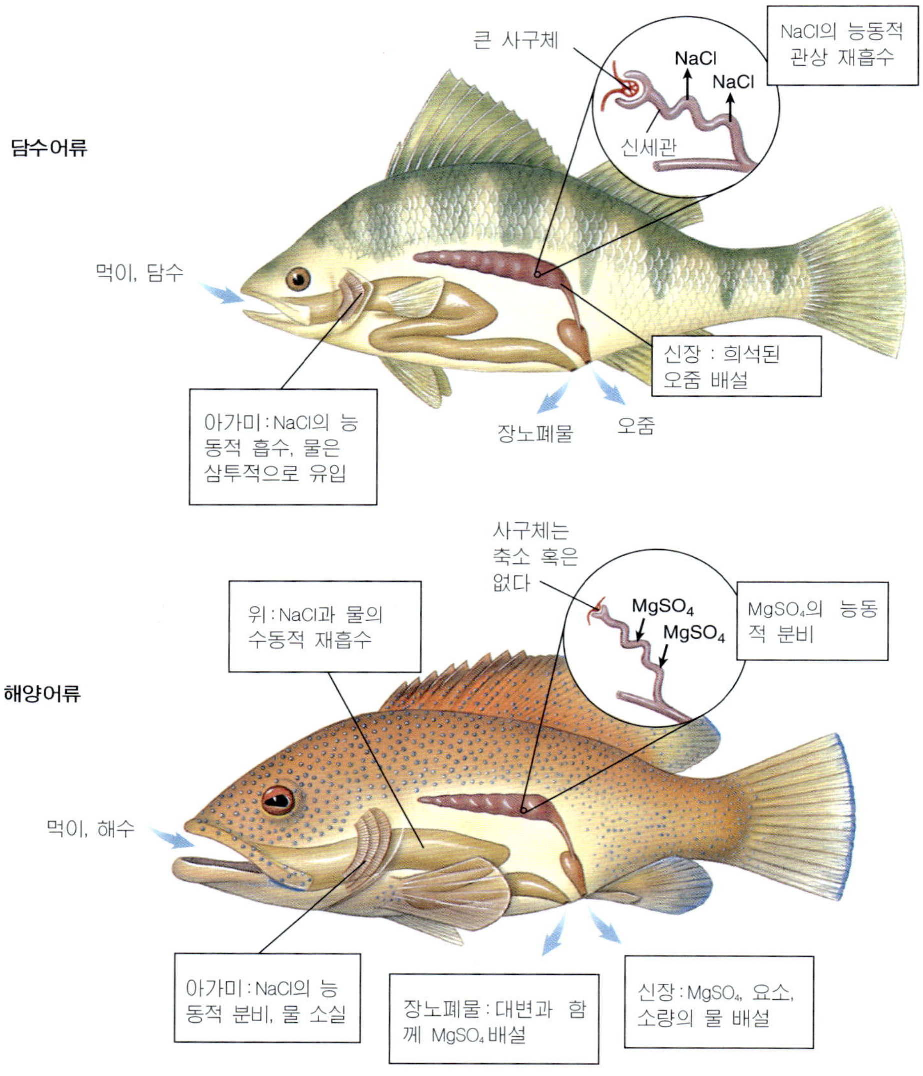

그림 18.25 담수와 해양의 경골어류는 삼투문제를 다른 방식으로 해결한다.
담수 경골어류가 그들 환경에 비해 고장성인데 반해 해양 경골어류는 바닷물에 비하여 저장성이다. 담수어는 물은 들어오고 이온은 나가려는 경향을 보상하기 위해 희석된 오줌을 배출하고 물 흡수를 피하며 신관을 통해 이온을 재흡수한다. 해양 경골어류는 삼투적으로 소실된 물을 보상하기 위해 바닷물을 마시고 상피를 통해 과잉의 이온을 배출한다.

그들은 물은 잃어버리고 염류는 받아들인다. 해양 경골어류처럼 그들은 바닷물을 섭취하고, 등장성의 오줌을 배출한다. 해양 경골어류는 과도한 양의 염을 아가미를 통해 배출하지만, 파충류는 과도한 양의 염을 코나 눈 근처에 위치한 염선을 통하여 배출한다(그림 18.26).

육상 파충류의 신장도 또한 신세관에서 물과 염류를 재흡수하고, 건조한 환경에서 혈액량을 어느 정도 유지하기 위해 이용한다. 물고기나 양서류처럼 그들은 혈장보다 더 농축된 오줌을 생산할 수 없다. 그러나 그들의 오줌이 총배설강(소화관과 요관의 공동 출구)으로 들어갈 때 추가적으로 물이 재흡수 된다.

포유류와 조류

포유류와 조류는 그들의 체액보다 더욱 높은 삼투 농도를 가진 오줌을 생산해 낼 수 있는 유일한 척추동물

그림 18.26 일부 척추동물의 삼투조절

조류와 포유류만이 고장성의 오줌을 생산할 수 있어서 효과적으로 물을 보유할 수 있다. 그러나 해양 파충류나 해양 조류는 해수를 마실 수 있고 과잉 염류를 염선을 통해 배출할 수 있다.

그림 18.27 캥거루쥐, *Dopodomys panamintensis*

이 포유류는 물을 재흡수하여 고농도로 농축된 오줌을 생산할 수 있는 신장을 가지고 있어서 물의 손실을 최소화 할 수 있다. 이 특징은 캥거루쥐가 건조한 사막에서 살아가기 위해 매우 중요한 것이다.

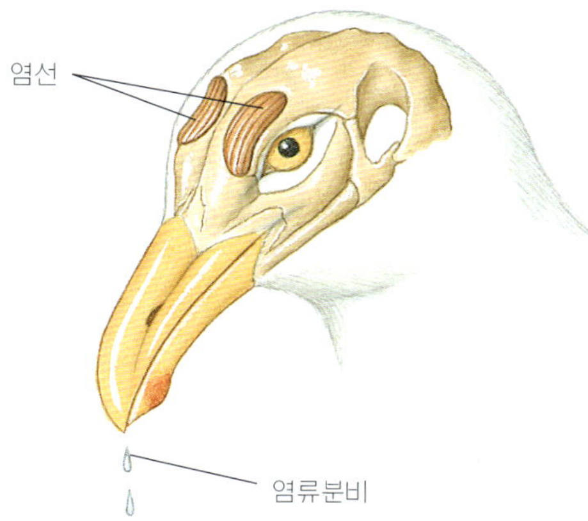

그림 18.28 해양 조류는 해수를 마시고 염선을 통해 염류를 배출할 수 있다.

염류액은 염선을 통해 배출되고 부리로 떨어진다.

이다. 이것은 이들 척추동물이 노폐물을 적은 양의 물을 통해 배출할 수 있고, 그 결과 많은 양의 물이 체내에 남을 수 있도록 해준다. 사람의 신장은 혈장보다 4.2배 높은 농도의 오줌을 생산해 낼 수 있다. 그러나 다른 동물의 신장은 물을 보존하는데 더욱 효율적인 구조를 가진다. 예를 들면 낙타, 게르빌루스쥐, 주머니쥐는 혈장보다 상대적으로 각각 8, 14 및 22배의 높은 농도의 오줌을 배설할 수 있다. 캥거루쥐의 신장(그림 18.27)은 더욱더 효과적인 구조를 가지고 있어 물을 마시지 않아도 된다. 그들은 필요한 물을 음식으로부터 그리고 세포 호흡에 의해 생성된 물로부터 얻어낸다.

고장성 오줌 생성은 포유동물이나 조류에서만 발견되는 네프론의 헨리 고리에서 이루어진다(그림 18.29). 긴 헨리 고리를 가진 네프론은 신장 수질 내부로 깊숙이 확장되고, 따라서 더욱 높은 농도의 오줌을 생성해 낼 수 있다. 대부분의 포유동물의 네프론은 일부는 짧은 헨리 고리를 가지고 있고, 또 일부는 긴 헨리 고리를 가지고 있다. 그러나 새는 상대적으로 긴 헨리 고리를 가진 네프론이 거의 없어서 포유동물보다 더 농축된 오줌을 생성해 낼 수 없다. 대부분은 그들의 혈액보다 두 배정도 농축된 오줌을 생산해 내기 위해 충분한 물을 재흡수 할 수 있다. 바다새는 바닷물을 마심으로써 물의 소실을 해결할 수 있고, 눈 근처의 염선으로부터 과도한 양의 염을 배출함으로써 이 문제를 해결할 수 있다(그림 18.28).

고장성인 새의 오줌은 총배설강을 통해 배설되는데, 소화관으로부터 나온 노폐물과 함께 배설된다. 필요하다면 추가적으로 물이 총배설강의 벽을 통해 흡수될 수 있고, 반고체의 흰 고형분이나 찌꺼기를 배설할 수 있다.

18.12 담수어류의 신장은 매우 희석된 다량의 오줌을 배설해야만 하고, 반면에 해양 경골어류는 해수를 마시고 등장성 오줌을 배출한다. 담수어류 신장의 기본 구조와 기능은 육상 척추동물들에게도 유지되고 있다. 특히 헨리 고리의 변형은 포유류와 조류가 물을 재흡수하고 고장성 오줌이 생성되도록 한다.

18.13 포유류 신장의 구조와 기능

사람의 신장은 등 아랫부분에 위치한 주먹만한 크기

의 기관이다(그림 18.29a). 신장은 신동맥으로부터 혈액을 공급받고 혈액으로부터 오줌을 생산해 낸다. 오줌은 신장으로부터 요관을 통해 방광에 도달하게 된다. 신장 내 요관의 입구는 깔때기 모양의 신우를 형성한다. 신우는 컵 모양으로 확장되어 있어서 신장조직으로부터 오줌을 받을 수 있다. 이 조직은 바깥쪽의 신피질과 안쪽의 신수질로 나뉘어진다(그림 18.29b). 이런 구조들이 함께 여과, 재흡수, 분비 및 배설을 수행한다.

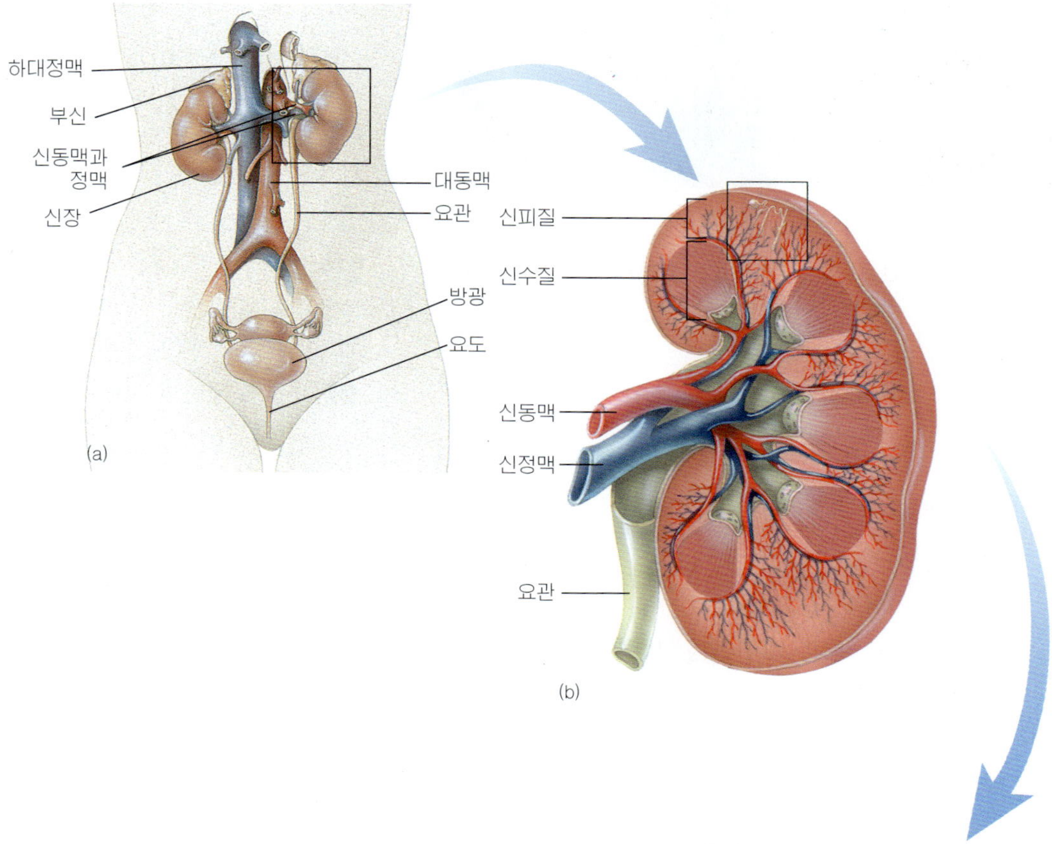

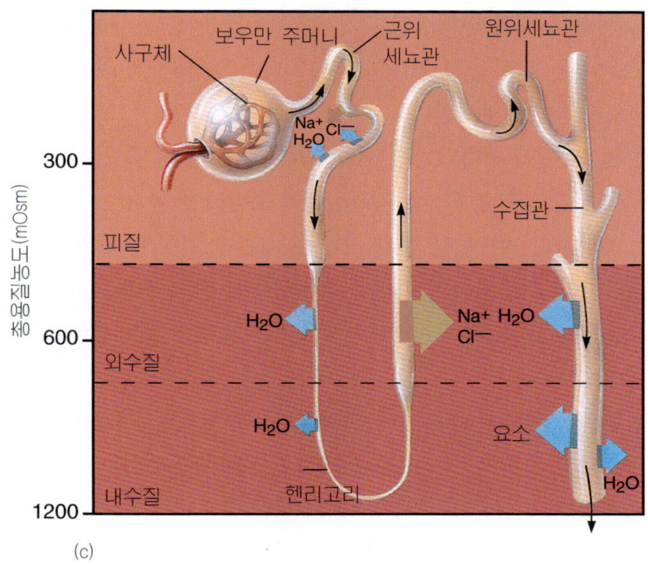

그림 18.29 포유류의 비뇨계에는 2개의 신장이 있는데, 각 신장은 신피질과 신수질에 걸쳐 있는 수천 개의 네프론을 가진다.

(a) 비뇨계는 신장과, 신장으로부터 방광으로 오줌을 운반하는 요관과 요도로 이루어진다. (b) 신장은 약 100만 개의 네프론을 포함하는 콩 모양의 적갈색 기관이다. (c) 사구체는 보우만 주머니라 불리는 여과기에 싸여 있다. 혈압은 혈액이 사구체를 거쳐 근위세뇨관으로 흐를 수 있는 힘을 제공하는데, 근위세뇨관에서 당과 작은 단백질이 여과액으로부터 재흡수되도록 한다. 그리고 나서 여과액은 헨리 고리와 수집관을 통해서 흐르는데, 이때 여과액으로부터 물이 제거된다. 물은 혈관에 의해 수집되어지며 신장을 나와서 체순환으로 운반된다.

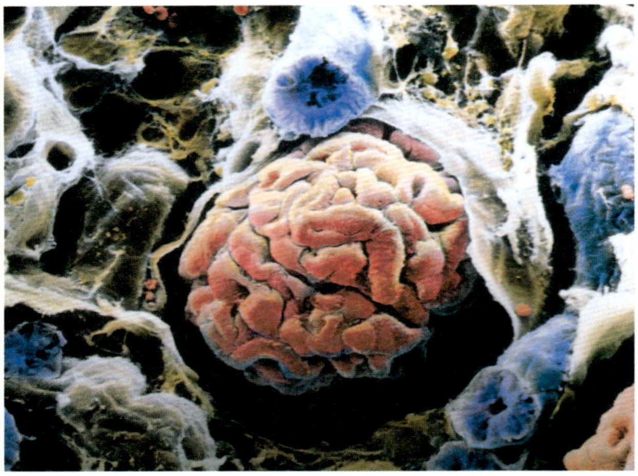

그림 18.30 신장의 사구체(×65)

이 현미경 사진에서 붉은 구형의 구조가 사구체인데, 미세한 모세혈관 망은 네프론 세뇨관과 인접해 있으며, 한 쌍의 세동맥과 연결되어 있다.

포유류의 신장은 대체적으로 100만 개의 네프론을 가지고 있고(그림 18.29c), 각각의 네프론은 세 부분으로 구성되어 있다.

1. 여과 각각의 네프론 위에 있는 여과 기구는 **보우만 주머니**라고 불린다. 주머니 내에는 동맥이 들어가서 **사구체**(그림 18.30)라고 불리는 혈관 그물을 형성한다. 모세혈관의 벽은 여과 기구로 작용한다. 혈압은 혈액이 모세혈관 벽을 통과할때 생기게 된다. 모세혈관 벽은 혈액 내의 단백질과 다른 큰 분자들은 붙들어두고, 물이나 작은 분자, 이온 그리고 요소 등 대사의 주요 노폐물을 통과시킨다.
2. 관 보우만 주머니는 신세관이라고 불리는 긴 좁은 관에 연결되어 있고, 중심부에 **헨리 고리**라는 굽은 관을 형성한다. 이런 긴 헨리 고리는 재흡수 기구이다. 포유류의 소장처럼 당이나 다른 이온 등 신체에 필요한 분자를 관을 통과시키면서 여과액으로부터 재흡수한다.
3. 도관 관은 큰 **수집관**에 연결된다. 수집관은 물 보존 기구로 작용하는데 오줌으로부터 물을 재흡수하여 신체로부터 소실되지 않게 한다. 인간의 오줌은 혈장보다 4배정도 진하다. 이는 수집관이 신장으로부터 여과되어 나온 물을 제거함으로써 가능하다. 우리의 신장은 단순하지만 정교한 기작으로 물을 보존할 수 있다. 신장은 네프론 관과 나란하게 도관을 굽혀서 요소가 통과할 수 있게 한다. 이는 관 주위에 있는 조직에서 국소적인 염류(요소) 농도를 크게 증가시킨다. 이를 통해 오줌에 있는 물이 삼투 현상에 의해 관 밖으로 나오게 된다. 염류 농도가 높은 조직은 오줌으로부터 물을 흡수하게 되고, 그것을 혈관 내로 이동시켜서 신장 밖으로 나오게 하여 혈류 내로 다시 들어가게 한다.

신장의 기능

포유류의 신장 내에서 오줌 형성과정에서 네프론과 이를 둘러싼 모세혈관 사이에서 몇 종류의 분자가 이동한다. 이는 여과압, 물의 재흡수, 이온과 영양분의 선택적 재흡수, 관의 분비 그리고 물의 추가적 재흡수라는 5단계의 과정이다.

여과압

혈압에 의해 이동된 작은 분자는 보우만 주머니 내의 사구체의 얇은 벽을 통해 여과된다. 혈구와 단백질처럼 큰 분자는 통과할 수 없어서 사구체를 통과하는 혈액은 두 가지로 갈라진다. 여과되지 않은 혈액 성분은 혈액 내에 남게 되고 여과된 성분은 사구체를 떠나서 오줌으로 들어가게 된다. 이런 여과 과정을 **사구체 여과**라 한다. 이것은 물과 질소 노폐물(주로 요소), 영양소(주로 당과 아미노산) 그리고 여러 종류의 이온을 포함한다.

물의 재흡수

사구체로부터의 여과액은 헨리 고리의 앞쪽 부분에 도달하게 된다. 이 관의 앞 부분에 해당하는 벽은 염이나 요소는 통과할 수 없지만, 물은 자유롭게 통과할 수 있다. 주변의 조직이 높은 농도로 요소를 가지고 있기 때문에 물은 삼투에 의해 헨리 고리의 앞 부분을 통과

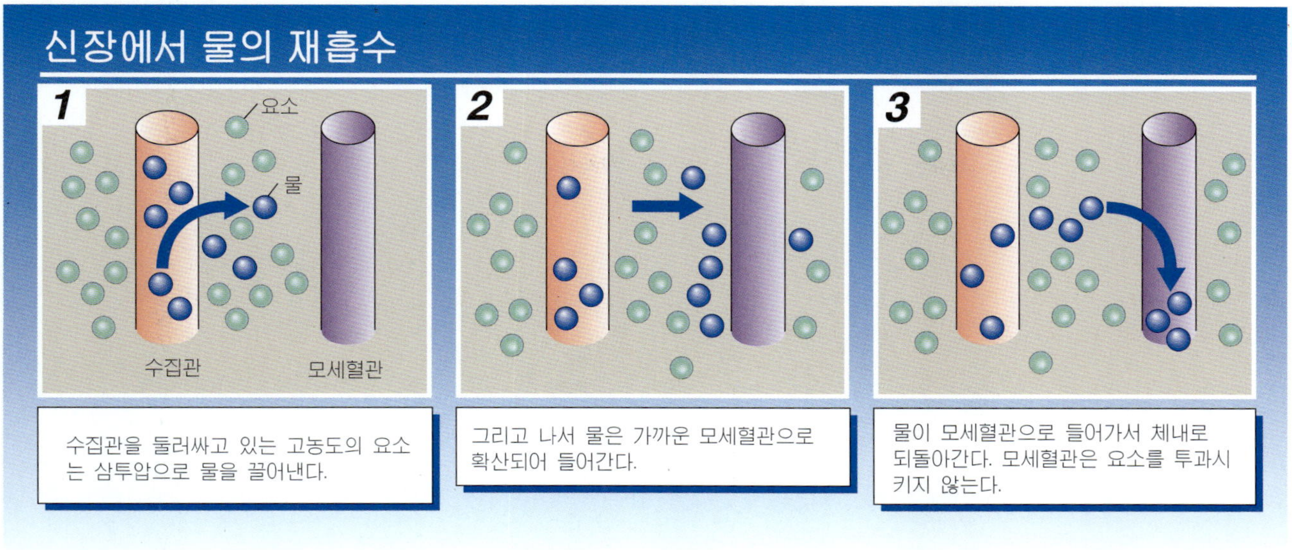

그림 18.31 신장에서의 물의 재흡수

하게 되고, 따라서 더욱 농축된 여과액을 남기게 된다.

선택적 재흡수

고리의 전환 부위의 세뇨관벽은 염류와 당, 아미노산 같은 영양소는 통과 할 수 있으나 물에 대해서는 낮은 투과성을 보인다. 이러한 상행 부위에서 농축된 여과액이 통과함에 따라 이런 영양소들은 주위에 있는 조직으로 빠져나가 혈관으로 운반되어 진다(그림 18.31). 상행 부위의 윗부분은 염(NaCl)을 내보내는 능동수송 채널이 있다. 여과물의 왼쪽 뒷부분에서는 질소성 노폐물과 같은 사구체를 초기에 통과하는 오줌이 있다. 오줌의 농도는 관내에서 매우 높게 농축된다.

관의 분비

상행 고리에서는 관의 분비 작용을 통해 오줌에 물질이 더해진다. 이런 능동수송은 오줌에 다른 질소 노폐물, 즉 요산이나 암모니아 그리고 과도한 양의 수소이온들을 분비하게 한다.

물의 추가적 재흡수

관은 다시 수집관으로 연결되어져서 신장조직을 통과하게 된다. 관과는 다르게 수집관의 아랫 부분은 요소를 통과시킬 수 있고, 어떤 것은 주변조직으로 확산될 수 있다(이것은 왜 헨리 고리 앞부분의 주변 조직이 높은 농도의 요소를 가지고 있는지에 대한 이유이다). 높은 농도의 요소는 삼투에 의해 여과액으로부터 더 많은 양의 물을 재흡수 할 수 있게 한다. 이로 인해 염과 영양소 그리고 물이 제거된 남은 여과액이 오줌이 된다.

18.13 **포유류의 신장은 노폐물을 여과기를 통해 배출하고, 물과 유용한 대사 물질과 이온은 여과액으로부터 재흡수한다.**

Chap 19

신경계

19.1 동물신경계의 진화

동물은 환경의 자극에 반응을 할 수 있다. 이를 위해 자극을 감지하는 감각수용기와 이것에 반응할 수 있는 운동효과기를 가지고 있어야 한다. 대부분의 무척추동물과 모든 척추동물의 감각수용기와 운동효과기는 신경계에 연결되어 있다. **신경계**(nervous system)는 뉴런과 지지세포로 구성되어 있다. 뉴런의 한 형태인 **연합뉴런**(interneuron)은 대부분의 무척추동물과 모든 척추동물에 존재한다. 척추동물의 뇌와 척수에 위치한 뉴런들을 **중추신경계**(central nervous system, CNS)라 부르는데, 보다 복잡한 반사와 학습과 기억 및 고등 연합 기능 등을 담당한다(그림 19.1).

형태적으로 두 종류의 뉴런이 있다. **운동뉴런**(원심성)은 중추신경에서 효과기, 즉 근육과 샘에 신경흥분(신경충격)을 전달한다. **감각뉴런**(구심성)은 감각수용기에서 중추신경으로 신경흥분을 전달한다(그림 19.2). 운동, 감각신경은 척추동물의 **말초신경계**(peripheral nervous system, PNS)를 구성한다.

무척추동물의 신경계

해면동물은 다세포 동물문 중에서 유일하게 신경계가 없다. 해면동물에 자극을 가하면 표면 부위만 서서히 수축한다. 이것은 각 세포의 원형질이 흥분을

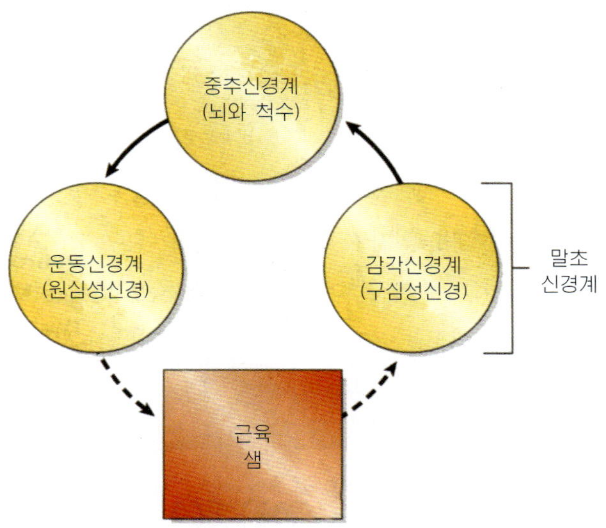

그림 19.1 척추동물 신경계의 구성

중추신경계는 뇌와 척수로 구성되며, 운동신경계에 명령을 내리고, 감각신경계로부터 자극을 수용한다. 운동신경과 감각신경이 말초신경계를 이룬다.

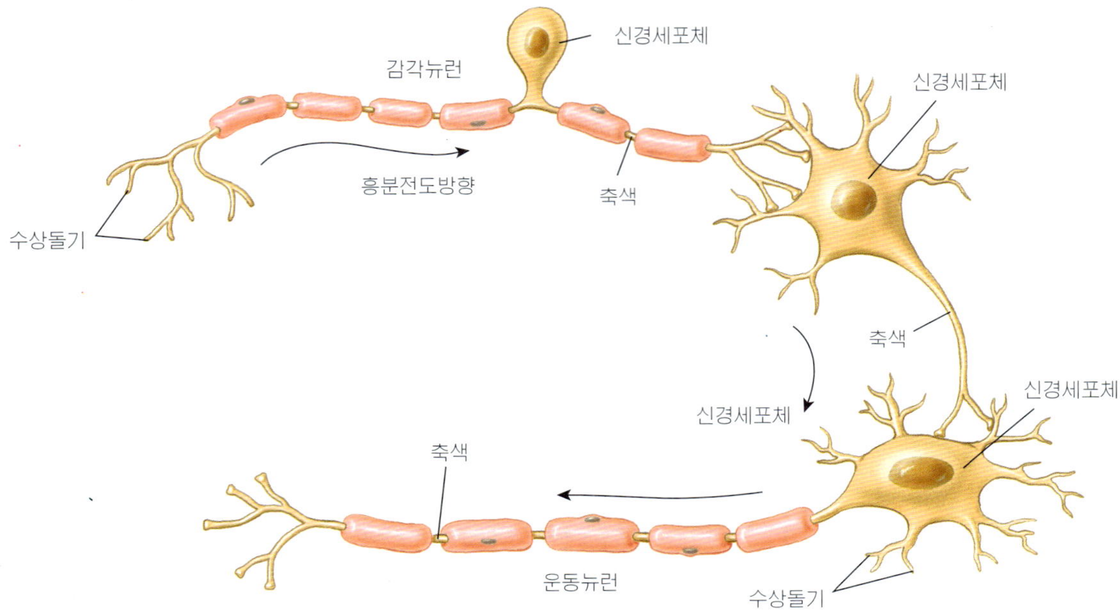

그림 19.2 세 종류의 뉴런

감각뉴런은 외부 환경변화의 정보를 뇌와 척수에 전달하고, 연합뉴런은 뇌와 척수를 이루고 있으며 감각뉴런과 운동뉴런을 연결한다. 운동뉴런은 근육과 선(腺)(효과기)에 신경충격을 전달한다.

전도하여 수 mm 내에서 희미하게 반응하기 때문이다. 즉 해면의 한 부분에서 다른 부분으로 신호가 전달되는 것이 아니다.

가장 단순한 신경계 : 반사

가장 단순한 신경계는 자포동물인 히드라에서 볼 수 있으며(그림 19.3), 모든 뉴런은 비슷하고, 거의 같은 길이의 신경섬유를 가진다. 히드라의 뉴런은 거미줄이나 그물처럼 서로 연결되어 있으며, 온몸에 퍼져 있다. 비록 흥분의 전도는 느리지만 한 부위의 자극이 사방으로 퍼질 수 있다. 이것은 어떤 연합 행동이나 복잡한 행동의 조절, 혹은 협동은 아니다. 이런 운동은 신경자극의 자동적인 결과이기 때문에 반사라고 한다.

다소 복잡한 신경계 : 연합행동

신경계에서 최초의 연합행동은 편형동물문 와충강의 플라나리아에서 볼 수 있다. 플라나리아는 몸의 아랫부분으로 2개의 신경색이 달린다. 말초신경은 근육의 표면으로 퍼져있다. 2개의 신경색은 몸의 앞 쪽 끝에서 모아져 신경조직의 부풀어 오른 덩어리를 형성하며 서로 다른 뉴런이 연결되어 연합뉴런을 이룬다. 이 원시적인 뇌는 초보적인 중추신경계로서 히드라의 신경보다 근육 반응의 조절이 훨씬 복잡하게 이루어진다.

척추동물로의 진화 경로

신경계에서 계속된 진화는 플라나리아에서 나타난 것보다 한층 정교한 특징을 보인다. 좀더 복잡하게 진화된 신경계는 다섯 가지 형태로 구분할 수 있다.

1. **보다 정교한 감각 기작** 척추동물에서 특히 감각계가 복잡하게 된다.
2. **중추신경과 말초신경의 분화** 지렁이는 말초신경에 의해 몸의 모든 부분과 연결된 중추신경계를 갖는다.
3. **감각신경과 운동신경의 분화** 특정한 방향으로 작동하는 뉴런이 점점 분화된다(감각 신호는 뇌로 통하고,

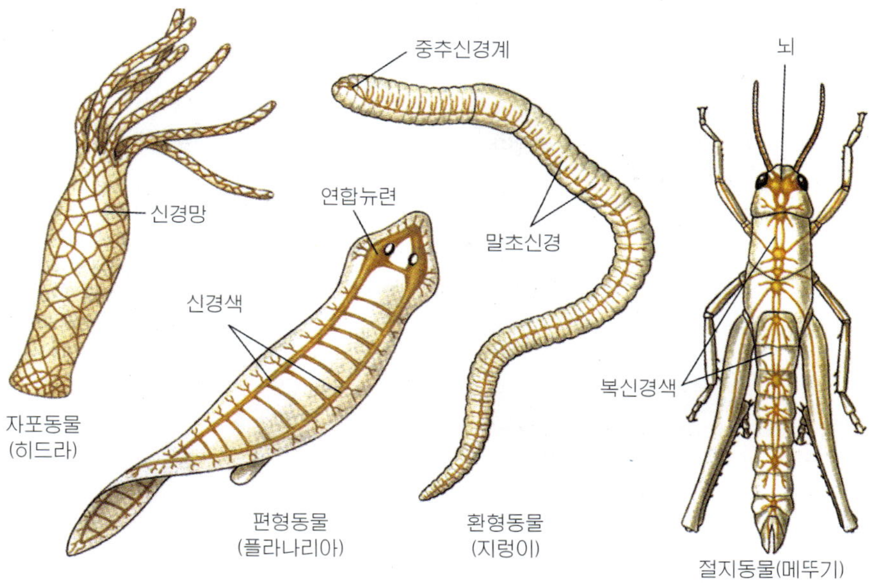

그림 19.3 신경계의 진화

무척추동물은 조직화된 신경색이 복잡하게 발달되어 있으며, 신경색의 선단부에서 복합 반응이 집중된다.

운동 신호는 뇌에서 나온다).

4. **연합의 복잡성 증가** 연합 능력이 증진되기 위해 많은 수의 연합뉴런을 갖는 중추신경계로 진화하였다.
5. **뇌의 정교함** 절지동물, 연체동물, 척추동물에서 신체 활동의 협동이 보다 정교해지고 신경색은 점점 더 앞쪽 끝에 위치하고 있다.

19.1 신경조직이 보다 복잡하게 되면 연합행동이 점차 증가되고 뇌 용량도 점점 증가된다.

19.2 뉴런의 구조

중추신경, 운동신경, 감각신경을 이루는 기본 구성단위는 신경세포 또는 **뉴런**(neuron)이다. 모든 뉴런은 동일한 기본구조를 갖는다(그림 19.4a). **신경세포체**는 핵을 포함하는 뉴런의 부풀은 부위이다. **수상돌기**라 부르는 짧고 가는 돌기가 신경세포체의 한쪽 끝에서 뻗어 나온다. 수상돌기는 입력 통로로 신경흥분은 수상돌기를 통해서 신경세포체로 들어간다. 운동뉴런, 연합뉴런은 다양하게 분지된 수상돌기를 가지고 있으며, 이들은 매우 다양한 자극원으로부터 정보를 수용할 수 있다. 신경세포체의 다른쪽 끝에서 뻗어나온 1개의 긴 관의 형태가 **축색**(axon)이다. 축색은 출력 통로이다. 신경흥분은 신경세포체에서 축색을 통해서 다른 뉴런이나 근육 혹은 샘(gland)으로 향한다.

대부분의 뉴런은 오랫동안 단독으로 생존할 수 없다; 이웃한 **신경교세포**(neuroglial cells)로부터 영양분을 받아야 한다. 사람의 신경계는 과반수 이상이 결합신경교세포로 구성된다. 뉴런을 지지하는 가장 중요한 두 종류는 **슈반세포**(schwann cells)와 **빈돌기세포**(oligodendrocytes)이다. 이들은 전기적 절연체의 역할을 하는 미엘린이라 불리는 지질 성분의 초로 이루어진 축색을 싸고 있다. 슈반세포는 말초신경에서 미엘린을 생산하는 반면 빈돌기세포는 중추신경에서 미엘린을 생산한다. 발생과정 중 이들 세포는 여러 겹의 막으로 구성되며 절연 기능을 갖는 **미엘린초**(myelin sheath)를 형성하기 위해 여러 번 축색을 둘러싼다(그림 19.4b). 축색은 미엘린초(수초)로 이루어진 유수신경과 미엘린초가 없는 무수신경으로 나누어진다.

미엘린초는 간격을 두고 차단되어 비절연성 틈을 갖는데, 이 부위를 **랑비에르 결절**(node of Ranvier)이라 부르며 이곳에서 축색은 주위 체액과 직접 접촉한

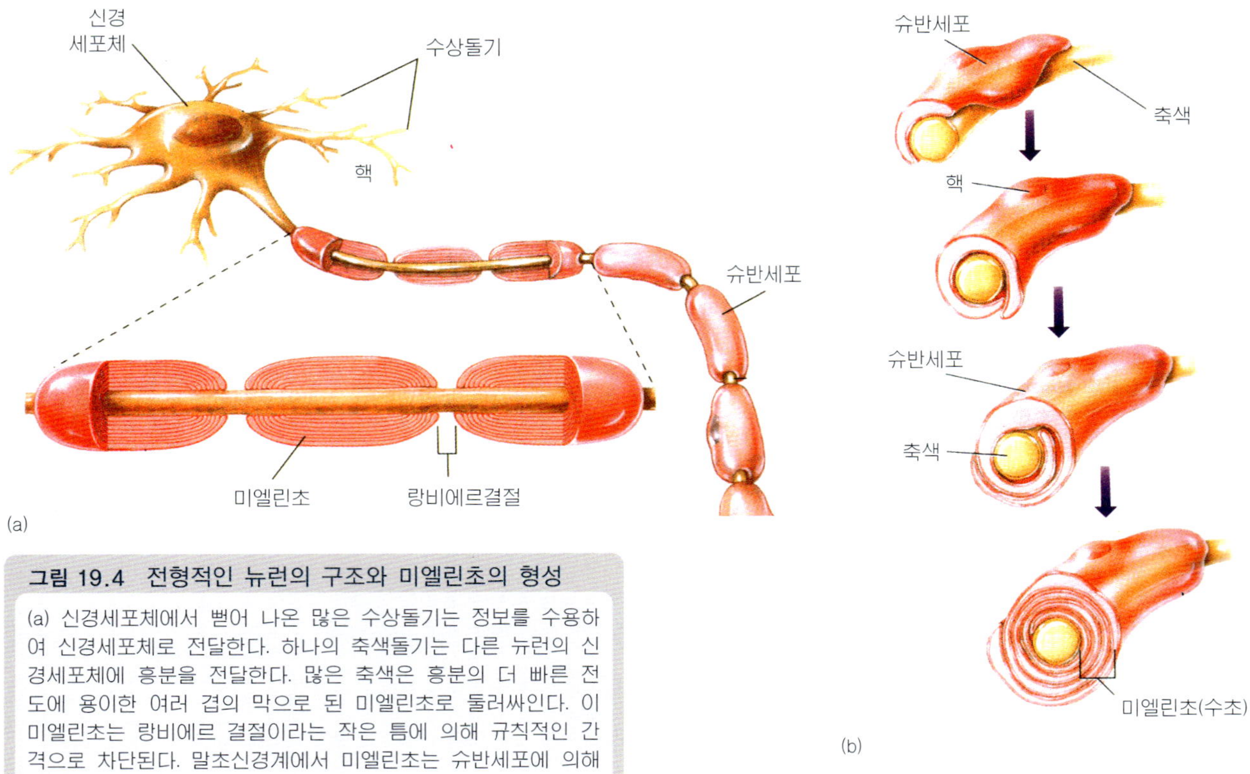

그림 19.4 전형적인 뉴런의 구조와 미엘린초의 형성

(a) 신경세포체에서 뻗어 나온 많은 수상돌기는 정보를 수용하여 신경세포체로 전달한다. 하나의 축색돌기는 다른 뉴런의 신경세포체에 흥분을 전달한다. 많은 축색은 흥분의 더 빠른 전도에 용이한 여러 겹의 막으로 된 미엘린초로 둘러싸인다. 이 미엘린초는 랑비에르 결절이라는 작은 틈에 의해 규칙적인 간격으로 차단된다. 말초신경계에서 미엘린초는 슈반세포에 의해 형성된다.
(b) 미엘린초는 슈반세포 막이 계속 둘러싸면서 형성되며, 대부분의 슈반세포의 세포질은 미엘린 밖으로 밀려난다.

다. 신경흥분은 결절과 결절 사이를 뛰어넘어 축색을 따라 빠르게 이동한다.

19.2 **신경계의 기본 단위인 뉴런은 신경흥분을 전도하기 위해 분화된 세포이다. 신호는 많은 수상돌기에 도달되고, 신경세포체의 표면을 거쳐서 하나의 긴 축색을 따라 이동한다.**

19.3 신경흥분의 발생

뉴런이 신경흥분을 일으키지 않는 때가 '휴지기'이고, 뉴런의 원형질막에서 능동수송으로 Na^+를 세포 안에서 밖으로 K^+를 세포 안으로 운반한다. 이 Na^+-K^+ 펌프는 제3장에서 자세히 설명하였다. Na^+는 일단 밖으로 펌프되면 세포 내로 쉽게 되돌아 갈 수 없어서 Na^+이온의 농도는 세포 밖에서 높다. 안으로 운반된 많은 K^+이온은 열린 통로를 통해 밖으로 확산될 수 있지만 세포 내에 축적된다. 그 결과 뉴런의 안쪽보다 바깥쪽이 더 많은 +전하를 가지는데 이를 원형질막이 "분극되었다"라고 한다.

세포 외부는 +, 내부는 − 전하를 유지하기 위해서 뉴런은 끊임없이 에너지를 소모하여 Na^+를 세포 밖으로 내보낸다. 세포 내 대부분의 단백질에 의한 음전하도 이런 전위 차를 부추긴다. 이런 전위 차를 **휴지막전위**(resting potential)라 한다. 과학자들은 정교한 기계를 이용해서 뉴런 안팎의 전위 차가 −70mV임을 측정하였는데, 이 휴지막전위는 신경흥분의 시발점이다.

신경흥분은 **전압작동성 채널**(voltage-gated channels)

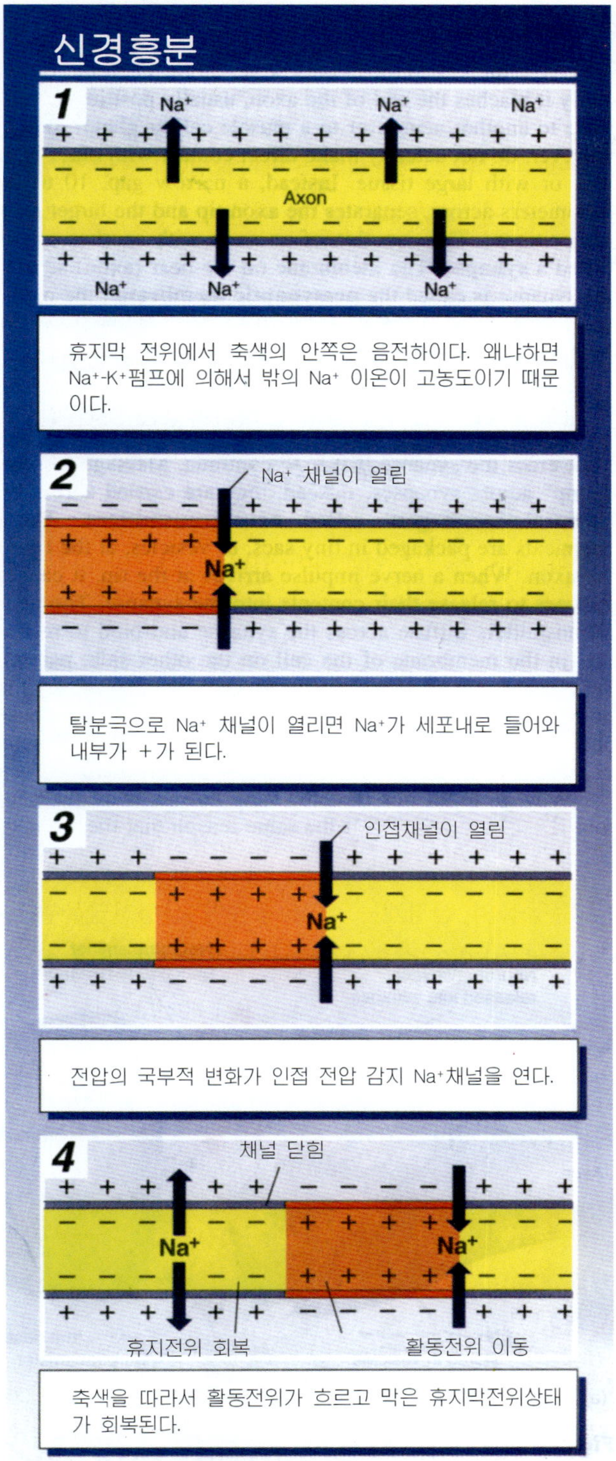

그림 19.5 활동전위가 일어나는 방법

을 통해(즉 뉴런의 막에 있는 단백질 통로의 전하량에 따른 개폐) 뉴런의 내 · 외부를 흐르는 이온이 축색돌기와 수상돌기를 따라 흐른다. 신경흥분은 압력이나 다른 감각자극이 뉴런원형질막을 교란하여 수상돌기의 Na^+ 통로가 열렸을 때 시작된다. 그 결과 Na^+가 외부에서 안으로 이동하여 순간적으로 막 내부는 수상돌기의 바깥쪽보다 더 많은 +전하를 가지는 탈분극이 일어 난다.

탈분극된 세포막 부위의 Na^+통로는 1/2ms 정도만 열린다. 그러나 만일 전압의 변화가 충분히 크다면, 주변의 전압작동성 채널이 마치 도미노가 연쇄적으로 무너지듯이 열리면서 탈분극된 파장이 뉴런의 아래로 차례로 이동하기 시작한다. 이 때 생기는 전압을 활동전위(action potential)라고 한다. 활동전위가 흐르고 나면 Na^+전압작동성채널은 다시 닫히고 휴지전위 상태로 된다(그림 19.5). 탈분극이 휴지상태로 되는데 걸리는 시간은 약 5ms 정도이다.

19.3 **신경흥분은 화학 전기적 자극에 의해 여닫히는 특수 단백질 채널을 통해 뉴런의 원형질막을 따라 이온이 이동하는 것이다.**

19.4 시냅스의 역할

신경흥분은 뉴런을 따라서만 전도될 수 있다. 축색돌기 말단은 다른 뉴런 또는 근세포, 샘세포에 매우 가까이 위치한다. 그러나 축색은 다른 뉴런이나 큰 조직과 직접 붙어 있지 않다. 대신에 축색돌기의 끝과 다른 뉴런 또는 조직과는 10~20nm의 좁은 틈으로 분리되어 있다. 축색돌기와 다른 세포사이의 연접부를 **시냅스**(synapse)라고 하며 축색 쪽으로 가까이 있는 막을 **시냅스전 막**(presynaptic membrane), 시냅스의 수용체 쪽에 위치한 막을 **시냅스후 막**(postsynaptic membrane)이라 한다(그림 19.6).

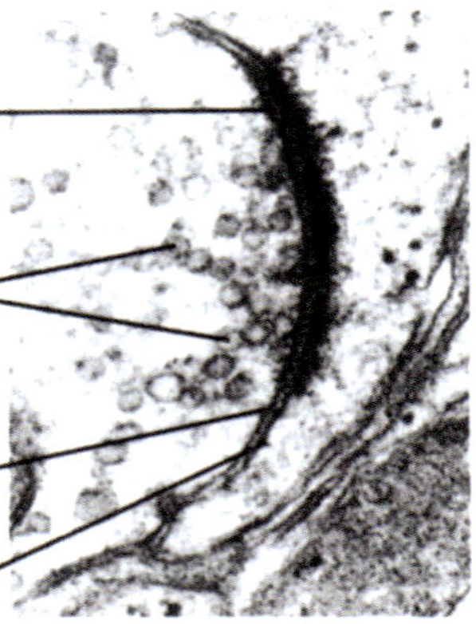

그림 19.6 두 뉴런 사이의 시냅스

시냅스전 막과 시냅스후 막 사이의 공간인 시냅스 틈의 현미경 사진.

신경전달물질(neurotransmitters)

신경흥분이 축색 말단에 도달할 때, 흥분이 지속되려면 신호가 시냅스를 건너가야 한다. 신호는 시냅스를 뛰어 넘을 수 없다. 대신에 **신경전달물질**이라고 불리는 화학전달물질에 의해서 신호가 전달될 수 있다. 이 화학물질은 축색 끝에 있는 작은 주머니 또는 소포에 저장된다. 신경흥분이 축색 말단에 도달되면 시냅스틈으로 주머니 속의 물질이 분비된다. 신경전달물질은 시냅스로 확산되어 다른쪽 세포막의 수용체와 결합하며, 시냅스후 막의 열린 특수한 이온 채널에 의해 신호를 전달한다(그림 19.7). 이 채널은 화학물질(이 경우 신경전달물질)의 자극에 의해 열리기 때문에 화학적 통로라고 부른다.

왜 이렇게 번거로울까? 왜 뉴런이 직접 붙어 있지 않을까? 그 이유는 집안의 전선이 하나로 연결되어있지 않고 여러 스위치에 의해 분리되어있는 것과 같다. 하나의 전등 스위치를 켰을 때 집에 있는 모든 전구나 전기제품이 작동되면 안된다. 만약 몸 속에 있는 모든 신경이 다른 뉴런과 연결되어 있다면, 신체의 다른 부분을 동시에 모두 움직이지 않고, 손만 움직이기는 불가능할 것이다. 시냅스는 신경계의 조절 스위치 역할을 한다.

시냅스의 종류

척추동물의 신경계는 여러 종류의 신경전달물질을 이용하며, 각각은 수용세포에서 특수 수용체만이 인식

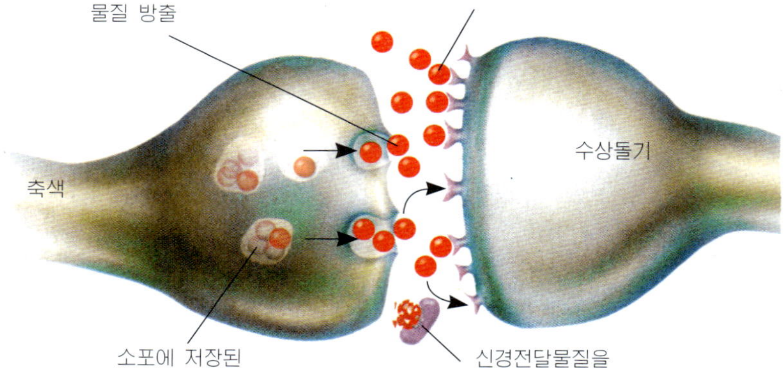

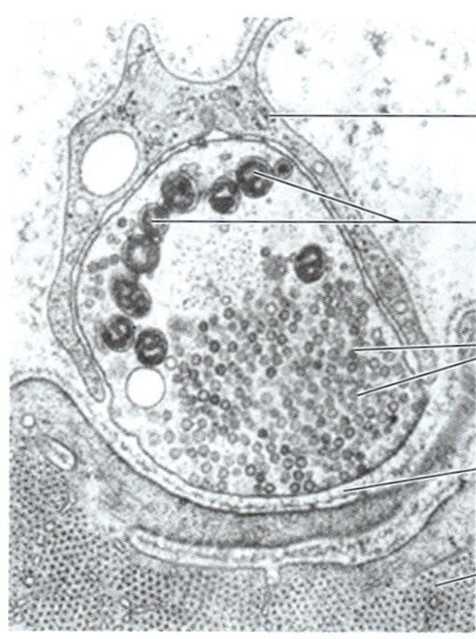

그림 19.7 시냅스에서의 현상

(a) 신경흥분이 축색 말단에 도달되면 시냅스틈으로 신경전달물질(아세틸콜린)이 방출된다. 아세틸콜린이 시냅스 틈으로 방출되고 아세틸콜린 분자가 시냅스를 가로질러서 확산되어 수상돌기의 수용체와 결합하면 다음 뉴런의 신경흥분이 시작된다. 시냅스후 뉴런의 계속된 자극을 막기 위해 효소가 신경전달물질을 분해한다. (b) 시냅스 소포로 채워진 축색 말단의 전자현미경 사진.

한다. 시냅스는 신경흥분을 전달하는데 흥분이냐 억제냐에 따라 두 가지로 나눈다. 흥분성 시냅스에서 수용체 단백질은 Na^+의 화학적 채널로서, 막을 통한 Na^+채널이 화학물질에 의해 열리는 것을 의미한다. 신경전달물질의 형태가 수용체와 일치하여 결합되면 Na^+채널이 열리고, 내부로 Na^+ 이온이 흐르게 된다. 만약 Na^+ 이온통로가 신경전달물질에 의해 충분히 열리면 활동전위가 시작된다.

억제성 시냅스에서 수용체 단백질은 K^+의 화학적 채널이다. 신경전달물질과 결합하면 전기적으로 양성인 K^+ 이온의 배출을 유도하는 K^+ 채널이 열리고 수용체 세포의 내부는 전기적으로 음전하가 더 많아진다. 내부가 음전하를 띠기 때문에 활동 전위의 시작이 억제된다. 따라서 Na^+ 전압 작동성 채널이 도미노 효과를 얻기 위해서는 Na^+ 채널이 열려야 하고 활동전위가 시작된다.

각각의 신경세포는 다른 신경세포와 두 종류의 시냅스 연접 형태를 갖는다. 흥분성과 억제성 시냅스로부터 신호가 뉴런의 세포체에 도달할 때 흥분효과(내부 음전하의 부족)와 억제효과(내부 음전하가 많음)는 서로 영향을 미친다. 그 결과는 통합과정으로 여러 가지 흥분과 억제성 전기적 효과가 서로 소멸하거나 강화하는 양상을 나타낸다(그림 19.8). 뉴런은 보통 많은 정보를 수용한다. 척수의 단일 운동 뉴런이 50,000개의 시냅스를 가질 수 있다.

19.4 시냅스는 다른 신경세포체와 축색의 연접부로, 이 틈을 지나는 신경전달물질이 이온채널을 여는 것에 따라 촉진 또는 억제하는 신호를 수행한다.

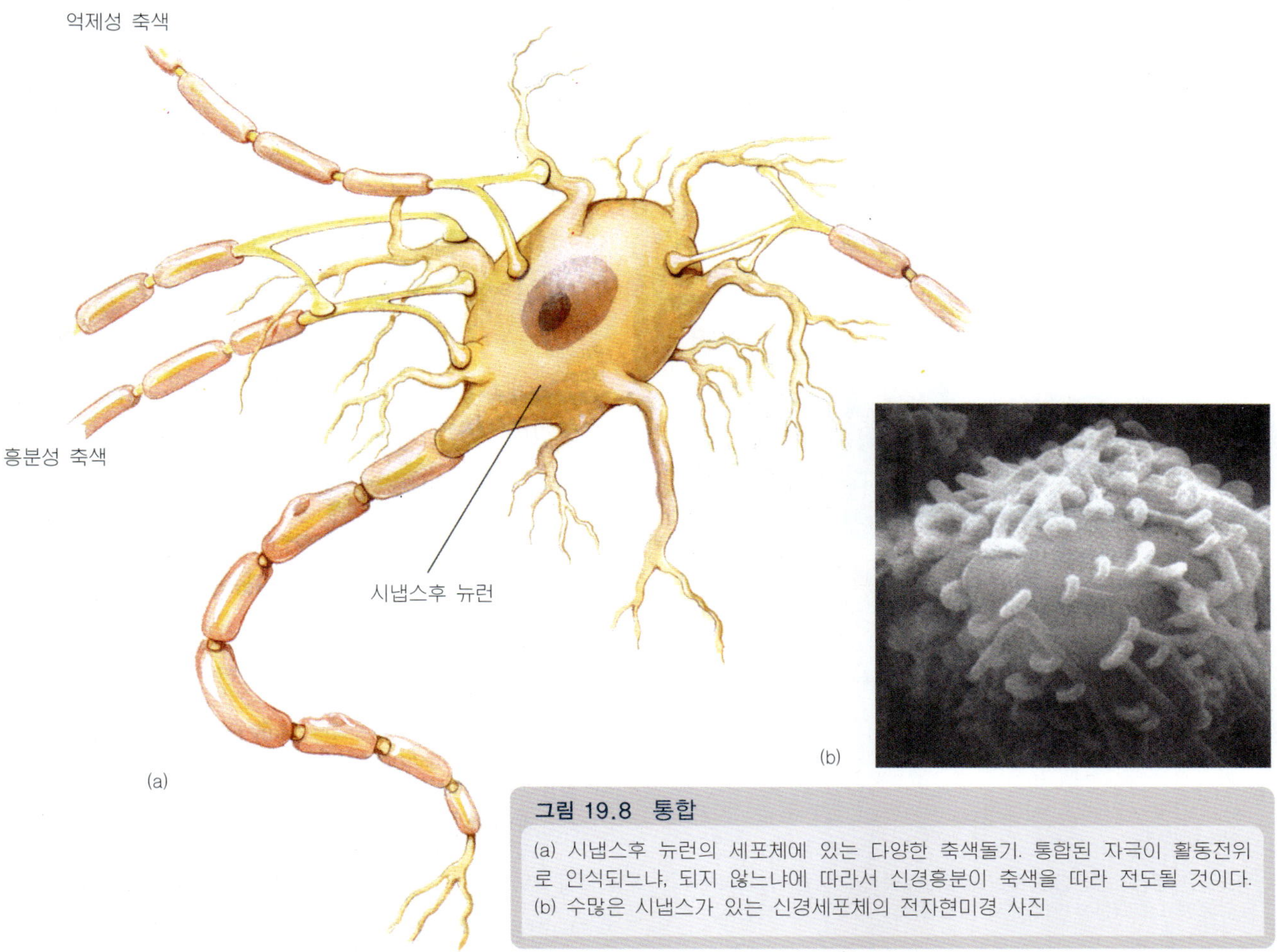

그림 19.8 통합

(a) 시냅스후 뉴런의 세포체에 있는 다양한 축색돌기. 통합된 자극이 활동전위로 인식되느냐, 되지 않느냐에 따라서 신경흥분이 축색을 따라 전도될 것이다. (b) 수많은 시냅스가 있는 신경세포체의 전자현미경 사진

19.5 신경조절물질과 약물중독

때때로 신체는 신경전달물질의 분해 속도가 느려서 시냅스를 지나는 신호의 전달이 점차 지연되기도 한다. 이것은 **신경조절물질**(neuromodulator)이라고 하는 특히 오래 지속되는 화학물질이 시냅스 내로 방출되기 때문이다. 어떤 신경조절물질은 시냅스에서 신경전달물질의 방출을 돕고, 다른 것은 신경전달물질의 재흡수를 억제하여 시냅스에 남게하며, 또 다른 것은 재흡수 후에 신경전달물질의 분해를 지연시켜 다음 신호가 도달되었을 때 시냅스에서 다시 방출되도록 한다.

감정, 기쁨, 고통과 다양한 정신적 상태는 특별한 신경전달물질과 조절물질을 이용하는 뇌 속의 특이 신경집단에 의해 결정된다. 예를 들어, 감정은 신경전달물질인 세로토닌(serotonin)에 의해 강한 영향을 받는다. 많은 학자들은 세로토닌의 결핍으로 우울해진다고 여긴다. 세계에서 가장 잘 팔리는 항우울제(antidepressant)인 프로잭(prozac)은 세로토닌의 재흡수를 억제시켜 시냅스에 세로토닌의 양을 증가시킨다(그림 19. 9).

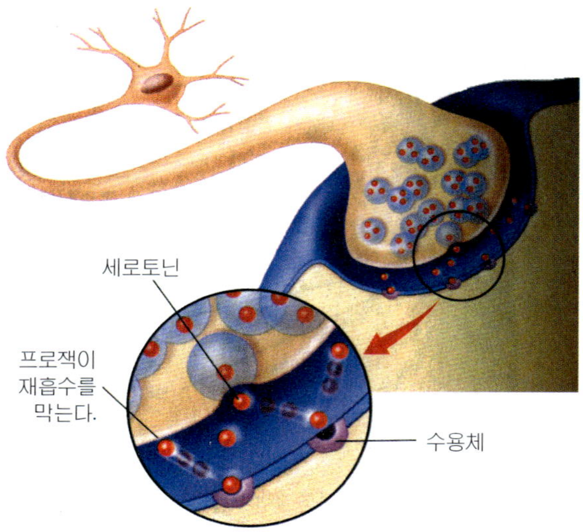

그림 19.9 약물은 시냅스를 지나는 신경흥분의 전달을 변화시킨다

우울증은 신경조절물질인 세로토닌의 부족으로 생길 수 있다. 항우울제인 프로잭은 시냅스에서 세로토닌의 재흡수를 억제한다.

약물중독(drug addiction)

체세포가 오랜 기간동안 화학적 신호를 받으면 본래 강도의 자극에 반응하는 능력이 떨어진다. 신경세포는 특히 감각을 소실하는 경향이 있다. 만약 시냅스의 수용체 단백질이 오랫동안 고농도의 신경전달물질에 노출되면, 신경세포는 세포막 내의 수용체단백질의 수를 줄인다. 이런 피이드백(feed back)은 모든 신경의 일반적인 기능이며, 작업량에 맞추어 작업장(세포막)의 도구(수용체 단백질)의 수를 조정함으로써 효율성을 높이려는 단순한 기작이다.

코카인(cocaine). 코카인은 비정상적으로 많은 양의 신경전달물질이 장기간 시냅스에 머물도록 만드는 신경조절물질이다. 코카인은 뇌의 즐거움을 감지하는 대뇌변연계(limbic system)를 담당하는 세포에 영향을 미친다. 이 세포는 도파민(dopamine)이라는 신경전달물질을 이용해서 즐거운 신호를 전도한다. 방사능으로 표지한 코카인 분자를 이용해서 학자들은 코카인이 신경 사이의 공간에서 운반단백질에 단단하게 결합한 것을 발견했다. 이들 단백질은 일반적으로 어떤 작용이 일어난 후 도파민이라는 신경전달물질을 제거한다. 의자 빼앗기놀이에서 모든 의자가 채워진것과 같이 도파민 분자가 이용할 수 있는 운반단백질이 충분한 것은 아니어서 계속 수용체로 발산되는 도파민은 공간에 머물러 있게 되는 것이다. 새로운 신호가 도달되었을 때 더 많은 도파민이 첨가되고, 즐거움의 경로는 더 자주 열리게 된다.

대뇌변연계 신경세포의 수용체 단백질이 장시간 고농도의 도파민이라는 신경전달물질에 노출되면, 신경세포 표면의 수용체 단백질의 수효를 줄여서 신호의 크기를 줄이게 된다. 즉 신경세포들은 신경전달물질이 결합해서 작용하는 수용체 수를 줄임으로서 많은 신경전달물질에 반응한다. 그래서 코카인 사용자는 중독된다(그림 19.10). 중독은 약물에 만성적인 노출이 생리적으로 적응하기 위한 신경계를 유도하는 것이다. 적은

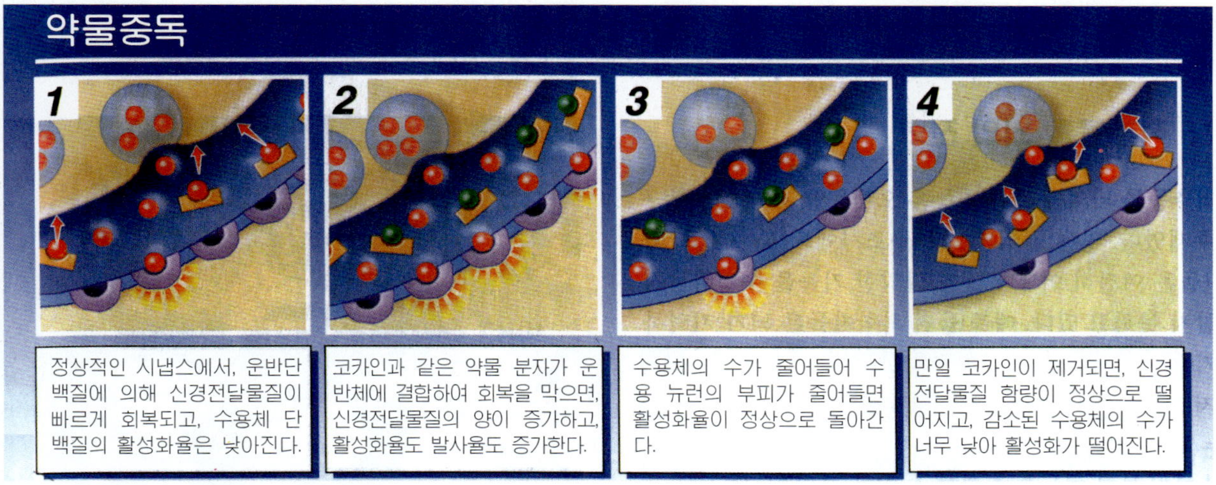

그림 19.10 약물 중독

수용체에서, 사용자는 대뇌변연계의 활동을 정상적으로 유지하기 위해서 약물을 필요로 한다.

담배 중독이란?

담배를 피우는 사람들의 행동특성을 조사하기 위해 연구자들은 코카인에 관해 얻어진 지식을 이용하였다. 즉, 그들은 담배에서 추출한 니코틴을 방사능 물질로 표지하여 뇌 속에 주입해서 어떤 종류의 운반단백질과 결합하는지 알아보았다. 대단히 놀랍게도 니코틴은 세포 공간사이의 단백질을 무시하고 대신에 수용신경세포 표면의 특수 수용체에 직접 결합하였다. 예기치 못한 결과이었다. 니코틴이 정상적으로 뇌에 나타나지 않는데, 왜 그곳에 수용체를 가지는가?

집중적인 연구를 통하여 연구자들은 니코틴 수용체가 신경전달물질인 아세틸콜린과 결합한다는 것을 알게되었다. 이것은 담배에서 추출한 니코틴이 수용체와 결합할 수 있다. 그렇다면, 이들 수용체의 정상적인 기능은 무엇일까? 많은 연구의 목표가 수용체를 뇌의 가장 중요한 도구의 하나로 인식하는 것이다. 뇌는 폭넓고 다양한 행동을 미세하게 감지하는 여러 종류의 다른 수용체와 협동하기 위해 이들 수용체를 이용한다.

신경학자들이 흡연자와 비흡연자의 대뇌변연계 신경세포를 비교해본 결과, 니코틴 수용체의 수와 수용체를 만들기 위한 RNA양 모두에서 변화가 있음을 발견하였다. 그들은 뇌가 장시간 니코틴에 노출되면 두 가지 방법에 의해 순응하는 것을 알았는데, (1) 니코틴이 결합할 수 있는 수용체 단백질을 적게 만들고, (2) 니코틴 수용체의 활성양상(즉 신경전달물질에 의한 민감성)을 변화시키는 것이다.

흡연이 뇌의 활동에 미치는 심각한 효과는 두번째에 의해 나타난다. 뇌가 자신의 많은 활동을 조절하기 위해 사용하는 정상적인 시스템을 압도함으로써 니코틴은 아세틸콜린, 도파민, 세로토닌 기타 같은 신경전달물질들이 신경세포 사이 공간 내로 방출되는 형태를 변화시킨다. 따라서 뇌의 다양한 신경회로에서 활동 수준의 변화가 일어난다.

니코틴 중독은 뇌에서 니코틴에 의해 유도되는 여러 변화에 대한 보상 때문에 생겨난다. 흡연에 대한 순응은 활성의 적당한 균형을 유지하기 위해 뇌 내에서 많은 종류의 수용체의 수와 민감성에 의해 형성된다.

지금 금연하면 어떤 일이 일어날까? 모든 것이 확 달라질까! 아마 새롭게 조절된 계가 신경회로 활성의 적당한 균형을 위해 니코틴을 필요로 할 것이다. 이것은 어떤 의미로 과민성 중독이다. 신체의 생리 반응은 격렬하고, 피할 수 없다. 많은 니코틴 중독을 의지만으로 막을 수 없다. 만일 당신이 오랫동안 흡연한다면 중독될 것이다.

현재 중독자로서 금연을 하려면 어떻게 해야하나? 니코틴과 같은 중독 약품의 사용이 중단되었을 때, 신호의 수준은 정상인과 큰 차이가 있다. 니코틴이 다시 투여되지 않는다면, 변화된 신호의 수준이 뇌 속에 활성의 적합한 균형을 복구하기 위해 보상적 변화가 결국 다시 한번 신경세포에 유도된다. 시간이 흐르면 수용체의 수, 민감성과 신경전달물질의 방출 형태가 모두 정상으로 되돌아가며, 신경회로에 따라서 정상 수준의 신호가 발생하게 된다. 중독되는 것을 피할 수 있는 방법은 없다. 즐거움의 경로는 신경세포에 영향을 미치는 수용체의 수가 다시 조정될 때까지 정상적인 기능을 하지 못한다.

많은 사람들이 니코틴이 함유된 페치(patches)를 이용해서 금연을 시도한다. 이 생각은 니코틴의 양을 점점 줄여서, 흡연자가 담배를 피우고 싶은 욕망을 떼어버리는 것으로 생각할 수 있다. 페치를 사용하고 있는 한 담배를 피우고 싶은 욕망은 줄어든다. 사실 이런 페치의 사용은 단지 니코틴을 다른 물질로 대체하는 것이다(분명히 위험은 감소한다). 금연을 하려면 중독된 약품을 버리지 않고는 방법이 없다. 쉬운 일은 아니지만 유일한 방법은 담배를 끊는 것 뿐이다.

19.5 흡연자들은 강렬한 신경조절물질인 니코틴에 중독되었기 때문에 금연은 어렵다.

19.6 척추동물 뇌의 진화

척추동물 뇌의 구조와 기능은 오랫동안 과학적인 탐구의 주제였다. 많은 끊임없는 연구조사에도 불구하고, 과학자들은 여전히 어떻게 뇌가 다양한 기능을 수행하는지를 알지 못하고 있다. 예를 들면 과학자들은 뇌가 기억하는 기작을 계속 찾고 있으며, 스트레스를 받았을 때 어떻게 저장된 기억이 사라지는지를 이해하지 못하고 있다. 뇌는 고등 척추동물의 모든 기관 중에서 가장 복잡하며 여러 가지 복합 기능을 수행할 수 있다(그림 19.11).

그림 19.11 목소리 연습

어린 코요테의 목소리는 아버지 처럼 정상적이지 않아서 계속 연습한다. 그의 뇌는 성대를 적절히 조절하는 방법을 반복해서 학습한다.

5억 년 전에 살았던 무악어류 화석의 뇌 구조의 특색은 척추동물 뇌의 초기 진화단계에 대한 많은 증거를 제시한다. 크기는 비록 작지만, 이들 뇌는 이미 그 시대의 모든 척추동물의 특징인 세 부분으로 나뉘어져 있다. (1) 후뇌 또는 능뇌 (2) 중뇌 (3) 전뇌 (그림 19.12).

후뇌는 초기 뇌의 중요한 부분으로 오늘날의 어류에도 존재한다. 소뇌, 뇌교, 연수로 구성된 후뇌는 원시적

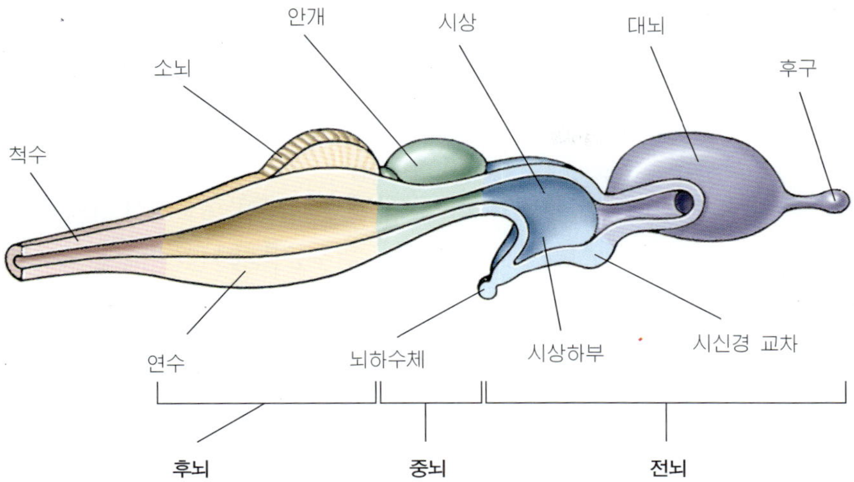

그림 19.12 원시 어류의 뇌

척추동물 뇌의 기본구조는 원시 어류의 뇌에서 볼 수 있다. 뇌는 세 부분으로 나누어지는데, 모든 척추동물에서 세 부분의 용적이 각각 다르다는 것을 알 수 있다. 어류에서 뇌의 가장 큰 부분은 후뇌이고 중뇌는 시각 정보를 담당하며, 전뇌는 후각과 관련이 깊다. 육상 척추동물에서 전뇌는 어류보다 신경 전달과정이 더 우수하다.

인 연합운동반사와 관련이 있으며, 척수로 확장된 것 같다. 수많은 축색돌기를 가진 케이블과 같은 관이 후뇌에서 척수로 이어진다. 다시 말해 후뇌는 근육에서 오는 많은 감각신호를 모아서 운동의 형태로 통합한다.

대부분의 통합 행동은 소뇌라고 불리는 후뇌의 약간 팽창된 곳에서 수행된다. 발달된 척추동물에서는 소뇌가 통합의 중심으로 중요한 역할을 하고, 어류보다 크기가 점차 더 커진다. 모든 척추동물에서 소뇌는 현재

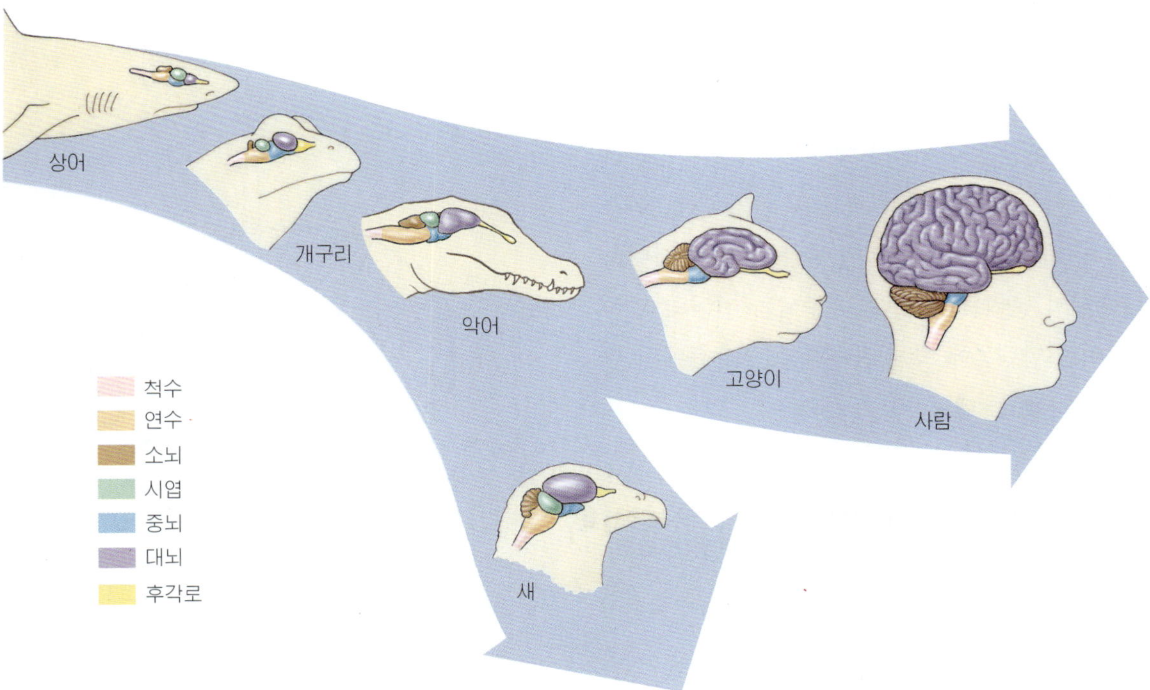

그림 19.13 척추동물 뇌의 진화

상어와 여러 어류에서는 후뇌가 우세하며 뇌의 나머지 부분은 기본적인 감각의 정보 처리에 작용한다. 양서류, 파충류는 전뇌가 훨씬 크며 연합행동에 관여하는 보다 더 큰 대뇌를 갖고 있다. 파충류에서 진화된 조류는 대뇌가 더욱 뚜렷해 졌다. 포유류에서는 안개(眼蓋)로 감싸인 대뇌가 가장 크다. 인간에서는 대뇌가 가장 우세하며 나머지 뇌의 대부분을 덮고 있다.

위치, 팔다리의 운동, 근육의 수축, 이완과 신체의 일반적인 위치 및 외부 세계와 관련된 자료를 분석한다. 이들 정보는 소뇌에 모여 통합되고, 그 결과 명령이 효과 경로를 따라 나가게 된다.

어류에서 전뇌와 중뇌는 감각정보의 수용과 작용에 관여한다. 중뇌는 우선 시엽으로 구성되며 시각 정보를 수용한다. 반면 전뇌는 후각 정보를 처리한다. 어류의 뇌는 자라면서 계속 성장한다. 지속적인 성장은 일반적으로 어릴 때 뇌의 성장이 완료되는 다른 척추동물과 대조를 이룬다. 인간의 뇌는 어릴 때는 계속 발달하지만, 일단 발생이 중지되면 장기 기억을 담당하는 해마를 제외하고 새로운 뉴런의 생성은 없다.

우세한 전뇌

양서류에서 시작해서 파충류에서는 두드러지게 감각정보가 전뇌에 더욱 집중된다. 이런 양상은 척추동물에서 뇌가 발달될 수록 우세해지는 경향이 있다(그림 19.13). 파충류, 양서류, 조류, 포유류의 전뇌는 기능이 다른 두 가지 요소로 구성된다. 간뇌는 시상과 시상하부로 이루어진다. **시상**은 감각 정보의 유입, 통합, 연결의 중심이다. **시상하부**는 기본적인 충동, 감정에 관여하고, 뇌하수체의 분비를 조절한다. 종뇌는 전뇌의 앞쪽에 위치하며 연합행동에 크게 관여한다. 포유류에서 종뇌(telencephalon)는 **대뇌**라고 부른다.

19.6 **어류에서 후뇌는 뇌의 대부분을 차지하고, 육상 척추동물은 전뇌가 점점 우세해지는 경향으로 진화하였다.**

19.7 뇌의 작용기작

대뇌는 뇌의 조절 중추이다.

비록 척추동물의 뇌가 그 중요 성분에서 차이가 있을지라도, 인간의 뇌는 척추동물의 뇌의 기능을 알아보는데 좋은 모델이 된다. 인간의 뇌 무게의 약 85%를 대뇌가 차지한다(그림 19.14). 대뇌는 대뇌반구라 불리는 좌우 반구로 홈에 의해 나누어진 큰 구형이다. 대뇌의 기능은 언어, 사고, 기억, 인성발달, 시각과 같은 주요 기능을 담당한다. 그림 19.15은 일반적인 뇌의 영역과 뇌가 조절하는 기능을 나타낸다. 주름진 버섯과 같이 보이는 대뇌는 손을 움켜쥔 것처럼 다른 뇌를 감싸거나 덮고 있다. 대부분의 대뇌 신경 활동은 **대뇌피질**(cerebral cortex)이라 불리는 단지 수 mm 두께의 회색 외피층에서 일어난다. 이 층은 신경세포체가 조밀하게 모여있기 때문에 회색을 띤다. 인간의 대뇌피질은 뇌

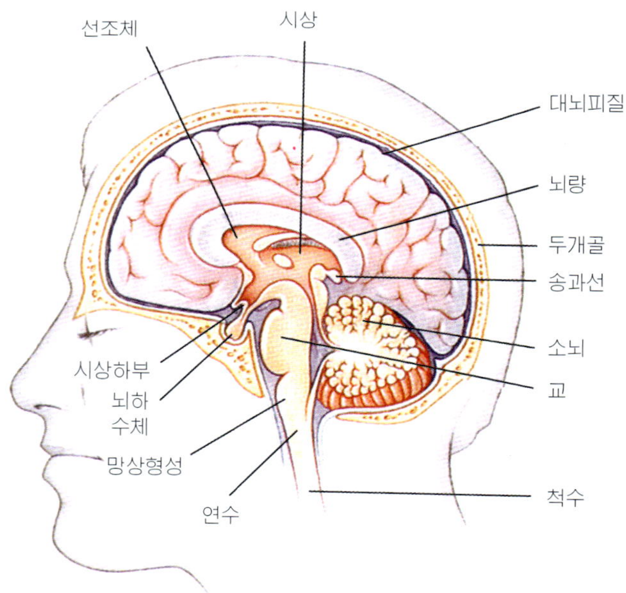

그림 19.14 인간 뇌의 단면

대뇌는 뇌의 대부분을 차지한다. 대뇌피질인 외피층만을 표면에서 볼 수 있다.

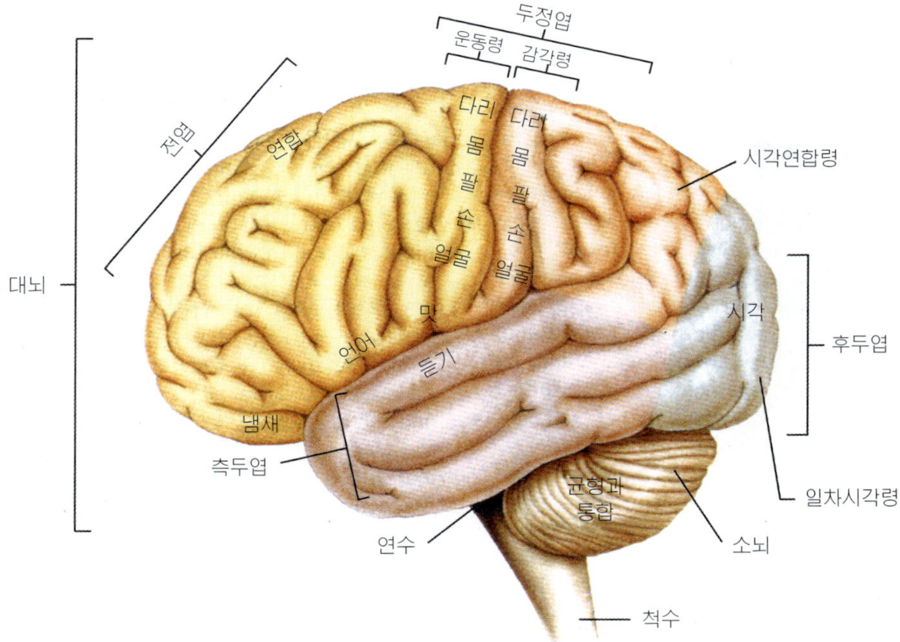

그림 19.15 인간 뇌의 주요 기능적 부위

대뇌 피질의 특정 부위는 몸의 각 부위의 기능과 연관되어 있다.

전체의 약 10%에 해당하는 100억개 이상의 신경세포체로 구성된다. 대뇌피질 표면의 주름은 표면적(신경세포체의 수)을 세 배로 증가시킨다. 피질 바로 아래는 피질과 나머지 뇌 사이에 정보를 연결하는 유수신경섬유로 이루어진 고체성 백질 부분이다.

좌우 대뇌반구는 **뇌량**(corpus callosam)이라고 불리는 신경의 다발에 의해 연결된다. 이 로는 뇌의 반쪽에서 각각 정보의 고속도로 역할을 한다. 이 로는 교차되기 때문에 뇌의 반은 각각 신체의 반대편 근육과 샘을 조절한다. 일반적으로 좌뇌는 언어, 대화, 수리능력을 담당하고, 우뇌는 직관, 음악, 예술능력을 담당한다.

학자들은 대뇌의 두쪽은 따로 따로 작용할 수 있다는 것을 발견했다. 어떤 사람은 두 반구 사이의 로가 사고나 외상에 의해 끊어지기도 한다. 실험실에서 뇌의 절단과 같은 실험을 하면, 한쪽 눈이 감기고, 사람이 이상하게 보이게 된다. 대신에 다른 쪽 눈이 감기게 된다면 방금 전에 보았던 낯선 사람을 인식하지 못할 것이다.

때때로 뇌혈관이 혈병에 의해 막히면 뇌졸중의 원인이 된다. 뇌졸중 시 뇌의 순환 영역이 차단되어 뇌 조직이 죽는다. 대뇌의 한쪽 부분에 뇌졸중이 있으면, 몸의 다른쪽 부분에 마비가 온다.

시상과 시상하부의 작동정보

대뇌 아래에 정보흐름의 중심인 시상과 시상하부가 있다. 시상은 뇌에서 감각 작용의 주요 부분이다. 소리, 시각 및 감각수용체로부터의 다른 정보가 시상으로 들어가서 통합하고 대뇌피질의 감각영역으로 전달된다. 시상은 또한 균형을 조절한다. 근육으로부터 파생된 자세, 청각에서 파생된 방향과 평형 정보가 소뇌에서 온 정보와 통합하여 시상으로 전달한다. 시상은 대뇌 피질

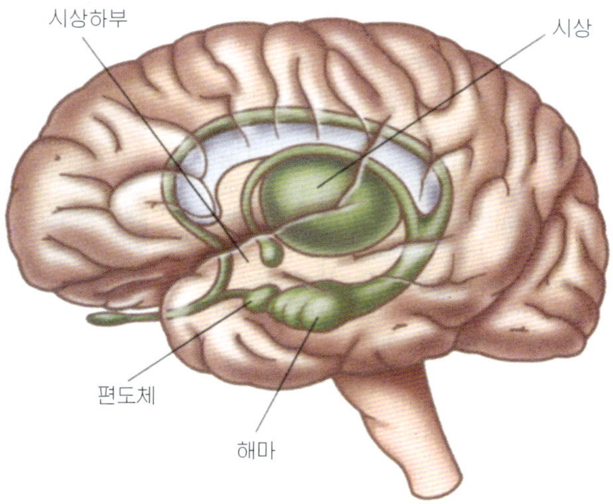

그림 19.16 변연계
해마(hippocampus)와 편도체(amygdala)는 매우 정열적이거나 심한 감정을 조절하는 변연계의 주요 구성 부위이다.

의 운동 중추에 정보를 전달한다.

시상하부는 모든 내부행동을 통합한다. 시상하부는 뇌간을 조절하는 중추다. 즉 체온, 혈압, 호흡, 심장박동을 조절한다. 시상하부는 뇌하수체에서 뇌의 중요 호르몬 생산을 직접 지시한다. 시상하부는 대뇌피질의 몇 부분과 연결된 신경망을 이루고 있다. 시상과 시상하부의 일부분을 따라 연결된 신경망을 **변연계**(limbic system)라고 부른다(그림 19.16). 척추동물에서 변연계는 고통, 화냄, 성(sex), 배고픔, 목마름, 즐거움 뿐만 아니라 심각한 감정 등을 담당한다.

■ 소뇌가 근육운동을 조절한다.

뇌의 아래쪽 뒤에 팽대된 구조물이 소뇌이다. 소뇌는 몸의 균형, 자세, 근육운동을 조절한다. 인간과 다른 포유류에서 잘 발달된 소뇌는 작은 꽃양배추 모양이고 조류에서 더 잘 발달되어 있다. 새들은 인간보다 더 완벽하게 균형을 잡는다. 왜냐하면 그들은 3차원의 공간을 통해서 이동하기 때문이다. 새들에게 필요한 균형은 땅이나 나뭇가지에 불시착하지 않고, 정확하게 제때에 멈춰야 한다는 것이다.

■ 뇌간(brain stem)은 생체 반응을 조절한다.

뇌간은 중뇌, 뇌교, 연수를 총칭해서 언급할 때 사용하는 의미로 뇌의 나머지 부분과 척수를 이어주고 있다. 나무 줄기처럼 생긴 뇌간은 호흡, 음식 삼키기, 소화과정을 조절할 뿐만 아니라 심장 박동이나 혈관의 직경을 조절하는 신경으로 구성된다. 망상체라 불리는 신경망은 뇌간을 통해 뇌의 다른 부분과 연결된다. 넓게 퍼져서 연결된 신경들이 의식, 자각, 수면을 담당한다. 망상체의 한 부분은 감각의 유입을 거르며, 전화벨이 울릴 때 순간적으로 깨닫거나, 교통소음과 같은 반복된 소음에서도 잠을 잘 수 있게 한다.

■ 언어와 기타 고등기능

비록 2개의 대뇌 반구가 구조상 유사하게 보일지라도, 다른 행동을 나타낸다. 기능적 측면에서 완전히 연구된 예가 언어이다. 좌반구는 언어를 지배하는 중추로서 언어와 관련이 있는 기능의 대부분을 수행한다. 오른손 잡이의 90%, 왼손잡이의 약 2/3 정도가 좌반구에 의해 언어기능을 수행한다. 좌반구에는 2개의 언어령이 있다. 하나는 말을 할 때 사고의 형성과 언어의 이해력을 갖는 것이고, 다른 것은 언어소통을 하는데 필요한 운동출력을 담당한다(그림 19.17).

언어에 우세한 반구는 문장 형성에 필요한 것과 같이 연속적 사고력에 숙달된 것이고, 그렇지 않는 것(대부분의 사람에서 우반구)은 퍼즐게임이나 그림 그리기 같은 공간 지각에 적합하다. 우반구는 또한 음악적인 능력을 나타낸다. 좌반구의 언어령에 상처를 입은 사람은 말을 하지 못하지만 노래하는 능력은 남아 있다. 언어능력을 담당하지 않는 곳에 상처를 입은 사람은 아마

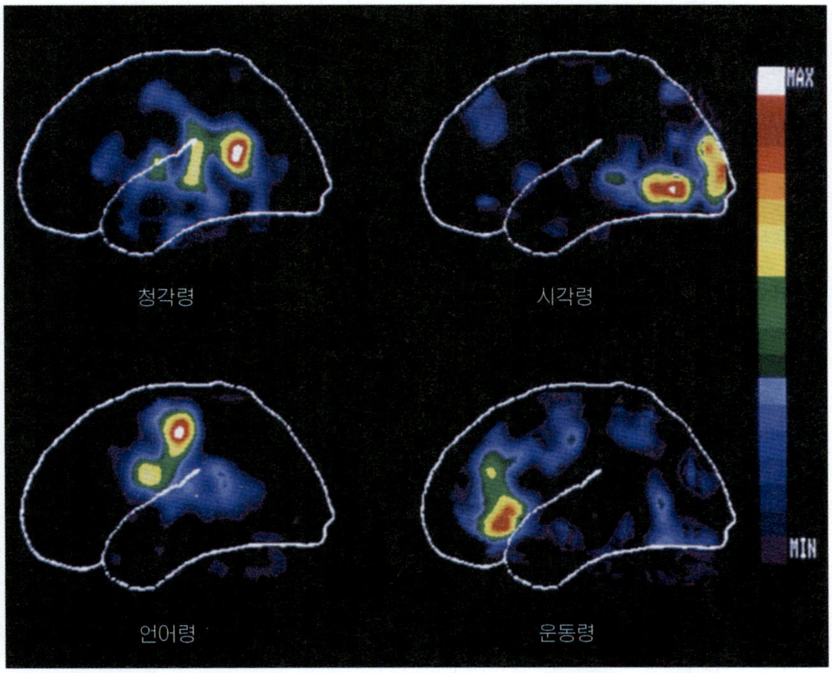

그림 19.17 다양한 행동을 조절하는 뇌의 부위

이 그림은 인간의 뇌가 어떻게 말하는 것을 듣고, 소리 없이 같은 단어를 읽고, 큰소리로 반복하고, 우선 연상되는 단어를 말하는 것과 같은 작용을 나타내는가를 표시한다. 희고, 붉고, 노란 부분은 가장 활성적인 것을 나타낸다. 그림 19.15와 비교해 뇌의 어떤 영역에서 나타나는지를 확인해 보라.

장기기억과 단기기억 사이에는 기본적으로 차이가 있다. 단기기억은 일시적이고, 짧은 순간만 지속된다. 이런 기억은 전기적 자극에 의해 쉽게 지워지지만 저장된 장기기억은 오래 남는다. 이 결과 단기기억은 전기적으로 일시적 신경 흥분의 형태로 저장된 것으로 생각할 수 있다. 이에 비해서 장기기억은 뇌 속에서 어떤 신경 접촉에 구조상 변화를 일으켜서 저장된다. 관자놀이의 두 부분 즉 해마와 편도체는 단기기억과 장기기억으로의 저장, 모두에 관여한다. 이들 구조에 손상을 입으면 최근 사건을 장기기억으로 전환하는 능력이 감퇴된다.

공간 관계의 이해능력이 없으며, 노래부르기와 같은 음악적 능력이 손상된다. 읽기, 쓰기, 구술 이해력은 그대로 남아 있다. 언어를 담당하지 않는 반구는 또한 말로 할 수 없는 경험을 통합적으로 기억하는 데 중요하게 관여한다.

뇌에서 알려지지 않는 것 중의 하나는 기억과 학습의 기초이다. 특별히 뇌에서 기억을 담당하는 곳은 없다. 관자놀이 부분을 제거하면 기억이 나빠지지만, 완전히 쇠퇴하는 것은 아니다. 많은 기억이 뇌의 손상에도 불구하고 남아있고, 시간이 흐름에 따라 점차 능력이 회복된다. 그러므로 기억을 수행하는 물리적 기작을 조사하는 학자들은 가끔 그림자 잡기와 같음을 느낀다. 비록 아직까지 이들 기작을 완전히 이해하지 못한다 할지라도 기억이 형성되는 기본과정에 관하여 많은 것이 조사되었다.

19.7 **뇌의 연합행동은 대뇌의 표면에 있는 주름진 대뇌피질이 중추가 된다. 대뇌 아래에 위치한 시상과 시상하부는 정보의 통로이고, 신체행동을 통합한다. 뇌의 기부에 있는 소뇌는 근육운동을 조절한다.**

19.8 척수의 역할

척수는 뇌에서 척추로 내려가는 신경 케이블이다(그림 19.18). 회색의 신경세포체는 척수 중심의 기둥을 형성하고, 축색돌기와 수상돌기의 초로 둘러싸여 있다. 척수의 외연부는 미엘린으로 싸여있기 때문에 희다. 척수는 척추에 의해 둘러싸여 보호받으며, 척수신경이 몸으로 나온다(그림 19.19). 척수는 몸과 뇌의 신호가 오르내리는 정보의 고속도로이다.

척추의 각 마디에서 운동신경이 근육으로 뻗어 나간

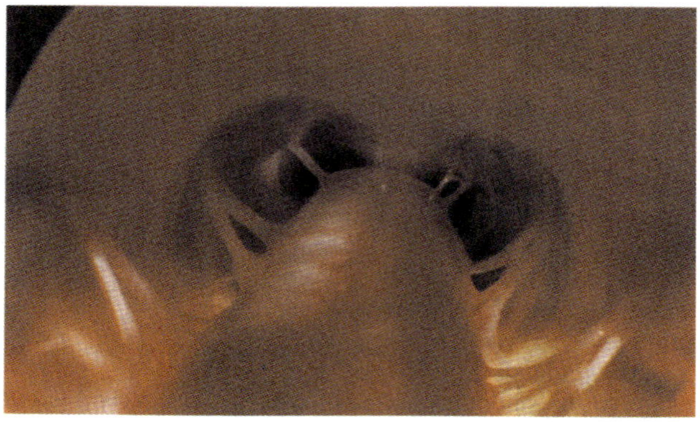

그림 19.18 사람의 척수

한쌍의 척수신경이 척수에서 뻗어 나온 것을 볼 수 있다. 이 신경을 따라서 뇌 및 척수가 신체와 연락을 한다.

다. 척수의 운동신경은 머리 아래쪽 근육의 대부분을 조절한다. 따라서 척수가 손상을 입으면 신체의 하반부가 마비된다. 만약 운동신경이 손상되면 근육이 마비되고 움직일 수 없다.

■ 척수의 재생

과거에 과학자들은 척수를 재생시키기 위해서 인체의 다른 부분의 신경을 척수에 이식하려고 노력했다. 그러나 모든 실험은 신경다리(nerve bridge)가 척수의 백질에서 회백질로 갈 수 없기 때문에 실패했다. 또한 척수의 신경 성장을 억제하는 요인이 있었다. 섬유아세포의 성장 요인이 신경성장을 자극한다는 것을 발견한 후에 신경학자들은 섬유아세포의 성장요소와 섬유소를 혼합해서 백질과 회백질로 신경을 접합하려고 시도하였다.

실험 3개월 후에 신경다리를 가진 쥐가 하반신의 움직임을 보이기 시작하였다. 실험동물의 진행된 염색실험 분석 결과 끊어진 양쪽에서 척수의 재생이 있었다. 많은 과학자들은 인간에게도 적용 가능하리라 믿었으나 성공하지는 못하였다. 또한 신경다리를 갖는 쥐의 경우 이동 능력은 다소 회복되었지만 걷거나 서지는 못하였다.

19.8 척추동물에서 척수는 등뼈에 의해 보호되고, 운동신경이 머리 아래쪽 근육으로 뻗어있다.

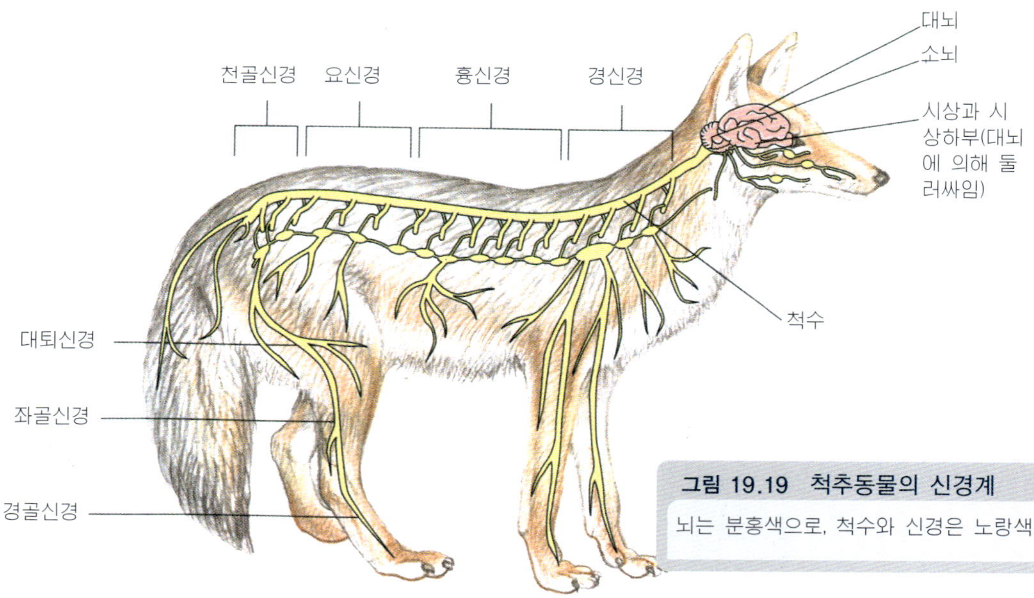

그림 19.19 척추동물의 신경계

뇌는 분홍색으로, 척수와 신경은 노랑색으로 표시되었다.

19.9 수의신경계

척추동물의 운동경로는 골격근에 명령을 중계하는 **수의신경계**와 내장근에 명령을 중계하거나 샘을 자극하는 **자율신경계**로 세분된다. 수의신경계는 의지로 조절할 수 있으나 자율신경계는 그렇지 않다. 예를 들어 우리가 마음대로 손을 움직일 수는 있으나, 소화관의 운동을 증가시킬 수는 없기 때문이다. 중추신경계는 이 두 가지 모두를 조정하지만, 우리는 수의 명령만을 느끼게 된다.

운동신경은 중추신경계에서 근육이나 샘으로 정보를 전달한다. 만약 자기쪽으로 달려오는 자동차를 보면, 중추신경계는 아드레날린을 분비하는 샘으로 운동신경을 통해 신호를 보낸다. 아드레날린은 심장박동과 호흡률을 높인다. 중추신경계는 또한 빨리 그곳에서 벗어나도록 운동뉴런을 통해서 근육에 신호를 보낸다.

신속한 행동을 일으키는 반사

신체의 운동신경은 위험할 때, 특히 의식적으로 위험을 깨닫기 전에 재빠르게 몸을 움직일 수 있는 운동경로를 가지고 있다. 이런 갑작스럽고 무의식적인 행동을 반사라고 부른다. **반사**는 자극에 대한 빠른 운동 반응을 나타낸다. 왜냐하면 위험에 대한 정보를 감각뉴런은 직접 운동뉴런에 전달하기 때문이다. 파리가 파리채를 피하는 것도 반사이다. 당신의 몸에서 가장 자주 사용되는 반사는 눈을 깜박거리는 것이며, 이 반사는 우리의 눈을 보호한다. 만약 눈앞에 곤충이나 먼지가 갑자기 나타나면, 그 일을 깨닫기 전에 눈을 감는다. 대뇌가 눈에 위험이 있다는 것을 깨닫기 전에 반사가 일어나기 때문이다.

정보가 지나가는 경로에 뉴런의 수가 매우 적기 때문에 반사는 매우 빠르다. 많은 반사는 대뇌에 도달되지 않는다. 위험하다는 신경충격은 가능한 빨리 척수로 가서 곧 바로 되돌아와서는 운동 반응을 일으킨다. 대부분의 반사는 감각뉴런과 운동뉴런 사이를 단순하게 연결하는 연합뉴런으로 연결된다. 그러나 무릎반사와 같은(그림 19.20) 것은 단일시냅스 반사궁(monosynaptic reflex arcs)으로서, 척수에서 감각뉴런과 운동뉴런이 직접 이어지고, 그들 사이에 중계역할을 하는 연합뉴런은 없다. 만약 당신이 어떤 날카로운 것을 밟으면 순간적으로 다리를 구부릴 것이다. 감각뉴런에서 찔린다는 충격이, 직접 척수를 통해서 운동뉴런에 전달되어 다리 근육에 작용해서 다리를 당기게 하기 때문이다.

19.9 **수의신경계는 골격근의 명령을 중계하고 의식적으로 조절할 수 있다.**

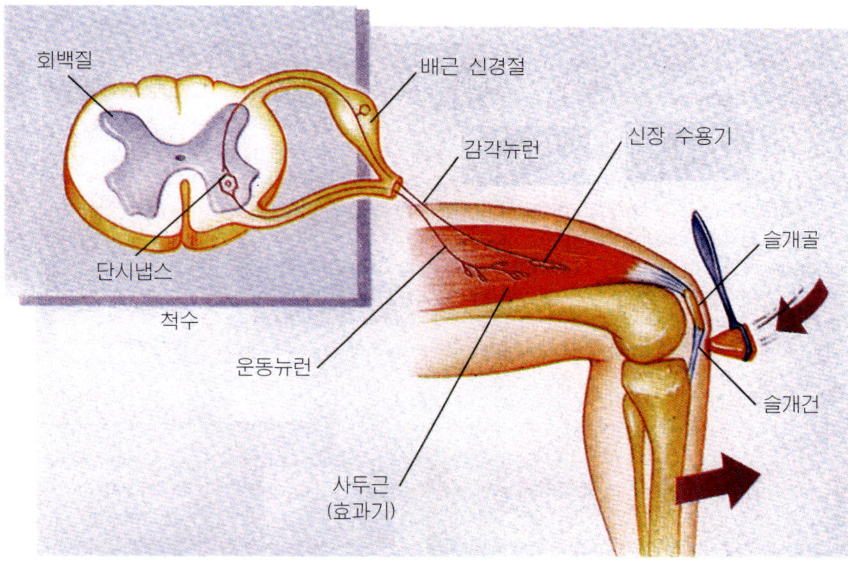

그림 19.20 무릎반사

가장 많이 알려진 불수의 반응인 무릎반사는 사두근(quadriceps)에서 신장수용기 활성에 의해 일어난다(다리를 고정시키고 고무망치로 슬개건(patella tendon)을 친다). 하나의 신호가 감각뉴런에 의해 척수로 가서, 척수에서 감각뉴런이 운동뉴런을 자극하면 사두근을 수축시키는 신호가 보내진다.

19.10 자율신경계

몇몇 운동뉴런은 잠잘 때에도 활동한다. 이런 뉴런은 몸이 활동하지 않을 때도 몸을 항상 일정하게 유지하라는 중추신경계로부터의 명령을 수행한다. 이런 신경계를 **자율신경계**(autonomic nervous system)라고 부른다. 자율이라는 단어는 불수의를 의미한다. 자율신경계는 지각되지 않은 상황에서 근육이나 샘에 항상 신호를 보낸다.

자율신경계는 중추신경계가 몸의 항상성을 유지하기 위해 사용하는 신경망을 이용한다. 이것의 이용으로 중추신경계는 심장박동과 혈관 벽에서 근육수축을 조절한다. 자율신경은 소화관을 통과하는 음식물 이동, 혈압, 호흡을 조절하는 근육과 직접 연결된다. 또한 소화효소, 점액, 눈물을 분비하는 샘을 자극하는 신호를 보낸다.

자율신경계는 서로 반대되는 작용을 하는 두 요소로 구성된다. 하나는 스트레스를 받았을 때 우세한 **교감신경**(sympathetic nervous system)이다. 이것은 혈압, 심장박동, 호흡률, 근육으로의 혈류 속도를 증가시켜 싸우거나 혹은 도주 반응을 증진한다. 교감신경은 척수 가까이에 위치한 **신경절**(ganglia)이라고 불리는 신경세포체의 덩어리까지 확장된 짧은 운동뉴런 축색의 신경망으로 구성된다. 또 신경절에서 표적기관까지 뻗어있는 긴 운동뉴런으로 구성된다. 다른 하나는 **부교감신경계**(parasympathetic nervous system)로 교감신경과는 반대의 효과를 나타낸다. 이는 심장박동이나 호흡률을 낮추어 에너지를 절약하고, 소화나 배설을 촉진한다. 부교감신경은 중추 내에 운동뉴런으로부터 길게 뻗어나온 축색의 신경망으로 구성되는데, 이 축색들은 기관의 가장 인접한 신경절에 도달한다. 또한 신경절에서 가까운 기관까지 확장된 짧은 운동뉴런으로 구성된다.

대부분의 샘, 평활근, 심근은 지속적으로 항상 교감신경과 부교감신경계가 작용한다. 중추신경계는 기관을 '자극' 또는 '억제'하는 신호의 비율에 의해 활성을 조절한다(그림 19.21).

19.10 **자율신경계는 의식적으로 조절할 수 없는 근육과 샘으로의 명령을 중계한다. 촉진 또는 억제의 반대되는 두 신호의 비율을 변화시켜 일을 수행한다.**

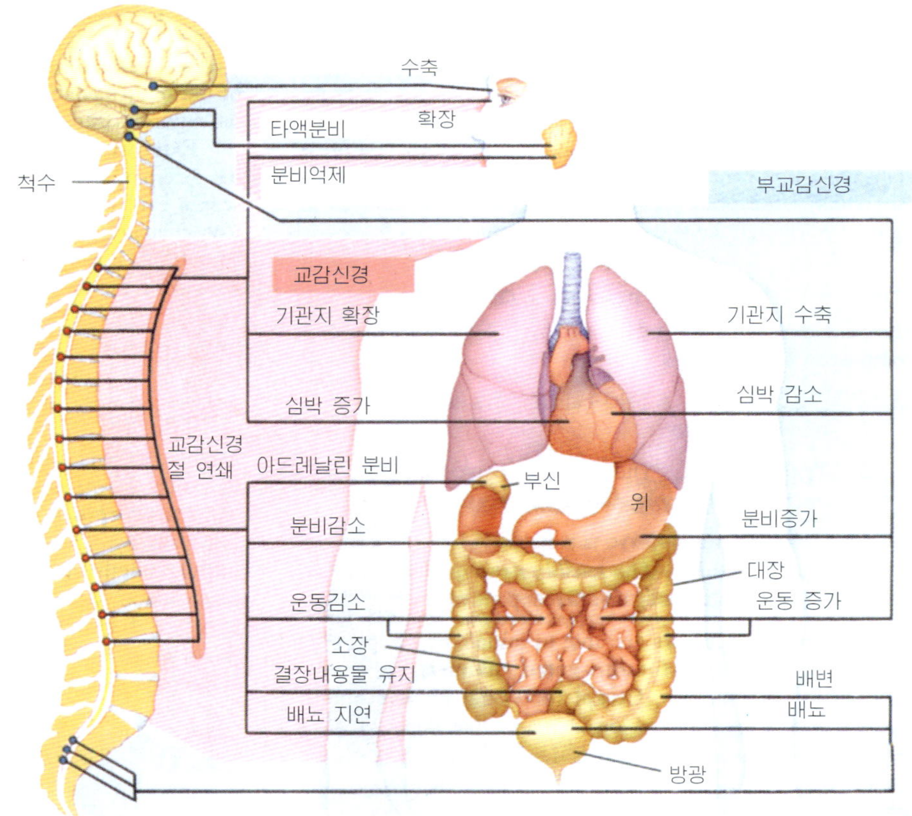

그림 19.21 교감신경과 부교감신경의 길항작용

부신을 제외하고, 자율신경계로부터 모든 기관까지 신경의 흐름.

19.11 감각수용기

우리의 주위에서 일어나는 것에 대해서 아무 것도 모른다면 어떻게 될까? 듣기, 보기, 느끼기, 맛보기를 할 수 없다고 생각해 보라! 잠시라도 인간에게서 감각의 유입을 완전히 빼앗는다면 미쳐버릴 것이다. 감각은 신체가 주위의 모든 것과 연관된 것을 경험하기 위한 다리이다. **감각신경계**(sensory nervous system)는 '무슨 일이 일어났나'를 중추신경계에 전달한다. 감각신경은 몸 안팎의 변화를 찾아내는 여러 형태의 감각세포로부터 중추신경계로 흥분을 전달한다. 감각세포가 특수화된 감각수용체는 혈압, 인대의 긴장, 공기 속의 냄새 등을 구별할 수 있다. 특히 많은 세포와 조직으로 형성된 복합 감각 수용체를 감각기관이라 한다. 눈과 귀는(그림 19.22) 감각기관이고, 입 속의 혀에는 미뢰라는 감각기관이 있다.

뇌는 빛, 소리, 고통이라는 신경흥분의 유입을 어떻게 감지할까? 정보는 '전선(wiring)' 내에 구축된다. 뉴런은 중추신경계로 정보를 보내거나 정보를 보낸 뇌와 상호작용을 한다. 뇌는 빛을 인지하는데 광수용세포의 감각뉴런이 뇌에 연결되어 있기 때문이다. 손가락 끝으로 눈 주위를 눌렀을 때, 별이 보일 것이다. 이것은 눈이 빛을 수용하지 않았을지라도, 뇌에서 빛과 같은 자극으로 취급하기 때문이다.

그림 19.22 캥거루쥐는 특수화된 귀를 가졌다.

캥거루쥐(*Dipodomys*)의 귀는 야간생활에 적응되어 올빼미의 날개짓 소리나 방울뱀의 땅을 기는 비늘소리와 같은 포식자의 미세한 소리도 들을 수 있다. 또한 건조한 사막 공기 중의 미세한 소리에 귀가 적응된 것 같다.

감각정보의 경로

중추신경계로 전달되는 감각정보의 경로는 하나이며, 세 단계로 구성된다.

1. **자극** : 물리적 자극이 감각수용기에 닿는다.
2. **변환** : 감각수용기는 감각뉴런의 이온 통로를 여닫는다.
3. **전달** : 감각뉴런은 신경흥분을 중추신경계로 구심성 경로를 따라 전달한다.

모든 감각수용기는 감각뉴런의 막에 있는 **자극개폐채널**(stimulus-gated channels)의 개폐에 의해 신경흥분을 시작할 수 있다. 광수용기를 제외하고 이 채널은 Na^+ 채널이며, 막이 탈분극되어 전기적 신호가 시작된다. 이 채널은 화학적 또는 기계적 자극에 의해 열리고, 가끔 접촉, 열, 추위와 같은 것에 의해 방해된다. 수용기는 채널을 여는 방아쇠로서 유입 환경의 특색에 따라 서로 다르다. 신체는 여러 종류의 수용기로 구성되며, 각각은 외부환경의 양적 차이나 몸의 컨디션의 차이에 대해서도 민감하다.

외부수용기(exteroceptors)는 외부환경에서 발생한 자극을 수용한다. 척추동물의 대부분의 외부 감각은 척추동물이 육지로 올라오기 전에 물 속에서 진화하였다. 따라서 육상척추동물의 많은 감각은 바다에서 육지로 전환된 것을 유지하고 있으므로 물 속에서 잘 퍼지는 자극에 예민하다. 예를 들면 청각은 근본적으로 공기 자극을 수용하지만 물에서도 진화된 유사한 수용기를 사용하여 소리를 들을 수 있다. 몇몇 척추동물 감각계는 어류의 발전기관과 같이 물에서는 적용되고 공기에서는 사용 할 수 없는데, 육상 척추동물 사이에서는 찾아볼 수 없다. 한편 몇몇 육상동물은 적외선 수용기와 같은 바다에서는 사용할 수 없는 감각계를 가졌다.

내부수용기(interoceptors)는 몸 속에서 발생하는 자극을 감지한다. 내부수용기는 근육의 수축과 이완, 손발의 위치, 고통, 혈액의 화학적 분석, 혈액량, 혈압 및 체온과 관련 있는 자극을 수용한다. 이들 수용기의 대부분은 외부환경을 감지하는 것보다 더 단순하고, 원시적 감각수용기와 매우 유사하다고 여겨진다.

19.11 **감각수용기는 자극에 대해 반응을 일으키는 신경흥분으로 시작된다. 모든 감각신경의 흥분은 같다. 단지 뇌에서 최종 목적지와 그들을 변화시키는 환경 자극만이 다를 뿐이다.**

19.12 내부 환경의 감각

신체 내부 감각수용기는 몸의 상태를 중추신경에 알려준다. 많은 정보가 뇌의 통합중추인 시상하부로 보내지는데 시상하부는 몸의 항상성을 유지하는 부위이다. 척추동물의 몸은 다른 내부 환경에 반응하기 위해 여러 가지 다양한 감각수용기를 이용한다.

온도변화

피부에는 온도변화를 감지하는 두 종류의 신경 말단이 있는데, 하나는 추위에, 다른 하나는 더위에 의해 자극된다. 이 두 정보를 비교함으로써 중추신경계는 온도변화를 감지할 수 있다.

혈액의 화학적 변화

동맥벽 속의 수용기는 혈액의 CO_2 농도를 감지한다. 뇌는 호흡률을 조절하기 위해 이 정보를 이용하는데, 정상보다 CO_2 농도가 높을 때 호흡률은 증가한다.

통증

조직이 상처를 입으면 대부분 손상된 피부 표면의 특수 신경 말단에 의해 감지된다. 신경 말단이 물리적으로 손상되었거나 변형이 되었을 때 중추신경계는 반사적으로 그 부위를 수축하고 때로는 심장박동이나 혈압의 변화를 일으킨다.

근육수축

근육 속에 깊이 파묻힌 감각수용기를 신장수용기(stretch receptor)라고 부른다. 감각뉴런의 끝은 근섬유가 감싸고 있다(그림 19.23). 근육이 이완될 때, 근섬유는 늘어나고, 나선형의 신경 말단도 늘어나서 뇌로 보내어지는 신호가 되풀이된다. 이런 신호로부터 뇌는 주어진 순간에 근육 길이의 변화율을 결정할 수 있다. 중추신경계는 호흡이나 연속 동작 수행과 같은 몇몇 근육의 연합운동을 조절하기 위해 이 정보를 이용한다.

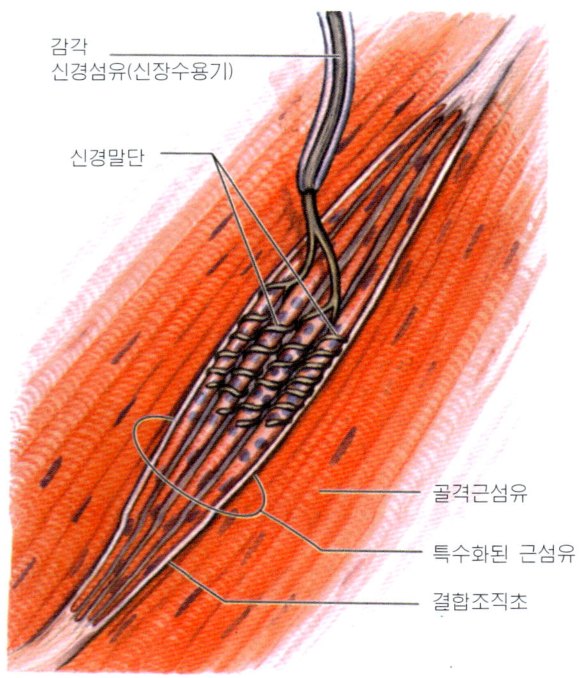

그림 19.23 골격근 내에 파묻힌 신장수용기
근육이 신장하면 특수화된 근섬유가 늘어난다.

혈압

혈압은 주요 동맥벽에 고도로 분지된 신경말단을 가진 압력수용기(baroreceptor)에 의해 감지된다. 혈압이 증가하면 동맥벽이 신장되고 감각뉴런은 그에 해당하는 신호를 중추신경계에 보낸다. 반면 혈압이 감소하면 감각뉴런의 흥분성이 감소한다(그림 19.24). 그래서 흥분의 빈도가 혈압의 정도를 지속적으로 중추신경계에 제공하는 것이다.

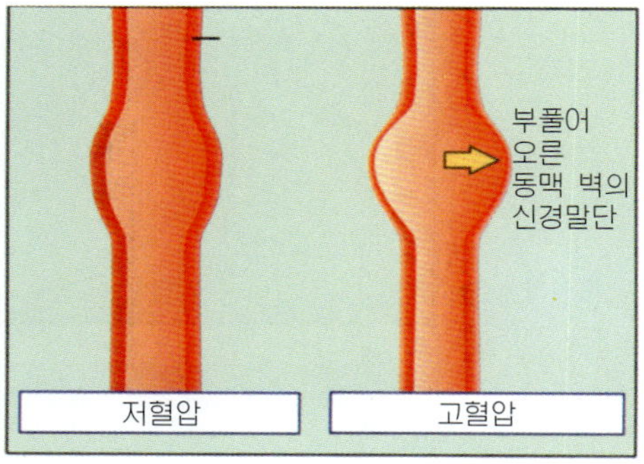

그림 19.24 압력수용기의 역할

신경 말단의 신경망은 동맥벽이 얇은 부위를 덮고 있다. 고혈압은 그 부위의 동맥벽이 부풀어 오른 것으로, 신경 말단을 신장시키고 신경흥분을 전달시킨다.

접촉

접촉은 피부의 표면 아래에 파묻힌 압각수용기에 의해 감지된다. 이것은 여러 가지 형태가 있는데, 어떤 것은 압력의 빠른 변화를 감지하는데 특수화되었고 어떤 것은 압력의 지속성을 측정하며, 어떤 것은 진동을 느낀다.

19.12 **여러 가지 다양한 감각수용기가 신체의 항상성을 유지할 수 있도록 내부환경의 변화에 관한 정보를 시상하부에 전달한다.**

19.13 평형감각

귀 속에 있는 수용체는 뇌에 3차원적 공간에서 몸의 위치를 알려준다. 따라서 동물이 자유롭게 움직이며, 균형을 유지할 수 있게 된다.

위치감각

몸의 균형을 유지하기 위해서 뇌는 중력을 이용한다. 중력 자극을 수용하는 **이석**(otolith)은 내이 속의 빈 공간에 있다. 이 수용체가 하는 일이 무엇인지 설명하기 위해서, 유리잔 속에 연필을 세우고 상상해 보자. 유리잔을 약간만 기울어도 잔의 테두리 쪽으로 연필은 구를 것이고, 유리잔의 가장자리에 압력을 가할 것이다. 만약 우리가 유리잔의 기울어진 방향을 알려고 한다면 압력을 받은 잔의 테두리만 알면 된다. 중력 수용체를 이용해서 뇌는 몸의 수직적 위치를 측정할 수 있다.

회전감각

뇌는 몸의 위치를 측정하는 것과 비슷한 방법으로 운동을 느끼는데, 액체로 채워진 수용기는 운동하는 반대 방향으로 섬모를 누른다. 내이 내에는 3개의 액체로 채워진 **세반고리관**이 있으며, 이들 각각은 서로 직각으로 배열되어 어떤 방향의 운동이라는 것을 탐지할 수 있다. 관 안쪽의 돌출부는 감각세포의 섬모 다발이다. 각 세포의 섬모는 천막 같이 배열되어 있으며, 이를 **각두**(cupula)라고 부르는데(그림 19.25), 머리가 반대방향으로 움직이면, 액체의 움직임에 의해 섬모가 밀리게 된다. 3개의 반고리관은 3개의 방향으로 위치하기 때문에, 어떤 방향으로 움직이더라도 최소한 그들 중 1개에 의해 감지되고, 뇌는 각 관으로 입력된 감각을 비교해서 복잡한 움직임을 분석할 수 있게 된다.

뇌는 속도계가 없다. 만약 몸이 직선운동을 한다면 관 속의 액체가 움직이지 않기 때문에 반고리관은 반응하지 않는다. 이것이 일정한 속도로 한쪽 방향으로

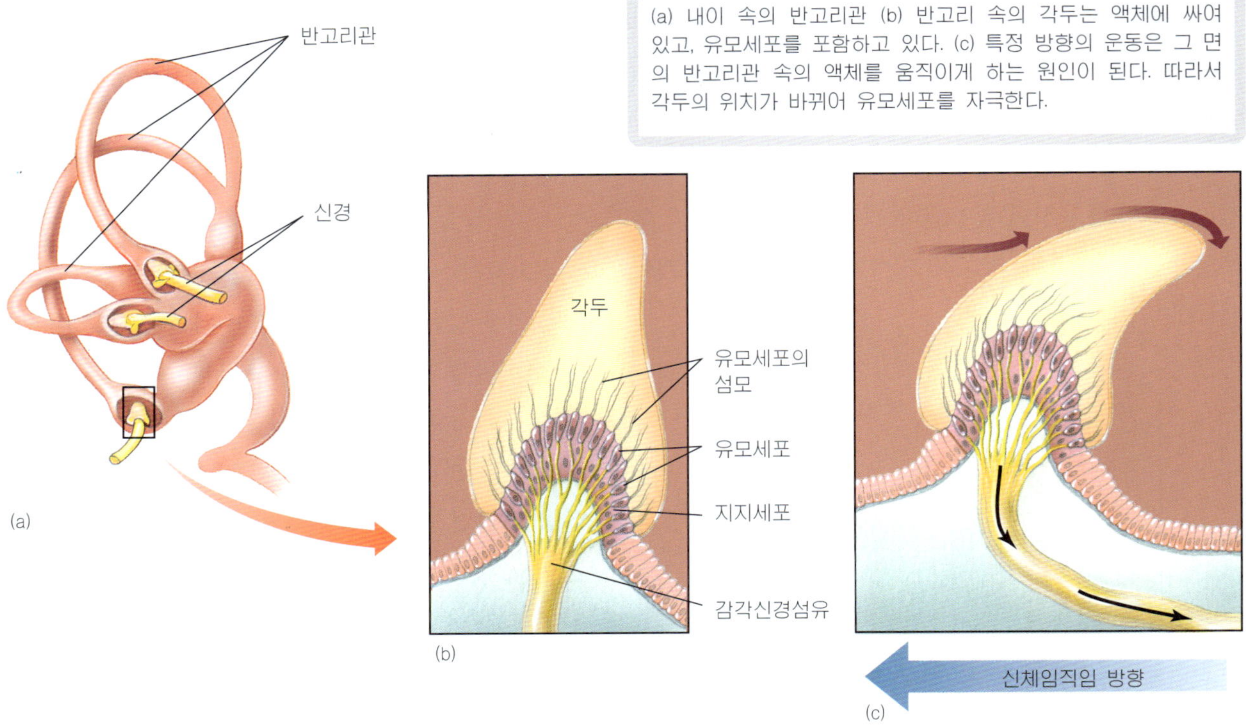

그림 19.25 내이에서 평형감각 수용 방법

(a) 내이 속의 반고리관 (b) 반고리 속의 각두는 액체에 싸여 있고, 유모세포를 포함하고 있다. (c) 특정 방향의 운동은 그 면의 반고리관 속의 액체를 움직이게 하는 원인이 된다. 따라서 각두의 위치가 바뀌어 유모세포를 자극한다.

움직이는 자동차나 비행기 속에서는 움직임을 느끼지 못하는 이유이다.

19.13 우리의 몸은 물체나 액체의 움직임에 의해서 섬모가 휘어짐으로 해서 속도나 중력을 느낀다. 우리 몸은 속도와 방향이 일정한 움직임은 느낄 수 없다.

19.14 화학적 감각: 미각과 후각

척추동물은 공기나 음식에서 여러 종류의 화학적 자극을 찾아낼 수 있다.

맛

미각 수용체는 혀의 표면에 파묻혀 있으며, 네 종류의 맛, 즉 단맛(설탕), 신맛(산), 쓴맛(복합 유기물), 짠맛(소금)을 느낄 수 있도록 분화되었다. 각각의 맛은 혀의 다른 부위에서 느낀다. 각 수용체는 특수화된 감각세포로 미뢰(taste bud)라고 불리는 구조에 위치한다(그림 19.26). 혀가 화학물질을 접했을 때, 감각세포의 정보는 감각뉴런을 거쳐서 뇌에 신호로 전달된다.

냄새

코 속에 있는 화학적인 감각뉴런의 신경세포체는 비강(nasal passage)의 상피 속에 파묻혀 있다(그림 19.27). 화학적 접촉이 있을 때, 이들 감각뉴런은 뇌 속에 정보를 전달하고, 뇌 속에서 후각정보가 분석된다. 개와 같은 많은 척추동물들은 이 감각뉴런이 인간보다 훨씬 예민하다.

음식에서 맛과 더불어 냄새는 매우 중요하다. 감기에 걸려 코가 막히면, 음식 맛을 전혀 못 느끼는 것이 바로 이런 이유이다. 다른 수용체의 역할도 있다. 고추의 매운 맛은 화학 수용체가 아닌 통각 수용체에 의해 탐지된다.

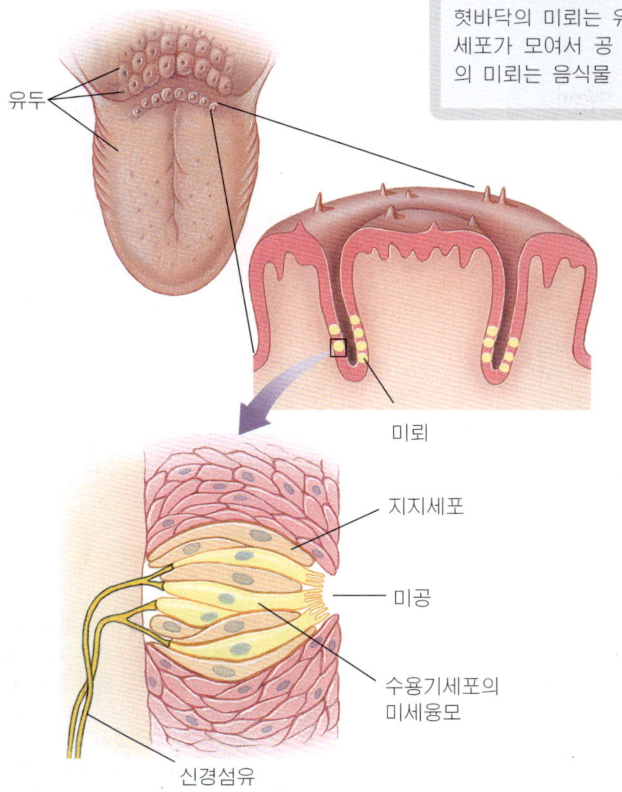

그림 19.26 미각

혓바닥의 미뢰는 유두라고 부르는 돌기 속에 무리 지어있다. 각각의 미뢰는 미각수용체 세포가 모여서 공 모양을 이루고 있으며, 미공을 통해서 구강내에 노출되어 있다. 인간의 미뢰는 음식물 속의 쓴맛, 짠맛, 신맛, 단맛을 느낄 수 있다.

19.14 미각, 후각은 화학적인 감각이다. 많은 척추동물에서 후각은 매우 잘 발달되었다.

19.15 청각

우리가 소리를 들을 때, 우리는 공기의 진동을 탐지한다. 공기의 압력에 의한 파장이 귀를 자극하고, **고막**(eardrum)이라고 불리는 막을 안팎으로 밀게 된다. 고막의 안쪽에는 진동의 세기를 증폭시키는 3개의 작은 뼈가 있다. 증폭된 진동은 내이의 액체와 닿아 있는 2차막에 전달된다. 내이의 안쪽은 달팽이 껍질이 단단하게 꼬인 것 같은 모양인데 이를 **와우각**(cochler)이라 부르며(그림 19.28), 이것은 라틴어의 '달팽이'에서 유래된 말이다. 유스타키오관은 목구멍으로 연결되어 있는데, 중이와 외부의 압력을 같게 한다. 비행기에서 이륙할 때 가끔 귀속에서 '뻥'하는 소리가 나는데, 이것은 고막의 내외 압력이 같아지는 것이다.

와우각 내의 청각 수용체는 유모세포인데, 이것은 벽처럼 둘로 분리된 만곡부의 중앙을 오르내리는 막 위에 위치한다. 유모세포 즉 청세포는 액체로 채워진 와우

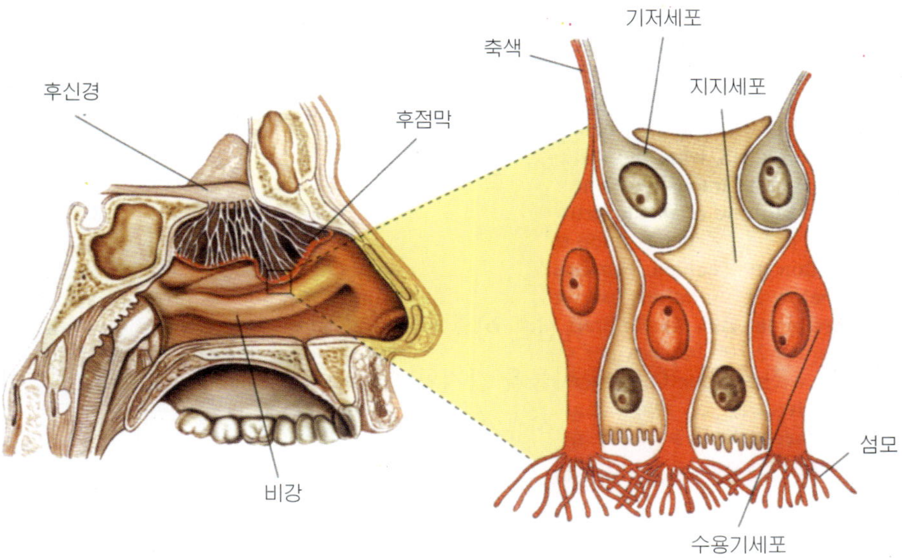

그림 19.27 후각

사람은 비강에 위치한 수용체 세포에 의해서 냄새를 맡는다. 수용체 세포는 뉴런이다. 이들 감각뉴런의 축색은 후신경(olfactory nerve)을 통해 직접 뇌로 들어간다.

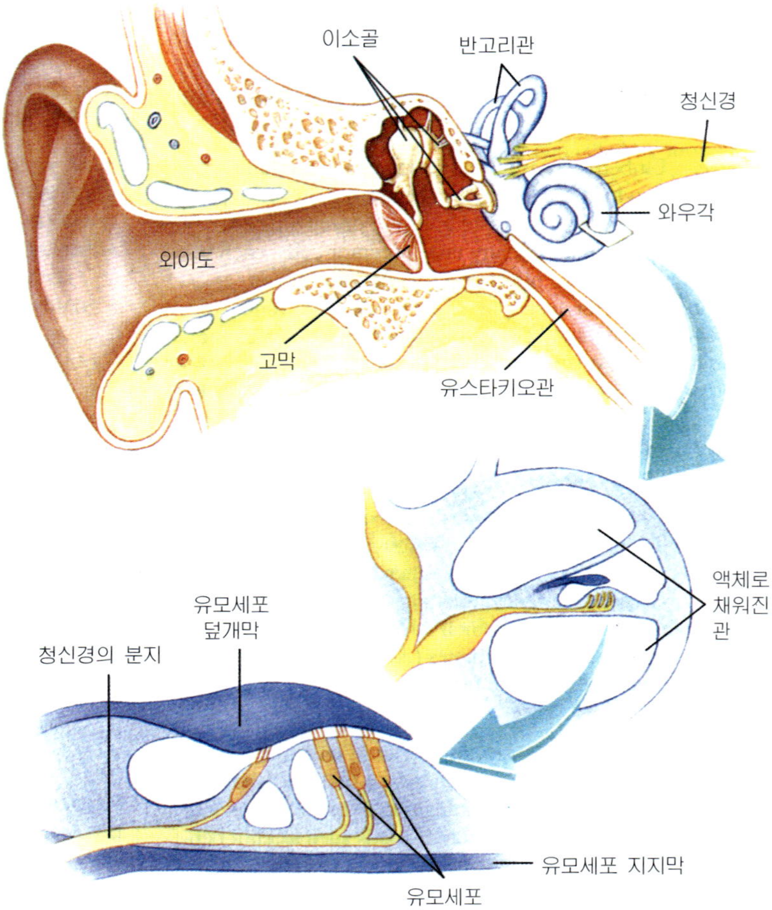

그림 19.28 사람 귀의 구조와 기능

음파는 외이도를 통해서 고막을 울리고 막의 안쪽에 있는 3개의 작은 뼈인 이소골을 밀게된다. 이것이 와우각 내의 관을 채우는 액체의 파동을 일게 한다. 이 파동이 관의 벽을 부디치면서 진행할 때 유모세포(청세포)를 덮고 있는 막은 청세포를 앞뒤로 움직여 신경흥분을 연합뉴런에 전달하는 원인이 된다.

려 있다. 인간은 초당 20 cycle 이하의 낮은 소리는 들을 수 없지만, 몇몇 척추동물은 들을 수 있다. 어린이의 경우 초당 20,000 cycle 이상의 높은 소리도 들을 수 있지만 이 능력은 나이가 들면서 감소한다. 다른 척추동물은 훨씬 더 높은 소리도 들을 수 있다. 개는 초당 40,000 cycle의 소리를 들을 수 있어서 인간에게 조용하게 들리는 휘파람 소리도 개에게는 높은 소리로 들리게 된다.

19.15 **청각수용체는 공기의 진동이 고막을 떨게 하고 이 파동이 증폭되어 유모세포를 밀게되고, 신호가 뇌에 보내진다. 귀 속의 자극받은 유모세포의 위치가 뇌에 음파의 정보를 전달한다. 음의 세기는 유모세포가 얼마나 자주 흥분되느냐에 따라 달라진다.**

각을 침투하지 않고, 이차막에 의해 덮인다. 음파가 와우각으로 들어갈 때 이 유모세포 지지막을 진동시키고 구부러진 유모가 바깥쪽 막에 압력을 가하면 감각뉴런에 신경흥분이 일어나 대뇌로 전달된다.

빈도가 다른 소리는 막의 다른 부분을 떨리게 하여 다른 감각뉴런의 흥분을 유발한다. 감각뉴런의 인식은 음의 진동이 어떤 것인지 중추신경에 알린다. 소리의 강도는 뉴런을 얼마나 자주 흥분시키느냐에 따라 결정된다. 듣는 능력은 와우각 내에 있는 막의 유연성에 달

19.16 위치감각

측선

측선은 어류가 수압이나 낮은 빈도의 파장에 반응하여 사물을 감지할 수 있는 '거리 감각'을 제공한다. 이것은 어류가 떼를 지어 동시에 헤엄을 치면서도 먹이를 찾아낼 수 있게 한다. 또한 장님 동굴물고기는 측선 수용체를 지나는 물의 흐름을 파악하여 환경변화를 감지할 수 있다. 측선은 양서류의 유생에서도 발견되지만, 변태 후 소실되며, 육상 척추동물에서는 볼 수 없다. 측선은 물고기의 듣기 감각을 수행하는 또 다른 감각 구조물이다.

측선은 어류의 피부 속의 종주관 내의 감각구조물로 구성되고 이 관은 몸의 여러 곳으로 뻗어 있으며, 머리에도 여러 개의 관이 있다(그림 19.29). 감각 구조물은 그 표면에 털과 같은 돌기를 가졌기 때문에 유모세포로 알리고, 각두라고 불리는 젤라틴막 속에 박혀있다. 유모세포는 감각뉴런에 의해 지배를 받으며 신경 흥분을 뇌에 전달한다. 어류 주위의 환경변화로 일어난 진동은 섬모를 굽게 하고, 각두의 운동을 일으킨다. 유모세포가 굽었을 때 통합된 감각 뉴런은 자극을 받고, 수용체 전위가 발생되어 뇌에 자극이 전달된다.

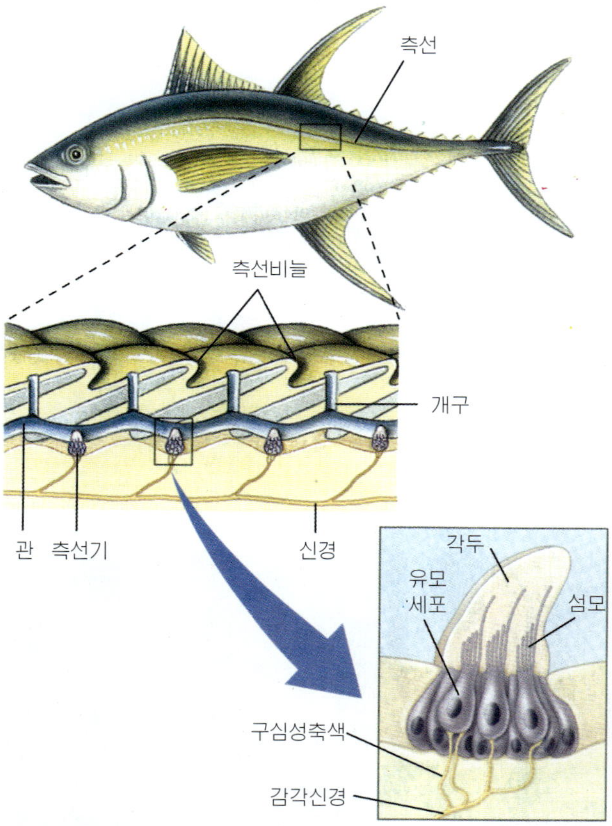

그림 19.29 측선

측선은 어류 피부 표면 아래에 길이로 달리는 관으로 구성되어 있다. 이 관 속에는 젤라틴 각두 내로 뻗어있는 섬모를 가진 유모세포로 이루어진 감각 구조가 있다. 관 속으로 물을 통해 전달된 수압이 섬모를 휘게 하고, 섬모 세포에 연결된 감각 뉴런이 탈분극된다.

음파 탐지기(sonar)

어두운 환경에서 먹이를 얻어 살아가는 몇몇 집단의 포유동물은 어둠의 제약을 극복하였다. 박쥐는 완전히 어두운 방에서도 쉽게 물체를 피해 날 수 있으며 심지어 지름이 1mm보다 더 가느다란 철사도 피해 날아다닌다(그림 19.30). 들쥐는 땅 속에서 '빛이 없는 시각(lightless vision)'과 유사한 것을 사용하고, 바다 속의 고래와 돌고래도 마찬가지이다. 이런 포유동물 모두는 수중음파탐지기(sonar)와 같은 것으로 거리를 예측한다. 그들은 소리를 방출하며, 이 소리가 피사체에 도달되어 다시 되돌아오는데 걸리는 시간을 정확하게 측정한다. 이러한 과정을 **반향정위**(echolocation)라고 한다. 예를 들어 박쥐는 100만 분의 2~3초 동안 찰칵거리는 것을 초당 수 백 번 반복한다. 아주 정교한 청각 탐지 장치에 의해 3차원의 영상이 이루어지게 된다.

19.16 **어류는 많은 동물이 귀로 소리를 듣듯이 물에서 수압을 느낀다. 많은 척추동물은 소리가 되돌아오는 것에 의해서 멀리 있는 사물을 감지한다.**

그림 19.30 나방의 위치를 파악하기 위해 초음파를 사용하는 박쥐

박쥐는 날면서 매우 빈번하게 찍찍하는 소리를 방출한다. 이렇게 해서 나방에서 반사되어 오는 소리를 듣는다. 소리가 되돌아오는 시간을 측정하여 아주 어두운 곳에서조차 박쥐가 나방을 인식할 수 있다는 것은 얼마나 놀라운가?

19.17 시각

빛 만큼 환경에 대해서 상세한 정보를 제공하는 것은 없다. 빛을 감지하는 시각은 눈이라고 불리는 특별한 감각기에 의해 수행된다. 눈은 빛을 감지하는 간상체(rod)와 추상체(cone)라는 감각 수용체를 가진다. 빛 에너지는 간상체와 추상체의 색소에 의해 흡수되고, 감각뉴런에서 신경흥분을 유발한다.

눈의 진화

시각은 광수용체가 빛에너지를 포착하는 것에 의해 시작된다. 실제로 빛은 순간적으로 도달되고, 직진하기 때문에 물체의 거리와 방향을 결정하는 시각정보로 사용된다. 빛보다 상세한 정보를 제공할 수 있는 자극은 없다.

많은 무척추동물은 안점(eyespot)이라는 광수용체가 모인 단순한 시각구조를 가지고 있다. 비록 안점이 빛의 방향을 인식할지라도 상을 조립하기는 어렵다. 4개 동물문(환형동물, 연체동물, 절지동물, 척추동물)은 잘 발달된 상을 형성하는 눈을 가지고 있다. 사실 이들 문의 눈은 구조상으로 아주 유사할지라도, 독립적으로 진화, 발전된 것으로 믿고있다(그림 19.31). 흥미롭게도 이들이 가지고 있는 광수용체는 똑 같은 광포획 분자를 사용하는데 아무리 많은 대체 분자가 있더라도 이와 같은 역할은 할 수 없다.

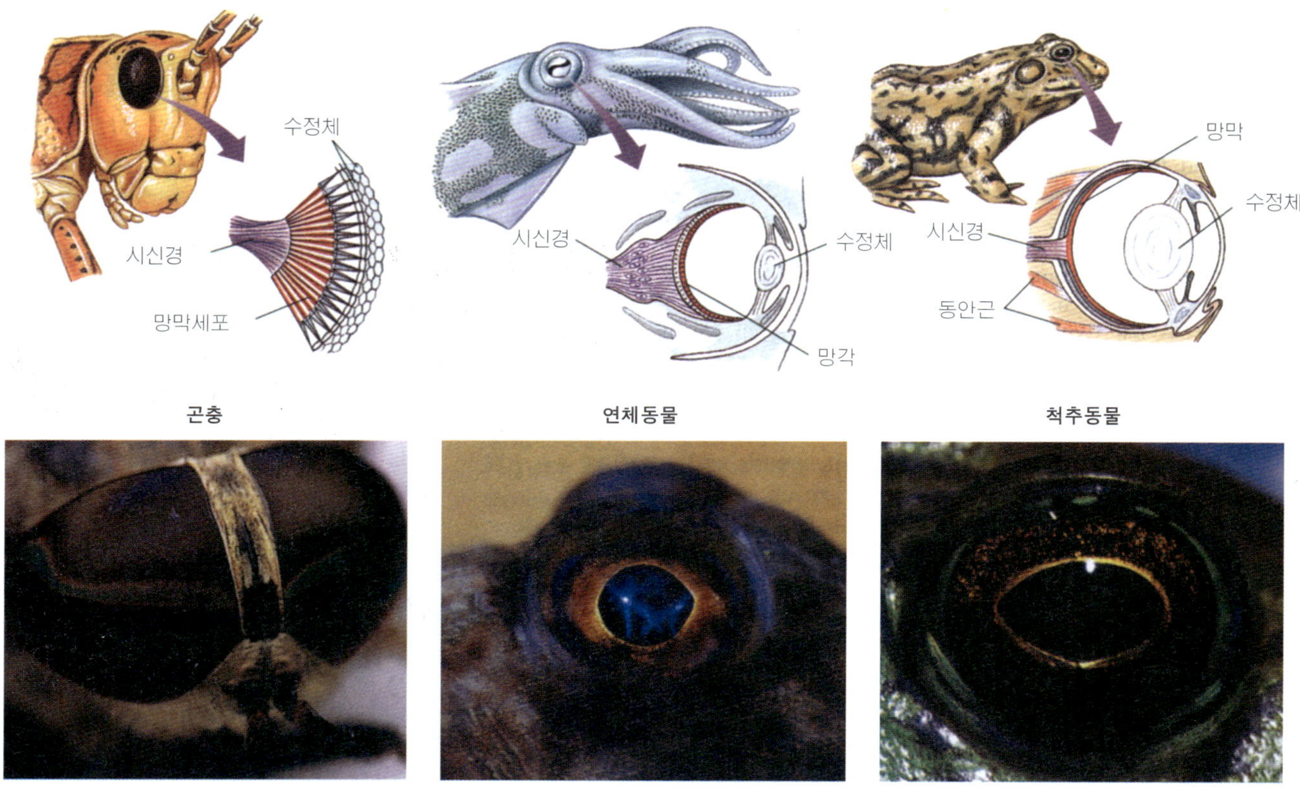

그림 19.31 다양한 동물의 눈

비록 외관상 유사할지라도 이들의 눈은 구조상 매우 다르며, 상동기관이 아니다. 각각은 따로따로 진화되었고, 외관상 복잡한 구조를 보일지라도 단순한 구조로 되어있다.

■ 척추동물 눈의 구조

척추동물의 눈은 렌즈로 초점을 맞추는 카메라와 같은 역할을 한다(그림 19.32). 빛은 먼저 투명한 보호막인 **각막**(cornea)을 통과하는데, 각막은 눈으로 빛이 들어가서 초점을 맞추기 시작하는 곳이다. 광선은 **수정체**(lens)를 통과하여 완전하게 초점이 맞게된다. 수정체는 두꺼운 원판 모양으로, 납작한 고무풍선과 유사하다. 수정체는 걸이인대(suspensory ligament)에 의해 **모양근**(ciliary muscles)에 붙어 있다. 모양근이 수축할 때 수정체의 두께가 변하고, 눈의 뒤쪽에서 초점이 맞추어진다. 눈으로 들어가서 수정체에 도달되는 빛의 양은 각막과 수정체 사이에 있는 **홍채**(iris)에 의해 조절된다. 홍채 중앙의 투명한 지역을 **동공**(pupil)이라 하며, 어두우면 커지고 밝으면 작아진다.

동공을 통해 들어간 빛은 눈의 뒤쪽에서 수정체에 의해 초점이 맞추어진다. 광감각수용체 세포는 눈의 뒤쪽 표면에 배열되는데, 이곳을 **망막**(retina)이라 부른다. 망막은 눈에서 빛을 느끼는 부분이다. 척추동물의 망막은 간상체와 추상체라는 두 종류의 광수용체가 있는데, 이곳이 빛에 의해 자극을 받으면 신경흥분이 일어나고, 시신경을 통해 뇌에 전달된다(그림 19.33). 간상체는 빛에 극히 예민한 수용세포로서, 희미한 광선조차 회색의 여러 형태로 판별할 수 있다. 그러나 이들은 색깔을 구별할 수는 없다. 그리고 가장자리를 잘 구별할 수 없으므로 정확한 상을 인식할 수 없다. 추상체는 색깔을 인식할 수 있는 수용체 세포이며, 가장자리도 잘 감지할 수 있으므로 예리한 상을 만들 수 있다. 척추동물 망막의 가운데에는 **와**(fovea)라 불리는 조그맣고 약간 오목한 곳이 있는데, 이곳에 약 300만 개의 추상세포가 밀집해 있다. 이 부위에 가장 선명한 형태의 상이 맺히며, 우리들이 눈을 움직이는 것은 정확한 모양을 보기 위해 이 부근으로 상이 맺히게 하는 것이다.

척추동물 눈의 수정체는 짧은 파장의 빛을 걸러내는 구조로 되어있으며 이것은 어려운 광학적 문제를 해결하고 있다. 색수차(chromatic aberration)라고 알려진 현상으로 긴 파장보다는 짧은 파장의 빛을 더 굴절시키는 것으로서 수정체가 가지는 독특한 구조이다. 따라서

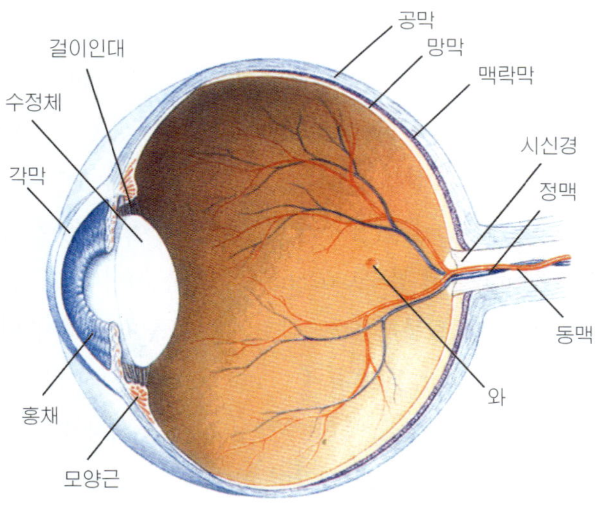

그림 19.32 사람 눈의 구조

투명한 각막을 통과한 광선은 수정체에 의해 눈의 뒤쪽 표면에 있는 망막 특히 와라 불리는 부위에 초점이 맞추어진다. 이 망막은 광수용체가 풍부하다.

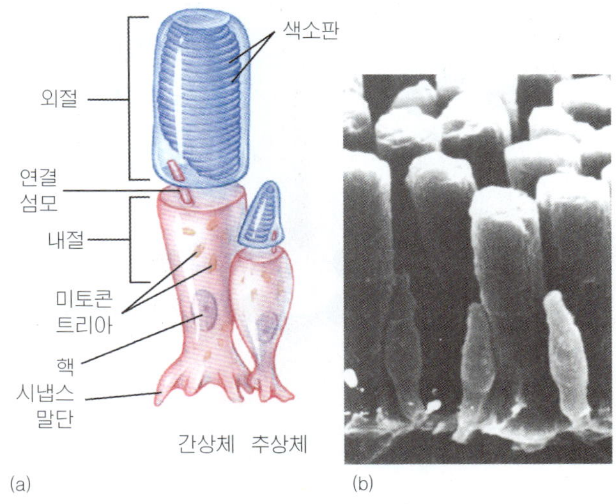

그림 19.33 간상체와 추상체

(a) 왼쪽에 있는 좀 더 길고 넓은 세포가 간상체이다. 짧고 좁은 세포가 추상체이다. (b) 간상체와 추상체의 전자현미경 사진

짧은 파장은 긴 파장과 동시에 초점을 맞출 수가 없다. 짧은 파장은 초점을 맞출 수가 없으므로 척추동물의 눈은 이 파장을 제거한다. 빛으로 초점을 맞추지 않는 곤충의 눈은 짧은 파장을 볼 수 있어서 이들은 배우자나 음식의 위치를 알기 위해 자외선의 파장을 잘 이용한다.

간상체와 추상체의 역할

눈 속에 있는 간상체와 추상체는 약한 빛도 감지할 수 있다. 어떻게 그렇게 예민할 수 있을까? 시각의 기본적인 감각은 색소에 의해서 빛이 흡수되는 것이다. 간상체와 추상체의 색소는 카로티노이드(carotenoid)라는 식물 색소로부터 만들어진다. 밤에 잘 보기 위해 당근(당근의 오렌지색은 카로틴이라 불리는 카로티노이드 색소를 발현)을 먹으면 좋다고 말한다. 사람의 눈에서 시각 색소는 시스레티날(*cis*-retinal)이라는 카로틴 물질이다. 그 색소는 **옵신**(opsin)이라는 단백질에 부착되어 빛을 감지하는 **로돕신**(rhodopsin)이라는 복합물질을 형성한다.

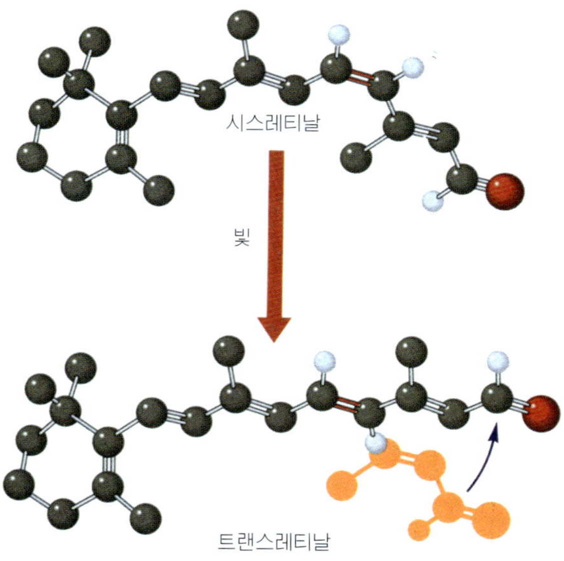

그림 19.34 빛의 흡수

빛이 시스레티날에 의해 흡수되었을 때, 색소는 트랜스레티날로 형태가 바뀐다. 이 형태적 변화는 신경흥분의 발생을 일으키는 일련의 사건의 시작이다.

간상체는 빛을 받으면 그 형태가 변화한다. 형태의 변화는 색소에 부착된 옵신 단백질의 형태를 충분히 변화시킬 만큼 커야한다. 빛이 **시스레티날**(*cis*-retinal) 색소에 의해 흡수되었을 때, 분자의 끝 부분이 위쪽으로 회전하여 분자의 끝이 곧게 펴진다(그림 19.34). 이러한 새로운 형태의 색소를 **트랜스레티날**(*trans*-retinal)이라 부른다. 이 색소 형태의 잔기의 변화는 색소에 부착된 옵신 단백질의 변화로 생기며 신경흥분의 발생을 유도한다.

각 로돕신은 트랜스듀신(transducin)이라는 수백 분자의 단백질을 활성화시킨다. 이들 각각은 수백 분자의 효소를 활성화시키고, 이 효소는 초당 1,000번의 비율로 광수용체 막에 있는 Na^+ 채널을 자극한다. 이러한 일련의 반응은 수용체에 커다란 효과를 나타내기 위해서 약간의 빛에서도 일어난다.

색각(color vision)

세 종류의 추상세포가 우리에게 색각을 제공한다. 각각은 옵신 단백질의 형태가 다르다(즉 아미노산의 서열이 다르다). 형태의 차이는 부착된 레티날(retinal) 색소에 흡수되는 빛의 파장 변화에 따라 유연성을 갖는다(그림 19.35). 간상세포에서 빛은 500nm에서 흡수되며 추상세포에서는 옵신에 흡수되는 빛이 455nm(청색 흡수), 530nm(녹색 흡수), 625nm(적색 흡수)이다. 세 종류의 추상세포로부터 오는 신호의 강도를 비교해서 뇌는 여러 색깔을 인식한다.

대부분의 척추동물 특히 주행성 동물은 색각을 가지고 있으며, 많은 곤충도 색각이 있다. 실제로 꿀벌은 인간이 볼 수 없는 자외선 범위의 빛을 감지할 수 있다. 색각은 여러 수용체 세포에서 하나 이상의 빛색소(photopigment)가 존재하여야 하나 대부분의 동물은 인간과 영장류 같이 세 종류의 추상세포 조직을 가진다. 또

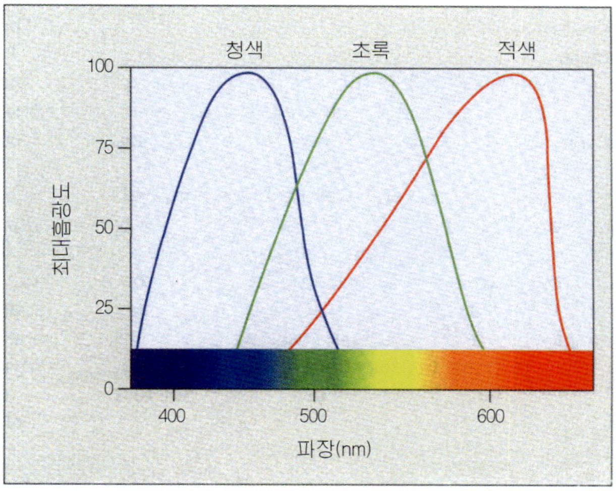

그림 19.35 색각

cis-retinal의 흡수 파장 범위는 간상체 세포의 특징인 500nm에서 추상체로 이동한다. 이동된 양에 따라 추상체에 흡수된 색이 무엇인지 결정된다: 455nm이하는 청색, 530nm에서는 녹색, 625nm 이상은 적색이 흡수된다.

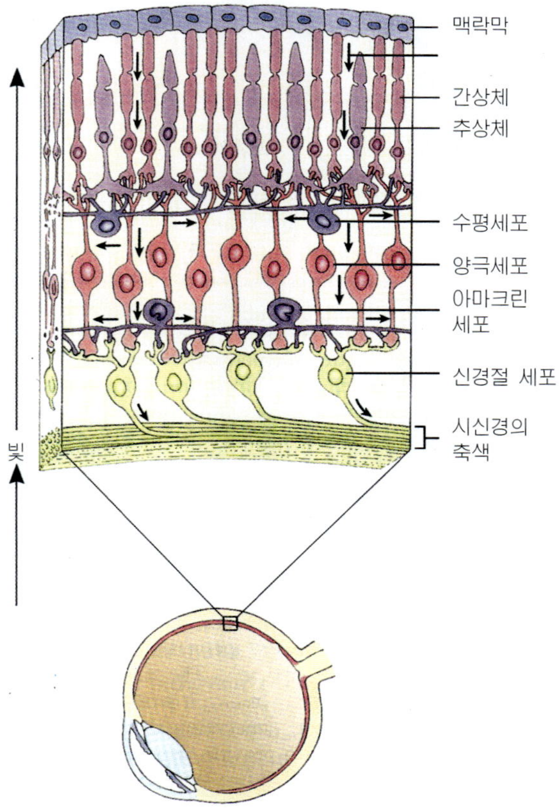

그림 19.36 망막의 구조

간상체와 추상체는 망막의 앞쪽이 아니라 뒤쪽에 있다. 빛은 망막 앞쪽에 있는 4종류의 세포를 지나서 간상체와 추상체에 도달된다. 신경흥분은 양극세포에서 신경절 세포를 거쳐서 시신경에 도달된다.

어류, 거북, 새 등은 4~5 종의 추상체를 가지는데, 이들 동물이 가지는 여분의 추상체는 자외선을 볼 수 있게 한다. 한편 다람쥐 같은 포유동물은 단지 두 종류의 추상체만을 갖는다.

뇌로 빛에 대한 정보의 운반

눈을 통한 빛의 통로는 기대한 것과는 반대이다. 간상체와 추상체는 망막의 앞이 아니고 뒤에 있다. 빛은 간상체와 추상체에 도달되기 전에 양극세포(bipolar cell)와 몇 겹의 신경절(ganglion)을 통과한다(그림 19.36). 광수용체가 일단 활성화되면 양극세포가 자극받고, 신경절 세포를 자극하게 된다. 망막에서 신경흥분의 방향은 빛의 반대 방향이다.

신경절 세포의 축색돌기를 따라 전해진 활동전위는 시상의 외측슬상핵(lateral geniculate nuclei)이라는 구조를 거쳐서 대뇌피질의 후두엽(occipital lobe)을 자극한다. 뇌에서 이 정보를 해석한다. 각 신경절 세포에서 흥분의 빈도는 각 점에서 빛의 강도에 대한 정보를 제공하며, 반면에 추상체의 세 가지 형태와 관련된 신경절 세포의 활성이 색깔의 정보를 제공한다.

양안시(binocular vision)

사람을 포함한 영장류와 대부분의 포식자는 얼굴의 양쪽에 위치한 2개의 눈을 가졌다. 2개의 눈으로 같은 물체를 응시할 때, 각각의 눈에 맺히는 상은 약간 다르다. 그 이유는 각 눈이 사물을 보는 각도가 다르기 때문이다. 양안시는 상의 작은 차이를 허용하고, 상세하게 3

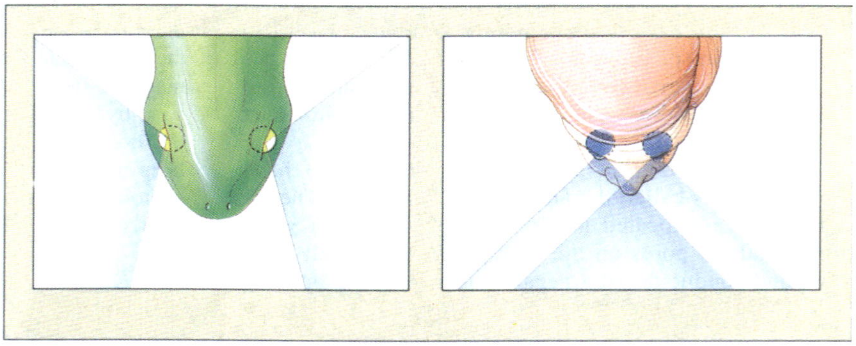

그림 19.37 양안시

눈이 머리의 양쪽에 위치할 때 두 시야가 겹치지 않고 양안시도 일어나지 않는다. 두 눈이 머리 앞쪽에 위치하면 두 시야가 겹치고 사물을 입체로 볼 수 있다.

차원의 영상을 알아차리는 능력을 가졌다. 얼굴 앞에 눈이 있는 것은 입체영상을 보기에 적합하다(그림 19.37).

이와는 대조적으로, 피식자는 일반적으로 머리의 옆에 눈이 있다. 이것은 양안시를 방해하지만, 시야가 확대된다. 이들에게는 물체의 자세한 식별은 중요하지 않고, 어떤 방향에서 적이 나타나는지가 더 중요하다. 예로서 미국 도요새의 눈은 정확하게 두개골의 반대쪽에 위치하므로, 머리를 돌리지 않고 360° 방향을 볼 수 있다. 대부분의 새는 눈이 옆에 있고, 각 눈의 망막에는 2개의 와가 있다. 1개는 망막에 하나의 와를 갖는 포유동물처럼 앞쪽을 보는 것이고, 다른 것은 옆쪽을 보는 것이다.

19.17 광수용체는 반사된 빛을 감지하여 멀리 있는 사물의 3차원 상을 뇌에 만들게 한다.

19.18 기타 감각 수용기

시각은 빛이 있는 환경에서 사는 모든 동물이 사용하는 기본적인 감각이지만, 전자기 스펙트럼(electromagnetic spectrum) 중에서 가시광선만이 척추동물이 환경을 감지하는데 사용되는 것은 아니다.

열

시각에 사용되는 빛보다 더 긴 파장을 가진 전자기 방사는 광수용체에 의해 파악되기에는 에너지가 너무 낮다. 스펙트럼의 적외선 부위의 방사는 보통 복사열이라고 하는 것이다. 열은 물에서는 극도로 낮은 환경적 자극 요인인데, 왜냐하면 물은 열용량이 높고 쉽게 열을 흡수하기 때문이다. 이와는 대조적으로 공기는 열용량이 낮아서 공기 중의 열은 유용한 자극제가 될 수 있다. 그러나 적외선을 감지할 수 있는 능력을 가졌다고 알려진 유일한 척추동물은 방울뱀이다.

방울뱀은 양쪽 눈과 콧구멍 사이에 한쌍의 열추적 기관을 가지고 있다(그림 19.38). 눈가리개를 한 방울뱀은 이 기관으로 따뜻한 쥐를 정확하게 포획할 수 있다. 이들 각 기관은 막으로 분리된 2개의 방으로 이루어졌으며, 두 방의 온도를 비교해서 정확하게 조작한

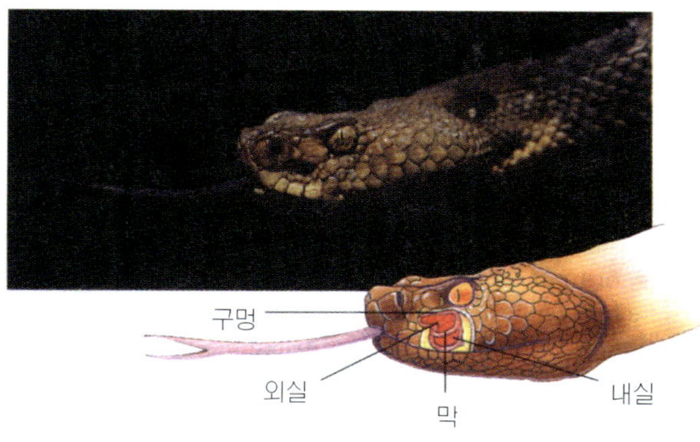

그림 19.38 열감각

방울뱀의 눈과 코 사이 오목한 곳에 열추적 기관이 열려 있다. 그림을 비스듬하게 자른 부분에서 이 기관이 막에 의해 분리된 2개의 방으로 구성된 것을 볼 수 있다. 방울뱀은 유일하게 적외선(열)을 감지할 수 있는 능력을 가지고 있다.

다. 열추적 기관의 수용체는 알려지지 않았다. 아마 2개의 방을 지배하는 온도감지뉴런으로 구성되었을 것이다. 2개의 열추적 기관은 2개의 눈과 같이, 입체 영상 정보를 가질 것이다. 사실 열추적 기관에서 전달된 정보는 뱀 뇌의 시각 중추에 의해 처리된다.

■ 전기

공기는 쉽게 전류를 전도할 수 없지만, 물은 좋은 전도체이다. 모든 수중 동물이 근육을 수축하면 전류가 발생된다. 여러 종류의 어류는 이런 전류를 감지할 수 있다. 전기 어류는 특수화된 발전기관으로부터 전기를 생산할 능력을 가지고 있다. 전기 어류는 그들의 먹이나 동료가 있는 곳에 약한 전기를 보내고 심지어 깜깜한 물 속에서 그들을 둘러싼 환경의 3차원 영상을 알기 위해서 전기를 사용한다.

판새류(상어, 가오리, 홍어)는 로렌찌니기관(ampullae of Lorenzini)이라고 불리는 전기 수용체를 가지고 있다. 수용체 세포는 주머니 속에 있으며, 이 주머니는 젤리로 가득 채워진 관을 통해 체표에 열려있다. 젤리는 좋은 전도체이기 때문에 관의 개구부의 음전하가 기부의 수용체를 탈분극시켜 감각뉴런의 활성을 증가시키고, 신경전달물질의 방출을 일으킨다. 예를 들어, 상어는 먹이감의 근육 수축에 의해 방출된 전기장으로 먹이를 찾는다. 비록 대부분의 경골어류가 진화 과정에서 로렌찌니기관을 소실하였다 하더라도, 몇몇 경골어류 집단에서 전기 수용체가 다시 나타나는데, 로렌찌니기관과 유사한 구조를 사용하고 있다. 알을 낳는 포유동물인 오리너구리에서는 전기수용체가 독립적으로 이미 다른 시기에 진화되었다. 오리너구리의 부리의 수용체는 새우나 어류의 근육 수축에 의해 발생되는 전류를 찾아낼 수 있기 때문에 오리너구리는 어둠 속이나 진흙탕 속에서도 먹이를 찾을 수 있게 한다.

■ 자력

뱀장어, 상어, 많은 조류들은 지구의 자기장을 따라 이동한다. 심지어 몇몇 세균도 스스로 방향을 찾기 위해서 이와 같은 자기장을 이용한다. 새를 시각 신호의 도움을 받지 못하게 하기 위해 덮개를 씌운 새장에 가두면, 일년 중 적당한 시기에 정상적으로 이주하는 방향으로 이동하려고 시도한다. 그러나 만약 새장이 강철로 만들어져서 자기장으로부터 보호를 받는다면 이러한 행동은 없어질 것이다. 실제로 덮어씌운 새장의 자기장을 인공 자기장에 의해 시계 방향으로 120° 편향되게 하면 새는 정상적인 북쪽을 동-남동 방향으로 인식한다. 척추동물에서 이런 자기장 수용체의 특성에 대한 많은 연구가 있었지만그 기작은 아직 잘 알려지지 않았다.

19.18 **방울뱀은 적외선 방사(열)에 의해 따뜻한 먹이를 찾을 수 있고, 많은 수서 척추동물은 전기 수용체를 이용하여 환경의 윤곽을 확인하고, 먹이의 위치를 알 수 있다. 몇몇 척추동물은 지구 자기장을 인지해서 특정 방향을 인식할 수 있다.**

Chap 20

동물의 화학적 신호체계

20.1 호르몬

호르몬은 신체의 일부에서 생성된 화학적 신호이며, 생성된 곳에서 멀리 떨어진 곳까지 활성을 유지한 상태로 수송될 수 있을 만큼 안정적이며, 일반적으로 먼 곳에 작용한다. 화학적 전달자를 사용하는 것이(전자적 신호) 신경에 비해 신체 기관을 조절하는데 있어서 세 가지의 큰 이점이 있다. 첫째로, 화학적 분자는 혈관을 통하여 세포조직 전체에 퍼질 수 있다(세포 하나 하나가 그 자체의 신경을 갖는다고 상상해 보라!). 둘째로, 화학신호는 전기신호보다 오래 존재할 수 있어서 성장, 발달과 같은 느리게 진행되는 것에는 호르몬 조절이 커다란 장점이 있다. 셋째로, 수많은 종류의 화학물질들이 호르몬으로 작용할 수 있고 따라서 상이한 호르몬 분자들이 서로 다른 조직을 목표로 할 수 있다.

호르몬은 선에 의해 생성되며 이들의 대부분은 중추신경계에 의해 조절된다. 이 선은 외부로 물질을 방출하는 빈 관을 형성하는게 아니라 세포조직의 내부에 밀봉되어 있기 때문에 **내분비선**이라 일컫는다. 호르몬은 내분비선에서 분비되어 직접 혈류로 들어간다(이것은 땀샘과 같이 관을 갖는 **외분비선**과 대조적이다). 사람의 신체에는 많은 기본적 내분비선이 있고, 이들이 함께 내분비계를 구성한다(그림 20.1).

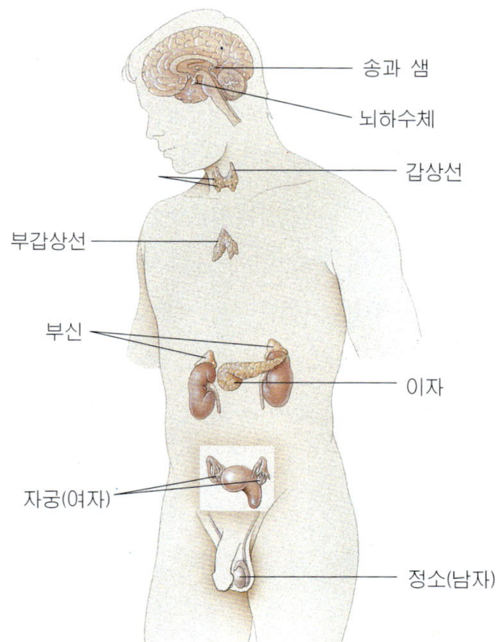

그림 20.1 인간의 내분비계와 분비선
호르몬 분비세포는 내분비선에 집중되어 있다.

내분비계와 운동신경계는 신체 기관을 통제하는데 이용되는 중추신경계의 2개의 중심 통로이다. 이 두 가지는 매우 밀접하게 연결되어 있어 종종 하나의 계인 **신경내분비계**로 본다. 시상하부는 신경내분비계의 중앙 스위치라고 볼 수 있다. 시상하부는 끊임없이 신체 내부의 상태를 체크한다. 만약 내적 환경이 불균형을 이룬다면, 시상하부는 몇 가지 방법으로 그것을 바로 잡는다. 예를 들어 심박수를 늘려야 한다면, 시상하부는 척수(골수)에 신경신호를 보내거나 혹은 화학적 명령을 이용하여 심박수를 증가시키는 아드레날린을 생성하는 부신(adrenal gland)을 자극하게 된다. 시상하부에 의한 명령들은 효과의 지속 시간에 좌우된다. 화학적 전달이 일반적으로 신경전달방식에 비해 더 지속적이다.

명령의 연계성(chain of command)

시상하부 조직이 가까운 선에 명령을 보내면 뇌하수체가 화학적 신호를 신체내의 여러 종류의 호르몬 생산선들에게 보낸다. 뇌하수체는 짧은 돌기에 의해 시상하부에 매달려 있는데, 이 돌기를 통해 화학적 신호물질이 시상하부에서 뇌하수체로 이동된다. 첫번째로 밝혀진 이러한 화학적 전달물질은 갑상선자극호르몬분비호르몬(thyrotropin-releasing hormone : TRH)이라 불리는 짧은 펩티드인데, 1969년에 분리되었다. 시상하부로부터 TRH의 분비는 뇌하수체로 하여금 갑상선자극호르몬 또는 TSH라 불리는 호르몬의 분비를 일으키는데, 이 호르몬은 갑상선으로 이동하여 갑상선 호르몬을 분비하게 한다.

그 후 6개의 다른 시상하부 호르몬들이 분리되었고 이들은 함께 뇌하수체를 지배한다. 이처럼 **중추신경계**는 단계적인 명령을 통하여 호르몬을 조절한다. 시상하부에 의해 생성되어 방출된 7개의 분비촉진호르몬들은 상응하는 뇌하수체 호르몬의 합성을 유도한다. 뇌하수체호르몬은 멀리 떨어져 있는 내분비선으로 이동하여 특별한 내분비호르몬 생산이 이루어지도록 한다.

호르몬은 어떻게 작용하는가

호르몬이 신체 내부에서 효과적인 전달자로서 중요한 이유는 특정 호르몬이 특별한 표적세포를 직접 조절할 수 있기 때문이다. 표적세포는 어떻게 호르몬을 인식할 수 있을까? 표적세포의 원형질막 내에 손에 장갑을 끼는 것처럼 신경전달 호르몬의 모양과 일치하는 단백질 수용체(receptor protein)가 박혀 있다. 신경세포는 그들의 시냅스 내에 매우 특이적인 수용체를 가지고 있다는 것을 19장에서 설명한 바 있다. 신체가 특정호르몬에 대한 반응을 갖도록 하는 세포들은 다른 호르몬이 아닌 지정호르몬에 적합한 단백질 수용체를 갖는다. 그래서, 신체 내부의 화학적 전달은 두 가지 요소를 포함하는데, 분자신호(호르몬)와 표적세포의 단백질 수용체이다. 각 단백질 수용체는 오직 특정한 호르몬에 맞는 구조로 되어 있기 때문에 이 시스템은 매우 특이적이다.

호르몬 신호전달의 경로는 일련의 연속된 단계로 되어 있다(그림 20.2).

1. **명령발생** 중추신경계의 시상하부는 많은 호르몬들의 분비를 조절한다. 그것은 매우 근접한 위치에 있는 뇌하수체로 하여금 혈류 속으로 호르몬을 분비하도록 하기 위해 화학적 신호를 보낸다.
2. **신호의 전달** 호르몬이 인접 세포에 영향을 줄 수 있지만 대부분은 혈류에 의해 신체 각 부분으로 전달된다.
3. **표적세포와 접촉** 호르몬이 표적세포라 불리는 수용체를 갖는 세포와 접촉하였을 때 호르몬은 수용체와 결합한다.
4. **효과(반응)** 호르몬이 단백질 수용체에 결합되면, 이 단백질은 형태가 변하며, 이러한 변화는 다시 세포활성을 변화시킨다.

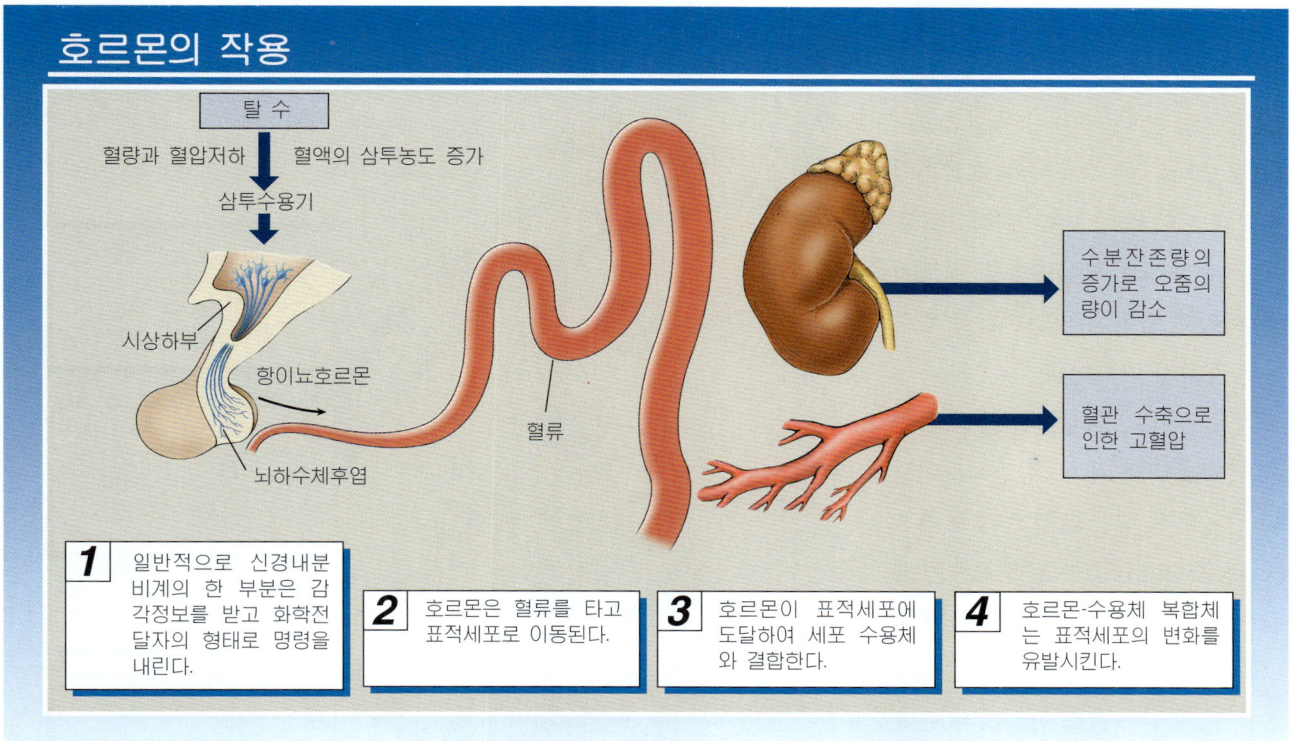

그림 20.2 호르몬 전달은 어떻게 이루어지는가

20.1 호르몬은 특정 수용체에 의해 인식되기 때문에 효과적이다. 따라서 적당한 수용체를 가진 세포만이 특정 호르몬과 반응할 것이다.

20.2 스테로이드 호르몬은 세포내로 들어간다

호르몬을 인지하는 몇몇 단백질 수용체는 표적세포의 세포질에 위치한다. 이 경우의 호르몬은 지용성 분자인 **스테로이드 호르몬**이다. 그 화학적 구조는 닭장의 철망(그림 20.3)을 연상시킨다. 모든 스테로이드 호르몬은 콜레스테롤로부터 형성되며 4개 고리로 구성된 복합 분자구조이다. 2차 성징을 발달시키는 호르몬은 스테로이드이다. 이들은 코르티솔과 테스토스테론 뿐만 아니라, 여성 생식계를 조절하는 에스트로겐과 프로게스테론 등이며, 다음 장에서 논의한다.

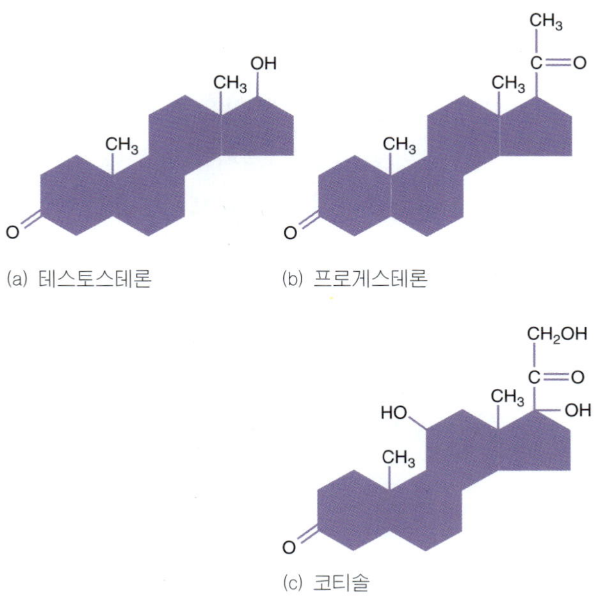

그림 20.3 스테로이드 호르몬

(a) 테스토스테론은 남성 생식기간의 발육을 촉진한다. (b) 프로게스테론은 자궁의 발육과 유지와 관련되어 있다. (c) 코티솔은 대사과정에서 근육 단백질의 분해를 촉진한다.

스테로이드 호르몬은 세포 원형질막의 지질 이중층을 통과할 수 있으며, 세포질 내 수용체와 결합한다(그림 20.4). 이 수용체와 호르몬의 복합체는 핵 속의 DNA에 결합되고, 특정 유전자의 활성변화를 일으킨다. 이러한 유전자 활성변화로 호르몬의 효과가 나타난다.

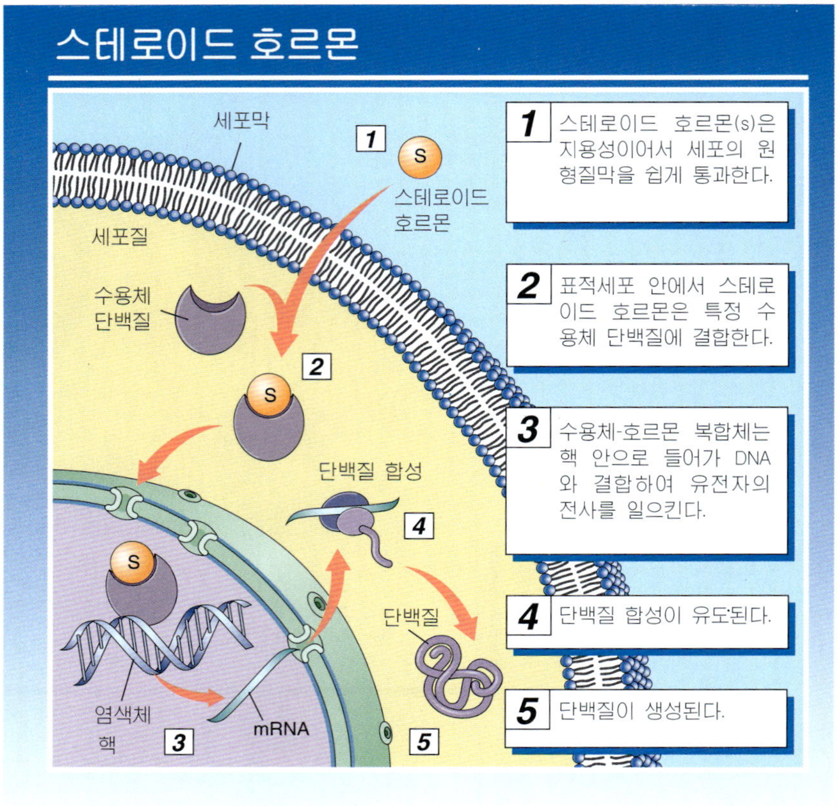

그림 20.4 스테로이드 호르몬은 어떻게 작용하는가

역도선수나 다른 운동선수는 종종 근육을 키우기 위해 스테로이드를 사용한다. **합성스테로이드**(anabolic steroid)는 남성호르몬 테스토스테론과 유사한 합성물이다. 이들을 근육 속에 주입하면 근육세포가 많은 단백질을 합성하여 근육이 커지고 강도가 증가한다. 그럼에도 불구하고 합성스테로이드는 간 손상, 심장질환, 정신장애 등 남성, 여성 모두에게 많은 위험을 준다. 몇몇 전문가들은 스테로이드 사용이 암과 관련되어 있다고 믿는다. 합성스테로이드는 많은 스포츠에서 그 사용이 불법이며, 운동선수들은 검사를 받는다. 결국 운동선수들은 이 물질의 남용에 의한 부작용과 부정적 여론에 의해 합성스테로이드 사용을 중지했다.

20.2 스테로이드 호르몬은 세포의 원형질막을 통과하여 세포질 안의 수용체에 결합하며, 복합체형성은 특정한 유전자의 전사를 변화시킨다.

20.3 펩티드 호르몬은 세포 표면에서 작용한다

다른 호르몬 수용체는 원형질막 내부에 파묻혀 있으며 수용체 인식부위가 세포 표면 바깥쪽 방향으로 향하고 있다(그림 20.5). 이 수용체에 결합된 호르몬은 전형적으로 짧은 펩티드사슬이다. 수용체에 **펩티드 호르몬**이 결합하면 단백질 수용체의 세포질쪽 말단에서 변화가 일어난다. 세포질 내에서 일어난 변화는 대부분 **2차 전달자**(second messenger)라 불리는 세포 내 신호 전달자를 통해서 이루어지고, 2차 전달자는 원래의 신호를 크게 증폭시킨다.

어떻게 2차 전달자가 호르몬 신호를 증폭시킬까? 2차 전달자는 효소를 활성화 시킨다(그림 20.6). 가장 일반적인 2차 전달자는 cyclic AMP이다. cyclic AMP는 효소에 의해 ATP로부터 2개의 인산을 제거하여 형성되는 AMP로 구성되는데, AMP의 말단이 결합하여 원형을 이룬 것이다. 하나의 호르몬 분자가 원형질막의 수용체에 결합되면, 세포질에 많은 2차 전달자가 형성된다.

각각의 2차 전달자는 특정 효소의 분자들을 활성화

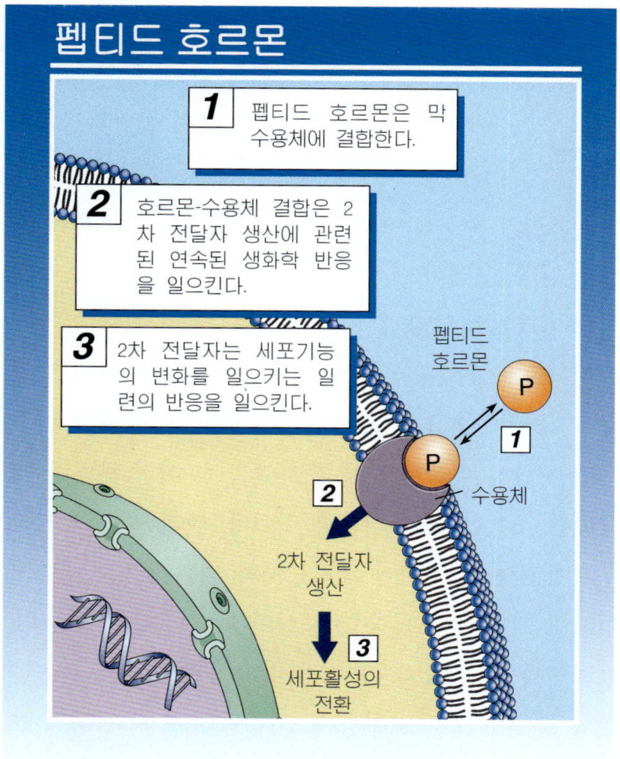

그림 20.5 펩티드 호르몬은 어떻게 작용하는가

가 세포 안으로 들어가 하나의 표적을 찾아 내는 것보다 훨씬 큰 효과를 갖도록 해준다.

인슐린은 펩티드 호르몬이 어떻게 표적세포 내에서 효과를 발휘할 수 있는지를 보여 주는 좋은 예이다. 대부분의 인간세포는 막 속에 인슐린 수용체를 갖는다. 보통 수백 개의 수용체를 갖지만 포도당 대사작용에 관여하는 조직에는 이보다 많다. 예를 들어 하나의 간세포는 10만개의 인슐린 수용체를 갖는다. 인슐린이 하나의 인슐린 수용체에 결합될 때, 수용체는 단백질 모양이 변하며, cyclic AMP의 생산을 활성화 하기 위해 G protein이라 불리는 세포 안에 있는 인접한 신호 조절 단백질을 자극한다. 그 다음 cyclic AMP는 원래의 강력한 신호를 더욱 증폭시키는 다양한 세포 내 효소를 활성화시킨다.

20.3 펩티드 호르몬은 세포로 들어가지 않는다. 그들은 표적세포 표면의 수용체들과 결합해서 내부에 작용하고 ,2차 전달자 분자와 신호를 크게 증폭시키는 효소 활성화를 일으킨다.

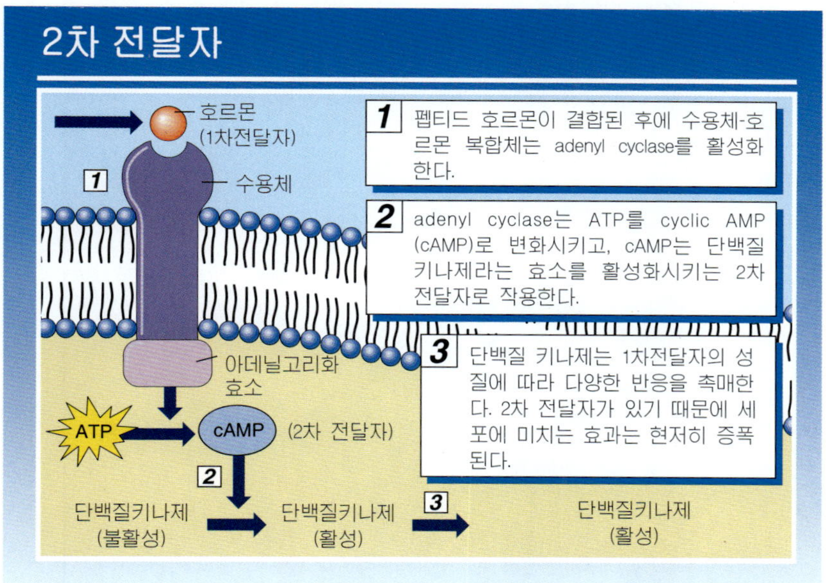

그림 20.6 2차 전달자는 어떻게 작용하는가

시키고, 때때로 각각의 효소가 많은 다른 효소들을 활성화시킨다. 그래서 2차 전달자 는 각각의 호르몬 분자

20.4 뇌하수체 호르몬

시상하부 아래의 뇌의 뼈가 움푹한 곳에 위치한 뇌하수체는 아홉 가지 주요 호르몬을 생성한다(그림 20.7). 이들 호르몬은 다른 내분비선에 영향을 미친다. 뇌하수체는 2개의 선(gland)으로 되어 있다. 뒷부분인 뇌하수체 후엽은 여성에 있어서 수분보유와 젖 분비, 자궁의 수축을 조절한다. 앞부분의 전엽은 다른 내분비선을 조절한다(그림 20.8).

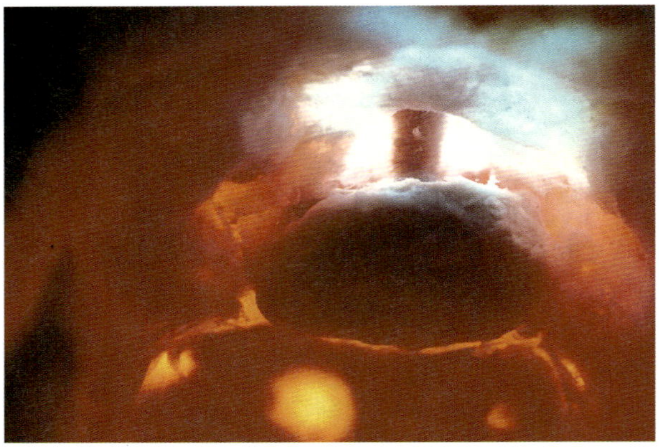

그림 20.7 뇌하수체

뇌하수체 선은 시상하부로부터 짧은 줄기(누두)에 의해 붙어 있고, 몸의 내분비선의 많은 호르몬 생산물을 조절한다.

뇌하수체 후엽

뇌하수체 후엽에는 시상하부내의 세포체에서 비롯된 축색이 있기 때문에 섬유조직처럼 보이고 섬유관 같은 뇌하수체의 가는 줄기(누두)를 따라 돌출되어 있다. 이런 해부적 관계는 뇌하수체 후엽이 배의 발달과정에서 형성되기 때문이다. 뇌의 제3실이 시상하부가 된다. 신경조직의 일부는 아래쪽으로 자라서 뇌하수체의 후엽이 된다. 그래서 시상하부와 뇌하수체 후엽은 축색에 의해 연결되어 있다.

뇌하수체 후엽의 역할은 놀랄 만한 의학적 사건으로서 1912년에 최초로 증명되었다. 머리에 탄환이 박힌 어떤 사람이 이상한 증세를 보였는데, 매 30분마다 계속해서 소변을 보기 시작한 것이다. 탄환이 그의 뇌하수체에 박히고 뒤이어 뇌하수체가 외과적으로 제거되어져서 이와 같은 특수한 증상이 나타나게 된 것이다. 뇌하수체 추출물은 신장이 물을 보존하게 하는 물질을 갖고 있는 것으로 보여지며, 1950년대 초에 펩티드 호

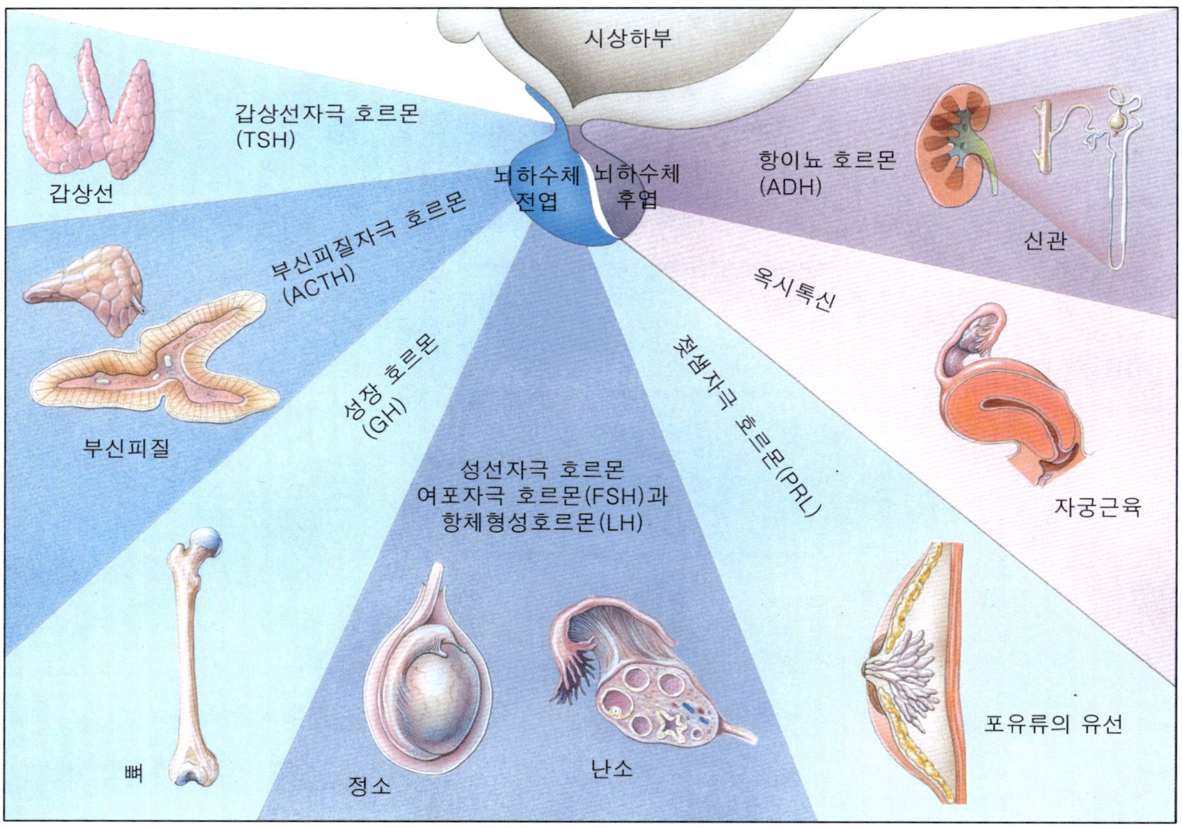

그림 20.8 뇌하수체의 역할 뇌하수체 전엽과 후엽간의 상호작용

르몬인 항이뇨 호르몬(ADH, 바소프레신)이 분리되어졌다. ADH는 신장의 수분 보유를 조절한다. ADH가 없으면, 신장은 물을 유지할 수 없게 되고, 탄환에 의해 뇌하수체 후엽이 제거된 사람이 지나친 배뇨를 보인 것은 바로 이 때문이다(지나친 알코올은 ADH 분비를 억제하기 때문에 같은 효과를 가져온다).

뇌하수체 후엽은 또 다른 유사한 구조의 2차 호르몬을 방출하는데 둘다 모두 9개의 아미노산을 갖는 짧은 펩티드 조성을 갖지만 기능은 매우 다르다. 이 2차 호르몬을 **옥시토신**이라 부른다. 옥시토신은 아기를 출산하는 동안 자궁을 수축시키고 모유의 분비를 일으킨다. 옥시톡신의 작용기작을 살펴보자. 어머니 젖꼭지에 있는 감각수용체가 흡입에 의해 자극 받으면 시상하부에 신호를 보내고, 시상하부는 뇌하수체가 옥시토신을 분비하도록 만든다. 옥시토신은 유방으로가는 혈관을 통해 이동하며 유선내의 관 주위의 근육을 자극하여 모유를 분비한다. 옥시토신과 ADH는 둘 다 시상하부내의 뉴런 안에서 합성되며, 뇌하수체 후엽 내의 신경 축색 아래로 이동되어 뇌하수체 후엽에 저장된다.

뇌하수체 전엽

뇌하수체 전엽은 뇌하수체 후엽과 다르게 뇌가 아래쪽으로 돌출하여 발생하는 것은 아니다. 대신 배의 구개부에 박혀 있는 상피조직의 주머니로부터 발생한다. 뇌하수체 전엽은 상피조직이기 때문에 완벽한 선조직으로 알려져 있다. 뇌하수체 전엽은 호르몬을 생산하고 분비한다. 뇌하수체 전엽의 주요 역할은 1909년 처음 알려졌는데, South Dakota 지역의 38세의 농부가 뇌하수체 종양을 외과적 수술로 제거함으로써 성장장애 말단비대증을 치료하였다. 말단비대증은 턱이 튀어나오기 시작하고, 얼굴 생김이 두꺼워지는 거대증의 형태이다. 거대증은 대부분 뇌하수체 종양과 연관되어 나타난다. 가장 키 큰 사람으로 기록되었던 Robert Wadlow는 22세에 감염되어 죽기 전까지 8피트 11인치가 자랐으며, 몸무게는 475 파운드 였다. 두개골 X-Ray이 조사결과 그가 뇌하수체 종양을 가지고 있었음을 알게 되었다. 뇌하수체 전엽 호르몬은 1761년에 태어난 8피트 2인치의 아일랜드 거인 Charles Byrne과 같이 거대증을 유발하는 것으로 잘 알려져 있다. 그의 골격은 뇌하수체 종양의 영향을 보여주기 위해 런던에 있는 왕립의과대학에 제공되었다.

어떻게 뇌하수체 종양의 제거가 South Dakota 농부를 치료할 수 있었을까? 뇌하수체 종양은 거대증을 초래한다. 왜냐하면 그 암세포가 거대한 양의 성장 호르몬을 생성하기 때문이다. 이 **성장 호르몬**(growth hormone; GH)은 191개 아미노산의 긴 펩티드이고, 일반적으로 뇌하수체 전엽에서 유년과 사춘기 때의 신체 성장기 동안 소량이 생성된다.

뇌하수체 전엽은 일곱 가지의 주요 펩티드 호르몬을 생산하고, 이들은 시상하부 세포에서 분비되는 특정한 방출 신호에 의해 조절된다. 이 일곱 가지 호르몬들은 주요한 내분비 역할을 갖는다. 하지만 중추신경계 내에서의 역할은 잘 알려져 있지 않다.

1. **갑상선자극 호르몬**(thyroid-stimulating hormone ; TSH) TSH는 갑상선을 자극하여 갑상선 호르몬인 티록신을 생산하며, 티록신은 유기호흡을 촉진한다.
2. **황체형성 호르몬**(luteinizing hormone ; LH) LH는 여성의 생리주기에 중요한 역할을 한다. 이 호르몬은 또한 남성의 생식소를 자극하여 테스토스테론을 생산시키는데, 이것은 남성의 2차 성징 발현과 유지에 관여한다.
3. **여포자극 호르몬**(follicle-stimulating hormone ; FSH) FSH는 여성의 생리주기에 중요하며, 남성의 고환세포를 자극하여 정자 발생을 조절하는 호르몬을 생산한다.
4. **부신피질자극 호르몬**(adrenocortictropic hormone ; ACTH) ACTH는 다양한 스테로이드 호르몬을 생산하는 부신을 자극 한다. 일부는 지방으로부터 포도당

의 생산을 조절한다. 나머지는 혈액 속의 나트륨과 칼륨이온의 평형을 조절하고 남성의 2차 성징의 발달을 조절한다.

5. **성장 호르몬**(growth hormone; GH) GH는 몸 전체의 근육과 뼈의 성장을 자극한다.
6. **젖샘자극 호르몬**(prolactin) Prolactin은 유방을 자극하여 모유를 생산시킨다.
7. **멜라닌세포자극 호르몬**(melanocyte-stimulating hormone ; MSH) 파충류와 양서류에서 멜라토닌은 표피세포 안에서 색의 변화를 자극 한다. 인간에서 이 호르몬의 기능은 아직 잘 알려져 있지 않다.

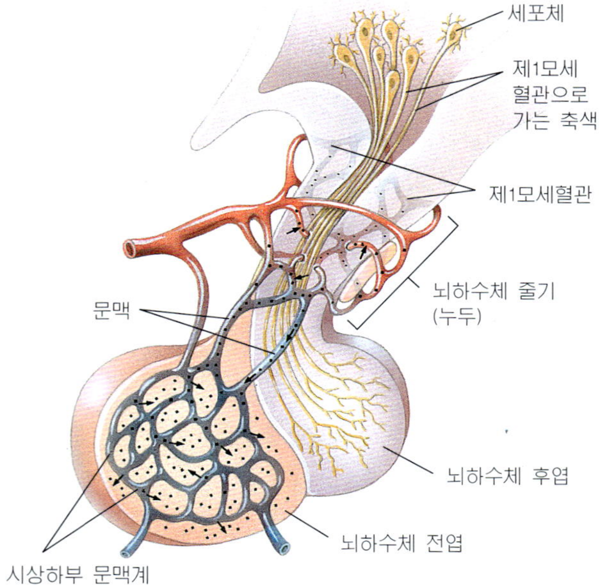

그림 20.9 시상하부에 의한 뇌하수체 전엽의 호르몬 조절

시상하부의 신경은 짧은 혈관을 통해 직접 뇌하수체 전엽선으로 운반되는 호르몬을 분비한다. 그 곳에서 이들 호르몬은 뇌하수체 전엽 호르몬의 분비를 촉진하거나 억제한다.

시상하부가 어떻게 뇌하수체 전엽을 조절하는가?

이미 언급한 바와 같이 시상하부는 특별한 호르몬군에 의해 뇌하수체 전엽 호르몬의 생산과 분비를 조절한다. 시상하부 안의 신경은 시상하부의 기저에 있는 모세혈관 안으로 분비촉진 또는 억제 호르몬을 분비한다(그림 20.9). 이들 모세혈관은 뇌하수체 누두(줄기)를 지나는 작은 정맥 안쪽으로 빠져 뇌하수체 전엽의 2차 모세혈관 쪽으로 흘러들어 간다. 보통과 다른 이런 혈관계는 시상하부-뇌하수체 문맥계(hypothalamo-hypophyseal portal system)로 알려져 있다. 그것이 문맥계로 일컬어지는 것은 첫번째에서 아래로 뻗어 있는 두번째 모세혈관을 가졌기 때문이다. 이와 비슷한 시스템을 가지는 것은 간 뿐이다.

이 문맥계에 의해 뇌하수체 전엽으로 이동되는 각각의 방출 호르몬은 특정한 호르몬의 분비를 조절한다. 예를 들면, 갑상성자극호르몬분비촉진호르몬(TRH)은 TSH의 방출을 자극하고, 부신피질자극호르몬분비촉진호르몬(CRH)은 ACTH의 방출을 촉진하며, 생식선자극호르몬분비촉진호르몬(GnRH)는 **FSH**와 **LH**의 방출을 촉진한다. 성장호르몬분비촉진호르몬(GHRH)도 발견되었으며, 프로락틴을 위한 분비촉진호르몬도 있는 것으로 예상되지만 아직 확인되지 않았다.

시상하부는 뇌하수체 전엽 호르몬의 분비를 억제하는 호르몬도 분비하며, 현재까지 밝혀진 호르몬은 **GH**의 분비를 억제하는 소마토스타틴, 프로탁틴의 분비를 억제하는 유선자극호르몬분비억제호르몬(PIH), **MSH**의 분비를 억제하는 멜라닌세포자극호르몬분비억제호르몬(MIH)이다.

시상하부 호르몬이 뇌하수체 전엽의 분비를 조절하고, 뇌하수체 전엽 호르몬은 다른 내분비선의 분비를 제어하기 때문에, 시상하부 기능이 체내 호르몬 분비를 지배하는 선처럼 보일 것이다. 두 가지 이유로 이 생각은 확실하지 않다. 첫째, 부신수질이나 이자와 같은 많은 내분비 기관이 이 조절 시스템에 의해 직접 조절되지 않는다. 둘째, 시상하부와 뇌하수체 전엽은 이들이 자극하는 바로 그 분비호르몬에 의해 자체 조절된다.

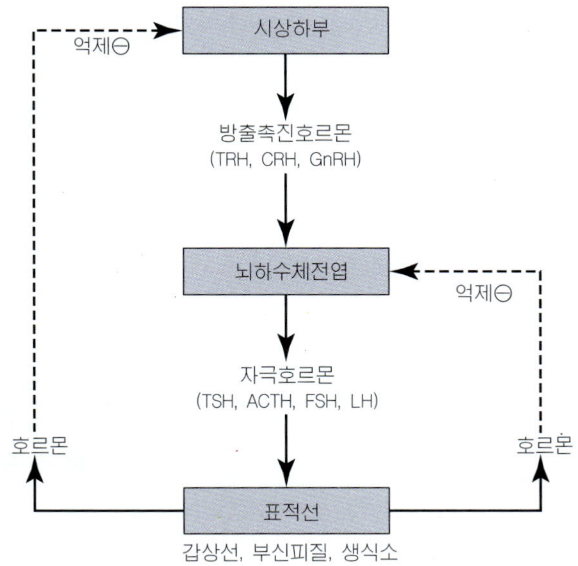

그림 20.10 음성피드백 억제

몇몇 내분비선에서 분비되는 호르몬은 시상하부분비촉진호르몬과 뇌하수체 전엽 자극호르몬의 분비를 억제하는 피이드백이다

대부분의 경우 이것은 억제 조절이며, 표적선의 호르몬은 시상하부와 뇌하수체 전엽의 분비를 억제한다(그림 20.10). 이런 유형의 제어 시스템은 음성피드백 억제의 예이다.

20.4 **뇌하수체 후엽선은 시상하부 안의 신경에서 유대된 축색을 포함하고 있다. 뇌하수체 전엽은 시상하부로부터 오는 호르몬 신호에 반응하여 여러 종류의 뇌하수체 호르몬을 생산하는데, 이들 호르몬은 멀리 떨어진 선으로 운반되어 특정한 호르몬 생산을 유도한다.**

20.5 이자 호르몬

이자는 위의 뒤쪽에 있으며, 좁은 관을 통해 소장의 앞부분과 연결되어 있다. 이자는 이 관을 통해 소화관으로 여러 종류의 소화효소를 분비하며, 오랫동안 이자는 하나의 외분비선으로만 인식되어 왔다. 1869년 의학도인 Paul Langerhans는 이자에 산재해 있는 특이한 세포집단에 대해서 발표하였다. 1893년에 의사들은 당뇨를 예방하는 물질을 생산하는 이 세포집단을 랑게르한스섬이라고 명명했다. **당뇨병**은 혈액 내 포도당의 흡수가 어려운 심각한 질병으로 혈당농도가 높게 나타난다. 이러한 질병을 가진 사람은 점점 체중이 줄며 서서히 말라죽게 된다. 저장 지방의 분해로 케톤이라고 부르는 산이 생산되어 혈액의 pH가 낮아진다.

이러한 질병을 가진 사람은 뇌 손상으로 죽을 수도 있다. 당뇨는 성인의 실명의 원인이 되며, 모든 신장질환의 1/3이 이 때문이다. 당뇨는 미국인의 사망원인 7위의 질병이다.

랑게르한스섬에서 생산되는 물질은 인슐린이라는 펩티드 호르몬인데 이는 1922년까지는 분리되지 않았다. 토론토 병원에서 근무하던 두 명의 젊은 의사가 당뇨병으로 몸무게가 29kg인, 생존이 어렵게 보이는 13살 짜리 소년에게 소의 이자로부터 나온 추출물을 주입시켰다. 양쪽 엉덩이에 각각 7.5cc씩 한번의 주입으로 소년의 혈당농도는 25%가 떨어졌다. 그의 세포가 당을 흡수하였으며, 더 나아가 정상에 가까운 혈당농도를 가져오는 효과를 보았다.

이것은 인슐린 요법의 첫 성공사례이다. 이자의 랑게르한스섬은 두 가지 호르몬을 생산하는데 이들은 상호작용을 통해 혈액 내 당 농도를 조절한다(그림 20.11). 이 호르몬은 인슐린과 글루카곤이다. 인슐린은 저장 호르몬인데, 지방세포에 triglycerides와 간에 글리코겐의 축적을 촉진한다. 음식을 먹으면 나중에 이용할 포도당의 저장을 위해 랑게르한스섬의 베타세포에서 인슐린 분비가 일어난다. 몸의 활동으로 혈액내 포도당의 농도가 떨어지는데 이는 포도당이 연료로 쓰이기 때문이다. 랑게르한스섬의 다른 세포인 알파-세포는 글루카곤을 분비하는데, 이는 간에 저장된 포도당의 방출을 일으키고 지방세포의 triglycerides를 분해시킨다. 이 두 가지 호르몬의 상호작용으로 혈액 내에서 포도당 농도가 일정하게 유지된다.

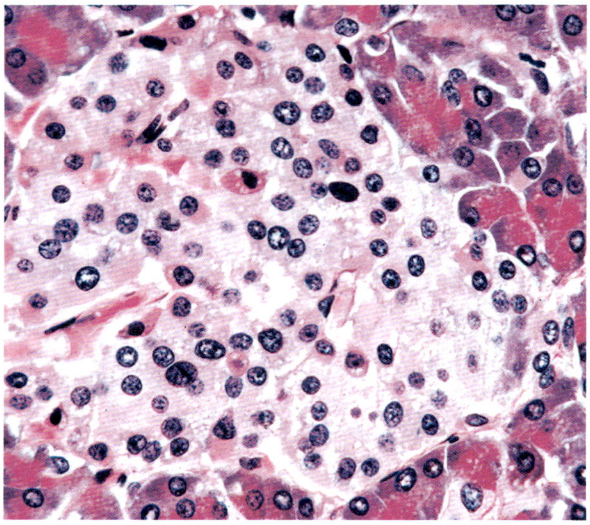

그림 20.11 랑게르한스 섬

글루카곤과 인슐린은 랑게르한스 섬이라 불리어지는 췌장의 세포덩어리(사진에서 밝은부분)에서 생산되어진다.

1,200만명의 미국인 그리고 전세계적으로 1억명이 넘는 사람들이 당뇨병을 가지고 있다. 당뇨병은 두 가지 종류로 나눈다. 이 질병을 가진 사람의 약 10%가 Type I 으로서 이는 유전적인 자가면역 질환인데, 면역시스템이 랑게르한스 섬을 공격하여 비정상적으로 낮은 농도의 인슐린을 분비하게 된다. "소아당뇨병"이라 불리는 타입은 일반적으로 20세 전에 발생된다. 이 질병을 가진 사람은 매일 인슐린 주입 치료를 해야 한다. 랑게르한스 섬의 이식 가능성에 대한 연구가 활발하며 이는 당뇨병 치료의 마지막 희망이다.

Type Ⅱ 당뇨병은 표적조직에서의 인슐린 수용체의 수가 비정상적으로 낮은 반면에 혈액 내 인슐린 농도는 종종 정상보다 높게 나타난다. 이 유형은 대체적으로 40세 이후에 발생된다. 이 병은 대부분 체중과다의 결과로 생긴다. 미국에서 Type Ⅱ 당뇨병 발생자의 90%가 뚱뚱하다. 이러한 사람의 세포는 인슐린 감수성이 감소하므로 포도당 농도의 하락을 위해 음식과 식욕을 조절해야한다. 약물중독자의 신경은 약에 장기간 노출되어 신경전달물질 수용체의 수가 감소되듯이 비만인의 세포는 인슐린 수용체의 수가 감소된다. 이자가 더많은 인슐린을 분비함으로서 이를 보완할 수 있다. 어떤 사람의 경우 인슐린 생산세포는 너무 많은 인슐린 생산을 감당하지 못하여 그 기능이 정지된다. Type Ⅱ 당뇨병은 음식과 운동에 의해서 치료 될 수 있으며, 계속적인 인슐린의 주입은 필요하지 않다.

20.5 **이자세포는 인슐린과 글루카곤을 분비한다. 인슐린은 포도당을 글리코겐 형태로 저장을 유도하는 반면, 글루카곤은 글리코겐을 포도당의 형태로 전환시킨다. 이들의 상호작용에 의해 혈당이 일정하게 유지된다.**

20.6 갑상선, 부갑상선 및 부신 호르몬

갑상선: 대사 조절

갑상선은 방패와 같은 모양을 하고 있으며 목 앞부분의 목젖 아래에 위치한다. 갑상선은 몇 가지의 호르몬을 생성하는데 대표적인 두 가지 호르몬 중 하나는 **티록신**(thyroxine)이다. 이는 성장을 촉진하고 대사율을 증가시킨다. 나머지 하나는 **칼시토닌**(calcitonin)인데 이는 뼈의 칼슘 흡수를 촉진하는 역할을 한다.

티록신은 몇 가지 중요한 경로를 통해 수준을 조절한다. 충분한 티록신이 없다면 성장이 지체된다. 예를 들어, 갑상선의 활성이 저하된 어린이들은 탄수화물을 분해, 운반하지 못하며, 단백질 합성률이 정상과 다르게 나타난다. 이러한 상태의 성장부진을 **크레틴병**이라고 한다. 정신박약도 이 때문에 생길 수 있는데, 티록신은 중추신경계의 발달에 필요하기 때문이다. 티록신은 요오드를 포함하고 있으며, 음식물 내의 요오드의 양이 낮으면 갑상선은 적당한 양의 티록신을 만들지 못하며, 더 많은 양을 만들기 위해서 갑상선은 아주 커져서 갑상선종이 된다. 음식에 요오드가 필요하기 때문에 식염

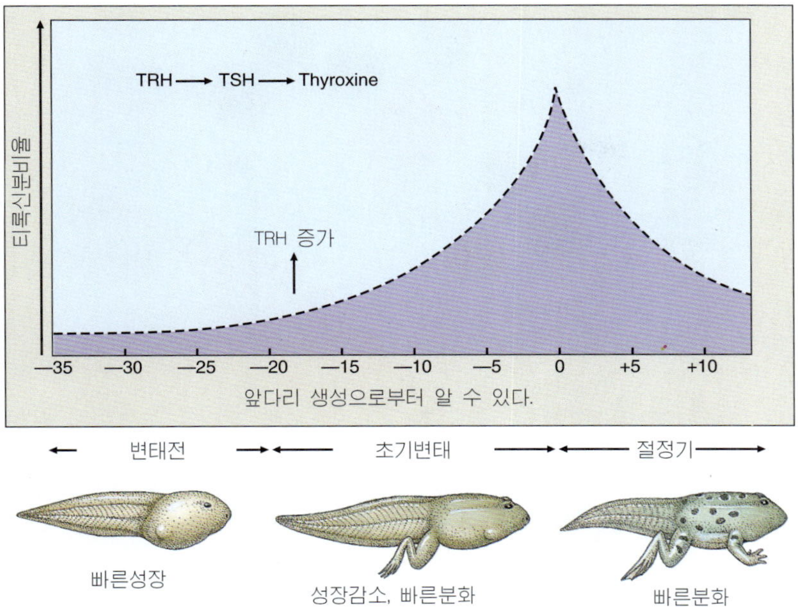

그림 20.12 티록신의 양서류 변태 유발

올챙이의 변태 전 단계에서 시상하부는 TRH 호르몬(갑상선자극호르몬분비촉진호르몬)을 방출시킴으로서 뇌하수체전엽에서 TSH(갑상선자극호르몬)를 분비한다. TSH 분비가 일어나면 갑상선에서 티록신이 분비된다. 변태과정 중 티록신은 뒷다리 형성 후 앞다리 형성이 시작될 때 농도가 최고치에 도달한다.

에 요오드가 첨가된다.

양서류에만 작용하는 갑상선의 기능도 있다. 갑상선 호르몬은 어린 개체를 성체로 변태시키는데 필요하다(그림 20.12). 만약 올챙이에게서 갑상선을 떼어 내면 개구리가 되지 않는다. 반대로 미성숙 올챙이에게 갑상선 조각을 먹이면 조기 변태가 일어나 크기가 작은 개구리가 된다.

칼시토닌의 기능은 몸 안에서의 칼슘 수준을 유지시키는 작용을 가지고 있다. 만약 혈액 내에서의 칼슘 수준이 매우 높아지면 칼시토닌은 뼈에 칼슘 축적을 촉진한다. 따라서 혈액에서의 칼슘 수준은 낮아지게 된다. 뒤에서 배우겠지만 몸 안의 칼슘 수준을 유지시키는 주요한 역할을 하는 호르몬도 있다.

부갑상선: 뼈의 생성

부갑상선은 갑상선에 붙어 있는 4개의 작은 샘으로서 작고 눈에 띠지 않아 오랫동안 발견되지 않았다. 부갑상선이 호르몬을 생산한다는 제안은 개로부터 부갑상선을 제거하였을 때 처음 나왔는데, 개의 혈액 내에 칼슘농도가 정상 수준보다 절반이나 낮게 떨어졌다. 그러나 부갑상선 추출물을 투여하면 칼슘 수준은 정상적으로 돌아왔다. 이것은 부갑상선이 뼈 흡수와 방출을 가능케 하는 호르몬을 분비하는 것을 의미한다.

부갑상선이 생산하는 호르몬은 **부갑상선 호르몬**(parathyroid hormone : PTH)이다. 이 호르몬은 우리의 생존에 절대적으로 필요한 두 가지 호르몬 중 하나이다. 나머지 하나는 알도스테론(aldosteron)인데, 이는 부신(adrenal gland)에서 생성되는 호르몬으로 다음에 설명하고 있다. **PTH**는 혈액 내 칼슘농도를 조절한다. 칼슘이온은 근육수축 작용에 중요한 역할을 한다. 칼슘방출에 의한 신경충격은 근육을 수축시킨다. 척추동물에 있어서 심장박동과 온몸을 움직이는 근육 없이는 생존할 수 없다. 근육은 칼슘이 일정 농도를 유지하지 못하면 기능을 발휘할 수 없다.

PTH는 칼슘수준을 확인하는 안전장치가 있어 칼슘이 너무 낮게 내려가는 일이 없다(그림 20.13). **PTH**는 혈류로 방출되어 뼈로 퍼지며, 뼈에 있는 파골세포(osteoclast cell)에 작용한다. 자극된 파골세포는 뼈조직을 분해하여 혈류 안으로 칼슘을 방출한다. PTH는 또한 신장에서 오줌으로부터 칼슘이온의 재 흡수를 일으키며, 장의 칼슘 흡수에 필요한 비타민 D의 활성화를 유도한다. 비타민 D가 부족한 음식은 뼈의 형성이 빈약

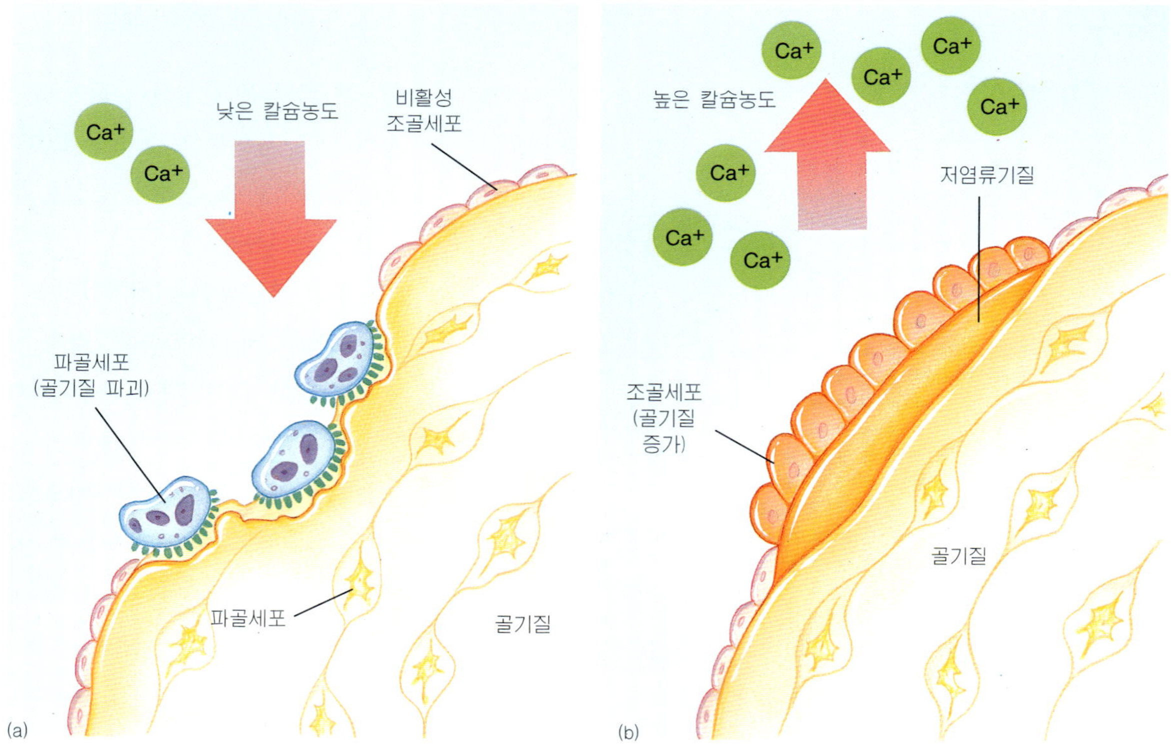

그림 20.13 혈액에서 적정 칼슘농도의 유지

(a) 혈액내 칼슘농도가 매우 낮을 때 부갑상선은 PTH를 생산한다. 이 호르몬은 파골세포가 뼈에서 칼슘을 방출하도록 자극한다. 이로서 혈액 내 칼슘농도를 높여 준다.
(b) 반대로 혈액 내 칼슘농도가 비정상적으로 높을 때 갑상선은 칼시토닌을 분비한다. 이는 조골세포의 혈액으로부터의 칼슘제거를 촉진하며, 뼈에 침착 시킨다.

한데, 이것을 구루병이라 한다. 혈액의 칼슘농도의 저하에 반응하여 부갑상선이 PTH를 합성하면 신체는 근육과 신경의 고유한 기능수행을 위해 필요한 칼슘 수준을 유지하기 위해 뼈를 희생시킨다.

부신: 두 개의 분비선

포유동물은 2개의 부신을 가지고 있는데, 각각 신장 위에 위치하고 있다. 각 부신은 2개의 부분으로 구성되어 있다. 내부는 **수질**이라 불리며 에피네프린(epinephrine) (또는 아드레날린)과 노르에피네프린(norepinephrine)(또는 노르아드레날린)을 생산한다. 그리고 **피질**이라 불리는 바깥쪽 표면 부분은 스테로이드 호르몬인 코티솔(cortisol)과 알도스테론(aldosterone)을 생산한다.

부신수질: 위험경고 신호

수질은 스트레스를 받으면 에피네프린과 노르에피네프린을 방출한다. 이 호르몬은 몸의 연료를 신속히 재배치하여 위험신호로 작용한다. 이 호르몬이 몸 전체에 생성하는 '경고' 반응은 교감신경계에 의한 효과와 동일하지만 훨씬 오래 지속된다. 이 호르몬은 심장박동을 촉진하고, 혈압을 증가시키며, 혈당농도를 높이며 신장과 폐의 혈류를 증가시킨다. 따라서 이 호르몬은 교감신경계와 작용이 유사하다.

표 20-1 주요 내분비선

내분비선과 호르몬	표적기관	주요 기능
부신피질		
알도스테론	신장	나트륨과 칼륨이온의 균형을 유지시킨다.
코티솔	전신적 작용	장시간의 스트레스에 적응(고혈당 유지)
부신수질		
에피네프린과 노르에피네프린	골격근, 심장근, 혈관,	스트레스 반응: 심장박동률 증가, 혈압 상승, 대사율 증가, 혈관 팽창, 고혈당 유지
시상하부		
갑상선자극호르몬 분비촉진 호르몬(TRH)	뇌하수체 전엽	뇌하수체전엽에서 TSH 방출을 자극
부신피질자극 호르몬 분비촉진 호르몬(CRH)	뇌하수체 전엽	뇌하수체전엽에서 ACTH 방출을 자극
성선자극 호르몬 분비촉진 호르몬(GnRH)	뇌하수체 전엽	뇌하수체전엽에서 FSH와 LH 방출을 자극
프로락틴 분비촉진 호르몬(PRH)	뇌하수체 전엽	뇌하수체전엽에서 PRL 방출을 자극
성장 호르몬 분비촉진 호르몬(GHRH)	뇌하수체 전엽	뇌하수체전엽에서 GH 방출을 자극
프로락틴 억제 호르몬(PIH)	뇌하수체 전엽	뇌하수체전엽에서 PRH 방출을 자극
성장 호르몬-억제 호르몬(GHIH)	뇌하수체 전엽	뇌하수체전엽에서 GH 방출을 억제
난소		
에스트로겐	전신적 작용, 여성의 생식계	여성의 2차 성징 발현을 자극하고 사춘기에 생식기관 발육
프로게스테론	자궁, 유선	임신을 위한 자궁의 발육, 유방의 발달
췌장		
인슐린	일반적 작용	혈당농도를 낮춤, 간에 저장되는 글루코겐의 양을 증가시킴
글루카곤	간, 지방조직	혈당농도를 높임, 간에 저장된 글루코겐의 분해
부갑상선		
부갑상선 호르몬(PTH)	뼈, 신장, 소화관	뼈의 분해를 촉진하여 혈액내 칼슘농도를 증가시킴, 신장에서 칼슘 재흡수를 촉진, 비타민 D의 활성

표 20-1 (계속)

내분비선과 호르몬	표적기관	주요 기능
송과선		
멜라토닌	시상하부	기능이 잘 알려지지 않음. 인간의 사춘기의 시작을 조절하는것 같음
뇌하수체 후엽		
옥시토신(OT)	자궁	자궁수축을 자극
	유선	모유분비를 자극
바소프레신(ADH)	신장	수분보유, 혈압 상승
뇌하수체 전엽		
성장호르몬(GH)	전신적 작용	지방산의 분해와 단백질합성 촉진으로 성장 촉진
프로락틴(PRL)	유선	출산후 모유 생산 자극
갑상선자극 호르몬(TSH)	갑상선	갑상선 호르몬 분비 자극
부신피질자극 호르몬(ACTH)	부신피질	부신피질 호르몬 분비 자극
여포자극 호르몬(FSH)	성선	여성: 에스트로겐 분비, 여포 성숙
		남성: 정자 생산 증가
황체형성 호르몬(LH)	난소, 정소	여성: 배란 유발, 황체 형성
		남성: 테스토스테론 분비 자극
정소		
테스토스테론	전신적 작용;남성	남성의 2차성징 발현 자극, 생식 기관의 발달 자극, 정자 생산
갑상선		
갑상선 호르몬	전신적 작용	대사 촉진:정상적인 성장과 발생에 필수적임
칼시토닌	뼈	뼈로부터 칼슘 방출을 저해하여 혈중 칼슘농도 낮춤
흉 선		
티모신(Thymosin)	백혈구	백혈구 생산 및 성숙 촉진

■ 부신피질: 염류의 적정농도 유지

부신은 스테로이드 호르몬인 코티솔을 생산한다. 코티솔은 몸의 영양유지를 위해 여러 세포에 작용한다. 그것은 탄수화물 대사를 자극하고 염증을 완화시킨다. Prednisolon 같은 합성유도체는 항염증 약품으로 널리 쓰인다. 코티솔에서 유도된 많은 스테로이드 물질은 근육성장을 촉진하는데, 그 결과 운동선수들이 이 합성 스테로이드를 남용하게 되었다.

부신피질은 또한 알도스테론을 생산한다. 이 호르몬은 오줌으로부터 나트륨을 비롯한 다른 염류들의 흡수를 촉진한다. 나트륨이온은 신경전도와 다른 많은 신체 기능에 중요한 역할을 한다. 알도스테론은 부신 수질 호르몬과 함께 생존에 필수적인 두 호르몬 중 하나다. 부신피질의 제거는 치명적이다.

20.6 **갑상선 호르몬은 대사율을 조절한다. 부갑상선호르몬(PTH)은 혈액의 칼슘농도를 조절한다. 부신호르몬인 알도스테론은 신장으로부터 나트륨과 기타 염류의 흡수를 촉진한다.**

20.7 기타 호르몬

■ 성적 발육

난소와 정소는 스테로이드 계통의 성 호르몬(에스트로겐, 프로게스테론, 테스토스테론)을 생산하는 중요한 내분비선인데, 다음 장에서 자세하게 설명하고 있다. 에스트로겐과 프로게스테론은 생리주기를 규칙적으로 유지시키며, 임신 중 태반과 난소에 의해 분비된다고 알려져 있다.

■ 생체 시계

송과선(pineal gland)은 대부분 척추동물의 뇌의 세 번째 뇌실의 위쪽에 위치해 있다. 그 크기는 대략 완두콩 만하고, 솔방울과 같은 모양을 하고 있다. 이 송과선은 원시 척추동물의 두개골의 위쪽에 위치한 "제3의 눈"으로부터 진화하였다. 이 송과선 눈은 원시어류에 존재하며, 몇몇 파충류에서도 나타난다. 다른 척추동물에서는 이 송과선이 뇌 속에 깊이 묻혀 있으며, 멜라토닌(melatonin) 호르몬을 분비하는 내분비선 기능을 한다. 멜라토닌의 작용 중 하나는 멜라닌 과립의 확장을 감소시켜 하등척추동물의 피부를 희게 한다. 척추동물에서 송과선에 의한 멜라토닌 분비는 일주기를 유지하는데, 밤에는 증가시키고 낮에는 감소시킨다. 몇몇 척추동물에 있어서 이 활성은 생식 생리 작용을 도우나, 사람의 경우에는 확실치 않다.

■ 비내분비성 호르몬

비내분비성 기관에 의해 다양한 종류의 호르몬이 분비된다. 흉선은 T-세포라고 부르는 특정한 림프구 생산 부위이고, 면역계 조절을 위한 호르몬을 분비한다. 심장의 우심방은 심방의 나트륨배설 호르몬(atrial natriuretic hormone)을 분비하는데, 이는 신장에서 염분과 물의 배설을 자극한다. 이 호르몬은 염분과 물의 저장을 돕는 알도스테론 호르몬과 반대로 작용한다. 신장에서 분비되는 erythropoietin은 골수에서 적혈구 생산을 자극한다. 피부도 내분비 기능을 가지는데, 비타민 D가 분비되기 때문이다. **산화질소** 가스는 여러가지 세포에 의해 만들어지는데 동맥을 팽창시켜 혈압을 조절한다. 비아그라는 산화질소 생산을 촉진하여 발기부전을 방지하고 남성 음경혈관을 확장시킨다.

■ 곤충의 탈피와 변태.

곤충 호르몬 분비는 변태와 탈피에 영향을 미친다. 탈피 전, 뇌 표면에 분포하는 신경분비세포는 뇌호르몬을 분비하는데 이 호르몬은 전흉선이라 불리는 가슴샘을 자극하여, **탈피 호르몬**(molting hormone) 또는 엑디손(Ecdysone) 생산을 자극한다(그림 20.14). 다른 호르몬인 **유충 호르몬**(juvenile hormone)은 뇌근처의 알라타체(corpora allata)라 불리는 곳에서 생산된다. 곤충이 탈피하기 위해서는 엑디손과 유충 호르몬이 분비되어야 하는데 유충호르몬 농도는 탈피 결과를 결정한다. 유충호르몬의 농도가 높을 때는 탈피하여 또 다른 애벌레가 된다(영기가 바뀐다). 변태의 마지막 단계에서는 유충 호르몬농도가 감소되며 탈피의 결과 번데기나 성충이 된다.

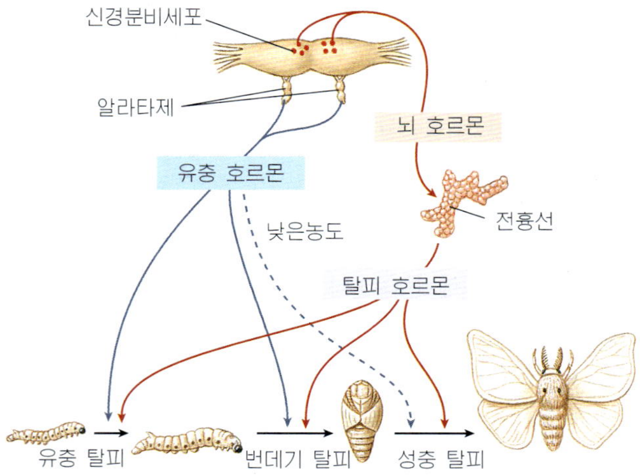

그림 20.14 누에나방에서 변태에 따른 호르몬 조절

탈피 호르몬은 전흉선에 의해 생산되어지며, 탈피를 유발하며, 유충 호르몬은 뇌 근처의 알라타체에서 생산되어지며, 특히 탈피의 결과에 결정적인 영향을 미친다. 유충 호르몬의 농도가 높을 땐 번데기나 성충의 형성이 억제된다. 변태의 마지막 단계에서는 알라타체에서 많은 양의 유충 호르몬을 생산하지 않는다.

20.7 **생식소에서 분비되는 스테로이드 호르몬은 생식을 조절하며, 송과선에서 분비되는 멜라토닌은 일주기를 조절한다. 흉선 호르몬은 척추동물의 면역 시스템을 조절한다. 탈피 호르몬인 엑디손과 유충 호르몬은 곤충의 탈피와 변태를 조절한다.**

Chap 21

생식과 발생

21.1 무성생식과 유성생식

무성생식은 원생동물, 자포동물 그리고 피낭동물의 중요한 번식 수단이지만, 일부 고등동물에서 일어나기도 한다. 발생초기에 동일한 1개의 세포가 나뉘어 발생한 쌍둥이는 사실 무성생식의 한 형태이다.

원생동물이 **분열**(fission)할 때 유사분열을 통해서 1개의 모세포에서 유전적으로 동일한 2개의 세포가 나뉘어 진다. 자포동물은 모체의 일부가 분리되어 모체에 그대로 붙어 군체를 형성하거나 분리되어 새로운 개체로 분화되는 **출아**(budding)법으로 번식한다.

유성생식은 생식세포 또는 배우자(gametes정자, 난자)라고 하는 2개의 성세포가 결합하여 수정란 또는 **접합자**(zygote)로 되는 과정이며, 계속된 유사분열로 복상의 염색체를 갖는 새로운 다세포 생물체로 된다. 생식기관 또는 생식소(gonads-정소, 난소)에서 감수분열에 의해 형성된 배우자는 반수 염색체이며, 정자형성과정과 난자형성과정에서 자세히 설명한다.

■ 기타 생식방법

단성생식(parthenogenesis)은 많은 절지동물에서 일어나며, 일부는 전적으로 단성생식을 하지만 일부는 유성생식과 단성생식을 교대로 한다. 예를 들면, 꿀벌 중 여왕벌은 일생동안 오직 한번만 교미를 하고 정자를 체내에 저장한 후 스스로 정자를 조절하며 방출하는데, 만약 알이 수정되지 않으면 단성생식으로 수펄이 되지만 수정되면 여왕벌이나 일벌(암컷)이 된다.

러시아 생물학자 Ilya Darevsky는 1958년에 척추동물이 독특한 방법으로 번식하는 것을 보고했다. 즉, *Lacerta* 속에 속하는 작은 도마뱀은 모두가 암컷뿐이며 정자 없이도 단성생식으로 발생한다는 것을 관찰했다. 또한 다른 도마뱀 속에서도 단성생식이 일어난다는 것을 알았다.

또 한 개체에 난소와 정소를 갖고, 난자와 정자세포 모두를 만들 수 있는 **자웅동체성**(hermaphroditism) 생식법이 있다(그림 21.1a).

촌충은 다른 촌충과 만날 수 있는 기회가 없기 때문에 스스로 수정하는 자가수정 방법을 이용한다. 그러나 대부분의 자웅동체성 동물도 효율적인 증식을 위해서는 다른 개체가 필요하다. 예를 들면, 지렁이는 번식을 위해 두 마리 중 한 마리는 암컷의 기능을 하고 다른 한 마리는 수컷의 기능을 하면서 교차 수정한다. 암 · 수의 기능을 동시에 하는 심해산 어류도 있으며, 많은 어류의 속 중에는 개체가 성을 바꿀 수 있는 연속 자웅동체성 생식방법으로 증식한다. 예를 들면, 산호초 어류 중에는 **자성선숙**(protogyny, 암컷에서 수컷으로 전환)과 **웅성선숙**(protandry, 수컷에서 암컷으로 전환) 양쪽으로 생식하는 종이 있다. 실제로 웅성선숙을 하는 어류(그림 21.1b)에서 성전환은 사회적인 조절이 있을 때 발생한다. 이런 어류는 보통 큰 무리를 이루며, 생식은 보통 한 두 마리의 크고 우세한 수컷에 한정된다. 만약 이러한 무리에서 수컷을 제거하면 가장 큰 암컷이 곧이어 성전환이 일어나 우세 수컷이 된다.

성 결정

어류나 일부 파충류는 환경변화에 의해 성이 전환되기도 하지만 포유류에서는 배 발생 초기에 성이 결정된다. 남 · 녀의 생식계는 수정 후 처음 40여 일은 비슷하지만 정자나 난자가 될 세포는 난황낭으로 부터 배의 생식소로 이동하여 장차 여성의 난소와 남성의 정소로 된다. 따라서 배의 생식소는 미분화상태라고 말 할 수 있다. 만약 배가 수컷이면 미분화된 생식소를 정소로 바꾸는 Y염색체를 갖지만, 암컷이면 Y염색체나 그것을 암호화하는 유전자나 단백질이 없는 난소가 된다.

최근의 증거에 의하면 성을 결정하는 유전자 중 하나는 SRY(Y염색체의 성결정 부위)라고 알려졌다. SRY유전자는 척추동물군들이 진화해 오는 동안 안전하게 보존되어 왔다. 일단 배에 정소가 형성되면 이것은 테스토스테론 및 기타 호르몬을 분비하고, 이 호르몬이 외

(a) (b)

그림 21.1 자웅동체성과 자성선숙

(a) 헴릿베스(*hypoplectrus* 속)라는 심해산 물고기는 암 · 수 기능을 모두 갖는 자웅동체이다. 짝이 맺어지는 과정에서 한 마리는 적어도 4번 정도 성을 바꾸면서 산란하거나 다른 알을 수정시킨다. 그림 처럼 수컷의 역할을 할 때는 움직이지 않는 짝의 주위에 구부리고 있다가 수면위로 떠오르는 알을 수정시킨다. (b) 청머리놀래기(*thalassoma bifasciatium*) 는 자성선숙을 하며, 암컷이 종종 수컷으로 전환된다. 그림에서 처럼 암컷에서 성전환된 큰 수컷이 몸이 훨씬 작은 암컷 사이에서 관찰된다.

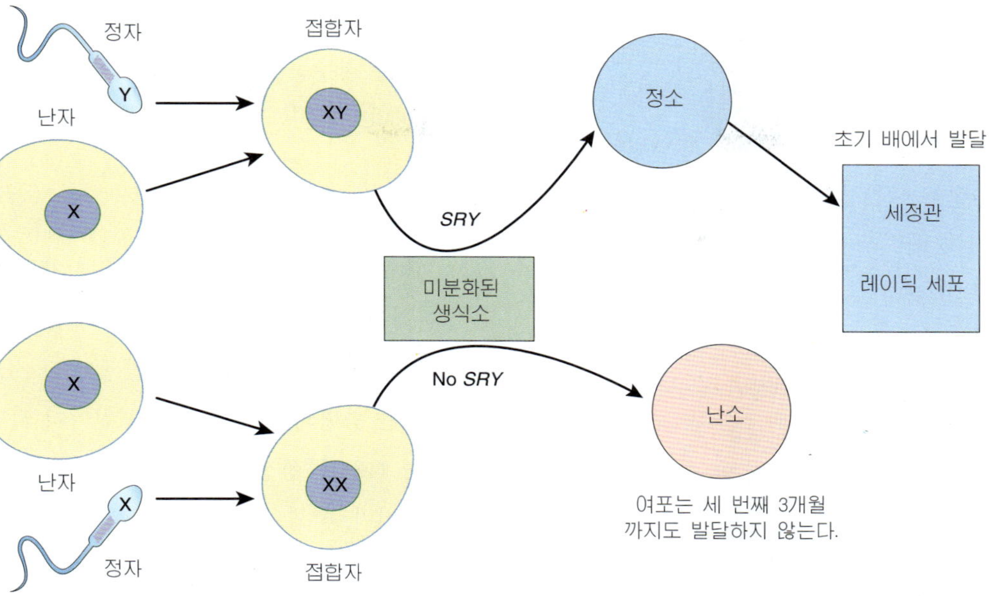

그림 21.2 성 결정

포유류의 성 결정은 SRY로 표시되는 Y 염색체의 부위에 의해 결정된다. 즉, Y 염색체가 있으면 정소가 되고, 없으면 난소가 된다.

부 생식기나 부수적인 기관의 발달을 촉진한다. 바꾸어 말하면 모든 척추동물의 배 발생에 있어서 정소에서 분비되는 웅성 호르몬이 없다면 암컷생식기관이 발달한다(그림 21.2).

> **21.1** **유성생식은 대부분의 동물에서 일어나지만, 분열, 출아 또는 단성생식법 등 많은 무성생식방법으로도 번식한다. 유성생식은 한 종의 다른 개체에서 생긴 배우자의 유합으로 이루어지나 어떤 종은 자웅동체성으로 이루어지기도 한다.**

21.2 척추동물 생식방법의 진화

척추동물의 유성생식은 이들이 육상에서 번성하기 전에 바다에서부터 진화했다고 한다. 바다에 사는 대부분의 경골어류는 한번에 많은 알을 바닷물에 산란한다. 그리고 수컷이 산란된 알 주위에 정자를 사정하면 자유롭게 수정이 일어나는데, 이런 과정을 **체외수정**(external fertilzation) 이라한다.

바닷물은 배우자에게는 그리 불리한 환경은 아니지만 빨리 퍼져 나가기 때문에 암컷과 수컷이 배우자를 동시에 방출해야 한다. 그렇기 때문에 대부분의 해양어류는 알과 정자를 한정된 시기에 방출해야 하는 제약이 있다. 어떤 종은 1년에 꼭 한번 생식하는데 반해 어떤 종은 여러번 생식하기도 한다. 해양생물들이 동시에 생식하도록 유도하는 계절적인 요인에 대한 자료는 적지만 광범위하게 작용하는 신호 중 하나는 달의 순환주기이다. 달은 한 달에 한번씩 지구에 가장 가까이 접근하게 되고, 그 중력에 끌려 바닷물의 고조가 높아지게 된다. 많은 해양생물은 고조의 변화를 감지하고 그에 따라 번식을 하며 달주기에 맞추어 산란한다.

대부분의 어류는 체외수정을 하지만, 그 외 많은 척추동물에서는 **체내수정**(internal fertilization)이 일어난다. 육상에서는 바다에서처럼 단순히 작은 배우자인 난자 옆에 정자를 사정한다는 것은 건조해져 죽을 위험에 처한다. 결과적으로 육지에 사는 척추동물은 수컷의 배우자를 암컷의 생식관에 집어넣는 체내수정이라는 강한 선택압이 작용했을 것으로 생각된다. 이런 의미에서 볼 때 성체가 완전한 육상생활을 하는 동물이라도 수정은 여전히 건조하지 않은 수중에서 일어난다고 할 수 있다. 체내수정을 하는 척추동물은 배나 태아발생을 위한 모체와 알의 배발생에 따라서 아래와 같이 세 가지 번식전략이 발달했다.

난생(oviparity) 체내에서 수정된 알은 모체의 밖으로 배출되어 발생이 완성된다. 경골 및 연골어류의 일부, 대부분의 파충류, 양서류 일부, 몇 종의 포유류 그리고 모든 조류에서 일어난다.

난태생(ovoviviparity) 수정된 알이 완전하게 발생되기 위해 어미 몸 속에 남지만 배는 여전히 영양분을 난황에서 얻으며 부화될 때는 완전하게 발생한 후 모체로부터 방출된다. 일부 경골 및 연골어류 그리고 많은 파충류에서 볼 수 있다.

태생(viviparity) 새끼는 모체내에서 직접발생하고 난황이 아닌 모체의 혈액으로부터 직접 영양분을 섭취한다(그림 21.3). 대부분의 연골어류, 일부 양서류, 소수의 파충류 그리고 대부분의 포유류에서 볼 수 있다.

어류와 양서류

다른 척추동물과는 달리 어류와 양서류는 체외수정을 한다.

어류

대부분의 경골어류와 양서류는 체외수정을 하며, 알은 짧은 기간동안 배의 발생을 지탱할 수 있는 충분한 난황을 함유한다. 영양분인 난황이 다 소모되면 어린 물고기는 주변의 물에서 먹이를 찾아야 하며, 살아남은 치어는 빠르게 성장한다. 비록 한번에 수천 개의 알이 수정되지만, 발생 중에 대부분의 치어는 세균의 감염, 천적에 의한 포식 등으로 죽고 완전하게 성숙하는 개체는 드물다.

대부분의 연골어류는 경골어류와는 달리 수컷의 지느러미가 분화되어 암컷과 체내수정을 하는데, 이런 척추동물에서의 번식형태를 일반적으로 태생이라고 한다.

양서류

양서류는 육상생활에 충분히 적응하지 못한 상태에서 육상으로 올라온 동물이기 때문에 그의 생활은 여전

그림 21.3 태생 척추동물은 체내에 살아 움직이는 어린개체를 간직한다.
어린 개체는 어미 체내에서 발생을 마치고 장차 어미로 자랄 작은 개체로 태어 난다. 위 그림의 레몬상어는 갓 태어난 새끼 상태로서, 몸에 아직 탯줄이 붙어있다.

그림 21.4 개구리 알은 체외에서 수정된다.
두 마리의 개구리가 짝짓기 할 때 수컷은 암컷을 포접하여 성숙한 알 덩어리를 산란하도록 유도하고 그 위에 사정한다.

히 물과 밀접하게 연결돼 있다. 수정은 대부분의 경골어류에서 처럼 체외수정을 하며, 암 · 수의 배우자는 총배설강을 통해 밖으로 방출된다. 개구리와 두꺼비는 그림 21.4에서 처럼 수컷이 암컷을 껴안고 물 속에서 알 위에 정액을 사정한다. 비록 대부분의 양서류의 알이 물 속에서 발생되지만 흥미로운 예외도 있다(그림 21.5). 예를 들면, 두 종의 개구리는 어미의 울음주머니와 입 속에서 알이 발생되며 어린 개구리는 어미의 입을 통해 방출된다.

양서류의 발생기간은 어류보다 길지만 난황의 양은 많지 않고, 일부 곤충의 생활사처럼 배, 유생, 성체시기로 나눌 수 있다. 배는 주머니 속에서 발생하고 난황으로부터 영양분을 섭취하며, 부화된 올챙이는 오랫동안 자유유영을 하며 먹이를 먹는다. 올챙이(유생)는 매우 빨리 자라며 개구리나 두꺼비의 유생(올챙이)은 일주일 정도면 연필 촉 만한 크기가 금붕어만큼 자란다. 올챙이는 충분이 자란 후 육상생활로 적응하기 위한 변태를 한다.

파충류와 조류

대부분의 파충류와 모든 조류는 난생이며 방수막으로 건조한 환경을 보호하는 양막난을 산란한다. 이들의 알은 체내에서 수정된 후 발생을 완성시키기 위해 모체의 밖으로 배출된다. 파충류의 수컷도 체내수정을 하는 다른 척추동물처럼 암컷에게 정자를 집어넣기 위해 관 모양의 음경을 이용한다(그림 21.6). 파충류의 음경은

그림 21.5 양서류의 독특한 발생
(a) 독화살 개구리는 수컷이 올챙이를 등위에서 기른다. (b) 수리남 개구리의 암컷은 등위에 있는 독특한 양육 주머니속에서 알을 발생시키고 어린 개구리를 키운다. (c) 남미의 피그미주머니 개구리는 암컷이 그의 등위에 올챙이를 올려놓고 다닌다. (d) 다윈 개구리의 올챙이는 수컷의 울음주머니속에서 어린 개구리로 될 때까지 발생하고 입을 통해 방출된다.

그림 21.6 암컷의 체내에 수컷이 정자를 주입하는 것을 교미라고 한다.

거북이 같은 파충류는 교미를 통해 수정시키며 최초로 특수한 육상환경에 적응한 육상동물이다.

그림 21.7 펭귄의 포란

둥지에서 일정한 교대의식을 한 후에 알품기를 교대한다.

단단한 발기조직이 있으며, 암컷의 깊은 생식관까지 넣을 수 있으며 알은 산란된 후에도 그대로 방치되는 난생이다. 파충류의 알은 알이 수란관을 지날 때 분비되는 질긴 껍데기에 의해 둘러싸여 있다. 어떤 파충류는 어미의 체내에서 알이 발생하는 난태생 또는 태생을 한다.

대부분 조류의 수컷은 음경이 없이 체내수정을 하지만, 일부 대형조류(고니,기러기,타조 등)에서는 총배설강이 위음경을 만들기도 한다. 알이 수란관을 통과할 때 분비선으로부터 알부민 단백질(흰자위)과 단단하고 칼슘성분인 난각이 분비되며, 이 분비물질이 바로 파충류 알과 조류의 알이 구별되는 특징이다. 현존하는 파충류는 변온동물인데, 조류는 항온동물이다. 따라서 대부분의 조류는 알을 보온하기 위해 포란(그림 21.7) 해야하며 갓 부화한 새끼는 미성숙 상태에 있기 때문에 어미가 먹이를 주고 보살펴야 한다.

조류나 파충류의 난각은 건조한 곳에서도 견딜 수 있기 때문에 척추동물이 육상생활에 적응하게 된 중요한 요인 중 한 가지다. 이들의 배는 양수가 들어있는 양막의 주머니안에서 발생하기 때문에 양막류라고 한다. 양막은 배세포로부터 형성된 막이지만 배의 몸밖에 위치하기 때문에 배외막 이라고도 한다. 양막류의 알에 있는 또 다른 배외막을 장막이라고 하는데, 이것은 난각, 난황낭 그리고 요막의 안쪽에 있다. 사람을 포함한 태생을 하는 동물의 배외막은 이 단원의 뒤에서 설명한다.

포유류

어떤 포유류는 1년에 한번 새끼를 낳는 계절형이지만 어떤 종은 더 짧은 생식주기를 갖는 종도 있다. 대부분 포유류의 경우, 암컷은 일반적으로 생식주기가 있지만 수컷의 경우는 언제나 생식능력을 갖고 있다. 암컷은 생식주기 동안 난소로부터 성숙된 알이 방출되는 배란기를 거친다. 그리고 대부분의 암컷은 배란기를 전후해서 수컷의 관심을 갖게 하는 **발정**(estrus)기를 가지며, **발정주기**(estrus cycle)는 암컷이 임신 될 때까지 계속된다.

대부분은 발정주기 동안 여포자극호르몬(FSH)과 황체형성호르몬(LH)이 뇌하수체전엽에서 분비되며, 이 호르몬이 알세포의 발달과 난소에서의 호르몬 분비를 변화시킨다. 인간과 원숭이류는 배란과 호르몬분비의 양상이 다른 포유류의 발정주기와 비슷한 월경주기를 갖는데, 주기적으로 자궁내막이 벗겨지며 출혈이 나타나는 월경이라는 과정을 거치며, 그 주기동안 교미를 거쳐 수정이 일어난다.

다른 포유류가 성주기에 의해 배란되는 것과는 달리 토끼와 고양이는 성주기와는 무관하게 교미 후에 암컷의 황체형성호르몬 분비가 줄어드는 자극에 따라 배란된다. 따라서 이 동물들은 매우 많은 새끼를 낳을 수 있다.

원시포유류인 **단공류**(monotremes, 오리너구리와 바늘두더지)는 파충류처럼 알을 낳으며 둥지나 특수화된 주머니에서 알을 품으며 태어 난 새끼는 어미의 젖꼭지가 없기 때문에 젖샘을 핥아먹으면서 자란다(그림 21.8a). 그 외의 모든 포유류는 태생이며, 새끼를 양육하는 방법에 따라 두 가지로 구분된다. 주머니쥐나 캥거루 같은 **유대류**(marsupials)는 불완전한 태아상태로 태어 난 후 어미의 피부 주머니에서 발생을 완성하고 주머니 속에 있는 젖샘의 젖꼭지에서 영양분을 섭취한다(그림 21.8b). **태반류**(placental mammals, 그림 21.8.c)는 태아가 오랫동안 어미의 자궁내에서 태반을 통해서 영양분을 섭취하면서 발생한다. 태반은 배외막(장막)과 자궁내막으로 나눌 수 있으며, 태아는 모체의 혈관과 매우 가깝게 근접해 있기 때문에 모체의 혈관으로부터 확산해 들어온 영양분을 공급받을 수 있다. 태반의 자세한 기능은 이 장의 후반부에 설명한다.

21.2 **양서류나 대부분의 경골어류에서는 체외수정을 하나 다른 척추동물에서는 체내수정을 한다. 그리고 조류나 대부분의 파충류는 단공류의 포유류처럼 방수성의 알을 산란하나 다른 포유류는 어린새끼를 낳는 태생으로 번식한다.**

21.3 남성 생식계

남성의 배우자인 정자(sperm)는 유전정보를 운반 할 수 있도록 고도로 특수화되었다. 사람의 체세포는 46개의 염색체를 갖지만 정자세포는 감수분열을 통해 23개의 염색체만을 갖는다. 정자는 보통 사람의 체온인 37

(a) 단공류 (b) 유대류 (c) 태반류

그림 21.8 포유류의 번식

(a) 오리너구리 등의 단공류는 둥지에 알을 낳는다. (b) 캥거루 등의 유대류는 미성숙 태아를 낳아 육아 주머니속에서 완전히 성숙시킨다. (c) 고양이 등의 태반동물은 모체의 자궁에 장기간 남아 비교적 발달한 상태로 출생한다.

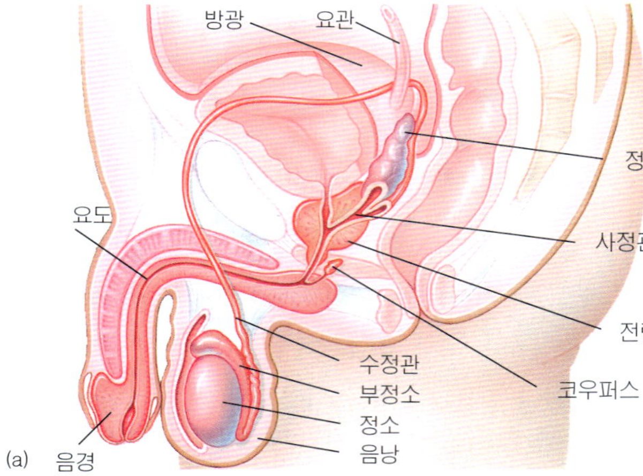

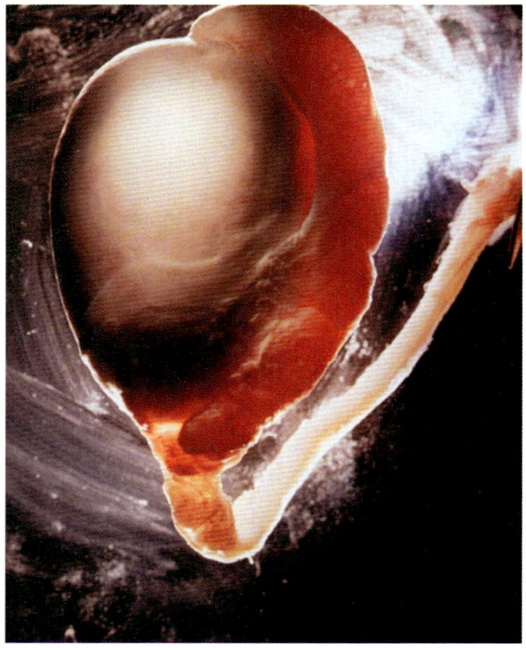

그림 21.9 남성 생식기관

(a) 남성 생식기관의 구조 (b) 사람의 정소. 정소는 중앙이 어두운 공모양으로 되어 있고, 그 안에서 정자가 형성된다. 정소위에 덮혀진 부분이 부정소이며 많은 나선모양으로 꼬여 있고 여기서 정자의 성숙이 완료된다. 부정소로부터 뻗어 나온 기다란 관이 수정관이다.

℃에서는 정상적으로 활동하지 못하므로 정자생성기관인 정소(testes)는 태아발생과정에 음낭(scrotum)이라 부르는 곳으로 이동한다(그림 21.9). 음낭은 다른 부위의 체온보다 약 3℃ 정도 낮다.

남성배우자는 정소에서 형성된다.

2개의 정소는 수백 개의 치밀하게 꼬여있는 **세정관**(seminiferous tubules)으로 구성되었으며 여기서 정자가 형성된다(그림 21.10). 정상적인 성인남자의 경우 일생동안 수천만 개씩의 정자를 매일 생산한다. 그러나 체외로 사정되지 않은 정자는 스스로 파괴되고 흡수되어 재 순환된다.

정소는 남성호르몬인 **테스토스테론**(testosterone)을 분비하는 세포를 갖고 있으며, 정자와 정소내의 모든 세포가 정상적인 기능을 위해서는 뇌하수체 호르몬인 FSH나 LH호르몬의 조절이 필요하다. 정소에서 만들어진 정자세포는 길게 꼬여있는 관으로 된 부정소(epididymis)로 이동되어 이곳에서 성숙된다. 부정소에 도달 할 때까지 정자는 운동성이 없으며, 적어도 12일 전후 이곳에 머물러야 운동성을 띤다.

그 후 정자는 기다란 **수정관**(vas deferens)으로 이동되어 여기에 저장된다. 정자는 **요도**(urethra)와 생식관이 만나는 부위로 이동되며 음경을 통해 사정된다.

남성배우자는 음경에 의해 사정된다.

음경(penis)은 2개의 음경해면체와 1개의 요도해면체로 구성된다. 요도를 통해서 사정 할 때는 정액이 통과하고 배뇨할 때는 오줌이 통과한다(그림 21.11). 음경은 왜 이렇게 독특한 구조로 되어 있을까? 음경은 팽창할 수 있는 기관으로 해면조직으로 된 3개의 관으로 되어있다. 만약 이 조직에 연결된 동맥에서 야기된 CNS로부터 신경충격을 받으면 혈액이 이 공간으로 모이게 된다. 그러면 마치 풍선이 부풀어오르는 것처럼 음경은 발기한다. 이 발기가 계속되기 위해서는 CNS의 계속적인 자극이 필요하다. 음경은 물리적인 자극 없이도 발기 될 수 있지만 정액을 이동시키기 위해서는 물리적인

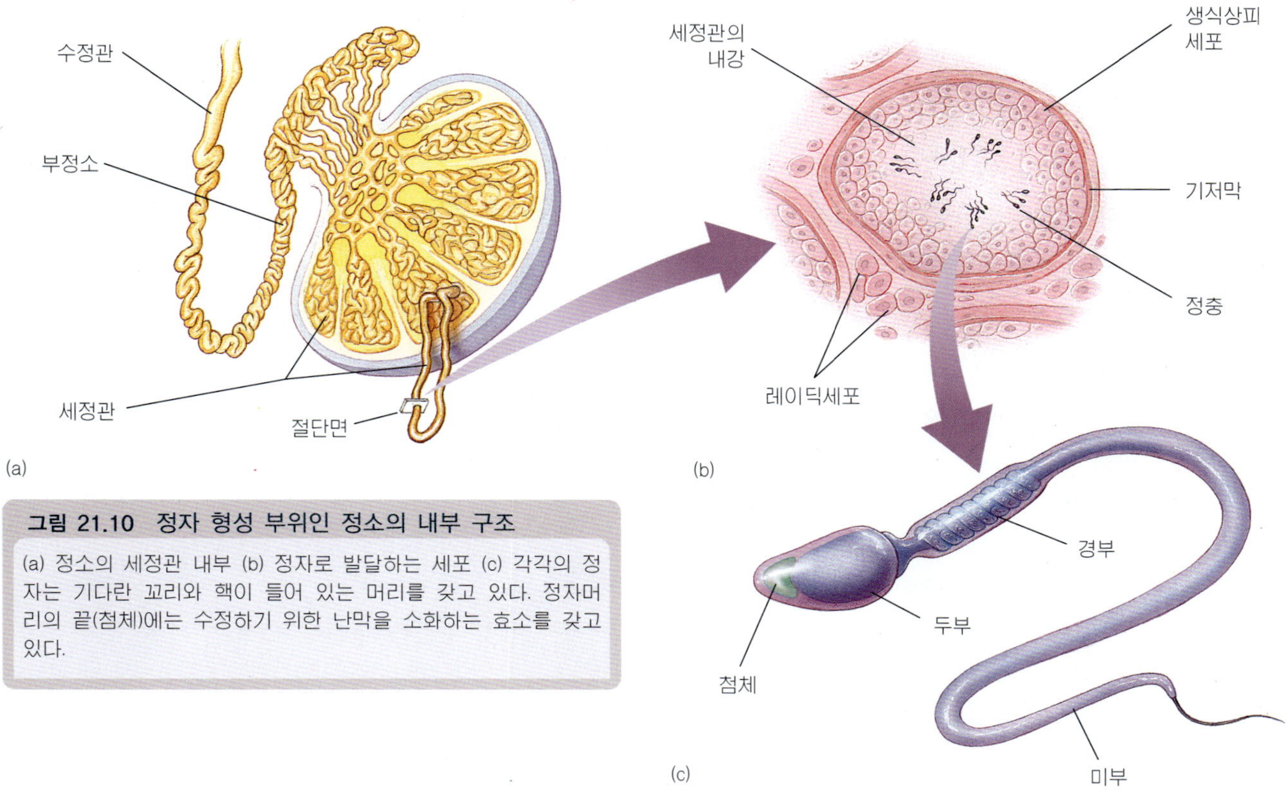

그림 21.10 정자 형성 부위인 정소의 내부 구조

(a) 정소의 세정관 내부 (b) 정자로 발달하는 세포 (c) 각각의 정자는 기다란 꼬리와 핵이 들어 있는 머리를 갖고 있다. 정자머리의 끝(첨체)에는 수정하기 위한 난막을 소화하는 효소를 갖고 있다.

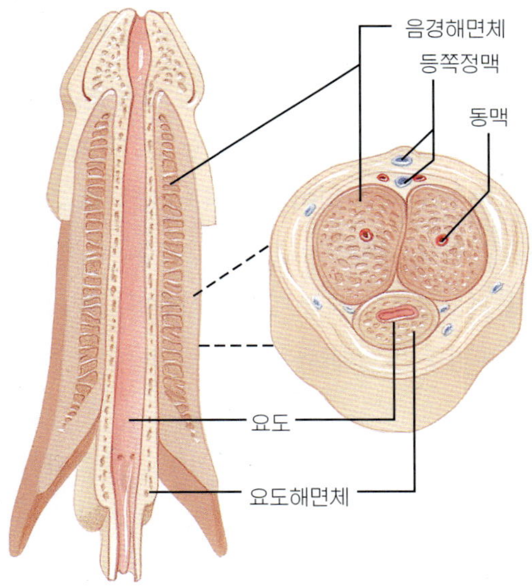

그림 21.11 음경의 구조

(좌) 종단면 (우) 횡단면

자극이 필요하다. 음경은 여성의 질 속으로 반복하여 삽입하며, 이 자극은 최초로 정자의 운동성을 유도한다. 이 과정에서 수정관을 둘러싸는 근육은 수축하고 정자는 수정관을 따라 요도로 들어간다. 결국 자극은 음경의 기부에 있는 근육의 강렬한 수축을 유도하며, 이 결과 **사정**(ejaculation)이 일어나며 약 5mL의 정액이 분비된다.

정액은 전립선과 정자의 대사작용에 필요한 에너지를 공급하는 다른 샘의 분비물이며, 약 5mL의 정액속에는 수억 마리의 정자가 들어있다.

한 마리의 정충이 수정을 위해 알을 찾아가는 긴 여행은 어렵고 불편하기 때문에 많은 정자수가 필요하다. 정액 1mL 당 2천만 마리 미만의 정자를 가진 남자는 일반적으로 불임으로 정의한다.

21.3 남성의 정소에서는 끊임없이 많은 정충을 생산하는데, 이것은 부정소에서 성숙되고 정관에 저장되며 음경을 통해서 여성에게 이동된다.

21.4 여성 생식계

난자는 여성 체내의 복강에 위치하는 난소(ovaries)라는 치밀한 세포 덩어리의 외층에 위치하는 난모세포(oocytes)에서 발달한다(그림 21.12). 남성의 생식세포는 계속 분열하여 배우자를 생성하지만, 여성은 출생시기에 향후 생성될 모든 난모세포를 갖고 태어난다. 각각의 난성숙 주기에서 이 난모세포 중 소수가 발생을 시작하여 배란(ovulation)이 일어나며 나머지 난모세포는 발달이 정지된 상태로 머물고 있다.

■ 매달 단 1개의 난자만 성숙한다.

출생시에 여성의 난소는 1차 감수분열전기의 약 2백만 개의 난모세포를 갖고 있다. 이 단계를 **제1난모세포**(primary oocytes)라 하며, 각각의 제1난모세포는 더욱 발달하지만 감수분열은 일어나지 않는다. 이 세포들은 감수분열을 일으키는 신호(자극)를 받을 때까지 1차 감수분열의 전기상태로 기다리고 있다. 이 신호물질은 FSH로 밝혀졌다.

즉 여성은 사춘기가 되면 성적으로 성숙하게 된다. 이때 FSH의 방출은 한 두개의 난모세포의 첫번째 감수분열을 시작하게 한다. 그러나 그 중 1개의 난모세포만 성장하며 다른 것은 퇴화한다. 그 후 정확하지는 않지만 약 28일 마다 다른 난모세포가 차례로 성숙하여 거의 2백만 개의 난모세포 중 여성 1인당 평생동안 약 400개 정도의 성숙 된 난자를 배란한다.

■ 수정은 수란관에서 이루어진다.

나팔관(fallopian tubes)은 난소에서 배란된 난자를 자궁으로 이동시키는데, 자궁은 경부가 좁은 근육성이며 복숭아 모양을 하고 질과 연결되어있다(그림 21.13a). 자궁은 자궁내벽이라는 중층상피막으로 덮혀

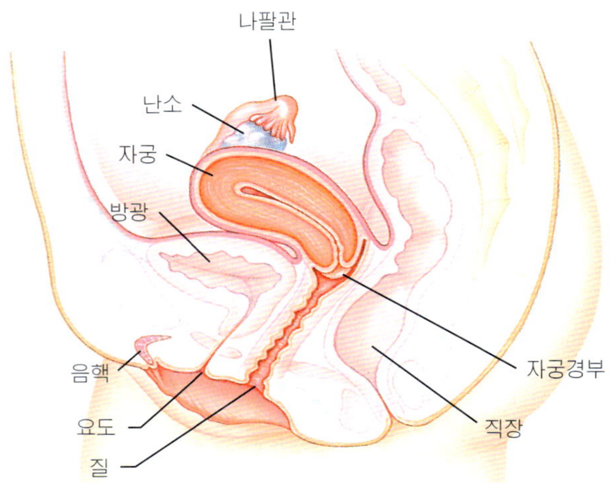

그림 21.12 여성 생식계

여성생식기관은 배우자 생성과 수정됐을 때 배발생을 위한 장소로 분화 되어있다.

있으며 이 부위는 월경주기 동안에 표피가 벗겨지고, 벗겨진 부위는 다음 주기 동안에 재생되어 복구된다.

영장류 외의 포유류의 암컷의 생식관은 좀더 복잡하며 자궁은 나뉘어져 각각이 수란관에 연결된 자궁뿔을 형성하고 있다(그림 21.13.b, c). 예를 들면 고양이, 개 그리고 소의 경우 경부가 1개지만, 2개의 자궁뿔이 격막 또는 벽에 의해 나뉘어져 있다. 주머니쥐 같은 유대류는 훨씬 깊게 나뉘어져 2개의 자궁뿔은 연결되지 않고 틈이 있는 2개의 자궁으로 되어있다. 따라서 유대류 수컷은 양쪽의 질에 동시에 삽입 할 수 있는 갈라진 음경이 있다.

나팔관 안쪽의 평활근은 주기적으로 수축하여 마치 음식물이 장을 통해 아래로 밀려가는 것과 비슷하게 난자를 자궁쪽으로 이동시킨다. 나팔관을 통한 수정난의 이동은 매우 느려서 완전히 이동하는 데 약 5~7일 정도 걸린다. 그러나 만약 난자가 수정되지 않으면, 하루이틀 사이에 발생의 능력을 잃는다. 정자는 단순히 자궁에서 기다리는 것이 아니기 때문에 미수정된 채로 자궁까지 도달하는 알세포는 없다. 정자가 난자를 만나 성공적으로 수정하기 위해서는 나팔관의 위까지 올라

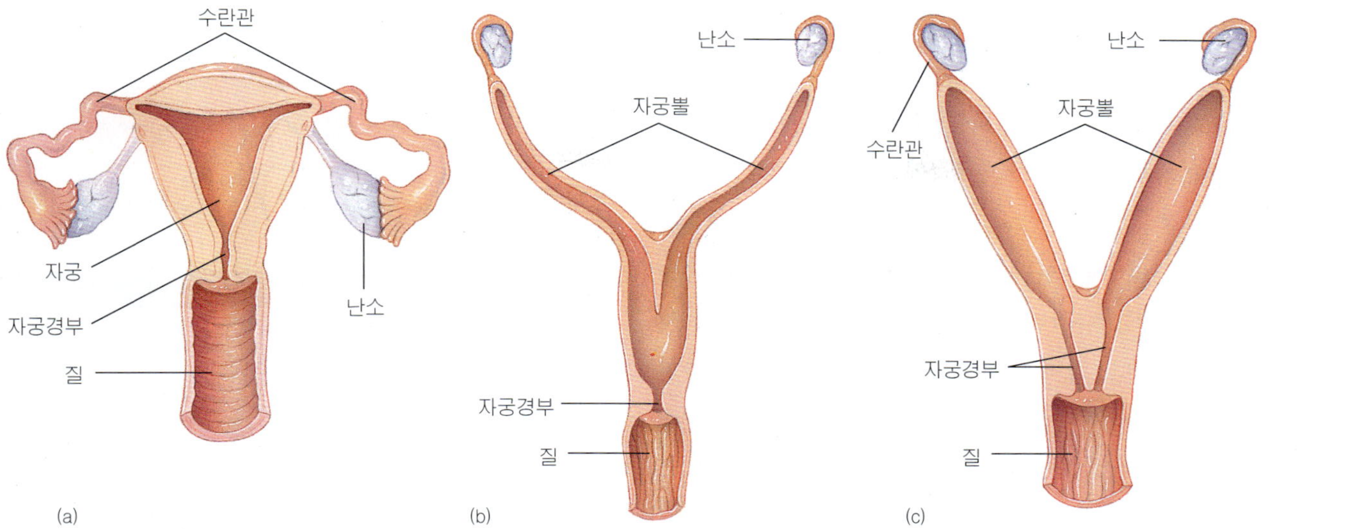

그림 21.13 포유류의 자궁 비교

(a) 사람과 영장류 (b) 고양이, 개, 소 (c) 쥐, 생쥐, 토끼

가야 하는 힘든 이동(여행)을 해야 하며, 그 과정에서 아주 소수만 살아 남게 된다.

정자는 얇은 근육질 벽으로 된 약 7cm 정도의 관 모양으로 된 질 내에 축적되며 이것은 자궁 입구에 연결

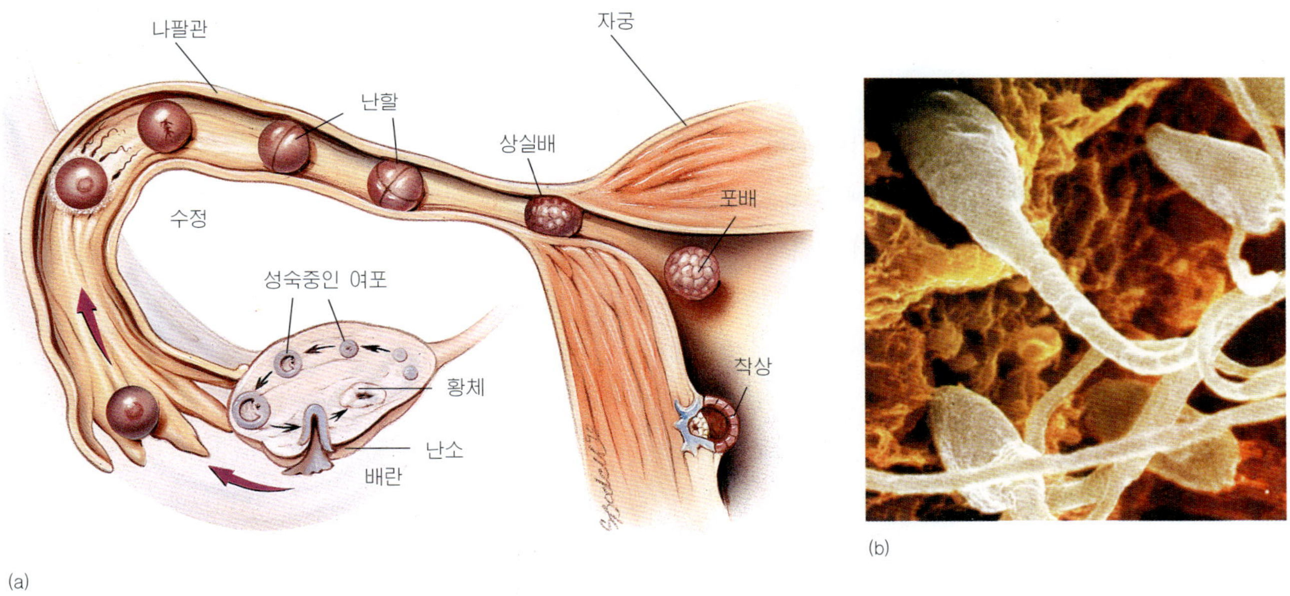

그림 21.14 난자의 이동경로

(a) 여포에서 만들어진 난자가 배란되면, 나팔관 속으로 빨려 들어가며 수란관 벽의 수축운동에 의해 이동한다. 수정은 수란관을 거슬러 올라간 정자에 의해 수란관 내에서 이루어지며 그 후 자궁내벽에 착생하여 발생을 계속한다. (b) 사람의 정자와 난자의 수정, 위의 주사 전자현미경 사진은 정자의 머리와 기다란 꼬리를 보여준다.

되어있다. 이 입구를 **경부**(cervix)라고 부르며, 근육성의 고리에 의해 둘러싸여 있다. 자궁은 움푹하고 복숭아 모양을 한 작은 주먹크기의 기관이며 내층인 자궁내벽(endometrium)은 두 층을 이루고 있다. 외측의 한 층이 월경주기 동안 벗겨져 나가면 바로 아래의 한 층이 다음 층을 재생한다. 정자는 수축운동으로 자궁을 향해 물결치는 나팔관의 흐름을 유영하며 위쪽으로 거슬러 올라간다. 정자가 나팔관의 윗쪽에서 1개의 알과 수정에 성공하면 수정된 난자(배)는 나팔관 아래로 계속 이동한다. 그것이 자궁에 도달하면 새로운 배가 되어 스스로 자궁내벽에 착상하고 발생을 시작한다(그림 21.14).

21.4 **여성은 28일을 주기로 1~2개의 난모세포가 호르몬에 의해 성숙이 촉진된다. 성숙된 난자는 나팔관으로 들어가 이동을 하며, 만약 이 기간에 수정이 되면 수정난은 자궁벽에 착상되고 배발생이 시작된다.**

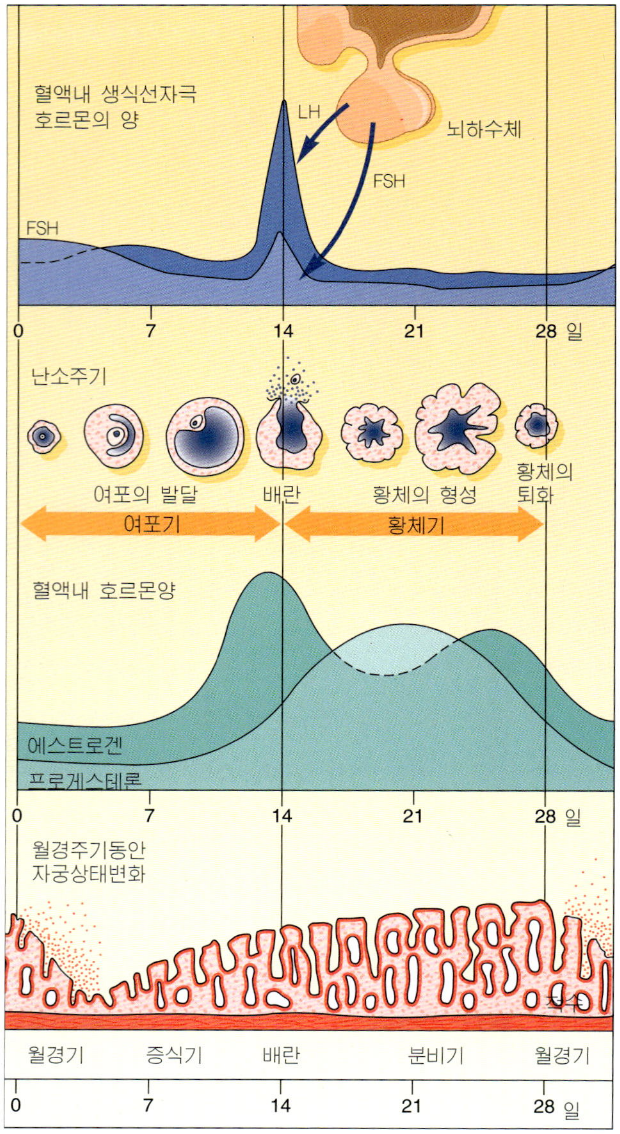

그림 21.15 여성의 월경주기

자궁상피의 성장 및 비후는 프로게스테론의 양에 의해 조절되는데, 혈액이 풍부한 자궁벽이 벗겨 떨어지는 월경은 프로게스테론의 양이 낮아짐에 의해 시작된다.

21.5 호르몬에 의한 생식주기 조절

여성의 생식주기는 여포기와 황체기의 뚜렷한 두 단계로 나눌 수 있으며 한 조의 호르몬에 의해 조절된다. 호르몬은 인간의 생식주기에서도 여러 가지 역할을 수행한다. 포유류에서 지연된 성적발달은 여러 조직에서 성의 발달을 동시에 조절하는 호르몬에 의해 시작된다. 배우자의 생성도 아주 정교한 시간의 조절로 일어나는 연속된 발생과정이다. 성공적인 수정은 산모가 임신을 위해 스스로 많은 변화를 준비하는 또 다른 발달의 시작 프로그램이다

이러한 모든 것을 조절하는 성호르몬은 시상하부에 의해 조절되며, 시상하부는 뇌하수체를 조절하여 뇌하수체에서 직접 특수한 성호르몬을 생산하도록 한다(그림 21.15). 시상하부가 이러한 중요한 역할을 수행하는 것은 피드백에 의해 활동을 조절하기 때문이다. 즉, 어떤 기관이 뇌하수체 호르몬에 의한 자극을 받으면 그들은 자신의 호르몬을 생성하며 이것은 다시 혈류를 타고 시상하부로 가서 뇌하수체 호르몬의 생산을 멈추게 한다.

■ 난자형성의 유발

생식주기 동안에 난소내에서 알이 성숙되는 기간을 여포기(follicular phase)라고 하며, 아주 정교한 호르몬의 조절에 의해 일어난다. 뇌하수체가 시상하부로부터 화학적인 신호를 받으면 여포자극호르몬(follicle-stimulating hormone, FSH)이 분비되며 생식주기가 시작된다. FSH는 난자 표면을 둘러싼 수용체와 결합하여 감수분열이 회복되도록 자극한다. 여포란 난모세포와 그를 둘러싼 조직의 덩어리를 말하며, 정상적으로는 한 번에 오직 한 두 개의 난자세포만이 FSH의 자극에 의해 발달한다. 난자세포가 성숙되면 FSH의 양은 줄어들며 다른 난자세포가 성숙하기 전에 줄어들기 때문에 오직 한 두개의 난자세포만이 매 성주기에서 성숙하게된다. FSH 양이 감소되면 피드백에 의해 뇌하수체에 전달되는데, 이 때 FSH 스스로가 피드백물질이 아니라 다른 호르몬을 분비하여 전달한다. FSH는 난자세포의 최종 발달을 촉진하는 유발자 뿐만 아니라 여성(암컷)의 난소에서 성호르몬인 에스트로겐(estrogen)의 생산을 시작하게 하는 원인이 된다. 혈액에 에스트로겐의 양이 증가하면 피드백으로 시상하부를 자극하고 이 자극은 뇌하수체를 자극해 더 이상의 FSH 증가가 억제된다. 따라서 FSH에 의해 더 이상의 난자세포가 생산되지 않는다. 한편 생식주기에서 에스트로겐 양이 증가하면 여포기를 완성시키는 신호로 작용한다.

■ 수정을 위한 준비

황체기(luteal phase)는 여포기에 이어 자연스럽게 이어진다. 시상하부가 에스트로겐에 반응하는 것은 뇌하수체의 FSH호르몬 생산이 중단되었기 때문이 아니라 황체형성 호르몬(luteinizing hormone, LH)의 분비가 시작되기 때문이다. LH호르몬은 성숙한 난자가 수정되기 위해 배란을 일으키는 호르몬이다(그림 21.16). 즉, LH는 혈류를 타고 발달한 여포에 운반되어 더 이상의 에스트로겐의 생산을 억제하고 여포벽을 파열시킨다.

난소내 여포에서 배출 된 난자는 한쪽 나팔관속으로 들어가 자궁으로 이동된다. 난자(알세포)가 배출 된 후에 파열된 여포는 속이 황색의 물질로 채워져 스스로 복원되는데, 이런 상태를 **황체**(corpus luteum)라고 한다. 황체는 곧 프로게스테론(progesterone)을 분비하여

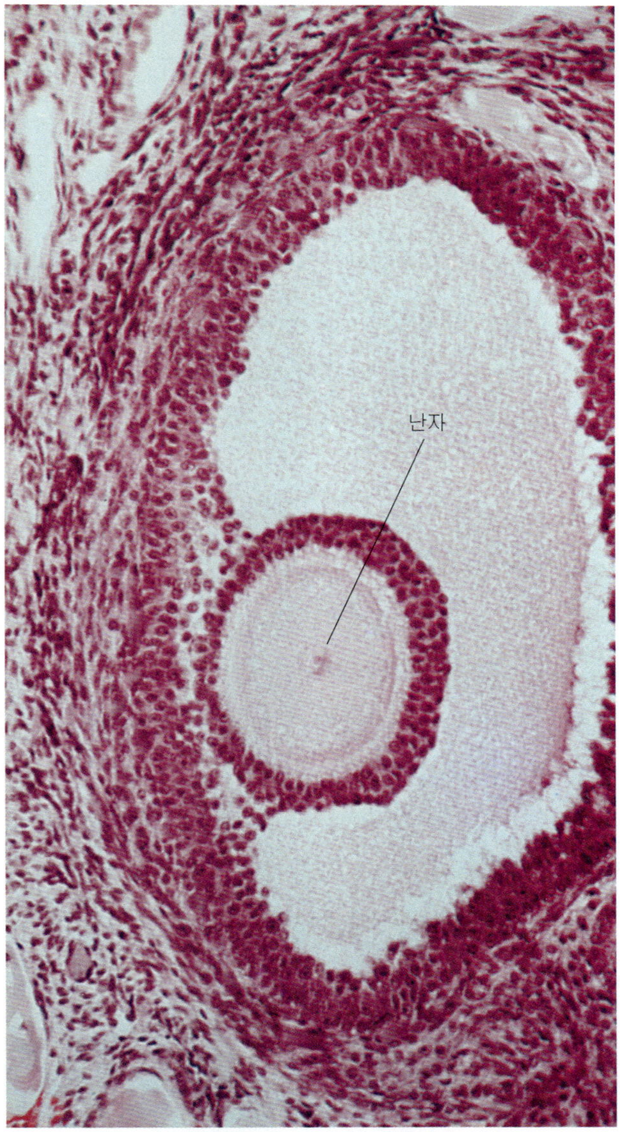

그림 21.16 여포내의 성숙한 난자

각 월경기 동안 소수의 여포가 FSH의 영향을 받아 성장하도록 자극 받지만, 오직 1개만 완전하게 성장한다.

FSH를 억제하고 이 프로게스테론은 수정을 위한 자궁이 준비되도록 하는 체내신호물질이다.

만약 수정이 일어나면 황체는 수주일 동안 프로게스테론의 생성이 계속되고, 그 양이 증가되며 임산부에게는 많은 신체적인 변화가 일어난다. 그 중 배가 안전하게 착상해서 발생 할 수 있도록 자궁벽이 두꺼워진다. 그러나 배란 후 수정이 일어나지 않으면 프로게스테론의 생산이 줄어들며 결국에는 멈춰서 황체기의 말기를 나타낸다. 프로게스테론의 양이 감소되면 월경기 동안 출혈과 자궁상피조직이 떨어져 나온다. 월경(menstruation)은 비록 여성 개인에 따라 많은 변화가 있을 지라도 보통 연속된 배란기의 중간에서 일어난다.

황체기 말기에는 에스트로겐이나 프로게스테론 어느 것도 생산되지 않는데, 이런 상태에서 뇌하수체는 다시 FSH를 생산하여 또 다른 생식주기가 시작된다. 생식주기는 비록 각 여성에 따라 다양하지만 보통 28일을 주기로 일어나며, 한 생식주기가 끝나면 즉시 다시 시작된다.

뇌하수체에서 분비되는 호르몬 중 여성의 생식계에 관련된 중요한 두 가지가 있다. 즉, 유아가 태어 난 후 처음 2일간은 젖샘에서 초유라는 액체를 분비하는데, 여기에는 지방은 거의 없고 단백질과 젖산이 들어있다. 분만 후 3일째는 **프로락틴**(prolactin)이 분비되며, 이 호르몬의 자극을 받아 젖이 분비된다. 또 한 가지는 유아가 처음 젖을 빨 때 젖을 분비시키는 **옥시토신**(oxytocin)이 방출된다. 이 옥시토신은 출산시에 자궁으로부터 분비되는 화학물질과 조화를 이뤄 진통과 분만을 유도한다.

21.5 사람과 유인원은 주기적인 호르몬의 분비와 배란과정에 의해 일어나는 다른 포유동물의 성주기와 마찬가지로 월경주기를 갖는다. 월경주기는 네 가지 호르몬에 의해 조절되는 여포기와 황체기의 뚜렷한 두 가지 양상으로 나타난다.

21.6 배 발생 단계

난할(cleavage): 발생을 위한 단계 착수

사람의 배 발생에서 처음에는 접합자가 2개, 4개, 8개 등으로 빠른 세포분열을 하여 세포 1개의 크기는 작아지지만 전체 세포 수는 많게된다. 첫번째의 분열은 정자와 난자가 만난 후 약 30시간 후에 일어나며, 두번째의 분열도 그 후 약 30시간 후에 일어난다. 이렇게 **난할**하는 동안 배 전체 크기는 증가하지 않고 세포만 계속 분열하여 **상실배**(morula)라고 부르는 약 32개의 밀도 높은 세포로 된다. 상실배의 각각의 세포를 **할구**(blastomere)라 하며, 이 기간에 배는 모체의 나팔관 밑으로 계속 이동하여 약 6일 정도면 자궁벽에 도달하여 자궁벽의 조직속으로 들어간다. 그 후 배는 빨리 발생하여 배를 둘러싸고 영양분을 공급할 보호막을 형성하기 시작하다. 그 중 **양막**(amnion)은 배를 둘러싸서 보호하고 **융모막**(chorion)은 장차 배에 영양을 공급하기 위해 자궁조직과 유합하여 **태반**(placenta)을 형성한다.

상실배는 세포분열만 계속하여 내부공간이 액체로 채워진 세포덩어리의 포배세포가 된다. 결국 500~2,000개의 세포는 속이 액체로 채워진 빈 공모양의 **포배강**(blastocoel)을 이루게 된다. 포배세포 내부의 한쪽에는 장차 발생하여 배가 될 **배반포**(blastocyst)라는 세포내괴가 모여 있다. 한편, 포배세포의 외측을 영양아층이라 하며 장차 배를 둘러싸는 융모막으로 발달하고 복잡한 막으로 얽힌 태반을 형성한다. 세포분열 후 64세포기의 세포 중 61개는 영양아층으로 되고 오직 3개의 세포만 배아세포로 발달한다.

낭배형성(gastrulation): 발생 중 배의 변화 시작

수정후 10~11일 후면, 세포덩어리의 표면에 있는 일

표 21-1 척추동물의 발생단계

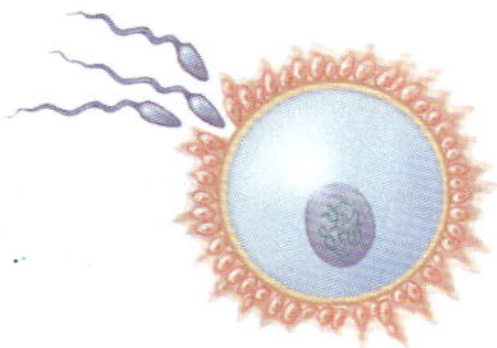

수정 : 단상인 암 · 수 배우자는 접합하여 복상인 접합자가 된다.

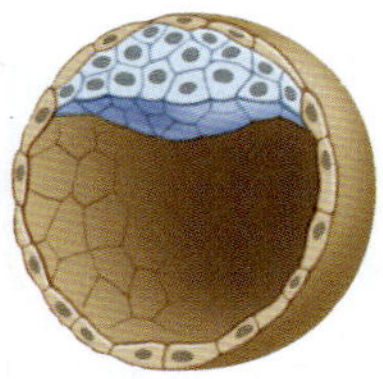

난할 : 접합자는 전체의 크기는 변함없이 빠른 세포분열을 한다. 이러한 세포분열은 한 세포가 알 세포의 다른 부분의 세포질을 받아들이고 서로 다른 신호를 조절하여 미래의 발생에 영향을 끼친다.

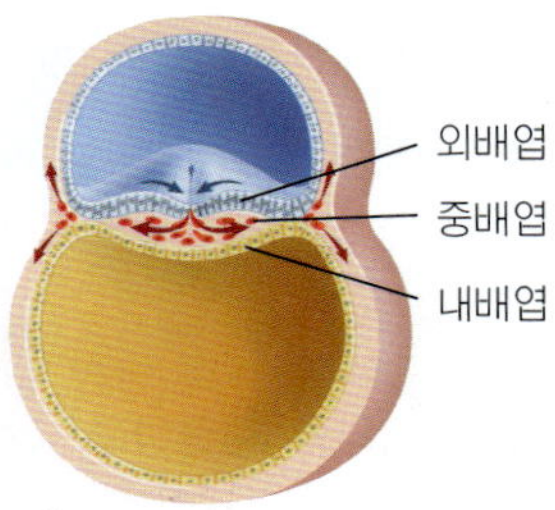

낭배기 : 배 세포는 이동하여 중요한 3개의 세포층(외배엽, 중배엽, 내배엽)으로 된다.

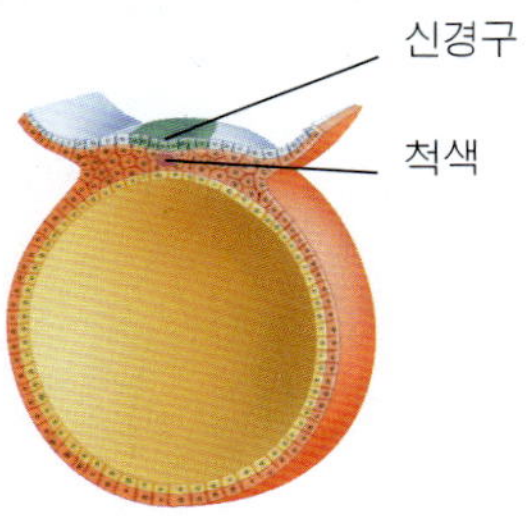

신경관 형성 : 모든 척색동물에서 첫번째는 척색을 만들고 두번째는 등쪽 신경색이 된다.

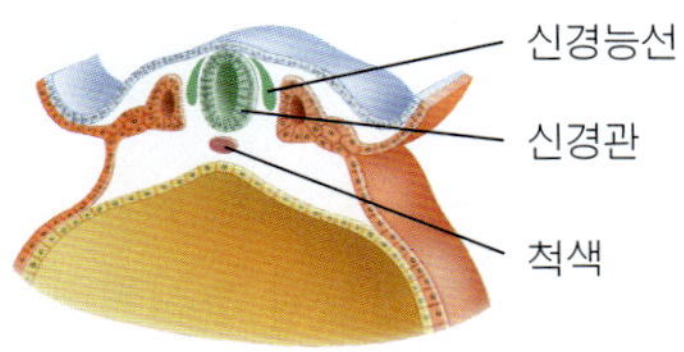

신경능선 : 신경관형성기 동안, 신경능선은 신경관이 만들어짐으로써 형성된다. 신경능선은 여러 가지 척추동물의 독특한 특징으로 된다.

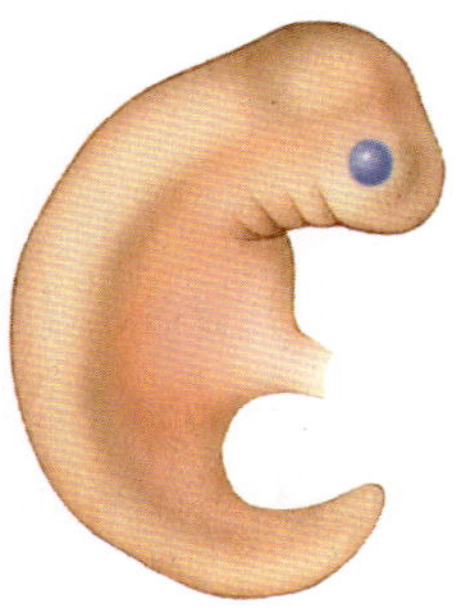

기관 형성 : 3층의 세포들은 여러 가지로 조합하여 몸의 여러기관을 만든다.

부세포들이 안쪽으로 움직여 들어가는데, 이 과정을 **낭배형성**이라고 한다(표 21-1). 먼저 포배세포 덩어리 밑의 세포층은 3개의 주요 조직중의 하나인 내배엽(endoderm)으로 분화되고 위층은 외배엽(ectoderm)으로 분화된다. 이러한 분화 후에 세포덩어리는 위쪽으로부터 안쪽으로 움직이는 세포의 함입에 의해 많은 중배엽(mesoderm)과 내배엽의 일부가 형성되고 배의 중심선에 나타나는 고랑의 가장자리를 따라 이동한다. 이렇게 배의 갈라진 틈으로 함입이 일어난 자리를 원조(primitive streak)라고 한다.

낭배형성기 동안 포배세포덩어리의 약 절반정도가 배세의 내부로 이동하며 이 세포들이 장차 배의 운명을 결정한다. 낭배 말기쯤에 중요한 3개의 세포무리들은 조직으로 되어 분포가 완료되는데, 외배엽은 표피나 신경조직으로 되며, 중배엽은 결합조직, 근육, 관상요소로 그리고 내배엽은 장의 내벽과 그에 유도된 기관으로 운명 지워진다.

신경관형성(neurulation): 몸 구조의 결정

배발생 후 3주동안에 배엽은 3개의 주요 조직과 기관으로 발달하기 시작한다. 모든 척추동물처럼 척색과 등쪽 신경관이 홈을 이뤄 두 가지 특징을 갖는 척추를 형성하는데, 이 시기를 신경관형성이라고 한다.

최초로 형성된 이러한 두 가지의 유연성 있는 구조를 척색(notochord)이라고 하며 낭배형성 과정 후 등쪽 표면 아래에 있는 배의 중선을 따라 중배엽 조직으로부터 형성된다. 척색이 만들어진 후 척색 바로 위에 위치하며 후에 척수와 뇌로 분화 될 외배엽으로부터 신경관이 만들어진다.

등쪽 신경색이 외배엽으로부터 만들어지는 동안 몸의 나머지 기본구조가 중배엽의 변화에 의해 빨리 결정된다.

한편 발달하고 있는 척색의 양쪽은 조직의 형태가 체절화 되며 이 체절은 결국 근육, 척추, 결합조직으로 된다. 발생이 계속되면서 체절(somites)은 더욱 발달하며 중배엽의 다른 쪽의 내부는 콩팥, 부신, 정소 등 많은 샘이 발달한다. 중배엽층의 나머지 세포는 외배엽층의 주변과 밖으로 움직이고 결국에는 전체를 감싸게 된다. 결과적으로 중배엽은 두 층을 이루며 외층은 체벽과 조화를 이루고 내층은 장과 조화를 이룬다. 이 중배엽의 두 층 사이를 체강(coelom)이라 하고 성체의 내부 공간을 이룬다.

3주의 끝 무렵이 되면 체절은 뚜렷한 12개 이상의 체절을 가지며 혈관과 장이 발달하기 시작한다. 이 때의 배의 크기는 약 2mm정도가 된다.

21.6 **척추동물의 배는 3단계로 발생을 한다. 즉 난할 단계에서는 가운데가 빈 세포 덩어리를 형성하고, 낭배단계에서는 세포들이 안쪽으로 이동하면서 원시적인 조직을 형성하며 마지막 신경관 형성기에는 몸의 기관을 형성한다.**

21.7 태아 발생 단계

4주 째: 기관형성

임신 4주가 되면 몸의 각 기관이 형성되기 시작하는데, 이 과정을 **기관형성**(organogenesis)이라고 한다(그림 21.17a).

눈이 형성되고 심장이 뛰기 시작하며, 심장은 4개의 방으로 발달한다. 1분에 70번을 뛰는 작은 심장은 일생동안(약 70 여년) 25억 번의 박동을 뛸 운명에 처하게 된다. 4주 말에는 30쌍 이상의 체절이 보이기 시작하며, 팔과 다리가 형성되기 시작한다. 이 기간에 배는 두배 이상 성장하여 약 5mm정도가 된다.

4주 말경이 되면 대부분 임신한 것을 의식하지 못하는 사이에 계획된 발생은 더욱 활발히 진행된다. 또한

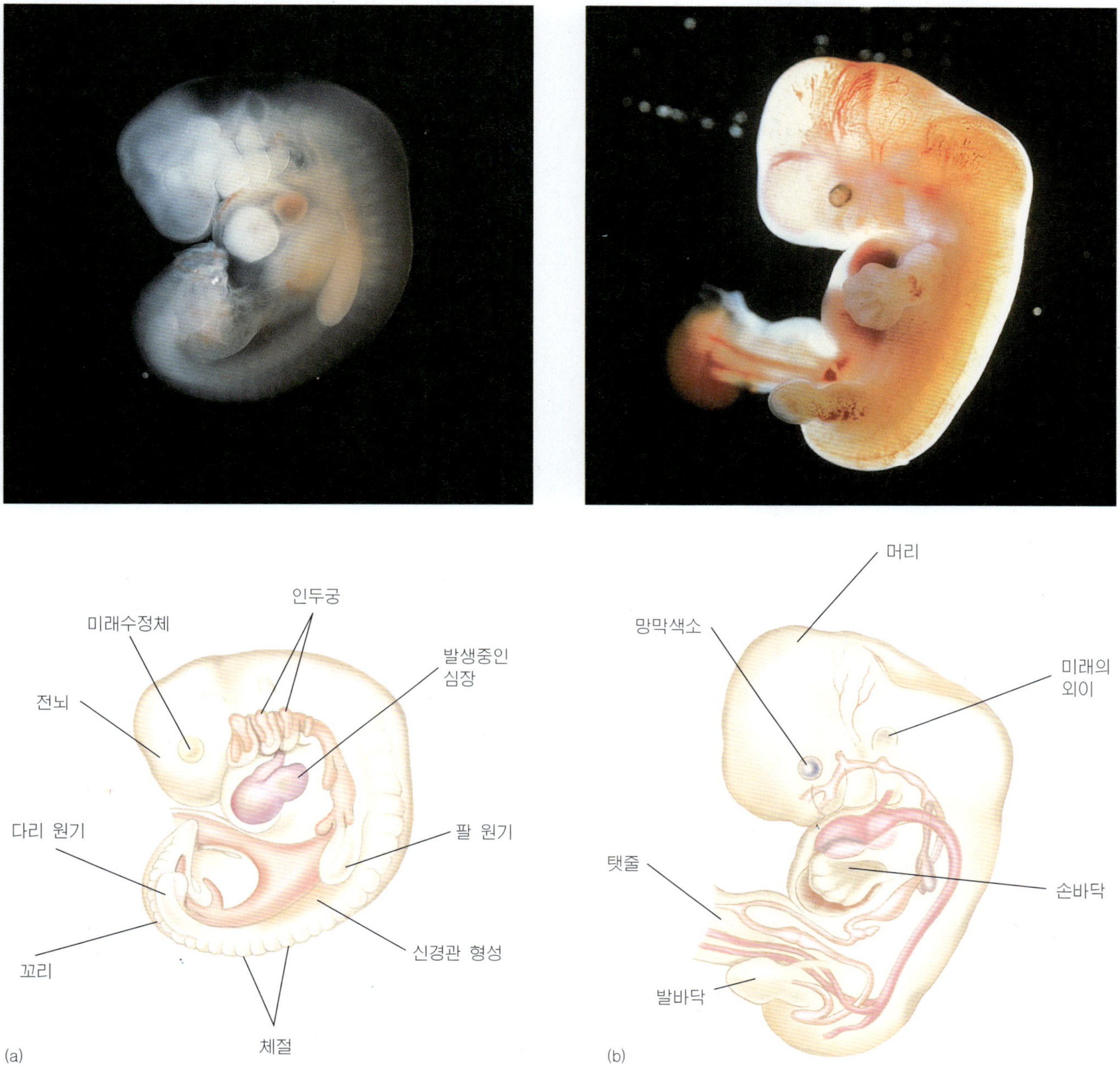

그림 21.17 사람의 태아 발생
(a) 4주 (b) 7주 (c) 3개월 (d) 4개월

이 시기의 배는 발생과정에서 쉽게 파괴 될 수 있으므로 매우 중요한 시기라고도 할 수 있다. 예를 들면, 임산부가 임신기간 중 한달 정도 알코올을 섭취하면 태아 알코올증후군(fetal alcohol syndrome) 이라는 출생결함이 생긴다. 이 증세는 태어난 유아의 얼굴이 기형이며 종종 심한 정신적 장애를 일으킨다. 미국에서는 신생아 250명중 약 1명 꼴로 태아 알코올증후군을 보이며, 이 기간 동안 자연유산이 일어나기도 한다.

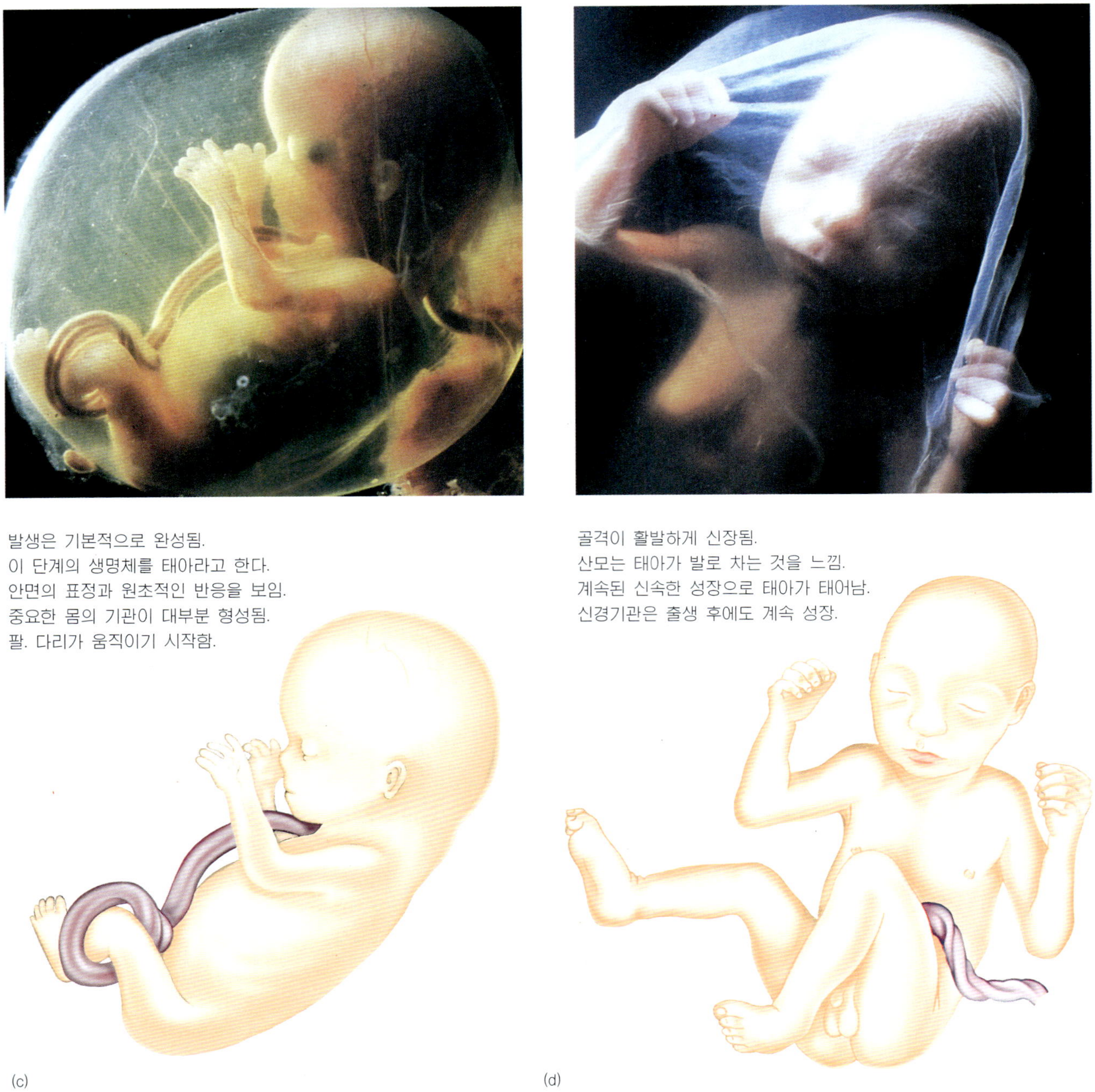

그림 21.17 사람의 태아 발생(계속)

2개월 째: 형태 발생

임신 후 2개월 째가 되면 **형태 발생**(morphogenesis)이 일어난다(그림 21.17b). 배의 작은 손발은 부모와 비슷하며 팔, 다리, 무릎, 팔꿈치, 손가락, 발가락 등을 볼 수 있다. 짧은 골격을 가진 태아꼬리도 볼 수 있는데, 이 골격은 조상들로부터 내려온 진화적 유산이며 후에 미추골과 유합된다. 한편, 체강 내에 간과 이자 같은 중요한 내부기관이 뚜렷하게 된다. 2개월이 끝날 무렵 쯤, 배는 약 25mm(1인치)정도 자라며 체중은 약 1g 정도로 완전한 사람의 모양을 갖추기 시작한다.

3개월 째: 발생의 완성

3개월 째가 되면 기본적인 배 발생은 완성되는데, 이 때부터의 배를 태아(fetus)라고 부른다. 따라서 이 후에는 근본적으로 성장과정만 남은 셈이다. 3개월 째에는 신경계와 감각계가 발달하고, 배는 얼굴표정을 짓기 시작하며 깜짝 놀라거나 젖을 빠는 반응과 같은 원초적인 반응을 나타낸다. 3개월 째 말이 되면 몸의 주요기관이 형성되고 팔과 다리를 움직이기 시작한다(그림 21.17c).

2차 3개월 째: 태아는 본격적으로 성장한다.

임신 4개월 째(그림 21.17d)와 5개월 째가 되면 태아는 약 175mm정도 자라며, 체중은 약 225g정도 된다. 5개월 째는 골격이 형성되며 얼굴이나 몸에는 부드럽고 작은 솜털(lanugo)로 덮이는데, 이것 또한 다른 진화적 잔유물로 생각되며 발생 후반부에 소실된다. 4개월 째 말엽이 되면 산모는 태아가 발로 차는 것(태동)을 느끼며, 5개월 무렵에는 청진기로 태아의 빠른 심장박동소리를 들을 수 있다. 6개월 째가 되면 성장이 더욱 촉진되며 6개월 째 말의 태아는 약 30cm(1피트)이상 크고, 체중은 약 600g 정도(1.5파운드) 되며 출산 전까지 계속 성장한다. 그러나 이 때까지도 태아는 의학적인 도

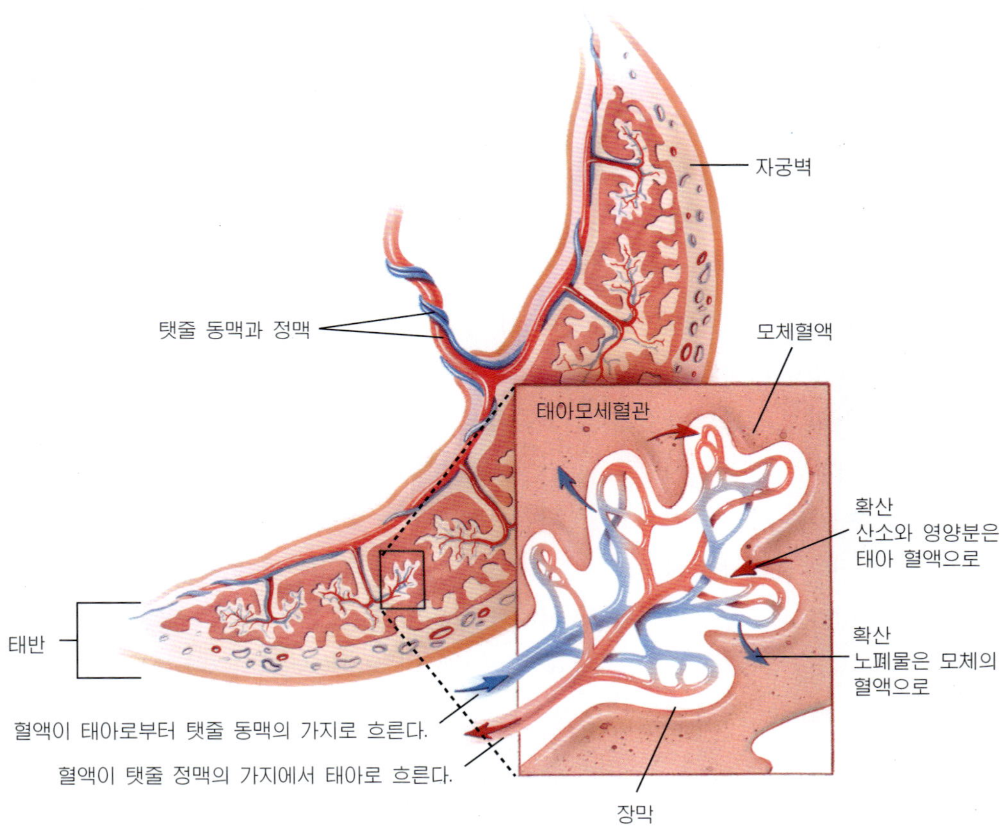

그림 21.18 태반의 구조

산소와 영양분은 확산에 의해 모체의 혈액으로부터 태아의 혈액속으로 들어간다. 노폐물은 반대로 태아의 혈액에서 모체의 혈액으로 확산에 의해 나온다.

움 없이는 자궁 밖에서 살수 없다.

■ 3차 3개월 째: 성장 촉진 단계

이 시기는 성장속도가 가속화되며 성장이 빠른 시기이다. 임신 7, 8, 9개월이 되면 태아의 체중은 두 배 이상 된다. 이 시기는 양적인 성장뿐만 아니라 대부분의 중요한 신경관은 뇌의 내부에서 새로운 뇌세포로 된다.

이러한 태아의 모든 성장은 모체의 혈류에 의해 공급된 영양분이 태반을 통해 태아 혈액속으로 들어감에 의해서 이루어진다(그림 21.18). 영양실조된 산모는 태아의 성장에 심각한 영향을 미치며 심한 경우 정신지체의 미숙아를 출산한다. 태아영양부족에서 오는 정신지체는 가난과 굶주림이 흔한 많은 개발도상국에서는 심각한 사회문제이다.

3차 3개월 째의 말엽까지도 태아의 뇌신경조직은 초보적 단계에 있으며, 출생 후에도 장기간 발달이 진행된다. 이 무렵이 되면 태아는 스스로 존재할 수 있는데, 그렇다면 태아는 왜 자궁내에서 뇌신경조직이 완성 될 때까지 발생을 계속하지 않을까? 그리고 무엇이 태아를 밖으로 밀어내어 이 세상에 태어나게 하는가? 아마도 자궁에서는 산모나 태아가 다치지 않고 골반을 나올 수 있을 때까지만 육체적인 성장을 하는 것으로 생각된다. 임산부를 통해 밝혀진 바에 의하면 그것은 사실로 확인되고 있으며, 자궁에서 살 수 있는 가능성이 최고에 다달았을 때 출생하며 장래에 어떤 운명에 처하더라도 태아는 한 인간으로 태어난 것이다.

그림 21.19 유아에게 젖을 먹이는 산모

유아는 출생 후 1년 동안 매우 빠르게 성장한다. 이 시기의 산모에게는 성장하는 유아에게 공급 할 충분한 영양분이 필요하다.

■ 출생 후 성장

아이는 출생 후 1~2 달만에 체중이 배로 늘어 날 정도로 빠른 성장을 한다(그림 21.19). 그러나 몸의 각 부위는 성장과 정지시기가 다르기 때문에 성체와 태아의 몸 구성 비율이 다르다. 신경계의 경우 출생시기에는 1분에 평균 250,000개 이상의 새로운 신경세포가 생기지만, 출생 후 약 6개월이 지나면 이제까지 빠르게 생성되던 신경세포는 영원히 성장을 멈춘다. 양 턱과 두개골의 성장도 출생시기에 같은 비율로 성장되기 때문에 머리의 비율은 출생 후에 변하지 않는다. 그렇기 때문에 어린 태아의 머리는 어른과 큰 차이가 나지 않는다.

21.7 **태아의 중요한 발생은 임신 초기에 일어난다. 즉, 4주 째가 되면 기관이 형성되고, 2개월 정도면 뚜렷한 사람의 모습을 갖춘다. 이때까지만 해도 많은 임산부들 자신은 임신한 사실을 모르는 경우가 있지만 배발생은 기본적으로는 완전하게 갖추고 있다. 나머지 발생은 성장단계만 거치는 셈이다.**

21.8 피임법

모든 부부가 성관계를 가질 때마다 임신이 되기를 원하는 것은 아니다. 이러한 문제를 해결하기 위해서는 정상적인 성생활을 하면서 임신을 피하는 소위 피임법(birth control)을 알아야 한다. 현재 여러 가지 피임법이 이용되고 있지만(그림 21.20) 이 방법은 효율성과 만족감 면에서 부부에 따라 다르다.

임신을 막는 한 가지 방법으로서 성주기 조절법(rhythm method)이 있다. 이 시기는 수정이 될 가능성은 높지만 성주기의 나머지기간은 성관계를 가져도 비교적 안전하기 때문이다. 성주기 조절법은 원칙적으로는 안전하지만 예상 밖의 배란이 일어날 수도 있기 때문에 적용이 어렵다.

그림 21.20 네 가지 피임법

(a) 콘돔 (b) 살정제 (c) 격막과 살정제 (d) 경구피임약

난자성숙의 억제

1960년이후 미국에서 널리 이용한 피임법으로 매일 에스트로겐이나 프로게스테론 호르몬 그리고 피임약 등을 먹는다. 이 호르몬은 뇌하수체 호르몬인 FSH나 LH의 생산을 멈추게 하며, 배란이 일어나지 않았는데도 마치 배란이 일어났던 것처럼 체내의 활동을 혼란시킨다. 만약 FSH가 없으면 난소내의 여포는 성숙하지 않고 LH가 없으면 배란이 일어나지 않는다. 이러한 피임법은 매우 효과적이며 실패율은 10% 미만이다.

배의 착상 억제

자궁속에 코일형의 물질이나 다른 불규칙한 물건을 삽입하여 자궁내벽에 배의 착상을 억제시키는 피임법이다. 이러한 자궁내 피임기구 삽입을 이용한 피임법은 실패율이 4% 미만으로 매우 효과적이다. 이것은 호르몬을 먹는 것과 마찬가지로 높은 효율성을 나타내며 수술하여 내부에 삽입하면 오랫동안 피임을 유지할 수 있다.

정자 차단

만약 정자가 자궁에 들어가지 않으면 수정은 일어나지 않는다. 정자가 들어가지 못하게 하는 방법으로 남자의 음경을 콘돔 이라는 얇은 고무 주머니로 감싸는 것이다. 이론적으로 이 방법은 적용하기가 아주 쉽고 간단하다. 정자가 들어가지 못하게 하는 두번째 방법은 성교 전에 바로 격막(diaphragm) 이라는 고무로 된 물질로 자궁경부를 덮는 법이다. 여성에 따라 자궁경부의 직경이 다르기 때문에 격막은 의사의 진찰에 의해 맞춰야 하며 실패율은 평균 20% 정도다.

■ 정자 파괴

세번째로 일반적인 피임법은 사정후의 정자를 제거하거나 죽이는 방법이다. 정자는 질 속에서 살정제에 의해 죽는다. 이것은 성교 전에 바로 적용할 필요가 있다. 실패률은 3%~22% 정도로 다양하다.

21.8 많은 피임법이 이용되고 있으며 그 중에는 매우 효과적인 방법도 있다.

Chap 22

동물 몸의 방어체계

우리는 미생물들로 가득 찬 세상에서 살고있으며, 어느 동물도 자신을 보호하지 않고서는 미생물의 공격을 견디어 낼 수 없다. 동물들은 미생물로부터의 지속적인 공격에 대한 매우 효과적인 다양한 방어체제를 갖추고 있다.

22.1 피부: 1차 방어체제

세 가지 방어체제의 개요

척추동물은 마치 기사들이 중세의 도시들을 보호하는 것처럼 감염으로부터 보호받는다. 성벽과 해자는 침입을 막아주고 순시하는 순찰대는 이방인들을 공격하며, 보초는 유랑하는 사람들을 검문하여 정당한 신분이 확인되지 않으면 순찰대를 부른다.

1. **성벽과 해자** 척추동물의 신체의 가장 외곽에 있는 층은 피부로서 미생물 침투에 대한 1차 장벽이다.
2. **순시하는 순찰대** 만약 1차 방어체제가 뚫리면 몸은 특정한 세포와 화학물질로 역습을 감행한다.
3. **보초** 마지막으로 몸은 혈류를 따라 돌아다니면서 세포의 표면을 조사하는 이동성 세포의 보호를 받는다. 이들은 면역계의 일부로서, 한 종류의 면역세포는 외래세포로 인정되는 세포를 공격하여 죽이고 다른 종류의 세포는 순시하는 순찰대의 공격을 받도록 외래의 세포나 바이러스에 표식을 한다.

피부

피부는 척추동물의 신체의 가장 바깥층이며(그림 22.1) 미생물의 침입에 대한 1차적인 방어수단이다. 피부는 우리 몸무게의 약 15% 정도를 차지하는 가장 큰 기관이다. 팔의 피부의 경우 cm^2당 200개의 신경말단, 10개의 털과 근육, 100개의 땀샘, 15개의 기름샘, 3개의 혈관, 12개의 열 감각기, 2개의 냉 감각기 그리고 25개의 압각기가 존재한다. 피부는 **표피**, **진피**, **피하층**의 3개의 층으로 구성되어 있다. 가장 바깥에 존재하는 상피세포들은 꾸준하게 닳아서 없어지며 아래에서 올라오는 세포들로 치환된다(평균적으로 1시간에 약 150만개

그림 22.1 피부는 척추동물의 1차 방어체제이다

이 어린 코끼리는 혁대보다 두꺼운 피부를 가져서 덤불을 통과해도 상처가 없이 무리와 함께 이동할 수 있다.

의 세포가 없어지고 새로 생겨난 세포들로 치환된다).

표피는 약 10~30개 세포 두께에 해당되는 세포층으로 되어있고 인쇄용 종이만큼 두껍다. 가장 바깥에 존재하는 **각질층**(stratum corneum)에 존재하는 세포들은 사람이 활동할 때 일어나는 마찰과 압력에 의하여 벗겨지고 상처를 입고 마모가 되는 등 끊임없는 손상을 입고 수분을 잃어서 건조해진다. 우리 몸은 이러한 손상된 세포들을 수리하기보다는 교체함으로써 손상된 부위를 복구시킨다. 즉 각질층의 세포들은 계속적으로 벗겨지며 표피의 깊숙한 곳에서 만들어지는 새로운 세포들로 치환된다. 표피의 가장 안쪽에 존재하는 **기저층**(basal layer)의 세포들은 척추동물의 신체에서 가장 활발하게 분열한다. 기저층에서 새롭게 생성된 세포들은 세포들을 튼튼하게 해주는 단백질인 케라틴을 만들면서 표피의 위쪽으로 이동한다. 결국 이 세포들은 표피의 바깥표면에 도달하여 약 한 달간 각질층의 세포로서의 임무를 수행하게된다. 즉 계속적으로 벗겨지며 표피의 깊숙한 곳에서 만들어지는 새로운 세포들에 의하여 치환된다. 만성피부질환인 건선은 새로운 세포들이 정상보다 훨씬 빠르게(정상에서는 1개월 정도가 걸리는데 건선에서는 3~4일정도) 표피의 표면에 도달하기 때문에 생기는 질환이다.

피부의 진피는 표피보다 15~40배 정도 더 두껍다. 진피는 피부에 존재하는 많은 종류의 특수한 세포들의 기질(matrix)로 이용될 뿐만 아니라 표피를 구조적으로 지지하는 역할도 한다. 사람이 나이가 들면 생기는 주름은 진피에서 일어나며 혁대나 신발을 만드는데 이용되는 가죽도 진피에서 나온다. 진피의 바로 아래에 있는 피하층은 충격을 흡수하고 체온을 보존하는 절연체 역할을 하는 지방이 풍부한 세포들로 구성이 되어있다.

피부는 거의 침투가 불가능한 장벽으로 신체를 보호할 뿐만이 아니라 여러 가지 화학무기들로 방어를 강화한다. 가령 표피에 있는 기름샘과 땀샘들은(그림 22.2) 피부의 표면을 강 산성화시켜서 많은 미생물들의 성장을 억제하며, 땀도 많은 세균들의 세포벽을 공격하여 분해하는 라이소자임이라는 효소를 함유하고 있다.

기타의 체외 표면들

피부 외에도 바이러스나 미생물들의 잠재적인 침입경로인 소화관과 호흡관이 보호되어야 한다. 식품에 존재하는 미생물들의 대부분은 라이소자임을 함유한 침, 위의 산성 환경 그리고 장에 있는 소화효소들에 의하여 죽게된다. 들여 마신 공기에도 많은 미생물들이 존재한다. 기관이나 기관지를 싸고 있는 세포들은 대부분의 미생물들을 붙잡을 수 있는 끈끈한 점액을 분비함으로서 허파에 도달하는 것을 막는다. 이 호흡관을 싸고 있는 다른 종류의 세포들은 세포에 붙어 있는 섬모를 이용하여 이 점액을 계속해서 후두 쪽으로 밀어낸다. 그곳에서 점액이 삼켜짐으로서 허파에 침입할 수 있는 침입자들을 소화관 쪽으로 운반하게 된다.

이러한 표면 방어 시설들은 아주 효과적이긴 하나 가끔 방어선이 돌파 당한다. 세균과 바이러스들은 이렇게 호흡, 식사 또는 상처부위와 틈새를 통하여서 우리 몸을 침범한다. 이러한 침입자들이 보다 깊은 조직에 도달하게되면 2차 방어체제인 세포의 역습이 작용하게

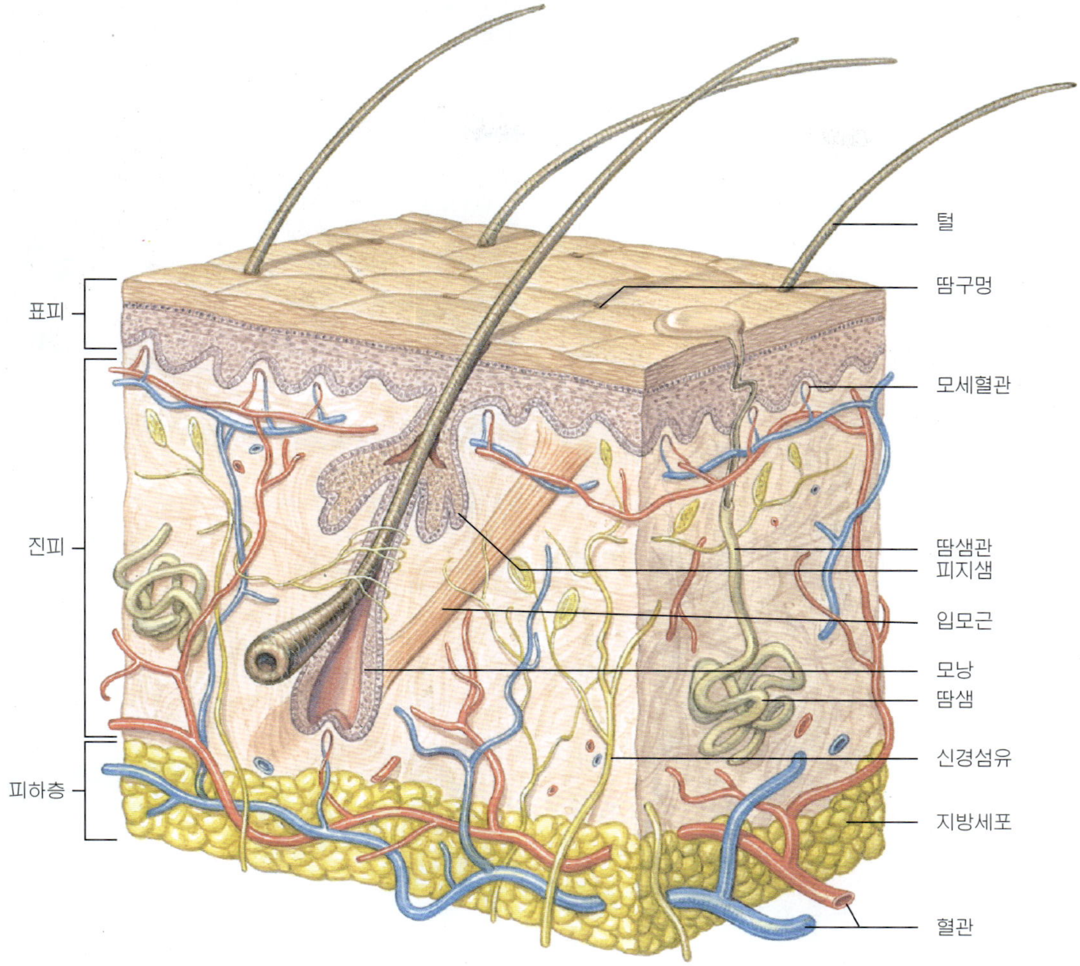

그림 22.2 사람 피부의 단면도

피부는 방어벽과 피부의 표면을 산성으로 만들어서 미생물의 성장을 억제하는 물질을 분비하는 땀샘과 피지샘에 의하여 신체를 방어한다.

된다.

> **22.1** 피부 그리고 소화관과 호흡관을 싸고 있는 점막은 신체의 1차 방어체제이다.

22.2 세포의 역습: 2차 방어체제

몸의 내부가 침입을 당하면 곧 많은 세포적, 화학적 방어수단이 작동하게 된다. 그 중에서도 네 가지가 특별히 중요하다. 첫째는 침입한 미생물들을 죽이는 세포들이고, 둘째는 침입한 미생물들을 죽이는 단백질들이며, 셋째는 방어에 참여하는 세포들을 감염부위로 이동하도록 도와주는 염증 반응이며, 마지막으로 침입한 세균의 성장을 늦추기 위하여 체온을 올리는 열 반응이다.

침입한 미생물들을 죽이는 세포들

감염에 대한 가장 중요한 역습은 침입한 미생물들을 공격하는 백혈구들에 의하여 시작된다. 백혈구는 혈관을 돌면서 조직에 있는 침입자들을 기다린다. 대식세포(macrophage), 중성백혈구(neutrophil), 자연살상세포(natural killer cell)의 세 가지 기본적 백혈구가 있다. 이들은 각각의 전략을 이용하여 미생물들을 죽인다.

대식세포

대식세포라는 이 백혈구는 마치 아메바가 먹이를 섭취하는 것처럼 세균을 삼킨다(그림 22.3). 비록 일부 대식세포들은 비장과 같은 특별한 기관들에 머물러 있으나 대부분은 혈액, 림프, 세포간 유동액에 단핵세포(monocyte)라는 전구세포 상태로 존재하면서 몸을 순찰한다. 대식세포는 신체에서 가장 활발하게 움직이는 세포에 속한다.

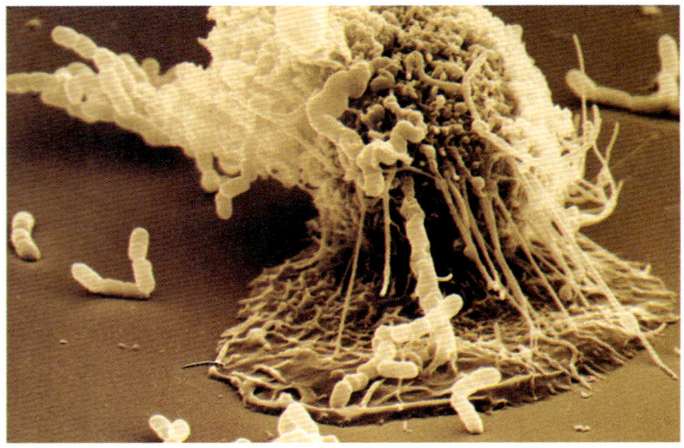

그림 22.3 활동 중인 대식세포

이 주사전자현미경 사진에서는 길고 끈끈한 세포질 연장물질을 이용하여 낚시질하고 있는 모습이 보인다. 세균은 이 세포질 연장물질과 접촉하게 되어서 식균세포에 의하여 잡아먹힌다.

중성백혈구

중성백혈구는 일본 카미가제 특공대처럼 행동한다. 이들은 여러 종류의 화학물질을(가정의 표백제와 똑같은) 분비하여 감염된 전체부위를 중성화시킴으로서 자신을 포함하여 주위에 있는 모든 종류의 세균을 죽인다. 이와는 대조적으로 대식세포는 침입한 세포를 한번에 하나씩 죽이는 활동을 한다.

자연살상세포

자연살상세포라는 백혈구는 침입한 미생물들을 직접 공격하지는 않고, 이 미생물들로 감염된 몸의 세포들을 공격한다. 자연살상세포는 표적세포의 세포막에 구멍을 냄으로써 세포 안으로 물이 들어가 세포가 팽창되어 터지게 한다(그림 22.4). 자연살상세포들은 특별히 바이러스에 감염된 신체의 세포들을 찾아내어 공격하는데 효과적이다. 이들은 또한 암세포가 악성종양으로 발달하기 전에 암세포를 죽인다(그림 22.5).

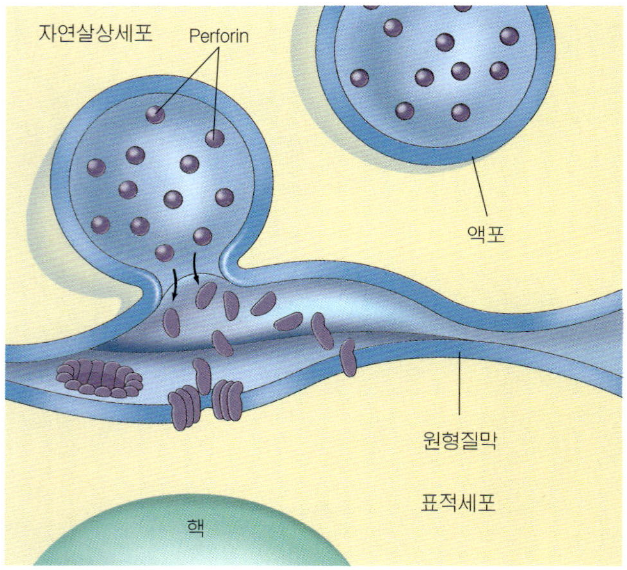

그림 22.4 자연살상세포가 표적세포를 공격하는 방법

먼저 자연살상세포가 표적세포에 단단하게 결합한다. 이 결합은 살상세포의 내부에서 연쇄적인 반응을 일으킨다. 이 과정에서 perforin을 함유한 액포가 외부의 원형질막 쪽으로 이동하여 표적물 위의 세포간 공간에 내용물을 쏟아 붓는다. 이 perforin 분자는 세포막에 삽입된 후 구멍을 형성하여 이 구멍을 통하여 물이 들어오게 하여 세포를 파괴시킨다.

이러한 세 종류의 살상세포들은 외래 세포로부터 자신의 세포를 구분할 수 있는데 이는 자신의 신분을 증명할 수 있는 조직적합성 단백질(MHC)을 함유하고 있기 때문이다. 만약 방어세포들이 남과 자신을 정확하게 구분할 수 있는 능력을 상실하면 자신의 조직을 공격할

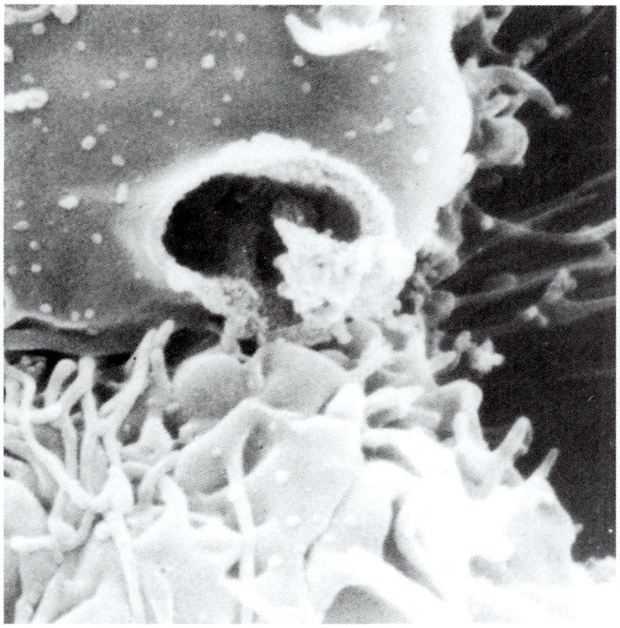

그림 22.5 암 세포의 죽음

자연살상세포가 암세포의 원형질막에 구멍을 내면서 공격하고 있다. 물이 암세포 내부에 들어가서 풍선처럼 부풀게 한다. 곧 이 암세포는 파괴될 것이다.

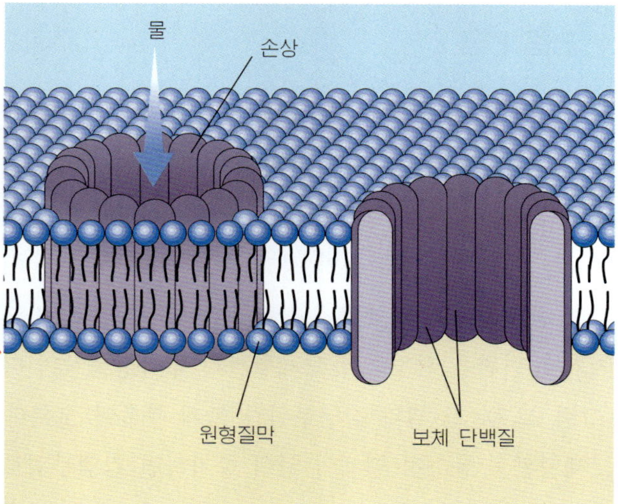

그림 22.6 보체가 세포에 구멍을 내는 모식도

보체 단백질은 마치 자연살상세포에 의하여 생성된 perforin으로 채워진 구멍과 비슷한 막관통수로를 형성한다. 양자간의 차이점도 있다. 보체 단백질은 혈장에서 자유스럽게 떠다니다가 침입한 미생물에 직접 결합한다. 살상세포에 의하여 생성된 perforin분자는 미생물이 아닌 감염된 신체 세포에 구멍을 뚫는다. 그러나 두 방어 수단의 최종 결과는 아주 유사하다.

수도 있게 되는데, 이 질병을 자가면역 질환이라 한다.

침입한 미생물들을 죽이는 단백질들

척추동물의 세포적 방어체제는 **보체계**(complement system)라 하는 아주 효과적인 화학적 방어수단의 도움으로 더 완전하게 된다. 이 보체계는 약 20여 종의 단백질로 구성되어 있는데, 이 단백질들은 평상시에는 불활성화된 상태로 혈장을 돌아다니다가 세균이나 균류의 세포벽과 만나면 방어활동을 시작한다. 보체계의 단백질들은 모여서 세포막공격복합체를 형성하여 외래 세포의 세포막에 침투하여 자연살상세포가 만드는 것과 비슷한 구멍을 형성한다(그림 22.6). 그러면 외래 세포 안으로 물이 들어가 세포가 팽창되어 터지게 된다.

보체계의 단백질들은 다른 방어수단의 효과를 증진시킬 수 있다. 어떤 단백질들은 히스타민 분비를 촉진하여 염증 반응을 증폭시키고 어떤 것들은 식균세포(단핵세포와 중성백혈구)를 염증부위로 끌어들이기도 하며 어떤 것들은 침입한 미생물의 표면을 뒤덮어서 식균세포가 미생물에 쉽게 접근하게 도와주기도 한다.

방어에서 중요한 역할을 하는 단백질 중의 하나가 인터페론(interferon)이다. 인터페론에는 알파인터페론, 베타인터페론, 감마인터페론과 같이 세 가지 종류가 있다. 거의 모든 세포들은 알파인터페론과 베타인터페론을 만들어 낸다. 이런 단백질들은 바이러스의 감염부위 근처에 있는 세포들을 보호하는 전령의 역할을 한다. 즉 바이러스가 주위에 있는 세포에 감염하더라도 증식하여 새로운 바이러스입자를 만드는 작용이 인터페론에 의하여 억제된다. 감마인터페론은 특정한 종류의 림프구와 자연살생세포에 의하여 만들어진다. 이 세포들에 의한 감마인터페론의 분비는 감염과 암에 대한 면역 방어 수단의 하나이다.

염증 반응

감염에 대한 공격적인 세포적, 화학적 역습은 **염증 반응**의 지원을 받으면 더욱 효과적으로 작용할 수 있다. 감염되거나 상처를 입은 세포들은 히스타민과 프로스타글란딘과 같은 화학적인 경고신호를 내보내는데, 이러한 물질들은 감염부위나 상처부위에 혈류를 증가시키거나 혈관을 확장하여 모세혈관의 투과성을 높인다(그림 22.7). 그 결과 감염부위가 붉게 부풀어 오른다. 모세혈관을 통하여 혈액의 양이 증가하면 감염부위로 식균세포들의 이동이 촉진된다. 우선 중성백혈구가 도착하여 미생물과 주위에 있는 조직세포 심지어는 자신도 죽일 수 있는 화학물질들을 쏟아놓는다. 다음에 단핵세포가 도착하여 대식세포로 분화된 후에 병원균과 죽은 세포의 시체를 삼켜버린다. 이러한 세포의 역습은 많은 대가를 치루는데, 감염 뒤에 생기는 고름은 죽었거나 죽어 가는 중성백혈구와 조직세포 그리고 병원균의 혼합체이다.

열 반응

사람의 병원성 세균들은 높은 온도에서는 잘 증식하지 못한다. 그래서 대식세포가 공격을 시작할 때 뇌에 체온을 상승시키라는 신호를 보낸다. 신체의 항온조절 장치기능을 담당하는 뇌세포 집단은 대식세포가 분비한 화학적 신호에 반응하여 정상체온인 37℃보다 체온을 몇 도 상승시킨다. 열은 미생물의 성장 억제에 아주 효과적이지만 매우 높은 발열은 아주 위험하다. 왜냐하면 지나친 열은 효소들을 불활성화 시키기 때문이다. 일반적으로 온도가 39.4℃ 이상이면 위험하며 40.6℃

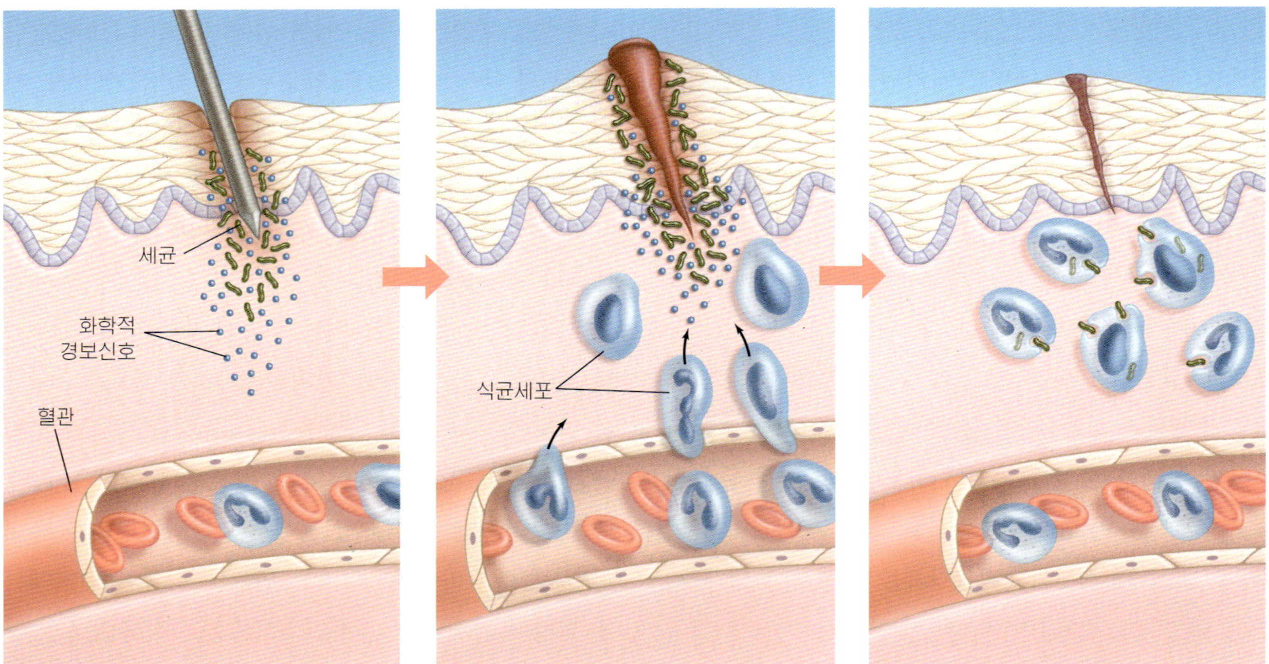

그림 22.7 국부적인 염증 반응

미생물이 피부를 침투하면 히스타민과 프로스타글란딘과 같은 화학물질들이 주위의 혈관을 확장시킨다. 증가된 혈류는 세균을 공격하여 잡아먹는 식균세포들이 더 많이 모이게 한다.

이상이면 치명적이다.

화학적, 세포적인 무기로 구성된 2차 방어체제는 미생물의 감염에 대한 정교한 방어수단을 제공한다. 세균이나 바이러스들이 이 방어체제를 무너뜨리는 경우도 있다. 이런 상황이 생기면 3차 방어체제가 작동한다. 이것이 바로 신체의 방어체제 중에서 가장 정교한 면역계이다. 이 면역계는 다른 방어수단과는 달리 침입자를 기억하고, 후에 똑같은 침입자들이 나타나면 바로 공격을 개시한다.

22.2 척추동물들은 침입한 미생물들을 죽일 수 있는 세포와 단백질 그리고 염증 반응, 열 반응과 같은 세포적 무기와 화학적 무기를 가지고 감염에 대응한다.

22.3 면역계: 3차 방어체제

면역방어기작은 백혈구의 작용으로 일어난다. 이 백혈구는 수적으로 아주 많아서 100조 개에 달하는 몸의 세포 중 약 2% 정도를 차지하고 있다. 대식세포도 중성백혈구와 자연살생세포와 마찬가지로 백혈구이다. 그리고 T 세포, B 세포, 형질세포, 비만세포, 단핵구도 백혈구이다(표 22-1). T 세포와 B 세포를 합하여 **림프구**라 하는데 이들은 특이적 면역 반응에 필수적이다.

골수에서 기원하는 **T 세포**는 심장 바로 위에 존재하는 흉선(thymus, 그래서 T 세포라 함)으로 이동하는데 그곳에서 미생물과 바이러스의 표면에 존재하는 항원을 인지하는 능력을 갖춘다. **항원**(antigen)은 특이적 면역 반응을 일으키는 분자이다. 항원은 단백질과 같이 크고 복잡한 분자이며 일반적으로 세균과 바이러스와 같이 이질적이다. 수천만 개 정도의 T 세포가 우리 몸에서 만들어지는데 각각의 T 세포는 특정 항원을 인지한다. 어떤 침입자도 T 세포에 의하여 탐지되지 않은 채 도망칠 수 없다. T 세포는 크게 네 가지 종류가 있다.

표 22-1 면역계의 세포

세포 유형	작 용
보조 T 세포 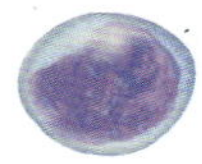	면역 반응의 사령관: 감염을 감지하고 신호를 울리면서 T 세포와 B 세포의 반응을 일으킨다.
유도 T 세포	감염에 대항하는 면역 반응에는 관여하지 않는다. 흉선에서 다른 T 세포의 성숙에 관여한다.
세포독성 T 세포	감염된 세포를 찾아서 죽인다. 보조 T 세포에 의하여 활성화된다.
억제 T 세포	감염이 퇴치된 후에 방어체계를 감염이 전 상태로 되돌리기 위하여 T 세포와 B 세포의 활동을 억제한다.
B 세포 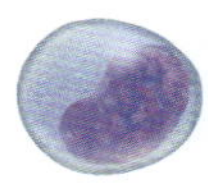	형질세포의 전구세포로서 특정 외부항원을 인지하도록 특수화되어 있다.
형질 세포 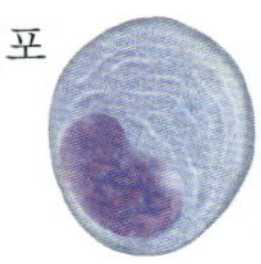	특정한 외부항원에 결합하는 항체를 만드는 공장
비만 세포 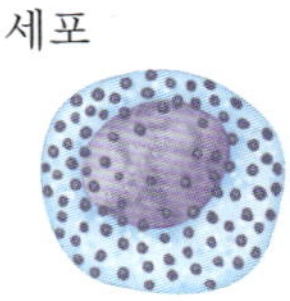	감염 부위에 백혈구의 도착을 도와주는 면역 반응의 시발자. 히스타민을 분비하여 알레르기 반응에서 중요한 역할을 담당한다.
단핵구 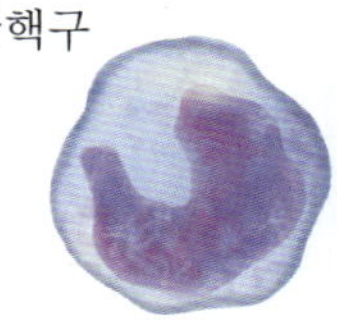	대식 세포의 전구세포
대식 세포 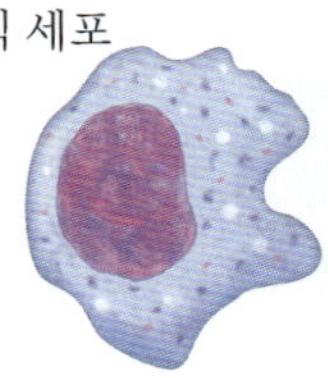	신체에서 일어나는 최초의 세포성 방어 수단. T 세포에 대한 항원제시 세포로 작용하며 항체와 결합한 세포를 잡아먹는다.
살상 세포 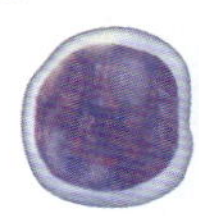	감염된 세포를 인지하여 살상시킨다. 자연 살상세포는 다양한 침입자에 의하여 감염된 세포를 찾아서 죽이는데 반하여 살상 세포는 항체와 결합한 세포만 죽인다.

유도 T 세포는 흉선에서 T 세포의 발생을 감독하며, 보조 T 세포는(T_H라 표기됨) 면역 반응을 일으키며, 세포독성 T 세포는(T_C라 표기됨) 바이러스에 의하여 감염된 세포를 분해시키며, 억제 T 세포는 면역 반응을 종결시킨다.

T 세포와는 달리 **B 세포**는 흉선으로 이동하지 않고 골수에서 성숙한다. 골수에서 성숙된 B 세포는 방출되어 혈관과 림프관을 순환한다. T 세포와 마찬가지로 각각의 B 세포도 특정한 항원을 인지할 수 있도록 특수화되어있다. B 세포는 표적 항원을 만나면 신속하게 분열을 시작하며, 그 세포의 자손들은 형질 세포와 기억세포로 분화한다. 각각의 형질세포는 항체(antibody)를 만드는 작은 공장이다. 이 항체들은 항원에 부착하고 그 항원을 가진 세포가 파괴되도록 표지한다.

22.3 T 세포는 흉선에서, B 세포는 골수에서 생긴다. B 세포가 특정한 항원을 만나면 항체를 생산하는 형질세포로 된다.

22.4 면역계의 진화

무척추동물

무척추동물들은 자기 세포의 표면에 '자기'를 나타낼 수 있는 단백질로 표시하여 이 문제를 해결한다. 무척추동물에 있는 특수한 아메바성 세포들은 '자기'의 표시가 결여된 침입 세포들을 공격하여 삼켜버린다. 무척추동물은 외래 세포와 바이러스를 인지하기 위하여 음성(negative) 시험방법을 이용한다. 이런 방법은 무척추동물에 아주 효과적인 정찰체제를 제공하지만 하나의 약점이 있다. 즉 어느 미생물이나 바이러스가 무척추동물이 가지는 '자기'를 나타낼 수 있는 표시와 비슷한 표면 단백질을 가지게 되면 이 미생물들은 외래 물질로 인지가 안 된다는 점이다. 이 경우 무척추동물은 모방을 잘 하는 침입자에 대하여서는 방어기작을 상실하게 된다.

1882년에 러시아의 동물학자인 Elie Metchnikoff는 무척추동물들이 면역학적 방어수단을 가진다는 것을 맨 처음 관찰한 사람이다. 시실리의 백사장에서 그는 투명한 불가사리의 유생을 장미 가시로 찔렀다. 다음날 아침 장미 가시의 표면을 덮고 있는 많은 작은 세포들을 관찰하였는데, 이 작은 세포들은 마치 장미가시를 삼킬 것 같은 모양을 하고 있었다(그림 22.8). 그는 **세포성 면역 반응**이라고 알려진 이 발견으로 **항체** 또는 **체액성 면역 반응**이라고 하는 또 다른 중요한 면역 방어수단을 발견한 Paul Ehrlich와 함께 1908년 노벨 의학상을 수상하였다. 이 무척추동물의 면역 반응은 척추동물의 면역 반응과 여러 가지 공통점이 있다.

그림 22.8 무척추동물에서의 세포성 면역 반응의 발견

러시아의 동물학자인 Metchnikoff가 Nobel상을 받게한 이 실험에서 Metchnikoff는 장미의 가시로 불가사리의 유충을 찔렀는데 다음 날 아침 장미 가시의 표면을 덮고 있는 많은 작은 세포들을 관찰하였다.

식균세포

식균세포들은 순환계를 따라서 순찰하거나 체액으로 채워진 체강 내에서 움직인다. 순환계나 체강이 없는 해면과 같은 단순한 동물에서는 식균세포들이 세포와 세포 사이의 공간에서 움직인다.

남과 자기의 식별

자신의 세포와 다른 세포를 구분하는 능력은 생명 역사의 초기에 진화된 것 같다. 가장 오래된 동물이라고 여겨지는 해면은 곤충과 불가사리처럼 다른 해면의 이식 조직을 공격한다. 그러나 무척추동물 어느 것도 면역학적 기억을 가진다는 증거는 없다. 항체에 기초를 둔 체액성 면역 방어수단은 척추동물의 출현 전까지는 나타나지 않았다.

보체

비록 무척추동물에는 보체가 없지만 많은 절지동물들이 prophenyloxidase(proPO)계라고 하는 보체와 유사한 비특이적인 방어수단을 가지고 있다. 마치 척추동물의 보체 방어수단과 같이 이 proPO 방어수단은 연속적인 효소 반응에 의하여 활성화되는데 최종단계의 효소 반응은 불활성화 상태로 존재하는 prophenyloxidase를 활성을 띤 phenyloxidase로 전환시킨다. Phenyloxidase는 미생물을 죽이고 외래 물질을 감싸는 것을 도와준다.

림프구

무척추동물에는 림프구가 없으나 환형동물인 지렁이와 일부 무척추동물은 림프구의 진화적 조상이라 할 수 있는 유사 림프구를 함유하고 있다.

항체

모든 무척추동물은 진화적으로 항체의 선조라 할 수 있는 lectin이라 하는 단백질을 가지고 있다. Lectin은 세포 표면의 당 분자에 부착하여 세포들이 서로 잘 부착하게 도와준다. 성게, 연체동물, 환형동물, 곤충에서 분리된 lectin은 침입한 미생물들에 인식표를 붙여서 식균작용을 도와주는 것 같다. 척추동물의 항체를 암호화하는 유전자들은 면역글로불린 집단이라고 하는 아주 오래된 유전자 집단의 일부이다. 이 집단에 속하는 단백질들은 면역글로불린 주름이라고 하는 독특한 인지 구조를 가지고 있다. 이 주름은 아마 초기의 후생동물에서 자신을 인지하는데 쓰여진 분자로써 진화되었을 가능성이 높다. 미생물의 표면에 붙어서 식균세포의 작용을 촉진하는 곤충의 면역글로불린은 나방, 메뚜기, 파리에서도 보고되고 있다. 항체 면역 반응은 아마도 무척추동물에서 관찰되는 것 보다 오래되고 덜 복잡한 체계에서 진화된 것 같다.

척추동물

5억년 전에 맨 처음 나타난 최초의 척추동물이라고 여겨지는 칠성장어는 림프구에 토대를 둔 면역계가 있다. 그러나 척추동물 진화과정에서 초기에 나타난 칠성장어는 고등 척추동물에서 발견되는 것과는 달리 뚜렷한 B 세포와 T 세포를 가지고 있지 않다(그림 22.9).

턱을 가진 물고기의 출현과 함께 오늘날의 척추동물 면역계가 처음으로 나타났다. 턱을 가진 물고기 중에서 가장 오래된 생존집단은 4억 5천만년 전에 나타난 상어이다. 상어가 나타난 시기에 척추동물의 면역은 거의 진화가 끝났다. 상어는 포유동물에서 관찰되는 것과 거의 비슷한 면역반응을 나타내는데, 이는 T 림프구에 의한 세포반응과 B 세포에 의하여 수행되는 체액성 면역으로 되어 있다. 상어와 포유동물의 세포성, 체액성 면역은 차이점보다는 유사성이 훨씬 많다. 이들은 모두 T 세포를 생산하는 흉선과 B 세포의 출처인 비장을 가지고 있다. 4억 5천만 년간 진행되어 온 진화는 항체의 구조에 큰 변화를 주지는 않았다. 왜냐하면 상어와 사람

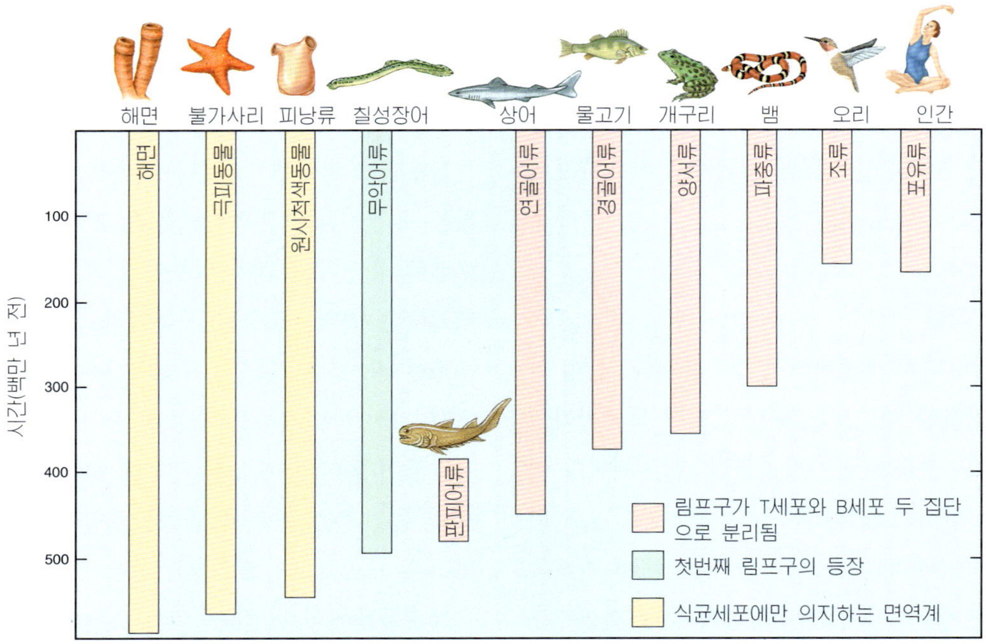

그림 22.9 척추동물의 면역계의 진화

비록 뚜렷한 B 세포와 T 세포는 턱을 가진 물고기가 출현할 때까지는 나타나지 않았으나, 림프구를 가진 칠성장어는 면역계를 갖춘 최초의 척추동물로 여겨진다. 상어와 다른 연골 어류가 출현할 무렵에는 이미 척추동물의 면역 반응이 완전하게 형성되었다.

의 항체분자의 아미노산 서열이 아주 유사하기 때문이다. 가장 큰 차이점은 항체 유전자의 염색체 상에서의 배열이 약간 다르다는 것이다.

> **22.4** **포유동물의 정교한 두 부분으로 구성된 면역 방어수단은 턱을 가진 물고기의 출현과 비슷한 시기에 나타났다. 그전에는 동물들은 식균세포에 기초를 둔 보다 간단한 면역 방어수단을 이용하였다. 오늘날 포유동물의 면역 반응을 구성하는 많은 요소들이 무척추동물에서도 찾아볼 수 있다.**

22.5 면역 반응의 시작

우리가 독감에 걸렸다고 상상해 보자. 독감 바이러스는 호흡계로 흡입된 아주 작은 물방울을 통하여 우리 몸에 들어온다. 만약 바이러스가 호흡기를 싸고 있는 점액에(1차 방어체제) 걸리지도 않고 식균세포(2차 방어체제)에 의하여 잡아먹히지도 않는다면 이들은 점막세포에 감염될 수 있고, 그 결과 점막세포는 파괴된다.

이 시점에서 식균세포는 면역 방어기작을 발동시킨다. 우선 자신들과 만나는 세포들의 표면을 면밀히 검사한다. 모든 세포들은 세포 표면에 **조직적합성 단백질**이라는 특별한 표지 단백질을 가지고 다닌다. 이 조직적합성 단백질은 마치 개인마다 지문이 다른 것처럼 개체마다 다르다. 따라서 조직세포에 존재하는 조직적합성 단백질은 면역계로 하여금 자신의 세포와 외래 세포를 식별하게 하는 표지로 이용된다. 이러한 분별력은 T 세포의 작용에 아주 중요한데, 그 이유는 T 세포는 B 세포와 달리 독립된 항원에 직접 결합하지 못하고 오로지 세포 표면의 항원에만 결합하기 때문이다(그림 22.10).

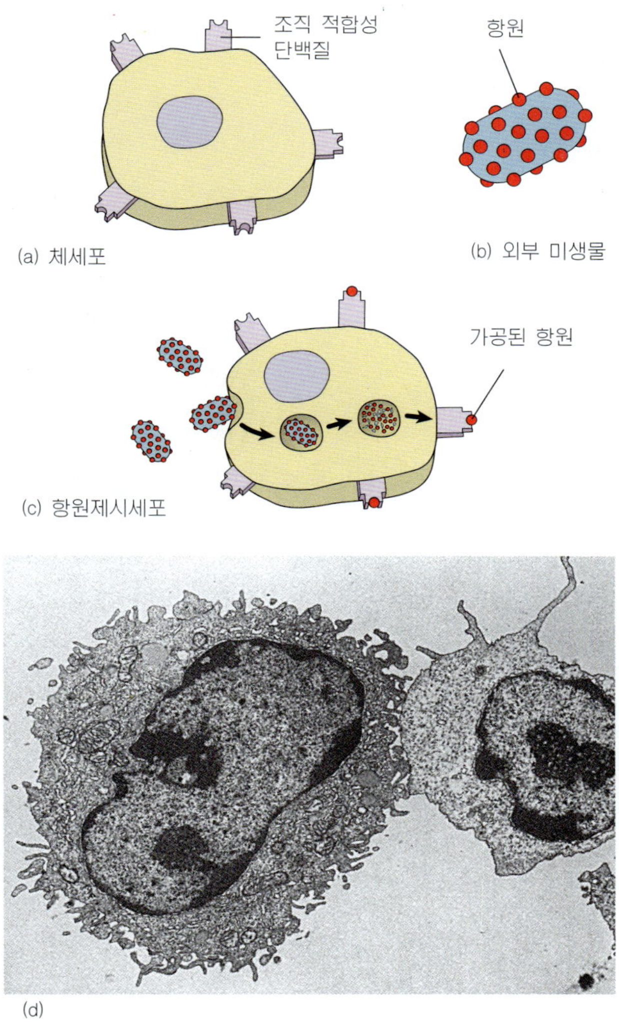

그림 22.10 항원이 어떻게 제시되는가?

(a) 세포들은 표면에 '자신'이라고 표시된 세포를 동정하는데 이용되는 조직적합성 단백질을 가진다. (b) 외래 세포나 미생물은 표면에 항원을 가진다. B 림프구는 외부 침입자에 대해 공격하기 위하여 항원에 직접 결합한다. (c) T 세포는 항원이 가공되어 항원제시세포의 표면에 조직적합성 단백질과 복합체를 형성한 후에야 비로소 항원에 결합하여 공격할 수 있다. (d) 이 전자현미경 사진에서는 림프구(오른쪽에 있는)가 항원제시세포인 대식세포(왼쪽에 있는)와 접촉하고 있다.

바이러스와 같은 외래 입자가 들어오면 세포는 이 입자를 취하여 부분적으로 분해시킨다. 세포 내에서 이 바이러스의 항원이 가공되어 원형질막의 표면으로 이동된다. 이러한 작용을 하는 세포들을 **항원제시세포**라 한다. 가공된 항원은 원형질막에서 조직적합성 단백질과 복합체를 이루는데, T 세포의 수용체는 오로지 이러한 복합체를 가지는 세포들과 작용한다. 식균세포는 병원체(조직적합성 단백질이 결핍된 세균 등의 외래 세포나 표면에 바이러스 단백질을 함유하는 감염된 자신의 세포)를 만나면 화학적인 경보 신호를 분비한다. 이 경보 신호가 **인터루킨-1**(interleukin-1)이라는 단백질인데, 이것은 보조 T 세포를 자극한다. **보조 T 세포**는 서로 나란히 작용하는 두 가지의 면역방어계를 일으켜서 인터루킨-1 경보에 반응한다. 한 가지는 T 세포에 의한 세포성 면역 반응이고 다른 하나는 B 세포에 의한 체액성 면역 반응이다. 면역 T 세포는 항원을 소유하는 세포를 공격한다. B 세포에 의한 반응은 체액성 반응이라 불리는데, 이는 항체가 혈액과 체액에 분비되기 때문이다.

22.5 식균세포가 조직 적합성 단백질이 결핍된 세포를 만나면 면역 방어 수단을 야기하는 화학적인 경보를 발령한다.

22.6 T세포: 세포성 면역 반응

식균세포가 항원을 만나면 T 세포의 분열과 증식을 촉진하는 인터루킨-1을 분비한다. 보조 T 세포는 식균세포의 표면에 있는 항원-조직 적합성 단백질의 복합체에 결합하게 되면 활성화된다. 그러면 보조 T 세포는 바이러스에 의하여 감염된 세포를 인지하여 파괴하는 세포독성 T 세포의 증식을 촉진하는 인터루킨-2(interleukin-2)라 하는 물질을 분비한다(그림 22.11). 이 세포독성 T 세포는 감염된 자기 세포가 자신의 조직적합성 단백질과 외래항원을 동시에 세포 표면에 보유할 때에만 감염된 자기 세포를 파괴한다.

우리 몸은 수 백만 가지의 T 세포를 만든다. 각 종류의 T 세포는 표면에 한 종류의 특이한 수용체 단백질을 함유하는데, 이 수용체 단백질은 항원제시세포의 표면

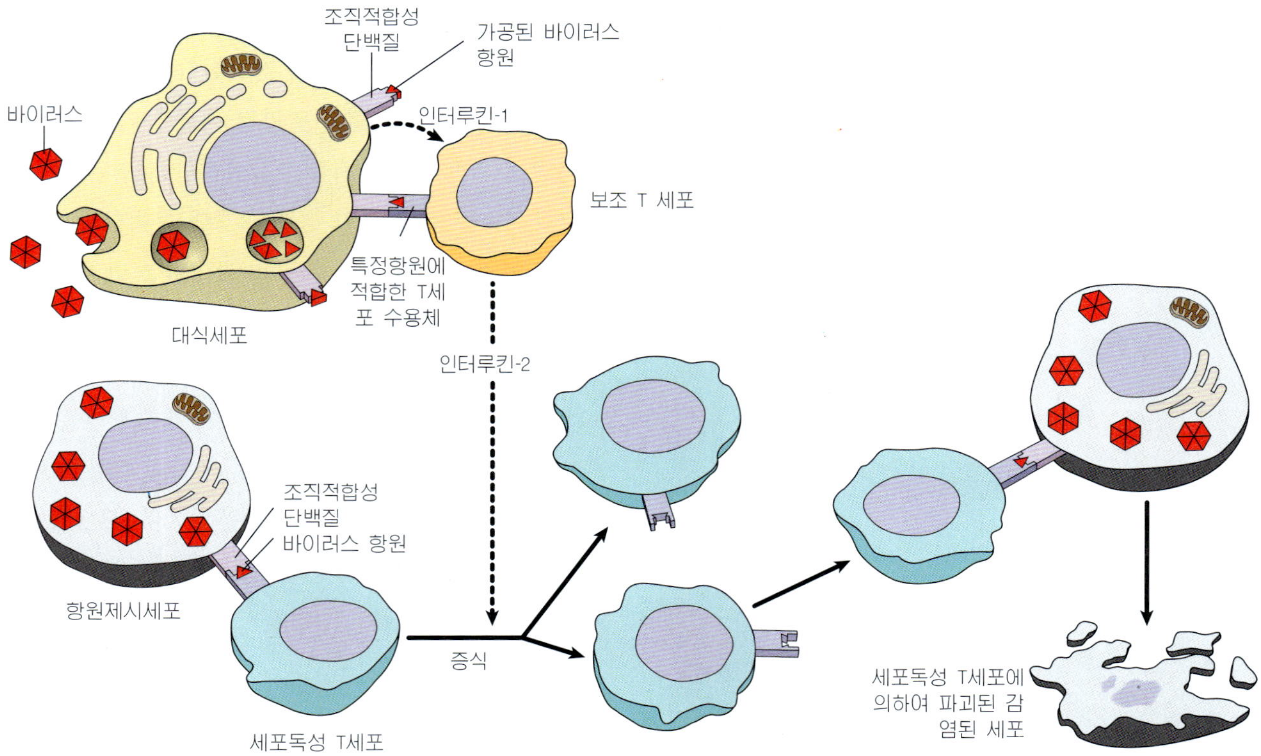

그림 22.11 T 세포의 면역 방어

대식세포가 항원을 가공한 후에 인터루킨-1을 분비한다. 이 인터루킨-1은 보조 T 세포로 하여금 항원-조직적합성 단백질 복합체에 결합하도록 신호를 보낸다. 이 결합은 다시 보조 T 세포로 하여금 세포독성 T 세포의 증식을 촉진하는 인터루킨-2를 분비하도록 한다. 더군다나 세포독성 T 세포는 항원제시세포에 의하여 제시된 항원에 부합하는 수용체를 가진 T 세포가 항원-조직적합성 단백질 복합체에 결합하면 분열이 촉진된다. 항원에 감염된 신체 세포들은 세포독성 T 세포에 의하여 파괴된다. 감염이 경감되면 억제 T 세포가 면역 반응을 차단시킨다.

에 있는 특수 항원과 조직적합성 단백질과의 복합체에 결합할 수 있는 능력을 가진다. 항원-조직적합성복합체에 잘 들어맞는 수용체를 가지는 세포독성 T 세포는 빠르게 분열을 시작하여 동일한 항원-조직적합성 복합체를 인지할 수 있는 많은 T 세포를 만든다. 그래서 감염된 세포들이 빠르게 제거되는데, 이는 침입한 바이러스를 인지하는 세포가 증식하여 자신과 똑 같은 많은 세포 집단(클론)을 만들어 내기 때문이다. 이 클론에 속한 구성원들은 모두 공격을 할 수 있는 능력을 가진다. 바이러스로 감염된 흔적이 있는 세포들은 모두 파괴된다.

세포독성 T 세포가 감염된 세포를 죽이는 방법은 자연살상세포와 보체가 하는 방법과 비슷하다. 즉 감염된 세포의 원형질막에 구멍을 낸다. 암세포도 역시 이러한 정찰 방법에 의하여 검색되고 제거된다.

22.6 세포성 면역 반응은 T 세포에 의하여 수행된다. T 세포는 비정상적인 표면 항원을 제시하는 어느 세포든 감염시키는 세포나 감염된 세포를 즉각적으로 공격한다.

22.7 B세포: 체액성 면역 반응

B 세포는 또한 인터루킨-1에 의하여 활성화된 보조 T 세포에 반응한다. 세포독성 T 세포와 같이 B 세포도 각

각의 B 세포에 특이한 수용체 단백질을 표면에 가진다. B 세포는 세포독성 T 세포가 감염된 세포를 인지하는 것과 마찬가지로 침입한 미생물을 인지하지만 세포독성 T 세포와는 달리 자신이 직접 세포들을 공격하지 않는다. 오히려 B 세포는 병원균을 파괴하기 위하여 병원균을 표시한다. 면역 반응 초기에 B 세포에 의하여 붙여진 표시는 보체 단백질에 경종을 보내 그러한 표지를 가지고 다니는 세포를 파괴하도록 한다. 면역 반응 후기에는 B 세포가 붙인 표시가 식균세포와 자연살상세포를 활성화한다.

B 세포가 표시를 하는 방법은 간단하며 정확하다. T 세포가 항원제시세포의 표면에 있는 항원-조직적합성 단백질 복합체에 결합하는 것과는 달리 B 세포 수용체는 가공되지 않은 항원에 결합할 수 있다. B 세포가 항원을 만나면 항원 입자는 세포내 반응에 의하여 B 세포에 들어가서 가공된다. 특정한 항원을 인지할 줄 아는 보조 T 세포는 B 세포의 표면에 있는 항원-조직적합성 복합체에 결합하여 B 세포의 분열을 촉진하는 인터루킨-2를 분비한다. 그 외에도 떠돌아 다니는 가공되지 않은 항원은 B 세포 표면에 있는 항체에 달라 붙는다. 이러한 항원의 부착은 B 세포의 증식을 더욱 촉진한다. B 세포는 분열하여 수명이 긴 기억 B 세포와 수명이 짧고 항체 공장으로 작용하는 형질세포를 만든다(그림 22.12).

항체(antibody)는 면역글로불린(immunoglobulin, Ig)이라고 불리는 단백질로서 구조와 작용에 따라서 구분되며, 다섯 가지의 면역글로부린은 다음과 같다.

1. **IgM** 1차 반응기간 중에 맨 처음 혈액으로 분비되는 항체로서 B 세포의 표면에 있는 수용체로 작용한다.

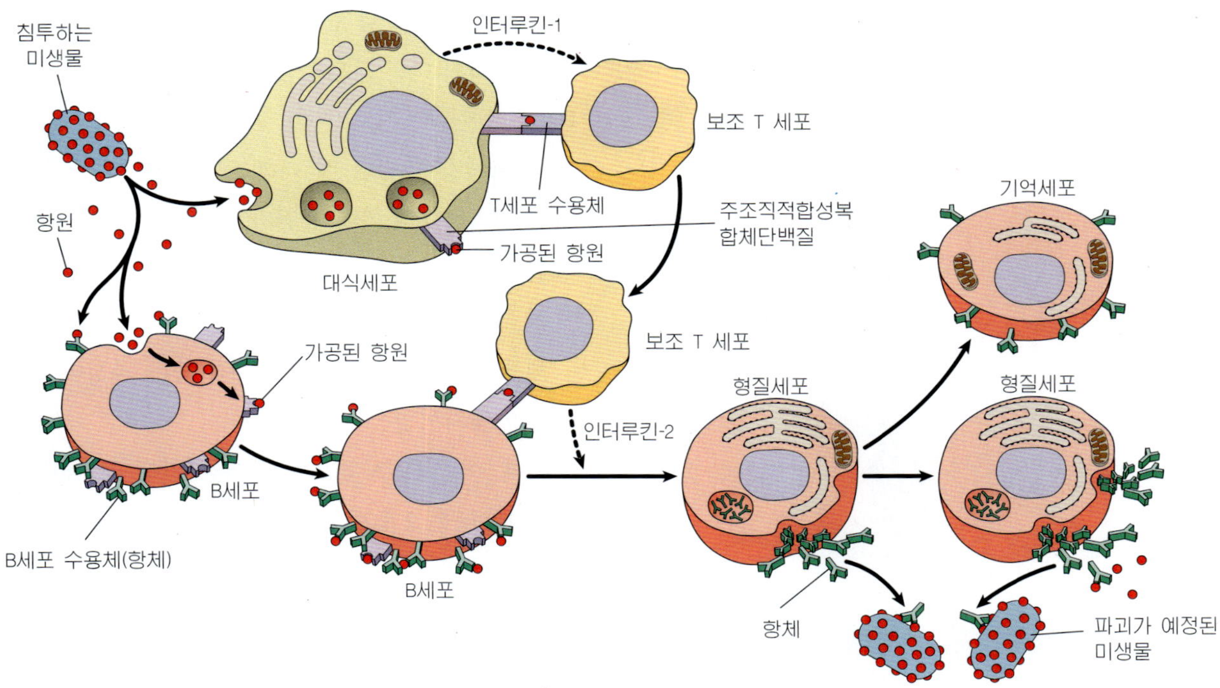

그림 22.12 B 세포의 면역 방어

침입한 입자(병원체)와 결합한 B 세포는 보조 T 세포와 작용하여 분열이 촉진된다. 분열하는 B 세포는 기억 B 세포나 형질세포가 된다. 형질세포는 항체를 분비하는데, 이 항체는 침입하는 미생물에 결합하여 식균세포의 작용을 도와서 미생물을 죽게 한다.

이 항체는 또한 항원을 가지는 입자들을 서로 달라 붙게하여 응고 반응을 촉진한다.

2. **IgG** 2차 반응에서 분비되는 주요한 항체이며 혈장에 존재하는 주요한 항체이기도 하다.
3. **IgD** 이 항체는 B 세포의 표면에 존재하는 항원의 수용체 역할을 하나 작용은 잘 알려져 있지 않다.
4. **IgA** 이것은 침이나 젖과 같은 분비물에 주로 존재하는 항체이다.
5. **IgE** 이 항체는 건초열과 같은 알레르기 증상을 유발하는 히스타민과 그와 유사한 물질들의 분비를 촉진한다.

형질세포는 최초의 면역 반응을 유발한 항원에 결합할 수 있는 똑같은 특정한 항체를 대량으로 만든다. 혈류를 따라서 돌아다니면서 이 항체는 항원(그림 22.13)을 가지는 모든 세포나 미생물에 결합함으로써 그 세포나 미생물이 파괴되도록 표시를 한다. 그러면 보체 단백질, 대식세포 또는 자연살상세포들이 항체 표시가 된 세포나 미생물을 파괴한다.

B 세포의 방어수단은 아주 강력한데 이는 최초로 병원균을 만났을 때 일어나는 반응이 백만 배로 증폭되기 때문이다. B 세포 방어수단은 또한 수명이 긴데, 이는 분열하는 B 세포의 일부가 항체생성세포가 되는 대신에 B 기억세포가 되기 때문이다. **B 기억세포**는 혈액과 림프액을 오랫동안(때로는 일생동안) 돌면서 신체 조직을 계속적으로 순찰한다.

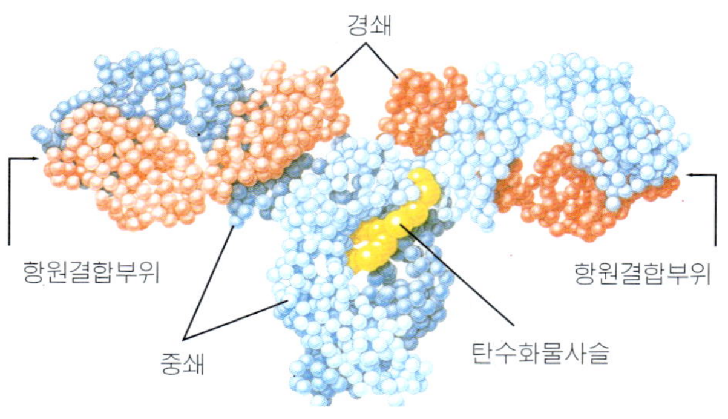

그림 22. 13 항체 분자

항체 분자의 분자 모형에서 각각의 아미노산은 작은 공으로 나타내어 진다. 항체 한 분자를 구성하는 2개의 똑같은 경쇄(빨강색)와 2개의 똑같은 중쇄(청색)로 되어 있는 4개의 단백질 사슬은 서로 모여서 'Y' 자 모양을 이룬다. 외부 분자(항원)는 Y자에 있는 2개의 팔에 결합한다.

항체의 다양성

척추동물의 면역계는 자기에게 들어온 '비 자기' 분자들(실제로 수백만 가지의 다른 항원들)을 외래 물질로 감지하는 능력이 있다. 비록 척추동물의 염색체는 기껏해야 수백 개의 수용체를 암호화하는 유전자를 가지고 있지만, 인간의 B 세포는 백만에서부터 십억 개에 이르는 서로 다른 항체를 만들어 낼 수 있다. 그렇다면 척추동물은 염색체상에 수용체를 암호화하는 유전자가 수백 개 밖에 존재하지 않는데 어떻게 수백만 가지의 항원 수용체를 만들어 낼 수 있을까?

여기에 대한 답은 수백만 개의 면역 수용체 유전자가 단순하게 일련의 염기서열로 존재하는 것이 아니라, 수용체 분자의 다른 부위들을 암호화하는 3개 또는 4개의 DNA 절편들이 서로 짝을 찾아가는데 있다. 그래서 하나의 항체가 조립될 때 다른 염기서열을 가지는 DNA 절편들이 하나의 복합 유전자를 만들기 위하여 서로 결합한다(그림 22.14).

이 과정을 **체세포 재배열**이라 한다.

체세포 재배열 외에도 두 가지 다른 과정이 더욱 더 다양한 염기서열을 만들어 낸다.

첫째, 이런 DNA 절편들이 가끔 원래 존재하지 않았던 하나 또는 2개의 뉴클레오타이드와 결합을 하는데 이러한 현상은 전사 과정에서 해독틀(reading frame)을 이동시켜서 단백질을 구성하는 아미노산의 서열에 변화를 초래한다. 둘째, 림프구의 클론이 확장되면서 세포분열 과정에서 무작위적으로 DNA 정보가 잘못 끼어 들어가는 경우가 있다. 이 두 가지 돌연변이적 과정은 아미노산의 서열을 바꿀 수가 있는데, 이런 현상을

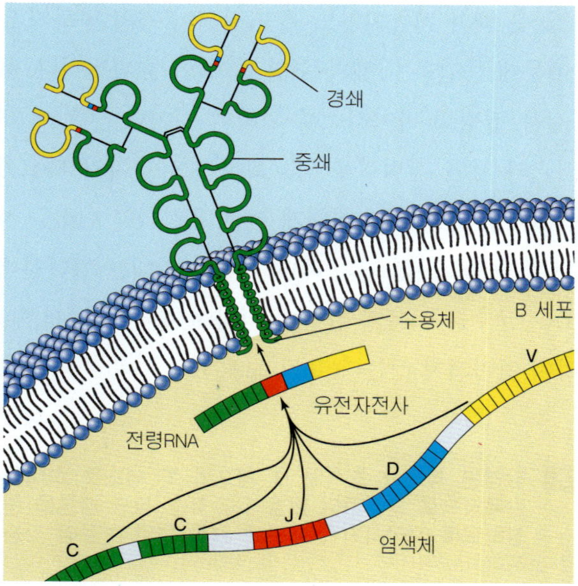

그림 22.14 림프구의 수용체 분자는 혼성 유전자에 의하여 생성된다.

수용체 구조의 다른 부분을 암호화하는데 DNA의 여러 부위들은 (C, 불변부위; J, 연결부위; D, 다양부위; V, 가변부위) 서로 모여서 수용체를 암호화하는 혼성 유전자를 만든다. 이 DNA 분절들이 다양하게 체세포 재배열을 거침으로서 엄청나게 다양한 수용체 분자들이 만들어진다.

체세포 돌연변이라 한다.

B 세포는 성숙과정에서 일부 긴 유전자나 일부 짧은 유전자를 취하여 항체 분자를 만들 수 있기 때문에 항체의 종류는 엄청나다. 16,000개의 중쇄의 조합산물과 1,200개의 짧은 조합산물의 조합은 1,900만 종류의 항체를 만들어 낼 수 있다. 체세포 돌연변이에 의한 변화를 감안하면 2억 개 이상의 다른 항체 분자가 가능하다. 이런 다양한 항체 분자의 계산은 B 세포와 B 세포 수용체를 중심으로 논의되었지만 T 세포의 수용체도 역시 B 세포의 수용체처럼 다양하다. 왜냐하면 T 세포도 B 세포와 거의 비슷한 체세포 재배열과 체세포 돌연변이를 거치기 때문이다.

22.7 체액성 면역 반응에서는 보체 단백질, 자연살상세포 그리고 대식세포에 의하여 파괴되도록 B 세포가 침입하거나 감염된 세포들을 표시한다.

22.8 클론선택을 통한 능동 면역 반응

앞에서 말한 바와 같이 B 세포와 T 세포에는 세포 표면의 특정항원을 인지하여 그것에 결합하는 수용체가 있다. 항원이 몸에 들어오면 그 항원은 적절한 수용체를 가지는 특정 림프구와 면역 반응을 일으킨다. 병원균이 처음으로 몸에 침입하면 침입자의 항원을 인지할 수 있는 수용체를 가지는 B 세포와 T 세포는 많지 않다. 그러나 림프구의 표면에 있는 수용체에 항원이 결합하면 세포분열을 촉진하여 클론(유전적으로 동일한 세포들의 집단)을 생성한다. 이 공정을 클론선택이라 한다. 항원을 맨 처음 만났을 때에는 면역 반응을 야기할 수 있는 세포의 숫자도 적고 반응의 정도도 약하다. 이것을 1차 면역 반응이라 한다(그림 22.15).

만약에 1차 면역 반응에 B 세포가 관여하면 어떤 B 세포는 항체를 분비하는 형질세포가 되고 어떤 B 세포

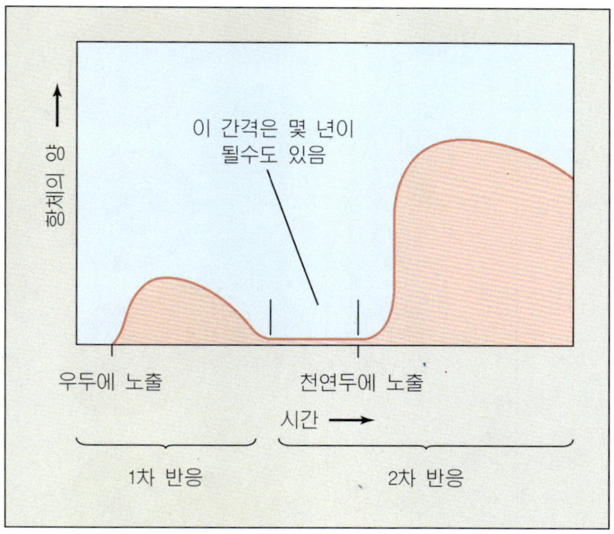

그림 22.15 능동 면역능의 발달

Edward Jenner의 환자의 경우 생성된 천연두에 대한 면역능은 (다음 절 참조) 우두를 접종하였을 때 우두 항원만이 아니고 천연두 항원에도 결합할 수 있는 수용체를 가지는 림프구 클론의 발생을 촉진하였기 때문에 일어났다. 이런 클론선택의 결과 2차 노출은 (이번에는 천연두에 노출) 1차 노출에 비하여 훨씬 빠르게 많은 양의 항체를 생성할 수 있도록 면역계를 자극한다.

는 기억세포가 된다. 그 항원에 특이한 기억세포 클론이 1차 반응 후에 만들어지기 때문에 똑같은 병원체에 의한 2차 감염에 대한 면역 반응은 보다 빠르고 강하다. 다시 말하면 신체가 나중에 똑같은 병원체의 침입을 받으면 면역계는 이에 대한 만반의 준비가 되어있는 상태에 있다. 그래서 첫번째 감염의 결과 그 병원체를 인지할 수 있는 대량의 림프구 클론이 생긴다(그림 22.16). 이와 같이 동일한 항원에 재차 노출될 때 유도되는 보다 효과적인 반응을 2차 면역 반응이라 한다.

기억세포는 수십 년 동안 생존할 수 있는데 이것이 바로 우리가 홍역에 한번 걸리면 다음에 걸리지 않는 이유이다. 기억세포가 예방접종을 효과적으로 되게 하는 주요 원인이다. 어린이들에서 질병을 유발하는 바이러스들은 해가 거듭되어도 표면 항원이 거의 변하지 않기 때문에 똑같은 항체가 수십 년 동안 효과적이다. 독감 같은 질병도 바이러스에 의하여 일어나는데, 이 바이러스의 표면 단백질을 암호화하는 유전자가 빠르게 돌연변이를 일으킨다. 이렇게 빠른 유전적인 변화는 새로운 균주(strain)를 거의 해마다 만들어 내는 원인인데, 새로운 균주는 처음의 감염에 의하여 생긴 기억세포에 의하여 인지되지 않는다(그림 22.17).

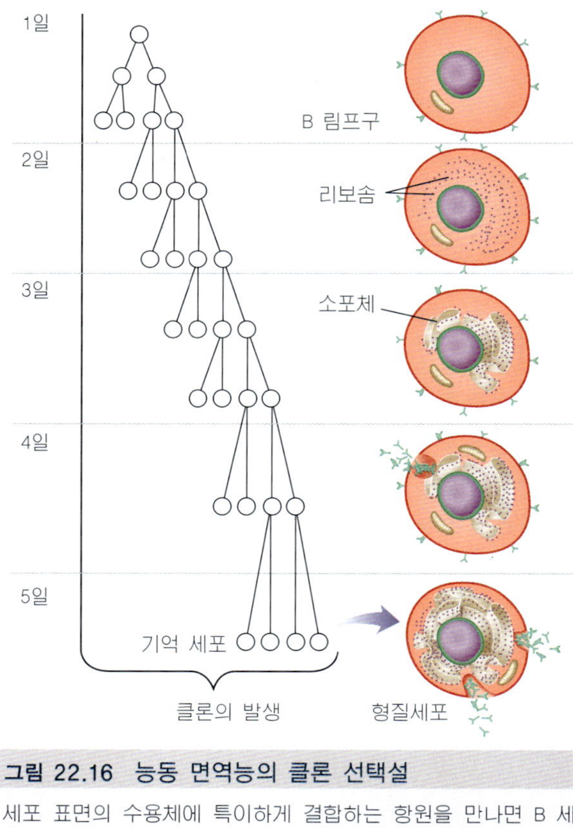

그림 22.16 능동 면역능의 클론 선택설

세포 표면의 수용체에 특이하게 결합하는 항원을 만나면 B 세포는 많이 분열하여 B 세포 클론을 생성한다. 이것들 중의 어떤 것들은 1차 면역 반응에 관여하는 항체를 생성하는 형질세포가 되고 어떤 것들은 2차 면역 반응을 증강시키기 위하여 항원에 다시 노출되기를 기다리는 기억세포가 된다.

22.8 감염된 세포가 소수의 B 세포와 T 세포로 하여금 반복적으로 분열하여 반응력을 갖춘 세포 클론을 형성하도록 자극시키기 때문에 강한 면역 반응이 가능하다.

22.9 예방접종

1786년 영국의 시골의사였던 Edward Jenner는 면역학 연구의 효시가 되는 실험을 실시하였다. 천연두는 당시에 치사율이 높은 흔한 질병이었다. 그러나 Jenner는 훨씬 약한 형태의 천연두인 우두에 걸린(아마 소에서 유래된) 젖짜는 소녀들은 거의 천연두에 걸리지 않는다는 것을 발견하였다. Jenner는 사람들을 독성이 약한 우두로 감염시켰는데 그가 예상했던 대로 그들 중에 많은 사람들이 천연두에 면역이 되었다.

천연두와 우두는 서로 다르지만 비슷한 바이러스에 의하여 발병된다는 것이 잘 알려져 있다. 우두 바이러스가 주사된 환자들은 차후의 천연두 바이러스 감염에 대응하는 효과적인 방어수단을 갖춘다. 이와 같이 위험한 미생물에 대한 저항성을 일으키기 위하여 무해한 미생물을 주사하는 방법을 예방접종이라 한다. 예방접종은 사멸한 또는 역가가 상실된 병원체를, 또는 세포 표면에 병원체의 단백질을 가지고 다니는 무해한 미생물을 신체에 주입하는 것을 말한다. 일단 예방접종이 되면 그 사람의 혈류에는 특정한 병원체에 대항하는 B 기

면역 반응

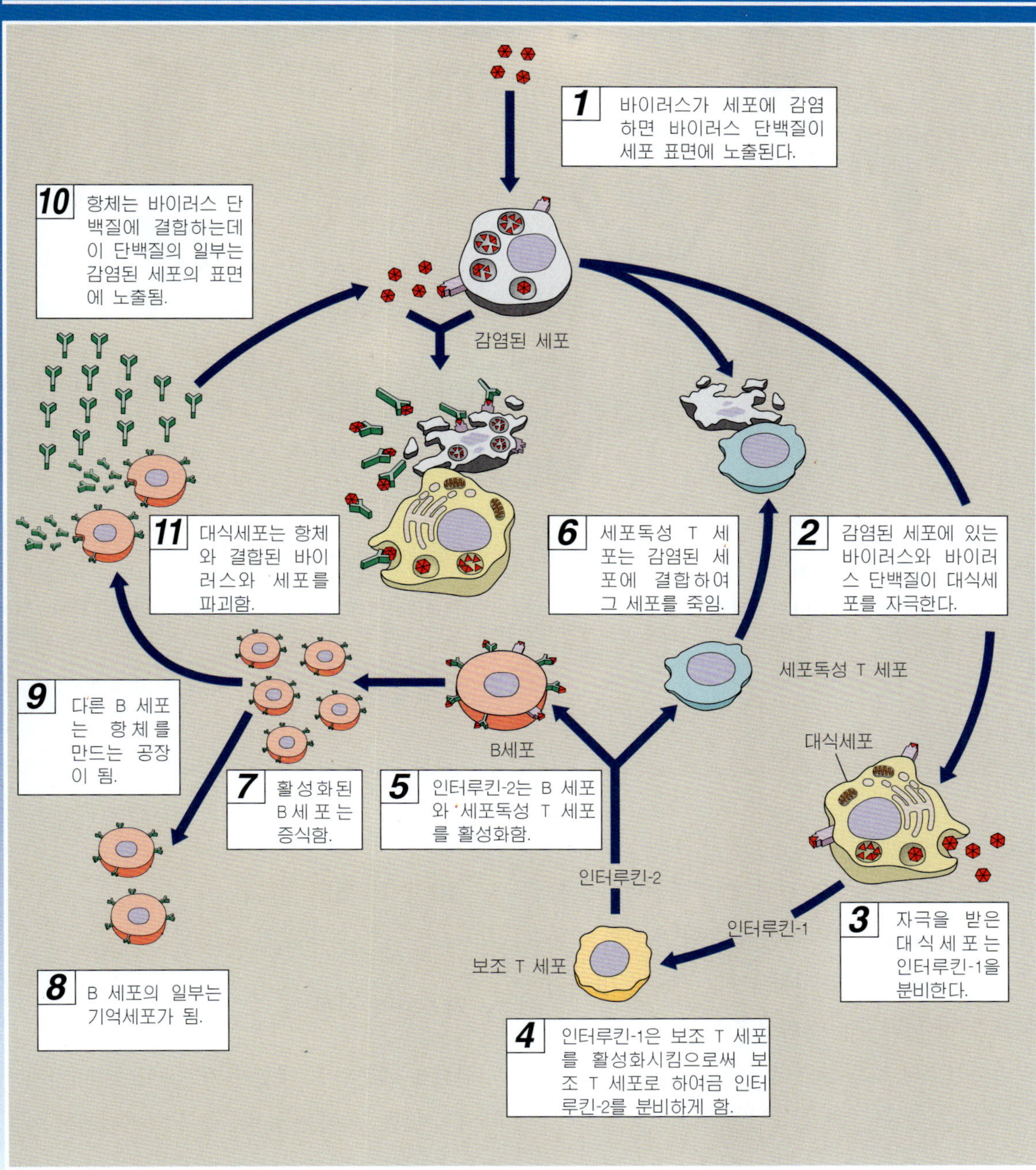

그림 22.17 면역 반응의 작용기작

억 세포가 순환한다. 이 사람은 그 질병에 대하여 면역되었다고 한다.

의학에서 가장 집중적으로 연구되고 있는 것은 AIDS를 일으키는 HIV(그림 22.18)에 대한 백신을 개발하는 일이다.

불행하게도 AIDS 백신을 개발하는 어려움은 HIV 바

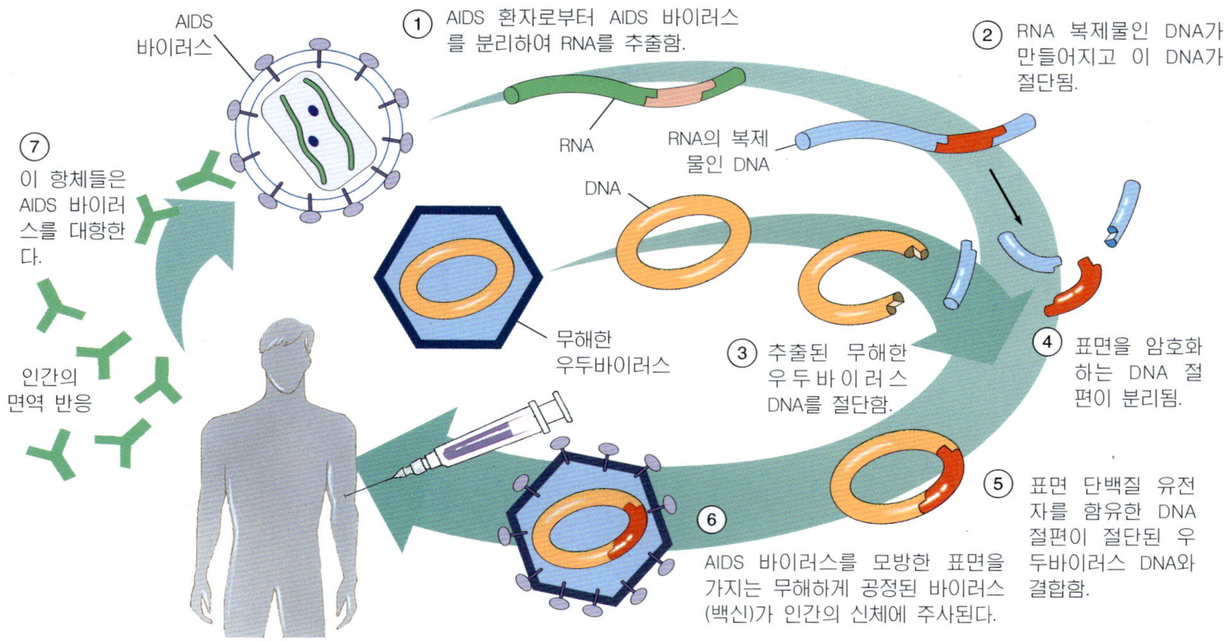

그림 22.18 AIDS 백신의 제조

인간 면역 결핍 바이러스(HIV)의 여러 유전자 중에서 바이러스의 표면 단백질을 암호화하는 유전자가 이용될 수 있다. 다른 유전자들은 전부 버려진다. 이 유전자는 그 자체로서는 인간에게 무해하여 단지 당단백질 120(gp120)이라고 알려진 HIV 표면 단백질을 암호화한다. 이 유전자가 우두 바이러스의 DNA에 삽입되어지면 AIDS 바이러스의 표면과 비슷한 구조를 가지는 무해한 우두 바이러스가 탄생된다. 이 우두 바이러스가 주사된 사람은 병에 걸리지 않으나(우두 바이러스는 무해하기 때문이다) 감염하는 바이러스의 표면에 대한 항체를 생산한다. 이 우두 바이러스의 표면은 HIV 단백질인 gp120을 가지기 때문에 생성된 항체는 차후에 HIV 바이러스에 노출되었을 때 감염된 사람을 보호한다.

이러스가 독감 바이러스보다 훨씬 빨리 돌연변이를 일으킨다. 독성이 약화된 HIV 침판지 유형 백신과 같은 백신들도 실험실에서는 잘 작용하지만 새로운 유형의 HIV 바이러스가 나타나는 실험실 밖에서는 효과가 없다. HIV 바이러스의 높은 돌연변이율은 성공적인 AIDS 백신의 개발에 가장 큰 장애물로 남아있다.

22.9 백신은 병원체와 유사하거나 같은 항원을 신체에 도입함으로서 그 병원체에 대항하는 면역 수단을 유도한다.

22.10 면역계의 실패

자가면역 질환

살상 T 세포와 B 세포가 자기 세포를 비자기 세포로부터 구별할 줄 아는 능력은 3차 방어체제를 아주 효과적으로 만드는 면역계의 핵심적인 기능이다. 어떤 경우에는 이와 같은 능력이 망가져서 자신의 조직을 공격하기도 한다. 이러한 질병을 **자가면역 질환**이라 한다.

다발성 경화증은 일반적으로 20세에서부터 40세에 이르는 사람들에게 닥치는 자가면역 질환이다. 다발성 경화증의 경우에는 면역계가 운동신경을 절연하는 수초를 공격하여 파괴한다. 수초가 파괴되면 신경충격의 전도가 방해된다. 사지를 움직이는 것과 같은 수의적 활동과 방광조절과 같은 불수의적 활동 모두가 기능을 상실하여 결국에는 마비와 죽음을 맞게 된다. 아직도 과학자들은 무엇이 면역계로 하여금 수초를 공격하게 하는지 모르고 있다.

또 다른 종류의 자가면역 질환은 이자가 인슐린을 분비하지 못하기 때문에 세포들이 포도당을 섭취하지 못하게 되는 제1 당뇨병이다. 제1 당뇨병은 이자에 있는 인슐린 생산세포를 면역계가 공격함으로써 발생된다고 여겨진다. 어떻게 이러한 공격이 일어나는지 잘 모른다. 다른 자가면역 질환으로는 관절조직을 면역계가 공격하는 류마치스성 관절염, 결합조직과 콩팥이 공격받는 홍반, 그리고 갑상선이 공격받는 Grave병 등이 있다.

■ 알레르기

비록 면역계가 곰팡이, 기생충, 세균 그리고 바이러스에 대하여 아주 효과적인 보호수단을 마련하지만 때때로 지나치게 민감하여 피해가 없는 물질에 대하여 과잉 방어를 한다. 그러한 면역 반응을 **알레르기**라 한다. 아주 적은 양의 식물 꽃가루에 대한 과민 반응 증상을 나타내는 건초열(hay fever)은 알레르기의 좋은 예이다. 많은 사람들이 집안 먼지에서 살아가는 작은 진드기의 배설물에서 나온 단백질에 알레르기를 일으킨다(그림 22.19). 진드기는 매일 우리들의 피부에서 떨어지는 많은 양의 죽은 상피세포를 먹고 산다. 깃털 베개에 민감한 사람은 실제로는 깃털에 거주하는 진드기에 알레르기를 일으키는 것이다.

천식은 히스타민이 폐에 있는 기관지를 좁게함으로써 생기는 알레르기 반응의 한 형태이다. 천식환자는 알레르기를 일으키는 물질에 노출되면 호흡에 어려움을 느낀다.

그림 22.19 집먼지진드기 *Dermatophagoides*
이 작은 동물이 많은 사람에게 알레르기 반응을 일으킨다.

22.10 알레르기는 무해한 항원에 대한 부적절한 면역 반응과 자가면역 질환은 자신의 세포에 대한 부적절한 면역 반응이다.

22.11 AIDS: 면역계의 붕괴

AIDS(후천성면역결핍증후군)는 1981년에 처음으로 질병으로 인식되었다. 1998년말까지 39만명 이상의 미국인이 AIDS로 죽었으며 150만명 이상의 미국인들이 AIDS를 일으키는 바이러스인 HIV(인간면역결핍 바이러스)에 감염된 것으로 추산된다. 전세계적으로는 4,800만 명 정도가 감염되었으며, 그 중에 1,400만 명 정도가 죽었다. HIV 바이러스는 아프리카에 서식하는 침판지에 감염하는 바이러스에서 유래되었다는 것이 거의 확실하다. 즉 HIV는 침팬지 바이러스의 변종으로서 사람 세포의 표면 수용체인 CD4를 인지할 수 있는 능력을 가진 바이러스이다. 이 수용체는 대식세포와 보조 T 세포와 같은 면역계 세포에 존재하는데 이것이 바로 치명적인 질병을 일으키는 장본인이다.

■ 어떻게 HIV가 면역계를 공격하는가?

HIV는 보조 T 세포와 같이 CD4 수용체를 가지는 세포인 $CD4^+$ 세포를 불활성화 시킴으로서 면역계를 공격하여 불구로 만든다. 그 결과 면역계로 하여금 어떤 종류의 외래 항원에 대한 반응도 하지 못하게 한다. 그래서 AIDS는 치명적인 질병이다. AIDS를 일으키는 HIV 바이러스는 CD4 수용체를 인지하기 때문에 $CD4^+$ T 세포를 직접 공격한다.

$CD4^+$ T 세포에 대한 HIV의 공격은 면역계를 서서히 파괴시킨다. 왜냐하면 신체의 모든 $CD4^+$ T 세포가 파괴될 때까지(그림 22.20) HIV에 감염된 세포가 죽어가면서 감염되지 않은 다른 $CD4^+$ T 세포를 감염시킬 수 있는 바이러스를 방출하기 때문이다. 정상적인 개체에서는 $CD4^+$ T 세포는 순환하는 T 세포의 60~80% 정도를 차지한다. AIDS 환자에게는 $CD4^+$ T 세포를 찾기가 힘들 정도인데(그림 22.21), 이는 면역방어 수단을 완전히 제거하는 결과를 초래한다. 감염에 대한 방어가 없어서 사소한 감염조차도 치명적이다.

암세포가 생겼을 때 암세포를 인지하여 파괴시킬 능력이 없으면 암에 의한 사망 확률도 아주 높다. 실제로 AIDS의 발견은 임상에서 흔히 발견되지 않은 암이 집단적으로 발병하였기 때문에 가능하였다. 많은 AIDS 환자들이 다른 원인보다는 암으로 사망한다.

AIDS의 치사율은 100%로서 AIDS 증세를 보이는 환자가 수 년 이상을 생존한 경우는 지금까지는 없었다. 그러나 이 질병은 그렇게 감염율이 높은 것은 아니다. 왜냐하면 정액이나 혈액과 같은 체액에 의하여 전염되기 때문이다.

시험관에서의 실험에서는 다양한 종류의 의약이 HIV를 억제하는데 효과가 있다. 예를 들면, 바이러스의 핵산 복제를 억제하는 AZT와 그 유사물 그리고 크기가 큰 바이러스 단백질을 작용성을 가진 작은 분절로 자르

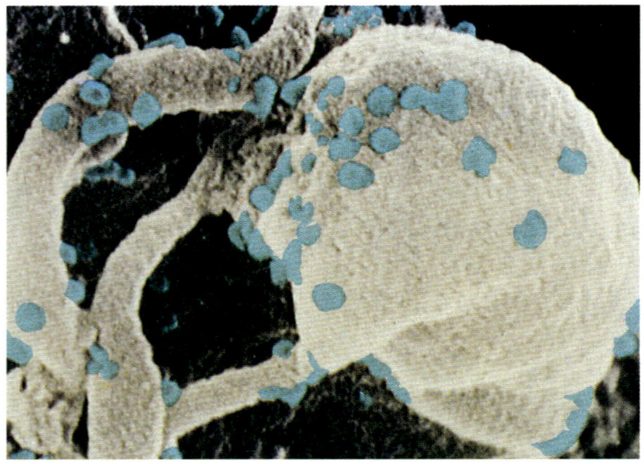

그림 22.20 AIDS를 일으키는 바이러스인 HIV

감염된 $CD4^+$ T 세포에서 방출된 바이러스는 주위의 $CD4^+$ T 세포로 이동하여 감염한다. 주사전자현미경 사진에서 청색으로 보이는 바이러스 개체는 아주 작아서 2억 개가 모여야 이 문장의 종지부를 나타내는 점의 크기와 같게 된다.

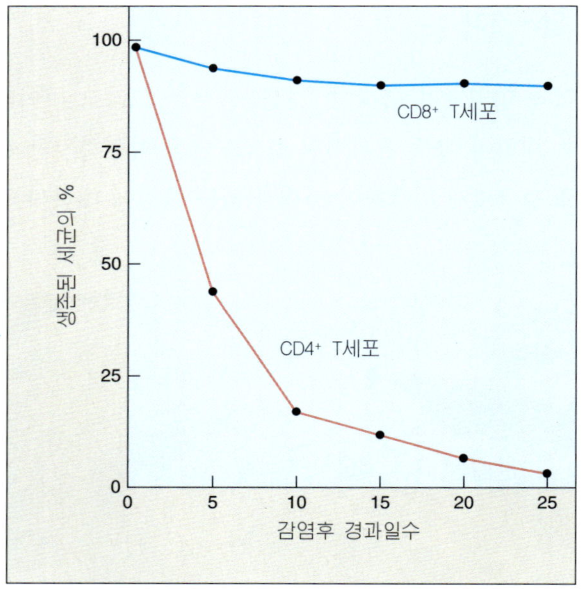

그림 22.21 HIV에 노출된 후 세포를 배양했을 때의 T세포의 생존

이 바이러스는 CD8 세포 수용체를 가지는 $CD8^+$ T 세포의 숫자에는 영향을 미치지 않는다. 그러나 $CD4^+$ T 세포(보조 T 세포를 포함하여)의 숫자를 급격하게 감소시킨다.

는 작용을 방해하는 단백질 가수분해효소 억제 물질들이 있다. 단백질 가수분해효소 억제 물질과 두 종류의 AZT 유사 약물을 동시에 처방하면 많은 환자의 혈액에서 HIV 바이러스가 거의 제거된다. 이러한 복합 처방을 확대하여 이용한 결과 1990년대 중반에 이 처방이 도입된 이후 미국에서는 치사율이 약 2/3 정도 감소되었다(1995년에 43,000명이 AIDS로 사망했는데 1996년에는 31,000명으로 줄었으며 1997년에는 17,000명 이하로 줄었다).

불행하게도 이러한 종류의 복합처방은 몸으로부터 HIV 바이러스를 제거하는데는 실패한 것처럼 여겨진다. 다시 말하면 바이러스는 혈액으로부터는 사라지나 바이러스의 일부가 환자의 림프조직에서 발견된다. 만약 복합처방이 중단되면 혈액에서의 바이러스 수치는 다시 증가한다. 많은 시간이 요구되는 처방계획과 부작용 때문에 복합처방을 장기간 사용하는 것은 바람직한 시도로 여겨지지 않는다.

22.11 **HIV는 핵심적인 림프구에 감염하여 그 림프구를 죽임으로서 척추동물의 면역 방어수단을 파괴한다.**

Chap 23

생태계

지구는 화학적으로 폐쇄계이지만 에너지적으로는 개방계이다. 생태계 속의 생물체들은 에너지의 획득과 방출 그리고 화학물질의 순환을 조절한다. 이 장에서는 인간을 포함한 모든 생명체들이 다른 생물체의 작용에 의존한다는 것을 학습할 것이다(그림 23.1).

23.1 영양단계

생태계란 무엇인가

생태학은 생물체들간의 상호관계 그리고 그들을 둘러싸고 있는 물리적 환경(토양, 물, 기후, 등등)과의 상호관계를 공부한다. 생태학자들은 지구생태계를 서로 경계를 접하면서 서로 상호작용하는 여러 가지 환경요소들이 엮어놓은 듯한 하나의 누비이불처럼 생각한다. 잠시 사슴이 살만한 장소로서 한 조각의 삼림을 생각해보자. 생태학자들은 어떤 특정 장소에 살아가는 생물체의 집합 즉, 군집(community)으로서 하나의 삼림 속에 함께 살고 있는 동물, 식물, 곰팡이 그리고 미생물들 모두를 한 세트의 '삼림군집'(forest community)이라 부른다. 하나의 생물군집이 사는 장소를 서식처(habitat)라고 한다. 생물군집과 서식처는 합하여 생태학적 계, 즉 **생태계**(ecosystem)를 이룬다. 생태계는 생물체들과 그들을 둘러싸고 있는 환경과의 상호관계 속에서 스스로 유지되는 하나의 집합체이다.

에너지의 이동

에너지는 지구상에 도달하는 광선을 통하여 태양으로부터 생물세계로 흘러든다. 빛에너지 가운데 일부는 광합성을 통하여 포획되어 유기물 분자를 만드는 화학에너지로 변형된다. 이를 바탕으로 지구상에 생물이 존재할 수 있다.

에너지를 최초로 포획하는 생물체, 즉 **생산자**(producer)는 광합성을 수행함으로써 에너지 저장 분자들을 생산하는 식물들(일부 박테리아와 조류 포함)이다. 기타 생물들은 식물과 동물을 소비하는 **소비자**(consumer)이다.

먹이에너지는 한 영양단계로부터 다른 영양단계로

그림 23.1 생태계 속에서 영양단계

생태학자들은 생물군집 속의 모든 구성원들을 먹이 섭취의 상호관계를 토대로 여러 가지 영양단계로 구분한다. 광합성 식물처럼 생산자들은 태양으로부터 그들의 에너지를 직접 획득하는 '제1영양단계'이다. 식물체를 먹는 동물(초식동물)은 '제2영양단계'이다. 초식동물을 먹는 동물(육식동물)은 '제3영양단계'이며, 그 보다 더 높은 영양단계가 있다. 분해자는 모든 영양단계를 이용한다.

전달된다. 이 에너지의 전달이 마치 사슬의 고리와 같이 직선상으로 연결될 때, 그것을 먹이사슬(food chain)이라 부른다. 그러나 대부분의 생태계 속에서 에너지의 전달과정은 종종 한 개체의 동물이 여러 영양단계에서 먹히기 때문에 복잡한 그물모양이 되는데, 이를 먹이그물(food web)이라고 부른다 (그림 23.2).

생산자

생태계 속에서 가장 낮은 영양단계는 녹색식물이 차지한다. 식물은 태양에너지를 당(설탕) 분자를 만드는 데에 이용한다. 그들은 질소와 기타 주요 원소들을 대기와 토양으로부터 흡수하여 생물적 분자로 만든다. 한편, 식물도 이 물질들을 소비한다는 사실을 인식할 필요가 있다. 예를 들면, 식물의 뿌리는 광합성을 할 수 없기 때문에 동물과 같은 방식으로 에너지를 소비한다.

초식동물

'제2영양단계'는 식물을 먹는 **초식동물**(herbivore)이다. 그들은 생태계의 일차 소비자이다. 사슴과 말은 초식동물이며, 코뿔소와 닭 그리고 나비의 애벌레들도 마찬가지이다. 대부분의 초식동물은 식물체 속의 셀룰로오스(cellulose)의 소화에 도움을 주는 협력자에 의존한다. 예를 들면, 소는 셀룰로오스를 소화하기 위하여 소화관 속에 세균을 가지고 있다. 인간은 셀룰로오스를 소화할 수 있는 세균을 가지고 있지 않기 때문에 소처럼 풀을 소화할 수 없다.

육식동물

'제3영양 단계'는 초식동물을 먹는 **육식동물**(carnivore)이다. 그들은 생태계의 2차 소비자이다. 호랑이와 늑대는 육식동물이며, 마찬가지로 모기와 매도 육식동물이다. 곰이나 인간처럼 식물과 동물 모두를 먹는 동물들은 **잡식동물**(omnibore)이다. 이들은 먹이로 식물체 속에 저장되어 있는 간단한 당과 전분(셀룰로오스는 제외)을 이용한다. 복잡한 생태계는 육식동물을 먹는 동물이 포함된 4단계의 영양단계를 포함한다. 그

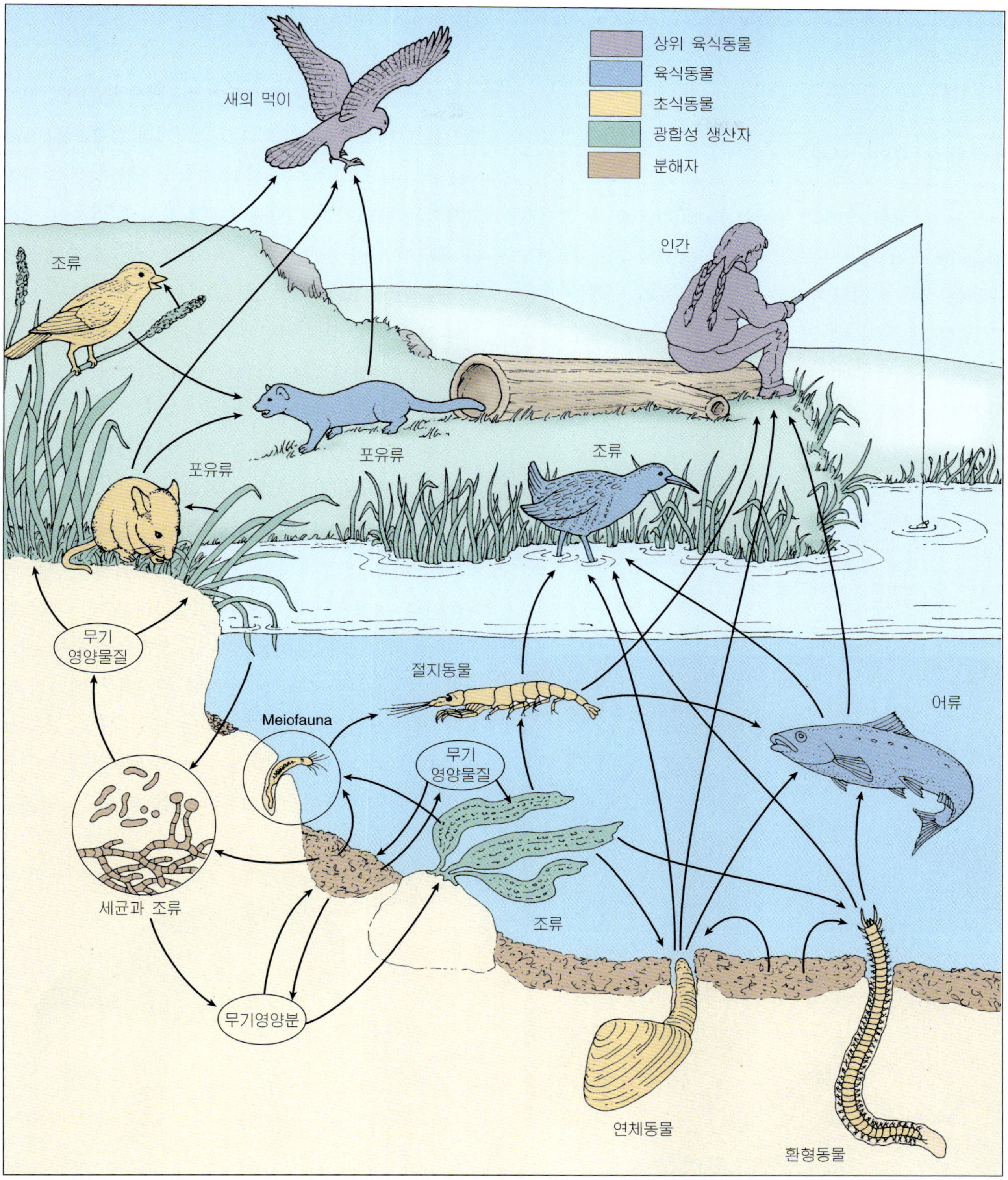

그림 23.2 먹이그물

먹이그물은 일직선의 먹이사슬보다 훨씬 더 복잡하다. 에너지 흐름은 하나의 영양단계로부터 다른 영양단계로 이어지며 복잡한 길을 통하여 다시 돌아온다.

들은 3차 소비자 또는 고차 육식동물(top carnivore)이라 부른다.

부니식자와 분해자

모든 생태계 속에는 **부니식자**(detritivore)와 **분해자**(decomposer)라고 부르는 독특한 소비자 그룹이 있다. 그들은 모든 영양단계에서 생산되는 유기 노폐물(배설물 포함)과 사체로부터 에너지를 획득한다. 세균과 곰팡이는 육상생태계에서 기본적인 분해자들이며, 마찬가지로 지렁이, 절지동물 그리고 독수리는 부니식자들이다(그림 23.3).

23.1 **에너지는 광합성을 통하여 생태적 계를 통하여 이동한다. 그것은 다시 초식동물을 통해, 다시 육식동물을 통해 흐르고, 마침내 모든 다른 생물체들의 사체를 소비하는 분해자로 흐른다.**

초식동물과 생산자

분해자

그림 23.3 먹이그물에서의 보다 낮은 단계

23.2 생태계내 에너지 흐름

일차생산성은 단위 시간과 면적내에서 광선에너지가 유기물로 변형되는 총량이다. 생태계의 **일차순생산**(net primary productivity)은 단위 시간당 광합성에 의하여 고정되는 에너지의 총량에서 대사활동에 의하여 소비된 에너지 양을 뺀 것이다. 생태계의 생물체의 총중량을 **생물량**(biomass)이라 한다. 옥수수 밭이나 부들 습지와 같은 몇몇 생태계는 매우 높은 일차순생산성을 가진다. 열대우림과 같은 다른 생태계도 역시 비교적 높은 일차생산성을 가진다.

식물이 셀룰로오스와 같은 구조 분자를 만들기 위하여 광선으로부터 에너지를 이용할 때, 열로써 많은 에너지를 손실한다. 사실, 식물에 의하여 포획된 에너지의 약 절반은 그 분자 속에 저장하지만, 나머지 반은 잃어버린다. 이것은 생태계 속에서 일어나는 에너지 소실의 최초 과정이다. 초식동물의 몸 속에 도달하는 에너지의 양은 섭취한 식물 분자 속에 존재하는 에너지 양보다 적다(그림 23.4). 마찬가지로 육식동물이 초식동물을 먹을 때, 초식동물 분자 속에 존재하는 에너지 양보다 적다. 일반적으로 먹이사슬은 3단계 또는 4단계로

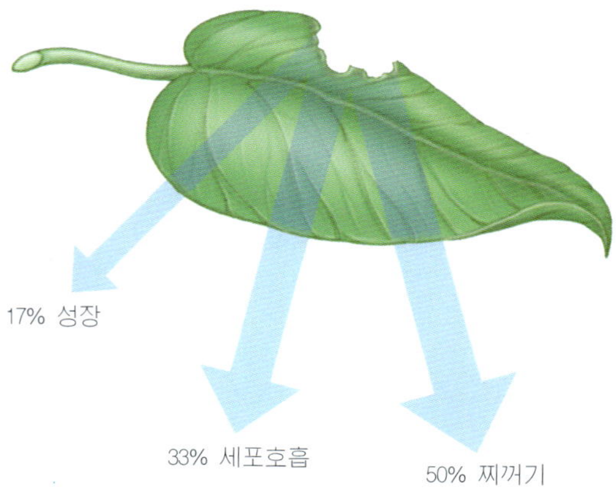

그림 23.4 종속영양생물은 어떻게 먹이 에너지를 이용하는가

종속영양생물은 섭취한 에너지의 일부만을 동화한다. 식물이 흡수한 에너지의 약 17%만이 소비자에게 넘겨질 수 있다.

구성된다. 그래서 많은 에너지는 각 단계에서 잃어버리게 되고, 아주 적은 양의 에너지만이 그 계(system) 속에 남는다. 코넬대학의 Cole박사는 뉴욕주 북부의 Cayuga 호수에서 담수생태계 속의 에너지 흐름을 연구했다. 그는 조류와 남세균에 의하여 고정되는 에너지 1000칼로리 중에서 약 150칼로리가 소형의 종속영양생물로 전달되는 것을 밝혔다. 이 가운데 약 30칼로리는 이 호수의 주요 2차 소비자인 빙어의 몸 속에 들어간다. 만약 인간이 이 빙어를 잡아먹는다면 최초 이 호수생태계에 들어온 1000칼로리 가운데 약 6칼로리만을 획득하게 된다. 만일 송어가 빙어를 먹고, 인간이 송어를 먹는다면, 인간은 겨우 1.2칼로리만을 획득하게 된다(그림 23.5).

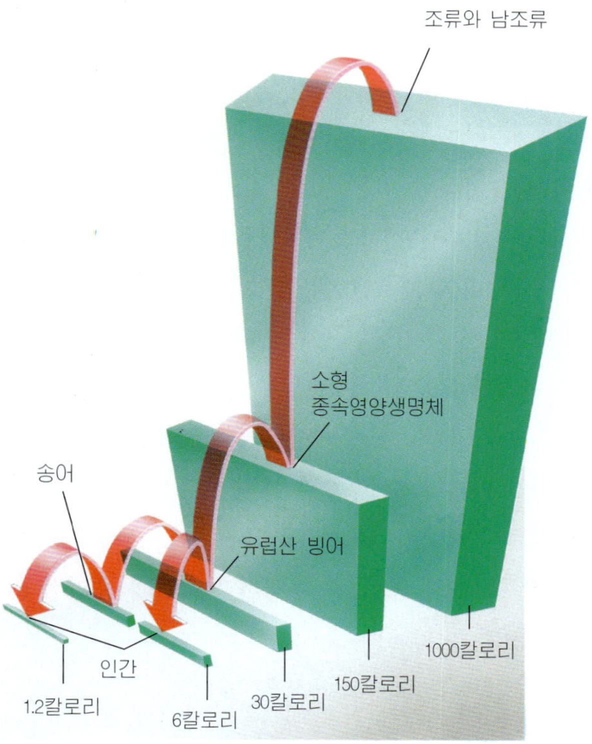

그림 23.5 생태계 속의 에너지 소실

뉴욕 Cayuga 호수에서 에너지의 흐름이 상세하게 측정되었다. 이 그림은 그 결과를 요약한 것이다. 광합성 조류와 남세균은 태양에너지를 고정하고, 동물플랑크톤(소형 종속영양생물)은 그들을 먹고, 그들 둘 다는 빙어에 의하여 소비된다. 결국 고정에너지의 약 10배의 손실과 함께 빙어는 송어에 의하여 잡아 먹힌다.

23.2 **에너지가 생태계를 통하여 흐를 때, 많은 양이 먹이사슬의 각 단계에서 열로 손실한다. 그 결과로써 대부분의 먹이 사실은 짧다.**

23.3 생태 피라미드

식물은 식물체에 도달하는 태양에너지의 약 1%를 고정한다. 먹이사슬 속의 구성원들은 그들이 섭취한 생물체 속에 들어있는 에너지의 약 10%를 그들 자신의 몸속으로 가지고 온다. 이 때문에 높은 단계에서 보다는 낮은 영양단계에서 개체 수가 많다. 이와 유사하게, 한 생태계 속에서 1차 생산자의 생물량은 1차소비자의 생물량보다 많다. 결국 연속적인 영양단계에서 생물량과 에너지는 점점 줄어든다. 대형 동물들은 특징적으로 높은 영양단계의 구성원들이다. 그들은 낮은 영양단계의 먹이를 포획할 수 있도록 몸이 커야만 한다.

이들 상호관계를 모식적으로 피라미드처럼 나타낼 수 있다(그림 23.6). 생태계의 특성을 생물량 피라미드, 에너지 피라미드, 개체수 피라미드 그리고 제4의 피라미드 등으로 나타낼 수 있다.

역위 피라미드(inverted pyramids)

몇몇 수계 생태계는 역전된 생물량피라미드를 보여준다. 예를들면, 물 속의 부유하는 소형 생물체가 우점하는 플랑크톤 생태계 속에서 가장 낮은 영양단계에 있는 광합성 식물플랑크톤의 에너지전환율(turnover)은 매우 신속하며, 동물플랑크톤은 매우 신속하게 식물플랑크톤을 소비해 버림으로써 식물플랑크톤은 큰 개체군 크기로 발달할 수 없다. 식물플랑크톤이 매우 신속하게 생식하므로 그 생물군집은 자신들보다 큰 생물량과 보다 많은 수의 종속영양생물 개체군(집단)을 부양할 수 있다(그림 23.6b 참조).

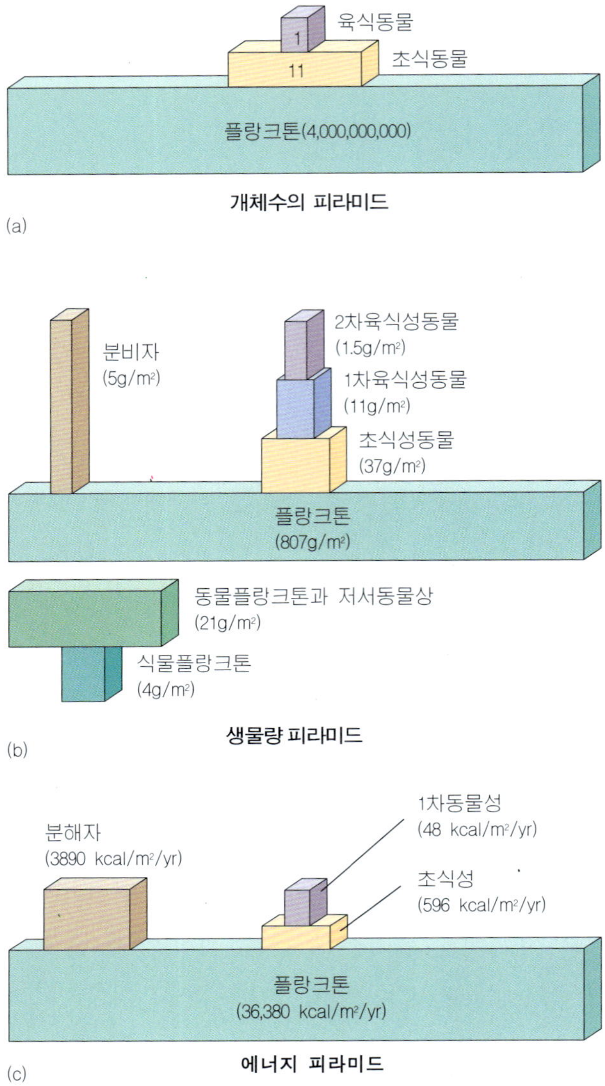

그림 23.6 생태 피라미드

고차 육식동물

각 영양단계에서 생기는 에너지의 소실은 생물군집 안의 고차 육식동물의 존재를 제한하게 된다. 광합성에 의하여 포획된 에너지의 1/1000만이 뱀이나 매와 같은 3차 소비자에 도달한다. 이것은 왜 사자나 독수리를 먹이로 하는 포식자가 없는가를 설명한다. 이들의 생물량이 다른 영양단계를 부양할 만큼 충분하지 않기 때문이다. 개체수 피라미드에서 고차 포식자는 분명히 대형 동물인 경향이 있다. 그래서 피라미드 꼭대기에서 이용가능한 소량의 잔여 생물량은 비교적 적은 수의 개체 속에 집중되어 있다.

23.3 먹이사슬의 각 단계를 통하여 에너지는 유실되기 때문에 1차생산자(광합성자)의 생체량은 초식자들보다 큰 경향이 있으며, 초식자의 생체량은 그들의 포식자들보다 큰 경향이 있다.

23.4 물 순환

생태계 안에서 한 방향(태양으로부터 생산자와 소비자로)으로 흐르는 에너지와는 달리, 물리적 구성요소들은 순환하며 재이용된다. 계속해서 재순환하는 물질들은 토양, 물, 공기를 구성하는 무기화합물이다. 많은 무기화합물들 가운데 물, 탄소, 토양 영양소(질소와 인)와 같은 세 가지 물질의 순환은 생태계의 건강성을 위하여 매우 중요하다.

환경으로부터 생물체로 흘러가는 물, 탄소, 토양 영양소는 하나의 폐쇄된 환(環)을 그리면서 순환한다. 각 순환 속에서 무기물질은 생물체 속에 일정 시간 동안 잔류하다가 무생물 환경으로 돌아간다. 생태계 속의 모든 무생물 구성요소 중에서 물은 생명 현상에 가장 큰 영향을 미친다. 대체적으로 물의 이용성은 생태계 내의 생물학적 풍부성(richness)를 결정한다. 생태계 속의 물 순환은 두 가지 경로, 즉 환경적 물순환과 유기적 물순환이 있다.

환경적 물순환(environmental water cycle)

대기권에서 수증기가 응축되어 비와 눈으로 지표면에 떨어진다. 태양에 의하여 데워짐으로써 호수, 강, 대양으로부터 **증발**(evaporation)에 의하여 다시 대기로 돌아간다(그림 23.7).

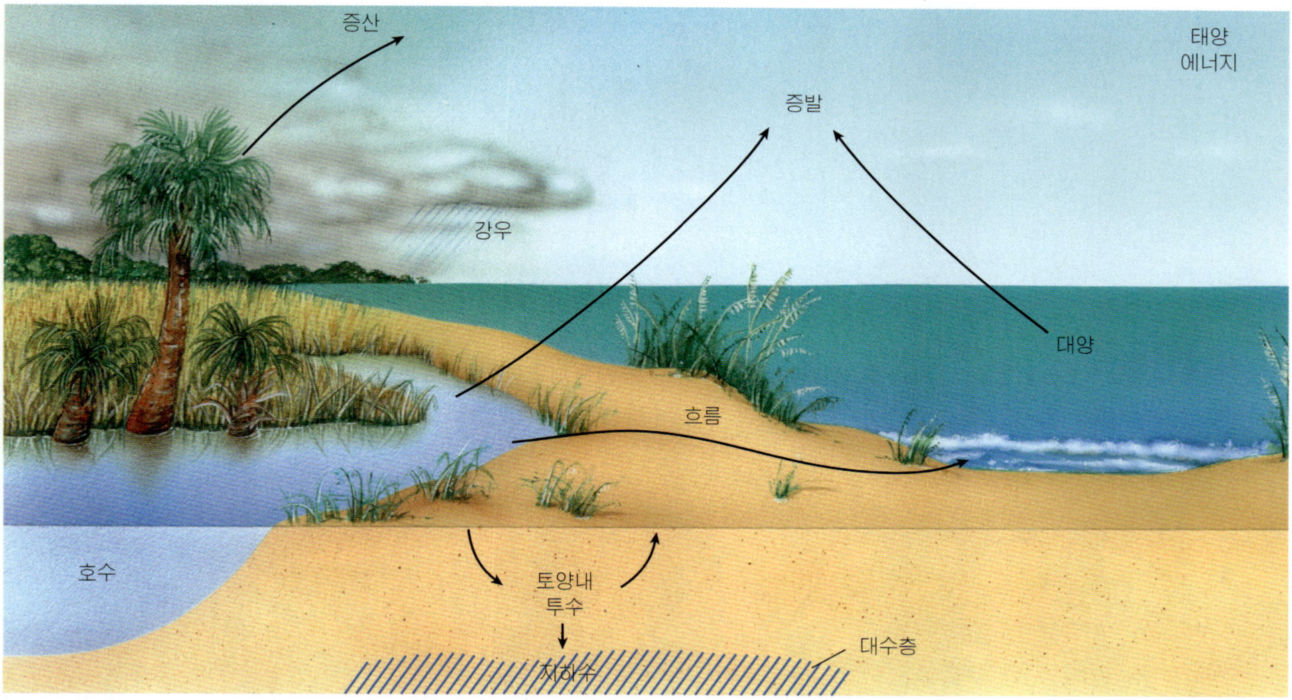

그림 23.7 환경적 물순환

생물적 물순환(organismic water cycle)

지표면의 물은 바로 대기권으로 돌아가지 않고 식물 뿌리에 의하여 흡수되어 잎 표면의 미세한 구멍을 통하여 증발함으로써 대기권으로 돌아간다. 이와 같이 잎에서의 증발을 **증산**이라 부른다. 증산은 태양에 의하여 일어난다. 태양열은 바람을 만들고 식물체 잎표면을 스쳐 지나가는 공기흐름에 의하여 수분이 제거된다.

■ 물순환의 차단

열대우림과 같은 삼림생태계에서는 수분의 90% 이상이 식물에 의하여 흡수되고 대기로 증산된다. 열대우림 속의 대부분의 식물들이 그렇게 함으로써 식생은 바로 국지적 강우의 일차적 원천이다. 식물로부터 대기권으로 여행한 수분은 비로서 다시 지표면에 되돌아온다. 삼림이 벌채된다면, 생물적 물순환은 깨지고, 수분은 대기로 돌아가지 않는다. 물은 구름으로 올라가서 삼림으로 다시 떨어지지 않고 바다로 유출되어 버린다. 일찍이 1700년대 후반에 독일의 위대한 연구자 훔볼트(Alexander von Humbolt)는 콜롬비아에서 열대우림의 벌채는 대기권으로 물이 돌아가는 것을 막고, 결국은 반건조 사막을 만든다고 보고하였다 (그림 23.8).

■ 지하수

하천, 호수, 연못의 표층수보다 적은 양의 물이 지하수로 흘러드는데, 대수층이라 부르는 바위, 모래, 자갈로 이루어진 지하층에서 일어난다. 많은 지역에서 지하수는 가장 중요한 물 저장고이다. 예를 들면, 미국에서 담수의 96% 이상이 지하수이다. 지하수는 지표수에 비하여 훨씬 천천히 흐르고, 장소에 따라 하루에 수 밀리미터에서 1m 정도를 흐르는 경우가 있다. 미국에서 사용되는 물의 25%가 지하수이며, 미국인의 50%는 지하수를 마신다. 농촌지역에서는 거의 대부분 지하수에 의

그림 23.8 삼림 벌채와 방화는 물순환을 파괴한다.

존하는 경향이 있으며, 지표수 사용 양의 약 두 배 정도에 이른다. 많은 양의 지하수가 사용되므로 지하수의 화학적 오염은 매우 심각한 문제이다. 살충제, 제초제 그리고 비료 등은 지하수 오염의 주요 원인물질이다.

23.4 물은 강수와 증발을 통해 대기권에서 생태계를 통하여 순환하며, 이 과정 속에 일부는 식물체를 통과하기도 한다.

23.5 탄소 순환

대기권은 이산화탄소(CO_2) 형태로 풍부한 탄소를 포함하고 있다. 탄소는 대기권과 생물체 사이를 순환하며, 오랜 시간 동안 화석 유기물로 고정되어 있기도 한다. 탄소 순환은 식물이 광합성에서 유기 분자를 만들기 위하여 CO_2를 사용함으로써 시작된다. 탄소 원자는 호흡, 연소 그리고 풍화를 통하여 대기권의 CO_2 저장소로 돌아간다(그림 23.9).

호흡

생물은 유기물 분자로부터 에너지를 추출하는데, 유기물 분자 속의 탄소 원자를 이용하여 CO_2를 만들면서 에너지를 추출한다. 식물도 호흡하며, 초식동물이나 육식동물도 호흡한다. 이 모든 생물체들은 먹이로부터 에너지를 추출하기 위하여 산소를 이용하며, 그 과정에서 남는 것은 CO_2이다.

연소

많은 양의 탄소는 목재 속에 고정되어 있으며, 나무가 태워질 때 대기권으로 돌아가지만, 수년 동안 그 속에서 머물러 있기도 한다. 퇴적층에 매몰된 식물체들은

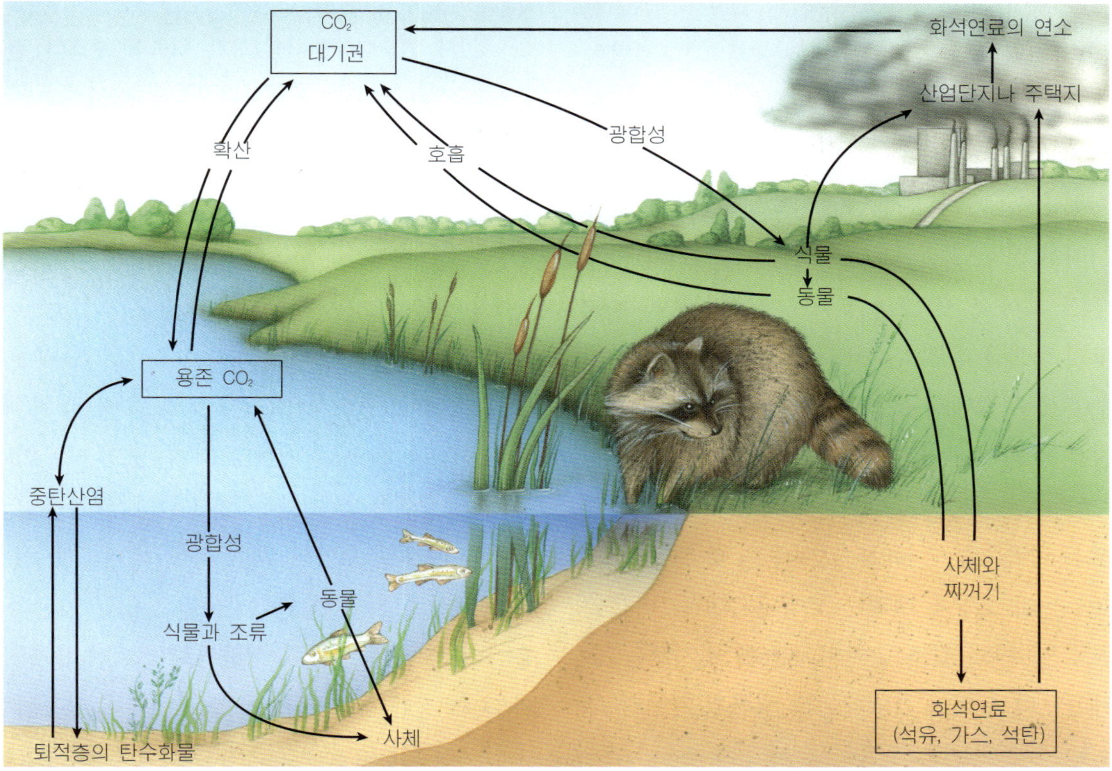

그림 23.9 탄소 순환

대기권과 물로부터의 탄소는 광합성 생물체에 의하여 고정되고, 호흡, 연소 또는 침식을 통하여 돌아간다.

압력에 의하여 석탄이나 석유로 변형된다. 식물체 속에 고정되어 있는 탄소는 화석연료(석탄 또는 석유)가 태워질 때에만 대기권으로 방출된다.

> **23.5** **광합성에 의하여 대기권으로부터 포획된 탄소는 호흡과 연소 그리고 침식을 통하여 대기권으로 돌아간다.**

침식

다량의 탄소는 용해된 CO_2의 형태로 해수 속에 존재한다. 상당한 양의 탄소가 해양 생물체들에 의하여 물로부터 추출되는데, 이를 이용하여 탄산칼슘 껍질을 만든다. 해양생물들이 죽게 되면, 껍질은 해양 바닥에 침전되고, 석회암을 형성하게 될 것이다. 결국, 석회암은 육상으로 노출되고 풍화와 침식을 통하여 탄소는 다시 순환하게 된다.

23.6 질소 순환

생물체 속에는 많은 양의 질소(단백질 구성원소)가 들어있으며, 대기권의 79%는 질소가스(N_2)이다. 그러나 두 질소 저장고인 대기권과 생물체 간의 화학적 연결고리는 매우 복잡하다. 왜냐하면 대기권에 풍부한 N_2를 생물체들은 이용할 수 없기 때문이다. N_2의 질소 원자 2개는 분해하기 어려운 강한 3개의 공유결합으로 결합되어 있다. 다행스럽게도 몇몇 세균은 질소고정이라는 과정을 통하여 이 결합을 분해할 수 있으며 질소 원자를 수소와 결합할 수 있다(NH_3를 형성). 지구생명의 역사 속에서 세균은 광합성으로 지구 대기권 속에 산소가 존재하기 전에 이미 질소고정을 할 수 있는 능력을 갖게 되었다. 산소가 풍부한 오늘날의 세상에서 이들 세균은 어떠한 산소도 받아들이지 않는 피낭(cyst)이라고 하는 기포 속에서, 또는 콩과 식물, 사시나무속 식물 그리고 몇몇 식물들의 뿌리에서 독특하게 잘 발달해 온 공기주머니 세포 속에서 포장된 채 살아가고 있다. 식물의 성장은 토양 속에서 고정된 질소의 이용성에 의하여 자주 심각하게 제한받는데, 이것은 농부가 왜 경작지에 비료를 투입하는 이유를 보여주는 좋은 예이다. 오늘날 농부들이 토양에 뿌리는 고정된 질소는 비생물적인 것으로서, 전체 질소 순환의 30%를 차지하는 질소고정 세균보다 오히려 산업체에서 생산된 것이다(그림 23.10).

23.6 **대부분의 대기권은 두 원자의 질소가스이며, 쪼개어져 암모니아를 형성하기 위하여 수소와 결합한다. 이렇게 하여 수소는 생태계를 통하여 순환한다.**

23.7 인 순환

인은 ATP와 DNA의 구성요소로서 모든 생물체의 필수 요소이다. 인은 생태계의 토양 속에 매우 제한적인 요소이다. 이는 인은 기체로 될 수 없기 때문이며, 대기권 속에는 이용할 수 있는 것이 없다. 대부분의 인은 인산칼슘 형태로 토양과 바위 속에 존재하며, 물 속에서 녹아 인산 이온이 된다(코카콜라는 인산 이온의 달콤한 용액이다). 인산 이온은 식물의 뿌리에서 흡수되어 ATP와 DNA 같은 유기 분자를 만드는 데에 이용된다. 식물

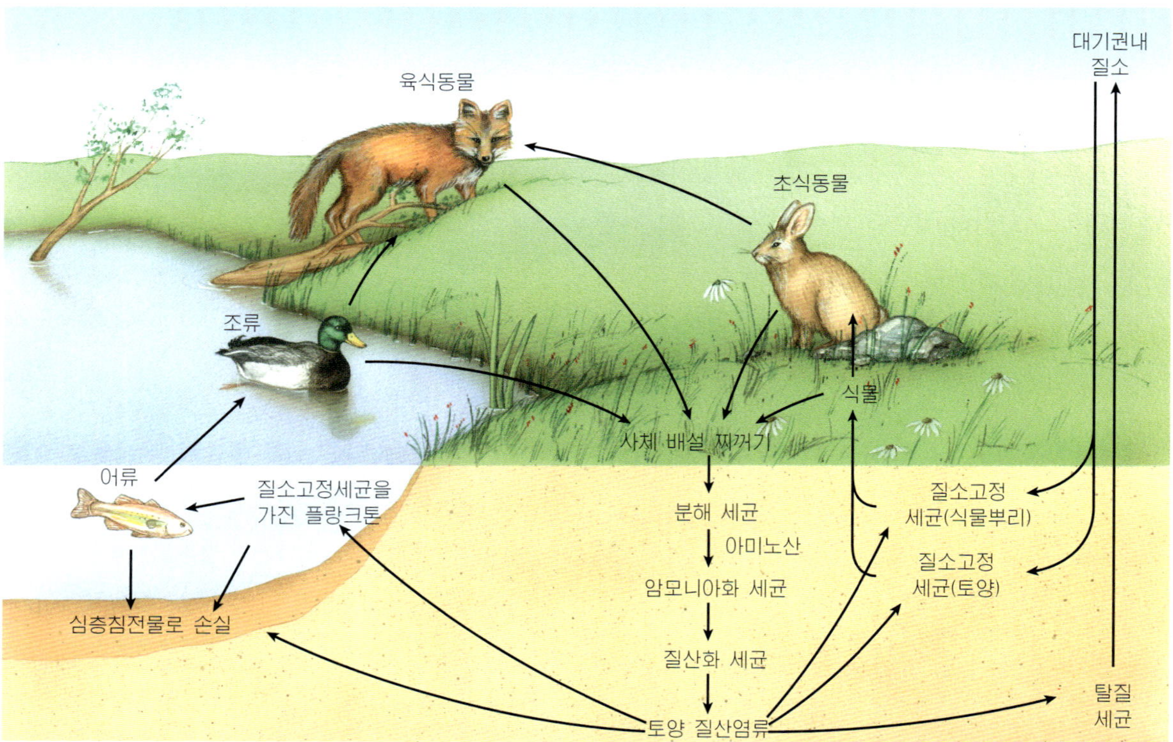

그림 23.10 질소 순환

대부분이 세균인 일부 생물체는 대기권의 질소를 생물적 과정에서 이용될 수 있는 있는 형태로 바꾼다.

과 동물이 죽고 부패할 때에 토양 속의 세균은 유기 인을 인 이온으로 돌려놓음으로써 인 순환은 완성된다(그림 23.11).

호수 생태계 속의 인 농도는 대개 아주 낮으며, 그로 인해 호수 생태계 속에 광합성 조류의 대량 성장이 제한된다. 이런 생태계는 인간에 의한 인의 첨가에 의하여 쉽게 교란된다. 예를 들면 비료와 많은 세재들은 인이 풍부하다. 물 속에 인 첨가에 의한 호수의 오염은 우선 호수의 수면에서 조류 번식을 일으킨다. 급격한 조류의 번식으로 늙은 조류는 죽게 되며, 죽은 조류세포를 먹는 세균이 대량의 용존 산소를 소모해 버리게 되고, 마침내 어류와 무척추 동물들은 호흡에 장애를 일으킨다. 수계생태계에 있어서 과다한 영양소에 의해 야기되는 급격하고 제어할 수 없는 정도의 성장을 **부영양화**(eutrophication)라 한다.

> **23.7** 생명체에게 매우 중요한 인은 토양과 물 속에 녹아 있는 것을 이용할 수 있다. 인은 생물체와 환경 사이를 순환하며, 종종 생물체가 생태계 속에서 살아가는 것을 결정하는 제한 요소이기도 하다.

23.8 태양과 대기 순환

열대지역은 적도 근처 지역에서 태양광이 거의 수직으로 도달하기 때문에 온대지역보다 따뜻하다. 적도로부터 온대 위도지역으로 이동함으로써 태양광은 보다 빗각으로 지구에 도달하며, 보다 넓은 면적에 퍼진다. 그래서 단위 면적당 보다 적은 에너지를 공급하게 된다

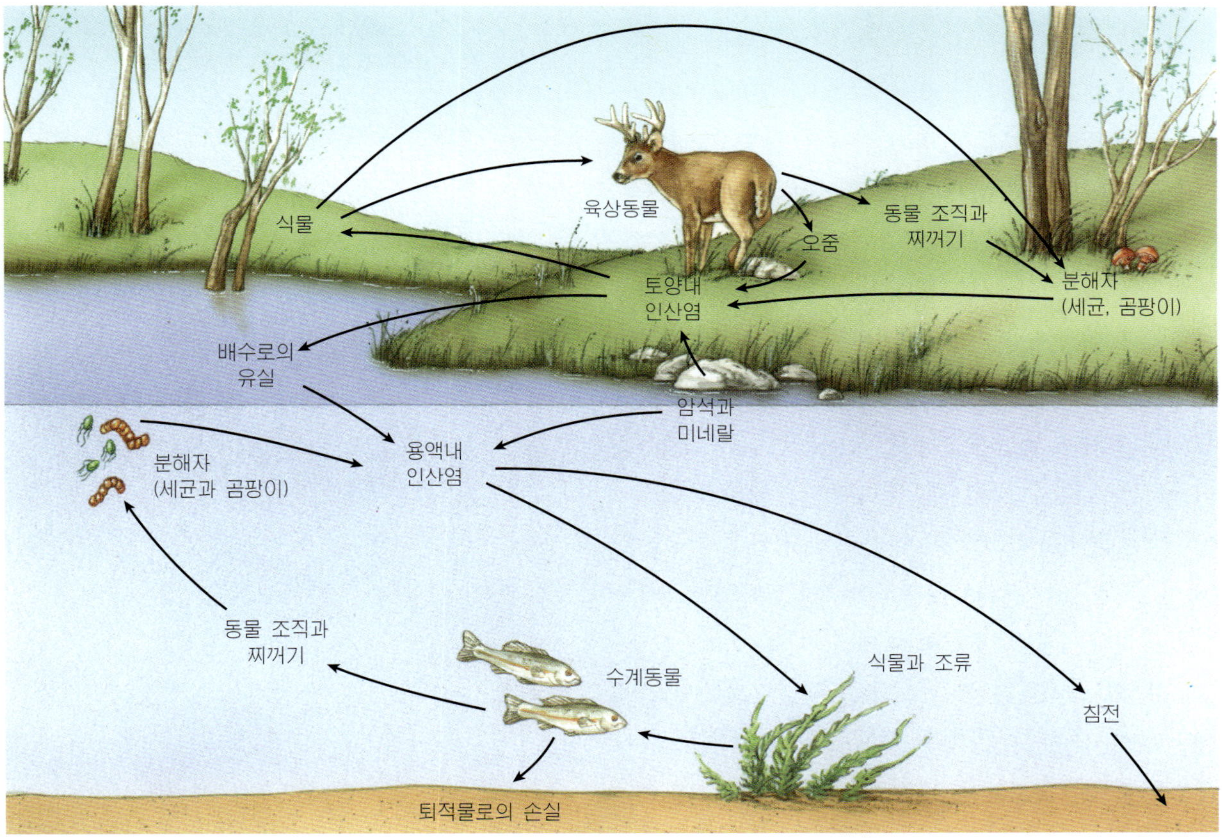

그림 23.11 인 순환

인은 식물 영양소로서 중요하다. 질소 다음으로 인은 식물의 생장을 제한하는 부족하기 쉬운 원소이다.

(그림 23.12). 지구는 하나의 공간이며, 한 부분은 다른 부분보다 태양으로부터 더 많은 에너지를 받기 때문에 지구에 여러 가지 기후를 가능하게 하며, 간접적으로 생태계의 많은 다양성을 가능하게 한다.

태양 주위를 도는 지구의 연간 궤도와 일일 주기의 자전은 세계 기후를 결정하는 데에 중요하다. 일주기 때문에 어떤 위도에서의 기후는 상대적으로 일정하다. 또한 연주기와 지구 축의 각도 때문에 적도로부터 떨어져 있는 모든 지역은 계절의 변화를 경험하게 된다. 주된 대기 순환 양식은 6개의 대형 기단 사이의 상호작용으로부터 유래한다. 이들 대형 기단은 쌍으로 일어나며, 쌍의 한쪽 기단은 북방 위도에서 일어나며, 다른 한쪽의 기단은 남방 위도에서 일어난다. 이들 기단은 기후에 영향을 미치며, 그 기단의 고위도 지역으로의 상승과 저위도 지역으로의 하강은 기단 자체의 온도에 영향을 미치고, 차례로 기단 자체의 수분 포화 능력에도 영향을 미치기 때문이다.

적도 근처에서는 따뜻한 공기가 높은 위도지역으로 상승하면서 극 쪽으로 흐른다 (그림 23.13). 높은 위도 지역으로 올라감으로써 냉각하고, 공기는 대부분의 습기를 잃게 된다. 그것은 찬 공기가 따뜻한 공기보다 적은 수증기를 붙들기 때문이다 (이것은 왜 열대지역에서 아주 많은 비가 내리는 지를 설명하고 있다). 이 기단이 북위 30도와 남위 30도에 이동할 때, 차고 건조한 공기는 하강하면서 다시 가열된다. 공기가 따뜻해지면서 스폰지처럼 물을 흡수하고 적은 강우의 광역권을 형성한다. 이처럼 대규모 사막의 대부분이 북위 30도와 남위 30도에 위치하는 것은 우연이 아니다. 이 위도의 공기는 극 지역의 공기보다 여전히 따뜻하며, 그래서 공기는 계속하여 극 지역으로 흘러간다. 북위 60도 및 남위 60도에서 공기는 상승하여 냉각되며, 포함하고 있던 수증기를 발산한다. 그러한 곳은 전 세계의 온대림이 위치한다. 마침내 상승한 공기는 극 지역 가까이에서 내려가며, 매우 낮은 온도와 강수량을 가지는 지역을 형성하게 된다.

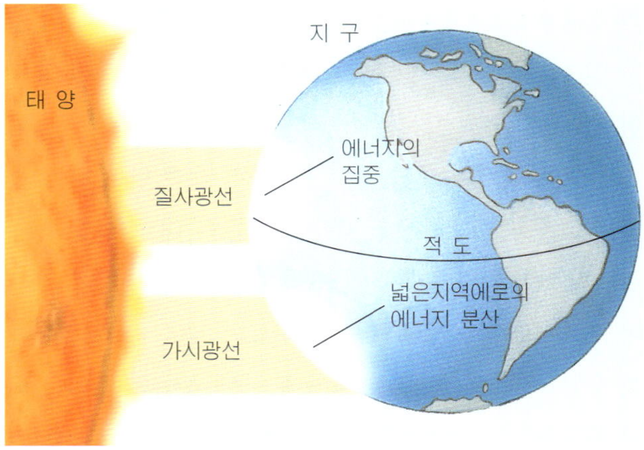

그림 23.12 위도는 기후에 영향을 미친다.

지구와 태양 사이의 상관관계는 지구상의 생명체 특성과 분포를 결정하는 데에 매우 중요하다. 열대지역은 온대지역 보다 따뜻하며, 그것은 단위 면적당 보다 많은 에너지를 공급하게 되는 태양광이 직접적인 각도로 부딪치기 때문이다.

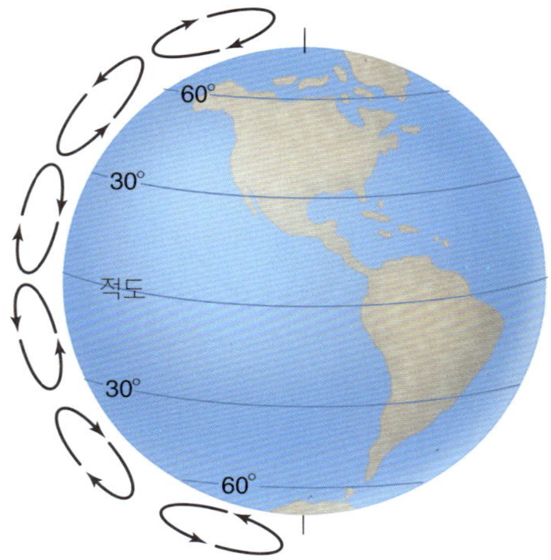

그림 23.13 공기는 적도 지역에서 상승하고 그리고 또 하강한다.

지구 표면으로부터 공기 이동 양식은 세 쌍의 순환 시스템으로 나타난다. 위도 30도와 극 지역에서 매우 건조한 기후 지대는 건조한 공기의 하강에 의하여 형성된다. 습윤 기후는 적도 지역과 위도 60도 근처에서 나타난다.

23.8 태양은 열대지역에서 강우를 야기하고, 위도 30도에서 사막의 띠를 형성하게 하는 대기권의 순환의 원동력이다.

23.9 위도와 고도

이주 간단한 이유로 열대 생태계 지역은 온도가 높다. 단위 면적당 보다 많은 태양광선이 열대 위도지역에 도달한다. 태양 광선은 태양이 수직으로 위에 위치할 때 가장 강렬하며, 이것은 열대지역에서만 일어난다. 이곳에서 태양빛은 수직으로 적도를 내리쪼인다. 역시 온도는 고도(高度)에 따라 변화하며, 고도가 증가하면서 점점 온도는 내려간다. 어떤 주어진 위도에서 대기 온도는 매 1000미터 상승함에 따라 약 6℃씩 낮아진다. 고도에 따른 온도 변화에 대응하는 생태적 현상은 위도에 따른 온도 변화의 양상과 같다(그림 23.14). 그래서 북미에서는 고도 1000m 증가가 위도로 880km의 증가에 따른 온도하강의 결과와 같게 나타난다. 이것은 왜 수목한계선(timberline)이 적도로부터 보다 멀리 이동함으로써 점차적으로 보다 낮은 고도에서 나타나는 지를 설명한다.

■ 강우그늘 (rain shadow)

이동하는 공기 덩어리가 산을 만나게 될 때, 그것은 상승하게 되고, 보다 높은 고도에서 냉각된다. 공기의 수분 보습능력은 수분을 흡수할 있는 능력을 의미하며, 보습능력이 증가한다는 것은 그 공기가 점점 건조해진다는 것을 의미하며, 능력의 감소는 그 반대를 의미한다. 보습능력(moisture-holding capacity)은 감소하고 산의 바람의 대향 사면에서 강우를 제공한다. 산의 다른 사면, 즉 바람을 등진 반대 사면에서의 효과는 완전히 다르게 나타난다. 공기는 봉우리를 통과하고 산의 보다 먼 사면으로 하강함으로써 데워지며, 그래서 보습능력은 증가한다. 모든 이용가능한 수분을 흡수함으로써 공기는 주변 경관을 건조하게 하고 때로는 사막을 만들기도 한다. 이러한 효과를 '강우그늘'이라 부르며, 시에라 네바다(Sierra Nevada)에서 가장 높은 산인 휘트니산의 강우그늘 지대인 '죽음의 계곡'(Death Valley)와 같은 사막을 만들게 한다 (그림 23.15).

지중해 기후는 바람이 여름 동안 시원한 대양으로부터 따뜻한 육지로 부는 결과이다. 마치 산의 배후 사면에서 일어나는 것처럼 공기의 보습능력은 증가하고 강우는 차단된다. 이러한 효과는 지중해 기후를 가지는 지역 속에서 건조하고 뜨거운 여름과 습윤하고 추운 겨울을 만든다. 그러한 기후는 세계적 수준에서 보면 드

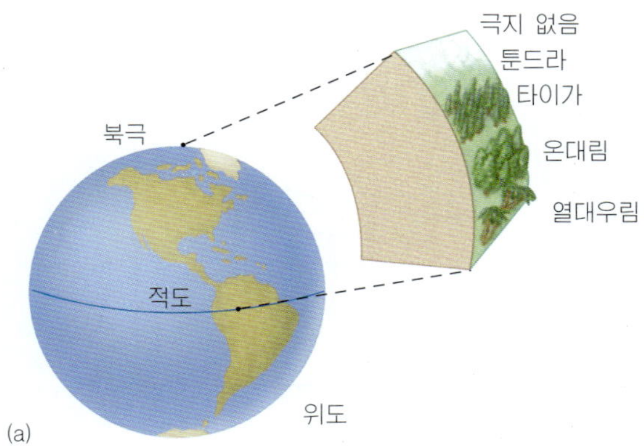

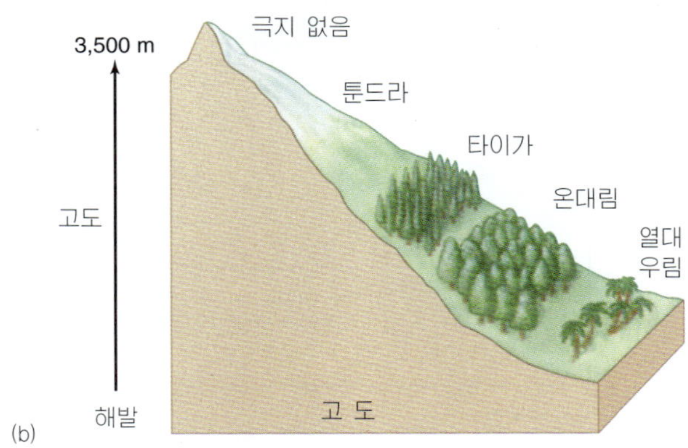

그림 23.14 고도가 어떻게 생태계에 영향을 미치는가

(a) 고도가 증가함에 따라서 나타나는 것 (b)처럼 일반적으로 해수면 고도에서 적도의 남쪽과 북쪽에 동일한 육지 생태계가 열대지역에서 관찰된다. 그래서 남부 멕시코나 과테말라의 높은 산지에서 그와 같은 일련의 생태계를 관찰할 수 있는 것이다.

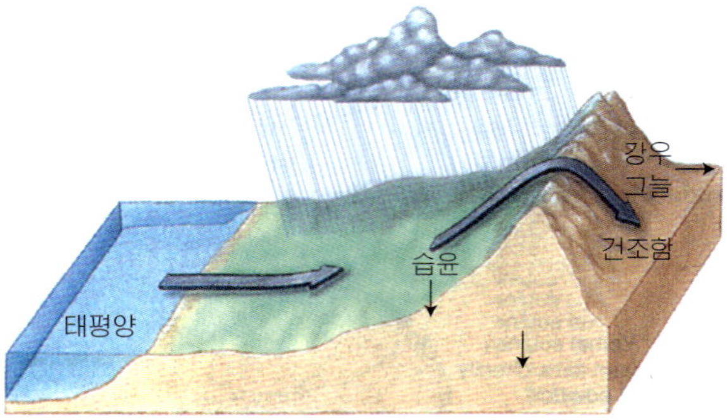

그림 23.15 강우그늘 효과

태평양으로부터 수증기를 실은 바람이 상승하여 시에라 네바다(Sierra Nevada)에 부딪칠 때 냉각된다. 따라서 수증기 포장 능력은 감소하고 강우가 발생한다. 공기는 그 지역의 동부 측에서 하강함으로써 데워지고 보습능력은 증가한다. 그리고 공기는 주변지역으로부터 수증기를 끌어 모은다. 그 결과, 건조한 환경조건은 이들 산악지역의 동부쪽에 우세하게 나타난다.

문 일이다. 그러한 지역에서는 많은 종류의 특이한 식물과 동물이 진화해 오면서 분포의 지역성을 가지기도 한다.

> **23.9** 온도는 위도가 증가함에 따라 떨어지며, 고도가 증가함에 따라서도 마찬가지이다. 강우는 바람에 대향하는 산의 대응 사면에서 보다 많으며, 공기가 산을 올라감에 따라서 수분을 잃은 공기가 된다. 멀리 떨어진 쪽으로 내려가면 건조한 공기는 따뜻해지고 수분을 흡수함으로써 사막을 만든다.

23.10 대양의 순환 양상

대양 순환의 패턴은 대기 순환 패턴에 의하여 결정되지만, 육지 덩어리(land mass)의 위치에 따라 변형된다. 대양 순환은 거대한 표면 소용돌이에 의하여 우점되며(그림 23.16), 대략 위도 30°(북위 및 남위) 사이에서 고

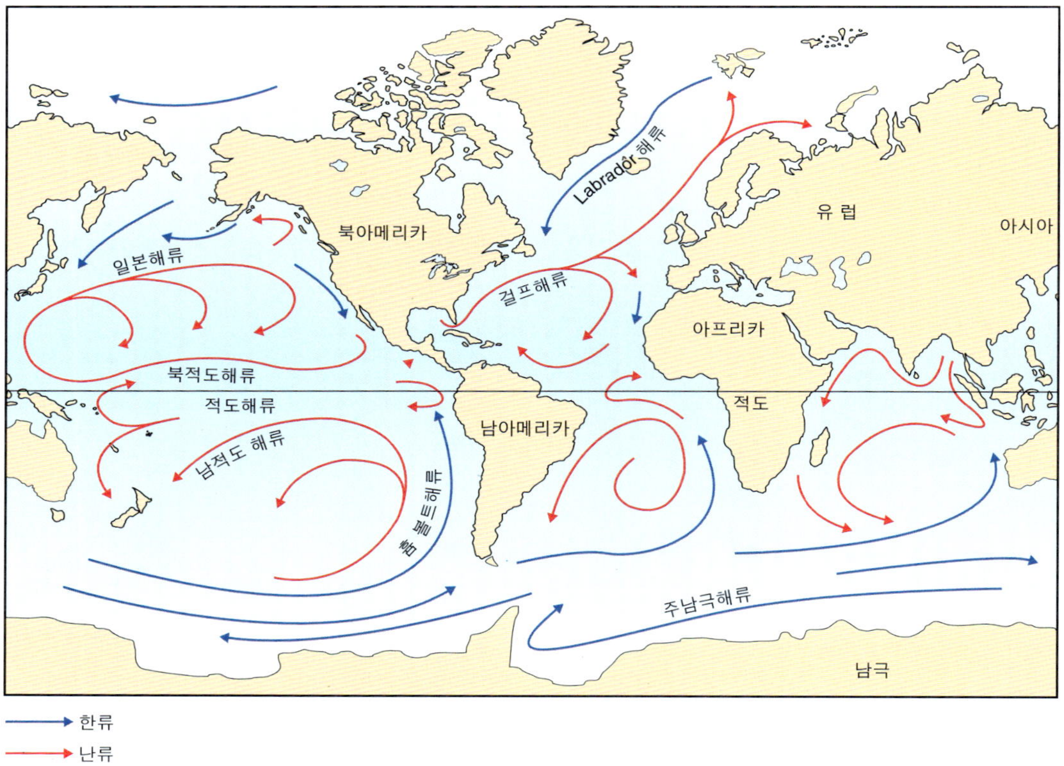

그림 23.16 대양 순환

대양에서의 순환은 소용돌이(gyre)라고 부르는 거대한 규모의 표면 회전 방식으로 움직이며, 그것은 인접 육지에서의 기후에 크게 영향을 미친다.

기압의 아열대 지역 주변으로 이동한다. 이 소용돌이는 북반구에서는 시계 방향인 오른쪽으로 움직이며 남반구에서는 시계 반대 방향인 왼쪽으로 움직인다. 이와 같이 열을 재분배하는 이 방식은 대양에서 뿐만 아니라 해안 지역에서도 생명체들에게 크게 영향을 미친다. 예를 들면, 북아틀란틱의 걸프해류는 북미로부터 북캐롤라이나(North Carolina)의 헤터러스 곶(Cape Hatteras) 가까이에서 휘감아 돌아가서, 남부 영국 섬 지역 가까이에 도달한다. 걸프해류 때문에 서부 유럽은 유사한 위도에서 북미 동부지역 보다 훨씬 따뜻하고 온난하다. 일반적인 특성으로 북반구의 온대지역에서 대륙의 서부지대는 동부지대에 보다 따뜻하거나, 그 반대 현상이 남반구에서 관찰된다. 따뜻한 지역에서 차거운 수면 위를 통과한 바람은 수증기 보유능력이 증가함으로써 강우를 제한하게 된다.

남미에서 훔볼트 해류는 인(燐)이 풍부한 냉수를 서부 해안의 북방으로 수송한다. 바다로 향하는 바람이 태평양과 경계를 접하는 산지 비탈면에서부터 부는 것처럼 인은 냉수의 용승에 의하여 심해 깊은 곳으로부터 위로 수송된다. 이와 같이 풍부한 영양소를 포함하는 해류는 페루와 북부 칠레의 어업을 부양하는 풍부한 해양 생물상을 가능하게 한다. 해양 생물체를 먹이로 잡아먹는 해양 조류는 상업적으로 중요한 역할을 한다. 풍부한 인의 구아노(guano)는 이들 국가의 해안선에 퇴적되어 있다.

■ 엘니뇨

매년 크리스마스에 온난한 해류는 열대로부터 페루와 에콰도르 해안을 강타하며, 그것은 고기 개체군을 감소시키고 지역 어업의 시간을 단축하게 한다. 지역 어부들은 엘니뇨라고 부른다. 지금은 이 용어가 그와 같은 현상에 대한 대재앙으로 사용되고 있지만, 매 2년에서 7년 주기로 일어나며, 지역적으로도 큰 문제를 야기하지만 지구적 규모에서도 심각한 문제를 야기한다. 과학자들은 엘니뇨가 어떻게 일어나고 있는지 매우 잘 알고 있다.

일반적으로 태평양은 동쪽에서 서쪽으로 일정하게 부는 무역풍에 의하여 영향을 받고 있는데, 이 바람은 대양의 동부쪽(페루, 에콰도르, 칠레)으로부터 따뜻한 표면 해수를 멀리 밀어내고, 그 장소에 깊은 곳으로부터의 차가운 해수가 용승하도록 한다. 그래서 플랑크톤과 어류의 먹이가 되는 영양소들을 수송한다.

이러한 표면 해수는 호주와 필리핀 근처인 서쪽 방향에 모이면서 몇도 더욱 따뜻하게 하며, 대양의 동쪽보다 1m 이상 높게 한다. 그러나 바람이 약할 때에는 따뜻한 해수는 대양을 가로질러 되돌아온다. 이러한 현상이 한번이라도 일어나면, 대양과 대기권은 그것이 계속 일어나도록 함께 기여한다. 동부 해양이 데워질수록 해양 상공의 공기는 더욱 덥고 가벼워지며, 그래서 서부의 공기와 더욱 유사하게 된다. 이것은 대양을 가로질러 압력(대기압)의 차이를 감소하게 한다. 대기압은 바람을 불도록 하기 때문에 동쪽으로의 무역풍은 더욱 약해지며 따뜻한 해수로 하여금 더욱 동부쪽으로 진행되도록 한다. 그러한 결과는 서태평양 6,000km의 기후 시스템을 동쪽으로 이동하게 되었다. 통상적으로 인도네시아와 필리핀을 흠뻑 적시게 하는 열대 폭우는 이들 지역에 접해 있는 따뜻한 해수가 그 해수의 상공 공기에 상승하여 냉각시키고 수증기를 포화하여 구름으로 만들어줄 때 발생한다. 데워진 공기가 동쪽으로 이동할 때, 구름도 따라 동쪽으로 움직이고, 전에는 비가 많은 지역이었던 것을 건조한 상태로 바꾸어 버린다. 반대로 남미의 서단지역의 해안 해수는 보통 너무 차거워서 아주 많은 비를 내리게 했지만, 오히려 수증기를 흡수하고 용승은 서서히 감소한다. 엘니뇨 동안 페루와 북부 칠레지역에서는 상업적 어획량이 상당한 수준으로 감소하고, 플랑크톤은 평상시 수도(數度, abundance)의 20분의 1 수준으로 떨어진다. 페루에서 상업적으로 중요한 멸치 어업은 1972년과 1997년의 엘니뇨에 의하여 크게 붕괴된 바가 있다.

그것은 단지 시작에 불과하였던 사건이다. 엘니뇨의 효과는 전 세계의 기후 시스템에 영향을 미친다(그림 23.17). 홍수를 동반한 겨울 폭풍은 캘리포니아 해안을 강타하였고, 플로리다와 걸프 해안에서는 평상시보다 더욱 춥고 습윤한 겨울을 야기하였다. 중서부 미국은 평상시 보다 훨씬 많은 강우를 경험하였다. 비록 엘니뇨 효과에 대하여 지금 명확하게 알고 있으나, 무엇이 그것에 대한 방아쇠로써 기여하는지에 대해 아직까지 수수께끼로 남아 있다. 이러한 날씨 교란에 관한 모델은 엘니뇨를 방아쇠로 하는 기후변화는 '대혼란' 이라는 사실을 제시한다. 바람과 해류는 같은 조건으로 반복해서 돌아오지만 결코 규칙적인 패턴은 아니며, 아주 가벼운 어떤 움직임(변화)에도 엘니뇨를 포함해서 그러한 해류와 바람은 아주 다른 방향으로 바뀔 수 있다.

23.10 전 세계 대양은 육상대륙에 의하여 굴절된 거대한 소용돌이 속에서 순환한다. 엘니뇨와 같은 해류의 교란(혼란)은 세계 기후에 심각한 영향을 미칠 수 있다.

23.11 군집

캘리포니아의 중앙 및 북부의 해안 그리고 오레곤주 주변에 펼쳐진 미국삼나무림은 군집의 한 예다. 그 군집에서 우점종인 미국삼나무는 한때 북반구 전역에 분포하였던 여러 식물의 속(genus) 중 현재까지 살아남은 유일한 식물이다. 고사리와 딱정벌레를 포함한 많은 동·식물들이 삼나무림과 균형있는 조화를 이루고 있다(그림 23.18). 그러한 상호 공존은 부분적으로는 미국삼나무에 의해 형성되는 그늘, 물(나뭇가지로부터 머금은 물이 떨어지는)그리고 시원한 온도 등의 특별한 조건이 형성되었기 때문에 가능했다. 이러한 특정 생물체의 모임을 미국삼나무 군집이라 부르며, 이 군집에 특징적인 각각의 생물군은 복잡하고 독특한 진화역사를 갖고 있다. 즉 그들은 과거에 각각 다른 시대에 진화를 한 후 삼나무와 조화를 이루게 되었다.

일반적으로 이 군집의 구성원은 주로 삼나무며 그 경계가 삼나무에 의해 결정되기 때문에 삼나무군집으로 인식한다. 이러한 미국삼나무 군집내의 생물의 분포는 매우 다양할 수 있다. 일부 생물은 미국삼나무와

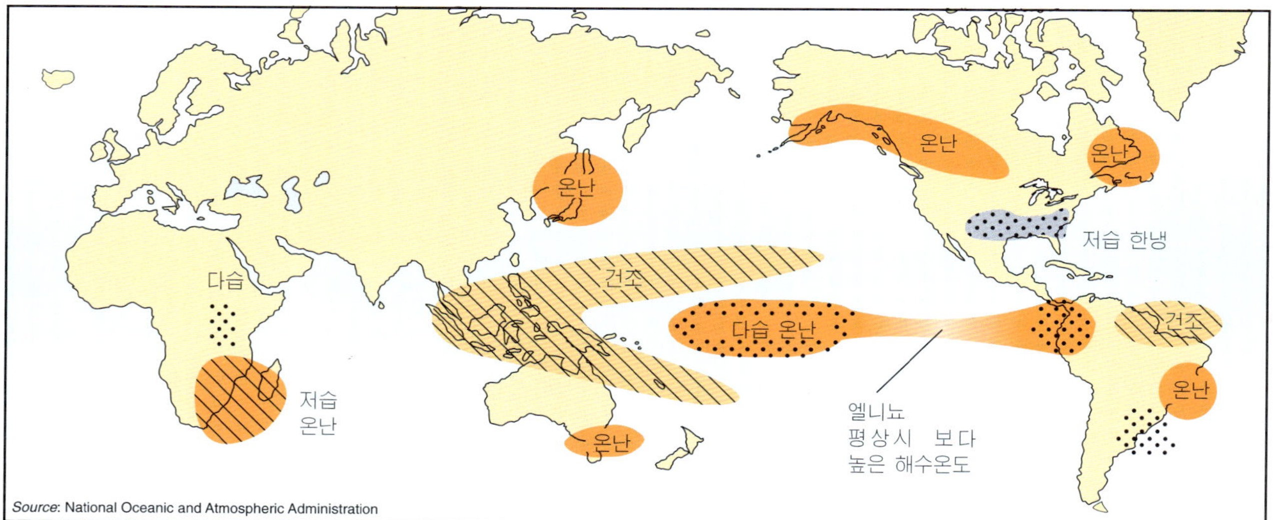

그림 23.17 엘니뇨 겨울

서태평양으로부터 데워진 해수는 동쪽으로 이동하는 것처럼 엘니뇨 해류는 전 세계에 걸쳐 비정상적인 기후양상을 야기한다.

(a) (b) (c) (d)

그림 23.18 삼나무군집

(a) 캘리포니아 해안과 오레곤의 남서부의 삼나무림은 미국삼나무(*sequoia sempervirens*)에 의해 우점되어 있다. 이 삼나무림에 사는 다른 생물은 (b) 칼고사리(*polystichum muntium*) (c) 삼나무 괭이밥류(*oxalis oregana*), 그리고 (d) 칼고사리 잎에서 민달팽이를 먹고 있는 딱정벌레(*scaphinotus velutinus*)이다.

동일한 범위에 분포하지 않지만, 일부는 경계 범위 이상으로 넓게 분포한다. 미국삼나무 군집이나 다른 군집에서도 생물들의 분포범위는 부분적으로 겹칠 수가 있는데, 이 점이 그들이 함께 존재하는 이유이다.

23.11 일반적으로 어떤 종이 우점종으로 존재하기 때문에 군집을 인식하지만, 많은 생물의 종들이 각 군집의 특징을 형성하기도 한다. 군집은 그것을 구성하는 종의 분포범위가 서로 중복되기 때문에 존재한다.

23.12 생태적 지위와 경쟁

생태계내의 모든 생물은 살아가는데 여러 가지 도전에 직면한다. 어떤 생물이 생태계에서 차지하는 **생태적 지위**(niche)는 무엇보다도 그들이 살고 있는 환경내의 자원을 이용하는 모든 방법의 합이다. 한 종의 생태적 지위는 군집내에서의 생물학적 역할이며, 공간, 먹이, 온도, 짝짓기를 위한 적절한 조건, 습기 그리고 여러 가지 다른 요소 등으로 설명될 수 있다. 생태적 지위는 생물이 살아가는 장소인 **서식처**(habitat)와는 다르다. 즉, 서식처는 사는 장소이며, 생태적 지위는 생활 양식이라고 할 수 있다.

가끔 한 생물이 어떤 지역을 이용하기 때문에 다른 생물이 그 지역의 모든 생태적 지위를 차지할 수 없다. 일반적으로 두 생물체가 같은 자원을 서로 이용하려고 시도하는 현상을 **경쟁**(competition)이라 부른다. 경쟁은 두 생물이 이용하기에 충분한 자원이 없을 때 같은 자원을 사용하기 위해 싸우는 것이다. 자원을 둘러싼 싸움을 **방해경쟁**(interference competition)이라 하며 자원을 나누어 소비하는 것을 **소비경쟁**(exploitative competition)이라한다.

종간경쟁(interspecfic competition)은 다른 종 사이에서 그들이 요구하는 자원이 희소해졌을 때 일어나는 상호작용을 말하며, 비슷한 방식으로 먹이를 구하는 생물사이에서 가장 심하게 나타난다. 즉, 녹색식물은 주로 다른 녹색식물과 경쟁하고, 초식동물은 초식동물과, 육식동물은 다른 육식동물과 경쟁한다. 이렇듯 경쟁은 유연관계가 먼 생물보다 가까운 생물사이에서 보다 격렬하다. 한편 동종의 개체사이에서 발생하는 **종내경쟁**

(intraspecfic competition)은 다른 종간에 일어나는 종간경쟁과 구별된다.

■ 실질적인 생태적 지위

생물은 경쟁 때문에 이론적으로 이용가능한 **기초지위**(fundmental niche), 즉, 전체적인 생태적 지위를 차지할 수 없다. 경쟁자가 있는 곳에서 어떤 생물체가 실질적으로 차지할 수 있는 지위를 **실제지위**(realized niche)라 한다.

Santa Barbara의 California 대학의 J. H. Connell은 스코틀랜드의 해안선을 따라 살고있는 두 종의 따개비 사이에서의 종간 경쟁을 조사하였다. 따개비 유생은 자유 유영 후에 바위에 부착하고, 나머지 기간을 부착한 채로 살아간다. Connell이 연구한 두 종 중에 조무래기따개비는 조수의 활동으로 가끔 공기에 노출되는 얕은 물에 서식하고, 북방따개비는 대기 중에 거의 노출되지 않는 낮은 곳에 서식한다(그림 23.19). 보다 깊은 지역에서는 북방따개비가 조무래기따개비를 바위에서 떨어뜨리거나 심지어는 조무래기따개비가 서식하기 시작한

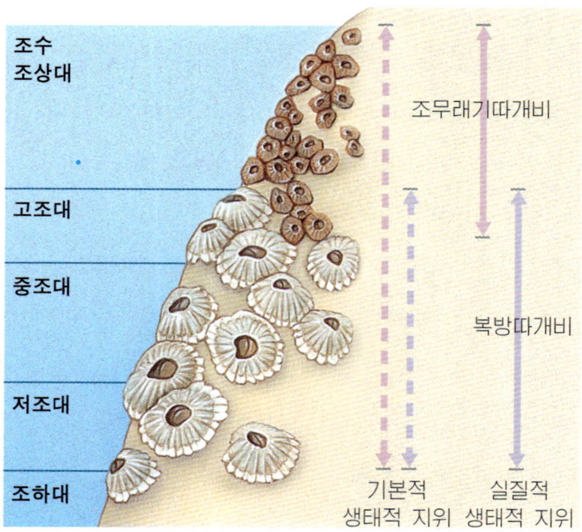

그림 23.19 두 종의 따개비 사이의 경쟁이 생태적 지위의 이용을 제한한다.

곳에서 조차 북방따개비로 대체되어 군집을 이루기 때문에 항상 경쟁에 앞선다. 그러나 Connell이 북방따개비를 그 지역에서 제거시켰더니 조무래기따개비가 쉽게 깊은 지역을 차지하였다. 이것은 조무래기따개비가 그 곳에 살 수 있음을 나타낸다. 이와는 대조적으로 북방따개비는 조무래기따개비가 사는 얕은 물의 서식처에서는 생존을 할 수 없었다. 이것은 결국 북방따개비는 조무래기따개비가 살수 있는 지역에 생리적으로나 형태학적인 면에서 특별한 적응을 하지 못했다. 그리하여 스코틀랜드에서 Connell이 행한 따개비의 실험에서 조무래기따개비의 기본적인 생태적 지위는 북방따개비의 생태적 지위가 포함되지만, 이론적인 생태적 지위에서 북방따개비에 의해 경쟁에 밀리므로 그의 실질적인 생태적 지위는 훨씬 좁다.

다른 흥미로운 예는 *Tribolium*속의 바구미에서 볼 수 있는 생태적지위의 특성이다. 만일 *Tribolium*이 순수한 밀가루에서 *Oryzaephilus* 속의 풍뎅이와 함께 자란다면 *Tribolium*은 *Oryzaephilus*를 멸종시킨다. 그러나 만일 *Oryzaephilus*가 피할 수 있는 작은 유리관 조각을 밀가루 안에 넣으면 두 종은 밀가루 안에서 공존할 수 있다. 이 실험은 열대우림 같은 복잡한 생태계에서 왜 많은 종이 공존할 수 있는지를 시사한다.

23.12 **생태적지위는 어떤 생물이 주변환경을 이용하는 방법으로도 정의될 수 있다.**

23.13 경쟁배타의 원리

러시아 생태학자 G. F. Gause는 1934년과 1935년에 짚신벌레 세 종의 경쟁에 대해 연구했다. 이 들은 모두 실험관 내의 배양액 속에서 세균과 효모를 잡아먹으며 잘 자란다. 그러나 Gause는 *P. aurelia*와 *P. caudatum*을 같은 시험관에서 배양했더니 항상 *P. caudatum*은

멸종하고 오직 *P. aurelia*만이 살아남는다는 것을 관찰했다. 그리고 *P. aurelia*는 경쟁자인 *P. caudatum*보다 6배나 빨리 성장한다는 것을 알았다.

이러한 원리를 Gause는 '경쟁배타의 원리' 라고 하였다. 이 원리는 만약 두 종이 하나의 자원을 두고 경쟁한다면, 한 종이 그 지역 내에서 제거된다는 이론으로, 어떤 두 종도 같은 생태적지위 내에서 공존할 수 없다는 것이다.

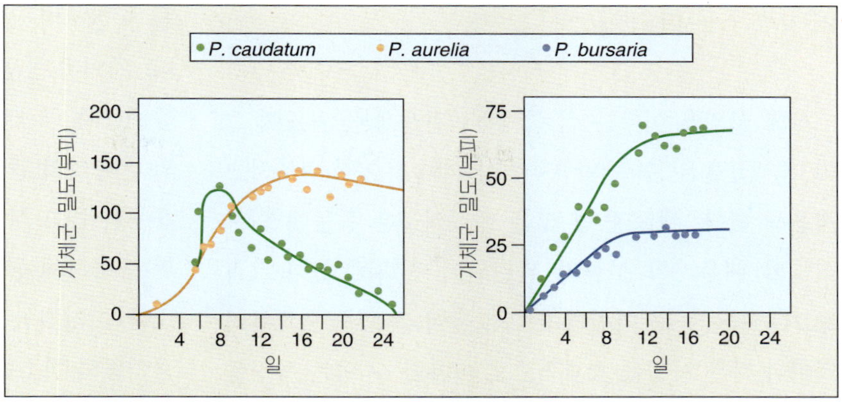

그림 23.20 짚신벌레 세 종간의 경쟁배타

현미경으로 보면 짚신벌레는 굉장한 식욕을 갖는 포식자다. 짚신벌레는 그의 원형질막으로 세균이나 효모를 둘러싸서 식포를 형성하여 먹이를 섭취한다. 실험에서 Gause는 *P. caudatum*을 *P. aurelia*와 함께 사육하면 두 종은 같은 실질적인 생태적 지위를 이용해야 하므로 *P. caudatum*이 멸종하여 없어짐을 관찰했다. 그러나 *P. caudatum*과 *P. bursaria*를 같이 사육하면 두 종이 서로 다른 실질적인 생태적 지위를 갖고 경쟁을 피함으로써 공존할 수 있음을 관찰했다.

Gause의 실험처럼 제한된 자원에 대한 경쟁은 필연적으로 경쟁배타를 유발시킬까? 반드시 그런 것만은 아니다. 경쟁의 결과는 경쟁의 격렬함과 경쟁하는 종의 기본적 지위사이의 유사성 정도에 따라 다르다. 만약 종이 경쟁을 피한다면 그들은 공존할 수 있을 것이다.

생태적 지위의 중복

Gause는 또 다른 실험에서 *P. caudatum*(처음 경쟁 실험에서 지는 종)을 세번째 종인 *P. bursaria*와 함께 사육했다. 그는 두 종 모두 공급이 제한된 세균을 먹기 위해 경쟁할 것이고, 앞선 실험에서와 마찬가지로 한쪽이 이기는 결과가 나올 것으로 예상했다. 그러나 예상은 빗나가고 각각의 종은 시험관 내에서 같이 살아 갈 수 있었다. 즉, 짚신벌레는 먹이 자원을 분배하며 살아가고 있었다. 그들은 어떻게 그렇게 할 수 있을까? 산소 농도 및 세균의 밀도가 높은 시험관 상부에서는 *P. caudatum*이 우점하지만 시험관 하층에서는 효모가 번식하기에 알맞는 산소농도가 낮은 상태이며 *P. bursaria*는 효모를 먹이로 더 선호한다. 각 종의 기본적인 생태적 지위는 전체 시험관이지만 각 종의 획득된 지위는 오직 시험관의 일부였다. 즉, 두 종의 생태적 지위는 겹치지 않으므로 서로 살아남을 수 있었다(그림 23.20).

Gause의 경쟁배타원리는 자연군집 내에서 두 종 사이에 경쟁이 계속되는 경우는 드물다는 결론을 맺을 수 있다. 즉, 둘 중 한 종은 다른 종을 절멸시키거나 자연선택에 의해 그들 사이의 경쟁이 감소된다. 생태학자 Robert MacArthur는 숲에서 작은 벌레를 잡아먹고 사는 다섯 종의 개개비류를 대상으로 관찰한 결과 모두 같은 자원을 가지고 경쟁하는 것을 알았다. 그러나 보다 자세히 조사해 보니 그들 각각의 종들은 독일가문비나무의 각기 다른 부위에서 곤충을 잡아먹는다는 것을 발견했다. 한 종은 가지의 끝에서 곤충을 잡아먹고 두번째 종은 잎이 무성한 곳에서, 세번째 종은 아래 부분의 가지에서, 네번째 종은 나무의 높은 곳에서 그리고 다섯번째 종은 나무꼭대기에서 먹이를 잡아먹는다. 그리하여 개개비류들은 생태적 지위를 세분하고 다른 종들과의 경쟁을 피하기 위해 유용자원을 분배하고 있었다.

23.13 **동소적 종은 이용가능한 자원분배를 통해 그들사이에 경쟁을 줄인다.**

23.14 공진화와 공생

생물 군집을 이루는 식물, 동물, 원생생물, 곰팡이 그리고 세균들은 수 백만 년 이상 계속적으로 변화하고 적응해 왔다. 예를 들면 많은 현화식물은 동물에 의한 식물의 배우자의 분산과 관련되어 진화해 왔다(그림 23.21). 동물들도 마찬가지로 그들이 찾는 꽃으로부터 먹이나 다른 자원을 효과적으로 이용할 수 있는 특징을 발달시켜 왔다.

생물학적 군집에서 오랫동안 서로 많은 특성을 상호 조절하면서 진화하는 것을 **공진화**(coevolution)라고 한다.

공생관계에서는 둘 이상의 생물이 종종 어울려 생활하거나 또는 영구적인 관계로 함께 살아가는 경우가 있다. 모든 공생관계는 생물들 사이에서 잠재적인 공진화를 수반하며 많은 경우 이 공진화의 결과는 매혹적이다. 지의류는 공생의 대표적인 예이며, 균류가 녹조나 남세균과 공생한다. 또 다른 중요한 예는 식물의 뿌리와 균류와의 관계인 균근이다. 균류는 식물의 영양염류 흡수를 돕고 식물은 균류에게 탄수화물을 공급한다. 이와 유사하게 콩과식물의 뿌리에 공생하여 대기중의 질소를 고정하는 뿌리혹박테리아는 그들의 숙주식물이 공기중의 질소를 이용할 수 있게 만들어 준다.

공생의 종류는 세 가지가 있다. 첫번째, 한 종은 이익을 얻으나 다른 이웃은 이익이나 해가 없는 **편리공생**(comensalism), 두번째, 참여하는 각각의 종이 모두 이익을 얻는 **상리공생**(mutualism), 세번째, 한쪽은 이익을 얻으나 다른 종은 해를 입는 **기생**(parasitism) 등이 포함된다. 기생은 또한 포식되는 생물이 반드시 죽지 않더라도 포식의 형태로 재 고찰 될 수 있다.

그림 23.21 박쥐에 의한 수분

다양한 꽃들이 꽃가루를 운반하기 쉽도록 다른 동물과 공진화를 하였다. 곤충은 수분의 매개자로 잘 알려져 있지만, 그들만이 유일한 매개자는 아니다.

23.14 공진화란 종사이의 장기간에 걸친 진화적 조정이며, 공생은 둘 이상의 종이 함께 사는 것이다.

23.15 편리공생

편리공생은 한 종은 이익을 얻지만 다른 종은 손해도 이익도 없는 관계를 말한다. 자연에서는 가끔 한 종이 다른 종에게 달라붙는다. 예를 들어 착생식물은 다른 식물의 가지 위에 붙어서 자라는 식물이다. 이런 경우 숙주식물은 해가 없는 반면 가지에서 자라는 착생식물은 이익을 얻는다. 비슷한 경우를 따개비에서 볼 수 있는데, 이들은 종종 고래와 같이 움직이는 해양동물에 붙어서 살며 피동적으로 한 장소에서 다른 장소로 운반된다. 이러한 착생동물은 한 장소에 고착되어 있을 때보다 움직이는 동물에 붙어 살 때가 포식자로부터 보호를 받고 새로운 먹이원에 도달하기가 쉽다. 부착동물이 걸러 먹는 섭식자라면 숙주가 이동함으로써 보다 많은 먹이를 잡아먹을 수 있는 환경요건이 갖추어지므로 매우 중요할 것이다.

편리공생의 가장 잘 알려진 예는 작은 열대어류와 말미잘 사이의 관계에서 볼 수 있다. 이 경우 말미잘에 접근하는 다른 물고기는 촉수에 마비되지만 작은 열대어류는 말미잘의 촉수사이에서 살아남을 수 있도록 진화했다(그림 23.22). 이 물고기는 숙주인 말미잘이 먹다 남은 먹이 부스러기를 먹지만 말미잘은 특별한 손해를 입지 않는다. 육상에서는 소나 코뿔소 같은 초식동물과 소의 등을 쪼는 새 사이에서 나타난다. 그 새는 그 동물들에 붙어서 기생충이나 다른 곤충들을 쪼아먹으면서 대부분의 시간을 숙주동물과 밀접하게 보낸다(그림 23.23).

그림 23.22 바다에서의 편리공생

괌의 바다에 사는 어릿광대고기(*amphiprion perideraion*) 는 종종 말미잘의 촉수에 숨어서 보호받고 그 촉수의 먹이부스러기를 주워먹으며 말미잘과 공생한다.

그림 23.23 황로와 미국들소와의 편리공생

황로가 미국들소 곁에서 곤충을 잡아먹는다.

공생관계에서 상대가 이익을 얻는지 아닌지를 확신하기는 어렵다. 즉, 편리공생과 상리공생 사이의 명확한 경계는 없다. 예를 들면 말미잘에게 촉수에 낀 먹이 부스러기를 제거하는 것은 이익이 될 수도 있으며, 이것은 다른 먹이를 잡는 것을 용이하게 해줄 것이다. 비슷한 예로 편리공생이라고 생각되는 초식동물과 먹이를 수확하는 새의 관계는 실질적으로 상리공생의 한 예이다. 포유류는 새들이 기생충과 다른 곤충을 제거해 줌으로써 이익을 얻지만 새들 또한 많은 먹이원을 얻음으로써 이익이 된다.

23.15 편리공생은 한 종은 이득을 얻지만 다른 종은 손해나 이득이 없는 관계이다.

23.16 상리공생

상리공생은 각각의 종이 서로 이익을 얻는 공생관계이다. 상리공생의 예는 군집의 구조를 결정하는데 기

그림 23.24 상리공생(개미와 진딧물)

개미가 진딧물을 돌보며 이곳 저곳으로 옮겨 주기도하면서 진딧물이 계속적으로 분비하는 단물을 먹는다. 또한 진딧물을 천적으로부터 보호도 해준다.

본적으로 중요한 것들이다. 가장 놀랄만한 상리공생은 현화식물과 이들을 방문하는 곤충, 조류 그리고 박쥐류 사이에서 나타난다. 꽃과 방문하는 동물사이에서는 오랜 진화과정 동안 꽃의 특징과 먹이를 얻기 위한 동물의 특징이 연관되어 진화되어 왔다. 그렇게 하여 꽃가루는 개체에서 개체로 퍼져나감과 동시에 동물의 특성은 특정한 종류의 꽃으로부터 먹이나 다른 물질을 얻기 위해 변해왔고 분화되었다.

상리공생의 또 다른 예는 개미와 진딧물사이에서 볼 수 있다. 진딧물은 식물의 체관부로부터 액체를 빨아먹고, 이들의 대부분은 변형된 상태로 항문을 통해 배출된다. 개미는 이것을 먹음으로써 이익을 얻는다(그림 23.24). 이 경우 개미는 진딧물을 새로운 식물로 옮겨주며 진딧물은 새로운 먹이원에 붙어먹기 시작하고 개미들은 진딧물이 배출하는 단물을 먹는다.

23.16 상리공생은 서로 이익을 얻기 위해 종간에 협동이 일어난다.

(a)

(b)

그림 23.25 기생

(a) 새삼(*Cuscuta*)은 진화과정에서 잎과 광합성능력을 잃어버린 종속영양식물이다. 그 대신 숙주식물로부터 영양분을 얻고 자란다. (b) 뻐꾸기는 다른 종의 새 둥지에 알을 낳는다. 뻐꾸기의 새끼는 양부모(왼쪽의 밭종다리 처럼 작은새)에 의해 양육되기 때문에 뻐꾸기의 소리를 배울 수 있는 기회가 없다. 그 후에 내는 뻐꾸기의 노래 소리는 선천적이라 할 수 있다.

23.17 기생

기생은 포식자 또는 기생자가 숙주보다 매우 작고 그들과 매우 밀접한 관계로 살아가는 공생의 특별한 형태로 간주된다. 기생은 숙주에게는 해가 되고 기생자에게는 이익이 된다.

체외기생

생물의 표면에서 붙어 사는 기생충을 체외기생충(ectoparasites)이라 하며 많은 예가 알려져 있다(그림 23.25a). 조류, 포유류 같은 척추동물의 몸에 주로 서식하는 이는 체외기생충의 한 예이다. 모기는 이처럼 새나 포유류로부터 먹이를 구하지만 숙주와의 상호관계가 매우 단순하기 때문에 기생충으로 취급하지 않는다.

포식기생충(parasitoid)은 살아있는 숙주에 알을 낳는 곤충이며, 벌 종류에서 흔히 나타나고 공격당한 숙주의 몸에서 애벌레가 자라며 종종 숙주를 죽이기도 한다.

▪ 체내기생

척추동물의 몸속에는 원생생물을 포함한 많은 체내기생충(endoparasites)이 살고 있다. 무척추동물 또한 체내에 많은 종류의 기생충이 있다. 세균과 바이러스는 체내기생충의 정의에 맞지만 기생충으로 취급하지 않는다. 체내기생충은 사람에 감염된 원생생물이나 무척추동물처럼 체외기생충보다 훨씬 특수화된 구조를 이루고 있다.

기생충의 생활이 숙주와 보다 밀접해질수록 그들의 형태와 행동은 진화과정 동안 더욱 더 변형되었다. 이러한 모든 종류의 기생의 공통점은 공생관계라는 사실이다. 생물체의 내부조건은 외부와 다르고 오래 지속되기 때문에 종종 진화과정에서 불필요한 기관과 구조가 퇴화되는 등 단순화되었다.

▪ 탁란

모든 기생이 그들의 숙주의 조직을 소비하는 것은 아니다. 뻐꾸기는 다른 새의 둥지에 알을 낳는다(탁란)(그림 23.25b). 숙주부모는 탁란된 알을 자신의 알처럼 품고 또 새끼를 기른다.

탁란은 양육하는 숙주의 번식력을 감소시키므로, 숙주새는 다른 새가 알을 탁란하지 못하도록 하는 능력을 진화시키는 것은 당연하다.

23.17 기생의 경우 한 종은 숙주로써 다른 종에 도움을 주지만 숙주는 해를 입는다.

23.18 식물의 방어 기작

포식-피식의 상호작용은 한 생물이 다른 생물을 먹이로 이용하는 생물간의 상호작용이다. 식물들은 많은 초식동물로부터 그들 자신을 방어하기 위한 기작을 진화시켜왔다. 그 중 가장 뚜렷한 것은 가시나 바늘모양의 돌기 등 형태학적 방어로서, 초식동물들이 뜯어먹는 것을 포기하도록 하는 중요한 역할을 한다. 그리고 식물의 털, 특히 분비선, 끈끈한 말단 등은 초식곤충 들이 포식을 단념하도록 한다.

▪ 화학적 방어

화학적 방어는 형태적 적응만큼 중요하며 식물에게 매우 폭넓게 나타난다. 식물이 초식동물에 대항하는 방어기작 중 가장 중요한 것은 2차적 화학합성물이다. 실질적으로 모든 식물과 많은 조류(藻類)들은 초식동물에게 유독하고 대사를 교란시켜 정상적인 발생을 방해하는 다양한 2차 화합물을 만든다. 대부분의 초식동물은 이러한 화합물을 보유한 식물을 피하는 경향이 있다.

겨자과(brassicaceae) 식물은 겨자기름으로 알려진 화학물질이 있는데, 이것들은 겨자, 양배추, 양갓냉이, 무우, 양고추냉이 같은 식물처럼 자극성의 향과 맛을 내는 물질들이다. 우리가 즐기는 이 같은 독특한 맛은 많은 곤충들에게는 독이 된다. 또한 비슷한 예로, 박주가리는 초식동물이 포기하도록 하는 유액(milky sap)을 생성한다. 이러한 식물의 성분은 대개 척추동물의 심장기능을 격렬하게 하는 강심성 배당체 분자를 포함하고 있다.

▪ 초식동물의 진화적 반응

어떤 초식동물은 특정한 종류의 2차 화합물에 의해 보호받는 식물과 연관되어 있다. 이러한 초식동물은 특정한 식물을 아무 탈 없이 먹을 수 있어서 흔히 독점적인 먹이원으로 이용한다. 예를 들어 양배추나비의 애벌레는 겨자기름을 함유하는 몇 종의 식물뿐 아니라 다른 식물을 독점적으로 먹는다(그림 23.26). 비슷한 예로 왕

(a) (b)

그림 23.26 초식성 곤충은 그들의 숙주에 잘 적응되었다

(a) 배추흰나비(*pieris rapae*)의 초록색 애벌레는 양배추 잎이나 그들이 먹는 다른 식물에 위장되어 있다. 비록 식물들이 겨자기름으로 초식동물에 대항할지라도 배추흰나비 애벌레는 겨자기름을 분해 할 수 있다. (b) 성체 배추흰나비

나비의 애벌레 및 그와 유사한 종은 박주가리(milkweed)와 개정향풀속(dogbane)의 식물을 먹는다.

23.18 많은 식물들은 2차적으로 합성한 물질을 이용하여 대부분의 초식동물로부터 보호받는다. 일단 어떤 초식동물이 그 식물을 먹을 수 있게 진화되면 그 초식동물은 새로운 먹이 자원을 얻은 셈이며, 다른 초식동물과 경쟁 없이 살아갈 수 있다.

23.19 동물의 방어 기작

2차 화합물이 풍부한 식물을 먹고사는 동물은 또 다른 이익을 얻는다. 즉, 왕나비 애벌래는 박주가리를 먹은 후 강심성배당체(cardiac glycoside)를 분해시키는 대신 지방체에 농축시켜 저장한다. 애벌레단계에서 축적된 이 물질은 성체는 물론 다음 세대의 알에게 까지 전달된다. 이리하여 왕나비의 생활주기에 강심성배당체가 축적되어 포식자로부터 보호받는다. 즉, 새가 왕나비를 먹으면 즉시 구토하게 되며 그 후에는 왕나비 모양의 물체를 피한다(그림 23.27).

보호색

박주가리를 먹는 대다수의 곤충들은 밝은 **경고색**(warning coloration)또는 **경계색**(aposematic coloration)을 이용하여 유독성이 있다는 것을 광고한다. 눈에 띄는 밝은 색채는 포식자에게 독과 침이 있다는 것을 알리는 동물의 특성이지만 특정한 화학적 방어가 없는 생물들은 일반적으로 화려한 색을 띠지 않는다. 사실 많은 종은 **보호색**(cryptic coloration)을 이용하여 주위환경과 어우러져서 포식자로부터 피할 수 있다(그림 23.28). 보호색을 가진 동물들은 포식자가 다른 개체들을 발견할 수 있는 실마리를 제공할 가능성이 있

(a) (b)

그림 23.27 어치는 왕나비 맛이 독하다는 것을 배운다.

(a) 새장에서 사육되어 전에 왕나비를 전혀 본적이 없는 이 어치는 왕나비를 먹는다. (b) 이 어치는 왕나비를 먹은 후 수분 후에 구토한다. 이 새는 오렌지색과 검은색으로 된 곤충을 다시는 먹으려 하지 않는다.

그림 23.28 보호색

나뭇가지처럼 보이는 자나방(*necophora quemaria*)의 애벌레

그림 23.29 척추동물의 화학적인 방어

개구리(*dendrobatid*)는 사진과 같이 경고색으로 독이 있음을 알린다.

으므로 대개 무리 지어 살지 않는다.

■ 화학적 방어

동물들은 방어를 위해 눈에 띄는 치장을 하고있다. 벌, 나나니, 육식성 반시류(곤충), 전갈, 거미 및 많은 다른 절지동물은 자신을 방어하고 먹이를 죽이기 위해 화학물질을 이용한다. 한편 화학적 방어는 각종 해양동물, 독사, 도마뱀, 물고기 그리고 일부 조류를 포함한 척추동물에서도 진화해 왔다. 독을 분사하는 열대산 개구리(dendrobatidae)는 밝은 색의 피부로 덮여 있으며 피부점막에는 알칼로이드 독소를 포함하고 있다(그림 23.29). 이러한 독소의 일부는 매우 강력해서 수 μg이라도 혈류에 주입되면 사람이 죽게 된다. 200여종 이상의 알칼로이드가 이러한 개구리에서 추출되었고 일부는 신경근 연구에 중요한 역할을 한다. 여러 가지 질병 치료제 및 항생물질 그리고 새로운 항암제 등을 찾기 위해 해양동물, 조류 그리고 현화식물 등을 대상으로 집중적으로 연구되고 있다.

23.19 동물들은 자기자신을 경고색, 보호색 그리고 독극물이나 침 등 화학적인 방어기작으로 보호한다.

23.20 포식자-피식자 주기

북아메리카의 눈신토끼(*lepus amerianus*)는 10년의 주기를 보인다(실제로 8~11년까지 다양함). 그들의 수는 전형적인 주기에서 10배에서 30배까지 떨어지며 100배의 변화가 나타날 수도 있다. 즉, 먹이식물과 포식자 두 요소가 주기를 일으키는 것으로 나타났다.

1. **먹이식물** 눈신토끼가 좋아하는 먹이는 버드나무류와 자작나무류의 잔가지이다. 눈신토끼의 밀도가 증가하면 이 잔가지의 양은 감소되며, 그 결과 눈신토끼는 질이 떨어지는 섬유 먹이를 먹을 수밖에 없기 때문에 낮은 출생률, 낮은 새끼의 생존률과 낮은 성장률이 뒤따른다. 이 것은 버드나무류나 자작나무 잔가지의 풍부도가 급격히 감소한 결과이다. 그리고 나뭇가지의 양이 회복될 때까지는 약 2~3년이 걸린다.
2. **포식자** 눈신토끼의 포식자는 캐나다 시라소니(*lynx canadensis*)이다. 캐나다 시라소니는 10년 주기를 보이는 눈신토끼의 풍부도에 따라 주기를 바꾼다(그림 23.30). 눈신토끼가 증가하면 이용할 수 있는 먹이가 증가하는 것에 대한 반응으로 그들의 수 역시 증가한다. 눈신토끼의 수가 감소하면 역시 그들의 먹이공급이 감소되어 시라소니 수도 줄어든다.

어떤 요소가 포식-피식 변동의 원인이 되는가? 눈신토끼수의 증가 때문에 식물이 과소비되는가? 혹은 시라소니 수의 증가 때문에 눈신토끼가 과소비되는가? 1992년 C. Krebs 등은 야외실험을 통해 그 답을 제시했다. Krebs는 캐나다의 유콘에서 눈신토끼 개체군이 포함된 조사 구획을 설정하였다. 실험군에 먹이를 제공하고(먹이효과 없음) 포식자들을 제거하면(포식자 없음) 눈신토끼의 수는 10배정도 증가한 후 멈춘다(주기를 잃음). 그러나 포식자를 제외하고 먹이를 공급하지 않거나 먹이를 공급하고 포식자를 함께 둔다면 즉, 둘 중 하나의 요소가 단독으로 작용하도록 하면 주기는 유지된다. 따라서 이 실험에서 각각의 요인들은 두 요인 간의

(a)

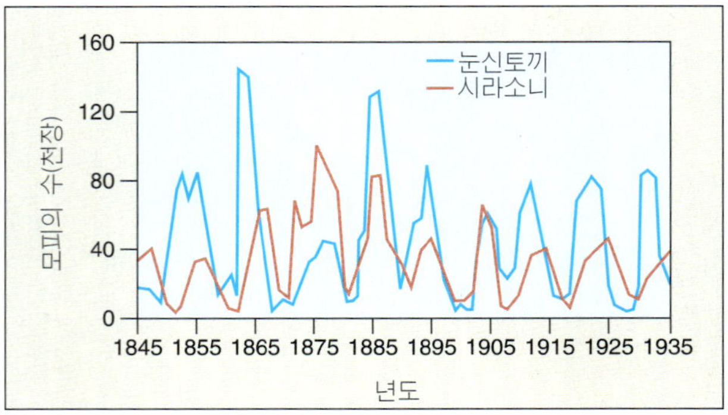

(b)

그림 23.30 포식자-피식자 주기

(a) 눈신토끼가 시라소니에게 쫓기고 있다. (b) 카나다 북부에서 눈신토끼와 시라소니 개체수가 교대로 증감을 보이고 있다. 자료는 1845-1935 에 잡힌 동물의 모피수를 근거로 한 것이다. 눈신토끼의 수가 증가하면 시라소니 수도 증가하는 데 약 9년을 주기로 주기가 반복되고 있다. 포식자와 이용 가능한 먹이자원이 토끼의 수를 조절한다. 시라소니의 수는 이용가능한 눈신토끼의 수에 의해 조절된다.

상호작용으로 주기에 영향을 줄 수 있다는 것을 알았다.

23.20 포식자와 피식자는 가끔 비슷한 증감 주기를 보이며, 가끔은 피식자 개체군이 숨을 수 있는 피난처에 의해 주기가 촉진된다.

23.21 생태적 천이

군집내에서 경쟁과 협동은 단순함에서 복잡한 생태계로 변화하는 경향이 있는데, 이 과정을 **천이**(succession)라 한다.

2차 천이

산림지역이 벌채된 후 그대로 두면 식물은 천천히 그 지역을 메워간다. 개간으로 생물들이 사라진 뒤를 이어 그 지역은 다시 나무들로 채워진다. 기존의 군집이 교란 받은 지역에서 나타나는, 이와 같은 천이를 **2차 천이**(secondary succession)라 한다. 2차 천이는 종종 사람에 의해 시작되지만 또한 화재로 태워지거나 농토를 묵혔을 때 일어날 수 있다.

1차 천이

반대로 **1차 천이**(primary succession)는 바위처럼 생

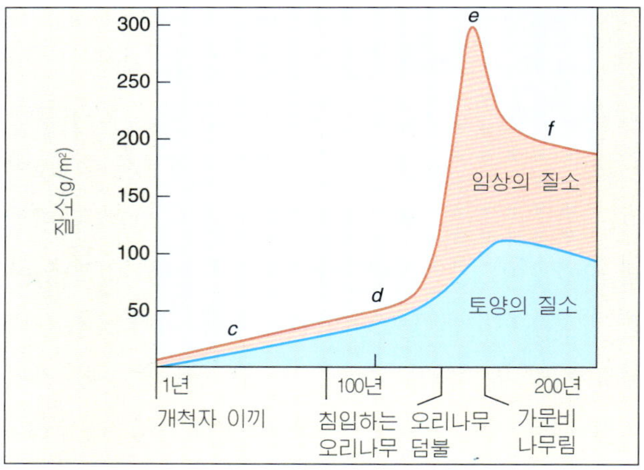

그림 23.31 식물의 천이는 토양에서 점진적으로 일어난다.

알라스카의 빙하만의 빙퇴석은 처음에는 토양내에 질소성분이 거의 없었지만, 질소고정식물이 토양속에 질소질을 형성하여 이어지는 침엽수림의 형성이 가능하게 되었다.

물이 없는 불모지에서부터 시작된다. 1차 천이는 빙하 후 남는 호수, 해양에서 솟아오른 화산섬, 빙하 후 노출된 땅 등에서 나타난다(그림 23.31). 한 예로, 빙퇴석에서의 1차 천이를 보여준다. 황폐화되고 무기물이 부족한 토양에서는 최초로 지의류가 자라고 작은 토양지를 이룬다. 지의류가 분비하는 산성분비물은 기질을 분해시켜 토양의 축적을 가중시킨다. 이끼는 그 후 토양지에서 군집을 형성하고 결과적으로 오리나무속 식물이 부착할 수 있는 토양과 충분한 양분을 증대시킨다. 100년 후 오리나무 속 식물은 가문비나무속 식물이 번창할 수 있도록 토양속의 질소량을 증대시키고 결과적으로 오리나무속 식물들을 밀어내고 조밀한 가문비나무속 삼림을 형성한다.

1차 천이는 종종 지역 전체에 같은 종류의 특정식물로 구성된 극상군집에 도달한다. 그러나 기후가 변화를 유지시켜주기 때문에 천이과정은 매우 느리고 인간의 활동이 매우 영향력이 커서 많은 천이는 극상에 도달하지 못한다.

천이의 이유

천이는 어느 한 종이 서식지를 변화시켜 다른 종들이 서식하기에 알맞은 상태로 만들기 때문에 일어난다. 천이과정에는 세 가지 동적인 개념이 있다.

1. **내성**(tolerance) 천이 초기 단계는 군집이 정착하는데 경쟁을 하지 않지만 불모의 땅에서 견딜 수 있는 *r* 선택종의 잡풀들에 의해 특성화된다.
2. **촉진**(facilitation) 천이의 초기단계에 도입된 잡풀은 그 장소를 변화시켜 다른 종이 선호하는 서식지로 바꾸며 바뀐 곳은 잡풀에게 부적합해진다. 그리하여 빙하로 형성된 만의 천이는 오리나무속 식물이 침입할 수 있도록 질소를 고정한다. 오리나무속 식물은 낙엽을 부식시킴으로써 pH가 낮은 토양을 땅속에 갈아넣게 되고 산성토양을 요구하는 가문비나무속이나 북미산 솔송나무가 침입할 수 있게 해준다.
3. **억제**(inhibition) 가끔 서식지의 변화는 한 종에 의해 일어나지만 자신의 성장을 억제하고 반면에 이 장소는 다른 종이 선호하게 된다. 예를 들면 오리나무속 식물은 가문비나무속이나 북미산 솔송나무처럼 산성 토양에서 잘 자라지 못한다.

생태계가 안정되어 감에 따라 *k* 선택종이 *r* 선택종을 대체하게 된다. 따라서 종 풍부도와 전체 생물량은 증가하지만 순 생산성은 감소한다. 초기의 천이단계에서 나중보다 생산성이 높기 때문에 농업은 의도적으로 초기 천이단계를 유지시킨다.

23.21 **생물군집은 천이과정을 통하여 더 큰 생물량과 종 풍부도를 갖는 쪽으로 진화한다.**

Chap 24

파괴되는 지구

24.1 오염

일리노이에서 유황을 많이 함유한 석탄을 태우는 것은 버몬트에 있는 나무를 죽인다. 또한 뉴욕에서 냉장고 냉각제를 버리는 것은 남극대륙의 상공에 있는 대기의 오존을 파괴하고, 그것은 마드리드에서 피부암을 증가 시키게된다. 생물학자들은 전세계적인 생태계에 대하여 그와 같은 광범위한 영향을 끼치는 것을 **지구적인 변화**라고 부른다. 화학오염, 산성비, 오존층 구멍 그리고 온실효과와 같이 최근 십 년 동안에 보다 명백해진 지구적인 변화의 유형은 인류가 미래에 직면하게 될 가장 심각한 문제 중의 하나이다.

■ 대기오염

대기오염은 세계의 모든 도시들의 가장 시급한 해결 과제이다. 멕시코시티에서는 산소가 손님들에게 일상적으로 팔리고 있다. 뉴욕, 보스턴 그리고 필라델피아와 같은 도시들은 대기가 공장에서 배출된 이산화황과 같은 오염물질 때문에 갈색 대기의 도시로 알려져 있다. 그러나, 로스엔젤레스와 같은 도시들은 대기 속의 오염 물질들이 햇빛 속에서 화학 반응을 일으키기 때문에 회색 대기의 도시로 불린다.

■ 화학오염

화학오염으로 야기되는 문제는 중공업 산업의 성장뿐만 아니라, 선진국의 부주의한 태도 때문에 근래에 와서 매우 심각하게 대두되고 있다. 한 예로서, 1989년에 엑손 발데즈라는 유조선이 알래스카 근해에서 좌초되어 수 킬로미터의 북 아메리카 해안선과 그곳에 살고 있던 생물들을 기름으로 심하게 오염시켰다. 만약 그 유조선이 수위 보다 높게 기름을 적재하지 않았다면, 기름은 거의 유출되지 않았을 것이지만, 그 유조선은 수위 보다 훨씬 높게 기름을 실었기 때문에 수위선 위의 기름의 무게 때문에 선체의 구멍 밖으로 수천 톤의 기름을 흘러 나가게 하였다. 왜 이와 같은 과도한 적재를 허락하는가?

■ 농약문제

현대 농업의 확산과 그리고 특히 제3세계에 집약적 농업을 야기한 녹색혁명은 살충제, 제초제 그리고 비료와 같은 다양한 새로운 화학물질을 생태계에 사용하도록 하였다. 미국과 같은 선진국이 뒤늦게 이들 화학물질의 부작용을 주의 깊게 감시하기 시작했지만 불행하게도 더 이상 제조되지 않는 여러 가지 독성 화학물질이 아직도 생태계 내에서 순환하고 있다.

예를 들면, DDT, 클로르덴, 린다인 그리고 딜엘드린 과거에는 미국에서 널리 사용된 적이 있지만 지금은 일반적인 사용이 금지되었다. 하지만 그 화학물질들은 여전히 미국에서 제조되며, 아직도 그것을 사용하고 있는 다른 국가로 수출되고 있다. 염소화 탄화수소 분자는 느리게 분해되며 동물성 지방에 축적된다. 게다가, 이 물질들이 먹이 사슬을 통하여 이동될 때 **생물 농축**(그림 24.1) 과정을 통하여 더욱 농축되게 된다. DDT는 1960년대 말까지는 미국의 전역에서 여러 종류의 맹금류의 알 껍질을 얇고 깨지기 쉽게 만드는 심각한 문제의 원인이 되었고,, 이때 가서야 멸종으로부터 새들을 구하기 위하여 DDT의 사용이 금지되었다. 염소화합물들은 이 밖에도 여러가지 부작용을 일으키는데, 동물 체내에서 호르몬처럼 작용한다.

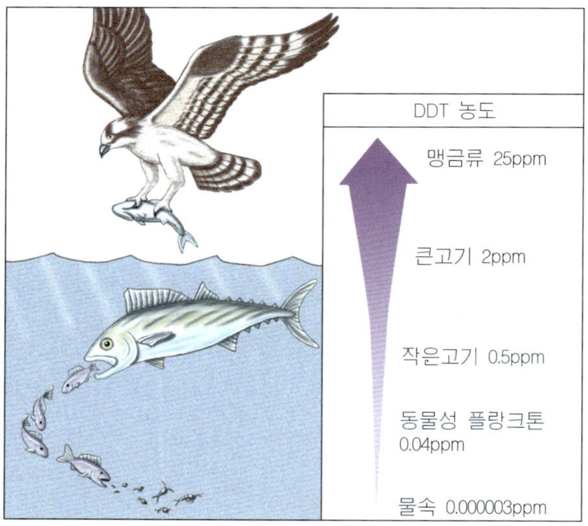

그림 24.1 DDT의 생물 농축

DDT는 동물체내에 축적되기 때문에, 먹이사슬의 보다 높은 단계로 갈수록 DDT의 농도가 농축된다. DDT사용이 미국에서 금지되기 전에, DDT가 맹금류의 알 껍질을 부화과정동안 깨져버리기 쉽도록 얇게 만들었기 때문에 맹금류 개체군은 대폭 감소하였다.

■ 수질오염

수질오염은 오염에 대한 우리 자신들의 부주의한 태도에서 비롯된 매우 심각한 결과이다. "하수도로 쏟아 붓는 것"은 오늘날과 같이 인구가 많은 복잡한 세상에서는 맞지 않다. 엄청난 인구가 지속적으로 생산한 많은 물질들을 묽게 하는데 쓰일 물이 충분하지 않다. 하수 처리방법의 개선에도 불구하고, 세계의 전역에 걸쳐서 호수와 강은 더욱더 오염이 증가되고 있다.

24.1 지구 전체를 통한 산업화의 증가는 오염의 수준을 더욱 높이고 있다.

24.2 산성비

1970년대까지 큰 굴뚝들이 도입되었고, 생태학자들은 높은 굴뚝들이 문제를 제거하지는 못하고 오히려 부작용을 광범위하게 내뿜고 있다는 증거를 보고하기 시작했다. 북유럽 전역의 호수들에서 생물 다양성이 급격하게 감소되고 있고, 몇몇의 호수는 심지어 생명체가 전혀 없는 상태임이 보고되었다. 독일의 검은가문비나무림의 나무들이 죽어가고 있으며, 그 피해는 유럽에만 제한되지 않았다. 높은 굴뚝들에 의해서 상층부의 대기로 도입된 황이 수증기와 결합하여 황산을 만드는 것으로 판명되었다. 이 물은 나중에 비나 눈으로써 땅으로 다시 떨어진다. 지금 미국의 북동부 지역의 비와 눈의 pH는 약 3.8로서 미국의 나머지 지역에서 나타나는 전형적인 값의 약 100배를 나타낸다. 이와 같이 산성으로 오염된 강수를 "**산성비**"라고 부른다.

산성비는 생명을 파괴한다. 미국 북동부와 캐나다의 많은 숲들이 심각하게 피해를 입었다. 실제로, 지금 북반구에서는 적어도 140만 에이커에 달하는 숲이, 불리한 영향을(그림 24.2) 받는 것으로 추정된다. 나무만 피해를 받는 것은 아니다. 스웨덴과 노르웨이의 수천 개의 호수들에는 이미 물고기들이 살지 않는다. 이들 호수들은 지금 오싹할 정도로 맑다. 미국 북동부와 캐나다에서도 역시 수만 개 호수의 pH의 수준이 5.0 이하로 떨어지면서 생물학적으로 죽어가고 있다.

가장 우선할 해결책은 분명하다. 즉, 대기로 오염물질을 방출하는 대신에 그 물질들을 붙잡아 제거하는 것이다. 그러나, 이 해결책을 이행하는 데에는 심각한 문제들이 있다. 첫째, 비용이 많이 든다. 미국에서 필요한 만큼의 "가스 세정기"를 설치하고 유지하는데 드는 비용이 년간 50억 달러에 달하는 것으로 추정된다. 또 다른 어려움은 오염 행위자와 오염의 피해자가 서로 먼 거리에 떨어져 있기 때문에, 어느 누구도 제 삼자의 문제로 여기고 있는 것에 대하여 그렇게 많은 비용을 지불하기를 원하지 않는다. 미국에서는 1990년에 대기정화법령(Clean Air Act)을 개정하여 정부가 방출 오염물을 정화하는 용역을 줌으로써 이 문제를 처리하기 시작하였지만, 전세계적으로 해결되기 위해서는 여전히 많은 문제들이 남아있다.

그림 24.2 산성비

산성 강수는 미국 북부와 유럽의 삼림에서 많은 나무들을 죽이고 있다. 피해의 대부분은 나무 뿌리의 세포에서 살고있는 균류인 균근이 당하는 피해이다. 나무들은 토양에서 영양소를 추출하기 위하여 균근을 필요로 한다.

24.2 산성으로 오염된 강수를 일반적으로 산성비라고 부르며, 산성비가 유럽과 북미의 삼림과 생태계를 파괴하고 있다. 그 해결책은 방출 오염물질을 정화하는 것이다.

24.3 오존층 구멍

생물체가 대양의 물 속에서 나와서 육지에 정착할 수 있었던 것은 광합성에 의해 오존 방어막이 대기에 형성되었기 때문이었다. 그렇게 되기 전의 30억 년 동안 생명체는 지구 표면의 생물을 죽게 하는 태양 광선을 막지 못하였기 때문에 대양의 물 속에 갇혀 있었다. 어떤 것도 파괴적인 에너지가 쏟아져 내리는 속에서는 생존할 수 없었다. 그 방어막이 없어져 버렸다고 상상해 보라. 놀랍게도, 우리들이 바로 우리들 자신을 파괴하고 있는 것으로 보인다. 1975년을 시작으로 지구의 오존층은 붕괴되기 시작했다. 그 해 9월에 남극 상공에서 지구 대기의 다른 어느 곳보다도 오존의 농도가 예기치 못할 정도로 낮다는 것이 위성 사진을 통해서 밝혀졌다. 정상의 오존 농도보다 낮은 농도 지역인 **오존 구멍**이 있었다. 그 후 매년마다 점점 더 많은 오존이 고갈되어 갔고, 오존층 구멍은 점점 더 커지고 더 깊게 늘어나고 있다(그림 24.3).

무엇이 오존을 먹고 있을까? 과학자들은 그 범인으로서 모든 사람들이 해가 없는 것으로 생각하였던 화학물질인 클로로플루오로카본(CFC) 이라는 것을 곧 알아내었다. CFC는 1920년대에 발명된 물질로 화학적으로 안정되고 해가 없어서 거의 이상적인 열 교환 물질이다. 세계의 전역에서 CFC는 냉장고와 에어컨디셔너의 냉매로서, 에어러졸 분사 가스로서, 그리고 스티로폼 용기의 포말제로서 많은 양이 사용되었다. 이렇게 사용된 CFC는 결국 모두가 대기로 방출된다. 그러나 CFC가 화학적으로 불활성이라고 생각되었기 때문에 그리고 모든 사람이 대기는 무해하다고 생각하는 경향이 있기 때문에 최근까지도 아무도 이 문제에 대하여 걱정하는 사람이 없었다. 그래서 CFC는 매우 안정된 화학물질이기 때문에 여러 해 동안 대기에 축적되었다.

이 CFC가 화학자들이 상상하지 못했던 재앙의 원인이 되고 있음이 밝혀졌다. 남극과 북극의 거의 50 킬로미터 상공의 매우 차가운 곳에서 CFC는 얼은 수증기가 달라붙어서 화학 반응의 촉매로 작용하기 시작했다. 효소가 자기 자신은 바뀌지 않으면서 세포 속에서 화학반응을 수행하는 것처럼, CFC도 그들 자신을 고갈시키지 않으면서 오존(O_3)을 산소(O_2)로 전환하는 촉매 작용을 시작했다. 화학적으로 매우 안정된 물질이기 때문에, CFC는 결코 작동을 멈추지 않는 작은 기계로서 대기 속에서 버티어 나갈 것이다. 그들은 오늘도 여전히 오존 층에 있으며, 오존을 파괴하고 있다. 오존의 감소는 세계적으로 현재 3%를 상회하고 있다.

자외선 방사는 인간의 건강과 심각하게 관련되어 있다. 대기 속의 오존 함량이 1% 감소하면 피부암의 발병률은 6% 증가하는 것으로 추정된다. 전세계적으로 대략 3%의 오존 감소가 일어났을 때 중간 위도의 지방에서는 치명적인 흑색종 피부암이 20%이상 증가되는 것으로 추정되었다. 중요한 것은, 지구의 생산력에 대단히 중요한 역할을 하고 있는 광합성을 하는 플랑크톤 종들이 자외선에 대하여 사람들보다 훨씬 높은 감수성을 가졌다는 점이다.

앞으로 몇 십 년 동안 전세계적으로 CFC 생산 수준을 낮추는 국제협약이 서명되었다. 그러나 이 점진적인 대응 방법으로 충분할 것인지 아니면 너무 작거나 너무 늦은 것이 아닌지를 알고 있는 사람은 아무도 없다. 이미 제조되었던 CFC의 방대한 양은 아직 대기의 상층부에 다다르는 않았다. 그리고 다가올 수십년 동안 추가적인 거대한 양이 생산될 것으로 예상된다. 우리는 단

그림 24.3 남극 대륙 상공의 오존 구멍의 위성 사진

위성에서 남극을 바라본 이 사진에서, 소용돌이 모양의 각각의 색깔들은 대기 속의 오존의 수준을 나타낸다. 붉은색과 자주색은 오존이 가장 적은 지역을 나타낸다. 사진에서 볼 수 있는 것처럼, 남극 대륙의 상공에 1979년부터 1992년 사이에 대략 미국 넓이만한 오존 구멍이 형성되어 있다.

지 얼마나 많은 양의 오존이 파괴될 것인지를 짐작만 할 수 있을 뿐이다.

24.3 CFC와 다른 화학물질은 대기의 상층부에서 오존을 촉매적으로 파괴하고 있으며, 위험한 태양 방사로부터 지구의 표면을 노출시키게 한다.

24.4 온실 효과

150년 이상, 우리의 산업 사회의 성장은 싼 에너지에 의해서 유지되어 오고 있다. 이들 에너지의 대부분은 석탄, 석유 그리고 가스와 같은 화석 연료를 연소시켜 얻어진다. 석탄, 석유 그리고 가스는 오랜 시간동안 압력을 받으면서 탄소가 풍부한 "화석 연료"로 변형된 고생 식물들의 잔존물이다. 그러한 화석 연료가 연소될 때, 이 탄소는 산소 원자와 결합하여 이산화탄소(CO_2)를 생성한다. 산업 사회에서 화석 연료의 연소는 막대한 양의 이산화탄소를 대기로 방출하였다. CFC의 경우에서처럼, 이산화탄소가 해롭지 않는 것으로 생각되었고 그리고 대기는 어떠한 분량의 기체도 흡수하고 그리고 분산시킬 수 있을 만치 무한한 저장고인 것으로 생각되었기 때문에 아무도 이것에 대하여 주의를 기울이는 사람은 없었다. 그러나 그 가설은 진실이 아니었다. 금세기 동안에 대기 속의 이산화탄소의 수준은 급격하게 증가하였고 그 증가는 계속되고 있다.

경계해야할 것은 그 이산화탄소가 아무 작용도 하지 않은 채 단지 공중에 머물러 있는 것은 아니다. 이산화탄소 분자의 화학결합은 태양으로부터 방사 에너지를 전도시키지만 적외선이나 열과 같은 조금 더 긴 파장들은 붙잡아서 그들이 공간으로 방출되지 못 하게 한다. 이러한 현상을 **온실 효과**라고 한다. 대기가 없는 행성은 대기를 가지고 있는 행성보다 훨씬 춥다. 만약 지구에 대기가 없다면, 실제로는 +15°C인 지구의 평균 온도는 대략 −20°C정도가 될 것이다.

지구의 온실 효과는 화석 연료 연소의 증가와 특정한 유형의 폐기물 처분 때문에 더욱 가중 되고 있다. 이러한 활동들은 대기 속에 이산화탄소, CFC, 산화질소, 그리고 메탄과 같은 모든 온실 효과를 일으키는 가스들의

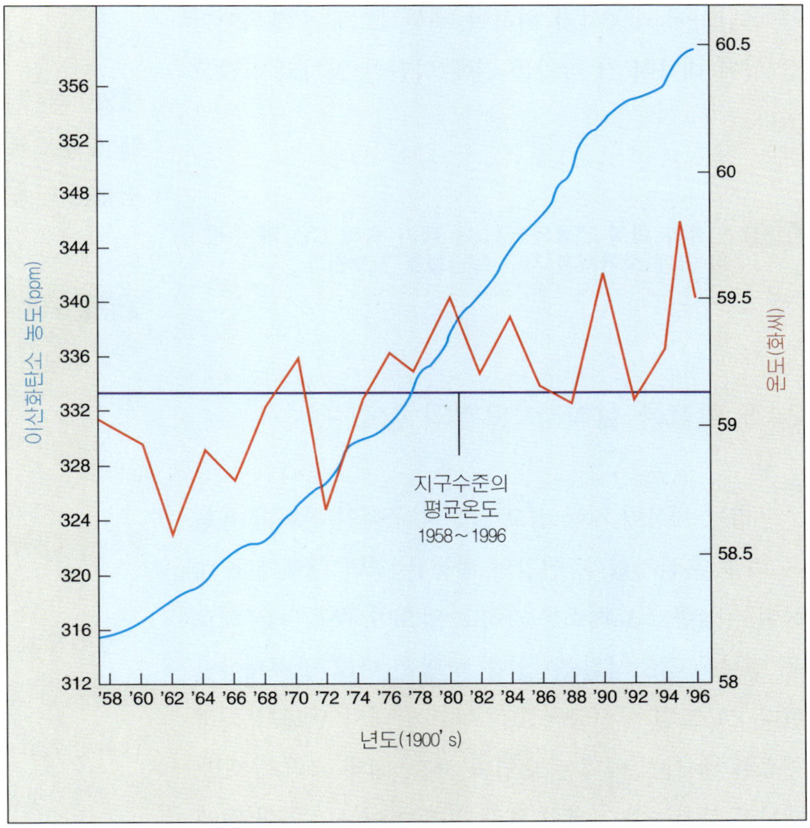

그림 24.4 온실 효과

대기 속의 이산화탄소의 농도는 수년동안 꾸준히 증가하는 것을 보여주며(푸른색 선) 붉은색 선은 같은 기간의 지구의 평균 온도를 나타낸다. 1950년대 이래로 온도가 전반적으로 증가하는 점과 특히, 지난 110년에 중에서 가장 더운 1980년대에 가장 가파르게 증가한 점을 주목하라.

양을 증가시키고 있다. 지난 세기 동안에 일어난 지구의 평균 온도의 증가는 대기 속의 이산화탄소 농도의 증가와 일치한다(그림 24.4). 미국에서 기록된 여덟 번의 가장 따뜻한 해 중 일곱 번은 1980년대에 있었다. 지구의 대기에 온실 가스가 축적되어서 **지구 온난화**가 일어난다는 생각에는 논의의 여지가 있다. 왜냐하면 상호관련성에 대한 인과관계가 증명되지 않았기 때문이다. 그러나 이 문제에 대한 더 많은 자료가 축적됨으로써, 지구 온난화는 환영받지 못할 현실로 받아들이고 있다.

온실 가스의 양적 증가는 지구의 평균 온도를 1℃에서 4℃까지 증가 시켰는데, 이것은 일차적으로 농경지에 심각하고도 복합적인 영향을 끼칠 수 있으며, 해수면이 변화되고, 그리고 강우의 유형을 변화시킨다. 지구 온난화에 대응하기 위하여 우선적으로 수행되어야 할 일에 대하여 각 국가들 간에 의견이 일치되지 않고 있다.

24.4 **인류의 화석 연료의 연소는 대기 속의 CO_2의 수준을 크게 증가시켜 지구 온난화를 일으킨다.**

24.5 환경을 살리자: 오염의 감소

우리의 세상이 지금 겪고 있는 지구적인 변화의 유형은 아주 혼란스럽다. 인간의 활동은 광역 생태계에 대하여 혹심한 스트레스를 가하고 있으며, 우리들은 해로운 영향을 감소시킬 수 있는 방법을 빨리 발견해야만 한다. 그 도전을 성공적으로 이루어 내기 위해서 특히 중요한 네 가지 영역은 오염의 저감, 대체 에너지 개발, 재사용 불가능한 자원의 보존 그리고 인구 증가의 억제이다.

공해방지 법률

두 가지 효과적인 접근이 미국에서 오염을 억제하기 위하여 고안되었다. 첫번째는 오염을 금지하는 법률을 제정하는 것이다. 지난 20년간 법률은 환경으로 방출될 수 있는 것들에 대하여 엄격한 기준을 결정하는 것으로 오염의 확산을 대단히 효과적으로 억제하기 시작했다.

오염 부담금

오염을 억제하기 위한 두번째 접근은 오염에 부담금을 부과함으로서 직접적으로 소비자 가격을 증가시키는 것이다. 사실상 인위적인 가격은 생산가에 정부가 세금을 부과함으로써 상승하게 되는 것이다. 이렇게 증가된 비용이 역시 소비를 낮추지만, 그러나 세금을 조정함으로써 정부는 환경보호와 경제 성장 사이의 균형을 맞추도록 시도 할 수 있다. 부과된 세금은 공해방지 법률의 더욱 중요한 부분이 되고 있다.

24.5 **자유 시장 경제는 가격이 환경적인 비용을 포함하지 않을 때 오염을 가중시킨다. 법률과 오염 부담금은 보상의 시도로서 계획되고 있다.**

24.6 대체에너지 개발

오염물질은 석탄과 석유의 연소에서 발생되며, 석유의 부족은 점점 가중되고 있다. 지구 온난화에 미칠 이산화탄소의 잠재적인 영향을 고려할 때 대체 에너지원을 찾는 것은 이 모든 문제의 해결을 위하여 바람직한 방향이다. 많은 국가들이 그들의 성장에 필요한 에너지를 원자력으로 전환하고 있다. 50년도 채 안 걸려서 원자력은 에너지의 선두 자원이 되었다. 1995년에 전세계적으로 500개 이상의 원자로에서 전력을 생산하고 있으며, 현재 프랑스에서는 전기의 70% 이상을 원자력 발전소에 의해서 생산되고 있다.

이론적으로 원자력은 값싼 에너지를 풍부하게 제공할 수 있지만 실질적으로는 거의 장려하지 않고 있다. 원자력이 미래 세계가 필요한 에너지의 주요 부분을 제공하기 위해서는 반드시 극복해야할 몇 가지 문제점들이 있다.

안전 운전

1986년에 우크라이나의 체르노빌에 있는 원자로가 폭발하였을 때 발생되었던 것처럼 방대한 방사능 오염의 가능성이 잠재되어 있기 때문에(그림 24.5) 원자력 발전소는 비상안전설비에 대해서 매우 엄격하게 설계되며, 그리고 인구 밀집 지역으로부터 멀리 떨어진 위치에 자리잡게 된다. 새로운 원자력발전소는 체르노빌의 원자력발전소 보다 훨씬 더 안전하지만, 개선되어야 할 여지는 아직도 많이 남아 있다.

그림 24.5 핵 재앙

1986년 폭발이 일어난 수일 후에 러시아 과학자들이 파괴된 체르노빌 원자로 상공의 방사능 수준을 헬리콥터에서 측정하고 있다.

핵폐기물의 처리

다 써버린 핵연료는 수 천년 동안 강한 방사능을 지니고 있으며, 그리고 발전설비 자체는 대략 25년 정도가 지나면 강렬한 방사능으로 인하여 발전설비의 금속 파이프들은 바삭바삭하게 잘 부서지는 상태로 급속하게 낡게된다. 아직까지는 산더미처럼 높게 쌓여 가는 이 방사능 물질을 처리하기 위하여 고안된 안전한 방법은 없다. 오늘날까지 프랑스나 미국에서 원자력 발전소의 설비가 성공적으로 철거되거나 그리고 위험한 방사능을 지닌 구성 부품들을 안전하게 처리한 경우는 단 한번도 없다.

보 안

핵연료인 우라늄의 일부는 분열되는 동안 플루토늄으로 전환되며, 폐기된 핵연료에서 재생할 수도 있는 이 플루토늄은 핵무기를 만드는데 사용된다. 테러리즘에 대비해서 효과적으로 원자력 발전소를 방호하는 방법을 강구하는 것이 앞으로는 대단히 중요하게 될 것이다.

24.6 안전, 보안, 특히 핵폐기물의 처리는 원자력 보급의 심각한 걸림돌이다.

24.7 대체 불가능한 자원의 보존

생태계가 파괴되는 여러 가지 문제 중에서 특히 심각한 일단의 문제는 바로 우리 모두가 공동으로 소유하고 있는 자원의 소비와 파괴이다. 오염된 개울물은 정화할 수 있지만 멸종된 생물 종을 되살릴 수는 없다. 미국에서 경고할만한 수준의 비율로 고갈되고 있는 대체 불가능한 자원 세 가지는 표토와 지하수 그리고 생물 다양성이다.

표 토

미국은 지구상에서 가장 생산적인 농업 국가 중의 하나인데, 그것의 주 요인은 나라의 대부분이 비옥한 토양으로 덮여있기 때문이다. 미국의 중서부 곡창 지대는 한 때 대초원이던 지역에 위치하고 있다. 대초원 생태계의 토양은 인간이 쟁기질을 시작한 바로 그때까지, 수 많은 세대의 동물과 식물들에 의해서 조금씩 축적되었고, 그 비옥한 토양은 몇 피트 아래에까지 쌓여 있다.

미국의 번영을 일구어낸 주된 자원인 이 비옥한 표토는 결코 다른 것으로 대체할 수는 없으며, 지금도 여전히 매 십년 마다 몇 센티미터의 비율로 표토가 소실되어 가는 것을 지켜만 보고 있을 뿐이다. 미국에서는 1950년 이후로 표토의 4분의 1이 소실되었다. 잡초를 제거하려고 반복적으로 농토를 갈아엎음으로써 표토의 많은 양이 빗물에 의해서 강으로 그리고 결국에는 바다로 씻겨 나가고 있다. 이 문제에 대한 새로운 접근은 집약적 경작에 대한 신뢰를 줄이는 것이다. 몇 가지 가능한 해결책으로는 유전공학적 방법으로 농작물들을 제초제에 대한 저항성을 가지도록 하는 것과 소실되는 표토를 수거할 수 있도록 단 쌓기를 하는 것이다.

지하수

대체할 수 없는 두번째 자원은 지하수이다. 지하수는 작은 구멍을 많이 가진 암석층이 저수지 역할을 하는 대수층이라고 불리는 곳에 들어 있다. 이 물은 12,000년 전에 있었던 가장 마지막 빙하기 동안 매우 천천히 지하에 있는 저수층 안으로 스며들어 왔다. 지하수가 대체될 수 없는 자원이기 때문에 인류는 이 보물을 낭비하지 말아야만 한다.

미국의 대부분의 지역에서 지역 정부들은 지하수의 사용에 대한 관리에 비교적 관심이 적다. 그 결과 잔디밭에 물 뿌리기, 세차, 분수 올리기 등으로 매우 많은 양이 낭비되었다. 훨씬 많은 양의 지하수는 화학 폐기물의 조잡한 처리로 오염되고 있으며, 일단 오염물질이 지하수에 한번 들어가면 그것을 제거하는 효과적인 수단은 없다.

생물 다양성

우리의 일생 동안에 멸종 위기에 처한 종들의 수는 공룡과 함께 멸종된 생물의 종류보다도 훨씬 많다. 생물 다양성의 이러한 재앙에 가까운 손실은 우리들 모두에게 대단히 중요하다. 왜냐하면 이들 종류가 사라지고 있기 때문에, 따라서 우리가 그들에 대하여 탐구할 기회도 없어질 뿐만 아니라 그들이 지니고 있을 우리 인류에게 가져다 줄 잠재적인 가치도 또한 사라지기 때문이다. 우리가 식량 으로 이용 가능한 식물은 전체 250,000종류 중에서 20종류에 불과하다는 사실을 잠시 생각해볼 필요가 있다. 우리가 확신할 수 있는 것은 멸종된 종을 되 돌이킬 수 없다는 것이다.

지난 20년 동안 전세계 열대우림의 절반 가량이 목장을 만들기 위하여 불태워지거나 목재로 쓰이기 위해 베어졌다(그림 24.6). 600만 평방 킬로미터 이상이 파괴되었다. 년간 소실되는 비율은 열대지방의 인구가 늘어나는 것만큼 증가한다. 1990년대에는 매년 약 160,000 평방 킬로미터가 베어지고 있다. 이런 비율로 베어진다면 전세계의 모든 열대우림은 우리의 생애 동안 모두 없어 질 것이다. 이와 같은 과정을 통하여, 전세계의 동물과 식물 종의 5분의1 이상인 즉, 100만 종 이상의 생물이 멸종될 것으로 추정된다. 이것은 공룡시대 이래로 최소한 6,500만 년만에 일어나는 미증유의 멸종 사건이 될 것이다.

24.7 **대체 불가능한 자원은 전세계 전역에서 우려할만한 비율로 소비되고 있으며, 그들 중 핵심적인 자원은 표토, 지하수, 그리고 생물 다양성이다.**

24.8 인구 증가의 억제

세계 인구는 1998년에 60억을 넘어섰으며, 현재 매년 9,500만 명의 인구가 증가된다. 다른 방법으로 이 문제를 들여다보면, 하루에 260,000명 이상, 또는 매분마다 180명 이상의 인구가 세계 인구에 보태어진다(그림 24.7). 이런 비율로 나가면, 세기말경의 세계 인구는 60억을 훨씬 상회할 만큼 증가를 지속 할 것이며, 그런 다음에 대략 85억과 200억 사이에서 안정될 것이다. 이러한 성장은 지속될 수 없다, 왜냐하면 우리의 세계가 이것을 지탱할 수 없기 때문이다.

인류에게 이용가능한 자원의 부족 그리고 이들 자원의 관리법이 필요하다는 관점에서 볼때 가장 필요한 첫 번째 문제는 인구수를 안정시키는 것이다. 환경에 가하는 억압의 가장 분명한 징후들 중 하나는 육상에서 일어나는 순 광합성 생산력의 약 40%를 인간이 사용한다는 것이다. 통계상으로 39년마다 인구가 배가되는 것은 극심한 문제를 내포하고 있다. 이러한 사실은 인구 성장의 억제를 사실상 요구하고 있다. 훨씬 더 많은 수의 인구가 안정된 상태로 지구상에 거주하는 것을 가능하

(a)

(b)

(c)

그림 24.6 열대우림의 파괴

(a) 브라질에서 목장을 만들기 위해 열대우림. (b) 그 불꽃은 우주공간에서도 보일 수 있을 만큼 연기를 너무 넓게 그리고 높게 퍼뜨리고 있다. 이 위성 사진은 열대우림의 화재로부터 발생된 연기를 보여준다. (c) 산림 벌채의 결과를 에콰도르에 있는 중산간 지대에서 잘 보여주고 있다. 지금은 단지 저급한 목장들을 유지하는 수준이지만 과거에는 높은 생산성을 지닌 삼림을 유지하던 지역이다.

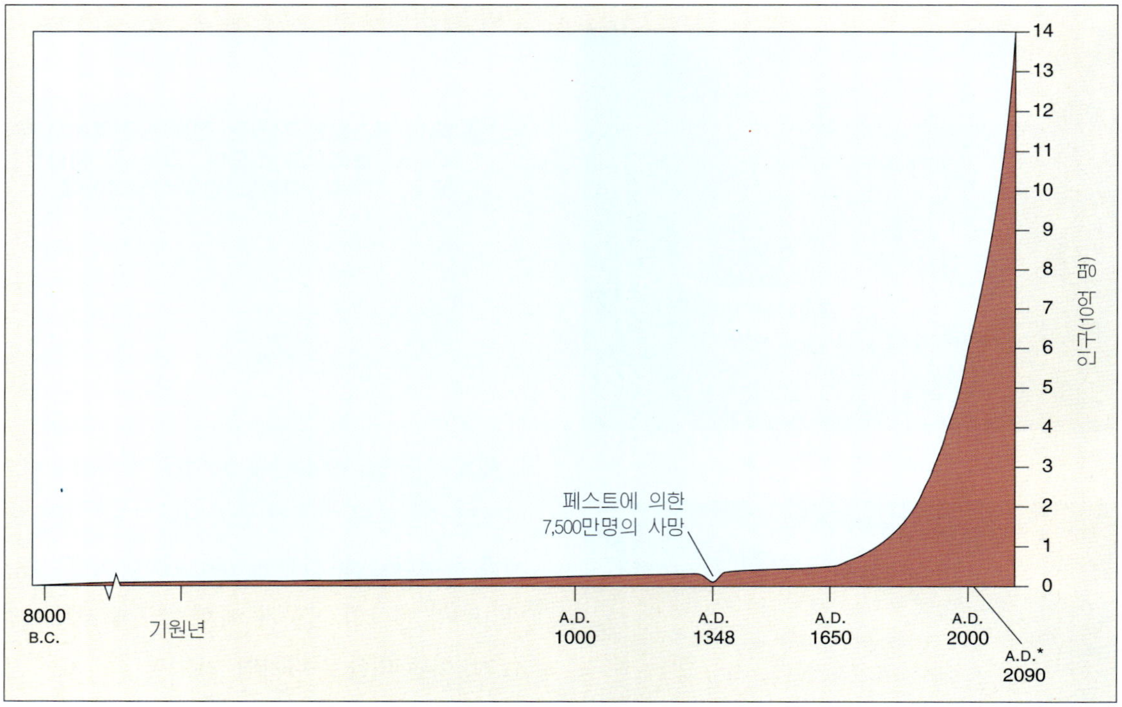

그림 24.7 인구 증가 곡선

과거 300년 동안 세계 인구는 지속적으로 증가하고 있다. 서기 2000년 이후 지구의 인구는 62억을 초과할 것이다.

게 하는 기술이 개발된다면 인구는 그 조건에 적합한 수준으로 증가될 수 있다.

대부분의 국가들은 인구 증가율을 감소시키기 위해 노력하고 있으며, 그 노력의 성과가 나타나고 있다. 이러한 노력이 지속된다면 다음 세기의 말경에 세계 인구는 지금의 대략 세 배에 달하는 130억 내지 150억 명 수준에서 안정될 수 있을 것으로 UN에서 추정하고 있다. 이 세상이 그렇게 많은 사람들을 지탱할 수 있을지는 아무도 모른다. 그것을 알기 위한 방법을 찾아내는 것이 인류가 직면한 가장 큰 과제이다. 다음 세기에 우리들의 자녀들이 가지게 될 삶의 질은, 오늘 우리들이 이 과제에 대해 어느 정도로 성공하느냐에 달려있다.

24.8 모든 환경 문제의 핵심에 놓여있는 근본적인 문제는 세계 인구의 급속한 증가이다. 인구 증가를 억제하기 위한 진지한 노력이 성과를 거두고 있다.

24.9 우리가 할 일

여러분은 여러분이 모르는 것이 보존되기를 바랄 수는 없다. 세계의 환경 문제는 심각하다. 그리고 생물학적 지식은 당신이 환경 문제 해결에 기여하기 위해 필요한 필수적인 도구이다. 우리는 지구를 우리들의 조상으로부터 물려받은 것이 아니라, 우리의 자손들로부터 지구를 빌려온 것으로 말해왔다. 우리는 후손들이 살 수 있는 지구를 그들을 위해 보존해야만 한다. 그것은 미래를 위한 우리의 도전이며, 그리고 그것은 바로 실행에 들어가야 할 도전이다. 세계의 많은 지역에서 그

미래의 일들이 지금 일어나고 있다

24.9 **생물학적 지식수준은 더 이상 과학자를 위한 장식품이 아니라, 우리들 모두를 위한 하나의 필수품이 되었다.**

찾아보기

[국문]

ㄱ

ㄴ

ㄷ

ㄹ

ㅇ

ㅈ

ㅊ

ㅋ

[영문]

A

B

C

D

E

F

G

M

N

O

P

R

S

T

U

V

W

X

Y

Z

기타

역 자

강릉대학교 : 김일회
경남대학교 : 박기룡
경상대학교 : 김명옥
경성대학교 : 이천복
동국대학교 : 이대원, 이정일, 장해룡, 한영환
신라대학교 : 이춘언
영남대학교 : 김기태, 박선주, 유시욱, 이종욱, 이종운, 장무웅, 전경희, 홍경혜
우석대학교 : 조덕현
중부대학교 : 도은수
진주산업대학교 : 문양수
창원대학교 : 김인택, 신병식, 조운행

(학교명 · 역자 가나다순)

생명과학의 세계

2008년 8월 20일 초판 인쇄
2008년 8월 25일 초판 발행

저 자 : Raven · Johnson · Losos · si

역 자 : 생명과학교재연구회

펴낸이 : 김 중 현

펴낸곳 : **녹 문 당**

주 소 : 서울특별시 마포구 염리동 36-249 202호

전 화 : (02) 713-2711

F A X : (02) 713-2710

등 록 : 서울 제 19-100호

ISBN : 978-89-88684-62-7 93470 값 30,000 원